PHYSIOLOGISCHE CHEMIE

EIN LEHR- UND HANDBUCH FÜR ÄRZTE
BIOLOGEN UND CHEMIKER

HERVORGEGANGEN AUS DEM
LEHRBUCH DER PHYSIOLOGISCHEN CHEMIE
VON OLOF HAMMARSTEN

ZWEITER BAND

ERSTER TEIL

BANDTEIL a

HERAUSGEGEBEN VON
B. FLASCHENTRÄGER
ALEXANDRIA
UND
E. LEHNARTZ
MÜNSTER/WESTF.

Springer-Verlag Berlin Heidelberg GmbH

DER STOFFWECHSEL

ERSTER TEIL

BEARBEITET VON

H. W. BERENDT · F. L. BREUSCH · K. FELIX · B. FLASCHENTRÄGER
K. HINSBERG · F. HOLTZ · E. JORPES · F. W. KRZYWANEK †
K. LANG · F. LEUTHARDT · C. MARTIUS · H. NETTER
E. SCHÜTTE · G. SIEBERT · W. SIEDEL · Z. STARY
HJ. STAUDINGER · G. STOECK · E. STRACK
O. WISS · K. ZIPF

MIT 62 TEXTABBILDUNGEN

BANDTEIL a

Springer-Verlag Berlin Heidelberg GmbH

ISBN 978-3-642-86169-7 ISBN 978-3-642-86168-0 (eBook)
DOI 10.1007/978-3-642-86168-0

Ursprünglich erschienen bei Springer-Verlag OHG. Berlin, Göttingen and Heidelberg 1954.
Softcover reprint of the hardcover 1st edition 1954

Inhaltsverzeichnis.

Der Stoffwechsel. Erster Teil.

Bandteil a.

Bandteil b.

Teil 2 wird enthalten:

D. Physiologische Chemie der Lebensvorgänge und Organe.

Inhaltsverzeichnis.

I. Aufbereitung und Transport.

1. Die Biochemie der Verdauung.

Von F. W. KRZYWANEK † und B. FLASCHENTRÄGER.

Inhaltsverzeichnis.

a) Allgemeines über Verdauung[1—20].

α) Die Bedeutung der Verdauung.

Die Verdauungsvorgänge trennen die zur Ernährung des Körpers brauchbaren Nahrungsbestandteile von den ungeeigneten ab und machen sie resorbierbar, so daß sie ins Blut und an die Stellen des Bedarfs gelangen können. Hierzu ist nicht nur eine physikalische, sondern auch eine chemische Aufbereitung erforderlich. Durch Zerreißen, Zerschneiden, Zerquetschen und Zermalmen der Nahrung wird zwar eine Vergrößerung der Oberfläche erreicht und ein Vermischen mit den Verdauungssäften möglich, die Auflösung der Nährstoffe kann aber mit Ausnahme einiger weniger Fälle nicht allein durch Wasser geschehen. In der Hauptsache ist für die Schaffung einfacher, einheitlicher, gut löslicher Verbindungen die chemische Zerlegung notwendig. Beide Arbeitsweisen werden auf nervösem und stofflichem Wege sinnvoll in einem gemeinsamen Geschehen gesteuert.

Die von außen aufgenommene Nahrung besteht aus den verschiedensten chemischen Verbindungen der Nährstoffe, die sich in wenige Körperklassen zusammenfassen lassen:

1. die energieliefernden: Kohlenhydrate, Fette und Eiweißstoffe und
2. die an energetischen Vorgängen nicht unmittelbar beteiligten: Wasser, Mineralstoffe, Vitamine und andere exogene Wirkstoffe.

Zusammenfassende Darstellungen über Verdauung: 1—20. [1] SCHEUNERT, A., u. F. W. KRZYWANEK: Verdauung der Wirbeltiere. Handb. Biochem. **5**, 160—206 (1925). — SCHEUNERT, A.: Handb. Biochem. **5**, 56—160 (1925); Erg.-W. **2**, 430—484 (1934). — [2] Die Drüsen des Verdauungsapparates. Mehrere Bearbeiter in Handb. Biochem. **4**, 456 bis 651 (1925); Erg.-W. **2**, 301—352 (1934). — [3] BABKIN, B. P.: Die äußere Sekretion der Verdauungsdrüsen. 2. Aufl. Berlin 1928, in der Folge zitiert als „Babkin". — [4] BABKIN, B. P.: Gewinnung reiner Sekrete der Verdauungsdrüsen. Handb. Physiol. **3**, 682—688 (1927). Die sekretorische Tätigkeit der Verdauungsdrüsen. Handb. Physiol. **3**, 689—818 (1927). Secretory Mechanism of the Digestive Glands. 2. Aufl. New York 1950. — [5] Verdauung und Verdauungsapparat: Handb. Physiol. **3** (1927). — [6] Digestive System. Ann. Rev. Physiol.: IVY, A. C., and J. S. GRAY: **1**, 235 (1939). — QUIGLEY, J. P.: **2**, 45 (1940). — THOMAS, J. E.: **3**, 233 (1941). — LIERE, E. J. VAN: **4**, 273 (1942). — HERRIN, R. C.: **5**, 157 (1943). — SLUTZKY, B., and A. C. ANDERSEN: **6**, 225 (1944). — BABKIN, B. P., and M. H. F. FRIEDMAN: **7**, 305 (1945). — QUIGLEY, J. P.: **8**, 145 (1946). — GREENGARD, H.: **9**, 191 (1947). — VASS, C. C. N.: **10**, 157 (1948). — THOMAS, J. E., and M. H. F. FRIEDMAN: **11**, 103 (1949). — GROSSMAN, M. I.: **12**, 205 (1950). — NASSET, E. S.: **13**, 115 (1951). — WILHELMJ, C. M.: **14**, 177 (1952). — [7] CATEL, W.: Normale und pathologische Physiologie der Bewegungsvorgänge im gesamten Verdauungskanal. Leipzig. 1. Teil: Methodik, Anatomie, normale Physiologie. 1936; 2. Teil: Klinik, Pharmakologie. 1937. — [8] Die Verdauung der landwirtschaftlichen Nutztiere. Mehrere Bearbeiter. Handb. Mangold **2**, 1—348 (1929). — [9] SCHULZ, F. N.: Verdauung und Resorption der wirbellosen Tiere. Handb. Biochem. **5**, 1—55 (1925). — [10] KRÜGER, P.: Verdauung und Resorption der wirbellosen Tiere. Handb. Biochem. Erg.-W. **2**, 415—430 (1934). — [11] SCHULZ, F. N.: Verdauungsdrüsen niederer Tiere. Handb. Biochem. **4**, 631—651 (1925). — [12] KRÜGER, P.: Verdauungsdrüsen niederer Tiere. Handb. Biochem., Erg.-W. **2**, 350—352 (1934). — MAREK, J.: Vergleichende pathologische Physiologie der Verdauung. Handb. Physiol. **3**, 1045—1104 (1927). — [13] BIEDERMANN, W.: Die Aufnahme, Verarbeitung und Assimilation der Nahrung. Handb. Winterstein **2**/1 (1911). — [14] VONK, H. J., J. J. MANSOUR-BEK and E. J. SLIJPER: Digestion. Part 1. Vertebrates. Tab. biol. period. **21**, 1 (1946). — [15] VONK, H. J.: Die Verdauung bei den niederen Vertebraten. Adv. Enzymol. **1**, 371 (1941). — [16] MANGOLD, E.: Die Verdauung bei den Nutztieren. Berlin 1950. — [17] MERTEN, R.: Die Klinik und Chemie der Proteinasen des menschlichen und tierischen Organismus, ihre besondere Bedeutung in seinen Abwehrleistungen und in der klinischen Diagnostik. Ergebn. inn. Med. (N. F.) **2**, 49 (1951). — [18] BUCHS, S., u. E. FREUDENBERG: Die Rolle des Kathepsins bei der Eiweißverdauung. Ergebn. inn. Med. (N. F.) **2**, 544—562 (1951). — [19] WAKERLIN, G. E.: Clinical application of recent advances in gastro-intestinal physiology. Amer. Pract. **4**, 163 (1949). — [20] THOMAS, J. E.: Recent advances in gastrointestinal physiology. Gastroenterol., Baltimore **12**, 545 (1949).

Keiner dieser Gruppen kann man eine im Leben besonders bevorzugte Stellung zuschreiben; denn zu einem normalen Ablauf der Lebensvorgänge sind alle diese Stoffe in einer den jeweiligen Bedarf deckenden Menge notwendig. Näheres s. Gesamtstoffwechsel und Ernährung Bd. 2/2.

Die energieliefernden Stoffe der Nahrung sind nicht nur in einem kaum entwirrbaren Gemenge vorhanden, sondern haben häufig selbst einen komplizierten, vielfach noch unerkannten hochmolekularen Bau. Meist sind sie zur Aufnahme in die Zellen ungeeignet, ja oft sogar dem Organismus schädlich. Zum Beispiel besitzt das Eiweiß für jeden Organismus eine bestimmte Zusammensetzung und kann durch pflanzliches oder tierisches Eiweiß nicht ohne weiteres ersetzt werden. Zur Resorption der Nährstoffe (Aufsaugung) müssen diese ihrer Zellfremdheit entkleidet werden[1]. Dazu werden sie im Verdauungskanal fast ausschließlich durch Hydrolyse in einige wenige Bausteine zerlegt (z. B. einfache Zucker, Aminosäuren, Fettsäuren, Glycerin). Diese besitzen keine Artspezifität mehr, auch wenn sie ursprünglich mit den verschiedensten hochmolekularen Stoffen aufgenommen wurden. Die Hydrolyse schafft auch aus unlöslichen Nahrungsmitteln lösliche Teilstücke, so daß der Durchtritt durch tierische Membranen und damit die Resorptionsverhältnisse sehr vereinfacht werden.

Bei der *Verdauung spielen die nicht unmittelbar energieliefernden Nährstoffe*, z. B. die *Mineralstoffe*, eine untergeordnete Rolle, da es sich dabei meist um kleine, körpervertraute Moleküle mit guter Löslichkeit handelt. Meist werden sie, sofern sie an Makromoleküle oder komplex gebunden sind, von den Verdauungssäften als Ionen in Freiheit gesetzt und dadurch resorbierbar. Das Schicksal der Mineralstoffe im Darm wird in dem Kapitel „Resorption" behandelt (s. S. 210 ff.). Über die Verdauung der Vitamine und der körpereigenen *Fermente* ist so gut wie nichts bekannt.

Die Verdauungsvorgänge sind in der gesamten Tierreihe grundsätzlich vollkommen gleich. Sie gehen auf physikalischen und chemischen Wegen vor sich, ohne daß wir sie damit allein erklären können; denn ihre Leitung und Steuerung ist an die Lebenstätigkeit des Verdauungstraktus und des Gesamtkörpers gebunden.

Die Natur erreicht das Ziel der Verdauung auf verschiedenen Wegen. Aus diesem Grund erfordert die Besprechung der Verdauung im Gegensatz zu den anderen Funktionen des Körpers auch in den folgenden Ausführungen mit besonderem Nachdruck eine vergleichende Betrachtung, zumal viel mehr Beobachtungen an Tieren als an Menschen angestellt worden sind[2–7].

---

[1] ABDERHALDEN, E.: Synthese der Zellbausteine in Pflanze und Tier. Berlin 1912 (2. Aufl. 1924). —

Zusammenfassendes über Vergleichendes zur Verdauung: 2—7. [2] LENKEIT, W.: Neuere Ergebnisse der vergleichenden Physiologie der Verdauung der Säugetiere. Ergebn. Physiol. **35**, 573—631 (1933). — NIRENSTEIN, E.: Die Nahrungsaufnahme und die Verdauungsvorgänge bei Protozoen. Handb. Physiol. **3**, 3—23 (1927). — JORDAN, H. J., u. G. C. HIRSCH: Einige vergleichend-physiologische Probleme der Verdauung bei Metazoen. Handb. Physiol. **3**, 24—101 (1927). — SUESSENGUTH, K.: Über tierverdauende Pflanzen. Handb. Physiol. **3**, 102—109 (1927). — [3] ELLENBERGER, W., u. A. SCHEUNERT: Vergleichende Physiologie der Haustiere. 3. Aufl. Berlin 1925. — [4] SCHEUNERT, A., A. TRAUTMANN u. F. W. KRZYWANEK: Lehrbuch der Veterinär-Physiologie. Berlin 1939. — [5] BIEDERMANN, W.: Die Ernährung der höheren Wirbeltiere. Handb. Winterstein **2**/1, 1116—1492 (1911). — [6] KRUMBIEGEL, I.: Biologie der Tiere Deutschlands. Hrsg. SCHULZE, P. Liefg. 31, Teil 52, Mammalia I. Berlin 1930. — [7] COLIN, G.: Traité de physiologie comparée des animaux. 3. éd. Paris 1885.

β) Anatomische Grundlagen[1–9].

Voraussetzung für die Art der Verdauung ist der anatomische Bau des Magen-Darmkanals. Während dieser beim *Fleischfresser* einfach ist, indem z. B. Dünn- und Dickdarm sich kaum unterscheiden und, im Vergleich zu den Omnivoren und Herbivoren, die Darmlänge im Verhältnis zur Körperlänge am kleinsten ist (Näheres s. S. 7[2–7]), unterscheiden sich schon beim omnivoren Menschen die Darmabschnitte durch ihre Weite und Länge und durch die Haustren. Das ebenfalls omnivore Schwein bildet den Übergang zu den Pflanzenfressern mit ihren komplizierten und mächtig ausgebildeten Dickdärmen, die beim Pferd am umfangreichsten sind. Ihre Funktionen sind beim Rind teilweise in die mächtigen, beim Pferde fehlenden Vormägen verlegt. Der Verdauungstraktus der Wiederkäuer ist jedoch funktionell von dem der übrigen Pflanzenfresser so verschieden, daß in verdauungsphysiologischer Hinsicht der Sammelname „Herbivoren" als zu wenig charakteristisch besser vermieden wird[10].

γ) Orte und physikalische Grundlagen der Verdauung.

Die mechanische Zerkleinerung der Nahrungsmasse wird vor allem durch die motorischen Funktionen des Verdauungskanals erreicht. Sie beginnen mit der Nahrungsaufnahme, bei der Lippen, Zähne und Zunge mehr oder weniger beteiligt sind. Dann folgt die *Mund*verdauung mit der Zerkleinerung der Nahrung durch den Kauakt und der Vermischung mit dem Speichel und nach diesem der mechanische Abtransport aus der Mundhöhle in den *Magen*. Die im kranialen Magenabschnitt nur wischenden Bewegungen schaffen die äußeren, einer Verflüssigung zuerst anheimfallenden Schichten allmählich in die distalen Abschnitte (Pylorusteil), in welchem sie durch tiefergreifende Kontraktionen durchmischt und von Zeit zu Zeit in den *Dünndarm* entleert werden. Der Darm sorgt durch seine verschiedenartigen Bewegungen für eine gründliche Durchmischung und Zerteilung des Inhaltes, bringt ihn in innige Berührung mit der durch die zahlreichen Zotten und Falten sehr stark vergrößerten Oberfläche und befördert ihn langsam weiter bis in den *Enddarm*. Die nicht verwendeten Reste der Nahrung werden schließlich im Kot nach außen abgegeben.

In jeder Phase der Verdauung wirken die physikalischen Zustände und Kräfte mit den chemischen Umsetzungen der Stoffe und der Lebenstätigkeit des Darmtraktus in sinnvoller Weise zusammen, gesteuert von humoralen und nervösen Einrichtungen der Teile und des Ganzen. Von Einfluß sind Aggregatzustand, Schmelzpunkt, Löslichkeit, Suspendier- und Emulgierbarkeit, Ladungen der Ionen und Teilchen, Oberflächenkräfte, selektive Adsorption, innere Reibung, Diffundierbarkeit, aktive Beweglichkeit der Zotten (Zottenpumpe) und die verschiedenen Peristaltikformen.

δ) Verdauung durch eigene und fremde Fermente.

Die physikalische Arbeit des Verdauungskanals wird durch die chemische, d. h. enzymatische Verdauung vervollständigt. Die *Fermente des Darmtraktus* werden an verschiedenen Stellen auf die Nahrung ergossen und sind meist derartig aufeinander abgestimmt, daß das nächste Verdauungsferment die Arbeit des vorhergehenden im Darm gleichsam wie am laufenden Band fortsetzt.

---

[1] Die anatomischen Abschnitte in diesem Beitrag sind freundlicherweise von Herrn W. v. MÖLLENDORFF † durchgesehen worden. B. F.

Zur Anatomie der Verdauungsorgane: 2—9. [2] GROEBBELS, F.: Funktionelle Anatomie und Histophysiologie der Verdauungsdrüsen. Handb. Physiol. **3**, 547—681 (1927); **18**, 54—57 (1932). — [3] Handb. mikroskop. Anat. (v. MÖLLENDORFF) **5**, Teil 1—3, Verdauungsapparat. Atmungsapparat. 1927—1936. — [4] BRAUS, H., u. C. ELZE: Anatomie des Menschen. Bd. 2, Eingeweide. 2. Aufl. Berlin 1934. — [5] RAUBER, A., u. F. KOPSCH: Lehrbuch und Atlas der Anatomie des Menschen. Hrsgb. KOPSCH, F. Bd. 2, Eingeweide. 17. Aufl. Leipzig 1948. — [6] Handb. Anat. Kind. (PETER u. a.) Bd. 1, S. 629—880. 1938. — [7] Handb. vgl. Anat. Haustiere (ELLENBERGER-BAUM) 18. Aufl. 1943. — [8] Handb. vgl. Anat. Wirbeltiere (BOLK u. a.) Bd. 3, Darmsystem. 1937. — [9] Handb. path. Anat. Histol. (HENKE-LUBARSCH) Bde. 4 u. 5. 1926—1929.

[10] TRAUTMANN, A., u. T. ASHER: Z. Tierernähr. Futterm.-Kde. **3**, 45 (1939).

Von den sog. „*Nahrungsmittelfermenten*[1,2], die in jeder ungekochten, insbesondere in der rohen pflanzlichen Nahrung vorhanden sind, können die Hydrolasen wie die Verdauungsfermente wirken. In der gekochten menschlichen Kost sind sie zerstört. Ihre Bedeutung in der Rohkost des Menschen ist ungeklärt. Bei den Pflanzenfressern können sie die Aufbereitung des Futters wesentlich fördern.

Bakterienfermente[3–11]. Auch Kleinlebewesen helfen am Abbau der Nahrungsstoffe mit. Sie sind im Verdauungskanal verschieden verteilt. Ein großer Teil der in der Nahrung und in der Mundhöhle vorhandenen Mikroorganismen wird zwar bei der Magenverdauung durch die Salzsäure abgetötet, so daß der Dünndarminhalt normalerweise keimfrei ist. Hierbei wirken auch die Dünndarmsekrete mit, die einen bakteriostatischen Effekt ausüben. In den distalen Darmabschnitten tritt dann in immer größeren Umfange eine obligate Flora auf. Sie besteht während des ganzen Lebens und verursacht Gärungen und Fäulnis, die im Dickdarm von Mensch und Tier in einem je nach der Nahrung wechselnden Umfang stattfinden.

Bei den *Pflanzenfressern* sind Kleinlebewesen auch im Mageninhalt tätig, da dort nicht von allen Teilen des Magens Salzsäure abgesondert wird. In ausgedehntem Maße trifft dies zu bei Tieren mit einer Vormagenabteilung (Pferd, Schwein) und vor allem bei den Wiederkäuern. An Stelle des einhöhligen Magens des Menschen und des Hundes haben diese neben dem eigentlichen Magen (Labmagen) noch drei *Vormägen* als Ausbuchtungen des Oesophagus (Pansen, Haube und Psalter); die beiden ersteren kann man treffend als „Gärkammern" bezeichnen (s. Abb. 1, S. 33).

Infusorien. Bei bestimmten Tierarten (Herbivoren und Suiden) kommen auch noch Infusorien vor, die durch ihre lebhaften Bewegungen mechanisch zerteilend wirken sollen. Sie haben durch den Aufbau ihrer Körpersubstanz aus den Nahrungsstoffen und ihren späteren Zerfall durch Fermente einen erheblichen Anteil an der Verdauung. Ähnliches kann für *Darmschmarotzer* gelten. Näheres S. 181.

Die *Auswirkung dieser Fermente* ist bei den einzelnen Tierarten sehr verschieden. Bei Mensch und Carnivoren herrschen die Verdauungsfermente vor, bei den Pflanzenfressern, besonders beim Wiederkäuer, die Bakterien-, Infusorien- und Nahrungsmittelfermente.

b) Die Mundverdauung.

α) Nahrungsaufnahme und Kauen.

Bei den höheren Tieren beginnt die Verdauung mit der Nahrungsaufnahme in der Mundhöhle. Schon hier unterscheiden wir mechanische und chemische Verdauungsvorgänge. Die ersteren überwiegen im Mund im Gegensatz zur Magen-Darm-Verdauung. Die *Mechanik der Verdauung* wird hier nur so weit behandelt, wie sie zum Verständnis der biochemischen Vorgänge nötig ist.

---

[1] Ellenberger, W.: Arch. Tierheilkde. **13**, 188 (1887). Skand. Arch. Physiol. **18**, 306 (1907). — [2] Hofmeister, V.: Arch. Tierheilkde. **20**, 23 (1894). — [3] Magnus-Alsleben, E.: Der Einfluß der Mikroorganismen auf die Vorgänge im Verdauungstraktus beim erwachsenen Menschen. Handb. Physiol. **3**, 1027—1042 (1927). — [4] Rietschel, H., u. H. Hummel: Über die Wechselbeziehungen zwischen Bakterienflora und den Verdauungsvorgängen beim Säugling. Handb. Physiol. **3**, 1001—1026 (1927). — [5] Scheunert, A., u. M. Schieblich: Einfluß der Mikroorganismen auf die Vorgänge im Verdauungstraktus bei Herbivoren. Handb. Physiol. **3**, 967—1000 (1927). — [6] Schieblich, M.: Die Mitwirkung der Bakterien bei der Verdauung. Handb. Mangold **2**, 310—348 (1929). — [7] Ganter, G., u. V. van der Reis: Dtsch. Arch. klin. Med. **137**, 348 (1921). — [8] Bogendörfer, L.: Z. ges. exp. Med. **41**, 620 (1924). — [9] Löwenberg, W.: Kli. Wo. **1926 II**, 1868. — Löwenberg, W., u. C. Gottheil: D. m. W. **1928 I**, 615. — [10] Russel, G. R.: Z. Kinderheilkde. **52**, 201 (1932). — [11] Keller, W.: Z. Kinderheilkde. **52**, 210 (1932).

Näheres s. die zusammenfassenden Darstellungen[1–8] und bei Magen- (S. 30) und Darmverdauung (S. 102).

Zeitdauer der Bissenbildung[9]. Die anatomische Einrichtung der Kauwerkzeuge[10] der Reiß-, Beiß-, Kau- und Malmtiere, sowie die Beschaffenheit der Nahrung beeinflussen die Zeitdauer, die zwischen Nahrungsaufnahme und Schlucken des Bissens vergeht. Sie weist sehr *große Unterschiede* auf. Daher ist auch die Einwirkungszeit der Speichelfermente verschieden lang. Zu den schlechten Kauern gehören die *Carnivoren*, die schon nach wenigen Kieferschlägen die Nahrung in großen Bissen schlucken. Im Gegensatz hierzu kauen die *Herbivoren* gut und lange, eine halbe bis eine Minute für jeden Bissen[11]. Sie erreichen dadurch eine sehr gute Zerkleinerung und umfangreiche Einspeichelung ihrer rauhen und trockenen Nahrung, d. h. aber auch eine gute Enzymverteilung. Eine Ausnahme hiervon machen die *Wiederkäuer*[12], welche bei der ersten Nahrungsaufnahme nur verhältnismäßig oberflächlich kauen und nur etwa 20 Sekunden zur Bissenbildung benötigen[11]; dieses oberflächliche Kauen wird aber durch das sorgfältige Kauen beim Wiederkauakt ausgeglichen.

Auch die *Omnivoren* zeichnen sich im allgemeinen durch sorgfältiges Kauen aus. Natürlich ist bei ihnen die Kaudauer von der Art der Nahrung in viel größerem Ausmaß abhängig als bei den Carnivoren und Herbivoren. Im Durchschnitt rechnet man *beim Menschen* $^1/_2$ Minute bis zum Schlucken. Er schluckt nur zuweilen Nahrungsteile mit einem größeren Durchmesser als 12 mm. In der Regel werden bei der Aufnahme von Fleisch 20%, von Eiern und Vegetabilien 30% und von Käse 50% der aufgenommenen Menge beim Abschlucken bis zu einem Durchmesser von weniger als 1 mm zerkleinert[13, 14].

Unter normalen Verhältnissen ist die *Bissenbildung* beim Menschen und bei unseren Haustieren etwa in einer Minute beendet. Die chemischen Spaltungen der Nahrung, ihre ,,Verflüssigung", müssen daher sehr rasch vor sich gehen. In dieser Zeit müssen auch die Geschmacksstoffe der Nahrung und alle diejenigen Reize wirksam werden, welche die Speichelsekretion mit auslösen und in Gang halten.

β) Die Speicheldrüsen und der Speichel.

1. Anatomische Grundlagen[15–18].

Der Speichel wird von den in der Mundhöhle bzw. ihrer Umgebung liegenden Speicheldrüsen gebildet. Die wichtigsten von ihnen sind die Ohrspeicheldrüsen, die Unterkieferdrüsen und die Unterzungendrüsen.

Zusammenfassendes über Mechanik der Verdauung: 1—8. [1] Landois-Rosemann 26. Aufl. S. 248ff. — [2] Bluntschli, H., u. R. Winkler: Kaubewegungen und Bissenbildung. Handb. Physiol. **3**, 295—347 (1927). — [3] Palugyay, J.: Das Schlucken. Pathologie des Schluckaktes. Handb. Physiol. **3**, 348—378 (1927). — [4] Catel, W.: Normale und pathologische Physiologie der Bewegungsvorgänge im gesamten Verdauungskanal. Leipzig. 1. Teil: Methodik, Anatomie, normale Physiologie. 1936; 2. Teil: Klinik, Pharmakologie. 1937. — [5] Krzywanek, F. W.: Vergleichende Untersuchungen über die Mechanik der Verdauung. Veterin.-med. Hab.-Schrift Berlin 1926. — [6] Mangold, E.: Die Verdauung des Geflügels. Handb. Mangold **2**, 8—107 (1929). — [7] Scheunert, A., u. F. W. Krzywanek: Die Verdauung des Pferdes. Handb. Mangold **2**, 237—270 (1929). — [8] Krzywanek, F. W.: Die Verdauung des Schweines. Handb. Mangold **2**, 270—309 (1929).

[9] Colin, G.: Traité de physiologie comparée des animaux. 3. éd. Paris 1885. — [10] Krumbiegel, I.: Biologie der Tiere Deutschlands. Hrsg. Schulze, P. Liefg. 31, Teil 52, Mammalia I. Berlin 1930. — [11] Scheunert, A.: Handb. Biochem. **5**, 56—160 (1925). — [12] Scheunert, A.: Das Wiederkauen. Handb. Physiol. **3**, 379—397 (1927). — Krzywanek, F. W.: Das Wiederkauen. Handb. Physiol. **18**, 36—44 (1932). Tierärztl. Rdsch. **33**, 457 (1933). — Mangold, E.: Die Verdauung der Wiederkäuer. Handb. Mangold **2**, 107—237 (1929). — [13] Gaudenz, J. U.: Arch. Hygiene **39**, 230 (1901). — [14] Fermi, C.: Arch. Anat. Physiol., Suppl. **1901**, 98.

Zusammenfassende Darstellungen über Speicheldrüsen und Speichel: 15—18. [15] Schulz, F. N.: Speicheldrüsen und Speichel. Handb. Biochem. **4**, 463—502 (1925). — Babkin S. 10—171. — Babkin, B. P.: Die sekretorische Tätigkeit der Verdauungsdrüsen. I. Die Speicheldrüsen. Handb. Physiol. **3**, 689—710 (1927). — Rosemann, R.: Physikalische Eigenschaften und chemische Zusammensetzung der Verdauungssäfte unter normalen und abnormen Bedingungen. 1. Speichel. Handb. Physiol. **3**, 819—838 (1927). — [16] v. Möllendorff, Lehrb. Histol. 25. Aufl. S. 298. 1943. — [17] Handb. mikroskop. Anat. (v. Möllendorff) **5**/1 (1927). — [18] Handb. vgl. Anat. Haustiere (Ellenberger-Baum) 18. Aufl. Berlin **1943**.

Speicheldrüsen der menschlichen Mundhöhle.

1. *Eiweißdrüsen* (= rein serös): *Ohrspeicheldrüse* (Gl. parotis), EBNERsche Zungendrüsen.

2. *Schleimdrüsen* (= rein mukös): Kleine vereinzelte *Schleimdrüsen* an der Vorderfläche des weichen Gaumens, am harten Gaumen, entlang den Zungenrändern und in größerer Menge an der Zungenwurzel.

3. *Eiweiß- und Schleimdrüsen* (=gemischte Mundhöhlendrüsen):

a) Der größere Abschnitt der *Unterzungendrüse* (Gl. sublingualis): *Gl. sublingualis major* (vorwiegend mukös) und *Gl. sublinguales minores* (5—20 Einzeldrüsen fast ausschließlich mukös).

b) *Unterkieferdrüse* (Gl. submandibularis, früher auch submaxillaris genannt), hauptsächlich serös, die mukösen Anteile sind spärlich.

Bei Mensch, Pflanzenfressern, Fledermäusen und verschiedenen Nagern seromukös, bei Fleischfressern nur mukös, bei den meisten Nagern rein serös[1].

c) Drüsen der Lippen, Zungenspitze, *Gl. buccales* und *retromolares*, die wie b) gebaut sind.

Die *Mundhöhlendrüsen der Säugetiere* unterscheiden sich oft weitgehend von denen des Menschen. Histologisch gleich gebaut sind die *Gl. parotis* und die *Gl. sublingualis* bei Mensch, Hund, Katzen und Kaninchen, ebenso die *Gl. submandibularis*; nur beim Kaninchen ist die letztere anders und gleicht histologisch der menschlichen Parotis. Die übrigen Haustiere, mit Ausnahme des Pferdes, besitzen noch die Gl. sublingualis parvicanalaris und grandicanalaris. Beim Wiederkäuer kommen als größere Drüsen zu Parotis und Submandibularis noch die sog. Backendrüsen (*Gl. buccales*) dazu, die mit der Parotis an der Dauersekretion beteiligt sind[2]. Außerdem sind auch hier wie beim Menschen überall in der Schleimhaut der Mundhöhle und der Zunge zahlreiche kleine Drüsen vorhanden, die hauptsächlich Schleim absondern. Eine operative Entfernung sämtlicher Speicheldrüsen gelingt nicht[2].

Der *anatomische Bau der Speicheldrüsen*[3] einschließlich des Pankreas ist gekennzeichnet durch die Anordnung der Drüsensubstanz in deutlich durch Bindegewebe getrennte und umhüllte Läppchen. Jedes Läppchen besitzt einen Ausführungsgang und zu- und abführende Blutgefäße, die die Läppchen zu größeren Verbänden, zu Lappen, vereinigen. Bei den einzelnen Speicheldrüsen ist der Bau der Wand des Ausführungsganges verschieden. Aus den „Endstücken" der Drüsen wandert das Sekret über die „Schaltstücke" und die „Sekretröhren" zu dem Ausführungsgang der Drüse. Je nachdem es sich um seröse, muköse oder gemischte Drüsen handelt, können einzelne Strecken dieses Ausführungssystems fehlen und die Drüsen mit serösen oder mukösen Zellen oder einem Gemisch von beiden ausgestattet sein.

Die *Nerven der Speicheldrüsen* entstammen dem autonomen Nervensystem, und zwar den sympathischen Fasern aus dem Halsmark und den parasympathischen aus dem bulbären System des verlängerten Markes[4].

Die *Blutversorgung der Speicheldrüsen* ist in Anbetracht der Sekretleistungen umfangreich[5].

2. Biochemie der Speicheldrüsen.

Die *chemische Zusammensetzung und der Stoffwechsel der menschlichen und tierischen Speicheldrüsen* ist noch recht wenig erforscht[6]. Beim Menschen fand man in Speicheldrüsen 27% Trockensubstanz, die fast ganz aus Eiweiß (15%) und Fett (11%) besteht[7]. — Das *Mucin* und *Mucoid* aus den Gl. submandi-

[1] SCHEUNERT, A., u. F. W. KRZYWANEK: Pflügers Arch. **223**, 472 (1930). — [2] BONO, S.: Arch. Sci. med., Torino **49**, 591 (1927) [Ber. Physiol. **43**, 790]. — [3] v. MÖLLENDORFF, Lehrb. Histol. 25. Aufl. S. 298 ff. 1943. Handb. mikroskop. Anat. (v. MÖLLENDORFF) **5**/1 (1927). — GROEBBELS, F.: Funktionelle Anatomie und Histophysiologie der Verdauungsdrüsen. Handb. Physiol. **3**, 547—592 (1927). — [4] Näheres s. Landois-Rosemann 26. Aufl. S. 264 ff. — Babkin S. 72, Abb. 8; S. 82, Abb. 9. — BABKIN, B. P.: Trans. R. Soc. Canada (V) (3) **25**, 205 (1931) [Ber. Physiol. **72**, 88]. — ROSSI, F., e V. MOCCHI: Z. Zellforsch. **22**, 650 (1935) [Ber. Physiol. **87**, 50]. — [5] Näheres s. RAUBER-KOPSCH, Lehrb. Anatomie. 17. Aufl. Bd. 2. Leipzig 1945. — ANOCHIN, P., D. GOLDBERG u. N. ŠAMARINA: Russ. fiziol. Ž. **13**, 402 (1930) [Ber. Physiol. **59**, 221]. — IVY, A. C.: Gastrointestinal Principles in Glandular Physiology and Therapy. S. 439. Chicago 1935. J. amer. med. Ass. **117**, 1013 (1941). — [6] SCHULZ, F. N.: Handb. Biochem. **4**, 464—467 (1925). — Babkin S. 163. — [7] MAGNUS-LEVY, A.: B. Z. **24**, 363 (1910).

bulares des Stieres scheint weitgehend mit dem der Gl. sublinguales identisch zu sein. Aus 1 kg Submandibularisdrüsen wurden 17 g Mucin und 0,7 g Mucoid gewonnen[1]. Von Enzymen in den Speicheldrüsen des Menschen, Hundes, Pferdes und Schweines ist das allgemeine Vorkommen von Fermenten, von Amylase, Proteinasen und Peptidasen festgestellt worden, jedoch scheint allein die Amylase sezerniert zu werden (s. dagegen S. 23). Die proteolytischen Enzyme dürften dem lymphoidlymphatischen Gewebe der Drüsen angehören. Die Zellen und Speichelbakterien sind die Träger der verschiedenen proteolytischen Reaktionen[2, 3]. Die drei großen Speicheldrüsen von Mensch, Hund, Rind, Pferd, Schwein und Katzen enthalten eine *blutdrucksenkende Substanz* (Kallikrein), die beim Menschen auch in den Mundspeichel sezerniert wird[4]. *Blutgruppenspezifische Substanzen* A und B ließen sich beim Menschen am meisten in der Gl. sublingualis, weniger in der Gl. submandibularis und nur Spuren in der Parotis nachweisen[5]. Eine *innersekretorische Funktion* der Speicheldrüsen ist bis heute noch unbewiesen, eher abzulehnen[6]. Zahlreiche Autoren nehmen eine antidiabetische Wirkung derselben beim Menschen und Hunde an[7].

3. Die Sekretion des Speichels[8].

Im allgemeinen findet eine Sekretion des Speichels nur während der Nahrungsaufnahme und des Kauens statt; in den Zwischenpausen ist sie auf ein Minimum reduziert. Die Auslösung der Sekretion geschieht auf reflektorischem Wege, wobei in der Regel zweierlei Reflexe wirksam sind, die bedingten und die unbedingten (PAWLOW[9]).

a) Die bedingten Reflexe. Eine psychische Speichelsekretion ist bisher nur beim Menschen, beim Hund und in geringem Ausmaß beim Schwein[10] sicher nachgewiesen.

Die früher angenommene, geringgradige psychische Sekretion beim kleinen Wiederkäuer wird neuerdings auf den mechanischen Reiz der Zungen- und Lippenbewegungen zurückgeführt, welche die Tiere beim Wunsch zur Nahrungsaufnahme ausführen[11]. Die großen Wiederkäuer und das Pferd zeigen keine psychische Speichelsekretion[12, 13].

b) Die unbedingten Reflexe beherrschen die Säftesekretion bei fast allen Säugetieren außer beim Menschen. Sie werden ausgelöst durch mechanische und chemische Reize, die mit der Nahrung auf die Mundschleimhaut einwirken. Bei den Tieren überwiegen die mechanischen Reize stark, während beim Menschen die chemischen Reize eine umfangreichere Sekretion auslösen als die mechanischen[14]. Beide Reize zusammen wirken kräftiger als jeder für sich.

---

[1] TANABE, Y.: J. Biochem. **30**, 181 (1939). — [2] WILLSTÄTTER, R., E. BAMANN u. M. ROHDEWALD: H. **186**, 85 (1930). — [3] HARRISON, R. W.: Oral microbiology. Ann. Rev. Microbiol. **3**, 317 (1949). — [4] WERLE, E., u. P. v. RODEN: B. Z. **286**, 213 (1936); **301**, 328 (1939). — [5] TASIRO, K.: Z. Immun.-Forsch. **93**, 110 (1938). — [6] KONDO, T.: Mitt. med. Akad. Kioto **3**, 48 (1928) [Ber. Physiol. **76**, 509]. — ALEXANDRE, A.: Arch. ital. Mal. Appar. diger. **2**, 155 (1933) [Ber. Physiol. **76**, 509]. — [7] MANSFELD, G.: Kli. Wo. **1927 I**, 195. A. e. P. P. **130**, 28 (1928). — SEELIG, S.: Kli. Wo. **1928 I**, 1228. — [8] Babkin S. 21ff. — FABIAN, G.: Physiologie und Pathologie der Speichelsekretion des Menschen in ihrer Beziehung zur Magenfunktion. Halle 1938. — REIN, H.: Einführung in die Physiologie des Menschen. 8. Aufl. S. 207. Berlin, Göttingen, Heidelberg 1947. — QUIGLEY, J. P.: Ann. Rev. Physiol. **2**, 45 (1940); **8**, 145 (1946). — [9] PAWLOW, J. P.: Psychische Erregung der Speicheldrüsen. Ergebn. Physiol. **3**, 177—193 (1904). Ein neues Laboratorium zur Erforschung der bedingten Reflexe. Ergebn. Physiol. **11**, 357—371 (1911). — [10] TRAUTMANN, A., u. H. ALBRECHT: Arch. Tierernähr. Tierz. **64**, 93 (1931). — [11] SCHEUNERT, A., F. W. KRZYWANEK u. K. ZIMMERMANN: Pflügers Arch. **223**, 462 (1930). — [12] COLIN, G.: Traité de physiologie comparée des animaux. 3. éd. Bd. 1, S. 644. Paris 1885. — [13] SCHEUNERT, A., u. A. TRAUTMANN: Pflügers Arch. **192**, 1, 33, 70 (1921). — [14] BIENKA, E. J., et C. SZCZEPANSKI: C. R. Soc. Biol. **123**, 32 (1936).

Dies geht besonders daraus hervor, daß bei den Herbivoren, die wegen der anatomischen Enge des Unterkiefers gegenüber dem Oberkiefer nur einseitig kauen können, *die Drüsen der Kauseite* stärker, *teilweise sogar allein sezernieren*, während die gegenüberliegenden Drüsen vollkommen ruhen können[1]. Die Parotis des Schweines, das zwar nicht vollkommen einseitig kaut, sondert auf der Kauseite ebenfalls viel mehr Speichel ab[2]. Einzelheiten über die Absonderung der Ohrspeicheldrüse beim Menschen s. [3, 4].

Bei der *Aufnahme von Flüssigkeiten* wird im allgemeinen kein Speichel beigemischt. Jedoch soll beim Menschen nach Wasseraufnahme die Speichelmenge unter gleichzeitiger Steigerung des Schleimgehaltes zunehmen[5].

Milch scheint dagegen die Sekretion nicht zu vermehren; dies wurde nachgewiesen für die Parotis von Ziegenlämmern[6], für die Gl. mandibularis des Pferdes[7] und der Ziege[8] und für die Gl. submandibularis und Gl. parotis des Hundes[9]. Die Ursache hierfür soll nicht das Fett und das Casein der Milch sein, da auch süße Molken ebenso wirken. Die Milch[9] beeinflußt besonders die Schleimdrüsen und die gemischten Drüsen, viel weniger die Parotis.

In ähnlicher Weise wie die großen Speicheldrüsen verhalten sich auch die *Schleimdrüsen der Mundhöhle* bei Mensch und Hund[10, 11]. Auch sie sezernieren nicht dauernd, sondern nur nach Reizung der Mundschleimhaut, wobei schwache (vor allem mechanische) Reize die Schleimdrüsen, stärkere chemische Reize mehr die Speicheldrüsen zur Sekretion anregen.

4. Die Menge des Speichels.

Weil die mechanischen Reize die Speichelsekretion am stärksten beeinflussen, hängt die *Menge des Sekretes hauptsächlich von der Beschaffenheit der Nahrung*, z. B. ihrer Konsistenz und Oberfläche ab. Im Durchschnitt dürfte bei üblicher Nahrung die tägliche Speichelmenge für den *Menschen* mit 500—1000 g, für das *Pferd* mit 40 kg und für den *großen Wiederkäuer* mit 60 kg nicht zu hoch bemessen sein, z. B. für eine mittelgroße Kuh 28 Liter Tagesspeichel[12]. Allein das Kauen der Tagesmahlzeiten erfordert beim Menschen 500—700 g Speichel[13]. Beim *Menschen* mit einer Parotisfistel sah man[14] während des Kauens in 30 min 20,4 cm³ Speichel abfließen, in der Ruhe nur 0,4 cm³.

Vom *Pferd* wird bei einer trockenen Nahrung (Heu) etwa die 4—5fache, bei Nahrungsmitteln mit mittlerem Wassergehalt (Körnerfutter) die doppelte und bei wasserreichen Nahrungsmitteln (Grünfutter) die Hälfte des verzehrten Futtergewichtes an Speichel abgesondert[15]. Die *Hauptmenge* stammt dabei stets *aus der Parotis*, die z. B. beim Pferd eine 15—20mal so große Menge liefert wie die Mandibularis, trotzdem diese nur um $^1/_4$ kleiner ist. Auch die Parotis des Rindes scheidet, trotzdem sie die gleiche Größe hat wie die Mandibularis, in derselben Zeit die 4—6fache Menge Speichel ab.

Auch die *Dauer der Nahrungsaufnahme* spielt neben der Menge und der Beschaffenheit der Nahrung für die Absonderung eine Rolle[16]. So gab ein Schwein bei der Aufnahme eines bestimmten Futtergemisches innerhalb 80 min gleichzeitig 207 cm³ Speichel durch die

[1] SCHEUNERT, A.: BAUM-Festschrift S. 297. 1929 [Ber. Physiol. **55**, 210]. — SCHEUNERT, A., F. W. KRZYWANEK u. K. ZIMMERMANN: Pflügers Arch. **223**, 453 (1930). — SCHEUNERT, A., u. A. TRAUTMANN: Pflügers Arch. **192**, 1, 33 (1921). — [2] TRAUTMANN, A.: Wiss. Arch. Landwirtsch. (B) **7**, 216 (1932). — TROITZKI, J. A.: Fiziol. Ž. SSSR **20**, 428 (1936) [Ber. Physiol. **95**, 580]. — [3] ZEBROWSKI, E. v.: Pflügers Arch. **110**, 105 (1905). — [4] BRUNACCI, B.: Arch. Fisiol. **8**, 421 (1911). — [5] BIRJUKOV, D.: Fiziol. Ž. SSSR. **17**, 227 (1934). — [6] TRAUTMANN, A., u. H. ALBRECHT: Arch. Tierernähr. Tierz. **64**, 93 (1931). — [7] WASSMANN, O.: Diss. med. veterin. Hannover 1934. — [8] WARNECKE, K.: Diss. med. veterin. Hannover 1933. — [9] ACHRAP, L. K., u. N. A. PODKOPAEW: Pflügers Arch. **224**, 539 (1930). — [10] MONTGOMERY, M. F.: Proc. Soc. exp. Biol. Med. **31**, 717 (1934). — [11] MONTGOMERY, M. F., and J. S. STUART: Amer. J. Physiol. **115**, 497 (1936). — [12] CHRZĄSZCZ, T., u. Z. SCHECHTLÓWNA: B. Z. **219**, 30 (1930). — [13] TUCZEK, F.: Z. Biol. **12**, 534 (1876). — [14] KÜSS, G.: J. Anat. Physiol., Paris **35**, 246 (1899). — [15] SCHEUNERT, A., A. TRAUTMANN u. F. W. KRZYWANEK: Lehrbuch der Veterinär-Physiologie. Berlin 1939. — [16] TRAUTMANN, A.: Wiss. Arch. Landwirtsch. (B) **7**, 216 (1932).

Parotis ab. In einem anderen Versuch wurde dieselbe Futtermenge in 40 min aufgenommen, wobei die Parotis nur 76 cm³ Speichel sezernierte.

Während im allgemeinen die großen Drüsen nur während des Kauens sezernieren, sind *bei den Wiederkäuern* die Parotiden und ventralen Backendrüsen auch zwischen den Mahlzeiten tätig; sie besitzen hier also eine *Dauersekretion*. Der im Laufe des Tages abgesonderte Speichel setzt sich bei diesen Tieren demnach aus der Kau- und Wiederkau- und der Ruhesekretion zusammen, deren Mengen sich etwa wie 2:1 verhalten[1]. Auch hier hat die Parotis den größten Anteil an der Sekretion. Ihre Ruhesekretion erreicht, wie schon aus den obigen Zahlen hervorgeht, verhältnismäßig hohe Werte; man fand in 10 min beim Rind[2] 133 bis 333 g, beim Schaf[3] 20—40 g Speichel, also über 5000 g je 24 Stunden. Die Dauersekretion der Ziege[4] ist noch umfangreicher. Während des Wiederkauens sezernieren nur die Parotiden und ventralen Backendrüsen vermehrt; die Gl. mandibularis bleibt dabei in Ruhe[5]. Auch bei den Wiederkäuern ist wie beim Pferd eine deutliche Abhängigkeit von der Kauseite vorhanden.

5. Die Sekrete der einzelnen Speicheldrüsen.

a) Der Parotisspeichel[6]. Seine Absonderung wird teils vom cerebralen (via N. glossopharyngeus) und teils vom sympathischen[7] Nervensystem vermittelt. Sie kann durch psychische Einflüsse und durch Reizung der Drüsennerven, sei es direkt (bei Tieren) oder reflektorisch durch chemische oder mechanische Reizung der Mundschleimhaut hervorgerufen werden. Von den chemischen Reizmitteln sind die Säuren die wichtigsten. Die *Menge* der Parotissekretion ging bei einem Mann mit Stenonianusfistel der Menge der H-Ionen (0,01—0,1 n) in der Reizflüssigkeit[8] parallel. Ein Mensch mit Fistel gab je $^1/_2$ Stunde nüchtern 0,5 cm³, beim Kauen 20,8 cm³ Parotisspeichel ab[9]. Nach einer neueren Arbeit[10] sonderten die Parotiden von 18 Personen nach Reizung mit 0,05- und 0,5%iger Weinsäure im Mittel 0,3—14 cm³ pro min ab. Reizung mit 0,1 n HCl lieferte 0,05—1,3 cm³ pro min[11]. Das Kauen regt ebenfalls die Parotissekretion stark an, was besonders deutlich bei einigen Pflanzenfressern zu sehen ist. Ein Pferd gab aus einer Parotisfistel während des Kauens 200—8500 g Speichel[12] ab.

Parotisspeichel vom Menschen kann durch Einführen einer Kanüle in den Ductus stenonianus leicht gesammelt werden. Er ist dünnflüssig, nicht fadenziehend und schwächer alkalisch als der Submandibularisspeichel (die ersten Tropfen sind bisweilen neutral oder sauer ohne besonderen Geruch oder Geschmack). Er enthält wenig Eiweiß, aber kein Mucin, da die Gl. parotis des Menschen eine seröse Drüse ist. Mit der Stärke des Reizes zur Sekretion wächst beim Menschen die Sekretionsgeschwindigkeit und mit ihr der p_H-Wert (von 6,28 bis 6,80 auf 7,06 bis 7,50), die elektrische Leitfähigkeit, der osmotische Druck, aber nur innerhalb bestimmter Sekretionsmengen[13].

Parotisspeichel von Tieren. Zur Gewinnung des Parotissekretes legt man bei Tieren (Hunden usw.) Fisteln nach Pawlow[14] an. Nach einiger Zeit ist jedoch mit histologischen

[1] Ellenberger, W., u. A. Scheunert: Vergleichende Physiologie der Haustiere. 3. Aufl. Berlin 1925. — [2] Colin, G.: Traité de physiologie comparée des animaux. 3. éd. Bd. 1, S. 644. Paris 1885. — [3] Scheunert, A., F. W. Krzywanek u. K. Zimmermann: Pflügers Arch. **223**, 453 (1930). — [4] Trautmann, A., u. H. Albrecht: Arch. Tierheilkde. **64**, 93 (1931). — [5] Scheunert, A., u. A. Trautmann: Pflügers Arch. **192**, 1, 33 (1921). — [6] Schulz, F. N.: Der Parotisspeichel. Handb. Biochem. **4**, 489—492 (1925). — [7] Balandina, O. A.: Bull. Biol. Méd. exp. URSS **6**, 581 (1938) [Ber. Physiol. **114**, 588]. — [8] Zakrzewska, J.: J. Physiol. Path. gén. **23**, 47 (1925). — [9] Küss, G.: Jber. Fortschr. Tierchem. **28**, 343 (1898) (zit. nach Schulz[6]). — [10] Barnett, G. D., and R. G. Bramkamp: Proc. Soc. exp. Biol. Med. **27**, 118 (1929). — [11] Infantellina, F.: Boll. Soc. ital. Biol. sperim. **24**, 312 (1948). — [12] Ellenberger, W., u. V. Hofmeister: Arch. Tierheilkde. **7**, 261, 433 (1881). — [13] Zagami, V., e G. di Stefano: Arch. Sci. biol., Napoli **26**, 232 (1940). — [14] Pawlow, J. P.: Die physiologische Chirurgie des Verdauungskanals. Ergebn. Physiol. **1**, 246—284 (1902). — Babkin S. 15. — Babkin, B. P.: Gewinnung reiner Sekrete der Verdauungsdrüsen. Handb. Physiol. **3**, 682—688 (1927).

Änderungen des Drüsenparenchyms und einer Abweichung der normalen Sekretion zu rechnen[1].

Carnivoren liefern ein seromuköses Sekret[2]. Bei den Pflanzenfressern ist die Drüse mächtig ausgebildet und für die Verdauung der Pflanzennahrung besonders wichtig. Schafe[3] geben aus jeder Parotisdrüse in 24 Stunden 930—1840 cm³ Speichel ab. Nicht der Anblick des Futters, sondern das Wiederkauen regt die Sekretion an.

Die *Zusammensetzung des Parotisspeichels* von Mensch und Tier ist noch wenig systematisch erforscht, man ist vielfach auf alte Arbeiten angewiesen. Je nach der die Sekretion anregenden Substanz wechselt die Zusammensetzung des Parotisspeichels bei Kindern[4].

Im *Parotitisspeichel des Menschen* fand man 23—45 mg % *Harnstoff* und 4,5 bis 7,5 mg % Milchsäure je nach Sekretions-

Tabelle 1. **Zusammensetzung des Parotisspeichels*.**

	Mensch	Hund	Schwein[13]	Pferd[15]	Rind[16]	Schaf[17]	Ziege[19]
Spez. Gew.	1,003—1,012[6]	—	1,002—1,009	1,005—1,007	—	1,009—1,012	1,002—1,263
pH	6,28—7,50	7,6—7,8[8]	—	—	—	8,1[13]	—
Wasser g%	97,55—99,24	99,2—99,3	95,4—99,7	98,7—99,5	99,0—99,1	98,8—98,9	98,04—99,3
Trockensubstanz g%	0,76—2,45[7,6]	0,7—0,8[10]	0,3—4,6	0,5—1,3	0,9—1,0	1,1—1,2	0,7—1,96
Asche mg %	270—700[7]	400—700[10]	120—360	220—500	800—1000	130—600	620—1620
Cl mg %	—	170—328[11]	—	20—217	—	—	10—12
Alkalireserve Vol.-%	40—110[8]	—	—	—	—	—	—
Gesamt-N mg %	60—134[8]	—	—	32—140	—	—	—
Rest-N mg %	60—134[8]	14—16[12]	12—278	—	—	—	10—46
Fermente	Amylase, Mucinase[21], Oxydase, Protease[9]	Lipase[8]	Amylase[14]	—	— —	— —	— —

* Werte z. T. abgerundet, nach LENKEIT[5] und nach neuerem Schrifttum zusammengestellt. Zusammensetzung des Parotisspeichels der Kinder[20].

[1] SCHEUNERT, A., u. A. TRAUTMANN: Pflügers Arch. **192**, 70 (1921). — [2] METZNER, R.: Pflügers Arch. **201**, 60 (1923). — [3] MCDOUGALL, E. I.: Biochem. J. **43**, 99 (1948). — [4] PETROWA, W. W., u. N. R. SCHASTIN: Fiziol. Ž. SSSR **30**, 484 (1941) [Ber. Physiol. **127**, 238]. — [5] LENKEIT, W.: Ergebn. Physiol. **35**, 586 (1933). — [6] Hammarsten (11. Aufl. S. 356) gibt 0,5—1,6% Trockensubstanz an. — [7] ZEBROWSKI, E. v.: Pflügers Arch. **110**, 105 (1905). — [8] KOLDAJEW, B., u. O. PIKUL: B. Z. **212**, 53 (1929). — [9] VOSS, O.: H. **197**, 42 (1931). — [10] WERTHER, M.: Pflügers Arch. **38**, 293 (1886). — [11] BAXTER, H.: J. biol. Ch. **102**, 203 (1933). — [12] ALEXENZEVA, E.: Biochimija, Moskau **13**, 73 (1939) [Ber. Physiol. **116**, 244]. — [13] TRAUTMANN, A.: Arch. Tierernähr. Tierz. **7**, 216 (1932). — s. a. [5]. — [14] SCHEUNERT, A., A. TRAUTMANN u. F. W. KRZYWANEK: Lehrbuch der Veterinär-Physiologie. Berlin 1939. — [15] SCHEUNERT, A., u. A. TRAUTMANN: Pflügers Arch. **192**, 1, 33, 70 (1921). — GOTTSCHALK, A.: Diss. med. veterin. Zürich 1909/10. — [16] ELLENBERGER, W., u. V. HOFMEISTER: Pflügers Arch. **41**, 484 (1887). — [17] POPOW, N. A., u. A. A. KUDRJAWZEW: Jber. Veterin.-Med. **50**, I, 109 (1931). — POPOW, N. A., A. A. KUDRJAWZEW, ANUROW u. a.: Physiologie des Schafes. Moskau 1931. Zit. nach [5]. — [18] MCDOUGALL, E. I.: Biochem. J. **43**, 99 (1948). — [19] TRAUTMANN, A., u. H. ALBRECHT: Arch. Tierheilkde. **64**, 93 (1931). — [20] PETROWA, W. W., u. N. R. SCHASTIN: Fiziol. Ž. SSSR **30**, 484 (1941) [Ber. Physiol. **127**, 238]. — [21] CAVAZZUTTI, F.: Boll. Soc. ital. Biol. sperim. **24**, 1 (1948).

geschwindigkeit[1], bei lang andauernder Sekretion 20—40 mg % Milchsäure[2]. Mit der Zunahme der Sekretion steigt auch der *Eiweißgehalt*[3] von 11 mg N bei 0,5 cm³ Speichel pro min auf 58 mg N bei 2 cm³ pro min. — Auch im zentrifugierten Parotissekret läßt sich ein tryptisches Ferment[4] nachweisen. *Rhodanion* soll reichlich vorhanden sein, während es bei den Tieren fehlt. *Gasanalysen*[5] geben für menschlichen Parotisspeichel an: 0,8—1,5 Vol.-% O_2, 2,4—3,8% N_2, 2,3—4,6% CO_2 gelöst und 40,2—62,5 Vol.-% gebundenes CO_2, also etwa 66,7% des Gesamt-CO_2. Die Magenverdauung beeinflußt das gebundene CO_2 des Parotisspeichels nicht. Die anorganischen Bestandteile des *Hunde-Parotisspeichels*[6] enthalten im Vergleich zum gemischten Speichel mehr Ca- und Cl-Ionen und eine größere Alkalireserve bei fast gleichem K-Gehalt.

Tabelle 2. Zusammensetzung von Parotis- und gemischtem Speichel des Hundes[6].

(Grenz- und Mittelwerte in mg % nach verschiedenen Reizen.)

	Parotis	Gemischte Speicheldrüsen
Trockenrückstand	1000 — **1400** — 1600	440 — **1030** — 1610
Organische Substanz	300 — **560** — 900	150 — **580** — 1140
Asche	540 — **750** — 890	290 — **450** — 610
Kalium	25 — **60** — 92	48 — **64** — 92
Calcium	20 — **24** — 27	5,8 — **9,1** — 13,2
Chlor	170 — **290** — 328	58 — **153** — 246
Phosphor	0,7 — **1,3** — 2,5	1,2 — **2,0** — 3,0
Säurebindungsvermögen (cm³ 0,1 n)	25 — **51** — 66	17,6 — **25** — 32

b) Der Submandibularisspeichel[7]. Je nach Sekretionsverhältnissen hat der Submandibularisspeichel verschiedene Beschaffenheit und Zusammensetzung. Die Absonderung ist abhängig teils vom parasympathischen Nervensystem durch die in der Chorda tympani verlaufenden Facialisfasern („Chordaspeichel"), teils vom sympathischen Nervensystem durch die mit den Gefäßen in die Drüse eintretenden Fasern (Sympathicusspeichel). Nach Durchschneidung der Drüsennerven oder nach Vergiftung mit Curare erhält man eine dritte Art, den „paralytischen" Speichel.

Beim *Menschen* kann man durch Einführung einer Kanüle in die Papillaröffnung des WHARTONschen Ausführungsganges leicht Submandibularisspeichel gewinnen. Menschlicher Chorda- oder Sympathicusspeichel sind noch nicht getrennt untersucht worden. Die Arbeiten über die chemische Zusammensetzung des menschlichen Submandibularisspeichels sind spärlich und sollten wieder aufgenommen werden.

Der Submandibularisspeichel des Menschen[8, 9] ist gewöhnlich klar, ziemlich dünnflüssig, ein wenig fadenziehend und leicht schäumend. Gegen Lackmus reagiert er alkalisch. Anorganische Bestandteile[8]: $Na^{\cdot}$, $K^{\cdot}$, Cl', $Mg^{\cdot\cdot}$, $Ca^{\cdot\cdot}$, PO_4''', HCO_3', SCN'. Organische: Mucin[10], Amylase, die bei mehreren Tieren fehlt, sonst nur Spuren von Eiweiß.

---

[1] BARNETT, G. D., and R. G. BRAMKAMP: Proc. Soc. exp. Biol. Med. **27**, 118 (1929) [Ber. Physiol. **54**, 751]. — [2] ALEXENZEWA, E. S.: J. Physiol. USSR **29**, 211 (1941) [C. **1942 II**, 1251]. — [3] BRAMKAMP, R. G.: J. biol. Ch. **114**, 369 (1936). — [4] VOSS, O.: H. **197**, 42 (1931). — [5] KÜLZ, R.: Z. Biol. **23**, 321 (1887). — [6] BAXTER, H.: J. biol. Ch. **102**, 203 (1933). — [7] SCHULZ, F. N.: Handb. Biochem. **4**, 492 (1925). — [8] Hammarsten 11. Aufl. S. 355 (1926). — [9] PETROWA, W. W., u. N. R. SCHASTIN: Fiziol. Ž. SSSR **30**, 484 (1941) [Ber. Physiol. **127**, 238]. — [10] TANABE, Y.: J. Biochem. **30**, 181 (1939).

Tabelle 3. Zusammensetzung des Submandibularisspeichels[1]*.

	Mensch	Hund	Pferd[2]	Rind	Schaf	Ziege[3]
Spez. Gewicht	1,002—1,003	—	1,007—1,006[5]	—	—	1,001—1,005
Wasser . . g %	99,55—99,64	99,2—99,6	99,25	98,9—99,6	99,0—99,6	—
Trockensubst. g %	0,36—0,45	0,4—0,8	0,75	0,4—1,1	0,4—1,0	—
Organ. Bestandteile g %	—	0,1—0,3	0,5	0,1—0,2	0,3—0,8	—
N . . . mg%	ca. 62—134[4]	—	25—80	—	—	13—68[3]

* Werte abgerundet.

Der Submandibularisspeichel des Hundes ist am häufigsten untersucht; allerdings weniger seine chemische Zusammensetzung als die Beeinflussung der Sekretionsverhältnisse durch Parasympathicus- (= Chorda-) und Sympathicusreizung, sowie durch Pharmaka wie Pikrotoxin und Adrenalin u. a. Der Unterschied zwischen Chorda- und Sympathicusspeichel besteht beim Hund hauptsächlich in der quantitativen Zusammensetzung. Der weniger reichlich abgesonderte Sympathicusspeichel ist dickflüssiger, zäher und reicher an Trockensubstanz, besonders an Mucin, im Vergleich zum vermehrt fließenden Chordaspeichel.

Tabelle 4. Eigenschaften und Zusammensetzung des Submandibularisspeichels vom Hund nach Sympathicus- und Parasympathicusreizung[5, 6].

	Nach Sympathicus-Reizung	Nach Parasympathicus-(Chorda-)Reizung	Methodik
Spez. Gewicht[5]	1,029—1,041	1,005—1,012	
p_H[5]	7,08—7,37	7,60—7,87	
Gefrierpunkts-erniedrigung Δ	0,175—0,30°	0,38—0,48°	
Oberflächenspannung . .	größer	kleiner	
Viscosität	kleiner	größer	
Alkalescenz	geringer	größer	
Acidität	größer	geringer	
Trockensubstanz[7] mg %*	1600—2800	1200—1400	
Na . . . . mg %	88—**130**—178	78—**120**—214	Kramer u. Tisdall
K . . . . mg %	100—160	35—60	Kramer u. Tisdall
Mg . . . . mg %	3,9	1,7	Denis
Ca	40	9,5—11,3	Kramer u. Tisdall
Cl . . . . mg %	130—250	100—220	Van Slyke
Albumin . . . . mg %	500—1050	220—420	Mikro-Kjeldahl n. Pregl
Mucin . . . . . mg %	500—1600	230—440	,, ,, ,,
Rest-N . . . . . mg %	—	20—30	,, ,, ,,

* Sehr schwankende Werte.

Im Submandibularisspeichel des Hundes ist nach Sympathicusreizung der Gehalt an K, Ca und organischen Substanzen höher, an Na und Cl niedriger als nach Chordareizung (s. Tab. 4). Der Ca-Wert des Chordaspeichels bleibt dem des venösen und arteriellen Blutes gleich, während die übrigen Ionen (Na, K, Cl) auf 30—60% des Ausgangswertes sinken,

[1] Ellenberger, W., u. V. Hofmeister: Arch. Physiol., Suppl. **1887**, 138. — [2] Wassmann, O.: Diss. med. veterin. Hannover 1934. — [3] Warnecke, K.: Diss. med. veterin. Hannover 1933. — [4] Petrowa, W. W., u. N. R. Schastin: Fiziol. Ž. SSSR **30**, 484 (1941) [Ber. Physiol. **127**, 238]. — [5] Kesztyüs, L., u. J. Martin: Magyar orv. Arch. **40**, 346 (1939) [Ber. Physiol. **117**, 245]. — [6] Kesztyüs, L., u. J. Martin: Pflügers Arch. **239**, 408; **241**, 241 (1938). — [7] Hammarsten 11. Aufl. S. 355.

vielleicht weil Ca einfach aus dem Blut „filtriert" und nicht von der Drüse aktiv sezerniert wird[1]. Bei der Katze läßt die sonst für Glucose dichte Drüse nach Adrenalingaben Zucker aus dem Blut in den Speichel übergehen[2].

Submandibularisspeichel von Kaninchen[3] ist nach Unterbrechung der Chorda tympani oder des oberen Cervicalganglions wie bei intakter Innervation zusammengesetzt.

c) Der Sublingualisspeichel[4]. Der Unterzungendrüsenspeichel wird vom sympathischen und parasympathischen Nervensystem beeinflußt und gleicht auch in seiner Zusammensetzung dem der Gl. submandibularis. Seine Menge ist jedoch viel geringer, sein Mucingehalt am höchsten von allen Speichelarten, wenn auch je nach Nahrung etwas wechselnd. Der *Sublingualisspeichel des Menschen* ist klar, schleimähnlich und stärker lackmusalkalisch als jener der Gl. submandibularis. Er enthält Mucin[5], Amylase und Rhodanionen[6]. Neuere weitere Befunde fehlen. Der *Chordaspeichel des Hundes* ist spärlich; er enthält zahlreiche „Speichelkörperchen", ist sonst aber durchsichtig und sehr zähe.

d) Der Mundschleim[6, 7]. Von Tieren kann er nur durch Absperrung des Sekretes sämtlicher großer Speicheldrüsen durch Unterbindung ihrer Ausführungsgänge gewonnen werden. Beim Hund fand man[7] so im Laufe einer Stunde recht wenig, etwa 2 g Mundschleim. Er ist eine dicke, sehr zähe, fadenziehende, mucinhaltige Flüssigkeit, die reich an geformten Bestandteilen, wie Plattenepithelien, Schleimzellen und Speichelkörperchen ist. Trockenrückstand etwa 1 g%.

6. Der gemischte Speichel[8—12].

a) Gewinnung[13]. Den gemischten Mundspeichel läßt man beim *Menschen* am einfachsten bei waagerecht gehaltenem Kopf und geöffnetem Munde ohne Schaumbildung in ein untergehaltenes Schälchen abtropfen. Während des Kauens von Paraffin kann ein Erwachsener in einer Stunde 50—100 cm³ gemischten Speichel produzieren[14]. Bei den *Haustieren* kann er entweder aus einer Oesophagusfistel oder durch Auswischen der Mundhöhle mit Wattebäuschchen und deren nachträgliche Auspressung erhalten werden.

b) Physikalische Eigenschaften. Der gemischte Mundspeichel ist beim Menschen eine farblose, schwach opalescierende, ein wenig fadenziehende, leicht schäumende Flüssigkeit ohne besonderen Geruch oder Geschmack. Er ist von Epithelzellen, Schleim und Speichelkörperchen, oft auch von Nahrungsrückständen getrübt. Die *Speichelkörperchen* stammen nicht aus den Speicheldrüsen, sondern sind ausgewanderte Leukocyten aus der Mundschleimhaut[15]. Auf 200 epitheliale Zellen kommen 100 zerfallende Zellen, 3 Leukocyten, 1 Monocyt und 1 Lymphocyt[16]. 1 cm³ Speichel enthält nach HAMMERSCHLAG[17] 400 bis 13400

---

[1] KESZTYÜS, L., u. J. MARTIN: Pflügers Arch. **241**, 241 (1938). — [2] HEBB, C. O., and G. W. STAVRAKY: Quart. J. exp. Physiol. **26**, 141 (1936) [Ber. Physiol. **97**, 420]. — [3] TAKAHASI, T.: Tôhoku J. exp. Med. **49**, 339 (1948). — [4] SCHULZ, F. N.: Handb. Biochem. **4**, 494 (1925). — [5] TANABE, Y.: J. Biochem. **29**, 377; **30**, 11 (1939). — [6] Hammarsten 11. Aufl. S. 356. — [7] BIDDER, F., u. C. SCHMIDT: Die Verdauungssäfte und der Stoffwechsel. S. 5. Mitau, Leipzig 1852. — Babkin S. 20.

Zusammenfassende Darstellungen über Speichel: 8—12. [8] SCHULZ, F. N.: Der Gesamtspeichel. Handb. Biochem. **4**, 469—489 (1925). — [9] Babkin S. 47—60. — [10] ROSEMANN, R.: Physikalische Eigenschaften und chemische Zusammensetzung der Verdauungssäfte unter normalen und abnormen Bedingungen. 1. Speichel. Handb. Physiol. **3**, 819 bis 838 (1927). — [11] LENKEIT, W.: Zusammensetzung des Speichels. Ergebn. Physiol. **35**, 583—588 (1933). — [12] KOPACZEWSKI, W.: Bull. Sci. pharmacol. **46**, 28 (1939).

[13] SCHEUNERT, A.: Methoden zur Untersuchung des Speichels und des Inhaltes des Verdauungsschlauches und der Faeces der Pflanzenfresser. Handb. biol. Arb.-Meth. Abt. IV, Teil 6/1, S. 1—32 (1926). — POTH, E. J.: Proc. Soc. exp. Biol. Med. **30**, 977 (1933) [Ber. Physiol. **74**, 480]. — [14] MEYER, K. H., E. H. FISCHER, P. BERNFELD et A. STAUB.: Exper. **3**, 455 (1947). — [15] JASSINOWSKY, M. A.: Frankf. Z. Path. **31**, 411 (1925). — STEPHENS, D. J., and E. JONES: Proc. Soc. exp. Biol. Med. **31**, 879 (1934) [Ber. Physiol. **81**, 462]. — [16] MARIANI, R.: Boll. Soc. med.-chir., Pavia **45**, 37 (1931) [Ber. Physiol. **61**, 490]. — [17] HAMMERSCHLAG, R.: Frankf. Z. Path. **23**, 272 (1920).

Speichelkörperchen. Bei ihrem Zerfall werden u. a. auch die Zellfermente frei. Vermutlich haben die Speichelkörperchen eine große, wenn auch noch unbekannte physiologische Bedeutung. Wie der Submandibularis- und Parotisspeichel überzieht sich der gemischte Speichel an der Luft mit einer aus Calciumcarbonat und ein wenig organischer Substanz bestehenden Haut oder wird durch Entweichen von CO_2 durch Ausfallen von Calciumcarbonat allmählich etwas trübe.

Die *Reaktion* des Speichels ist neutral, eher sauer; gegen Lackmus ist er aber regelmäßig alkalisch, weil der Umschlagspunkt dieses Indikators bei $p_H > 5$ liegt. Die Reaktion schwankt bei Mensch und Tier im Laufe eines Tages jedoch so bedeutend, daß ein Mittelwert wenig aussagt. Speichel von Wiederkäuern zeigt die höchsten p_H-Werte (s. Tab. 5). Weder beim Gesunden noch beim Kranken sind Beziehungen zwischen dem p_H des Speichels und des Magensaftes[1] zu finden, auch nicht zur Caries[2], wohl aber zur Alkalireserve des Blutes[3]. Unfiltrierter Speichel zeigte $p_H = 7,0$, filtrierter $p_H = 7,3$!

Tabelle 5. Wasserstoffionenkonzentration des Speichels.

	p_H	Tierart	p_H
Mensch	5,93 — **6,63** — 6,86[4]	Schwein[4]	7,15 — **7,32** — 7,44
	5,43 — **5,9** — 8,18[5]	Hund[4]	7,34 — **7,56** — 7,80
	6,0 — — 7,4[6]	Pferd[4]	7,31 — **7,56** — 7,80
	6,85 — — 7,65[7]	Rind[4]	7,99 — **8,10** — 8,27
	5,92 — **6,82** — 7,38[8]		
	→ 6,83 — **7,1** (± 0,3)[9] ← 6,90 — 7,09[10]		

Der Speichel hat *geringe Pufferwirkung*[11], und zwar wegen seines Gehaltes an Hydrogencarbonat, freier CO_2 und kleinen Eiweißmengen. Die Pufferkapazität entspricht beim Menschen und bei den Haustieren (Pferd[12], Rind[13], Schaf[12], Ziege[14]) etwa einer 0,004 bis 0,1 n Lauge.

Das Entweichen von CO_2 muß bei den Messungen verhindert werden. Bei mittlerer CO_2-Spannung des Blutes enthält der Speichel 12—18 cm³ CO_2 pro 100 cm³, davon 11 bis 10 cm³ als Hydrogencarbonat[15].

Der Speichel einer großen Schneckenart im Mittelmeer (Dolium galea, 1—2 kg schwer) enthält 3—4% freie H_2SO_4 und 4,0% HCl. MALY fand 0,8 und 0,98% H_2SO_4. Es ist jedoch nicht sicher, ob es sich dabei um Speichel und nicht etwa auch um Magensaft handelt, zumal eine verdauende Wirkung des Saftes nicht festgestellt werden konnte[16].

Das *spezifische Gewicht des* Speichels schwankt zwischen 1,002 und 1,008, die *Gefrierpunktserniedrigung* Δ zwischen 0,07 und 0,34° C.

[1] STENGEL, F.: Arch. Verd.-Krankh. **63**, 191 (1938). — REINDEL, W.: Kli. Wo. **1940**, 390. — [2] ENTIN, D. A., u. B. M. STARK: Dtsch. Mschr. Zahnheilkde. **46**, 1201 (1928) [Ber. Physiol. **49**, 489]. — [3] WATANABE, I.: Mitt. med. Ges. Tokyo **54**, 886 (1940) [Ber. Physiol. **124**, 327]. — OGATA, T., u. I. WATANABE: Proc. Imp. Acad., Tokyo **16**, 426 (1940) [C. **1942 I**, 371]. — [4] SCHWARZ, C., u. B. HERRMANN: Pflügers Arch. **202**, 475 (1924). — s. a. CHRZĄSZCZ, T., u. Z. SCHECHTLÓWNA: B. Z. **219**, 30 (1930). — [5] WINSOR, A. L., and B. KORCHIN: J. exp. Psychol. **23**, 62 (1938). — [6] HENDERSON, M., and J. A. P. MILLET: J. biol. Ch. **75**, 559 (1927). — [7] TÜRKHEIM, H.: Dtsch. Mschr. Zahnheilkde. **43**, 744 (1925). — [8] RICH, G. J.: Quart. J. exp. Physiol. **17**, 53 (1927). — [9] DEWAR, M. R.: Dent. J. Australia **21**, 113 (1949). — [10] LŐRINCZY, E., u. K. NÁDOR: Org. Hetil. **89**, 561 (1948) [Excerpta med. **II**/2, 890]. — [11] SOYENKOFF, B. C., and C. F. HINCK jr.: J. biol. Ch. **109**, 467 (1935). — GRECO, S.: Boll. Soc. med.-chir. Catania **3**, 689 (1935) [Ber. Physiol. **91**, 459]. — SELLMAN, S.: Acta odontol. scand. **8**, 244 (1949). — [12] SCHEUNERT, A., u. A. TRAUTMANN: Pflügers Arch. **192**, 1, 33 (1921). — WEYERS, H.: Diss. med. veterin. Berlin 1937. — [13] MARKOFF, J.: B. Z. **57**, 1 (1913). — [14] TRAUTMANN, A., u. H. ALBRECHT: Arch. Tierheilkde. **64**, 93 (1931). — [15] MARENZI, A. D., et J. J. ROSSIGNOLI: C. R. Soc. Biol. **99**, 176 (1928). — [16] TROSCHEL: J. prakt. Chem. **63**, 170 (1854). — LUCA, S. DE, et P. PANCERI: Cr. **65**, 577, 712 (1867). — MALY, R.: S.-B. Akad. Wiss. Wien (IIb) **81**, 376 (1880).

c) Die chemische Zusammensetzung des gemischten Speichels[1]. Sowohl bei den einzelnen Tierklassen als auch beim gleichen Tier ist der Speichel je nach Funktionszustand der Drüsen und nach Art des Reizes recht wechselnd zusammengesetzt. Nicht nur das jeweilige Verfahren zur Gewinnung des Speichels, die verschiedenen Sekretionsreize, sondern auch das analytische Vorgehen kann zu beträchtlichen Schwankungen der Zahlenergebnisse führen. Schon das Entfernen der Sedimente des menschlichen Speichels durch Zentrifugieren bewirkt Abnahmen des Ca um 9 bis 18%, des P um 6%. „Alles in allem sind die Schwankungen in der Zusammensetzung des Speichels so groß, daß sie die etwa zu anderen Erscheinungen bestehenden Verhältnisse zu verdecken geeignet sind"[2]. Die abweichenden Zahlenangaben der Speichelanalysen sind also verständlich und nur dann verwertbar, wenn auch die näheren Bedingungen für die Speichelsekretion und -gewinnung angeführt sind. Viele Einzelbefunde des Schrifttums können heute noch nicht ausgewertet werden. Eine sichere Abhängigkeit der Speichelzusammensetzung von der Nahrung ist bisher nicht festgestellt worden.

Bei Pferden[3], Ziegen[4] und Schweinen[5] ist der zu Beginn der Futteraufnahme abgegebene Speichel reicher an Trockensubstanz und Asche als der später abgesonderte. Beim Hund[6] nimmt dagegen während der Fütterung die Trockensubstanz im Speichel zu, wenn die Sekretionsgeschwindigkeit zurückgeht. Bei Schafen s.[7].

α) Mineralstoffe. Der gemischte Mundspeichel ist bei allen Tieren mit 99 bis 99,5% *Wasser* (Tränen 98,2!) das wasserreichste Sekret. Die *anorganischen Bestandteile* sind beim Menschen in der Hauptsache Kaliumsalze und Phosphate; Chloride, Hydrogencarbonate, Natrium und Calcium treten etwas zurück.

Bei *Wiederkäuern* überwiegt das Na, das 30% der Asche ausmacht; nur 2,4% der Asche ist K. Der Speichel des Schafes ist eine fast reine Lösung von Na- und K-Hydrogencarbonat mit wenig Cl- und PO_4-Ionen.

Dem *Rhodangehalt* im menschlichen Speichel[8] sind viele Untersuchungen gewidmet worden, aber seine Bedeutung ist noch ungeklärt. Zweifellos werden Rhodanionen durch die Speicheldrüsen bevorzugt ausgeschieden. Starke Gewohnheitsraucher scheiden 20 bis 400 mg% SCN′ aus, aber auch der Speichel von Nichtrauchern enthält noch 5 bis 20 mg% SCN′. Nach MATHIS[8] besteht kein Zusammenhang zwischen Rhodangehalt und Tabakrauchen.

Bei Schwangeren fand TORTORA[9] im Speichel einen Mittelwert 2,3, vor der Geburt 1,3, nach der Geburt 1,7 und im Kindbett 4,5 mg % SCN′. Danach senkt Schwangerschaft den Rhodangehalt im Speichel. Das Durchschnittsergebnis bei Männern war im Gegensatz zu den obigen Befunden: Raucher 3,3, Nichtraucher 17,2 mg% SCN′.

Im Speichel des Hundes kommen wie beim Menschen nur geringe Mengen an Rhodanionen vor, bei anderen Haustieren fehlen sie ganz[10].

Bei medikamentöser Zufuhr werden Quecksilber und Wismut in den Speichel ausgeschieden.

Zahnstein und Speichelsteine. Aus dem Speichel bilden sich gelegentlich Ablagerungen, sogenannte Konkremente. Schon beim Stehen an der Luft entweicht CO_2, und es scheidet sich dann unter Trübung Calciumcarbonat ab. Auf diese Weise können in der Mundhöhle *Zahnstein* und in den Ausführungsgängen der Speicheldrüsen die sog. *Speichelsteine* entstehen. Beide bestehen aus Hydroxylapatit, s. a.[11], [12]. Beim Menschen ist an der Stein-

---

[1] Babkin S. 47—60. — LORENZ, H.: Diss. med. Jena 1939. — [2] CLARK, G. W., and L. LEVINE: Amer. J. Physiol. **81**, 264 (1927). — [3] SCHEUNERT, A., u. A. TRAUTMANN: Pflügers Arch. **192**, 1, 33 (1921). — WEYERS, H.: Diss. med. veterin. Berlin 1937. — [4] TRAUTMANN, A., u. H. ALBRECHT: Arch. Tierheilkde. **64**, 93 (1931). — [5] TRAUTMANN, A.: Arch. Tierernähr. Tierz. **7**, 216 (1932). — [6] ŠEPELEVA, V.: Fiziol. Ž. SSSR. **17**, 243 (1934). — [7] MCDOUGALL, E. I.: Biochem. J. **43**, 99 (1948). — [8] MATHIS, H.: Z. Stomatol. **30**, 1069 (1932); **32**, 1188 (1934); **33**, 1106, 1345 (1935). — Babkin S. 53. — [9] TORTORA, M.: Arch. Ostet. Ginec. **3**, 72 (1939) [Ber. Physiol. **113**, 249]. — [10] NENCKI, M.: B. **28**, 1318 (1895). — [11] Handb. path. Anat. Histol. (HENKE-LUBARSCH) **5**/2 (1929). — [12] Handb. path. Anat. Haustiere (JOEST-FREI) **1** (1926).

Tabelle 6.

Chemische Zusammensetzung des gemischten Speichels vom Menschen[1].

	Mensch	Schrifttum
Wassergehalt	etwa 99 g %	2
Trockensubstanz	0,5—**0,7**—1,0 g %	2
Asche	0,2 g %	2
K	60—**71**—82 mg %	3, 5
Na	20—**30**—70 mg %	3, 6
NaCl	82 mg %*	6, 27
Cl	37—**57**—94 mg %	3, 7
Ca	5—8—12 mg %	8—11
Mg	0,3—1,3 mg %	3
PO_4—P	7—**17**—28 mg %	3, 4, 8, 10, 12, 13
Gesamt-P	18—21 mg %	14
Ortho-PO_4-P } anor-	7—12 mg %	14
Pyro-PO_4-P } gan. P	1—10 mg %	14
Organ.-P	1—5 mg %	
SCN	5—**30**—400 mg %	10, 15
S	7,6 mg %	1
J	0,003—0,024 mg %	16
NO_2	Spuren	17
Organische Substanzen	500 mg %*	2
Gesamt-N	16—68 mg %	18
Rest-N	5—56 mg %	18
NH_3	0,5—1,5 mg %	19
Mucin	200—**260**—300 mg %	Methode: Paraffinspeichel [20—22]
Übriges Eiweiß	70—90 mg %	28
Harnstoff	7—16 mg %	23
Harnsäure	1,5—**1,9**—10 mg %	23—25
Milchsäure	4—13,6 mg %	Methode: FRIEDMAN, COTONIO und SHAFFER[29]
Citronensäure	0,50—2,0 mg %	ZIPKIN[26]
Glucose	fehlt	Methode: Gärung[1]
Alkohol	2,2—**3,6**—7,2 mg %	Methode: WIDMARK[18]

* Nach MYRBÄCK u. NEUMÜLLER 0,33% organische Substanz und 0,15% NaCl[27].

[1] Babkin S. 51. — LENKEIT, W.: Ergebn. Physiol. **35**, 586 (1933). — [2] CLARK, G. W., and K. LEVINE: Amer. J. Physiol. **81**, 264 (1927). — [3] MATHIS, H.: Z. Stomatol. **32**, 1188 (1934); **33**, 1345 (1935). — [4] KNAPPWOST, A., u. G. KUPPE: Dtsch. zahnärztl. Z. **6**, 1238 (1951) [C. **1952**, 4165]. — [5] VLADESCO, R., et L. BELLEA: C. R. Soc. Biol. **129**, 329 (1938). — [6] TÜRKHEIM, H.: Dtsch. Mschr. Zahnheilkde. **44**, 897 (1926). — [7] Nach VLADESCO, R.: C. R. Soc. Biol. **128**, 317 (1938). Mittelwert 120 mg% Cl. — [8] HUBBELL, R. B.: Amer. J. Physiol. **105**, 436 (1933). — [9] KRASNOW, F., M. KARSHAN and L. E. KREJCI: J. Lab. clin. Med. **17**, 1148 (1932). — HANSSEN, R.: Dtsch. Mschr. Zahnheilkde. **51**, 603 (1933). — [10] BECKS, H.: Proc. Soc. exp. Biol. Med. **26**, 93 (1928) [Ber. Physiol. **50**, 211]. — [11] HORTON, K., J. MARRACK and I. PRICE: Biochem. J. **23**, 1075 (1929). — [12] WEBER, R.: Z. Stomatol. **28**, 223 (1930). — [13] EDDY, W. H., H. L. HEFT, S. ROSENSTOCK and R. RALSTON: J. dent. Res. **13**, 511 (1933). — [14] SCOZ, G.: Boll. Soc. ital. Biol. sperim. **8**, 1570 (1933). — [15] LICKINT, F.: Z. klin. Med. **100**, 543 (1924). — MATHIS, H.: Z. Stomatol. **30**, 1069 (1932). — HARNDT, E.: Dtsch. Zahn-, Mund-Kieferheilkde. **4**, 338, 570, 764 (1937). — [16] BRUGER, M., J. W. HINTON and W. G. LOUGH: J. Lab. clin. Med. **26**, 1942 (1941). — [17] VÁRADY, J., u. G. SZÁNTÓ: Kli. Wo. **1940**, 200. — BRENDGEN, C.: Diss. med. Köln 1932. — [18] MATHIS, H.: Z. Stomatol. **31**, 1021 (1933). — [19] CARLSON, A. J., H. HAGER and M. P. ROGERS: Amer. J. Physiol. **38**, 254 (1915). — SALASKIN fand beim Hund 2,5mg% NH_3. — [20] INOUYE, J. M., S. FORER, M. G. REISCHE and E. G. MILLER jr.: Proc. Soc. exp. Biol. Med. **25**, 153 (1927). — [21] INOUYE, J. M.: J. dent. Res. **10**, 7 (1930). — [22] Zur Bestimmung von Mucin s. a. GLASS, J.: Arch. Mal. Appar. digest. **29**, 508 (1939) [Ber. Physiol.

bildung in erster Linie die Gl. submandibularis, in größerem Abstand die Parotis und am wenigsten die Sublingualis beteiligt. Bei den Tieren ist die entsprechende Reihenfolge: Parotis, Submandibularis und Sublingualis. Am häufigsten kommen Speichelsteine beim Pferd, seltener bei den Wiederkäuern und nur vereinzelt beim Schwein und bei Carnivoren vor. Ihre *Größe* schwankt beträchtlich; sie wiegen im allgemeinen wenige Gramm, jedoch sind beim Menschen Steine bis zu 70 g gefunden worden, beim Pferd bis zu 2 kg!

Chemische Zusammensetzung. Sie enthalten 60 bis 70% Calciumphosphat und 5 bis 10% Calciumcarbonat neben Spuren von K, Na, Cl, Mg und Fe; außerdem in der Regel zu 10% organische Bestandteile (Bakterien, Epithelien u. dgl.). Bei den Tieren fand man 72 bis 90% Calciumcarbonat neben Magnesiumcarbonat und 9 bis 14% organische Substanzen.

β) Die organischen Bestandteile des Speichels machen etwa 70% der Trockensubstanz aus. Bis fast zur Hälfte bestehen sie aus Mucin, zu $^1/_7$ aus dem übrigen Eiweiß, wohl einschließlich Fermenteiweiß und Blutgruppensubstanzen, und nur zu $^1/_{20}$ aus niedermolekularen organischen Verbindungen. Das *Mucin* entstammt den mucösen Drüsen und ist als Glykoproteid erkannt (s. Bd. **1**, S. 761/62). Ein *Globulin* geben die serösen Drüsen (z. B. Parotis) ab. Speichel gibt wegen seines Eiweißgehaltes die Xanthoproteinreaktion. Der Gesamt-N des unfiltrierten Speichels ist 1,5- bis 2,5mal höher als der des filtrierten. Im Vordergrund der chemischen Erforschung des Speichels stehen bisher die Speichelfermente und die Blutgruppensubstanzen.

A. Die Fermente des Speichels. **Amylase** (s. Bd. **1**, 340 u. 1058). Von allen Speichelbestandteilen ist das stärkeabbauende Ferment, die Amylase[1] oder Diastase, von entscheidender Bedeutung für die chemischen Eigenschaften des Speichels. Es sei daher etwas ausführlicher behandelt.

BERZELIUS[2] bezeichnete den charakteristischen organischen Speichelstoff als „Ptyalin" (πτύω, spucken), ein Name, der später auf die stärkespaltende Wirkung überging, heute jedoch besser durch **„Speichelamylase"** ersetzt wird. Daß Mundspeichel Stärke löst und in reduzierende Zucker umwandelt, entdeckte 1831 LEUCHS[3]; daß dabei Maltose entsteht, bewiesen durch die Isolierung MUSCULUS u. v. MERING[4] nach Stärke- und KÜLZ[5] nach Glykogenspaltung. Recht bald fand man die Verschiedenheit der tierischen und pflanzlichen Amylasen, die später R. KUHN[6] in α-Amylasen und β-Amylasen unterschied, je nachdem ob als Endprodukt α- oder β-Maltose entstand. Alle tierischen Amylasen sind nach KLINKENBERG α-Amylasen, genauer Dextrinogen-Amylasen[7]. Ungefähr 15 Speichelenzyme werden von EGGERS beschrieben[8]. K. H. MEYER[9] verglich die Wirkung von Gesamtspeichel mit der von gereinigter menschlicher α-Amylase und fand die

116, 53]. Bull. int. Acad. pol., Cl. Méd. Nr. **5/6**, 521 (1938) [Ber. Physiol. **117**, 573]. — KESZTYÜS, L., u. K. PIRIBAUER: Magyar ovar. Arch. **40**, 363 (1939) [Ber. Physiol. **118**, 411]. — [23] SCHLUTZ, F. W., and M. R. ZIEGLER: Amer. J. Dis. Children **31**, 520 (1926). — FALKENHEIM, C.: Z. Kinderheilkde. **41**, 530 (1926). — [24] Babkin S. 55. — [25] BAURIEDEL, F.: Diss. med. Frankfurt a. M. 1935. — [26] ZIPKIN, I.: Science, N. Y. **106**, 343 (1947). — [27] MYRBÄCK, K., and G. NEUMÜLLER: Sumner-Myrbäck **1**/1, 683. — [28] FLECKSEDER, R.: Zbl. inn. Med. **26**, 41 (1905). — [29] VLADESCO, R.: C. R. Soc. Biol. **121**, 275 (1936).

[1] Oppenheimer, Fermente **1**, 716—722 (1925); Suppl. **1**, 456 (1936). — SCHULZ, F. N.: Hand. Biochem. **4**, 484 (1925). — SCHEUNERT, A.: Handb. Biochem. **5**, 60 (1925); Erg.-W. **2**, 430 (1934). — LENKEIT, W.: Ergebn. Physiol. **35**, 587 (1933). — Babkin S. 57. — SAMEC, M.: Die Struktur der Stärke und enzymatische Vorgänge an Stärkesubstanzen. Ergebn. Enzymforsch. **9**. 89—130 (1943). — [2] BERZELIUS, J. J.: Lehrbuch der Chemie. 9. Bd. Tierchemie. Deutsch von WÖHLER, F. 3. Aufl. Dresden, Leipzig. 1840. Zit. nach SCHLESINGER, A.: Virchows Arch. **125**, 146 (1891). — [3] Zit. nach SCHLESINGER, s. [2], S. 149. — [4] MUSCULUS, F., u. F. J. v. MERING: H. **2**, 403 (1878/79). — [5] KÜLZ, E.: Pflügers Arch. **24**, 81 (1881). — [6] KUHN, R.: B. **57**, 1965 (1924). A. **443**, 1 (1925). — [7] s. SAMEC, M.: Ergebn. Enzymforsch. **9**, 121 (1943). — [8] MYRBÄCK, K., and G. NEUMÜLLER: Animal α-amylases. Sumner-Myrbäck **1**/1, 683 (1950). — EGGERS-LURA, H.: Die Enzyme des Speichels und der Zähne. Eine odontologische Untersuchung. (Zahnheilkde. Einzeldarst. **6**. München 1949. — [9] MEYER, K. H., F. DUCKERT et E. H. FISCHER: Helv. **33**, 207 (1950).

Reduktionskraft und Viscosität zerlegter Stärkelösungen gleich. Daraus zieht er den Schluß, daß menschlicher Speichel keine anderen verflüssigenden oder stärkespaltenden Enzyme außer α-Amylase enthält, also auch keine β-Amylase. Speichel- und Pankreasamylasen bauen Stärke weitgehend ab. Warum dabei α-Maltose entsteht, ist nicht geklärt. Viel Mühe verwendete man, um das Vorkommen des Fermentes im Speichel der Tiere zu klären. Wegen der verhältnismäßig guten Zugänglichkeit ist die Speichelamylase in neuester Zeit mit Erfolg von Fermentchemikern bearbeitet worden.

Das Vorkommen von Speichelamylase ist im Vergleich zur Pankreasamylase recht beschränkt. Reichlich findet sie sich nur im Speichel von Menschen[1] und Affen, weniger von Schweinen[1] und einigen Nagetieren[2] (Maus, Ratte, Meerschweinchen). Bei den meisten Herbivoren (Pferd[3], Rind[4], Schaf[2], Ziege[2], Kaninchen[2]) und den Carnivoren (Hund[5], Katze[2]), bei Vögeln (Huhn[6]) fehlt sie ganz. Zerfallende Leukocyten, Serumspuren und Bakterien können eine Amylasewirkung des Speichels vortäuschen. Die Amylase stammt zum größten Teil aus der Parotis[7].

Zur Deutung der merkwürdigen Tatsache, daß gerade der Speichel der Pflanzenfresser mit ihrer kohlenhydratreichen Nahrung, abgesehen von den Nagern, keine Amylase enthält, wohl aber der von Omnivoren (Mensch und Schwein), die verhältnismäßig viel zubereitete Nahrung aufnehmen, hat Krzywanek angenommen, daß die Speichelamylase und die Nahrungsmittelfermente in einem gewissen Zusammenhang stehen, und daß die Omnivoren die Speichelamylase als Ersatz für die zerstörte Nahrungsamylase absondern. Versuche an Ratten scheinen diese Anschauung zu bestätigen[8]: Weiße Ratten, die bei gemischter Nahrung (roher und gekochter) einen mittleren Amylasegehalt im Speichel aufweisen, zeigten nach mehrwöchiger *Fütterung mit roher Nahrung eine deutliche Erniedrigung*, nach Fütterung mit *gekochter Nahrung eine Erhöhung* in der verzuckernden Kraft des Speichels.

Die Bestimmung der Speichelamylase kann nach mehreren Verfahren erfolgen[9]. Gut bewährt hat sich die von Michaelis[10] verbesserte Wohlgemuthsche Jodmethode[11]. Michaelis[10] aktiviert das Ferment maximal durch Zusatz von 0,3%iger NaCl-Lösung. Die gebildete Maltose läßt sich auch nach Bertrand bestimmen[12]. Die Bewertungsgrößen oder Maße für die Mengen und Konzentration der Amylasen sind noch nicht einheitlich[9], so daß die Angaben verschiedener Forscher miteinander schwer zu vergleichen sind.

1 cm³ Speichel[13] von gesunden *Menschen* mit gemischter Kost erzeugt aus 20 cm³ 1%iger Stärkelösung bei 37° C in 1 Stunde 0,14 bis 0,15 g Zucker (als Maltose berechnet); 1 cm³ Harn[13] bildet analog 0,03 bis 0,37 g Zucker, also nur etwa $^1/_4$ soviel wie Speichel. Gernhardt[14] fand größere Schwankungen des Amylasegehaltes in Speichel: 1 cm³ 1:8 verdünnter Speichel bildete aus Stärke 0,048 bis 0,13 g Maltose (bestimmt nach Willstätter). Der Speichel von Gesunden, nach Wohlgemuth geprüft, ergab 166 bis 625, ihr Serum einen Wert von 14 bis 22 Diastaseeinheiten[15]. Auch die Wirkung eines *Kaninchen*speichels[16] sei angeführt: 1 cm³ Mischspeichel spaltete bei 38° C in 1 Stunde nach Wohlgemuth 0,78 g lösliche Stärke; ungekochte Stärkekörner[17] werden dagegen nicht angegriffen.

---

[1] Jung, L.: C. R. Soc. Biol. **93**, 526 (1925). — [2] Schwarz, C.: Fermentforsch. **9**, 50 (1926). — [3] Jung, L.: C. R. Soc. Biol. **109**, 397 (1932). — [4] Lücking, W.: Dtsch. tierärztl. Wschr. **34**, 257 (1926). — Chrzaszcz, T., u. Z. Schechtlowna: B. Z. **219**, 30 (1930). — [5] De Marco, R. de: Arch. Fisiol. **37**, 56 (1937). — [6] Jung, L., et M. Pierre: C. R. Soc. Biol. **113**, 115 (1933). — [7] Fischl, E., u. R. H. Kahn: Pflügers Arch. **225**, 694 (1930). — [8] Göhr, W.: Diss. med. veterin. Berlin 1936. — [9] Purr, A.: Bamann-Myrbäck **2**, 1862, bes. 1876. — Ammon, R., u. E. Chytrek: Ergebn. Enzymforsch. **8**, 119 (1939). — [10] Michaelis, L., u. H. Pechstein: B. Z. **59**, 77 (1914). — Michaelis, L.: Praktikum der physikalischen Chemie. S. 122. Berlin 1932. — [11] Wohlgemuth, J.: B. Z. **9**, 10 (1908); **33**, 303 (1911). — [12] Pringsheim, H., u. H. Gorodiski: B. Z. **140**, 175 (1923). — [13] Perin, A.: Boll Soc. med.-chir., Pavia **37**, 461 (1925). — [14] Gernhardt, A.: Z. klin. Med. **124**, 153 (1933). — [15] Introzzi, P., e A. Mariani: Clin. med. ital. (N. S.) **66**, 403 (1935) [Ber. Physiol. **88**, 428]. — [16] Gayda, T.: Arch. Fisiol., Suppl. **24**, 692 (1926). — [17] Thomas, I. M.: Nature **138**, 1015 (1936).

Der Amylasegehalt im menschlichen Speichel ist nicht konstant. Schon beim Neugeborenen[1] und auch beim Frühgeborenen[2, 3] ist Amylase im Speichel deutlich vorhanden. Der Gehalt steigt dann mit zunehmendem Lebensalter stark an, etwa von 2 bis 360 Einheiten der ersten Lebenstage bis auf 200 bis 2850 Einheiten beim Erwachsenen[3]. Aus einer weiteren Angabe[4] mit anderen Maßeinheiten[5] geht hervor, daß im hohen Alter der Amylasewert wieder etwa auf $^1/_{30}$ absinkt. Der Speichel gesunder 27Jähriger enthält 10 Einheiten, der von 81Jährigen nur 0,3 Einheiten. Mit dem Appetit nimmt der Amylasegehalt im Speichel zu. Der nach einer Mahlzeit abgesonderte Speichel ist erheblich amylasereicher als der Nüchternspeichel[6]. Zwischen dem Amylasegehalt des Plasmas und des Speichels konnten keine Beziehungen gefunden werden, auch nicht bei Erkrankungen[7].

Die Reinigung und Isolierung der Speichelamylase[8] kann erfolgen durch Adsorption an Tonerde und Elution mit sek. Phosphat.

Aus einem Liter menschlichen Speichels, der etwa 400 mg Amylase enthält, gelang es MEYER u. Mitarb.[9, 10] etwa 100 bis 130 mg eines krystallinen Produktes zu erhalten, das 7,5- bis 8mal aktiver als das Ausgangsmaterial war. Im Prinzip besteht die Reinigung in wiederholten Fällungen mit 48- und 70%igem Aceton und Ammonsulfat und selektiver Adsorption. Der Niederschlag löst sich in 0,1 n Natronlauge und kann daraus krystallisiert werden[9]. Die α-Amylase ist ein reines Protein, frei von Phosphor, mit einem Mol.-Gewicht von 30000, wirksam bei p_H 3,8 bis 9,4, optimale Wirkung bei p_H 6,9 und 40° C. NaCl ist notwendig als Aktivator für seine Wirksamkeit. Br-, NO_3- und Jodid-Ionen aktivieren ebenfalls in absteigender Reihenfolge[11]. Nach BARMENKOW[12] beruht die Wirkung dieser Ionen in der Freisetzung der Amylase aus einer Adsorptionsverbindung mit Mucin. Das reine Enzym ist bei p_H 4,5 bis 11 stabil. Die α-Amylase des menschlichen Speichels zeigt die gleiche Wirksamkeit wie die des Schweinepankreas, obgleich deren Konstitution verschieden ist[10]. Nach MEYER u. Mitarb. stimmen die α-Amylasen in menschlichem Speichel und Pankreas so nahe überein, daß ihre Identität angenommen werden kann. Näheres darüber bei Pankreasamylase, Tab. 54, S. 165.

Eigenschaften. Die Speichelamylase wird durch Pepsin, nicht aber durch Trypsin oder Papain zerstört[13]. Nach anderen Autoren spalten aber auch letztere Enzyme, doch langsam[14]. Bei der Fraktionierung mit Ammonsulfat geht die Speichelamylase in die Globulinfraktion über[13]; ihr isoelektrischer Punkt liegt bei p_H 4,0, die Wirksamkeit zwischen p_H 4 und 10, das Wirkungsoptimum bei p_H 6,8 und 0,05 m NaCl. Die Aktivierung durch Neutralsalze beruht auf einer Erhöhung der Löslichkeit der Amylase. Salzfrei ist Amylase unwirksam. Neutralsalze verschieben das p_H-Optimum der Amylase[8]. Die Reihe der Wirksamkeit ist: Chlorid $>$ Bromid $>$ Jodid $>$ Fluorid[15]. Fluoride haben in Konzentration von 1,7 bis 8,55 $\times 10^{-7}$ bei 1- bis 10%igen Speichellösungen keinen Einfluß auf die Amylaseaktivität[16]. Der natürliche Gehalt an NaCl im Speichel stimmt mit der experimentell gefundenen, für Amylase optimalen Konzentration (ungefähr

---

[1] COCCI, C.: Riv. Clin. pediatr. **22**, 449 (1924) [Ber. Physiol. **29**, 463]. — [2] HENSEL, G.: Z. Kinderheilkde. **54**, 367 (1933). — [3] MAYER, W. B.: Bull. Johns Hopkins Hosp. **44**, 246 (1929). — [4] MEYER, J., J. S. GOLDEN, N. STEINER and H. NECHELES: Amer. J. Physiol. **119**, 600 (1937). — [5] HAWK, P. B., and O. BERGEIM: Practical Physiological Chemistry. 10. Aufl. S. 263. New York 1931. — [6] WALKER, F., and L. SHEPPARD: Amer. J. Physiol. **111**, 192 (1935). — [7] INTROZZI, P., e A. MARIANI: Clin. med. ital. **66**, 403 (1935) [Ber. Physiol. 88, 428]. — [8] PURR, A.: Bamann-Myrbäck **2**, 1874. — MYRBÄCK, K.: H. **159**, 1 (1926). — [9] MEYER, K. H., E. H. FISCHER, P. BERNFELD et A. STAUB: Exper. **3**, 455 (1947). — [10] MEYER, K. H., E. H. FISCHER, A. STAUB et P. BERNFELD: Helv. **31**, 2158 (1948). — [11] BERNFELD, P., A. STAUB et E. H. FISCHER: Helv. **31**, 2165 (1948). — [12] BARMENKOW, J. P.: Biochimia, Moskau **4**, 160 (1939) [C. **1939 II**, 4494]. — s. dazu jedoch MYRBÄCK, K.: Ann. Rev. **18**, 71 (1949). — [13] NINOMIYA, H.: J. Biochem. **31**, 421 (1940). — [14] TAUBER, H., and I. S. KLEINER: J. biol Ch. **105**, 411 (1934). — [15] CLIFFORD, W. M.: Biochem. J. **30**, 2049 (1936.) — [16] MCCLURE, F. J.: Publ. Hlth. Rep. **1939**, 2165 [Ber. Physiol. **121**, 52].

0,1% NaCl) überein[1]. Sublimat ist in Konzentrationen von 10^{-6} gerade noch wirksam, stärker verdünnt aber nicht mehr[2]. Über weitere Aktivatoren und Paralysatoren s. PURR[3] und R. KUHN[4]. Die Speichelamylase enthält ein durch Salzsäure oder Pepsineinwirkung irreversibel abspaltbares Kohlenhydrat[5], als weiteren wesentlichen Anteil Eisen; denn schon 0,0005 m KCN oder KSCN inaktivieren sie. Die Tonsillen sollen auf die Speichelamylase aktivierend wirken, da nach Tonsillektomie die Amylasewirkung des menschlichen Speichels auf etwa 20% zurückgeht[6].

Weitere Speichelfermente wurden zwar vereinzelt beim Menschen festgestellt, spielen aber keine erkennbare Rolle. Sie stammen wohl zum Teil aus Zellen, wie Epithelien, Leukocyten und Bakterien (s. a. S. 18).

Von *Carbohydrasen* begleitet *Maltase*[7] im Speichel der Erwachsenen die Amylase stets in kleinen Mengen, so daß ein Teil der Maltose noch bei der Mundverdauung gespalten wird, die Hauptmenge aber erst durch die Darmsaftmaltase. Eine weitere *α-Glucosidase* fand TAUBER[8] gelegentlich im Tierspeichel. *Hyaluronidase* wurde im Speichel bei 75% von 64 Personen gefunden[9, 27]. Eine Mucinase (Hyaluronidase) ist im Parotis- und Pankreasextrakt von Meerschweinchen festgestellt worden[10] (s. a. Bd. **1**, S. 757 u. 1068).

Esterasen. Eine *Phosphatase*[11–13] des menschlichen Speichels zerlegt β-Glycerophosphat[14] optimal bei 37°, $p_H = 5{,}00$ mit einer Affinitätskonstante $K_m > 19$. *Lipasen*[15] kommen verhältnismäßig reichlich im menschlichen Speichel [14, 16–18] schon beim Säugling im ersten Monat und auch beim Hund[19] vor. Vermutlich sind die Lipasen (p_H-Optimum 8,0)[16] an der Beseitigung von Fettstoffen beteiligt. Bedeutung für die Verdauung gewinnen sie erst im Magen und Darm.

Speichel-Lysozym[20–22], eine Proteinase, soll unter normalen Mundbedingungen in einer mittleren Konzentration von 1:640 vorkommen und eine Verdünnung auf 1:1280 (Speichelverdünnung also 1:2) ohne Absinken der Aktivität vertragen.

Amidasen. Oxydasen. Auch *dipeptid-spaltende* Wirkung und *oxydierende Fermente* werden erwähnt[23]. Die immer im menschlichen Speichel vorhandene *Urease* entstammt wohl den Speichelbakterien.

Redoxasen. Die reduzierenden Eigenschaften des Speichels werden auf eine *Brenztraubensäuredehydrogenase* zurückgeführt[24].

Kohlensäureanhydratase kommt im Speichel und in den Speicheldrüsen von Mensch und Hund vor[25]. VAN GOOR u. BRUENS[26] fanden mit der colorimetrischen Methode von BRINKMAN in 100 cm³ menschlichen Speichels 0—**1080**—2500 Enzym-Einheiten, beim Hund in 100 g Parotisdrüse 700000 Enzym-Einheiten etwa ebensoviel wie im Blut, in der Submandibularis 50000, in den Sublingualisdrüsen 30000 Enzym-Einheiten. Mit Zunahme der serösen Zellen nimmt auch das Enzym zu. Die Parotis des Hundes enthält z. B. 5-

---

[1] MILLER, L. P.: Contrib. Boyce Thompson Inst. **3**, 287 (1931) [Ber. Physiol. **65**, 302]. — [2] SABALITSCHKA, TH., u. R. CRZELLITZER: Mikrochemie **25**, 225 (1938). — [3] PURR, A.: Bamann-Myrbäck **2**, 1875. — MYRBÄCK, K.: H. **159**, 1 (1926). — [4] Oppenheimer, Fermente **1**, 301 (1925); Suppl. **1**, 433 (1936). — [5] NINOMIYA, H.: J. Biochem. **31**, 421 (1940). — [6] EIGLER, G.: Arch. Ohr-, Nasen- Kehlk.-Heilkde. **146**, 105 (1939). — [7] Oppenheimer, Fermente **1**, 578 (1925); Suppl. **1**, 250 (1936). — KLEINER, I. S., and H. TAUBER: J. biol. Ch. **99**, 241 (1932/33). — [8] TAUBER, H., and I. S. KLEINER: J. gen. Physiol. **16**, 767 (1933). — [9] LISANTI, V. F.: J. dent. Res. **29**, 392 (1950). — [10] ALFONSINI, L.: Med. sperim. **19**, 357 (1948). — [11] GIRI, K. V.: B. Z. **285**, 306 (1936). — [12] GLOCK, G. E., M. M. MURRAY and P. PINCUS: Biochem. J. **32**, 2096 (1938). — [13] BRAUN, I.: Öst. Z. Stomatol. **47**, 225 (1950). — [14] EGGERS-LURA, H.: J. dent. Res. **26**, 203 (1947). — [15] AMMON, R.: Handb. Enzymol. (NORD-WEIDENHAGEN) **1**, 390 (1940). — SCHEUNERT, A.: Handb. Biochem. Erg.-W. **2**, 433 (1934). — WALDSCHMIDT-LEITZ, E., u. A. SCHÄFFNER: Bamann-Myrbäck **2**, 1565. — [16] EGGERS-LURA, H.: Schweiz. Mschr. Zahnheilkde. **56**, 920 (1946). — [17] SCHEER, K.: Kli.Wo. **1928** I, 163. — [18] KOEBNER, H.: Z. ges. exp. Med. **76**, 792 (1931). — [19] KOLDAJEW, B., u. O. PIKUL: B. Z. **212**, 53 (1929). — [20] MEDNIKIAN, G. A., and R. M. KOLDOBSKAJA: Stomatologija **4**, 46 (1949). — [21] Darstellung von Lysozym: Biochem. Prep. **1**, 67 (1949). — [22] Krystallisiertes Lysozym. ALDERTON, G., and H. FEVOLD: J. biol. Ch. **164**, 1 (1946). — [23] Babkin S. 58. — [24] PINCUS, P.: Biochem. J. **33**, 694 (1939). — [25] GOOR, H. VAN: Ned. T. Geneeskde. **3**, 3030 (1948). — [26] GOOR, H. VAN, and J. C. E. BRUENS: Acta brev. neerl. Physiol. **15**, 65 (1948). — [27] GIBIAN, H.: H. **289**, 165 (1951).

bis 8mal mehr als das Pankreas. Die Enzymkonzentration ist ein Maß für die Saftsekretion.

B. Blutgruppensubstanzen im Speichel. Im Pferdespeichel fand LANDSTEINER[1] ein wie die blutgruppenspezifische Substanz A wirkendes Polysaccharid und isolierte später[2] die ***Substanzen A, B*** und ***0*** aus dem Speichel von Personen mit den analogen Blutgruppen (3 mg%). Sie enthalten etwa 5,4% Gesamt-N, 2,5% Aminosäuren-N und 1,7% Hexosamin-N (= 21 bis 23% Hexosamin, oder 45 bis 48% reduzierende Zucker nach der Hydrolyse). Die gruppenspezifischen Substanzen des menschlichen Speichels stammen im wesentlichen aus den mukösen Zellen der Sublingualis- und Submaxillarisdrüsen[3] (s. a. S. 12).

C. Von *Hormonen* stellte man eine blutdrucksenkende Substanz, das Kallikrein oder Padutin, als Exkret im menschlichen Speichel fest[4]. 1 cm^3 Speichel enthält 1,6 Einheiten Kallikrein[5]. Das Vorkommen von *gonadotropen Hormonen* im Speichel von Schwangeren[6], Nichtschwangeren und Männern wird teils bestritten[7], teils behauptet[8]. Andere[6] finden im Speichel des Hengstes bis zu 70 R.E. *Prolan* und bis zu 400 M.E. *Oestron* pro Liter, aber kein Progesteron; nach der Kastration nur noch Prolan. — *Histamin*[6]: 34 γ in 100 cm^3 Speichel.

Acetylcholin fehlt im Speichel, eine ihm ähnliche Wirkung geht auf Kalium zurück[9].

D. Von *Vitaminen* bestimmte man bisher im Speichel vor allem *Vitamin C.* Bei Kindern stieg der C-Gehalt[10] mit dem Alter an: 0,04 mg% bei 4 Jährigen, 0,1 mg% bei 16 Jährigen und 0,13 mg% Vitamin C bei 20 Jährigen. Bei Infektionskrankheiten sinkt der Vitamin C-Wert[11]. Während der Nüchternspeichel nicht einheitlich auf Vitamin C wirkt, verursacht der Verdauungsspeichel eine Verzögerung der Ascorbinsäureoxydation[12].

DAM u. Mitarb.[13] geben folgende Zusammenstellung von Vitaminen in γ pro 100 cm^3 gemischten, frischen, nicht durch Reizmittel gewonnenen Speichel:

Tabelle 7. Vitamine im Speichel.
Konzentration in γ %

Ascorbinsäure	240,0	Pyridoxin	60,0
Vitamin K	1,5	Pantothensaures Calcium	8,0
Thiamin	0,7	Biotin	0,08
Riboflavin	5,0	Folinsäure	0,07
Nicotinsäure	3,0		

E. Restliche niedermolekulare organische Verbindungen im Speichel. Die Untersuchungen über die einfacheren organischen Bestandteile des Speichels lassen klar erkennen, daß die Speicheldrüsen die im Blut angebotenen Stoffe auswählen können. So fehlt z. B. *Glucose* im Speichel ganz[14] im Chordaspeichel von narkotisierten Katzen, selbst noch bei einer Hyperglykämie bis 400 mg% Glucose[15].

[1] LANDSTEINER, K.: Science, N. Y. **1932 II**, 351. — SASAKI, H.: Z. Immun.-Forsch. **77**, 101 (1932). — LANDSTEINER, K., and M. W. CHASE: J. exp. Med. **63**, 813 (1936). — [2] LANDSTEINER, K., and R. A. HARTE: J. biol. Ch. **140**, 673 (1941). — [3] REX-KISS, B.: Magyar orv. Arch. **43**, 214, 224 (1942) [Ber. Physiol. **130**, 229]. — [4] WERLE, E., u. P. v. RODEN: B. Z. **286**, 213 (1936); **301**, 328 (1939). — [5] KORÁNYI, A., T. SZENES u. B. E. HATZ: D. m. W. **1937 I**, 55. — SALLAY, K., u. K. NÁDOR: Fogorvosi Szemle **42**, 105 (1949) [Excerpta med. **II**/2, 1574 (1949)]. Orv. Hetil. **89**, 337 (1948) [Excerpta med. **II**/2, 612 (1949)]. — [6] TRANCOU-RAINER, M., et O. VLADUTIU: Arch. roum. Path. exp. **10**, 373 (1937) [Ber. Physiol. **110**, 475]. — GIBERTINI, G.: Boll. Soc. ital. Biol. sperim. **17**, 360 (1942). — [7] WEISMAN, A. I., and CH. C. YERBURY: Endocrinology **20**, 103 (1936). — [8] GUERCIO, F.: Clin. ostet., Roma **38**, 397 (1936) [Ber. Physiol. **99**, 140]. — [9] WINTERSTEIN, H., et F. ÖZER: Arch. int. Pharmacodyn. Thérap. **76**, 335 (1948). — [10] ZIMMET, D., et H. DUBOIS-FERRIÈRE: C. R. Soc. Biol. **124**, 103 (1937). — [11] ZIMMET, D., et H. DUBOIS-FERRIÈRE: C. R. Soc. Biol. **124**, 104 (1937). — [12] WACHHOLDER, K.: Vitamine u. Hormone **3**, 1 (1942). — [13] GLAVIND, J., H. GRANADOS, L. A. HANSEN, K. SCHILLING, I. KRUSE and H. DAM: Int. Z. Vit.-Forsch. **20**, 234 (1948). — [14] JEANGROS, J.: B. Z. **200**, 367 (1928). — [15] HEBB, C. O., and G. W. STAVRAKY: Quart. J. exp. Physiol. **26**, 141 (1936).

Adrenalinzufuhr liefert jedoch einen glucosehaltigen Speichel, weil die Drüse für Glucose durchlässig wird. Die Gärprobe des Nüchternspeichels ist negativ, aber der Reduktionswert des Speichels ist konstant 7 bis 11 mg% „Glucose"; seine Ursache ist noch unerforscht[1]. Im Speichel des menschlichen Diabetikers ist hingegen bis zu 90 mg% Zucker festgestellt worden[1]. Die *Milchsäure* des Speichels stammt nicht aus der Mundhöhle[2], sondern aus den Drüsen, genauer gesagt, wohl aus dem Blut[3]. Die Werte schwanken von 2,4 bis 45 mg% Milchsäure[4] (Methode LEHNARTZ). — Auch das spurenweise sich findende *Aceton* entstammt dem Blut[5]. Der *Alkoholgehalt* von Blut und Speichel ist fast gleich groß. Per os aufgenommener Alkohol verschwindet erst nach 20 min, Tabakgenuß ändert den Alkoholwert nicht[6]. Der Quotient Speichelalkohol : Blutalkohol beträgt im Mittel[6,7,9] 1,19 ± 0,3.

Auch die *Aminosäuren* des Blutes gelangen nur in kleinen Mengen in den Speichel[8]. Mit Hilfe der Papierchromatographie wiesen GOLDBERG u. Mitarb.[11] freie Aminosäuren und auch Peptide, wahrscheinlich Seryl-glycyl-glycin, im gemischten Speichel nach[12]. Für jede Verbindung kann je nach Drüsenreiz und Art der Speichelgewinnung die Menge im Speichel sich ändern. *Harnstoff* kommt im Speichel von Gesunden und Kranken vor[8]. Bei gesunden Männern und Frauen beträgt der Rest-N-Gehalt in Mittel 37%, der NH_3- und Harnstoffgehalt 76%, der Harnsäuregehalt 40% und der nicht bestimmte N 12,1% des entsprechenden Wertes im Blut[13]. Die Ausscheidungstätigkeit der Speicheldrüsen ist auch hier eine auswählende. Nach Pilocarpingaben enthält der Pferdespeichel 140 bis 307 mg Harnstoff, während der Bluthanrstoff unverändert bleibt[10]. Der *Harnsäuregehalt* des Speichels macht 40% des Blutwertes aus[14]. Je nach Gewinnung des Speichels schwanken die Zahlen beträchtlich. Nach Paraffinkauen wird um 71% mehr Harnsäure ausgeschieden als beim ruhigen Ausfließenlassen aus dem Mund[15]. Der Harnsäuregehalt läßt mehr als alle anderen Speichelbestandteile die Drüsentätigkeit erkennen[15], da er unbeeinflußt vom Blutwert sich ändert.

7. Die Wirkungen des Speichels bei der Verdauung.

a) Mechanische Wirkung. Da nur bei wenigen Omnivoren ein kräftig wirkendes, Stärke spaltendes Ferment vorhanden ist, wird die Funktion des Speichels von seinen physikalischen Eigenschaften bestimmt. Die meist nur wenig Wasser enthaltende Nahrung wird durchfeuchtet und gelöst, der Bissen formbar und durch das Mucin schlüpfrig gemacht. Speichel- und Schleimdrüsen wirken zusammen, noch unterstützt von den Schleimdrüsen des Pharynx, um möglichst „reibungslos" das Abschlucken des schleimüberzogenen Bissens zu ermöglichen. Bei ungenügender oder fehlender Speichelabsonderung ist die Bissenbildung und das

[1] BECKER, H., u. E. KESTERMANN: Dtsch. Arch. klin. Med. **179**, 232 (1936). — [2] MÖLLMANN, F.: Diss. med. Frankfurt a. M. 1936 [Ber. Physiol. **107**, 79]. — [3] HATA, M.: Mitt. med. Akad. Kioto **30**, 781 (1940) [Ber. Physiol. **124**, 182]. — [4] ENTIN, D. A., u. A. A. SCHMIDT: Dtsch. Mschr. Zahnheilkde. **45**, 710 (1927). — PINCUS, P.: Biochem. J. **33**, 694 (1939). — [5] TSURU, N.: Nagasaki Igakkai Zasshi **14**, 2185 (1936) [Ber. Physiol. **99**, 414]. — [6] FABRE, R.: Beitr. gerichtl. Med. **15**, 26 (1939). — FABRE, R., et E. KAHANE: J. Pharmacie Chimie (8) **27**, 426 (1938) [Ber. Physiol. **109**, 241]. — [7] NEYMARK, M., o. E. M. P. WIDMARK: Kgl. fysiogr. Sällsk. Lund Förh. **10**, 194 (1941) [Ber. Physiol. **130**, 108]. — [8] UPDEGRAFF, H., and H. B. LEWIS: J. biol. Ch. **61**, 633 (1924). — [9] ELBEL, H.: Dtsch. Z. gerichtl. Med. **39**, 538 (1949). — [10] ROSSI, P., et DAUBARD: C. R. Soc. Biol. **130**, 1439 (1939). — [11] GOLDBERG, H. J. V., J. E. GILDA and G. H. TISHKOFF: J. dent. Res. **27**, 493 (1948). — [12] KIRCH, E. R., R. G. KESEL, J. F. O'DONNELL and E. C. WACH: J. dent. Res. **26**, 297 (1947). — [13] GOSMANN, W.: Dtsch. Arch. klin. Med. **162**, 108 (1928). — [14] UPDEGRAFF, H., and H. B. LEWIS: J. biol. Ch. **61**, 633 (1924). — [15] MORRIS, J. L., and V. JERSEY: J. biol. Ch. **56**, 31 (1923).

Schlucken von trockener Nahrung stark behindert bzw. unmöglich. Es können dann die Bissen sogar im Oesophagus stecken bleiben. Daher ist die bestmögliche Anpassung der Speichelmenge und Zusammenwirkung an die jeweilige Nahrung auf nervösem und humoralem Wege gesichert.

b) Die chemische Wirkung des Speichels wird beherrscht von der schon geschilderten Amylasetätigkeit. Die Spaltung und Verflüssigung von Stärke, etwa von Brot, erfolgt beim Menschen sehr rasch, zum großen Teil schon während des Kauens. Die wechselnde Reaktion der Nahrung verlangt für den gemischten Speichel einen breiten Wirkungsbereich von alkalischer bis schwach saurer Reaktion, wobei das Optimum normalerweise bei neutraler Reaktion liegt.

Der verhältnismäßig *hohe Alkaligehalt des Haustierspeichels* hat zur Folge, daß der stark eingespeichelte Mageninhalt alkalisch reagiert; es vergeht daher eine längere Zeit, ehe in allen Teilen saure Reaktion vorhanden ist; auch dies ist von Bedeutung für den Ablauf der Magenverdauung.

Bei den *Wiederkäuern* kommt hinzu, daß durch den stark alkalischen Speichel die durch die Gärungen erzeugten organischen Säuren neutralisiert werden und außerdem durch die *Dauersekretion* der Parotiden und ventralen Backendrüsen die aus den Vormägen dauernd abgeführte Flüssigkeit ersetzt wird. Schließlich extrahiert der Speichel die in der Nahrung enthaltenen löslichen Stoffe, unterstützt dadurch Quellung und Aufschließung der Nahrung und ermöglicht die Geschmacksempfindungen, die für die Sekretion des Speichels und des Magensaftes von großer Bedeutung sind.

Die Wirksamkeit des Speichels ist je nach der Beschaffenheit der Kohlenhydrate in der Nahrung verschieden.

Rohe *Stärke* baut der menschliche Speichel im Gegensatz zu gekochter bzw. verkleisterter Stärke nur langsam und zögernd im Verlauf von mehreren Stunden ab, während gekochte Nahrung schon während des Kauens in reduzierende Verbindungen zerfällt[1]. Der Speichel des Schweines zerlegt gedämpfte Kartoffeln etwa 10mal besser als ungekochte[2]. Die *Art der stärkehaltigen Nahrung* spielt ebenfalls eine Rolle, besonders durch ihren Gehalt an Cellulose. So wird rohe *Kartoffelstärke* erst nach 2—3 Stunden, rohe *Maisstärke* dagegen in derselben Zahl von Minuten verdaut[3]. *Weizenstärke* wird rascher verdaut als *Reisstärke*[4].

c) Andere Wirkungen des Speichels. Ob der Speichel noch andere Funktionen als die zur Verdauung besitzt, etwa eine blutzuckersteigernde Wirkung[5], bedarf noch der weiteren Forschung. Im Mundsekret des Blutegels kommt das die Blutgerinnung hemmende *Hirudin* vor.

Speichel und Zahncaries. Zusammenhänge zwischen Beschaffenheit des Speichels und Zahncaries sind mehrfach behauptet worden. Demgegenüber wurde schon 1924 darauf hingewiesen[6], daß sie nicht bestehen dürften. Auch neue Untersuchungen über Änderungen des Speichels bei Zahncaries haben zu keinen entscheidenden Ergebnissen geführt. Inwieweit der Mg-*Gehalt* des gemischten Mundspeichels hierbei eine Rolle spielt[7], bzw. die *proteolytischen* Fähigkeiten desselben[8], bedarf noch der Klärung. Jedenfalls geht auch aus den umfangreichen Untersuchungen von HUBBELL[9] hervor, daß die Unterschiede in Menge, Trockensubstanz, Asche, Ca, P, Cl und Amylase im Speichel von Kindern mit und ohne Caries *im Bereich der normalen Schwankungen* liegen. Hinsichtlich der Titrationsalkalescenz, der Kohlensäurekapazität und des p_H ergibt sich allerdings bei Kindern mit Caries eine deutliche Erniedrigung dieser Werte. Dabei bleibt aber noch die Frage ungeklärt, ob

---

[1] BURGER, F.: M. m. W. **1896**, 220. — [2] ELLENBERGER, W., u. V. HOFMEISTER: Z. Tiermed. **14**, 317 (1889). — [3] HAMMARSTEN, O.: Jber. Fortschr. Tierchem. **1**, 187 (1871). — [4] LANG, S.: Z. exp. Path. Therap. **8**, 279 (1910). — [5] KORÁNYI, A., E. SZABLICS u. T. SZENES: Z. ges. exp. Med. **97**, 508 (1936). — [6] SCHEUNERT, A.: Verdauung der Wirbeltiere. Handb. Biochem. **5**, 56—216 (1925); Erg.-W. **2**, 430—484 (1934). — [7] MATHIS, H.: Z. Stomatol. **33**, 1345 (1935). — [8] WEINMANN, J.: Z. Stomatol. **34**, 1, 77 (1936). — [9] HUBBELL, R. B.: Amer. J. Physiol. **105**, 436 (1933).

diese geringen Änderungen die Ursache oder die Folge der Caries sind. Die Entstehung der Caries ist vielmehr ein Ernährungsproblem, auf das hier nicht eingegangen werden kann, und das in den letzten Jahren eine eingehende Bearbeitung erfahren hat. In diesem Zusammenhang sei besonders auf die Arbeiten von MELLANBY[1] hingewiesen.

γ) Die Bedeutung der Mundverdauung[2].

Nach dem Vorhergesagten ist die biochemische Bedeutung der Mundverdauung verhältnismäßig gering. Wirklich abgebaut werden die Kohlenhydrate nur bei *Mensch und Schwein*. Allerdings ist auch bei den anderen Tieren die Mundverdauung als *Vorbereitung für die Magenverdauung* nicht ganz gleichgültig. Zu erinnern ist hier besonders an die während des Kauens zur Wirkung kommenden *chemischen Reize*, die sowohl die Speichelsekretion selbst als auch die Sekretion der weiteren Verdauungssäfte beeinflussen. Da zur Auslösung dieser Reize eine innigere und längere Berührung der Nahrung mit der Mundschleimhaut Voraussetzung ist, liegt hierin der *Hauptvorteil eines guten Kauens*. Aus denselben Gründen verläuft die Magenverdauung bei normaler Nahrungsaufnahme rascher und intensiver und kommt nur langsam in Gang, wenn die Mahlzeit durch eine Fistel in den Magen gegeben wird. Gleichwohl ist die natürliche Nahrungsaufnahme durch den Mund für *Mensch*, *Hund* und mit Einschränkung auch für die *Pflanzenfresser nicht lebensnotwendig* (Erfahrungen bei künstlicher Ernährung durch Magenfisteln). Bei den Herbivoren müßte natürlich die Nahrung in einem solchen Fall gut zerkleinert und angefeuchtet verabfolgt werden. Beim *Wiederkäuer* gilt auch heute noch die Mundverdauung, die ja mit dem Wiederkauen gekoppelt ist, als lebensnotwendig, wenn sich auch eine Ziege von klein auf längere Zeit ohne Wiederkauen am Leben erhalten ließ[3].

Auch der *Schleimhaut der Mundhöhle und der Zunge* wird ein gewisses *Resorptionsvermögen* zugesprochen[4], das allerdings wenig umfangreich ist[5] und hinsichtlich der einzelnen Substanzen noch zu untersuchen wäre[6]. Immerhin wird auch hier mit der Dauer des Aufenthalts in der Mundhöhle die resorbierte Menge zunehmen.

Daß bei normalem Zustand der Verdauungsorgane die *Güte des Kauens für die Ausnutzung der Nahrung* nicht von ausschlaggebender Bedeutung ist, wurde in den letzten Jahren mehrfach bewiesen[7, 8].

Der **Transport des Bissens von der Mundhöhle in den Magen** ist nur soweit von biochemischem Interesse, als während dieser Zeit die eingeleitete Mundverdauung naturgemäß weiter abläuft. Da die Dauer dieses Transportes im allgemeinen nur wenige Sekunden beträgt, erübrigt sich ein näheres Eingehen. Allerdings ist daran zu denken, daß bei Divertikeln des Oesophagus, Kardiospasmus und ähnlichen Erkrankungen die Bissen *erhebliche Zeit vor der Kardia liegen bleiben können*. In ihnen treten dann neben den besprochenen Speichelwirkungen hauptsächlich *bakterielle Vorgänge* auf, die denjenigen ähnlich sind, die im Magen der Pflanzenfresser und vor allem in den Vormägen der Wiederkäuer ablaufen. Auf sie wird unten näher eingegangen werden.

---

[1] MELLANBY, M.: Med. Res. Council Spec. Rep. Ser. No. 140 (1929); 153 (1930); 191 (1934). — vgl. a. STEUDEL, H.: Ernährung **1**, 70 (1936). — [2] SCHEUNERT, A.: Handb. Biochem. Erg.-W. **2**, 433 (1934). — [3] TRAUTMANN, A., u. J. SCHMITT: Arch. Tierheilkde. **65**, 559 (1932). — [4] VERZÁR, F.: Die Resorption aus dem Darm. Handb. Physiol. **4**, 5 (1929). — [5] SCHEUNERT, A., A. TRAUTMANN u. FR. W. KRZYWANEK: Lehrbuch der Veterinär-Physiologie. S. 98. Berlin 1939. — [6] SCHUNTERMANN, C. E.: Z. ges. exp. Med. **87**, 247, 252, 259 (1933). — [7] GELMANN, S. E.: Z. Stomatol. **30**, 957 (1932). — [8] SEPPÄ, K.: Skand. Arch. Physiol. **57**, 159 (1929).

c) Die Verdauung im Magen[1-10].

α) Geschichtliches.

Die Geschichte der Erforschung der Magenverdauung ist eng verbunden mit der Entwicklung von Anatomie, Physiologie[11] und Chemie, insbesondere der Fermentchemie. Schon ARISTOTELES (384—322 v. Chr.) hat die Labwirkung des Magens gekannt, und von VAN HELMONT (1577—1644) wurde auf die Säure des Mageninhaltes hingewiesen. Aber erst LAZZARO SPALLANZANI[12] (1729—1799) erklärte die Magenverdauung als einen chemischen Vorgang. RÉAUMUR (1756) und SPALLANZANI (1777) fanden die eiweißlösende Wirkung des Mageninhaltes. 1823 stellte der Arzt M. WILLIAM PROUT[13] (1786—1850) die Magensäure beim Kaninchen, Hasen, Pferd, Kalb und Hund als freie Salzsäure fest. Zum Begründer der Verdauungsphysiologie wurde BEAUMONT[14, 15], indem er in den Jahren 1825—1833 als erster Versuche am Menschen, und zwar an A. St. Martin, einem französisch-kanadischen Soldaten, anstellte, bei dem sich nach einer Schußverletzung eine Magenfistel gebildet hatte. In der Folge wurden dann die Versuche an Hunden mit künstlich angelegten Magenfisteln weitergeführt. Die operative Anlegung einer Magenfistel gelang erstmals 1842 BASSOW[16] an einem Hund und 34 Jahre später VERNEUIL[17] an einem Menschen. Aber erst PAWLOW[18, 21], wohl der bedeutendste Schüler von HEIDENHAIN, vervollkommnete die Magenfisteloperationen an Tieren so, daß die Magensaftabsonderung, insbesondere unter dem Einfluß der bedingten Reflexe, eingehend erforscht werden konnte. Während BIDDER u. C. SCHMIDT[19] schon 1852 beim Hund eine Magensaftsekretion nach bloßem Vorzeigen von Futter feststellten und RICHET[20] (1878) beim Menschen eine Magensaftabgabe allein nach Schmecken

Zusammenfassende Darstellungen über die Verdauung im Magen 1—10: [1] SCHEUNERT, A.: Magenverdauung. Handb. Biochem. **5**, 66—156 (1925). Die Magenverdauung des Menschen. Handb. Biochem. **5**, 110—125 (1925); Erg.-W. **2**, 434—465 (1934). — [2] BICKEL, A.: Magen und Magensaft. Handb. Biochem. **4**, 503—557 (1925); Erg.-W. **2**, 309—321 (1934). — [3] Babkin S. 172—451. — [4] BABKIN, B. P.: Die sekretorische Tätigkeit der Verdauungsdrüsen. Der Magen. Handb. Physiol. **3**, 710—753 (1927). — [5] ROSEMANN, R.: Pathologische Eigenschaften und chemische Zusammensetzung der Verdauungssäfte unter normalen und abnormen Bedingungen. Magensaft. Handb. Physiol. **3**, 839—865 (1927). — [6] KATSCH, G., u. H. KALK: Die Krankheiten des Magens. Handb. inn. Med. (BERGMANN-STAEHELIN) 3. Aufl. **3**/1, 177—789 (1938). — [7] KATSCH, G.: Die Krankheiten des Magens. I. Anatomische und physiologische Vorbemerkungen. Handb. inn. Med. (BERGMANN-STAEHELIN) 3. Aufl., **3**/1, 177—239 (1938). Untersuchungsmethoden bei Magenkranken: S. 240—332. Pathologische Physiologie des Magensaftes und des Magenchemismus. Handb. Physiol. **3**, 1118—1158 (1927). — [8] BARRINGTON, E. J. W.: Die Magenverdauung bei den niederen Vertebraten. Biol. Rev. **17**, 1 (1942). — [9] BIEDERMANN, W.: Die chemische Verdauung im Magen der Wirbeltiere. Handb. vergl. Physiol. (WINTERSTEIN) **2**, 1, 1242—1349 (1911). — [10] WOLF, ST. G., and H. G. WOLFF: Human Gastric Function. 2. Aufl., Oxford 1947.

[11] Landois-Rosemann 26. Aufl. S. 269. — [12] ABDERHALDEN, E.: Nova Acta Leopoldina, Halle **7**, 27 (1939). Boll. Soc. ital. Biol. sperim. **15**, 5 (1940). — [13] PROUT, W.: Philos. Trans. R. Soc. London **144**, 45 (1842). J. Physiol., Paris **4**, 294 (1824). — SUMNER, J. B.: Urease. Bamann-Myrbäck **2**, 1987 (1941). Ergebn. Enzymforsch. **1**, 295 (1932). — [14] BEAUMONT, W.: Experiments and Observations on the Gastric Juice and the Physiology of Digestion. Facsimile of the Original Edition of 1833. Reprinted on the Occasion of the 13. Int. Physiol. Congr. 1929 Boston, Mass. — MEYER, J. S.: Life and Letters of W. Beaumont (1939). — [15] CUNHA, F. M.: Antedating BEAUMONT and his physiology of digestion. Rev. Gastroenterol., N. Y. **15**, 554 (1948). — [16] BASSOW, B.: Bull. Soc. Natur. Moscou **16**, 315 (1843). [MALY, R.: Handb. Physiol. (HERMANN) **5**/2, S. 38. 1881]. — s. a. Babkin S. 178. — [17] VERNEUIL, vgl. RICHET, CH.: Du suc gastricque chez l'homme etc. S. 158. Paris 1878. — [18] PAWLOW, J. P.: Die Arbeit der Verdauungsdrüsen. Wiesbaden 1898. Die physiologische Chirurgie des Verdauungskanals. Ergebn. Physiol. **1**, 246 (1902). — FROLOV, U. P.: Pavlov and his School. London 1937. — [19] BIDDER, F. H., u. C. SCHMIDT: Die Verdauungssäfte und der Stoffwechsel. Mitau u. Leipzig 1852. — [20] RICHET, CH.: J. Anat. Physiol., Paris **1878**, 170. — [21] BABKIN, B. P.: Pavlov. A Biography. London 1951. —

von Nahrung beobachtete, konnten erst PAWLOW und seine Schule durch den Ausbau der operativen Technik die Erklärung für diese bedingten Reflexe geben.

In der damaligen Zeit der beginnenden Magensafterforschung befand sich die organische Chemie erst in den Anfängen. 1836 prägte BERZELIUS (1779 bis 1848) den Begriff der katalytischen Kraft; im gleichen Jahr wurde das „Pepsin" von SCHWANN[1, 2] in zellfrei filtrierten sauren Auszügen von Ochsen-Magenschleimhaut aufgefunden und mit allen wesentlichen Fermenteigenschaften beschrieben. Er stellte fest, daß zum optimalen Ablauf der Eiweißverdauung stets ein bestimmter Zusatz von Säure notwendig sei. Die Reinigung von Fermentlösungen durch Adsorption wurde 1875 erstmals am Pepsin von BRÜCKE durchgeführt[3]. Das Pepsin ist demnach eines der am frühesten aufgefundenen Fermente.

Viel später (1930) gelang NORTHROP[4] die Krystallisation des Pepsins. 1934 stellten LINDERSTRØM-LANG und HOLTER das Enzym am Orte seiner Entstehung in den Hauptzellen des Magenfundus fest (S. 34). Die Aufklärung der Chemie und Wirkungsweise des Pepsins ist in den letzten Jahren gut fortgeschritten. Näheres s. Bd. **1**, S. 1141.

Bis 1940 galt das Pepsin neben dem Lab (Parachymosin) des Säuglings als das einzige eiweißspaltende Enzym des Magensaftes. In diesem Jahr entdeckten FREUDENBERG und BUCHS[5] im Magenchymus das Kathepsin und 1946 FREUDENBERG[6] das Kathepsin im Duodenalsaft. In grundlegenden Versuchen klärten sie die Zusammenhänge der stufenlosen Eiweißverdauung im Magen und Darm vom sauren bis zum alkalischen Milieu[7] (s. S. 81 f.).

Die *Magenverdauung* beginnt mit dem Eintritt der Bissen in den Magen. Die durch die Einspeichelung ausgelösten, im Magen weiter ablaufenden Vorgänge der Mundverdauung sind strenggenommen zur Magenverdauung zu rechnen. Die Aufklärung der einzelnen Vorgänge bildet eine wesentliche Grundlage zum Verständnis der Magenverdauung.

β) Zur Mechanik der Magenverdauung.

Im Vergleich zur Mundverdauung treten im Magen die mechanischen Vorgänge[8—11] weit zurück. Die leichte Peristaltik im kranialen Teil, der etwa $^2/_3$ des Magens ausmacht, dient nur dazu, die an der Oberfläche liegenden, der Verflüssigung anheimfallenden Nahrungsbestandteile langsam nach dem distalen Drittel des Magens zu befördern. Dort, in der sog. Pylorusregion, werden die Bewegungen energischer, und es kommt zu einer Durchmischung des hier sehr wasserreichen und sauren Inhaltes[10, 11]. Der Einfluß der endogen und exogen bedingten Magenbewegungen wird bei der Beurteilung der Magenverdauung meist viel zu wenig beachtet[12]. Ähnlich wie beim Menschen liegen die Verhältnisse bei allen Tieren mit einhöhligem Magen (Näheres s. [13]).

---

[1] SCHWANN, TH.: Arch. Anat. Physiol. wiss. Med. **1836**, 90, bes. 136. — [2] KRAUT, H.: Angew. Chemie **49**, 796 (1936). — [3] BRÜCKE, E. v.: Vorlesungen über Physiologie. 2. Aufl. **1**, 299. Wien 1875. — [4] NORTHROP, J. H.: J. gen. Physiol. **13**, 739 (1930). — [5] FREUDENBERG, E., u. S. BUCHS: Schweiz. med. Wschr. **70**, 249 (1940). — [6] FREUDENBERG, E.: Ann. paediatr., Basel **166**, 77 (1946). — [7] BUCHS, S., u. E. FREUDENBERG: Die Rolle des Kathepsins bei der Eiweißverdauung. Ergebn. inn. Med. (N. F.) **2**, 544—562 (1951). — [8] BLUNTSCHLI, H., u. R. WINKLER: Kaubewegungen und Bissenbildung. Handb. Physiol. **3**, 295—347 (1927). — [9] PALUGYAY, J.: Das Schlucken. Handb. Physiol. **3**, 348—366 (1927). Pathologie des Schluckaktes. Handb. Physiol. **3**, 367—378 (1927). — [10] KLEE, PH.: Die Magenbewegungen. Handb. Physiol. **3**, 398—440 (1927). Der Brechakt. Handb. Physiol. **3**, 441—451 (1927). — TRENDELENBURG, P.: Pharmakologie der Magen- und Darmbewegung (einschließlich Wirkungen der Hormone). Handb. Physiol. **3**, 520—543 (1927). — [11] CATEL, W.: Normale und pathologische Physiologie der Bewegungsvorgänge im gesamten Verdauungskanal. 1. Teil. Methodik, Anatomie, normale Physiologie. Leipzig 1936. — [12] SPRINGER, G. F.: B. Z. **321**, 135 (1950). — [13] KRZYWANEK, FR. W.: Vergleichende Untersuchungen über die Mechanik der Verdauung. Veterin. med. Hab.-Schr. Berlin 1926.

Die weitgehende Ruhigstellung des größten Teiles des Magens bewirkt dort ein verhältnismäßig langes Liegenbleiben der geschluckten Nahrung. Diese füllt, wie man seit GRÜTZNER[1], ELLENBERGER[2] u. a.[3] weiß, den Magen schichtweise an. Für diese *Schichtung* sind neben dem zeitlichen Bisseneintritt nur *physikalische Bedingungen* maßgebend, nämlich: Konsistenz der Bissen, Richtung und Kraft der Bissen beim Eintritt in den Magen, physikalische Beschaffenheit und Menge des bei der Nahrungsaufnahme im Magen vorhandenen Inhalts und schließlich die Lage des Magens selbst, die in erster Linie von den in der Bauchhöhle herrschenden Druckverhältnissen abhängig ist. Auch für den Menschen wurden diese Verhältnisse bestätigt[4]. Nicht nur die Speisen sind im Magen geschichtet, sondern mit ihnen auch die Acidität (HCl-) und Fermentkonzentration u. a. m. KATSCH[5] hat ein steiles Gefälle der Acidität von der Peripherie zum Kern des Mageninhaltes festgestellt. Die früher mehrfach erörterte *Magenstraße* entlang der kleinen Kurvatur ist als bevorzugter Bissenweg abzulehnen. Aus zahlreichen Arbeiten ist bekannt, daß diese Schichtung, die für den Ablauf der Magenverdauung von großer Wichtigkeit ist (S. 93f.), bei allen Tieren mit einhöhligem Magen, selbst bei dünnbreiiger Nahrung, wie z. B. beim Schwein[6], stundenlang bestehen kann.

γ) Der Magen und sein Sekret.

1. Anatomisches und Vergleichendes[7].

Für die chemischen Vorgänge ist die Sekretion des sauren fermenthaltigen Magensaftes durch die Magendrüsen Voraussetzung. Die *Auskleidung des Magens mit Drüsen* und damit der Ablauf der Magenverdauung ist bei den einzelnen Tierarten verschieden. Man unterscheidet folgende *Regionen der Magenschleimhaut*: 1. eine cutane, keine Drüsen führende Schleimhautregion; 2. die Region der *Cardiadrüsen*; 3. die Region der *Fundusdrüsen* und 4. die Region der *Pylorusdrüsen.* Die Verteilung beim Menschen[8] und bei den Haustieren geht aus der schematischen Abb. 1 hervor. Beim Menschen und Hund ist der Magen ganz, beim Schwein zum großen Teil von drüsenhaltiger Schleimhaut ausgekleidet. Beim Pferd (ebenso wie bei Ratte und Maus) ist der kraniale Teil des Magens (etwa $^1/_3$ bis $^2/_5$) drüsenlos wie die Speiseröhre im Gegensatz zum Drüsenmagen; der Hamster besitzt sogar einen vollkommen mit cutaner Schleimhaut ausgekleideten Vormagen und bildet damit den Übergang zu den Wiederkäuern.

Bei den *Wiederkäuern*[9] entwickelte sich ein kompliziertes Vormagensystem, bestehend aus drei Abteilungen, dem Pansen oder Rumen, dem Netzmagen oder der Haube und dem Blättermagen oder Psalter. Diese sind ganz mit cutaner Schleimhaut ausgekleidet. Die übrigen Tiere besitzen eine drüsenhaltige Magenschleimhaut wie der Mensch.

Die *Cardiadrüsen* fehlen den meisten Säugetieren; bei Mensch, Hund und Kaninchen bilden sie eine schmale Zone in der Cardiagegend, beim Pferd einen schmalen Streifen zwischen cutaner Schleimhaut und Fundusdrüsen[9], während sie bei Hamster, Ratte und Maus stärker ausgebildet sind, um schließlich beim Schwein etwa ein reichliches Drittel des Magens einzunehmen.

Die cutane Schleimhaut sondert kein Sekret ab, die Cardiadrüsen liefern jedoch ein alkalisches Sekret, welches in seiner Zusammensetzung und Wirkung etwa dem Speichel entspricht. Entgegen früheren Annahmen ist beim Schwein[10] in dem Cardiasekret keine Amylase nachweisbar.

Der *Magensaft* wird von den *Fundus-* und *Pylorusdrüsen* sezerniert. Beim *Menschen* und den *Fleischfressern* ist der allergrößte Teil des Magens mit diesen

---

[1] GRÜTZNER, P.: Pflügers Arch. **106**, 463 (1905). — [2] ELLENBERGER, W.: Pflügers Arch. **114**, 93 (1906). — [3] Lit. dazu s. SCHEUNERT, A.: Verdauung der Wirbeltiere. Handb. Biochem. **5**, 69 (1925); Erg.-W. **2**, 434 (1934). — [4] LEHMANN, J. C.: Arch. klin. Chir. **127**, 357 (1923). — [5] KATSCH, G.: Handb. inn. Med. (BERGMANN-STAEHELIN) 3. Aufl. **3**/1, 278 (1938). — [6] SCHEUNERT, A., u. F. KIOK: Pflügers Arch. **193**, 16 (1922). — [7] KATSCH, G.: Handb. inn. Med. (BERGMANN-STAEHELIN) 3. Aufl. **3**/1, 177 (1938). — [8] ZIMMERMANN, K. W.: Beitrag zur Kenntnis des Baues und der Funktion der Fundusdrüsen im menschlichen Magen. Ergebn. Physiol. **24**, 281—307 (1925). — MANZINI, C., e G. CONTI: Arch. ital. Mal. Appar. diger. **7**, 538 (1938) [Ber. Physiol. **114**, 237]. — [9] MANGOLD, E.: Die Magenverdauung. Handb. Mangold **2**, 121—137 (1929). — [10] SCHEUNERT, A.: Verdauung der Wirbeltiere. Handb. Biochem. **5**, 83 (1925); Erg.-W. **2**, 450 (1934).

Drüsen versehen (s. Abb. 1). Dann folgen *Schwein*, *Pferd* und schließlich die *Wiederkäuer*[1], bei denen diese Drüsen den ganzen 4. Magen (Labmagen) auskleiden. Dieser entspricht dem einhöhligen Magen der anderen Tiere, tritt aber beim erwachsenen Tier gegenüber den mächtig entwickelten Vormägen an Größe erheblich zurück.

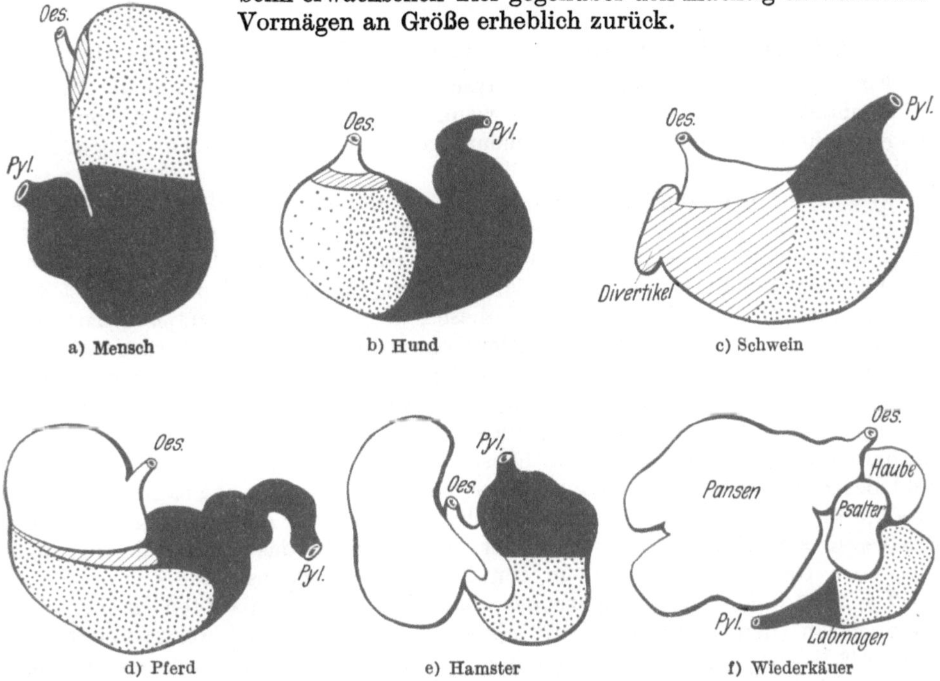

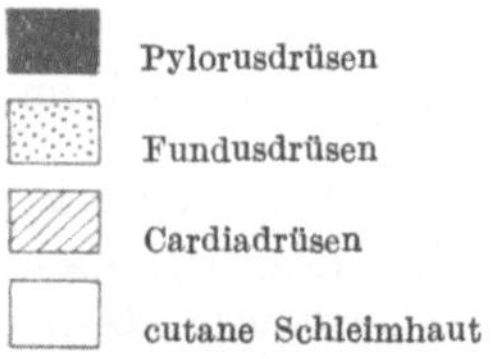

a) Mensch b) Hund c) Schwein

d) Pferd e) Hamster f) Wiederkäuer

Pylorusdrüsen

Fundusdrüsen

Cardiadrüsen

cutane Schleimhaut

Abb. 1. Verteilung der einzelnen Drüsen in der Schleimhaut des Magens (schematisch). Nach SCHEUNERT, A., u. M. SCHIEBLICH: Handd. Physiol. 3, 976 (1927).

Histologisch besteht der Magen aus drei Schichten: Mucosa, Submucosa und Muscularis[2]. In der Mucosa liegen die Magendrüsen, welche in die Magengrübchen münden. Man unterscheidet bei ihnen zwei Gruppen, die Pepsin, Kathepsin und Salzsäure liefernden Magensaftdrüsen (Gl. gastricae = Fundus- und Korpusdrüsen) und die unspezifischen Drüsen (Gl. cardiacae und Gl. pyloricae). In der Zwischenzone liegen oft Zwischenstufen von spezifischen und unspezifischen Drüsen. Die Gl. gastricae durchsetzen mit Grund, Körper, Hals und Magengrübchen die ganze Schleimhautschicht des Magens. Im Epithel von Grund und Körper sind die Pepsin bereitenden *Hauptzellen*, im Hals besonders die mit Chlorid- und Salzsäurebildung (s. 57) in Beziehung stehenden *Belegzellen*, sowie die mit den Schleimzellen der Magengrübchen verwandten *Nebenzellen*, gelegen[3]. Nach CASPERSSON[4] läßt sich durch Ultraviolettabsorption bei 2600 Å (dem spezifischen Bereich für Nucleinsäuren) zeigen, daß die Hauptzellen vom Schwein im Cytoplasma sehr reich an Nucleinsäuren sind, etwa vergleichbar mit den Pankreaszellen, während die Belegzellen dort nur einen kleinen Bruchteil der Eiweißkonzentration an Nucleinsäuren enthalten. Die unspezifischen Magendrüsen enthalten meist nur mucoide Drüsenzellen, deren Cytoplasma mit einem schleimähnlichen Stoff angefüllt ist. Ausführliches über den Aufbau der Magenschleim-

[1] SCHEUNERT, A.: Das Wiederkauen. Handb. Physiol. 3, 379—397 (1927). — KRZYWANEK, F. W.: Das Wiederkauen. Handb. Physiol. 18, 36—44 (1932). — [2] v. MÖLLENDORFF, Lehrb. Histol. 25. Aufl. S. 325 u. Fig. 315 u. 316 (1943). — [3] Abb. s. ZIMMERMANN, K. W.: Ergebn. Physiol. 24, 284, Abb. 1 (1925). — [4] CASPERSSON, T., H. LANDSTRÖM-HYDÉN u. L. AQUILONIUS: Chromosoma, Berlin 2, 111, bes. 123 (1941).

haut des Menschen s. [1, 2] und für die verschiedenen Säugetiere s. [3–6]. Die arteriellen Gefäße des menschlichen Magens hat TONDO[7] mit Hilfe der Injektion von Gelatine, Bariumsalz und Berliner Blau neu untersucht und ihre deutlich verschiedene Verteilung in einzelnen Magenschleimhäuten festgestellt.

2. Chemische Zusammensetzung der Magenschleimhaut.

Eine systematische chemische Analyse des Magens oder auch nur der Magenschleimhaut fehlt bis heute. Einige wenige chemische Bestandteile von Tiermägen, sehr viel weniger von Menschenmägen, hat man aufgesucht und quantitativ bestimmt.

a) Enzyme der Magenschleimhaut. Am gründlichsten sind die Enzyme der Magenschleimhaut erforscht worden, um über die Herkunft der Fermente des Magen*saftes* und des CASTLEschen Prinzips (s. S. 83) Aufschluß zu erhalten. Es muß hier betont werden, daß die Desmoenzyme der Schleimhaut nicht wie die Lyoenzyme des Magensaftes in diesen abgegeben werden, sondern ganz anderen Zwecken im Zellstoffwechsel der Organe dienen. Daher ist streng zwischen den Fermenten des Magens als Organ und denen des Magensaftes zu unterscheiden. In der Magenschleimhaut hat man besonders *Pepsin*, *Kathepsin*, *Chymase* und *Mucinasen* gefunden (s. Bd. **1**, S. 1141, 1068). Alle „Pepsin"-Präparate des Handels enthalten nach BUCHS[8] mehr Kathepsin als Pepsin. 1928 haben WILLSTÄTTER und BAMANN[9] aus Schweinemagenschleimhaut eine bei schwach saurer Reaktion (p_H 3,5 bis 5,0) wirksame Proteinase isoliert, der sie die Bezeichnung *Kathepsin* (*καθέψειν* = verdauen) gaben. In der Folge wurde das Kathepsin in allen tierischen Geweben, besonders in den Leukocyten, festgestellt.

Die Entdecker des Magenschleimhaut-Kathepsins glaubten nicht, daß es auch in den normalen Saft abgegeben würde, aber FREUDENBERG u. BUCHS[10, 11] bewiesen dies 1940 unzweifelhaft. Auch ein Desmo-pepsin und Desmo-kathepsin[12] kommen neben Lyo-pepsin und Lyo-kathepsin[11] in der Magenschleimhaut vor, zunächst in inaktiver Form.

Tab. 8 gibt einen Vergleich der bisher in der Magenschleimhaut und im Magensaft aufgefundenen Enzyme.

Das Vorkommen und die Verteilung der Enzyme in der Magenschleimhaut haben LINDERSTRØM-LANG u. HOLTER mit neuen Nachweisverfahren erfolgreich untersucht. Danach sind die *Hauptzellen die eigentlichen Lieferanten des Pepsins* und nach BUCHS u. FREUDENBERG[13] auch des Kathepsins und Parachymosins. Auch die Mucosazellen enthalten etwas, wenn auch wenig Pepsin. Die *Beleg-* oder *Deckzellen* sind *die* HCl-*bildenden Zellen* (siehe S. 57). Die folgende Abb. 2 (S. 36) und die Tabelle 9 (S. 36) geben einen zahlenmäßigen Überblick über die Verteilung einiger Enzyme und der Salzsäure im Magen des Schweines.

---

[1] v. MÖLLENDORFF, Lehrb. Histol. 25. Aufl. S. 325 u. Fig. 315 u. 316 (1943). — [2] Handb. mikroskop. Anat. (v. MÖLLENDORFF) 5/2 (1932). — [3] BIEDERMANN, W.: Die Ernährung der höheren Wirbeltiere. Handb. vgl. Physiol. (WINTERSTEIN) **2**/1, 1116—1492 (1911). — [4] Handb. vgl. Anat. Haustiere (ELLENBERGER-BAUM) 18. Aufl. Berlin 1943. — [5] TRAUTMANN, A., u. J. FIEBIGER: Lehrbuch der Histologie und vergleichenden mikroskopischen Anatomie der Haustiere. 7. Aufl. Berlin 1941. — [6] GROEBBELS, F.: Funktionelle Anatomie und Histophysiologie der Verdauungsdrüsen. Handb. Physiol. **3**, 547—681, bes. 600—628 (1927); **18**, 54 (1932). — [7] TONDO, M.: Boll. Soc. ital. Biol. sperim. **16**, 658 (1941). — [8] BUCHS, S.: B. Z. **320**, 249 (1950). — [9] WILLSTÄTTER, R., u. E. BAMANN: H. **180**, 127 (1929). — [10] BUCHS, S.: Über das Kathepsin des Magensaftes. Diss. med. Basel 1940. Die Biologie des Kathepsins. Basel 1947. — [11] FREUDENBERG, E.: Enzymologia **8**, 385 (1940). — [12] WILLSTÄTTER, R., u. M. ROHDEWALD: H. **208**, 258 (1932). — [13] BUCHS, S., u. E. FREUDENBERG: Ergebn. inn. Med. (N. F.) **2**, 544 (1951).

Tabelle 8. Enzyme des Magens und des Magensaftes.

	Aus Magenschleimhaut	Literatur dieses Werkes	Aus Magensaft	Literatur dieses Werkes
a) Proteasen				
Propepsin, Pepsinogen . . .	+	Bd. **1**, S. 1145	+	
Pepsin	+	Bd. **1**, S. 1141	+	Bd. **2**, S. 73
Pepsinidin	+	Bd. **2**, S. 75	—	
Labendes Ferment * . . . . (Chymase, Rennin)	—	Bd. **1**, S. 1146		Bd. **2**, S. 80
Kathepsin	+	Bd. **1**, S. 1161	+	Bd. **2**, S. 77
Magenstoff von CASTLE . . .	+	Bd. **2**, S. 34, 83	+	Bd. **2**, S. 83
Mucinase	+		—	
Peptidasen				
Aminopolypeptidase	+	Bd. **1**, S. 1135	—	
Dipeptidase	+	Bd. **1**, S. 1132	—	
Prolinase	+	Bd. **1**, S. 1139	—	
Urease[1–4]	+	Bd. **1**, S. 1113	+[2]	Bd. **2**, S. 85
b) Esterasen				
Lipase[5]	+	Bd. **1**, S. 1073	+***	Bd. **2**, S. 83
Phosphatase[6]	+	Bd. **1**, S. 1092	—[6]	
c) Carbohydrasen				
Amylase[7].	+		—**	Bd. **2**, S. 85
d) Weitere Enzyme				
Glykolysierende Fermente[8].	+	Bd. **2**, S. 85	—	Bd. **2**, S. 85
Kohlensäureanhydratase . .	+	Bd. **2**, S. 38	—	

* Nur beim Kalb als einheitliches Enzym „Rennin“ in Schleimhaut und Saft nachgewiesen, im Magensaft des Kindes als Parachymosin, nicht beim Erwachsenen.

** Fehlt bei Omnivoren und Carnivoren[9].

*** Fehlt im zellfreien Saft.

Urease[10] kommt in der Magenschleimhaut des Erwachsenen[11] und des Fötus[12], nicht aber im normalen Magensaft vor. FOSSEL[13] findet im Fundus fast doppelt soviel wie im Pylorus. Duodenum, Jejunum, Ileum und, was besonders hervorgehoben sei, auch die Nieren sind völlig frei von Urease. Das Colon enthält 3% der Magenschleimhaut an Urease, vielleicht von den Bakterien stammend. Auch in der Magenschleimhaut von Tieren ist Urease festgestellt worden und zwar zuerst von LUCK[14]. LINDERSTRØM-LANG u. Mitarb.[15] fanden sie nicht im Schweine-

[1] LUCK, J. M.: Biochem. J. **18**, 825 (1924). — LUCK, J. M., and T. N. SETH: Biochem. J. **18**, 1227; **19**, 357 (1924/25). — [2] FOSSEL, M.: H. **282**, 164 (1947). — [3] Oppenheimer, Fermente Suppl. **1**, 609 (1936). — [4] MARTIN, L.: J. biol. Ch. **102**, 131 (1933). Bull. Johns Hopkins Hosp. **52**, 166 (1933). — [5] Aus Schweinemagen: WILLSTÄTTER, R., u. F. MEMMEN: H. **133**, 247 (1924). — Oppenheimer, Fermente Suppl. **1**, 6, 8, 18 (1936). — Aus menschlichem Magen: HAUROWITZ, F., u. W. PETROU: H. **144**, 68 (1924). — [6] UMENO, M.: B. Z. **231**, 346 (1931). — Oppenheimer, Fermente Suppl. **1**, 165 (1936). — [7] Beim Rind im Pansen, Blätter- und Labmagen: SALVIETTI, M.: Riv. Biol. **14**, 1 (1932), [Oppenheimer, Fermente Suppl. **1**, 466 (1936)]. — [8] LUTWAK-MANN, C.: Biochem. J. **41**, 19 (1947) (Rattenmagen). — [9] Oppenheimer, Fermente Suppl. **1**, 473 (1936). — [10] SUMNER, J. B.: Sumner-Myrbäck **1**/2, 873 (1951). — [11] BEREND, N., u. S. HOLLÁN: 11. Tag. der Ungar. Physiol. Ges., Debrecen 1941 [Ber. Physiol. **126**, 478]. — RIGONI, M.: Arch. ital. Biol. **24**, 74 (1930). Atti Soc. med.-chir. Padova **8**, 11 (1931). — STREHLER, E.: Schweiz. med. Wschr. **73**, 1492 (1943). — s. a. Bd. **1**, 1113. — [12] CARDIN, A.: Arch. Sci. biol., Bologna **19**, 76 (1935). [C. **1936 II**, 489]. Arch. ital. Biol. **91**, 96 (1934) [C. **1935 II**, 869]. — [13] FOSSEL, M.: H. **282**, 164 (1947). Über die Urease der menschlichen Magenschleimhaut. S.-B. Akad. Wiss. Wien 1945. — [14] LUCK, J. M.: Biochem. J. **18**, 825 (1924). — [15] LINDERSTRØM-LANG, K., u. A. SØEBORG OHLSEN: Enzymologia **1**, 92 (1936/37). — HOLTER, H., u. K. LINDERSTRØM-LANG: Handb. Enzymol. (NORD-WEIDENHAGEN) **1**, 94 (1940).

Tabelle 9. Quantitative Verteilung von Enzymen in einzelnen Schleimhautregionen des Schweinemagens[1].

Enzymgehalt und Säuregehalt sind pro Zelle angeführt. Bei quantitativ etwas zweifelhaften Ergebnissen sind die zugehörigen Zahlen eingeklammert; wo quantitative Feststellungen unmöglich waren, sind qualitative (+, ++) angeführt.

	Cardia	Fundus	Pylorus	Duodenum
HCl	0	H = HH = E = 0 D = (0,15)	0	0
Pepsin	E + H positiv, aber klein	E = 0,2 HH = 0,2—1,2 H = 1,7—2,1 D = (0)	E = 0,07—0,11 HH = 0,09—0,16 H = 0,14—0,23	C = etwa 0 B = etwa 0 Br = 0,04
Peptidase	E = 0 H wie im Pylorus	E = 0 HH = 0 H = 0,06 D = 0	E = (0,03) HH = 0,23—0,23* H = 0,27—0,27*	C = (0,64)—0,81 B = (0) Br = (0,20)—0,32
Esterase	I = + E = ++ H = +	I = + E = ++ HH = (+) H = + D = (+)	I = + E = ++ HH = + H = +	I = + C + B = (+) E = ++

* Beide Mägen hatten zufällig die gleichen Werte.

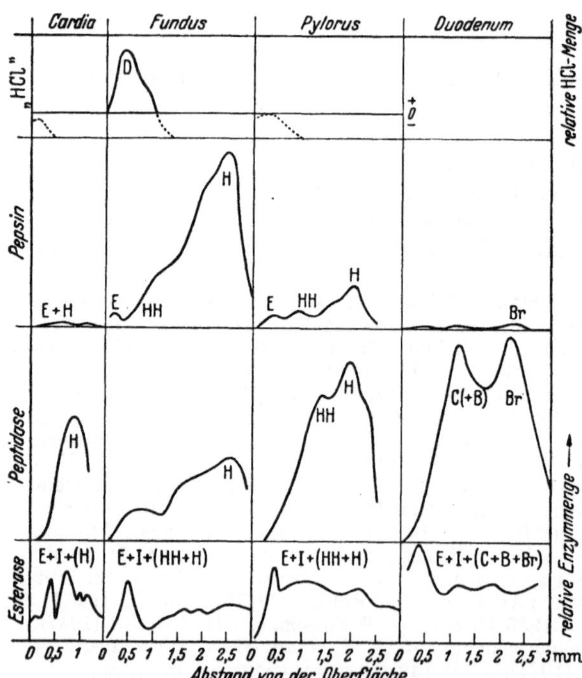

Abb. 2. Übersicht über die Verteilung und Menge von Enzymen und HCl in der Magenschleimhaut des Schweines[1].

I Interstitielles Gewebe, E Epithelzellen, HH Halshauptzellen, H Hauptzellen, D Deckzellen = Belegzellen, C Zylinderzellen, B Becherzellen, Br Brunnerzellen.

Die Zahlen geben die Salzsäurenormalität in den Deckzellen an.

Pepsin: Anzahl von Pepsineinheiten pro Zelle multipliziert mit 1000. Eine Pepsineinheit ist in $7 \cdot 10^{-4}$ mg PARKE-DAVIS-Pepsin (1:1000) enthalten und spaltet in 14 mm³ einer 2%igen salzsauren Lösung von Edestin (Anfangs-p_H 2,1) $0,63 \cdot 10^{-4}$ Milliäquivalente Peptidbindungen in 2 Stunden bei 40° C.

Peptidase: Anzahl von Peptidaseeinheiten pro Zelle, multipliziert mit 1000. Eine Peptidaseeinheit spaltet in 14 mm³ einer 0,1 n Alanylglycinlösung (p_H 7,5) $0,5 \cdot 10^{-4}$ Milliäquivalente Peptidbindungen in 20 min bei 30° C.

[1] LINDERSTRØM-LANG, K., H. HOLTER u. A. SØEBORG OHLSEN: H. **227**, 1, bes. 47 u. 48 (1934). — HOLTER, H., u. K. LINDERSTRØM-LANG: Handb. Enzymol. (NORD-WEIDENHAGEN) **1**, 88 (1940).

magen, wohl aber im Fundus und Pylorus des Hundemagens, FITZGERALD[1] in der Magenschleimhaut von Menschen, Hund[2], Katze[2], Kaninchen und auch von Schwein und Ratte. Die Mengen schwanken je nach Art der Verdauung. An dem weitverbreiteten Vorkommen ist daher nicht zu zweifeln; aber es ist ein Endoenzym im Sinne von WILLSTÄTTER. Allein innerhalb der Schleimhaut herrscht die optimale H-Ionenkonzentration. FOSSEL[3] zeigte mit NESSLERS Reagens an Mucosaschnitten, daß hauptsächlich die Hauptzellen Ammoniak bilden können. Die menschliche Magenurease ist wie die pflanzliche am wirksamsten bei 50° C und bei p_H 7,2 bis 7,6. Spuren von Metallen wie Kupfer, Kobalt wirken stark hemmend (s. a. Bd. **1**, 1113). FOSSEL[3] erhielt aus der Schleimhaut eines ganzen menschlichen Magens 1—2 g Extrakt mit etwa 35 SUMNER-Urease-Einheiten. Anacide menschliche Magensäfte enthalten beträchtliche Mengen Urease, nicht aber normale oder hyperacide. Ein Teil der Urease anacider Säfte dürfte der Bakterienflora entstammen. Die normale Pepsin-HCl kann die Urease infolge ihres Proteincharakters und durch Änderung des p_H-Optimums leicht inaktivieren. In diesem Zusammenhang sind die Ammoniakwerte des Magen*saftes* neu zu prüfen. FOSSEL[7] findet im normalen Magensaft 4 bis 5 mg% Ammoniak, andere 10 bis 15 mg% (s. Tabelle 12, S. 49). Die höchsten Werte gibt FOSSEL bei Urämie an mit 96 mg% im Magensaft und 314 mg% Harnstoff im Blut. Bei perniciöser Anämie liegt der Ammoniakwert im Magensaft unter der Norm (1,5 mg%). Nach FOSSEL ist die Magenschleimhaut bedeutsam für die Spaltung des Harnstoffes, der mit dem Blutstrom dorthin gelangt.

Man hat die Magenurease auch in Beziehung zur Salzsäurebildung gebracht. Durch Versuche von DAVIES u. KORNBERG[4] an isolierter Magenmucosa von Fröschen und Mäusen konnte in vitro gezeigt werden, daß die Urease keine Rolle bei der Säuresekretion des isolierten Frosch- oder Mäusemagens spielt, eine Ansicht, die auch GLICK nun angenommen hat[5, 6]. Die Magenurease soll die Mucosa durch Neutralisation der Magensalzsäure mit Ammoniak schützen[4, 7].

Außerdem stellten LINDERSTRØM-LANG und HOLTER[8] noch *weitere Hydrolasen* fest. Sie fanden in der Magenschleimhaut vom Schwein *Dipeptidase, Aminopolypeptidase, Prolinase, Esterase* und bestimmten ihre Menge in den Schleimhautregionen und den einzelnen Schichten im Abstand von der Muscularis mucosae.

Beim *Schwein*[9] ist *Dipeptidase* in allen Mucosazellen vorhanden. *Aminopolypeptidase* nimmt nach der Schleimhautoberfläche hin ab. Die Hauptzellen der Basis sind reicher an diesem Ferment als die der Magengrübchen. In der Pylorusgegend ist mehr Dipeptidase als Aminopolypeptidase, im Fundusteil überwiegt Aminopolypeptidase über Dipeptidase; letztere ist gleichmäßig über alle Zellen des Fundus verteilt. Aminopolypeptidase geht mit der Zahl der eigentlichen Hauptzellen parallel und ist in den oberflächlichen Schichten vorhanden.

Die *Pylorusschleimhaut* zeigt nur geringe Pepsinwirkung, ihr Maximum liegt in der Region der Hauptzellen und der Grübchenepithelien. Bei p_H 4,4 ist nur ein geringer Eiweißabbau, also auch kaum eine *Kathepsinwirkung*, festzustellen. Die *Pepsinverteilung* gleicht jener der Aminopolypeptidase. Das Optimum der Pepsinwirksamkeit liegt in der Region der Hauptzellen. *Prolinpeptidase* ist im Pylorus gleichmäßig über alle Schichten verteilt, also offenbar in allen Zelltypen enthalten. *Carboxylase* fehlt dagegen in der Pylorusgegend.

Im *Fundusteil* ist *Prolinpeptidase* etwa in den gleichen Mengen wie Dipeptidase vorhanden. *Urease* war nicht sicher nachweisbar.

---

[1] FITZGERALD, O.: Nature **158**, 305 (1946). — [2] MARTINSON, E. E.: Biochimia, Moskau **15**, 121 (1950) [Ber. Physiol. **148**, 266]. — [3] FOSSEL, M.: Wien. klin. Wschr. **60**, 60 (1948). — [4] DAVIES, R. E., and H. L. KORNBERG: Biochem. J. **47**, II (1950); **50**, 119 (1951). — [5] GLICK, D., E. ZAK and R. v. KORFF: Amer. J. Physiol. **163**, 386 (1950). — [6] FITZGERALD, O.: Biochem. J. **47**, IX (1950). — [7] LUCK, J. M., and T. N. SETH: Biochem. J. **19**, 357 (1925). — [8] LINDERSTRØM-LANG, K., u. H. HOLTER: C. R. Lab. Carlsberg (II) **23**, 135 (1940). — [9] SØEBORG OHLSEN, A.: C. R. Lab. Carlsberg (II) **23**, 392 (1941).

Beim *Menschen*[1] zeigte eine etwas entzündete Magenschleimhaut im Pylorus geringe, im Fundus hohe Pepsinwirkung.

Der *Magenstoff von* CASTLE[2], der sog. „intrinsic factor“, wird als ein Enzym der Magenschleimhaut oder des Magensaftes aufgefaßt. Er hilft aus dem „extrinsic factor“ der Nahrung den Antiperniciosastoff zu bilden. MAZZA[3] konnte aus der Magenschleimhaut des Schweines eine Proteinase („Hämopoiase“) isolieren. Sie besitzt dieselben Wirkungen wie der intrinsic factor.

Die Hämopoiase[4] wirkt optimal bei p_H 6. Ihr isoelektrischer Punkt liegt bei p_H 5,85. Sie ist ein Fermentprotein mit 15,8% N, nicht zerlegbar in Apo- und Co-Ferment. Sie greift Eiweiß, z. B. Nucleoproteide, in spezifischer Weise an, aber auch Dipeptide. Weitere Ergebnisse müssen abgewartet werden.

Der Bildungsort des Magenstoffes liegt in der Fundusregion; exstirpiert man nämlich den Magenfundus bei Schweinen, so enthält deren Leber keine Antiperniciosasubstanz mehr[5]. Trotzdem ist der Magen kein unbedingt lebensnotwendiges Organ. Nach völliger Magenresektion[6] tritt bei Affe, Hund, Schwein und Ratte weder perniciöse Anämie noch funiculäre Myelose, noch Glossitis auf. Aber der Sicherheitsfaktor der Verdauung ist verringert, und die motorischen und enzymatischen Verdauungsfunktionen sowie die Resorptionsfunktionen des Darmes werden stärker belastet. Die Eisenresorption ist gestört. Etwaige bei Ratten und Affen ohne Fe-Verabreichung auftretende Anämien gehören immer der hypochromen, mikrocytären Form an. Der Mensch kann eine totale oder teilweise Magenresektion recht gut überleben. Es können aber noch 3 bis 4, selbst 8 oder 9 Jahre nach der Resektion hyperchrome Anämien auftreten. Auch andere Anämieformen sind beobachtet worden[7].

Bei perniciosakranken Menschen ist der Fundusteil des Magens histologisch stark verändert und daher auch die Pepsinbildung gestört. Der Pylorusteil ist unverändert[8].

Kohlensäureanhydratase[9]. In den Belegzellen hat man zunächst bei Katzen, Kaninchen, Ratten und dann beim Hund einen hohen Gehalt an Kohlensäureanhydratase festgestellt, im Gegensatz zu der geringen Menge in den Zellen des Oberflächenepithels der Magenschleimhaut. Weil eine Hemmung der Kohlensäureanhydratase-Wirkung zu einem völligen Ausbleiben der HCl-Sekretion führt, hat man die Tätigkeit des die H_2CO_3 dehydratisierenden Fermentes mit der Bildung der HCl in Zusammenhang gebracht[10] (s. S. 60). Die Magenschleimhaut enthält pro Gramm Gewebe etwa ebensoviel Kohlensäureanhydratase wie die roten Blutkörperchen[11].

Eine *Magenlipase*[12, 13] wurde zuerst von WILLSTÄTTER u. Mitarb.[14] aus der Magenschleimhaut vom Schwein und Hund isoliert und näher untersucht. Die Schleimhaut enthält 80% der gesamten Lipase des Magens. Im Kardiateil

---

[1] SØEBORG OHLSEN, A.: C. R. Lab. Carlsberg (II) **23**, 392 (1941). — [2] CASTLE, W. B., and W. C. TOWNSEND: Amer. J. med. Sci. **178**, 764 (1929). — CASTLE, W. B.: Amer. J. med. Sci. **178**, 748 (1929). — [3] MAZZA, F. P., C. MIGLIARDI e F. PENATI: Arch. Sci. biol., Bologna **27**, 291 (1941) [Ber. Physiol. **129**, 212]. — [4] MAZZA, F. P., u. C. MIGLIARDI: Schweiz. med. Wschr. **71**, 344 (1941). — [5] PETRI, S., J. BING, E. NIELSEN u. A. K. NIELSEN: Acta med. scand. **109**, 59 (1941). — [6] IVY, A. C.: Amer. J. digest. Dis. **7**, 500 (1940). — BUSSABARGER, R. A., A. C. IVY, H. S. WIGODSKY and F. D. GUNN: Ann. internal Med. **13**, 1028 (1939). — [7] KATSCH, G.: Folgen der Magenausrottung (Agastrie). Handb. inn. Med. (BERGMANN-STAEHELIN) 3. Aufl. **3**/1, 398—401 (1938). — [8] SØEBORG OHLSEN, A.: C. R. Lab. Carlsberg (II) **23**, 331 (1941). — [9] ROUGHTON, F. J. W., and A. M. CLARK: Carbonic anhydrase. Sumner-Myrbäck **1**/2, 1250, bes. 1264 (1951). — [10] DAVENPORT, H. W.: Amer. J. Physiol. **128**, 725 (1940). — [11] DAVENPORT, H. W., and R. B. FISHER: J. Physiol., London **94**, 16 P (1938). — DAVENPORT, H. W.: J. nat. Cancer Inst. **10**, 315 (1949). — [12] WALDSCHMIDT-LEITZ, E., u. A. SCHÄFFNER: Bamann-Myrbäck **2**, 1565. — AMMON, R.: Handb. Enzymol. (NORD-WEIDENHAGEN) **1**, 387 (1940). — Oppenheimer, Fermente **1**, 242 (1925); **3**, 709 (1929); Suppl. **1**, 60, 165 (1935). — [13] AMMON, R., and M. JAARMA: Stomach lipase. Sumner-Myrbäck **1**/1, 422—424 (1951). — [14] WILLSTÄTTER, R., F. HAUROWITZ u. F. MEMMEN: H. **140**, 203 (1924). — WILLSTÄTTER, R., u. F. MEMMEN: H. **133**, 247 (1924).

kommen größere Mengen als in anderen Teilen der Magenschleimhaut vor. Extrakte aus der Kardiagegend waren doppelt so wirksam wie solche aus dem Gebiet der Fundus- und Pylorusdrüsen[1]. Die viel schwächere Wirkung der gereinigten Magenlipase des Schweines ist der der Pankreaslipase ähnlich; beide Fermente sind jedoch verschieden[2]. Die Wirkung der Magenschleimhautlipase vom Schwein konnte durch Reinigung auf das 600fache der Mucosa oder auf das 300fache des getrockneten Magens gesteigert werden. Gemessen an der Tributyrinspaltung zeigt der getrocknete Schweinemagen trotzdem 2500- bis 3000fach geringere lipatische Wirkung als die entfettete und getrocknete Pankreasdrüse[2]. Die Lipase der menschlichen Magenschleimhaut hat HAUROWITZ[3] mit der aus menschlichem Magensaft verglichen. Bei der Reinigung verschob sich das Wirkungsoptimum von p_H 5 bis 6 nach p_H 8. Es können also nur Lipasen, die auf gleichem Wege gewonnen wurden, miteinander verglichen werden, da hemmende und fördernde Begleitstoffe die Aktivität stark beeinflussen[4]. Auch die individuellen Schwankungen der Lipasewirkung sind sehr groß (Abb. 3).

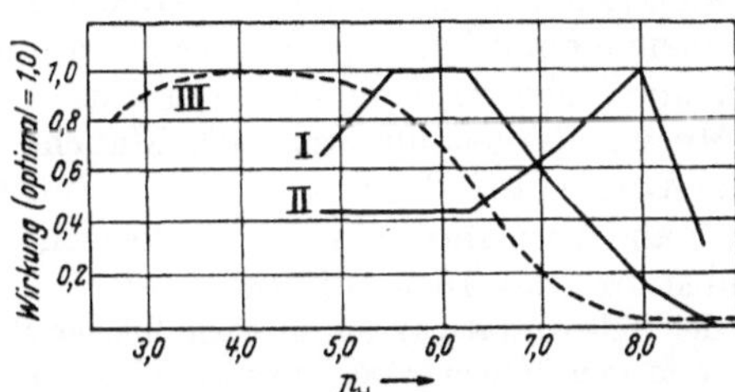

Abb. 3. Aktivitäts-p_H-Kurve der Lipase in rohem (I) und in gereinigtem (II) Magenschleimhautextrakt vom Menschen sowie des Magensaftes (III) nach DAVIDSOHN[6]

Tabelle 10. p_H-Bereich der gereinigten Magenlipase.

Tierart	p_H
Mensch	7,1—7,9
Hund	5,5—6,3
Katze	5,5
Kaninchen	6,3
Meerschweinchen und weiße Ratte	7,1—7,9
Schwein	7,1
Pferd	7,1—8,6

Beim Vergleich der aus *Magenextrakten verschiedener Tiere*, allerdings in verhältnismäßig geringen Mengen, gewonnenen Lipasen[5] zeigten Mensch, Raub- und Nagetiere den höchsten Gehalt, während in der Labmagenschleimhaut der Wiederkäuer eine solche nur in kleiner Menge oder überhaupt nicht vorhanden war.

Auch von SALVIETTI[7] ist im *Rinderlabmagen* nur wenig Lipase gefunden worden. Mit diesen Befunden stimmt überein, daß KRZYWANEK u. BUSS[8] im Labmageninhalt des *Schafes* ebenfalls nur eine schwache lipolytische Wirksamkeit fanden, die sie mehr auf Wirkungen von Nahrungsmittelfermenten bzw. Bakterien als auf eine wirkliche Lipase zurückführten.

Eine *Lipokinase*, welche die Prolipase der Frauenmilch aktiviert, extrahierte FREUDENBERG[9] mit Glycerin aus der Magenschleimhaut von Säuglingsleichen. Der übrige Darmkanal des Säuglings enthält keine Lipokinase. Im Magen von Hund und Katze wurde eine schwache, in dem von Schwein, Kalb und Ratte gar keine Lipokinasewirkung gefunden. Im Magenchymus des Säuglings aktiviert sie die Lipase der Frauenmilch und fördert so die Fettverdauung im Magen[9].

Im Gegensatz zum Pepsin liegt das p_H-*Optimum* der gereinigten Magenlipase — gemessen an der Tributyrinspaltung — beim Menschen und den einzelnen Tieren in einem *wechselnden Bereich*, ist aber für die einzelne Tier*art* allerdings ziemlich konstant (Tabelle 10)[5]. Über den p_H-Bereich der Lipasen in vivo bei normaler Magenverdauung sagen diese Werte, wie oben ausgeführt, nichts aus. Im frischen menschlichen Magensaft[5] liegt das Lipaseoptimum bei etwa p_H 6,3.

[1] MEULENGRACHT, E., E. SCHIØDT u. A. ELDAHL: B. Z. **277**, 152 (1935). — [2] WILLSTÄTTER, R., u. E. BAMANN: H. **173**, 17 (1928). — [3] HAUROWITZ, F., u. W. PETROU: H. **144**, 68 (1925). — [4] Vgl. Bd. **1**, S. 1075. — [5] HAUROWITZ, F., u. W. PETROU: H. **144**, 68 (1925). — [6] DAVIDSOHN, H.: B. Z. **49**, 249 (1913). — [7] SALVIETTI, M.: Riv. Biol. **14**, 64 (1932). — [8] KRZYWANEK, F. W., u. W. BUSS: Arch. Tierheilkde. **69**, 321 (1935). — [9] FREUDENBERG, E.: Z. Kinderheilkde. **46**, 170 (1928).

Amylase im Hundemagen ist auf die aus dem Darm zurückgetretene Pankreasamylase zurückzuführen[1].

b) Die Eiweißstoffe und einfachen N-haltigen Verbindungen der Magenschleimhaut sind außer dem Mucin (s. Bd. **1**, S. 762) nicht untersucht. In der Mucosa des Rindermagens fand man eine Mucoitinschwefelsäure mit Glucosamin, Essigsäure, Schwefelsäure, Galaktose und Glucuronsäure[2]. Aus einfachen *N-haltigen Verbindungen* der Magenschleimhaut hat man kreislaufwirksame Stoffe isoliert. Im Magen des Hundes sollen vorkommen: im Fundus 82 γ, im Antrum pylori 74 γ, dagegen im Jejunum 216 γ *Acetylcholin* je 100 g Gewebe[3]. Acetonauszüge von Kaninchenmagenschleimhaut wirken ähnlich wie Acetylcholin; man hat die wirksame Substanz als „Enteramin" bezeichnet, vorerst den biogenen Aminen zugerechnet[4] und später als 5-Oxytryptamin erkannt[5]. Aus getrockneter und entfetteter Schweinemagenschleimhaut, die 20% des frischen Gewebes ausmachte, sind als *freie Aminosäuren* Arginin, Histidin, Lysin, Tyrosin, Leucin und *Histamin* gefunden worden: vom letzteren 0,6 mg% in der frischen Schleimhaut; vermutet wird noch das Vorhandensein von Nicotinsäure oder Nicotinsäureamid[6].

Eine *blutgruppenspezifische Substanz* A wurde aus der Magenschleimhaut vom Schwein isoliert. Sie enthält äquimolekulare Mengen von N-Acetylglucosamin und Galaktose[7]. Auch aus Schweinemagenmucin des Handels konnte unter Vermeidung von extremen p_H-Werten und höheren Temperaturen eine A-Substanz mit allen Eigenschaften eines Mucins dargestellt werden[8]. Manche Präparate aus Schweinemagen zeigten keine A-Substanz, dafür aber eine 0-Substanz, deren chemischen Eigenschaften sehr nahe verwandt sind[9]. Serologische Fällungsmethoden führten zu 84% A-Substanz und 16% 0-Substanz[10].

c) Vitamin C konnte histochemisch mit der Silbernitratreaktion in menschlicher Magenschleimhaut nachgewiesen werden, und zwar in den Magendrüsen, niemals aber im Oberflächenepithel. Stets vorhanden war es in den Hauptzellen der Fundusdrüsen und in den mucoiden Drüsenzellen der Pylorus- und Kardiadrüsen; in den Belegzellen war es nur in 3 von 12 Fällen nachweisbar. Am meisten Vitamin C befand sich im Drüsengrund, also in den Hauptstücken der Drüsenschläuche[11].

d) Die Lipoide der Magenschleimhaut vom Schwein wurden neuerdings untersucht und ihr Mitwirken bei der Salzsäurebildung erörtert[12]. Es wurden nach Ausziehen mit Aceton, Alkohol und Äther *Triglyceride* und in den Phosphatidfraktionen *Kephalin und Lecithin* gefunden. Quantitative Angaben fehlen darüber.

e) Die Mineralstoffe der Magenschleimhaut des Menschen sind neu festzustellen. Hier seien Mittelwerte von Untersuchungen an 12 Hunden angeführt[13].

Tabelle 11. Mineralgehalt der Magenschleimhaut und Pankreasdrüse vom Hund (g%).

	Magen-schleimhaut	Pankreas
Wasser	80,50	74,10
Na	1,07	0,54
K	1,07	1,50
Cl	1,05	0,56
PO_4—P	1,12	1,38

Die chemische Analyse des Magens als ganzes Organ, seiner Schleimhautgebiete und seiner Drüsen, sowie die Erforschung der dort ablaufenden Stoffwechselvorgänge bedarf weiterer Aufmerksamkeit, um die Bildung der Magensaftbestandteile und schließlich die Funktion des gesunden und kranken Magens besser verständlich zu machen.

[1] SCHWARZ, C., u. W. KAUS: Pflügers Arch. **213**, 577 (1926). — [2] OZÁKI, G.: J. Biochem. **26**, 233 (1937). — [3] GOFFART, M., et Z. M. BACQ: Ann. Physiol. Physicochim. biol. **15**, 833 (1939). — [4] ERSPAMER, V.: A. e. P. P. **196**, 343, 366, 391 (1940). — [5] ERSPAMER V., and B. ASERO: Nature **169**, 800 (1952). — [6] FUCHS, HEINR.: Z. Biol. **99**, 484 (1939). — [7] MEYER, K., E. M. SMYTH and J. W. PALMER: J. biol. Ch. **119**, 73 (1937). — [8] MORGAN, W. T. J., and H. K. KING: Biochem. J. **37**, 640 (1943). — [9] AMINOFF, D., W. T. J. MORGAN and W. M. WATKINS: Nature **158**, 879 (1946). — [10] KABAT, E. A., A. BENDICH and A. E. BEZER: J. exp. Med. **83**, 477 (1946). — BENDICH, A., E. A. KABAT and A. E. BEZER: J. exp. Med. **83**, 485 (1946). — [11] WALLRAFF, J.: Kli. Wo. **1943**, 591. — [12] UHNOO, B.: H. **256**, 104 (1938). — [13] INGRAHAM, R. C., and M. B. VISSCHER: Proc. Soc. exp. Biol. Med. **40**, 147 (1939).

3. Die Sekretion des Magensaftes[1, 2].

Ähnlich wie die Speicheldrüsen sezernieren auch die Magendrüsen nur auf Reize. Während der Nacht und bei leerem Magen ruhen sie. Eine entgegengesetzte Auffassung verfechten HELLENBRANDT u. Mitarb.[3], die bei gesunden Studentinnen eine *Dauersekretion*, während des Schlafes sogar höhere Aciditätswerte feststellten. Die Sekretion des Magensaftes erfolgt *reflektorisch* auf nervöse und chemische Reize; mechanische Reizung der Mund- oder der Magenschleimhaut ruft keine Magensaftsekretion hervor. BABKIN unterscheidet drei Phasen der Magensaftsekretion:

a) Die reflektorische, nervöse oder psychische Phase[4] wird durch chemische Erregung sensibler Nervenendigungen der Mund- und Rachenhöhle beim Kauen und Einspeicheln ausgelöst. Neben diesen „unbedingten" angeborenen Reflexen spielt bei der Magensaftabsonderung des Menschen und auch des Hundes sowie anderer Tiere der sog. „bedingte", erworbene Reflex eine Rolle[5] (psychische Phase). Schon beim Vorweisen oder Riechen einer Nahrung, die das Tier kennt, oder bei entsprechenden Gehörseindrücken beginnt nach einer Pause von mindestens $4^1/_2$ min eine reichliche Absonderung von Magensaft, ohne daß es nötig ist, die Nahrung überhaupt in die Mundhöhle zu verbringen. Die Absonderung ist stärker bei Hunger und Appetit, sie ist schwächer oder fehlt ganz bei Unlustgefühlen, Ärger u. dgl. Sie ist immer größer, aber weniger anhaltend als nach chemischem Reiz. Das erste, psychisch bedingte, Magensekret ist besonders reich an Magenfermenten[6].

In Hypnose bewirkt die Suggestion des Essens gleichfalls eine Magensaftabsonderung[7]; beim Säugling wird die „reflektorische Phase" der Magensaftabsonderung durch den Saugakt ausgelöst. Die nervöse Phase der Magensekretion kommt auf neuro-humoralem Wege zustande, im Prinzip übereinstimmend mit der chemischen Phase[8]. Die Pylorusregion ist dabei entscheidend beteiligt. Während der Vagusreizung wird ein sekretanregender Stoff, der nicht mit Histamin identisch ist, an das Blut abgegeben. Er ist aus der Pylorusschleimhaut von Katzen und Hunden extrahierbar.

Die Reflexe kommen von Thalamus, Mesencephalon und der Medulla oblongata. STRÖM u. UVNÄS[9] schildern kurz die zentralnervösen Beziehungen zur motorischen und sekretorischen Tätigkeit des Magendarmtraktus.

Die nur 2 bis 3 Stunden anhaltende nervöse Phase kann allein nicht die für die Verdauung notwendigen Mengen Magensaft liefern, deshalb tritt, noch ehe sie abgeklungen ist,

b) die sog. **chemische, Magen- oder Pylorusphase**[10] in Tätigkeit. Gibt man z. B. einem Hund, ohne daß er es bemerkt, durch eine Magenfistel Fleisch in

---

[1] KATSCH, G.: Der Sekretionsmechanismus. Handb. inn. Med. (BERGMANN-STAEHELIN) 3. Aufl. **3**/1, 207ff. (1938). — BABKIN, B. P.: Die sekretorische Tätigkeit der Verdauungsdrüsen. Der Magen. Handb. Physiol. **3**, 710ff. (1927). Babkin S. 190ff., 318. Secretory Mechanism of the Digestive Glands. 2. Aufl. New York 1950. — KUZMENKO, L. N.: Klin. Med., Moskau **28**, 34 (1950) [Ber. Physiol. **149**, 941]. — [2] WOLF, S., and H. G. WOLFF: Human Gastric Function. London, New York, Toronto 1944. — [3] HELLENBRANDT, F. A., R. H. TEPPER, H. GRANT and R. CATHERWOOD: Amer. J. digest. Dis. **3**, 477 (1936). — Babkin S. 190, 196ff., 233. — [4] BABKIN, B. P.: Handb. Physiol. **3**, 719, 739 (1927). — [5] Babkin S. 208. — [6] SPRINGER, G. F.: B. Z. **321**, 107, bes. 135 (1950). — [7] BABKIN, B. P.: Handb. Physiol. **3**, 720 (1927). — [8] UVNÄS, B.: Der Anteil der Pylorusregion an der nervösen Phase der Magensaftsekretion. Acta physiol. scand. **4**, Suppl. **13** (1942). — BICKEL, A.: Der nervöse Mechanismus der Sekretion der Magendrüsen und der Muskelbewegung am Magendarmkanal. Ergebn. Physiol. **24**, 228—280 (1925). — [9] STRÖM, G., and B. UVNÄS: Acta physiol. scand. **16**, Suppl. **53**, 59—60 (1949). — [10] KATSCH, G.: Handb. inn. Med. (BERGMANN-STAEHELIN) 3. Aufl. **3**/1, 210 (1938). — BABKIN, B. P.: Handb. Physiol. **3**, 742 (1927). Babkin S. 233—298.

den vorher ausgespülten Magen, so beginnt nach einer Latenzzeit von einigen Stunden die Sekretion von Magensaft langsam in Gang zu kommen. Die *Ursache* für diese chemische Phase ist nicht mechanischer, also physikalischer Natur, sondern *in der chemischen Beschaffenheit bestimmter Bestandteile der Nahrung*, z. B. der Proteine, zu suchen, die oft erst durch die Anverdauung während der nervösen Phase frei werden. Im Laufe der Jahre sind die verschiedensten sekretionsauslösenden Stoffe untersucht worden. Nach der Zusammenstellung von BABKIN[1] und dem neueren Schrifttum wirken sekretionsfördernd: Fleisch[2], Fisch[3], Eiweiß[4], Wasser, NaCl-Lösungen, Liebigs Fleischextrakt, Albumosen und Peptone, Wittepepton[5], Milchsäure, Buttersäure, Aminosäuren[6], Essigsäure, Speichel, Pankreassaft, Galle[7,8], Soda, Glucose, Extrakte aus Kohl, Mohrrüben, roten Rüben, Alkohol[9–11] und Wein[12], ferner Calciumchlorid[13], Harnstoff[14], Coffein[15], Insulin[16–21], Kallikrein[22]; Enterogastron ist ohne Wirkung[23]. Regulierend auf die HCl-Sekretion wirkt Milzextrakt (Prosplen)[24]. Auch die Leber wird naturgemäß einen fördernden Einfluß ausüben[25–27]. Die gegen die perniziöse Anämie wirksamen Fraktionen der Leberextrakte sind keine wirksamen Magensafterreger[28, 29]. *Essigsäure*[30] verändert bei Hunden den Charakter der Magensaftabsonderung. Vermindert werden Menge des Magensaftes, aktuelle und Gesamtacidität, Gesamt-Cl-Gehalt und peptische Wirkung, erhöht wird die Absonderung von Magenschleim.

Interessant ist, daß diese Stoffe nicht von allen Teilen des Magens aus wirken, sondern nur von der *Pylorusschleimhaut* aus, wie Versuche am kleinen Magen aus verschiedenen Teilen des Magens zeigen[31]; *im Fundusteil wirken nur Histamin* und *Alkohol*. Über den Weg des Reizes ist noch keine einheitliche Auffassung vorhanden. Aus Untersuchungen am entnervten Magen[32] geht allerdings hervor, daß nervöse Verbindungen keine Reize bei Fundustransplantaten des Hundemagens übertragen, sondern die Reize auf dem Blutwege wirken dürften. Zwei Stoffe, einer aus der Magenschleimhaut und einer aus der Dünndarmschleimhaut, wirken sekretionsfördernd[33].

Entfernung des Antrums oder eines unteren Teils des Magens bedingt bei Hunden ein starkes Zurückgehen der Saftsekretion nach Nahrungsreiz. Transplantationen des Antrums

---

[1] s. [10] S. 41. — [2] HIROHATA, S.: Tôhoku J. exp. Med. **28**, 106 (1936). — [3] ALLEY, A.: Contr. canad. Biol. Fish. (B) **8**, 229 (1933). — [4] COWGILL, G. R., and E. R. B. SMITH: Proc. Soc. exp. Biol. Med. **30**, 1228 (1933). — [5] NASSET, E. S., and H. B. PIERCE: Amer. J. Physiol. **113**, 568 (1935). — [6] ARULLANI, C.: Boll. Atti R. Accad. lancis. Roma **8**, 561 (1936). — [7] TERAKADO, M.: Bull. nav. med. Ass., Tokyo **25**, 4, 21 (1936). — [8] KIM, M. S., and A. C. IVY: Amer. J. Physiol. **115**, 386 (1936). — [9] KATSCH, G., u. H. KALK: Arch. Verd.-Krankh. **32**, 201 (1924). Kli. Wo. **1925 II**, 2190. — KATSCH, G.: M. m. W. **1924 II**, 1308. — [10] BRÜLL, Z., u. E. FRÖHLICH: Arch. Verd.-Krankh. **56**, 71 (1934). — [11] LEWIN, A. E., M. L. GORINSTEIN u. M. S. RUDOY: Arch. Verd.-Krankh. **53**, 356 (1933). — [12] VALDONI, P.: Ann. ital. Chir. **12**, 417 (1933). — [13] MARINELLO, A.: Arch. ital. Mal. Appar. diger. **3**, 114 (1934). — [14] YOSHIDA, Y., u. S. SUMIDA: Nagasaki Igakkai Zasshi **11**, 278 (1933). — [15] WICHELS, P.: Z. klin. Med. **123**, 336 (1933). — [16] BECKER, K. P., u. E. GEIS: Dtsch. Arch. klin. Med. **176**, 154 (1933). — [17] FERRARI, R.: Arch. Fisiol. **34**, 210 (1935). — [18] LA BARRE, J.: 14. Int. Congr. Physiol. Rom S. 146, 1932. — [19] HOFSTEIN, J.: Arch. Mal. Appar. digest. **23**, 808 (1933). — [20] OKADA, S., S. AOYAMA u. A. SUGITA: Z. klin. Med. **127**, 89 (1934). — [21] LEVIN, E., J. B. KIRSNER and W. L. PALMER: Gastroenterol., Baltimore **10**, 274 (1948). — [22] CATTANEO, M.: Boll. Soc. piemont. Chir. **4**, 679 (1934). — [23] FERAYORNI, R. R., C. F. CODE and C. G. MORLOCK: Gastroenterol., Baltimore **11**, 730 (1948). — [24] SCHLIEPHAKE, E., u. F. RENK: Kli.Wo. **1943**, 594. — [25] TESTOLIN, M.: Arch. ital. Mal. Appar. diger. **3**, 347 (1934). — [26] KIM, M. S.: Mitt. med. Akad. Kioto **12**, 689 (1934). — [27] KIM, M.S., and A. C. IVY: Amer. J. Physiol. **105**, 220 (1933). — [28] ALLODI, A., e F. QUAGLIA: G. R. Accad. Med. Torino **98**, 221 (1935). — [29] CORELLI, F.: Arch. ital. Mal. Appar. diger. **5**, 378 (1936). — [30] Babkin S. 234. — BABKIN, B. P.: Handb. Physiol. **3**, 684, 724 (1927). — [31] BABKIN, B. P., C. O. HEBB and L. KRUEGER: Quart. J. exp. Physiol. **31**, 63 (1941). — [32] LIM, R. K. S., C. T. LOO and A. CH. LIU: Chin. J. Physiol. **1**, 51 (1927). — [33] GREGORY, R. A., and A. C. IVY: Quart. J. exp. Physiol. **31**, 111 (1941).

in verschiedene Gebiete des Darms beweisen die sekretionsfördernde Wirkung dieses Magenteiles, sofern er mit Nahrung oder deren Spaltstücken in Berührung kommt. Vom Colon aus löst das transplantierte Antrum starke Magensekretion aus mit regelmäßiger Ulcusbildung. DRAGSTEDT[1] schließt daraus auf eine innersekretorische Funktion der Schleimhaut des Antrum.

Gastrin. Histamin[2]. EDKINS[3] hat zuerst beobachtet, daß Injektionen von wäßrigen Auszügen der Pylorusschleimhaut beim Hund Magensaftsekretion bewirken, während die aus Fundusdrüsenschleimhaut unwirksam sind. Er hat aus diesen Versuchen auf die Anwesenheit eines *Hormons in der Pylorusregion* geschlossen, das er *Gastrin* nannte.

Trotz gegenteiliger Angaben in der Literatur[4] scheint eine *Hormonbildung im Pylorusteil* auf verschiedene Reize hin festzustehen[5–7]. Diese Annahme stützt sich besonders auf Versuche an Hunden mit operativ entfernter Pylorusdrüsenzone, bei denen die 2. Phase der Magensaftsekretion fehlt, bzw. keine HCl abgesondert wird. Auch die reflektorische Phase der Magensaftsekretion soll an das Vorhandensein der Pylorusdrüsenzone gebunden sein[8].

UVNÄS[9] fand das Gastrin im Pylorusgebiet der Schleimhaut von Katze, Hund und Schwein. Es ist ein niedermolekularer, wasserlöslicher Eiweißkörper, löst sich in Wasser, ist unlöslich in Äther, Aceton, Benzol und in 80%igem und absolutem Alkohol. Pepsin, Trypsin und ultraviolettes Licht zerstören es. Gereinigtes Gastrin führt nicht zur Bildung von Pepsin, sondern nur zur Säure- und Schleimsekretion. Rohe Pylorusextrakte regen häufig auch eine Pepsinsekretion an. Dies ist aber auf ein anderes Hormon der Pylorusschleimhaut zurückzuführen, das *Gastrozymin* genannt wird und auf die Hauptzellen der Magenschleimhaut wirkt[10, 11].

Sowohl mechanische als auch chemische und Vagusreize können die Bildung von Gastrin durch die Pylorus- und Duodenalschleimhaut veranlassen. Gastrin bewirkt eine starke Säuresekretion der Belegzellen. So ist es nicht verwunderlich, daß immer wieder die Frage geprüft wurde, ob das Gastrin mit dem Histamin identisch sei[12, 13].

In seiner Wirkung auf die Magendrüsen stimmt das Gastrin mit dem Histamin überein. Von SACKS u. Mitarb.[14] ist tatsächlich Histamin aus der Pylorusdrüsenregion des Schweines isoliert worden. IVY u. Mitarb.[14, 15] konnten aus der Pylorusmucosa Histaminpikrat isolieren, ein Befund, der beim Menschen[16] bestätigt werden konnte. Histaminase, ein Ferment, das Histamin zerlegt, zerstört auch die Wirkung von rohen „Gastrinlösungen"[14, 15].

Daß das *Histamin der stärkste zur Zeit bekannte Erreger der Magensaftsekretion* ist, hat auch in der neuesten Literatur wiederholt Bestätigung erfahren[17–27]. Die Wirkung von injiziertem Histamin auf die Magensaftsekretion bei verschieden bedingter Achylie von Patienten (Histaminprobe) ist heute eine wichtige diagnostische Maßnahme[22] (s. a. S. 88).

---

[1] DRAGSTEDT, L. R.: Science, N. Y. **113**, 478 (1951). — DRAGSTEDT, L. R., E. R. WOODWARD, E. H. STORER, H. A. OBERHELMAN jr. and C. A. SMITH: Proc. Soc. exp. Biol. Med. **73**, 676 (1950). — [2] GROSSMAN, M. I.: Gastrointestinal hormones. Physiol. Rev. **30**, 33 (1950). — [3] EDKINS, J. S.: J. Physiol., London **34**, 133 (1906). — YOUNG, L. E.: Yale J. biol. Med. **21**, 499 (1949). — [4] SCHAROWATOWA, O. F.: Pflügers Arch. **234**, 124 (1934). — [5] GAVIN, G., E. W. MCHENRY and M. J. WILSON: J. Physiol., London **79**, 234 (1933). — [6] MERKLEN, L. I., et F. FRÖHLICH: Presse méd. **1935 I**, 257. — [7] KIM, M. S.: Mitt. med. Akad. Kioto **12**, 731 (1934). — [8] STRAATEN, T.: Arch. klin. Chir. **176**, 236 (1933). — [9] UVNÄS, B.: Acta physiol. scand. **6**, 97, 117 (1943). — [10] KAHLSON, G.: Brit. med. J. **116**, 1091 (1948). — [11] JORPES, J. E., O. JALLING and V. MUTT: Biochem. J. **52**, 27 (1952). — [12] POPIELSKI, L.: Pflügers Arch. **178**, 214 (1920). — [13] KOCH, F. C., A. B. LUCKHARDT and R. W. KEETON: Amer. J. Physiol. **52**, 508 (1920). — [14] SACKS, J., A. C. IVY, J. P. BURGESS and J. E. VANDOLAH: Amer. J. Physiol. **101**, 331 (1932). — [15] IVY, A. C.: J. amer. med. Ass. **117**, 1013 (1941). — KIM, M. S., and A. C. IVY: Amer. J. Physiol. **105**, 220 (1933). — IVY, A. C.: Gastrointestinal principles. J. amer. med. Ass. **105**, 506 (1935). (Dort Übersicht über gastrointestinale Hormone). — IVY, A. C: Amer. J. digest. Dis. **8**, 361 (1941). — [16] BROWN, C. L., and R. G. SMITH: Amer. J. Physiol. **113**, 455 (1935). — [17] KATSCH, G.: Handb. inn. Med. (BERGMANN-STAEHELIN) 3. Aufl. **3**/1, 278 (1938). — [18] OVIEDO BUSTOS, J.: Arch. argent. Enferm. Apar. digest. **8**, 537 (1933). — [19] POLLAND, W. S.: Arch. internal Med., Chicago **51**, 903 (1933). — [20] MEIENBERG, L. J., and C. L. BROWN: Ann. internal

Der auf Histamin abgesonderte Saft enthält mehr Pepsin und HCl[1–4], jedoch hängt die erreichte Acidität in hohem Maße von der Sekretion der anderen Magendrüsen ab, welche ein alkalisches Sekret liefern. Durch histologische Untersuchungen der Schleimhaut des Hundemagens stellte man[5] fest, daß durch Histamin die Pepsingranula nicht in Pepsin umgewandelt werden, wohl aber durch Reizung des Nervus vagus mit Induktionsströmen. Histamin soll auf die Belegzellen fördernd und auf die ferment- und schleimbildenden Zellen der Magendrüsen hemmend wirken[6].

Trotz dieser Befunde führte IVY[7] eine Reihe von Gründen an, warum Histamin nicht mit dem Gastrin identisch sein kann. In seinem zusammenfassenden Bericht kommt THOMAS[8] zu dem Schluß, daß zwar die nervöse Phase der Magensaftsekretion von der Anwesenheit von Gastrin abhinge, daß aber dieses aus der Pylorusgegend stammende Hormon vom Histamin verschieden sei.

Für die normale Magensaftsekretion sind beim Hund ferner *B-Vitamine* notwendig[9]. Die Einwirkung von *Kälte* steigert die Magensaftsekretion[10].

Auch mechanische Reize wie die Ausdehnung des Pylorusteiles regen die Salzsäuresekretion der Fundusdrüsen an, und zwar unabhängig von allen Nervenverbindungen. Deshalb schließen IVY u. Mitarb.[11] auf eine humorale Übertragung des Ausdehnungsreizes. Ein Druck von 25 bis 30 mm Hg im Magen des Hundes verhindert die Sekretion von Salzsäure[12].

c) Die Darmphase oder intestinale Phase. Auch vom Anfangsteil des Dünndarms ist die Magensaftsekretion sowohl fördernd als auch hemmend zu beeinflussen, weshalb als dritte Phase die Darmphase erwähnt wird. Vom Duodenum aus wirken nach der Zusammenstellung von BABKIN[13] positiv: β-Alanin und Histamin, $MgSO_4$, Saponin in 0,5%iger Lösung und gemischte Nahrung; vom Enddarm (Dickdarm, Rectum) aus wirkt nicht nur Alkohol[14], sondern auch Histamin[15, 16].

d) Natürliche Saftlocker. Den natürlichen Reiz für die Absonderung des Magensaftes bilden in Übereinstimmung mit der obigen Zusammenstellung *die Bestandteile der Nahrung*. Schon PAWLOW und seine Schüler haben in zahlreichen Versuchen festgestellt, daß sowohl Menge als auch Zusammensetzung des Magensaftes je nach der Art des Nahrungsmittels verschieden sind. Allgemein besteht die Ansicht, daß auf jedes Nahrungsmittel ein besonders zusammengesetzter Magensaft abgesondert wird. Auch die Dauer der Absonderung ist in starkem Maße von dem Charakter der Nahrung abhängig (Näheres bei BABKIN[17]).

Med. **7**, 762 (1933). — [21] CARNOT, P., H. SIMONNET, M. TISSIER et R. CACHERA: C. R. Soc. Biol. **113**, 1517 (1933). — [22] KOSKOWSKI, W.: Arch. int. Physiol. **17**, 344 (1922). — [23] LEHMANN, H.: Diss. med. Basel 1934. — [24] FROEHLICH, E., u. Z. BRÜLL: Arch. Verd.-Krankh. **57**, 169 (1935). — [25] CANTERO, A., et M. FAUTEUX: Union méd. Canada **64**, 1032 (1935). — [26] RIVERS, A. B., A. E. OSTERBERG and F. R. VANZANT: Amer. J. digest. Dis. **3**, 12 (1936). — [27] DAVIES, R. E., and D. H. SMYTH: J. Physiol., London **108**, 20 P (1949).

[1] BLAKELY, A. P. L., and J. F. WILKINSON: Brit. J. exp. Path. **14**, 349 (1933). — [2] NOPONEN, P.: Duodecim, Helsingfors **51**, 496 (1935). — [3] BONORINO, U. C., H. ZUNINO et J. J. LACOUR: Arch. argent. Enferm. Apar. digest. **10**, 437 (1935). — [4] ASHFORD, C. A., H. HELLER and G. A. SMART: Brit. J. Pharmacol. **4**, 153 (1949). — [5] BOWIE, D. J., and A. N, VINEBERG: Quart J. exp. Physiol. **25**, 247 (1935). — [6] ALLEY, A.: Amer. J. digest. Dis. **1**, 787 (1935). — [7] IVY, A. C.: J. amer. med. Ass. **117**, 1013 (1941). — [8] THOMAS, J. E.: Gastroenterol., Baltimore **12**, 545 (1949). — [9] WEBSTER, D. R., and J. C. ARMOUR: Proc. Soc. exp. Biol. Med. **31**, 463 (1934). — [10] BOGENDÖRFER, L.: Zbl. allg. Path. **58**, Sonderbd. S. 31 (1933). — [11] GROSSMAN, M. I., C. R. ROBERTSON and A. C. IVY: Amer. J. Physiol. **153**, 1 (1948). — [12] ROBACK, R., M. I. GROSSMAN and A. C. IVY: Amer. J. Physiol. **161**, 47 (1950). — [13] BABKIN, B. P.: Handb. Physiol. **3**, 727 (1927). — Babkin S. 273 ff. — [14] Babkin S. 297. — BABKIN, B. P.: Handb. Physiol. **3**, 732 (1927). — [15] KOSKOWSKI, W.: C. R. Soc. Biol. **97**, 926 (1927). — [16] CZEŻOWSKA, Z.: Polski Tyg. Lek. **3**, 1026 (1948) [Exerpta med. II/2, 1427]. — [17] BABKIN, B. P.: Handb. Physiol. **3**, 733 (1927). — Babkin S. 298 ff.

e) Die sekretionshemmenden Stoffe. Am stärksten verzögert das *Nahrungsfett* die Sekretion[1–3]. So verzögert z. B. Butter die Entleerungszeit des Magens und setzt die HCl-Sekretion herab[1]. Nach älteren Untersuchungen[4, 5] wirkt das Fett besonders vom Duodenum aus. Öl ist sogar in der Lage, vom Darm aus die Wirkung der Histaminsekretion aufzuheben oder deutlich zu schwächen[6]. Auch vom Jejunum aus beeinflußt das Öl die Magensaftsekretion[7]. Daß diese hemmende Wirkung nicht an die chemische Natur des Öles gebunden ist, beweisen Versuche mit Margarine[8]. Durch das Fett wird nicht nur die chemische, sondern auch die nervöse Phase der Magensaftsekretion gehemmt[9].

Die *hemmende Wirkung des Zuckers* vom Darm aus ist schon länger bekannt[10]. Die Ursache ist wahrscheinlich die auftretende *Hyperglykämie*, die stets eine Verringerung der Magensekretion zur Folge hat[11]. Diese Annahme steht in Übereinstimmung mit der oben erwähnten sekretionsfördernden Wirkung des Insulins. Duodenal oder intravenös eingeführte Glucose wirkt gleich[12]. Die Hemmung der Magensaftsekretion durch Aufbringung von Glucose auf die Magenschleimhaut soll auch durch die entstehende Hyperglykämie zustande kommen[13].

Auch *Harnstoff*[14] in größeren Gaben und Einführung von HCl[15–17] setzen die Magensaftsekretion herab. *Pfefferminzöl* hat sich ebenfalls als ein stark hemmendes Mittel erwiesen[18]. Seine Wirkung überdeckt sogar Histaminreize[19]. Auch Präparate aus normalem Harn, nicht aber aus Harn von Ulcuskranken, hemmen die durch Histamin auslösbare Magensaftsekretion[20].

Die Hemmung der Magensaftsekretion kommt nicht über den Vagus zustande[21], sondern durch das Ausbleiben des *Freiwerdens von Gastrin*[22]. Damit stimmt die Tatsache überein, daß Arbeit nur gering die reflektorische, dagegen stark die chemische Phase der Magensaftsekretion hemmt[23].

Von Arzneimitteln hemmt *Atropin*[24, 25] die 1. Phase, ebenso *Adrenalin*[26] und *Nicotin*, selbst in der Form des Tabakrauches[27]. Atropin wirkt auch am vagotomierten Hundemagen sekretionshemmend. Durchschneidung des Vagus setzt die Sekretionsanregung durch Histamin herab[28]. In der Versuchsanordnung von DRAGSTEDT und ELLIS geht nach Vagotomie die Magensaftmenge von Hunden in 24 Stunden um 56% (37—79%), die freie Acidität um 54% (14—82%), die Gesamtacidität um 77% (47—92%) zurück[29].

---

[1] KALK, H.: Arch. Verd.-Krankh. **34**, 333 (1925). — [2] PAWLOW, J. P.: Die Arbeit der Verdauungsdrüsen. Wiesbaden 1898. — [3] ALLEY, A., D. W. McKENZIE jr. and D. R. WEBSTER: Amer. J. digest. Dis. **1**, 333 (1934). — [4] SOKOLOFF, A.: Diss. St. Petersburg 1904. — [5] LÖNNQVIST, B.: Skand. Arch. Physiol. **18**, 194 (1906). — [6] FIERENS, B., et P. P. DE NAYER: C. R. Soc. Biol. **122**, 805 (1936). — [7] WAUGH, J. M.: Arch. Surg. **33**, 451 (1936). — [8] RYSS, S.: Arch. Verd.-Krankh. **57**, 184 (1935). — [9] LIM, R. K. S.: Quart. J. exp. Physiol. **23**, 263 (1933). — [10] LECONTE, P.: Cellule **18**, 283 (1900). — [11] OKADA, S., S. AOYAMA u. A. SUGITA: Z. klin. Med. **127**, 89 (1934). — [12] MATSUYAMA, M.: Jap. J. Gastroenterol. **4**, 273 (1932); **5**, 37 (1933). — [13] MATSUYAMA, M.: Jap. J. Gastroenterol. **4**, 262 (1932). — [14] EJDINOVA, M., et S. FRUMIN: Bull. Biol. Méd. exp. URSS **1**, 356 (1936). — [15] SOKOLOFF, A.: Diss. St. Petersburg 1904. — [16] COHNHEIM, O., u. F. MARCHAND: H. **63**, 41 (1909). — [17] DAY, J. J., and D. R. WEBSTER: Amer. J. digest. Dis. **2**, 527 (1925). — [18] MEYER, J., L. SCHEMAN and H. NECHELES: Arch. internal Med., Chicago **56**, 88 (1935). — [19] NECHELES, H., and J. MEYER: Amer. J. Physiol. **110**, 686 (1935). — [20] FRIEDMAN, M. H. F., R. O. RECKNAGEL, D. J. SANDWEISS and T. L. PATTERSON: Proc. Soc. exp. Biol. Med. **41**, 509 (1939). — [21] BRESTKIN, M. P.: Fiziol. Ž. SSSR. **20**, 790 (1936). — [22] HELLEBRANDT, F. A., E. BRODGON and S. L. HOOPES: Amer. J. Physiol. **109**, 50 (1934). — [23] SAPROCHIN, M. I.: Fiziol. Ž. SSSR. **19**, 854 (1935). — [24] KEETON, R. W., A. B. LUCKHARDT and F. C. KOCH: Amer. J. Physiol. **51**, 469 (1920). — [25] KLEIN, E.: Arch. Surg. **26**, 246 (1933). — [26] HESS, W. R., u. R. GUNDLACH: Pflügers Arch. **185**, 122 (1920). — [27] KHVOLES, G., u. D. SKOULOV: Trav. Inst. physiol. Moscou **2**, 284 (1936). — [28] OBERHELMAN, H. A, jr., and L. R. DRAGSTEDT: Proc. Soc. exp. Biol. Med. **67**, 336 (1948). — [29] WOODWARD, E. R., L. R. DRAGSTEDT, E. B. TOVEE, H. A. OBERHELMAN jr. and W. B. NEAL: Proc. Soc. exp. Biol. Med. **67**, 350 (1948).

Bestrahlung mit α-Teilchen von ^{32}P senkt die Salzsäuresekretion der Hundemagen-Mucosa in der HEIDENHAINschen Tasche[1].

Schließlich nimmt auch mit dem *Alter* die Sekretionstätigkeit des Magens ab[2]: bei *Anämie* ist diese meist, wenn auch in verschiedenem Ausmaß, vermindert[3].

f) Die Magensaftsekretion beim Pflanzenfresser. Während beim Menschen und dem Fleischfresser, wie schon S. 41 erwähnt wurde, der Magensaft nur zeitweise sezerniert wird, finden wir bei den *Pflanzenfressern* eine ununterbrochene Sekretion, weil bei ihnen normalerweise der Magen nie vollkommen entleert wird und daher erregende Substanzen für die chemische Phase dauernd im Pylorusteil vorhanden sind, die eine *Dauersekretion* auslösen. Dementsprechend tritt z. B. bei den Wiederkäuern die reflektorische Phase der Magensaftsekretion lange nicht in dem Maße hervor wie beim Fleischfresser und Menschen[4]. Doch scheint sie auch bei diesen Tieren[5] und beim Schwein[6] nicht zu fehlen. Beim Kalb[7] soll sogar eine psychische Sekretionssteigerung stattfinden, während eine solche für das Pferd[8, 9] abgelehnt wird. Die Hauptrolle dürfte aber bei diesen Tieren die *chemische Phase* spielen. Der Anteil der *Darmphase* an der Magensekretion ist bei allen Tieren außer dem Hund noch vollkommen unbekannt.

Der Ablauf der 2. Phase konnte beim Wiederkäuer, besonders deutlich an einer Ziege mit einem kleinen aus dem Labmagen gebildeten Magen, beobachtet werden[10]. In den ersten 3 Stunden nach der Nahrungsaufnahme kam die Sekretion langsam in Gang und nahm von der 6. Stunde an wieder ab. Der Labmagen verhält sich also in dieser Beziehung dem Magen des Hundes sehr ähnlich.

4. Der Magensaft.

a) Definition von Magensaft und Mageninhalt. Als Magensaft bezeichnet man heute *das reine Sekret des Magens, frei von Speichel- und Nahrungsbestandteilen.* Mit Hilfe einer Magensonde oder durch eine Magenfistel erhält man für gewöhnlich nur „*Mageninhalt*"; denn auch im nüchternen Zustand wird das Magensekret mindestens mit verschlucktem Speichel vermischt. Oft enthält der Mageninhalt auch noch Speisereste und infolge von Regurgitation Darminhalt, Galle und Pankreassaft. Die Unterscheidung zwischen Magensaft und Mageninhalt wird im Schrifttum nicht immer streng durchgeführt, obwohl auch von klinischer Seite empfohlen wird, die Begriffe Magensaft = reines Magensekret (stomach juice) und Mageninhalt (stomach content) auseinanderzuhalten[11]. Wir beschreiben hier das reine Magensekret ausführlich, weil wir seine Eigenschaften sicherer als die des Mageninhaltes auf die Einzelbestandteile zurückführen können. Allerdings muß dabei immer wieder auf den Hundemagensaft zurückgegriffen werden, da einwandfreier menschlicher Magensaft, soviel wir sehen, nicht mit neuen Methoden untersucht ist. Die Versuche von HORNBORG[12] sowie von CADE u. LATARJET[13] an Menschen mit zufällig entstandener Versuchsanordnung stammen aus den Jahren 1904/05, also aus einer Zeit, in der sich die Enzymchemie noch in den ersten Anfängen befand. Neuere, zum Teil über 6 Jahre lange Beobachtungen machte CARLSON[14] an 3 gesunden Menschen mit Magenfisteln, die eine Oesophagusstriktur hatten. Er beschränkte sich aber auch auf die üblichen klinisch-chemi-

---

[1] SIMON, N.: Science, N. Y. **109**, 563 (1949). — [2] MARTINSKOVSKI, B. I.: Acta med. scand. **89**, 481 (1936). — [3] FOUTS, P. J., O. M. HELMER and L. G. ZERFAS: Amer. J. digest. Dis. **1**, 677 (1934). — [4] POPOW, N. A., A. A. KUDRJAWZEW, ANUROW u. a.: Physiologie des Schafes. Moskau 1931. — [5] KRATINOV, A., u. D. SKULOW: J. Physiol. USSR **15**, 484 (1932). — [6] KRATINOVA, P., u. A. KRATINOV: J. Physiol. USSR **15**, 502 (1932). — [7] KRINIZYN, D. J.: J. Physiol. USSR **19**, 656 (1935). — [8] POLTYREFF, S. S., W. N. TSCHEREDKOFF, D. J. GUREWITSCH u. S. W. EGOROFF: Arch. Tierheilkde. **70**, 313 (1936). — [9] EGOROV, S., u. V. CEREDKOV: J. Physiol. USSR **16**, 520 (1933). — [10] GROSSER, P.: Zbl. Physiol. **19**, 265 (1906). — [11] KATSCH, G.: Handb. inn. Med. (BERGMANN-STAEHELIN) 3. Aufl. **3**/1, 195, 255 (1938). — Vgl. a. ROSEMANN, R.: Handb. Physiol. **3**, 840 (1927). — [12] HORNBORG, A. F.: Skand. Arch. Physiol. **15**, 209 (1904). — s. a. Babkin S. 218ff. — [13] CADE, A., et A. LATARJET: J. Physiol. Path. gén. **7**, 221 (1905). — [14] CARLSON, A. J.: Physiol. Rev. **3**, 1 (1923).

schen Untersuchungen. Nach KATSCH[1] gelingt es, mit Hilfe der Verweilsondenmethode durch fraktioniertes Absaugen des Mageninhaltes Proben reinen Magensaftes vom Menschen zu erhalten[2]. HOESCH[3] läßt das Speichelschlucken vermeiden oder saugt den Speichel ab, schaltet galle- oder bluthaltigen Mageninhalt von der Untersuchung aus, schleimhaltigen Saft zentrifugiert er ab. Auf diese Weise erhält er in vielen Fällen durch die Verweilsonde reines Magensekret. Trotzdem sind unsere chemischen Kenntnisse über den menschlichen Magensaft noch gering. Wie dringend nötig weitere Forschungen über den menschlichen Magensaft sind, geht wohl aus dem Hinweis auf die Wirkung des 1929 von CASTLE entdeckten Fermentes hervor (s. S. 83).

b) Gewinnung von Magensaft[4,5]. Reines Magensekret kann man beim Tier nur durch operative Eingriffe erhalten. Am besten haben sich für diesen Zweck zwei Verfahren erwiesen, die auf PAWLOW zurückgehen und fast ausschließlich beim Hund angewandt worden sind:

α) *Die Scheinfütterung* (PAWLOW[6]). Das Tier trägt eine Magen- und eine Oesophagusfistel. Der Speichel und die aufgenommenen Nahrungsbestandteile fallen nach dem Abschlucken aus dem offenen distalen Ende des Oesophagus wieder heraus und gelangen nicht in den Magen. Auf den Reiz wird Magensaft sezerniert, der unverändert und unvermischt aus der Magenfistel fließt. Ähnliche Versuche sind auch bei Menschen durchgeführt worden, bei denen wegen Verletzungen und Narben der Speiseröhre eine gleiche Operation durchgeführt werden mußte.

β) *Der Saft aus dem kleinen Magen.* HEIDENHAIN[7] hat zuerst aus einem Teil des Magens einen Sack gebildet und mit einer Kanüle nach außen verbunden. PAWLOW[8] hat dieses Verfahren ausgebaut, indem er mit einer bestimmten Schnittführung einen kleinen Magen unter Schonung des Nervus vagus und der Blutgefäße anlegte. Solch ein kleiner Magen gibt dann seine Sekrete wie der ganze intakte Magen ab. s. a.[9].

Andere Haustiere, bei denen dieser kleine Magen bisher angelegt wurde, sind Schaf[10], Ziege[11] und Kalb[12]. Beim Pferd ist die genannte Operation bisher nicht geglückt. Über reinen Magensaft des Schweines s.[13]. Die Gewinnung des Magensaftes von Tauben ist einfach[14].

c) Die Menge des Magensaftes. Die Menge des abgesonderten Magensaftes kann nur für das Tier genau angegeben werden. In verschiedenen Versuchen sind außerordentlich schwankende Werte beobachtet worden, weil sie sowohl von dem *Ernährungszustand* des Tieres als auch von der *Natur der Reize* abhängen. Beim *Hund*[15] kann man in Scheinfütterungsversuchen stündlich zwischen 100 und 200 cm³ gewinnen. Die größte bisher beobachtete Menge betrug bei einem Hund von 24 kg Gewicht in $3^1/_2$ Stunden 917 cm³, also ungefähr die Hälfte der Blutmenge des Tieres[15,16]. Beim *Menschen,* bei dem man naturgemäß

---

[1] KATSCH, G.: Verh. dtsch. Kongr. inn. Med. **36**, 245 (1924). — [2] KATSCH, G., u. H. KALK: Arch. Verd.-Krankh. **32**, 201 (1924). Kli. Wo. **1925 II**, 2190. — [3] HOESCH, K.: Dtsch. Arch. klin. Med. **165**, 201, bes. 203 (1929). — [4] UHLMANN, F.: Methoden zur Gewinnung reinen Magensaftes. Handb. biol. Arb.-Meth. Abt. IV, Teil 6/1, 494—496 (1926). — [5] HENNING, N., L. DEMLING u. H. KINZLMEIER: Kli. Wo. **1951**, 605. — [6] PAWLOW, J., u. E. SCHUMOWA-SIMANOWSKAJA: Zbl. Physiol. **3**, 113 (1889/90). — s. a. Babkin S. 213. — Eine neue Methode für PAWLOW-Magen: NEUWELT, F., W. H. OLSON and H. NECHELES: Proc. Soc. exp. Biol. Med. **44**, 74 (1940) [Ber. Physiol. **121**, 485]. — [7] HEIDENHAIN, R.: Pflügers Arch. **18**, 169 (1878); **19**, 148 (1879). — s. a. Babkin S. 178ff. — [8] PAWLOW, J. P.: Die Arbeit der Verdauungsdrüsen. Wiesbaden 1898. — BABKIN, B. P.: Gewinnung reiner Sekrete der Verdauungsdrüsen. Handb. Physiol. **3**, 682—688 (1927). — [9] SCHOFIELD, B., and F. WATSON: J. Physiol., London **111**, 42 P (1950). — [10] POPOW, N. A., A. A. KUDRJAWZEW, ANUROW u. a.: Physiologie des Schafes. Moskau 1931. — [11] GROSSER, P.: Zbl. Physiol. **19**, 265 (1906). — [12] BELGOWSKI, J.: Pflügers Arch. **148**, 319 (1912). — [13] HEYENGA, H.: Diss. med. veterin. Hannover 1939 [Ber. Physiol. **113**, 595]. — [14] KOSKOWSKI, W.: Cr. **174**, 247 (1922). — [15] ROSEMANN, R.: Handb. Physiol. **3**, 841 (1927); **18**, 59 (1932). — [16] SCHMIDT, C.: A. **92**, 42 (1854).

so sichere Werte nicht erwarten kann, darf man nach einer reichlichen Mahlzeit mit mindestens 1 Liter abgesondertem Magensaft rechnen[1]. Ulcuskranken, denen man 3 Tage lang das gesamte Magensekret absaugte, schieden pro Tag im Mittel 0,9 Liter, im Höchstfall 1,5 Liter ab[2]. Die Magensaftsekretion geht dabei zurück, mehr der Menge als der Acidität nach. Über die Mengen von Nüchterninhalt s. S. 89. C. SCHMIDT[3] fand bei einer 35jährigen Bäuerin mit einer Magenfistel im Anschluß an ein perforiertes Magengeschwür eine stündliche Magensaftabgabe von 580 g, wobei allerdings ein erheblicher Teil auf verschluckten Speichel kommen dürfte. Nach Histamin wurden bei gesunden Studenten Sekretmengen von nur 60 bis 83 cm³ pro Stunde gefunden[4]. Während der Nacht wurden von 33 fastenden Personen im Mittel 581 cm³ Saft abgegeben; dieser enthält im Mittel 661 mg freie HCl oder ist 0,0316 normal[5] an HCl. Starke Schwankungen kommen vor, doch wird angenommen, die Saftsekretion sei bei gesunden Personen kontinuierlich, nicht aber die HCl-Sekretion.

d) Aussehen und physikalische Eigenschaften des Magensaftes[6, 7]. Der *Magensaft des Menschen* ist eine klare oder nur sehr wenig trübe, fast farblose Flüssigkeit von einem faden, säuerlichen *Geschmack* und stark saurer *Reaktion*. Als geformte Bestandteile enthält er Drüsenzellen oder deren Kerne und mehr oder weniger veränderte Zylinderepithelzellen.

Der bei Scheinfütterung oder aus einem kleinen Magen gewonnene reine Magensaft des Hundes ist eine farblose, schwach opalescierende Flüssigkeit, die leicht filtriert werden kann. Sie besitzt sauren Geschmack und stark saure Reaktion[8].

Die *spezifischen Gewichte* des Magensaftes von Mensch[9] und Hund mit PAWLOW-Fistel[10] nach Scheinfütterung stimmen verhältnismäßig gut überein, ebenso die *Gefrierpunktserniedrigungen*, die in derselben Größenordnung wie die des Blutes liegen; bei lebhafter Sekretionstätigkeit findet sich mitunter eine Erhöhung, bei geringer eine Erniedrigung gegenüber der des Blutes. Die Magendrüsen verhalten sich also anders als die Speicheldrüsen, bei denen die Gefrierpunktserniedrigung stets geringer als die des Blutes ist. Die beobachtete Gefrierpunktserniedrigung des Magensaftes kann allein aus dem Gehalt an Salzsäure und Chloriden erklärt werden[10]. Eingetrockneter Magensaft[11] hinterläßt auf dem Objektträger farnkrautblattähnliche, mikroskopisch kleine Krystalle, die in der Hauptsache aus Kochsalz bestehen. Nicht selten sind neben den Gitterfiguren kleine NaCl-Würfel erkennbar. Diagnostisch gut verwertbar sind die Bilder nicht[12]. Schleimhautschädigungen sollen dagegen zu diagnostisch brauchbaren Änderungen des Eintrocknungsbildes führen.

Die *Wasserstoffionenkonzentrationen*[13] des normalen Magensekretes von Mensch und Hund stimmen weitgehend überein. ROSEMANN[14] fand im Hundemagenfistelsaft die $[H^+]$ zwischen 1,06 bis 1,59 $\times$ 10^{-1} oder $p_H = 0{,}97$ bis 0,80 entsprechend einem HCl-Gehalt von 0,4 bis 0,6%. Menschlicher Magensaft aus einer Magenfistel zeigte nach MENTEN[15] p_H-Werte von 0,92 bis 1,58. Bei geringer Sekretions-

---

[1] s. [15] S. 47. — [2] KATSCH, G., u. K. MELLINGHOFF: Z. klin. Med. **123**, 390 (1933). — [3] s. [16] S. 47. — [4] LANDER, F., P. LEE and V. F. MCLAGAN: Lancet **1934 II**, 1210. — [5] LEVIN, E., J. B. KIRSNER, W. L. PALMER and C. BUTLER: Gastroenterol., Baltimore **10**, 939 (1948). — [6] ROSEMANN, R.: Handb. Physiol. **3**, 839—865 (1927); **18**, 59 (1932). — [7] BICKEL, A.: Handb. Biochem. **4**, 537 (1925). — [8] ROSEMANN, R.: Handb. Physiol. **3**, 843 (1927). Pflügers Arch. **169**, 188 (1917). — [9] CARLSON, A. J., H. HAGER and M. P. ROGERS: Amer. J. Physiol. **38**, 248 (1915). — CARLSON, A. J.: Amer. J. Physiol. **37**, 50 (1916). — [10] ROSEMANN, R.: Pflügers Arch. **118**, 467 (1907). — [11] HENNING, N., u. L. NORPOTH: Arch. Verd.-Krankh. **55**, 35 (1934). Z. klin. Med. **126**, 1 (1933). — [12] STREBEL, H.: Diss. med. Zürich 1936. — [13] MICHAELIS, L.: Handb. biol. Arb.-Meth. Abt. IV, Teil 6/2, 1211—1214 (1932). — [14] ROSEMANN, R.: Pflügers Arch. **118**, 467 (1907). — [15] MENTEN, M. L.: J. biol. Ch. **22**, 341 (1916).

Tabelle 12. Physikalische Eigenschaften des Magensaftes[1].

	Mensch	Hund
Spezifisches Gewicht	1,006—1,009[2]	1,002—1,006[3]
Gefrierpunktserniedrigung Δ .	0,47—**0,53**—**0,58**—0,65° C[2,3,7]	0,58—0,64[3]
Spezifische Drehung[4] im 220 mm-Rohr	linksdrehend	—0,17 bis —0,37[3]
Leitfähigkeit[5]	$\lambda_{18} = 57$ bis 247×10^{-4}	$\lambda_{25} = 142$ bis 518×10^{-4}
Oberflächenspannung[3] . . .	geringer als die des Blutes	
p_H	0,92—1,58[6]	0,97—0,80[3]

energie wird auch ein H-ionenarmes Sekret geliefert. Da die H-Ionenkonzentration des Blutes nur etwa der millionste Teil des Magensaftes ist (p_H 7,3 zu p_H 1,0), ist die sekretorische Leistung der Magendrüsen sehr groß. Sie übersteigt in diesem Fall die der Niere (p_H des Harnes etwa 6) bedeutend und wird nur von den Magen- oder Speicheldrüsen der Schnecke Dolium galea übertroffen (s. S. 19). — Die Bestimmung der p_H-Werte des Magensaftes hat klinisch keine Bedeutung erlangt, da höhere HCl-Konzentrationen etwa von 0,3% bis 0,58% (= 160 Titrationsacidität) innerhalb der p_H-Werte von 1,0 und 1,1 liegen. Ein Verfahren zur fortlaufenden p_H-Registrierung ist kürzlich an Hunden erprobt worden.[8] Eine Glaselektrode in Verbindung mit dem Magenschlauch ist auch für klinische p_H-Bestimmungen geeignet[9], ebenso eine Antimonelektrode[10,11]. Damit fanden KREITNER u. PANTLITSCHKO[12] bei gesunden fastenden Personen ein p_H von 6 oder 7, welches nach Histaminreiz in 60 min auf 2 bis 1,5 absank und nach einer Stunde wieder zum Ausgangswert zurückkehrte. In 30 Fällen von Duodenalulcus war schon während des Fastens der p_H-Wert 2,5 bis 2, er fiel nach Histaminreiz in 20 bis 30 min auf 1,5 und kehrte nach 1 Std zum Ausgangswert zurück. Bei Magenulcus war die Hyperacidität geringer als bei Duodenalulcus. Bei der üblichen Untersuchung der einzelnen Magensaftfraktionen (s. S. 51 f.) erhält man eine wenig charakteristische p_H-Kurve[13], aber eine gut auswertbare Kurve der Titrationsaciditäten, s. Abb. 4 u. 5 (S. 50) und Tabelle 13.

Tabelle 13. Vergleich der aktuellen und potentiellen Aciditätswerte[14].

p_H	[H+]	HCl %	Titration cm³ 0,1 n/100 NaOH	
1,0	0,1000	0,36	100	
1,1	0,0794	0,32	86	
1,3	0,0501	0,20	54	Optimale Zone
1,5	0,0316	0,12	33	Optimale Zone
1,7	0,0199	0,08	21	Optimale Zone
1,9	0,0126	0,05	13	Optimale Zone
2,0	0,0100	0,036	10	
2,1	0,0079	0,030	8	
2,4	0,0040	0,015	4	
2,6	0,0025	0,010	3	
2,8	0,0026	0,006	2	
3,0	0,0010	0,0036	1	
3,2	0,0006	0,0023	0,6	

[1] Babkin S. 187. — [2] CARLSON, A. J.: Amer. J. Physiol. **37**, 50 (1916). — [3] S. [14] S. 48. — [4] ROSEMANN, R.: Handb. Physiol. **3**, 855 (1927). Pflügers Arch. **169**, 188 (1917). — CARLSON, A. J., H. HAGER and M. P. ROGERS: Amer. J. Physiol. **38**, 248 (1915). — [5] GOHR, H.: Z. klin. Med. **140**, 702 (1942). — [6] S. [13] S. 48. — [7] SOMMERFELD, P.: Arch. Anat. Physiol. **1905**, 455. — [8] FLEXNER, J., and M. KNIAZUK: Amer. J. digest. Dis. **7**, 138 (1940). — [9] ESCHWEILER, P. C., and L. NERLE: Brooklyn Hosp. J. **1**, 141 (1939) [Ber. Physiol. **127**, 324]. — [10] KREITNER, H., u. M. PANTLITSCHKO: Wien. Z. inn. Med. **30**, 443 (1949). — [11] PANTLITSCHKO, M., u. J. SCHMID: Gastroenterol., Basel **75**, 138 (1949/50). — HENNING, N., L. DEMLING u. H. KINZLMEIER: Kli. Wo. **1951**, 605. — [12] KREITNER, H., u. M. PANTLITSCHKO: Wien. Z. inn. Med. **30**, 443 (1949). — [13] KALK, H., u. B. KUGELMANN: Kli. Wo. **1925 II**, 1806. — [14] KATSCH, G.: Handb. inn. Med. (BERGMANN-STAEHELIN) 3. Aufl. **3**/1, 280 (1938); dort auch Angaben über die Bestimmung von p_H im Magensaft.

Der *Mageninhalt von Neugeborenen*[1] ist unmittelbar nach der Geburt beinahe neutral, wird aber in kurzer Zeit sauer. Die mittlere Acidität des Mageninhaltes von 5 Stunden alten Kindern betrug im Mittel $p_H = 1{,}45$ und war immer unter $p_H = 3$. Die starke Acidität soll desinfizierend, also infektionsverhütend wirken, Pepsin aktivieren und die Abgabe von Darmfermenten anregen (s. S. 145). Die Aciditätsverhältnisse im Säuglingsmagen wurden wiederholt zusammenfassend geschildert[2]. Bei Kindern von etwa 1 Jahr fand SALGE[3] im ausgeheberten Mageninhalt p_H-Werte von 2,1 bis 3,25. MILLER[3] fand bei Neugeborenen in der ersten Lebenswoche keine freie HCl, aber Gesamtacidität 18, bei Ende des ersten Lebensjahres Anstieg auf freie Säuren 20, Gesamtacidität 60. Die gefundenen Zahlen sind von der Zeit zwischen Fütterung und Ausheberung und von der verabreichten Nahrung abhängig, außerdem vom Alter der Säuglinge. Bei jungen Brustkindern spielt die Fettspaltung eine nicht zu übersehende Rolle in den Aciditätsverhältnissen.

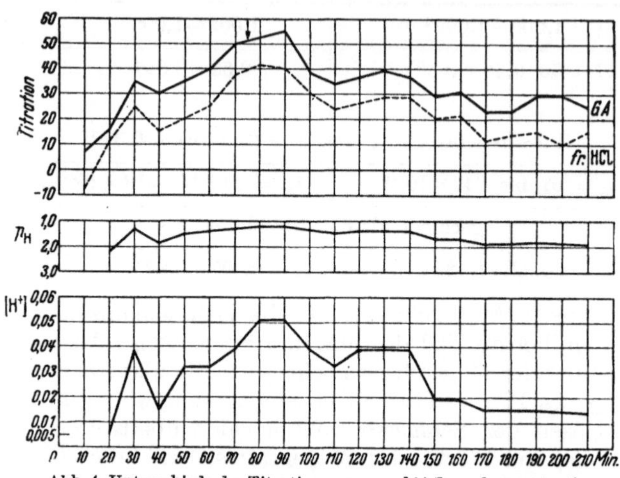

Abb. 4. Unterschiede der Titrations-, p_H- und H-Ionenkonzentrationskurven bei fraktionierter Magenausheberung. G. A. = Gesamtacidität, fr. HCl = freie Salzsäure.

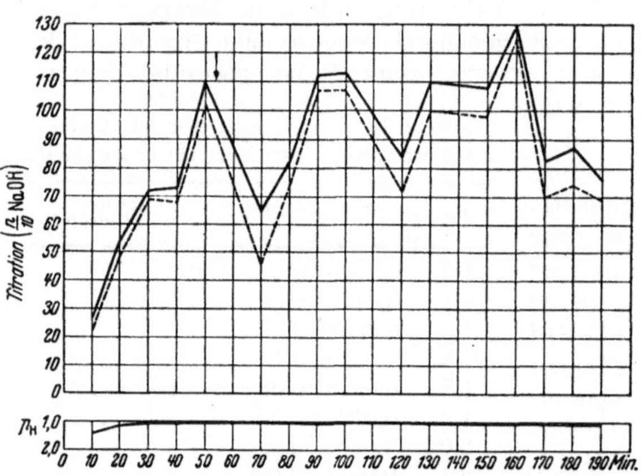

Abb. 5. Unterschiede der Titrations- und p_H-Kurven bei starken Aciditätsschwankungen[7] —— Gesamtacidität, ----- freie HCl.

p_H bei Hunden ist je nach Reiz verschieden, z. B. für mucöses Magensekret, elektrometrisch bestimmt, 4 bis 9,2, wobei 14% der Werte unter, 86% über 6,8 liegen[4].

p_H im Magen von Ratten ist je nach Futter verschieden[5].

p_H im Magen und Darm von Wiederkäuern[6]*:* Beim Rind im Pansen 6,8—**7,8**—9,4, Haube 7,3—**7,8**—9,0, Psalter 5,9—**7,7**—9,0, Labmagen 3,5—**5,5**—7,3; Duodenum 6,1—**6,8**—7,4, Jejunum 8,3—**8,5**—8,9, Ileum 7,7—**7,9**—8,2, Caecum 8,8—**9,4**—9,97. s. a. S. 149 u. 170.

[1] HUHTIKANGAS, H.: Acta Soc. Med. fenn. Duodecim (B) **24**, 1 (1937) [Ber. Physiol. **113**, 253]. — s. a. FREUDENBERG, E.: Physiologie und Pathologie der Verdauung im Säuglingsalter. S. 59. Berlin 1929. — [2] VONK, H. J.: Ergebn. Enzymforsch. **8**, 85 (1939). — SCHEUNERT, A.: Handb. Biochem. Erg.-W. **2**, 440 (1934). — FREUDENBERG, E.: Physiologie und Pathologie der Verdauung im Säuglingsalter. S. 59. Berlin 1929. — [3] SALGE, B.: Z. Kinderheilkde. **5**, 111 (1913). — MILLER, R. A.: Brit. med. Bull. **1**, No. 9 (1943). — [4] HOLLANDER, F., F. U. LAUBER and J. J. STEIN: Amer. J. Physiol. **152**, 645 (1948). — [5] BROEK, C. J. H. VAN DER, and A. P. DE GROOT: Physiol. comp. oecol., den Haag **1**, 148 (1949). — [6] TOTIRE, I. P.: Nuova Veterin. **16**, 309, 342 (1938) [Ber. Physiol. **114**, 593]. Riv. Biol. **28**, 180 (1939) [Ber. Physiol. **119**, 81]. — [7] KALK, H., u. B. KUGELMANN: Kli. Wo. **1925 II**, 1806.

e) Die chemische Zusammensetzung des Magensaftes. α) Überblick über die Hauptbestandteile. Je nach den biologischen Bedingungen, unter denen ein Magensaft gewonnen wurde, wechselt seine Zusammensetzung in weiten Grenzen; abhängig auch von dem Reiz, z. B. ob nach Histamin, Pilocarpin oder Vagusreiz gewonnen[1]. Bei der Beurteilung von Magensaftanalysen hat man weiter zu berücksichtigen, ob das Sekret unverändert oder „schleimfrei" etwa nach Filtrieren, Zentrifugieren oder Enteiweißen zur Analyse gelangt, ob die Mineralstoffe direkt oder nach feuchter oder trockener Veraschung ermittelt wurden. Gesamtanalysen des Magensaftes liegen bisher nur wenige vor. Die meisten Arbeiten beschränken sich auf die klinisch wichtigen Zahlenwerte.

Als wesentliche Bestandteile enthält der menschliche Magensaft Wasser, Salzsäure, Chloride, Schleim, Pepsin und das CASTLEsche Ferment. Die wäßrige Flüssigkeit stammt fast ganz aus den Belegzellen und aus dem Nebensekret, der Schleim aus den Schleimdrüsen des Deckepithels, das Pepsin aus den Hauptzellen. Vom CASTLE-Ferment weiß man nur, daß es aus der Magenschleimhaut kommt. In der Tabelle 14 (S. 52) sind die Analysen von ROSEMANN (1907)[2], CARLSON (1915)[3, 4] und KATSCH (1938)[5] und ihren Mitarbeitern zusammengestellt.

Nach neuesten Untersuchungen ist die Zusammensetzung des Hundemagensaftes je nach der *Sekretionsgeschwindigkeit* verschieden[6]. Mit steigender Sekretion nimmt die Abgabe von HCl, Cl, gebundener HCl, K, Na und Ca zu, aber in verschiedenem Ausmaß. Der Gehalt an gebundener HCl (62 bis 21 mg%), an Na (53 bis 13 mg%) und Ca (1,3 bis 0,4 mg%) sinkt dabei, der an Cl (155 bis 163 mg%), Gesamt-HCl (93 bis 142 mg%) und der osmotische Druck (Δ 0,57 bis 0,60) steigen, nur der K-Gehalt (7,4 bis 7,0 mg%) bleibt unverändert.

β) Die anorganischen Bestandteile des Magensaftes[7]. *A. Die Magensalzsäure* ist bisher von allen Magensaftbestandteilen am eingehendsten untersucht worden. Seit der Entdeckung durch PROUT (s. S. 30) hat man immer wieder versucht, die Salzsäure nach ihrer Wirkung, ihrem Verhalten gegenüber Indikatoren abzugrenzen und einzelne Fraktionen für diagnostische Zwecke auszuwerten[8].

Anfangs hat man neben der freien, d. h. abdestillierbaren Salzsäure die Alkali- und Erdalkalichloride des Magensaftes als „gebundene Salzsäure" bezeichnet. SALKOWSKI[9] hat dann darauf hingewiesen, daß je nach dem verwendeten Indikator der Begriff der „freien" und „gebundenen" Salzsäure verschieden sei. Er faßte die freie Salzsäure gleichbedeutend mit der physiologisch wirksamen, d. h. mit der die Eiweißverdauung fördernden Salzsäure auf. Erst TOEPFER[10] gelang es, die „freie" und die „locker gebundene" Salzsäure durch einfache Titration mittels Indikatoren scharf und praktisch brauchbar zu trennen. TOEPFER unterschied ursprünglich die freie Salzsäure von der „locker gebundenen", indem er die letztere aus der Differenz des Laugenverbrauches bei Anwendung von Phenolphthalein (mit Umschlagsbereich $p_H = 8,2$ bis 10,0) und Alizarin (p_H 3,7 bis 5,2) errechnete. Er verstand darunter „die an Eiweiß gebundene, physiologisch wirksame Salzsäure". Bei den heutigen klinisch-chemischen Untersuchungen erhält man die „gebundene" Salzsäure aus der Differenz von Gesamtsäure und freier Salzsäure, d. h. nach Farbumschlag von Dimethylaminoazobenzol und Phenolphthalein ins Alkalische.

---

[1] GUDIKSEN, E.: C. R. Lab. Carlsberg (II) **27**, 145 (1950). — [2] ROSEMANN, R.: Pflügers Arch. **118**, 467 (1907). Handb. Physiol. **3**, 844ff. (1927). — [3] CARLSON, A. J., H. HAGER and M. P. ROGERS: Amer. J. Physiol. **38**, 248 (1915). — [4] CARLSON, A. J.: The secretion of gastric juice in health and disease. Physiol. Rev. **3**, 1—40 (1923). — [5] KATSCH, G.: Handb. inn. Med. (BERGMANN-STAEHELIN) 3. Aufl. **3**/1, 195 (1938). — [6] GRAY, J. S., and G. R. BUCHER: Amer. J. Physiol. **133**, 542 (1941). — [7] KATSCH, G., F. BALTZER u. J. BRINCK: Arch. Verd.-Krankh. **56**, 25 (1934). — FISHER, R. B., and J. N. HUNT: J. Physiol., London **111**, 138 (1950). — [8] ILLINGWORTH, C. F. W.: Edinburgh med. J. **57**, 225 (1950); dort Zusammenfassung über die Säuresekretion des Magens. — [9] SALKOWSKI, E. L., u. M. KUMAGAWA: Virchows Arch. **122**, 235 (1890). — [10] TOEPFER, G.: H. **19**, 104 (1894).

Tabelle 14. Chemische Zusammensetzung des Magensaftes.

	Mensch*	Hund**
Wasser	99,4—99,5 g % [1]	96,6 g % [1]
freie HCl	0,15—**0,25**—0,6 g % [1, 3, 4]	0,51—0,57 g % [1, 5, ***]
Cl *in* HCl	0,14—**0,25**—0,58 g % [1]	0,55 g % [4]
Gesamt-Cl	0,15—**0,58**—0,7 g % [1, 4]	0,54—0,64 [6] 0,61—0,63 g % [4, 6]
Trockensubstanz	0,48—**0,56**—0,6 g % [6]	0,39 g % [1]
Asche	0,11—**0,13**—0,14 g % [6]	0,13 g % [1, †]
Wasserlösliche Asche	—	120 mg % [1]
Na	34—**70**—**115**—240 mg % [1, 2]	20—**23**—25 mg % [4, 7]
K	30—**70**—**117**—215 mg % [1]	30—**37**—43 mg % [4]
Mg	0,3—**1,8**—3,7 mg % [1, 12]	0,5—6,0 mg % [1, 4]
Ca	2—**9**—23 mg % [1, 12]	0,14 mg % [4, 8]
NH_3, normal	2—**10**—**15**—20 mg % [1, 4]	—
pathologisch	25—74 mg % [1]	—
PO_4—P	0,6—**7**—18 mg % [1, 9]	0,3 mg % [4]
SCN	0—**1,2**—**4,6**—16 mg % [1, 10]	0,6—**1,3**—2,3 mg % [1, 11]
S	—	0,44 mg % [4]
Organische Stoffe	0,34—**0,43**—0,47 g % [1, 11]	0,26 g % [1]
Gesamt-N, normal	30—**35**—**60**—75 mg % [1, 4, 12]	—
pathologisch	bis 296 mg % [1]	—
Eiweiß	Spuren [1]	Spuren [1]
Mucin-N	6—9 mg % [1]	—
Rest-N	20—48 mg % [1]	—
Amino-N	bis 150 mg % [1] 6—10 mg % [1]	— —
Harnstoff	4—20 mg % [1]	—
Harnsäure	10 mg % [1]	—

* In der Hauptsache durch Sonde vom Gesunden erhaltener reiner Saft. — ** Fistelsaft nach Scheinfütterung. — *** Kalb 0,13 bis 0,36% HCl; Ziege 0,044% HCl. — † Die folgenden anorgan. Ionen sind durch Analyse der Asche gewonnen.

Tabelle 15. Magensekret nach Histaminreiz.

	Freie HCl*	Gesamt-HCl**	Pepsin
Mensch [13]	50—106*	61—116*	8—18 mm METT**
Hühner [14]	82	106	4
Gänse [14]	90	118	5
Tauben [15]	95—110	115—120	
Hund [16, 17]	100—**133**—175		

* Aciditätsgrade s. S. 55. — ** mm des METTschen Albuminkoagulums.

[1] KATSCH, G.: Die anorganischen Bestandteile des Magensaftes. Handb. inn. Med. (BERGMANN-STAEHELIN) 3. Aufl., 3/1, 199 (1938). — [2] SAEMUNDSSON, J.: Acta med. scand. Suppl. **208** (1948). — [3] ROSEMANN, R.: Handb. Physiol. **3**, 843 (1927). Pflügers Arch. **169**, 188 (1917). — [4] ROSEMANN, R.: Pflügers Arch. **118**, 467 (1907). Handb. Physiol. **3**, 844—848 (1927). — [5] BICKEL, A.: Handb. Biochem. Erg.-W. **2**, 317 (1934). — [6] CARLSON, A. J.: Physiol. Rev. **3**, 1 (1923) und [11]. — [7] LIFSON, N., R. L. VARCO and M. B. VISSCHER: Proc. Soc. exp. Biol. Med. **47**, 422 (1941). — [8] GRANT, R.: Amer. J. Physiol. **132**, 467 (1941). — [9] HOESCH, K.: Dtsch. Arch. klin. Med. **165**, 201, bes. 205 (1929). — [10] NENCKI, M.: B. **28**, 1318 (1895). — [11] CARLSON, A. J., H. HAGER and M. P. ROGERS: Amer. J. Physiol. **38**, 252 (1915). — [12] MAHLER, P.: Wien. Arch. inn. Med. **19**, 416 (1930). — [13] CARNOT, P., W. KOSKOWSKI et E. LIBERT: C. R. Soc. Biol. **86**, 575 (1922). — [14] KOSKOWSKI, W., et Z. STEUSING: Pol. Gaz. lek. **52**, 1 (1922). — [15] KOSKOWSKI, W.: Cr. **174**, 247 (1922). — [16] POPIELSKI, L.: C. R. Acad. Sci. Cracovie (B) **56**, 449 (1917). — [17] ROTHLIN, E., et R. GUNDLACH: Arch. int. Physiol. **17**, 59 (1921).

Unter *freier* Salzsäure versteht man heute die im Magensaft vorhandenen starken Säuren. Sie werden nach TOEPFER[1] durch Titration mit 0,1 n NaOH in Gegenwart eines im sauren Gebiet umschlagenden Indikators, des Dimethylaminoazobenzols (Umschlagsbereich p_H 2,9 bis 4,0), gegen die schwächeren Säuren abgegrenzt. Wie aus Tabelle 14 ersichtlich ist, sind z. B. in den 250 mg% „freier Salzsäure" etwa 21 mg% freie Phosphorsäure und 2 mg% Rhodanwasserstoffsäure mit enthalten. Auch im reinen Magensaft kommt stets verhältnismäßig reichlich Kohlensäure vor, die zum Teil als „freie HCl" titriert wird. *Die freie Salzsäure ist daher, genau gesagt, ein Gemisch von Mineralsäuren, das allerdings zu etwa 92% aus Salzsäure besteht.*

Die „*gebundene*" Salzsäure entspricht im reinen Magensaft der abgepufferten Salzsäure, da schwache Säuren normalerweise fehlen[2]. Als Puffer kommen in Frage geringe Mengen sekundäres Phosphat, Aminogruppen von Aminosäuren, zum kleinen Teil wohl auch die des Magenschleimes. Nach MARTIN[3] hat der Magenschleim nur verdünnende, aber keine neutralisierende Wirkung. Je niedriger die Acidität ist (freie HCl bis +20), um so mehr macht sich der steigende Gehalt an CO_2 und Hydrogencarbonaten als Puffer und Ursache von Titrationsfehlern mit Phenolphthalein als Indikator geltend. Dies gilt vermehrt noch bei Säuredefizit (S. 54).

Die genauesten Titrationswerte für freie HCl und die Gesamtacidität erhält man bei superaciden Säften (S. 56). Subacide Säfte (freie HCl bis + 20) fallen schon infolge des Kohlensäuregehaltes durch eine deutliche Differenz zwischen Gesamtacidität und HCl auf. Diese braucht nicht durch Zunahme von HCl-bindenden Substanzen bedingt zu sein. HCl-Defizite von etwa —10 abwärts geben infolge CO_2-Anwesenheit nur ungenaue Titrationsergebnisse.

Der *qualitative Nachweis* kann für die *freie Salzsäure*[4—8] als der einzigen freien, starken Säure im Magensaft oder Mageninhalt mit zahlreichen Indikatoren sehr gut erbracht werden.

Dimethylaminoazobenzol nach TOEPFER[8] (0,5% in Äthanol) reagiert auf kleinste HCl-Mengen durch seinen Farbumschlag von Gelb nach Rot am empfindlichsten. Ein Tropfen einer 0,1 n HCl in 5 cm³ Wasser (1:28 Milliarden) ist so noch nachweisbar, während der Indikator erst auf eine 0,5%ige Milchsäurelösung anspricht. Dieser Indikator wird jedoch heute fast nur zur quantitativen Titration der freien Salzsäure verwendet (s. S. 54).

Die *Phloroglucin-Vanillinprobe* nach GÜNZBURG[9] ist noch positiv bei 0,005% HCl, nach MINTZ[10] sogar bis 0,0036 g% HCl, nach HALLMANN[4] bis 0,01% HCl. Schon GÜNZBURG beobachtete, daß unter der Einwirkung von starken Mineralsäuren sich aus Phloroglucin und Vanillin ein roter „gut krystallisierender" Farbstoff bildet, der später als 2,4, 6, 2', 4', 6', 4''-Heptaoxy-3''-methoxy-triphenylmethan diskutiert wurde; seine Krystallisation und Konstitution ist jedoch nicht gesichert[11]. Wegen der beschränkten Haltbarkeit des Reagens infolge Lichtempfindlichkeit vermischt man kurz vor Gebrauch die Phloroglucinlösung (2 g Phloroglucin in 15 cm³ Methanol[12]) und die Vanillinlösung (1 g Vanillin in 15 cm³ Methanol), bringt 1 bis 2 Tropfen des Gemisches und ebensoviel Magensaft oder Inhalt in ein weißes Porzellanschälchen und erhitzt vorsichtig über einer kleinen Flamme. Bei Vorhandensein von freier HCl färbt sich der Rand des Trockenrückstandes

---

[1] TOEPFER, G.: H. **19**, 104 (1894). — [2] HALE, E., and M. I. GROSSMAN: Fed. Proc. **7**, 48 (1948). — [3] MARTIN, L.: Ann. internal Med. **12**, 614 (1938) [Ber. Physiol. **113**, 594]. — [4] Hallmann 6. Aufl. S. 59 (1952). — [5] H.-Th. 10. Aufl. Bd. 5, S. 373. — [6] ISAAC, S., u. W. AMELUNG: Die Untersuchung des Mageninhaltes. Handb. biol. Arb.-Meth. Abt. IV, Teil 6/1, 411—462 (1926). — [7] KATSCH, G.: Handb. inn. Med. (BERGMANN-STAEHELIN) 3. Aufl. **3**/1, 278 (1938). — [8] TOEPFER, G.: H. **19**, 104 (1894). — CHRISTIANSEN, J.: B. Z. **46**, 82 (1912). — [9] GÜNZBURG, A.: Zbl. klin. Med. **8**, 737 (1887). — CHRISTIANSEN, J.: B. Z. **46**, 24 (1912). — [10] MINTZ, S.: Wien. klin. Wschr. **1889**, 20. — [11] Beilstein **6**, 1209 (545). — ETTI, C.: S.-B. Akad. Wiss. Wien **1883**, 557. Mh. Chem. **3**, 640 (1883). — WENZEL, F., L. FINKELSTEIN u. E. LAZÁR: Mh. Chem. **34**, 1952 (1913). — [12] STEENSMA, F. A.: B. Z. **8**, 210 (1908). — Hallmann 6. Aufl. S. 59.

schön rot, bei Fehlen bleibt er braungelb. Äpfelsäure, Citronensäure und einige Mineralsäuren können, wenn sie ausnahmsweise im Mageninhalt vorkommen, freie HCl vortäuschen.

Der praktische Arzt[1, 2] verwendet am häufigsten zum Nachweis der freien Salzsäure das *Kongopapier*, das einen roten Farbstoff aus bis-diazotiertem Benzidin und 1-Amino-naphthalin-4-sulfonsäure enthält. Bei normalen HCl-Mengen färbt es sich tiefblau $p_H = <1,5$, freie $HCl = 33$), bei geringeren hellblau ($p_H = >1,5$), blauviolett (p_H 3,0 bis 1,5), schmutzigrot (p_H 7,0 bis 3,0) (Acidität 0,1 bis 1); bei fehlender HCl bleibt es rot ($p_H = >4,0$) so daß der Erfahrene rasch den HCl-Gehalt schätzen kann. Schwache Blaufärbung kann auch durch Milchsäure bedingt sein.

Bei positivem Ausfall der GÜNZBURG- oder TOEPFERschen Probe ist die Anwesenheit der freien Salzsäure gesichert. Ein negatives Ergebnis schließt jedoch die Gegenwart von HCl nicht aus, einmal weil die Empfindlichkeit der Reagenzien begrenzt ist und weil die gebundene, d. h. gepufferte, HCl nicht anspricht.

Die quantitative Bestimmung der Magensalzsäure und Chloride hat für die Untersuchung des Mageninhaltes große Bedeutung erlangt. Von den zahlreichen Titrationsvorschlägen[3] hat sich die stufenweise Bestimmung von freien, Gesamt- und gebundenen Säuren nach KATSCH[4] bis heute in praxi am besten bewährt.

5 cm^3 unfiltrierter[5] Mageninhalt werden in 50 cm^3 ERLENMEYER-Kölbchen mit 2 Tropfen 0,1% Phenolphthalein und 2 Tropfen 0,5% Dimethylamino-azobenzol versetzt. In der Regel tritt auf Zusatz von Dimethylaminoazobenzol Rotfärbung ein. Man titriert dann mit 0,1 n $NaOH$ bis zum Farbumschlag in Orange oder Lachsfarben (p_H = etwa 3,5). Der Laugenverbrauch ergibt mit 20 multipliziert die *Acidität für die freie Salzsäure*. Titriert man weiter über Citronengelb auf den Umschlagspunkt des Phenolphthaleins nach Rot (p_H 10), so erhält man nach Multiplikation des gesamten Laugenverbrauchs mit 20 die „*Gesamtacidität*". Sie ist bedingt durch die freie und gebundene Salzsäure $+H_2CO_3+$ evtl. freie Milchsäure, andere organische Säuren und primäres Phosphat.

Magensaft ohne freie Salzsäure wird auf Zusatz von Dimethylaminoazobenzol gelb statt rot. Man titriert dann mit 0,1 n H_2SO_4 auf Orange oder Lachsrot, multipiziert die verbrauchten Kubikzentimeter Säure mit 20 und erhält so das „*Salzsäuredefizit*". Die „*gebundene Säure*" titriert man weiter mit 0,1 n $NaOH$ und Phenolphthalein auf Rot wie normalerweise beim sauren Magensaft. Zieht man vom gesamten Laugenverbrauch die Kubikzentimeter benötigter Schwefelsäure ab, so erhält man die *Gesamtacidität*, in diesem Fall bestehend aus gebundener HCl.

Alkalischer Magensaft gibt mit Dimethylaminoazobenzol und Phenolphthalein von Anfang an eine rote Färbung, da die Gelbfärbung des Dimethylaminoazobenzols durch das Rot des Phenolphthaleins überdeckt wird. Es wird dann mit 0,1 n H_2SO_4 über Gelb bis Orange des Dimethylaminoazobenzols titriert. Multiplikation des H_2SO_4-Verbrauches mit 20 ergibt so das „*Salzsäuredefizit*". Die weitere Titration mit 0,1 n $NaOH$ auf Phenolphthalein-Rot liefert nach Abzug des H_2SO_4-Verbrauches das „*Gesamtaciditätsdefizit*" oder die „*Alkalinität*", bestehend aus einem basischen Anteil und der gebundenen HCl.

Zur Titration der freien Salzsäure im Magensaft empfiehlt neuerdings JERSIN[6] einen *Mischindikator* aus 0,1%igen alkoholischen Lösungen von Dimethylaminoazobenzol und Methylenblau. Der Umschlag erfolgt von Violett (sauer) nach Grün (alkalisch). Die Titration auf Grau (p_H 3,6) ergibt sehr gute Werte.

---

[1] KATSCH, G.: Handb. inn. Med. (BERGMANN-STAEHELIN) 3. Aufl. **3**/1, 281 (1938). — [2] FRIEDRICH, L. v.: D. m. W. **1921 II**, 1258. — [3] H.-Th. 10. Aufl. Bd. 5, S. 373f. — ISAAC, S., u. W. AMELUNG: Handb. biol. Arb.-Meth. Abt. IV, Tl. 6/1, 430 (1926). — MICHAELIS, L.: Handb. biol. Arb.-Meth. Abt. IV, Tl. 6/2, 1197 (1932). — Hallmann 6. Aufl. S. 59. — [4] KATSCH, G.: Handb. inn. Med. (BERGMANN-STAEHELIN) 3. Aufl. **3**/1, 287 (1938). — KATSCH, G., F. BALTZER u. J. BRINCK: Arch. Verd.-Krankh. **56**, 1 (1934). — [5] CHRISTIANSEN, J.: B. Z. **46**, 91 (1912). — LEONI, C., e A. SOSTEGNI: Arch. ital. Mal. Appar. diger. **9**, 223 (1940) [Ber. Physiol. **127**, 36]. — [6] JERSIN, M.: Nord. Med. **1942**, 1651.

Die gleiche Probe, mit der man die Acidität ermittelt, läßt sich zur *Bestimmung der Gesamtchloride* verwenden. Ein Zusatz von 3 cm³ konzentrierter Salpetersäure zerstört in wenigen Minuten die Indikatoren, erkennbar am Verblassen der tiefroten Färbung des Dimethylaminoazobenzols. Man setzt dann 1 cm³ einer gesättigten, wäßrigen Eisen(III)-ammoniakalaunlösung und so viel 0,1 n $AgNO_3$-Lösung hinzu, bis ein Überschuß an Silbernitratlösung vorhanden ist, daran erkennbar, daß einige Tropfen 0,1 n Ammoniumrhodanidlösung keine Braunfärbung von Eisenrhodanid mehr auslösen. Dann titriert man den Überschuß an $AgNO_3$ mit NH_4SCN, bis der Farbumschlag infolge Bildung von rotbraunem $Fe(SCN)_3$ etwa 10 sec bestehen bleibt. Durch Abzug des verbrauchten NH_4SCN vom vorgelegten $AgNO_3$ erhält man die durch Cl-Ionen gebundenen cm³ 0,1 n $AgNO_3$, aus denen nach Multiplikation mit 20 der Gesamt-Cl-Wert errechnet wird. Gesamt-Cl-Wert minus der Cl-Menge aus dem Gesamt-HCl-Wert ist gleich Gehalt an „*Neutralchloriden*".

Die Titrationsergebnisse bei den Aciditäts- und Chloridbestimmungen gibt man gewöhnlich in *Aciditätsgraden oder Titrationseinheiten*[1] an, das sind die von der Säure verbrauchten cm³ 0,1 n NaOH oder für das Aciditätsdefizit (auch „Alkalinität" genannt) und „Neutralchloride" die cm³-Zahl 0,1 n äquivalenter Lösungen von OH- und Cl-Ionen für 100 cm³ Magensaft. In den Kurvenbildern, die bei fraktionierter Magenausheberung gewonnen werden, sind nicht die %-Werte, sondern die Titrationseinheiten eingetragen. Man kann daher die äquivalenten Ionenmengen an Hand der Kurven gut vergleichen und ihre gegenseitige Abhängigkeit erkennen. Näheres S. 87, Abb. 12 und S. 91 u. 92, Abb. 14 und 15.

Die Magensäurewerte beim Menschen. Der *Salzsäuregehalt des Magensaftes* ist verschieden groß je nach der *Art der Gewinnung*. Reiner konzentrierter Appetitsaft aus Fisteln zeigt beim Menschen die höchsten HCl-Werte, und zwar ebenso hohe wie der analog gewonnene Hundemagensaft, nämlich 0,40 bis 0,50 g% freie HCl (= 110 bis 137 Aciditätsgrade) und 0,45 bis 0,60 g% Gesamtacidität (= 123 bis 165 Aciditätsgrade) (ROSEMANN[2], KATSCH[3]). CARLSON[4] fand an 3 Personen mit Magenfisteln folgende normale Werte: 0,1 bis **0,20** bis 0,37% freie HCl (= 26 bis **55** bis 101 Aciditätsgrade) und 0,16 bis **0,25** bis 0,42% Gesamtsäure (= 44 bis **69** bis 115 Gesamtacidität). Gewinnt man den Magensaft bei völlig gesunden Menschen mit Hilfe der fraktionierten Ausheberung von KATSCH und KALK nach Reizung mit 0,2 g Coffein, so beträgt der Salzsäuregehalt durchschnittlich 40 bis 70 Titrationseinheiten oder 0,146 bis 0,255% HCl. Die gebundene Salzsäure macht etwa 11 bis 16 Titrationseinheiten aus[5]. Im reinen konzentrierten Saft können die Werte bis auf 147 (= 0,536% HCl), nach HEILMEYER bis 165 Einheiten (= 0,6% HCl) ansteigen[6]. MAHLER[7] fand als Höchstwert von 4000 Einzelbestimmungen 0,638% HCl. Das sind die höchsten im Magensaft bisher beobachteten HCl-Werte. Während der Verdauung ist mit einem breiten Bereich von 0 bis 150 Titrationseinheiten zu rechnen. Die Gesamtacidität kann, wie auf S. 53 gezeigt, zu etwa 92% auf die Salzsäure zurückgeführt werden. Die Titration der Gesamtacidität gibt daher zwar praktisch brauchbare, aber nicht völlig eindeutige Ergebnisse für die Gesamtsalzsäure[8]. Schon beim Gesunden schwanken

---

[1] KATSCH, G.: Handb. inn. Med. (BERGMANN-STAEHELIN) 3. Aufl. **3**/1, 199 (1938). — [2] ROSEMANN, R.: Handb. Physiol. **3**, 845 (1927). — [3] KATSCH, G.: Verh. dtsch. Ges. inn. Med. **36**, 245 (1924). — [4] CARLSON, A. J., H. HAGER and M. P. ROGERS: Amer. J. Physiol. **38**, 252 (1915). — [5] NEVERMANN, H.: Diss. med. Hamburg 1941. — [6] KATSCH, G.: Handb. inn. Med. (BERGMANN-STAEHELIN) 3. Aufl. **3**/1, 199 (1938). — [7] MAHLER, P.: Wien. Arch. inn. Med. **19**, 413, bes. 427 (1930). — [8] CHRISTIANSEN, J.: B. Z. **46**, 82 (1912).

Sekretion und Acidität beträchtlich, z. B. bei nervösen und temperamentvollen Personen[1], und auch im Laufe des Tages[2,3].

Einzelne Stufen der Acidität hat man durch besondere Bezeichnungen (s. Tabelle 16) abgegrenzt.

Tabelle 16. Bezeichnungen und normale Bereiche der Acidität und Sekretion menschlicher Mägen[4,5].

Klinische Bezeichnung	Definition	Freie HCl	Gesamtacidität
Normacidität	Normale Säurewerte	20—50	30—70
Achylie	Fehlen der gesamten Sekretbildung, insbesondere der HCl-Bildung	0	0
Achlorhydrie	Ausfall der gesamten HCl-Bildung	0	0
Anacidität	Fehlen der freien HCl	0	—
Subacidität	Verminderung der freien HCl	0—20	0—30
Hypochlorhydrie	Verminderung der HCl-Bildung	0—20	—
Hyper- oder Super- (-chlorhydrie) oder -acidität	Erhöhung der Gesamtacidität bei vorhandener freier HCl	über 50	über 70
Supersekretion	Erhöhung der gesamten Sekretbildung	—	

Subacidität kann bedingt sein durch *Hypochlorhydrie* oder durch starke Bildung von Sekret mit geringer HCl-Konzentration, also einer mangelnden Konzentrationsfähigkeit, die KATSCH ebenfalls Hypochlorhydrie nennt.

Hyperchlorhydrie ist nach KATSCH die erhöhte Fähigkeit zur Konzentrierung der Magensäure. Eine absolute Hyperchlorhydrie im Sinne einer krankhaften Mehrbildung von Säure ist unwahrscheinlich. Die höchsten im Mageninhalt gefundenen Säurewerte übersteigen nur selten die Titrationszahlen 125 bis 130 und entsprechen einem Säuregehalt von 0,46 bis 0,47% HCl. Das reine Magensekret des Menschen und des Hundes enthält bis zu 0,6% HCl. Mit *Superacidität* bezeichnet KATSCH lediglich die hohe Titrationsacidität im Mageninhalt ohne weitere funktionelle Deutung.

Vergleichende Magensäurewerte bei Haustieren. Beim Pferd ist kürzlich erstmalig „Magensaft" einer Stute durch eine Magenfistel gewonnen worden[6]. Da der Magen des Tieres nach mehrtägigem Hungern leer war, handelte es sich um *Nüchterninhalt* mit der Gesamtacidität 60 bis 83 (= 0,22 bis 0,30% HCl) und freier HCl 39 bis 58 (= 0,14 bis 0,21%).

Auch über die *Säureverhältnisse des Labmageninhaltes von Wiederkäuern* liegen einige Untersuchungen vor; als erste haben ELLENBERGER u. HOFMEISTER[7] einen Säuregehalt von 14 bis 33 (= 0,05 bis 0,12% als HCl berechnet) festgestellt. Bei den mit Heu und Stroh gefütterten Schlachtrindern[8] fand man regelmäßig einen p_H-Wert zwischen 2,0—4,14, bei Schafen[9] im Durchschnitt $p_H = 3{,}8$. Der durch eine *Fistel* entnommene Labmageninhalt von normal ernährten Schafen konnte über einen längeren Zeitraum auf Aciditäts- und p_H-Werte geprüft werden[10]. Die Aciditätsgrade lagen zwischen 6,9 und 56,5, die meisten allerdings in einem engeren Bereich, nämlich zwischen 25,6 und etwa 45. Auf HCl umgerechnet ergaben sich als Grenzwerte 0,025 und 0,21%; die meisten Werte lagen zwischen 0,093 und 0,16%. Der p_H schwankte in den Versuchen zwischen 1,94 und 5,56, die meisten

[1] ALVAREZ, W. C., F. R. VANZANT and A. E. OSTERBERG: Amer. J. digest. Dis. **3**, 162 (1936). — [2] FORSGREN, E.: Acta med. scand. **128**, 281 (1947). — [3] HENNING, N., L. DEMLING u. H. KINZLMEIER: Kli. Wo. **1951**, 605. — [4] Hallmann 6. Aufl. S. 60. — [5] KATSCH, G.: Handb. inn. Med. (BERGMANN-STAEHELIN) 3. Aufl. **3**/1, 205—207 (1938). — [6] EGOROV, S., u. V. CEREDKOV: Fiziol. Ž. SSSR. **16**, 520 (1933) [Ber. Physiol. **78**, 261]. — [7] ELLENBERGER, W., u. V. HOFMEISTER: Arch. Tierheilkde. **10**, 328 (1884); **11**, 141 (1885). — [8] SCHWARZ, C., u. H. KAPLAN: Pflügers Arch. **213**, 592 (1926). — [9] FERBER, K. E.: Z. Züchtung (B) **12**, 31 (1928). — [10] KRZYWANEK, F. W., u. W. BUSS: Arch. Tierheilkde. **69**, 321 (1935).

Werte lagen zwischen 2,55 und 4,62. Im allgemeinen zeigten die Werte für Acidität und p_H in diesen Versuchen ein gleichsinniges, jedoch nicht streng paralleles Verhalten. Das liegt daran, daß an der Acidität des Labmagensaftes nicht wie im Magen des Hundes und des Menschen nur die Salzsäure beteiligt ist, sondern daß im Labmagen auch *Gärungssäuren* vorhanden sind, die nicht vollkommen dissoziiert sind und daher abweichende Titrations- und p_H-Werte ergeben müssen.

Aus allen diesen Versuchen geht hervor, daß die Reaktion im Labmageninhalt wie im reinen Labmagensaft (S. 81) weniger sauer ist als bei Mensch und Hund.

B. Die Chloride und ihre Beziehungen zur HCl-*Bildung*[1]. Von den anorganischen Bestandteilen des Magensaftes sind das Wasserstoffion und das Chloridion für die Magensaftwirkung entscheidend. ROSEMANN zeigte 1907 als erster am Hund, und KATSCH 1924 am Menschen, daß Chloride im reinen Magensaft regelmäßig und reichlich vorkommen. Die Alkalichloride machen 90% der Gesamtasche aus. Ihre quantitative Bestimmung s. S. 55. Im menschlichen Magensaft fand KATSCH[2] etwa 0,7g% Gesamtchloride, also etwa das Doppelte wie im Serum. Die Konzentrationsleistung der Magendrüsen ist daher beträchtlich. Chloridkonzentrierung und HCl-Bildung sind neben der Pepsinabgabe die wichtigste Funktion der Magendrüsen; ihre Störungen verlaufen nicht immer gleichsinnig. Die Abgabe von Chlorionen während der Magensaftsekretion scheint verhältnismäßig konstant zu sein; sie schwankt zwar etwas, aber weniger als die HCl-Bildung.

Für den Gesamtchloridgehalt des *Hundemagensaftes* gibt ROSEMANN[3] Werte zwischen 0,54 und 0,64% an. Bei demselben Tier sind in einer Sekretionsphase die Schwankungen noch geringer. Da, wie oben erwähnt, die Salzsäuremenge nicht konstant ist, muß beim Gleichbleiben der Gesamtchloridausscheidung der Gehalt an Chloriden im umgekehrten Sinne sich ändern. Die folgende Tabelle zeigt die Verhältnisse in einem Scheinfütterungsversuch bei einem Hund, bei dem $4^1/_2$ Stunden lang jede halbe Stunde Magensaft entnommen wurde; die einzelnen Proben hatten in der Reihenfolge der Entnahme nebenstehende Zusammensetzung:

Tabelle 17. Cl-Gehalt im fraktionierten Magensaft des Hundes[3].

Menge des Magensaftes cm³	Gesamt-Cl %	Cl in HCl %	Cl in Alkalichloriden
169	0,56	0,45	0,11
145	0,58	0,53	0,05
102	0,58	0,53	0,05
43	0,56	0,48	0,08
21	0,56	0,32	0,24
34	0,58	0,37	0,21
20	0,57	0,39	0,18
21	0,57	0,34	0,23
25	0,56	0,34	0,22

Diese Schwankungen des HCl-Gehaltes bei fast gleichbleibendem Gesamtchloridgehalt haben HEIDENHAIN[4] und PAWLOW[5] durch die Annahme zu erklären versucht, daß die Magendrüsen stets einen *Saft konstanter Acidität* absondern und die Aciditätsschwankungen dadurch zustande kämen, daß ein Teil durch den alkalischen Magenschleim neutralisiert würde. Bei stärkerer Sekretion nehme die Acidität stets zu, und zwar weil der vorhandene Schleim zu einer genügenden Neutralisation nicht mehr ausreiche. Gegen diese Auffassung hat sich ROSEMANN[3] gewandt; nach ihm hängen sowohl die *Sekretmenge* als auch die *Acidität* des Saftes von der *Natur des Reizes* ab.

Neuerdings hat HOLLANDER[6], ähnlich wie HANKE[7], DIENST[8] und HELMER[9] eine 3. Hypothese aufgestellt, nach der die Veränderungen der HCl-Konzentration daher rühren sollen,

---

[1] KATSCH, G.: Handb. inn. Med. (BERGMANN-STAEHELIN) 3. Aufl. **3**/1, 198 (1938). — KATSCH, G., F. BALTZER u. R. BRINCK: Arch. Verd.-Krankh. **56**, 7 (1934). — [2] KATSCH, G.: Verh. dtsch. Ges. inn. Med. **36**, 245 (1924). — [3] ROSEMANN, R.: Handb. Physiol. **3**, 848 (1927); **18**, 60 (1932). — s. a. COHEN, S. J.: J. biol. Ch. **41**, 257 (1920). — [4] HEIDENHAIN, R.: Pflügers Arch. **19**, 148 (1879). — [5] PAWLOW, J. P.: Die Arbeit der Verdauungsdrüsen. Wiesbaden 1898. — [6] HOLLANDER, F.: J. biol. Ch. **97**, 585 (1932); **104**, 33 (1934). — [7] HANKE, M. E.: 14. Int. Congr. Physiol. Rom S. 107 (1932). — [8] DIENST, C.: Kli. Wo. **1933 I**, 741. — [9] HELMER, O. M.: Amer. J. Physiol. **110**, 28 (1934).

daß neben der HCl-Sekretion noch eine *alkalische Sekretion* vorhanden sei, alkalische Komponente genannt. Sie soll in der Hauptsache aus Chloriden und verschiedenen Alkalisalzen (Hydrogencarbonaten, Phosphaten und Proteinen) als Puffer bestehen. Diese „alcaline component" von HOLLANDER ist nicht identisch mit dem alkalischen Sekret, das KATSCH[1] u. Mitarb. als Sekret wohl der präpylorischen Drüsen nachgewiesen haben.

Den zahlreichen zum Teil spekulativen Überlegungen haben KATSCH u. Mitarb.[2] eine durch eingehende Analysen belegte Ansicht gegenübergestellt. Sie erklären das Auftreten der Chloride im Magensaft nicht durch eine Neutralisation der Magensäure, sondern durch eine physiologische Chloridsekretion der Beleg- und Nebenzellen. *Die Chloride sind nicht nur Ausgangsmaterial für die HCl-Bildung sondern wesentliche Sekretbestandteile* (KATSCH u. KALK 1926). PAWLOW nahm noch an, der reine Magensaft werde stets in gleicher Konzentration geliefert, es wechsle nur die Saftmenge und eine gegen Ende der Verdauung ansteigende Schleimbildung wirke säureabstumpfend. Aber KATSCH[3] bewies durch Analysen, daß auch der Salzsäuregehalt des Magensekretes sich ändert. *Subacidität und sogar Anacidität können mit starker Supersekretion verbunden sein.* Der Grund für die wechselnde Magensaft-, insbesondere HCl-Konzentration soll die ungleiche Abgabe von „Verdünnungssekret"[4] oder von „Nebensekret" sein, wie KATSCH (1933) nach Entdeckung der Nebenzellen durch ZIMMERMANN (S. 33) dieses Chloride, Aminosäuren und Schleimstoffe enthaltende Sekret nennt.

Unklar ist nach KATSCH nur noch, ob das gesamte Nebensekret auch neutralisierend wirken kann, wie etwa das alkalische, aus der Pylorusgegend stammende Sekret. Außer dem Nebensekret kann der zurückgeflossene Duodenalsaft und, allerdings nur in sehr geringem Grade, der Magenschleim[5] Säure neutralisieren.

Auch regulatorische Einflüsse ändern die Acidität, Hemmung des Magensaftabflusses steigert sie. Zusammenfassend können wir daher sagen: *Die Menge und die Konzentration des Magensekretes können wechseln. Dadurch ändert sich auch die Säure- und Chloridkonzentration des Magensaftes je nach den optimalen Bedürfnissen der Magenverdauung.*

Der Mechanismus der Salzsäurebildung im Magen[6] ist im weiteren Sinne eine aktive, selektive Anreicherung von Wasserstoff- und Hydroxylionen oder ihnen äquivalenter Ionen durch die lebende Zelle. Das gleiche gilt für alle biologischen Sekrete und andere Flüssigkeiten, gleich, ob es sich um Magensekret, Harn[7], Duodenalsaft, Galle, Pankreassaft, Hautsekrete, Pflanzensäfte, saure oder alkalische Gärflüssigkeiten handelt.

Seit der Entdeckung der Magensalzsäure durch PROUT[8] 1824 ist das Problem viel bearbeitet worden, aber erst in den letzten 15 Jahren brachten neue biophysikalische und biochemische Überlegungen und Versuche die alten und neugefundenen Tatsachen mit der Theorie in gute Übereinstimmung. Zum erstenmal hat DAVIES[9] eine ausführliche und kritische Übersicht der früheren und neueren Theorien der Salzsäurebildung gegeben, auf die hier verwiesen sei.

[1] KATSCH, G., F. BALTZER u. J. BRINCK: Arch. Verd.-Krankh. **56**, 1 (1934). — [2] KATSCH, G.: Handb. inn. Med. (BERGMANN-STAEHELIN) 3. Aufl. **3**/1, 203 (1938). — [3] KATSCH, G., F. BALTZER u. J. BRINCK: Arch. Verd.-Krankh. **56**, 1 (1934). — [4] ROTH, W., u. H. STRAUSS: Z. klin. Med. **37**, 144 (1899). — [5] KALK, H., u. A. BONIS: Dtsch. Arch. klin. Med. **173**, 53 (1932). — BALTZER, F.: Arch. Verd.-Krankh. **56**, 35 (1934). — [6] Die ältere Literatur s. bei: Babkin S. 307, 316. — s. a.[4] S. 59. — KATSCH, G.: Handb. inn. Med. (BERGMANN-STAEHELIN) 3. Aufl. **3**/1, 198 (1938). — GROEBBELS, F.: Handb. Physiol. **3**, 620, 624 (1927). — BODANSKY, M.: Introduction to Physiological Chemistry. 4. Aufl. S. 165. New York u. London 1938. — [7] PITTS, R. F.: Science, N. Y. **102**, 49, 81 (1945). — PITTS, R. F., J. L. AYER and W. A. SCHIESS: Fed. Proc. **7**, 94 (1948). — PITTS, R. F., and W. D. LOTSPEICH: Amer. J. Physiol. **147**, 138, 481 (1946). — [8] PROUT, W.: Philos. Trans. R. Soc. London **144**, 45 (1824). — [9] DAVIES, R. E.: Biol. Rev. **26**, 87 (1951). Gastroenterol., Basel **76**, 78 (1951).

Die früheren Hypothesen fußten, ohne zwingende experimentelle Beweise beizubringen, zu einseitig entweder auf elektrochemischen, rein anorganischen oder organisch-chemischen Gedankengängen. In genialer Intuition erkannte BENCE-JONES[1] schon 1845 den Zusammenhang der Salzsäuresekretion im Magen mit der alkalischen Reaktion des Harnes während der Verdauung. Erst 1932 heben BEUTNER u. CAPLAN[2] die Parallelität von Salzsäuresekretion im Magen und Ansteigen von Hydrogencarbonat im Blut hervor. LINDERSTRØM-LANG[3] kommt 1934 in seiner eingehenden Arbeit über die Enzymverteilung im Schweinemagen zu dem Schluß: An der Salzsäurebildung ist „nicht so sehr der Ort als vielmehr der Mechanismus auch heute noch rätselhaft". Nach allgemeiner Auffassung ist das Ausgangsmaterial für die Magensalzsäure das Kochsalz, denn verarmt der Körper daran, so versiegt auch die Magensalzsäure (S. 64).

Als *Ort der Salzsäurebildung* sind heute einwandfrei die Belegzellen der Schleimhaut festgestellt worden. Seit CL. BERNARDS[4] ersten Versuchen 1858 haben mehr als 30 Forscher viele Arbeiten ausgeführt[5]. Die meisten Bearbeiter benützen Farbstoffe als Indikatoren, um aus deren Farbreaktionen die Quelle der Salzsäure aufzuspüren[6, 7]. Dabei berücksichtigten sie häufig nicht, daß nur die sezernierende Schleimhaut nicht aber die ruhende die Auswertung der Versuche erlaubt. TEORELL u. WERSÄLL[8] gelang es, von der Magenschleimhaut des Frosches die obere Zellschicht abzuziehen. Dabei blieb die Säuresekretion der Schleimhaut unvermindert. Die Salzsäure muß also doch unmittelbar von den Belegzellen sezerniert werden und nicht über eine Vorstufe. BRADFORD u. DAVIES[9] stellten mit Hilfe von sauren und basischen Farbstoffindikatoren an isolierten sezernierenden Magenschleimhäuten von Frosch und Iltis, und zwar in den tieferen Schichten der Mucosa und im Cytoplasma der Parietalzellen, eine alkalische Reaktion (p_H 7,2 bis 7,6) fest, dagegen in den binnenzelligen Sekretkanälchen der Belegzellen (intracellular canaliculi) auf ihrer sezernierenden Oberfläche und im Lumen der Tubuli eine saure Reaktion (p_H 4,8 bis 1,4), je nach Farbstoffindikator. Eine Schleimschicht kann hier nicht beteiligt sein. Aus diesen Befunden sehen sie den *Ort der Salzsäurebildung in der Zone der binnenzelligen Sekretkanälchen der Belegzellen* (*pericanalicular zone*)[10]. Sie glauben nicht an die Sekretion eines Vorläufers, der in den Magengrübchen oder im Magenlumen in Salzsäure umgewandelt werden müßte, wie das von BERNARD bis OSTROUCH[11] die vorherrschende Hypothese war. In der Schleimhaut sezernieren immer nur bestimmte Regionen, die anderen ruhen. Sogar in den tätigen Drüsenschläuchen befinden sich immer einige Belegzellen, welche ruhen. Diese Befunde wurden an Schleimhäuten von Frosch (Rana temporaria), Kröte (Bufo bufo bufo L.), Katze und Iltis (Prurius putorius) gewonnen. Jedes Tier, welches einen Magen besitzt, bildet dort auch Salzsäure.

In den letzten Jahren gelang es, die einzelnen Bedingungen für die Salzsäurebildung Schritt für Schritt aufzudecken. Man wandte die Erfahrungen, die beim

---

[1] BENCE-JONES, H.: Philos. Trans. R. Soc. London **1845**, 333; **1849**, 235. — [2] BEUTNER, R., and M. CAPLAN: Amer. J. Physiol. **101**, 8 (1932). — [3] LINDERSTRØM-LANG, K., H. HOLTER u. A. SØEBORG OHLSEN: H. **227**, 1, bes. 7 (1934). — [4] BERNARD, C.: Propriétés physiologiques des liquides de l'organisme. Paris 1858. — BABKIN, B. P.: Secretory Mechanism of the Digestive Glands. 2. Aufl. New York 1950. — [5] BRADFORD, N. M., and R. E. DAVIES: Biochem. J. **42**, XII (1948); **46**, 414 (1950). — [6] HENNING, N.: A. e. P. P. **165**, 191 (1932). — [7] KELLER, R., and B. V. PISHA: Rev. Gastroenterol., N. Y. **14**, 495 (1947). — [8] TEORELL, T., and R. WERSÄLL: Acta physiol. scand. **10**, 243 (1945). — [9] BRADFORD, N. M., and R. E. DAVIES: Biochem. J. **42**, XII (1948); **46**, 414 (1950). — [10] CRANE, E. E., R. E. DAVIES and N. M. LONGMUIR: Biochem. J. **43**, 321, bes. 331, Abb. 9b (1948). — [11] OSTROUCH, M.: Z. Zellforsch. **26**, 424 (1937).

Arbeiten mit isolierten Geweben gewonnen waren[1, 2], nun auch auf die isolierten Magenschleimhäute von Kalt- und Warmblütern an. In sinnreich erdachten Versuchsanordnungen wurde der Stoffaustausch, insbesondere der Gaswechsel und das elektrische Verhalten der Magenschleimhaut erforscht[3–9]. Die experimentellen Ergebnisse lassen sich heute dank der Arbeiten des Sheffielder Arbeitskreises zu einer einheitlichen Theorie der Magensalzsäurebildung zusammenfassen[10].

Sowohl das gesunde intakte Tier als auch die isolierte Magenschleimhaut von Kaltblütern (Frosch, Kröte unter besonderen experimentellen Bedingungen) und Warmblütern (Maus, Katze, Hund, Mensch[11]) reagieren auf *Histamin* mit einer Anregung oder Erhöhung der Salzsäureabgabe. Ganz analog verhält sich die Gewebsatmung der Schleimhaut[4, 5, 12–15]. Die Energie für die Bereitung und Abgabe der Salzsäure wird im Magen gewonnen. Für jedes durch die Belegzellen sezernierte Säuremolekül wird ein Molekül Kohlendioxyd aufgenommen, und ein Molekül Hydrogencarbonat wandert in das Blut ab. Das Hydrogencarbonation wird gegen das Chloridion des Blutkochsalzes in vivo und mit dem der Salzlösung in vitro ausgetauscht[16, 17].

$$CO_2 + H_2O + Na^+ + Cl^- = H^+ + Cl^- + Na^+ + HCO_3^-$$

Das elektrisch neutrale Kohlendioxyd ist in der Lage, nach Hydratisierung OH-Ionen zu binden und als Hydrogencarbonat zu beseitigen.

$$CO_2 + H_2O = H_2CO_3; \qquad H_2CO_3 + OH^- = HCO_3^- + H_2O$$

Die fortdauernde Wanderung von Hydrogencarbonat in das Blut während der Salzsäureabgabe in das Magenlumen bedingt die alkalische Reaktion des Harns nach Mahlzeiten. Die Hydratation des Kohlendioxyds erfolgt so rasch, daß am Orte der Salzsäureentstehung in den Belegzellen *Kohlensäureanhydratase* vorhanden sein muß. Tatsächlich konnte sie auch in hochaktiver Form dort nachgewiesen werden, so daß die geforderte zusätzliche Aufnahme und Verwendung von Kohlendioxyd leicht möglich ist[18, 19]. Hemmt man das Ferment in der isolierten Magenschleimhaut mit geeigneten Inhibitoren wie p-Toluolsulfonamid, p-Sulfonamidobenzoesäure oder Prontosil, so hört die Salzsäurebildung auf[20, 21]. Es läßt sich aber in der isolierten durch Histamin zur Säuresekretion angeregten Schleimhaut auch leicht zeigen, daß die Abwesenheit des von außen kommenden Kohlendioxydzusatzes zu Zellschädigungen und schließlich zu Geschwüren und

---

[1] Krebs, H. A.: Enzymologia **12**, 88 (1947). — [2] Krebs, H. A., and W. A. Johnson: Cell metabolism. Tab. biol. period. **19**, 100 (1948). — [3] Delrue, G.: Arch. int. Physiol. **33**, 196 (1930); **36**, 129 (1933). Thèse Univ. Louvain 1935. — [4] Davies, R. E.: Biochem. J. **40**, XXXV (1946). Thesis Ph. D. Sheffield 1948. — [5] Davies, R. E. (mit Anhang: Davies, R. E., and F. J. W. Roughton): Biochem. J. **42**, 609, 618 (1948). — [6] Davies, R. E., and N. M. Longmuir: Biochem. J. **42**, 621 (1948). — [7] Crane, E. E., R. E. Davies and N. M. Longmuir: Biochem. J. **43**, 321, 336 (1948). — [8] Terner, C.: Biochem. J. **45**, 150 (1949). — [9] Davies, R. E., and C. Terner: Biochem. J. **44**, 377 (1949). — [10] Davies, R. E., and A. G. Ogston: Biochem. J. **46**, 324 (1950). 1. Int. Congr. Biochem. S. 581. Cambridge 1949. — [11] Teorell, T.: Exper. **5**, 409 (1949). — [12] Davies, R. E., and N. M. Longmuir: Biochem. J. **40**, LXIV (1946); **42**, 621 (1948). — [13] Davenport, H. W.: Gastroenterol., Baltimore **9**, 293 (1947). — [14] Horstman, P.: Acta physiol. scand. **14**, 27 (1947). — [15] Patterson, W. B., and de Witt Stetten jr.: Science, N. Y. **109**, 256 (1949). — [16] Hanke, M. E., R. E. Johannesen and M. M. Hanke: Proc. Soc. exp. Biol. Med. **28**, 698 (1931). — [17] Hanke, M. E.: J. biol. Ch. **67**, XI (1926). Science, N. Y. **85**, 54 (1937). — [18] Berend, M.: Magyar orv. Arch. **38**, 225 (1937); zitiert nach Davies, R. E.: Biol. Rev. **26**, 87 (1951). — [19] Davenport, H. W.: J. Physiol., London **97**, 32 (1939). Amer. J. Physiol. **128**, 725 (1940). Physiol. Rev. **26**, 560 (1946). Gastroenterol., Baltimore **7**, 374 (1946). — [20] Davenport, H. W.: Amer. J. Physiol. **129**, 505 (1940); **133**, 257 (1941). — Davenport H. W., and V. Jensen: Gastroenterol., Baltimore **12**, 630 (1949). — [21] Davies, R. E., and J. Edelman: Biochem. J. **43**, LVII (1948). — Krebs, H. A.: Biochem. J. **43**, 525 (1948).

Perforationen führt. Nur die säureproduzierende Schleimhaut bekommt bei CO_2-Mangel Ulcera, nicht aber die ruhende[1]. Wahrscheinlich verhindert das zusätzliche Kohlendioxyd die Anreicherung von Alkaliionen in den Belegzellen, die der gebildeten Salzsäure äquivalent sind. Es ist bekannt, daß Alkali Gewebe leichter in Lösung bringt als Säure. Eine Hemmung der Kohlensäureanhydratase im lebenden intakten Tier würde wegen Störung des Kohlensäuretransportes rasch zum Tode führen. Ob Zusammenhänge der klinisch beobachteten Magengeschwüre mit der unerwünschten Anreicherung von Alkaliionen im Gewebe bestehen, ist noch unbekannt. Der aktiv säuresezernierende Magen erhält sein zusätzliches Kohlendioxyd durch das arterielle Blut. Es zeigt einen negativen respiratorischen Quotienten[2]. Es werden sehr viel mehr Wasserstoffionen gebildet als Sauerstoffmoleküle verwertet werden. Diese können nicht alle aus dem oxydativen Stoffwechsel stammen. Es müssen daher die meisten oder fast alle Wasserstoffionen anfänglich vom Wasser kommen. Dies setzt elektrochemische Arbeit voraus, um die positiven und negativen Ionen zu trennen[3]. Die freie Energie, die nötig ist, um Salzsäure in einer Konzentration isotonisch mit dem Blut zu sezernieren, ist nach CRANE u. DAVIES[4] beim Frosch von der Größenordnung 10000 cal/mol HCl. Der Gedanke, daß es sich bei der Salzsäurebildung auch um elektrische Kräfte handeln müsse, ist von DONNE[5] schon 1834 ausgesprochen worden, aber erst in den letzten Jahren ist der Beweis dafür erbracht worden[6–8]. Es bestehen enge Beziehungen zwischen der Säuresekretion und den elektrischen Verhältnissen der Magenschleimhaut. Die ruhende Magenschleimhaut besitzt eine natürliche konstant gehaltene Potentialdifferenz und kann wie eine elektrische Batterie wirken. Verbindet man die innere sezernierende Schleimhautseite mit der äußeren ernährenden durch Schließen eines Stromkreises, so kann man das Fließen eines elektrischen Stromes feststellen[9,10]; die sekretorische Oberfläche ist negativ, die ernährende positiv. Die Potentialdifferenz zwischen der Innen- und Außenseite der Mucosa beträgt beim Frosch —30 mV, beim Hund —70 mV. Tote Schleimhaut zeigt keine Potentialdifferenz mehr und einen viel geringeren Widerstand[7,8,10,11]. Etwa 10% der gesamten Stoffwechselenergie der lebenden, ruhenden Schleimhaut ist elektrischer Natur[6,10,12]. Mit dem Einsetzen der Säuresekretion steigt der Stoffwechsel an, und das natürliche Potential fällt gegenüber der äußeren Schicht[7–9,11,13]. Nach CRANE u. DAVIES wird die elektrische Energie zur Bildung von Salzsäure verwendet. Dies konnte im Versuch bewiesen werden. Beim Anlegen einer Stromquelle an die säuresezernierende Schicht der Schleimhaut steigt die Sekretion; wird die Stromrichtung umgekehrt, so sinkt die Säuresekretion oder hört ganz auf[6,14,15]. Dieser Befund ist nur für die sauerstoffatmende, sezernierende Schleimhaut gültig. Die ruhende oder tote Mucosa, andere Teile des Intestinaltraktus oder andere biologische oder künst-

---

[1] DAVIES, R. E., and N. M. LONGMUIR: Biochem. J. **40**, LXIV (1946); **42**, 621 (1948). — [2] KURTZ, L. D., and B. B. CLARK: Gastroenterol., Baltimore **9**, 594 (1947). — DAVIES, R. E.: J. Physiol., London **108**, 25 P (1949). — CRANE, E. E., and R. E. DAVIES: Biochem. J. **49**, 169 (1951). — [3] DAVIES, R. E., N. M. LONGMUIR and E. E. CRANE: Nature **159**, 468; **160**, 506 (1947). — [4] CRANE, E. E., and R. E. DAVIES: Biochem. J. **43**, XLIII (1948). — DAVIES, R. E., and A. G. OGSTON: Biochem. J. **46**, 324 (1950). — [5] DONNE, A.: Ann. Chim. Physique (2) **57**, 398 (1834). — [6] CRANE, E. E., R. E. DAVIES and N. M. LONGMUIR: Biochem. J. **43**, 321, 336 (1948). — [7] CRANE, E. E.: Progr. Biophysics **1**, 85 (1950). — [8] REHM, W. S.: Gastroenterol., Baltimore **14**, 401 (1950). — [9] REHM, W. S.: Amer. J. Physiol. **139**, 1 (1943). — [10] CRANE, E. E., R. E. DAVIES and N. M. LONGMUIR: Biochem. J. **43**, 321, bes. 331, Fig. 9a (1948). — [11] HOKIN, L. E., and W. S. REHM: Amer. J. Physiol. **151**, 380 (1947). — [12] REHM, W. S., and L. E. HOKIN: Amer. J. Physiol. **149**, 162 (1947). — [13] REHM, W. S.: Amer. J. Physiol. **141**, 537 (1944). — [14] REHM, W. S.: Amer. J. Physiol. **144**, 115 (1945). — [15] CRANE, E. E., R. E. DAVIES and N. M. LONGMUIR: Biochem. J. **40**, XXXVI (1946).

liche Membranen zeigen das Phänomen nicht[1–3]. Bei Unterbrechung der Sauerstoffzufuhr schwindet sowohl die Potentialdifferenz als auch die Sekretion, und der Widerstand steigt an[3]. Versuche mit *Stoffwechselinhibitoren* zeigen, daß an der Aufrechterhaltung der Potentialdifferenz und der Säuresekretion eine ganze Reihe von Fermentvorgängen, ausgehend von der Verwertung des Atmungssauerstoffs (Aerobiose), der Energiegewinnung über Dehydrierungen, Phosphorylierungen mit Wasserstoffatom- und Elektronentransport beteiligt sein müssen[4]. Diese Umsetzungen müssen sich alle in der Gegend der binnenzelligen Sekretkanälchen der Belegzellen abspielen.

Für die Sekretion müssen dauernd neue Wasserstoffionen unter Energieaufwand geschaffen werden. Ein Wechselspiel etwa eines Eisen(II) ⇌ Eisen(III)-Systems oder eines DONNAN-Gleichgewichtes in der Schleimhaut allein genügt nicht. Die Schaffung der H-Ionen ist der erste Schritt, dann folgt der Transport der H-Ionen oder ihnen äquivalenter Ionen wie Hydrogencarbonationen oder der Elektronentransport über eine Reihe von intermediären, fermentativ gesteuerten Reaktionen. Diese suchen DAVIES u. Mitarb. durch spezifische Hemmstoffe (Inhibitoren) festzustellen[5]. Der Wasserstofftransport über die Belegzellen ist so groß, daß er durch kein wassertransportierendes Enzymsystem erklärt werden kann, vielleicht sind es osmotische Kräfte, die das Wasser bewegen. Der thermodynamische Wirkungsgrad der Salzsäurebildung ist bemerkenswert hoch. So verspricht die weitere Arbeit auf diesem Gebiet noch allgemeine Erkenntnisse[6].

Die Beeinflussung der HCl- *und Chloridabgabe beim Menschen.* Eine bestimmte Höhe der Konzentration an HCl (0,6% oder 0,162 n) kann im menschlichen Magensaft nicht über-, wohl aber unterschritten werden[7].

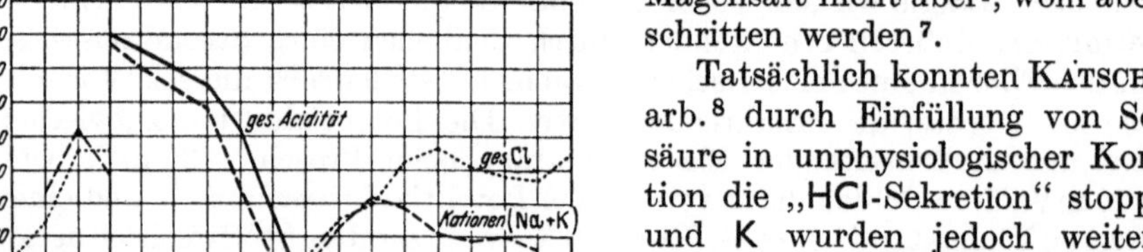

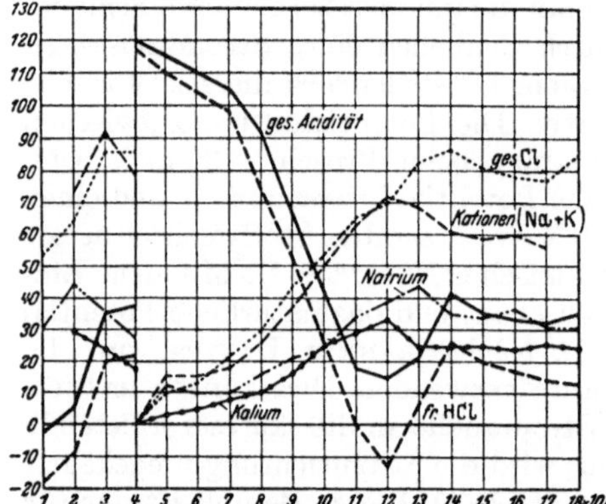

Abb. 6. Schwefelsäureversuch zur Frage der Aciditätsregulierung nach KATSCH, BALTZER und BRINCK[8]. Abscisse = Zeit (min), Ordinate = Titrationseinheiten. In den ersten 40 min wird das Nüchternsekret abgegeben, dann Eingabe von 300 cm³ Schwefelsäure von der Acidität 120 (= 0,12 n). In 80 min sank die Acidität auf den Tiefpunkt der Kurve. Zugaben von H-Ionen hemmen also die HCl-Bildung im Magensaft, nicht aber die Cl-Abgabe. Erst bei Wiederanstieg der fr. HCl-Kurve stieg auch die ges. Cl-Kurve über die Kationen, d. h. es werden Cl-Ionen abgegeben.

Tatsächlich konnten KATSCH u. Mitarb.[8] durch Einfüllung von Schwefelsäure in unphysiologischer Konzentration die „HCl-Sekretion" stoppen. Na und K wurden jedoch weiter abgegeben. Ihre Mengen sind den Cl-Mengen äquivalent, und wo der Gesamt-Cl-Wert den Na- und K-Wert übersteigt, entspricht die Zunahme dann der Cl-Menge in der freien HCl. Damit ist die getrennt von der HCl vor sich gehende Ausscheidung von Chloriden bewiesen. Auch bei Krankheiten kann z. B. die HCl-Abgabe für sich allein beeinträchtigt sein, während die Chloridsekretion unverändert bleibt. Dabei *kann* nach HEILMEYER[9] das Gesamtchlorid (Cl in HCl und in Chloriden) unverändert sein. Dies ist nur durch

[1], [2] s. [8], [12] S. 61. — [3] CRANE, E. E., R. E. DAVIES and N. M. LONGMUIR: Biochem. J. **43**, 321 (1948). — [4] CRANE, E. E., and R. E. DAVIES: Trans. Faraday Soc. **46**, 598 (1950). — [5] DAVIES, R. E., and A. G. OGSTON: Biochem. J. **46**, 324 (1950). — [6] DAVIES, R. E.: Biol. Rev. **26**, 87 (1951). — [7] MAHLER, P.: Wien. Arch. inn. Med. **19**, 413, bes. 426 (1930). — [8] KATSCH, G.: Handb. inn. Med. (BERGMANN-STAEHELIN) 3. Aufl. **3**/1, 211 (1938). — KATSCH, G., F. BALTZER u. J. BRINCK: Arch. Verd.-Krankh. **56**, 1 (1934). — MCLEAN, H., and W. J. GRIFFITHS: J. Physiol., London **66**, 356 (1928). — WILHELMJ, C. M., H. H. MCCARTHY and F. C. HILL: Amer. J. Physiol. **120**, 619 (1937). — [9] HEILMEYER, L.: Dtsch. Arch. klin. Med. **148**, 273 (1925).

Annahme einer gestörten H-Ionensekretion leicht verständlich. Die in Abb. 6 ansteigende Cl-Kurve nimmt keinen spiegelbildlichen Verlauf mit der fallenden Aciditätskurve, sondern einen geradlinigen. Daraus schließt KATSCH, daß der Cl-Gehalt des Verdünnungssekretes nicht konstant ist. Jeder einzelne Magen besitzt eine für ihn typische H-Ionengrenzkonzentration, bei der keine HCl mehr abgeschieden wird (s. Abb. 6).

Ganz analog kann durch Chloridgabe die Chloridsekretion gehemmt werden (s. Abb. 7).

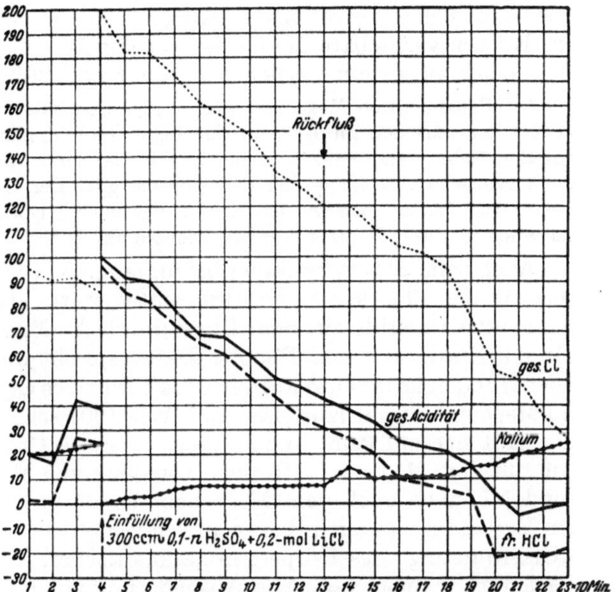

Abb. 7. Versuch mit Schwefelsäure und Lithiumchlorid zur erweiterten Frage der Konzentrationsregulierungen. Ordinate = Titrationseinheiten, Abszisse = Zeit. (Nach KATSCH, BALTZER und BRINCK[2].) Durch die Schwefelsäure wird die Salzsäuresekretion unterdrückt, durch Lithiumchlorid die Chloridsekretion.

Eine Lösung von 0,9% NaCl und 5% Glucose in Fundus und Antrum von Hunden gebracht, wobei jeweils der mittlere Teil des Magens zusammengedrückt wurde, bewirkten im Fundus ein gleichzeitiges Zurückgehen von Salzsäure und Glucose, wogegen im Antrum die Salzsäure rascher als die Glucose verschwand[1].

Nach KATSCH[2] gibt es ein neutrales verdünnendes Sekret, „das die Aciditätsregulierung im Magen durch einfache Verdünnung bewirkt, nicht durch Neutralisation, nicht durch Bindung von Säure an Kolloide", und zwar nicht nur gegen Säurelösungen, sondern auch gegen Alkalien und Salzlösungen. Die Drüsen, welche an der HCl-Bildung beteiligt sind, sezernieren auch Chloride. Er sagt: „Die Konzentration der HCl in statu nascendi hängt direkt von den Eigenschaften der Membran ab bzw. der Konzentration auf ihren *beiden* Seiten; indirekt von derjenigen Reizung, die die Membraneigenschaften zu beeinflussen vermögen" (nervöse Reize, Zellreize, Gastritis).

Die Konstanz der HCl in statu nascendi halten KATSCH u. Mitarb. aus physikochemischen Gründen für höchst unwahrscheinlich. Der Abtransport der HCl vom Bildungsort erfolgt durch Fortspülen mit Hilfe des Nebensekretes, und zwar je nach nervösen und hormonalen Einflüssen mit wechselnden Mengen. In das Magenlumen gelangt dann eine HCl von verschiedener Konzentration.

Gleichgültig, wie die HCl-Bildung im einzelnen verlaufen mag, nimmt man heute zwei Phasen des Vorganges an: 1. die Speicherung von Chloriden in der Magenwand und 2. die Entleerung dieser Chloride in das Mageninnere, wobei ein Teil in Salzsäure umgewandelt wird. Als bewiesen gilt die Fähigkeit der Magenschleimhaut zur Chloridspeicherung. Vor der Sekretion enthält die Schleimhaut den höchsten Cl-Gehalt im Vergleich mit allen anderen Teilen des Körpers, auch mit dem Blut (ROSEMANN[3]). Allerdings reicht die zu Beginn der Magen-

[1] CAVALLINI-FRANCOLINI, C., e C. CEI: Riv. Gastro-Enterol. **1**, 47 (1949). — [2] s. [8] S. 62. — [3] ROSEMANN, R.: Pflügers Arch. **166**, 609 (1917).

sekretion gespeicherte Chloridmenge nicht zur Sekretion der Gesamtchloride aus. Es muß demnach auch während der Sekretion eine erneute Chloridspeicherung in der Magenwand aus den Chloriden des Blutes stattfinden, die ihrerseits wieder aus den Vorräten des Körpers stammen. Die für einen solchen Bedarf im Körper verfügbare Menge ist verhältnismäßig gering und beträgt nach den Untersuchungen von ROSEMANN[1] am Hund 20% des Gesamtvorrates.

Bei Ratten, deren Magensaft nach außen abgeleitet wurde, fand WINTER[2] den *Chloridverlust* am stärksten im Blut, in der Leber und im Knochensystem, geringer im Muskelgewebe, Gehirn und merkwürdigerweise in der Haut, die bekanntlich beim Menschen als der eigentliche Chloridspeicher des Körpers gilt. Der Gesamtverlust an Chloridion betrug bei diesen Tieren nach wiederholter subcutaner Histamininjektion und einer Magensaftsekretion von 3—4% ihres Körpergewichtes *nur 10%*.

Auch beim *Menschen* findet bei umfangreicher Magensaftsekretion eine Herabsetzung des Chloridgehaltes des Blutes statt, als Zeichen dafür, daß die Aufnahme des Chlorids aus dem Blute durch die Magendrüsen rascher vor sich geht als ihr Ersatz aus den Depots. Dafür spricht auch, daß bei Versuchspersonen oder Hunden intravenös injiziertes radioaktives Cl (LiCl) schon nach 60 bis 120 sec im Mageninhalt nachzuweisen ist[3]. Wie 1907 schon ROSEMANN[4] am Hund gezeigt hat, läßt sich auf keine andere Weise so rasch Chlorid aus dem Körper entfernen wie mit dem Magensaft. Durch Entnahme von Magensaft mit Hilfe der Verweilsonde[5] können auch dem Menschen schnell große Cl-Mengen entzogen werden, ein Verfahren, das auch therapeutisch verwendet wird. Es ermöglicht eine schnelle „Umstimmung" des Körpers in „alkalotischer, chloripriver" Richtung. So gaben Patienten bei einer täglichen Absonderung von 0,9 Liter Magensaft in drei Tagen 18,6 g NaCl (= 11,3 g Cl), im Höchstfall sogar 32,6 g NaCl ab. Etwa am 3. Tag verschwand das Cl aus dem Harn bis auf Spuren, nachdem auch der Cl-Gehalt des Blutes gesunken war; auch die Magensaftmenge ging zurück, weniger die Acidität! Durch den HCl-Entzug steigt die Alkalireserve infolge Zunahme von $NaHCO_3$ im Blut an, der Harn wird deutlich alkalisch. Anhaltender Kochsalzhunger[6] brachte beim *Hund* die freie Salzsäure im Magensaft und das Cl-Ion im Harn zum Verschwinden, dagegen enthielt der Mageninhalt noch immer Chloride und Pepsin.

Bei *Aufhören der HCl-Absonderung* kann der Cl-Gehalt des Blutes durch bereits aus den Geweben mobilisiertes Chlorid *erhöht* werden[7, 8]. Zu ähnlichen Feststellungen führten Chloridbestimmungen im zu- und abfließenden Magenblut von Hunden[9]. *Die Höhe der Chloridionenausscheidung steht danach in Beziehung zu dem beobachteten venösen Chloriddefizit des Blutes.* Umgekehrt verhalten sich die oberen Mesenterialgefäße, in denen während der Verdauung auf Grund der Rückresorption das venöse Blut mehr Cl enthält als das arterielle.

Sinken die Chloridwerte des Blutes zu stark ab, so *hört die Magensaftsekretion auf.* Damit erklärt sich auch die bekannte Tatsache, daß beim Scheinfütterungsversuch mit offener Magenfistel die Sekretion dann nachzulassen beginnt, wenn 15 bis 20% des Chloridvorrates mit dem Magensaft ausgeschieden worden sind. Da unter normalen Verhältnissen die im Magen ausgeschiedenen Chloride im Darm zurück resorbiert werden, bei einer offenen Magenfistel aber nicht, muß bei wiederholter Scheinfütterung eine Cl-Verarmung eintreten, so daß die Saftsekretion schließlich ganz aufhört.

[1] ROSEMANN, R.: Pflügers Arch. **142**, 208 (1911). — [2] WINTER, K. A.: Kli. Wo. **1934 II**, 1454. — [3] BRUNSCHWIG, A., and R. L. SCHMITZ: Proc. Soc. exp. Biol. Med. **43**, 438 (1940) [Ber. Physiol. **127**, 486]. — [4] ROSEMANN, R.: Pflügers Arch. **118**, 467 (1907). — [5] KATSCH, G., u. K. MELLINGHOFF: Z. klin. Med. **123**, 390 (1933). — [6] CAHN, A.: H. **10**, 523 (1886). — [7] PONTONI, L.: Arch. Stud. Fisiopat. **1**, 339 (1933) [Ber. Physiol. **77**, 601]. — [8] MACH, R. S.: Schweiz. med. Wschr. **65**, 11 (1935). — [9] BOTTIN, J.: Arch. int. Physiol. **37**, 304 (1933).

Die Folgen des Salzsäuremangels sind mannigfach und können hier nicht alle aufgeführt werden. Erwähnt sei der Ausfall der Desinfektionswirkung, die Neigung zu B-Avitaminosen[1].

C. Die übrigen Mineralstoffe des Magensaftes. Neben der Salzsäure und den Chloriden treten die übrigen Mineralstoffe an Bedeutung zurück. Während der Gehalt an Gesamt-Cl und am meisten an H-Ionen individuellen und zeitlichen Schwankungen unterworfen ist, ändern sich die Mengen der „Restkationen" K, Na, Mg, Ca verhältnismäßig wenig.

Tabelle 18. Einfluß der Cl-Werte des Magensaftes gesunder Menschen auf den Gehalt an den übrigen Ionen (mg%).

Cl-Werte	Gesamt-Cl	Neutral-Cl	HCl-Cl	Na	K	Mg	Ca	Mittelwerte von
200—300	251	160	91	203,5	39,9	2,6	9,3	4 Personen
300—400	360	181	179	119,2	29,4	1,5	8,2	8 Personen in 13 Versuchen
400—500	449	276	173	268,0	28,6	1,7	10,0	15 Personen in 16 Versuchen
500—600	553	417	136	261,6	29,1	1,6	9,0	14 Personen in 18 Versuchen
600—700	669	440	229	314,0	22,4	2,4	7,2	2 Personen in 3 Versuchen
über 700	744	591	153	326,2	36,4	2,9	8,2	1 Person

Die Cl-Äquivalente im Magensaft Gesunder entsprechen in den meisten Fällen der Summe aus den Äquivalenten der Na-, K-, Mg- und Ca-Ionen, so daß die weiteren Anionen mengenmäßig keine Rolle spielen. Der Säuregehalt des Magensaftes beeinflußt zwar die Gesamtmenge der Kationen (K, Na, Mg, Ca), aber nicht die eines einzelnen Kations[2]. MAHLER[2] sagt: „Von den Schwankungen des Wasserstoffes, die nicht nur ungemein rasch, sondern auch in weitesten Grenzen vor sich gehen, hängt die Menge der Restkationen (K, Na, Mg, Ca) ab, ihr Verhältnis zueinander jedoch ist von der Säureproduktion des Magens unabhängig und unterliegt einem eigenen, komplizierten Regulierungsmechanismus."

Auffallend ist der große Unterschied im Ionengehalt von Blut und Magensaft, der auf die spezifische Tätigkeit der Magendrüsen zurückgeht. Von der Trockensubstanz des Magensaftes, die etwa 0,5% ausmacht, aber die freie Salzsäure nicht mehr enthält, lassen sich durch vorsichtiges Glühen etwa 0,13 g% Asche gewinnen. Einen Überblick über die Mengen der einzelnen Magensaftbestandteile geben Tabelle 14, S. 52 und KATSCH[3]. Ins einzelne gehende neuere Gesamtaschenanalysen des menschlichen Magensaftes liegen nicht vor. Dagegen hat 1907 ROSEMANN[4] im Fistelmagensaft von 2 Hunden nach trockener Veraschung die Kationen und Anionen genau bestimmt (Tabelle 14, S. 52). Die Asche des Hundemagensaftes besteht fast ganz aus KCl und NaCl. Das K übertrifft das Na und das Mg das Ca. ROSEMANN schließt daraus, daß der Magensaft kein einfaches Transsudat der Blut- und Lymphflüssigkeit sei sondern ein spezifisches, Produkt der Magendrüsen.

Die Durchschnittswerte für *Natrium* liegen nach KATSCH bei 69 bis 115 mg% Na, die 110 bis 180 mg Cl zu binden vermögen; die Grenzwerte bei 34 bis 240 mg% Na; nach MAHLER bei 9 bis 552 mg% Na. (Blutplasma enthält wesentlich mehr

[1] JEWESBURY, E. C. O.: Lancet **260**, 1128 (1951). — [2] MAHLER, P.: Wien. Arch. inn. Med. **19**, 413, 426 (1930). — [3] KATSCH, G.: Handb. inn. Med. (BERGMANN-STAEHELIN) 3. Aufl. **3**/1, 199 (1938). — [4] ROSEMANN, R.: Pflügers Arch. **118**, 467 (1907).

Na, nämlich 280 bis **320** bis 350 mg%, Gesamtblut 170 bis 200 mg%). Die Na- und K-Bestimmung im Magensaft wurde der im Blut nach KRAMER u. TISDALL angepaßt[1, 2].

Das *Kalium* kommt im Magensaft nicht komplex gebunden, sondern ausschließlich als Ion vor[3]. Die Durchschnittswerte für Kalium betragen nach KATSCH 70 bis 117 mg% K, die 64 bis 106 mg Cl binden können. Höchstwert 215 mg% K; MAHLER u. KOZAWA[9] geben als Mittelwert 29,6 mg% K an und als Höchstwert 89 mg% K. SAEMUNDSSON[4] 70 bis 74,6 mg% K (nach KRAMER u. TISDALL). Die Abweichungen der einzelnen Autoren sind demnach recht große. Nach WIEMER[3], der auch das von BALTZER für den Magensaft modifizierte K-Bestimmungsverfahren von KRAMER u. TISDALL[1] beschreibt, ist die K-Menge im reinen Magensaft stets höher als im Serum. Auch bei verschiedenen Aciditäten verläuft die K-Kurve stets annähernd konstant. Sie unterscheidet sich dadurch wesentlich von der Na-Kurve. Die Hauptmenge des K muß an Cl-Ionen gebunden sein, da die übrigen (SCN, PO_4) zur Absättigung nicht ausreichen. HALÁSZ[2] hebt hervor, daß nach Histamingaben der K-Gehalt gegenüber den schwankenden Na-Mengen recht konstant ist. Insulin senkt den K-Gehalt des Magensaftes.

Der *Calciumgehalt*, der beim Menschen im Magensaft wie im Blutserum 9 mg% beträgt, verhält sich im Magensaft vom Hund[5] und Mensch[6] umgekehrt wie der Säurewert. Ebenso wie der Ca-Wert weicht auch der *Magnesiumgehalt* nicht von dem im Serum ab.

Die *Schwefel-* und *Phosphormengen* sollen nach ROSEMANN[7] und DELHOUGNE[8] aus dem veraschten Eiweiß oder aus anderen organischen Verbindungen stammen. ROSEMANN fand 0,3 mg% P, KOZAWA, TAKATA u. Mitarb.[9] 2 bis 8 mg% P. Im reinen menschlichen „Sonden-Magensaft" (Nüchternsekret, Sekret nach Histamin, Coffein) hat aber HOESCH[10] auch nach der Enteiweißung mit Trichloressigsäure oder Quecksilberacetat und auch nach Abzentrifugierung des Schleimes mit Sicherheit Phosphate nachgewiesen. Gesamtphosphor und säurelöslicher Phosphor weichen um 5% voneinander ab. Die Menge des organisch, etwa an Eiweiß gebundenen P ist daher sehr gering. Bei normaler saurer Reaktion des Magensaftes liegt die Phosphorsäure als freie Säure vor. Bei Fehlen der freien Salzsäure können die sauren Phosphate eine schwach saure Reaktion bewirken. Als Mittelwerte von einigen Hundert Analysen fand HOESCH 7 mg% P, als Grenzwerte 0,6 bis 18 mg% P. Bei normaler Acidität sind die P-Werte ziemlich konstant. Die P-Werte sinken bei Superacidität bis auf 0,6 und steigen bei Anacidität auf 12 bis 18 mg%, am höchsten sind sie bei Magencarcinom und perniziöser Anämie, bei Achylie nach Ruhr und Lymphogranulomatose (10 bis 18 mg%). Je höher die HCl-Konzentration, desto niedriger die PO_4-Menge, d. h. H-Ion und PO_4-Ion sind im Magensekret Antagonisten. Die P-Werte des Speichels sind mit 11 bis 12 mg% P bei den gleichen Personen wesentlich höher und schwanken nicht wie die des Magensaftes. Verschluckter Speichel beeinflußt die Acidität des Mageninhaltes stark. Während bei Normacidität und bei

---

[1] KATSCH, G., F. BALTZER u. J. BRINCK: Arch. Verd.-Krankh. **56**, 25 (1934). — KRAMER, B., and F. F. TISDALL: J. biol. Ch. **48**, 223 (1921). — MÜLLER, HANS: Helv. **6**, 1152 (1923). — [2] HALÁSZ, M.: Z. klin. Med. **140**, 206 (1942). — [3] WIEMER, W.: Zur Biologie des Kaliums unter besonderer Berücksichtigung seines Verhaltens im menschlichen Magensaft. Diss. med. Greifswald 1936. — [4] SAEMUNDSSON, J.: Acta med. scand. Suppl. **208** (1948). — [5] GRANT, R.: Amer. J. Physiol. **132**, 467 (1941). — [6] KIRSNER, J. B., and J. E. BRYAND: Amer. J. digest. Dis. **4**, 704 (1939). — [7] ROSEMANN, R.: Handb. Physiol. **3**, 844 (1927). — [8] DELHOUGNE, F.: Dtsch. Arch. klin. Med. **170**, 609 (1931). — [9] KOZAWA, S., K. FUKUSHIMA, M. UMENO, K. KURIHARA, C. TAKATA u. M. HORIUCHI: Jap. J. med. Sci. (A, VIII) **3**, 15 (1933) [Ber. Physiol. **78**, 262]. — [10] HOESCH, K.: Dtsch. Arch. klin. Med. **165**, 201 (1929).

Hyperacidität die Phosphatmengen unerheblich sind, entspricht bei Achylie z. B. ein extrem hoher Wert von 18 mg% P schon 70 mg% primärem Na-Phosphat oder 5,8 cm^3 0,1 n NaOH (= Acidität). Die Phosphatwerte in der Galle betrugen bei der gleichen Person 4 bis 6 mg% P, beeinflussen daher bei etwaigem Rückfluß die Magenacidität nicht; im Serum fanden sich Werte von 3 bis 5 mg% P, im Harn von 70 mg%; letztere lagen also etwa 15fach höher als im Blut. Über die biologische Bedeutung des Phosphatgehaltes im Magensaft ist nichts bekannt. Ein Normalwert von 7 mg% P entspricht 27 mg% NaH_2PO_4 oder bei der Aciditätsbestimmung 2,2 cm^3 0,1 n NaOH, für die Gesamtsäure bei Titration bis Na_2HPO_4 = 4,4 Aciditätsgrade.

Der *Rhodangehalt* im reinen Magensekret des Menschen ist heute sichergestellt. BRINCK[1] bestimmte das Rhodanion nach LOCKEMANN u. ULRICH[2] als Eisenrhodanid. Er gibt als Mittelwert von 109 Patienten 1,2 bis 4,6 mg% SCN an, als Grenzwerte 0 bis 16,2 mg% CSN. Bei Kindern[3] steigt der Rhodangehalt im Magensaft mit dem Alter an bis zum Höchstwert im Alter von 5 bis 10 Jahren. Auch im sicher speichelfreien PAWLOWschen Magenfundusblindsack vom Hund fand man[4] Rhodanion, wenn auch etwas weniger als beim Menschen.

Nachdem NENCKI[5] schon die *keimtötende Wirkung der Rhodanide* vermutete, haben sie LOCKEMANN u. ULRICH[6] als erste auf die freie Rhodanwasserstoffsäure im HCl-sauren Magensaft zurückgeführt. BRINCK[1] und SPENGLER[7] konnten dies später bestätigen; denn mit zunehmendem Rhodangehalt nimmt die Zahl der Fälle mit sterilem Mageninhalt zu. Die gärungs- und fäulniswidrigen Eigenschaften des sauren Magensaftes[8] waren schon RÉAUMUR und SPALLANZANI bekannt (S. 30). Zahlreiche klinische und bakteriologische Befunde[9–11] hierüber haben gezeigt, daß die antiseptischen Wirkungen des Magensaftes von der HCl-*Konzentration* und der *Dauer* ihrer Einwirkung abhängen. Auch die *Widerstandskraft* der einzelnen Bakterien ist verschieden. Die Anwesenheit von *Pepsin* ist dabei allerdings *ohne Bedeutung.* Die antiseptische Wirkung des Magensaftes darf aber nicht überschätzt werden, denn gerade Gärungs- und Fäulniserreger werden nur in verhältnismäßig geringem Maße abgetötet. Damit stimmt überein, daß nach Exstirpation des Magens Gärungs- und Fäulnisprozesse nicht deutlich zunehmen. Im übrigen wird der gesamte Inhalt ja keineswegs sofort von der Salzsäure durchtränkt. Die bakteriellen Vorgänge gehen daher wegen der lange bestehenbleibenden Schichtung zum mindesten in der Tiefe noch längere Zeit weiter (vgl. S. 32).

Der Nüchterninhalt des menschlichen Magens enthält auch bei Abwesenheit von Salzsäure wenig oder gar keine Keime. Es soll dies auf einer *bakterienhemmenden Wirkung der Magenschleimhaut* beruhen[12–15], was allerdings auch bestritten wird[16].

Die *Spurenelemente* des reinen Magensaftes sind noch unerforscht. Angaben über den Gehalt an *Eisen, Kupfer, Zink* und *Mangan* liegen nicht vor. Intravenös gegebenes radioaktives Jod (^{134}J) wird von Hunden zum Teil in den Magen

---

[1] BRINCK, J.: Z. klin. Med. **123**, 350 (1933). — [2] LOCKEMANN, G., u. W. ULRICH: B. Z. **243**, 150 (1931). — [3] RIECKE, E.: Z. Kinderheilkde. **54**, 408 (1933). — [4] KANITZ, H. R.: Arch. Verd.-Krankh. **54**, 42 (1933). — [5] NENCKI, M.: B. **28**, 1318 (1895). — [6] LOCKEMANN, G., u. W. ULRICH: D. m. W. **1930 II**, 1900. Arch. Verd.-Krankh. **50**, 7 (1933). — [7] SPENGLER, F.: Z. Immun.-Forsch. **85**, 307 (1935). — [8] SCHEUNERT, A.: Handb. Biochem. Erg.-W. **2**, 438 (1934). — [9] COHNHEIM, O.: Die Physiologie der Verdauung und Ernährung. Berlin u. Wien 1908. — [10] GREGERSEN, J. P.: Jber. Fortschr. Tierchem. **45**, 181, 465 (1915). — [11] HAJÓS, K.: Wien. Arch. inn. Med. **3**, 453 (1922). — [12] WICHELS, P.: Z. klin. Med. **100**, 535 (1924). — [13] MEYERINGH, H.: Mitt. Grenzgeb. Med. Chir. **38**, 149 (1924). — [14] LÖWENBERG, W.: Kli. Wo. **1926 II**, 1868. — [15] KLINGE, A.: Arch. Verd.-Krankh. **47**, 393 (1930). — [16] PUTKONEN, T.: Acta Soc. Med. fenn. Duodecim **9**, H. 3 (1928) [Ber. Physiol. **50**, 213].

ausgeschieden[1]. Es scheint, daß Menschen und Hunde mit dem ausgeschiedenen Jodidion das Chloridion des neutralen Chlorids im Magensaft teilweise verdrängen können[2]. Ähnlich verhalten sich Bromid- und Rhodanidionen[3].

Ammoniak[4] soll im Magensaft durchschnittlich zu etwa 10 bis 15 mg% und in Grenzfällen zu 2 bis 20 mg% vorkommen. Erhöhte Werte fand man bei acidotischen Diabetikern (25 mg% NH_3) und bei schwerer Urämie (bis 74 mg% NH_3). Nachdem festgestellt ist, daß im einwandfrei entnommenen Blut kein Ammoniak vorkommt, muß auch das Vorkommen von NH_3 im Mageninhalt neu geprüft werden. Die Wahrscheinlichkeit der sekundären NH_3-Bildung ist groß.

D. Die Magengase. Die Gase[5,6], die sich im gesunden Magen finden, rühren zum größten Teil von verschluckter Luft her. Aus verschlucktem Speichel oder zurückgetretenem Duodenalinhalt wird CO_2 durch die Magensalzsäure entbunden. Die durch Ansäuerung im Magen frei werdende CO_2 soll an der Auflockerung und Zerteilung der Nahrung beteiligt sein[7]. Normalerweise fehlen Gase aus Gärungen und Fäulnis. CO_2 wird zum Teil von der Magenschleimhaut ausgeschieden[8]; Pilocarpin steigert, Nicotin vermindert die CO_2-Abgabe. Reiner Magensaft enthält stets etwas CO_2. Die Tension der Kohlensäure im nüchternen Magen beträgt 30 bis 40 mm Hg. Sie steigt nach Aufnahme von Nahrung unabhängig von ihr an und kann während der Verdauung 130 bis 140 mm Hg erreichen. Die CO_2-Tension steigt und fällt während der Verdauung mit der Acidität. Eingeführte Luft[9] (30 cm²) gleicht sich beim Menschen in kurzer Zeit (1 Std.) mit den Blutgasen aus: O_2 wird resorbiert, CO_2 abgegeben, so daß die *Zusammensetzung der normalen Magengase* die der Alveolargase ist: 79% N_2, 16% O_2 und 4 bis 7,6% CO_2. Erst Werte über 9% CO_2 gelten als abnorm[9]. Reine CO_2 wird viel schneller als reiner O_2 durch die Magenschleimhaut resorbiert[10, 11] O_2 wird schwer resorbiert und bewirkt etwa nach 2 Stunden Flatulenz.

Die Resorptionsgeschwindigkeit der Gase nimmt in folgender Reihe ab: $CO_2 \rightarrow H_2S \rightarrow O_2 \rightarrow CH_4 \rightarrow N_2$[11]. CO_2 erzeugt im allgemeinen keinen Meteorismus, wohl aber Luftschlucken. Die Magengase des gesunden *Säuglings*[12] bestehen aus 79 Vol.-% N_2, 17% O_2 und 4% CO_2; bei dyspeptischen Säuglingen kann der CO_2-Gehalt auf 5 bis 17% erhöht sein sowie Wasserstoff (H_2) und andere brennbare Gase auftreten; die Zusammensetzung kann aber auch normal sein. Die Magengase bei Gärungen bestehen bei Hefegärung nur aus CO_2; Buttersäuregärung, die noch bei 0,2% HCl möglich ist, erzeugt H_2, also brennbare Gasgemische. Bei Pylorusstenose fand EWALD[13] in 2 Proben 41 und 46% N_2, 20 und 17% CO_2, 6 und 12% O_2, 21% H_2, 11 und 3% CH_4, Spuren bis 0,2% Äthylen (C_2H_4) und nach Fleischnahrung auch Spuren von H_2S. HOPPE-SEYLER[14] stellte bei Pylorusstenose bis zu 60% H_2 fest.

γ) Die organischen Bestandteile des Magensaftes. Die Mineralstoffe des Magensaftes dienen alle irgendwie der optimalen Wirkung der Fermente, die als organische Bestandteile vermengt mit Schleimstoffen und mehr oder weniger abgebauten Zellinhalten ein kompliziertes Gemisch bilden.

A. Eiweiß- und N-Verteilung[15]. CARLSON[16] gibt für die *organische Substanz* des menschlichen Appetitsaftes aus einer Magenfistel 0,42 bis 0,46 g% an, das

[1] MASON, E. E., and H. S. BLOCH: Proc. Soc. exp. Biol. Med. **73**, 488 (1950). — [2] LAGERGRENN, B. R.: Gastroenterol., Baltimore **14**, 558 (1950). — [3] GABRIELI, E.: Nature **165**, 247 (1950). — [4] STEINITZ, H.: Kli.Wo. **1930 II**, 1720. Arch. Verd.-Krankh. **52**, 249 (1932). — KATSCH, G.: Handb. inn. Med. (BERGMANN-STAEHELIN) 3. Aufl. **3**/1, 200 (1938). — HESSEL, G., E. PEKELIS u. A. MELTZER: Z. ges. exp. Med. **91**, 274, 283 (1933). — [5] ROSEMANN, R.: Handb. Physiol. **3**, 865 (1927). — KATSCH, G.: Handb. Physiol. **3**, 1148 (1927). — SCHEUNERT, A., u. M. SCHIEBLICH: Magengase beim Schwein. Handb. Physiol. **3**,977 (1927). — [6] KATSCH, G.: Handb. inn. Med. (BERGMANN-STAEHELIN) 3. Aufl. **3**/1, 226 (1938). — [7] KALK, H.: Arch. Verd.-Krankh. **32**, 219 (1924). — [8] SCHIERBECK, N. P.: Skand. Arch. Physiol. **3**, 437 (1892); **5**, 1 (1895). — [9] DUNN, A. D., and W. THOMPSON: Arch. internal Med., Chicago **31**, 1 (1923) [Ber. Physiol. **18**, 355]. — [10] YLPPÖ, A.: B. Z. **78**, 273 (1917). M. m. W. **1917**, 1650. — [11] MCIVER, M. A., A. C. REDFIELD and E. B. BENEDICT: Amer. J. Physiol. **76**, 92 (1926). — [12] LEO, H.: Z. klin. Med. **41**, 108 (1900). — [13] EWALD, C. A.: Arch. Anat., Physiol. wiss. Med. **1874**, 217. — [14] HOPPE-SEYLER, G.: Dtsch. Arch. klin. Med. **50**, 82 (1892). — [15] HENNING, N., H. KINZLMEIER u. L. DEMLING: M. m. W. **1953 I**, 423. — [16] CARLSON, A. J.: Physiol. Rev. **3**, 26 (1923).

sind 76% des gesamten HCl-freien Trockenrückstandes. ROSEMANN[1] fand im Appetitsaft eines scheingefütterten PAWLOWschen Hundes 0,26% organische Substanz oder 67% der Trockensubstanz. Die organische Substanz besteht aus einem Gemisch von Fermenten, Mucin und niedermolekularen Verbindungen. Der Eiweißgehalt ist minimal. Nur unter krankhaften Bedingungen, wenn Blut, Eiter, Krebssaft vorliegen oder bei „seröser Gastritis", ist der Eiweißgehalt erhöht. Durch Elektrophorese lassen sich die Proteine in reinem menschlichen Magensaft unterscheiden[2]. MARTIN[3] hat aus filtriertem menschlichen Magensaft durch Fällen mit Mineralsalzen, Essigsäure und Aceton ein krystallisiertes Protein erhalten, das er „Gastroglobulin" nennt und das den Pepsinkrystallen von NORTHROP ähnlich ist. Bei p_H 6,8 bis 7 fällt Mucin aus, daneben scheint noch ein weiterer zuckerhaltiger Eiweißkörper vorzukommen. Frischer menschlicher Magensaft[4] gibt bei der Biuretreaktion eine violette Farbe. Ein Teil der Magensafteiweißkörper unterliegt bei 38° der Selbstverdauung. Sensibilisierungsversuche beweisen die Anwesenheit von kleinsten Mengen praktisch unveränderter Plasmaeiweißkörper[4].

Der *Gesamt-Stickstoffgehalt*[5] des Magensaftes ist kein Maß für das N-arme Mucin. Er hängt ab von der Rest-N-Menge, die sich aus dem N-Gehalt von Aminosäuren, Harnstoff, Harnsäure, SCN und NH_3 zusammensetzt. CARLSON[5] gibt für 100 cm³ menschlichen Appetitsaft aus Magenfisteln 50 bis 75 mg Gesamt-N und 3 bis 10 mg Amino-N an; ROSEMANN[5] findet für den Appetitsaft des PAWLOW-Hundes wesentlich weniger, nämlich 35 bis 54 mg% N (s. a. S. 92).

Der „*Aminosäuregehalt*" des menschlichen Magensaftes wurde bisher nur durch Formoltitration nach SOERENSEN bestimmt und als Amino-N angegeben. CARLSON[6] fand im Appetitsaft von Menschen mit Magenfisteln 3 bis 9, im Mittel 7 mg Amino-N, beim PAWLOW-Hund dagegen nur 1 bis 2 mg. Ein großer Teil Magensaft-Amino-N ist im Eiweiß gebunden. BALTZER[7] gibt als Amino-N 4 bis 15, im Durchschnitt 6 bis 10 mg% an, was einem Säurebindungsvermögen von 2 bis 11 bzw. 4 bis 7 cm³ 0,1 n NaOH entspricht. Eiweißarmer Magenschleim bindet viel weniger, nur 0,5 bis 2 cm³ 0,1 n NaOH. Neuerdings fand man mit Hilfe der Papierchromatographie im normalen menschlichen Magensaft kleine Mengen von Alanin, Leucin, Histamin und Glucosamin. Bei Magenkrankheiten waren die Mengen vermehrt. Bei Gastritis war Oxyprolin, Valin und Phenylalanin anwesend, bei Magencarcinom Glutaminsäure und Asparaginsäure in größeren Mengen zusammen mit basischen Aminosäuren und Polypeptiden. Hyper- und Hypoacidität beeinflussen den Aminosäuregehalt des Magensekretes nicht[8]. Die geringen Mengen von *Harnstoff* (4 bis 20 mg%) und *Harnsäure* (1 mg%) entstammen wohl dem Blut, da der Rest-N des Blutes auch den des Magensaftes beeinflußt. Die Magenschleimhaut vermag nämlich Harnstoff und wohl auch andere Stoffwechselprodukte auszuscheiden[9].

B. Der Magenschleim[10] wird in der Hauptsache von dem *Oberflächenepithel* der Magenschleimhaut durch besondere Schleimzellen abgesondert[11]; daneben

---

[1] ROSEMANN, R.: Handb. Physiol. **3**, 846 (1927). — [2] HENNING, N., H. KINZLMEIER u. L. DEMLING: M. m. W. **1953 I**, 423. — [3] MARTIN, L.: J. biol. Ch. **102**, 113, 131 (1933). — [4] CARLSON, A. J., H. HAGER and M. P. ROGERS: Amer. J. Physiol. **38**, 256, 258 (1915). — [5] ROSEMANN, R.: Handb. Physiol. **3**, 846 (1927). — KATSCH, G.: Handb. inn. Med. (BERGMANN-STAEHELIN) 3. Aufl. **3**/1, 201 (1938). — CARLSON, A. J., H. HAGER and M. P. ROGERS: Amer. J. Physiol. **38**, 248, bes. 252 (1915). — [6] CARLSON, A. J., H. HAGER and M. P. ROGERS: Amer. J. Physiol. **38**, 248 (1915). — [7] BALTZER, F.: Arch. Verd.-Krankh. **56**, 35 (1934). — [8] CAGIANUT, B., K. ZEHNDER u. U. NAGER: Schweiz. med. Wschr. **80**, 819 (1950). — [9] KRASNOPEROV, A. I.: Méd. exp. (ukrain.) Nr. **4**, 57 (1940) [Ber. Physiol. **123**, 456]. — [10] MAHLO, A.: Der Magenschleim. Stuttgart 1938, dort neuere Literatur. Arch. Verd.-Krankh. **60**, 179 (193 6). — [11] Babkin S. 364.

sind auch die Nebenzellen der Fundusdrüsen und übrigen Magendrüsen an der Schleimabsonderung beteiligt. Als *Sekretionsreize*[1] wirken, außer den biologischen, ätzende Stoffe (Alkohol, $HgCl_2$, $HgNO_3$, Senföl, Jod), hohe Temperaturen und elektrische Reize; die Absonderung beschränkt sich dabei auf die gereizte Stelle. Bei Gastritis ist die Schleimabsonderung vermehrt[2], bei Subacidität ist der Schleim auch vermehrt, da er weniger rasch verdaut wird. Ein verdauungstüchtiges Magensekret verdaut den Magenschleim schnell[3] (s. dagegen BERSIN S. 76[2]).

Der Magenschleim enthält noch eine große Zahl durchgewanderter bzw. abgestoßener Leukocyten, Lymphocyten und Epithelzellen, deren Fermente je nach Freiwerden wirksam sein können.

Definitionen des menschlichen Magenschleims sind verschiedentlich versucht worden, u. a. von MAHLO[4] und BALTZER[5]. GLASS u. BOYD[6] verstehen im Sinne von K. MEYER[7] unter Magenschleim oder Gesamtmagenmucin die Summe der viscösen Sekrete der Magenmucosa einschließlich ihrer viscösen Abkömmlinge nach Fermenteinwirkung und der Handelsprodukte. Sie teilen das Magenmucin in zwei Hauptbestandteile auf: 1. den *sichtbaren Magenschleim* und 2. das *gelöste Magenmucin*. Der sichtbare Magenschleim wird von dem Epithel der Magenschleimhaut als eine einheitliche chemische Verbindung abgesondert, die als farblose, gallertartige, zähe Masse die Schleimhautoberfläche bedeckt. Der gewaschene Magenschleim reagiert sauer, in vivo schwankt sein p_H-Wert[8] von 3,5—7). Seine Erforschung steht noch aus (s. Bd. **1**, S. 762). Über Magenschleim des Hundes[9]. Durch Abschöpfen und Zentrifugieren oder Filtrieren gewannen GLASS u. BOYD das gelöste Magenmucin (dissolved gastric mucin). Es bedingt die viscöse Beschaffenheit das Magensaftfiltrates und kann durch Fällen mit Aceton oder Alkohol isoliert werden. Auf Grund physikalischer und chemischer Unterschiede konnte es in eine „*gelöste* (= *lösliche*) *Magenproteose*" und ein „*gelöstes* (= *lösliches*) *Magenprotein*" (dissolved gastric mucoproteose und dissolved gastric mucoprotein) getrennt werden. Die Proteose ist im trockenen Zustand eine kreidige, weiße, amorphe Masse, mit den Eigenschaften einer Proteose und eines Mucopolysaccharids. Sie findet sich in allen Magensäften von Gesunden und Kranken in Mengen von 35 bis 700 mg pro 100 cm³ des zentrifugierten Saftes. Sie entstammt in der Hauptsache dem enzymatisch verdauten sichtbaren Magenschleim und vielleicht auch unmittelbar den Oberflächen-Epithelzellen des Magens oder den Schleimzellen der Cardia- und Pylorusdrüsen[10]. Das „gelöste" *Mucoprotein* ist eine chemisch gut definierte Substanz, der GLASS u. BOYD krystalline Struktur zuschreiben. Sie fanden sie in Mengen von 0 bis 460 mg % des zentrifugierten Magensaftes, besonders reichlich nach vagotroper Erregung. Wenig oder nichts ist im Magensaft von fastenden Anaciden vorhanden. Sowohl die Proteose als auch das Protein scheinen klinische Bedeutung zu besitzen[11,12].

---

[1] BICKEL, A.: Handb. Biochem. **4**, 505—508 (1925): Erg.-W. **2**, 310 (1934). — [2] KATSCH, G.: Handb. Physiol. **3**, 1157 (1927). — [3] BABKIN, B. P.: Secretory Mechanism of the Digestive Glands. 2. Aufl. S. 241—243, New York 1950. — [4] MAHLO, A.: Der Magenschleim. Stuttgart (1938). Dort neuere Literatur. Arch. Verd.-Krankh. **60**, 179 (1936). — [5] BALTZER, F.: Arch. Verd.- Krankh. **62**, 113, 305 (1938). B. Z. **264**, 28 (1933). — [6] GLASS, G. B. J., and L. J. BOYD: Gastroenterol., Baltimore **12**, 821 (1949). — GLASS G. B. J.: Rev. Gastroenterol. **16**, 687 (1919). — [7] MEYER, K.: Cold Spring Harbor Symp. quant. Biol. **6**, 91 (1938). — [8] GLASS, G. B. J., and L. J. BOYD: Gastroenterol., Baltimore **12**, 835 (1949). Rev. Gastroenterol. **15**, 511 (1948). — [9] HOLLANDER, F., and R. S. FELBERG: J. biol. Ch. **140**, LXII (1941). — [10] GLASS G. B. J., W. L. MERSHEIMER and C. S. SVIGALS: Arch. Surg. **62**, 658 (1951). — GLASS, G. B. J., L. J. BOYD, M. A. RUBINSTEIN, C. S. SVIGALS and J. E. CHEVALLEY: Fed. Proc. **10**, 50 (1951). — [11] GLASS, G. B. J., and L. J. BOYD: Gastroenterol., Baltimore **12**, 849 (1949); **16**, 697 (1950). Amer. J. digest. Dis. **17**, 355 (1950). Bull. N. Y. med. Coll. **12**, 1 (1949). — GLASS, G. B. J., L. J. BOYD, A. HEISSLER and I. J. DREKTER: Bull. N. Y. med. Coll. **11**, 8 (1948). — [12] GLASS, G. B. J., L. J. BOYD and C. S. SVIGALS: Bull. N. Y. med. Coll. **13**, 15 (1950).

Das Mucoprotein ist nahe verwandt der von WEBSTER u. KOMAROV[1] aus Hundemagensaft isolierten Verbindung und dem Gastroglobulin von MARTIN[2] aus menschlichem Magensaft. Es ist ein Produkt der mucösen Hauptzellen der Corpus- und Fundusdrüsen und wird daher auch Drüsenmucoprotein (glandular) genannt.

Bei perniciöser Anämie sind die Magendrüsen atrophiert. GLASS u. BOYD[3, 4] fanden Zusatz von Drüsenmucoprotein im selben Maße wirksam wie das CASTLE-Ferment und glauben, das Mucoprotein enthalte entweder CASTLE-Ferment oder sei mit ihm identisch.

Das gelöste Mucoprotein scheint in unmittelbarer Beziehung zur Salzsäuresekretion des Magens zu stehen[5, 6]. Der stärkste Sekretionsreiz für das lösliche Mucoprotein wird durch Insulin ausgelöst. Das Maximum der Sekretion entspricht dem Maximum der Hypoglykämie, die Mucoproteose wird nicht wesentlich beeinflußt.

Zur Bestimmung der drei Hauptkomponenten des Magenschleimes nach GLASS u. BOYD[7] trennt man den sichtbaren Schleim durch Zentrifugieren vom flüssigen Magensaft, fällt Verunreinigungen mit 10%iger Trichloressigsäure (0,5 Teile) bei Zimmertemperatur und dann das lösliche Magenmucin mit 1,5 Teilen Aceton bei 40° C. Danach wird mit Alkali gelöst und aus der Lösung mit verd. Salzsäure das lösliche Magenmucoprotein gefällt, wobei die lösliche Magenmucoproteose in Lösung bleibt. Nach Hydrolyse mit Alkali wird mit dem Phenolreagens nach FOLIN-CIOCALTEU das Tyrosin bestimmt und auf Eiweiß umgerechnet. Da das BEERsche Gesetz bei dieser colorimetrischen Bestimmung nicht gilt, sind empirische Formeln zur Berechnung nötig. Die Methode ist für Serienbestimmungen geeignet.

Für die Viscosität, den N-Gehalt (7 bis 11%) und das Reduktionsvermögen des Magenschleimes sind bisher noch keine konstanten Werte gefunden worden[8]. Die Viscosität ist stark von der H-Ionenkonzentration abhängig. Der Magenschleim des Hundes besitzt je nach der Gewinnung verschiedene Zusammensetzung[9]. Der gewaschene Magenschleim reagiert sauer, in vivo[10] zeigt er einen p_H-Wert von 3,5 bis 7. HOLLANDER u. Mitarb.[11] fanden bei 679 Hunden mit HEIDENHAIN-Taschen Werte von p_H 4,00 — **7,65** — 9,22. Nelkenöl löst stärkste Schleimsekretion aus. Aus Magensaft ist ein Mucoproteid isoliert worden, das wahrscheinlich 4% Mucotinschwefelsäure enthielt[12] (s. a. Bd. **1**, S. 754 u. 762).

Zur *Mucinbestimmung*[13, 14] fällt man die nicht mucinhaltigen Eiweißkörper mit Trichloressigsäure und dann das Mucin mit Aceton. BALTZER[15] gibt eine kritische Übersicht der Schleimbestimmungen und bestimmt im Acetonniederschlag den Reduktionswert nach HAGEDORN-JENSEN und errechnet nach Abzug der Reduktion durch Eiweiß (normal 0,5 bis 2,4 mg%) als normalen „Schleimwert" 0 bis 20 mg%.

Auch die Bestimmung der Uronsäure mit Naphthoresorcin oder mit DISCHES Carbazol-Reagens ist zur quantitativen Schleimbestimmung vorgeschlagen worden[16]. Die Mucinkonzentration ist am höchsten im alkalischen Schleim und am geringsten nach Histaminreiz.

---

[1] KOMAROV, S. A.: J. biol. Ch. **109**, 177 (1935). — WEBSTER, D. R., and S. A. KOMAROV: J. biol. Ch. **96**, 133 (1932). — [2] MARTIN, L.: J. biol. Ch. **102**, 113 (1933). — [3, 4] s. [10, 12] S. 70. — [5] GLASS, G. B. J., and L. J. BOYD: Gastroenterol., Baltimore **15**, 438 (1950). — [6, 7] s. [11, 8] S. 70. — [8] BALTZER, F.: Arch. Verd.-Krankh. **62**, **113**, 305 (1938). B. Z. **264**, 28 (1938). — [9] HOLLANDER, F., and R. S. FELBERG: J. biol. Ch. **140**, LXII (1941). — [10] BUCHER, R.: Dtsch. Z. Chir. **236**, 515 (1932). — [11] HOLLANDER, F., F. U. LAUBER and J. J. STEIN: Amer. J. Physiol. **152**, 645 (1948). — [12] WEBSTER, D. R., and S. A. KOMAROV: J. biol. Ch. **96**, 133 (1932). — KOMAROV, S. A.: J. biol. Ch. **109**, 177 (1935). — [13] MORO, M., e A. TORRINI: Boll. Soc. ital. Biol. sperim. **15**, 253 (1940) [Ber. Physiol. **121**, 55]. — GLASS, J.: Kli. Wo. **1938 II**, 1802. — CAVALLI, G.: Clinica, Bologna **5**, 358 (1939) [Ber. Physiol. **117**, 245]. — VANNUCCI, F., e G. CORCHIA: G. Clin. med. **19**, 1701 (1938) [Ber. Physiol. **112**, 234]. Diagnost. Tecn. Lab. **10**, 20 (1939) [Ber. Physiol. **113**, 253]. — [14] WOLF, S., and H. G. WOLFF: Gastroenterol., Baltimore **10**, 251 (1948). — [15] BALTZER, F.: Arch. Verd.-Krankh. **62**, 155, 314 (1938). — [16] SIPLET, H., S. A. KOMAROV and H. SHAY: J. biol. Ch. **176**, 545 (1948).

GLASS u. BOYD[1] fraktionieren den zentrifugierten Schleim mit 0,5 Teilen einer 10%igen Trichloressigsäure bei Zimmertemperatur und dann mit 1,5 Teilen Aceton bei 40° C. Danach wird der Schleim mit Alkali hydrolysiert und mit dem Phenol-Reagens von FOLIN-CIOCALTEU bestimmt. Da das BEERsche Gesetz hier nicht gilt, sind empirische Formeln für die Berechnung nötig.

Es sei betont, daß es zur Zeit einwandfreie Schleimbestimmungen nicht geben kann und die angeführten Werte nur relative Bedeutung haben. Um so wichtiger ist die Einigung auf ein einheitliches, vergleichbares Verfahren. Als solches sei das von BALTZER[2] vorgeschlagen.

Mucin kommt im menschlichen Magensaft im Mittel zu 0,02 bis 0,18% vor. Die Normalwerte bei älteren Personen betragen 0,09 bis 0,46%, bei jüngeren 0,02 bis 0,34%[3]. Der Schleimgehalt des kindlichen Magensaftes[4] ist weit größer als der des Erwachsenen (0,06—0,24—0,42 mg%).

Nach MAHLO[5] soll während der Verdauung mindestens 3% des Magengewichtes an Schleim sezerniert werden. Durch Messung der reduzierenden Kraft nach der Hydrolyse fand man[6] bei Gesunden 1 bis 2 mg reduzierende Substanz pro cm³ Magensaft, bei Ulcuspatienten stets weniger als 1 mg. Andere[7] geben für den Gesunden einen Schleimgehalt von 9%, bei Trinkern einen solchen von 14 bis 18% und durch Pilocarpin beim Gesunden eine Erhöhung auf 12% an; jüngere Leute sondern mehr Magenschleim ab als ältere; s. dagegen GIGANTE[3].

Die *Bedeutung des Magenschleims* beruht auf der schützenden Wirkung gegen thermische, chemische und mechanische Insulte, solange er noch mit der absondernden Epithelschicht in Berührung ist, und dann, nachdem er in das Magenlumen abgegeben worden ist, auf der selektiven Adsorption von Fermenten und anderen chemischen Verbindungen sowie auf seinem Einfluß auf die Viscosität des Saftes. Die Ansicht von PAWLOW[8], der Magenschleim könne wesentliche Mengen Säure binden, wird von KATSCH[9] abgelehnt. MAHLO[10] kommt jedoch unter Berücksichtigung des widerspruchsvollen Schrifttums zum Ergebnis, daß der Magenschleim je nach Reaktionslage erhebliche Mengen von HCl- oder Alkaliionen zu binden vermag.

Das Filtrat oder Zentrifugat des Magensaftes gesunder Menschen zeigt nur geringfügige Erniedrigungen der K-, Mg- und Ca-Werte, dagegen eine deutliche Erhöhung von 10 bis 25% bei den Na-Werten[11]. Die Cl-Mengen wurden bei diesen Versuchen leider nicht bestimmt. Die selektive Adsorption der Magensaftbestandteile verdient wegen der Frage nach der HCl-Entstehung weitere Bearbeitung.

Vor kurzem gelang es[12], durch Zufütterung von Mucin das Auftreten von Duodenalgeschwüren beim Hund zum Teil zu verhindern und aufgetretene sogar zur Abheilung zu bringen. Über neuere positive Erfolge einer Mucintherapie s. [13—19].

---

[1] GLASS, G. B. J., and L. J. BOYD: Rev. Gastroenterol. **15**, 511 (1948). — [2] s. [15] S. 71. — [3] GIGANTE, D.: Riv. Pat. sperim. **25**, 201 (1940) [Ber. Physiol. **126**, 415]. — [4] MEDDA, E.: Clin. pediatr., Milano **21**, 546 (1939) [Ber. Physiol. **120**, 87]. — [5] MAHLO, A.: D. m. W. **1935 I**, 796. — [6] ANDERSON, R. K., S. J. FOGELSON and C. I. FARMER: Proc. Soc. exp. Biol. Med. **31**, 520 (1934). — [7] NECHELES, H., and A. COYNE: Amer. J. Physiol. **109**, 80 (1934). — [8] PAWLOW, J. P.: Die Arbeit der Verdauungsdrüsen. Wiesbaden 1898. — [9] KATSCH, G.: Handb. inn. Med. (BERGMANN-STAEHELIN) 3. Aufl. **3**/1, 198 (1938). — KALK, H., u. A. BONIS: Dtsch. Arch. klin. Med. **173**, 53 (1932). — [10] MAHLO, A.: Der Magenschleim. S. 18. Stuttgart 1938. — [11] MAHLER, P.: Wien. Arch. inn. Med. **19**, 413, bes. 421 (1930). — [12] ORNDORFF, J. R., G. B. FAULEY and A. C. IVY: Amer. J. digest. Dis. **3**, 26 (1936). — [13] ANDERSON, R. K., and S. J. FOGELSON: J. clin. Invest. **15**, 169 (1936). — [14] KALK, H.: Handb. inn. Med. (BERGMANN-STAEHELIN) 3. Aufl. **3**/1, 629 (1938). — DAHMEN, H.: Diss. med. Köln 1935 [Ber. Physiol. **96**, 396]. — [15] MAHLO, (A.), u. MULLI: D. m. W. **1934 I**, 937; **II**, 1632. — [16] GROÀK, B.: Z. ges. exp. Med. **89**, 86 (1933). — [17] BOLDYREFF, W. N.: Acta med. scand. **89**, 1 (1936). — [18] BRADLEY, H. C., and M. HODGES: J. Lab. clin. Med. **20**, 16 5 (1934). — [19] BUCHER, R.: Dtsch. Z. Chir. **247**, 603 (1936).

C. Die Fermente des Magensaftes (vgl. Tabelle 8, S. 35). Sie sind zum Teil schon bei den Fermenten der Magenschleimhaut S. 40 und im Fermentkapitel (Bd. **1**, S. 1141 ff.) beschrieben. Nicht alle in der Schleimhaut vorhandenen Fermente werden mit dem Magensaft sezerniert, sondern nur die Vorstufe des Pepsins, das Pepsinogen (Bd. **1**, S. 1145), ein Kathepsin, die Magenlipase, das CASTLE-Ferment und beim Kalb die Prochymase (= „Lab"). Dazu kommen die Enzyme aus den zerfallenden Zellen, aus dem Speichel und etwa zurückgeflossenem Duodenalsaft sowie die Nahrungsmittelfermente (S. 9). Es ist anzunehmen, daß bei entzündlichen Vorgängen und anderen krankhaften Veränderungen der Magenschleimhaut auch Organenzyme und solche von Mikroorganismen in den Magensaft gelangen. Diagnostische Bedeutung haben sie bisher wohl mangels geeigneter Bestimmungsverfahren nicht erlangt.

Das ***Pepsin*** *des menschlichen Magensaftes* ist zwar schon lange bekannt[1, 2], aber, verglichen mit dem Pepsin aus Magensaft und Magenschleimhaut[3] von Tieren, außer in Richtung klinischer Fragestellungen nur wenig untersucht worden. Pepsin ist aus menschlichem Magensekret noch nicht isoliert worden. RINGER[4] stellte jedoch Pepsin aus Hundemagensaft nach dem Verfahren von PEKELHARING dar, und NORTHROP[5] hat aus 15 Litern Labmagensaft von Rindern etwa 100 mg = 0,67 mg% krystallisiertes Pepsin erhalten. Dieses zeigt eine andere Löslichkeit als das aus Schweineschleimhaut gewonnene.

Als ein Protein ist Pepsin von Tierart zu Tierart verschieden, wie das immunochemische Verhalten beweist. Genuines Pepsin wirkt zwar nicht als Antigen, da es im Blut zerstört wird, wohl aber das bei $p_H = 7{,}6$ denaturierte[1, 6]. Der erwähnte Unterschied bezieht sich auf die Eiweißnatur des Pepsins. Man kann jedoch annehmen, daß alle Pepsine mit einem p_H-Optimum von 1 bis 2, auch die verschiedener Tierarten[7], wenigstens in ihrer Wirkung identisch sind, d. h. daß die Wirkungsgruppen der Pepsine gleich sein dürften[8].

Die *Isolierung* und präparative *Darstellung*, die chemischen *Eigenschaften* und die *Wirkung* des Pepsins sind Bd. **1**, S. 1141 behandelt.

Pepsin kommt im Magen aller Wirbeltiere vor; es wird nur von den Hauptzellen des Fundus geliefert. Im zellfreien Pylorussekret eines nach PAWLOW operierten Hundes fand sich keine Protease weder Pepsin (p_H 2) noch Kathepsin (p_H 4,8) noch Trypsin (p_H 8,9) noch Erepsin (p_H 7,8)[9]. Nüchternsekret enthält nur wenig Pepsin; Nahrungs- besonders Eiweißaufnahme steigert die Pepsinabgabe. Da die Pepsinsekretion mit der der Salzsäure parallel geht, wird sie auch von Histamin und Alkohol (Kognak) gefördert und von Pilocarpin gehemmt[10].

Bei Hyperacidität, Ulcus duodeni, Ulcus pepticum jejuni und Ulcus pylori ist die Pepsinwirkung im Magensaft erhöht, bei allen mit Hypoacidität und Anacidität einhergehenden Magenerkrankungen ist sie vermindert oder fehlt ganz. Ein Schluß auf Fehlen von Pepsin darf erst gezogen werden, wenn die Pepsinwirkung bei optimaler H-Ionenkonzentration ausbleibt.

Nach einem Probefrühstück enthalten Magensäfte mit großen Salzsäuremengen in der Regel auch große Enzymmengen und umgekehrt. Die Vermin-

---

[1] BERSIN, T.: Pepsin. Handb. Enzymol. (NORD-WEIDENHAGEN) **1**, 612—616 (1940). — [2] Zur Geschichte des Pepsins s. KRAUT, H.: Angew. Chem. **49**, 796, 797 (1936). — [3] SMITH, E. L.: Pepsin and Pepsinogen. Sumner-Myrbäck **1**/2, 840—845 (1951). — [4] RINGER, E. W.: H. **95**, 195 (1915). — [5] NORTHROP, J. H.: Handb. Enzymol. (NORD-WEIDENHAGEN) **1**, 657, (1940). J. gen. Physiol. **16**, 615 (1933). Bamann-Myrbäck **2**, 2038. — [6] SEASTONE, C. V., and R. M. HERRIOTT: J. gen. Physiol. **20**, 797 (1937). — [7] VONK, H. J.: Z. vgl. Physiol. **9**, 685 (1929). — [8] MYRBÄCK, K.: Bamann-Myrbäck **2**, 2015 (1941). — [9] KESTNER, O., R. WILLSTÄTTER u. E. BAMANN: H. **180**, 187 (1928). — [10] AMMON, R., u. E. CHYTREK: Ergebn. Enzymforsch. **8**, 122 (1939); dort Literatur.

derung der Fermente in einem an- oder subaciden Magensaft beruht nach BUCHS und FREUDENBERG[1] auf einem echten Fehlen und nicht einer Nichtaktivierung der Enzyme durch Mangel an Salzsäure. Nach Ansäuern eines solchen Magensaftes wird auch nach einiger Zeit die Proteolyse nicht verstärkt. Um so wesentlicher ist die Feststellung, daß, gleichgültig, ob viel oder wenig Ferment im Magensaft vorhanden ist, das Verhältnis Kathepsin zu Pepsin immer ungefähr konstant (10: 8) ist. Wie wir noch ausführen werden, wird dies von BUCHS u. FREUDENBERG u. a. als ein Beweis angesehen, daß die beiden Fermente nicht zu trennen sind. Coffein und Histamin wirken im Probefrühstück stärker säure- als fermentlockend, Kognak dagegen umgekehrt (s. a. S. 77).

VONK[2] hat den Einfluß der Wasserstoffionenkonzentration auf die Magenverdauung eingehend geschildert. Das p_H-Optimum des Pepsins liegt bei 1,8 bis 2,0, und zwar nach NORTHROP sich anpassend dem isoelektrischen Punkt des Substrates. Mit Hilfe der Glaselektrode[3] konnte gezeigt werden, daß bei einer Reihe von Tieren die Randschicht des Mageninhaltes einen p_H-Wert von 2,2 bis 2,7, also in der Nähe des Pepsinoptimums besitzt. Das p_H-Optimum des aus Magenfistelsaft dargestellten Pepsins ist noch nicht bestimmt worden. Es ist für das isolierte Pepsin niedriger als die H-Ionenkonzentration des reinen Magensaftes ($p_H = 0,97$ bis 0,8). Bei etwa $p_H = 4$ wirkt Pepsin nicht mehr, bei alkalischer Reaktion wird es zerstört.

Zum *qualitativen Pepsinnachweis im Mageninhalt* benützt man meist das Verfahren von GRÜTZNER[4]. Damit läßt sich leicht feststellen, ob bei vorhandener Achylie auch das Pepsin völlig fehlt, z. B. infolge schwerster Schädigung der Magendrüsen bei fortgeschrittenem Magencarcinom oder bei perniciöser Anämie. Häufig ist das Pepsin nur wegen HCl-Mangel unwirksam. Ungekochtes Rinderfibrin quillt in einer 0,01 n HCl zu einer gallertartigen Masse, löst sich aber bei Zimmertemperatur im Laufe von ein paar Tagen nicht. In Gegenwart von Pepsin löst sich dagegen Fibrin rasch.

Das Verfahren von GRÜTZNER[4] beruht darauf, daß mit Carmin getränkte Fibrinflocken allein mit Salzsäure von Magensaftkonzentration nur quellen, aber den Farbstoff nicht abgeben. Wird aber die Fibrinflocke durch Pepsin verdaut, so färbt sich die Flüssigkeit rot.

Feingeschnittene Rinderfibrinflocken läßt man in einer Lösung von 1 g Carmin in 400 cm³ Wasser, dem 1 cm³ konz. Ammoniak zugesetzt ist, 24 Stunden stehen, wäscht dann die imprägnierten Flocken, bis das Filtrat farblos abläuft, trocknet sie etwas und bewahrt sie unter Glycerin auf.

Zur Probe auf Pepsin werden wenige Flocken mit Wasser glycerinfrei gespült und in einem Reagensglas mit einigen Kubikzentimetern filtrierten Magensaftes bei 37 bis 40° C etwa 1 Stunde bebrütet. Löst kongosaurer Magensaft die Flocke unter Rotfärbung der Flüssigkeit etwas auf, so ist dies beweisend für die Anwesenheit von Pepsin. Bei anaciden oder nur schwach sauren Säften setzt man vorher einige Tropfen 1%iger HCl bis zur Bläuung von Kongopapier hinzu. Positive Reaktion bei alkalischer Reaktion spricht für Trypsin.

Die *quantitative Bestimmung des Pepsins* im Magensaft hat mehr wissenschaftliches als klinisch diagnostisches Interesse[5]. Denn vergleichende Untersuchungen[6,7] haben gezeigt, daß die Pepsinabsonderung der HCl-Abgabe parallel geht; nur bei schwerer Schädigung der Schleimhaut weichen beide voneinander ab (s. a. S. 73). Da Pepsin ein Protein ist, sind absolute Pepsinwerte kaum zu

[1] BUCHS, S., u. E. FREUDENBERG: Ergebn. inn. Med. (N. F.) **2**, 557 (1951). — [2] VONK, H. J.: Ergebn. Enzymforsch. **8**, 77ff. (1939). — [3] MCINNES, D. A., and M. DOLE: Am. Soc. **52**, 29 (1930). — [4] GRÜTZNER, P.: Pflügers Arch. **8**, 452 (1874); **106**, 463 (1905). — H.-Th. S. 611. — s. a. H.-Th. 10. Aufl. Bd. 5, S. 380f. — KATSCH, G.: Handb. inn. Med. (BERGMANN-STAEHELIN) 3. Aufl. **3**/1, 293 (1938). — s. a. Bd. **1**, S. 1143. — [5] KATSCH, G.: Handb. Physiol. **3**, 1155 (1927). — [6] DIENST, C.: Z. ges. exp. Med. **81**, 421 (1932). — [7] AMMON, R., u. E. CHYTREK: Ergebn. Enzymforsch. **8**, 121 (1939).

erhalten, am besten noch nach Eichung des Verfahrens gegen bekannte Pepsinpräparate. Die meisten der zahlreichen Verfahren[1–3] bestimmen das restliche Eiweiß durch Refraktometrie oder Nephelometrie[4,5]. Eine der sichersten Pepsinbestimmungsmethoden ist die Titration der Aminogruppen nach LINDERSTRØM-LANG[6], da das Pepsin eine seiner Wirkung entsprechende Zahl von Peptidbindungen löst und damit titrierbare Aminogruppen frei macht. GLASS[7] empfiehlt die Bestimmung von Tyrosin nach Spaltung des Hämoglobins durch Pepsin des Magensaftes (1 cm^3) als Maß für die Pepsinwirkung.

In der Klinik wird auch noch die Spaltung von Carminfibrin mit stufenweise verdünntem Magensaft nach SAHLI[8] verwendet.

Das METTsche *Verfahren*[9], mit dem seinerzeit der PAWLOWsche Arbeitskreis wertvolle Ergebnisse erhielt, muß heute als überholt bezeichnet werden, da die Messung und quantitative Auswertung der durch Pepsin verdauten Schicht von geronnenem Eiereiweiß nicht die Genauigkeit titrimetrischer oder nephelometrischer Verfahren erreicht.

Klinisch wird heutzutage fast nur die Edestinmethode von FULD[10] oder die Caseinmethode von GROSS[11] gebraucht. BUCHS u. FREUDENBERG[12] sprechen die Erwartung aus, es werde einmal die quantitative Bestimmung von Pepsin und Kathepsin für Differentialdiagnosen bedeutsam werden. Sie empfehlen ein vereinfachtes, in der Klinik gut brauchbares Verfahren, nach dem 0,2 cm^3 Magensaft auf 5 cm^3 einer 5%igen Edestinlösung von p_H 1,8 für Pepsin oder von 3,3 für Kathepsin einwirken. Nach 10 min bestimmt man den Umsatz mit einem lichtelektrischen Trübungsmesser oder mittels einer Verdünnungsreihe. Bei unkompliziertem Ulcus soll sich die Differenz zwischen Kathepsin und Pepsin kraß zugunsten des Kathepsins verschieben, bei anaciden Säften ist der Befund umgekehrt, man findet mehr Pepsin als Kathepsin (s. S. 78f).

Bezüglich der *Wirkung des Pepsins* ist hier hervorzuheben, daß rohe Pepsinpräparate aus Schleimhaut außer Pepsin noch *Gelatinase*, *Kathepsin* und manchmal noch ein zweites Pepsin, das sog. BRÜCKE-Pepsin[13], das von dem NORTHROP-Pepsin sicher verschieden ist, enthalten[14]. Es ist möglich, daß sich NORTHROP- und BRÜCKE-Pepsin lediglich durch einen verschiedenen Träger (Pheron) voneinander unterscheiden, aber die gleiche wirksame Gruppe (Agon) enthalten.

Vor einiger Zeit gelang es ALBERS[15], aus Rohlösungen von Pepsin, aus WITTE-Pepsin und aus dem Fundusteil des Schweinemagens, aber auch aus hochgereinigten Präparaten einen niedrigmolekularen Wirkstoff, das „Pepsinidin", abzutrennen. Ohne Trägerprotein zeigt es tryptisches p_H-Optimum = 7,6, nach milder Oxydation mit H_2O_2 auch peptische Eigenschaft (p_H-Optimum = 2). Pepsinidin könnte dem Pepsin nur beigemengt, aber auch ein Teil, etwa ein Co-Enzym des Pepsinmoleküls sein. Pepsinidin greift im Gegensatz zu Pepsin auch Peptone an. Es ist niedrigmolekular, sehr hitze- und säurebeständig und verhält sich wie eine Co-Proteinase. Nach ALBERS ist es dem Magensaft beigemengt. Diese noch

---

[1] BERSIN, T.: Allgemeine Methodik der Enzymuntersuchungen. Handb. Enzymol. (NORD-WEIDENHAGEN) **1**, 115—153 (1940). — [2] AMMON, R., u. E. CHYTREK: Bamann-Myrbäck **3**, 2994. — [3] MYRBÄCK, K.: Bamann-Myrbäck **2**, 2018. — [4] FREY, EDWIN: Diss. med. dent. Zürich 1936. — Mikrobestimmung: s. HOLTER, H., u. K. LINDERSTRØM-LANG: Handb. Enzymol. (NORD-WEIDENHAGEN) **1**, 72 (1940). — [5] HUNT, J. N.: Biochem. J. **42**, 104 (1948). — [6] ANDERSEN, B.: C. R. Lab. Carlsberg (II) **22**, 36 (1938). — SØRENSEN, S. P. L., L. KATSCHIONI-WALTHER u. K. LINDERSTRØM-LANG: H. **174**, 251, bes. 263 (1928). — LINDERSTRØM-LANG, K.: Ergebn. Physiol. **35**, 415—469 (1933). — [7] GLASS, G. B. J., B. L. PUCH and S. G. WOLF: Rev. Gastroenterol. **18**, 670 (1951). — [8] SAHLI, H.: Lehrbuch der klinischen Untersuchungsmethoden. 3 Bde. 7. Aufl. Leipzig, Wien 1928—1932. — NEVERMANN, H.: Diss. med. Hamburg 1941. — [9] Babkin S. 188. — [10] FULD, E., u. L. A. LEVISON: B. Z. **6**, 473 (1907). — Oppenheimer, Fermente **3**, 1509. — EGE, R.: H. **127**, 125 (1923). — [11] GROSS, O.: Berlin. klin. Wschr. **1908**, 643. — EICHHORN, F.: Bamann-Myrbäck **3**, 2925. — [12] BUCHS, S., u. E. FREUDENBERG: Ergebn. inn. Med. (N. F.) **2**, 544 (1951). — [13] KRAUT, H., u. E. TRIA: B. Z. **290**, 277 (1937). — [14] MYRBÄCK, K.: Bamann-Myrbäck **2**, 2016. — [15] ALBERS, H., A. SCHNEIDER u. I. POHL: B. **75**, 1859 (1943).

nicht abgeschlossene Arbeit zeigt deutlich, wie nötig weitere fermentchemische Bearbeitungen auch des menschlichen Magensaftes sind. Die völlige Reinigung des Pepsins wird erheblich erschwert durch seine Fähigkeit, sich an Eiweiß verhältnismäßig fest, allerdings p_H-abhängig, zu adsorbieren[1].

Die leichte Adsorbierbarkeit erhöht sicherlich die Wirksamkeit des Pepsins im Mageninhalt. Pepsin greift alle genuinen Eiweißstoffe an: „Casein, Globin, Kollagen, Glutin, Chondrin, Elastin, Histone, Keratin von Horn, Fischbein, Fingernägel, Federkiele. Nicht verdaut werden Ovomucoid, Mucin, Spongin, Protamine, Haarkeratin. Die Angaben über die Angreifbarkeit von Mucin durch Pepsin sind deshalb so widerspruchsvoll, weil die Präparate und die Arbeitsbedingungen verschieden und auch nicht genau festgelegt sind (s. a. unten u. S. 70 u. 82). Ovalbumin wird durch Kochen schwerer, das Protein von Bohnen dagegen leichter angreifbar. Gelabtes Milchcasein wird besser verdaut als das Caseinogen der gekochten Milch“[2].

Die Endprodukte der durch Pepsin verdauten Eiweißstoffe sind die Albumosen und Peptone (Bd. **1**, S. 584). Dabei tritt nicht immer gleich rasche oder völlige Lösung ein. Die *prosthetischen Gruppen* der zusammengesetzten Eiweißstoffe werden von Pepsin nicht angegriffen. Von den *Nucleoproteiden* bleibt ein großer unlöslicher, nicht näher erforschter Rest, das „Nuclein“, erhalten, daher verlassen auch Zellkerne den Magen zum größten Teil ungelöst.

Nativer Blutfarbstoff[3] wird im Verdauungskanal in verschiedener Weise angegriffen. Die Magensalzsäure denaturiert den Blutfarbstoff in wenigen Minuten über Methämoglobin zu einer schwarzbraunen Masse von Häminderivaten.

Bei in vitro-Versuchen griff Pepsin-Salzsäure das Globin leicht an und ließ Hämin zurück. Trypsin allein bildete eine „Häminproteose“ mit etwa 37,5% Hämin und 62,5% Eiweiß und nach Pepsin- und anschließender Trypsineinwirkung blieb ein Gemisch von beiden Spaltstücken. In allen drei Fällen zeigte das Verdauungsprodukt das *Spektrum* des Protohämins. Deuterohämin und Porphyrine (Proto- und Deuteroporphyrin) werden nicht durch die Verdauungsfermente, sondern durch intestinale Fäulnisvorgänge gebildet. HAUROWITZ[4] nahm 50 cm^3 Eigenblut ein und schied im Stuhl 85 bis 90% des Blutfarbstoffes als Protohämin aus, etwa 5 bis 8% als Deuterohämin, 2 bis 3% in der Protoporphyrinfraktion und 0,5 bis 1% in der Deuteroporphyrinfraktion. Die Koproporphyrinausscheidung blieb durch die Bluteinnahme unbeeinflußt. Der Globinanteil war nicht mehr nachweisbar. Bei einer Blutung in den achylischen Magen oder im Bereich der Trypsinwirkung und in den unteren Darmabschnitten ist der Nachweis von okkultem nativem Blutfarbstoff möglich und klinisch von Bedeutung[5]. Der aus höher gelegener Blutung stammende okkulte native Blutfarbstoff ist mit den Kotmassen innig vermengt im Gegensatz zu dem aus Colon- oder Rectumblutungen stammenden Blut, das sich meist unvermengt hellrot von den Faeces abhebt (s. a. Bd. **2**/2, Faeces).

Die *leimgebende Substanz des Bindegewebes, des Knorpels und der Knochen* wird vom Magensaft so weit verdaut, daß sie die Fähigkeit zu gelatinieren einbüßt und in „Leimalbuminosen“ und „Leimpeptone“ übergeht. Da kollagenes Bindegewebe durch Darm- und Pankreasfermente fast gar nicht zerlegt wird, kann das *Vorkommen von unverdautem Bindegewebe im Stuhl auf Versagen der Magenverdauung* hinweisen[6] (z. B. Achylie). Aus *Fettgewebe* löst Pepsinsalzsäure das Bindegewebe und die Fettzellen auf, so daß das Fett im Magen frei gemacht wird. *Echtes Mucin* aus der Gl. submandibularis wird vom Magensaft gelöst

[1] ABDERHALDEN, E., u. K. KIESEWETTER: H. **74**, 411 (1911). — DYCKERHOFF, H., u. G. TEWES: H. **215**, 93 (1933). — [2] BERSIN, T.: Handb. Enzymol. (NORD-WEIDENHAGEN) **1**, 613 (1940). — [3] HAUROWITZ, F.: Arch. Verd.-Krankh. **50**, 33, bes. 44 u. 366 (1931). Handb. Biochem. Erg.-W. **1**/A, 379 (1933). — Oppenheimer, Fermente Suppl. **1**, 670 (1935). — [4] HAUROWITZ, F.: Arch. Verd.-Krankh. **50**, 33, bes. 44 u. 366 (1931). Handb. Biochem. Erg.W. **1**/A, 379 (1933). — [5] BOAS, I.: Arch. Verd.-Krankh. **47**, 347 (1930); **50**, 361 (1931). — [6] KATSCH, G.: Handb. inn. Med. (BERGMANN-STAEHELIN) 3. Aufl. **3**/1, 410 (1938).

und teils in peptonähnliche, teils in reduzierende Substanzen umgewandelt. *Mucoide* aus Sehnen, Knochen und Knorpeln lösen sich bis auf 10% auf. Aus diesen wenigen Angaben ersieht man, wie tiefgreifend im Magen durch ein einziges Ferment die eiweißhaltige Nahrung verändert werden kann.

Reiner *Magensaft des Fleischfressers* zerlegt Eiweiß besser als der des *Pflanzenfressers*. Der Magensaft des Schafes[1] und auch der des Kalbes[2] hat ungefähr nur 1/3 bis 1/2 der Wirksamkeit desjenigen des Hundes, gemessen nach der veralteten Methode von METT[3]. Auch im Labmageninhalt des Schafes[4] erreicht der Abbau durch Pepsin nur einen verhältnismäßig geringen Umfang.

Daß im *menschlichen Magensaft* die Pepsinwirkung mit der Säurewirkung ansteigt, wird teils behauptet[5, 6], teils bestritten[7]. Im allgemeinen sind die beobachteten Schwankungen sehr groß und uneinheitlich[8, 9]. SPRINGER[10] fand eine direkte Abhängigkeit der Eiweißspaltung von der Dissoziationskonstante der verwendeten Säuren (Phosphorsäure, Salzsäure, Milchsäure, Essigsäure, Citronensäure). Schwach dissoziierte Säuren hemmen die Verdauung, vielleicht weil sie das Eiweißkation durch das Säureanion blockieren und damit das Fermentanion abdrängen. Die Hemmung beginnt etwa bei 0,5 n bis 1 n Säurekonzentration. Beim Hund[11] soll auch bei verschiedener Eiweißnahrung die Pepsinabsonderung verhältnismäßig konstant sein. Im Rattenmagen[12] ist bei Pflanzenkost der Pepsingehalt verhältnismäßig hoch und sinkt nach längerer Verfütterung von Pferdefleisch merkwürdigerweise ab.

Alkohol fördert in geringen Mengen die Pepsinverdauung, höherer Gehalt hemmt allerdings[13] (S. 74). Dementsprechend können Verdauungsstörungen bei chronischen Alkoholikern unter anderem auch auf die Schädigungen der Pepsinwirkung durch die großen Alkoholmengen zurückgeführt werden[14]. Auch Mucin, Bluteiweiß und die Abbauprodukte der Magenverdauung sollen die Pepsinwirkung in vitro hemmen[15], während salzsaures Chinin bis zu einer Konzentration von 5% sie fördert und darüber hinaus hemmt[16]. *Antipepsin*, das man früher wiederholt zur Erklärung der Ulcusursache herangezogen hatte, ist nicht nachweisbar[17, 18]. Das Vorkommen von Normal-Antikörpern[19] gegen Pepsin ist nicht genügend bewiesen, wohl aber das von Immuno-Antipepsin.

*Das **Kathepsin** des menschlichen Magensaftes* (s. a. Bd. **1**, S. 1161). Das Kathepsin der Magenschleimhaut (S. 34) galt lange Zeit als ein Endoenzym, das aus der Schleimhaut nicht in das Magensekret wandert. 1940 fanden FREUDENBERG u. BUCHS[20] im Magenchymus von Säuglingen außer der Verdauung von

---

[1] POPOW, N. A., A. A. KUDRJAWZEW, ANUROW u. a.: Physiologie des Schafes. Moskau 1931 [LENKEIT, W.: Ergebn. Physiol. **35**, 576 (1933)]. — [2] BELGOWSKI, J.: Pflügers Arch. **148**, 319 (1912). — [3] METT, S. G.: Arch. Anat. Physiol. (A) **1894**, 58. — Babkin S. 188. — [4] KRZYWANE, F. W., u. W. BUSS: Arch. wiss. prakt. Tierheilkde. **69**, 321 (1935). — [5] SEINSCH, R.: Diss. med. Köln 1933. — [6] OSTERBERG, A. E., F. R. VANZANT, W. C. ALVAREZ and A. B. RIVERS: Amer. J. digest. Dis. **3**, 35 (1936). — [7] BONORINO, U. C., H. ZUNINO u. J. J. LACOUR: Arch. argent. Enferm. Apar. digest. **10**, 335 (1935) [Ber. Physiol. **89**, 342]. — [8] MULLINS, C. R., and C. A. FLOOD: J. clin. Invest. **14**, 793 (1935). — [9] MORISI, G.: Osp. magg. **23**, 162 (1935) [Ber. Physiol. **90**, 103]. — [10] SPRINGER, G. F.: B. Z. **321**, 107 (1950). — [11] SMITH, E. R. B., and G. R. COWGILL: Amer. J. Physiol. **105**, 697 (1933). — [12] BORI, D. V.: Sperimentale **89**, 668 (1935) [Ber. Physiol. **93**, 86]. — [13] FRANZEN, G.: A. e. P. P. **133**, 111 (1928); **134**, 129 (1928). — [14] BLOTNER, H.: J. amer. med. Ass. **106**, 1970 (1936). — [15] OSTERBERG, A. E., F. R. VANZANT and W. C. ALVAREZ: J. clin. Invest. **12**, 551 (1933). — [16] ANDREEV, P.: Fiziol. Ž. SSSR. **16**, 840 (1933) [Ber. Physiol. **78**, 263]. — [17] SCHMUZIGER, P.: Arch. klin. Chir. **146**, 372 (1927). — [18] BICKEL, A.: Handb. Biochem. Erg.-W. **2**, 318 (1934). — [19] PUTTER, E.: Handb. Biochem. **3**, 489ff. (1925). — [20] BUCHS, S.: Über das Kathepsin des Magensaftes. Diss. med. Basel 1940. Ann. paediatr., Basel **156**, 1 (1940). Biologie des Magenkathepsins. Basel 1947. — FREUDENBERG, E.: Enzymologia **8**, 385 (1940). Ann. paediatr., Basel **156**, 124 (1941). — FREUDENBERG, E., u. S. BUCHS: Schweiz. med. Wschr. **70**, 249 (1940). — s. a. FREUDENBERG, E.: Physiologie und Pathologie der Verdauung im Säuglingsalter. S. 85. Berlin 1929.

Magermilch bei p_H 2 noch zu 6% eine solche bei p_H 4,7. Bei diesem p_H-Wert kann weder das Pepsin noch das labende Ferment wirksam sein. In weiteren Arbeiten erbrachten BUCHS u. FREUDENBERG überzeugende Beweise für das Vorhandensein eines katheptischen Fermentes im Magensaft. MERTEN[1] bestätigte mit anderer Methodik 1949 diese Befunde. Auch von anderer Seite[2] wird behauptet, im normalen menschlichen Magensaft sei ein Enzym vorhanden, das bei neutraler Reaktion Eiweiß zu spalten vermöge. Es sei nicht mit den Darmfermenten identisch. Ob es sich um Kathepsin handelt, ist nicht angeführt. Mit dem CASTLE-Ferment sei es nicht identisch. Im zellfreien Sekret aus einem Pylorusblindsack eines nach PAWLOW operierten Hundes fand sich keine Protease[3]. Das Kathepsin stammt auch nicht aus den wenigen Leukocyten des Mageninhaltes, sondern ist ein echtes Sekretionsprodukt der Schleimhaut. Es entstammt wie das Pepsin den Hauptzellen des Fundus.

Alle Tiere, die einen Magen besitzen, bilden dort auch Salzsäure und Pepsin. So nimmt es nicht wunder, daß BUCHS u. FREUDENBERG bei allen bisher untersuchten Tieren, wie Affe, Schwein, Hund, Katze, Tiger, Bär, Lama, Kalb, Antilope und Forelle, nicht nur Pepsin, sondern auch Kathepsin gefunden haben, und zwar in größerer Menge als Pepsin. Es ist dies in guter Übereinstimmung mit ihren Befunden an Menschen, wo sie Kathepsin im Magensaft in jedem Lebensalter fanden.

Obwohl es bisher den Entdeckern nicht möglich war, das Kathepsin von anderen Enzymen abzutrennen, konnten sie seine Eigenschaften in wesentlichen Punkten festlegen. Sie kommen schließlich auch zu einer Erklärung, warum die Abtrennung vom Pepsin und Parachymosin beim Menschen noch nicht gelungen ist.

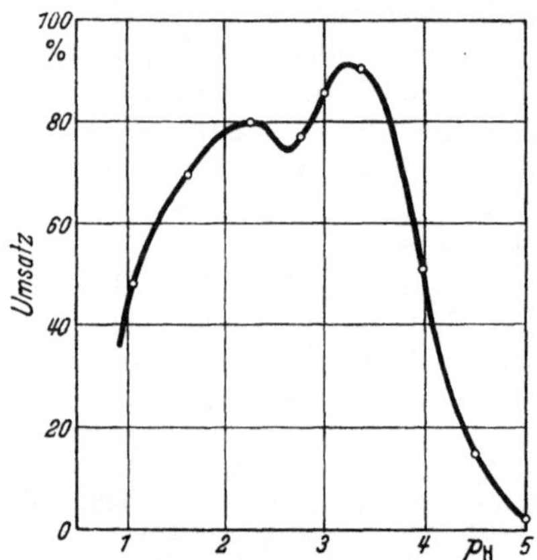

Abb. 8. p_H-Aktivitätskurve eines Magensaftes (nach BUCHS[4]). Substrat Edestin. Fermentmenge je 0,2 cm³ Magensaft, Temp. 38° C. Dauer 10 min.

Das p_H-Optimum für das Kathepsin im menschlichen Magensaft liegt zwischen p_H 3—5. Für die Messungen ist als Substrat das Edestin am geeignetsten. Es wird bei p_H 3,3 optimal gespalten, Gelatine bei p_H 4. Das Optimum der Spaltung liegt jeweils in der Nähe des isoelektrischen Punktes des Substrates. Ein analoges Verhalten hat früher schon NORTHROP beim Pepsin festgestellt. Das Temperaturoptimum für Kathepsin wurde bei 63° C, für Pepsin (p_H 1,8) bei 50° C gefunden. Dies erlaubt eine Trennung der beiden Fermentwirkungen.

Das Kathepsin des Magensaftes wird ebenso wie die anderen Kathepsine und die Papaine durch Metallionen (Mn^{++}, Sr^{++}), SH-Gruppen (Cystein) und Blausäure aktiviert. Uranylacetat hemmt das Kathepsin, nicht aber das Pepsin, so daß auch auf diese Weise beide Fermentwirkungen getrennt werden können. Die Abb. 8—10 lassen die verschiedenen Enzymwirkungen klar erkennen[4]. Auch krystallisiertes Pepsin[5] zeigt zwei p_H-Optima, eines für Pepsin kennzeichnend bei p_H 2,2 und eines für Magenkathepsin bei p_H 3,3.

[1] MERTEN, R., u. H. RATZER: Kli. Wo. **1949**, 587. — MERTEN, R., H. RATZER u. U. KLEFFNER: Kli. Wo. **1949**, 635. — MERTEN, R.: Die Klinik und Chemie der Proteinasen des menschlichen und tierischen Organismus, ihre besondere Bedeutung in seinen Abwehrleistungen und in der klinischen Diagnostik. Ergebn. inn. Med. (N. F.) **2**, 49 (1951). — [2] GESSLER, C. J., S. O. DEXTER, M. A. ADAMS and F. H. L. TAYLOR: J. clin. Invest. **19**, 225 (1940). — [3] WILLSTÄTTER, R., u. E. BAMANN: H. **180**, 127 (1929). — KESTNER, O., R. WILLSTÄTTER u. E. BAMANN: H. **180**, 187 (1929). — [4] BUCHS, S.: B. Z. **320**, 247 (1950). — [5] MILHAUD, G., M. DEMOLE et J. EPINEY: Helv. med. Acta **16**, 244 (1949).

Mit zunehmendem Lebensalter steigen die Menge des sezernierten Magensaftes und die Enzymkonzentration. Die quantitative Bestimmung mit Edestin zeigt

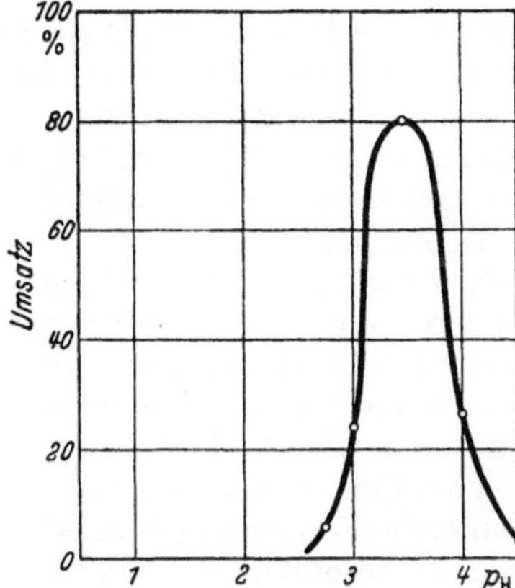

Abb. 9. Reine p_H-Aktivitätskurve des Kathepsins aus einem Magensaft (nach Buchs[1]). Substrat Edestin. Fermentmenge je 0,2 cm³ Magensaft, Temp. 70° C. Dauer 10 min.

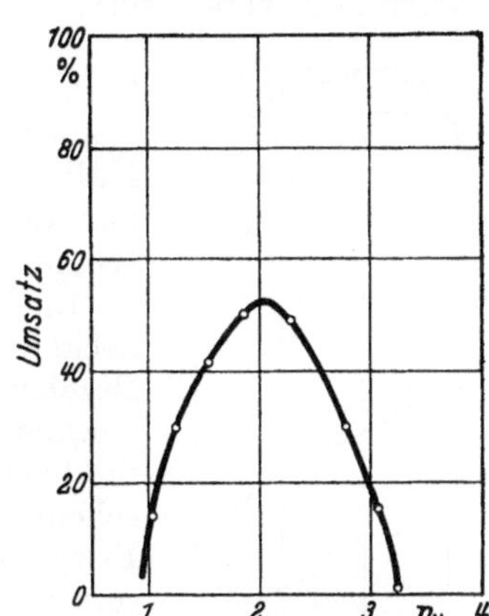

Abb. 10. Reine p_H-Aktivitätskurve des Pepsins aus einem Magensaft (nach Buchs[1]). Substrat Edestin, Fermentmenge je 0,2 cm³ Magensaft + 10 mg Uranylacetat, Temp. 38° C. Dauer 10 min.

deutlich, daß *im menschlichen Magensaft stets 10 bis 20% mehr Kathepsin als Pepsin enthalten* ist. Es gibt Proteine, die stärker von Pepsin gespalten werden. Das Verhältnis von Kathepsin zu Pepsin bleibt jedoch immer ungefähr konstant (10:8), sowohl im normalen als auch im krankhaft veränderten Saft mit mehr oder weniger Salzsäure. Allerdings sind von anderen Bearbeitern[2] bei Magenkranken Unterschiede in den Kathepsin- und Pepsinmengen gefunden worden, so bei einem unkomplizierten Ulcus wesentlich mehr Kathepsin, bei Anacidität mehr Pepsin als Kathepsin. Die Zukunft muß die Brauchbarkeit dieser Beobachtungen für die Differentialdiagnose von Magenkrankheiten zeigen[3].

Nach Buchs u. Freudenberg[4] werden im Tag vom Säugling 200, Kleinkind 500, Schulkind 1000 und Erwachsenen 1500 cm³ Magensekret sezerniert. Die Konzentration an Pepsin und an Kathepsin zeigt dabei ein Verhältnis von 1:2:5:5, d.h. die Fermentmengen im Sekret nehmen zu, aber nur bis zur 5fachen Konzentration. Gemessen am Gesamtsekret ist die abgegebene Fermentmenge jedoch 1:5:20:40; d.h. der Erwachsene bildet 40mal mehr Ferment als der Säugling. Rechnet man den Nahrungsbedarf des Säuglings zu etwa 1000 Cal und den des Erwachsenen zu 3000 Cal, so müßte die Eiweißverdauung des Säuglings mit wesentlich geringeren Proteasemengen möglich sein. Man muß aber bedenken, daß die Fermentmenge im Magenchymus je nach der Art der Nahrung verschieden ist und die Fermentmengen mit dem Sekretionsreiz wechseln. Auch die Magensaftlocker, wie Coffein, Histamin, Priscol und Alkohol, wirken verschieden auf die Abgabe der Proteasen und der Salzsäure. Coffein und Histamin sind stärkere Säure- als Fermentlocker. Buchs u. Freudenberg[4] zeigen (Abb. 11), wieviel stärker Kognak auf die Sekretion der Proteasen als auf die der Salzsäure wirkt. Immer aber werden Pepsin und Kathepsin im gleichen Verhältnis sezerniert.

Aus Abb. 11 geht hervor, daß Salzsäure- und Fermentsekretion voneinander unabhängig sind.

Die Kathepsinwirkung ist beim Säugling auf die Proteolyse der Milcheiweißkörper beschränkt, solange er nur mit Milch ernährt wird. Dabei sind Labung und tiefergreifende Hydrolyse auseinanderzuhalten. Da Schädigung des Kath-

[1, 2] s. [4, 5] S. 78. — [3] s. a. Borin, J. W.: Klin. Med., Moskau **29**, 85 (1951) [C. **1952**, 3838]. — [4] Buchs, S., u. E. Freudenberg: Ergebn. inn. Med. (N. F.) **2**, 555 (1951).

epsins die Labung unbeeinflußt läßt, Schädigung des Pepsins auch die Labung aufhebt, kommt BUCHS[1] zu dem Schluß, daß für die Labung ein Pepsin-Parachymosin-Komplex verantwortlich ist.

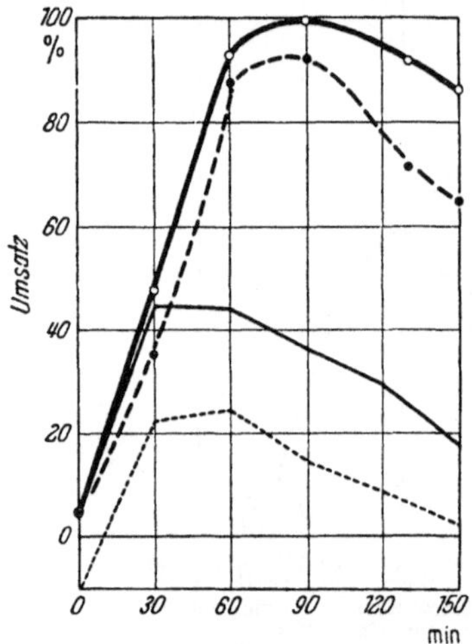

Abb. 11. Säure- und Fermentgehalt fraktionierter Magensäfte.

-o-o-o- Kathepsin
-.-.-.- Pepsin
——— Gesamt-HCl
--------- freie HCl

*Das **labende Enzym** des Magensaftes.* Wegen der leichten Zugänglichkeit und aus industriellem Interesse ist zwar sehr viel über das labende Enzym des Kälber- und Schafmagens gearbeitet worden, aber nur wenig über das des menschlichen Säuglings oder Kindes (über Labferment s. Bd. **1**, S. 1146).

Im deutschen Schrifttum ist die von seinen Entdeckern O. HAMMARSTEN[2] und A. SCHMIDT[3] geprägte Bezeichnung[4] „Chymosin" üblich, im angloamerikanischen „Rennin[5]" nach seinem technischen Ausgangsprodukt „rennet", unserem „Lab". I. BANG[6] unterscheidet die Labenzyme der Jungen von denen der Erwachsenen. Er nennt die Fermente, die im Magensaft und der Schleimhaut, besonders des Fundusteiles von Tieren (Rind, Hund, Schwein) und des erwachsenen Menschen vorkommen und im schwach sauren Gebiete wie das Chymosin des Kalbmagens wirken, aber von ihm verschieden sind, „Parachymosin". FREUDENBERG u. BUCHS verwenden diese Bezeichnung für das labende Enzym des Säuglings und Kindes.

Schon die verschiedene Eiweißzusammensetzung der Frauen- und Tiermilch läßt auf ein dem jeweiligen Eiweißgemisch angepaßtes Gemisch von Verdauungsfermenten schließen. TAUBER u. KLEINER[7] hielten ihr reinstes Rennin aus Kalbsmagen für frei von Pepsin. Auch BERRIDGE[5], dem kurz nach HANKINSON[8] die Krystallisation des Rennins aus „rennet" gelang, schreibt, daß das Rennin aus dem Magen*saft* eines jungen Kalbes frei von Pepsin sei. Nach der Entwöhnung aber erscheine das Pepsin rasch. Das krystallisierte Rennin ist frei von Pepsin. Nach BERRIDGE[5] ist das reinste, kubisch krystallisierende Rennin in seinen chemischen und physikalischen Eigenschaften noch nicht untersucht. Der isoelektrische Punkt und das Wirkungsoptimum des reinsten Renninpräparates von KLEINER u. TAUBER[7] liegen bei p_H 5,4. Wie wir später noch ausführen werden, sagt aber das Optimum des reinen Präparates noch nichts über die höchste Wirksamkeit im Chymus aus. Rennin und Pepsin sind beim Kalb zwei voneinander trennbare chemische Substanzen, beim menschlichen Säugling und auch beim Hund, Ferkel, Fohlen und anderen Tieren ist die labende Wirkung (p_H 6,4, 25° C) stofflich bisher noch nicht von der Pepsinwirkung zu trennen. *Die Existenz eines speziellen Labfermentes beim menschlichen Säugling ist daher nicht bewiesen*[9].

Nur beim Kalb und nach HAMMARSTEN auch beim Lamm und Zicklein ist ein spezielles abtrennbares Labenzym vorhanden. Mit zunehmenden Alter geht auch

[1] BUCHS, S.: B. Z. **320**, 247 (1950). — [2] HAMMARSTEN, O.: Jber. Fortschr. Tierchem. **2**, 118 (1872); **4**, 135 (1874); **7**, 158 (1877). H. **22**, 103 (1896). — [3] SCHMIDT, A.: Beitrag zur Kenntnis der Milch. Dorpat 1874. — [4] H.-Th. S. 625. — [5] BERRIDGE, N. J.: Sumner-Myrbäck **1**/2, 1083—1095. — [6] BANG, I.: Pflügers Arch. **79**, 425 (1900). — [7] TAUBER, H., and I. S. KLEINER: J. biol. Ch. **96**, 745 (1932). — KLEINER, I. S., and H. TAUBER: J. biol. Ch. **106**, 501 (1934). — TAUBER, H.: J. biol. Ch. **107**, 161 (1934). — [8] s. Bd. **1**, S. 1148 [3, 4]. — Über Rennin- (= Lab-) Wirkung s. TEWES, G.: B. Z. **323**, 119 (1952). TEWES, G., u. B. SCHLOSSBERGER: B. Z. **323**, 133 (1952). — [9] HOLTER, H., u. B. ANDERSEN: B. Z. **269**, 285 (1934). — ANDERSEN, B.: B. Z. **262**, 99 (1933).

bei diesen Tieren wie beim Menschen das labende Ferment zurück und wird schließlich ganz durch Pepsin ersetzt. Das Verhältnis zwischen Lab- und Pepsinwirkung im Magensaft des Säuglings kann nach KLEINER u. TAUBER[1] auch durch chemische Eingriffe nicht verändert werden.

Über die chemische Natur des Parachymosins haben BUCHS u. FREUDENBERG[2] eine Arbeitshypothese entwickelt, die geeignet ist, das Zusammenwirken aller drei Magenproteasen zu verstehen[3]. Da sie beim Menschen weder Pepsin, noch Kathepsin, noch Parachymosin stofflich voneinander trennen konnten, erweitern sie die unitarische Theorie von PAWLOW u. PARASTSCHUK, daß Pepsin und Parachymosin zwei verschiedene Phasen ein und desselben Eiweißgrundkörpers seien, indem sie das Kathepsin noch einbeziehen. Sie bezeichnen das dreifach wirksame Enzym unverbindlich als „Magenprotease" unter folgender Formulierung der p_H-Bereiche im Magenchymus[4]:

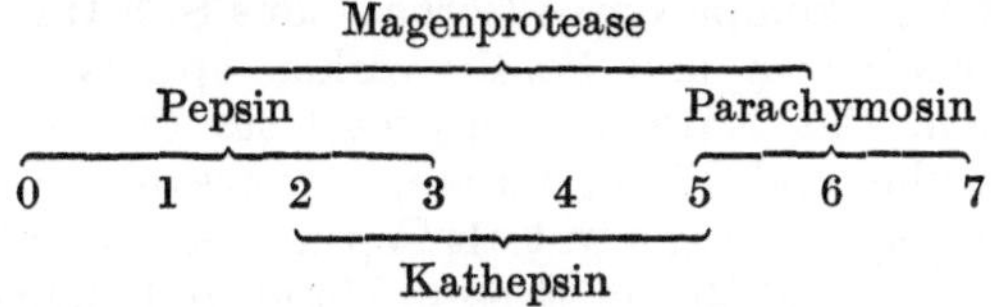

Damit wird verständlich, daß das Verhältnis der drei Enzymwirkungen in den Magensäften und in den Magenschleimhäuten immer konstant ist, daß sie sich während des Wachstums im gleichen Verhältnis vermehren, daß sie die gleichen Substrate verdauen und gleiche Abbauprodukte erzeugen, daß sie alle drei bei gleichem p_H aus dem Zymogen in das jeweilige Lyoferment übergehen, daß sie dasselbe p_H-Optimum der Stabilität, dieselbe Empfindlichkeit, z. B. gegen Alkali, besitzen. So müssen sie auch alle am selben Ort, nämlich in den Hauptzellen des Fundusteiles entstehen. Eine weitere Stütze erhält diese Vorstellung dadurch, daß in den NORTHROPschen Pepsinkrystallen die gleichen relativen Mengen Kathepsin nachgewiesen werden konnten wie im Ausgangsmaterial und in jedem Magensaft. Wie aber die dreigliedrige Magenprotease ihre jeweilige Wirksamkeit als einzelnes Enzym entfalten kann, ist einstweilen noch ungeklärt.

Die Eiweißverdauung im Magen erhält durch die Arbeiten von FREUDENBERG u. BUCHS insofern eine Klärung, als sie die Wirkung der Proteasen im p_H-Bereich zwischen 1 und 7 zu deuten vermögen. Die Verdauung des Milcheiweißes im Magen kann auf drei Wegen vor sich gehen: 1. durch Parachymosinwirkung, 2. durch Kathepsinwirkung und 3. durch Pepsinwirkung. Die Steuerung erfolgt je nach der optimalen H-Ionenkonzentration. Immer handelt es sich zuerst um eine Eiweißfällung, der sich die weitere Aufspaltung im Magen und Darm anschließt. Wird Milch vom Kind aufgenommen, so gerinnt diese zunächst mehr oder weniger vollständig durch Parachymosinwirkung (p_H 6). Schreitet die Säureabsonderung fort und ist noch ein Milchrest ungelabt, so verfällt dieser der Säuregerinnung. Die Ausflockung des Caseinogens ist also doppelt, ja, mit Kathepsin und Pepsin vierfach gesichert. Sie bewirkt ein längeres Verweilen im Magen, wo die Enzyme an das ausgefällte Protein adsorbiert weiterwirken. Zuerst geht mehr Molke als Casein in den Darm. Die Magensalzsäure macht das Casein aus seinen Salzen als Säure frei. Da die Caseinsäure in Wasser schwer löslich ist, fällt sie aus und adsorbiert dabei Kathepsin und Pepsin. Erst dann wird sie

[1] KLEINER, I. S., and H. TAUBER: J. biol. Ch. **106**, 501 (1934). — TAUBER, H., and I. S. KLEINER: J. biol. Ch. **96**, 745 (1932). — [2] BUCHS, S., u. E. FREUDENBERG: Ergebn. inn. Med. (N. F.) **2**, 561 (1951). — [3] MILHAUD, G., M. DEMOLE et J. EPINEY: Helv. med. Acta **16**, 244 (1949). — [4] s. dagegen Kathepsin beim Schwein: MERTEN, R., G. SCHRAMM, W. GRASSMANN u. K. HANNIG: H. **289**, 173 (1952).

zu löslichen Polypeptiden hydrolysiert. Vor die Pepsinwirkung tritt also zunächst die Säuregerinnung des Caseins, die der Gerinnung bei der Milchsäuregerinnung gleicht. Die stark puffernde Wirkung der Kuhmilch hält in den ersten zwei Stunden die Säurekonzentration innerhalb von p_H 4 bis 5. Hier aber liegt der Wirkungsbereich des Kathepsins, das nach BUCHS u. FREUDENBERG die Hauptarbeit bei der Verdauung der Milcheiweißkörper zu leisten hat. Erst in der dritten Stunde steigt die Säurekonzentration auf etwa p_H 3, bei dem Pepsin und Kathepsin am stärksten wirksam sind. Aber schon von der zweiten Stunde an verläßt ein großer Teil des Magenchymus den Magen ohne vorherige Einwirkung von Pepsin. Dies gilt nicht nur für die Milcheiweißkörper, sondern auch für andere Proteine, die im Magenchymus ausgeflockt werden oder schon von Anfang an als feste Gerinnsel dorthin gelangen. SPRINGER[1] fand, daß ebenso wie Pepsin auch Kathepsin feste Substrate angreift. Nach WILLSTÄTTER wird ja gerade das Substrat im „komplexen Adsorbat“ aus Substrat und Ferment am leichtesten zerlegt. Kathepsin und Pepsin wirken optimal im p_H-Bereich von 1,5 bis 3,3 zusammen. Das Kathepsin spaltet feste Proteine (Fibrin, Muskelfleisch von Rind, Huhn und Fisch, Casein, Parmesankäse) gleich stark oder stärker als Pepsin, dagegen weniger gut als Pepsin, Eieralbumin und pflanzliches Eiweiß (wie Eiweiß aus Sojabohnen, Erbsen, Hafer und Bohnen in absteigender Reihe). MERTEN u. Mitarb.[2] fanden in Verdauungsversuchen an Menschen gepufferte Hämoglobinlösungen bei p_H 3,45 schon nach einer halben Stunde fast vollständig aufgespalten. Sie deuten dies als reine Kathepsinwirkung. Das Zusammenspiel der Magenproteasen in einem weiten p_H-Bereich führt zu einer hohen Verdauungsleistung im Magen. Die Magenverdauung läuft im Duodenum, ähnlich der Mundverdauung im Magen, noch einige Zeit weiter, solange die Wasserstoffionenkonzentration es erlaubt. FREUDENBERG fand auch im Duodenalsaft ein Kathepsin (S. 171), das bei schwach saurer Reaktion die Proteolyse fortführt, bis sie durch Wechsel des p_H-Wertes ins Alkalische vom Trypsin und den Peptidasen übernommen und zu Ende gebracht wird (s. a. S. 97).

So wird die These von PAWLOW: „Kein Pepsinpräparat ohne Labwirkung und kein Lab ohne Pepsinwirkung“ durch diejenige von BUCHS und FREUDENBERG: „Kein Pepsin ohne Kathepsin und kein Magenkathepsin ohne Pepsin“ ergänzt. Unsere Kenntnisse über die Eiweißverdauung im Magen sind durch diese Untersuchungen wesentlich erweitert worden.

Schutz vor Selbstverdauung. Es ist selbstverständlich notwendig, daß das lebende Gewebe gegen die Wirkung der eiweißspaltenden Fermente des Magens und des Pankreassaftes geschützt sein muß. Die lebende Magenwand wird vom Magensaft nicht angegriffen; nach dem Tode tritt in der Leiche „Magenerweichung“ auf. Lebewesen und lebende Organe (Eingeweidewürmer, transplantierte Organe usw.) bleiben im Magen und Darm ziemlich lange, aber nicht dauernd unverändert[3]. Auch am lebenden Gewebe geht die Auflösung durch Trypsin schneller vor sich, wenn eine Magenverdauung vorhergegangen ist[4]. Trotzdem verschiedene Einzelheiten des Vorganges geklärt worden sind[5–7], ist die einwandfreie Ursache dieser Widerstandsfähigkeit noch nicht genau erkannt. Die lebende Zelle vermag den Angriff von Fermenten durch deren Inaktivierung abzuwehren; unbekannt ist nur, auf welche Weise dies geschieht. Da *die Existenz*

[1] SPRINGER, G. F.: B. Z. **321**, 107 (1951). — [2] MERTEN, R., H. RATZER u. U. KLEFFNER: Kli. Wo. **1949**, 635. — [3] DRAGSTEDT, L. R., and W. B. MATTHEWS: Amer. J. Physiol. **105**, 29 (1933). — [4] NECHELES, H., P. LEVITSKY and M. MASKIN: Proc. Soc. exp. Biol. Med. **34**, 768 (1936). — [5] WEINLAND, E.: Z. Biol. **44**, 1, 45 (1903). — [6] LANGENSKIÖLD, F.: Skand. Arch. Physiol. **31**, 1 (1914). Naturwisss. **2**, 883 (1914). — [7] MASKIN, M. H., R. CALLAHAN and H. NECHELES: Amer. J. digest. Dis. **3**, 174 (1936).

eines Antipepsins nicht erwiesen ist, kann es hier auch nicht in Betracht gezogen werden[1]. Eine große Rolle wird dem *Schleim* zugesprochen. Mucin wird von Pepsin-HCl *in vitro* nicht angegriffen, wohl aber in den tieferen Darmabschnitten[2, 3], und zum Teil sicher auch schon im Magen (s. S. 76). Das Fehlen von Mucin wird daher für das Auftreten der peptischen Magen- und Duodenalgeschwüre mitverantwortlich gemacht (S. 72). Das *Ulcus simplex rotundum* ist zwar nach der heutigen Auffassung ein Ulcus pepticum, also durch Wirkung des Verdauungssaftes gebildet. Die primären Ursachen der lokalen Selbstverdauung liegen aber zum großen Teil außerhalb des Magens[4]; s. a. Bd. **1**, S. 1143.

Von allen Fermenten des Magensaftes und der Magenschleimhaut verdient der CASTLE*sche intrinsic factor*[5] auch die Aufmerksamkeit der Fermentchemiker. Die Frage, ob es sich tatsächlich um ein eiweißspaltendes Ferment handelt, ist noch nicht ganz geklärt, wenn auch Bestimmungsverfahren[6] in diese Richtung weisen[7] (s. a. Bd. **1**, S. 1137). Mucintherapie[8], Proteinfunktion[9].

Lipase[10, 11]. Die Anwesenheit einer Lipase im Magensaft des Menschen bzw. ihre Beteiligung an der Verdauung ist keineswegs eindeutig sichergestellt (über *Lipokinase* s. S. 39). Bei hohen Lipasewerten im Mageninhalt bzw. Magensaft ist stets an den möglichen Rückfluß von Duodenalinhalt und das Vorhandensein von Fermenten aus Zellen zu denken[12]. Immerhin ist von verschiedenen Autoren auch im reinen Saft und in Schleimhautextrakten Lipase nachgewiesen worden. Es wird angenommen, daß die Lipase der Schleimhaut mit der des Magensaftes übereinstimmt. Zuerst hat VOLHARD[13] beim Erwachsenen auf die Magenlipase hingewiesen und festgestellt, daß sie nur fein emulgiertes Fett wie im Eigelb, Milch oder Rahm zu spalten vermag, während nichtemulgiertes kaum angegriffen wird. Später hat SEDGWICK[14] die Lipase im Magensaft des Säuglings aufgefunden. Auch bei einem Scheinfütterungsversuch am Menschen wurde in reinem Magensaft Lipase festgestellt[15]. Sie soll von den Fundusdrüsen abgesondert werden[15, 16]. Die meisten späteren Untersuchungen beschränken sich auf ausgeheberten fraktionierten „Magensaft“. Die präparative Isolierung von Lipase aus menschlichem Magensaft ist noch nicht gelungen. Reinigung mit Aceton und Äther und Extraktion mit Ammoniak steigern die Lipasewirksamkeit im alkalischen Gebiet[17] (s. a. S. 39). Das p_H-Optimum der Magenlipase ist vom Substrat abhängig. Bei niedrigsäurigen Triglyceriden liegt es etwa bei 5,5, bei solchen aus hohen Fettsäuren bei 7,5. Die menschliche Magenlipase ist recht beständig im sauren Milieu[18]. Bei akuten Krankheitszuständen soll die Magenlipase erhöht sein[19].

Die Magenlipase kann mit Hilfe der Mikromethoden von LINDERSTRØM-LANG bestimmt werden[20].

[1] KATSCH, G.: Handb. inn. Med. (BERGMANN-STAEHELIN) 3. Aufl. **3**/1, 197 (1938). — [2] ANDERSON, R. K., and C. J. FARMER: Proc. Soc. exp. Biol. Med. **32**, 21 (1934/35). — [3] ANDERSON, R. K., and J. FOGELSON: Proc. Soc. exp. Biol. Med. **32**, 1204 (1934/35). — [4] BERGMANN, G. v.: Pathogenese des Ulcus. Handb. inn. Med. (BERGMANN-STAEHELIN) 3. Aufl. **3**/1, 524 bis 541 (1938). — s. a. S. 39 u. 61. — [5] Vgl. die Arbeiten von CASTLE; s. Bd. **2**/2, Hormone. — SINGER, K.: Physiologie und Pathologie des Antiperniciosaprinzipes. Ergebn. inn. Med. **47**, 421 bis 547 (1935). — [6] LASCH, F.: Kli. Wo. **1937 I**, 815. — [7] s. a. S. 121 [6–8]. — [8] s. a. S. 72. — [9] s. a. Bd. **1**, S. 1137. — [10] s. a. Bd. **1**, S. 1075. — [11] AMMON, R., and M. JAARMA: Stomach lipases. Sumner-Myrbäck **1**/I, 422. — [12] Babkin S. 190. — Oppenheimer, Fermente. Suppl. **1**, 60—62 (1935). — [13] VOLHARD, F.: M. m. W. **1900**, 141, 194. Z. klin. Med. **42**, 414; **43**, 397 (1901). — [14] SEDGWICK, J. P.: Jber. Kinderheilkde. **64**, 194 (1906). — [15] HEINSHEIMER, F.: D. m. W. **1906 II**, 1194. — [16] DAVIDSOHN, H.: B. Z. **45**, 284 (1912); **49**, 249 (1913). — [17] HAUROWITZ, F., u. W. PETROU: H. **144**, 68 (1925). — [18] SCHØNHEYDER, F., u. K. VOLQVARTZ: Acta physiol. scand. **11**, 349 (1946). — [19] VÉGHELYI, P.: Ann. paediatr., Basel **168**, 93 (1947). — [20] GLICK, D.: H. **223**, 252 (1934). C. R. Lab. Carlsberg **20**, No. 5 (1933/34). J. chem. Educat. **12**, 253 (1935).

Am einwandfreisten ist die Lipase aus dem frischen Sekret eines Hundes mit einem Blindsack der Fundusschleimhaut nach PAWLOW zu erhalten[1]. Da die Lipase besonders empfindlich gegen Säure ist, eignet sich zum Nachweis beim Menschen das Nüchternsekret besser als das Reizsekret[1]. Magensaft von Kindern war bei p_H 4,4 nur wenig lipolytisch wirksam, optimal jedoch bei p_H 8,0 bis 8,4. Die Eigenschaften dieser Lipase stimmen mit denen der Duodenallipase überein, so daß Rückfluß aus dem Darm angenommen werden kann[2].

Aus den p_H-Werten des reinen Magensekretes oder des Mageninhaltes nach einem Probefrühstück darf kein Schluß gezogen werden auf die p_H-Werte, welche verschiedene Teile des Mageninhaltes bei einer echten Mahlzeit aufweisen. Erst diese p_H-Werte ermöglichen aber das optimale Wirksamwerden von Lipase. Bei der *Milchverdauung des Säuglings* ist auch die Lipase der Frauenmilch in beträchtlichem Umfang beteiligt[3]. Ihr p_H-Optimum liegt noch etwas höher als das der Magenlipase. Durch den Magensaft wird die *Frauenmilchlipase* aktiviert, unter Umständen auch durch Galle. Die hemmende Wirkung des Caseins auf die Magen- und Frauenmilchlipase wird durch die Gerinnung aufgehoben. Dabei werden die beiden Lipasen mit dem Fett in das Gerinnsel eingeschlossen und wirken dann weiter. Wird Frauenmilch ohne vorausgehende Aktivierung der Milchlipase durch Magensaft zur Gerinnung gebracht, so geht die Lipase in die Molke und nicht in das Gerinnsel über. Die Fettspaltung wird dadurch behindert. Die Milchgerinnung im Magen hält das Milchfett im Magen längere Zeit zurück und ermöglicht dadurch auch die Einwirkung von Magen- und Frauenmilchlipase unter günstigen p_H-Bedingungen. Die p_H-Optima gereinigter Lipasepräparate stimmen mit denen bei einer normalen Fettverdauung im Magen oder Darm nicht überein. Wie LICHTENBERG[4] an Kindermagensäften zeigte, ist die Fettspaltung im Magen sowohl bei saurer als auch bei neutraler Reaktion möglich. Die Magenlipase spaltet niedrigmolekulare Glyceride (Tributyrin) leichter als hochmolekulare (Triolein), Pankreaslipase zerlegt beide rasch; die Frauenmilchlipase steht in ihrer Wirkungsweise in der Mitte zwischen Magen- und Pankreaslipase. Auf diese Weise ist die Fettspaltung beim Kind mehrfach gesichert.

Tabelle 19. Vergleich der Tributyrinspaltung mit der von anderen Estern[4].

Substrat	Magensaft vom Säugling %	Magenextrakt vom Schwein %	Duodenalsaft vom Säugling %	Frauenmilchlipase %
Tributyrin	100	100	100	100
Tricaprin	21	22	38	69
Triacetin	3,5	18	12	55
Tripalmitin	3,5	11	20	45
Triolein	11	5,5	93!!	17

Für den Erwachsenen hat die Magenlipase wenig Bedeutung. VONK faßt sie als ein Rudiment des Fermentes in der Jugend auf. Im Magensaft des Hundes kommt keine Lipase vor[5].

Carbohydrasen. Eine *Amylase* enthält der reine Magensaft nicht, obwohl in Schleimhautextrakten verschiedentlich geringe Amylasewirkungen festgestellt wurden. Beim positiven Ausfall solcher Versuche ist besonders an Speichel*amylase* zu denken, die von der Magen-

[1] RONA, P., u. M. TAKATÁ: B. Z. **134**, 118 (1923). — [2] RADICI, M.: Fisiol. e Med. **8**, 311 (1937). — [3] VONK, H. J.: Ergebn. Enzymforsch. **8**, 86 (1939). — [4] LICHTENBERG, H.: Z. Kinderheilkde. **54**, 732 (1933). Kli.Wo. **1932 II**, 2117. — [5] STEWART, C. F., and W. N. BOLDYREFF, zit. nach Angew. Chem. **49**, 114 (1936).

oberfläche adsorbiert werden kann[1]. Die früher angenommene Amylasewirkung der Kardiadrüsengegend des Schweines ist durch Untersuchungen am kleinen Magen nach PAWLOW als Irrtum erkannt worden (Näheres bei SCHEUNERT[2]). Nach Ausschaltung aller nervösen Einflüsse konnte im Magensaft des Hundes, der durch Pylorus-, HEIDENHAIN- und PAWLOW-Fisteln gewonnen war, Amylase festgestellt werden. Es handelt sich hier aber nicht um normalen Saft[3].

Auch im *Labmagen*[4] und im Labmageninhalt des Schafes ist die Stärkespaltung so gering, daß wohl keine Amylase aus der Schleimhaut abgegeben wird.

Glykolysierende Fermente, die aus Glykogen und Glucose Milchsäure bilden, werden von der Mucosa und im Pylorus des Hundemagens abgesondert, und zwar gesteigert nach Fleischfütterung, mehr noch nach Brot- und am meisten nach Milchgaben[3]. An Hunden mit PAWLOW- bzw. HEIDENHAIN-Fisteln und isoliertem Pylorus konnte festgestellt werden, daß die Fundusdrüsen kein glykolytisches Ferment abgeben, wohl aber die Pylorusdrüsen im beträchtlichen Umfang und im Zusammenhang mit dem Verdauungszustand. Bei 2- bis 3fachem Ansteigen der Milchsäure im Blut wird die Milchsäureabgabe durch die Pylorusdrüsen auf das 2- bis 5fache vermehrt. Das Auftreten von Milchsäure im Magensaft ist physiologisch bedingt durch glykolytische und exkretorische Vorgänge in der Magenwand[5].

Rohrzuckerspaltende Fermente sind im Magensaft nicht vorhanden[6,7]; eine etwaige Inversion des Rohrzuckers im Magensaft geschieht vielmehr durch die Magensalzsäure.

Urease[8]. Ein harnstoffspaltendes Ferment im Magensaft wurde von MARTIN[9] im Magensaft von Menschen, von CARDIN[10] in menschlichen und tierischen Foeten nachgewiesen. FOSSEL[11] fand im menschlichen Magen Urease, vermißte sie aber in Duodenum, Jejunum und Ileum, ebenso auch, was besonders hervorgehoben zu werden verdient, in der Niere[12]. Die Aktivität des Fermentes ist wesentlich schwächer als die der Urease aus Sojabohnen oder Bakterienkulturen.

Wegen des Auftretens von Ammoniak im Magen von Uraemiekranken verdienen diese Befunde Beachtung. Nach FITZGERALD[13] soll die Magenurease die Mucosa gegen die Magensalzsäure durch Neutralisation mit Ammoniak schützen.

Man hat auch die Magenurease in Beziehung zur Salzsäurebildung gebracht. Durch Versuche von DAVIES u. KORNBERG[14] an isolierter Froschmagenmucosa in vitro und mit ^{15}N-Harnstoff an Katzen[15] konnte jedoch gezeigt werden, daß sie keine Rolle bei der Säuresekretion des isolierten Frosch- oder Mäusemagens spielt, eine Ansicht, die auch GLICK[16] nun angenommen hat.

D. Weitere organische Bestandteile des Magensaftes. Blutgruppenspezifische Substanzen sind 1940 aus dem Magensaft von Menschen der B-Gruppe und 1941 der 0-Gruppe isoliert worden[10]. Aus 110 bzw. 1000 cm³ Magensaft wurden 13,5 mg B-Substanz und 185 mg hochaktiver 0-Substanz gewonnen[17]. Aus dem Schweinemagenmucin konnten durch Fraktionierung mit Alkohol und Elektrodekantation

[1] Handb. vgl. Histol. Haussäugethiere (ELLENBERGER) Bd. 2, Teil 1. Berlin 1890. — [2] SCHEUNERT, A.: Verdauung der Wirbeltiere. Handb. Biochem. **5**, 83 (1925); Erg.-W. **2**, 436 bis 484 (1934). — [3] TUMASS, A. I.: Bull. Biol. Méd. exp. URSS **8**, 92 (1939) [Ber. Physiol. **117**, 574]. — [4] SALVIETTI, A. I.: Riv. Biol. **14**, 64 (1932) [Ber. Physiol. **69**, 511]. — [5] SAMICHKINA, K. S.: Ark. biol. Nauč **58**, 70 (1940) [Ber. Physiol. **120**, 592]. — [6] LUSK, G.: Amer. J. Physiol. **10**, XXI (1903). — [7] TAKATA, M.: J. Biochem. **2**, 33 (1922). — [8] SUMNER, J. B.: Sumner-Myrbäck **1**/II, 873. — s. a. hier S. 35, sowie Bd **1**, S. 1113. — [9] MARTIN, L.: Bull. Johns Hopkins Hosp. **52**, 166 (1933). J. biol. Ch. **102**, 131 (1933). — [10] CARDIN, A.: Arch. Sci. biol., Napoli **19**, 76 (1933) [Ber. Physiol. **77**, 102]. — [11] FOSSEL, M.: H. **282**, 164 (1947). — [12] s. dagegen Urease in der Niere von Helix pomatia u. H. nemoralis. HEIDERMANNS, C., u. I. KIRSCHNER-KÜHN: Z. vgl. Physiol. **34**, 166 (1952). — [13] FITZGERALD, O.: Biochem. J. **47**, IX (1950). — FITZGERALD, O., and P. MURPHY: Nature **162**, 896 (1948). — [14] DAVIES, R. E., and H. L. KORNBERG: Biochem. J. **47**, II (1950); **50**, 119 (1951). — [15] KORNBERG, H. L., and R. E. DAVIES: Biochem. J. **52**, 345 (1952). — [16] GLICK, D.: Privatmitteilung an obige Autoren. — [17] WITEBSKY, E., and N. C. KLENDSHOJ: J. exp. Med. **72**, 663 (1940); **73**, 655 (1941). — BRAY, H. G., H. HENRY and M. STACEY: Biochem. J. **40**, 13 (1946).

zwei Formen von Blutgruppen A-Substanzen isoliert werden, eine wasserlösliche und eine bei p_H 3 wasserunlösliche[1]. Aus Rindermagen hat man eine Blutgruppensubstanz B erhalten[2].

Schutzstoffe gegen *Vitamin C-Verluste* sollen in den Verdauungssäften und auch im Magensaft vorkommen[3]. *Kallikrein* findet sich nicht in Magensäften mit freier HCl, aber stets in solchen ohne HCl. Das Kallikrein des Speichels wird durch HCl zerstört[4]. Über *Padutin* s. Bd. 2/2.

Histamin ist normalerweise im menschlichen Magensaft vorhanden (0—0,0017 mg%[5, 17]). Die Menge ist größer als im Blutplasma, und daher kann sie nicht vom Blut allein kommen[6].

Der *Histamingehalt* des Mageninhaltes operierter Magenkranker ist sehr hoch, wohl als Folge entzündlicher Vorgänge und des Zerfalls von Leukocyten. Nichtoperierte Kranke (Ulcus, Appendicitis, Cholecystitis) zeigen sehr niedrige Werte, die sogar unter denen des Speichels liegen[7]). Eine histaminähnliche, nicht näher bekannte Substanz läßt sich auf biologischem Wege im menschlichen Magensaft fast stets nachweisen[8]. Es könnte ein Histaminderivat sein[9].

Von den *Acetonstoffen* fand IKEBE[10] im normalen Magensaft des Menschen 1,2 mg% Aceton, 2,9 mg% Acetessigsäure und 5,3 mg% β-Oxybuttersäure. Der Saft eines Hundes mit kleinem Magen enthielt 0,4 mg% Aceton, 2,9 mg% Acetessigsäure und 9,2 mg% β-Oxybuttersäure. Die Aceton- und Acetessigsäure-Werte kamen denjenigen des Blutes gleich, von β-Oxybuttersäure war stets mehr vorhanden.

5. Der Mageninhalt des Menschen.

a) Gewinnungsart und Zusammensetzung[11]. Während über die chemische Zusammensetzung des menschlichen Magensaftes (des reinen Sekretes) wenig neuere Arbeiten vorliegen, hat man sich in den letzten Jahrzehnten eingehend mit dem Mageninhalt beschäftigt (Definition des Mageninhaltes s. S. 46). KUSSMAUL[12] (1865) und NAUNYN (1866) haben als erste mit Hilfe von *Magensonden* Mageninhalt gewonnen[13]. EINHORN erfand 1910 die Duodenalsonde. GROSS (1893) und unabhängig von ihm später EHRENREICH[14] (1912) beließen zuerst einen dünnen Gummischlauch als „*Verweilsonde*" (vgl. S. 88) im Magen und erhielten je nach Sekretionsphase Mageninhalt für systematische chemische Untersuchungen. Mit dem Gerät von HENNING u. Mitarb.[15] kann man im sog. „Gastromechanogramm" gleichzeitig und fortlaufend bestimmen: Gesamtacidität, freie Salzsäure, p_H im Saft und an der Magen*wand*, Temperatur und Motilität.

Auch beim Tier kann man Verweilsonden gebrauchen, beim Pferd nimmt man allerdings wegen der anatomischen Verhältnisse eine Nasenschlundsonde[16].

---

[1] HOLZMAN, G., and C. NIEMANN: Am. Soc. **72**, 2044, 2048 (1950). J. biol. Ch. **174**, 305 (1948). — [2] BEISER, S. M., and E. A. KABAT: Am. Soc. **71**, 2274 (1949). — [3] WACHHOLDER, K.: Vitamine u. Hormone **3**, 1 (1942). — [4] KORÁNYI, A., u. T. SZENIES: Kli. Wo. **1939 I**, 544. — s. a. BUGYI, B.: 12. Tag. ung. Physiol. Ges. Kolozsvár [Ber. Physiol. **131**, 233]. — [5] BORBOLA, J., G. BIKICH u. G. HÉTÉNYI: Acta med. Acad. Sci. hung. **2**, 259 (1951) [C. **1952**, 3850]. — [6] SMAHEL, O.: Cas. Lék. čes. **88**, 579 (1949) [Excerpta med. II/3, 305 (1950)]. — [7] GIBERTINI, G.: Boll. Soc. ital. Biol. sperim. **17**, 358, 360 (1942) [Ber. Physiol. **133**, 33]. — [8] BROWN, C. L., and R. G. SMITH: Amer. J. Physiol. **113**, 455 (1935). — [9] BORN, G. V. R., and J. R. VANE: J. Physiol., London **115**, 55 P (1951). — [10] IKEBE, K.: Nagasaki Igakkai Zasshi **9**, 998, 1025 (1931) [Ber. Physiol. **65**, 230]. — [11] ISAAC, S., u. W. AMELUNG: Die Untersuchung des Mageninhaltes. Handb. biol. Arb.-Meth. Abt. IV, Teil 6/1, 411—462 (1926). — CYTRONENBERG, S. S., A. L. A. DEL CASTILLO and A. DE LACNICA: Rev. Gastroenterol., N. Y. **15**, 702 (1948). — [12] KUSSMAUL, A.: Tageblatt der 41. Versammlung dtsch. Naturforscher u. Ärzte Frankfurt **1867**, 41. Dtsch. Arch. klin. Med. **6**, 455 (1869). — [13] Zur Geschichte und Technik der Magensondierung s. FERGER, O.: Diss. med. Greifswald 1929 u. CARLSON, A. J.: Physiol. Rev. **3**, 1 (1923). — [14] EHRENREICH, M.: Z. klin. Med. **75**, 232 (1912). — [15] HENNING, N., L. DEMLING u. H. KINZLMEIER: Kli. Wo. **1951**, 605. — [16] NEUMANN, K., u. H. SCHULTZ: Berlin. tierärztl. Wschr. **1924**, 629. — [17] WERLE, E., u. H. ZEISBERGER: Kli. Wo. **1952**, 45.

Um die sekretorische Leistung des Magens zu prüfen, verwendet man verschiedene die Magentätigkeit anregende *Reizmittel* (Probemahlzeiten und Pharmaka). Gut bewährt haben sich das sehr eiweißarme *Probefrühstück* von EWALD u. BOAS[1], das aus 400 bis 500 cm³ Tee und 35 g Semmel, Weißbrot oder Zwieback besteht. Nach $^{3}/_{4}$ bis 1 Stunde wird der Inhalt ausgehebert und Menge, Geruch, Aussehen, Acidität, Viscosität und mikroskopischer Befund beurteilt. Bei Kindern erhält man nach 30 min etwa 80 cm³ mit Schleim vermischten Mageninhalt. In besonderen Fällen gibt man unter anderem auch eine gehaltvolle eiweißreiche *Probemahlzeit*, z. B. nach RIEGEL[2] einen Teller Rindfleischsuppe, 200 g Beefsteak, 50 g Kartoffelbrei und ein Brötchen und hebert nach 4 Stunden aus. Über weitere Probemahlzeiten s. KATSCH[3, 4]. In neuester Zeit bevorzugt man immer mehr pufferfreie Reizlösungen in Verbindung mit der Verweilsonde. (Näheres s. S. 88.) Nach dem Probefrühstück und der Probemahlzeit wird beim Menschen der *Mageninhalt* alle 15 min „fraktioniert", nach Gabe von Reizlösungen alle 10 min ausgehebert und meist nur auf seine Säure- und Chloridmenge titriert. Bei den erhaltenen Titrationszahlen ist zu berücksichtigen, daß sie außer durch Speichel- und Duodenalinhalt noch durch Speisereste oder durch die Reizflüssigkeit niedriger als bei reinem Sekret ausfallen können. Ihr Wert liegt bei einheitlich angewandten Verfahren darin, die Funktion verschiedener Mägen oder ein und desselben Magens zu verschiedenen Zeiten vergleichen zu können. Kurz nach dem Essen werden freie und Gesamtsalzsäure fast gleichmäßig vermehrt abgegeben, bis das Minimum nach einer Stunde erreicht ist, um dann mit zunehmender Entleerung des Inhaltes zur Norm zu sinken (s. Abb. 12). Die Tabelle 20 zeigt die Abhängigkeit der normalen HCl-Werte vom Verfahren der Mageninhaltgewinnung und Zeit der Ausheberung.

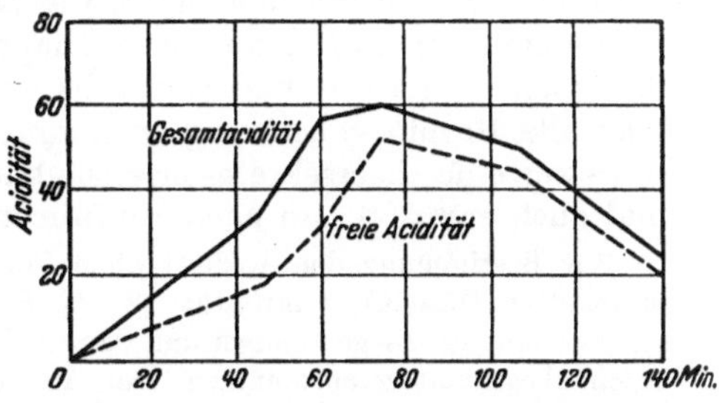

Abb. 12. Aciditätskurve des normalen menschlichen Magens nach EWALDschem Probefrühstück (nach HAWK)[5].

Tabelle 20. Gewinnungsverfahren und Säuregehalt des menschlichen Mageninhaltes bei Gesunden[6].

Magensaft oder Mageninhalt	HCl	Acidität	Normalität	% HCl
Reiner Appetitsaft aus Magenfistel[7]	Gesamt freie	123—165 110—137	0,12—0,16 0,11—0,13	0,450—0,600 0,400—0,500
45—60 min nach EWALD-BOAS-Probefrühstück	Gesamt freie	40—60 20—40	0,04—0,06 0,02—0,04	0,155—0,220 0,073—0,146
4 Stunden nach RIEGEL-Probemahlzeit	Gesamt freie	70—100 20—50	0,07—0,10 0,02—0,05	0,250—0,360 0,073—0,180
50—70 min nach Coffeinreiz (KATSCH[8])	Gesamt freie	40—60 20—40	0,04—0,06 0,02—0,04	0,155—0,220 0,073—0,146

[1] EWALD, C. A., u. I. BOAS: Virchows Arch. **101**, 325 (1886). — BOAS, I.: Diagnostik und Therapie der Magenkrankheiten. 8. u. 9. Aufl. Leipzig 1925. — [2] RIEGEL, F.: Die Erkrankungen des Magens. 2 Teile. Wien 1897. (Bd. 16 von Spezielle Pathologie u. Therapie. Hrsg. NOTHNAGEL, H.) — [3] KATSCH, G.: Handb. inn. Med. (BERGMANN-STAEHELIN) 3. Aufl. **3**/1, 275 (1938). — [4] als Probemahlzeit Magermilchtrunk s. BRAMSTEDT, E.: Dtsch. Arch. klin. Med. **197**, 537 (1950). — [5] Aus Handb. Biochem. **5**, 113 Abb. 5 (1925). — HAWK, P. B., B. L. OSER and W. H. SUMMERSON: Practical Physiological Chemistry. 12. Aufl. S. **344**. Philadelphia, Toronto 1947. — [6] ROSEMANN, R.: Handb. Physiol. **3**, 855 (1927). — [7] CARLSON, A. J.: Physiol. Rev. **3**, 1—40 (1923). — [8] KATSCH, G.: Handb. inn. Med. (BERGMANN-STAEHELIN) 3. Aufl. **3**/1, 263 (1938).

Je einheitlicher der Mageninhalt gewonnen wird, um so sicherer können die Ergebnisse auch am Kranken ausgewertet werden. Daher seien im folgenden einzelne heute gut erhältliche Mageninhaltfraktionen geschildert.

b) Die mit der Verweilsonde gewonnenen einzelnen Fraktionen des Mageninhaltes. α) Übersicht. 1915 haben REHFUSS[1] in Amerika als die „*fraktionierte Ausheberung*", 1924 KATSCH und KALK[2] als „*kinetische Methode*" das heute in der Klinik einheitlich angewandte *Verweilsonden-Verfahren* angegeben. Nach Legen einer dünnen Verweilsonde saugt man mit einer Spritze aus dem Magen von nüchternen Personen den ersten gesamten Inhalt, den sog. „*Nüchterninhalt*" oder das Nüchternsekret, Immediatsekret (GALEWSKI[3]), hunger juice (CARLSON), fasting juice (HULL, KEETON) ab. Nach 10 min entnimmt man wieder den ganzen Mageninhalt und wiederholt dies jeweils nach 10 min noch zweimal. Diese 3 Proben ergeben das *Leersekret*[4] [Tardivsaft[3], „empty juice" (CARLSON)]. In der Regel werden jetzt, 30 min nach Einführung der Verweilsonde, etwa 300 cm^3 einer 20° C warmen, pufferfreien *Reizlösung*[5] durch den Schlauch in den Magen gebracht, z. B. nach KATSCH 0,2 g *Coffeinum purum* in 300 cm^3 H_2O oder nach EHRMANN 300 cm^3 5%iger *Alkohollösung*[5], die je mit 2 Tropfen 2%iger Methylenblaulösung angefärbt sind. In Abständen von je 10 min holt man jetzt je 10 cm^3 „Reizsekret" aus dem Magen, bis die Methylenblaufärbung in einer Probe verschwunden ist, was normalerweise in etwa 60 min der Fall ist. In diesem Zeitpunkt, den man im Diagramm aufzeichnet (↓), hat die Reizlösung den Magen verlassen, und man erhält von nun an das *Nachsekret*, dessen Menge man alle 10 min vollständig entnimmt, bis die Sekretion wieder die Ausgangssäurewerte des Leersekretes erreicht hat, was beim Gesunden 90 bis 150, manchmal auch erst 200 min nach Einführung des Schlauches eintritt.

Zur Bestimmung der Acidität ohne Verwendung des Magenschlauches werden 300 mg radioaktive $^{45}CaCO_3$ (Aktivität 12 μC, Halbwertzeit 5 Monate) in 50 cm^3 Alkohol aufgeschwemmt per os genommen und danach 30 min fortlaufend aus der Fingerbeere Blut zur Calciumbestimmung entnommen. Der Anstieg des radioaktiven Calciums ist ein Maß für die Acidität des Mageninhaltes[6]. Diäthylaminoäthanol (Dehydasal) kann bei fractionierter Ausheberung Alkohol oder Histamin ersetzen[7].

Zur *Prüfung des Säurebildungsvermögens* stellt man nach Gewinnung des Leersekretes oder häufiger nach Abklingen der Coffein- oder Alkoholwirkung die *Histaminprobe nach* v. FRIEDRICH[8] an, bei der durch subcutane Injektion von Histamin (0,01 mg/kg) ein starker parenteraler Sekretionsreiz unter gut übersehbaren Bedingungen gesetzt wird, so daß die Sekretabgabe wesentlich gesteigert und verlängert wird.

β) Der Nüchterninhalt[9] des menschlichen Magens ist ein Gemisch und enthält nur zum kleinen Teil Magensekret; denn während des Schlafes ruht die Magensekretion, im Wachzustand ist die vollkommene Sekretionsstille jedoch ein seltener Ausnahmezustand. Der Inhalt besteht größtenteils aus verschlucktem Speichel, oft auch aus zurückgetretenem Dünndarminhalt; seine Zusammensetzung schwankt daher stark. Eine Grenze für die *Menge des Nüchtern-*

---

[1] REHFUSS, M. E.: J. amer. med. Ass. **64**, 569 (1915). — [2] KATSCH, G., u. H. KALK: Arch. Verd.-Krankh. **32**, 201 (1923/24). — KATSCH, G.: Handb. inn. Med. (BERGMANN-STAEHELIN) 3. Aufl. **3**/1, 254 (1938). Handb. Physiol. **3**, 1120 (1927). — [3] Zit. nach MAHLER, P.: Wien. Arch. inn. Med. **19**, 416 (1930). — [4] KATSCH, G.: Handb. inn. Med. (BERGMANN-STAEHELIN) 3. Aufl. **3**/1, 271 (1938). — [5] KALK, H., u. B. KUGELMANN: Kli. Wo. **1925 II**, 1806. — [6] MAURER, W., H. BASTEN, W. BECKER, A. NIKLAS u. H. PUCHTLER: Kli. Wo. **1951**, 89. — [7] UNGER, H.: Dtsch. Gesundh.-Wes. **7**, 178 (1952). — [8] POPIELSKI, L.: Pflügers Arch. **178**, 214 (1920). — KATSCH, G.: D. m. W. **1927 I**, 947. — FRIEDRICH, L. v.: Verh. dtsch. Ges. inn. Med. **1922**, 524. — [9] KATSCH, G.: Handb. inn. Med. (BERGMANN-STAEHELIN) 3. Aufl. **3**/1, 268 (1938). — SCHEUNERT, A.: Handb. Biochem. Erg.-W. **2**, 435 (1934).

inhaltes Gesunder läßt sich nach KATSCH wegen verschiedener Reizeinwirkungen nicht geben. Die Sekretmenge wird auch durch den jeweiligen Wasser- und Salzstoffwechsel wesentlich beeinflußt. Am sichersten fällt die Untersuchung kurz nach dem morgendlichen Erwachen aus. Der ungereizte, normale Magen enthält nach KATSCH nur geringe Saftmengen, meist weniger als 40 cm³, durchschnittlich etwa 20 bis 30 cm³, nach NEVERMANN[1] 20 cm³. Bei 93 Magengesunden fehlte der Nüchterninhalt nur bei 6% völlig[1]. Bei Krankheiten findet man über 100 bis 500 cm³ und mehr (Supersekretion), bei „trockenem Magen" kann der Nüchterninhalt jedoch auch völlig fehlen, sogar der „Schleimsee", das am tiefsten Punkt sich normalerweise sammelnde und im gastroskopischen Bild zu sehende Sekretgemisch. CARLSON fand bei sonst gesunden Personen mit Magenfisteln 5—**30**—120 cm³ Nüchterninhalt[2].

Die *Farbe* des Nüchterninhaltes kann je nach Beimengung von Gallenfarbstoff grünlich-grau, grasgrün oder bräunlich-gelb sein. Duodenalsaft macht das Sekret stets trübe, häufig durch CO_2-Bildung schaumig. Hämatinisiertes Blut bedingt ein kaffeesatzartiges Aussehen. Bakterienfarbstoffe können auch bei Fehlen von Gallenfarbstoff gallenfarbstoffähnliche Färbungen verursachen.

Die *Gefrierpunktserniedrigung*[3] des Nüchterninhaltes beträgt normalerweise 0,36° C, die des Duodenalsaftes 0,48° C.

Die *Acidität des Nüchterninhaltes* schwankt von 0 bis zur Acidität des normalen Magensaftes. Die *Gesamtacidität* beträgt etwa 40 bis 70, selten über 70. Von Person zu Person sind die Werte unterschiedlich, jedoch charakteristisch. Gegen Kongopapier reagiert der Nüchterninhalt in der Hälfte der Fälle sauer. Eine Beziehung zur HCl-Konzentration und Sekretmenge besteht nicht[4]. Chloride sind reichlich vorhanden. Die Pepsinwirkung ist meist schwächer als im später sezernierten Saft. Tabelle 21 gibt einen Überblick über die Acidität des Nüchterninhaltes gewonnen an 93 Magengesunden, von denen 87 = 94% Nüchterninhalt enthielten.

Tabelle 21. **Acidität im Nüchterninhalt bei 87 Magengesunden**[1].

	Freie Salzsäure		Gesamtacidität	
	Aciditätsbereich	Häufigkeit in Prozent der Fälle	Aciditätsbereich	Häufigkeit in Prozent der Fälle
Anacidität	0	62,0	0	37
Subacidität	0—20	15,0	0—30	36
Normacidität	21—50	18,5	31—60	20
Hyperacidität	über 50	4,5	über 60	7
Durchschnitts- und Grenzwerte	0—**28**—72 = **0,1**—0,26% HCl		0—**44**—97 = **0,16**—0,35% HCl	

Man sieht, daß im Nüchterninhalt von Magengesunden die Normacidität häufig und beträchtlich unter-, nicht selten aber auch überschritten wird. Es ist anzunehmen, daß auch andere Nüchternsaftbestandteile in ihrer Menge wechseln.

Der *Bodensatz* des Nüchternsekretes macht nach 2stündigem Stehen der Probe selten mehr als 5% aus. Er besteht mikroskopisch aus Schleim, zerfallenden Epithelien, Fettkügelchen, Leukocytenkernen. Da Leukocyten durch die Magenwand physiologischerweise in den Mageninhalt gelangen, gelten nur größere

[1] NEVERMANN, H.: Diss. med. Hamburg 1941. — [2] CARLSON, A. J.: Physiol. Rev. **3**, 1—40 (1923). — [3] GUARNASCHELLI-RAGGIO, A.: Arch. ital. Mal. App. diger. **9**, 451 (1940) [Ber. Physiol. **128**, 37]. — [4] OBERHOFFER, G.: Kli. Wo. **1950**, 561.

Mengen als pathologisch. Auch Reste von Speisen (Stärkekörner, Pflanzenfasern usw.) finden sich als normale „Mikroretentionen" neben Bakterien und Hefen.

Die *chemischen Bestandteile des Nüchterninhaltes* haben bisher nur wenig Beachtung gefunden. Durch Stauung des Sekretes und Fehlen der Salzsäure wird die Entwicklung von Bakterien möglich; man findet daher ihre Stoffwechselprodukte wie *Milchsäure, niedere Fettsäuren* und *Gase* (CO_2, CH_4, H_2S). Ein Teil der Milchsäure kann durch Leukocytenfermente aus der entzündlich veränderten Magenschleimhaut und aus Carcinomzellen gebildet werden. Der *Aminosäuregehalt* wurde bei Gesunden im Nüchterninhalt und im Ausgeheberten nach EWALDschem Probefrühstück mit 3 mg absolut oder 5,3 mg% niedriger als die Blutwerte gefunden[1], bei Gastritis sind die Mengen bis auf das Doppelte erhöht. Ein Parallelgehen mit der Acidität ist nicht erkennbar. Von *reduzierenden Substanzen*[2] fand man bei 60 Kranken im Durchschnitt 23,6 mg% als Zucker berechnet. Die Werte waren unabhängig von der Säuresekretion des Magens, stiegen jedoch mit dem Anstieg des Blutzuckers nach intravenöser Zuckerbelastung an. Als Ursache wird eine erhöhte Zuckerdurchlässigkeit der Epithelien angenommen. Der Gehalt an Mineralstoffen im Nüchterninhalt ist aus Tabelle 23 (S. 92) ersichtlich[3].

γ) Das Leersekret[3, 4] beträgt normalerweise 3mal je 10 bis 20 cm³. Während im Nüchterninhalt meist die freie HCl fehlt, beginnt ohne irgendwelchen sonstigen Reiz in den nacheinander entnommenen drei Proben freie Salzsäure aufzutreten und die Gesamtacidität schrittweise anzusteigen. Menge des Leersekretes sowie Anstieg oder Ausbleiben der Acidität sind diagnostisch bedeutsam. Die Beobachtung der Leersekretion und ihrer Acidität gibt Einblick in die Regulationsvorgänge im Magen. Über die Zusammensetzung dieses Sekretes an Mineralstoffen gibt ebenfalls die Tabelle 23 Auskunft[3].

δ) Das Reizsekret, d. h. das nach oraler Zufuhr einer mit Methylenblau angefärbten Coffein- oder Alkohollösung gewonnene Sekret, ist ein Gemisch der Reizlösung und des in steigender Menge abgegebenen Magensaftes. Von dem Mageninhalt werden in 10 min-Abständen Proben von je 10 cm³ ausgehebert (s. S. 91); freie HCl und Gesamtsäure sowie die Chloride bestimmt. An der Färbung der Proben läßt sich der Gehalt an Reizlösung und die Menge des abgesonderten Sekretes (gleichsam colorimetrisch) abschätzen[5].

ε) Das Nachsekret ist das durch die Reizlösung verstärkt abgesonderte Magensekret. Es handelt sich um nahezu reinen Magensaft mit etwaiger Beimengung von verschlucktem Speichel und in den Magen — durch „Duodenalrückfluß" — gelangtem Darminhalt. Da man alle 10 min jeweils die gesamte Menge entnimmt, gibt diese Aufschluß über das Sekretionsvermögen des Magens. In 6 Stunden erhält man normalerweise etwa 80 cm³. „Trockene" Mägen liefern weniger („Saftmangel"), „Reizmägen" oft sehr viel mehr und über längere Zeit hinweg (Supersekretion). Die chemische Untersuchung beschränkt sich auch beim Nachsekret meist nur auf die Titration von freier HCl, Gesamtacidität und Gesamtchloride. Tabelle 22 gibt einen Überblick der Verhältnisse bei Gesunden.

Auch das Reizsekret von Magengesunden zeigt wie der Nüchterninhalt (s. S. 88) starke Abweichungen ohne Störung der Magenverdauung. Hyperaciditäten bis 115 und 145 und bei Anacidität sogar Alkalinitäten bis maximal

[1] BELLOMO, A., e M. PESCARMONA: G. R. Accad. Med. Torino **102**, 279 (1939) [Ber. Physiol. **121**, 504]. — [2] KRAUSE, G.: Dtsch. Arch. klin. Med. **178**, 555 (1936). — [3] MAHLER, P.: Wien. Arch. inn. Med. **19**, 413 (1930). — [4] KATSCH, G.: Handb. inn. Med. (BERGMANN-STAEHELIN) 3. Aufl. **3**/1, 271 (1938). — [5] Vgl. Abb. 20 bei KATSCH, G.: Handb. inn. Med. (BERGMANN-STAEHELIN) 3. Aufl. **3**/1, 256 (1938).

Tabelle 22. Acidität im Reizsekret bei 93 Magengesunden[1].

	Freie HCl		Gesamtacidität	
	Aciditätsbereich	Häufigkeit in Prozent	Aciditätsbereich	Häufigkeit in Prozent
Anacidität	0	7,5	0	7,5
Alkalinität	unter 0	7,5	unter 0	7,5
Subacidität	0—20	30	0—30	29
Normacidität . . .	21—50	42	31—60	44
Hyperacidität . . .	50—115	20,5	60—145	19,5

Als Reizlösung wurden 200 cm³ 5%ige Alkohollösung nach EHRMANN gegeben; wenn die zweite Probe nach Gabe der Reizlösung noch anacid war, wurden 0,25 mg Histamin subcutan gespritzt.

55 treten auf. Die chemische Zusammensetzung des menschlichen Magensaftes schwankt sowohl bei leerem Magen als auch während der Verdauung, sowie an verschiedenen Tagen individuell weitgehend[2]. Die Titration allein bringt daher noch keine Diagnose, und aus einer nur einmal gewonnenen Zahl darf man noch nicht auf eine Funktionsstörung schließen[3] (vgl. Abb. 13). Dies wird erst möglich an Hand ganzer Kurvenbilder, deren verschiedenartigen und charakteristischen Verlauf der Erfahrene für eine Diagnose auswerten kann.

c) Die Ergebnisse der stufenweisen Untersuchung des Mageninhaltes. Die vom Nüchternsekret, Leer- und Reizsekret erhaltenen Titrationswerte trägt man in ein Diagramm ein. Zu einer Linie verbunden ergeben die Zahlen die *Aciditäts-* und *Mengenkurven*, durch die man die Magentätigkeit (Sekretion und Motilität) viel besser beurteilen kann als durch die stichprobenweise einmalige Ausheberung. Dies geht aus dem Vergleich der beiden Kurvenbilder Abb. 14 und 15 hervor[4, 5]. Auch die Zusammensetzung der einzelnen Mageninhaltsfraktionen und deren zeitliches Verhalten sind daraus ersichtlich.

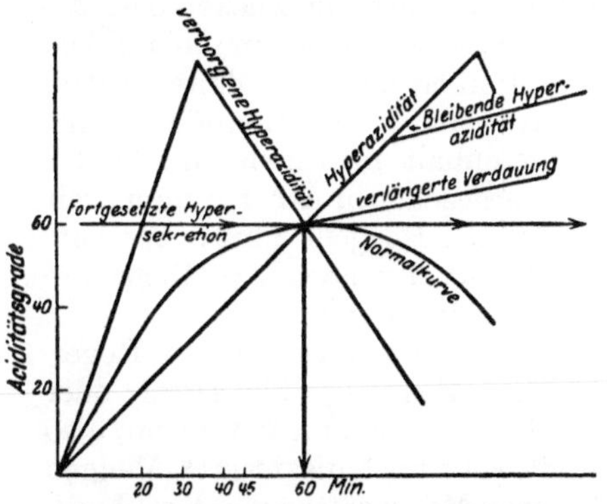

Abb. 13. Verschiedene Typen der Aciditätskurve, die alle bei einer einzigen Stichprobenuntersuchung nach 60 min denselben „normalen" Aciditätswert ergeben. (Schema nach REHFUSS[4].)

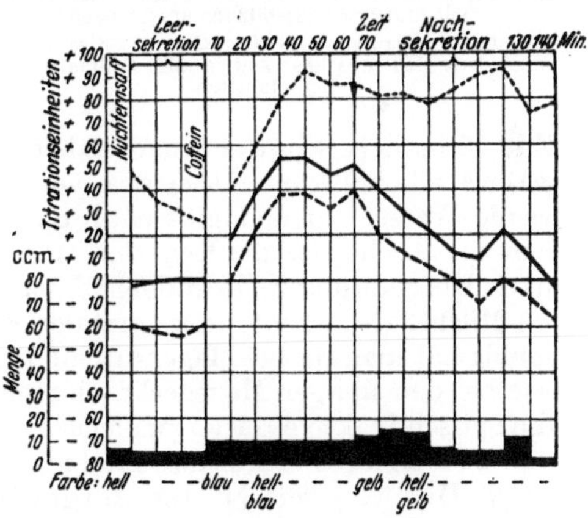

Abb. 14. Normale Aciditätskurve des Mageninhaltes[5].

Der parenterale Reiz mit Histamin führt bei Messung und Titration der einzelnen Fraktionen zu wirklichen „*Sekretionskurven*", während auf oralen Reiz nur *Aciditätskurven* erhalten werden[6] (s. Abb. 15).

[1] NEVERMANN, H.: Diss. med. Hamburg 1941. — [2] MAHLER, P.: Wien. Arch. inn. Med. **19**, 413, bes. 427 (1930). — [3] KATSCH, G.: Handb. inn. Med. (BERGMANN-STAEHELIN) 3. Aufl. **3**/1, 261, 287 (1938). — [4] KATSCH, G.: Handb. inn. Med. (BERGMANN-STAEHELIN) 3. Aufl. **3**/1, 261, Abb. 22 (1938). — [5] KATSCH, G.: Handb. inn. Med. (BERGMANN-STAEHELIN) 3. Aufl. **3**/1, 262, Abb. 23 (1938). — [6] KATSCH, G.: Handb. inn. Med. (BERGMANN-STAEHELIN) 3. Aufl., **3**/1, 277, Abb. 37 (1938).

Tabelle 23. Vergleich des Mineralstoffgehaltes in Speichel und Magensaft von Gesunden (in mg%).[1]

	Na	K	Mg	Ca	Cl
Speichel	130,6	13,5	2,1	7,1	44—**22,0**—104
Nüchternsekret .	85,6	7,0	1,8	9,5	352,0
Leersekret . . .	76,5	7,8	1,8	8,5	311,3
Magensaft . . .	9—**227**—552	3—**30**—89	0,3—**1,8**—3,7	2—**9,0**—23	200—**320**—700

Die Personen waren seit 19 bis 20 Uhr des vorhergehenden Tages nüchtern, erste Ausheberung zwischen $^1/_2$8 bis $^1/_2$9 Uhr (Immediatsaft = Nüchternsaft), dann anschließend alle 2, längstens alle 4 min gewonnener Saft, und zwar die Grenz- und Mittelwerte, aus denen die große Schwankungsbreite bei Gesunden hervorgeht.

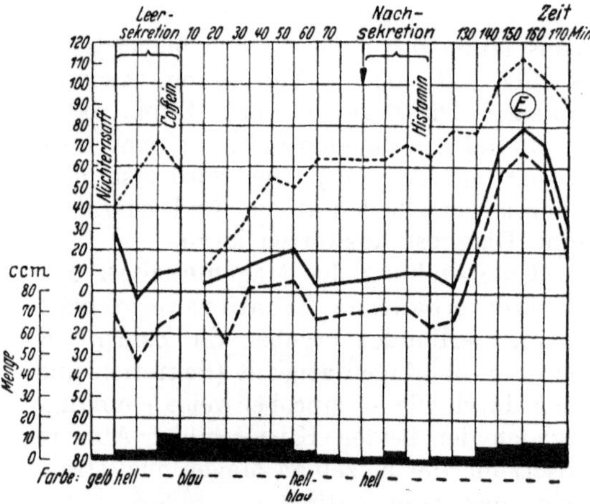

Abb. 15. Anacidität bei Coffeinprobetrunk auf Histamin mit kräftiger Säurebildung ansprechend[10].
Chronische Gastritis. — — — Ges.-Cl, ——— Ges.-Acidität, ... freie HCl. Abscisse: Zeit in min. Ordinate: Titrationseinheiten.

d) Die weitere chemische Zusammensetzung des Mageninhaltes[2] wird gewöhnlich nur für einzelne diagnostisch bedeutsame Substanzen wie Milchsäure, Gesamt-N, Eiweiß, flüchtige Fettsäuren eingehender untersucht (s. a. Tabelle 14, S. 52).

α) Nachweis und Bestimmung der Milchsäure[3]. Das Uffelmannsche Reagens[4] (30 cm³ 1%ige wäßrige Phenollösung mit einigen Tropfen Eisenchloridlösung versetzt) enthält blauviolettes Eisenphenolat, das durch Zusatz von Milchsäure, Phosphaten, Essigsäure, Buttersäure, Äpfelsäure und Oxalsäure und auch von Zucker oder Alkohol nach zeisiggelb umschlägt. Die Reaktion ist daher nur dann positiv, wenn störende Begleitstoffe fehlen. Zur Sicherheit schüttelt man daher 5 cm³ Mageninhalt mehrmals mit 20 bis 30 cm³ alkoholfreiem Äther aus, verdunstet den abgezogenen Äther, nimmt mit wenig Wasser auf und gibt dann das Uffelmannsche Reagens hinzu. Wesentlich spezifischer ist die Reaktion nach Denigès[4], mit der noch 1 γ Milchsäure nach Überführung in Acetaldehyd nachgewiesen werden kann.

Milchsäure kommt unter normalen Bedingungen nicht im Magensaft vor. Regelmäßig hat man sie bei Magencarcinom gefunden, ob dabei L(+)-Milchsäure[5] oder wie bei den übrigen Magenerkrankungen und im Erbrochenen die D, L-Form, also die optisch inaktive Gärungsmilchsäure vorkommt, wird noch diskutiert[6]. Mengen von 6 bis 25 mg% Milchsäure fand man in zahlreichen Magensäften von Kranken[7].

β) Der Gesamt-N des Mageninhaltes[8] beträgt nach Steinitz[9] beim Gesunden 35 bis 60 mg%, bei Nephritis bis 182 mg%, bei Magenkrebs bis

[1] Mahler, P.: Wien. Arch. inn. Med. **19**, 413 (1930). — [2] s. a. Martin, L.: Ann. internal Med. **12**, 614 (1938). — [3] H.-Th. S. 901. — Hallmann 6. Aufl. S. 66. — Katsch, G.: Handb. inn. Med. (Bergmann-Staehelin) 3. Aufl. **3**/1, 291 (1938). — [4] Uffelmann, J.: Dtsch. Arch. klin. Med. **26**, 441 (1880). — Never, H. E., u. E. Vincke: Kli. Wo. **1936 II**, 1910. — [5] Wie Kubo annimmt und wie Dodds u. Robertson behaupten; zit. nach Enger, R.: Arch. Verd.-Krankh. **54**, 301 (1933). — [6] Enger, R.: Kli. Wo. **1933 I**, 325. Arch. Verd.-Krankh. **54**, 301 (1933). — [7] Norpoth, L., u. E. Kaden: A. e. P. P. **169**, 414 (1933). — [8] Katsch, G.: Handb. inn. Med. (Bergmann-Staehelin) 3. Aufl. **3**/1, 201 (1938). — [9] Steinitz, H.: Kli. Wo. **1930 II**, 1720. Arch. Verd.-Krankh. **52**, 249 (1932). — [10] s. S. 91[6].

296 mg% N und ist sehr hoch bei Niereninsuffizienz. Als niedrigsten Wert fand KATSCH 30 mg% N. Beim Gesunden[1] sind der Rest-N des Blutes und des Mageninhaltes mit etwa 20 bis 48 mg% gleich. Der normale Magensaft enthält 4 bis 5 mg% Ammoniak[2], bei Urämie wurde bis 96 mg% NH_3, gefunden[2]. Nach Erhöhung des Rest-N im Blut durch Harnstoffinjektionen[3] steigen dementsprechend die N-Werte im Mageninhalt an.

γ) Der Eiweißgehalt im Mageninhalt von Gesunden ist gering. Vermehrt wird er durch Blut, Eiter (z. B. verschlucktes Sputum), zurückbleibende Eiweißreste aus der Nahrung, Exsudate bei Entzündungen (Ulcus ventriculi, Gastritis, Carcinom). Daher wird neben der qualitativen auch die quantitative Erfassung des Eiweißes angestrebt, z. B. durch Fällung mit 20%iger Sulfosalicylsäure und Messung der Trübung[4]. Bei Achylien betragen Rest-N des Blutes und des Mageninhaltes 30 bis 90 mg%, bei Magenkrebs ist er erhöht, z. B. auf 150 mg% N (s. a. Magensaft Tab. 14, S. 52).

δ) Flüchtige Fettsäuren[5,6]. Entweder aus der Nahrung oder durch Kohlenhydratgärung können *Essigsäure* und *Buttersäure* im Magensaft auftreten. Sie sind schon am Geruch oder nach Erhitzen und Prüfen mit Lackmus als flüchtige Säuren erkennbar. Zur Identifizierung eignet sich das braunrote, basische Eisenacetat und das schwerlösliche Calciumbutyrat.

6. Der Magensaft bei Krankheiten[7].

Bei Erkrankungen des Magens bleiben die schon S. 52 unter physiologischen Bedingungen beobachteten Schwankungen im Gehalt einzelner Bestandteile zu lange bestehen oder werden so groß, daß Störungen der Verdauung auftreten. Die Abgabe des Sekretes oder einzelner Teile, z. B. von Salzsäure oder Chloriden, kann zu gering sein oder völlig fehlen. Die Pepsinbildung kann ganz ausfallen oder das zwar vorhandene Pepsin wirkt nicht, weil die aktivierende HCl fehlt, was von größter praktischer Bedeutung ist (s. S. 73). Hervorgehoben sei hier noch einmal, daß eine Steigerung der HCl-Abgabe über 0,6% (165 Aciditätsgrade) bisher nicht beobachtet wurde, wohl aber eine Hypersekretion des Saftes. Aus den Befunden des kranken Magens ergeben sich viele Hinweise auf die physiologische Funktion, die im vorausgehenden schon behandelt wurde.

δ) Der Ablauf der Magenverdauung.

1. Verdauungsvorgänge in der Fundus- und Pylorusregion.

a) Die schichtweise Verdauung im Fundus und die Durchmischung in der Pylorusregion. Die Verdauung im Magen wird in erster Linie durch die Art und die Zusammensetzung der Nahrung bestimmt, ist aber auch je nach der Tierart verschieden, und zwar schon durch die abweichende Auskleidung der Mägen mit Drüsen bei den einzelnen Tierarten. Da ferner ein wirksamer Magensaft, der neben den Fermenten auch HCl enthält, nur von der Fundusdrüsenschleimhaut abgesondert wird, kann allein in den Teilen der Nahrung eine

---

[1] MARTIN, L.: J. amer. med. Ass. **100**, 1475 (1933). — [2] FOSSEL, M.: H. **282**, 164 (1947). — [3] LUBLIN, A., u. H. MIELKE: Z. klin. Med. **123**, 404 (1933). — [4] KATSCH, G.: Handb. inn. Med. (BERGMANN-STAEHELIN) 3. Aufl. **3**/1, 297ff. (1938). — [5] H.-Th. S. 901. — [6] KATSCH, G.: Handb. inn. Med. (BERGMANN-STAEHELIN) 3. Aufl. **3**/1, 292 (1938). — [7] KATSCH, G.: Pathologische Physiologie des Magensaftes und Magenchemismus. Handb. Physiol. **3**, 1118—1158 (1927). — KATSCH, G.: Magensaftmangel (Achylia gastrica). Handb. inn. Med. (BERGMANN-STAEHELIN) 3. Aufl. **3**/1, 401 (1938). Magensaftverlust. Handb. inn. Med. (BERGMANN-STAEHELIN) 3. Aufl. **3**/1, 414 (1938). Folgen der Magenausrottung (Agastrie). Handb. inn. Med. (BERGMANN-STAEHELIN) 3. Aufl. **3**/1, 398 (1938). — BÜRGER, M.: Einführung in die pathologische Physiologie. 2. Aufl. S. 161—172. Berlin 1936. — HENNING, N.: Lehrb. path. Physiol. (HEILMEYER) 3. Aufl. S. 226. Jena 1940.

Magenverdauung stattfinden, die in der *Nähe der Fundusdrüsenschleimhaut* liegen. Wegen des langsamen Eindringens des Magensaftes in den Inhalt werden diese Vorgänge auch längere Zeit nur *auf die Oberfläche* beschränkt bleiben. Dies hat VONK[1] in Versuchen an Tieren auch für die Fermenttätigkeit eingehend dargetan. Durch die leichten peristaltischen Wellen, die über den größten Teil des Magens ablaufen, werden dann die an der Oberfläche liegenden, durch den Magensaft verflüssigten und mit den Verdauungsfermenten und HCl beladenen Nahrungsteile langsam nach der Pylorusregion geschafft, wodurch die hier auftretenden energischen Bewegungen eine Durchmischung des dünnflüssig gewordenen Inhaltes bewirken. Außerdem wird auf ihn das Sekret der Pylorusdrüsen ergossen, das keine Salzsäure und keine aktiven Fermente enthält, obwohl in den Zellen der Pylorusschleimhaut vom Schwein (S. 36) Pepsin und Esterasen festgestellt wurden. WILLSTÄTTER u. Mitarb.[2] fanden im Sekret aus dem PAWLOWschen Pylorusblindsack des Hundes keine Proteasen. Schließlich übernimmt letzten Endes der Pylorus die Regulierung der Magenentleerung[3].

b) Der Dünndarminhalt im Magen. Zuerst hat BOLDYREFF[4] beim Hund nachgewiesen, daß unter bestimmten Umständen (hoher HCl- oder Fettgehalt im Pylorusteil) Dünndarminhalt in den Magen zurücktritt (*Regurgitation*). Dieser Befund ist später auch beim Menschen bestätigt worden[5]. Trotz verschiedener gegenteiliger Ansichten muß wohl heute angenommen werden, daß dieser Rückfluß von Duodenalinhalt *ein regelmäßiger physiologischer Vorgang* ist, der ungefähr 45 bis 75 min nach der Nahrungsaufnahme beginnt[6] und nicht nur, wie man früher annahm, von der Anwesenheit einer bestimmten Konzentration an HCl, von Fetten u. dgl. abhängt. Damit findet die regelmäßige *Anwesenheit von Trypsin* und die öfters beobachtete von *Galle im Mageninhalt* des Menschen eine physiologische Erklärung. Auch beim Tier liegen die Verhältnisse ähnlich, wie man z. B. aus der normalerweise stets grüngelblich verfärbten Pylorusdrüsenschleimhaut des Schweinemagens schließen muß, die durch adsorbierte Gallenfarbstoffe bedingt ist.

Durch den Rückfluß der Darmfermente und die Neutralisierung der HCl durch die Alkaliionen des Darminhaltes können zum mindesten im Pylorusteil des Magens Bedingungen geschaffen werden, die den Ablauf einer Darmverdauung im Magen ermöglichen (vgl. S. 110).

2. Die Magenverdauung der Carnivoren[7].

Am einfachsten liegen die Verhältnisse im Magen des Fleischfressers, der als einhöhliger reiner Drüsenmagen fast in seiner Gesamtheit mit Fundus- und Pylorusdrüsen versehen ist (Abb. 1, S. 33). Unter physiologischen Verhältnissen erfolgt hier die Magenverdauung fast ausschließlich durch den Magensaft, höchstens beeinflußt durch die Regurgitation.

Bei alleiniger **Fütterung mit Fleisch** ist der Ablauf der Verdauung am leichtesten zu übersehen und daher auch am eingehendsten studiert worden. Hier haben die neuen Arbeiten mit modernen Methoden zu keinen wesentlich anderen Ergebnissen geführt als die alten Untersuchungen des Mageninhaltes nach dem

---

[1] VONK, H. J.: Ergebn. Enzymforsch. **8**, 85 (1939). — [2] KESTNER, O., R. WILLSTÄTTER u. E. BAMANN: H. **180**, 187 (1929). — [3] RAZUMOV, N. P., and K. P. VASILEVA: Klin. Med., Moskau **27**, 61 (1949) [Excerpta med. **II**/3, 893 (1950)]. — [4] BOLDYREFF, W.: Ergebn. Physiol. **11**, 158 (1911). Biochem. Zbl. **3**, 662, 1087. — [5] Ausführliche Literatur bei SCHEUNERT, A.: Verdauung der Wirbeltiere. Handb. Biochem. **5**, 87 (1925); Erg.-W. **2**, 435 (1934). — [6] LESCHKE, E.: 9. Tag. d. Dtsch. Physiol. Ges. Rostock (1925) [Ber. Physiol. **32**, 697]. Med. Klinik **21**, 1145 (1925). — [7] SCHEUNERT, A.: Verdauung der Wirbeltiere. Handb. Biochem. **5**, 94—110 (1925); Erg.-W. **2**, 439 (1934).

Tode. So ist vor allem immer wieder bestätigt worden, daß ein *tiefgreifender Abbau* nicht stattfindet und daß mit der Bildung der „*Albumosen und Peptone*" (= Polypeptide) die Eiweißspaltung im Magen abgeschlossen ist. Die umfangreiche Literatur dieses Gebietes findet sich bei SCHEUNERT[1]. Dort finden sich auch Angaben über das *Ausmaß der Verdauung*, deren Anführung an dieser Stelle deshalb von fraglichem Wert wäre, weil sich, wie immer wieder bestätigt worden ist, Durchschnittswerte nicht angeben lassen. Trotzdem die Sekretion und die Zusammensetzung des Magensaftes in ausschlaggebender Weise durch die Art der Fütterung bedingt ist und auf jede Nahrung ein Saft abgesondert wird, dessen Zusammensetzung die optimale Aufspaltung gerade dieser Nahrung garantiert, darf man doch nicht erwarten, daß nun z. B. bei ein und derselben Nahrung die Verdauung quantitativ immer in derselben Weise erfolgt. Dazu liegen die Verhältnisse noch nicht einfach genug. Die vielen Reize der Nahrung, welche in ihrer Gesamtwirkung die Bildung des Magensaftes bestimmen, sind hierfür auch bei gleichmäßiger Fütterung qualitativ und quantitativ zu verschieden. Die Absicht von LONDON[2], aus seinen vielen Versuchen an Polyfistelhunden für den quantitativen Ablauf der Verdauung verschiedener Nahrungsmittel zu mathematischen Gesetzmäßigkeiten zu kommen, wird sich daher wohl nie verwirklichen lassen (SCHEUNERT[3]).

Die **Kohlenhydratverdauung** im Hundemagen tritt gegenüber der Eiweißverdauung sehr stark zurück, weil der Hund keine Speichelamylase besitzt. Die Untersuchungen von BRÜCKE[4] mit Stärke haben dies gezeigt (s. a. S. 23). Sie sind später auch bei der Reisverdauung[5] bestätigt worden. Der Abbau der Stärke geht meist nur bis zum *Erythrodextrin*, während reduzierende *Zucker* nur in Spuren auftreten.

Bezüglich der **Fettverdauung** ist schon S. 45 erwähnt worden, daß Fett die Magensaftsekretion hemmt. Ebenso ist schon lange bekannt, daß die Magenentleerung nach fettreicher Nahrung verzögert wird; hierzu kommt, daß durch Fett eine beschleunigte und *vermehrte Regurgitation* ausgelöst wird. Durch Rückfluß aus dem Darm gelangt wirksame Pankreaslipase in den Magen, und die hohe Acidität des Inhaltes, die einer Lipasewirkung entgegensteht, wird erniedrigt. Die Verminderung der Magensaftsekretion verhindert schon von vornherein ein Ansteigen des Säuregrades. Das Zusammenwirken aller dieser Umstände kann bei geeigneter Fütterung doch einen ziemlich *beträchtlichen Abbau von Fetten* ermöglichen, der an Fistelhunden nach 6 Stunden bis 32% ausmachen kann[6].

Bei Ableitung des Speichels nach außen soll die Fettresorption von 96 auf 79,3%, also beträchtlich, sinken[7]. Die *Rolle des Speichels bei der Fettverdauung im Magen* ist aber noch nicht geklärt. Vielleicht erleichtert der alkalische Speichel eine Emulgierung der Fette in der Mundhöhle und fördert dadurch den Angriff der Magen- bzw. Pankreaslipase im Magen. Der Speichel ist den Fetten gegenüber nicht vollkommen indifferent; das geht auch aus der bekannten Tatsache hervor, daß man die bei der Nahrungsaufnahme fettig gewordenen Lippen durch Ablecken mit der Zunge fettfrei machen kann.

Bei der *Verdauung einer gemischten Nahrung* aus Eiweiß, Kohlenhydrat und Fett werden die Verhältnisse noch unübersichtlicher. Da jeder Nährstoff als

---

[1] s. S. 94[7]. — [2] LONDON, E. S.: Experimentelle Physiologie und Pathologie der Verdauung. Berlin, Wien 1925. — [3] SCHEUNERT, A.: Verdauung der Wirbeltiere. Handb. Biochem. **5**, 66—156 (1925); Erg.-W. **2**, 434ff. (1934). — [4] BRÜCKE, E.: Über Peptontheorien und die Aufsaugung der eiweißartigen Substanzen. Wien 1869. — [5] ELLENBERGER, W., u. V. HOFMEISTER: Arch. Anat. Physiol. **1891**, 212. — [6] LONDON, E. S., u. M. A. WERSILOWA: H. **56**, 545 (1908). — [7] BONSDORFF, B. v.: Skand. Arch. Physiol. **62**, 282 (1931).

spezifischer Reiz wirkt, beeinflussen sich diese gegenseitig. Auch die Verdauungsprodukte sind nicht ohne Einfluß auf die Verdauung. Durch die verschieden schnelle Aufspaltung und den raschen Abtransport des Gelösten tritt eine gewisse Entmischung des Inhalts ein, deren Ausmaß wiederum von der Art der Nahrung abhängt, so daß sich auch hier keine gesetzmäßigen Verhältnisse angeben lassen.

3. Die Magenverdauung des Menschen.

Bau und Schleimhautauskleidung des menschlichen Magens, Saftsekretion und Magenmechanik ähneln so sehr denen des Hundes, daß auch die Magenverdauung weitgehend übereinstimmt. Lediglich das Vorkommen einer kräftig wirksamen Amylase unterscheidet den Menschen- vom Hundespeichel und damit die Magenverdauung bei Mensch und Hund.

Das Schicksal der Mineralien im Magen ist noch wenig erforscht. Wir nehmen an, daß unlösliche Salze, wie Carbonate, Phosphate, von der Magensalzsäure gelöst werden können. Beweise für die Reduktion von Eisenverbindungen im Magen sind erbracht. BERGEIM u. KIRCH[1] zeigten in Bestätigung von Versuchen von TOMPSETT[2] an 10 Studenten, daß Eisen(III)-chlorid (0,2 bis 100 mg) mit gewöhnlichen Nahrungsmitteln in den Magen gebracht, rasch zu Eisen(II)-salz reduziert wird. Diese Reduktion von Eisen im Magen ist wesentlich für die Eisenresorption im Darm. Früher konnte mit einem künstlichen Mageninhalt aus Handelspepsin, verd. Salzsäure, Eisen(III)-salzen und verschiedenen Nahrungsmitteln festgestellt werden, daß Gemüse und frische Früchte 77 bis 97%, Eiereiweiß, Fleisch und Brot 25 bis 40% des zugesetzten Eisen(III)-salzes zu Eisen(II)-ion reduzieren. Wenig wirken Milch, wenig Zucker und gar nicht Eigelb. Ascorbinsäure in den Gemüsen und Früchten und die SH-Gruppen im Eiweiß werden als die hauptsächlichsten natürlichen Reduktionsmittel in den Nahrungsmitteln angesehen[3].

Die **Kohlenhydratverdauung** im Magen des Menschen ist während $1^1/_2$ Stunden und noch länger nach der Nahrungsaufnahme mindestens in der Tiefe des Mageninhaltes recht umfangreich, da die verschluckte Speichelamylase wie in einem Brutschrank weiterwirkt. Von gekochten Kartoffeln wurden 77%, von der Brotkrume 60% der Stärke im Magen in *Maltose* übergeführt[4]. Unter Umständen kann sogar *die gesamte Stärke* des Mageninhaltes bis zur negativen Jodreaktion abgebaut werden[5].

Für unsere heutige Anschauung über die *Verdauung pflanzlicher Zellen* und die Wichtigkeit eines genügenden Zerkleinerungsgrades derselben sind die Untersuchungen von STRASBURGER[6] und seinen Schülern[7] richtunggebend gewesen. Danach können die Verdauungsfermente durch die Zellwände *in das Innere hineinwandern* und dort Stärke, Fette und Eiweißkörper in Lösung bringen, die Abbauprodukte ihrerseits durch die Zellwände in den Mageninhalt diffundieren. Zur Verdauung der pflanzlichen Nahrung ist also eine Eröffnung der einzelnen Zellen durch den Kauakt oder eine Zubereitung nicht nötig. Die Verdauung gekochter Nahrung geht schneller vor sich, weil die Zellwände durch Kochen für die Fermente durchlässiger geworden sind. Diese Ansichten werden jedoch von MANGOLD[8] wegen methodischer Fehler und auf Grund eigener Versuche in diesem Ausmaß abgelehnt. Weitere Versuche sind zur Klärung dieser wichtigen Frage erforderlich.

---

[1] BERGEIM, O., and E. R. KIRCH: J. biol. Ch. **177**, 591 (1949). — [2] TOMPSETT, S. L.: Industr. engng. Chem. (II) **16**, 646 (1944). — [3] KIRCH, E. R., O. BERGEIM, J. KLEINBERG and S. JAMES: J. biol. Ch. **171**, 687 (1947). — [4] BERGEIM, O.: Arch. internal Med., Chicago **37**, 110 (1926). — [5] MILLER, R. I., H. L. FOWLER, O. BERGEIM, M. E. REHFUSS and P. B. HAWK: Amer. J. Physiol. **51**, 332 (1920). — [6] STRASBURGER, J.: Arch. Verd.-Krankh. **41**, 1 (1927). — [7] STRAUSS, L.: Arch. Verd.-Krankh. **41**, 11 (1927). — HEUPKE, W.: Arch. Verd.-Krankh. **41**, 193 (1927); **44**, 169 (1928); **49**, 263, 272 (1931); **51**, 2, 14 (1932). — MARX, A. V.: Arch. Verd.-Krankh. **41**, 180 (1927). — vgl. a. SCHEUNERT, A.: Handb. Biochem. Erg.-W. **2**, 444 (1934). — [8] MANGOLD, E.: Med. Klinik **1935 I**, 540.

Die **Verdauung des Eiweißes** im Magen erfolgt beim Menschen, wie aus zahlreichen Versuchen[1] hervorgeht, ähnlich wie beim Hund. Auch hier treten keine Aminosäuren auf. Von einer Probemahlzeit aus 200 g Wasser und 80 g Brot waren bei Männern nach 45 min 60 bis 90% des Eiweißes verdaut[2]. Kathepsin, Pepsin im Magen und Trypsin aus dem Duodenum wirken im breiten p_H-Bereich von 2 bis 8 in großem Umfang[3]. Der Grad der Spaltung der Proteine wird durch ihre Wirkung auf die Proteasen beeinflußt[4]. Tierisches Eiweiß wird viel schneller verdaut als pflanzliches. Schon am ersten Tag nach der Geburt vermag der menschliche Säugling 1%iges Globin zu spalten[5].

Für die **Fettverdauung** gelten ebenfalls die beim Hund erhobenen Befunde[1]. Die freigesetzten Fettsäuren der Milch begünstigen die Eiweißverdauung durch Erstellung saurer Reaktion[3]. (s. a. S. 83).

Über die **Magenverdauung beim Säugling** liegt eine umfangreiche Literatur[6–9] vor (s. a. S. 81). Die Untersuchungen sind meist am Mageninhalt, der durch Sonden entnommen war, durchgeführt worden. Bezüglich der *Eiweißverdauung der Milch* ist vor allem daran zu denken, daß die „Lab"gerinnung je nach Art der Milch verschieden verläuft. Während die Kuhmilch als Caseinmilch im Magen ein festes Gerinnsel bildet, gerinnt die Frauenmilch als Albuminmilch in feinen Flocken, so daß hier der Mageninhalt flüssiger bleibt; schon rein physikalisch werden also die Verdauungsvorgänge quantitativ anders ablaufen müssen. Hinzu kommt, daß auch die Zubereitung der Milch (Kochen, Verdünnung, Zusätze) von Einfluß auf den Gerinnungsvorgang ist. Über die H-Ionenkonzentration im Säuglingsmagen s. S. 50.

Eine Klärung des Eiweißabbaues im Säuglingsmagen bringen die Arbeiten von FREUDENBERG und BUCHS (s. S. 81f.).

Obwohl die Reaktion für die *Fettverdauung* im Säuglingsmagen günstig ist, findet eine Fettspaltung durch die Magenlipase nur in geringem Umfange statt und überschreitet beim gesunden Säugling kaum 5 bis 6%[10, 11]. Beim Brustkind ist der Fettabbau umfangreicher, weil die *Frauenmilch* eine *Lipase* enthält, die bei den herrschenden Aciditätsverhältnissen nach FREUDENBERG durch die Lipokinase (s. S. 39) des Magensaftes nun sehr wirksam wird[12]. Bei Kuhmilch wirkt nur die weniger aktive Magenlipase. Auch Gallensäuren und Labgerinnung fördern sie ebenso wie eine Kinase der Magenschleimhaut[13]. Die abgespaltenen Fettsäuren sind nach der Art der Milch verschieden; bei Kuhmilch handelt es sich z. B. im Gegensatz zur Brustmilch hauptsächlich um niedere Fettsäuren.

Die *Kohlenhydratverdauung* spielt bei Frauenmilchernährung keine Rolle. Bei Flaschenernährung mit Kuhmilch werden stets Polysaccharide der Nahrung zugesetzt. Ein Abbau derselben ist bis zu gewissem Grade möglich, da bei der geringen Acidität im Säuglingsmagen die Speichelamylase weiterwirkt. Milchzucker wird im Magen nicht gespalten, da der Magensaft keine Lactase enthält, ebensowenig Rohrzucker durch Saccharase. Später entspricht die Kohlenhydratverdauung der des Erwachsenen.

[1] Literatur s.: SCHEUNERT, A.: Handb. Biochem. **5**, 115 (1925); Erg.-W. **2**, 445 (1934). — [2] WELKER, H. D., and O. BERGEIM: Proc. Soc. exp. Biol. Med. **82**, 383 (1931). — [3] BUCHS, S.: Die Biologie des Magenkathepsins. (bes. S. 75) Basel 1947. — [4] SPRINGER, G. F.: B. Z. **321**, 107, bes. 120 u. 135 (1950). — [5] LEHMACHER, K., u. R. MERTEN: Kli. Wo. **1951**, 322. — [6] SCHEUNERT, A.: Handb. Biochem **5**, 120 (1925); Erg.-W. **2**, 445 (1934). — [7] TOBLER, L., u. G. BESSAU: Allgemeine pathologische Physiologie der Ernährung und des Stoffwechsels im Kindesalter. Wiesbaden 1941. — [8] DAVIDSON, H.: Arch. Kinderheilkde. **69**, 239 (1921). — [9] FREUDENBERG, E.: Physiologie und Pathologie der Verdauung im Säuglingsalter. Berlin 1929. — [10] SEDGWICK, J. P.: Jb. Kinderheilkde. **64**, 196 (1906). — [11] HECHT, A. F.: Wien. klin. Wschr. **1901**, 1404. — [12] BEHRENDT, H.: Jb. Kinderheilkde. **102** [= (3) **52**], 291 (1923); **106** [= (3) **56**], 115 (1924). — BUCHS, S., u. E. FREUDENBERG: Ergebn. inn. Med. (N. F.) **2**, 544, bes. 562 (1951). — [13] FREUDENBERG, E.: Kli. Wo. **1932 I**, 313.

4. Die Magenverdauung des Schweines[1].

Im Magen des Schweines werden wie beim Menschen hauptsächlich Kohlenhydrate und Eiweiß verdaut; denn das Schwein besitzt im Speichel ebenfalls eine kräftig wirkende Amylase, die gemeinsam mit den Nahrungsmittelamylasen aus der rohen Nahrung und der Amylase aus den Bakterien auch im Magen die Kohlenhydratverdauung besorgt. Ähnlich wie beim Pferd ist die Magenverdauung beim Schwein wegen der teilweisen cutanen Auskleidung des Magens eine regionär verschiedene. Bei geeignetem Futter werden in der linksseitigen Magenabteilung mehr Kohlenhydrate, in der rechtsseitigen mehr Eiweißkörper gespalten. Durch einseitige Fütterung kann man reine Stärke- und reine Eiweißspaltung erzielen. Als Spaltprodukte wurden gefunden: Dextrine, Maltose, Milchsäure sowie Albumosen, Peptone und wohl durch Bakterienwirkung oder infolge Duodenalrückfluß sogar einzelne Aminosäuren (Leucin und Tyrosin[2]).

5. Die Magenverdauung des Pferdes[3,4].

Infolge der Auskleidung des kranialen Magenteiles mit cutaner Schleimhaut ist gewissermaßen ein Vormagen abgegrenzt, der, abgesehen von der Nahrung, Abweichungen gegenüber der Magenverdauung von Mensch und Hund bedingt. Die zuerst in die *Vormagenabteilung* gelangende Nahrung unterliegt weiter der Speicheleinwirkung, da sie in den ersten Stunden der Verdauung nicht mit Magensaft in Berührung kommt. Man findet dort *Spaltung und teilweise Vergärung der Kohlenhydrate* zu Zucker, Milchsäure (bis zu 1—1,5%), eventuell Essigsäure und Buttersäure. In der *Fundusdrüsenregion* wird ein Magensaft wie etwa beim Hund abgesondert. Cardia- und Pylorusdrüsen sezernieren einen alkalischen, Säure neutralisierenden und damit die Bakterienflora fördernden Saft. Die Kohlenhydratverdauung ist beträchtlich; die Stärke des Hafers wird in 3 Std zu etwa $^1/_3$ verzuckert[5], und zwar hauptsächlich durch die Amylasen der Nahrung und der Bakterien. Die Milchsäureflora ist umfangreich im Vormagen und in der Tiefe des Fundusinhaltes. Neben Milchsäure entstehen wenig Essigsäure und Buttersäure, sowie CO_2, CH_4 und H_2[6]. Cellulose wird nicht zerlegt, da Verweilzeit sowie Wassergehalt nicht ausreichen und vor allem die geeignete Bakterienflora fehlt. Die *Eiweißverdauung* ist trotz der verhältnismäßig kleinen Fundusregion deutlich, und zwar wegen Mithilfe der Nahrungsproteasen, die bei alkalischer, neutraler und schwach saurer Reaktion[7] wirksam sind, sowie wegen der Bakterien. 5 bis 6 Std nach Haferfütterung steigt der Peptongehalt von 0,3% auf 1,5 bis 2% an, was etwa 50 bis 60 g an gelöstem Eiweiß entspricht[8,9]. In 2 Std werden etwa 33%, in 5 Std etwa 50% des Futtereiweißes gelöst. Die *Fettverdauung* ist schon wegen des geringen Fettgehaltes des Futters beim Pferd beschränkt und im Magen belanglos.

6. Die Magenverdauung der Wiederkäuer[10].

Im Anschluß an die Verdauung bei Tieren mit einhöhligem Magen verdient diejenige bei Tieren mit mehrhöhligen Mägen vom vergleichend physiologisch-chemischen Standpunkt Beachtung, da hier die Magenverdauung differenziert

---

[1] Krzywanek, F. W.: Die Verdauung des Schweines. Handb. Mangold **2**, 270—309 (1929). — [2] Abderhalden, E., W. Klingemann u. T. Pappenhusen: H. **71**, 411 (1911). — [3] Scheunert, A., u. F. W. Krzywanek: Die Verdauung des Pferdes. Handb. Mangold **2**, 237—270 (1929). — [4] Scheunert, A., u. A. Schattke: Der Ablauf der Magenverdauung des normal gefütterten und getränkten Pferdes. Jena 1913. — [5] Scheunert, A.: Pflügers Arch. **109**, 145 (1905). — [6] Tappeiner, H. v.: Z. Biol. **19**, 228 (1883). — [7] Grimmer, W.: B. Z. **4**, 80 (1907). — [8] Scheunert, A., u. E. Rosenfeld: Dtsch. tierärztl. Wschr. **17**, 393 (1909). — [9] Grimmer, W.: B. Z. **2**, 118 (1907). — [10] Scheunert, A.: Handb. Biochem. **5**,

und der drüsenführende Labmagen in seiner Funktion weiter entwickelt ist als beim Menschen. Die cutane Schleimhaut ist auf drei Vormägen (Pansen oder Rumen, Haube oder Netzmagen, Psalter oder Blättermagen) ausgedehnt, erst der Labmagen entspricht mit seinen Drüsen dem einhöhligen Magen der anderen Tiere (S. 33, Abb. 1); ihm wird allerdings eine schon im Vormagensystem aufbereitete Speiseflüssigkeit zugeführt.

Mechanische Funktion der Vormägen. Die bei der Nahrungsaufnahme nur oberflächlich gekaute und daher nur grob zerkleinerte, geschluckte Nahrung gerät immer in den Pansen oder die Haube oder in beide. Die sehr energischen Kontraktionen dieser Vormägen bewegen den Inhalt in den einzelnen Abteilungen hin und her und durchmischen ihn innig auch mit dem schon vorhandenen alten Inhalt. Von Zeit zu Zeit werden Teile des Inhaltes in die Mundhöhle zurückbefördert (= *Rejektion*) und jetzt sorgfältig gekaut, d. h. weiter zerkleinert und gemischt. Die Wiederkaubissen gelangen ebenfalls stets in die beiden ersten Vormägen zurück und werden dort aufs neue durchmischt, neuerdings wiedergekaut usw. Auf diese Weise erfolgt in den ersten Std nach der Nahrungsaufnahme eine *tiefgehende mechanische Zerkleinerung und Mischung des Vormageninhaltes.* Der Abtransport nach dem Psalter und damit dem Labmagen geschieht unabhängig vom Wiederkauen. Die Lippen der Schlundrinne, welche die Hauben-Psalteröffnung umgeben, schließen sich auf mechanische Reize und erzielen damit eine *Trennung* der genügend zerkleinerten Nahrungsbestandteile von den unzerkleinerten. Für den Durchtritt müssen drei Bedingungen erfüllt sein: ein genügender *Füllungsgrad* der beiden Vormägen, ein bestimmter *Zerkleinerungsgrad* des Futters und ausreichende *Verdünnung* des übertretenden Nahrungsbreies mit Wasser.

Da die cutane Schleimhaut der Vormägen keine Drüsen führt, Fermente also nicht abgesondert werden, sind die in den Vormägen ablaufenden Verdauungsvorgänge als eine *Fortsetzung der Mundverdauung* aufzufassen einschließlich der Fermente im Futter selbst. *Pansen und Haube*, die trotz ihrer anatomischen Struktur und ihrer verschiedenen Schleimhautauskleidung *funktionell als eine Einheit* angesehen werden müssen, dienen demnach als *Nahrungsreservoir und Gärkammer*, welche die distalen Teile des Verdauungsapparates nach einer vorbereitenden Verdauung regelmäßig mit neuem Inhalt beschicken. Die cutane Schleimhaut des Pansens kann allerdings auch Wasser und Pharmaka und daher wohl auch Verdauungs- und Gärungsprodukte resorbieren[1, 2].

Pansen und Haube. In den beiden Vormägen spielen sich zahlreiche und schwer übersehbare chemische Umsetzungen ab, obwohl die Schleimhäute keine Fermente abgeben und auch der Speichel bei den Wiederkäuern fermentfrei ist. Zunächst wirken die *Nahrungsfermente*, die durch die sorgfältige Zerkleinerung der Nahrung frei werden. Die überwiegenden Umsetzungen werden von den spezifischen *Pansen- und Haubenbakterien* vollzogen. Die Bakterienflora[3—5] hat sich als sehr artenreich erwiesen, allein an Milchsäurebakterien hat man aus 18 Pansenproben 44 verschiedene Stämme bestimmt[6]. Während den Bakterien bestimmte Gärungen zugeschrieben werden können, ist die

---

139—149 (1925); Erg.-W. **2**, 453—465 (1934). Das Wiederkauen. Handb. Physiol. **3**, 379—397 (1927). — MANGOLD, E.: Methodik der Untersuchungen des Wiederkäuermagens. Handb. biol. Arb.-Meth. Abt. IV, Tl. 6/2, 1775—1828 (1932). — MANGOLD, E.: Die Verdauung des Wiederkäuers. Handb. Mangold **2**, 107—236 (1929). — KRZYWANEK, F. W.: Die Physiologie des Wiederkauens. Tierärztl. Rdsch. **39**, Nr. 28 (1933). Handb. Physiol. **18**, 36—44 (1932). — BAKER, F.: Nature **158**, 609 (1946). — LOUW, J. G., H. H. WILLIAMS and L. A. MAYNARD: Science, N. Y. **110**, 478 (1949).

[1] TRAUTMANN, A.: Arch. Tierernähr. Tierz. **9**, 178 (1933). — [2] DAVEY, D. G.: J. agric. Sci. **26**, 328 (1936). — [3] SCHEUNERT, A.: Handb. Biochem. **5**, 142 (1925); Erg.-W. **2**, 455, 457 (1934). — [4] SCHEUNERT, A., u. M. SCHIEBLICH: Einfluß der Mikroorganismen auf die Vorgänge im Verdauungstraktus bei Herbivoren. Handb. Physiol. **3**, 967—1000 (1927). — [5] SCHIEBLICH, M.: Die Mitwirkung der Bakterien bei der Verdauung. Handb. Mangold **2**, 310—348 (1929). — [6] KREIPE, H.: Diss. phil. Kiel 1927.

chemische Tätigkeit der zahlreich vorhandenen Infusorien[1—4] meist noch ungeklärt. In 1 Liter Panseninhalt von Schafen oder Ziegen wurden 1 bis 3 Milliarden Infusorien gezählt, das sind 1000 bis 3000 im Kubikmillimeter. Gesichert ist, daß die Protozoen die Nahrung mechanisch aufschließen helfen, indem sie sich an die Faserteilchen des Nahrungsbreies anheften und das ihnen Zusagende aufnehmen. Außerdem werden sie auch durch fermenthaltige Ausscheidungen und Zerfallsprodukte und durch Aufbau auch für den Wirtsorganismus wertvoller Verbindungen als echte Symbionten tätig sein. Der Eiweißaufbau im Pansen durch Protozoen und Bakterien hat zwar Beachtung, aber noch keine allgemein angenommene Erklärung gefunden[1].

Bakterien und Infusorien benötigen einen *hohen Wassergehalt* im Speisebrei (80 bis 90% H_2O) und eine fast *neutrale Reaktion*. Die von den Gärungen stammenden niederen Säuren werden durch die dauernd fließenden Sekrete der Parotis- und Backendrüsen neutralisiert; denn diese bestehen aus fast reiner Hydrogencarbonatlösung mit einem starken Pufferungsvermögen[5]. Die *aktuelle Reaktion*[6—8] im Pansen und in der Haube ist daher gewöhnlich schwach bis deutlich alkalisch, z. B. p_H 7,5 bis 9,8.

Bei der **Kohlenhydratverdauung** im Pansen und in der Haube entstehen aus Stärke, Pentosanen, Cellulose und Hemicellulosen lösliche Zucker fast nur als Zwischenstufen. Weitaus *die größte Menge* der dort *aufgespaltenen* Polysaccharide wird bei den Gärungsvorgängen unter bedeutender Gas- und Säureentwicklung vergoren (*von Cellulose*[9] *etwa 14%*). Es entstehen vor allem Milchsäure neben Essig-, Propion-, Butter- und Valeriansäure, in geringer Menge niedere Alkohole und schließlich Gase (CO_2, CH_4 und H_2), deren Menge so groß ist, daß sie durch einen besonderen physiologischen Vorgang, den Ructus, von Zeit zu Zeit entleert und bei Gasstoffwechselbestimmungen berücksichtigt werden müssen. Etwa 10% des Heizwertes[10] der vergorenen Cellulose gehen als brennbare Gase (6,9%) und Wärme (3,1%) dem Körper verloren, der Rest von 90% wird in Form der obengenannten Fettsäuren vom Tier ausgenützt. Bebrütet man Weizenheu und Luzernenheu in vitro mit Mikroorganismen aus Pansen und Haube (Rumen) von Schafen unter ähnlichen Bedingungen wie im lebenden Tier, so läßt sich auch ein fast gleicher Abbau der Kohlenhydrate wie in vivo[11] erzielen. 30 bis 50% der Cellulose und Hemicellulose des Futters werden abgebaut und 15 bis 20 Liter Methan pro kg Futter in 48 Std neben Essigsäure, Propionsäure, Buttersäure (etwa 250 g/kg Futter) gebildet. Propionsäure wird viel rascher resorbiert als Essigsäure. Die verschiedene Geschwindigkeit von Säurebildung und -resorption ist bei solchen Untersuchungen zu berücksichtigen. Pektin wird in Pansen und Haube nicht angegriffen[12]. Die Cellulose soll über Cellobiose und Glucose abgebaut werden[13, 14]. Die dazu nötige *Cellobiase* ist in der pflanzlichen Nahrung reichlich enthalten, während die *Cellulase* fast ausschließlich von den Bakterien geliefert wird. Im Pansen werden jedoch nicht alle leicht verdaulichen Kohlenhydrate quantitativ vergoren, sondern viele der durch Kauen und Wiederkauen

---

[1] Scheunert, A.: Handb. Biochem. **5**, 143 (1925); Erg.-W. **2**, 460 (1934). — [2] Mangold, E.: Handb. Mangold **2**, 1—107 (1929). — [3] Mangold, E.: Biedermanns Zbl. (A) (N. F.) **3**, 161 (1933). — [4] Mangold, E.: Die Bedeutung der Magen- und Darmsymbionten der Wirbeltiere. Ergebn. Biol. **19**, 1—81 (1943). — [5] Scheunert, A., u. F. W. Krzywanek: Pflügers Arch. **223**, 472 (1930). — [6] s. S. 99[6]. — [7] Gabriel, F.: Pflügers Arch. **213**, 814 (1926). — [8] Ferber, K. E.: Z. Züchtung (B) **12**, 31 (1928). — [9] Markoff, J.: B. Z. **34**, 211 (1911); **57**, 1 (1913). — [10] Scheunert, A: Handb. Biochem. **5**, 144 (1925); Erg.-W. **2**, 456 (1934). — [11] Gray, F. V., and A. F. Pilgrim: Nature **166**, 478 (1950). — [12] Gray, F. V.: J. exp. Biol. **25**, 135 (1948). — [13] Woodman, H. E.: J. agric. Sci. **17**, 333 (1927). — [14] Pochon, J.: Cr. **199**, 983 (1934). Ann. Inst. Pasteur **55**, 676 (1935).

freigesetzten Stärkekörnchen gelangen rasch durch Haubenpsalteröffnung und Psalterrinne in den Labmagen oder werden in den Psalterblättern vor weiterer Gärung geschützt. In der Rumenflüssigkeit von Cheviotschafen wurde eine Glucuronidase gefunden[1], ein weiterer Beleg dafür, daß noch viele andere Fermente unaufgefunden sind.

Gegenüber der Kohlenhydratspaltung tritt die **Verdauung des Eiweißes** im Pansen bedeutend zurück. Der Gehalt an Eiweißabbauprodukten[2] übersteigt kaum 1%; neben Albumosen und Peptonen kommen auch *Aminosäuren*[3] und aus dem Eiweißabbau stammende *Gase* (H_2S, NH_3) vor[4]. Für den Eiweißabbau sind in der Hauptsache Bakterien und die Nahrungsmittelproteasen[6] verantwortlich zu machen. Harnstoff wird durch die „Rumen-Urease“ als Ammoniak verwertet[5].

Die *Fettverdauung* im Pansen ist gering und nicht weiter erforscht.

Die *Aufbereitung des Futters im Pansen und in der Haube* ist in Verbindung mit dem Wiederkauen und der Infusorientätigkeit in der Hauptsache eine mechanische. Die dort stattfindende chemische Zerlegung geht mit Hilfe der Bakterien und der Infusorien wesentlich weiter als bei den Tieren mit einhöhligem Magen. Die Kohlenhydrate und auch das Eiweiß werden nicht nur durch Hydrolyse, das chemische Grundprinzip der Verdauung, in lösliche Form gebracht, sondern auch durch Redoxvorgänge in den Mikroorganismen in völlig neue Nährstoffe, z. B. Eiweiß, Vitamine und Gärungsprodukte, verwandelt.

Psalter. Die *chemischen Vorgänge im Psalter* (Blättermagen) sind noch unbekannt. Die Reaktion (p_H 6,6 bis 7,7) ist etwas weniger alkalisch als im Pansen. Der zwischen die Psalterblätter gelangte Inhalt wird dort fast wie durch eine Filterpresse ausgepreßt, die Flüssigkeit fließt über die Psalterrinne in den Labmagen ab, so daß die Trockensubstanz erheblich (auf 35 bis 50%) zunimmt. Dadurch werden die Bedingungen für eine Bakterienwirkung ungünstiger. Auch über die Dauer des Durchtrittes durch den Psalter ist man nicht unterrichtet. Die Zerkleinerung des Inhaltes im Psalter ist durch Exstirpation des Psalters endgültig bewiesen worden[6].

Labmagen. Der in den Labmagen eintretende Inhalt ist sehr wasserreich (80 bis 90%) und sehr fein zerkleinert; er reagiert stets sauer; außer HCl enthält er die löslichen und unlöslichen Kohlenhydrate sowie die Gärungssäuren: Milchsäure, Essigsäure und Buttersäure aus den Vormägen. Die Flora des Labmagens ähnelt qualitativ der im Pansen, ist aber quantitativ viel geringer, in einem Fall etwa $^1/_{60}$ der des Pansens[7]. Es muß daher vorher oder im Labmagen der größte Teil der Vormagenflora und -fauna absterben und deren Leibesinhalt der Magen- und Darmverdauung anheimfallen. Damit kommen auch die synthetischen Leistungen der Symbionten[8] dem Wirtsorganismus zugute. Der Pflanzenfresser erhält wahrscheinlich einen nicht unbeträchtlichen Teil an Eiweiß und auch an Wirkstoffen von seinen Mikroorganismen, welche diese aus dem eiweißarmen Futter im Magen des Wiederkäuers aufbauen.

Da die Vormägen nie leer werden und dort der Speisebrei schon zum Teil ausgebreitet wird, wird der Labmagen mit Inhalt dauernd beschickt, und zwar ohne *Schichtungen* und regionäre Unterschiede. Die *Pepsinwirkung* ist ver-

---

[1] KARUNAIRATNAM, M. C., and G. A. LEVVY: Biochem. J. **49**, 210 (1951). — [2] SCHEUNERT, A.: Vergleichende Studien über den Eiweißabbau im Magen. Otto WALLACH-Festschr. S. 584. Göttingen 1909. — [3] ABDERHALDEN, E., W. KLINGEMANN u. T. PAPPENHUSEN: H. **71**, 411 (1911). — [4] LUNGWITZ, J. M.: Arch. Tierheilkde. **18**, 81 (1892). — [5] PEARSON, R. M., and J. A. B. SMITH: Biochem. J. **37**, 142, 148, 153 (1943). — [6] TRAUTMANN, A., u. J. SCHMITT: Dtsch. tierärztl. Wschr. **1935**, 177. — [7] SCHIEBLICH, M.: Handb. Mangeld **2**, **323** (1929). — [8] SCHEUNERT, A.: Handb. Biochem. Erg.-W. **2**, 478 (1934).

hältnismäßig gering. Der Labmagensaft kann von einer zugesetzten Caseinmenge innerhalb 20 Std nicht mehr als etwa 25% in Lösung bringen[1]. *Eiweiß*-Spaltprodukte finden sich daher nur in Spuren; SCHEUNERT[2] gibt für die N-haltigen gelösten Substanzen einen Gehalt von 0,1 bis 0,3% an; diese bestehen in der Hauptsache aus Albumosen und Peptonen. Die in den Vormägen begonnene Aufspaltung der Nahrung wird also im Labmagen durch die hinzutretende Wirkung von HCl und Pepsin weitergeführt. Stärke und Cellulose verlassen den Labmagen unangegriffen. Über das Ausmaß derselben liegen noch keine befriedigenden Versuche vor.

ε) Die Notwendigkeit des Magens.

Die Bedeutung des Magens für die Gesamtverdauung ist in den früheren Zeiten über- und später unterschätzt worden. Daß der einhöhlige Magen *nicht lebensnotwendig* ist, geht aus der verhältnismäßig guten Verträglichkeit der Totalexstirpation[3] desselben hervor (s. S. 38). Die fehlenden Magenfermente finden einen Ersatz in den Fermenten des Darmes, vor allem des Pankreas. Allerdings muß in solchen Fällen die *Form der Ernährung* geändert werden; die Nahrung muß öfters in kleinen Portionen dargeboten werden, weil der Magen ein *Nahrungsreservoir* darstellt, das seinen Inhalt nur schubweise in den Darm entleert (vgl. a. EMERY[4]).

Für die erwachsenen Wiederkäuer sind allerdings die unversehrt arbeitenden *Vormägen lebensnotwendig*, nicht aber der Labmagen; für ihn dürfte das über den einhöhligen Magen Gesagte Geltung haben.

d) Die Verdauung im Darm[5–14].

α) Die Funktion des Darmes.

Der Darm ist Nahrungsbehälter, Transportmittel, Reaktions- und Aufsaugeort für die Nahrung. Er dient der Verdauung, der Resorption, der Kotbildung und schließlich der Kotausscheidung. Dies war bis vor kurzem die in den Lehrbüchern ausgesprochene allgemeine Ansicht. Aber mehr und mehr erkennen wir, daß der Darm neben seiner Funktion als Organ der Verdauung auch noch eine allgemeinere hat. Als chemische Werkstatt steht er in qualifizierter Leistung keinem anderen Organ, auch nicht der Leber nach. So kommt zu der Funktion der Aufbereitung der Nahrung und dem Transport des Verdauten im Körper noch

---

[1] KRZYWANEK, F. W., u. W. BUSS: Schweiz. Arch. Tierheilkde. **69**, 321 (1935). — [2] SCHEUNERT, A.: Handb. Biochem. **5**, 149 (1925). — [3] KATSCH, G.: Folgen der Magenausrottung (Agastrie). Handb. inn. Med. (BERGMANN-STAEHELIN) 3. Aufl. **3**/1, 398 (1938). — [4] EMERY, E. S. jr.: Amer. J. digest. Dis. **2**, 599 (1935).

Zusammenfassendes über die Verdauung im Darm 5—14: [5] FLOREY, H. W., R. D. WRIGHT and M. A. JENNINGS: The secretions of the intestine. Physiol. Rev. **21**, 36—69 (1941). — [6] SCHEUNERT, A., u. F. W. KRZYWANEK: Die Dünndarmverdauung. Die Verdauung im Enddarm. Handb. Biochem. **5**, 156—206 (1925). — SCHEUNERT, A.: Handb. Biochem. Erg.-W. **2**, 465—479 (1934). — [7] BRUGSCH, T.: Der Dünndarm und seine Sekrete. Handb. Biochem. **4**, 558—576 (1925); Erg.-W. **2**, 321—325 (1934). — [8] Babkin S. 759—800. — [9] BIEDERMANN, W.: Darm und Darmverdauung. Handb. Winterstein **2**/1, 1349—1492 (1911). — [10] MAREK, J.: Vergleichende pathologische Physiologie der Verdauung. Handb. Physiol. **3**, 1045—1104 (1927). — [11] KALK, H.: Pathologische Physiologie der Darmdrüsen. Handb. Physiol. **3**, 1240—1251 (1927). — [12] HENNING, N., u. W. BAUMANN: Die Krankheiten des Darmes. Handb. inn. Med. (BERGMANN-STAEHELIN) 3. Aufl. **3**/2, 791—998 (1938). — [13] KAYSER, C.: La digestion intestinale. Presse méd. **58**, 182—187 (1950). — [14] VONK, H. J.: Die Verdauung bei den niederen Vertebraten. Adv. Enzymol. **1**, 371 (1941).

die chemische Umbauarbeit hinzu, durch die das Aufgenommene aufs beste in den Stoffwechsel eingefügt wird. Hierüber sind aber unsere Kenntnisse noch gering. Am Beispiel des CASTLE-Factors (S. 38, 83, 71, 121) und der Vitamin A-Bildung im Darm (S. 197) ist diese allgemeine Funktion des Darmes erläutert. Dem Körper werden durch den Darm Energie-, Bau- und Wirkstoffe von außen zugeführt. Der aus dem Magen schubweise entleerte, sauer reagierende Chymus wird im Darm durch eine Reihe von Fermenten, die jeweils erst in bestimmten Darmabschnitten durch Fermenteffektoren wirksam werden, in die einfachsten Bausteine der Nährstoffe zerlegt. In dem Maße wie die Spaltung fortschreitet, geht auch gleichzeitig die Resorption vor sich, so daß sich normalerweise größere Mengen von Spaltstücken nicht ansammeln. Verdauung und Resorption sind miteinander gekoppelt. Nur bei krankhaften Zuständen reichern sich größere Mengen von Spaltstücken, z. B. Fettsäuren, im Darm an. Auch die Verdauungssäfte, die dem Pankreas, der Leber (Galle) und dem Darm (Darmsaft) entstammen, werden zum größten Teil resorbiert. Über ihr Schicksal ist allerdings bisher so gut wie nichts bekannt. Zweifellos spielen die Verdauungssäfte, insbesondere die Fermente, bei der Resorption der durch Verdauung gebildeten Verbindungen eine wichtige Rolle[1]. Die spezifische Auswahl der aufzusaugenden Spaltstücke könnte durch die Verdauungsfermente oder die Fermente der Darmwand leicht erfolgen. Dadurch dürften sich die Verdauungssäfte des Darmes von denen des Mundes und Magens unterscheiden. Verdauung und Resorption im Darm werden ergänzt und vollendet durch die Ausscheidung nicht verwertbarer Nahrungsstoffe und schwer löslicher Stoffwechselschlacken. Alle diese Vorgänge im Darm setzen einen lebhaften Stoffwechsel des ganzen Darmes voraus, der jedoch im Vergleich zur Anatomie des Darmes noch wenig erforscht ist.

β) Anatomische Vorbemerkungen[2–4].

1. Die allgemeine Einteilung des Darmes.

Aus Gründen der Morphologie und Entwicklungsgeschichte unterscheidet man Mitteldarm (= Dünndarm) und Enddarm (= Dickdarm und Mastdarm). Der *Dünndarm* (Intestinum tenue) beginnt am Pylorus mit dem beim lebenden Menschen nur etwa 21 cm langen und 4 bis 6 cm weiten Zwölffingerdarm (Intestinum duodenum) und setzt sich an der Flexura duodenojejunalis als das etwa 2 m lange Jejunum (Leerdarm) fort, um ohne scharfe Grenze in das etwa 3 m lange Ileum (Intestinum ileum = Krummdarm) überzugehen. An die Valvula coli (früher Valv. ileocoecalis) schließt sich der nur 6 bis 8 cm lange Blinddarm (Intestinum caecum) mit dem Wurmfortsatz und das Colon (Intestinum colon = Grimmdarm) an. Das Colon wird in Colon ascendens, transversum, descendens und sigmoides eingeteilt. Caecum und Colon bilden zusammen den 1,3 m langen *Dickdarm* (Intestinum crassum). Im Gegensatz zum Dünndarm, der äußerlich ein glattes Rohr darstellt, besitzt der Dickdarm geräumige, seitliche Aussackungen, die sog. Haustren. Das Darmende ist wieder haustrenfrei; es besteht aus dem 15 bis 20 cm langen *Mastdarm* (Intestinum rectum).

Die gesamte *Darmlänge* beträgt beim lebenden Menschen etwa 6 bis 7 m, das ist das Siebenfache der Körperlänge vom Scheitel bis zum Anus[5]. Während des Lebens wechselt die Darmlänge je nach Funktionszustand, Tonusschwankungen, Bewegungsarten und jeweiligem Füllungszustand des Darmes in gewissen Grenzen. In den ersten Std nach dem Tode verkürzt sich infolge der Totenstarre zunächst der Darm, um dann nach 24 bis 28 Std eine Längen-

[1] Zum Beispiel: Darmphosphatase ist am Resorptionsmechanismus des Fettes beteiligt. CERA, B., e. L. BELLINI: Path., Genova **32**, 375 (1940) [Ber. Physiol. **123**, 585]. — [2] v. MÖLLENDORFF, Lehrb. Histol. 25. Aufl. S. 327 ff. (1943). — PATZELT, V.: Handb. mikroskop. Anat. (v. MÖLLENDORFF) **5**/3, 1—448 (1936); s. a. Resorption S. 200. — [3] TRIEPEL, H.: Die anatomischen Namen. 24. Aufl. von STIEVE, H. München 1948. — [4] GROEBBELS, F.: Funktionelle Anatomie und Histophysiologie der Verdauungsdrüsen. Handb. Physiol. **3**. Das Pankreas. S. 592—600. Der Darm. S. 658—681 (1927). — [5] BAUMGARTNER, O.: Diss. med. Zürich 1938.

Tabelle 24. Länge und Oberfläche des menschlichen Darmes*.

Darmabschnitte	Länge		Oberfläche		Fassungsvermögen
	m	%	cm²	%	cm³
Dünn- und Dickdarm . .	8	100	15000[1]	100	
Dünndarm	3,7—**6**—8	75	8400[1]	56	110[2]
Duodenum	0,25	2,5	460[2]		150—**210**—250[2]
Jejunum	2,5	31			
Ileum	3,5	44			
Dickdarm (Colon) . . .	1,4—**1,6**—1,8	20	6600[1]	44	
Rectum	0.2	2,5			

* entfaltet.

Tabelle 25. Länge und Fassungsvermögen des Darmes[3, 4].

		Verhältnis der Körperlänge zur Gesamtdarmlänge[4]	Dünndarmlänge* in m	Dickdarm*	
				Länge in m	Fassungsvermögen in l
Carnivoren	Hund	1:6	2—**5**—7[5]		
	Katze	1:4	0,8—2		
Omnivoren	Mensch	1:7	5,6—7,5	1,3	
	Schwein	1:14[6]	17—21		
Herbivoren	Pferd	1:12	16—23	6—9	81—215
	Rind	1:20	31—48	6,5—9	37
	Schaf	1:27	22—24	3,7—6	5—7
	Ziege	1:27	17—25		

* an der Leiche gemessen.

Die *Enddärme der Pflanzenfresser* sind zur Ausnutzung der Cellulose viel umfangreicher angelegt als die der Omnivoren und erst recht der Carnivoren. Das Pferd besitzt einen verhältnismäßig kleinen Magen, dafür aber Gärkammern im Caecum, dem großen Colon und besonders der magenähnlichen Erweiterung desselben, die an Fassungsvermögen den Vormägen der Wiederkäuer keineswegs nachstehen[7].

zunahme von 20% zu erfahren[8]. Die Feststellung der Darmlänge ist daher schwierig und bedarf genauer Angaben über die angewandte Methode. Als das beste Verfahren gilt heute die Messung am Lebenden während der Operation mittels Seidenfaden nach SAPPEY[9], obwohl auch hier keine physiologischen Bedingungen vorliegen. Man mißt z. B. den frei am Mesenterium hängenden Dünndarm an seiner Konvexität, gegenüber dem Mesenterialansatz von der Flexura duodenojejunalis bis zur Valvula coli, und findet so beim Europäer[10] 5—**6**—7 m, beim Asiaten, der hauptsächlich von Pflanzenkost lebt, etwas mehr, im Mittel 6,5 bis 7 m.

---

[1] POIRIER, P., et A. CHARPY: Traité d'anatomie humaine. Nouvelle éd. par CHARPY, A., et A. NICOLAS: Bd. **4**/1, S. 277, Paris 1912. — [2] TESTUT, L.: Traité d'anatomie. Bd. **4**, S. 152. Paris 1923. — [3] SCHEUNERT, A., u. F. W. KRZYWANEK: Handb. Biochem. **5**, 156, bes. 203 (1925). Handb. vgl. Anat. Haustiere (ELLENBERGER-BAUM) 18. Aufl. Berlin 1943. — [4] Zit. nach LENKEIT, W.: Neuere Ergebnisse der vergleichenen Physiologie der Verdauung der Säugetiere. Ergebn. Physiol. **35**, 573, bes. 589 (1933); dort auch Angaben über Verhältnis der Hautoberfläche zur Darmoberfläche. — [5] NICKEL, R.: Z. ges. exp. Med. **91**, 193 (1933). — [6] s. dagegen 1:26: MANGOLD, E.: Darmlänge, Durchgangszeit und Durchgangsgeschwindigkeit. S.-B. dtsch. Akad. Wiss. Berlin, Kl. med. Wiss. 1950. Nr. 3 (1951) [Ber. Physiol. **146**, 276]. — [7] Vgl. SCHEUNERT, A., u. F. W. KRZYWANEK: Handb. Biochem. **5**, 203 (1925). — [8] Mittelwerte von Messungen an 3 Hunden: NICKEL, R.: Z. ges. exp. Med. **91**, 193 (1933). — [9] HOFMANN, M.: Arch. klin. Chir. **131**, 251 (1924). — [10] s. S. 103[5].

Das Verfahren mit der *Schlauchsonde* am Menschen[1] führt zu Darmraffungen (Puffärmelbildung und Darminvaginationen) und daher zu viel zu niedrigen Werten (2,5 m). Es ist heute verlassen. Versuche an Hunden[2] zeigten, daß die Fixierung des Darmes intra vitam mit 10%igem *Formalin* die gleiche Lage und Länge des Darmes wie bei Lebzeiten ergibt. Beim Hund verteilt sich die gesamte Darmlänge auf Duodenum 8%, Jejunum und Ileum 80% sowie Colon und Rectum 12%[2]. Länge und Weite des Dünndarmes sowie die Art und Verteilung der Drüsen sind bei allen Tieren einander ähnlich, während sie beim Enddarm hauptsächlich wegen der verschiedenartigen Ernährung die größten Unterschiede auch bei den Wirbeltieren aufweisen. Sogar bei den gleichen Individuen beeinflußt die Nahrung Länge und Weite des Dünndarmes, wie ältere Versuche an Kaulquappen[3] und neuere an Schweinen[4] und Ratten[5—9], diese allerdings weniger deutlich, zeigen.

2. Zur Anatomie des Dünndarmes.

Der histologische Aufbau des Dünndarmes zeigt folgende vier Schichten: Tunica serosa, Tunica muscularis, Tela submucosa und Tunica mucosa.

Die *Serosa* bildet einen Teil des Bauchfelles (Peritoneum), welches den Dünndarm sowie alle übrigen innerhalb der Bauchhöhle gelegenen Organe überzieht. Nur an den Anhaftungsstellen des Darmrohres, am Gekröse (Mesenterium), ist eine kleine Stelle des Darmrohres peritonealfrei. Hier treten die Gefäße und Nerven an das Darmrohr heran.

Das Bauchfell, das auch den Enddarm, soweit er frei beweglich ist, vollständig, sonst nur teilweise bedeckt, sowie den gesamten Bauchraum auskleidet, sondert wie die übrigen serösen Häute geringe Mengen einer dünnen, wäßrigen Flüssigkeit, den *Bauchfellsaft* (Liquor peritonei) ab, der als Gleitmittel die Gestalt- und Lageveränderungen der Bauch- und Beckenorgane ermöglicht. Die Menge der Peritonealflüssigkeit ist unter physiologischen Verhältnissen sehr gering und diese daher chemisch noch nicht untersucht, wohl aber die unter krankhaften Verhältnissen auftretende *Ascites*flüssigkeit[10].

Unter der Serosa verläuft, gleichmäßig um das ganze Dünndarmrohr verteilt, die *Tunica muscularis*, bestehend aus einer äußeren *Längs-* und darunter einer dickeren *Ringmuskelschicht*. An die Muskelschicht schließt sich eine Lage kompliziert strukturierten Bindegewebes, die *Tela submucosa*, an. In ihr verzweigen sich die größeren Lymph- und Blutgefäße und die Nerven, außerdem sind hier im oberen Duodenum (Zwölffingerdarm) die BRUNNERschen Drüsen hauptsächlich eingebettet. Die Submucosa ist durch derbe Bindegewebsfasern mit der Ring- und Längsmuskelschicht der *Tunica mucosa* verknüpft. Durch diese Muskeln (Lamina muscularis mucosae) kann die Schleimhaut sich unabhängig von den Gesamtbewegungen des Darmes den Formbedürfnissen des Darminhaltes anpassen und die Schleimhautoberfläche vergrößern oder verkleinern. Außerdem scheidet die Muscularis mucosae des Duodenums (Schwein) die BRUNNERschen Drüsen von den LIEBERKÜHNschen Krypten[11].

Auf die Muskeln folgt die *eigentliche Schleimhaut*[12], die Lamina propria mucosae, die ein einschichtiges Epithel gegen das Darmlumen abschließt. Das Epithel besteht aus zylindrischen Zellen mit einem streifigen Cuticularsaum und schleimbildenden Becherzellen in wechselnder Menge. Die Lamina propria und das Epithel bilden im Dünndarm die Zotten, den Ort der Resorption. Das Bindegewebe der Lamina propria trägt das Blutcapillarnetz und die feinen Lymphgefäße (zentrales Chylusgefäß und Lymphcapillaren) sowie Muskel-

---

[1] REIS, V. VAN DER, u. F. W. SCHEMBRA: Untersuchungen über die funktionelle Darmlänge in vivo und die Topographie des Verdauungskanales. Ergebn. Anat. **27**, 787 (1927). — SCHEUNERT, A.: Handb. Biochem. Erg.-W. **2**, 465 (1934). — [2] s. S. 104[8]. — [3] BABÁK, E.: Zbl. Physiol. **18**, 662 (1904). — [4] HAESLER, K.: Z. Züchtung (B) **17**, 339 (1930). — [5] MANGOLD, E., u. K. HAESLER: Arch. Tierernähr. Tierz. **2**, 279 (1930). — MANGOLD, E.: S.-B. Ges. naturforsch. Freunde Berlin **1934**, 395. — [6] WETZEL, G.: Z. wiss. Biol. (D) **114**, 65 (1928). — [7] FONSECA, F., et C. TRINCAO: C. R. Soc. Biol. **99**, 1533 (1928). — [8] ADDIS, T.: Amer. J. Physiol. **99**, 417 (1932). — [9] GROEBBELS, F.: Funktionelle Anatomie und Histophysiologie der Verdauungsdrüsen. Handb. Physiol. **3**. Das Pankreas. S. 592—600. Der Darm. S. 658—681 (1927). — [10] Hammarsten 11. Aufl. S. 280. — GERHARTZ, H.: Handb. Biochem. **4**, 196 (1925); Erg.-W. **2**, 130 (1934). — H.-Th. 10. Aufl. Bd. V, S. 351. — [11] LINDERSTRØM-LANG, K., H. HOLTER u. A. SØEBORG OHLSEN: H. **227**, 1 (1934). — [12] Über Bau und Wachstum s. HEIDENHAIN, M.: Z. mikroskop.-anat. Forsch. **47**, 522 (1940).

fasern für die spezifischen Kontraktionen zum Verkürzen und Verlängern der Zotten (Zottenpumpe nach v. BRÜCKE).

Die *Jejunalschleimhaut*[1] von Ratten und Mäusen zeigt in Ringerlösung und im Serum hohe Atmung, starke aerobe und anaerobe Glykolyse und niedrigen respiratorischen Quotienten. Acetylcholin ist dabei ohne Wirkung. Als einziges der bisher untersuchten Gewebe weist es keinen PASTEUR-MEYERHOF-Effekt (s. S. 759) auf. Ileum- und Colonschleimhaut haben zwar ähnlichen aber geringeren und veränderlicheren Stoffwechsel und geben häufig die PASTEUR-Reaktion; Jejunumschleimhaut und Tumorgewebe zeigen demnach eine gewisse Verwandtschaft im Stoffwechsel.

Die *Darmzotten* (Villi intestinales) sind kleine, fingerförmig gestaltete, 0,2 bis 1,2 mm hohe Erhebungen[2], etwa 4 Millionen an der Zahl, die der Innenfläche des Dünndarmes ein feinflockiges, samtartiges Aussehen geben, während die Innenfläche des Dickdarmes, die keine Zotten trägt, im erschlafften Zustand glatt aussieht. Die Zotten vergrößern die Oberfläche des Dünndarmrohres von etwa 2 m^2 auf etwa 40 m^2, die Oberfläche des Cuticularsaumes der Zylinderzellen nicht eingerechnet. Je nach Kontraktion der Zotten ist die Zottenoberfläche und damit wohl die Resorptionsgeschwindigkeit veränderlich. Die Zotten bewegen sich beim Hund und wahrscheinlich auch beim Menschen im Hunger und bei leerem Darm nicht, sondern nur bei Gegenwart von Darminhalt, wenn also Resorption stattfinden kann, und zwar auch am isolierten Darmstück ohne Durchblutung[3] (s. S. 206 Abb. 24). Diese Bewegungen werden durch lokale chemische Reize ausgelöst. Nach Abtrennung des Plexus submucosus (MEISSNER) kommen die Zottenbewegungen zum Stillstand. Außer durch lokale Reize werden die Zotten auch durch das in der Schleimhaut des Magendarmes vorkommende Hormon *Villikinin* zur Tätigkeit angeregt (s. S. 142). Auch Bestandteile der Darmgase wie H_2S und CO_2 wirken als physiologischer Reiz für die Zottentätigkeit[4]. Fettresorption findet nur in den Resorptionszellen der Zotten (Ratte) statt[5]. Die Gestalt der Zotten ist im Verlauf des Dünndarmes nur wenig verändert. Im Duodenum und Jejunum stehen die Zotten dicht nebeneinander (22 bis 40 auf 1 mm^2); sie sind plump und häufig ein- und mehrfach geteilt*. Im Ileum werden sie spärlicher (18 bis 30 und weniger auf 1 mm^2), liegen weit auseinander, sind schlank und fingerförmig und verschwinden schon vom Dickdarm an vollständig (s. S. 203, Abb. 22).

Außer den Zotten sind für die Schleimhaut des Dünndarmes auch große, quer im Darmrohr liegende *Dauerfalten, Plicae circulares* (KERKRING), charakteristisch. Im Gegensatz zu den Darmzotten, denen sie fehlen, enthalten die KERKRINGschen Falten die Lamina muscularis mucosae und Teile der Tela submucosa, außerdem sind sie im Vergleich mit den Darmzotten viel größer. Das Duodenum ist am Beginn frei von diesen Falten, aber etwa 3 bis 5 cm jenseits des Pylorus beginnen sie und erreichen ständig zunehmend in der Gegend der gemeinsamen Einmündung des Gallenganges (Ductus choledochus) und des Pankreasganges (Ductus pancreaticus major und minor) rasch ihre höchste Ausbildung und Zahl, um dann wieder abzunehmen. Von der Mitte des Jejunums an werden sie kleiner und folgen in weiteren Abständen, bis sie gegen Mitte des Ileums immer unbestimmter und unregelmäßiger werden, um schließlich schon im Ileum gegen den Dickdarm ganz zu verschwinden. Gleich den Zotten bedingen auch die KERKRINGschen Falten eine Oberflächenvergrößerung der Schleimhaut. Im Jejunum verdoppeln sie die Oberfläche im Vergleich zu der im Duodenum, außerdem begünstigen sie die Durchmischung des Darminhaltes und verzögern seine Weiterbeförderung, doch wohl, um im Verein mit den Steuerungseinrichtungen einerseits den Verdauungssäften genügend Zeit zur Einwirkung zu verschaffen, und andererseits, um die Resorption Schritt halten zu lassen.

Die **Drüsen des Dünndarmes,** die schließlich den verdauenden Saft liefern, sind nach Größe, histologischem Aufbau, Zahl, Lage und Verteilung über den Darm außerordentlich verschieden. Dies bedingt nicht nur eine abweichende Funktion, sondern auch einen gestuften Einsatz bei der Verdauung. Da sich die einzelnen Verdauungssäfte gegenseitig (för-

---

* Länge der Darmzotten bei den einzelnen Tierarten 0,1 bis 1,6 mm mit ± 20% Schwankungen.

[1] DICKENS, F., and H. WEIL-MALHERBE: Biochem. J. **35**, 7 (1941). — [2] SASS, G.: Anat. Anz. **87**, 410 (1939). — [3] KOKAS, E. V., u. G. v. LUDÁNY: Pflügers Arch. **225**, 421, Abb. S. 427 (1930). — HOLMGREN, H.: Acta med. scand., Suppl. **74**, bes. 33 (1936). — [4] LUDÁNY, G. v., u. J. v. KOVÁTS: Pflügers Arch. **243**, 768 (1940). — [5] WEEL, P. B. VAN: Z. Zellforsch. (A) **29**, 750 (1939).

dernd und hemmend) beeinflussen, muß hervorgehoben werden, daß die beiden größten Darmdrüsen, die *Leber* und das *Pankreas*, schon im Duodenum an gemeinsamer Stelle (Papilla duodeni) münden (Näheres s. S. 166 u. S. 155). Es kommt daher sehr rasch zu einer Mischung von Galle und Pankreassaft. Im oberen Duodenum finden sich vom Pylorus über eine Strecke von 8 bis 10 cm die BRUNNERschen Drüsen[1], Gl. duodenales, die als zusammengesetzte alveolo-tubuläre Drüsen hauptsächlich in der Submucosa liegen (s. a. S. 108). Im unteren Teil des Duodenums kommen sie nur vereinzelt vor.

Über alle Teile der Dünn- und Dickdarmschleimhaut in großen Mengen verbreitet sind die *Darmkrypten* (Gl. intestinales, LIEBERKÜHN), im Aufbau den Magengrübchen vergleichbar. Es sind 0,3 bis 0,4 mm lange Schläuche, die als Ganzes gesehen, mengenmäßig doch bedeutend sind, wenn auch ihre Funktion noch unbekannt ist. Oft ist eine Zotte an der Basis von einem Kranz von Kryptenmündungen umgeben, die man mit der Lupe als feine nadelstichförmige Öffnungen erkennnen kann. Neuere Messungen über Zahl und Form[2]. In den Krypten des Dünndarmes kommen neben Zylinderzellen und Becherzellen am Grunde Drüsenzellen mit acidophilen Sekretkörnern, die sog. PANETHschen Zellen[3], vor. Beim Menschen sind die PANETHschen Zellen nur im Ileum immer vorhanden, vielfach fehlen sie in den Krypten des Duodenums und des Wurmfortsatzes. Nicht vorhanden sind sie in denen des Dickdarmes des Erwachsenen. Bei den Raubtieren (Katze, Hund, braunem Bär) fehlen sie im ganzen Darm. Da die PANETHschen Zellen im Darm der Primaten mit ihrer annähernd gleichen Nahrung regelmäßig gefunden werden, vermutet man Beziehungen der PANETHschen Zellen zur Ernährungsweise und zur Säureregulierung[4]. Ob die Darmkrypten als einfache tubuläre Drüsen anzusprechen sind, ist noch ungeklärt, da ein spezifisches Sekret der Krypten bisher noch nicht nachgewiesen werden konnte[5] (s. dagegen S. 143). Die PANETHschen Zellen des Rattendrüsendarmes liefern eine Dipeptidase, die Sekretionszellen der LIEBERKÜHNschen Krypten wohl eine Maltase[6].

Sowohl im Epithel der Krypten als auch seltener in denen der Zotten finden sich sog. *basalgekörnte Zellen*. Am zahlreichsten sind sie im Duodenum und im Wurmfortsatz (Processus vermiformis), analwärts nimmt ihre Menge ab. Es sind Epithelzellen, die an ihrer Basis, also vom Darmlumen abgewendet, Sekretkörner enthalten, in welcher sich ein Resorcinderivat histochemisch nachweisen läßt. Aus Kaninchen- und Schweinedarmschleimhaut konnte mit Aceton ein Stoff extrahiert werden, der die Bezeichnung *Enteramin*[7] erhielt und später als 5-Oxytryptamin erkannt wurde. Er soll (s. a. S. 40) den „chromaffinen", oder nach der neuen Nomenklatur den basalgekörnten, aber auch noch anderen Zellen entstammen. Diese hält CLARA[8] für ein entgiftendes Organ; ob dabei das Enteramin beteiligt ist, kann mangels näherer chemischer Erforschung nicht behauptet werden.

Über den ganzen Darmtractus in wechselnder Menge verstreut sind die schleimabgebenden *Becherzellen* und die *Solitärknötchen* (Lymphonoduli solitarii). Die gehäuften Knötchen (Lymphonoduli aggregati = PEYERsche Plaques) sind Gruppen von 10 bis 60 Solitärknötchen, die als längliche Platten von 1 bis 3 cm Breite und 2 bis 10 cm Länge dem Mesenterialansatz gegenüberliegen. Im ganzen kommen meist 20 bis 30 PEYERsche Haufen, besonders im unteren Ileum, selten im Jejunum und fast gar nicht im Duodenum vor. Die Bedeutung der PEYERschen Plaques liegt auf innersekretorischem Gebiet. Die Lymphknötchen[9] bilden Lymphocyten, die in Gewebe und Lymphbahnen und vielleicht in die Bauchhöhle einwandern. Je nach Nahrung setzt eine wechselnde Verdauungsleukocytose im Blut ein[10].

Die Wegnahme der mesenterialen Lymphknoten ist bei Hunden ohne Einfluß auf die Fett- und N-Ausscheidung im Kot, also auch auf die Fettverdauung[11].

---

[1] Handb. mikroskop. Anat. (v. MÖLLENDORFF) **5**, Teil 1—3. Verdauungsapparat (1927 bis 1936). — [2] POLICARD, A.: Bull. Histol. appl. **16**, 261 (1939). — [3] v. MÖLLENDORFF, Lehrb. Histol. 25. Aufl. S. 334, Abb. 324 (1943). — [4] HINTSCHE, E., u. P. ANDEREGG: Bio-Morphosis, Basel **1**, 96 (1938) [Ber. Physiol. **110**, 74]. — [5] v. MÖLLENDORFF, Lehrb. Histol. 25. Aufl. S. 337 (1943). — [6] WEEL, P. B. VAN: Z. Zellforsch. (A) **29**, 750 (1939). — Innervation der Drüsen vgl. TANIGUTI, N.: Mitt. med. Ges. Tokyo **53**, 537 (1939) [Ber. Physiol. **117**, 573]. — [7] VIALLI, M., e V. ERSPAMER: Arch. Sci. biol., Napoli **28**, 101 (1942). — [8] CLARA, M.: Ergebn. Anat. **30**, 240 (1933). — [9] SINELNIKOV, E. I., M. T. KOVALEVA et A. E. GUERCHOWITCH: Fiziol. Ž. SSSR **27**, 583 (1939) [Ber. Physiol. **120**, 91]. — [10] JACCOTTET, M.: Rev. méd. Suisse rom. **61**, 65 (1941) [Ber. Physiol. **125**, 170]. — [11] CLARKE, B. G., A. C. IVY and D. GOODMAN: Amer. J. Physiol. **153**, 264 (1948).

Die **Gefäßversorgung des Dünndarmes** erfolgt durch die Art. mesenterica cranialis aus der Aorta abdominalis. Das Blut sammelt sich in der Vena mesenterica cranialis und geht durch die Vena portae zur Leber. Die Lymphgefäße vereinigen sich in den Zotten- und Darmlymphbahnen und münden über die mesenterialen Lymphgefäße und den Ductus thoracicus schließlich in den linken Venenwinkel. Der Lymphdruck[1] beträgt im Endstück des Ductus thoracicus (Hund?) 4,7 cm Wasser im Gegensatz zum Blutdruck in der Vena anonyma mit nur 0,23 bis 0,78 cm, so daß die Lymphe schwach angesaugt wird.

3. Vergleichendes zu den Verdauungsdrüsen.

In *Anordnung und Ausdehnung der Duodenaldrüsen* (BRUNNER) sind innerhalb der Tierreihe erhebliche Unterschiede vorhanden. Während beim *Menschen* die Gl. duodenales (S. 107) etwa bis zu den 10 bis 12 cm hinter dem Pylorus einmündenden Ausführungsgängen von Leber und Pankreas vorhanden sind, also nur etwa die Hälfte des Duodenums auskleiden, reichen beim *Pferd* die Drüsen etwa 6 bis 8 m in das Jejunum hinein, obwohl die Einmündungsstellen der Anhangsdrüsen nicht viel weiter distal liegen als beim Menschen. Bei den *Wiederkäuern* hat die Zone dieser Drüsen z. B. beim *Rind* eine Ausdehnung von 4 bis 4,5 m, beim *Schaf* von 65 cm und bei der *Ziege* von 20 bis 25 cm; der *Pankreasgang* mündet beim Rind 80 bis 90 cm, der *Gallengang* schon etwa 30 bis 35 cm hinter dem Pylorus. Beim *Schwein* liegt der Gallengang 2 bis 4 cm, der Pankreasgang 12 bis 20 cm vom Pylorus entfernt, die Zone der Drüsen ist dagegen 3 bis 5 m lang. Schließlich liegen beim *Carnivoren* die beiden Gänge 5 bis 8 cm hinter dem Pylorus, während die Drüsen schon 1,5 bis 2 cm nach demselben nicht mehr vorhanden sind. Neben der verschiedenen Ausdehnung der Zone der BRUNNERschen Drüsen sind außerdem noch *Verschiedenheiten in der Entwicklung* derselben vorhanden. So sind sie z. B. bei Schaf und Ziege gegenüber dem Rind nicht nur an Zahl geringer, sondern weisen auch eine geringere Verzweigung auf[2].

Aus diesen Unterschieden geht hervor, daß bezüglich der *Darmverdauung in den proximalen Darmabschnitten* Abweichungen vorhanden sein werden. So muß z. B. beim *Wiederkäuer* in einem verhältnismäßig großen Teil des Dünndarms eine *Fortsetzung der Magenverdauung* stattfinden, während *bei den anderen Tieren* dieselbe eher *stillgelegt* werden muß. Wegen der methodischen Unmöglichkeit, besonders bei den Pflanzenfressern operativ vorzugehen, sind genauere Untersuchungen hierüber allerdings noch nicht vorhanden.

4. Die Innervation des Dünndarmes[3],

vor allem seiner Bewegungen, erfolgt durch drei Systeme, nämlich durch das sympathische und parasympathische System über periphere Nerven und durch ein automatisches Bewegungszentrum im Darm selbst. Aus dem Plexus coeliacus des Sympathicus führen die Nervi splanchnici maiores und minores zum Ganglion coeliacum und als Plexus mesentericus direkt in die Darmwand. Die parasympathischen Impulse gehen über den Vagusnerv zum Ganglion coeliacum und von da gemeinsam mit den sympathischen Fasern. Die Auffassung, der Sympathicus beeinflusse die Darmbewegungen durch vorwiegende Hemmung, antagonistisch zum Vagus, der sie vorwiegend fördert, ist in dieser allgemeinen Fassung nicht mehr berechtigt[4]. Sympathicus und Vagus wirken antagonistisch auf den Tonus des Darmes; Sympathicus löst, Vagus steigert Darmspasmen. Das dritte System wird von besonderen unter sich zusammenhängenden Ganglienzellen und Nervenfasern in der Darmwand selbst gebildet. Davon beschrieb zuerst MEISSNER 1857 in der Submucosa den *Plexus submucosus* und AUERBACH 1862 zwischen Längs- und Ringmuskulatur den *Plexus myentericus*, die dann LANGLEY als „enteric system" zusammenfaßte[5]. Nach neueren Untersuchungen[6] an Katzen mit Splanchnicusdurchschneidung bilden die intramuralen Nervengeflechte im Gegensatz zu LANGLEY kein selbständiges Nervensystem, sondern sie gehören

---

[1] SAITO, N.: Arb. 3. Abt. anat. Inst. Kyoto (D) **7**, 110, 114 (1938) [Ber. Physiol. **117**, 84]. — [2] FAVILLI, N.: Riv. Biol. **16**, 245 (1934). — [3] CATEL, W.: Normale und pathologische Physiologie der Bewegungsvorgänge im gesamten Verdauungskanal. 1. Teil Methodik, Anatomie, normale Physiologie. S. 43, Leipzig 1936. — vgl. Versuche am Kaninchen von CHÔDA, T.: Okayama-Igakkai-Zasshi **51**, 1484, 1498 (1939) [Ber. Physiol. **118**, 416]. — [4] s. S. 158[3]. — [5] vgl. a. LI, PEI-LIN: J. Anat. Physiol., Paris **74**, 348 (1940). — [6] BOTÀR, J., L. BATTANCS u. A. BECKER: Anat. Anz. **93**, 138 (1942) [Ber. Physiol. **132**, 109].

dem vegetativen (sympathischen) Nervensystem an. Eine schematische Darstellung der Darminnervation stammt von L. R. MÜLLER[1]. Den Einfluß des Nervensystems auf die Bewegungsvorgänge des Verdauungskanales diskutiert zusammenfassend in neuerer Zeit CATEL[2].

5. Zur Anatomie des Dickdarmes.

Der Dickdarm unterscheidet sich vom Dünndarm schon äußerlich durch seine zahlreichen Aussackungen (Haustra coli) und Vertiefungen (Sulci transversi), denen immer die Plicae semilunares coli entsprechen. Die Längsmuskelschicht ist in Form dreier Längsfaserzüge, der Tänien, stark entwickelt, dazwischen nur schwach ausgebildet. Die Valvula coli schließt den Dünndarm gegen den Dickdarm ab. Der Inhalt kann zwar aus dem Ileum in das Caecum übertreten, in der Regel jedoch nicht mehr zurückgelangen. Dadurch ist auch eine scharfe funktionelle Grenze geschaffen. *Histologisch* ist der Dickdarm wie der Magen und der Dünndarm aus Serosa, Muscularis, Submucosa und Mucosa aufgebaut. Die *Schleimhaut* unterscheidet sich von der des Dünndarmes durch das Fehlen der Zotten, der Plicae circulares (KERKRING) und der BRUNNERschen Drüsen. Sie enthält dicht nebeneinander stehende Darmkrypten (LIEBERKÜHN), zahlreiche Lymphknötchen (Noduli lymphatici solitarii). Das Epithel besteht größtenteils aus schleimbildenden Becherzellen.

Die Zahl der Dickdarmdrüsen[3] ist bei Haussäugetieren festgestellt worden. Sie ist am größten beim Pferd, dann folgen Rind (107 bis 154 Millionen), Schwein (89 Millionen), Schaf (40 bis 50 Millionen), Hund (2 bis 4,7 Millionen) und Katze (1,6 bis 2,3 Millionen).

Blut- und Lymphgefäße des Dickdarmes. Die Arterien entstammen der A. mesenterica cranialis und caudalis, die Venen gleichen Namens gelangen zur Pfortader, die Lymphgefäße zum Ductus thoracicus.

Die Innervation des Dickdarmes erfolgt analog der des Dünndarms sympathisch über die Nervi splanchnici, parasympathisch aus dem Sacralmark über den Nervus pelvicus und automatisch durch das „enteric system" (s. S. 108). Analog der des Colons ist auch die nervöse Versorgung des Rectums[4].

γ) Zur Mechanik der Darmverdauung[5–10].

1. Die physiologischen Bewegungsformen

der glatten Darmmuskeln sind zwar wiederholt eingehend untersucht worden, aber völlige Klärung und einheitliche Benennungen sind noch nicht erreicht. Der Tonus der Darmwandmuskulatur und der Bauchwand hält den breiig flüssigen Darminhalt auch in den Ruhephasen unter einem bestimmten Druck zusammen. Tonusschwankungen sind Spannungsänderungen in der Muskelfaser. Sie verursachen „Pendelbewegungen unter der Zeitlupe". Von den *Darmbewegungen* pflegt man zwei Arten besonders zu unterscheiden: die sog. Pendelbewegungen und die peristaltischen Bewegungen. Beide kommen am Dünn- und Dickdarm vor. Die stets rhythmisch über einen kleinen Abschnitt des ganzen Darmrohres verlaufenden Pendelbewegungen (CARL LUDWIG 1858) werden ausschließlich auf Kontraktionen der Längsmuskeln zurückgeführt. Sie dienen zum rhythmischen Hin- und Herbewegen des Darminhaltes in einer Darmschlinge

---

[1] s. S. 108[3] (S. 167, Abb. 71). — MÜLLER, L. R.: Lebensnerven und Lebenstriebe. S. 587 Berlin 1931. — [2] s. S. 108[3] (S. 145). — [3] TEHVER, J., u. N. REMMEL: Z. mikroskop.-anat. Forsch. **45**, 503 (1939). — [4] OTTAVIANI, G.: Z. mikroskop.-anat. Forsch. **47**, 151 (1940). — [5] CATEL, W.: Normale und pathologische Physiologie der Bewegungsvorgänge im gesamten Verdauungskanal. 1. Teil: Methodik, Anatomie, normale Physiologie. Leipzig 1936; 2. Teil: Klinik, Pharmakologie. Leipzig 1937. Kinderärztl. Praxis **6**, 498 (1935). — [6] TRENDELENBURG, P.: Bewegungen des Darmes. Handb. Physiol. **3**, 452—471 (1927). — [7] KATSCH, G.: Methoden zur Untersuchung der Darmbewegungen in situ. Handb. biol. Arb.-Meth., Abt. IV, Teil 6/1, 693—730 (1926). — [8] WESTPHAL, K.: Die Pathologie der Bewegungsvorgänge des Darmes und der extrahepatischen Gallenwege. Handb. Physiol. **3**, 483—519 (1927). — s. a. S. 205. — [9] TRENDELENBURG, P.: Pharmakologie der Magen- und Darmbewegung (einschließlich Wirkungen der Hormone). Handb. Physiol. **3**, 520—543 (1927). — [10] Hormone der Darmbewegung: DEBAY, A.: Sem. d. Hôp., Paris **27**, 2830—35 (1951) [C. **1952**, 4476].

ohne Weiterbeförderung, aber zur innigen Durchmischung des Inhaltes mit den Verdauungssäften und Berührung der Schleimhautoberfläche. Die *peristaltischen Wellen* entstehen durch die Ringmuskeln, indem sie in regelmäßigen Abständen erschlaffen und sich wieder zusammenziehen. Ein bestimmter Dehnungsgrad durch Darmfüllung und ein Reiz, hauptsächlich mechanischer Art von der Schleimhaut aus, ist dafür Voraussetzung; am leeren Darm tritt keine peristaltische Tätigkeit auf. Die Kontraktion verläuft als Welle und treibt den Darminhalt auf große Strecken caecal- und afterwärts.

Am **Dünndarm** rechnet man zu den peristaltischen Bewegungen noch die „rhythmische Segmentation" (CANNON), das ist eine Verstärkung der gewöhnlichen „pendelnden" Kontraktion der Ringmuskeln und die „Rollenbewegung" (peristaltic rush), eine pathologisch gesteigerte Peristaltik. Der obere Dünndarmabschnitt kann auch beim Menschen unter bestimmten Bedingungen antiperistaltische Bewegungen ausführen, was zum Rückfluß der Galle und von Duodenalinhalt in den Magen führen kann. Eine echte physiologische Antiperistaltik ist beim Menschen *röntgenologisch* aber noch nicht sicher beobachtet.

Die **Bewegungsformen des Dickdarmes**[1] hat man beim Menschen mit Röntgenkontrastbrei eingehend studiert. Sie werden nur zum kleinen Teil von den Längsmuskeln (Pendelbewegungen) und fast ganz von den Ringmuskeln, und zwar je nach dem Dickdarmabschnitt, etwas verschieden hervorgebracht. Im Anfangsteil des Colons tritt der Transport des Darminhaltes im Vergleich zu seiner Durchmischung zurück. Man spricht von „physiologischer Ascendensstagnation". Im Caecum, Colon ascendens und etwa in der ersten Hälfte des Colon transversum findet vorwiegend Nachverdauung, bakterielle Zersetzung, Durchmischung und Eindickung bei ganz langsamer Weiterbeförderung der Ingesta statt. Zum Mischen, weniger für den Transport, dienen die in verschiedenem Rhythmus vor- und zurücklaufenden peristaltischen und antiperistaltischen „kleinen" Colonbewegungen („Stülpbewegungen" und „Haustrenfließen"). Der Zone langsamer Inhaltsbewegung folgt eine solche mit rascher; Colon descendens und der Anfangsteil des Colons sigmoides werden von dem eingedickten und schon zu Skybala geformten Darminhalt am raschesten durchlaufen. Die Beförderung des Coloninhaltes geschieht durch die von HOLZKNECHT[2] 1909 entdeckte „große Colonbewegung", d. h. durch plötzliche Verschiebung einer Kotsäule um ihre ganze Länge zu dem nächsten leeren, ungefähr ebenso langen Colonteil. Die Länge einer solchen Kotsäule beträgt etwa ein Drittel des gesamten Colons (etwa 40 cm). Vorher werden die Haustren plötzlich zu einem fast glatten Rohr verstrichen und nach der Fortbewegung der Kotsäule sofort wieder gebildet. 3 bis 4 derartige, etwa nur 3 sec dauernde Verschiebungen erfolgen im Zeitraum von etwa 8 Std und genügen, den Inhalt durch das ganze Colon zu transportieren. Die Bewegung kommt offenbar durch gleichzeitige sinnvolle Kontraktion der gesamten Ring- und Längsmuskeln auf eine größere Strecke zustande („schlauchförmige" Konstriktion). Die Seltenheit und kurze Dauer des Vorganges machen seine späte Entdeckung verständlich[2]. Durch eine echte ringförmig-linear ablaufende peristaltische Bewegung, eine wandernde Ringwelle, werden das C. sigmoideum und das Rectum gefüllt. Dort überwiegt wieder die Stagnation den Transport.

Beim Schwein[3] konnten durch Röntgenuntersuchung des Colons die Mischung des Inhaltes auf Stülpbewegung und tonische Kontraktion und der Transport auf schwache

---

[1] CATEL, W.: s. S. 109[5], 1. Teil S. 99 (1936). — WELTZ, G. H. u. P. STUMP: Fortschr. Röntgenstr. **60**, Beih. **57** (1939). — [2] HOLZKNECHT, G.: M. m. W. **1909 II**, 2401. — [3] TRAUTMANN, A., u. T. ASHER: Arch. Tierheilkde. **76**, 119 (1940).

und starke Peristaltik sowie große Colonbewegungen zurückgeführt werden. Antiperistaltik und rückläufiger Transport wurden im ganzen Schweinecolon nicht beobachtet, wohl aber bei der Ziege[1].

2. Die normalen Entleerungszeiten des Magens und Darmes bei gesunden Menschen im Alter von 20 bis 30 Jahren konnten durch Röntgenuntersuchungen[2] wie folgt festgestellt werden. Leer war der Magen in 3 Std, der Dünndarm in 8 Std, das Caecum in 90% der Fälle in 24 Std, in 10% der Fälle in 48 Std, der ganze Darm bei 0,8% in 24 Std, bei 28,5% in 48 Std, bei 52,2% in 72 Std, bei 13,5% in 96 Std, bei 4% in 120 Std.

Bei der weißen *Ratte*[3] ist der Darmtractus, wie durch Röntgenuntersuchungen festgestellt wurde, normalerweise nahezu ständig gefüllt. Der Durchtritt der Nahrung vom Magen bis zum Caecum dauert bei ihr 3 bis 4 Std.

δ) Der Dünndarm und seine Sekrete.

1. Die chemische Zusammensetzung des Darmes[4].

Eine systematische chemische Bearbeitung dieses Gebietes liegt noch nicht vor. Lediglich im Zusammenhang mit Fragen der Verdauung und Resorption sind vereinzelt anorganische und organische Bausteine des Darmes bei Tieren quantitativ bestimmt worden. Am besten ist der Dünndarm, besonders das Duodenum, untersucht, weniger der Dickdarm und das Rectum.

a) Trockensubstanz und Mineralstoffe. Am eingehendsten ist bisher der *Phosphorgehalt des Tierdarmes* bei Resorptionsversuchen bestimmt worden.

Schweine, die während mehrerer Wochen dasselbe Futter erhielten, wurden zum Teil mit 200 g Glucose und zum Teil mit 200 g Baumwollsamenöl gefüttert. Die erste Gruppe wurde nach kurzem Fasten und die übrigen nach der Öleinnahme durch Entbluten getötet und in Darmmucosa, Leber und Niere die P-Verbindungen bestimmt (s. Tabelle 26).

Tabelle 26. P-Verbindungen in Organen des Schweines vor und während der Resorption[5].

	Duodenalschleimhaut			Leber		Niere	
	Trockensubst.	anorg. P	Ester-P	anorg. P	Ester-P	anorg. P	Ester-P
	%	mg% *					
fastend	15,9	215	509	250	439	231	368
1 Std nach Glucoseaufnahme	19,3	190	612	225	400	229	422
2 Std nach Baumwollsamenölaufnahme	17,8	271	768	262	549	219	526

* des feuchten Organs.

Die *Trockensubstanz* nimmt bei der Glucose- und der Ölresorption zu. Glucoseaufnahme bedingt in der Darmmucosa eine Abnahme des anorganischen P und eine Zunahme des Ester-P, dagegen in der Leber nahezu keine Änderung der

[1] Spörri, H., u. T. Asher: Schweiz. Arch. Tierheilkde. 82, 204 (1940). — [2] Kopstein, G. G.: Radiology 35, 39 (1940). — [3] Holmgren, H.: Acta med. scand., Suppl. 74, 1, bes. 12 (1936). — [4] Brugsch, T.: Der Dünndarm und seine Sekrete. Handb. Biochem. 4, 558—576 (1925); Erg.-W. 2, 321—325 (1934) — [5] Reiser, R.: J. biol. Ch. 135, 303, Tabelle 3 (1940).

P-Werte und in der Niere nur einen Anstieg des Ester-P. Die Resorption von Baumwollsamenöl läßt in der Darmmucosa beide P-Fraktionen ansteigen, in der Leber und Niere nur den Ester-P.

Tabelle 27. Zusammensetzung der Darmschleimhaut[1].

Versuchstier	Ruhe oder Resorption von	Trockensubstanz g%	Gesamt-säurelöslicher PO_4—P mg%	Anorg. PO_4—P* mg%	Leicht hydrolysierbarer P** mg%	Schwer abspaltbarer P*** mg%	Glykogen † mg% feucht	Glykogen † mg% trocken
Ratten	Ruhe	22,0—**22,5**—23,4	462	129	150	183	35	155
	Glucose	20,0—**20,9**—22,0	463	107	177	109		
	Fructose		489	69	258	162	34	154
Katze	Ruhe		457	100	186	171		
	Glucose		466	95	195	176		
	Fructose		468	81	214	173		
Kaninchen	Ruhe		435	105	136	194		
	Fructose		455	68	182	205		

* = Direkt bestimmbarer PO_4—P.
** = PO_4—P in organ. Bindung, abspaltbar mit 0,1 n HCl in 3 Std bei 100° C.
*** = Mittel aus 5 Versuchen.
† = mg/100 g Frischgewicht und auf Trockensubstanz umgerechnet.

Das *säurelösliche Phosphat in der Rattenschleimhaut* (= 100%) verteilt sich folgendermaßen: 29% anorgan. PO_4—P, 35% leicht hydrolysierbarer organischer PO_4—P und 37% schwer hydrolysierbarer PO_4—P. Hinsichtlich Menge und Verteilung der P-Fraktionen bestehen keine Unterschiede gegenüber der Schleimhaut von Kaninchen- und Katzendarm. — *Glucoseresorption* senkt bei der Ratte den organischen P mäßig und erhöht entsprechend den leicht abspaltbaren organischen PO_4—P; der gesamte säurelösliche PO_4—P bleibt konstant. Bei der Katze bleiben die P-Fraktionen nahezu unverändert. — *Fructoseresorption* verringert bei der Ratte den organischen PO_4—P wesentlich, während der leicht spaltbare PO_4—P erheblich ansteigt, da auch die schwer abspaltbare PO_4—P-Fraktion deutlich abnimmt. Der gesamte säurelösliche PO_4—P wird mäßig erhöht. Bei der Katze und beim Kaninchen treten entsprechende, wenn auch weniger ausgeprägte Erscheinungen auf. Der Glykogengehalt ändert sich nicht.

Der *Eisengehalt* ist in der Duodenalschleimhaut von allen Darmabschnitten am höchsten, dort ist er über sämtliche Wandschichten gleichmäßig verteilt. Vielleicht wird das Eisen im Duodenum resorbiert[2].

Von den *organischen Bestandteilen des Darmes* hat man bisher die *Darmfermente* am meisten untersucht und sie mit denen der Darmsekrete verglichen sowie die *Darmhormone* als die humoralen Regler von Sekretion und Darmbewegung. Es besteht kein Zweifel, daß die Erforschung der Verdauung und Resorption noch vermehrten Einblick in die Zusammensetzung und die Stoffwechselvorgänge des Darmes bringen wird.

b) Die Fettstoffe des Darmes. Die Fettstoffe des menschlichen Darmes hat man erst in jüngster Zeit zu analysieren begonnen[3]. Das Fett des vom Mesenterium und vom äußeren Fettgewebe gut abgetrennten Darmes ist Organfett, kein Depot-

[1] Lundsgaard, E.: H. **261**, 193 (1939). — [2] Rechenberger, (J.): Kli. Wo. **1951**, 457. Verh. dtsch. Ges. inn. Med. 276 (1951). — [3] Bernhard, K., u. F. Bullet: Helv. **30**, 1784 (1947). Helv. physiol. Acta **5**, 422 (1947). — s. a. Chylus in der Pleurafistel eines Mannes, Bernhard, K., u. H. Bodur: Helv. physiol. Acta **6**, 68 (1948).

fett. Es scheint beim Menschen gleichmäßig über die einzelnen Darmabschnitte verteilt zu sein. Allerdings ist beim Menschen mit Ausnahme der Gehirnfette (s. Bd. 2/2, Gehirn u. Nerven) die Zusammensetzung der Organfette kaum untersucht worden.

Das Gesamtfett des Dünn- und Dickdarmes beträgt beim menschlichen Fetus und Säugling etwa 1%, beim Erwachsenen 1,5 bis 2% des feuchten Organs oder etwa 7,5 bzw. 14% der Trockensubstanz. Das Mucosafett eines Fetus und eines Säuglings enthielt 25 bis 30% Unverseifbares, das einer Frau und eines Mannes im Mittel 14 bis 18%, mit Grenzwerten von 10 bis 23% des Gesamtfettes. Die Gesamtfettsäuren machten 50 bis 70% des Fettes aus mit einem Äquivalentgewicht von etwa 280 und einer Jodzahl von etwa 85. Die Dünndarmmucosa eines Menschen enthält im Unverseifbaren 76% Gesamtsterine und diese 1,6% gesättigte Sterine (Dihydrocholesterin)[1].

Die Fette im Rinderdarm[2]. In der Darmmucosa vom Rind war der Fettgehalt ähnlich wie in der des Menschen: die Gesamtfette betragen etwa 1% des feuchten und 9 bis 11% des trockenen Organs, davon sind 9 bis 15% Unverseifbares und 50 bis 70% Phosphatide. In der Dünndarmschleimhaut des Rindes sind im Unverseifbaren 76,4% Gesamtsterine und davon 2,1% gesättigte Sterine (Dihydrocholesterin)[1].

Die Fette im Schweinedünndarm. Bei Fettverdauungsversuchen ließ REISER[3] Schweine 48 Std hungern, andere fütterte er mit 200 bzw. 300 g Baumwollsamenöl in gewöhnlichem Futter und tötete sie 3 bzw. 5 Std später durch Entbluten. Die Mucosa des ersten Meter Darmes wurde gewaschen, von der Muscularis abgeschabt und sofort mit Kohlensäure eingefroren. Die feuchte Mucosa wurde mit Alkohol-Äther, der trockene Extrakt mit Petrol-Äther extrahiert[4].

Der Phosphatidgehalt wurde nach KING[4] durch Multiplikation des P-Wertes mit 26 ermittelt. Die Phosphatide lassen sich durch Strontiumchlorid und Aceton von den Fettsäuren trennen. Näheres s. Tab. 28.

Tabelle 28. **Fettstoffe in der Dünndarmmucosa des Schweines** (in g%)[3].

	Nach 48 Std Hunger	3 Std nach Ölfütterung	5 Std nach Ölfütterung
	%		
Gesamtfette	15,1	18	18,5
Phosphatide	10,2	10,3	10,6
Gesamtcholesterin	1,68	1,55	1,53
Cholesterinester	0,43	1,54	0,33
Freie Fettsäuren	2,59	4,30 (!)	5,26 (!)
Fettsäuren aus Triglyceriden	0,17	1,54	0,66

Auffallend ist in Tabelle 28 der hohe Gehalt an freien Fettsäuren der Mucosa und das fast völlige Fehlen der Triglyceride. 5 Std nach Fettzufuhr sind Phosphatide und Cholesterin nahezu unverändert, während sich die freien Fettsäuren *verdoppeln* und auch die Triglyceride erheblich ansteigen. Die Gesamtfette nehmen daher nur um 3,0 oder 3,5% der Trockensubstanz oder 0,6% des feuchten Gewebes zu[5]. Beim Fett nüchterner Tiere handelt es sich um zellgebundenes „lebendes" Fett im Sinne von MACHEBOEUF[6], das histologisch nicht färbbar und mit Äther erst nach Behandeln mit Alkohol extrahierbar ist; vielleicht werden dabei erst die Fettsäuren frei. Bei der Fettresorption dagegen ist auch freies, also nicht an Eiweiß gebundenes Fett vorhanden. Die Zunahme an „freien" Fettsäuren während der Fettresorption ist eine neue Feststellung im Verlauf der Fettverdauung.

[1] SCHÖNHEIMER, R., H. v. BEHRING u. R. HUMMEL: H. **192**, 93 (1930). — [2] s. S. 112[3]. — [3] REISER, R.: J. biol. Ch. **143**, 109 (1942). — [4] KING, E. J.: Biochem. J. **26**, 292 (1932). — [5] REISER, R.: J. biol. Ch. **135**, 303 (1940). — [6] MACHEBOEUF, M.: État des lipoides dans la matière vivante. Paris 1937.

Die Fette im Hundedarm. Das Gesamtätherlösliche der getrockneten Darmmucosa von Hunden gibt EWALD[1] zu 6,0% an. Das Ätherlösliche der feuchten, von der Muscularis abgeschabten Mucosa des Hundedünndarmes betrug 7 Std nach Olivenölgaben 4,5%[2]. In neueren Untersuchungen[3, 4] wurde die Mucosa von der Muscularis nach den Angaben von SINCLAIR[5] abgezogen und mit Alkohol und Äther daraus die Gesamtfette extrahiert. Die Mucosa der oberen und unteren Abschnitte des Dünndarmes weist gleichen Fettgehalt auf, die Colonmucosa im Vergleich dazu geringeren (s. Tabelle 29).

Tabelle 29. Fettstoffe der Hundedarmmucosa[3].

	Fette	im Dünndarm in % der		im Colon in % der		im Dünn- und Dickdarm in % der	
		Trockenmucosa	Gesamtfette	Trockenmucosa	Gesamtfette	Trockenmucosa	Gesamtfette
Gesunde Hunde ohne Fistel	Gesamtfette	7,4—**7,8**—8,5		4,1—**6,7**—7,7		6,9—**7,6**—8,4	
	Unverseifbares	1,46	18,6	1,51	24,3		19,4
Hunde mit Ileumfistel	Gesamtfette	6,3—**7,7**—9,1		4,4—**6,1**—7,4		6,1—**7,5**—8,9	
	Unverseifbares	1,66	21,4	1,71	27,4		22,0

Das Unverseifbare in der Darmmucosa des Hundes entspricht etwa der Menge im Gesamtfett der Darmmucosa des Menschen (S. 113). Nach SPERRY u. ANGEVINE[4] wird in den Dünndarm eine relativ große Menge von Fett sezerniert. Davon wird ein beträchtlicher Teil, wahrscheinlich im Dickdarm, zurückresorbiert. Der Rest zusammen mit der geringen in das Colon sezernierten Fettmenge und dem durch Desquamation des Darmepithels verlorengehenden Fett macht wahrscheinlich die „endogene Fettsekretion“ aus.

Die Fette im Katzendarm. Der Katzendarm wurde bei Studien über die Fettresorption ebenfalls auf seinen Phosphatidgehalt analysiert[5].

Die *Schleimhaut* des Dünndarmes läßt sich auch hier leicht von der Muscularis abziehen[5]. Bei einer Katze wog sie feucht 67 g und trocken 10,5 g, enthält also 15,7% Trockensubstanz und 84,3% Wasser; die entsprechenden Werte der *Muscularis* waren: Feuchtgewicht 38 g (80% Wasser) und Trockengewicht 7,6 g (20% Trockensubstanz). Die Extraktion erfolgte wie üblich nach BLOOR[6] mit einer Mischung von Alkohol-Äther 3:1.

Die Phosphatidmengen im Katzendünndarm[7] betragen etwa 7 bis 10%, die Fettsäuren dieser Phosphatide 6 bis 8% der getrockneten Mucosa. Je nach Fütterung mit einem Fett, das mehr oder weniger ungesättigte Fettsäuren enthält, ändert sich in der Mucosa des Dünndarms zwar nicht die Phosphatid*menge*, wohl aber die Phosphatid*zusammensetzung*, gemessen an der Jodzahl der Phosphatidfettsäuren. Die Jodzahl der Darmphosphatidfettsäuren[5] betrug z. B. nach Fütterung von Katzen mit magerem Fleisch 86 bis 99, mit Lebertran 115 bis 126 und nach Rindertalg 91 bis 103 (s. a. Tabelle 30).

[1] EWALD, C. A.: Arch. Anat. Physiol. (B) Suppl. **1883**, S. 302. — [2] MOORE, B.: Proc. R. Soc. London (B) **72**, 134 (1904). — [3] SPERRY, W. M.: J. biol. Ch. **96**, 759 (1932). — [4] SPERRY, W. M., and R. W. ANGEVINE: J. biol. Ch. **96**, 769 (1932). — [5] SINCLAIR, R. G.: J. biol. Ch. **82**, 117 (1929). — [6] BLOOR, W. R.: J. biol. Ch. **68**, 33 (1926). — [7] SINCLAIR, R. G., and C. SMITH: J. biol. Ch. **121**, 361 (1937).

Tabelle 30. Phosphatide der Darmmucosa von Katzen (in g% der trockenen Mucosa)[1].

Katzen	Phosphatide		Phosphatidfettsäuren	
	%	Jodzahl	%	Jodzahl
Kontrollkatze mit einheitlicher Diät	10,4	60	5,5	93 (± 1,2)
6 Std nach Fütterung mit 30—40 g Dorschlebertran	9,3	63	4,65	106 (± 1,0)
6 Std nach Fütterung mit 28—40 g Cocosnußöl	7,45	60	3,72	89 (± 2,8)

Ein Vergleich nach Menge und Jodzahl der Fettsäuren aus den Phosphatiden per Mucosa mit denen aus den Muscularis-Phosphatiden zeigt, daß die Muscularis-Phosphatidfettsäuren durch die Fettfütterung der Katzen nicht verändert werden, wohl aber die Mucosa-Phosphatidfettsäuren[2] (s. Tabelle 31).

Tabelle 31. Fettsäuren der Phosphatide aus den einzelnen Darmschichten verschieden gefütterter Katzen (in g% der Gewebe)[3].

Katzen	Aus Mucosa-Phosphatiden			Aus Muscularis-Phosphatiden		
	feucht %	trocken %	Jodzahl	feucht %	trocken %	Jodzahl
Kontrolle, 18 Std fastend	1,03	6,35	112 ± 1,6	0,43	2,12	108 ± 2,9
6 Std nach Fütterung von 28 bis 30 g Cocosnußöl	0,92	5,6	103 ± 4,1	0,4	1,81	104 ± 4,5
Kontrolle	1,13	7,44	94 ± 2,1	0,6	3,1	97 ± 1,4
Etwa 6 Std nach Fütterung von Dorschlebertran	1,15	7,21	107 ± 1,5	0,64	3,4	99 ± 0,6

Ein weiterer Vergleich[3, 4] der Fettsäuren aus den Phosphatiden verschiedener Gewebe und Organe von Katzen läßt erkennen, daß nur die Fettsäuren der Phosphatide aus der *Darmmucosa und der Leber* durch stärker ungesättigte Nahrungsfettsäuren ausgetauscht werden, während Phosphatidfettsäuren der glatten Muskeln des Darmes, der quergestreiften der Skelettmuskeln und auch des Gehirns[5] unbeeinflußt bleiben. Einzelheiten s. Tabelle 32.

Die Resynthese der Fette nach der Resorption vollzieht sich im Katzendarm in der Mucosa, vielleicht auch in der Leber über die Phosphatide als Zwischenstufen[3]. Die niedrige Phosphatidmenge (74 mg%) gegenüber dem hohen Neutralfettwert (322 mg%) in der Ductus thoracicus-Lymphe eines fettarm ernährten Menschen[6] steht mit dieser Ansicht in Einklang; ob sich dort das Verhältnis der Neutralfette und Phosphatide bei Fettnahrung ändert, ist noch festzustellen[7].

Neuere Versuche mit Maisöl und ^{14}C-isotoper Stearinsäure an Katzen[7] zeigten, daß entgegen FRASERS Ansicht auch freie Fettsäuren größtenteils zu Glyceriden

[1] s. S. 114[5]. — [2] SINCLAIR, R. G.: Proc. Soc. exp. Biol. Med. **26**, 436 (1929). — SINCLAIR, R. G., and C. SMITH: J. biol. Ch. **121**, 361 (1937). — [3] SINCLAIR, R. G.: J. biol. Ch. **82**, 117 (1929). Proc. Soc. exp. Biol. Med. **26**, 436 (1929). — [4] SINCLAIR, R. G., and W. R. BLOOR: Amer. J. Physiol. **90**, 516 (1929). — [5] SINCLAIR, R. G., and C. SMITH: J. biol. Ch. **121**, 361 (1937). — [6] REISER, R.: J. biol. Ch. **120**, 625 (1937). — [7] BERGSTRÖM, S., B. BORGSTRÖM, A. CARLSTEN and M. ROTTENBERG: Acta med. scand. **4**, 1142 (1950).

synthetisiert werden und über die Ductuslymphe in den Körper gelangen. Nur ein kleiner Teil geht in Phosphatide über. Ein beträchtlicher Teil der Blutphosphatide wird im Darm gebildet, aber nicht alles Fett verläßt den Darm als Phosphatid. Nicht alle Triglyceride werden nach FRASER bis zu den freien Fettsäuren aufgespalten.

Tabelle 32. Veränderungen der Phosphatidfettsäuren verschiedener Organe nach Fettfütterung an Katzen[2] (g% der Organe).

Katzen	Aus Darmmucosa			Aus Darmmuscularis			Aus Skelettmuskel			Aus Leber		
	feucht %	trocken %	Jodzahl	feucht %	trocken %	Jodzahl	feucht %	trocken %	Jodzahl	feucht %	trocken %	Jodzahl
Nach 24 Std Fasten . .	1,30	8,00	88	0,70	3,83	92	0,62	3,21	108	2,08	8,78	115
24 Std Fasten u. Fütterung von 13 bis 14 g Dorschlebertran . . .	1,26	8,34	**95** (Mittel) (81—102)	0,60	3,26	93	0,61	3,22	108	2,22	10,19	**135** (Mittel) (110—142)

Der *Umbau der Darmschleimhaut-Phosphatide* erfolgt bei Katzen je nach Nahrungsfetten sehr rasch[1]. Nach Fütterung von 20 bis 30 g Elaidin (mit N_2O_3 behandeltes Olivenöl) in wäßriger Emulsion mit 300 mg Lecithin enthalten die Darmphosphatide schon nach 8 Std 34% Elaidinsäure, d. h. nahezu soviel wie Katzen, die erst 12 oder 15 Std nach der Fettaufnahme getötet wurden. Die normalen gesättigten und ungesättigten Fettsäuren der Darmschleimhaut-Phosphatide sind bis zu 50% durch Elaidinsäure ersetzbar, während Fütterung mit Oliven- oder Maisöl sie auch nach 48 bis 72 Std nicht verändert. SINCLAIR[2] meint, bei der enzymatischen Synthese der Phosphatide in der Darmschleimhaut werde immer eine gesättigte und eine ungesättigte Fettsäure ausgewählt. Die Elaidinsäure verhält sich als enzymfremde und daher auch als körperfremde Säure, vielleicht gleichzeitig wie eine „feste" (gesättigte) und „flüssige" (ungesättigte) Fettsäure.

Die Fette im Rattendarm. An der weißen Ratte sind sehr viele Verdauungs- und Resorptionsversuche angestellt und die Ergebnisse mit mehr oder weniger Berechtigung auf den Menschen übertragen worden. Es sei daher auf die besonders von HOLMGREN eingehend geschilderten Verhältnisse des Rattendarmes näher eingegangen. Weiße Ratten, die 48 Std gehungert haben, enthalten in Epithel, Stroma und Chylusgefäß der Mucosa kein sichtbares oder färbbares Fett. Ihr Magen-Darmkanal, der bei gewöhnlicher Fütterung immer gefüllt bleibt, ist dann vollständig leer[3]. Durch Ätherextraktion des sorgfältig vom Mesenterium abpräparierten Darmes erhält man bei 48 Std hungernden Ratten 0,13—**0,26**—0,39, bei Tieren mit unbeschränkter Nahrungsaufnahme 0,22—**0,38**—0,54 g Gesamtfett pro kg Körpergewicht[3]. Die Darmfettmenge ist innerhalb 24 Std jedoch

[1] SINCLAIR, R. G., and C. SMITH: J. biol. Ch. **121**, 361 (1937). — [2] s. S. 115[3]. — [3] HOLMGREN, H.: Acta med. scand., Suppl. **74**, S. 47 (1936).

rhythmischen Schwankungen unterworfen, die niedrigsten Werte (0,38 g/kg Körpergewicht) sind um 14 Uhr und die Höchstwerte (0,64 g/kg Körpergewicht) um 2 Uhr nachts festgestellt worden[1]. REISER[2] berechnet für die 48 Std hungernden weißen Ratten von HOLMGREN einen mittleren Fettgehalt von 1,34% des frischen Gewebes, für die 48 Std fastenden und dann 3 Std vor dem Tode unbeschränkt fressenden 2,26%, wenn sie um 14 Uhr, und 3,72%, wenn sie um 20 Uhr getötet wurden. Nimmt man für den Rattendarm 18% Trockensubstanz an, so erhält man analog 7,4, 12,55, und 20,57 g% Gesamtfett bezogen auf Trockensubstanz, also allein einen tageszeitlich bedingten Unterschied von 8,12% Fett. Bei Darmfettbestimmungen ist daher auch der Tagesrhythmus der Verdauung zu berücksichtigen. Es ist wahrscheinlich, daß auch die übrigen Warmblüter solche Tagesschwankungen im Darmfettgehalt aufweisen.

Das gesamte Neutralfett der abgeschabten und getrockneten Mucosa des Dünndarmes einer 18 Std fastenden Ratte enthält nach anderen Autoren[3] 20,6% acetonlösliche Fette (gesamtes Neutralfett) und die Phosphatide 68% Gesamtfettsäuren. Methylester[3] stark ungesättigter Fettsäuren, hergestellt aus Maisölfettsäuren durch partielle Isomerisierung mit Alkali und spektroskopisch erkennbar an ihren konjugierten Doppelbindungen, wurden an Ratten verfüttert und dann das Neutralfett und die Phosphatide der Mucosa untersucht. In der ersten halben Stunde der Verdauung änderten sich mehr als 50% der Säuren des Neutralfettes, im Gegensatz dazu nur 3% der Phosphatidfettsäuren. Die Menge der signierten Fettsäuren im Neutralfett blieb zwischen $^1/_2$ und 8 Std nach der Aufnahme konstant. Der Eintritt der Fettsäuren in die Phosphatidfraktion geht stufenweise vor sich und erreicht das Maximum 8 Std nach der Aufnahme. Dies steht im Widerspruch zu der Annahme, daß die Fettsäuren mit Hilfe der Phosphatide transportiert werden. Konjugiert ungesättigte Fettsäuren des Maisöles scheinen anders resorbiert zu werden als die des unveränderten Maisöles. Es muß daher auch noch andere Wege der Resorption geben als die Phosphorylierung. Die analoge Feststellung hat SINCLAIR[4] schon am Dünndarm der Katze gemacht; sie hat wohl für alle Wirbeltiere Geltung. *Jodessigsäure* ruft nach Injektion an Ratten im Darm keine Änderung des Phosphatidgehaltes hervor, aber eine 27%ige Zunahme des säurelöslichen Phosphors. Eine Änderung in der Zusammensetzung der Fettsäuren der Phosphatide konnte nicht beobachtet werden. Die Darmfette werden also nicht verändert[5].

Deuterium[6] als schweres Wasser an Ratten verfüttert, wird in den Fettsäuren mit dem Unverseifbaren der Darmfette angereichert, am meisten in den Fettsäuren des Leberfettes, weniger im Unverseifbaren der Leber und im Depotfett, gar nicht in den Harnfetten. Es wird dies als ein Beweis für den regen Fettstoffwechsel in Darm und Leber angesehen[6, 7]. *Elaidinsäure*[8] gelangt auch bei Ratten, ähnlich wie bei den Katzen, in beträchtlichen Mengen in die Phosphatide von Dünndarm, Leber, Skelettmuskel, Niere, Plasma und roten Blutkörperchen, nicht aber in die von Gehirn und Hoden. Die starke Beteiligung der Mucosa des Rattendarmes am Fettumsatz ist durch dieses Verhalten gut erkennbar. *Radioaktiver Phosphor* (^{32}P) wandert bei Ratten verhältnismäßig rasch in die Darmphosphatide[9].

---

[1] s. S. 116[3]. — [2] REISER, R.: J. biol. Ch. **143**, 109 (1942). — [3] BARNES, R. H., E. S. MILLER and G. O. BURR: J. biol. Ch. **140**, 233 (1941). — [4] SINCLAIR, R. G.: J. biol. Ch. **82**, 117 (1929). — [5] SINCLAIR, R. G.: J. biol. Ch. **140**, CXVI (1941). — [6] WAELSCH, H., W. M. SPERRY and V. A. STOYANOFF: J. biol. Ch. **135**, 291 (1940). — [7] BERNHARD, K., u. F. BULLET: Helv. **30**, 1784 (1947). — [8] SINCLAIR, R. G.: J. biol. Ch. **111**, 515 (1935); **134**, 89 (1940). — [9] FRIES, B. A., S. RUBEN, I. PERLMAN and I. L. CHAIKOFF: J. biol. Ch. **123**, 587 (1938). — ARTOM, C., G. SARZANA, C. PERRIER, M. SANTANGELO et E. SEGRÈ: Arch. int. Physiol. **45**, 32 (1937). — ARTOM, C., G. SARZANA et E. SEGRÈ: Arch. int. Physiol. **47**, 245 (1938). — ROBINSON, A., I. PERLMAN, S. RUBEN and I. L. CHAIKOFF: Nature **141**, 119 (1938).

Der größte Teil des Umsatzes von P zu Phosphatiden erfolgt in der Dünndarmmucosa; Magen und Dickdarm sind nur wenig beteiligt[7]. Die Differenzierung der Phosphatide[1, 2] zeigte bei der Ratte, daß nach Gaben von radioaktivem P Leber- und Darmlecithin doppelt so hohe ^{32}P-Werte aufweisen wie das entsprechende Kephalin, während im Gehirn der ^{32}P-Umsatz zu Lecithin und Kephalin gleich ist. Die Synthese der beiden Phosphatide verläuft demnach verschieden rasch in Darm und Leber. Lecithin dürfte daher zur Resynthese der Fette mehr beitragen als Kephalin. Wenn gleichzeitig Fett und Cholin an Ratten gegeben wird und vorher intraperitoneal radioaktives Natriumphosphat (^{32}P) injiciert wurde, so findet man viel Phosphatide im Dünndarm[3]. Cholin steigert zwar allein auch die Lipoideinlagerung in den Dünndarm, aber gleichzeitige Fettgaben (teilweise hydriertes Baumwollsaatöl) noch mehr.

Die Fette im Kaninchendarm. Kaninchen als Pflanzenfresser sind für Fütterungsversuche weniger geeignet. In älteren Versuchen[4] fand man in der getrockneten Mucosa von Kaninchen, die 36 Std fasteten, 5%, bei solchen nach Olivenölfütterung 10 bis 30% Gesamtfett, ein anderer Autor[5] in frischer Schleimhaut fastender Tiere 1% und während der Fettresorption 5,4% oder auf Trockensubstanz berechnet etwa 6 bzw. 13,3% Gesamtfette. Verfüttert man *jodierte Fette* (Jodipin Merck, Radiopol Erba) an Kaninchen, so wird ein Teil der jodierten Fettsäuren in die Phosphatide der Darmschleimhaut eingebaut[6]. Bei neueren Arbeiten[7] über die Phosphatidsynthese wurden aus dem Darm eines 1550 g schweren Kaninchens 128,1 mg Lecithin und 314,6 mg Kephalin mit 3,3 bzw. 2,9% P isoliert. Nach Fütterung mit radioaktivem Phosphor (^{32}P) in Form von Na_2HPO_4 wird auch im Darm des Kaninchens Phosphatid neu gebildet, und zwar von den Gesamtphosphatiden 12,1% Lecithin und 7,5% Kephalin; also wie bei der Ratte auch nahezu das Doppelte an Lecithin.

Die **Fette im Fischdarm** enthalten außer den Glyceriden und Phosphatiden Ester von hohen Fettsäuren mit Vitamin A und Cholesterin. Freie Fettsäuren finden sich im Darmfett nach sofortiger Aufarbeitung zu etwa 5 bis 10% im Öl; beim Lagern steigen sie rasch an, so daß auch die ersten Mengen, mindestens zum Teil, schon „postmortal" entstanden sind[8–10].

Ergebnisse: Ein *Vergleich der oben angeführten Versuche* lehrt uns, daß der Darm und insbesondere die Dünndarmmucosa des Warmblüters im großen und ganzen Fette und auch Phosphatide in gleicher Weise umsetzen. Wir können daher die an verschiedenen Tierspezies gewonnenen Ergebnisse auch auf die Verhältnisse beim Menschen übertragen. Die Ergebnisse seien daher kurz zusammengefaßt. Durch Versuche mit ungesättigten Fettsäuren (1929)[11], jodierten Fettsäuren (1935), Elaidinsäure (1929), radioaktivem Phosphor (1938, 1940) und Deuterium (1940) sowie konjugiert ungesättigten Fettsäuren (1941) ist an mehreren Tierarten bewiesen, daß die Dünndarmschleimhaut die Fettsäuren aus Chymus auf noch unbekannte Weise aufnimmt, ohne daß eine Änderung in der Gesamtmenge der Mucosaphosphatide eintritt. Lediglich die Fettsäuren der Phosphatide werden durch die neu ankommenden Fettsäuren zum großen Teil ersetzt. Nur noch in

---

[1] s. S. 117[6]. — [2] Chargaff, E.: J. biol. Ch. **128**, 587 (1939). — Chargaff, E., K. B. Olson and P. F. Partington: J. biol. Ch. **134**, 505 (1940). — [3] Artom, C., and W. E. Cornatzer: J. biol. Ch. **165**, 393 (1946). — [4] Noll, A.: Pflügers Arch. **136**, 208 (1910). — [5] Ferrata, A., u. G. Moruzzi: Arch. Verd.-Krankh. **13**, 223 (1907). — [6] Artom, C., e G. Peretti: Boll. Soc. ital. Biol. sperim. **10**, 867, 869 (1935). — [7] Chargaff, E., K. B. Olson and P. F. Partington: J. biol. Ch. **134**, 505 (1940). — Methodik: Chargaff, E.: J. biol. Ch. **128**, 587 (1939). — [8] Lovern, J. A., and R. A. Morton: Biochem. J. **33**, 1734 (1939). — [9] Williams, R. T.: The biochemistry of fish. Biochem. Soc. Symp. **6** (1951). — [10] Lovern, J. A.: The chemistry and metabolism of fats in fish. Biochem. Soc. Symp. **6**, 49 (1951). — [11] Sinclair, R. G.: J. biol. Ch. **82**, 117 (1929).

der Leber ist dieser Vorgang festzustellen. Diese Phosphatide, insbesondere das Lecithin, weniger das Kephalin, bilden die Zwischenstufe zur Resynthese der Fette, die schon in der Darmmucosa und in der Leber erfolgt. Die Resynthese der Fette ist daher keine unmittelbare Umkehr der Hydrolyse im Darmlumen[1].

c) Die N-Verbindungen des Darmes sind, soweit es sich nicht um Hormone und Fermente handelt, in ihrer biologischen Bedeutung noch unerforscht. Im *Eiweiß der Muskel- und Schleimhautschichten* des Dünn- und Dickdarmes von gesunden ausgewachsenen Hunden hat man die Aminosäuren in verschiedenen Mengenverhältnissen vorgefunden. Diese Analysen lassen den Schluß zu, daß beim Hund und daher wahrscheinlich auch beim Menschen die Eiweißstoffe in den einzelnen Darmabschnitten und Schichten verschieden sind.

In der *Muscularis des Duodenums*[2] von Hunden sind gegenüber dem Dickdarm vermehrt: Cholin, Humin, Purin-N, Arginin, Valin, Leucin, Isoleucin, Phenylalanin und Asparaginsäure, vermindert Glutaminsäure und Serin. Die *Mucosa des Duodenums*[2] enthält mehr Cholin, Arginin, Histidin, Tyrosin, Glutaminsäure und Glykokoll als die des *Dickdarmes*, dagegen weniger Humin, Alanin, Isoleucin. In der *Muscularis des Jejunums*[3] sind im Vergleich zu der im *Ileum*[3] vermehrt: Humin, Lysin, Arginin, Glykokoll, Alanin, Phenylalanin und Asparaginsäure. Die *Schleimhaut des Jejunums* ist reicher an Lysin und Phenylalanin als die des Ileums, aber ärmer an Tyrosin, Glutaminsäure, Prolin, Leucin und Valin. Die Caecumwände von Kaninchen und Hund enthalten die Aminosäuren und Cholin in abweichenden Mengenverhältnissen[4]. Histamin hat man im Dünndarm, nicht aber im Dickdarm und Rectum gefunden (s. Bd. 1, S. 792).

Das *Mucin des Dünn- und Dickdarmes*[5], auch des Oesophagus, hat beim Schwein ein geringeres Pufferungsvermögen als das des Magens und der Gl. submandibularis.

d) Die Enzyme der Dünndarmschleimhaut und des Darmsaftes. α) Übersicht. Im Darm der Wirbeltiere kommen Proteasen[6], Carbohydrasen und Esterasen, am meisten ereptische Enzyme und Phosphatasen und sicherlich auch Redoxasen vor. Wie bei der Magenmucosa und dem Pankreas werden nicht alle Enzyme der Darmschleimhaut in den Darmsaft abgegeben. Analog der Tabelle 51, S. 160, über die Pankreasenzyme und der Tabelle 8, S. 35, über die Magenenzyme gibt die Tabelle 33 eine Übersicht über die bisher in der Darmschleimhaut und im Darmsaft aufgefundenen Enzyme. Die Ergebnisse sind fast ausschließlich an Tieren (Hund, Schwein) gewonnen. Sie werden zumeist stillschweigend auf die Verhältnisse beim Menschen übertragen.

β) Proteasen. In der Darmschleimhaut von Hunden[7] und Katzen ist **Trypsin** nachweisbar, nicht aber im Darmsaft[7, 8]. Im Darmsaft von Säuglingen hat FREUDENBERG[9] *Kathepsin* nachgewiesen.

Enterokinase[10] hat WALDSCHMIDT-LEITZ[7] auch aus der Darmschleimhaut des Hundes dargestellt. Sie ist dort normalerweise immer als Vorstufe vorhanden; nach Pankreasexstirpation aber beginnt sie schon nach wenigen Tagen rasch auf einen nur noch geringfügigen Wert zurückzugehen, so daß der klar filtrierte VELLA-Fistelsaft (s. S. 144) frei von Enterokinase wird. WALDSCHMIDT-LEITZ[7] nimmt daher an, die (unwirksame) Prokinase gelange mit dem Pankreassaft in das

---

[1] FRAZER, A. C.: Fat absorption and its relationship to fat metabolism. Physiol. Rev. **20**, 561 (1940); **26**, 103 (1946). — [2] RI, K.: J. Biochem. **29**, 265 (1939). — [3] RI, K.: J. Biochem. **32**, 175 (1940). — [4] TAKEHARA, H.: J. Biochem. **28**, 463 (1938). — [5] DOMINI, G.: Boll. Soc. ital. Biol. sperim. **15**, 703 (1940). — [6] GRASSMANN, W.: Die Proteasen der Darmschleimhaut. Ergebn. Enzymforsch. **1**, 165—167 (1932). — [7] WALDSCHMIDT-LEITZ, E., u. J. WALDSCHMIDT-GRASER: H. **166**, 247, bes. 257 (1927). — [8] LE BRETON, E., et F. MOCOROA: Ann. Physiol. Physicochim. biol. **7**, 215 (1931) [Ber. Physiol. **65**, 408]. — [9] s. S. 120[4]. — [10] Oppenheimer, Fermente **2**, 915ff. (1926); Suppl. **1**, 750 (1936); **2**, 812 (1939). — Babkin S. 763. — BABKIN, B. P.: Secretory Mechanism of the Digestive Glands. 2. Aufl. S. 65. New York 1950. — SMITH, E. L.: Sumner-Myrbäck **1**/2, S. 846.

Tabelle 33. **Enzyme des Darmes und Darmsaftes.**

Enzyme	aus Darmschleimhaut	aus Darmsaft	dieses Werk Bd.
Proteasen und andere Amidasen			
Trypsin[1]	+	–[2]	**1**, 1148; **2**, 119
Prokinase, Trypsinogen	+	+	**1**, 1150;
Enterokinase[1]	+	+[2, 3]	**1**, 1150; **2**, 119
intrinsic factor von CASTLE	+	+	**2**, 121
Kathepsin[4]	+	+	**1**, 1161; **2**, 119
„Erepsin"[5]			**2**, 121
Carboxypolypeptidase	+	?	**1**, 1137; **2**, 121
Aminopolypeptidase	+[6]	+[2], (?)[3]	**1**, 1135; **2**, 121
Dipeptidase[5]	+[7]	+[2], (?)[3]	**1**, 1132; **2**, 122
Prolinase[8, 9]	+	+	**1**, 1139; **2**, 123
Prolidase[9, 10]	+	–	**1**, 1140; **2**, 123
Carnosinspaltendes Ferment	+	–	**2**, 122
Arginase	+	–	**1**, 1102; **2**, 123
Esterasen			
Lipasen	+	+[3]	**1**, 1077; **2**, 124
Phosphatasen[11–13]	+[11]		**1**, 1089; **2**, 124
Lecithinasen[14]	+[14]	+ (?)	**1**, 1080; **2**, 124
Cholinesterase	+	–	**1**, 1081; **2**, 125
Cholesterinesterase			**2**, 125
Carbohydrasen			
Amylase	+[7]	+	**1**, 1058; **2**, 126
Maltase	+[7]	+ (?)[3]	**1**, 1052; **2**, 126
Saccharase	+	+[3]	**1**, 1052; **2**, 126
Lactase	+ (?)	+ (?)[3]	**1**, 1056; **2**, 127
Nucleasen			
Polynucleasen[15]	+[15]		**1**, 840; **2**, 128
Oligonucleasen	+		**1**, 842; **2**, 128
Nucleotidasen[15]	+[15]	+[16]	**1**, 842; **2**, 129
Nucleosidasen	–	–	**1**, 844; **2**, 129
Nucleindesaminasen[17]	+[17]		**1**, 1107; **2**, 130

Darmlumen, werde von dort durch den Darm resorbiert und in den Zellen der Darmschleimhaut in die (wirksame) Enterokinase umgewandelt. Erst dann werde diese mit dem Darmsaft in das Darmlumen ausgeschieden — wo sie schließlich die Proteasenvorstufen des Pankreas- und Darmsaftes aktiviere. Dieser Werdegang

[1] Darstellung aus Schweinedünndarm: WALDSCHMIDT-LEITZ, E.: H. **132**, 181, bes. 204 u. 235 (1924). — EICHHORN, F.: Bamann-Myrbäck **3**, 2931. — [2] LE BRETON E., et F. MOCOROA: Ann. Physiol. Physicochim. biol. **7**, 215 (1931). — [3] WRIGHT, R. D., M. A. JENNINGS, H. W. FLOREY and R. LIUM: Quart. J. exp. Physiol. **30**, 73 (1940). — [4] FREUDENBERG, E.: Ann. paediatr., Basel **166**, 77 (1946). — BUCHS, S., u. E. FREUDENBERG: Ergebn. inn. Med. (N. F.) **2**, 544 (1951). — [5] WALDSCHMIDT-LEITZ, E., u. A. SCHÄFFNER: H. **151**, 31 (1925/26). — [6] ÅGREN, G.: Ark. Kemi, Mineral. Geol. (B) **15**, Nr. 25 (1942). — [7] HOLTER, H., u. K. LINDERSTRØM-LANG: Handb. Enzymol. **1**, 94 (1940). — [8] GRASSMANN, W., H. DYCKERHOFF u. O. v. SCHOENEBECK: B. **62**, 1307 (1929). — [9] MAYER, KARL: Bamann-Myrbäck **2**, 2001. — [10] BERGMANN, M. and J. S. FRUTON: J. biol. Ch. **117**, 189 (1937). — [11] KING, E. J.: Biochem. J. **28**, 476 (1934). — ALBERS, H.: Handb. Enzymol. (NORD-WEIDENHAGEN) **1**, 425, 434 (1940). — [12] Aus Rattendarm: HEYMANN, W.: Mschr. Kinderheilkde. **48**, 14 (1930). Z. Kinderheilkde. **49**, 748, 761 (1930). — [13] UMENO, M.: B. Z. **231**, 346 (1931). — [14] ERCOLI, A.: Handb. Enzymol. (NORD-WEIDENHAGEN) **1**, 490 (1940). — [15] BREDERECK, H.: Handb. Enzymol. (NORD-WEIDENHAGEN) **1**, 506, 509 (1940). — [16] KLEIN, W.: H. **207**, 125 (1932). Bamann-Myrbäck **2**, 1931. — [17] KLEIN, W.: Bamann-Myrbäck **2**, 1961.

der Enterokinase ermöglicht eine fein abstimmbare fermentative Steuerung der Proteasen: das Ferment Enterokinase schafft neue Fermentwirkungen[1] (s. Bd. 1, S. 1150).

Von 685 Schweinen wurde die Mucosa des jeweils ersten Meters des Dünndarmes abgetrennt (7,16 kg), mit Aceton-Äther entfettet und getrocknet. Sie ergab 950 g eines staubfeinen kinasehaltigen Pulvers, das 13,3% der feuchten Schleimhaut entsprach[2]. Die daraus hergestellten alkoholischen Auszüge wurden mit Essigsäure vorgereinigt und dann durch Sublimatfällung vom begleitenden Erepsin befreit, so daß man eine noch nach 12 Tagen beständige Enterokinaselösung erhielt[3].

Die Enterokinase ist aus Darmschleimhaut von anderen Haustieren (Pferd, Rind, Schaf, Ziege, Hund, Katze, Kaninchen) und Affen (Mona-Affe [Cercopithecus mona], Meerkatze [Cercopithecus sabaeus]) und Seelöwen mit verdünntem Ammoniak extrahiert und scharf vom Darmerepsin getrennt worden[4]. Alle diese Enterokinasen aktivieren in gleicher Weise das Trypsinogen aus Schweine- und Katzenpankreas[4].

Im *menschlichen Darm* ist die Enterokinase zwar nachgewiesen, aber noch nicht aus ihm isoliert worden[5].

Der **Magenstoff von Castle oder intrinsic factor**[6–8] gegen die perniciöse Anämie (Castle 1929), der als Ferment angesehen wird (s. Bd. 1, S. 1137) und eine verwirrende Fülle von Bezeichnungen (intrinsic factor, Hämogenase, Hämopoiase, Addisin, Hämopoietin, Hämopoetin) aufweist, soll auch in der Duodenalschleimhaut vorkommen[9]. Die argentaffinen Zellen des Magen-Darm-Tractus sollen seine Bildungsstätten sein, denn bei der perniciösen Anämie ist gerade das argentaffine System atrophisch[10, 11]. Der Magenstoff fördert die Resorption von Vitamin B_{12}.

Das **„Erepsin“**[12] der Darmschleimhaut des Hundes wurde 1901 von Cohnheim[13] erstmals beschrieben und 1925 aus der Darmmucosa des Schweines vom Trypsin getrennt[5]. Darmerepsin und Pankreaserepsin galten damals wegen ihrer gleichen Reaktionsweise als identisch[5]. Erst später gelang die Zerlegung des „Erepsins“ in *Polypeptidase* und *Dipeptidase*[14] (s. Bd. 1, S. 1149).

Eine **Carboxypolypeptidase**[15] aus Darm und Darmsaft ist noch nicht eingehend beschrieben worden, obwohl dieses Enzym schon 1929 aus dem Schweinepankreas-Erepsin erstmals abgetrennt wurde[16] (s. a. S. 123).

Die **Aminopolypeptidase** des Darmes[17] fand man durch Trennung des Darmerepsins in eine Polypeptidase und eine Dipeptidase (s. Bd. 1, S. 1149).

Nach Willstätter[18] stammt ein erheblicher Teil des Darm-„Erepsins“ aus den Leukocyten, wie er das auch für die tryptischen Enzyme und für das Kathepsin des Pankreas diskutiert. Er denkt auch noch an andere Blutzellen als „Erepsin“-Quellen. Die histochemischen Arbeiten von Linderstrøm-Lang[19]

[1] s. a. Duspiva, F.: Handb. Enzymol. (Nord-Weidenhagen) **1**, 46 (1940). — [2] Waldschmidt-Leitz, E.: H. **132**, 181, bes. 204 (1924); **142**, 217 (1925). — [3] Waldschmidt-Leitz, E., u. G. Künstner: H. **171**, 290, bes. 299 (1927). — [4] Waldschmidt-Leitz, E., u. O. Shinoda: H. **176**, 301 (1928). — [5] Waldschmidt-Leitz, E., u. A. Schäffner: H. **151**, 31 (1926). — Glaessner, K.: H. **40**, 465 (1903/04). — Ellinger, A., u. M. Cohn: H. **45**, 28 (1905). — Wohlgemuth, J.: B. Z. **2**, 264 (1906). — [6] Zucker, T. F., and L. M. Zucker: „Animalprotein factor“ and Vitamin B_{12} in the nutrition of animals. Vitamins & Hormones **8**, 1 (1950). — [7] Babkin, B. P.: The Secretory Mechanism of the Digestive Glands. S. 662. New York 1950. — [8] Minot, G. R., and M. B. Strauss: Vitamins & Hormones **1**, 269, u. zwar 283f. (1943). — [9] Kühnau, W.: M. m. W. **1933 II**, 1772. — Thompson, J. C.: Ann. internal Med. **11**, 39 (1937). — Meulengracht, E.: Acta med. scand. **85**, 79 (1935). — [10] Erös, G., u. S. Kunos: Wien. klin. Med. **46**, 1227 (1933). — [11] Lindner, F.: Chem. u. Med. **3**, 239, bes. 247 (1936). — [12] Babkin S. 763. — [13] Cohnheim, O.: H. **33**, 451 (1901); **51**, 415 (1907). — [14] Waldschmidt-Leitz, E., A. K. Balls u. J. Waldschmidt-Graser: B. **62**, 956 (1929). — [15] Oppenheimer, Fermente Suppl. **1**, 723, 742 (1936). — [16] Trennungsgang: Waldschmidt-Leitz, E., u. A. Purr: B. **62**, 2217 (1929). — [17] Mayer, Karl: Bamann-Myrbäck **2**, 1999. — Linderstrøm-Lang, K.: Ergebn. Physiol. **35**, 415 (1933). — [18] Willstätter, R., u. E. Bamann: H. **180**, 127, bes. 131 (1929). — [19] Linderstrøm-Lang, K., H. Holter u. A. Søeborg Ohlsen: H. **227**, 1 (1934).

beweisen aber nach unserer Ansicht, daß die Zellen des Darmes selbst die hauptsächlichsten Erzeuger der Enzyme sind. Die in das Darmlumen übertretenden Zellen sind überwiegend Lympho-, nicht Leukocyten, dazu kommen abgelöste Epithelzellen[1].

Die Polypeptidase wurde als eine Aminopolypeptidase erkannt[2]. Sie ist ziemlich beständig, greift Polypeptide an der Amino[2]- und an der Imino[3]-gruppe an und zerlegt diese unter Abspaltung von Aminosäuren bis zu Dipeptiden[3]; eine freie Carboxylgruppe ist für die Enzymwirkung entbehrlich, acylierte Peptide werden nicht angegriffen, wohl aber Polypeptidester[3]. Das auf das 150fache gereinigte Enzym[4] enthält 1,7 bis 3,8% P im Trockenrückstand. Der P-Gehalt ist wesentlich für die Enzymaktivität[4].

Dipeptidase wurde 1929 bei Schweinen mit dem „Erepsin" durch Glycerinextraktion von abgeschabter Dünndarmschleimhaut abgetrennt (s. Bd. **1**, S. 1132), nachdem seine Wirkung gegen Glycylglycin beim Hund schon seit 1907 nachgewiesen worden war[5–7]. Das p_H-Optimum der Darmpeptidase[8, 9] liegt bei p_H 7,8 bis 8,0. Die Dipeptidase des Darmes ist beim Hund mit der des Pankreas identisch[10]. LINDERSTRØM-LANG[11] nimmt beim Schwein zwei Darmpeptidasen als wahrscheinlich an, eine unbeständige, die bei p_H 7,3 Glycylglycin und Leucylglycin optimal und mit gleicher Geschwindigkeit spaltet, und eine beständigere, die bei p_H 8,1 Leucylglycin 20mal rascher zerlegt. Diese „Leucyl-peptidase" greift Leucylpeptide unabhängig von der Kettenlänge an. Eine Peptidase[12], wahrscheinlich eine Dipeptidase, ist in den Zylinderzellen und den Zellen der BRUNNERschen Drüsen im Duodenum des Schweines vorhanden. Der Peptidasegehalt der BRUNNERschen Zellen entspricht etwa dem der Pylorushauptzellen, der in den Zylinderzellen ist etwa 3mal so groß. Man kann annehmen, daß diese in 20 min bei 30° mindestens das Doppelte ihres Gewichtes an Alanylglycin spalten. Die Becherzellen enthalten, wenn überhaupt, wesentlich weniger Peptidase. Dipeptidase[13] konnte im Duodenum und Ileum der weißen Ratte durch Titration der Enzyme nach LINDERSTRØM-LANG und HOLTER in histochemischen Schnitten kurz unter der Schleimhautoberfläche in der Gegend der PANETHschen Zellen und der BRUNNERschen Drüsen in maximaler Menge festgestellt werden. Die PANETHschen Zellen werden daher als die Bildungsstätten der Dipeptidase angesprochen.

In der Darmschleimhaut und Leber des Schweines, nicht in Pankreasauszügen, gibt es noch einen *neuen Typ von Peptidasen*, der offenbar nur mit der *Iminogruppe* des Substrates reagiert[14]. Er ist allerdings bis jetzt nur in sehr geringen Konzentrationen festgestellt worden; in Pankreasauszügen fehlt er ganz.

Ein *carnosinspaltendes Ferment*[15] aus der Dünndarmschleimhaut des Hundes, der Katze und der Ratte zeigt ähnliche Eigenschaften wie die Dipeptidase, ohne aber mit ihr

---

[1] JASSINOWSKY, M. A.: Frankf. Z. Path. **32**, 238 (1925). — SINELNIKOFF, E. I., u. M. A. JASSINOWSKY: Frankf. Z. Path. **35**, 151 (1927). — [2] WALDSCHMIDT-LEITZ, E., u. A. K. BALLS: B. **63**, 1203 (1930). — [3] BALLS, A. K., u. F. KÖHLER: H. **205**, 157 (1932). Ergebn. Enzymforsch. **5**, 88 (1936). — [4] BALLS, A. K., u. F. KÖHLER: H. **219**, 128 (1933).

Darstellung aus Darmschleimhaut: [5] MAYER, Karl: Bamann-Myrbäck **2**, 1996. — [6] Trennung: LINDERSTRØM-LANG, K.: Ergebn. Physiol. **35**, 415, bes. 430 (1933). — [7] Oppenheimer, Fermente **2**, 873 (1926); Suppl. **1**, 723 (1936).

[8] EULER, H. v., u. K. JOSEPHSON: B. **59**, 226 (1926). H. **157**, 122 (1926). — EULER, H. v.: H. **51**, 213 (1907). — [9] WALDSCHMIDT-LEITZ, E., u. G. v. SCHUCKMANN: H. **184**, 56 (1929). — [10] WALDSCHMIDT-LEITZ, E., u. J. WALDSCHMIDT-GRASER: H. **166**, 247, u. zwar 260 (1927). — [11] LINDERSTRØM-LANG, K.: H. **182**, 151 (1929); **188**, 48 (1930). — s. dagegen GRASSMANN, W., u. L. KLENK: H. **186**, 26 (1930). — [12] LINDERSTRØM-LANG, K., H. HOLTER u. A. SØEBORG OHLSEN: H. **227**, 1 (1934). — [13] GENDEREN, H. VAN, and C. ENGEL: Enzymologia **5**, 71 (1938). — [14] BALLS, A. K., u. F. KÖHLER: B. **64**, 383 (1930/31). — WALDSCHMIDT-LEITZ, E., u. A. K. BALLS: B. **64**, 45 (1931). — ABDERHALDEN, E., E. v. EHRENWALL, E. SCHWAB u. O. ZUMSTEIN: Fermentforsch. **13**, 408, bes. 415 (1932/33). — [15] GARKAWI, P. G.: Biochimia, Moskau **5**, 670 (1940) [Ber. Physiol. **125**, 311].

außer vielleicht der Dipeptidase des Hundes identisch zu sein. Carnosin wird von den Dünndarmschleimhautenzymen des Menschen und des Schweines nicht zerlegt, so daß für die obengenannten Tiere ein spezifisches Ferment angenommen werden könnte.

Eine **Prolinase**[1,2] hat GRASSMANN[3] 1929 in Glycerinextrakten von Darmschleimhaut des Schweines aufgefunden. Pankreasauszüge spalten Prolylglycin und Prolylglycylglycin nicht so gut wie Extrakte aus der Darmschleimhaut[3]. Das Ferment ist verschieden von der gewöhnlichen Dipeptidase und Aminopolypeptidase[4]. Prolinase ist beim natürlichen p_H (etwa 6,0) der Glycerinauszüge beständig; dagegen im stärker sauren Gebiet (p_H 4 bis 5) unbeständig. Prolylglycin wird optimal bei p_H 7,6 gespalten, als Hemmstoffe wirken Silbersalze und, wenn auch weniger, Blausäure[5] (s. a. Bd. **1**, S. 1139).

Prolidase[6–10], eine Dipeptidase, die Prolinpeptide ohne freien Peptidwasserstoff, z. B. Glycylprolin, spaltet, konnte BERGMANN[9] 1932 im Dünndarm des Schweines, dessen Schleimhaut er mit der 3fachen Menge 87%igen Glycerins auszog, nachweisen. Die scharfe Abtrennung von der Aminopolypeptidase gelang durch Adsorption der Dipeptidase mit Eisenhydroxyd[10].

Arginase, die in großen Mengen in der Kaninchenleber vorkommt, ist auch im Darm von Kaninchen, Meerschweinchen, Hund, Katze und Rind festgestellt worden. Die Arginase aus der Mucosa des Dünndarmes des Kaninchens greift vorwiegend die unnatürliche Form, das D(—)-Arginin an. Sie ist durch Mangan aktivierbar, durch Ornithin hemmbar. Da im oberen Teil des Dünndarmes mehr Arginase gefunden wurde als im unteren, kann ihre Herkunft aus Bakterien abgelehnt werden (s. a. Bd. **1**, S. 1102).

Eine weitere unnatürliche Aminosäure, das D-Tryptophan, wird von der Dünndarmschleimhaut des Kaninchens zersetzt. Es muß also dort auch eine *Tryptophanpyrrolase*[11] vorhanden sein.

Besondere Beachtung verdienen außer den einzelnen Enzymen die experimentellen *Vergleiche von Proteasen des Pankreas mit denen der Darmschleimhaut und des Darmsaftes* aus VELLA-Fisteln beim Hund[9]. Die Darmzellen haben das gleiche Enzymsystem wie das Pankreas. Es stammt aber nicht vom Pankreas; denn in Fistelversuchen an Hunden[12] konnte gezeigt werden, daß auch nach monatelanger Abtrennung des Pankreas im Darmsaft noch Dipeptidase vorhanden ist; für die Aminopolypeptidase ist der Beweis der Herkunft aus dem Darm noch nicht gesichert. Der Darmsaft enthält also von den Proteasen nur Dipeptidase, Aminopolypeptidase[13] und Carboxypolypeptidase[14–17]. Ein Teil kann außerdem noch aus den Leukocyten stammen[18] (vgl. S. 121). Darmsaft und Pankreassaft sind aber weniger als die Darmschleimhaut und das Pankreas zur Darstellung der Fermente geeignet, da in den Säften im Vergleich zu den Glycerinauszügen beträchtlichere Mengen von nicht enzymatischen Begleitstoffen vorhanden sind[12].

Als *Ergebnis der bisherigen Proteasenforschung der Darmschleimhaut* ist festzustellen, daß die Enzyme des Dünndarmes vom Schwein und Hund am besten, die-

[1] vgl. Bd. **1**, S. 1139. — MAYER, Karl: Bamann-Myrbäck **2**, 2001; Bestimmung 2006. — Oppenheimer, Fermente Suppl. **1**, 760 (1936). — [2] MAYER, Karl: Bamann-Myrbäck **2**, 2001. — [3] GRASSMANN, W., H. DYCKERHOFF u. O. v. SCHOENEBECK: B. **62**, 1307 (1929). — GRASSMANN, W.: Collegium, Darmstadt **11**, 549 (553) (1934). — [4] GRASSMANN, W., O. v. SCHOENEBECK u. G. AUERBACH: H. **210**, 1 (1932). — [5] ABDERHALDEN, E., u. H. NIENBURG: Fermentforsch. **13**, 573 (1931/33); **14**, 128 (1933). — [6] vgl. Bd. **1**, S. 1140. — [7] MAYER, Karl: Bamann-Myrbäck **2**, 2001. — [8] Oppenheimer, Fermente Suppl. **1**, 691—621 (1936). — [9] BERGMANN, M., L. ZERVAS, H. SCHLEICH u. F. LEINERT: H. **212**, 72, u. zwar 82 (1932). — BERGMANN, M., L. ZERVAS u. H. SCHLEICH: B. **65**, 1747 (1932). — [10] BERGMANN, M., and J. S. FRUTON: J. biol. Ch. **117**, 189 (1937). — [11] KOTAKE, Y., u. M. MABUTI: H. **270**, 88 (1941). — [12] WALDSCHMIDT-LEITZ, E., u. J. WALDSCHMIDT-GRASER: H. **166**, 247 (1927). — [13] WALDSCHMIDT-LEITZ, E., A. K. BALLS u. J. WALDSCHMIDT-GRASER: B. **62**, 956 (1929). — [14] IMAI, T.: H. **136**, 205 (1924). — [15] KAWAI, T.: J. Biochem. **10**, 277 (1929). — [16] UTZINO, S.: J. Biochem. **9**, 453 (1928). — [17] Oppenheimer, Fermente Suppl. **1**, 772 (1936). — [18] WILLSTÄTTER, R., u. E. BAMANN: H. **180**, 127 (1929).

jenigen des Menschen aber noch weniger oder gar nicht bekannt sind. Im *Darmsaft* des Hundes[1] fand man Aminopolypeptidase, Dipeptidase und aus dem Pankreas stammend die Enterokinase. Die tryptischen Enzyme fehlen. Es wird angenommen, daß beim Menschen analoge Verhältnisse herrschen. Es bleibt aber weiteren Bearbeitungen mit neueren Arbeitsweisen vorbehalten, die einzelnen Proteasen des menschlichen Darmes und Darmsaftes sicherzustellen.

γ) Die Esterasen[2–5]. **Lipasen.** Im Darmsaft des Hundes hat BOLDYREFF[5] 1904 erstmals ein fettspaltendes Enzym gefunden, das später[6] auch in der Darmschleimhaut verdauender und hungernder Hunde nachgewiesen wurde. Heute nimmt man an, daß bei Wirbeltieren Lipasen in allen Darmsekreten bis zum Dickdarm vorkommen[2]. Hunde mit THIRY-VELLA-Fisteln enthalten die Lipase nicht echt gelöst, sondern als Desmoenzym an Zellen gebunden, aus denen sie durch Autolyse frei wird[7]. Man sollte daher auch frisch sezernierten, durch Zentrifugieren zellfrei gemachten Darmsaft auf Lipasegehalt prüfen. Beim Menschen läßt sich zwar leicht Duodenalinhalt gewinnen, aber auch der „Nüchternsaft" des Duodenums[8] kann neben dem echten Sekret der Darmschleimhaut noch Pankreassaft und Magensaft enthalten. In dem klaren, leicht opalescierenden Ileumsaft einer Patientin mit einer THIRY-Ileumfistel war keine Lipase, wohl aber Amylase und Dipeptidase enthalten[9]. Das *Vorkommen von Lipase* im menschlichen Darmsaft muß daher heute noch als *ungesichert* gelten (vgl. S. 163).

Phosphatasen. Am eingehendsten sind von den Esterasen die *Phosphatasen von Darm und Darmsaft* untersucht worden. Darmschleimhaut enthält sehr wirksame Phosphatasen, die an dem Aufbau der Phosphatide und Nucleotide beteiligt sind. Während der Fettresorption soll im Dünndarm der weißen Ratte die Phosphataseaktivität erhöht sein[10] und in der Darmschleimhaut des Schweines das anorganische und das Esterphosphat ansteigen[11] (S. 111).

Dünndarmextrakte von Kaninchen und Katzen spalten durch **Lecithinasen**[12, 13] aus Hirnlecithin, bei p_H 7,4 bis 7,6 optimal, Phosphorsäure ab[14]. Lysolecithin (Bd. **1**, S. 377) wird durch Dünndarmschleimhautextrakte von Ratten schneller als Lecithin[15] aus Eigelb zerlegt; Kephalin schwerer als Lecithin[16]. Phosphatidsäuren (Bd. **1**, S. 377) aus Lecithin oder Kephalin, die keine Basen mehr enthalten, zerfallen gleich schnell. Bromiertes Lecithin wird durch Darmenzyme etwa 10mal rascher hydrolysiert als Lecithin[13].

Darmschleimhaut, Niere und Knochen weisen einen besonders hohen Gehalt an *Phosphatasen* auf, Muskel dagegen nur einen geringen[17]. Die Phosphatase ist im Darm gleichmäßig verteilt[17, 18].

---

[1] LE BRETON, E., et F. MOCOROA: Ann. Physiol. Physicochim. biol. **7**, 215 (1933) [Ber. Physiol. **65**, 408]. — [2] Oppenheimer, Fermente Suppl. **1**, 59 (1936). — Babkin S. 767. — [3] BRUGSCH, T.: Handb. Biochem. **4**, 573 (1925). — [4] WALDSCHMIDT-LEITZ, E., u. A. SCHÄFFNER: Bamann-Myrbäck **2**, 1559. — [5] BOLDYREFF, W.: H. **50**, 394, bes. 400 (1907). Diss. St. Petersburg 1904. Zbl. Physiol. **18**, 460 (1905). — [6] UMBER, F., u. T. BRUGSCH: A. e. P. P. **55**, 164 (1906). — [7] REALE, L.: Boll. Soc. ital. Biol. sperim. **9**, 793 (1934). — [8] SCHMIDT-OTT, A., u. K. H. STAUDER: Dtsch. Arch. klin. Med. **163**, 156 (1929). — [9] BICKEL, A., u. H. R. KANITZ: B. Z. **270**, 378 (1934). — [10] BELLINI, L., e B. CERA: Path., Genova **32**, 195 (1940) [Chem. Abstr. **34**, 7350 (1940)]. — [11] REISER, R.: J. biol. Ch. **135**, 303 (1940). — [12] ALBERS, H.: Handb. Enzymol. (NORD-WEIDENHAGEN) **1**, 425 (1940). — [13] ERCOLI, A.: Handb. Enzymol. (NORD-WEIDENHAGEN) **1**, 490 (1940). — [14] KING, H., E. J. KING u. I. H. PAGE: H. **191**, 243 (1930). — [15] KING, E. J., and M. DOLAN: Biochem. J. **27**, 403 (1933). — [16] KING, E. J.: Biochem. J. **28**, 476 (1934). — [17] ALBERS, H.: Handb. Enzymol. (NORD-WEIDENHAGEN) **1**, 433; s. d. weiteren Angaben Tab. 7 u. Tab. 6, S. 432, ferner auch die Zusammenstellung der tierischen Phosphomonoesterasen S. 424, Tab. 5, S. 193 (1940). — Oppenheimer, Fermente Suppl. **1**, 165 (1936). — Darstellung von Phosphatasen: BAMANN, E., u. M. MEISENHEIMER: Bamann-Myrbäck **2**, 1628. — [18] WESTEN-

Tabelle 34. Relativer Phosphatasegehalt in Organen und Darmschleimhaut[1].

	Mensch[2]	Katze[2]	Kaninchen[2]	Ratte*[3]	p_H-Optimum
Magenschleimhaut	4	5	1	5	etwa 8
Duodenum	57	93	50	46	etwa 8,4
Jejunum	85	100	100	30	etwa 8
Ileum	100	81	53	15	etwa 8
Colon	27	34	17	6	etwa 8
Niere	35	38	33	100	etwa 9
Knochen	—	10	20	76	etwa 9
Leber	6	4	12	4	etwa 6
Lunge	7	26	10	20	
Skelettmuskel	—	1	1	2	

* Ganzer Darm.

Bei Hund und Kaninchen soll die Phosphatase über den ganzen Dünndarm gleichmäßig verteilt sein, bei der Ratte nur im Duodenum und Jejunum vorkommen[4]; eine Abnahme der Darmphosphatase bei rachitischen Ratten wird bestritten[5]. Auf histochemischem Wege wurde Glycerophosphatase in Dünndarm, Hoden, Ovar und Epiphyse, dagegen nicht in Fett, Bindegewebe, Herz, Gefäßsystem und anderen Organen gefunden[6].

Eine *Glycerophosphatase*[7, 8] konnte im zellfreien Darmsaft aus der VELLA-Fistel eines Hundes nachgewiesen werden. Bei 37° und schwach saurer Reaktion spaltet das Ferment von Glycerophosphorsäure in 72 Std 50%[9]. Magnesium wirkt aktivierend auf Darmphosphatase[10]. Die Darmphosphatase ist verschieden von der Knochen- und Nierenphosphatase[11], besonders in bezug auf Gallensäurewirkung.

Cholesterinesterasen[12], geprüft an der Spaltungsfähigkeit von Cholesterinpalmitat, wurden in wäßrigen Dünndarmauszügen von Ratten und Kaninchen nachgewiesen.

Cholinesterase kommt in Darmschleimhautextrakt[13] von Schwein und Pferd sowie in den Preßsäften von fast allen Organen vor[14].

Ergebnis. Von den Darmesterasen treten die Lipasen des Darmes gegenüber denen des Pankreas bei der Fettverdauung stark zurück, die Phosphatasen könnten jedoch bei der Verdauung der Phosphatide und der Nucleinsäuren, der Resorption der Fette und dem Aufbau der Phosphatide im Darm eine sehr bedeutende Rolle spielen.

δ) Die Carbohydrasen[15, 16] sind in neuerer Zeit nur wenig und vereinzelt untersucht worden. Die älteren Arbeiten haben BABKIN[15] und BRUGSCH[16] zusammengestellt. Im Darm und im Darmsaft, hauptsächlich von Hunden, hat man stärke- und disaccharidspaltende Enzyme gefunden.

BRINK, H. G. K.: Arch. néerl. Physiol. **21**, 18 (1936). — FOLLEY, S. J., and H. D. KAY: Ergebn. Enzymforsch. **5**, 159 (1936). — MACFARLANE, M. G., L. M. B. PATTERSON and R. ROBISON: Biochem. J. **28**, 720 (1934).

[1] s. S. 124[17]. — [2] KAY, H. D.: Biochem. J. **22**, 855 (1928). — Oppenheimer, Fermente Suppl. **1**, 152 (1936). — [3] KAY, H. D.: Physiol. Rev. **12**, 384 (1932). — [4] HEYMANN, W.: Mschr. Kinderheilkde. **48**, 14 (1930). — [5] BISCHOFF, G., u. A. LOESCHKE: Z. Kinderheilkde. **52**, 349 (1932). — [6] TAKAMATSU, H.: Trans. jap. path. Soc. **29**, 492 (1939) [C. **1942 II**, 2155]. — [7] Darstellung: BAMANN, E., u. M. MEISENHEIMER: Bamann-Myrbäck **2**, 1628. — [8] FOLLEY, S. J., and H. D. KAY: Ergebn. Enzymforsch. **5**, 160 (1936). — [9] CLEMENTI, A.: Arch. int. Physiol. **22**, 121 (1923). — [10] HOLMBERG, C. G.: B. Z. **279**, 145 (1935). — [11] BODANSKY, O.: J. biol. Ch. **118**, 341 (1937). — BODANSKY, O., R. M. BAKWIN and H. BAKWIN: J. biol. Ch. **94**, 551 (1931). — [12] NIEFT, M. L.: J. biol. Ch. **177**, 151 (1949). — [13] ABDERHALDEN, E., u. H. PAFFRATH: Fermentforsch. **8**, 299 (1926). — [14] AMMON, R.: Bamann-Myrbäck **2**, 1585. — PLATTNER, F., u. H. HINTNER: Pflügers Arch. **225**, 19 (1930). — [15] Babkin S. 768. — BABKIN, B. P.: Secretory Mechanism of the Digestive Glands. S. 626. 2. Aufl. New York 1950. — [16] BRUGSCH, T.: Handb. Biochem. **4**, 574 (1925); Erg.-W. **4**, 321 (1934).

Die Wirkung von Amylase[1, 2] in Darmextrakten und im Saft aus THIRY-VELLA-Fisteln von Hunden ist sehr gering. Stärke wird durch die Amylase des Pankreas und etwa reaktivierte Speichelamylase verdaut. Der Stärkegehalt in der Nahrung erhöht den Amylasegehalt des THIRY-VELLA-Saftes beim Hund[3]. Je weiter sich die Fistel vom Duodenum entfernt befindet, um so geringer wird die amylatische Wirkung des Saftes[3]. Bei der weißen Ratte hat man die Amylase in histologischen Schnitten der Schleimhaut von Duodenum und Ileum nach dem Mikrotitrationsverfahren von LINDERSTRØM-LANG u. HOLTER bei p_H 6,8 mit Stärke als Substrat nachgewiesen[4]. Ein Teil der an der Oberfläche gefundenen Amylase könnte auch aus dem Pankreas stammen, aber auch die Muscularis enthält immer Amylase. Ob die BRUNNERschen Zellen gar keine Amylase besitzen, ist noch ungeklärt. Der Saft einer transplantierten Darmschlinge des oberen Dünndarmes vom Hund soll an Fermenten hauptsächlich Amylase, Maltase, Saccharase und auch etwas Lactase enthalten[5].

Die Systematik der *Oligosaccharasen* ist von den Fermentchemikern noch nicht einheitlich geregelt (s. Bd. 1, S. 1046ff.).

Während WEIDENHAGEN die Einteilung nach der Bindung und den Bausteinen der Oligosaccharide vorschlägt, wird im medizinischen Schrifttum zumeist die alte Bezeichnungsweise nach dem Substrat beibehalten. Die Fermentchemiker haben sich mit den tierischen Carbohydrasen mit Ausnahme der Amylase noch nicht beschäftigt, so daß bei ihnen die Beibehaltung der alten Bezeichnungsweise berechtigt erscheint. In Frage kommen nur die Maltose, Saccharose und Lactose spaltenden Fermente, da über die fermentative Spaltung von Glykosiden oder anderen Oligosacchariden der Nahrung kaum etwas bekannt ist.

Maltase[6]. Nach dem älteren Schrifttum[6] vermögen Dünndarmschleimhautextrakte von Jejunum und Ileum Maltose in Glucose zu zerlegen, ebenso wie das Darmsekret des Menschen[6] oder das aus einer VELLA-Fistel des Hundes. Die Spaltung geht im oberen Dünndarm rascher vor sich als in den unteren Abschnitten. In einem Glycerinextrakt von Schweinedarmschleimhaut[7], der 3 Monate haltbar war, betrug das p_H-Optimum für Maltase 5,4 bis 7,6, was mit dem des Darminhaltes (p_H 6,4 bis 7,4) übereinstimmt. Fistelsaft ist auf Maltasegehalt noch nicht untersucht worden[7]. Nach WEIDENHAGEN[8, 9] sind die Maltase und die Saccharase mit der α-Glucosidase des Darmes identisch. Die nähere Prüfung steht allerdings noch aus.

Saccharase (Invertin, Invertase), das Ferment, das die Saccharose (Rohrzucker) in Glucose und Fructose zerlegt, ist im Dünndarm und im Darmsaft des Hundes seit langem (LEUBE[10] 1868, CL. BERNARD[11] 1877 u. a.) bekannt. Auch im Dünndarm des neugeborenen Menschen, von Pferd, Kaninchen, Katze, aber nicht vom Rind, kommt es vor. Das Jejunum soll davon mehr als das Ileum enthalten[12, 13]. Trotz-

---

[1] ZAGAMI, V.: Arch. Fisiol. **23**, 355 (1925). — [2] Oppenheimer, Fermente Suppl. **1**, 461 (1936). — Bd. **1**, S. 1062. — [3] ANDREJEV, S. W., u. S. I. GEORGIEWSKI: Fiziol. Ž. SSSR **17**, 810 (1934) [Ber. Physiol. **84**, 591]. — GEORGIEWSKY, S., u. S. ANDREJEW: Pflügers Arch. **235**, 428 (1935). — [4] GENDEREN, H. VAN, and C. ENGEL: Enzymologia **5**, 71 (1938). — HOLTER, H., u. K. LINDERSTRØM-LANG: Handb. Enzymol. (NORD-WEIDENHAGEN) **1**, 94 (1940). — VONK, H. J.: Ergebn. Enzymforsch. **8**, 55 (1939). — [5] PIERCE, H. B., E. S. NASSET and J. R. MURLIN: J. biol. Ch. **108**, 239 (1935). — [6] Babkin S. 769. — BRUGSCH, T.: Handb. Biochem. **4**, 575 (1925). — PAUTZ, W., u. J. VOGEL: Z. Biol. **32**, 304 (1895). — RÖHMANN, F., u. J. NAGANO: Pflügers Arch. **95**, 533 (1903). — MENDEL, L. B.: Pflügers Arch. **63**, 425 (1896). — Bd. **1**, S. 1052. — [7] NIEUWENHOVEN, L., M. VAN, D. P. NOORDMANS and H. J. VONK: Proc. Kon. Acad. Wet. Amsterdam **45**, 302 (1942). — [8] WEIDENHAGEN, R.: Ergebn. Enzymforsch. **1**, 168, 208 (1932). Handb. Enzymol. (NORD-WEIDENHAGEN) **1**, 544 u. 548 (1940). — [9] KOKURYO, T.: Jap. J. med. Sci. (II) **2**, 115, 131, 161, 175 (1933) [C. **1935 I**, 2195]. — Oppenheimer, Fermente Suppl. **1**, 240, 251 (1936). — [10] LEUBE, W.: Zbl. med. Wiss. **1868**, 289. — [11] BERNARD, C.: Leçons sur le diabète et la glycogénèse animale. S. 257. Paris 1877. — [12] Babkin S. 768; dort auch das ältere Schrifttum. — [13] BRUGSCH, T.: Handb. Biochem. **4**, 574 (1925).

dem gilt die Saccharase als ein „auffallend vernachlässigtes Ferment" der höheren Tiere[1]. Es kommt bei ihnen nur im Darm, nicht im Gewebe vor. Allerdings kann es sich dort durch das dauernde Angebot in der Nahrung bilden. ABDERHALDEN[1, 2] gelang es nämlich, in Gewöhnungsversuchen am Hund die Saccharose- und Lactosespaltung auch jenseits der Darmwand zu erzwingen. Es ist daher zu erwarten, daß Tiere, die keine Saccharose aufnehmen, z. B. Fleischfresser, auch keine Saccharase mit dem Darmsaft abgeben. Der Darm kann wohl als anpassungsfähiger als das Pankreas gelten. Allerdings soll im Darm des Neugeborenen und beim menschlichen Fetus[3] schon vom 3. an, nach anderen[4] nicht vor dem 8. Monat Saccharase vorhanden sein. Im Vergleich zu Lactase- und Maltaseist die Saccharasemenge sehr groß. Das Optimum der Darmsaccharase des Menschen[5, 6] liegt bei p_H 6 bis 8, des Hundes[7] bei pH 6, das der Schweinedünndarmschleimhaut[5, 8] bei p_H 5,2 bis 7,2.

Die von WEIDENHAGEN geforderte β-h-Fructosidase ist bisher im Darm und Darmsaft nicht nachgewiesen worden. Stärke und Maltose können u. U. im Darm auch durch zerfallende Leukocyten gespalten werden, die Amylase und Maltase, aber keine Saccharase enthalten[9]. Wäre in der Darmschleimhaut α-Glucosidase vorhanden, so sollte diese auch als Saccharase wirken, was jedoch nicht der Fall ist. Darmfistelsaft vom Hund invertiert Saccharose nicht[10], die Darmschleimhaut des Menschen spaltet Rohrzucker, der Saft nur wenig[11].

Lactase[12–15], das Ferment der Milchzuckerspaltung, ist beim Tier noch kaum erforscht. WEINLAND[16] hat es im Dünndarm und Pankreas aller jungen Säugetiere gefunden, ein Befund, der weiterer Bestätigung mit neuerer Methodik bedarf. Nach WEINLAND kommt Lactose nur bei Säuglingen, die mit Milch ernährt werden, vor, beim Erwachsenen nicht, dort erst wieder nach länger dauernder Aufnahme von Milchzucker. Das Fehlen und Wiederauftreten der Lactase erklärt die bald vorübergehende, leicht abführende Wirkung des Milchzuckers. Der Gehalt der Darmschleimhaut des Hundes an Lactase[17] ist geringer als der an Maltase und Saccharase. Er reicht aber zur Spaltung erheblicher Lactosemengen aus. In der Jejunumschleimhaut von Hunden ist 10 bis 30% mehr Lactase als im Duodenum vorhanden. Das p_H-Optimum der Darmlactase liegt beim Hund bei p_H 5,4 bis 6. Bei Kälbern und menschlichen Säuglingen wurde das Optimum der Darmlactase bei p_H 5 gefunden[18]. Die Aktivität von Jejunalsaft ist schwach.

Weitere Carbohydrasen[19]. Extrakte der Dünndarmschleimhaut von Pferd, Rind und Schwein vermögen eine Reihe von Glykosiden, wie β-Phenolglucosid, β-Phenolgalaktosid, β-Naphtholglucuronsäure, Salicin zum größten Teil, nicht aber Phlorrhizin zu spalten. Dies ist deshalb bedeutsam, weil man bisher geneigt war anzunehmen, daß im Tierkörper keine β-Glykosidasen vorkommen.

---

[1] Oppenheimer, Fermente **1**, 568 (1925); Suppl. **1**, 238 (1936). — [2] ABDERHALDEN, E., u. S. BUADZE: Fermentforsch. **13**, 228 (1931/33). — [3] KEENE, M. F. L., and E. E. HEWER: Lancet **216**, 767 (1929). — [4] TACHIBANA, T.: Jap. J. Obstet. Gynec. **12**, 21 (1929) [Ber. Physiol. **53**, 115]. — [5] EULER, H. v., u. O. SVANBERG: H. **115**, 43 (1921). — [6] s. a. Bd. **1**, S. 1052. — [7] KOSKOWSKI, W.: J. Pharmacol. exp. Therap. **26**, 413 (1926). — [8] s. S. 126[7]. — [9] WEIDENHAGEN, R.: Bamann-Myrbäck **2**, 1758. — WILLSTÄTTER, R., u. M. ROHDEWALD: H. **203**, 189, u. zwar 195 (1931); **209**, 33 (1932). — [10] BIERRY, H.: B. Z. **44**, 415 (1912). — [11] EULER, H. v., u. O. SVANBERG: H. **115**, 43, bes. 56 (1921). — [12] BRUGSCH, T.: Handb. Biochem. **4**, 575 (1925). — [13] Babkin S. 769. — [14] Oppenheimer, Fermente Suppl. **1**, 265 (1936). — [15] WEIDENHAGEN, R.: Handb. Enzymol. (NORD-WEIDENHAGEN) **1**, 556 (1940). — [16] WEINLAND, E.: Z. Biol. **38**, 607 (1899); **40**, 386 (1900). — VEIBEL, S.: Bamann-Myrbäck **2**, 1787. — [17] CAJORI, F. A.: J. biol. Ch. **109**, 159 (1935). — [18] FREUDENBERG, E., u. P. HOFFMANN: Kli. Wo. **1922 II**, 2333. — [19] HOFMANN, E.: B. Z. **285**, 429, bes. **444** (1936).

Als **Ergebnis** der bisherigen Carbohydrasenforschung des Darmes sei kurz zusammengefaßt: Im Darm schwache Amylase-, deutliche Maltase- und Saccharase- und fragliche Lactasewirkung.

ε) Die Nucleasen[1, 2]. Sie lassen sich, wie schon BREDERECK für alle Nucleasen Bd. 1, S. 840f. ausführte, in Polynucleotidasen, Oligonucleotidasen, Nucleosidasen und Nucleotid-N-Ribosidasen einteilen. Die drei erstgenannten gehören zu den Phosphatasen, die beiden letzten zu den Carbohydrasen. Die Erforschung der Nucleasen hat auch die Systematik der Darmnucleasen verbessert, da vielfach die Schleimhaut des Dünndarmes als Ausgangsstoff zur Isolierung von Nucleasen benutzt wurde. Es leuchtet ein, daß gerade die Verdauung zellkernreicher Nahrungsstoffe neben der Umwandlung nucleinreicher Zellbestandteile im intermediären Stoffwechsel unsere besondere Beachtung verdient. Die ersten systematischen Versuche in dieser Richtung wurden von THANNHAUSER unter Verwendung von menschlichem Duodenalsaft ausgeführt (s. S. 171). Bevor darauf eingegangen wird, seien die einzelnen Nucleasen des Darmes und des Darmsaftes geschildert.

Zu den **Polynucleotidasen**, den einzigen Enzymen, die genuine Nucleinsäuren angreifen und diese in Oligonucleotide oder Nucleotide zerlegen, zählt man die *Desoxyribo-* und die *Ribo-polynucleotidase.* Beide hat man in der Darmschleimhaut von Hunden und Kälbern nachgewiesen, aber bisher präparativ noch wenig bearbeitet, im Gegensatz zu der aus Hefe, die KUNITZ[3] krystallisiert erhalten hat.

Ribopolynucleotidase[4] (Bd. 1, S. 842) wurde von MAKINO[5] als eine bei 60° C beständige Ribonuclease in einem Glycerinauszug von Kaninchendarmschleimhaut festgestellt. Sie spaltet bei p_H 7,5 Hefenucleinsäure zu Guanylsäure, Adenylsäure, Cytosylsäure und Uridylsäure. Das Enzym depolymerisiert also das Polynucleotid zu Mononucleotiden, ohne Phosphorsäure abzuspalten, auch Desaminierungen treten dabei nicht auf; es löst lediglich bestimmte Phosphorsäurebindungen. Näheres s. Bd. 1, S. 842. Nach Trocknen der Darmschleimhaut von Hunden mit Aceton erhält man[6] ein nur ganz schwach gegen Thymo- und Hefenucleinsäure wirksames Nucleinasepräparat. Hefenucleinsäure ist allerdings schon durch $2^1/_2$stündiges Erhitzen mit Wasser auf dem Wasserbad in Mononucleotide[7] zerlegbar, trotzdem wird ein besonderes Enzym angenommen.

Zu den „alkalischen" **Oligonucleotidasen** rechnet BREDERECK die *Thymonucleinase,* die KLEIN[8] aus der Duodenalschleimhaut des Kalbes durch Extraktion mit 87%igem Glycerin und Ausflockung mit Essigsäure ein wenig anreichern konnte. Hemmt man von den Darmphosphatasen die Nucleophosphatase durch Arsenat, so spaltet der Schleimhautauszug bei p_H 8,5 von der b-Thymonucleinsäure kaum Phosphorsäure ab, zerlegt sie aber in Mononucleotide[9], von denen Desoxyriboguanylsäure[7], Desoxyriboadenylsäure[7] und Desoxyribothymidylsäure isoliert werden konnten.

Eine *Desoxyribo-oligonucleotidase*[10] konnte aus Kalbsduodenum angereichert, von einer Mononucleotidase, die aus Riboguanylsäure Phosphorsäure abspaltet, getrennt und von

---

[1] BRUGSCH, T.: Handb. Biochem. **4**, 572 (1925); Erg.-W. **2**, 325 (1934). — Oppenheimer, Fermente **1**, 767—774 (1925). — [2] SCHLENK, F.: Chemistry and enzymology of nucleic acids. Adv. Enzymol. **9**, 455 (1949). — [3] KUNITZ, M.: Science, N. Y. **90**, 112 (1939). Bamann-Myrbäck **2**, 1940. — [4] KLEIN, W.: Bamann-Myrbäck **2**, 1937. — [5] MAKINO, K.: H. **225**, 154 (1934). — [6] LEVENE, P. A., and R. T. DILLON: J. biol. Ch. **96**, 461 (1932). — [7] BREDERECK, H., u. G. MÜLLER: B. **72**, 1429 (1939). — [8] KLEIN, W.: H. **207**, 125 (1932); **218**, 164 (1933). Bamann-Myrbäck **2**, 1936. — [9] KLEIN, W., u. S. J. THANNHAUSER: H. **218**, 173 (1933); **224**, 252 (1934); **231**, 96 (1935). — s. a. Bd. **1**, S. 828. — [10] LEHMANN-ECHTERNACHT, H.: H. **269**, 201 (1941).

der Desoxyribopolynucleotidase aus Pankreas unterschieden werden. Das Enzym zerlegt Tetranucleotide aus Thymonucleinsäure zu Mononucleotiden.

Nucleotidasen sind Phosphatasen. BREDERECK[1] glaubt, daß sämtliche Nucleotide durch gewöhnliche Phosphatasen, sowohl „saure" als auch „alkalische", gespalten werden; er hält deshalb eine besondere Abgrenzung dieser Enzyme für unnötig (s. a. Bd. **1**, S. 842). Inosinsäure und β-Glycerinphosphorsäure werden durch eine *Gewebssuspension aus Jejunum* von Hund, Kalb, Kaninchen und Ratte im Vergleich zu der aus anderen Organen gut gespalten. Da die Inosinsäure wesentlich besser als die β-Glycerinphosphorsäure zerlegt wird, ist man geneigt, eine spezifisch wirkende *5-Nucleotidase* im Jejunum anzunehmen[2].

Der *Darmfistelsaft* des Hundes enthält eine Phosphatase, die bei p_H 8,6 bis 8,7 Glycerinphosphorsäure und Hefeadenylsäure „dephosphoryliert"[3], wobei Mg^{++} die Wirkung fördert, arsensaure Salze aber hemmen. Die Wirksamkeit der aus Darmfistelsaft erhaltenen Präparate gegenüber Nucleinsäuren ist jedoch sehr gering. Man kann das Ferment als „alkalische Nucleotidase" oder Phosphatase auffassen.

Die *Darstellung der Nucleasepräparate*[4] geht meist vom Duodenum des Kalbes aus. Der erste Meter Darm nach dem Magen ergibt bei 20 Kälbern 500 g Schleimhautbrei, den man mit 2500 cm³ 87%igem Glycerin, dem 25 cm³ 10%iger Natronlauge zugegeben sind, versetzt, 2 Tage bei 20° stehen läßt, durch ein Sieb filtriert und den Extrakt unter 25 cm³ Toluol im Kühlschrank aufbewahrt.

Die „Nucleotidase" aus dem Mucosabrei von Kalbsduodenum[5] dephosphoryliert (bei p_H 8,5 bis 8,8) 3- und 5-Nucleotide, Glycerophosphat, Monophenylphosphat, Kreatinphosphat und Pyrophosphat ungefähr gleich gut, nicht aber körperfremde PO_4-Ester. Das Ferment ist sehr wirksam: 350 mg dephosphorylieren in 12 Std 100 g Ribonucleotid vollständig. Nucleoside und Polynucleotide werden nicht angegriffen. Es muß hier betont werden, daß die bisher erhaltenen Phosphatase-Präparate noch *Fermentgemenge* sind. Das gleiche gilt wohl für die aus der Darmmucosa des Kalbes isolierte Phosphatase, die bei p_H 8,14 und 37° C aus Ribonucleinsäure alle Phosphorsäure abspaltet[6]. Ob daher die Nucleotidase mit der im Alkalischen arbeitenden *Glycerophosphatase* oder *3-Nucleotidase* identisch ist, kann noch nicht entschieden werden.

Mononucleotidasepräparate[7] aus Kalbsdünndarm, die gegen Mononucleotide gleich wirken, dephosphorylieren Desoxyribo-tetranucleotide aus Thymonucleinsäure bei p_H 8,8 mit verschiedener Geschwindigkeit. Aus dem Tetranucleotid werden unter H_3PO_4-Abspaltung Thymosin und Adenindesoxyribosid abgesprengt. Es erfolgt demnach ein stufenweiser Abbau der außenständigen Nucleotide des Tetranucleotids.

Nucleosidasen (s. Bd. **1**, S. 844) sind sicher verschieden von den bekannten zuckerspaltenden Glykosidasen[8]. Es handelt sich um spezifisch auf Nucleoside eingestellte Glykosidasen. Die Purinnucleoside (Ribo- und Desoxyribo-nucleoside) werden von der *Purinnucleosidase* gespalten. Die *Pyrimidinnucleosidaseu* sind noch wenig erforscht. Die Nucleosidasen sind Organfermente und fehlen meist im Darminhalt und Blut. Bei Kalb und Rind sind Milz, Lunge, Leber und Herzmuskel am reichsten an Nucleosidase, Darmschleimhaut enthält am wenigsten[8, 9] (vgl.

---

[1] BREDERECK, H.: Handb. Enzymol. (NORD-WEIDENHAGEN) **1**, 505 (1940). Ergebn. Enzymforsch. **7**, 105 (1938). — [2] REIS, J.: Enzymologia **2**, 183, bes. 185, Tab. 1 (1937/38). — [3] LEVENE, P. A., and R. T. DILLON: J. biol. Ch. **88**, 753 (1930). — LEVENE, P. A., and E. S. LONDON: J. biol. Ch. **83**, 793 (1929). — [4] KLEIN, W.: H. **207**, 125, u. zwar 127 (1932). — [5] LEHMANN-ECHTERNACHT, H.: H. **269**, 169 (1941). — [6] ZITTLE, C. A.: J. biol. Ch. **166**, 491 (1946). — SCHMIDT, G., and S. J. THANNHAUSER: J. biol Ch. **149**, 369 (1943). — [7] LEHMANN-ECHTERNACHT, H.: H. **269**, 201 (1941). — [8] BREDERECK, H.: Handb. Enzymol. (NORD-WEIDENHAGEN) **1**, 501 (1940); vgl. dort Tab. 2, S. 502. — [9] KLEIN, W., u. S. J. THANNHAUSER: H. **231**, 125, bes. 131, Tab. III (1935).

Bd. **1**, S. 844, Tabelle 143). *Nucleotid*-N-*ribosidase*[1] ist ein Enzym, das aus Nucleotiden unter Lösung der Glykosidbindung Purine herausspaltet, und zwar unter Schonung der Ribosephosphorsäurebindung. Es wurde bei Hund und Katze im Pankreas, beim Kaninchen in Dünndarm und Niere, weniger in Leber und Muskel gefunden[2].

Nucleindesaminasen[3] (s. Bd. **1**, S. 1107) ersetzen in Nucleinsäuren oder deren Abbauprodukten eine NH_2-Gruppe durch eine OH-Gruppe. Glycerinauszüge von Kaninchendünndarm[4] spalten Hefenucleinsäure u. a. zu Guanosin, Carnin (?), Inosin und Uridin. Es ist anzunehmen, daß Inosin und Uridin durch Desaminierung von Adenosin und Cytidin entstanden sind. Adenosinase kann durch Silberionen im Gegensatz zur Nucleophosphatase vergiftet werden[3, 5]. Thymonucleinsäure wird vom Dünndarmextrakt zerlegt zu Guanindesoxyribosid, Cytosindesoxyribosid, Thymosin, Adenindesoxyribosid und Hypoxanthindesoxyribosid[5]. Adenosin und Desoxyriboadenosin werden durch einen Extrakt aus der Mucosa des Kalbsdünndarmes bei p_H 6,8—7,2 desaminiert[6]. Durch die Adenosindesaminase ist die Darmwand in der Lage, das gefäßwirksame Adenosin unschädlich zu machen.

Als **Ergebnis** läßt sich über die Nucleasen des Darmes sagen, daß sie die Verdauung der Kernsubstanzen und Nucleinsäuren in spezifischer Weise ermöglichen. Mit dem Anfall von zunächst nicht weiter zerlegbaren Nucleosiden im Darm ist zu rechnen. Die an Schleimhautextrakten gewonnenen Ergebnisse müßten am Darmsaft neu geprüft werden.

ζ) Ein Rückblick auf die Enzyme des Darmes und Darmsaftes zeigt uns, daß hier noch ein aussichtsreiches Feld für Fermentchemiker vorliegt. Am wenigsten gesichert sind die Carbohydrasen. β-Glucosidasen fehlen für gewöhnlich bei Tier und Mensch. Die im Darm vorkommenden Nucleasen sind recht wirksame Enzyme. Die Lipasen spielen scheinbar eine geringe Rolle. Die Proteasen sind in der Schleimhaut und im Saft am wirksamsten. Aber sie gebrauchen zusätzlich noch andere Fermente zur Aktivierung. Als wesentliche Bestandteile des Darmsaftes hat man in neuerer Zeit die Phosphatasen und die Enterokinase erkannt. Die übrigen „Fermente" sind zunächst als Vorstufen inaktiv.

e) Die Hormone des Darmes[7–9] hat man beim Tier, aber noch nicht beim Menschen chemisch untersucht. Man begnügte sich bisher, die am Tierdarm gewonnenen Ergebnisse auf die Vorgänge im menschlichen Verdauungstrakt zu übertragen. Es handelt sich hier um aglanduläre Gewebshormone, die sich nach ihrer Funktion in mehrere Gruppen einteilen lassen. Im Vordergrund des Interesses stehen

1. Hormone zur Regelung der Drüsensekretion und Zusammensetzung der Darmsäfte (Secretin, Enterocrinin, Pankreozymin[10]),
2. motilitätsbeeinflussende Hormone (für den Darm: Cholin, Acetylcholin, Enterogastron, Villikinin. Für die Gallenblase: Cholecystokinin),
3. auf Gefäße wirksame Stoffe: Vasodilatin,
4. den Stoffwechsel beeinflussende, insulinotrope Extrakte.

---

[1] Klein, W.: Bamann-Myrbäck **2**, 1928. — [2] Ishikawa, H., u. Y. Komita: J. Biochem. **23**, 351 (1936). — [3] Klein, W.: Bamann-Myrbäck **2**, 1955, bes. 1961. — [4] Makino, K.: H. **225**, 147 (1934). — [5] Klein, W.: H. **224**, 244 (1934). — [6] Zittle, C. A.: J. biol. Ch. **166**, 499 (1946). — [7] Grossman, M. I.: Gastrointestinal hormones. Physiol. Rev. **30**, 33 (1950). — [8] Greengard, H.: Hormones of the intestinal tract. Pincus-Thimann, Hormones Bd. 1, S. 201. — [9] Hollander, F.: Gastrointestinal hormones. Rev. Gastroenterol., N.Y. **18**, 651—655 (1951). — [10] Harper, A. A., and J. F. S. Mackay: J. Physiol., London **107**, 89 (1948). — Crick, J., A. A. Harper and H. S. Raper: J. Physiol., London **110**, 367 (1949).

Tabelle 35. Hormone des Darmes und Darmsaftes.

	Dünndarm	Darmsaft	Darminhalt	Schrifttum
Prosecretin	+	+ u. –		S. 131[1–6]
Secretin	+ (?)	+		S. 131[9–11]
Enterocrinin	+			S. 135[2]
Cholin	+		+ (?) *	S. 135[5–18]
Acetylcholin	+		–	S. 135[5–18]
Histamin	+		**	S. 43
Cholecystokinin	+			S. 141[12]
Vasodilatin	+			S. 142[1,2]
Enterogastron	+			S. 142[4–9]
Villikinin	+			S. 142[13]
KH-Stoffwechselhormon	+			S. 142[14–18]

* aus Galle.
** nicht im Dickdarm und Rectum. Vgl. Bd. **1**, S. 792.

α) Auf Drüsensekretionen wirksame Hormone. **Secretin**[1–6]. 1902 beobachteten Bayliss u. Starling[7] am Hund, daß in den Dünndarm eingeführte Salzsäure eine Absonderung von Pankreassaft hervorrief, auch wenn alle nervösen Verbindungen des Darmes unterbrochen waren. Die Pankreassekretion wurde also nicht allein durch Vermittlung der Nerven angeregt. Starling injizierte nun einem Hund in die Vena jugularis einen wäßrigen Extrakt aus dessen Jejunum. Sogleich trat Verstärkung der Pankreassekretion ein. Damit hatte Starling den ersten „chemischen Reflex" aufgefunden[8]. Der wirksame Stoff wurde im Darm aller Wirbeltiere, nicht aber bei den Wirbellosen nachgewiesen und wegen der sekretionsanregenden Eigenschaft „Secretin" genannt. An ihm entwickelten die Entdecker 1906 den Hormonbegriff (s. Bd. 2/2).

Das *Secretin* aus dem Schweine- und Hundedünndarm ist in der Folge viel untersucht worden. Es wird in diesem Werk bei den Hormonen (s. Bd. 2/2) und im Eiweißkapitel Bd. 1, S. 698 u. 1156 ausführlich geschildert.

Das *Prosecretin.* Schon die Entdecker erörterten die Frage, ob das Secretin in der Darmschleimhaut als inaktive Vorstufe (Prosecretin) vorkäme, die erst durch Einwirkung von Salzsäure, unter Umständen durch Hydrolyse, zum wirksamen Secretin umgewandelt werde. Inzwischen ist es gelungen, das Secretin auch mit Hilfe von neutralen, basischen, anorganischen und organischen Substanzen unmittelbar aus der Darmschleimhaut zu extrahieren[9–11]. Etwas freies

Zusammenfassungen über Secretin: 1—6. [1] Lagerlöf, H. O.: Pancreatic function and pancreatic disease, studied by means of secretin. Acta med. scand., Suppl. **128**, 1—289 (1942). — [2] Ivy, A. C.: J. amer. med. Ass. **117**, 1014 (1941). — [3] Still, E. U.: Physiol. Rev. **11**, 328—357 u. zwar 340 (1931). — [4] Ann. Rev. Physiol.: Digestive system: Ivy, A. C., and J. S. Gray: **1**, 235—268 (1939). — Quigley, J. P.: **2**, 45 (1940). — Thomas, J. E.: **3**, 233 (1941). — Liebe, E. J. van: **4**, 273 (1942). — Herrin, R. C.: **5**, 157 (1943). — Slutzky, B., and A. C. Andersen: **6**, 225 (1944). — Babkin, B. P., and M. H. F. Friedman: **7**, 305 (1945). — Quigley, J. P.: **8**, 145 (1946). — Greengard, H.: **9**, 191 (1947). — Vass, C. C. N.: **10**, 157 (1948). — Thomas, J. E., and M. H. F. Friedman: **11**, 103 (1949). — Grossman, M. I.: **12**, 205 (1950). — Nasset, E. S.: **13**, 115—132 (1951). — Wilhelmj, C. M.: **14**, 177 (1952). — [5] Babkin S. 570, Entdeckung; S. 590ff., chemische Eigenschaften. Babkin, B. P.: The Secretory Mechanism of Digestive Glands. S. 263-578. NewYork 1950. — [6] Bickel, A., u. C. van Eweyk: Handb. biol. Arb.-Meth. Abt. V, Teil 3/B, 669—677 (1938).

[7] Bayliss, W. M., and E. H. Starling: J. Physiol., London **28**, 325 (1902); **29**, 174 (1903). Zbl. Physiol. **15**, 682 (1902). — [8] Babkin S. 572. Babkin, B. P.: The Secretory Mechanism of the Digestive Glands. S. 563—566. New York 1950. — Martin, C. J.: Nachruf auf E. H. Starling. Brit. med. J. **1927. I**, 900. — [9] Babkin, B. P.: Handb. Physiol. **3**, 769 (1927). — [10] Ivy, A. C., G. Kloster, G. E. Drewyer and H. C. Lueth: Amer. J. Physiol. **95**, 35 (1930). — Cunningham, R. N.: Biochem. J. **26**, 1081 (1932). — [11] Scott, V. B., and E. U. Still: Amer. J. Physiol. **112**, 511 (1935).

Secretin muß in der Darmschleimhaut von Hund und Schwein immer vorhanden sein, denn es ist sogar mit physiologischer Kochsalzlösung daraus ausziehbar. Sein ständiges Vorkommen auch im normalen Darmsaft kann durch den Übertritt von „freiem" Secretin aus der Darmschleimhaut oder von abgegebenem, aber nachträglich aktiviertem Prosecretin erklärt werden. Zum größten Teil liegt das Secretin im Darm in „gebundener" Form vor; denn es wird daraus mit verdünnten Säuren (0,4%ige HCl) und auch mittels wäßrigem Alkohol in viel besserer Ausbeute als mit Kochsalzlösung herausgelöst[1]. Die Art der Bindung des Secretins im Gewebe ist allerdings noch ungeklärt. Daß die Magensalzsäure das Secretin durch Hydrolyse frei setze, wie das BAYLISS u. STARLING noch annahmen, wird heute abgelehnt[1]. Am einfachsten stellen wir uns in Analogie zu den Fermenten das „freie" und „gebundene" Secretin als Lyo- und Desmosecretin[2] vor. Ein Prosecretin bleibt dabei noch ebenso wahrscheinlich wie die Profermente[1].

Das *Vorkommen des Secretins* ist besonders reichlich im Duodenum festgestellt worden[3]. Die ersten 2 m Darm nach dem Pylorus lieferten beim Schwein[4] 229 mg Extrakt mit etwa 7600 HAMMARSTEN-Katzen-Einheiten, in einem späteren Versuch[5] 72 mg Rohprodukt mit 3600 Einheiten. FRIEDMAN u. THOMAS[6] gewannen Präparate mit 100—130 Katzen-Einheiten (K.E.) pro mg. JORPES u. MUTT[7] mit 900 K.E. pro mg aschefreier Substanz mit einer Ausbeute von 1000-1600 K. E. pro Schweinedarm. Beim Rind konnte Secretin zwar im Darm, nicht aber in anderen Organen, z. B. im Gehirn, Infundibulum, Niere, Leber, Milz, mit Sicherheit nachgewiesen werden[5]. Die Standardisierung der Secretinpräparate gründeten die schwedischen Bearbeiter[8, 9] auf die auch bei vermehrter Sekretion nach Secretininjektion vorhandene Konstanz der Alkalität des Katzen-Pankreassaftes. Die Messung der durch Pankreassaft gebundenen Säure entspricht daher auch der Saft- und der Sekretmenge.

Eine HAMMARSTEN-Katzen-Einheit[10] bewirkt bei einer Katze vom Beginn der Sekretion an in 10 min die Absonderung von so viel Pankreassaft, daß 0,1 cm³ 0,1 n Säure neutralisiert werden. Dieselbe Katze muß mit der Standarddosis von 6 Einheiten in gleicher Zeit 0,6 cm³, titrierbares Alkali im Pankreassaft abgeben. Eine Berechnung der Secretinaktivität auf kg/Körpergewicht ist bei Katzen unzulässig[10]. Vom krystallisierten Secretinpikrolonat[11] entsprechen 4 γ einer HAMMARSTEN-Katzen-Einheit und 1,25 γ einer IVY-Hunde-Einheit[12].

1933 gelang es, das Secretin als Pikrolonat krystallisiert[10, 13] zu erhalten; seitdem sind seine Eigenschaften genauer erkannt worden (s. Bd. **1**, S. 1157). *Secretin ist ein hochmolekulares, basisches Polypeptid* mit einem S-Gehalt von 0,67% und einem daraus berechneten Molekulargewicht[14] von 4750 (s. Bd. **1**, S. 698). Das Molekül enthält 35% Hexonbasen; im einzelnen sind vorhanden: 3 Mol Lysin, je 2 Mol Prolin und Arginin und je 1 Mol Histidin, Methionin, Asparaginsäure und Glutaminsäure[15]. 25 Atomgruppen sind noch unbekannt[14]. Nicht vorhanden

---

[1] S. S. 131[11]. — [2] Vgl. Lyo- und Desmohormone bei WERLE, E.: Chemie **56**, 305 (1943). — [3] CRICK, J., A. A. HARPER and H. S. RAPER: Über Darstellung von Secretin und Pankreozymin: J. Physiol., London **110**, 367 (1949). — [4] HAMMARSTEN, E., E. JORPES u. G. ÅGREN: B. Z. **264**, 272 (1933). — HAMMARSTEN, E.: J. Mt. Sinai Hosp. **6**, 59 (1939). — HAMMARSTEN, E., G. ÅGREN, H. HAMMARSTEN u. O. WILANDER: B. Z. **264**, 275 (1933). — [5] ÅGREN, G.: Skand. Arch. Physiol. **70**, 10 (1934). — [6] FRIEDMAN, M. H. F., and J. E. THOMAS: Proc. Soc. exp. Biol. Med. **73**, 345 (1950). — [7] JORPES, J. E., and V. MUTT: Biochem. J. **52**, 328 (1952). — [8] LAGERLÖF, H. O.: Acta med. scand., Suppl. **128**, 273 (1942). — [9] WILANDER, O., u. G. ÅGREN: B. Z. **250**, 489 (1932). — [10] HAMMARSTEN, E., E. JORPES u. G. ÅGREN: B. Z. **264**, 272, bes. 273 (1933). — HAMMARSTEN, E., G. ÅGREN, H. HAMMARSTEN u. O. WILANDER: B. Z. **264**, 282 (1933). — [11] GREENGARD, H., and A. C. IVY: Amer. J. Physiol. **124**, 427 (1938). — [12] HAMMARSTEN, E., G. ÅGREN, H. HAMMARSTEN u. O. WILANDER: B. Z. **264**, 275 (1933). — [13] LAGERLÖF, H. O.: Acta med. scand., Suppl. **128**, 273 (1942). — HAMMARSTEN, E., G. ÅGREN u. H. LAGERLÖF: Acta med. scand. **92**, 256 (1937). — [14] NIEMANN, C.: Proc. nat. Acad. Sci. USA **25**, 267 (1939). — [15] ÅGREN, G., and E. HAMMARSTEN: J. Physiol., London **90**, 330 (1937).

sind Tyrosin, Tryptophan und Cystin. Krystallisiertes Secretin ist in 30% igem Glycerin gelöst bei +2° C 6 Monate haltbar[1]. Als hochmolekulares Polypeptid ist das Secretin zwar etwa 2 min lang kochbeständig[2], wird aber von Proteasen wie Pepsin und Trypsin zerlegt und unwirksam, Aminopolypeptidase[3] spaltet aus dem Secretin etwa 10 Aminosäuren ab, ohne es zu inaktivieren, während es für Carboxypolypeptidase unangreifbar ist. Wir können daher im Secretinmolekül eine freie Aminogruppe annehmen und eine freie COOH-Gruppe ausschließen. Die Spaltbarkeit durch Proteasen erklärt auch, warum Secretin per os, subcutan oder intramuskulär gegeben, unwirksam ist, im Gegensatz zur intravenösen Injektion, durch die es rasch zum Pankreas, seinem Angriffsort, gelangt.

Die *Wirkung des Secretins* war so lange schwer zu beurteilen wie kein reines Hormon vorlag. Neuere *Versuche am Menschen*[4] zeigen, daß das Secretin nur auf das Pankreas, vielleicht noch auf die Darmdrüsen (BRUNNER), nicht aber auf die Leber wirkt. Es reguliert in der Duodenalschleimhaut die Wasser- und Salz-, besonders die Hydrogencarbonatabgabe[5]. Versuchspersonen mit einem Duodenalschlauch[6] erhielten pro kg Körpergewicht 0,1 bis 0,5 mg Secretinkonzentrat, entsprechend 10 bis 25 Katzen-Einheiten, ganz langsam (in 1 min) intravenös injiziert[2]. Sofort, oft schon während der Injektion, beginnt die Saftabsonderung (2 bis 8 cm³ pro min) mit einem Maximum in den ersten 10 bis 20 min, das etwa das Achtfache der Norm beträgt. Nach LAGERLÖF[7] beträgt die Norm 0,6, nach IVY 1,15 cm³/min. Gleichzeitig mit der Saftmenge steigt die Hydrogencarbonatkonzentration, wenn auch nicht genau parallel, und die Cl-Abgabe sinkt. (s. Abb. 16).

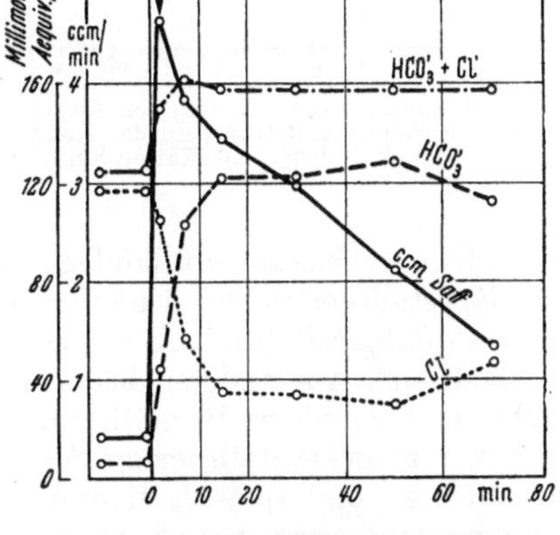

Abb. 16. Höhe der Sekretion und Konzentration von Hydrogencarbonat und Chloriden in reinem Pankreassaft eines gesunden Mannes nach Secretininjektion[11] (16 Katzen-Einh./kg Gewicht).

In 30 min werden im Mittel 136 cm³ Duodenalsaft sezerniert. Die Cl-Konzentration im Spontansekret betrug 118 Milliäquivalente, nach Secretininjektion sank sie rasch auf 30 Milliäquivalente ab, der tiefste Wert von 28 Milliäquivalenten lag in der dritten 20 min-Periode. Cl^- und HCO_3^- zusammen machten im Spontansekret 124 Milliäquivalente aus, nach Secretingaben stiegen sie auf 155 Milliäquivalente.

Der Bilirubinwert der spontanen Sekretion war 12, nach den ersten 5 min war er 6, nachher verschwand das Bilirubin ganz.

Der steile Abfall der Bilirubinkonzentration ist ein Beweis, daß keine Gallenabsonderung aus der Leber und auch kaum eine Abgabe von Galle aus der Gallenblase erfolgte. Secretin ist weder ein Choleretikum noch ein Cholagogum[7, 8]. Die Angaben über die Wirkung von Secretin auf die Gallenblase beziehen sich auf Präparate, die noch durch Cholecystokinin verunreinigt sind[7, 9]. Neuere *Versuche an Hunden* mit Secretin und Pankreozymin[10],

---

[1] ÅGREN, G.: J. Physiol., London **94**, 553 (1939). — [2] ÅGREN, G., u. H. LAGERLÖF: Acta med. scand. **90**, 1 (1936). — [3] s. S. 132[15]. — [4] s. S. 132[13]. — [5] HOLLANDER, F.: Rev. Gastroenterol., N. Y. **18**, 651 (1951). — [6] IVY, A. C.: J. med. amer. Ass. **117**, 1013 (1941). — [7] LAGERLÖF, H.: Acta med. scand., Suppl. **128**, 69 (1942). — [8] ÅGREN, G., u. H. LAGERLÖF: Acta med. scand. **90**, 1 (1936). — [9] IVY, A. C.: J. amer. med. Ass. **117**, 1013 (1941). — [10] WANG, C. C., M. I. GROSSMAN and A. C. IVY: Amer. J. Physiol. **154**, 358 (1948). — [11] Aus LAGERLÖF, H. O.: Acta med. scand., Suppl. **128**, 66, Fig. 7 (1942). — ÅGREN, G., and H. O. LAGERLÖF: Acta med. scand. **90**, 1 (1936). — s. a. COMFORT, M. W., and A. E. OSTERBERG: Amer. J. digest. Dis. **8**, 337 (1941).

die frei von Depressorsubstanzen waren, zeigten dagegen, daß Secretin zwar die Menge der Pankreassaftabgabe pro min erhöht, nicht aber die der Pankreasamylase und der alkalischen Phosphatase. Pankreozymin dagegen vermehrt die Amylaseausschüttung im Pankreassaft, aber nicht die der alkalischen Phosphatase. Daher muß wohl im Gegensatz zu den drei Hauptenzymen des Pankreassaftes die Sekretion dieser Phosphatase durch eine noch unbekannte Substanz ausgelöst werden. Mensch und Hund verhalten sich bezüglich der Enzymabgabe verschieden.

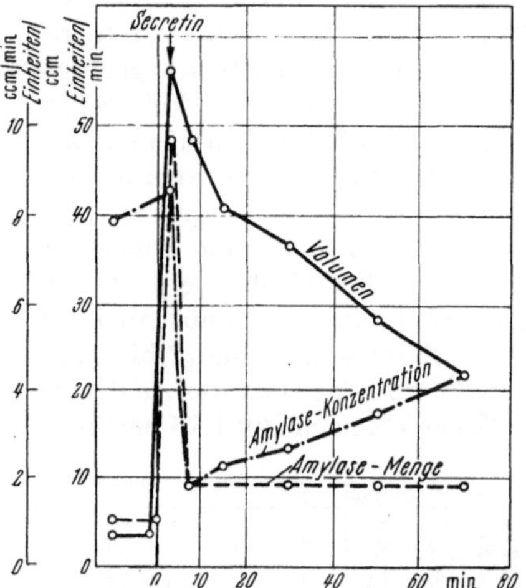

Abb. 17. Zunahme der Sekretion von Amylase im reinen Pankreassaft eines gesunden Mannes nach Secretininjektion[9], (16 Katzen-Einh./kg Gewicht).

Das Secretin regt außer der *Saftabsonderung* auch die *Enzymbildung* an; die absolute Trypsinmenge wird stark erhöht, etwa auf das Fünffache der Norm. Die Amylase des Pankreas verhält sich analog dem Trypsin (s. Abb. 17).

Vor der Secretininjektion wurden 6,5 Einheiten Amylase pro min im Pankreassaft abgegeben. Nach Secretininjektion stieg in 5 min die Sekretion auf das Neunfache und sank nach 10 min auf den konstant bleibenden Wert des 1,9fachen der Spontansekretion. Der rasche Anstieg des Enzyms in 5 min ist bedingt durch die Enzymmenge im Abflußrohr, im Capillarraum des Duodenums und im Pankreasgang. Wesentlich ist die bleibende Erhöhung nach 10 min.

Allerdings kann ein Teil der Amylase aus dem Darmsaft stammen, was beim Trypsin nicht der Fall ist. Nach Secretinreizung gibt das menschliche Pankreas gleiche Mengen von Carboxypolypeptidase[1] und tryptischem Ferment ab; Aminopolypeptidase ist nicht regelmäßig vorhanden; arsenige Säure hemmt die Secretinwirkung.

Krystallisiertes Secretin[2] fördert neben der Pankreassaftsekretion nur noch die *Darmsaftabgabe*[3] durch Anregung der BRUNNERschen Drüsen[4] (Hund, Katze[2]); s. dagegen[5]. Alle anderen bisher immer wieder behaupteten Wirkungen sind auf schwer abtrennbare Begleithormone zurückzuführen. Intravenöse Injektion von 0,8 mg reinem krystallisiertem Secretin bewirkt bei gesunden Personen beträchtliche qualitative und quantitative Änderungen im Duodenalinhalt[6]. Die Pankreasenzyme sind vermehrt. Auch die Konzentration der Gallenfarbstoffe ist erhöht neben einer leichten cholagogischen Wirkung, was aber nach Angaben von IVY[7] und LAGERLÖF[3] ein Hinweis auf nicht völlige Reinheit des verwendeten Präparates ist. Mit der Zunahme der Sekretmenge sind das Mucin und auch die Viscosität vermindert. Das Magensekret wird nicht beeinflußt, weder in Menge noch in Zusammensetzung. Ebenso unverändert bleiben die Enzyme des Blutes, Harnes, das autonome Nervensystem, die Darmmotilität und der Gesamtzustand des Körpers.

Beim *Hund*[8] beginnt die Pankreassaftabgabe, wenn 0,7 γ reines Secretin im Blute kreisen und ist bei 14 γ im Blut am höchsten.

An der *Katze*[2] hat ÅGREN die Wirkungen krystallisierter Secretinpräparate aus Schweinedarm untersucht. 1 mg Secretinpikrolonat enthielt im Mittel 253 Katzen-Einheiten[2]. Es

[1] ÅGREN, G.: J. Physiol., London **94**, 553 (1939). — [2] ÅGREN, G.: Skand. Arch. Physiol. **70**, 10 (1934). — [3] s. S. 133[7]. — [4] FOGELSON, S. J., and W. H. BACHRACH: Amer. J. Physiol. **128**, 121 (1939). — [5] GROSSMAN, M. I., H. D. JANOWITZ, H. RALSTON and K. S. KIM: Gastroenterol., Baltimore **12**, 133 (1948). — [6] LENZI, G., e G. LABÒ: Arch. ital. Mal. Appar. diger. **16**, 134 (1950). — [7] s. S. 133[9]. — [8] GREENGARD, H., I. F. STEIN jr. and A. C. IVY: Amer. J. Physiol. **132**, 305 (1941). — [9] s. S. 133[7].

wurde für die Auswertungen in das Hydrochlorid überführt. Bei der Katze fördert Secretin die Absonderung von Pankreas- und Darmsaft sehr stark.

Die Arbeiten über das Secretin haben in den letzten Jahrzehnten zur Auffindung einer ganzen Reihe von weiteren Hormonen des Darmes, insbesondere des Duodenums, geführt. Dadurch kann nicht nur die Wirkung des Secretins sehr viel genauer abgegrenzt werden, sondern es zeigte sich auch, daß der Darm chemisch nahe miteinander verwandte Hormone für verschiedene Aufgaben der Sekretion und Darmmotilität verwendet. Meist handelt es sich um Proteohormone oder um Abkömmlinge des Eiweißes und seiner Bausteine. Auch bei den Darmhormonen können wir daher wie bei den Steroidhormonen im Sinne von BUTENANDT[1] das Ökonomieprinzip im Stoffwechsel höherer Ordnung erwarten. Wenn auch die restlose Aufklärung der Darmhormone noch viel Arbeit fordert, so läßt sich heute doch schon sagen, daß Zusammensetzung und Einsatz der Verdauungssäfte einer subtilen stofflichen Steuerung unterliegen, die an Feinheit der nervösen Regulierung gleichkommt, wenn sie diese nicht sogar übertrifft. Die weitere Forschung wird noch manche neue Hormone im Darm auffinden lassen. Allerdings ist für jedes entdeckte Hormon zunächst ein brauchbarer Test und dann die genaue chemische Charakterisierung zu verlangen.

Enterocrinin[2] gilt seit 1938 nach NASSET[3] als das Hormon, das die *Dünndarmdrüsen zur Sekretion* anregt. Es wird aus der Schleimhaut des Dünndarmes verschiedener Tiere mit Salzsäure und Äthanol ausgezogen. Näheres s. Bd. 2/2. Seine chemischen Eigenschaften sind noch unbekannt[4].

β) Motilitätsbeeinflussende Darmhormone. **Cholin. Acetylcholin**[5—18]: *Geschichtliches.* 1912 beobachtete WEILAND[19], daß aus dem überlebenden isolierten Kaninchendarm in die umgebende Nährlösung eine Substanz difundiert, die diese befähigt, ihrerseits anregend auf die Darmbewegung zu wirken. Diese Substanz wurde 1918 von LE HEUX[20] isoliert und mit Cholin identifiziert. Er fand, daß aus 100 g Kaninchendünndarm in einer Stunde etwa 3 mg freies Cholin in die umgebende Salzlösung gelangen[20]. LE HEUX vermutete im Cholin das Hormon der Darmbewegung[20] mit Angriffspunkt im AUERBACHschen Plexus. Um diese Frage zu lösen war es notwendig, Vorkommen und biologische Funktion des Cholins, das STRECKER[21] schon 1849 als erster in der Schweinegalle aufgefunden hatte, eingehend zu studieren.

---

[1] BUTENANDT, A.: Angew. Chem. **51**, 617 (1938). Pharmaz. Industr. **8**, 43 (1941) [C. **1941 I**, 1974]. — [2] BABKIN, B. P.: The Secretory Mechanism of the Digestive Glands. S. 620—626. New York 1950. — [3] NASSET, E. S.: Amer. J. Physiol. **121**, 481 (1938). — [4] FINK, R. M.: Amer. J. Physiol. **139**, 633 (1942/43).

Zusammenfassende Darstellungen über Cholin und Acetylcholin: 5—18. [5] Chemie des Cholins s. Bd. **1**, S. 375. — [6] Biochem. Handlex.: RONA, P.: **4**, 828 (1911). — ZEMPLÉN, G., u. D. FUCHS: **9**, 211 (1915). — ZEMPLÉN, G.: **11**, 295 (1924). — SICKEL, H.: **12**, 214 (1930). — DALMER, O.: Handb. Biochem. **1**, 198 (1924); Erg.-W. **1**/A, 177—178 (1933); **3**, 1109—1117 (1936). — [7] TRENDELENBURG, P.: Handb. Heffter **1**, 578—602 (1923). — [8] Houben, Heilstoffchem. 2. Abt. **1**, 2. Hälfte, 1097—1115 (1930). — [9] ALBERTS, G. G.: Cholin in Biologie, Physiologie und Pathologie. Ergebn. inn. Med. **43**, 114—148 (1932). — [10] RIESSER, O.: A. e. P. P. **161**, 34 (1931). — [11] BACQ, M.: L'acétylcholine et l'adrénaline. Leur rôle dans la transmission de l'influx nerveux. Paris 1937. — [12] GAUTRELET, J.: Contribution à la connaissance de la choline dans l'organisme. Resumé. Bull. Soc. chim. Biol. **18**, 449—478 (1936). — [13] ORZECHOWSKI, G.: Acetylcholin. Fortschr. d. Therap. **12**, 612—616 (1936). — [14] Mercks Jber. **48**, 110 (1934). — [15] ALLES, G. A.: The physiological significance of choline derivates. Physiol. Rev. **14**, 276—307 (1934). — [16] SCHÜBEL, K.: Über die physiologische und pharmakologische Stellung des Cholins. M. m. W. **1933 I**, 168. — [17] BEST, C. H., and C. C. LUCAS: Choline, chemistry and significance as a dietary factor. Vitamins & Hormones **1**, 1 (1943). — [18] DEBAY, A: Sem. des Hôp. **27**, 2830—35 (1951) [C. **1952**, 4476].

[19] WEILAND, W.: Pflügers Arch. **147**, 171 (1912). — [20] LE HEUX, J. W.: Pflügers Arch. **173**, 8 (1919). — [21] STRECKER, A.: A. **70**, 196 (1849); **123**, 353 (1862). — MÜLLER, E. F. W.: H. **242**, 201 (1936). — JOHNSTON, C. G., J. L. IRVIN and C. WALTON: J. biol. Ch. **131**, 425 (1939).

Form des Vorkommens von Cholin. Das Cholin erwies sich als weitverbreitet im Tier- und Pflanzenreich[1, 2]. Bei der Beurteilung der Cholinmengen in einzelnen Organen ist die Form des Vorkommens und die Art der Cholinbestimmung zu berücksichtigen. In allen Organen ist Cholin entweder frei oder als Acetylcholin oder gebunden an Phosphatide (Lecithin, Sphingomyeline, Acetalphosphatide) vorhanden; dementsprechend wird es ganz oder nur teilweise bestimmt. Dabei können während der Aufarbeitung durch Umesterung und Hydrolyse des Acetylcholins durch Cholinesterase- oder andere Fermentwirkungen Änderungen in der Zusammensetzung eintreten. Auch wasserlösliche Vorstufen, enthaltend Cholin, Phosphorsäure und eine Aminosäure, sind in menschlicher Placenta und Niere aufgefunden worden[3]. Sogar an die Neubildung des Cholins, z. B. aus Carnitin[4] $(CH_3)_3N^+—CH_2—CH(OH)—CH_2—COO^-$ oder anderen Vorstufen, ist zu denken. Stoffe mit ähnlicbem chemischen Bau oder biologischer Wirkung, Acetylcarnitin, β-Homocholin $(CH_3)_3\,N^+—CH_2—CH(OH)—CH_3$, können Cholin vortäuschen[4]. Nicht nur nach Tierart[5], sondern auch nach dem Befinden eines Tieres und der Aufarbeitung der Organe können die Cholin- und besonders die Acetylcholinwerte recht verschieden ausfallen, z. B. fand man[6,7] bei Tieren (Kaninchen, Katzen, Hunden) mit normalem Blutdruck niemals Acetylcholin, wohl aber im Blut frisch verstorbener Tiere. In frischen Hunde- und Rinderlebern ist fast kein freies Cholin (nur 1 bis 4 mg%) vorhanden, nach mehrstündigem Liegen der Organe finden sich aber größere Mengen (20 bis 45 mg% des feuchten Organs)[8]. Auch beim Darm könnte das der Fall sein.

Die *Bestimmung des Cholins auf chemischem Wege*[9] ist zwar nahezu eindeutig, aber nicht sehr empfindlich. STRACK[8] fällt das Cholin zuerst als Quecksilbersalz und dann als Goldsalz. 8 bis 9 mg Cholinchlorid gehen dabei verloren. 500 bis 1000 g Organ sind zur verlustfreien Aufarbeitung notwendig. Gut bewährt, allerdings für 1 bis 2 kg Ausgangsmaterial, hat sich die Fällung des Cholins und Acetylcholins als Reineckat[10, 11]. Die *Ermittlung kleiner Cholinmengen* gelingt am besten durch quantitative Überführung in den Acetylester mit Essigsäureanhydrid[12] und Bestimmung des Acetylcholins am Dünndarm auf biologischem Wege.

Bestimmung des Acetylcholins auf biologischem Wege[13, 14]. Das Acetylcholin kann durch seine erregende Wirkung auf glatte und quergestreifte Muskeln noch in kleinsten Konzentrationen nachgewiesen werden, z. B. durch die Verstärkung der Bewegung des Meerschweinchen- oder Kaninchendarmes[14] oder durch seine blutdrucksteigernden Einflüsse auf das Froschherz[14, 15], die Femoralis[14] oder Carotis der Katze[10, 16] oder auf die Kontraktion des vorher mit Eserin behandelten M. rectus abdominis des Frosches[17, 18] oder des Blutegelmuskels. Nach KAHLSON[15] kann am Meerschweinchendünndarm noch 0,1 γ Cholin über Acetylcholin mit $\pm$ 20% Genauigkeit, nach FLEISCH[6, 7, 19] am Blutegelmuskel noch 0,1 bis 0,01 γ Acetylcholin in 100 cm³ Blut bestimmt werden. Das Gesamtcholin[20] aus Organen wurde

---

[1] s. S. 135[6]. — [2] ALBERTS, G. G.: Ergebn. inn. Med. **43**, 114, bes. 128 (1932). — [3] SMYTH, D. H.: Biochem. J. **29**, 2067 (1935). — BOOTH, F. J.: Biochem. J. **29**, 2071 (1935). — [4] STRACK, E., P. WÖRDEHOFF u. H. SCHWANEBERG: H. **238**, 183 (1936). — [5] STRACK, E., u. A. LOESCHKE: H. **194**, 269 (1931). — [6] FLEISCH, A., I. SIBUL et M. KAELIN: Arch. int. Physiol. **44**, 24 (1936/37). — [7] FLEISCH, A.: Verh. schweiz. Physiol. **1937**, 17. — [8] STRACK, E., E. NEUBAUR u. H. GEISSENDÖRFER: H. **220**, 217 (1933). — [9] FRANCIOLI, M., u. A. ERCOLI: Bamann-Myrbäck **2**, 1689. — [10] BISCHOFF, C., W. GRAB u. J. KAPFHAMMER: H. **207**, 57 (1932). — KAPFHAMMER, J., u. C. BISCHOFF: H. **191**, 179 (1930). — [11] STRACK, E., u. H. SCHWANEBERG: H. **245**, 11 (1937). — [12] ABDERHALDEN, E., u. H. PAFFRATH: Pflügers Arch. **207**, 228 (1925). — [13] LE HEUX, J. W.: Physiologische Cholinbestimmung. Handb. biol. Arb.-Meth. Abt. V, Teil 3/B, S. 643—668 (1927/28). — [14] BISCHOFF, C., W. GRAB u. J. KAPFHAMMER: H. **199**, 135 (1931). — [15] KAHLSON, G.: A. e. P. P. **169**, 34 (1932). — [16] GOFFART, M., et Z. M. BACQ: Arch. int. Physiol. **49**, 179 (1939). — [17] KAHANE, E., et J. LÉVY: C. R. Soc. Biol. **125**, 252 (1937). — [18] PLATTNER, F., u. H. TSUDZIMURA: Pflügers Arch. **236**, 175 (1935). — [19] MINZ, B.: A. e. P. P. **168**, 292 (1932). — [20] FLETCHER, J. P., C. H. BEST and O. MCKILLOP SOLANDT: Biochem. J. **29**, 2278 (1935).

nach Spaltung der Phosphatide durch Kochen mit 18%iger HCl, Extraktion mit Alkohol und Acetylieren des Cholins zu Acetylcholin am Kaninchendarm mit in praxi durchschnittlich ± 10% Fehler bestimmt.

Das *gesamte Cholin* im Darm und in anderen Organen ist bisher nur bei Ratten, weniger bei Rind, Hund, Schwein und Kabeljau, aber gar nicht beim Menschen bestimmt worden[1]. *Freies Cholin und Acetylcholin* hat man vereinzelt in Organen und Flüssigkeiten verschiedener Tiere und auch des Menschen quantitativ festgestellt. Die folgenden Tabellen 36 bis 40 lassen Vergleiche des Vorkommens im Darm und in einigen anderen Organen zu.

Tabelle 36. Gesamtcholingehalt im Darm und in anderen Organen[1] (mg/100 g feucht).

Organe	Ratten	Rind
Magen	152	
Dünndarm	142	
Dickdarm	139	
Pankreas.	232	230
Leber	260	270
Nieren	202	
Fett	23	
Blut im Hunger . . .	22	
Blut nach Fütterung .	31	

Tabelle 37. „Freies" Cholin im Darm und in anderen Organen vom Meerschweinchen[2] (mg/100 g feucht).

Organe	Gehalt
Magen	1,4
Jejunum.	5,6
Ileum	5,2
Skelettmuskel	1,2
Blut	0,72

Im Meerschweinchen sind etwa 150 mg% Cholin in Form von Lecithin oder anderen Phosphatiden vorhanden[2].

Die *höchsten Gesamtcholinwerte*[1] entsprechen dem höchsten Phosphatidgehalt. Rattenhirn enthält 325 mg%, Rattensperma 514 mg% Gesamtcholin. Auf der Höhe der Fettverdauung sollte der Gesamtcholinwert nicht erhöht sein. Dies ist aber auch noch nicht untersucht worden[2].

Freies Cholin. Im Vergleich zum Muskel enthält der Dünndarm immer das 2- bis 3fache, der Magen etwa die gleiche Menge, das Blutserum nur etwa die Hälfte, die Darmingesta nur Spuren. Der lebende Darm[2] gibt dauernd Cholin an seine Umgebung (aber nicht in das Darmlumen) ab. Er hält seinen Cholingehalt aus den Lecithinvorräten des Gewebes konstant. Diese Abgabe kann ein Vielfaches des anfänglichen Gehaltes an freiem Cholin ausmachen. Auch aus isolierten quergestreiften Muskeln (Froschgastrocnemius, Froschventrikel) und glatten Muskeln (Uterus des Schafes) diffundiert Cholin in eine Nährlösung[3].

Der *Acetylcholingehalt im Darm und in anderen Organen* ist bei Hund, Kaninchen und Rind noch am eingehendsten studiert worden; beim Menschen allerdings nur in Blut[3], Milz[3], Uterus[5,6] und Placenta[3–6].

Der Acetylcholingehalt wurde für Kaninchen[7] und Hund[8] am M. rectus abdominis des Frosches, für den Vergleich von Organen und Blut an der Carotis der Katze[7,9] bestimmt.

Die Acetylcholinwerte sind beim Kaninchen und Hund, also wohl auch beim Menschen im Jejunum am höchsten, der Gehalt im Darmvenenblut schwankt

[1] Fletcher, J. P., C. H. Best and O. McKillop Solandt: Biochem. J. **29**, 2278 (1935). — [2] Kahlson, G.: Kli. Wo. **1933 II**, 1015. — [3] Bischoff, C., W. Grab u. J. Kapfhammer: H. **207**, 57 (1932). — [4] Strack, E., P. Wördehoff, E. Neubaur u. H. Geissendörfer: H. **233**, 189 (1935). — [5] Strack, E., u. A. Loeschke: H. **194**, 269 (1931). — [6] Strack, E., u. H. Geissendörfer: Arch. Gynäk. **160**, 544 (1936). — [7] Goffart, M., et Z. M. Bacq: Arch. int. Physiol. **49**, 179 (1939). — [8] Goffart, M.: Arch. int. Physiol. **49**, 153 (1939). — [9] Goffart, M., et Z. M. Bacq: Ann. Physiol. Physicochim. biol. **15**, 833 (1939).

Tabelle 38. Acetylcholin in einzelnen Darmabschnitten und in den zugehörigen Blutgefäßen (γ/100 g bzw. 100 cm³ feuchtes Gewebe).

Organe	Kaninchen[1] *	normale Hunde[1, 2] **	Hundeblut aus	Acetylcholin[2, 3]
Speiseröhre, distales Ende		27		
Magenfundus	60	82[6]	Magen	0,1—0,3 γ%
Magen, antrum pylori	34	74		
Duodenum	100, 140, 91	135[5]		
Jejunum I		216[5]		
Jejunum II		184[5]	Jejunum	0,3—1,0 γ%
Grêle I***		161[5]		
Grêle II		147[5]		
Grêle III		—		
Ileum I		141		
Ileum II		98	Ileum	0,1—0,5 γ%
Caecum	230			
Colon I		68		
Colon II	100	66		

* Mittelwerte von 3 gesunden Kaninchen. ** Mittelwerte von 3 gesunden Hunden.
*** „Unter Grêle I, II, III" (mittleres Dünndarmstück) versteht der Autor fortlaufende Segmente von gleicher Größe aus der Mitte des Dünndarms; im ganzen teilt der Autor den Dünndarm in sechs bis sieben gleiche Abschnitte (Jejunum I, II, Grêle I, II, III, Ileum I, II).

beim Hund je nach dem Gehalt des zugehörigen Gewebes[4]. Lokale Entnervung der Darmabschnitte (Vagusdurchschneidung, Sympathektomie) bedingt für Duodenum, Jejunum, Ileum und Colon des Hundes bis zum 3. Tag nach der Operation ein Absinken, dann am 6. und 10. Tag ein deutliches Ansteigen[5, 6]. Daraus geht hervor, daß Acetylcholin auch vom entnervten Darm gebildet werden kann[4] (s. Abb. 18).

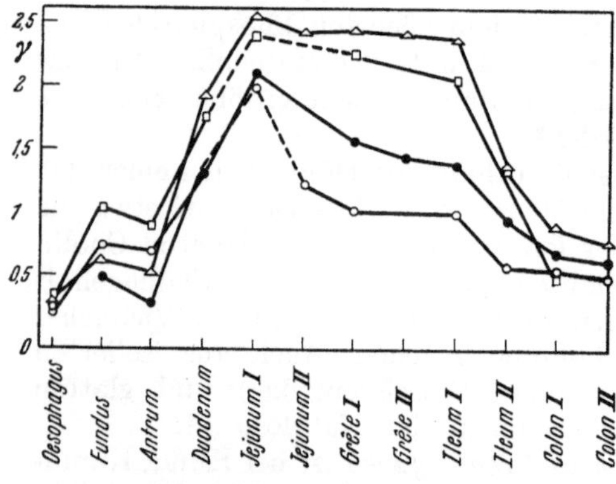

Abb. 18. Acetylcholingehalt im Darm normaler Hunde (γ/100 g feuchtes Organ). Acetylcholingehalt im völlig entnervten Darm von Hunden[11, 12].
• Mittelwerte von 3 normalen Hunden.
○ Hund getötet 3 Tage nach Entnervung
□ „ „ 6 „ „ „
△ „ „ 10 „ „ „

Normalerweise enthält die Mucosa des Hundes eher weniger Acetylcholin als die Muscularis (Tab. 39).

Die Wirkung von Cholin und Acetylcholin auf den Darm. Cholin[7] und Acetylcholin wirken auf den Darm im wesentlichen gleich, greifen also auch an derselben Stelle der Darmwand an. Beide wirken auf den Kaninchendarm in situ wie in vitro rein erregend[8]. Nach STRAUB[9, 10] bedeutet für die Wirkung des Acetylcholins die Konzentration alles, die absolute Menge sehr wenig; z. B. lösen 0,5 γ, in die A. mesenterica der Katze eingespritzt, eine peristaltische Periode aus, die 20fache Menge langsam (in 60 min) infundiert, bleibt ohne Wirkung, und

[1, 2, 3] s. S. 137[7, 8, 9]. — [4] s. die Kurven bei BACQ, Z. M., et. M. GOFFART: Schweiz. med. Wschr. **71**, 310 (1941). — [5] GOFFART, M.: C. R. Soc. Biol. **130**, 254 (1939). — [6] GOFFART, M.: Arch. int. Physiol. **49**, 153 (1939). — [7] LE HEUX, J. W.: Pflügers Arch. **190**, 301 (1921). — [8] HASE, T.: Mitt. med. Akad. Kioto **25**, 81 (1939). — [9] STRAUB, W.: Arch. ital. Sci. farmacol. **6**, Suppl. S. 447 (1937). — [10] HAAG, H. B., u. G. KAHLSON: A. e. P. P. **169**, 56 (1932). — [11] BACQ, Z. M., et M. GOFFART: Schweiz. med. Wschr. **71**, 310 (1941). — [12] GOFFART, M.: Arch. int. Physiol. **49**, 153, bes. 160 (1939).

Tabelle 39. Acetylcholin im Darm des normalen Hundes[1] (γ Acetylcholinhydrochlorid in 100 g feuchtem Gewebe).

Darmabschnitte	Acetylcholin			Gewichtsverhältnis Mucosa : Muscularis
	im ganzen Darm	in Mucosa	in Muscularis	
Fundus	93	76	125	2,15:1
Präpylorus	77	66	95	1,00:1
Jejunum	179	198	240	1,54:1
Grêle (Dünndarm-Mittelstück)	245	231	262	1,38:1
Ileum	111	99	130	1,66:1
Colon	73	51	95	1,02:1

Tabelle 40. Acetylcholin im Darm verschiedener Tiere[2] (γ Acetylcholinhydrochlorid in 100 g feuchtem Gewebe).

Tierart	Gesamtdarm	Dünndarm	Methodik und Bearbeiter
Rind	—	(Duodenum) 4500	Reineckat[3] Chloraurat[3]
Pferd	—	180—200	Frosch-Rectus[4]
Hund		170* — **260** — 180**	Frosch-Rectus[4]
Hund	—	300—320	Chem. Methode[5]
Katze	300[6]	50[1]	Chem. Methode Blutegel-Meth.[5,6]
Kaninchen	200[7]	200 — **280** — 400[4]	Frosch-Rectus[4,6]
Ratte	200—600	—	Verschied. Meth.[7]
Meerschweinchen	400	—	Verschied. Meth.[6]
Igel	1000	—	Blutegel-Meth.[6]
Taube	500	—	Verschied. Meth.[6]
Schildkröte	300	—	Chem. Methode[6]

* Mucosa — ** Muscularis

zwar auch nach Ausschaltung der Cholinesterase durch Physostigmin. Nach HASE[8] ist in vivo intravenös gegeben 0,01 mg die geringste eben noch auf den Kaninchendarm wirksame Konzentration und mittlere wirksame Menge für Acetylcholin, in vitro dagegen 1 γ in 100 cm³; für Cholinhydrochlorid in vivo (intravenös) 1 mg, in vitro 500 γ in 100 cm³. Subcutane Gaben von 3 bis 5 mg Acetylcholin und 3 bis 5 g Cholinhydrochlorid beeinflussen den Kaninchendarm nicht. Das Acetylcholin hat die Eigenschaften eines Hormons, das im Darm selbst, am Ort der Wirkung entstehen muß[9]. „Es läßt sich berechnen, daß für 1 cm³ Volumen acetylcholinempfindlicher Nervensubstanz im Darm nur eine minimale Menge von Acetylcholin gebildet werden muß, nämlich bloß 3,3 Milliarden Moleküle“[9]. „Nur ein rasch entstehendes und in voller Höhe aufrechterhaltenes Acetylcholin-Konzentrationsgefälle beeinflußt die peristaltische Reizschwelle bzw. löst Peristaltik bei vorhandenem, aber bisher unterschwelligem Füllungs- und Dehnungsreiz aus“[10]. Das Cholin ist nicht der Auslöser der peristaltischen Welle und kann daher auch nicht als Hormon der Darmbewegung gelten[11]. Die Tatsache, daß der Darm Cholinverluste sofort aus seinen Reserven durch Neuabspaltung, wohl aus Phos-

[1] BACQ, Z. M., et M. GOFFARTH: Schweiz. med. Wschr. **71**, 310 (1941). — [2] GOFFART, M.: Arch. int. Physiol. **49**, 153 (1939); dort auch Literaturangaben. — [3] BISCHOFF, C., W. GRAB u. J. KAPFHAMMER: H. **207**, 57 bes. 70 (1932) (als Acetylcholinhydrochlorid angegeben). — [4] CHANG, H. C., and J. H. GADDUM: J. Physiol., London **79**, 255 (1933). — [5] SHAW, F. H.: Biochem. J. **32**, 1002 (1938). — [6] CORTEGGIANI, E.: C. R. Soc. Biol. **125**, 949 (1937). — [7] LÉVY, J., et E. KAHANE: XIIe Réunion Ass. Physiol. Louvain **1938**, 114. — [8, 9, 10] s. S. 138[8, 9, 10]. — [11] KAHLSON, G.: Kli. Wo. **1933 II**, 1015.

phatiden, ergänzt, läßt dem artkonstanten Cholinbestand eine physiologische Bedeutung für die Erregbarkeit des Darmes zusprechen. Ein lebender Darm ist immer cholinhaltig. Dieser artkonstante Cholingehalt des Darmes ist, wie ein bestimmter Salzgehalt, eine physiologische Voraussetzung für die Erregbarkeit des Darmes durch Füllung und Druck. Der unmittelbar peristaltikauslösende Faktor aber ist der Dehnungsreiz. *Cholin ist also im Darm ein Reizstoff, kein Hormon*; das Acetylcholin ist ein feindosierbarer flüchtiger ,,Hilfsreiz" bei der Peristaltikauslösung und als solcher für den geordneten Ablauf der Peristaltik verantwortlich. Darmmotorisch wirksam ist allein die rasche Änderung des Gehaltes und die Aufrechterhaltung eines höheren Acetylcholingefälles. Der Acetylester kann von der Cholinesterase blitzartig verseift werden, während die Synthese sehr viel langsamer verläuft. Bei spastischer Obstipation ist die Cholinesterase im Blutserum der Kranken vermehrt[1], vielleicht um einen zu hohen Acetylcholingehalt im Darm abzuwehren.

Neben Cholin und Acetylcholin haben in letzter Zeit FELDBERG u. LIN[2] auch das acetylcholinsynthetisierende Ferment, das sie *Cholinacetylase* nennen, in den einzelnen Darmabschnitten und seinen verschiedenen histologischen Schichten gründlich untersucht. Sie isolierten 5 Schichten vom Darmlumen aus: Lamina glandularis mucosae, Lamina muscularis mucosae, Tela submucosa, Ringmuskelschicht, Längsmuskelschicht. Das Ferment wurde nach FELDBERG u. MANN[3], das Acetylcholin nach FELDBERG u. MANN[4] am eserinbehandelten Froschrectus bestimmt. Das Gewebe wurde zuerst mit Aceton entfettet und getrocknet und dann ein Auszug mit 1,5 cm^3 Salzlösung für 50 mg Trockengewebe gemacht. Die Wand des Dünndarms, gemessen pro Gramm des acetontrockenen Gewebes, synthetisiert pro Stunde: Meerschweinchen 150 bis 480, Kaninchen und Hund 60 bis 140, Katze und Kätzchen 15 bis 50 und Macacus rhesus 35 bis 135 γ Acetylcholin. Die Lamina glandularis mucosae gab gewöhnlich die höchsten Synthesewerte, besonders die von Duodenum und unterem Ileum. Da nun diese Schicht als frei von den Nervenzellen des MEISSNERschen und AUERBACHschen Plexus gilt, sieht FELDBERG in der Synthesefähigkeit für Acetylcholin einen Beweis für seine Theorie, daß das Enzym nicht nervösen Ursprungs ist, sondern, wie die Cholinacetylase der menschlichen Placenta, dem jeweiligen Gewebe selbst entspringt, eine Ansicht, die zu neuen Vorstellungen über den Tonus und die rhythmischen Bewegungen des Darmtractus führen kann. Keine Cholinacetylase wurde festgestellt beim Kaninchen in Oesophagus, Caecum und Harnblase, beim Meerschweinchen in Oesophagus und Uterus; geringe Mengen des Fermentes fanden sich beim Meerschweinchen in Magen, Caecum und Harnblase, beim Hund in Oesophagus, Magen und Dickdarm.

Nach diesen Ausführungen ist der Darmtractus in der Lage, für seinen Bedarf ad hoc die jeweilig nötige Acetylcholinmenge vielleicht auch außerhalb der nervösen Steuerung herzustellen.

Ob im Darm und im Körper nur der Essigsäureester des Cholins gebildet und zur Wirkung gelangt, ist nicht zu entscheiden, da eine ganze Reihe von Estern des Cholins, z. B. mit n-Buttersäure, Propionsäure, Ameisensäure, Isovaleriansäure, Benzoesäure, Bernsteinsäure[5], den ausgeschnittenen Kaninchendarm erregen. Solche Säuren können auch durch Abbau im Stoffwechsel entstehen. $1^0/_{00}$ Glucose, in höherer Konzentration auch Mannose und Galaktose, nicht aber Fructose und Disaccharide, verstärken die Darmbewegung außerordentlich. Da

[1] BRÜCKE, F. T. v., E. v. HUEBER u. H. SARKANDER: Kli. Wo. **1941**, 587. — [2] FELDBERG, W., and R. C. Y. LIN: J. Physiol., London **111**, 96 (1950). — [3] FELDBERG, W., and T. MANN: J. Physiol., London **104**, 411 (1945/46). — [4] FELDBERG, W., and T. MANN: J. Physiol., London **104**, 8 (1945/46). — [5] KREITMAIR, H.: A. e. P. P. **164**, 346 (1932).

der Energieinhalt dieser Verbindungen zur Erklärung von Dauer und Höhe der Wirkung nicht ausreicht, hat man angenommen, daß intermediär Säuren (z. B. Brenztraubensäure) gebildet werden, aus denen Cholinester mit Wirkstoffcharakter entstehen[1]. Aminosäure-[2] und β-Glycerinphosphorsäure[3]-Ester des Cholins sind 100- bis 1000mal schwächer wirksam als Acetylcholin.

Die Bedeutung von Cholin und Acetylcholin für die Darmverdauung ist mit der Regelung der Peristaltik noch nicht erschöpft. Cholin soll die Sekretion der Speicheldrüsen[4], des Pankreas[5], des Magens[4] und des Darmes[4] anregen. Acetylcholin gilt als der chemische Überträger der Vaguswirkung auf Magen[6] und Darm, entsprechend seiner erregenden Wirkung auf das parasympathische System. Der Einfluß des Acetylcholins auf die verschiedenen Muskeln und Drüsen des Darmtractus wird verständlich durch die Auffassung des Acetylcholins als Übertragungsstoff der Nervenerregung in der Verbindungsstelle der einzelnen Neuronen (Synapsen) und in den Endorganen (Nervenendplatten). Auf die Funktion des Acetylcholins als Vagusstoff des Herzens[7] (Loewi 1921), seine gefäßerweiternde und daher blutdrucksenkende Wirkung[8] (Hunt 1899), den Fettleber verhütenden Einfluß[9] und die Vitamineigenschaft des Cholins[10] kann nicht eingegangen werden.

Verglichen mit Secretin und Cholin sind *die übrigen „Darmhormone“* noch wenig erforscht.

Einen von Acetylcholin und Histamin verschiedenen Darmbewegungsstoff beschreibt Vogt[11]; er hält ihn mit der Substanz P von v. Euler u. Gaddum für identisch, da er auch an Benzoesäure adsorbierbar ist.

Cholecystokinin ist das durch Ivy[12] seit 1928 bekannte Darmhormon, das als physiologisches Cholagogon vom Dünndarm aus die Entleerung der Gallenblase bewirkt. Es stimuliert die Kontraktion der Gallenblase. Von den Nahrungsstoffen regen seine Sekretion an vor allem Fette und Fettsäuren. Die nervöse Versorgung der Gallenblase spielt gegenüber der humoralen Erregung eine untergeordnete Rolle. Vagotomie beeinflußt die Wirkung des Cholecystokinins auf die Entleerung der Gallenblase bei Hunden nicht[13]. Die Dauer der Gallenblasenkontraktur ist im Versuch am Hund der Menge des Cholecystokinins proportional. Gibt man Hunden ins Duodenum verdünnte Salzsäure, so kontrahiert und entleert sich innerhalb von 2 min die Gallenblase, die Pankreassekretion setzt dagegen erst nach 5 bis 10 min ein. Diese voneinander zeitlich getrennten Wirkungen ließen sich auf zwei Hormone, das *Cholecystokinin* und das *Secretin*, zurückführen, die voneinander getrennt und einzeln charakterisiert werden konnten. Das Cholecystokinin steht nach physikalischen und chemischen Eigenschaften dem Secretin sehr nahe (s. S. 131), es ist allerdings im Gegensatz zum Secretin noch nicht krystallisiert erhalten worden. Wir können vorerst das *Cholecystokinin* als *saures*, das *Secretin* als *basisches Polypeptid* bezeichnen.

---

[1] le Heux, J. W: Pflügers Arch. **190**, 280 (1921). — [2] Freudenberg, K., u. R. Keller: B. **71**, 329 (1938). — [3] Arnold, H.: B. **73**, 87 (1940). — [4] Komarow, S. A.: B. Z. **167**, 275 (1926). — [5] Desgrez, A.: C. R. Soc. Biol. **54**, 839 (1902). — Modrakowski, G.: Pflügers Arch. **124**, 601 (1908). — [6] Dale, H. H., and W. Feldberg: J. Physiol., London **81**, 320 (1934). — [7] Goldenberg, M., u. J. C. Rothberger: Z. ges. exp. Med. **94**, 151 (1934). — Janssen, S.: A. e. P. P. **119**, 31 (1926). — [8] Loewi, O.: Proc. R. Soc. London (B) **118**, 299 (1935). — [9] Best, C. H., and J. H. Ridout: Cholin as dietary factor. Ann. Rev. **8**, 349—370 (1939). — [10] s. Vitamine Bd. **2**/2. — [11] Vogt, W.: A. e. P. P. **206**, 1 (1949). — [12] Ivy, A. C., and E. Oldberg: Amer. J. Physiol. **86**, 599 (1928). — Babkin, B. P.: The Secretory Mechanism of the Digestive Glands. S. 613. New York 1950. — [13] Snape, W. J., M. H. F. Friedman and J. E. Thomas: Gastroenterol., Baltimore **10**, 496 (1948).

Enterogastron[1], bekannt seit 1926 (IVY), hemmt die Magenmotilität während der Verdauung, im Hunger, bei Scheinfütterung und auch die durch Insulin- oder Histamininjektion angeregte Magensekretion. Es hemmt die Wasser- und HCl-Ausschüttung sowie die Muskelaktivität. Es beeinflußt also die Regulation der Magentätigkeit entscheidend. Es findet sich in Dünndarmextrakten, konnte aber noch nicht krystallin erhalten werden. Ein hochgereinigtes Präparat[2] von Enterogastron aus Schweinedarm ist auf Grund seiner elektrophoretischen Eigenschaften wahrscheinlich kein Protein[3]. Enterogastron soll nach amerikanischen Autoren die Magensekretion, die Durchblutung der Schleimhaut und die Motilität der Magenwand regeln. Bei Ulcuskranken erzielte ein Extrakt aus Magen und Dünndarm, offenbar durch Regularisierung der Magensekretion, auffallend gute Wirkung[4]. Doch ist beim Menschen die Hemmung der Magensaftsekretion — auch nach Histamin- oder Insulininjektion — von der Dosierung des Enterogastrons abhängig[5]. Bei Katzen ist das Enterogastron nicht wirksam, wohl aber bei Hunden[6]. Es müssen daher weitere Versuche abgewartet werden (s. Bd. **2**/2). Dem Enterogastorn nahe verwandt ist das im Harn ausgeschiedene *Urogastron*[7–9].

Villikinin[10] wurde 1933 von v. KOKAS u. v. LUDANY als *Hormon der Zottenbewegung* beschrieben. Es wurde im Darm von Hunden nachgewiesen, aber chemisch kaum bearbeitet. (s. a. S. 206)

γ) Gefäßwirksame Stoffe (s. a. Bd. **2**/2).

Vasodilatin ist eine blutdrucksenkende, „depressorische" Substanz[11, 12], die in vielen Organen vorkommt. Sie wird mit dem Secretin aus den ersten 2 m Schweinedarm, vom Pylorus an gerechnet, extrahiert, kann aber von ihm abgetrennt werden[13]. Seine Einheitlichkeit und seine chemische Natur sind noch unsicher. Mit Histamin soll es nicht identisch sein[11, 12].

δ) Die Darmhormone des Kohlenhydratstoffwechsels. Als blutzuckersenkende, insulinotrope oder kohlenhydratstoffwechsel-beeinflussende Faktoren werden unter Namen wie *Inkretin*[14] (LA BARRE), *Duodenin*[15] (HELLER), Duocrinin (= *Duocrin, Duocrina* [DE BARBIERI])[16], MACALLUM-LAUGHTON-*Duodenalextrakt*[17] Substanzen oder besser Rohextrakte aus dem Dünndarm geschildert, die bisher als Hormone weder sichergestellt noch auszuschließen sind. IVY[18], einer der besten Kenner der Darmhormone, konnte aus Darmschleimhautextrakten keine den Nüchternblutzucker bei trainierten und narkotisierten Hunden senkende Substanz nachweisen[18]. Man wird daher weitere chemische Arbeiten abwarten müssen, bis entschieden werden kann, ob der Darm ein dem Insulin ähnliches, aber doch für ihn eigentümliches Hormon besitzt.

Urogastron, Uroanthelon, Enterocrinin, Duocrinin und Villikinin bedürfen weiterer Bestätigung um als Gastrointestinalhormone anerkannt werden zu können[19]. Enteramin s.[20] (s. S. 40).

---

[1] BABKIN, B. P.: The Secretory Mechanism of the Digestive Glands. S. 289, 476. New York 1950. — [2] GREENGARD, H., A. J. ATKINSON, M. I. GROSSMAN and A. C. IVY: Gastroenterol., Baltimore **7**, 625 (1946). — [3] ÖBRINK, K. J.: Exper. **3**, 455 (1947). — [4] HEMMELER, G.: Gastroenterol., Basel **69**, Heft 3/4 (1944). — SURKES, A. W.: Schweiz. med. Wschr. **77**, 455 (1947). — [5] LEVIN, E., J. B. KIRSNER and W. L. PALMER: Gastroenterol., Baltimore **10**, 274 (1948). — [6] UVNÄS, B.: Acta physiol. scand. **15**, 1 (1948). — [7] SANDWEISS, D. J., M. H. SUGARMAN, M. H. F. FRIEDMAN, H. C. SALTZSTEIN and A. A. FARBMAN: Amer. J. digest. Dis. **8**, 371 (1941). — BABKIN, B. P.: The Secretory Mechanism of the Digestive Glands. S. 638. New York 1950. — [8] PATTERSON, T. L., J. KAULBERSZ, D. J. SANDWEISS and H. C. SALTZSTEIN: Fed. Proc. **7**, 91 (1948). — [9] KAULBERSZ, J., T. L. PATTERSON, D. J. SANDWEISS and H. C. SALTZSTEIN: Amer. J. Physiol. **150**, 373 (1947). — [10] BABKIN, B. P.: The Secretory Mechanism of the Digestive Glands. S. 661. New York 1950. — [11] POPIELSKI, L.: Pflügers Arch. **178**, 214, 237 (1920). — [12] BABKIN, B. P.: Handb. Physiol. **3**, 745 (1927). Babkin S. 349, 584. — [13] CUNNINGHAM, R. N.: Biochem. J. **26**, 1081 (1932). — [14] LA BARRE, J., et G. HOUSSA: C. R. Soc. Biol., **119**, 1179 (1935). — LA BARRE, J.: La sécrétine. Paris 1936. — [15] HELLER, H.: A. e. P. P. **177**, 127 (1935). — [16] BARBIERI, A. DE: Incréations duodénales et métabolisme glucidique. Rome 1937. — BARBIERI, A. DE, e D. PUZZUOLI: Rass. int. Clin. **38**, 108 (1939) [Ber. Physiol. **115**, 375]. — BASILE, G.: Rass. int. Clin. **37**, 187 (1938) [Ber. Physiol. **110**, 610]. — [17] FLINT, J. M., and L. MICHAUD: The Effect of the Macallum-Laughton Duodenal Extract upon Hypophysical Diabetes. London, Ont. 1939. — [18] LOEW, E. R., J. S. GRAY and A. C. IVY: Amer. J. Physiol. **129**, 659 (1940). — IVY, A. C., and J. S. GRAY: Ann. Rev. Physiol. **1**, 251 (1939). — [19] HOLLANDER, F.: Rev. Gastroenterol., N. Y. **18**, 651 (1951). — [20] ERSPAMER, V. and B. ASERO: Nature **169**, 800 (1952).

ε) Rückblick auf die bisher bekannten Darmhormone. Der Darm bereitet selbst die Hormone, die für die Sekretion der Darmsäfte und die Bewegung des Darmes während der Verdauung und der Resorption notwendig sind. Er ist daher auch unter anderem eine *Drüse mit innerer Sekretion*, die allerdings ihre Inkrete für die eigene Funktion verwendet. Er arbeitet hier analog der Herstellung der Verdauungsfermente, nur sind für die Fermentbildung noch spezielle Darmdrüsen vorhanden. Darmhormone und Darmfermente sind insofern aufeinander abgestimmt, als ihre Wirkungen sich gegenseitig beeinflussen. Ein chemisches Zusammenspiel der Darmhormone und Darmfermente ist wahrscheinlich.

f) Die Vitamine des Dünndarmes[1, 2] sind noch wenig erforscht. Im Darm von Foeten und Neugeborenen findet sich Vitamin C in Mengen wie in der Foetalleber (12—35 mg%), aber weniger als in der Nebenniere (132 mg%) angereichert. Duodenum, Jejunum, Ileum und der Dickdarm enthalten Ascorbinsäure ungefähr gleichmäßig verteilt. Sie ist in der Schleimhaut abgelagert, wie durch die GIROUD-LEBLOND-Silberreaktion gezeigt werden kann. — Vitamin B-Komplex[2].

Die *Vitamin A-Bildung* im Darm wird S. 197 behandelt.

2. Der Darmsaft.

a) Definition von Darmsaft und Darminhalt. Ähnlich wie Magensaft und Mageninhalt sind auch Darmsaft und Darminhalt (z. B. Duodenalinhalt) streng voneinander zu unterscheiden[3]. Man versteht unter „*Darmsaft*" das reine Sekret der in der Darmschleimhaut vorhandenen Drüsen, ohne das Sekret der großen Darmdrüsen (Pankreas, Leber); als „Duodenalsaft" sollte nur das Sekret der Duodenalschleimhaut gelten. Der *Darminhalt* ist das Gemisch aller in den Darm sich ergießenden Sekrete (Galle, Pankreassaft) und des aus dem Magen kommenden Inhaltes. Er setzt sich also zusammen aus Darmsaft, Pankreassaft, Galle, Mageninhalt (Magensaft und Speichel), Zellbestandteilen und unter Umständen auch angedauter Nahrung. Während jedoch die Magenflüssigkeiten, einmal abgegeben, sich kaum mehr verändern, wirken im Darminhalt Fermente und Fermentvorstufen aufeinander ein, um Fermente zu aktivieren und zum Teil auch aus der Nahrung sich herleitende sekretionsfördernde Wirkstoffe neu zu bilden. Hand in Hand mit der Sekretion der Fermente und der Spaltung der Nahrungsstoffe vollzieht sich die Resorption. Diese verläuft nicht gleichförmig, sondern stufenweise und auswählend. Darmsaft und Darminhalt sind daher nicht nur je nach Darmabschnitt und dessen unterschiedlich gebauten Drüsen, sondern auch je nach Funktionszustand des Darmes, dem Zeitpunkt und der Art der Saftgewinnung wechselnd zusammengesetzt. Der *Darmsaft* wird von den Gl. duodenales (BRUNNERschen Drüsen), den Gl. intestinales (LIEBERKÜHNschen Krypten) und den Schleimdrüsen (Becherzellen) gebildet (vgl. S. 107f.). Bei den *Wirbeltieren* sind Ausdehnung und Beschaffenheit der Duodenaldrüsenzone (S. 203) verschieden, die Gl. intestinales jedoch sind, wenn auch ungleichmäßig, über den gesamten Dünn- und Enddarm verteilt. Daher schwankt der Anteil der Drüsensekrete auch nach Darmabschnitt und Tierart, z. B. wird bei *Mensch* und *Hund* der Hauptteil des Darmsaftes von den Intestinaldrüsen, dagegen beim *Schwein* und den Pflanzenfressern von den Duodenaldrüsen gebildet.

Über den *Darmsaft des Menschen* liegen nur vereinzelte, meist alte Arbeiten vor[4—13]. Eine systematische, physiologisch-chemische Schilderung des mensch-

[1] NEUWEILER, W.: Z. Vit.-Forsch. **14**, 32 (1943). — [2] BABKIN, B. P.: The Secretory Mechanism of the Digestive Glands. S. 523—527. New York 1950. — [3] BERGER, W., J. HARTMANN u. H. LEUBNER: Wien. Arch. inn. Med. **28**, 1 (1936). — [4] BRUGSCH, T.: Handb. Biochem. **4**, 565 (1925). — [5] Hammarsten 11. Aufl. S. 384. — [6] DEMANT, B.: Virchows Arch. **75**, 419 (1879). — [7] TURBY, H., u. T. D. MANNING: Zbl. med. Wiss. **1892**,

lichen Darmsaftes ist heute noch nicht möglich, so daß wir meist Analogieschlüsse von den Verhältnissen bei Tieren auf die des Menschen machen müssen.

Da man in der Regel beim Tier eine Fistel anlegt und beim Menschen eine gewöhnliche Duodenalsonde verwendet, handelt es sich beim Tier meist um Darm*saft*, beim Menschen jedoch um Duodenal*inhalt* (s. S. 143). Für die physiologisch-chemische Betrachtung unterscheidet man zweckmäßig zunächst[1]: 1. den Saft aus der Duodenalzone (den „BRUNNERschen" Drüsen), 2. den Saft aus dem unteren Duodenum, Jejunum und Ileum und 3. den Saft aus dem Dickdarm.

b) Die Gewinnung von Darmsaft aus beliebigen Darmabschnitten ist *nur beim Tier* möglich. Beim *Menschen* hat man nur gelegentlich, nach Ausbildung einer „natürlichen" Darmfistel[2], für beschränkte Zeit mehr oder weniger reinen Darmsaft gewinnen können. Die durch Operation meist in der Blinddarmgegend oder an der oberen Jejunalschlinge oder am Dickdarm angelegten Fisteln dienen der Ernährung des Kranken oder der Darmentleerung und nicht der Saftgewinnung. In neuester Zeit soll es jedoch durch Abänderung des von MILLER und ABOTT entwickelten Verfahrens der Intubation möglich sein, ein Dünndarmsegment vollkommen zu isolieren und reinen Dünndarmsaft zu erhalten[3].

α) Duodenalsaft gewann 1854 als erster COLIN[4], und zwar vom Pferd; später von Hunden PONOMAREW[5] im Laboratorium von PAWLOW[6]. Dabei bekamen die letzteren auch das reine *Sekret der Duodenaldrüsen*[7, 8]. In neuester Zeit haben FLOREY u. Mitarb.[11] zahlreiche Versuche an Katzen, Hunden, Schweinen, Ziegen, Schafen und Kaninchen ausgeführt. Ob man bei dem obengenannten Verfahren[3] vom Menschen wirklich reinen Duodenalsaft frei von Galle und Pankreassaft erhält, bedarf noch der Bestätigung.

β) Gemischter Darmsaft des Dünndarmes, also das Sekret aus Duodenaldrüsen, Intestinaldrüsen und Becherzellen, wird beim Tier mittels sog. THIRY-VELLA-Fisteln je nach deren Sitz aus verschiedenen Darmstücken erhalten.

Zur Anlegung einer THIRY-Fistel[9] schneidet man einen Teil der vorgezogenen Darmschlinge ohne Verletzung des Mesenteriums ab, näht den Darm wieder zusammen, schließt das eine Ende des abgetrennten Darmstückes, versenkt wieder in die Bauchhöhle und führt das offene Ende durch eine Fistel nach außen, während VELLA[10] beide Enden des isolierten Darmes nach außen leitet und DASTRE[11] die Kanüle abseits von den Schnittstellen mit Hilfe eines Troikarts einsetzt. Die Methodik der THIRY-VELLA-Fisteln ist inzwischen vielfach, besonders auch von JOHNSTON[12, 13], nach dessen Verfahren Blut-, Lymph- und Nervenversorgung intakt bleiben, verbessert worden[14—19].

945. Guys' Hosp. Rep. (3) **33**, 271 (1892). — [8] NAGANO, J.: Mitt. Grenzgeb. Med. Chir. **9**, 393 (1902). Pflügers Arch. **90**, 389 (1902). — [9] RÖHMANN, F., u. J. NAGANO: Pflügers Arch. **95**, 533 (1903). — [10] HAMBURGER, H. J., u. E. HEKMA: J. Physiol. Path. gén. **4**, 805 (1902). — [11] HEKMA, E.: Jber. Fortschr. Tierchem. **32**, 468 (1903). — [12] SALZBERG-FAÏFEL: Jber. Fortschr. Tierchem. **38**, 424 (1909). — [13] JANSEN, B. C. P.: H. **68**, 400 (1910).

[1] FLOREY, H. W., R. D. WRIGHT and M. A. JENNINGS: Physiol. Rev. **21**, 36 (1941). — [2] z. B. einer Ileumfistel: HERMANN, H., et M. RIBÈRE: C. R. Soc. Biol. **107**, 821 (1931). — BICKEL, A., u. H. R. KANITZ: B. Z. **270**, 378 (1934). — [3] OWLES, W. H.: Clin. Sci. **3**, 1—9 (1937). — [4] COLIN, G.: Traité de physiologie comparée des animaux domestiques. Bd. 1, S. 648 u. 650. Paris 1854. — [5] PONOMAREW, S. J.: Diss. St. Petersburg 1902 [Babkin S. 434]. — [6] PAWLOW, J. P.: Ergebn. Physiol. **1**/1, 262 (1902). — [7] BRUGSCH, T.: Handb. Biochem. **4**, 560 (1925). — [8] Babkin S. 433. — [9] THIRY, L.: S.-B. Akad. Wiss. Wien. (I) **50**, 77 (1864). — THIRY-Fistel beim Pferd: KUDRJAWTZEW, A. A.: Fiziol. Ž. SSSR **23**, 339 (1937) [Ber. Physiol **105**, 95]. — THIRY-Fistel am Hund: HERRIN, R. C.: J. biol. Ch. **108**, 547 (1935). — KRAJEWSKI, F.: Bull. int. Acad. pol., Cl. Méd. **1937**, 357 [Ber. Physiol. **108**, 238]. — [10] VELLA, L.: Moleschotts Unters. **13**, 40 (1888). — Neuere Versuche mit VELLA-Fistel-Hund: ANDREJEW, S. W.: Pflügers Arch. **235**, 789 (1935). — [11] zit. nach BRUGSCH, T.: Handb. Biochem. **4**, 562 (1925). — [12] JOHNSTON, C. G : Proc. Soc. exp. Biol. Med. **30**, 193 (1932/33). — RAVDIN, I. S., C. G. JOHNSTON and P. J. MORRISON: Amer. J. Physiol. **104**, 700 (1933). — [13] MARKOWITZ, J.: Textbook of Experimental Surgery. Kap. 11. London 1937. — [14] Babkin S. 760—762. — [15] UHLMANN, F.: Die Methode nach THIRY-VELLA. Handb.

c) Die Sekretion des Darmsaftes. *α*) Allgemeines. Die Sekretion des Darmsaftes wird wie die der anderen Verdauungssäfte auf nervösem und humoralem Wege gesteuert[1]. Im einzelnen wirken mechanische, chemische und elektrische Reize sekretionsauslösend. Als das stärkste Stimulans der Darmsaftsekretion hat sich die *lokale Reizung der Darmschleimhaut*, und zwar sowohl die mechanische als insbesondere die chemische erwiesen[1,2]. Daneben gibt es eine Reihe von Stoffen, die auch über den Blutweg oder durch Beeinflussung der nervösen Erregung den Saftfluß fördern oder hemmen. Die einzelnen Darmabschnitte reagieren, wenn auch nicht immer, so doch verhältnismäßig gleichförmig. Die der Verdauung adäquate Sekretion wird durch die lokale Schleimhautreizung erreicht.

Wie bei den übrigen Verdauungssäften kann man eine *nervöse und eine humorale Phase* unterscheiden. So wurde bei einer Frau mit THIRY-Ileumfistel 2 bis 5 min nach dem Essen eine 3 bis 4 Std dauernde Sekretion als Ausdruck der nervösen Phase[3] beobachtet. Beim Menschen gibt es im Gegensatz zum Hund eine Erregung der Darmsaftsekretion durch Sinnesorgane, z. B. durch Geschmacksorgane, wie die Versuche mit obengenannter Patientin zeigten[2]. Das *vegetative Nervensystem* reguliert in vielseitiger Weise die Darmsaftabsonderung, wofür auch die eingehende Wirkung des Pilocarpins spricht[4,5]. Vagusreizung vermehrt die Sekretion von Enterokinase, Erepsin und Darmlipase. Atropin hemmt die Sekretion und senkt den Fermentgehalt des Sekretes[6]. Die *humorale Steuerung* hat nach heutiger Auffassung die führende Rolle bei der Darmsekretion[7,8]. Diese Erkenntnis ist das Ergebnis vieler Einzeluntersuchungen an Menschen und besonders an Tieren mit Fisteln in verschiedenen Darmabschnitten.

β) Die Sekretion des oberen Duodenums[9] erfolgt dauernd bei allen Tierarten auch ohne mechanischen Reiz, im Gegensatz zu den unteren Dünndarmabschnitten, die periodisch sezernieren. Während der Magen arbeitet, bilden die Duodenaldrüsen verschiedener Tierarten einen alkalischen, mucinhaltigen Saft. Diese Drüsen werden humoral auf dem Blutweg zur Sekretion angeregt; denn hungernde Katzen, bei denen der N. vagus und der N. splanchnicus durchschnitten waren, oder bei denen das Duodenum in die Bauchwand transplantiert war, gaben nach Nahrungsaufnahme vermehrt Duodenalsaft ab[10]. In Versuchen an Katzen und Ziegen erkannte man als das Hormon der Duodenaldrüsen das Secretin; auf diese wirkt es gleich schnell wie auf das Pankreas[11]. Fette und Kohlenhydrate lösen per os keine Duodenalsekretion aus, deutlich wirken mageres Fleisch und Milch und nur schwach $^1/_{10}$ bis $^1/_5$ n Salzsäure. Eine Sekretionsanregung durch bedingte Reflexe (Sehen, Riechen der Nahrung) gibt es beim Hund nicht[11]. Vagusreizung ruft bei enthirnten oder geköpften Katzen eine

---

biol. Arb.-Meth. Abt. IV, Teil 6/1, 541 (1926). — Neuere Versuche an THIRY-VELLA-Fistel-Hunden: s. S. 144[12,13,16–19]. — [16] BOLDYREFF, W. N.: Fermentforsch. **9**, 156 (1927). — [17] KOKURA, M.: Mitt. med. Akad. Kioto **21**, 119 (1937) [Ber. Physiol. **104**, 383]. — [18] BEREND, N.: Acta Biol. exp. Warszawa, **12**, 117 (1938) [Ber. Physiol. **111**, 576]. — [19] HASEGAWA, T.: Arb. med. Fak. Okayama **6**, 72 (1938). — s. a. [11,13].

[1] BABKIN, B. P.: Handb. Physiol. **3**, 808 (1927). — Babkin S. 770—779, 787—795. — [2] BICKEL, A., u. H. R. KANITZ: B. Z. **270**, 378 (1934). — [3] BICKEL, A., u. H. J. WAGNER: Arch. Verd.-Krankh. **55**, 53 (1934). — [4] MERKULOW, L. G.: Fiziol. Ž. SSSR. **20**, 132 (1936) [Ber. Physiol. **95**, 582]. — [5] LIGUORI, G.: Boll. Soc. ital. Biol. sperim. **14**, 445 (1935) [Ber. Physiol. **118**, 417]. — [6] SAWITSCH, W. W., et N. A. SOSHESTWENSKY: C. R. Soc. Biol. **80**, 508 (1917) [Babkin S. 789]. — [7] FLOREY, H. W., and H. E. HARDING: Proc. R. Soc. London (B) **117**, 68 (1935). — [8] NASSET, E. S., H. B. PIERCE and J. R. MURLIN: Amer. J. Physiol. **111**, 145 (1935). — [9] Babkin S. 435. — [10] FLOREY, H. W., and H. E. HARDING: Proc. R. Soc. London (B) **117**, 68 (1935). — [11] FLOREY, H. W., and H. E. HARDING: Quart. J. exp. Physiol. **25**, 329 (1935). — FOGELSON, S. J., and W. H. BACHRACH: Amer. J. Physiol. **128**, 121 (1939).

Sekretion von Duodenalsaft hervor, der hauptsächlich aus den Duodenaldrüsen stammt, während eine Sekretion des Jejunums und des Ileums nicht sicher festgestellt werden konnte[1]. Subcutan gegebenes Eserin[1] und Acetylcholin[1] regen eine. Sekretion an. Histamin[1] wirkt nicht im ersten Teil des Duodenums, wohl aber in den unteren Abschnitten sekretionsfördernd. Histidin[1] ist ganz ohne Einfluß.

γ) Die Sekretion aus dem unteren Duodenum, Jejunum und Ileum ist eingehend mit der Fistelmethodik an Tieren und mit der Duodenalsonde auch am Menschen studiert worden[2].

Aus Darmfisteln fließt beim *nüchternen Tier* der Saft nur spärlich, bei der Verdauung reichlicher[3]. Vom Hund wird bei leerem Magen in regelmäßigen zeitlichen Abständen (etwa alle 2 Std) normalerweise ungefähr 15 min lang Saft abgegeben[4]. Diese periodische Sekretion wird *während der Magenverdauung* von beliebigen Speisen (Fleisch, Milch oder Brot) seltener (etwa alle 3 bis 5 Std) und unregelmäßiger oder setzt ganz aus. *Direkte mechanische Reizung der Darmschleimhaut* durch Einbringen von Sonden oder eines Schwammes erhöht zwar die Saftabgabe, aber es fließt ein verdünnter, immer fermentärmer werdender Darmsaft, so daß er nicht als physiologisch angesprochen werden kann. Dies gilt wohl auch für die Versuche an Menschen mit Fisteln an isolierten Darmschlingen, bei denen die mechanische Reizung der Darmschleimhaut die stärkste Darmsaftsekretion auslöste[5]. Bei der *Wirkung chemischer Verbindungen*, die unmittelbar in den Darm eingegeben wurden, ist zu bedenken, daß diese der steuernden Dosierung des Magens und Darmes entbehrten, vielfach unverdaubar oder körperfremd waren oder in unphysiologischen Mengen verabreicht wurden[6]; ihre Wirkung ist daher nicht ohne weiteres mit der per os oder intravenös gegebenen zu vergleichen. Trotzdem ist gerade die Kenntnis der lokal saftanregenden chemischen Verbindungen für das Verständnis der Darmverdauung wesentlich. In spezifischer Weise beeinflußt das *Pankreassekret*[7] durch Benetzung der Schleimhaut die Abgabe von Darmsaft, die Bildung von Enterokinase und „wirkt als allgemeiner Reiz für beinahe alle Fermente des Darmsaftes“[7] auch für Darmsaftlipase und Amylase. Da gekochter Pankreassaft unwirksam ist, wird das tryptische Ferment als Anreger vermutet[8]. Magensaft, 0,25- bis 0,5%ige Salzsäure und eine Reihe der durch die Magen- und Darmverdauung bei normaler Ernährung anfallenden Nahrungsbausteine regen lokal den Saftfluß der Darmschleimhaut an, z. B. Aminosäuren, Fleischextrakt, Di- und Monosaccharide (Milchzucker), niedere Fettsäuren (Buttersäure), Alkohol u. a. Man ist daher berechtigt anzunehmen, daß die *Darmsaftlocker* zum großen Teil während der Verdauung der Nahrung aus dieser selbst erst entstehen. Dies ist z. B. durch Einbringen von Sahne oder Provenceöl in den Magen von Fistelhunden bewiesen worden[7, 9]. Durch Resorption von Darminhalt in einem oberen Darmabschnitt wird die Sekretion eines unteren Darmabschnittes angeregt[10]. Es ist anzunehmen, daß der Darmchymus selbst bei seiner Fortbewegung im Darm Reize für die Darmsekretion auslöst[11]. Analog den Hormonen führt die *intravenöse Injektion*

---

[1] WRIGHT, R. D., M. A. JENNINGS, H. W. FLOREY and R. LIUM: Quart. J. exp. Physiol. **30**, 73 (1940). — [2] BRUGSCH, T.: Handb. Biochem. **4**, 562 (1925). — [3] ANDREJEW, S. W., u. S. J. GEORGIEWSKY: Fiziol. Ž. SSSR. **17**, 810 (1934). — GEORGIEWSKY, S. J., u. S. W. ANDREJEW: Pflügers Arch. **235**, 428 (1935). — [4] BOLDYREFF, W. N.: Diss. med. St. Petersburg 1904. — [5] LEWIN, M. M., u. O. WERNKE: Fiziol. Ž. SSSR. **18**, 266 (1935) [Ber. Physiol. **87**, 583]. — [6] Älteres Schrifttum und Einzelheiten siehe bei Babkin S. 772. — FLOREY, H. W., R. D. WRIGHT and M. A. JENNINGS: Physiol. Rev. **21**, 45 (1941). — [7] SAWITSCH, W. W.: Diss. med. St. Petersburg. S. 47 (1904). — Babkin S. 782f. — [8] SAWITSCH, W. W.: Bull. Acad. Sci. URSS. **1920**, 353 [Babkin S. 783]. — [9] BLICKENSTAFF, D., M. I. GROSSMAN and A. C. IVY: Amer. J. Physiol. **158**, 122 (1949). — [10] BRUGSCH, T.: Handb. Biochem. **4**, 563 (1925). — [11] FROUIN, A.: C. R. Soc. Biol. **58**, 653, 702 (1905).

einer Reihe chemischer Verbindungen zur Darmsaftsekretion[1], wie z. B. vom Secretin, Methylguanidin, Carnosin, Cholin, Carnitin, Histamin[2], Pilocarpin, Organextrakten (mit 0,1 n HCl gewonnen) und schließlich vom Darmsaft selbst oder von Extrakten der Darmschleimhaut[3].

Zusammenfassend ergibt sich, daß die Saftsekretion im Dünndarm nach Ort und Zeit verschieden ist und als Resultante der Wirkung von nervösen Erregungen zahlreicher individuell verschiedener, spezifisch wirksamer Stoffe erscheint. Das Bild im ganzen ist aber noch längst nicht in den Einzelheiten geklärt.

d) Die Menge des Darmsaftes[4] in 24 Std oder während einer Verdauungsperiode kann nur ungefähr geschätzt werden; weil die von einer Darmmenge sezernierte Saftmenge nicht ohne weiteres auf den ganzen Dünndarm bezogen werden kann und weil ständig ein Teil des Darmsaftes der *Rückresorption* unterliegt. Die Messungen von Fistelsaftmengen sind nur bedingt verwertbar; denn sie sind je nach Reiz verschieden. Die Darmsekretion geht zurück, wenn der Saft nach außen abgeleitet wird, und steigt an, wenn einem Tier Darmsaft eingespritzt wird. Früher galt die Darmsaftmenge während der Verdauung als ziemlich groß. Gesunde Hunde[2], die nach Aufnahme von 1 Liter Milch und 50 g Weißbrot in verschiedenen Zeitabständen getötet wurden, wiesen in den einzelnen Darmabschnitten, wohl infolge von Resorption und Darmsaftrückresorption, keine größeren Sekretmengen auf (s. Tabelle 41).

Tabelle 41. Menge des Inhaltes einzelner Darmabschnitte bei gefütterten normalen Hunden (in g)[5].

Std nach Fütterung*	Magen	Duodenum	Jejunum	Ileum
2	348	20	30	—**
3	315	10	38	10
4	294	15	48	18,5
5	193	31	15	26

* 1 Liter Milch und 50 g Weißbrot; ** nicht bestimmt.

Bei den Saftmengen aus Darmfisteln ist zu bedenken, daß sie aus einem verhältnismäßig kleinen Darmstück stammen und je nach Reiz und Länge des Darmstückes schwanken können (vgl. Tabelle 42). Die Angaben wechseln daher bei Hunden von wenigen cm³ pro Std[6] bis zu 30 und mehr cm³. Während einer Verdauungsperiode flossen bei einem Menschen 150 bis 200 cm³ Saft aus einer Darmfistel[7].

e) Aussehen und physikalische Eigenschaften des Darmsaftes[8]. Da Darmsaft nur aus Fisteln gewonnen werden kann, hängt seine Beschaffenheit vom Zustand und von der Lage der Fisteln ab.

α) Der Saft aus dem oberen Duodenum[9]. Beschreibungen solcher Säfte vom Menschen sind bisher nicht bekannt geworden. Aus gut gereinigten Fisteln des Hundes läuft ein fadenziehender, klarer, farbloser oder schwach gelblicher Saft. Er enthält wenig abzentrifugierbare Bestandteile, die aus grau erscheinendem Mucin aus den Duodenaldrüsen oder aus den Becherzellen der Zotten, aus Zelltrümmern unbekannter, vermutlich epithelialer Herkunft und manchmal auch

[1] Babkin S. 794. — [2] Berndt, A. L., and I. S. Ravdin: Amer. J. Physiol. **109**, 587 (1934). — [3] Frouin, A.: C. R. Soc. Biol. **58**, 653, 702 (1905). — [4] Brugsch, T.: Handb. Biochem. **4**, 564 (1925). — Babkin S. 770. — [5] Brugsch, T.: Z. exp. Path. Therap. **6**, 326 (1909). — [6] Nasset, E. S., H. B. Pierce and J. R. Murlin: Amer. J. Physiol. **111**, 145 (1935). — [7] Nagano, J.: Pflügers Arch. **90**, 389 (1902). — Röhmann, F., u. J. Nagano: Pflügers Arch. **95**, 533 (1903). — [8] Brugsch, T.: Handb. Biochem. **4**, 565 (1925). — Babkin S. 763. — Rosemann, R.: Handb. Physiol. **3**, 866 (1927). — [9] Florey, H. W., R. D. Wright and M. A. Jennings: Physiol. Rev. **21**, 36 (1941).

Tabelle 42. Sekretmengen aus Darmfisteln[1] (cm^3/Std).

Fisteltiere	Oberes Duodenum	Jejunum	Ileum	Colon
Hunde	0,06—**1,0**—1,3*** [2]	4,5—**34**—87† [6]	22—**28**—83†† [6]	2—**6**—19††† [6]
	1,5* [3]		115*† [7]	
	8,8* [4]			
	1,5—2,0** [5]			
Katzen	0,25—0,5[1]			
	2—8*** [1]			
Schwein	17**† [1]			
große Ziege . . .	21**† [1]			
Pferd	2—14[8]			

* gefüttert; ** mit völlig innervierten Fisteln; *** decerebriert; † Grenzwerte und Mittelwert aus 14 Versuchen; †† Grenzwerte und Mittelwerte aus 6 Versuchen; ††† Grenzwerte und Mittelwert aus 4 Versuchen; *† Darmschlinge 25 bis 50 cm lang; **† bedingt durch zahlreichere Duodenaldrüsen als bei anderen Tierarten.

aus wenig Bakterien bestehen. Der Saft aus Fisteln von Ziege, Schaf und Kaninchen ist dickflüssiger und reicher an Schleimstoffen als der von Schwein, Katze, und Hund, so daß er in langen, zähen Fäden aus der Fistel fließt. Nach Versuchen am Schwein ist es möglich, daß das Sekret der Duodenaldrüsen die Duodenalschleimhaut vor den Angriffen des Magensaftes schützt[9].

Das *spezifische Gewicht*[10] dieser Säfte liegt zwischen 1,007 bis 1,009. Ihr Säurebindungsvermögen, ausgedrückt in $^1/_{10}$n Natriumcarbonatlösung, ist nicht bei allen Tierarten gleich. Besonders hoch ist er im Saft des Kaninchens und gering beim Schaf. Es hängt nicht vom Mucin-, sondern vom Hydrogencarbonatgehalt ab; denn der Schleim aus dem Duodenaldrüsensekret der Ziege entspricht in seinem Neutralisationsvermögen nur einer 0,004 n, der des Kaninchens einer 0,02 n $NaOH$-Lösung[11].

Die *Wasserstoffionenkonzentration*, für die gewöhnlich ein Mittelwert von p_H 8 bis 9 angegeben wird, ist stark von der Art der Saftgewinnung abhängig, je nachdem gelöstes Kohlendioxyd bei der Sammlung und Messung entweichen kann oder nicht[12]. Sie dürfte sich daher mehr dem Neutralpunkt nähern als in der Tabelle 43 angegeben ist.

Tabelle 43. Spezifisches Gewicht und Alkalinität von Duodenalsäften[12, 13].

Fisteltiere	Spez. Gewicht[13]	p_H	1 cm^3 Saft = cm^3 0,1 n Lauge
Hund	1,009	8,4	0,25—0,5
Katze	1,009	8,7—8,9	0,25—0,5
Schwein	1,007	8,4—8,9	0,25—0,5
Ziege	1007—1008	8,2—8,4	
Schaf		8,3—8,4	0,04
Kaninchen	1,009	8,6—9,3*	0,75—1,32

* unter Öl aufgefangen nur 8,0 bis 8,2[13].

[1] FLOREY, H. W., R. D. WRIGHT and M. A. JENNINGS: Physiol. Rev. **21**, 36 (1941). — [2] PONOMAREW, S. J.: Diss. med. St. Petersburg 1902 [Babkin S. 434]. — [3] FLOREY, H. W., and H. E. HARDING: J. Path. Bacteriology **39**, 255 (1934). — [4] FOGELSON, S. J., and W. H. BACHRACH: Amer. J. Physiol. **128**, 121 (1939). — [5] WRIGHT, R. D., M. A. JENNINGS, H. W. FLOREY and R. LIUM: Quart. J. exp. Physiol. **28**, 207 (1938). — [6] BEER, E. J. DE, C. G. JOHNSTON and D. W. WILSON: J. biol. Ch. **108**, 113 (1935). — [7] MOSENTHAL, H. O.: J. exp. Med. **13**, 319 (1911). — [8] (THIRY-Fistel): KUDRJAWTZEW, A. A.: Fiziol. Ž. SSSR. **23**, 339 (1937) [Ber. Physiol. **105**, 95]. — [9] FLOREY, H. W., M. A. JENNINGS, D. A. JENNINGS and R. C. O'CONNOR: J. Path. Bacteriology **49**, 105 (1939). — [10] FLOREY, H. W., and H. E. HARDING: J. Path. Bacteriology **39**, 255 (1934). — [11] HAVARD, R. E.: J. Path. Bacteriology **39**, 277 (1934). — [12] FLOREY, H. W., R. D. WRIGHT and M. A. JENNINGS: Physiol. Rev. **21**, 36 (1941). — [13] FLOREY, H. W., and H. E. HARDING: J. Path. Bacteriology **39**, 255 (1934).

Die p_H-*Werte der Darmsäfte* darf man nicht mit denen *der Darmwand oder des Darminhaltes* gleichsetzen, denn sie unterscheiden sich deutlich voneinander. Die Darmwand von Albinoratten[1] reagierte, gemessen mit der Glaselektrode, im Duodenum sauer ($p_H = 6,48$), im Ileum und Caecum alkalisch ($p_H = 7,32$ und 7,28) und im Colon fast neutral ($p_H = 7,15$). Beim Hund fand man die p_H-Werte des Darminhaltes in Pylorusnähe gewöhnlich bei p_H 4, seltener bei p_H 3, in anderen Teilen des Duodenums und des oberen Jejunums höher; die Acidität ist dort also geringer[2]. Darminhalt von Hund, Pferd und Rind weisen in den einzelnen Darmabschnitten wohl wegen der abweichenden Verarbeitung deutlich verschiedene p_H-Werte auf (vgl. Tab. 44). Es ist anzunehmen, daß auch innerhalb des Chymus und der Schleimhaut, wie das VONK[3] für die Verhältnisse im Magen bei einer Reihe von Tieren nachgewiesen hat (S. 50), abweichende Wasserstoffionenkonzentrationen herrschen. Versuche mit Jejunalsondierung an lebenden Kälbern[4] ergaben stärker saure Werte (bis p_H 5,0) als hier angegeben.

Tabelle 44. p_H-Werte im Inhalt des Magen-Darmkanales.

	Magen	Duodenum	Jejunum	Ileum	Caecum	Colon	Rectum
Hund[5]	3,68	5,91	6,27	6,36	6,57	6,84	
Pferd[6]	4,46	7,13	7,47	7,55	7,23	7,09	6,24
Rind[7]	5,5*	6,8	8,5	7,9	9,4		

* Labmagen.

β) Der Saft aus dem unteren Duodenum, Jejunum und Ileum besteht aus zwei Teilen, einer wäßrigen überstehenden Flüssigkeit und einem flockigen bis klumpigen Bodensatz. Die Flüssigkeit ist hellgelb, klar bis opalescent, von aromatischem Geruch und lackmusalkalisch, die Flocken setzen sich aus Schleimstoffen, Zelldetritus, Bakterien und Cholesterinkrystallen zusammen. Diese „Schleimklümpchen" enthalten Fermente, zum Teil fest adsorbiert, und scheinen der Verdauung zu widerstehen, denn sie bilden später einen wesentlichen Anteil des Kotes. Über ihr Schicksal ist allerdings Näheres nicht bekannt.

Aus der VELLA-Fistel eines jungen Hundes floß ein Nüchternsaft[8] mit schätzungsweise 6000 zelligen Elementen im mm³. Neben seltenen Epithelzellen und polymorphkernigen Leukocyten fanden sich reichlich kleine Rundzellen mit amöboider Bewegung, die den Lymphocyten der Lymphdrüsen nahestehen dürften[8]. Die Zellen entstammen der Darmwand und nicht etwa den großen Darmdrüsen[9]. Es wird sich um spezifische Zellen des Darmes handeln. Genauer untersucht ist nur der Saft von Fistelhunden. Frischer „Duodenalsaft" (= Duodenalinhalt) enthält nicht mehr als 10 Zellen im mm³ bei gesunden Individuen (E. FREUDENBERG).

Das *spezifische Gewicht* des Dünndarmfistelsaftes ist entsprechend dem geringen Gehalt an gelösten Stoffen niedrig, etwa 1,010. Es unterscheidet sich nicht von dem des Duodenaldrüsensaftes. Die *Gefrierpunktserniedrigung*[10] ($\Delta = 0,62°$ C) stimmt mit der des Magen- und Pankreassaftes überein. Das *Säurebindungsvermögen*[11] ist infolge seines Hydrogencarbonatgehaltes ebenso wie das des Pankreassekretes deutlich; im menschlichen Darmsaft[12] fand man 0,21 bis 0,22% Na_2CO_3, im Hundedarmsaft[11] 0,022 bis 0,110% Na_2CO_3 bzw.[13] 0,02 bis 0,67% Na_2CO_3.

---

[1] BALL, G. H.: Amer. J. Physiol. **128**, 175 (1939). — [2] THOMAS, J. E.: Amer. J. digest. Dis. **7**, 195 (1940). — [3] VONK, H. J.: Ergebn. Enzymforsch. **8**, 85 (1939). — [4] FREUDENBERG, E., u. H. WITTICH: Z. Kinderheilkde. **52**, 696 (1932). — [5] GRAYZEL, D. M., and E. G. MILLER jr.: J. biol. Ch. **76**, 423 (1928). — SCHEUNERT, A.: Handb. Biochem. **5**, 162 (1925); Erg.-W. **2**, 468 (1934). — [6] LEASURE, E. E., R. P. LINK and J. H. WHITLOCK: Cornell Veterin. **29**, 362 (1939). — [7] vgl. S. 50. — [8] FORTI, C.: Boll. Soc. ital. Biol. sperim. **2**, 303 (1927). — [9] FORTI, C.: Fisiol. e Med. **1**, 518 (1930). — [10] ROSEMANN, R.: Handb. Physiol. **3**, 867 (1927). — [11] Babkin S. 763. — SCHEPOWALNIKOW, N. P.: Diss. med. St. Petersburg. S. 96 (1899). — [12] HAMBURGER, H. J., et E. HEKMA: J. Physiol. Path. gén. **4**, 805 (1902). — [13] BEER, E. J. DE, C. G. JOHNSTON and D. W. WILSON: J. biol. Ch. **108**, 113 (1935).

Die *Wasserstoffionenkonzentration* einzelner Darmsäfte wird im Bereich von p_H 8 bis 9 angegeben. Berücksichtigt man jedoch, daß schon bei der Fistelsaftgewinnung leicht CO_2 entweichen kann und länger fließender Fistelsaft alkalisch wird, so ist er näher dem Neutralpunkt gelegen anzunehmen (s. Tabellen **45** u. **46**). Ein Unterschied in den einzelnen Darmabschnitten ist nur bei gleichen Versuchsbedingungen erkennbar. Die p_H-Werte in Tabelle **47** zeigen, daß der Fistelsaft in den unteren Darmabschnitten mehr und mehr alkalisch wird. Fistelsäfte aus Jejunum und Ileum des Hundes geben im Mittel p_H-Werte von 6,9 bis 8,6[1].

Tabelle 45. Physikalische Eigenschaften des Jejunum-Fistelsaftes.

	Spez. Gewicht	p_H	1 cm³ Saft = cm³ 0,1 n Lauge	Oberflächenspannung dyn/cm²
Mensch	1,010[2]		0,4[5, 6]	
Hund	1,010[2] 1,0062—1,0107[5]	6,30—7,28[3, 4] 7,58—7,68[7]	0,038 — 1,26[3] 0,04 — 0,2[5]	
Ziege	1,019[3]	8—9[8]		
Schaf	1,014[9] 1,006—1,020[11]	7,69—8,85[11]		
Schwein . . .	1,0049—1,0129[12]	7,4—8,7[12]		55,15—68,25[12]
Pferd	1,004—1,014[13]	8,16—8,68[13]		

Tabelle 46. Physikalische Eigenschaften des Ileum-Fistelsaftes.

	Spez. Gewicht	p_H	1 cm³ Saft cm³ 0,1 n Lauge	Oberflächenspannung dyn/cm²
Mensch*[14].	1,050	8,7—9,09	0,60	
Hund**[3]		7,61	0,04—1,26	
Schwein***[10] . . .		8,36—8,71† 7,9—8,36††		50,1—61,1

* THIRY-Ileumfistel; ** Fistel nach JOHNSTON; *** THIRY-VELLA-Fistel; † bei Normalfütterung; †† bei eiweißreicher Fütterung.

f) Die chemische Zusammensetzung des Darmsaftes. α) Der Saft aus dem oberen Duodenum enthält an Trockensubstanz beim Schwein 1,2 g%, bei der Ziege 1,5 g%; davon ist etwas mehr als die Hälfte anorganisch, in der Hauptsache Kochsalz; jedoch sind die einzelnen *Mineralstoffe* noch unerforscht. Den größten Teil der *organischen Anteile* macht das *Mucin* aus. Die *Enzyme des Duodenalsaftes* sind zum Teil schon bei der Beschreibung der Schleimhautenzyme S. 119—130 behandelt. Die Bedeutung des Zellgehaltes im Saft sei für das Vor-

[1] SCHIFFRIN, M. J., and E. S. NASSET: Amer. J. Physiol. **128**, 70 (1939/40). — [2] ROSEMANN, R.: Handb. Physiol. **3**, 866 (1927). — [3] BEER, E. J. DE, C. G. JOHNSTON and D. W. WILSON: J. biol. Ch. **108**, 113 (1935). — LEHMANN, K. B.: Pflügers Arch. **33**, 180 (1884). — [4] KOSKOWSKI, W.: J. Pharmacol. exp. Therap. **26**, 413 (1926). — [5] Babkin S. 763. — SCHEPOWALNIKOW, N. P.: Diss. med. St. Petersburg. S. 96 (1899). — [6] HAMBURGER, H. J., et E. HEKMA: J. Physiol. Path. gén. **4**, 805 (1902). —NAGANO, J.: Pflügers Arch. **90**, 389 (1902). — BRUGSCH, T.: Handb. Biochem. **4**, 565 (1925). — [7] THIRY-VELLA-Fistel: HASEGAWA, T.: Arb. med. Fak. Okayama **6**, 72 (1938) [Ber. Physiol. **111**, 108]. — [8] FLOREY, H. W., and H. E. HARDING: J. Path. Bacteriology **37**, 431 (1933); **39**, 255 (1934). — [9] PREGL, F.: Pflügers Arch. **61**, 359 (1895). — [10] LOHSCHEIDT, W.: Diss. med. veterin. Hannover 1938 (1939) [Ber. Physiol. **113**, 597]. — [11] POPOW, N. A., A. A. KUDRJAWTZEW, ANUROW u. a.: Physiologie des Schafes. Moskau 1931. — [12] Jejunumfistel: UNGER, H.: Diss. med. veterin. Hannover 1938 [Ber. Physiol. **117**, 67]. — [13] THIRY-Fistel am Jejunum eines $1^1/_2$ Jahre alten Fohlens: KUDRJAWTZEW, A. A.: Fiziol. Ž. SSSR. **23**, 339 (1937) [Ber. Physiol. **105**, 95]. — [14] BICKEL, A., u. H. R. KANITZ: B. Z. **270**, 378 (1934).

kommen und Wirksamwerden der Enzyme sei nochmals hervorgehoben. Im *zellfreien Duodenalsaft* fehlen Proteinasen und Peptidasen, auch das häufig festgestellte pepsinähnliche Enzym[1] und wahrscheinlich auch die von PONOMAREW schon 1902 beobachteten Invertase und Lipase. *Enterokinase* und *Amylase* sind in jedem Saft von Hund[2], Katze, Schwein und Kaninchen unabhängig vom Zellgehalt und der Art der Gewinnung vorhanden, gelegentlich auch Spuren von Invertase (= Saccharase) sowie Lipase mit geringer Wirkung[3]. Im *zellhaltigen Duodenalsaft*[1, 4] finden sich neben *Enterokinase und Amylase auch Polypeptidase und Dipeptidase*, und zwar ansteigend mit dem Zellgehalt. Der Beweis für die Herkunft der beiden *Peptidasen* und der *Saccharase* aus der Schleimhaut wurde mit dem Auftreten dieser Enzyme nach Zugabe von Darmzotten zum vorher unwirksamen Saft erbracht.

Im Duodenalsaft des Schweines, bei anderen Tieren nur in Spuren, wurde ein bakteriolytisches Enzym entdeckt und von FLEMING 1922 Lysozym genannt. Aus Duodenalsaft von Schwein und Ziege, der wahrscheinlich in der Hauptsache aus den Duodenaldrüsen stammte, konnte ein Polypeptid isoliert werden, das wie der *intrisic factor von* CASTLE beim Meerschweinchen die Retikulocytenzahl erhöhte (JACOBSONS Test)[6], aber obwohl so noch 0,04 γ nachweisbar waren, wirkte es in Fällen von perniciöser Anämie nicht[5]. Ob daher der intrinsic factor, der in der Darmschleimhaut vorkommen soll, auch im Darmsaft vorhanden ist, bleibt noch aufzuklären (vgl. S. 121).

Tabelle 47. Zusammensetzung der Darmsäfte von Fistelhunden[7]†.

	Jejunum		Ileum		Colon	
cm³ Saft pro Std	33,7		28,25		6,11	
pH	6,8		7,61		7,99	
Trockensubstanz	1,66 g%		1,3 g%		1,3 g%	
Organ. Substanz	0,78 g%		0,41 g%		0,41 g%	
Asche	0,88 g%		0,89 g%		0,89 g%	
	Milli-äquivalent/l	mg/100 cm³	Milli-äquivalent/l	mg/100 cm³	Milli-äquivalent/l	mg/100 cm³
HCO_3*	19,1	5,0	83,6	260,0	90,3	280,0
Cl	148,00	518,0	78,5	275,0	76,55	268,0
PO_4	3,1**	3,2***				
Na	142,0	327,0	150,6	346,0	146,6	337,0
K	6,5	25,2	4,7	18,3	7,15	27,8
Ca	3,0	6,1	5,5	11,0	4,2	8,3
Mg	1,1	1,35				

* Gesamt CO_2 ohne freie CO_2; ** als dreibasisch berechnet; *** mg% PO_4—P; † Mittelwerte aus 14, 6 und 4 Versuchen errechnet.

β) Der Saft aus dem unteren Duodenum, Jejunum und Ileum. Es sind vor allem die Säfte aus THIRY-VELLA-Fisteln von Hunden in neuerer Zeit gründ-

[1] Älteres Schrifttum s. SCHEUNERT, A.: Handb. Biochem. **5**, 164 (1925); Erg.-W. **2**, 469 (1934). — Hammarsten 11. Aufl. S. 384. — [2] LE BRETON, A., et F. MOCOROA: Ann. Physiol. Physicochim. biol. **7**, 215 (1931) [Ber. Physiol. **65**, 408]. — [3] WRIGHT, R. D., M. A. JENNINGS, H. W. FLOREY and R. LIUM: Quart. J. exp. Physiol. **30**, 73 (1940). — BALZER, (E.): Kli. Wo. **1950**, 661. — [4] FLOREY, H. W., R. D. WRIGHT and M. A. JENNINGS: Physiol. Rev. **21**, 36 (1941). — [5] GOODFRIEND, J., E. CHAIN and H. W. FLOREY: Quart. J. exp. Physiol. **28**, 115 (1938). — [6] JACOBSON, B. M.: J. clin. Invest. **14**, 665 (1935). — JACOBSON, B. M., and Y. SUBBAROW: J. clin. Invest. **16**, 573 (1937) — [7] BEER, E. J. DE, C. G. JOHNSTON and D. W. WILSON: J. biol. Ch. **108**, 113 (1935).

lich chemisch untersucht worden[1]. Aus den Tabellen 47 und 48 über *Fistelsäfte von Hunden* geht zunächst hervor, daß aus den Jejunum- und Ileumschlingen mehr Sekret fließt als aus denen des Colons. Die chemische Zusammensetzung der Säfte ist ungefähr gleich, etwa 1 bis 1,5%g Trockensubstanz mit rund 1% Asche. Allerdings ist der Hydrogencarbonatgehalt entsprechend dem p_H-Wert im Jejunalsaft geringer als im Ileum- und Colonsaft, dafür ist die Chloridmenge wesentlich höher. Die Hauptmenge der Mineralstoffe[1–3] besteht aus Kochsalz und $NaHCO_3$. Im Ileum und Colon überwiegen die HCO_3-Äquivalente über die Cl-Äquivalente[4]. Die Asche des Blutserums zeigt eine ähnliche Zusammensetzung wie die der Darmsäfte[2]. Bei längerem Saftentzug nimmt die Sekretion zwar zu, aber die Konzentration der meisten Ionen ab, nur die Hydrogencarbonat- und Phosphationen sind vermehrt und neu tritt, wohl infolge des anhaltenden unphysiologischen Reizes, Ammonium im Saft auf. In der Hauptsache werden die Änderungen bei Saftentzug auf den Wasserverlust zurückgeführt[2]. Im übrigen sind die Mineralstoffe der Säfte noch wenig untersucht. Das frische Sekret aus THIRY-VELLA-Fisteln des oberen Jejunum von Hunden enthält 1,4% Trockensubstanz und davon etwa die Hälfte (47,4%) Asche. Inhalte von 3 Monate lang verschlossenen Darmschlingen ergaben 21,6 und 24,1% Trockensubstanz mit nur 1,5 und 1,1% Asche. Dies ist ein Beweis, daß im Dünndarm nahezu die gesamten Mineralstoffe wieder resorbiert werden können. Wasser und Salze sind daher im Dünndarm leicht resorbierbar[5].

Die *organischen Bestandteile* der Darmsäfte betragen 0,4 bis 0,7%g, also etwa 30 bis 40% der Trockensubstanz. Ihre chemische Analyse steht noch aus. In der Eiweißfraktion sind Mucin und die Enzyme mitenthalten. In der Hauptsache bleibt das Mucin in den schwerlöslichen Flocken, im Saft kann die Menge so gering sein, daß mit 2%iger Essigsäure nur eine leichte Trübung eintritt.

In den Fistelsäften des Dünn- und Dickdarmes von Hunden ließen sich qualitativ erhebliche Mengen von Sterinen nachweisen, die nicht aus zerfallenen Lymphocyten stammen[6]. Die Fettstoffe reichern sich in Dünndarmschlingen im Gegensatz zu den Mineralstoffen auf das 2- bis 3fache des Fistelsaftes an, von 4% auf etwa 13% der Trockensubstanz, die Sterine auf das Doppelte, von 18,9 auf 36% der Gesamtfette. Die Menge der Fettsäuren ändert sich nicht, dagegen die des Dihydrocholesterins um das 38fache von 0,49% auf 18,4% der Gesamtfette. Zur Erklärung dieser Unterschiede nimmt SCHÖNHEIMER[5] an, es werde das Fettgemisch in der Hauptsache rückresorbiert, nicht aber das Dihydrocholesterin. Es ist dies ein echtes Exkretionsprodukt des Dünndarmes und auch des Dickdarmes (S. 192). Im Steringemisch aus frischem Fistelsaft waren 2,3%, in dem aus den zwei Darmcysten gewonnenen 68,3 und 48,4% Dihydrocholesterin vorhanden. Koprosterin fand sich weder im Fistelsaft noch im Cysteninhalt. Auf Cetylalkohol, dessen analoges Verhalten mit Dihydrocholesterin aus den Versuchen am Dickdarm zu erwarten ist, wurde noch nicht geprüft.

Im *Darmsaft des Hundes* sollen die organischen Bestandteile, wie Harnstoff, Aminosäuren, Kreatin, Kreatinin, in 2- bis 8fach größerer Menge als im Magensaft vorliegen[3]. Die älteren Versuche zum Nachweis von *Fermenten* in den Darmsäften können heute nicht mehr als beweisend gelten, da sie entweder bei ungleichen p_H-Werten oder unter Außerachtlassung der Bakterien und Zellen

---

[1] Ältere Schriften über Darmsaft des Menschen: s. BRUGSCH, T.: Handb. Biochem. **4**, 565 (1925). — Babkin S. 763. — [2] HERRIN, R. C.: J. biol. Ch. **108**, 547 (1935). — [3] IKEDA, G.: J. Biochem. **20**, 253 (1934). — [4] BEER, E. J. DE, C. G. JOHNSTON and D. W. WILSON: J. biol. Ch. **108**, 113 (1935). — [5] SCHÖNHEIMER, R., u. L. HRDINA: H. **212**, 161 (1932). — [6] SCHÖNHEIMER, R., u. H. v. BEHRING: H. **192**, 102, bes. 106 (1930).

Tabelle 48. Zusammensetzung des Blutes und der Jejunalsäfte von Hunden vor und nach Reizung zur Sekretion*[1].

	Blut					Jejunalsaft				
	normal		nach Reizung**		Mittlere Änderung	normal		gereizt**		Mittlere Änderung
Hämoglobin	11,56 g%		15,56 g%		+42%					
Hämatokritwert	38,6 Vol.-%		50,76 Vol.-%		+34%					
	Blutserum									
Eiweiß	5,91 g%		8,46 g%		+43%	1,45 g%		0,68 g%		
	Milliäquivalent/Liter	mg%	Milliäquivalent/Liter	mg%		Milliäquivalent/Liter	mg%	Milliäquivalent/Liter	mg%	
Cl	106,5	373,0	78,5	274,0	−26%	130,4	457,0	106,6	373,0	−20%
CO_2	20,1	44,0	14,6	32,2	−20%	11,3	24,8	40,1	88,0	+290%
P	2,85	2,95	3,7	3,83	+60%	2,8	2,84	3,0	3,0	+24%
Gesamtsäuren	129,4	—	96,74	—	−25%	144,5	—	149,7		
Ca	5,36	10,7	6,3	12,6	+18%	4,7	9,4	2,95	5,9	
Fixe Basen	154,0	—	138,6	—	−10%	158,0		135,7		−16%
NH_3	0	0	0	0		0		51,0	87,0	
Gesamtbasen	—	—	—	—		160,4		189,9		
Sekretion pro Std						4,6 cm³/Std		14,75 cm³/Std		+219%

* Errechnete Mittelwerte aus Versuchen an 7 Hunden mit THIRY-Fistel am oberen Jejunum 20—35 cm lang.
** Reizung durch Dehnung der Fistel mit Gummiblase 3 bis 4 Tage lang.
[1] HERRIN, R. C.: J. biol. Ch. **108**, 547 (1935).

angestellt wurden. Der gesamte *Jejunalsaft von Hunden*, also einschließlich des Bodensatzes mit seinen Zellen und Zelltrümmern, verdaut weit kräftiger als der zentrifugierte Saft[1]. Amylase, Maltase[2] und Saccharase sind die wirksamsten Enzyme des Jejunalsaftes; Lipase ist unverkennbar enthalten und wird durch frische Hundegalle aktiviert. Proteinasen sind nicht vorhanden, dagegen werden Peptone durch *Peptidasen* leicht gespalten. Lactase konnte nur qualitativ in wenigen Säften nachgewiesen werden[1].

Der *Jejunumsaft von Schweinen*[3] aus THIRY-VELLA-Fisteln ergab: 1,0 bis 4,3 g% Trockensubstanz; 0,85 bis 1,03 g% Asche; 0,10 bis 3,3 g% organische Substanz und 24,6 bis 516,1 mg% Gesamt-N. Die Asche enthielt 0,35 bis 0,53 g% Cl, entsprechend 0 57 bis 0,87 g% NaCl, sowie SO_4-, PO_4-, HCO_3-, Na- und K-Ionen. An Fermenten konnten nachgewiesen werden: Protease, Lipase, Amylase, Saccharase, Lactase, Katalase und Peroxydase.

Der *Ileumsaft* eines 40jährigen *Mannes*[4] aus einem 95 cm langen Darmstück mit Fistel, 1 m über der Valvula ileocaecalis gelegen, hatte folgende Eigenschaften: Spez. Gew. 1,005; Gefrierpunktserniedrigung $\Delta = 0{,}46$; Viscosität nach OSTWALD 1,03; $p_H = 7{,}4$ bis 7,6; Trockensubstanz 1,85 g%; Asche 1,04 g%, in der Hauptsache NaCl und Na_2CO_3; organische Substanz 0,81 g%, bestehend aus 0,57 g% Albuminen, 0,05 g% Harnstoff, 0,023 g% reduzierenden Zuckern und 0,08 g% Cholesterin, Mucin und etwas Gallenfarbstoffen. Der Saft zerlegte Saccharose sehr rasch, Stärke nur wenig, Fette kaum, koaguliertes Eiweiß gar nicht, Polypeptid etwas. Er enthielt jedoch deutlich Enterokinase.

Der *Ileumsaft* von *Schweinen*[5] aus einer THIRY-VELLA-Fistel war von bernsteingelber Farbe und enthielt an corpusculären Elementen Epithelien, Schleimmassen, Leuko- und Lymphocyten, an Fermenten Amylase, Saccharase, Maltase, Lactase, Protease, Nuclease, Lipase, Katalase und Peroxydase.

Zusammenfassend läßt sich sagen: Der *Darmsaft des Menschen*[6] besitzt ähnliche Fermente wie der des Hundes. Verschiedenheiten sind jedoch auch hier möglich. Erschwert wird die Beurteilung durch den beträchtlichen Einfluß der zerfallenden Zellen. Auch zentrifugierter Saft kann schon aus Zellen herausgelöste Fermente enthalten. Das einzige eiweißspaltende Ferment des Darmsaftes ist die das Trypsinogen aktivierende *Enterokinase. Peptidase, Saccharase* und *Lipase*[7] finden sich zwar auch noch in gut ausgewaschenen menschlichen Darmschlingen[6]; durch Zentrifugieren sollen diese Enzymaktivitäten allerdings zurückgehen, so daß sie wenigstens zum Teil aus Zellen stammen dürften. Beim Hund kommt *Amylase* im Darmsaft sicher vor, die Maltase nur wahrscheinlich[8]. Beim Menschen ist das Vorhandensein dieser Fermente in reinem Darmsaft noch nicht aufgeklärt (vgl. S. 120, Tabelle **33**).

Hormone des Darmsaftes. Bisher wurden lediglich Prosecretin und Secretin festgestellt. Auch die übrigen Hormone der Darmmucosa sollten auch im Darmsaft und Inhalt systematisch geprüft werden (vgl. S. 131, Tab. 35).

Vitamine im Darmsaft. Lactoflavin (Vitamin B_2) wird bei der Ratte in die abgebundene Darmschlinge mit dem Darmsaft abgegeben, etwa in doppelter Menge nach Jodessigsäurevergiftung[9].

---

[1] PIERCE, H. B., E. S. NASSET and J. R. MURLIN: J. biol. Ch. **108**, 239 (1935). — [2] s. a. BACON, E. E., J. S. D. BACON, E. W. CLARKE and H. D. SMYTH: J. Physiol., London **115**, 7 P (1951). — [3] UNGER, H.: Diss. med. veterin. Hannover 1938 [Ber. Physiol. **117**, 67]. — [4] HERMANN, H., et M. RIBÈRE: C. R. Soc. Biol. **107**, 821 (1931). — [5] LOHSCHEIDT, W.: Diss. med. veterin. Hannover **1938** (1939) [Ber. Physiol. **113**, 597]. — [6] OWLES, W. H.: Clin. Sci. **3**, 1, 11, 21 (1937). — [7] REALE, L.: Boll. Soc. ital. Biol. sperim. **9**, 793 (1934). — Oppenheimer, Fermente Suppl. **1**, 59 (1936). — [8] FLOREY, H. W., R. D. WRIGHT and M. A. JENNINGS: Physiol. Rev. **21**, 36, bes. 52 (1941). — [9] BEREND, N.: Ber. Physiol. **108**, 678 (1938). —

3. Der Pankreassaft[1–8].

Der anatomische Bau, die chemischen Bestandteile des Pankreas und seine inkretorischen Funktionen werden Bd. 2/2 behandelt (s. a. [9]).

a) Die Sekretion des Pankreassaftes. Die Absonderung des Pankreassaftes findet beim Hund und auch wohl beim Menschen nur nach Nahrungsaufnahme statt, wenn saurer Mageninhalt in das Duodenum gelangt (PAWLOW[10]); beim Pflanzenfresser, der wie das Kaninchen ununterbrochen verdaut, ist die Absonderung eine kontinuierliche. Die Anregung und Hemmung der Pankreassekretion erfolgt beim Menschen und auch beim Hund normalerweise unter der Kontrolle des N. vagus und sympathischer Fasern (*nervöse Phase*[7]), über den Blutweg (*humorale Phase*) durch das Secretin[11], das Pancreozymin[12] und durch die Nahrung. Pancreozymin regt die Sekretion der Pankreasenzyme an. Die nervöse Erregung tritt jedoch gegenüber der stofflichen bedeutend zurück. Eine psychische Sekretion des Pankreas ist noch umstritten[13]. Diese dürfte auf dem Umweg über die Magensaftabgabe erfolgen.

Die wichtigsten stofflichen *Erreger der Sekretion*[14] vom Darm aus sind die Magensalzsäure (oder andere Säuren), das Secretin der Darmwand, die Galle, Fette und hohe Fettsäuren sowie Wasser. Sie beeinflussen die Menge, Fett außerdem auch den Fermentgehalt des Pankreassaftes. Auch die *Nahrungsmittel* wirken durch ihre Bestandteile auf die Pankreassekretion ein, indem Fleisch und Brot oder Milch in der Hauptsache die Menge und den Säuregehalt des Magensaftes beeinflussen oder diese hemmen und durch ihren Fettgehalt wirken. Die eine Pankreassekretion anregenden Substanzen der Nahrung entstehen nicht etwa durch Einwirkung des Magensaftes auf diese, sondern sind bereits in ihr ursprünglich vorhanden, z. B. im Hühnerei[15].

Außer den Nahrungsmitteln gibt es noch viele *andere sekretionsfördernde Substanzen*[16], von denen besonders Äther und $MgSO_4$ in der Klinik verwendet werden. Stark anregend auf die Pankreassekretion wirken beim Hund[17] Insulin[18], Methylguanidin[19], das auch Gallensekretion auslöst, Natriumnitrit[20], WITTE-Pepton[21], Physostigmin[22], Pilocarpin[23], das beim Menschen Pankreassaft, aber keine Gallensekretion auslöst, Histamin[24], Acetylcholin[25], quartäre Amine, wie Tetramethylamin, Amyltrimethylamin[26] u. a. Eine Reihe

---

[1] Babkin S. 452—629. — BABKIN, B. P.: Secretory Mechanism of the Digestive Glands. 2. Aufl. New York 1950. — [2] LESSER, E. J.: Handb. Biochem. **4**, 577—594 (1925). — WOHLGEMUTH, J.: Handb. Biochem. Erg.-W. **2**, 325—331 (1934). — [3] GULEKE, N.: Die äußere Sekretion des Pankreas unter pathologischen Bedingungen. Handb. Physiol. **3**, 1252—1263 (1927). — [4] KATSCH, G., u. J. BRINCK: Die Krankheiten der Bauchspeicheldrüse. Handb. inn. Med. (BERGMANN-STAEHELIN) 3. Aufl. **3**/2, 1019—1102 (1938). — [5] LAGERLÖF, H. O.: Pancreatic function and pancreatic disease, studied by means of secretin. Acta med. scand., Suppl. **128** (1942). — [6] BUSSCHER, G. DE: Bruxelles-méd. **29**, 239 (1949). — [7] THOMAS, J. E.: Rev. Gastroenterol., N.Y **15**, 813 (1948). — [8] THOMAS, J. E., and M. H. F. FRIEDMAN: Ann. Rev. Physiol. **11**, 115—118 (1949). — [9] ZIMMERMANN, B.: Endocrine Functions of the Pancreas. Springfield, Ill. 1952. — [10] PAWLOW, J. P.: Ergebn. Physiol. **1**/1, 246 (1902). — [11] BAYLISS, W. M., and E. H. STARLING: J. Physiol., London **28**, 325 (1902); **29**, 174 (1903). — [12] HOLLANDER, F.: Rev. Gastroenterol., N. Y. **18**, 651 (1951) [C. **1952**, 3521]. — [13] FONSECA, F., e C. TRINCAO: C. R. Soc. Biol. **99**, 1533 (1928). — [14] Babkin S. 484ff. — [15] CHRISTIANSEN, T.: C. R. Lab. Carlsberg (II) **22**, 125 (1940). — [16] Babkin S. 520. — KOCHMANN, M.: Pharmakologie der Verdauungsdrüsen. Pankreas. Handb. Physiol. **3**, 1466—1470 (1927). — [17] WOHLGEMUTH, J.: Handb. Biochem. Erg.-W. **2**, 330 (1934). — [18] COLLAZO, J. A., u. M. DOBREFF: B. Z. **165**, 352 (1925). — [19] KRIMBERG, R., u. S. A. KOMAROW: B. Z. **176**, 73 (1926). — [20] BARLOW, O. W.: Amer. J. Physiol. **81**, 189 (1927). — [21] SODRÉ, F., et G. STODEL: C. R. Soc. Biol. **76**, 10 (1914). — [22] MODRAKOWSKI, G.: Pflügers Arch. **118**, 52 (1907). — [23] FILINSKI, W., et C. ROSTKOWSKI: C. R. Soc. Biol. **96**, 1504 (1927.) — [24] KULOWSKI, P.: C. R. Soc. Biol. **98**, 142 (1928). — [25] VILLARET, M., L. JUSTIN-BESANÇON et R. EVEN: C. R. Soc. Biol. **101**, 7 (1929). — [26] LAUNOY, L.: J. Physiol. Path. gén. **26**, 211 (1928).

von *sekretionshemmenden Substanzen*[1] sind bekannt; auch Arbeit wirkt hemmend auf die Sekretion[2, 3].

Durch die *kombinierte Wirkung der verschiedenen Reize* wird ein nach Menge und Fermentgehalt spezifisch zusammengesetzter Saft auf den Chymus ergossen[4]. Eine allzu weitgehende spezifische Sekretion, wie sie von PAWLOW früher angenommen wurde, wird heute allerdings abgelehnt[5].

Bei den *Haustieren*, bei denen der Magen nie völlig leer, der Darm also dauernd beschickt wird, tritt die humorale Phase noch mehr hervor; sie ist für eine regelmäßig auftretende Vermehrung der Pankreassekretion fast ausschließlich verantwortlich zu machen[6]. Hunde mit Pankreasfisteln sezernieren nach 24 Std Hunger dauernd Pankreassaft, was aber keinen Schluß auf die physiologische Sekretion bzw. Ruhe der Drüse ziehen läßt.

b) Die Gewinnung von Pankreassaft gelingt durch Anlegen von *Pankreasfisteln bei Hunden* und ist von verschiedenen Autoren auch in neuester Zeit verbessert worden[7–9]. Beim Menschen gelingt es nicht, mit der Duodenalsonde völlig reines Pankreassekret, aber doch einen klinisch verwertbaren Saft[10] zu erhalten.

c) Die Menge des Pankreassaftes. Wegen der Verschiedenheit der Einflüsse sind genaue Angaben über den *Umfang der Pankreassekretion* nicht möglich. Als Hinweis möge genügen, daß im Tag aus Pankreasfisteln beim Menschen[11] 500 bis 800 cm^3, zuweilen bis zu einem Liter[12], einmal sogar[13] 1200 cm^3 gewonnen worden sind. In neuester Zeit wurden bei einem Patienten mit Pankreasfistel 800 bis 1000 cm^3 in 24 Std gemessen[14].

Als stündliche Abgabe von Pankreassaft stellte man fest[15]: bei Pferd und Rind 250 bis 400 g, Esel etwa 30 g, Schwein und Schaf 7 bis 15 g, Hund 1 bis 35 g, Kälber 0 bis 200 cm^3 mit 0,28 bis 0,65% Na_2CO_3.

d) Physikalische Eigenschaften des Pankreassaftes[16]. Der Pankreassaft ähnelt in seinem Aussehen stark dem Speichel, er wird daher auch „Bauchspeichel“ genannt. Er ist wie der Speichel eine geruch- und farblose, durchsichtige Flüssigkeit, die infolge ihres Gehaltes an $NaHCO_3$ ein deutliches *Säurebindungsvermögen* (etwa 105 bis 135 cm^3 0,1 n HCl pro 100 cm^3) besitzt. Frischer nativer Pankreassaft färbt rotes Lackmuspapier stark blau, aber Phenolphthalein nicht oder nur schwach rot, beim Stehen stärker wegen CO_2-Abgabe. Seine *aktuelle* Reaktion im Gleichgewicht mit Luft liegt dicht im Neutralpunkt; beim Hund beträgt der p_H-Wert etwa 8,3[17] und 7,06 bis 8,64[18], beim Rind[19] 7,6 bis 8,4 und beim Schaf[6] 8,12 bis 8,33. Das *spezifische Gewicht*[16] ist, entsprechend dem hohen *Wassergehalt* von 99%, sehr niedrig zwischen 1,006 bis 1,01, beim Fistelsaft des Hundes 1,014 bis 1,016 und nach Ölgabe[20] 1,028.

---

[1] Babkin S. 524. — [2] SAPROCHIN, M. I.: Fiziol. Ž. SSSR. **19**, 866 (1935) [Ber. Physiol. **95**, 296]. — [3] PTSCHELINA, A.: Pflügers Arch. **217**, 250 (1927). — [4] ABRAMSON, C.: Acta med. scand. **86**, 478 (1935). — [5] LESSER, E. J.: Handb. Biochem. **4**, 586 (1925). — [6] POPOW, N. A., A. A. KUDRJAWTZEW, ANUROW u. a.: Physiologie des Schafes. Moskau 1931. — [7] MCCAUGHAN, J. M.: Amer. J. digest. Dis. **6**, 392 (1939). — BOLDYREFF, W. N., and O. E. THOMPSON: Tohoku J. exp. Med. **38**, 581 (1940). — SCOTT, V. B.: J. Lab. clin. Med. **25**, 1215 (1940). — [8] KATSCH, G.: Pankreasexstirpation und Pankreasdauerfistel. Handb. biol. Arb.-Meth. Abt. IV, Teil 6/2, 1137—1152 (1932). — BABKIN, B. P.: Handb. Physiol. **3**, 686 (1927). — BICKEL, A.: Oppenheimer, Fermente **3**, 596 (1929). — [9] JAVID, H.: Proc. Inst. Med., Chicago **17**, 278 (1949). — [10] BERGER, W., J. HARTMANN u. H. LEUBNER: Kli. Wo. **1935 I**, 490. — [11] GLAESSNER, K.: H. **40**, 465 (1903/04). — [12] WOHLGEMUTH, J.: B. Z. **39**, 302 (1912). — [13] CLASEN, A. C.: Amer. J. digest. Dis. **1**, 445 (1934). — [14] TRIA, E., e G. FABRIANI: Atti R. Accad. d'Italia (VI) **2**, 381 (1941) [Ber. Physiol. **126**, 617]. — [15] ELLENBERGER, W., u. A. SCHEUNERT: Vergleichende Physiologie der Haustiere. 3. Aufl. Berlin 1925. — [16] ROSEMANN, R.: Handb. Physiol. **3**, 868 (1927); **18**, 65 (1932). — [17] AUERBACH, F., u. H. PICK: Arb. kais. Gesundh.-Amt **43**, 155 (1913). B. Z. **48**, 425 (1913). — [18] CZUBALSKI, F.: C. R. Soc. Biol. **97**, 964 (1927). — [19] POPOV, N., E. ŠMAKOVA u. V. KUZNEZOVA: Fiziol. Ž. SSSR **17**, 52 (1934) [Ber. Physiol. **80**, 245]. — [20] VISCO, S.: Boll. Soc. ital. Biol. sperim. **1**, 374 (1926).

e) Die chemische Zusammensetzung von Pankreas und Pankreassaft.

α) Allgemeine Zusammensetzung und Beeinflussung durch Reize. Die Zusammensetzung des Pankreas als Organ s. Bd. 2/2, Innere Sekretion. Vom Pankreassaft des Menschen, des Hundes und der Kuh liegen fast nur alte und unvollständige Analysen vor[1, 2] (s. Tabelle **49**); entscheidend für die Zusammensetzung ist die Art der Saftgewinnung (s. Tab. 50).

Tabelle 49. Zusammensetzung des menschlichen Pankreassaftes[3] (in g%).

Bestandteile	
Wasser	98,45 — **98,87** — 99,75
Trockensubstanz	0,25 — **1,13** 1,55
Asche	0,57 — **0,76** — 0,85
Organ. Stoffe	0,5 — **0,64** — 0,76
Organ. Stoffe, löslich in Alkohol	0,4 — **0,5** — 0,56
Organ. Stoffe, unlöslich in Alkohol	0,1 — **0,15** — 0,2
Gesamt-N	0,076— **0,084**— 0,098
Eiweiß, koagulierbares	0,1 — **0,13** 0,17
Globuline	0,04 — **0,05** — 0,06
Albumine	0,02 — **0,04** — 0,11

Tabelle 50. Abhängigkeit der Zusammensetzung des Pankreassaftes vom Hund nach Gabe von verschiedenen Reizstoffen[4].

Saftabgabe nach:	Sekretionsgeschwindigkeit			Zusammensetzung des Pankreassaftes			
	Sezernierte Saftmenge cm³	Sekretionsdauer	Mittlere Saftmenge in 5 min cm³	Trockensubstanz g%	Organische Substanz g%	Asche g%	Alkalität* Na_2CO_3 g%
100 cm³ Olivenöl	10,75	1 h 35′	0,63	6,6	5,8	0,82	0,29
600 cm³ Wasser	4,5	25′	0,90	5,6	4,8	0,84	0,30
200 cm³ 0,05%iger HCl	10,75	35	1,54	2,0	1,1	0,91	0,62
200 cm³ 0,5%iger HCl	124,0	1 h 52′	5,51	1,52	0,6	0,92	0,65
200 cm³ 5%iges ölsaures Na	33,3	2 h	1,38	3,4	2,5	0,86	—
600 cm³ Milch	45,7	4 h 30′	0,85	5,3	4,4	0,87	0,34
250 g Brot	162,4	7 h 45′	1,75	3,2	2,3	0,92	0,56
100 g Fleisch	131,6	4 h 12′	2,61	2,5	1,6	0,91	0,58
Reizung des N. vagus			0,28	7,2	6,3	0,81	

* als Na_2CO_3 berechnet.

Olivenöl und Vagusreizung bedingen den gehaltreichsten Saft, Säure den verdünntesten, gleichgültig, ob dabei die Saftmenge groß oder klein ist; dafür ist der „Säuresaft“ am besten gepuffert.

Für den *Hundebauchspeichel* wird 0,8 — **1,1** — 1,5% Asche angegeben, also höhere Werte als beim Menschen[5, 6]. Bei der Beurteilung aller Pankreassaftanalysen ist die Abhängigkeit der Zusammensetzung vom Sekretionsreiz zu berücksichtigen (s. Tab. 50). HAMMARSTEN[7] gibt für Saft nach Reiz mit Säure 0,9 bis 3,7%, nach Nahrungsaufnahme 6 bis 7%, nach Vagusreizung 9,0% Trockensubstanz an.

[1] SCHUMM, O.: H. **36**, 292 (1902). — [2] GLAESSNER, K.: H. **40**, 465 (1903/04). — [3] Mittelwerte aus mehreren älteren Analysen aus den Jahren 1902—1912: Babkin S. 464, Tab. 106. — Hammarsten 11. Aufl. S. 390. — [4] Nach Babkin S. 529, Tab. 122; S. 495, Tab. 115 u. S. 558, Tab. 124. — Nach WALTHER, A. A.: Diss. med. St. Petersburg S. 125ff. (1897). — BABKIN, B. P., u. W. W. SAWITSCH: H. **56**, 321, bes. 324 (1908). — s. a. STILL, E. U., and O. W. BARLOW: Amer. J. Physiol. **81**, 341 (1927). — [5] MAZURKIEWICZ, W.: Pflügers Arch. **121**, 75 (1908). — [6] AUERBACH, F., u. H. PICK: Arb. kais. Gesundh.-Amt **43**, 155 (1913). — [7] Hammarsten 11. Aufl. S. 390.

β) Die Mineralstoffe des Pankreassaftes[1—4] bestehen hauptsächlich aus Alkalichloriden und Alkalicarbonaten sowie geringen Mengen von PO_4-, Ca-, Mg- und Fe-Ionen. Aus der Pankreasfistel eines wegen Ruptur des Pankreaskopfes operierten Menschen wurden im Tag 800 bis 1000 cm³ Saft entleert. 10 Liter konnten ohne Schaden gewonnen werden: p_H = 8,6, spez. Gewicht 1,0088, Wassergehalt 99%, Trockensubstanz 1,07 bis 1,11 g%, Asche 0,83 g%, Na 207,4 mg%, K 10,2 mg%, Ca 1,4 mg%, Mg 0,17 mg%, Gesamt-S 6,7 mg%, Gesamt-P 0,2 mg%, Cl 244,8 mg%, SiO_2 5,15 mg% des Saftes; Spuren von Cu und Zn. Gesamtbasen: 93,62; Gesamtsäuren: 73,213 Millimol im Liter; dagegen Blutserum: 142 Gesamtbasen, 107 Gesamtsäuren. Die Konzentration der Ionen ist im ganzen geringer als im Blut[5], insbesondere die an Ca und PO_4. Der Mineralstoffgehalt ändert sich mit der Sekretionsgeschwindigkeit. Im nach Secretin abgegebenen Pankreassaft[6] ist die Mineralstoffkonzentration unabhängig vom Tätigkeitsgrad der Drüse.

Pankreassaft[7] enthält 5 bis 6mal mehr Hydrogencarbonat als das Blut, solange die Sekretion maximal ist. Beim Nachlassen der Sekretion nähern sich beide Werte einander. Es sollte daher die reichlich im Pankreasgewebe vorhandene Kohlensäureanhydratase große Mengen CO_2 hydratisieren. Durch Vergiftung der Kohlensäureanhydratase mit Sulfanilamid oder Rhodanat läßt sich kein Einfluß auf den HCO_3-Gehalt des Hundepankreassaftes ausüben, so daß dem Ferment hier keine ausschlaggebende Rolle zugeschrieben wird (s. dagegen die Ansichten von DAVIES S. 60). Das *Hydrogencarbonat des Pankreassaftes*[8] des Hundes entstammt hauptsächlich dem Blutplasma. Radioaktiver Kohlenstoff in Form von Hydrogencarbonat Hunden intravenös gespritzt, erscheint sofort im Pankreassaft, und zwar in 4- bis 5mal höherer Konzentration als im Plasma. Höchstens 20% des im Saft vorhandenen HCO_3-Ions kommt aus dem Pankreas selbst. Das Ganze fügt sich gut in die Theorie von DAVIES über die alkalische Seite bei der Salzsäuresekretion ein[9].

Radioaktives Natrium[10] in RINGER-Lösung Hunden mit Pankreasfistel intravenös gegeben, gelangt schon nach 3 min in den Fistelsaft, das Maximum liegt 15 bis 60 min nach der Injektion. Na-Konzentrationen im Pankreassaft und im Serum stimmten fast immer nahezu völlig überein.

γ) Die organischen Bestandteile des Pankreassaftes betragen beim Menschen etwa 70% der Trockensubstanz mit Schwankungen von 40 bis 88% je nach Sekretionsreiz (s. Tab. 49 u. 50). Stammt der Saft aus temporären Fisteln, so kann er so reich an Eiweiß sein, daß er beim Erhitzen fast wie Hühnereiweiß gerinnt. Aus der Tab. 49 geht auch hervor, daß der Eiweißgehalt nur etwa $^1/_5$ bis $^1/_6$ der organischen Substanzen ausmacht, der Gesamt-N weist auf geringe Eiweißmengen hin. In diesen Zahlen sind auch die N-Werte der Fermente Trypsin, Chymotrypsin, Lipase, Amylase und Maltase oder ihrer Vorstufen enthalten. Die Natur der alkohollöslichen Bestandteile ist unbekannt. Regelmäßig enthält der Pankreassaft Leucin, Fett und Seifen. Neue Gesamtanalysen des Pankreassaftes sind notwendig.

[1, 2] s. S. 157[1, 2]. — [3] TRIA, E., e G. FABRIANI: Atti R. Accad. d'Italia (VI) **2**, 381 (1941) [Ber. Physiol. **126**, 617]. — [4] LESSER, E. J.: Handb. Biochem. **4**, 580 (1925). — Babkin S. 462. — [5] Einen Vergleich der Mineralstoffe im Blutserum und Pankreassaft geben BALL, E. G., and D. W. WILSON: Amer. J. Physiol. **90**, 272 (1929). — [6] KOMAROW, S. A., G. O. LANGSTROTH and D. R. MCRAE: Canad. J. Res. (D) **17**, 113 (1939). — [7] TUCKER, H. F., and E. G. BALL: J. biol. Ch. **139**, 71 (1941). — [8] BALL, E. G., H. F. TUCKER, A. K. SOLOMON and B. VENNESLAND: J. biol. Ch. **140**, 119 (1941). — [9] DAVIES, R. E.: Biol. Rev. **26**, 87 (1951). — s. a. S. 62. — [10] MONTGOMERY, M. L., G. E. SHELINE and I. L. CHAIKOFF: Amer. J. Physiol. **131**, 578 (1941).

δ) Die Enzyme des Pankreas und des Pankreassaftes[1]. *Ein Vergleich der Organ- und Saftfermente* zeigt, daß nur ein kleiner Teil der Organfermente in das Sekret gelangt. Die einzelnen proteolytischen Enzyme des Organes und des Sekretes sind qualitativ in ihrer Wirkung nicht verschieden. Glycerinauszüge (87%) von getrockneten Pankreasdrüsen enthalten 5- bis 10mal mehr Enzyme (Lipase, Amylase, tryptische und ereptische Enzyme) als der Pankreassaft. Dieser enthält mehr Begleitstoffe. Nur Trypsinogen ist reiner im Saft als in den Glycerinauszügen. Die Drüse gibt neben den Enzymen noch reichlich nicht-enzymatische, bis jetzt noch meist unbekannte Inhaltsstoffe ab; auch die Beständigkeit der Enzyme im Saft ist geringer als im Extrakt[2].

Pankreas und Pankreassaft vom Menschen haben noch keine Bearbeitung von seiten der Fermentchemiker gefunden. Am eingehendsten ist bisher das Rinder- und Schweinepankreas untersucht worden. WILLSTÄTTER, WALDSCHMIDT-LEITZ, NORTHROP, KUNTIZ, K. H. MEYER u. Mitarb. haben Verfahren angegeben, die Pankreasfermente zu isolieren, zu trennen und in krystallisiertem Zustand zu erhalten (s. Bd. **1**, S. 1150ff.).

Proteasen[3–5] sind im Organ und im Saft zunächst nur als inaktive Vorstufen vorhanden. Sie werden erst im Darm durch Hinzutritt von Enterokinase zur vollen Wirksamkeit gebracht. Bisher sind aus dem Fermentgemisch des Pankreas mindestens sieben Fermente (Trypsin, Chymotrypsin, Protaminase, Carboxypolypeptidase, Aminopolypeptidase, Dipeptidase und Prolinase) und drei Vorstufen (Trypsinogen, Chymotrypsinogen und Prokinase) sowie eine Inhibitorsubstanz genauer bekannt. NORTHROP[6] hat davon fünf und ANSON eine in krystallisiertem Zustand erhalten (s. Tab. 50), und zwar aus stark saurem Extrakt vom frischen Rinderpankreas durch Fraktionierung mit Ammonsulfat. Krystallisierte Carboxypeptidase kann aus Rinderpankreas erhalten werden[7]. Sie ist ein Metallproteid. Die Proteasen werden wohl in den Drüsenzellen des Pankreas gebildet, denn die am Apex der Pankreaszellen der weißen Maus sich anhäufenden Granula dürften mit dem enzymhaltigen Sekret identisch sein, da sich auf histochemischem Wege[8, 9] nachweisen läßt, daß der Gehalt an Carboxypolypeptidase und an Enzymgranula zeitlich miteinander übereinstimmen[10]. 7 Std nach Pilocarpinreizung bilden sich neue Sekretgranula und Carboxypolypeptidase[11]. Das frische Rinderpankreas enthält zunächst nur eine inaktive Vorstufe der Carboxypolypeptidase, eine *Pro-carboxypolypeptidase*, die im Extrakt beim Stehen bei 37° C langsam, durch Zusatz von Trypsin sehr rasch aktiviert wird. Aminopolypeptidase[12] und Dipeptidase[13] sind im Pankreas nur in geringer Konzentration vorhanden. Aminopolypeptidase und Dipeptidase sind nach

---

[1] LESSER, E. J.: Die Fermente des Pankreassekretes. Handb. Biochem. **4**, 581—586 (1925). — WOHLGEMUTH, J.: Handb. Biochem. Erg.-W. **2**, 328 (1934). — [2] WALDSCHMIDT-LEITZ, E., u. J. WALDSCHMIDT-GRASER: H. **166**, 247 (1927). — [3] GRASSMANN, W.: Die Proteasen der Pankreasdrüse. Ergebn. Enzymforsch. **1**, 161—163 (1932). — Oppenheimer, Fermente Suppl. **1**, 725 (1936); **2**, 825, (1939). — [4] s. Bd. **1**, S. 1132ff. — [5] NEURATH, H., and G. W. SCHWERT: The mode of action of the crystalline pancreatic proteolytic enzymes. Chem. Rev. **46**, 69 (1950). — [6] NORTHROP, J. H.: Die proteolytischen Enzyme des Pankreas. Handb. Enzymol. (NORD-WEIDENHAGEN) **1**, 660—669. — [7] SMITH, E. L., and H. T. HANSON: J. biol. Ch. **176**, 997 (1948); **179**, 803 (1949). — [8] WEEL, P. B. VAN, u. C. ENGEL: Z. vgl. Physiol. **26**, 67 (1938). — [9] s. a. DUSPIVA, F.: Handb. Enzymol. (NORD-WEIDENHAGEN) **1**, 56, Fig. 13. — RIES, E.: Grundriß der Histophysiologie. (Probl. der Biol. **2**.) Leipzig 1938. — [10] HOLTER, H., u. K. LINDERSTRØM-LANG: Pankreassekret. Handb. Enzymol. (NORD-WEIDENHAGEN) **1**, 94, bes. 95, Abb. 20. — [11] WEEL, P. B. VAN, u. C. ENGEL: Acta brev. néerl. Physiol. **8**, 156 (1941). — [12] MAYER, KARL: Bamann-Myrbäck **2**, 1999. — ÅGREN, G.: Ark. Kemi, Mineral. Geol. (B) **15**, 1 (1942). — [13] MAYER, KARL: Bamann-Myrbäck **2**, 1996.

Tabelle 51. Enzyme aus Pankreas und Pankreassaft.

	Krystallisiert erhalten im Jahr	Aus Pankreas-gewebe	Aus Pankreas-saft	Dieses Werk Bd.
Proteasen				
(Trypsinogen)[1]	(1933)	+	+	**1**, 1148
Trypsin[1,2]	(1932)	+	+	**1**, 1148
Trypsininhibitor[1]	(1936)	+	0?!	**1**, 1152
(Chymotrypsinogen)[3]	(1935)	+	+	**1**, 1154
Chymotrypsin[3] = Pankreaslab	(1935)	+	+	**1**, 1154
(Prokinase) = Proenterokinase		+	+	**1**, 1150
Protaminase[4]		+	—!	**1**, 1139
(Pro-carboxypolypeptidase)[5]		+	+?	**1**, 1139
Carboxypolypeptidase[6]	(1935)	+	—!	**1**, 1137
Aminopolypeptidase[7,8]		+	+[8]	**1**, 1135
Dipeptidase[9]		+	+	**1**, 1132
Prolinase[10]		+	+	**1**, 1139
Mucinase[11] (Meerschweinchen)		+		**1**, 1146
Esterasen				
Lipase[12]		+	+	**1**, 1077
Lecithinase[13,14]		+	?	**1**, 1080
Phosphatase[15,16]		+	+[16]	**1**, 1093
Carbohydrasen				
α-Amylase[17]		+	+	**1**, 1063
Maltase		+	+	**1**, 1052
Nucleasen				
Polynucleotidasen[18]	(1939)	+	?	**1**, 841
Nucleosidase		+	?	**1**, 844

Die als Ferment unwirksamen Vorstufen sind eingeklammert, ebenso das Jahr, in dem die Krystallisation aus dem *Pankreasorgan* gelang.

Grassmann[19] echte Sekretionsproteasen der Pankreasdrüse, obwohl andere Autoren[20] sie nicht im Pankreassaft gefunden haben, sie vielmehr als endocellulär gebunden ansehen. Eine Aufklärung dieser widersprechenden Angaben ist nötig.

[1] Kunitz, M., and J. H. Northrop: J. gen. Physiol. **19**, 991 (1936). — [2] Northrop, J. H., and M. Kunitz: J. gen. Physiol. **16**, 267 (1932). — Babkin S. 466. — [3] Kunitz, M., and J. H. Northrop: J. gen. Physiol. **18**, 433 (1935). — [4] Myrbäck, K.: Bamann-Myrbäck **2**, 2033. — [5] Anson, M. L.: J. gen. Physiol. **20**, 277 (1937). Bamann-Myrbäck **2**, 2013. — [6] Waldschmidt-Leitz, E., u. A. Purr: B. **62**, 2217 (1929). — [7] Waldschmidt-Leitz, E., u. A. Harteneck: H. **147**, 286, bes. 301 (1925); **149**, 203, bes. 214 (1925). — [8] Bersin, T.: Handb. Enzymol. (Nord-Weidenhagen) **1**, 600 (1940). — [9] Waldschmidt-Leitz, E., u. G. v. Schuckmann: H. **184**, 56 (1929). (Aus Schweinepankreas.) — [10] Grassmann, W., H. Dyckerhoff u. O. v. Schoenebeck: B. **62**, 1307 (1929). (Aus Schweinepankreas.) — Bersin, T.: Handb. Enzymol. (Nord-Weidenhagen) **1**, 608 (1940). — [11] Alfonsini, L.: Med. sperim. **19**, 357 (1948). — s. Bd. **1**, S. 757. — [12] Kraut, H., u. W. v. Pantschenko-Jurewicz: B. Z. **275**, 114 (1935). (Aus Schweinepankreas.) — Ammon, R.: Handb. Enzymol. (Nord-Weidenhagen) **1**, 384 (1940). — Babkin S. 476. — [13] Belfanti, S.: B. Z. **154**, 148 (1924). (Aus Rinder- und Pferdepankreas.) — Ercoli, A.: Handb. Enzymol. (Nord-Weidenhagen) **1**, 480—494 bes. 489 (1940). — [14] King, E. J.: Biochem. J. **25**, 799 (1931). (In Pankreas nachgewiesen.) — [15] Macfarlane, M. G., L. M. B. Patterson and R. Robison: Biochem. J. **28**, 720 (1934). — Albers, H.: Handb. Enzymol. (Nord-Weidenhagen) **1**, 432 (1940). — [16] Umeno, M.: B. Z. **231**, 346 (1931). — [17] Willstätter, R., E. Waldschmidt-Leitz u. A. R. F. Hesse: H. **126**, 143 (1923). (Aus Schweinepankreas.) — Babkin S. 478. — [18] Kunitz, M.: Science, N. Y. **90**, 112 (1939). Bamann-Myrbäck **2**, 1940. — Fischer, F. G., u. H. Lehmann-Echternacht: H. **278**, 143 (1943). — [19] Grassmann, W., u. F. Schneider: Proteasen. Ergebn. Enzymforsch. **5**, 79, u. zwar 88 (1936). — [20] le Breton, E., et F. Mocoroa: Cr. **192**, 1492 (1931).

Bezüglich der *Eiweißspaltung durch den Pankreassaft* ist hervorzuheben, daß das frisch sezernierte, reine Pankreassekret des Hundes, nach dem Verfahren von DELEZENNE[1] gewonnen, zunächst nicht in der Lage ist, Eiweiß zu zerlegen[2]. Das gleiche gilt für Pankreassaft von Menschen mit zufälligen Fisteln der Bauchspeicheldrüse. Erst Zumischen von Darmsaft oder Darmschleimhaut löst volle Aktivität aus[3]. Hundefistelsaft bleibt in Quarzgefäßen bei 2°C aufbewahrt sogar 3 Monate unwirksam. Nach Aktivierung mit Enterokinase oder Calciumchlorid wird Eiweiß sofort angegriffen, ein Beweis, daß Prokinase und inaktive Protease vorhanden sind. Scombrin, Clupein und Chloracetyltyrosin werden ohne vorausgehende Aktivierung abgebaut, so daß Carboxypolypeptidase vollaktiviert im Saft vorliegt. Dieser letztere Befund steht mit anderen im Widerspruch[4]. Ereptische Fermente fehlen, denn Di- und Tripeptide bleiben ungespalten.

Die *Bestimmung der Pankreasfermente des Menschen* gelingt einigermaßen durch quantitative Untersuchung des mittels Sonde gewonnenen Duodenalsaftes[5–7]. Trypsin[8,9] wird für Reihenversuche nephelometrisch oder titrimetrisch am besten durch Formoltitration der Caseinspaltstücke nach SÖRENSEN und Amylase nach WOHLGEMUTH bestimmt (s. S. 165). Die folgende Tab. gibt eine Übersicht über die Wirksamkeit der aus dem Pankreassaft stammenden Fermente des Duodenalsaftes gesunder Menschen.

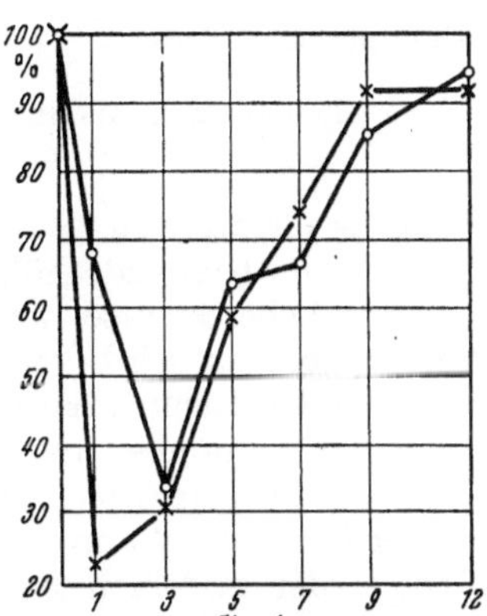

Abb. 19. Carboxypeptidase- und Enzymgranulagehalt in % bezogen auf den Enzym- bzw. Granulagehalt des Hungertieres[16]. o—o Carboxypolypeptidase; ×—× Granula. Abszisse: Zeit in Stunden nach Pilocarpingabe; Ordinate: Gehalt in %.

Wegnahme des Pankreas führt beim Hund zu einer Störung des Fettstoffwechsels[10, 11]: Senkung des Lipoidgehaltes des Blutes, Fettinfiltration der Leber. Durch Zufuhr von Lecithin, Cholin, Methionin oder durch Freisetzung von Methionin aus Eiweiß durch Pankreasproteasen ist Normalisierung möglich. Es braucht daher kein spezifisches lipotropes (lipocaic) Hormon angenommen zu werden[12]. Aber das Trypsin des Pankreas muß durch Enterokinase aus dem Duodenalsaft erst aktiviert werden.

Esterasen[13, 14] sind wiederholt mit der Leberesterase verglichen worden (s. a. Bd. **1**, S. 1077). Die Pankreaslipase, die 1856 von BERNARD entdeckt wurde, wird zu den Globulinen, die Leberesterase zu den Albuminen gerechnet[15].

---

[1] DELEZENNE, C.: Ann. Physiol. Physicochim. biol. **2**, 531 (1926) [Ber. Physiol. **40**, 250]. — [2] DELEZENNE, C., et A. FROUIN: C. R. Soc. Biol. **54**, 691 (1902). — Zusammenfassung s. bei Babkin S. 467. — [3] GLAESSNER, K.: H. **40**, 465 (1903/04). — ELLINGER, A., u. M. COHN: H. **45**, 28 (1905). — WOHLGEMUTH, J.: B. Z. **2**, 264 (1906). — [4] WOHLGEMUTH, J.: Handb. Biochem. Erg.-W. **2**, 328 (1934). — [5] BERGER, W., J. HARTMANN u. H. LEUBNER: Wien. Arch. inn. Med. **28**, 211, bes. 223 (1936). — [6] AMMON, R., u. E. CHYTREK: Bamann-Myrbäck **3**, 2969. — [7] Zusammenstellung s. AMMON, R., u. E. CHYTREK: Ergebn. Enzymforsch. **8**, 91, bes. 115 (1939). — s. a. die Sekretions- und Fermentmengenkurven bei BERGER, W., J. HARTMANN u. H. LEUBNER: Kli. Wo. **1935 I**, 490. Wien. Arch. inn. Med. **28**, 211 (1936). — [8] LEUBNER, H.: Arch. Verd.-Krankh. **63**, 14 (1938). — [9] FULD, E.: Oppenheimer, Fermente **3**, 1541 (1929). — [10] BOSSHARDT, D. K., L. S. CIERESKO and R. H. BARNES: Amer. J. Physiol. **166**, 433 (1951). — [11] RHOADS, J. E., O. LIBORO, S. FOX, P. GYÖRGY and T. E. MACHELLA: Amer. J. Physiol. **166**, 436 (1951). — [12] HAANES, M. L., and P. GYÖRGY: Amer. J. Physiol. **166**, 441 (1951). — [13] WALDSCHMIDT-LEITZ, E., u. A. SCHÄFFNER: Darstellung und Reinigung der Pankreaslipase. Bamann-Myrbäck **2**, 1560, Bestimmung 1556. — BAMANN, E.: Bamann-Myrbäck **2**, 1420. Handb. Biochem. Erg.-W. **1**/A, 424 (1933). — LESSER, E. J.: Handb. Biochem. **4**, 582 (1925). — Zoolipasen. Oppenheimer, Fermente **3**, 700—722 (1929). — [14] FODOR, P. J.: Arch. Biochem. **25**, 223 (1950). — [15] GLICK, D., and C. G. KING: Am. Soc. **55**, 2445 (1933). — [16] WEEL, P. B. VAN, u. C. ENGEL: Z. vgl. Physiol. **26**, 67 (1938). — s. a. [10, 11] S. 159.

Tabelle 52. Amylase- und Trypsinwerte im Duodenalsaft des Menschen[1].

Fermentwerte	Spontansekretion		Sondenreizsekret		Ölreizsekret	
	Amylase*	Trypsin**	Amylase*	Trypsin**	Amylase*	Trypsin**
Übernormale Reizwerte .	1280	2048	10240	2048	5120	4096
Normale obere Grenzwerte	960	1024	3840	1024—2048	8340	2048
Normale Mittelwerte . .	**320—640**	**256**	**1280**	**512**	**1280**	**1024**
Normale untere Grenzwerte	320	128	960	256	960	512
Unternormale Werte . .	160	16—64	(640)	(128)	640	128

* Einheiten nach WOHLGEMUTH. ** Einheiten nach GROSS-FULD[2].

Besonders lipasereich ist das Pankreas des Schafes[3] (vgl. Tab. 53). Die Pankreaslipase greift Glyceride höherer Fettsäuren, also echte Fette, gut an, im Gegensatz zur Leberesterase, welche die Glyceride niederer Fettsäuren besser zerlegt. Am schnellsten wird von Pankreaslipase Cocosfett verdaut, dann folgen in absteigender Reihe[4]: Palmkernöl, Ricinusöl, Butterfett und etwa gleichmäßig Erdnußöl, Schweine- und Rinderfett, Schmalz u. a. Butter wird von Pankreaslipase leicht gespalten[5]. Bis zur Spaltung von 40% des Fettes werden mehr Buttersäure und Capronsäure als Ölsäure freigesetzt und gegen Ende gleiche Mengen der einzelnen Fettsäuren. Damit stimmt überein, daß Pankreaslipase Glyceride gesättigter Fettsäuren mit steigendem Molekulargewicht weniger leicht spaltet, solche ungesättigter Fettsäuren aber gleichmäßig[6]. Die einzelnen Säuren eines Glycerides bestimmen den Verlauf der Spaltung. So spaltet Pankreaslipase Olivenöl zu einfacheren Glyceriden (20 bis 25% Monoglyceride)[7].

BERSIN[8] hebt hervor, daß die Atoxylresistenz und die Chininempfindlichkeit, d. h. Hemmung durch Chinin der Pankreaslipase, nur an unreinen Präparaten beobachtet worden ist[9]. Er hält die Existenz spezifischer Cholesterinesterasen und Lecithinasen für unwahrscheinlich. Trotzdem haben obige Unterscheidungen klinische Beachtung gefunden. Lipase konnte bisher aus Pankreassaft nicht isoliert werden. Die Pankreaslipase bildet bei Ratten aus Olivenöl in den ersten 5 Std kein freies Glycerin, sondern Mono- und Diglyceride (= „niedere" Glyceride). Diese sollen die Grundlage für die Emulgierung der Fette bilden, zu der Fettsäuren, Gallensäuren und niedere Glyceride nötig sind, sowie für die nachträgliche Bildung der Phosphatide[10]. BOISSONNAS[11] arbeitete ein Verfahren zur Bestimmung der Pankreaslipase des Schweines aus, beruhend auf der Titration der in Freiheit gesetzten Laurinsäure aus „Atlas Tween 20", einem Laurinester von Sorbit. Der Reinheitsgrad seiner Präparate, die er durch Extraktion mit 0,1 mol Magnesiumsulfat und Fällung mit Aceton erhielt, war allerdings weniger als 20%.

[1] BERGER, W., J. HARTMANN u. H. LEUBNER: Wien. Arch. inn. Med. **28**, 211, bes. 223 (1936). — s. a. S. 169. — [2] FULD, E.: Oppenheimer, Fermente **3**, 1541 (1929). — [3] GLICK, D., and C. G. KING: Am. Soc. **55**, 2445 (1933). — [4] HARTWELL, G. A.: Biochem. J. **32**, 462 (1938). — [5] PELTOLA, E.: Suomen Kemist. **12**/B, 5 (1939) [C. **1940 I**, 2324]. — [6] TOYOKI, O.: J. agric. chem. Soc. Jap. **16**, 14 (1940) [C. **1940 II**, 2406]. — [7] FRAZER, A. C., and H. G. SAMMONS: Biochem. J. **38**, XX (1944). — [8] Bersin, Enzymologie 3. Aufl. S. 61 (1951). — [9] GYOTOKU, K.: B. Z. **193**, 18 (1928); **217**, 279 (1929). — [10] FRAZER, A. C., and H. G. SAMMONS: Biochem. J. **39**, 122 (1945). — [11] BOISSONNAS, R.: Helv. **31**, 1571, 1577 (1948).

Tabelle 53. Eigenschaften von Pankreas-, Leber- und Blutlipase[1, 2].

	gegen Atoxyl	gegen Chinin	Leucyl-glycyl-glycin	Tributyrin wird gespalten	Methylbutyrat wird gespalten	D, L-Methylmandelat ergibt	Olivenöl wird gespalten
Pankreaslipase[1]	resistent	empfindlich	aktiviert	besser	schlechter	links-	gut
Leberesterase	empfindlich	resistent	läßt unbeeinflußt	schlechter	besser	rechtsdrehendes Spaltprodukt	schlecht
Blutlipase	empfindlich			gut			schlecht

Bei *Pankreasnekrose* und chronischer *Pankreatitis* ist im Blut die atoxylresistente Lipase vermehrt, so daß analog wie bei der Amylase an einen Übertritt der Pankreaslipase ins Blut zu denken ist[3—6].

Bei der Fraktionierung von Extrakten aus entfettetem Schweinepankreaspulver mit Ammonsulfat geht die *Neutralfettlipase* in die Euglobulinfraktion und eine *Cholesterinesterase* in die Pseudoglobulinfraktion über[7].

Im Tierkörper scheinen zwei Cholesterinesterasen vorzukommen[8]. Die Pankreas-cholesterinesterase vom Schwein bewirkt bei p_H 5,3 weitgehende Esterbildung. Die Lebercholesterinesterase veranlaßt unter denselben Bedingungen Esterspaltung. Dieses verschiedene Verhalten soll die Fettsäureresorption begünstigen, indem die im Darmlumen gebildeten Cholesterinester an die Epithelzellen gelangen, dort „von innen" zerlegt werden, so daß das frei werdende Cholesterin wieder in das Darmlumen gelangt und neu verestert werden kann. Cholesterin wäre dabei Fettsäureüberträger oder „Schleuse"[8]. Schweinepankreasesterase vermag außer Cholesterin auch Dehydroandrosteron, Dihydrocholesterin, Sitosterin, Stigmasterin und Ergosterin, die drei letzteren allerdings bedeutend langsamer, zu verestern.

Die **Bestimmung** *der Pankreassaftlipase*[9—12] wird für klinische Zwecke nach dem Verfahren von LEUBNER[13] durchgeführt. Im Duodenalinhalt wird auch die Darmsaftlipase mitbestimmt[13] (vgl. S. 124). Kleinste Mengen von Pankreas- und Magenlipase werden nach dem für histochemische Enzymnachweise ausgearbeiteten LINDERSTRØM-LANG-Verfahren bestimmt[14].

Von Lecithin spaltenden Fermenten des Pankreas sind bisher mehrere, wenn auch noch nicht näher, beschrieben worden. Bei der stufenweisen Abtrennung von Fettsäuren, Phosphorsäure oder Cholin könnten verschiedene bei der Verdauung spezifisch wirksame Lecithinabkömmlinge entstehen. Die *Lecithinase A* aus Pankreas[15] spaltet vom Lecithin nur eine ungesättigte Fettsäure ab, so daß Lysolecithin entsteht, das zunächst nicht weiter zerlegt wird. Die *Lecithinase B* des Pankreas[15] nimmt aus Lecithin zwei, aus Lysocithin (Bd. **1**, S. 1080) eine Fettsäure weg, wobei dann Glycerinphosphorsäurecholinester übrigbleibt.

[1] GLICK, D., and C. G. KING: Am. Soc. **55**, 2445 (1933). — [2] AMMON, R.: Handb. Enzymol. (NORD-WEIDENHAGEN) **1**, 384. — [3] SIMON, H.: Kli. Wo. **1924 I**, 674; **1926 II**, 2443. — [4] SCHMITT, K.: Arch. klin. Chir. **174**, 510, bes. 512 (1933). — [5] AMMON, R., u. E. CHYTREK: Ergebn. Enzymforsch. **8**, 91, bes. 94 (1939). — [6] AMMON, R.: Handb. Enzymol. (NORD-WEIDENHAGEN) **1**, 384. — [7] KELSEY, F. E.: J. biol. Ch. **130**, 195 (1939). — [8] SCHRAMM, G., u. A. WOLFF: H. **263**, 61, 73 (1940). — [9] AMMON, R., u. E. CHYTREK: Bamann-Myrbäck **3**, 2970. — [10] WALDSCHMIDT-LEITZ, E., u. A. SCHÄFFNER: Bamann-Myrbäck **2**, 1556. — [11] WILLSTÄTTER, R., u. F. MEMMEN: H. **129**, 1 (1923). — [12] RONA, P., u. A. LASNITZKY: B. Z. **152**, 504 (1924). — [13] LEUBNER, H.: Dtsch. Z. Verd.- u. Stoffw.-Krankh. **1**, 155 (1938/39). — [14] GLICK, D.: H. **223**, 252 (1934). — [15] ERCOLI, A.: Handb. Enzymol. (NORD-WEIDENHAGEN) **1**, 489, 492. — FRANCIOLI, M., u. A. ERCOLI: Bamann-Myrbäck **2**, 1686.

Cholinesterase scheint am reichlichsten im Pankreas von Hund und Meerschweinchen vorzukommen. Leber ist arm an Cholinesterase[1].

Die *Phosphatasen des Pankreas*[2] treten gegenüber denen der Darmschleimhaut und der Niere stark zurück (s. a. S. 124). Entgegen anderen Auffassungen sollen bei Kaninchen und Meerschweinchen Pankreas- und Leberlipasen identisch sein. Die Unterschiede sollen von Begleitstoffen herrühren[3].

Eine *Cholinphosphatase*, die aus Glycerinphosphorsäurecholinester den Phosphorsäureester des Glycerins und das Cholin frei macht und dadurch das Auftreten von freiem Cholin verständlich machen würde, ist bis jetzt weder im Pankreas noch im Pankreassaft nachgewiesen worden. Ebenso fehlt der sichere Beweis für das Vorhandensein von spezifisch auf Lecithinabkömmlinge eingestellten Phosphatasen.

Die ***Carbohydrasen*** findet man auch im sezernierten Saft. Die Pankreasamylase[4–6] kommt im Organ in der Lyo-Form[7] vor, und zwar im Schweinepankreas nur als α-Amylase[8] nicht als β-Amylase (s. a. Bd. **1**, S. 340, 1059ff.).

Die *Darstellung der Pankreasamylase*[4] gelang zuerst WILLSTÄTTER u. Mitarb.[9,10]. Trypsin und Lipase wurden mit Erfolg abgetrennt[10]. Erst 22 Jahre später isolierten K. H. MEYER u. Mitarb. aus Schweinepankreas eine α-Amylase, die sie durch Elektrophorese in einen instabilen hochmolekularen und in einen hitzestabilen niedermolekularen Eiweißkörper zerlegen konnten[11]. Ein Jahr später gelang die Krystallisation[12]. Die krystallisierte α-Amylase des Schweinepankreas ist elektrophoretisch einheitlich[13]. Sie ist ein Protein mit 15,8% N, ohne P oder Zucker. Der isoelektrische Punkt (IP) liegt bei p_H 5,2 bis 5,6, das Mol.-Gew. beträgt 45000. Rohe α-Amylase wird durch Dialyse inaktiviert, reine dagegen nicht. Ein Diphosphorsäureester, wahrscheinlich von Inosit, stabilisiert das rohe Enzym gegen Proteinasen[14].

Die *Eigenschaften von Pankreas- und Speichelamylase* stimmen so weitgehend überein, daß von MYRBÄCK[15] und von K. H. MEYER die Fermente als identisch angesehen werden. Die Amylasen sind art- nicht organspezifisch[16]. Zum Beleg sei hier die Tabelle 54 von E. H. FISCHER[16] nach MYRBÄCK u. NEUMÜLLER[17] angeführt.

Die Amylasen enthalten keine dialysablen Co-Enzyme, und bisher konnten keine für sie charakteristischen Gruppen aufgefunden werden[16]. Optimal wirksam ist die salzfreie Pankreasamylase bei p_H 6,0 bis 6,1, die mit Kochsalz aktivierte bei p_H 6,9. Dieser Wert ist auch bei Bestimmungen der Amylase im Blut oder Harn durch Puffer einzuhalten. Ebenso wie die Speichelamylase wird die Pankreasamylase durch Aminosäuren aktiviert[18]. Die aus Kartoffelstärke durch Pankreasamylase gebildeten Grenzdextrine unterscheiden sich nicht von denen

---

[1] HARTWELL, G. A.: Biochem. J. **32**, 462 (1938). — [2] Oppenheimer, Fermente Suppl. **1**, 153 (1936). — KAY, H. D.: Biochem. J. **22**, 855 (1928). — McFARLANE, M. G., L. M. B. PATTERSON and R. ROBISON: Biochem. J. **28**, 720 (1934). — [3] VIRTANEN, A. I., u. P. SUOMALAINEN: H. **219**, 1 (1933). — [4] PURR, A.: Zoo-Amylasen. Bamann-Myrbäck **2**, 1862, bes. Pankreasamylase S. 1876—1883. — Oppenheimer, Fermente Suppl. **1**, 403, 459 (1936). — LESSER, E. J.: Handb. Biochem. **4**, 581 (1925). — WEIDENHAGEN, R.: Handb. Biochem. Erg.-W. **1**/A, 454 (1933). — [5] MEYER, K. H.: Amylasen und ihre Wirkung. Angew. Chem. **63**, 153 (1951). — [6] HOPKINS, R. H.: The actions of the amylases. Adv. Enzymol. **6**, 389 (1946). — [7] WILLSTÄTTER, R., u. M. ROHDEWALD: H. **229**, 255 (1934). — BAMANN, E.: Bamann-Myrbäck **2**, 1416. — [8] PURR, A.: Bamann-Myrbäck **2**, 1894. — KUHN, R.: A. **443**, 1 (1925). — BLOM, J., A. BAK u. B. BRAAE: H. **250**, 104 (1937). — HOLMBERGH, O.: B. Z. **266**, 203 (1933). — [9] WILLSTÄTTER, R., E. WALDSCHMIDT-LEITZ u. A. R. F. HESSE: H. **142**, 14 (1924). — [10] WALDSCHMIDT-LEITZ, E., u. M. REICHEL: H. **204**, 197 (1932). — [11] MEYER, K. H., E. H. FISCHER et P. BERNFELD: Exper. **2**, 362 (1946). — [12] MEYER, K. H., E. H. FISCHER et P. BERNFELD: Exper. **3**, 106 (1947). Helv. **30**, 64 (1947). — [13] FISCHER, E. H., et P. BERNFELD: Helv. **31**, 1831 (1948). — [14] FISCHER, E. H., et P. BERNFELD: Helv. **31**, 1839 (1948). — [15] MYRBÄCK, K.: H. **159**, 1 (1926). — [16] FISCHER, E. H.: I. Int. Congr. Biochem. S. 220. Cambridge 1949. — [17] MYRBÄCK, K., and G. NEUMÜLLER: Sumner-Myrbäck **1**/1, 685 (1950). — [18] SHERMAN, H. C., M. L. CALDWELL and N. M. NAYLOR: Am. Soc. **47**, 1702 (1935).

Tabelle 54. Vergleich der Eigenschaften von α-Amylasen.

Eigenschaft	Amylase aus				
	Malz	B. subtilis	Schweinepankreas	menschl. Pankreas	menschl. Speichel
Aktivität/mg N *	1300	3600	4000	6200	6200
N-Gehalt in %	13,4	14	15,8	15,8	15,8
P-Gehalt in %	0,04	0,01	0,05	0,01	0,01
S-Gehalt in %	0,4	?	0	0	0
SH-Gruppen	+	—	—	—	—
pH-Optimum **	5,3	5,3—6,8	6,9	6,9	6,9
% Löslichkeit bei 2° C u.					
pH 6,5	—	...	0,22	0,23[16] ††	0,23[16] ††
pH 8,5	10	6	6	0,3	0,3
pH 11	...	...	...	schnell löslich	
Molekulargewicht	59500 ***	...	45000	...	...
Elektrophoretische Beweglichkeit $cm^2 \cdot sec^{-1} \cdot volt^{-1} \cdot 10^5$ bei					
pH 6,5	...	...	1,8	6,9[16]	6,9[16]
pH 7,9	3,2	3,2	3,1	3,3	3,3
pH 10,1	...	...	3,55	...	3,75
Aktivierung durch NaCl	—	+	+	+	+
Verzuckerungs- / Dextrinierungs- vermögen †	9,8	9,8 ± 0,2	9,8	9,5	9,6
UV-Absorption[16]			280 mμ	280 mμ	280 mμ

* Mit Reduktionsmethode von K. H. MEYER u. Mitarb.

** In Gegenwart optimaler NaCl-Konzentration.

*** Osmose-Verfahren nach SCHWIMMER, S., and A. K. BALLS: J. biol. Ch. **179**, 1063 (1949).

† Verkleisterungsvermögen colorimetrisch bestimmt mit Jod.

†† Bei 3° C; pH 6,9; 0,02 m Phosphatpuffer; 0,07 m NaCl.

durch andere Amylasen erhältlichen, so daß eine einheitliche Wirkung der Amylasen und ein einheitlicher Bau der Stärke angenommen werden muß[1]. Die Beziehungen der Pankreasamylase zu der des Blutes, der Leber und zum Kohlenhydratstoffwechsel sind besonders von GÜLZOW[2] bearbeitet worden.

Die Bestimmung von Amylase[3—6, 9] im Duodenalsaft erfolgte meist nach WOHLGEMUTH[7] unter Berücksichtigung der anderen Säfte[8] (s. a. S. 161). Die Amylase des Schweinepankreas[9] soll ungefähr 5mal wirksamer sein als die des Hundes[10].

Die *Pankreasmaltase* gehört zu den α-Glucosidasen. Sie ist wenig erforscht[11] und soll zum Teil mit der Darmmaltase im Blutserum[12] und im Harn[12] sowie auch im Pankreas und Darm menschlicher Foeten[13, 14] vorkommen. Ob Maltase im Pankreassaft des Menschen wirklich vorhanden ist, kann auf Grund der alten Arbeiten nicht entschieden werden[14, 15].

[1] MYRBÄCK, K., B. OERTENBLAD u. K. AHLBORG: B. Z. **307**, 49 (1940/41). — MYRBÄCK, K., u. K. AHLBORG: B. Z. **311**, 213 (1942). — PRONIN, S. I.: Biochimia, Moskau **5**, 648 (1940) [C. **1942 I**, 4144]. — [2] GÜLZOW, M.: Kli. Wo. **1941**, 237. Z. klin. Med. **138**, 76, 91 (1940). — GOLDEN, L. A., A. L. SIERACKI, M. B. HANDELS and J. H. PRATT: Amer. J. digest. Dis. **6**, 327 (1939). — [3] AMMON, R., u. E. CHYTREK: Bamann-Myrbäck **3**, 2989. — AMMON, R., u. E. CHYTREK: Ergebn. Enzymforsch. **8**, 107 (1939). — [4] PURR, A.: Zoo-Amylasen. Bamann-Myrbäck **2**, 1862, bes. Pankreasamylasen S. 1876—1883. — [5] BERNFELD, P., et M. FULD: Helv. **31**, 1420 (1948). — [6] BALZER, E., u. K. SCHUSTER: Kli. Wo. **1948**, 559. — [7] WOHLGEMUTH, J.: B. Z. **9**, 1 (1908). — [8] BERGER, W., J. HARTMANN u. H. LEUBNER: Wien. Arch. inn. Med. **28**, 211 (1936). — [9] GAD, I.: Dansk T. Farmaci **23**, 13 (1949). — [10] ROMIJN, C.: Acta brev. neerl. Physiol. **3**, 93 (1933). — [11] WEIDENHAGEN, R.: Bamann-Myrbäck **2**, 1758. — [12] KOKURYO, T.: Jap. J. med. Sci. (II) **2**, 131 (1933). — [13] TACHIBANA, T.: J. Kinki gynec. Soc. **11**, Nr. 6 (1928) [C. **1931 I**, 2216]. — KEENE, M. F. L., and E. E. HEWER: Lancet **216**, 767 (1929). — [14] WEIDENHAGEN, R.: Handb. Biochem. Erg.-W. **1**/A, 448 (1933). — [15] LESSER, E. J.: Handb. Biochem. **4**, 581 (1925). — [16] BERNFELD, P., E. DUCKERT et E. H. FISCHER: Helv. **33**, 1964 (1950).

Nucleasen. Aus frischem Rinderpankreas brachte KUNITZ[1] eine *Ribopolynucleotidase* zur Krystallisation und nannte sie Ribonuclease[1]; sie baut Hefenucleinsäure stark ab. Dabei wird nicht Phosphorsäure frei, sondern niedermolekulare dialysable Spaltstücke. Sie dürfte mit der von JONES[2] entdeckten Pankreasnuclease übereinstimmen. Als Ribonucleodepolymerase[3] wurde sie näher untersucht (s. Bd. **1**, S. 842). Polynucleotidase spaltet Thymonucleinsäure bis zu nicht mehr mit Salzsäure fällbaren, sauren Spaltstücken, ohne daß dabei anorganische Phosphorsäure frei wird[4].

Auch eine *Desoxyribopolynucleotidase* wurde aus Rinderpankreas isoliert[5]. Im getrockneten Rinderpankreas steht die Wirksamkeit der phosphatabspaltenden Mononucleotidasen weit hinter jener der Polynucleotidasen zurück, so daß bei fast völliger Auflösung von Nucleinsäuren nur etwa 5 bis 10% der Gesamtphosphorsäure frei gemacht werden.

Nucleotid-N-ribosidase[6] wurde aus Pankreas von Hunden und Katzen gewonnen; aus Pankreas von Kalb und Rind *Purin- und Pyrimidinnucleotidasen*[7], die Pentose abspalten. Das gefrorene Organ wird im Vakuumexsiccator getrocknet, gepulvert und mit der 40fachen Menge physiologischer Kochsalzlösung extrahiert (s. Bd. **1**, S. 845).

Weitere Enzyme. *Kohlensäureanhydratase*[8] kommt reichlich im Pankreas vor. Näheres s. S. 158.

Eine *Dopaoxydase*[9] wurde im Pankreas von Meerschweinchen, Katzen, Hunden, Rindern und Schweinen auf biologischem Wege infolge Bildung blutdrucksteigernder Amine (Oxytyramin) aus Dioxyphenylalanin nachgewiesen. Die Möglichkeit zur Bildung wirksamer Basen in der Drüse ist gegeben.

f) Die Wirkung des Pankreassaftes bei der Verdauung[10] kann sich erst nach Aktivierung der Vorstufen der eiweißspaltenden Fermente durch Prokinase über den Blutweg oder in vitro durch ein Darmstück und nach Wirkungssteigerung der Pankreaslipase bis auf das 3fache durch Galle, gallensaure Salze, Calciumionen und andere Aktivatoren voll entfalten. Die Amylase und Maltase im Pankreassaft sind auch ohne Zumischung von Darmsaft wirksam. *Reiner Pankreasfistelsaft* ist daher vom Duodenalsaft bezüglich seiner Fermentaktivität grundsätzlich verschieden. Eine genaue und getrennte Schilderung der Wirkung des Pankreassaftes bei normaler Verdauung kann nicht gegeben werden. *Der im Darm aktivierte Pankreassaft* gilt als die wirksamste Verdauungsflüssigkeit, da er alle Fermentgruppen enthält, die für die Verdauung der drei Hauptnährstoffe, Eiweiß, Fette und Kohlenhydrate, nötig sind.

Die Fähigkeit zur *Spaltung einzelner Nährstoffe* ist bei den jeweiligen Fermentabschnitten schon in Bd. **1**, S. 1100ff., behandelt worden. Neuere Verdauungsversuche mit isoliertem, reinem, *menschlichem Pankreassaft*, welche die Ergebnisse der modernen Enzymchemie berücksichtigen, liegen nicht vor. *Reiner Pankreassaft verschiedener Tiere*[11], der durch Enterokinase oder Calciumchlorid aktiviert war, spaltet tierisches und pflanzliches *Eiweiß* unter Bildung von freien Aminogruppen. Die Herkunft des dabei außerdem entstehenden Ammoniaks ist noch ungeklärt, es dürfte sekundär gebildet werden.

---

[1] KUNITZ, M.: Bamann-Myrbäck **2**, 1940. Science, N. Y. **90**, 112 (1939). — [2] JONES, W.: Amer. J. Physiol. **52**, 203 (1920). — [3] SCHMIDT, G., and P. A. LEVENE: J. biol. Ch. **126**, 423 (1938). — [4] FISCHER, F. G., H. LEHMANN-ECHTERNACHT u. I. BÖTTGER: J. prakt. Chem. **158**, 79 (1941). — [5] FISCHER, F. G., I. BÖTTGER u. H. LEHMANN-ECHTERNACHT: H. **271**, 246 (1941). — FISCHER, F. G., u. H. LEHMANN-ECHTERNACHT: H. **278**, 143 (1943). — [6] ISHIKAWA, H., u. Y. KOMITA: J. Biochem. **23**, 351 (1936). — KOMITA, Y.: J. Biochem. **25**, 405 (1937). — [7] KLEIN, W.: H. **231**, 125, bes. 144 (1935). — [8] TUCKER, H. F., and E. G. BALL: J. biol. Ch. **139**, 71 (1941). — [9] HOLTZ, P., K. CREDNER u. C. STRÜBING: A. e. P. P. **199**, 145 (1942). — [10] Babkin S. 466ff. — [11] TERROINE, É. F., et C. LAURESCO: Arch. int. Physiol. **42**, 205 (1935).

Hundepankreassaft zerlegt in vitro 25% der Stärke in Maltose [1]. Ein ähnlicher umfangreicher Abbau findet auch im Darm statt, obwohl die dort herrschende Reaktion vom p_H-Optimum der Amylase ($p_H = 6,1$) erheblich abweicht.

Fettverdauung durch menschlichen Pankreassaft. Man kann berechnen, daß unter Zugrundelegung einer täglichen Saftmenge von 1200 bis 1500 cm³ und einer Lipaseaktivität von 17,5 bis 27,5 cm³ n/10 Fettsäure bei 1stündiger Einwirkung verdaut werden kann: 1037 g oder 1087 g Schweinefett. In Versuchen an Gesunden wurden 12,2 g/kg oder 1002 g (= 99,3%) der berechneten Menge Butter abgebaut und zu 98,6% verdaut und 97,3% verwertet. Dies ist etwa die 16- bis 18fache Menge des Stoffwechselbedarfes, die 4 bis 7 g/kg beträgt [2]. In diesen Versuchen hat allerdings außer dem Pankreassaft auch der gesamte Darmtractus mitgewirkt.

Nach völliger *Ausschaltung des Pankreas* [3] und damit der Pankreaslipase bei Hunden werden im Dünndarm 6 Std nach Olivenöleinnahme nur 2 bis 4% des Fettes zu freien Fettsäuren gespalten, dagegen im Dickdarm bis zu 25% des gesamten Ätherextraktes, und zwar wegen der Tätigkeit der Dickdarmbakterien. Für die Fettverdauung ist der Pankreassaft unbedingt nötig.

Pankreassaft durch eine Transplantation des Ductus pancreaticus in die Gallenblase von Hunden gebracht, zeigt keine Wirkung auf die Gallenblase, solange beide Sekrete durch den Gallengang abfließen können. Wird jedoch der Ductus cysticus abgebunden, so treten schwere Störungen bis Nekrosen auf [4].

4. Die Beteiligung der Galle an der Verdauung [5, 6].

Das zweite Sekret, welches auf den Inhalt des Dünndarmes ergossen wird, ist das Sekret der Leber, die Galle. Bezüglich der Zusammensetzung der Galle, ihrer Absonderung usw. vgl. Bd. 2/2. Hier wird nur der *Einfluß der Galle auf den Abbau der Nahrungsstoffe* kurz geschildert. Die Galle selbst enthält keine Fermente, höchstens eine Amylase [7, 8] und vielleicht eine Lipase [9], die mit Sicherheit bis jetzt nur in der Galle des Schafes festgestellt worden ist, nicht aber bei Mensch und Hund. Beide Fermente spielen aber für die Verdauung im ganzen keine große Rolle. *Trotzdem ist die Galle sowohl für die Spaltung der Eiweißkörper als auch der Fette und vor allem für die Resorption der letzteren ausschlaggebend. Ohne Galle keine normale Spaltung der Fette im Darm.* Sie hilft in ähnlicher Weise wie der Pankreassaft die Fette emulgieren durch die Neutralisation von Säuren und durch Erniedrigung der Oberflächenspannung mittels gallensaurer Salze. Durch Steigerung der Lipaseaktivität fördert die Galle entscheidend die Fetthydrolyse und durch die Bildung von wasserlöslichen Molekülverbindungen auch die Fettsäureresorption.

Die *Eiweißspaltung* wird durch Galle ebenfalls günstig beeinflußt, indem sie die Trypsinwirkung [10–12] unterstützt, so daß auch bei saurer Reaktion optimale Umsätze erfolgen [13]. Galle fördert in vitro bei schwach saurer Reaktion die Wir-

---

[1] Mellanby, J., and V. J. Woolley: J. Physiol., London **49**, 246 (1915). — [2] Voet, R.: Rev. belge Sci. méd. **14**, 89 (1942). — [3] Nothmann, M., u. H. Wendt: A. e. P. P. **162**, 472 (1931). — [4] Reid, S. E.: Surg., Gynec. Obstet. **89**, 160 (1949).

Zusammenfassende Darstellungen über Galle und Verdauung: 5 u. 6. [5] Wohlgemuth, J.: Leber und Galle. Handb. Biochem. Erg.-W. **2**, 332—349 (1934). — [6] Babkin S. 630—758. — Babkin, B. P.: Secretory Mechanism of the Digestive Glands. 2. Aufl. New York 1950.

[7] Löhner, L.: Pflügers Arch. **223**, 436 (1930). — [8] Fossel, M.: Pflügers Arch. **228**, 764 (1931). — [9] Cascao de Anciaes, J.-H.: C. R. Soc. Biol. **113**, 735 (1933). — [10] Rachford, B. K., and Southgate: Med. J. Record. **1895**, 878. — Rachford, B. K.: J. Physiol., London **25**, 165 (1899/1900). — [11] Groll, J. T.: Arch. néerl. Physiol. **4**, 382 (1920). — [12] Heller, O.: Jb. Kinderheilkde. **98**, 129 (1922). — [13] Freudenberg, E.: Z. Kinderheilkde. **46**, 164 (1928).

kung der Base Trypsin, hemmt sie bei alkalischer und läßt sie bei neutraler Reaktion unbeeinflußt[1]. Änderungen der H-Ionenkonzentrationen im Chymus durch Galle müssen daher auch die Tätigkeit der Pankreasfermente beeinflussen. Die Galle wirkt nicht als Aktivator oder Schutz für das Trypsin, sondern erhöht die Dispersität des Darminhaltes und vergrößert dadurch die Oberfläche der zu verdauenden Eiweißkörper. Auf diese Weise wird, ähnlich wie bei der Lipase, die Angriffsmöglichkeit des Trypsins erhöht.

Die Galle hemmt die Pepsinwirkung. Nicht berührt wird hiervon die in größeren Eiweißteilchen durch adsorbiertes Pepsin erfolgende Hydrolyse.

Die ereptischen Fermente sollen im Gegensatz zu den tryptischen durch Gallensäuren gehemmt werden[2]. Über die Aktivierung des Cholesterinesterase durch gallensaure Salze s. Bd. **1**, S. 1087.

Außerdem *regt die Galle die Muskulatur des Dünn- und Dickdarmes an*, so daß die Durchmischung und Fortbewegung des Darminhaltes auch durch die Galle gefördert wird.

Beim Menschen fand Wendt[3] bis zu 73% Fettverluste infolge völligen Ausschlusses der Galle vom Darm; andere geben niedrigere Zahlen an, so daß auch bei komplettem Gallengangverschluß noch mit der Resorption von Fett zu rechnen ist.

5. Der Dünndarminhalt.

a) Die Ergebnisse der Fermentstudien an einzelnen Verdauungssekreten und ihren natürlichen Gemischen. Die gesonderte Erforschung der Bestandteile des Darm- und Pankreassaftes sowie der Galle hat zu neuen grundlegenden Erkenntnissen über die Verdauung geführt, die hier noch kurz zusammengefaßt seien. Zunächst wurden zahlreiche *neue Fermente* und *Fermentvorstufen* aufgefunden. Dabei ist auffallend, daß alle bisher näher bekannten Verdauungsfermente Proteine und nicht Proteide sind. Co-Enzyme hat man bisher als Teile von Verdauungsfermenten nicht festgestellt. Fermente können durch Fermente abgebaut und dadurch unwirksam werden. Jedoch können ihre Vorstufen durch andere Fermente aktiviert werden. Auf diese Weise kommt die *Selbststeuerung der Fermentwirkung durch die Verdauungsfermente zustande*. Prokinase wird im Darmsaft auf einem noch unbekannten Weg in Enterokinase umgewandelt. Dieses Ferment aktiviert durch enzymatische Hydrolyse das Trypsinogen zu Trypsin und dieses wiederum das Chymotrypsinogen zu Chymotrypsin. Trypsin oder Enterokinase wandeln Procarboxypolypeptidase in Carboxypolypeptidase um, so daß die Eiweißspaltung während der Verdauung in gestufter Reihenfolge und in einem dem Bedarf entsprechenden Umfange erfolgt. Der Pankreassaft kann die Eiweißverdauung nur in Zusammenarbeit mit dem Darmsaft, dieser die Peptidspaltung nur mit Hilfe des Pankreassaftes und die optimale Zerlegung der Fette und Kohlenhydrate nur durch Fermente aus den zerfallenden Zellen der Schleimhaut besorgen. Seit Entdeckung des Kathepsins im Magen und Darm weiß man, daß Eiweiß im sauren (Pepsin), neutralen (Kathepsin) und alkalischen (Trypsin) p_H-Bereich abgebaut werden kann. Die schichtweise sich ändernde H-Ionenkonzentration hilft wesentlich mit, die Fermenttätigkeit zu regeln. Die optimale Fermentwirkung im Darm ist an das Zusammenspiel der einzelnen Fermente mit den übrigen Säften, mit bestimmten Zellen und Darmabschnitten, vor allem aber auch mit dem Chymus selbst, an den normalen Ablauf der Resorption und nicht zuletzt auch der nervösen und humoralen Steuerung der Darm-

---

[1] Vonk, H. J., P. A. Roelofsen u. C. Romijn: H. **218**, 33 (1933). — [2] Karasawa, R., u. M. Shoda: J. Biochem. **7**, 129 (1927). — [3] Wendt, H.: Die Fettresorption aus dem Darm und ihre Störungen. Ergebn. inn. Med. **42**, 213 (1932).

tätigkeit gebunden. Da es sich bei den *Darmhormonen*, z. B. dem Secretin und Gastrin, meist um Polypeptide handelt, ist der Gedanke naheliegend, daß diese und noch andere die Säftesekretion anregenden Stoffe durch Proteasen, in der Darmwand, manche zum Teil sogar auch während der Verdauung im Darmlumen gebildet werden, analog der Entstehung von Acetylcholin durch Esterasen aus Lecithin.

Das Studium der Einzelbestandteile der Darmsäfte läßt klar erkennen, daß die chemischen Vorgänge bei der Verdauung auch am unversehrten Menschen und Tier weiter erforscht werden müssen. Daher hat man sich neuerdings auch der Untersuchung des Darminhaltes beim Menschen wieder zugewandt. In den meisten Fällen handelt es sich dabei um Duodenalinhalt. Da der Duodenalinhalt in der Hauptsache aus Pankreassekret besteht, wird er auch als „Pankreassekret" bezeichnet (vgl. S. 156, 133ff.). Es gelingt heute, wenn auch weniger leicht als aus dem Duodenum, aus allen Darmabschnitten auch ohne operative Eingriffe Inhaltsproben herauszuholen, und zwar mehr oder weniger unvermischt mit dem Inhalt anderer Abschnitte (s. S. 144, 156).

b) Die Gewinnung des Darminhaltes geschieht beim Menschen in der Regel durch Darmsonden[1]. Für klinische Untersuchungen hat sich die EINHORNsche Duodenalsonde gut bewährt[2,3] (vgl. S. 86). Sie ist in der Folge vielfach verbessert worden[4,5]. BERGER, HARTMANN u. LEUBNER[3] haben ein Verfahren, analog der fraktionierten Magenausheberung nach KATSCH, ausgearbeitet. Nach Legen einer Duodenalsonde wird von nüchternen Patienten alle 5 min der abfließende Inhalt in einzelnen Gläsern aufgefangen, dann nach 25 bis 50 min 20 cm³ Olivenöl als Reizmittel eingegeben und weiter alle 5 min, im ganzen 2 bis 3 Std lang, der Inhalt gesammelt. Für besondere Zwecke kann man beim Menschen mit der Dünndarmpatrone von VAN DER REIS[6] an jeder beliebigen Darmstelle, wenn auch nicht sofort, mit der Dauer-Darmsonde[7] sogar gleichzeitig und rasch, an zwei gewünschten Punkten des Dünndarmes Inhalt gewinnen. Das Polyfistelverfahren von LONDON[8] erlaubt beim Tier (Hund) an mehreren Stellen des Darmes gleichzeitig oder nacheinander Inhalt zu entnehmen.

Über die *Mengen des Darminhaltes* bei Hunden vgl. S. 147, Tab. 41. Über die *Reaktion des Darminhaltes* s. S. 149, Tab. 44.

c) Der Duodenalinhalt des Menschen[9] besteht in der Hauptsache aus Pankreassaft und Galle und zum kleinen Teil aus Darmsaft. Er ist in seiner *chemischen Zusammensetzung* noch nicht systematisch untersucht worden. Der Inhalt ist fast immer klar, also zellarm[10]. Die *Farbe* schwankt von blaßgelb, grüngelb, gelb bis schwarzgrün, meist ist sie goldgelb durch Bilirubin. Die *Konsistenz* ist zähflüssig bis dünnflüssig, das spez. Gewicht 1,006 bis 1,009. Die *Reaktion*[11] *des Nüchtern-*

---

[1] UHLMANN, F.: Methoden zum Studium der Funktionen des Magendarmkanals. Handb. biol. Arb.-Meth. Abt. IV, Teil 6/1, 463—620, bes. 531, 537 (1926). — FREUDENBERG, E., u. H. WITTICH: Jejunalsondierung. Z. Kinderheilkde. **52**, 696 (1932). — [2] FRIEDRICH, L. v.: Die Untersuchung des Duodenalinhaltes. Handb. biol. Arb.-Meth. Abt. IV, Teil 6/1, 913—964 (1926). — [3] BERGER, W., J. HARTMANN u. H. LEUBNER: Wien. Arch. inn. Med. **28**, 1, 211 (1936). — Müller-Seifert 66. Aufl. S. 132. — [4] ALLODI, A., e A. BELLOMO: Arch. ital. Mal. Appar. diger. **7**, 97 (1938). — [5] ÅGREN, G., u. H. LAGERLÖF: Acta med. scand. **90**, 1 (1936). — [6] REIS, V. VAN DER: Untersuchung des Dünndarminhaltes vermittels der „Dünndarmpatronenmethode" ohne Elektromagnet. Handb. biol. Arb.-Meth. Abt. IV, Teil 6/1, 621 bis 654 (1926). — [7] HINRICHS, A.: Dtsch. Z. Verd.- u. Stoffw.-Krankh. **4**, 1 (1940). — [8] LONDON, E. S.: H. **45**, 381 (1905). Die Polyfistelmethode. Handb. biol. Arb.-Meth. Abt. IV, Teil 6/2, 1107—1136 (1932). — [9] SCHEUNERT, A., u. F. W. KRZYWANEK: Handb. Biochem. **5**, 158ff. (1925). — SCHEUNERT, A.: Handb. Biochem. Erg.-W. **2**, 467 (1934). — WOLODIN, A. N.: Arch. Verd.-Krankh. **52**, 274 (1932). — [10] DELOCH, E.: Mitt. Grenzgeb. Med. Chir. **35**, 265 (1922). — [11] GOTSCHLICH, E.: Dtsch. Arch. klin. Med. **159**, 288 (1928).

inhaltes ist bei Gesunden neutral (p_H 7,07), während der Verdauung[1] schwankt der p_H-Wert in weiten Grenzen von p_H 5,9 — **7,02** — 8,23, meist ist die Reaktion sauer. Eine eng begrenzte Reaktion kann für den Duodenalinhalt wegen der erheblichen Schwankungen nicht angegeben werden.

VAN DER REIS[2] bestimmte in den Darmpatronenproben aus dem Dünndarm von 63 Gesunden mit der Gaskette und der MICHAELISschen Indicatorenmethode die aktuelle Reaktion (s. Tabelle 55). Die Werte liegen fast durchweg im sauren

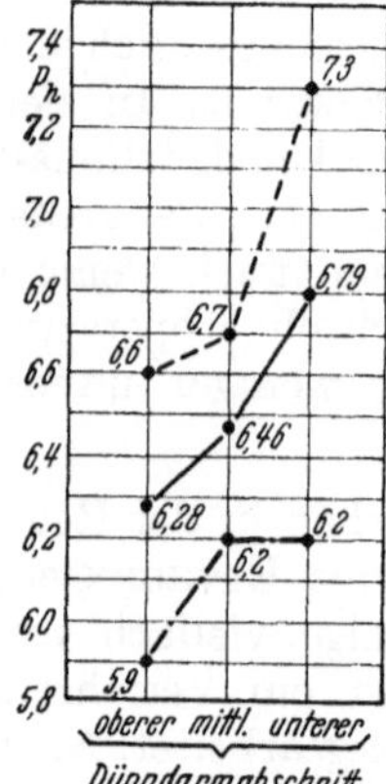

Abb. 20. Aktuelle Reaktion im ingestafreien, normalen Dünndarm. Nüchternwerte von 63 Normalpatienten. — — — Maximalwerte, —— Durchschnittswerte, — · — Minimalwerte.

Tabelle 55. p_H-Werte im menschlichen Dünndarminhalt[2].

Dünndarmabschnitte	Ingestafreier Inhalt
Oberer Teil	5,9 — **6,28** — 6,6
Mittlerer Teil	6,2 — **6,46** — 6,7
Unterer Teil	6,2 — **6,79** — 7,3

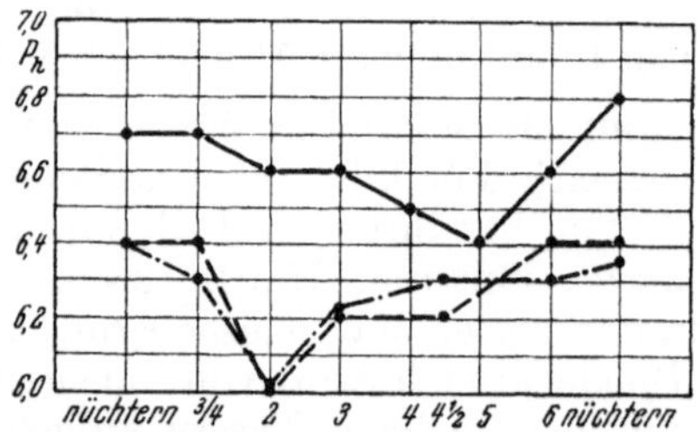

Abb. 21. Einfluß des Speisebreis auf den Ablauf der Reaktion. p_H im Dünndarm von Normalpatienten nach Einnahme von 200 g Mondaminbrei, 150 g Rübengemüse, 100 g Kartoffeln. — · — oberer Darmabschnitt, — — mittlerer Darmabschnitt, —— unterer Darmabschnitt.

Gebiet, und zwar auch nach Nahrungsaufnahme (s. Abb. 20 u. 21). Nach GANTER u. VAN DER REIS[2] sowie FREUDENBERG u. WITTICH[3] ist die aktuelle Acidität im Duodenum des Erwachsenen und des Säuglings längere Zeit im Bereich von p_H 5 bis 6. Hier kann das Trypsin noch nicht katalytisch tätig sein, da sein p_H-Optimum bei p_H 8 liegt. Trotzdem wird die Eiweißverdauung im Magenchymus nach seinem Übertritt in den Dünndarm nicht unterbrochen, da das Kathepsin des Duodenums das Magenpepsin und -kathepsin ablöst, bis schließlich im alkalischen Milieu das Trypsin und die Peptidasen die abschließende Arbeit leisten. Nach FREUDENBERG erfolgt in keinem Fall ein unvermittelter Übergang von p_H 2 nach p_H 8, sondern ein stetig langsamer Wechsel.

Beim Säugling[4] ist der Duodenalinhalt stets sauer (p_H 4,56 bis 5,54), auch in den tieferen Darmabschnitten[3, 5], z. B. Nüchternwert im Jejunum: p_H 6,7 bis 7,2, während der Verdauung p_H 4,5 bis 6,3. p_H-Werte im Darminhalt bei Tieren s. SCHEUNERT[6].

Nach einer Probemahlzeit, bestehend aus einem Glas halbverdünnter Milch, fand man[7] im frischen Duodenalinhalt des Menschen: 2,15% *Trockensubstanz*, 0,67 g% *Asche*, 380 mg% Cl, 30 mg% formoltitrierbaren N und 20 mg% P.

[1] HUME, H. V., W. DENIS, D. N. SILVERMAN and E. L. IRWIN: J. biol. Ch. **60**, 633 (1924). — NORGAARD, A., u. T. E. H. THAYSEN: Acta med. scand. **68**, 18 (1928); Suppl. **26**, 390 (1928). — TUOMIKOSKI, V.: Skand. Arch. Physiol. **64**, 201 (1932). — [2] REIS, V. VAN DER: Ergebn. inn. Med. **27**, 77, bes. 127 (1925). — GANTER, G., u. V. VAN DER REIS: D. m. W. **1920**, 236. Dtsch. Arch. klin. Med. **137**, 348 (1921). — [3] FREUDENBERG, E., u. H. WITTICH: Z. Kinderheilkde. **52**, 696 (1932). — [4] MÜLLER, FRITZ: Z. Kinderheilkde. **43**, 571 (1927). — SCHIFF, E., E. ELIASBERG u. K. MOSSE: Jb. Kinderheilkde. **102**, 289 (1923). — [5] BRÜHL, H., u. E. FREUDENBERG: Kli. Wo. **1929 II**, 1608. — [6] SCHEUNERT, A.: Handb. Biochem. Erg.-W. **2**, 468 (1934). — [7] GROSS, M., OFELE u. M. ROSENBERG: Wien. klin. Wschr. **23**, 1165 (1910).

Fermentbestimmungen. Die *Trypsin*wirkung wird im Duodenalinhalt gegenüber Casein nach SOERENSEN[1], die *Lipase*[2] nach RONA-KLEINMANN, die *Amylase* nach WOHLGEMUTH[3] bestimmt (s. S. 162 Tab. 52).

Vor der Verabfolgung von Gallenreizmitteln hat man[4] bei Gesunden und Gallenblasenkranken an *Gesamtgallensäuren* 74 — **265** — 414 mg% sowie 3,8 — **7,8** — 16,6 mg% *Bilirubin*[5] und 30 min nach Cholereticagaben 140 — **400** — 521 mg% Gesamtgallensäuren und 5,1 — **24,3** — 164,1 mg% Bilirubin gefunden. Der Duodenalinhalt von 5 Menschen[6] enthielt 160 — **272** — 406 mg% Cl; seine potentielle Alkalinität entsprach einer 0,02 — **0,056** — 0,09 n Lauge. Analoge Werte beim Hund[7] waren 307 mg% Cl und 0,04 n Lauge.

FREUDENBERG[8] hat 1940 im Sondeninhalt des kindlichen Magens und 1946 auch im Duodenum ein *Kathepsin* festgestellt. Es wirkt optimal bei p_H 4 bis 5 auf das Milcheiweiß Casein, dessen isoelektrischer Punkt bei p_H 4,7 liegt. Sein p_H-Optimum gegenüber Ovalbumin, Gelatine, Edestin und Gliadin ist mit dem p_H-Bereich von 3,5 bis 4,5 ebenfalls mehr im sauren Gebiet als der isoelektrische Punkt (p_H 4,6 bis 5,5) der Eiweißkörper. Kathepsin zerstört bei p_H 3 das Trypsin und auch ereptische Fermente, greift aber Peptone nicht an. Es ist alkaliempfindlich, wird bei der Reaktion des Pankreassaftes (p_H 8) in kurzer Zeit geschädigt und innerhalb von 2 Std völlig zerstört. Durch H_2S wird es aktiviert. Sein Temperaturoptimum liegt bei 60° C. Es ist nicht mit dem Magenkathepsin identisch und stammt sicher weder aus der Galle noch aus dem Pankreassaft oder den Leukocyten, sondern wahrscheinlich aus den BRUNNERschen Drüsen der Duodenalschleimhaut. BOLDYREFF[9] fand ein *milchkoagulierendes Enzym* im Dünndarmsaft des Hundes aus einer THIRY-VELLA-Fistel. FREUDENBERG mißt dem Duodenalkathepsin hohe Bedeutung für die Eiweißverdauung zu, insbesondere für den ununterbrochenen Ablauf der Proteolyse bei der H-Ionenkonzentration des Chymus, nicht des reinen Verdauungssekretes, da der p_H-Wert durch die Pufferwirkung der Proteine während seiner Hydrolyse mitbestimmt wird. Verglichen mit dem Magenkathepsin, ist seine Wirkung in quantitativer Hinsicht nicht groß. Es ist auch zur Plasteinbildung, d. h. zur Vermehrung von fällbarem Stickstoff, befähigt (Bd. **1**, S. 1128). Diese Eigenschaft ist im Hinblick auf die Umbaumöglichkeiten von kolloiden Trägern der Verdauungsfermente und der Polypeptidstruktur mancher Darmhormone weiterer Beachtung wert.

Über die von THANNHAUSER[10] erstmals festgestellte Zerlegung von Nucleinsäuren durch Nucleasen im menschlichen Duodenalinhalt s. S. 128, über die Lipase[11] s. S. 124.

Schutzstoffe gegen Bakterien sind im menschlichen Duodenalinhalt sicher nachgewiesen. Die von LÖWENBERG[12] im Duodenalinhalt aufgefundenen „Bactericidine" sind gegen Bakterien, ähnlich wie Galle, Pankreassaft und Darmschleimhaut, wirksam. Sie gehen in den

---

[1] LEUBNER, H.: Arch. Verd.-Krankh. **63**, 14 (1938). Dtsch. Z. Verd.- u. Stoffw.-Krankh. **1**, 145 (1938/39). — [2] LEUBNER, H.: Dtsch. Z. Verd.- u. Stoffw.-Krankh. **1**, 155 (1938/39). — [3] BERGER, W., J. HARTMANN u. H. LEUBNER: Wien. Arch. inn. Med. **28**, 1, 211 (1936). — [4] FRANKE, H., u. H. BANDA: Kli. Wo. **1941**, 1003. — [5] s. a SPIEGELHOFF, W., u. G. GNANN: Kli. Wo. **1950**, 719. — [6] WILHELMJ, C. M., L. C. HENRICHS, I. NEIGUS and F. C. HILL: Amer. J. Physiol. **109**, 112 (1934). — [7] WILHELMJ, C. M., L. C. HENRICHS, I. NEIGUS and F. C. HILL: Proc. Soc. exp. Biol. Med. **31**, 969 (1934). — [8] FREUDENBERG, E.: Verh. schweiz. naturforsch. Ges. **1944**. [Schweiz. med. Wschr. **75**, 709, 735 (1945)]. Ann. paediatr., Basel **166**, 77 (1946). — BUCHS, S., u. E. FREUDENBERG: Ergebn. inn. Med. (N. F.) **2**, 544 (1951). — [9] BOLDYREFF, W. N.: Fermentforsch. **9**, 156 (1927). — [10] THANNHAUSER, S. J.: H. **91**, 329 (1914). — THANNHAUSER, S. J., u. G. DORFMÜLLER: H. **100**, 121 (1917). — THANNHAUSER, S. J., u. G. BLANCO: H. **161**, 126 (1926). — [11] SCHMIDT-OTT, A., u. K. H. STAUDER: Dtsch. Arch. klin. Med. **163**, 156 (1929). — BALZER, (E.): Kli. Wo. **1950**, 661. — [12] LÖWENBERG, W.: Kli. Wo. **1926 I**, 548; **II**, 1868. — RUSSEL, G. R.: Z. Kinderheilkde. **52**, 201 (1931).

Alkoholextrakt über, sind ultrafiltrierbar und ziemlich thermostabil. Duodenalinhalt 1:250 verdünnt, tötet innerhalb von 24 Std Colibakterien durch „*Bakterieidine*" ab[1]. Sie werden als Sekret der Darmschleimhaut aufgefaßt. „*Inhibine*", d. h. Stoffe, die das Wachstum der Bakterien hemmen, diese aber nicht abtöten, sind in allen Darmabschnitten des Kaninchens, am regelmäßigsten im mittleren Dünndarm, festgestellt worden[2].

d) Der Ileuminhalt. Innerhalb von 2 bis 9 Std nach Nahrungsaufnahme ist beim Menschen der Nahrungsbrei an dem Ostium ileocaecocolicum angelangt[3]. Sein Aussehen ist halbflüssig, dickbreiig und durch Bilirubin gelb gefärbt; sein Geruch ist fade, niemals deutlich fäkal, es fehlen also noch Indol und Skatol. Die *Reaktion* ist alkalisch, nach der Hauptmahlzeit meist sauer. Der Ileuminhalt enthält nach HEUPKE[4,5] reichlich Schleim und Fermente, nur ganz vereinzelt Stärke, wenig zahlreiche Muskelfasern und einige kleine Fetttropfen. Die Bakterien sind gegenüber den oberen Abschnitten schon reichlich vermehrt und meist grampositiv. Fett und Eiweiß sind im unteren Ileum fast vollkommen verdaut, während noch verhältnismäßig viel Kohlenhydrate vorhanden sind. Sie bestehen zum Teil aus Stärke, pflanzlichen Zellwänden und etwa 5 bis 20 g reduzierenden Substanzen, das sind etwa 4- bis 10mal mehr als im Stuhl des Gesunden bei gleicher Kost. Durch Verdauung entstandene Spaltstücke aus Eiweißkörpern und Kohlenhydraten sind nicht nachweisbar, kein koagulierbares Eiweiß, keine Aminosäuren, keine Glucose außer bei sehr kohlenhydratreicher Kost. Flüchtige Fettsäuren, aromatische Säuren und Gallenfarbstoffe sind vorhanden, Phenole können ganz fehlen. Dieser Chymus wird im Colon durch bakterielle Einflüsse und durch Rückresoption von Wasser in Kot umgewandelt.

e) Die Bakterien im Dünndarminhalt[6–8]. Die bactericiden Eigenschaften des Dünndarmes richten sich nur gegen gewisse Keime, so daß dadurch eine dauernd vorhandene, sog. dauernd „darmeigene" oder „obligate", aber artenarme Dünndarmflora ermöglicht wird. Daneben gibt es eine vorübergehend vorkommende, mit der Nahrung wechselnde „darmfremde" oder „fakultative" Flora. Um Verwechslungen mit den „obligat" bzw. „fakultativ" aerob oder anaerob lebenden Mikroben zu vermeiden, sei hier die deutsche Bezeichnung gewählt. Die Untersuchung mit der Darmpatrone nach VAN DER REIS[7] und andere Beobachtungen ergaben, daß der obere und mittlere Dünndarm nur eine sehr spärliche Bakterienflora enthält und der Duodenalinhalt[6, 10] beim Menschen in 50% der Fälle keimfrei ist. Distal wird die Flora bis zum Dickdarm reichlicher und mannigfaltiger[7, 9, 11]. Dauernd darmeigen sind milchsäurebildende Bakterien im mittleren Dünndarm hauptsächlich Bact. lactis aerogenes, im unteren Teil Bact. coli aerogenes und im unteren Ileum vorherrschend grampositive Mikroorganismen[12]. Neuere Untersuchungen stehen damit allerdings in Widerspruch[13]. Gesunde Menschen enthielten als häufigste *Bakterien im Oesophagus*: Strepto-

---

[1] MEYER, KURT, u. W. LÖWENBERG: Kli. Wo. **1928 I**, 984. — [2] MERKEL, H. H.: Diss. med. Freiburg i. Br. 1940 [Ber. Physiol. **132**, 426]. — [3] GRAAFF, W. C. DE, u. W. NOLEN: Ned. Maandschr. Geneeskde. (N. F.) **10**, 113 (1921). — [4] HEUPKE, W.: Die Faeces des Menschen. S. 6. Dresden, Leipzig 1939. — [5] HEUPKE, W., u. F. SCHÜLEIN: Dtsch. Z. Verd.- u. Stoffw.-Krankh. **1**, 20 (1938/39). — [6] SCHEUNERT, A., u. F. W. KRZYWANEK: Dünndarmflora. Handb. Biochem. **5**, 176 (1925). — SCHEUNERT, A.: Handb. Biochem. Erg.-W. **2**, 474 (1934). — [7] REIS, V. VAN DER: Kli. Wo. **1923 II**, 1479. Die Darmbakterien der Erwachsenen und ihre klinische Bedeutung. Ergebn. inn Med. **27**, 77—168, bes. 111 (1925). — [8] SCHIEBLICH, M.: Handb. Mangold **2**, 310. — [9] BOGENDÖRFER, L.: Dtsch. Arch. klin. Med. **140**, 257 (1922). Kli. Wo. **1924 I**, 558. — [10] OLIVET, J.: Kli. Wo. **1926 I**, 307. — KENDALL, A. I., A. A. DAY, A. W. WALKER and R. C. HANER: J. infect. Dis. **40**, 677 (1927). — [11] GOLDMAN, A.: J. infect. Dis. **34**, 459, 502, 509 (1924). — [12] PAULSON, M.: Bull. Johns Hopkins Hosp. **45**, 315 (1929). — s. a. BAUMGÄRTEL, T.: Physiologie und Pathologie des Bilirubinstoffwechsels als Grundlagen der Ikterusforschung. S. 111 ff. Stuttgart 1950. — [13] NICHOLS, A. C., and P. M. GLENN: J. Lab. clin. Med. **25**, 388 (1940).

kokken, *im Magen- und Ileuminhalt*: Streptokokken (besonders Streptococcus alpha) und anhämolytische Mikrokokken. Andere Bakterien, wie Cl. welchii, sporenbildende Anaerobier, B. coli commune und communius, konnten im Ileuminhalt des gesunden nüchternen Menschen nicht nachgewiesen werden. Dünndarminhalt, direkt untersucht, ergab ein Überwiegen der gramnegativen Bakterien[1]. Im menschlichen Dickdarm sind 200 Spezies von anaeroben Bakterien bekannt[2]. Obligate Anaerobier hat VAN DER REIS im ingestafreien normalen menschlichen Dünndarm nicht gefunden[3], NICHOLS u. GLENN[1] dagegen wohl. Nahrung, H-Ionenkonzentration, Abwehrkräfte beeinflussen Art und Zahl der Keime im Darm. Der Dünndarm des Säuglings enthält nur eine sehr dürftige Flora, erst im unteren Teil des Ileums treten die Bakterien der Coliaerogenes-Gruppe zahlreicher auf[4] (s. a. über Hemmungsstoffe S. 172). Im Dünndarm des Menschen bleiben also die bakteriellen Vorgänge auf Kohlenhydratgärungen beschränkt, Cellulose wird dort nicht abgebaut, und Eiweißfäulnis ist lediglich durch Bact. coli möglich, aber wegen des Mangels an anaeroben Fäulniserregern unbeträchtlich[5]. Die bakterielle Hydrierung von Gallenfarbstoffen im Dünndarm kann nur für das untere Ileum angenommen werden; eindeutige Versuche fehlen. Anders liegen natürlich die Verhältnisse bei Darmerkrankungen und bei Tieren[6, 7], insbesondere bei den Wiederkäuern[8].

Bakterien aus dem Dünndarm des Hundes reduzieren S-Verbindungen, wie z. B. Cystin, Taurin, Methionin, Na_2SO_4, Na-Sulfit, Na-Thiosulfat und freien Schwefel zu Schwefelwasserstoff. Cystin wird am besten, bis zu 45,3%, reduziert[9].

Die „antibiotische Wirkung" der Darmsymbionten und der bakteriostatische Einfluß etwaiger Parasiten und infektionsbedingender Fremdbakterien ist noch nicht untersucht.

6. Der Ablauf der Dünndarmverdauung[10].

Die im vorstehenden geschilderten, einzelnen Eigenschaften des Darmes, seiner Säfte und Fermente bilden die Grundlage für die systematische Verfolgung des Ablaufes der Verdauung im unversehrten Darm. Nach Aufnahme einer genau bekannten Nahrung ist zu bestimmten Zeiten an den jeweiligen Darmabschnitten Darminhalt zu entnehmen und auf die fortschreitende Spaltung und Resorption zu untersuchen. Die bisher vorliegenden Versuche weichen in der Wahl der Versuchstiere, der Art und Zubereitung des Futters, in Zeit und Ort der Entnahme, in Umfang und Art der Bestimmung der Chymusbestandteile oft weit voneinander ab, so daß Vergleiche kaum möglich sind. Versuche an Menschen müssen sich auf Ausheberungen von Chymus oder auf gelegentliche Untersuchungen an Fistelträgern beschränken. Daher sind unsere Kenntnisse auf diesem Gebiet noch gering.

Die Verdauung der drei Hauptnährstoffe (Eiweiß, Kohlenhydrate und Fette) erfolgt im Dünndarm durch das Zusammenwirken der Fermente je nach Ort und

---

[1] s. S. 172[13]. — [2] PRÉVOT, A. R.: C. R. Soc. Biol. **133**, 246 (1940). — PRÉVOT, A. R., et R. VEILLON: C. R. Soc. Biol. **133**, 249 (1940). — [3] REIS, V. VAN DER: Kli. Wo. **1923 II**, 1479. Die Darmbakterien der Erwachsenen und ihre klinische Bedeutung. Ergebn. inn. Med. **27**, 77—168, bes. 111 (1925). — [4] BESSAU, G., u. O. BOSSERT: Jb. Kinderheilkde. (3) **89**, 213 (1919). — [5] DERNBY, K. G.: B. Z. **126**, 105 (1921/22). — [6] SCHIEBLICH, M.: Handb. Mangold **2**, 310 (1929). — [7] SCHEUNERT, A., u. M. SCHIEBLICH: Einfluß der Mikroorganismen auf die Vorgänge im Verdauungstraktus bei Herbivoren. Handb. Physiol. **3**, 967—1000 (1927). — [8] MANGOLD, E.: Die Bedeutung der Magen- und Darmsymbionten der Wirbeltiere. Ergebn. Biol. **19**, 1—81 (1943). — [9] ANDREWS, J. C.: J. biol. Ch. **122**, 687 (1937/38). — [10] SCHEUNERT, A., u. F. W. KRZYWANEK: Die Dünndarmverdauung. Handb. Biochem. **5**, 156—180 (1925). — SCHEUNERT, A.: Handb. Biochem. Erg.-W. **2**, 469 (1934).

Zeit der Verdauung verschieden. Nach MANGOLD[1] verdaut der Hund Eiweiß, Fette, Stärke aus den meisten Nahrungsmitteln sehr gut, bis zu 95%. Beim Menschen ist die Ausnutzung der Nährstoffe in der Regel ebenso gut.

a) Die Verdauung des Eiweißes. In seinen Versuchen über die *Ausnutzung der Nahrungsmittel beim Menschen,* also nach Verdauung und Resorption im ganzen Darm, fand RUBNER[2] bei einseitiger Fleischkost, wenn z. B. im Mittel 738 bis 884 g gebratenes Fleisch oder 948 g Eier pro Tag gegessen wurden, eine vermehrte N-Ausscheidung im Kot von nur 2,5 bis 2,8% des gesamten eingeführten Stickstoffes, d. h. 97,2 bis 97,5% des Nahrungs-N gelangen in den Körper. Bei alleiniger Milchnahrung (4100 g pro Tag) sind die Verluste im Kot größer (12% N). Pflanzliche Nahrung wird nicht so gut und im wechselnden Umfang verwertet. Bei Roggenbrot beträgt z. B. der N-Verlust durch den Kot 22 bis 48%, je nach Ausmahlung. Ähnlich verhalten sich andere Vegetabilien. Sehr gut verdaut werden Weizenbrot, Reis und sehr fein zerteilte oder durch die Zubereitung weitgehend aufgeschlossene vegetabilische Nahrungsmittel. Die N-Ausnutzung der Pflanzenkost hängt außer von der Zubereitung hauptsächlich ab von der Art und Menge der Cellulose (Rohfaser), von den durch Gärung entstehenden, peristaltikanregenden, organischen Säuren und von der fermentativen Zerlegbarkeit der pflanzlichen Eiweißstoffe.

Vom Gesunden wird *Eiweiß im Dünndarm* bis zu den Aminosäuren aufgespalten. Die Aminosäuren reichern sich jedoch wegen der gleichzeitig einsetzenden Resorption im Darm nicht an.

Ein großer Jagdhund wurde mit 500 g feingehacktem, rohem Ochsenfleich gefüttert. Er lieferte 6 Std später aus der 8 Tage vorher in der Mitte des Dünndarmes angelegten Fistel 500 cm³ eines dickflüssigen, schleimigen Chymus, aus dem 2,3 g Leucin, 0,13 g Tyrosin und 0,5 g Lysin isoliert werden konnten[3]. Ein anderer Hund, der mit 1 kg magerem, rohem Ochsenfleich gefüttert wurde, hatte 6 Std später die Hauptmenge davon noch im Magen, im Dünndarm aber nur etwas schleimige, gallig verfärbte Flüssigkeit, in der sich keine biuretgebende Substanz, aber Tyrosin und Leucin nachweisen ließen. In einem weiteren Fütterungsversuch an einem Hund konnten 12 und 19 Std nach Aufnahme von jeweils 500 g Fleisch aus dem Dünndarmchymus Leucin, Tyrosin, Lysin, Arginin, aber kein Histidin isoliert werden. Wasserlösliche Peptide waren nur in Spuren vorhanden[3].

Die Menge der Aminosäuren im Dünndarm ist nach ABDERHALDEN[4] eine beträchtliche, die Peptone scheinen aber stets zu überwiegen[5]. In Versuchen an Menschen mit Darmfisteln, am Hund, Schwein, Pferd, Rind sind Aminosäuren wiederholt festgestellt worden[4]. ABDERHALDEN[6] fand zunächst beim Schwein, aber auch bei Pferd, Rind und Hund in allen Darmabschnitten fast alle damals bekannten Aminosäuren (s. Tabelle 56).

Außer den in Tabelle 56 angeführten Aminosäuren gelang es ABDERHALDEN[7], als erstes Peptid aus dem Darminhalt des Schweines Glycyl-phenylalanin krystallin und analysenrein zu isolieren.

Bebrütung von Darmchymus in vitro führt wegen mangelnder Resorption zu einer beträchtlichen Vermehrung der Aminosäuren. Bei einem Versuch am *Hund* waren nach 6 Std 66% der durch Hydrolyse mit konz. Salzsäure erzielbaren Amino-N-Mengen ent-

---

[1] MANGOLD, E.: S.-B. Ges. naturforsch. Freunde Berlin. **1940**, 36 [Ber. Physiol. **125**, 256]. —NOELLE, E.: Biedermanns Zbl. **13**, 279 (1941). — [2] RUBNER, M.: Z. Biol. **15**, 115 (1879). — Näheres s. PINCUSSEN, L.: Die Ausnutzung der Nährstoffe. Handb. Biochem. **5**, 295—344 (1925); Erg.-W. **2**, 516—521 (1934). — [3] KUTSCHER, F., u. J. SEEMANN: H. **34**, 528 (1901/02). — s. a. ABDERHALDEN, E., W. KLINGEMANN u. T. PAPPENHUSEN: H. **71**, 411 (1911). — [4] ABDERHALDEN, E., u. F. KRAMM: H. **77**, 425 (1912). — [5] ABDERHALDEN, E.: H. **74**, 436 (1911). — [6] ABDERHALDEN, E.: H. **78**, 382 (1912). — [7] ABDERHALDEN, E.: H. **81**, 315 (1912).

Tabelle 56. Vorkommen von Aminosäuren im Darmchymus des Schweines[1].

Aminosäuren	Jejunum			Ileum	
	1. Drittel	2. Drittel	3. Drittel	1. Hälfte	2. Hälfte
Glykokoll	?	+		+	+
Alanin	+	+	+	+(?)	+(?)
Valin	+(?)	+(?)	+	+(?)	+(?)
Leucin	++	++	+	++	++
Isoleucin	+(?)				+
Glutaminsäure	++	++	++	++	++
Asparaginsäure	+(?)	++	++	++	++
Phenylalanin	+	+(?)	+(?)	+	+
Tyrosin	++	++	++	++	++
Prolin	++	++	++	+(?)	++
Cystin	+				
Tryptophan	+				

(?) = nicht ganz rein erhalten.

standen[2]. Die Spaltprodukte der Eiweißstoffe verzögern in vitro die weitere Hydrolyse[3], wohl dadurch, daß sie die Proteasen zum Teil binden. *Im Darm* gehen Verdauung und Resorption Hand in Hand. Die Eiweißspaltung läuft in vivo rascher ab, da nach Resorption der Spaltstücke die Proteasen neu zur Verfügung stehen. Die Möglichkeit einer Beteiligung von Enzymspaltstückverbindungen an der Resorption ist daher gegeben.

Verschiedene Eiweißstoffe widerstehen der Verdauung durch Pepsin-HCl oder durch tryptische und ereptische Enzyme. Kochen oder andere Zubereitungen und die Verdauung im Magen können einzelne Nahrungsstoffe so verändern, daß sie in den tieferen Teilen des Verdauungskanales dennoch abgebaut werden. Das gilt besonders für Elastin[4], genuines Eiereiweiß[4, 5], Serumeiweiß und für das rohe Bindegewebe, das bei mangelhafter Magenverdauung durch Trypsin nicht angegriffen wird und in den Faeces mikroskopisch nachgewiesen werden kann. Auf dieser Tatsache beruhen verschiedene klinische Funktionsproben[6–8].

b) Die Verdauung der Kohlenhydrate, der Stärke und Disaccharide, erfolgt im Dünndarm leicht bis zu den Monosacchariden. Die Amylase des Pankreas (von Rind, Hammel) übertrifft die Darmamylase an Wirkung bei weitem. Ihre Wirksamkeit im p_H-Bereich zwischen p_H 6 bis 8,4 (Optimum 6,7 bis 6,9) sichert ihre Tätigkeit im Verlauf des ganzen Darmes[9]. Aus allen Teilen des Dünndarmes läßt sich amylatisch wirksamer Inhalt gewinnen[10].

Die Amylase des Speichels kann nach der Ansicht von SCHEUNERT[11] dem Abbau im Magen entgehen und im Darm reaktiviert werden. Eine wichtige Rolle spielt sie aber im Tierdarm nicht, da sie im Tierspeichel meist fehlt. Der Nachweis von wirksamer Speichelamylase ist im menschlichen Darm noch nicht gelungen (s. Identität mit Pankreasamylase S. 164).

Cellulose[12] *und Pentosane* werden im Dünndarm des Menschen und der Fleischfresser nicht angegriffen, *Inulin*[13] wahrscheinlich nur wenig. Durch lang dauernde

---

[1] s. S. 174[6]. — [2] ABDERHALDEN, E., u. F. KRAMM: H. **77**, 425 (1912). — [3] ABDERHALDEN, E., u. A. GIGON: H. **53**, 251 (1907). — [4] ABDERHALDEN, E., u. C. J. V. PETTIBONE: H. **81**, 458 (1912). — [5] SCHEUNERT, A.: Die physiologische Bedeutung der Rohkost. Verh. Ges. Verd.-Krankh. **1929**, 166, bes. 167. — [6] SCHMIDT, AD.: Die Funktionsprüfung des Darmes mittels der Probekost. Wiesbaden 1904. — [7] SCHMIDT, AD., u. J. STRASBURGER: Die Faeces der Menschen. 4. Aufl. S. 136 ff. Berlin 1915. — [8] SCHÜTZ, R.: Dtsch. Arch. klin. Med. **94**, 125 (1908). — [9] BÖHNE, C.: Fermentforsch. **6**, 200 (1922). — [10] MARX, A. V.: Arch. Verd.-Krankh. **41**, 180 (1927). — [11] SCHEUNERT, A.: Handb. Biochem. **5**, 170 (1925). — [12] SCHEUNERT, A.: Handb. Biochem. **5**, 171 (1925); Erg.-W. **2**, 471 (1934). — [13] HEUPKE, W., u. K. BLANCKENBURG: Dtsch. Arch. klin. Med. **176**, 182 (1933/34).

Fütterung von Inulin und *Lichenin*[1] an Kaninchen werden Fermente zur Spaltung dieser Reservekohlenhydrate gebildet, ob vom Kaninchen selbst oder von dessen Darmsymbionten, ist ungeklärt. Die Gewöhnung an eine zunächst nicht ferment-vertraute Nahrung ist jedoch eine so wesentliche Eigenschaft des Körpers, daß sie weitere Beachtung verdient.

c) Die Verdauung der Fette wird im Dünndarm in erster Linie von der Pankreaslipase und dann auch von der Darmsaftlipase besorgt. Bei der Fettverdauung spielt nicht nur der Schmelzpunkt der Fette sondern auch die Emulgierbarkeit eine Rolle; Speck wird z. B. nur zu 83%, Butter und Palmin[2] dagegen zu 98% ausgenützt. Die Ansichten über die Verdauung des Lecithins sind widersprechend. Manche nehmen an, es werde ungespalten aufgenommen[3]. Hirn, das zu etwa 50% der Trockensubstanz aus Fettstoffen, darunter etwa zu 28% aus Phosphatiden, besteht, wird beim Menschen bis auf 15% der Trockensubstanz verdaut und resorbiert[2]. *Fettspaltung und -resorption* halten im Dünndarm miteinander Schritt. Es kommt daher normalerweise im Darm nicht zur Anhäufung größerer Mengen gespaltenen Fettes. WENDT[4] fand bei gesunden Hunden, denen er nüchtern 100 g Olivenöl eingab, nach 4 bis 7 Std das im Dünndarm angelangte Fett zu 26—**30**—34%, im oberen Drittel zu 21,5% gespalten. Diese Werte müssen als Maximalwerte gelten, da der Chymus vor Isolierung der Fettsäuren auf dem Wasserbad eingetrocknet wurde, wobei die Hydrolyse weitergegangen sein kann. Die prozentuale Fettspaltung nahm in den tieferen Dünndarmabschnitten gegenüber den höheren nicht zu; sie war überall im Dünndarm auffallend konstant. Der Darm befand sich auf der Höhe der Fettverdauung; denn nach 4 Std waren noch 43 bis 48 %, nach 7 Std noch 37% des Olivenöles im Magen, während nach 3 bis 4 Std das letzte Drittel des Dünndarmes noch leer war.

HEUPKE u. ROST[5] zeigten an Sojasamen, daß menschlicher Duodenalinhalt bei neutraler und bei noch schwach saurer Reaktion (p_H 6), wie sie im Darm vorliegt, das Sojafett aus dem Gewebe herauslöst, also wasserlöslich macht, da es ja sonst die Zellwände der Samen nicht durchdringen könnte. Reine Ochsengalle allein vermag das nicht, wohl aber nach Fettspaltung mit Pankreaslipase. Ein Teil Ochsengalle kann so in Gegenwart von Hydrogencarbonat bis p_H 6,5 noch 1 bis 2 Teile Fettsäuren wasserlöslich machen. Zuerst erfolgt die Fettspaltung durch Lipase, dann werden die Fettsäuren durch die Galle etwa im Verhältnis 1:1 wasserlöslich und permeabel gemacht. HEUPKE u. ROST finden die Anschauungen von PFLÜGER über die Fettaufnahme bestätigt, aber weder die Choleinsäuretheorie von WIELAND u. SORGE noch die Phosphorylierungstheorie von VERZÁR u. LASZT, noch die Cholesterintheorie von SCHRAMM u. WOLFF halten sie für ausreichend, Verdauung und Resorption der gewöhnlichen Tagesfettmenge glaubhaft zu machen.

Bei Krankheiten kann die Fettresorption erheblich gestört sein, z. B. gehen bei degenerativen Krankheiten des Pankreas 50 bis 60%, bei gleichzeitigem Ausfall des Pankreassaftes und der Galle 80 bis 90% des Fettes unresorbiert in den Kot[6].

---

[1] TSCHERMAK, A. v.: B. Z. **45**, 452 (1912). — [2] PINCUSSEN, L.: Handb. Biochem. **5**, 297ff. (1925). — [3] s. S. 175[12]. — [4] WENDT, H.: B. Z. **245**, 80 (1932). — [5] HEUPKE, W., u. G. ROST: H. **284**, 204 (1949). — [6] BÜRGER, M.: Handb. inn. Med. (BERGMANN-STAEHELIN 3. Aufl. **6**/2, 719 (1944).

ε) Die Verdauung im Dickdarm[1–3].

1. Die Funktion des Dickdarmes.

Verdauung und Resorption der Nahrung sind beim Menschen mit dem Eintritt des Dünndarmchymus in das Caecum normalerweise bis auf die schwerverdaulichen Reste bereits beendet. Ähnlich wie der Anfang des Verdauungskanals für die Verdauung mehr vorbereitende Arbeit, z. B. Zerkleinerung, Verteilung und das Anverdauen der Nahrung besorgt, damit sie im Dünndarm endgültig zerlegt und resorbiert werden kann, so übernimmt der Dickdarm zum Abschluß der Verdauung die letzte, bestmögliche Ausnützung des Verwertbaren und die Ausstoßung des Unbrauchbaren. Da seine Säfte für eine Verdauung der Nahrung im Gegensatz zu denen im Dünndarmchymus nicht ausreichen, benützt der Dickdarm die Symbiose mit spezialisierten Bakterien, um das Schwerverdauliche noch in brauchbare Bruchstücke zu spalten. Der Dickdarm ist *Behälter für Gärungen und Fäulnisvorgänge* seines Inhaltes, *Resorptionsorgan* für Wasser, Salze und die wenigen gelösten organischen Stoffe und löslichen Bakterienprodukte, *Ausscheidungsorgan* für einige Produkte des intermediären Stoffwechsels und schwerlösliche Salze, *Organ für die Bildung und den Abtransport des Kotes.*

Die Darmflora des Pflanzenfressers leistet eine noch umfangreichere Verdauungsarbeit als die des Fleisch- und Allesfressers. Im Dickdarm der *Herbivoren* überwiegen die *Gärungsvorgänge* bei weitem die *Kotbildung.*

Die *Anatomie des Enddarmes* (Dickdarmes und Rectums) s. S. 109, die physiologischen *Bewegungsformen des Dickdarmes* s. S. 110.

2. Die chemische Zusammensetzung des Dickdarmes

gleicht der des übrigen Darmes. Gewisse Unterschiede im *Aminosäuregehalt* der Mucosa und Muscularis werden für den Dickdarm von Hunden angegeben (vgl. S. 119). *Cholin* ist in der Wand des Kaninchenblinddarmes reichlich vorhanden[4]. Analysen der *Fettstoffe* in der Mucosa des Colons sprechen für die Sterinabgabe des Dickdarmes in das Darmlumen (vgl. S. 114, Tabelle 29).

Die Schleimhaut des menschlichen Dickdarmes ist wesentlich reicher an Sterinen als die der oberen Darmabschnitte. Die Trockensubstanz des Oesophagus, des Duodenums und des Ileums enthält im Mittel aus 36 Proben 383 mg% Cholesterin, die des Sigmoids im Mittel von 13 Analysen 646 mg%, also fast das Doppelte[5]. Die Dickdarmschleimhaut des Menschen enthält kein Koprosterin, sondern nur Cholesterin[5]. Die gesamte getrocknete Mucosa eines menschlichen Dickdarmes (feucht 33 g, trocken 4,3 g) enthält 78 mg (= 1815 mg%), dagegen die Trockensubstanz des gesamten Dickdarmes nur 646 mg% Cholesterin[5]. Bei nahezu cholesterinfreier Kost scheidet der Mensch im Tag 0,1 g Sterin durch den Dickdarm aus[6], also mehr als die gesamte Mucosa enthält.

Angaben über das Vorkommen von *Fermenten* im Darm beziehen sich in den meisten Fällen auf den Dünndarm (vgl. S. 119). Phosphatase ist auch beim Menschen sicher im Colon vorhanden (vgl. S. 125, Tabelle 34). Eine systematische Bearbeitung der chemischen Bestandteile des Dickdarmes steht noch aus.

---

[1] Scheunert, A., u. F. W. Krzywanek: Die Verdauung im Enddarm. Handb. Biochem. **5**, 181—206 (1925). — Scheunert, A.: Handb. Biochem. Erg.-W. **2**, 475—479 (1934). — [2] Florey, H. W., R. D. Wright and M. A. Jennings: Physiol. Rev. **21**, 58 (1941). — [3] Babkin S. 795—800. — [4] Takehara, H.: J. Biochem. **28**, 463 (1938). — [5] Bürger, M., u. H. D. Oeter: H. **182**, 141; **184**, 257 (1929). — [6] Bürger, M., u. W. Winterseel: H. **181**, 255 (1929).

3. Der Dickdarmsaft.

a) Die Sekretion des Dickdarmsaftes ist beim Tier mit Hilfe von Fisteln studiert worden. Aus *Colonfisteln*[1] fließt beim Hund sehr wenig Sekret, z. B. 0,03 bis 0,12 cm^3 pro Std[2] oder in einem anderen Fall 19 cm^3 in 2 Std[3]. Der Blinddarm des Hundes liefert nur $^1/_6$ bis $^1/_7$ der Dünndarmsekretmenge (vgl. a. S. 147, Tabelle 41). Nahrungszufuhr beeinflußt die Sekretion kaum, dagegen örtliche Reize deutlich, z. B. Säuren, Reiben, Wärmen oder Ausstrocknen[4]. Die schleimbildenden Becherzellen werden dadurch direkt zur Sekretion angeregt. Faradische Reizung der peripheren Enden der durchschnittenen N. erigentes (N. pelvicus) lieferte bei Katzen 5 cm^3 pro Std eines klaren, schleimigen Fistelsaftes[5]. Isolierte Colonsegmente zeigten bei der Defäkation zunehmende Sekretion infolge Anregung durch ein Reflexzentrum[6] im Rückenmark. Histamin[1], Pilocarpin[5], Acetylcholin[7] und Eserin[8] fördern; Anästhetica[5], besonders Barbitursäureabkömmlinge, z. B. Luminal, hemmen die Colonsekretion. Atropin unterdrückt den Saftfluß nach Pilocarpin, Acetylcholin und Eserin. Gleichzeitige Reizung des Colon-Sympathicus und der N. erigentes vermindert die Saftabgabe[9].

b) Eigenschaften und Zusammensetzung des Dickdarmsaftes. Das aus einer *Caecum- und Colonfistel fließende*, meist von Hunden gewonnene *Sekret* besteht aus einem dünnflüssigen Teil und aus Schleimklümpchen. Dieser *„feste" Teil des Saftes* bildet eine gelbliche, schleimig-gallertige, klebrige Masse, entstanden durch Zusammentreten des Schleimes aus den Becherzellen und ganzer oder zerfallender Zellen, stammend von Darmepithel, Bakterien und Leukocyten. Er entspricht dem Schleimanteil des Dünndarmsaftes und dient nach Babkin[10] zur Einhüllung und Aneinanderkleben der Speiseteilchen und Förderung der Kotbildung. Zweifellos können in den schleimigen Klumpen auch noch chemische Umsetzungen weitgehend ungestört von der umgebenden Flüssigkeit ablaufen. Auch an die Tätigkeit von Leukocyten, die aus der Schleimhaut auswandern, ist zu denken. An einem Hund mit Caecum-Colonfistel wurde eine starke Abgabe von polynucleären Leukocyten aus der Darmwand festgestellt[11]. Der *dünnflüssige Teil* ist halbdurchsichtig, opalescierend, viscös, mit spez. Gewicht[12] von 1,0613. Einer chemischen Untersuchung ist er leichter zugänglich. Beim Kochen trübt er sich und gibt auf Zusatz von verdünnter Essigsäure eine Eiweißfällung. Seine Reaktion ist lackmus-alkalisch, entsprechend einer 0,043%igen Na_2CO_3-Lösung. Neuerdings wurden im Colonsaft von Hunden 85,8 bis 93,3 Milliäquivalente HCO_3 pro Liter gefunden[13]. Der Saft enthält 98,60% Wasser, 1,40% Trockensubstanz, 0,63% organische und 0,68% anorganische Bestandteile[14].

---

[1] Koskowski, W.: C. R. Soc. Biol. **95**, 509 (1926). — [2] Berlazki, G. B.: Diss. med. St. Petersburg 1903 [Babkin S. 796]. — [3] Beer, E. J. de, C. G. Johnston and D. W. Wilson: J. biol. Ch. **108**, 113 (1935). — [4] Florey, H.: Brit. J. exp. Path. **11**, 348 (1930) [Florey, H. W., R. D. Wright and M. A. Jennings: Physiol. Rev. **21**, 59 (1941)]. — [5] Wright, R. D., H. W. Florey and M. A. Jennings: Quart. J. exp. Physiol. **28**, 207 (1938). — [6] Larson, L. M., and J. A. Bargen: Arch. Surg. **27**, 1, 1120 (1933). — [7] Lium, R.: Arch. internal Med., Chicago **63**, 210 (1939). — [8] Jones, C. M., and B. V. White: Trans. Ass. amer. Physicians **53**, 109 (1938). — [9] Lium, R., and J. E. Porter: Amer. J. Path. **15**, 73 (1938). — [10] Babkin S. 797. — [11] Solomianny, W.: Bull. Biol. Méd. exp. URSS **8**, 85 (1939) [Ber. Physiol. **117**, 584]. — [12] Berlazki, G. B.: Diss. St. Petersburg (1903) [Babkin S. 797]. — [13] Vgl. S. 151, Tab. 47 u. S. 149 Tab. **44**. — Beer, E. J. de, C. G. Johnston and D. W. Wilson: J. biol. Ch. **108**, 113 (1935). — [14] Strashesko, N. D.: Diss. St. Petersburg (1904) [Babkin S. 797].

Der Fermentgehalt des Dickdarmfistelsekretes ist gering[2–7]. Bisher fand man keine Proteinasen, auch keine Enterokinase und Mucinase, keine Lactase. Im Stuhl brusternährter Säuglinge ist nach FREUDENBERG Lactase vorhanden. Die ereptische Wirkung ist schwächer als die des Dünndarmsaftes, das Lipasevorkommen zweifelhaft oder zum mindesten sehr gering. Im proximalen Colon des Hundes sollen auf Grund von Saft- und Mucosauntersuchungen Peptidase, Amylase und Lipase vorkommen, beim Saft soll die Lipase fehlen[6, 8]. Das Vorkommen von Erepsin, Amylase, Maltase und Saccharase gilt in den alten Arbeiten als gesichert[1, 2, 4, 5]. Dabei ist aber zu berücksichtigen, daß das eine oder andere Enzym auch aus den Zellen stammen kann. Auch das Vorkommen von Mucinase gilt nicht als bewiesen[7].

Der nach faradischer Reizung der peripheren Enden der N. erigentes abgesonderte Dickdarmsaft[8] *von Katzen* weist stark wechselnde Viskosität auf; manchmal ist er fast gallertartig, dann wieder dünnflüssig wie Wasser. Fast immer ist ein zäher undurchsichtiger Schleim beigemengt. Der Saft riecht spermaähnlich. Sofort nach dem Sammeln besaß ein Sekret einen p_H-Wert von 8,3 bis 8,4, später nach CO_2-Abgabe von p_H 9,1 bis 9,2. Zur Neutralisation brauchte das Sekret auf ein cm^3 etwa 0,4 bis 0,6 cm^3 einer 0,1 n HCl, entsprechend einer 0,04 bis 0,06 n Lauge. Der Saft enthielt: 0 bis 0,45% organische Substanz, darunter mit Essigsäure fällbares Mucin, 0,95% anorganische Verbindungen, 0,34% Cl, 0,5 mg% PO_4 und 2,0 mg% Ca, außerdem an Fermenten: eine *Dipeptidase*, vielleicht aus den Zellen stammend, und eine Spur *Amylase*; nicht aber Trypsin, Erepsin, Enterokinase, Polypeptidase, Saccharase und Lipase.

4. Der Dickdarminhalt.

a) Verteilung, Verweilzeit und Umwandlung in Kot. In ungefähr 4 Std durchläuft der Speisebrei den etwa 6 m langen Dünndarm und tritt durch die Valvula coli in den Blinddarm und das Colon ascendens ein. In diesem *ersten Dickdarmabschnitt* verweilt der Inhalt mehrere Stunden. Hier beginnt seine *Umwandlung in Kot*, zunächst hauptsächlich durch die hier besonders reichlich vorhandenen grampositiven *Gärungserreger*, die den *Abbau von polymeren Kohlenhydraten* besorgen. Die Füllung des Dickdarmes und die Verweilzeit des Inhaltes in den einzelnen Colonabschnitten ist verschieden. Beim Menschen[9] befindet sich weitaus der größte Teil des werdenden Kotes im Caecum, viel weniger im Colon ascendens, das hauptsächlich Gase aus den Gärungen im Caecum enthält. Das Colon transversum bildet den *zweiten funktionellen Darmabschnitt*. In ihm treten die Gärungserreger langsam zurück. Es erlangen die gramnegativen Keime und damit die *Fäulnis der Eiweißstoffe* das Übergewicht. Gleichzeitig geht die „*Wasserresorption*", genauer gesagt, die Aufsaugung von Lösungen anorganischer und neu gebildeter organischer krystalloider Verbindungen vor sich. Auch die *Reduktionsvorgänge*, z. B. die Hydrierung der Gallenfarbstoffe zu Stercobilinogen, nehmen zu. Das C. transversum enthält als längster Dickdarmabschnitt die größte absolute Menge eines schon konsistenteren Kotes, relativ aber kaum mehr als die Hälfte des in Caecum und C. ascendens befindlichen Inhaltes[9]. Das C. descendens ist sehr häufig (bis zu 70% der Fälle) leer; es sind, wenn überhaupt, so nur wenige Gramm Kot darin vorhanden. Im C. sigmoides befindet sich im Mittel etwa die gleiche Menge Kot wie im C. descendens. Die Verweilzeit des Inhaltes im Dickdarm ist infolge der Antiperistaltik (s. S. 110)

[1] s. S. 178[10]. — [2–4] s. S. 178[12–14]. — [5] WAKABAYASHI, T., u. L. WOHLGEMUTH: Int. Beitr. Ernähr.-Störungen **2**, 519 (1911). — [6] MAESTRINI, D.: Arch. Farmacol. sperim. **22**, 391 (1916). [Jber. Fortschr. Tierchem. **47**, 160, 161 (1917)]. — [7] HARDING, H. E.: unveröffentlichte Arbeit [FLOREY, H. W., R. D. WRIGHT and M. A. JENNINGS: Physiol. Rev. **21**, 59 (1941)]. — [8] WRIGHT, R. D., H. W. FLOREY and M. A. JENNINGS: Quart. J. exp. Physiol. **28**, 207 (1938). — [9] ROITH, O.: Mitt. Grenzgeb. Med. Chir. **19**, 33 (1909).

am längsten im Caecum, C. ascendens und im Anfangsteil des C. transversum, am kürzesten im C. descendens. Das C. descendens enthält viel weniger Lymphbahnen als die übrigen Dickdarmabschnitte und ist daher an der Resorption am wenigsten beteiligt. Die *Koteindickung* erfolgt daher in der Hauptsache im C. transversum und etwas noch im C. sigmoides. Den *dritten funktionellen Dickdarmabschnitt* bilden das C. sigmoides als *Kotreservoir* und das Rectum als *Passageweg und Ort der Formung der Kotsäule*. Größere Veränderungen durch Mikroorganismen erfolgen hier nicht mehr. Schon der Eintritt der Kotmassen in das C. sigmoides löst Stuhldrang aus.

Tabelle 57. Absolute und relative* Verteilung der „Kot-" und Gasmengen im Dickdarm des Menschen[1].

Darmfüllung		Caecum + C. ascendens ♂	Caecum + C. ascendens ♀	C. transversum ♂	C. transversum ♀	C. descendens ♂	C. descendens ♀	C. sigmoides ♂	C. sigmoides ♀
„Kot"-Menge	absolut	4,2	6,2	3,5	5,2	1	1	1,2	1,5
	relativ*	2,3	5,0	1,4	2,0	1	1	0,7	1
Gasmenge	absolut	15	18	27	23	1	1	11	11
	relativ*	11	15	10	9	1	1	7	9

* relativ = bezogen auf die Länge.

Das Fassungsvermögen des Dickdarmes beträgt bei Männern 2,5 bis 3 Liter, bei Frauen 1,5 bis 2,5 Liter[2].

b) Eigenschaften und Zusammensetzung des Inhaltes in den einzelnen Colonabschnitten sind noch wenig untersucht. Je nach Nahrung, Bakterienflora und Entnahmezeiten weichen die Ergebnisse voneinander ab. Dies gilt auch für die H-Ionenkonzentration, die im Coloninhalt des Hundes etwa einen p_H-Bereich von 6,8 bis 7,3, im Caecum von 6,4 bis 6,9 aufweist[2, 3]. Inhalte verschiedener Darmabschnitte von Neugeborenen nach Frauenmilch, Kuhmilch oder von Erwachsenen nach analysierter gemischter Kost sind leider noch nicht auf ihre chemische Zusammensetzung untersucht worden. Der Dickdarminhalt ist im Caecum und C. ascendens noch ausnahmslos flüssig, durch Bilirubinoide[4] bräunlich bis braun gefärbt und infolge von Indol- und Skatolbildung faekal riechend. Der eigentliche Farbträger der normalen Faeces ist Bilifuscin[5]. Die Konsistenz nimmt gegen Ende des C. transversums stetig zu und ist im C. sigmoides meist schon ebenso fest wie im Rectum. *Im ersten Drittel des Dickdarmes*[6] ist der Inhalt dickbreiig, gelbbraun und reichlich mit Schleim durchmischt. Stärke ist bis auf Spuren nur in einigen Zellen, Fett nur in wenigen Tropfen vorhanden, Muskelfasern sind völlig verdaut. Von Fermenten ist Amylase noch reichlich, Trypsin nur noch in kleinen Mengen nachweisbar. Die Bakterien, sowohl grampositive wie gramnegative, haben sich stark vermindert. Die Reaktion des Inhaltes ist schwach sauer. In der *zweiten Hälfte des Dickdarmes*, also im C. descendens und C. sigmoides, bildet sich fester Inhalt mit nahezu endgültiger Kotzusammensetzung. Große Mengen von Bakterien und Zellen befinden sich im Absterben oder sind schon zerfallen. Die Zahl der überwiegend gramnegativen Mikroorganismen ist darum geringer als im Caecum. Die Fermente werden hier zum großen Teil bis auf Spuren von Trypsin und Amylase inaktiviert oder zerstört. Durch die Oxydation

[1] ROITH, O.: Mitt. Grenzgeb. Med. Chir. **19**, 33 (1909). — [2] SCHEUNERT, A.: Handb. Biochem. Erg.-W. **2**, 476 (1934). — [3] GRAYZEL, D. M., and E. G. MILLER jr.: J. biol. Ch. **76**, 423 (1928). — [4] s. BAUMGÄRTEL, T.: Physiologie und Pathologie des Bilirubinstoffwechsels. S. 240. Stuttgart 1950. — [5] SIEDEL, W., W. v. PÖLNITZ u. F. EISENREICH: Naturwiss. **34**, 314 (1947). — BAUMGÄRTEL, T.: s. [4] S. 242. — s. a. Bd. **1**, S. 941. — [6] HEUPKE, W.: Die Faeces des Menschen. 2. Aufl. S. 7. Dresden, Leipzig 1943.

von Urobilinogen und Stercobilinogen zu Urobilin und Stercobilin wird die Färbung mehr und mehr dunkelbraun. Die Verdauungsrückstände aus Nahrung und Darm, die den bisherigen Angriffen der Säfte und Bakterien widerstanden haben, werden nur noch wenig verändert. Die Zusammensetzung des Inhaltes in der zweiten Hälfte des Dickdarmes stimmt daher mit der des frischen Kotes annähernd überein (vgl. Bd. 2/2, Faeces.).

Im Dickdarminhalt des Schweines[1] stellte man an Fäulnisprodukten 26,65 mg% *Phenol* und 1,20 mg% *Indol* fest.

Die Enzyme des Dickdarminhaltes können aus 5 verschiedenen Quellen stammen:

1. Enzyme des in den Dickdarm eintretenden Dünndarmchymus,
2. Enzyme aus der Nahrung, besonders aus ungekochter Nahrung (vgl. S. 9).
3. Enzyme des Dickdarmsekretes,
4. Enzyme aus abgeschilferten Zellen der Schleimhaut,
5. Enzyme aus lebenden und abgestorbenen Mikroben.

Sowohl der Inhalt des unteren Ileums als auch der aus Dickdarm und Rectum soll noch wirksame Enzyme des Dünndarmes, besonders tryptische und ereptische aber auch Amylase und Lipase enthalten[2]. Mindestens ein Teil der Dünndarmfermente dürfte daher im Dickdarm noch tätig sein[3]. Durch Fütterungsversuche an Mäusen konnte festgestellt werden, daß Myrosin, Emulsin, Urease und Katalase bis zum Dickdarm wirksam bleiben, wogegen Zymasen und Peroxydase rasch zerstört werden[4]. Den Enzymen des Dickdarmsekretes und der Schleimhaut wird nur geringe Wirksamkeit zugesprochen (S. 179) im Gegensatz zu denen der Darmflora, die den Inhalt in charakteristischer Weise zu Kot verändern. Es handelt sich hier um zahllose Enzyme für alle Substrate der Bakterientätigkeit. Ihre Erforschung setzt die Kenntnis der einzelnen Mikrobenstämme voraus (vgl. Bd. 2/2 Biochemie der Bakterien und Pilze).

Das Eindringen von Verdauungsfermenten durch pflanzliche Zellmembranen ist schon lange bekannt. Nach MANGOLD[5] findet es nur in ganz geringem Umfang statt und ist für die Verdauung besonders von Stärke und Eiweiß aus uneröffneten pflanzlichen Zellen im Gegensatz zur Ansicht von HEUPKE[6] vielfach recht unvollkommen. Exakte Entscheidungen sind hier nur durch die chemische Analyse zu erzielen.

c) Die Mikroorganismen des Dickdarmes[7–9] bilden den funktionell bedeutendsten Bestandteil des Dickdarminhaltes, so daß sie eine gesonderte Behandlung erfordern. Sie sind aber bisher weniger gut untersucht als die des Dünndarmes, weil beim Menschen die Darmpatronen nach VAN DER REIS[10] nicht so gut wie für den Dünndarm geeignet sind[11]. Wie schon S. 180 ausgeführt, sind die *Dickdarmkeime mannigfaltiger als die des Kotes* und *je nach Darmabschnitt verschieden*

[1] WEYMAR, H.: Diss. med. veterin. Berlin 1939 [Ber. Physiol. **117**, 68]. — [2] SCHEUNERT, A., u. F. W. KRZYWANEK: Handb. Biochem. **5**, 182 (1925). — [3] GRAAFF, W. C. DE, u. W. NOLEN: Ned. Maandschr. Geneeskde. (N. F.) **10**, 113 (1921) [Ber. Physiol. **12**, 71]. — [4] HEUPKE, W., u. H. WIRTZ: Kli. Wo. **1933 II**, 1866. — [5] MANGOLD, E.: Med. Klin. **1935 I**, 540. — [6] HEUPKE, W.: Kli. Wo. **1935 I**, 14. Dtsch. Arch. klin. Med. **172**, 575 (1932). — [7] SCHEUNERT, A., u. F. W. KRZYWANEK: Handb. Biochem. **5**, 182 (1925). — SCHEUNERT, A.: Handb. Biochem. Erg.-W. **2**, 476 (1934); dort auch spezielle Literatur. — [8] BAUMGÄRTEL, T.: Grundriß der Theoretischen Bakteriologie. Berlin 1924. — MÜLLER, R.: Lehrbuch der Hygiene II. Teil. Medizinische Mikrobiologie, Parasiten, Bakterien, Immunität. 2. Aufl. München, Berlin 1944. — [9] FENYVESSY, B.: Orvosképzés **29**, 709 (1939) [Ber. Physiol. **118**, 417]. — [10] REIS, V. VAN DER: Die Darmbakterien des Erwachsenen und ihre klinische Bedeutung. Ergebn. inn. Med. **27**, 77 (1925). — s. a. S. 173[8], — MANGOLD, E.: Die Bedeutung der Magen- und Darmsymbioten der Wirbeltiere. Ergebn. Biol. **19**, 1 (1943). — [11] REIS, V. VAN DER: Kli. Wo. **1922 I**, 887, 950; **II**, 1565; **1923 II**, 1479.

wegen der veränderten Lebensbedingungen. Analwärts werden sie von anderen Arten überwuchert oder zurückgedrängt. Zahlreiche Mikrobenstämme gehen zugrunde und sind im Kot längst abgestorben. VAN DER REIS unterscheidet daher die „Darmbakterien" im wörtlichen Sinne von denen der „Faecesbakterien". Am besten kennt man außer der Faeces- die Caecumflora. Der Dickdarm besitzt eine ihm eigene Flora, enthält aber für gewöhnlich auch noch die in ihn übertretenden Bakterien des Dünndarmes (vgl. S. 172).

α) Die Einteilung der Dickdarmflora[1, 2] sollte die Darmabschnitte berücksichtigen. Man unterscheidet eine „dauernd darmeigene" und eine vorübergehend vorkommende, mit der Nahrung wechselnde, „darmfremde" Flora. Die *darmeigene Dickdarmflora* ist beim Menschen[3] und allen untersuchten Säugetieren (Hund, Schwein, Pferd, Rind, Ziege, Kaninchen) die gleiche und auf wenige Arten, vor allem milchsäurebildende Bakterien beschränkt. Sie besteht aus fakultativen Anaerobiern[4] [Bact. coli commune, Aerobacter (= Bact. lactis aerogenes)], aus obligaten Anaerobiern[5] (Bac. putrificus, Bac. sporogenes, Clostridium perfringens Welch-Fraenkel) und zahlreichen Verwandten dieser Gruppen, beim Menschen z. B. Bact. faecalis alcaligenes und cellulosevergärenden, noch nicht züchtbaren Mikroorganismen. Nach SCHNEITER[6] können alle Darmbakterien unter Sauerstoffabschluß gedeihen, denn es ist möglich, Buttersäure- wie Milchsäurekeime in Gegenwart von Cyanidion oder Kohlenoxyd zu züchten. Zu den *darmfremden Keimen* zählt man beim Menschen Bact. proteus, Bac. mesentericus, Bac. subtilis, Bac. amylobacter u. a., sowie Hefen und Schimmelpilze.

Die Caecumflora[5, 7] des Menschen enthält neben Bact. coli, Aerobacter (Bact. lactis aerogenes) und Enterokokken zwei Typen von Gärungserregern: Bac. saccharobutyricus und Streptococcus giganteus, die vorwiegend Kohlenhydrate (Zucker. Dextrine, Pektine, Hemicellulosen und Cellulose) vergären und zweitens als wichtigsten Eiweißvergärer Bac. verrucosus. Beim Menschen sind im Caecum außer Hemicellulosen und Cellulose normalerweise nur Spuren unverdauter Nahrung vorhanden; sie werden dort von obigen Bakterien unauffällig vergoren, da die Caecumflora physiologischerweise alle Kohlenhydratvergärer enthält. Bei Krankheiten jedoch kann sich eine pathologische Caecumflora entwickeln, unter Bildung von niederen Fettsäuren bzw. Aminen stürmische Gärungen auslösen und auch die übrige Colonflora, vor allem Bact. coli, in Mitleidenschaft ziehen,

Über die *Mikroorganismen im Darm von Haustieren* liegen Zusammenfassungen vor[8–10]. Von den *Bakterien im Darmkanal der Vögel*[11] sind die der *Taube*[12] am besten untersucht. Festgestellt sind Milchsäurebakterien (Aerobacter) und eine fakultative Flora, aus der Erde und von Pflanzen stammend. Ganz fehlen Eiweißfäulniserreger und Buttersäurebildner, so daß Eiweißfäulnis im Darm der Taube so gut wie ausgeschlossen ist. Bact. coli ist beim Haushuhn obligat, bei der Taube aber entweder gar nicht vorhanden oder spielt nur eine untergeordnete Rolle. Die Keime sind, auf den ganzen Darm verteilt, ohne

---

[1] s. S. 181[7]. — [2] s. S. 181[10]. — [3] BAUMGÄRTEL, T.: Kli. Wo. **1942**, 265. — s. a. S. 172[12]. — [4] BAUMGÄRTEL, T.: Grundriß der Theoretischen Bakteriologie. Berlin 1924. — MÜLLER, R.: Lehrbuch der Hygiene II. Teil. Medizinische Mikrobiologie, Parasiten, Bakterien, Immunität. 2. Aufl. München, Berlin 1944. — [5] BAUMGÄRTEL, T.: Z. klin. Med. **141**, 103 (1942). — [6] SCHNEITER, P.: Gastroenterol., Basel **68**, 5 (1943). — [7] BAUMGÄRTEL, T.: Ernährung und Darmflora. Jena 1937. — REIS, V. VAN DER: Kli. Wo. **1922 I**, 950. — [8] SCHEUNERT, A., u. M. SCHIEBLICH: Einfluß der Mikroorganismen auf die Vorgänge im Verdauungstraktus bei Herbivoren. Handb. Physiol. **3**, 967—1000 (1927). — [9] SCHIEBLICH, M.: Die Mitwirkung der Bakterien bei der Verdauung. Handb. Mangold **2**, 310—348 (1929). — [10] SCHIEBLICH, M.: Methoden bei Arbeiten über Zusammensetzung und Wirkung der Magendarmflora. Handb. biol. Arb.-Meth. Abt. IV, Teil 6/2, S. 1849—1920 (1932). — [11] MANGOLD, E.: Die Verdauung des Geflügels. Handb. Mangold **2**, 8—107, bes. 74 (1929). — [12] SCHEUNERT, A., u. M. SCHIEBLICH: Zbl. Bakteriol. (I) **88**, 122 (1922).

besondere Siedlungsgebiete in den einzelnen Abschnitten. Die Möglichkeit, daß die darmeigene *und* die darmfremde Flora Antibiotika bildet, ist in Betracht zu ziehen.

β) Protozoen kommen zwar auch im Darm des Menschen vor, spielen aber keine erkennbare Rolle. Lediglich bei Pflanzenfressern und beim omnivoren Schwein kommen im Caecum und Colon massenhaft Infusorien vor[1].

γ) Die Abhängigkeit der Darmflora von der Nahrung ist beträchtlich[2]. Dies geht schon aus einem Vergleich mit den Kotbakterien hervor. In der ersten Stunde nach der Geburt ist der Darm und daher auch das Mekonium steril. Aber kurz darauf beginnt die Besiedlung, zunächst mit Köpfchenbakterien Escherich (optimaler p_H 6,9 bis 8,7), die dann durch Bact. bifidum (optimaler p_H 5,0 bis 5,8), Enterokokken und Bact. coli verdrängt werden. Die wichtigsten Keime im Kot des an der Mutterbrust ernährten Kindes sind Streptococcus acidi lactici Grotenfeldt, Bact. acidophilum Moro und Bact. bifidum Tissier[3, 4]. Sobald das Kind Kuhmilch und gemischte Kost erhält, ändert sich auch die Darm- und Faecesflora. Am häufigsten werden dann im Kot die Bakterien der Coligruppe und Strept. ovalis (= Enterococcus) gefunden[3, 5]. Über die Bildung von Vitamin K s. S. 194. Die Nährstoffe beeinflussen das Gedeihen der Darmflora[6]. Kohlenhydrate fördern die Gärung und Eiweiß die Fäulnis; die Fette[7] scheinen eher die Eiweißspaltung zu begünstigen. Bei reiner Kohlenhydratkost herrschen im Dickdarm die Enterokokken vor, bei reiner Fleischkost die Colibakterien, bei gemischter Kost stellt sich ein Gleichgewicht beider Keimarten ein. Bact. coli vermag je nach Änderung der Ernährung als säurebildender „Gärungserreger" oder als alkalierzeugender „Fäulniserreger" aufzutreten[8]. Es ist anzunehmen, daß bei gleichförmiger Ernährung sich auch spezifische Symbionten entwickeln[9]. Bei Säuglingen hat man die Umstimmung der Darmflora durch spezifische Zucker versucht. Zulage von 5 bis 10% β-Lactose zur Kuhmilchmischung bewirkt ein Vorherrschen des Bact. bifidum im Stuhl[10]. Die Wirkung von α- und β-Maltose wird diskutiert[11]. Die *Mikroorganismen in der Kost* gehen zum größten Teil im Magen durch Einwirkung der Salzsäure und im Dünndarm durch die bactericiden Stoffe aus Schleimhaut und Darmsaft zugrunde (vgl. S. 171). VAN DER REIS[2] spricht von einer „Autosterilisation"[12]. Erst der Coloninhalt bietet für Keime so günstige Wachstumsbedingungen, daß sie $^1/_4$ bis $^1/_3$ des Trockenkotes des Menschen ausmachen. Ihre Entwicklung ist auf das engste mit den Verdauungsvorgängen im Dickdarm verbunden (s. S. 186).

d) Der Dickdarminhalt bei Krankheiten. Störungen der normalen Zusammensetzung des Darminhaltes finden sich bei sehr vielen Verdauungskrankheiten[13], am auffallendsten bei solchen, die mit *Durchfällen* oder *Obstipationen* verbunden sind. Bei Diarrhöen ist die Eindickung mangelhaft und der Durchtritt des Inhaltes beschleunigt. Auch vermehrte Sekret- oder, bei entzündlichen Prozessen, Exsudatabgabe ist zu berücksichtigen. Der Wassergehalt des Kotes kann dabei auf 80 bis 98,8%

---

[1] SCHEUNERT, A., u. F. W. KRZYWANEK: Handb. Biochem. **5**, 195 (1925). — [2] REIS, V. VAN DER: Ergebn. inn. Med. **27**, bes. 123 u. 130 (1925). Verh. dtsch. Ges. inn. Med. **1921**, 475. — [3] HEUPKE, W.: Die Faeces des Menschen. 2. Aufl. S. 57. Dresden, Leipzig 1943. — [4] RIETSCHEL, H., u. H. HUMMEL: Über die Wechselbeziehungen zwischen Bakterienflora und den Verdauungsvorgängen beim Säugling. Handb. Physiol. **3**, 1001—1026 (1927). — [5] s. a. Bd. **2**/2 Faeces. — [6] FORTI, C.: Probl. aliment., Roma **2**, 216 (1932) [Ber. Physiol. **73**, 499]. — [7] FORTI, C.: Bull. Atti R. Accad. med. Roma **58**, 337 (1932) [Ber. Physiol. **72**, 97]. — FORTI, C.: Boll. Soc. ital. Biol. sperim. **6**, 956 (1931) [Ber. Physiol. **66**, 73]. — [8] BAUMGÄRTEL, T.: Kli. Wo. **1940**, 652. — [9] BAUMGÄRTEL, T.: D. m. W. **1940**, 214. — [10] PRIMNIG, A., u. M. TURKUS: Z. Kinderheilkde. **63**, 595 (1943). — [11] MALYOTH, G., u. S. KIRIMLIDIS: Kli. Wo. **1939 II**, 1240, 1270. — SCHÜRER, W.: Diss. med. Basel 1944. Ann. paediatr., Basel **162**, 1 (1944). — [12] KOHLBRUGGE, J. H. F.: Zbl. Bakteriol. (I) **29**, 571 (1901). — [13] HENNING, N., u. W. BAUMANN: Die Krankheiten des Darmes. Handb. inn. Med. (BERGMANN-STAEHELIN) 3. Aufl. **3**/2, 791—998 (1938).

steigen[1]. Die Verdauung der drei Hauptnährstoffe wird dabei nicht zu Ende geführt. Man findet im Stuhl bei saurer Reaktion stärkehaltige Zellen, Muskel- und Bindegewebsfasern, Seifen und Fettsäurenadeln, bei alkalischer Reaktion auch Tripelphosphatkrystalle. Bei der *Sprue* treten charakteristische Fettdiarrhöen mit massigen, grauweiß bis hellbraun gefärbten Stühlen auf. Dabei gehen mit den Fettsäuren beträchtliche Calciummengen als Ca-Salze verloren, so daß sogar das Blutcalcium absinken kann. Bei *Colitis* werden große Mengen von Schleim abgegeben. Obstipationen beruhen auf einem zu langen Verweilen von Inhalt in einzelnen Dickdarmabschnitten und seiner Eindickung zu trockeneren, bröckeligen Massen. Der Wassergehalt des Kotes sinkt dabei von 75 bis 80% der Norm auf 60%[1]. Die Kotfarbe wird dunkler bis schwarzbraun, das Kotvolumen infolge erhöhter Ausnutzung und des Wasserverlustes kleiner. Die Gärungs- und Fäulnisvorgänge gehen bei Verstopfung zurück, trotzdem ist die Resorption von Darmgiften wegen der Koprostase erhöht. Bei fast allen leichteren Obstipationen und solchen auf einen Colonteil beschränkten fehlt Indican im Harn, mit Ausnahme bei Obstipation im Colon ascendens, wo der noch flüssige Inhalt beim Verweilen auch für Fäulniserreger günstige Lebensbedingungen aufweist und die Fäulnisprodukte noch gut resorbiert werden. Spastische Obstipationen führen zu starker Indicanurie. Chemische Untersuchungen einzelner pathologischer Dickdarminhalte fehlen.

e) Darmkonkremente (Enterolithe)[2–5]. Im Darm von Menschen oder der Fleischfresser kommen Konkremente weniger oft vor; bei den Pflanzenfressern dagegen sind sie häufiger und wesentlich größer. Fremde Stoffe oder unverdaute Reste der Nahrung können sich, wenn sie aus irgendeiner Ursache im Darm längere Zeit zurückbleiben, mit Salzen, besonders mit Ammoniummagnesiumphosphat inkrustieren. Diese Salze stellen oft den eigentlichen Hauptteil der Konkremente dar. Man kann daher vorwiegend „*mineralische*" und vorwiegend „*organische*" *Darmkonkremente* unterscheiden[3]. Meist handelt es sich jedoch um Gemische von anorganischen und organischen Bestandteilen. Als *Darmgries* oder *Darmsand* kommen beim Menschen oft in großen Mengen kleine harte „Steinchen" vor. Sie bestehen fast ganz aus Ca- und Mg-Phosphaten und -Carbonaten neben wechselnden Mengen von Fe-Pigmenten, Chloriden, Sulfaten, Silicaten sowie Fetten, Seifen, Farbstoffen, Eiweißstoffen und Cellulose. Beim Menschen kommen bisweilen rundliche oder ovale, gelbe, gelbgraue oder braungraue Konkremente von wechselnder Größe vor. Sie bestehen aus konzentrischen Schichten und enthalten hauptsächlich Ammoniummagnesiumphosphat und Calciumphosphat neben wenig Fett oder Pigment. Der Kern ist gewöhnlich ein Fremdkörper, z. B. Kerne von Steinobst, ein Knochenstück oder ähnliches. MÖRNER fand in einem Darmkonkrement einer älteren Frau Stearinsäure-Choleinsäure[6]. Ein von SJÖQVIST analysiertes Darmkonkrement vom Menschen enthielt ebenfalls Fettsäuren und Choleinsäure[7]. RAPER[8] fand in einem menschlichen Darmstein zu 72,5% nicht gepaarte Gallensäuren, in der Hauptsache Choleinsäure. In den Gegenden, in welchen Brot aus Haferkleie ein wichtiges Nahrungsmittel ist, z. B. in Schottland, findet man nicht selten im Dickdarm des Menschen „*Hafer-*

---

[1] SCHMIDT, AD., u. J. STRASBURGER: Die Faeces des Menschen. 4. Aufl. S. 119ff., 295. Berlin 1915. — [2] Bearbeitet nach Hammarsten 11. Aufl. S. 407—408. — [3] SCHEUNERT, A., u. F. W. KRZYWANEK: Darmkonkremente. Handb. Biochem. **5**, 198—201 (1925); dort weiteres Schrifttum. — [4] JOEST, E.: Handb. path. Anat. Haustiere (JOEST-FREI) **1**, 502—526 (1919). — [5] Handb. path. Anat. Histol. (HENKE-LUBARSCH) **4**/3, Verdauungsschlauch (1929). — [6] MÖRNER, C. T.: H. **130**, 24 (1923). — [7] SJÖQVIST, J.: Hygiea, Stockholm, Festband Teil 2, Nr. 48 (1908) [MÖRNER, C. T.: H. **130**, 24 (1923)]. — [8] RAPER, H. S.: Biochem. J. **15**, 49 (1921). — s. a. FOWWEATHER, F. S.: Biochem. J. **44**, 607 (1549).

steine", Ballen, die den sog. Haarballen ähnlich sind (vgl. unten). Solche Konkremente setzen sich zusammen aus Calcium- und Magnesiumphosphat (gegen 70%), Haferkleie (15 bis 18%), Seifen und Fett (etwa 10%). Auch an phytinsaure Ca- und Mg-Salze ist zu denken[1]. Konkremente mit sehr viel (gegen 74%) Fettstoffen sind selten und solche, die aus Fibringerinnseln, Sehnen oder Fleischstückchen bestehen, die mit Phosphaten inkrustiert sind, noch seltener. In der Asche eines menschlichen Darmsteines fand man 30% Kieselsäure, 0,53% Aluminium und 0,01% Eisen[2].

Bei *Tieren*, besonders bei mit Kleie gefütterten Pferden, kommen *Enterolithe aus Futterresten* öfter, besonders im Colon, vor. Diese Konkremente, welche eine sehr bedeutende Größe erreichen können, sind sehr hart und schwer (bis zu 11 kg und 36 cm Durchmesser) und bestehen zum größten Teil (bis zu 90%) aus konzentrischen Schichten von *Ammoniummagnesiumphosphat*. Eine andere Art von Konkrementen bei Pferden und Rindern besteht aus graugefärbten, oft sehr großen, aber verhältnismäßig leichten Steinen, welche Pflanzenreste (*Phytokonkremente*) und Erdalkaliphosphate enthalten. Eine dritte Art von Darmsteinen sind endlich die bisweilen mehr zylindrischen, bisweilen sphärischen, glatten, glänzenden, an der Oberfläche braungefärbten, aus zusammengefilzten Haaren und Pflanzenfasern bestehenden *Haarballen* (*Pilikonkremente*). Zu dieser Gruppe gehören auch die sog. „Aegagropilae", welche angeblich von Antilope rupicapra stammen sollen, aber wohl oft nichts anderes als Haarballen von Rindern sein dürften.

Zu den Darmkonkrementen gehören endlich auch die sog. *orientalischen Bezoarsteine*, die wahrscheinlich aus dem Darmkanal von Capra aegagrus und Antilope dorcas stammen. Die Bezoarsteine kommen in zwei Arten vor. Die einen sind olivgrün, schwach glänzend mit konzentrischen Schichten. Beim Erhitzen schmelzen sie unter Entwicklung von aromatisch riechenden Dämpfen. Sie enthalten als Hauptbestandteil Lithofellinsäure[3], $C_{24}H_{42}O_5$, und daneben Lithobilinsäure, die vielleicht eine Gallensäure ist. Die Lithofellinsäure aus Bezoarsteinen ist in Alkohol leicht, in Äther schwer löslich, in Wasser unlöslich. Ob es sich um Gallensäure handelt, ist zweifelhaft. Es kann nach FISCHER[4] auch eine aus dem Futter stammende Substanz sein. Neben Choleinsäuren (10,3%) können beim Menschen auch mehr oder weniger reichlich Cholesterin (1,25 bis 90%)[5] und Koprosterin (1,3%) sowie Fette (24,7%), Urobilin (14,5%) und Mineralstoffe (14,3%) beigemengt sein[6]. Andere Steine, sog. *falsche Bezoarsteine*, sind fast schwarzbraun oder schwarzgrün, stark glänzend mit konzentrischen Schichten; sie schmelzen beim Erhitzen nicht. Sie enthalten als Hauptbestandteil *Ellagsäure*, ein Derivat der Gallussäure, welche nach GRAEBE[7] das Dilacton der Hexaoxybiphenyldicarbonsäure ist und mit einer Lösung von Eisenchlorid in Alkohol eine tiefblaue Farbe gibt. Bei einer Ziege ist ein ähnliches Konkrement aus dem Labmagen beschrieben worden[8]. Die letztgenannten Bezoarsteine stammen allem Anschein nach aus Bestandteilen der Tiernahrung.

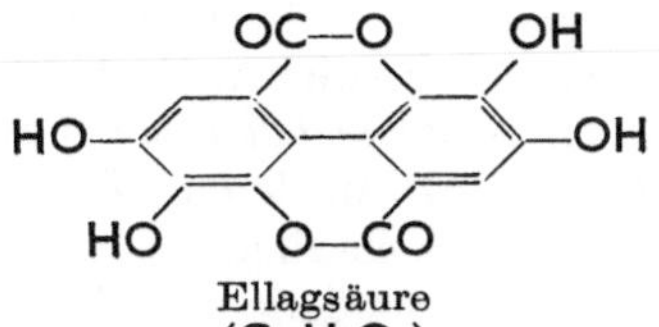

Ellagsäure
($C_{14}H_6O_8$)

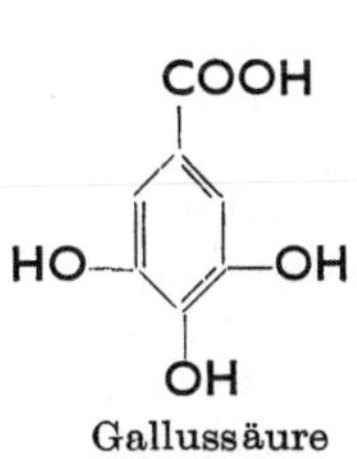

Gallussäure
($C_7H_6O_5$)

Ambra[9] ist nach der allgemeinen Ansicht ein Darmkonkrement des Pottwales. Ihr Hauptbestandteil ist das Ambrain, welches eine stickstofffreie, dem Cholesterin vielleicht

[1] MCCANCE, R. A., and E. M. WIDDOWSON: J. Physiol., London **102**, 42 (1943/44). — [2] GONNERMANN, M.: H. **111**, 32 (1920). — [3] JÜNGER, E., u. A. KLAGES: B. **28**, 3045 (1895). — [4] FISCHER, H.: B. **47**, 2728 (1914). — [5] MIGOSCHI, K.: Diss. med. München 1908. — [6] GLÉNARD, R., et A. GRIGAUT: C. R. Soc. Biol. **76**, 727 (1914). — [7] GRAEBE, C.: B. **36**, 212 (1903). — [8] JOEST, E.: Handb. path. Anat. Haustiere (JOEST-FREI) **1** (1919). — [9] PELLETIER, J.: A. **6**, 25 (1833).

verwandte Substanz ist. Das Ambrain ist unlöslich in Wasser und wird von siedender Alkalilauge nicht verändert. In Alkohol, Äther und Ölen löst es sich.

Die *eigentlichen Kotsteine* (Koprolithe) entstehen besonders bei Hunden und auch bei Menschen aus eingetrockneten, erhärteten Kotmassen und sind von auskrystallisierten anorganischen Salzen, vor allem Calciumphosphat (Hydroxylapatit?) durchsetzt. Beim Menschen findet man Koprolithe („Kottumoren") meist im C. sigmoides, aber auch in anderen Colonteilen; sie erreichen bis zu Kindskopfgröße[1].

5. Die Tätigkeit der Dickdarmflora und der Ablauf der Verdauung im Dickdarm.

a) Übersicht. Die Bakterien sind entscheidend für die Dickdarmverdauung und die chemische Umwandlung des Coloninhaltes in Kot. Die Keime rufen nicht nur *Spaltungen* wie *Vergärung von Kohlenhydraten* und *Fäulnis von Eiweißstoffen hervor*, die im folgenden Kapitel geschildert werden, sondern noch zahllose andere Umsetzungen, besonders *Hydrierungen* (S. **193**) und auch *Synthesen*[2] (S. **194**). Gärung und Fäulnis laufen bei gemischter Kost gleichzeitig ab und können auch von ein und derselben Mikrobenart ausgelöst werden. Ihre Endprodukte sind daher nicht in allen Fällen scharf auseinanderzuhalten. Meist halten sich Gärungs- und Fäulniserreger im Gleichgewicht, da sich z. B. die Fäulniskeime wegen der Zunahme der Gärungssäuren nicht mehr bei optimalem p_H-Wert entwickeln können. Die Wirkung der Nährstoffe auf die Darmflora (vgl. S. 183) ist beträchtlich. Die bakterielle *Zerlegung von Nahrungsstoffen*, die dem Angriff der Darmsäfte widerstanden haben, beruht auf einer schwer übersehbaren *Symbiose*. Der Körper liefert das „Milieu", den „Nährboden", die „Brutschrankwärme" und sorgt für den Abtransport der Schlacken und die fortlaufende Neubeschickung mit Nährstoffen. Die Keime spalten das für den Darm Unverdauliche in lösliche Verbindungen, um durch weiteren Abbau daraus ihre nötige Lebensenergie und die Baustoffe zu gewinnen. Der Darm hingegen versucht, möglichst viel davon für sich zu resorbieren, so daß die Keime immer zu neuen Hydrolysen und Redoxvorgängen gezwungen werden. In diesem Kampf um die neuerschlossene Futterquelle bleibt den Keimen trotz ihrer Danaidenarbeit noch genügend zur Bestreitung ihres kurzfristigen Lebens. Nach dem Tode entschädigen sie den Wirt außerdem noch durch Abgabe der für ihn wertvollen neu synthetisierten Bau- und Wirkstoffe. Freilich kann die Symbiose beim Versagen der Abwehrkräfte des Wirtes, bei Einwandern der Keime in höhere Darmabschnitte und vor allem bei Bildung bakterieller Stoffwechselgifte in ein schädliches *Schmarotzertum* ausarten und zu *Intoxikationen* führen (S. 189). Andererseits kann als sicher angenommen werden, daß die übliche Dickdarmflora des Menschen mindestens auch an der *Entgiftung* der Stoffwechselprodukte beteiligt ist, indem diese durch andere Bakterien zu unschädlichen Verbindungen weiterverarbeitet werden. Wie groß der *Nutzen der Dickdarmbakterien* für den Menschen ist, kann nur schwer beurteilt werden (vgl. S. 194). Auf keinen Fall ist die normale Darmflora für Menschen und Omnivoren als schädlich anzusehen[3], wie das METCHNIKOFF[4] noch behauptete. Dies geht besonders aus den Arbeiten von SCHIEBLICH[5] hervor. Für den *Pflanzenfresser*, insbesondere die Wiederkäuer, ist der Aufschluß der Nahrung, vor allem der Cellulose, durch die Flora und Fauna des Magens, des Dünndarmes aber auch des Dickdarmes lebensnotwendig.

---

[1] HENNING, N., u. W. BAUMANN: Handb. inn. Med. (BERGMANN-STAEHELIN) 3. Aufl. **3**/2, 945 (1938). — [2] CLIFTON, C. E.: Microbiological assimilations. Adv. Enzymol. **6**, 269 (1946). — [3] SCHEUNERT, A., u. F. W. KRZYWANEK: Handb. Biochem. **5**, 194 (1925). — SCHEUNERT, A.: Handb. Biochem. Erg.-W. **2**, 477 (1934). — [4] METCHNIKOFF, ÉL.: Ann. Inst. Pasteur **27**, 893 (1913) [Jber. Fortschr. Tierchem. **43**, 405 (1915)]. — [5] SCHIEBLICH, M.: Zbl. Bakteriol. (I) **112**, 497; **113**, 41 (1929).

b) Der Abbau der Kohlenhydrate durch bakterielle Gärungen im Dickdarm besteht in der Zerlegung der aus dem Dünndarm unverdaut in das Caecum gelangten polymeren Kohlenhydrate. In Frage kommen beim Menschen Stärke, die in Zellen eingeschlossen verblieb, Pektine, Hemicellulosen, nicht verholzte Cellulose und noch andere einheitliche und gemischte Polysaccharide (Bd. 1, S. 326). *Oligosaccharide und Stärke* werden in Monosaccharide und hauptsächlich in *Milchsäure* gespalten, und zwar durch die Milchsäurestreptokokken und die langen Milchsäurebacillen. Aerobacter (Bact. coli aerogenes), bildet *Milchsäure, niedere Fettsäuren* (vor allem *Essigsäure*, neben Ameisensäure, Propionsäure, *Buttersäure* und Bernsteinsäure), *Alkohole*[1] (Äthanol und höhere Alkohole, 2, 3-Butandiol und Acetylmethylcarbinol), sowie *Gase* (CO_2, H_2, CH_4). Auch anaerobe Fäulniskeime (Bac. putrificus, Bac. sporogenes und Bact. proteus) zersetzen Stärke in der Hauptsache zu *Buttersäure*, neben Milchsäure, Essigsäure, Propionsäure, Äthanol, H_2 und CO_2. Je nach Anwesenheit von Kohlenhydrat, Eiweiß und dessen Abbaustufen entstehen verschiedene Gärprodukte. Die Ergebnisse sind meist mit Darminhalt- und Kotproben oder an Reinkulturen aus Faeces gewonnen worden. In der Regel gelangen in das Caecum des Menschen bei gemischter Kost keine wasserlöslichen Kohlenhydrate mehr. Im Dickdarm spielt daher *die Verdauung der wasserunlöslichen Polysaccharide* eine größere Rolle. Die *Celluloseverdauung*[2–4] im Dickdarm gilt heute bei Menschen, Schwein, Kaninchen und anderen pflanzenfressenden Haustieren[5] als einwandfrei festgestellt; Fleischfresser (Hunde[5]) und Vögel (Gänse, Hühner) sind dazu nicht fähig. Wesentlich für die Celluloseverdauung ist das Freisein von Inkrusten (S. 188). Der Celluloseabbau findet auch beim Tier weder durch die Verdauungsfermente noch durch die Nahrungsmittelcellulasen statt, sondern vor allem durch die Darmflora[6].

van der Reis[7] hat auf Fließpapierstreifen, also auf reine Cellulose, auf Cellulosefasern in rohem und gekochtem Gemüse Bakterien mittels Proben von menschlichem Dünn- und Dickdarminhalt und von Faeces einwirken lassen. Es trat deutlich erkennbarer Zerfall des Papiers, der Zellwände und Rohfaser ein. Daß aber beim Menschen Cellulose merklich angegriffen wird, bezweifelt Scheunert[8] für die rasch ablaufende *Dünndarm*verdauung, nicht aber für die länger währende *Dickdarm*verdauung.

Die Cellulose soll nach Tappeiner[9] im Dickdarm der *Methan*- und auch der *Wasserstoffgärung* unterliegen. Im ersten Fall[10] bilden sich wenig CO_2, CH_4 und viel niedere Fettsäuren (Essigsäure, Buttersäure, Isobuttersäure), im zweiten Fall H_2, CO_2, Essigsäure, Isobuttersäure und Spuren von Valeriansäure.

Die Cellulose wird beim Wiederkäuer von den Pansenmikroben so ausgenützt, daß 90% ihres Brennwertes dem Wirtsorganismus als niedere Gärungsfettsäuren (hauptsächlich Buttersäure und Verwandte) zugute kommen und auch in das Milchfett gelangen[11]; der Rest von 10% geht in Form brennbarer Gase (6,9%) und von Wärme (3,1%) verloren[12]. Die Bakterien verwenden daher im besten

---

[1] Leibowitz, T., and S. Hestrin: Alcoholic fermentation of the oligosaccharides. Adv. Enzymol. **5**, 87 (1945). — [2] Scheunert, A., u. F. W. Krzywanek: Handb. Biochem. **5**, 188 (1925). — [3] Norman, A. G., and W. H. Fuller: Cellulose decomposition by microorganisms. Adv. Enzymol. **2**, 239 (1942). — [4] Nord, F. F., and J. C. Vitucci: Certain aspects of the microbiological degradation of cellulose. Adv. Enzymol. **8**, 253 (1948). — [5] Thomas, K., u. H. Pringsheim: Arch. Anat. Physiol. (B) **1918**, 25. — Waentig, P.: H. **107**, 225 (1919). — Woodman, H. E.: Biol. Rev. **5**, 273 (1930). — Fölling, A.: Acta med. scand. **77**, 187 (1931). — [6] Scheunert, A., u. W. Grimmer: H. **48**, 27 (1906). — [7] Reis, V. van der, u. W. Gosmann: Z. ges. exp. Med. **46**, 607 (1925). — [8] Scheunert, A: Handb. Biochem. Erg.-W. **2**, 471 (1934). — [9] Tappeiner, H.: Z. Biol. **24**, 105 (1888). — [10] Oechsner de Coninck, W.: C. R. Soc. Biol. **79**, 156 (1916). — [11] Sjollema, B.: Ber. Verh. int. Kong. angew. Chem. Sektion VII, Bd. III, 825. Berlin 1903 [Scheunert, A.: Handb. Biochem. **5**, 145 (1925)]. — [12] Markoff, J.: B. Z. **34**, 211 (1911); **57**, 1 (1913).

Falle nur 3,1% des Energieinhaltes der Cellulose für sich. Cellulose und Stärke besitzen bei Wiederkäuern den gleichen Nährwert, gemessen am Fettansatz. Beim Schwein ergibt die Cellulose zwar den gleichen Fettansatz wie beim Rind, jedoch die Stärke einen noch höheren Wert. Es ist daher anzunehmen, daß Cellulose bei Rind und Schwein und wahrscheinlich auch im Dickdarm des Menschen den gleichen oder einen ähnlichen chemischen Abbau erfährt, während Stärke durch die Darmfermente besser verwertet wird. Als erste Zwischenstufen bei der bakteriellen Zersetzung der Cellulose sind bisher Cellobiose[1] und auch Glucose[2] beobachtet worden. Der tatsächliche Ablauf der Cellulosespaltung im Darm ist damit jedoch noch nicht geklärt; auch konnten die Cellulosevergärer aus dem Dickdarm noch nicht in Reinkultur gezüchtet werden.

Die *Verdauung von Pektin*[3] gelingt Menschen und Hunden mit gemischter Kost bis zu 90%, hauptsächlich im Colon, nicht im Dünndarm, was mittels Ileostomie festgestellt wurde. Hunde, die mit 20 g Citruspektin im Tag gefüttert wurden, gaben 50% Pektin im Kot ab, dagegen nur 10% bei gemischter Kost[3, 4]. Die Darmbakterien scheinen dabei stärker beteiligt zu sein als die Verdauungsfermente; dies ist allerdings noch nicht näher erforscht. Studenten[5], die nach einer viertägigen Grundkost 4 Tage 30 g Citruspektin erhielten, schieden im Kot mehr Ameisensäure und Essigsäure als sonst aus. Die Harnzusammensetzung blieb normal. Galakturonsäure konnte in den Faeces nicht festgestellt werden, obwohl beim Menschen mit Ileumfistel und bei Kaninchen und bei Hunden mit THIRY-VELLA-Fistel 90%, d. h. praktisch alle eingenommene Galakturonsäure im Kot wiedergefunden wurde. Ob Galakturonsäure bei der Pektinverdauung als Zwischenprodukt auftritt oder im Dickdarm vielleicht nach Reduktion doch resorbiert wird, ist unbekannt. Da die Pektine noch von Galaktanen und (etwa 7%) Arabanen begleitet werden[6], ist auch deren Verdauung anzunehmen.

Parenteral in die Vene als Plasmaersatz in 0,5%iger Lösung gegeben, wird Citruspektin in der Leber und im Blut gespeichert, aber dann rasch und wohl unangegriffen ausgeschieden[7].

Das Verhalten des Pektins im Darm verdient weiteres Interesse, denn es ist in zahlreichen Nahrungsmitteln (Bd. **1**, S. 353) enthalten und diätetisch[8], z. B. bei Dyspepsie, gut brauchbar.

Das Verhalten des *Lignins* ist noch weniger bekannt. Es wird als Diäteticum im Mehl der Johannisbrotfrucht gebraucht.

Die Verdauung weiterer Polysaccharide. Inulin, Lichenin und *Hemicellulose* werden *durch Kotproben* und Kotbakterien von Hunden ausgiebig zu Buttersäure, Propionsäure, Essigsäure und Ameisensäure vergoren[9]. Inulin soll im Darmkanal des Menschen nicht zu Fruchtzucker aufgespalten, sondern gar nicht oder nur wenig verändert, gut resorbiert werden[10]. Topinambur wird, vom Menschen vollständig ausgenutzt[10]. Einlagerungen von Lignin, Hemicellulosen und Salzen des Pektins als „Kittsubstanzen" (Inkrusten) führen zur „verholzten" Cellulose, der sog. Rohfaser (vgl. Bd. **1**, S. 333). Diese wird im menschlichen Dickdarm nicht und auch kaum von Pflanzenfressern angegriffen. Die Verdaulichkeit der Cellulose beim Pflanzenfresser sinkt entsprechend dem Ver-

---

[1] PRINGSHEIM, H.: H. **78**, 266 (1912). — [2] NEUBERG, C., u. R. COHN: B. Z. **139**, 527 (1923). — [3] WERCH, S. C., and A. C. IVY: Amer. J. digest. Dis. **8**, 101 (1941). — [4] WERCH, S. C., A. A. DAY, R. W. JUNG and A. C. IVY: Proc. Soc. exp. Biol. Med. **46**, 569 (1941). — WERCH, S. C., and A. C. IVY: Proc. Soc. exp. Biol. Med. **44**, 366 (1940). — [5] WERCH, S. C., and A. C. IVY: Amer. J. Dis. Children **62**, 499 (1941). — [6] BEAVEN, G. H., E. L. HIRST and J. K. N. JONES: Soc. **1939**, 1865. — [7] HARTMANN, F. W., V. SCHELLING, H. N. HARKINS and B. BRUSH: Ann. Surg. **114**, 212 (1941). — [8] BAUMANN, T.: Kli. Wo. **1932 II**, 1267. — [9] SHIMIZU, T.: B. Z. **117**, 227 (1921). — [10] HEUPKE, W., u. K. BLANCKENBURG: Dtsch. Arch. klin. Med. **176**, 182 (1933/34).

holzungsgrad und der Möglichkeit zur mechanischen Zerteilung[1, 2]. Auch feinstgemahlenes Fichten- und Kiefernholz oder Holzschliffe zur Papierfabrikation sind für das Pferd unverdaulich[3], während es nach Aufschluß des Holzes von dem frei gemachten Zellstoff (= Cellulose) 2 kg und mehr im Tag verwertet[4].

c) Der Abbau des Eiweißes durch Fäulnisvorgänge im Dickdarm[5] trifft das *Eiweiß*, das der Magen- und Dünndarmverdauung entgangen ist. Es sind dies vom *Nahrungseiweiß* meistens Muskelfasern, Bindegewebe (besonders von rohem oder geräuchertem Fleisch), elastische Fasern, Caseingerinnsel, Eiweiß von Hülsenfrüchten, sowie das *Eiweiß aus den Zellen* der Darmwand und der abgestorbenen Darmflora, außerdem noch die *Proteine der Darmsäfte* (Mucine und Enzyme). Es gibt daher auch eine Darmfäulnis während des Hungers, allerdings nur eine geringfügige und unschädliche. Die *Eiweißfäulnis* beruht auf Hydrolysen, Redoxvorgängen und Desmolysen durch Bakterienenzyme, hauptsächlich des typischen Fäulniserregers Bac. putrificus und anderer Anaerobier. Da sie andere Enzyme enthalten als der Wirtsorganismus, entstehen neben Endprodukten des Stoffwechsels wie H_2O und CO_2 noch Verbindungen mit geringerem Heizwert oder mit neuen Wirkstoffeigenschaften (Vitamine, Enzymeffectoren), die im physiologischen intermediären Stoffwechsel des Wirtes nicht gebildet werden.

Folgende Fäulnisprodukte des Darmes hat man bisher gefunden:

1. *Basen: Ammoniak*, Alkylamine (Methyl-, Dimethyl- und Trimethylamin), *Indol, Skatol*, Tryptamin, Histamin, Diamine (Putrescin, Cadaverin) u. a.,
2. *Säuren: Essigsäure*, Propionsäure, *Milchsäure, Buttersäure*, Valeriansäure, Capronsäure und Bernsteinsäure, Phenol, o- und p-Kresol, aromatische Oxysäuren, Porphyrine u. a.,
3. S-*Verbindungen: Schwefelwasserstoff*, Mercaptane (CH_3SH, C_2H_5SH).

Diesen Fäulnisprodukten, von denen die N- und S-freien zum Teil auch den Gärungen entstammen können, stehen 3 Möglichkeiten offen: 1. die Resorption durch den Darm, 2. die Weiterverarbeitung durch andere Keime und 3. die Ausscheidung mit dem Kot.

Die Resorption der Gärungs- und Fäulnisprodukte ist beim Fleisch- und Allesfresser in der Regel unschädlich, beim Pflanzenfresser sogar lebensnotwendig. Schon in der Darmwand, dann in der Leber, der Lunge und Niere werden sie durch Redoxvorgänge und Paarungen entgiftet[6]. In der Darmwand fand man z. B. Diaminoxydase[7], die Histamin, Putrescin und Cadaverin abbauen hilft. Das gleiche Enzym ist auch in nicht pathogenen Bakterien (Bact. coli, Bact. pyocyaneum, Bact. fluorescens) vorhanden, die beträchtliche Mengen obiger Basen zerstören, während pathogene Keime dies nicht vermögen[8]. Bleibt die Entgiftung aus oder reichern sich die Fäulnisprodukte an, z. B. bei Dyspepsie, Obstipation, Überhandnehmen pathogener Keime, so führt ihre Resorption zur *Selbstvergiftung* vom Darm aus, zur „*intestinalen Autointoxikation*" (BOUCHARD 1887[9]). Bei Krankheiten bilden sich die Giftstoffe schon im Dünndarm. Die Entstehung der Säuglingsintoxikation wird nach BESSAU durch Resorption von Coli-Endotoxinen aus dem Darm erklärt; Amine (Histamin) können nicht ihre

---

[1] WAENTIG, P.: H. **98**, 116 (1916/17); **107**, 225 (1919). — [2] vgl. Bd. **2**/2, Faeces. — [3] WAENTIG, P.: H. **98**, 116 (1916/17). — [4] s.: SCHEUNERT, A., u. F. W. KRZYWANEK: Handb. Biochem. **5**, 191 (1925). — [5] SCHEUNERT, A., u. F. W. KRZYWANEK: Handb. Biochem. **5**, 184 (1925). — SCHMIDT, AD., u. J. STRASBURGER: Die Faeces des Menschen. 4. Aufl. S. 152—164. Berlin 1915. — GERHARDT, D.: Über Darmfäulnis. Ergebn. Physiol. **3**, 107—154 (1904). — [6] BECHER, E.: D. m. W. **1942**, 133. — [7] ZELLER, E. A.: Naturwiss. **26**, 282, 578 (1938). — ZELLER, E. A., B. SCHÄR u. S. STAEHLIN: Helv. **22**, 837 (1939). — WERLE, E.: B. Z. **311**, 270 (1941/42). — [8] WERLE, E.: B. Z. **306**, 264 (1940); **309**, 62 (1941). — [9] BECHER, E.: Kli. Wo. **1937 I**, 145.

alleinige Ursache sein[1]. Seit langem sucht man die Giftstoffe der Intoxikation aufzuklären[2-4].

Besondere Beachtung fanden *Versuche über die Toxizität des Darminhaltes* von MAGNUS-ALSLEBEN[5]. Spritzt man 2 cm³ Dünndarmfistelinhalt eines sonst gesunden Hundes einem Kaninchen in die Ohrvene, so stirbt es an zentralen Lähmungen. Derselbe Darminhalt bleibt unschädlich nach Injektion in die Pfortader. Man schloß daraus, der Darminhalt sei toxisch und werde in der Leber entgiftet. Weiter fand man[6] die „Giftigkeit" des Darminhaltes um so größer, aus je höheren Darmteilen er stammt, d. h. die Sekrete des Duodenums steigern die Giftigkeit des Darminhaltes. Ja, der Inhalt des Duodenums ist auch ohne bakterielle Einwirkung, allein durch die fermentativ gebildeten Eiweißabbauprodukte „toxisch". Man sollte jedoch bedenken, daß für das Zustandekommen der intestinalen Intoxikation als Ort der Giftbildung und der Giftaufnahme nur der Darm in Frage kommt und keine weitentlegenen Venen. Jede noch so harmlose Verbindung kann nicht nur durch Erhöhung der Dosis, sondern auch durch Einbringen am falschen Ort und zu ungelegener Zeit zum Gift werden. Wieviel mehr muß das für parenteral gegebenes unverdautes Eiweiß und organfremde, noch wirksame Verdauungsfermente der Fall sein. Nicht enteiweißter Pankreasextrakt wirkt, intravenös gegeben, bei Kaninchen schwer toxisch, dagegen wird enteiweißter (Depropanex) auch in hohen Dosen bis zu 100 cm³ reaktionslos vertragen[7]. Auch der Harn ist parenteral, besonders intravenös gegeben, „giftig", ohne daß man ihn für gewöhnlich, außer bei Urämie (Urämiegift) so nennt. Der normale Darminhalt kann daher nicht als giftig im gewöhnlichen Sinn bezeichnet werden, es sei denn, er gelange durch eine entzündete Darmschleimhaut unter Umgehung der Leber in die Blutbahn.

Auch der Vorschlag von METCHNIKOFF[8], die normale Darmfäulnis und damit die intestinale Autointoxikation sei durch Umstimmung der Darmflora zu bekämpfen, indem eine ausgedehnte Milchsäureflora mittels Yoghurt (Bac. bulgaricus) erzeugt wird, ist als überholt zu bezeichnen; denn heute ist man von der Unschädlichkeit der normalen Darmfäulnis nicht nur überzeugt, sondern kennt schon einzelne lebenswichtige symbiontische Leistungen der Bakterien zugunsten des Wirtes (vgl. S. 194). Die „*physiologischen Darmgifte*", die vom gesunden Darm in kleinen Mengen leicht entgiftet werden[9], hat BECHER[10] zusammengestellt. Er rechnete dazu alle Produkte der normalen Gärung und Fäulnis, davon besonders Phenol, Kresol, Indol, Skatol, Schwefelwasserstoff, Ammoniak, Histamin und Porphyrine (Koproporphyrin). Zur Intoxikation führt die rasche, oft ortsfalsche Anhäufung dieser Stoffe im Darm. Klinische Bedeutung haben von den Darmgiften bisher nur die *Phenole* durch ihren Nachweis mit Hilfe der Xanthoprotein-Reaktion und das Indol durch die Indican-Reaktion erlangt[11]. Indol, Phenol und Kresol entstehen (außer bei gangränösem Gewebszerfall z. B. in der Lunge) nur im Darm, denn bei Hunden verschwinden sie nach Herausnahme des ganzen Darmes aus dem Blut[12].

---

[1] LINNEWEH, F.: Mschr. Kinderheilkde. **85**, 215 (1940/41). — [2] s. S. 189[6]. — [3] s. S. 189[8]. — [4] Vgl. Bd. **2**/2, Faeces; dort auch Schrifttum. — [5] MAGNUS-ALSLEBEN, E.: Hofmeisters Beitr. **6**, 503 (1905). Der Einfluß der Mikroorganismen auf die Vorgänge im Verdauungstraktus beim erwachsenen Menschen. Handb. Physiol. **3**, 1037—1042 (1927). — [6] WERLE, E., u. H. REPLOH: Kli. Wo. **1942**, 833. — [7] SCHWARTZ, M. S., M. M. FISHER, I. S. WRIGHT and A. W. DURYEE: Amer. Heart J. **22**, 122 (1941). — [8] METCHNIKOFF, Él.: Ann. Inst. Pasteur **27**, 893 (1913) [Jber. Fortschr. Tierchem. **43**, 405]. — [9] Vgl. Bd. **2**/2, Entgiftung. — [10] BECHER, E.: Kli. Wo. **1937 I**, 145. — [11] BECHER, E.: Ergebn. ges. Med. **18**, 485ff. (1933); dort Angaben über die Mengen von Darmgiften im Blut Gesunder und Kranker. — [12] BECHER, E.: Med. Welt **1931 I**, 873. — BILLI, A.: Boll. Soc. ital. Biol. sperim. **6**, 140 (1931).

Das *Indol als Darmgift* sei etwas näher geschildert[1]. Schon F. v. MÜLLER[2] hat die Wirkung des Indols auf das Zentralnervensystem hervorgehoben. Dazu bedarf es allerdings beträchtlicher Mengen. Erst 60 g Indol, per os gegeben, lösen beim Menschen eine Vergiftung aus[3]. HOUBEN[4] gibt für den Menschen 0,025 bis 2,0 g Indol per os im Tag als wenig giftig an. Es ist zu bedenken, daß ein Teil des Indols im Körper weiter abgebaut und nicht als Indican erfaßt wird. Man kann auch daran denken, daß eine erhöhte Bildung von Indol oder Indoxyl aus Tryptophan durch Mikroorganismen zu einem Mangel an lebensnotwendigem Tryptophan führen könnte. Nach Resorptionsversuchen an Ratten ist die Indicanbildung in der Darmwand gering[5]. Sie gehört wahrscheinlich nicht zu den spezifischen Entgiftungsfunktionen der Darmwand, sondern erfolgt hauptsächlich in der Leber und nur zum kleinen Teil in anderen Organen. Die Verhältnisse beim Menschen dürften denen bei der Ratte analog sein[6] (s. a. Bd. **1**, S. **543**, Bd. **2**/2 Entgiftung).

d) Der Abbau und die Umwandlung der Fettstoffe im Dickdarm sind schon deshalb geringfügig, weil nur wenig Fette in den Dickdarm gelangen. Nachgewiesen ist bisher die Fetthydrolyse durch Bac. putrificus und einen Keim aus der Mesentericusgruppe[7]. Der Abbau von Fettsäuren im Dickdarm ist noch unerforscht. Besondere Beachtung fand die *Umwandlung des Cholesterins in Koprosterin*[8] *und Dihydrocholesterin*[9] (vgl. Bd. **1**, S. 398), da es sich beim Koprosterin um eine spezifische, durch Bakterienfermente gesteuerte Anlagerung von Wasserstoff in der cis-Stellung an C_5 des Steranskelets handelt, im Gegensatz zur trans-Hydrierung des Cholesterins zum Dihydrocholesterin durch die Körperfermente. Über die hydrierenden Bakterien und ihre Fermente ist aber noch nichts bekannt, ebenso wenig über das Unverseifbare der abgestorbenen Bakterien.

Das *Cholesterin* der Nahrung, des Darmsaftes[9], der Dünn- und Dickdarmschleimhaut kann im Darm: 1. resorbiert, 2. hydriert und 3. unverändert mit dem Kot ausgeschieden werden. Cholesterin wird vom Menschen besonders in Gegenwart von Fett leicht aufgesaugt und von der Leber im kleinen intestinalen Kreislauf zum Teil mehrmals in die Galle ausgeschieden und wieder vom Darm resorbiert[10] (vgl. S.249). Der Dickdarm ist der Hauptausscheidungsort für das Cholesterin[11], nicht die Leber, wie durch Versuche an Gallenfistelhunden[9] und am Menschen mit Gallengangverschluß durch Carcinom gezeigt wurde[12]. Etwa 0,1 g Cholesterin wird im Tag durch den Dickdarm abgegeben. Intravenös injiziertes kolloidales Cholesterin wird vom Gallenfistelhund mit dem Kot ausgeschieden, d. h. es wird vorher durch den Darm sezerniert[13]. Die *Hydrierung zum Koprosterin* findet ausschließlich im Dickdarm statt. Vom Tierkörper wird Koprosterin nirgends gebildet. Es stammt nicht aus dem Cholesterin der Galle,

---

[1] MARION, L.: Indole alcaloids in: MANSKE, R. H. F., and H. L. HOLMES: The Alcaloids, Chemistry and Physiology. Bd. 2. New York 1952. — [2] MÜLLER, F. v.: Mitt. Würzburger med. Klinik **1886**, 341 [BECHER, E.: Kli. Wo. **1937 I**, 145]. — [3] MÜLLER, F. v.: Verh. dtsch. Ges. inn. Med. **16**, 156 (1898). — [4] Houben, Heilstoffchemie 2. Abt., **3**, 220 (1933). — [5] NICOLAI, H.: Kli. Wo. **1942**, 538. — [6] BECHER, E.: Verh. Ges. Verd.-Krankh. **14**, 369 (1939). — [7] SÖHNGEN, N. L.: Proc. K. Akad. Wet. Amsterdam **19**, 689 (1910) [Jber. Fortschr. Tierchemie **40**, 923 (1911)]. — [8] BONDZYŃSKI, S.: B. **29**, 476 (1896). — BONDZYŃSKI, S., u. V. HUMNICKI: H. **22**, 396 (1896/97). — BEUMER, H., u. G. BISCHOFF: B. Z. **220**, 154 (1930). — BISCHOFF, G.: B. Z. **222**, 211 (1930); **227**, 230 (1930). — [9] SCHÖNHEIMER, R., u. L. HRDINA: H. **212**, 161 (1932) (zentrifugierter Magen- und Pankreassaft ist im Gegensatz zum Darmsaft cholesterinfrei). — [10] BÜRGER, M., u. W. WINTERSEEL: H. **202**, 237 (1931). — [11] SPERRY, W. M.: J. biol. Ch. **68**, 357 (1926); **71**, 351 (1927). — SPERRY, W. M., and R. W. BLOOR: J. biol. Ch. **60**, 261 (1924). — [12] BÜRGER, M., u. W. WINTERSEEL: Z. ges. exp. Med. **66**, 459 (1929). — [13] BEUMER, H., u. F. HEPNER: Z. ges. exp. Med. **64**, 787 (1929).

obwohl man es daraus zum kleinen Teil herleiten könnte; es ist auch nicht ausschließlich hydriertes Nahrungscholesterin, denn fett- und sterinfrei ernährte Gallenfistelhunde, deren Galle nach außen abgeleitet worden war, schieden im Kot Koprosterin und nur kleine Mengen Dihydrocholesterin aus[1]. In diesem Fall kann das Koprosterin nur aus dem Cholesterin des Darmsaftes oder der Darmschleimhaut, insbesondere des Colons, stammen. Das Cholesterin muß durch Bakterien, die von der Galle unabhängig sind, hydriert worden sein. Eine Koprosterinabgabe durch die Darmschleimhaut findet nicht statt[2]. Beim Menschen erfolgt die Hydrierung des Cholesterins zum Koprosterin im mittleren Colon, denn im Ileum- oder Caecuminhalt gibt es nur Cholesterin und Spuren von Dihydrocholesterin[3]. Bei der Fäulnis des menschlichen Kotes in vitro wächst wegen Bildung von Koprosterin[4,5] der Sättigungsgrad der Sterine. Das Koprosterin wird im Darmkanal des Menschen nicht resorbiert[2] und reichert sich daher im Kot an, nach BONDZYŃSKI[6] im Tag etwa 1 g. Es ist als eine körperfremde Verbindung anzusehen, deren Funktion für den Darm und die Darmflora gänzlich unbekannt ist. Vom Dickdarm des Menschen[7] und des Hundes[8] werden beträchtliche Mengen von Dihydrocholesterin ausgeschieden, dagegen kein Koprosterin.

Ein Hund mit Anus praeter[8], dessen unterer Dickdarmteil und After zwei Monate geschlossen waren, enthielt in diesem Blindsack 48 g einer nahezu sterilen fettigen Masse mit 53% H_2O, 3,6% Asche und 2,2% Fettstoffen, die zu 80% aus unverseifbaren, und zwar zu 60% aus digitoninfällbaren Sterinen bestand. Von den Sterinen waren 52% gesättigte und davon etwa 70% Dihydrocholesterin. Koprosterin wurde nicht gefaßt, es konnte nur in sehr kleinen Mengen vorgelegen haben.

Die Menge des *Dihydrocholesterins*, das ausschließlich im Stoffwechsel entsteht, ist gering[9]. Sie beträgt nur etwa $^1/_5$ bis $^1/_4$ der hauptsächlich als Koprosterin in den Kot abgegebenen Sterine[10]. Auch im Foetus entsteht schon Dihydrocholesterin (vgl. Bd. 2/2, Faeces).

Dihydrocholesterin ist wie das Koprosterin nicht resorbierbar, weder von der Maus noch vom Hund und sehr wahrscheinlich auch nicht vom Menschen[11]. Es wird im Darm des Menschen nicht in Koprosterin umgewandelt, sondern erscheint, der Nahrung zugefügt, unverändert im Kot[12].

Pflanzensterine werden vom Pferd und Kaninchen unverändert, also nicht hydriert mit dem Faeces ausgeschieden[13].

Ein Teil des Cholesterins im Darm entgeht der Resorption und der Hydrierung. Es gelangt unverändert in den Kot, entweder direkt aus der Nahrung stammend oder durch die Darmschleimhaut abgegeben. Nach ausschließlich tierischer Nahrung beim Menschen bestehen z. B. die mit Digitonin fällbaren Kotsterine zu 87,2% aus gesättigten Sterinen und zu 12% aus Cholesterin, die aus den Faeces eines nur mit Fleisch gefütterten Hundes zu 81% aus gesättigten Sterinen und zu 19% aus Cholesterin[14]. Bei gemischter Kost und nach Belastung mit 5 g Cholesterin fand man[15] früher im Menschenkot neben Koprosterin etwa 30% brombindende Sterine, im wesentlichen Cholesterin.

---

[1] SCHOENHEIMER, R., and W. M. SPERRY: J. biol. Ch. **107**, 1 (1934). — [2] BÜRGER, M., u. W. WINTERSEEL: H. **202**, 237 (1931). — [3] GARDNER, J. A., H. GAINSBOROUGH and A. R. MURRAY: Biochem. J. **29**, 1139 (1935). — [4] DAM, H.: Biochem. J. **28**, 820 (1934). — [5] BEUMER, H., u. G. BISCHOFF: B. Z. **220**, 154 (1930). — BISCHOFF, G.: B. Z. **222**, 211; **227**, 230 (1930). — [6] BONDZYŃSKI, S.: B. **29**, 476 (1896). — BONDZYŃSKI, S., u. V. HUMNICKI: H. **22**, 396 (1896/97). — [7] BÖHM, R.: B. Z. **33**, 474 (1911). — [8] SCHÖNHEIMER, R., u. H. v. BEHRING: H. **192**, 102 (1930). — [9] SCHÖNHEIMER, R.: H. **192**, 86 (1930). — [10] SCHÖNHEIMER, R., H. v. BEHRING, R. HUMMEL u. L. SCHINDEL: H. **192**, 73 (1930). — [11] BEHRING, H. v., u. R. SCHÖNHEIMER: H. **192**, 97 (1930). — [12] DAM, H.: Biochem. J. **28**, 815 (1934). — [13] SCHÖNHEIMER, R.: H. **180**, 32 (1929). — [14] SCHOENHEIMER, R.: J. biol. Ch. **105**, 355 (1934). — [15] BÜRGER, M., u. W. WINTERSEEL: H. **181**, 255 (1929).

Cetylalkohol[1] wird von Mensch, Hund und Katze durch die Dickdarmschleimhaut sezerniert; denn er findet sich beim Hund gemeinsam mit Cholesterin und Dihydrocholesterin in künstlichen Darmcysten und auch bei Gallenfistelhunden, deren Galle abgeleitet worden ist. Er muß daher im intermediären Stoffwechsel analog dem Dihydrocholesterin entstehen.

Gallensäuren werden von Kotbakterien nicht angegriffen und dürften daher auch im Dickdarm nicht verändert werden[2].

e) Die Hydrierungen durch die Dickdarmflora verdienen im Zusammenhang mit den Gärungs- und Fäulnisvorgängen eine besondere Betrachtung. Das rasche Verschwinden von O_2 aus der verschluckten Luft im Darm, das Vorherrschen der Anaerobier und ihrer Reduktionsprodukte wie H_2, H_2S, CH_4, Bilirubinoide u. a. beweisen, daß trotz sehr guter Blutversorgung dem Darm-, besonders dem Dickdarminhalt ein starkes Reduktionsvermögen innewohnt, dem leicht reduzierbare Verbindungen oft in spezifischer Weise zum Opfer fallen. Die Ursache dieser Reduktionen im Darm sind die Bakterien, beim Pflanzenfresser auch noch Hefen und Schimmelpilze. Die Bildung von Koprosterin wurde S. 191 schon erwähnt und scharf von der des Dihydrocholesterins und des Cetylalkohols als Produkten des intermediären Stoffwechsels getrennt. Bemerkenswert ist ferner die analwärts ständig fortschreitende Hydrierung des Gallenfarbstoffes zu Stercobilinogen und Bilileukan sowie die anschließende Dehydrierung zu Stercobilin und Bilifuscin, die sich als stabile Endprodukte in den Faeces anreichern.

Bisher glaubte man, daß der Körper, wenn überhaupt, so doch nur kleinste Mengen Urobilinogen im Gewebe zu bilden vermag, denn das Fehlen von Urobilinogen und Urobilinspuren im Harn galt als ein Beweis für den Verschluß des Gallenganges. Nach BAUMGÄRTEL[3,4] sind zwei Wege der Reduktion des Bilirubins zu unterscheiden: die bakterielle Hydrierung im Darm über Mesobilirubin[5] zu Stercobilinogen und die Reduktion zu Urobilinogen im intermediären Stoffwechsel, in den extrahepatischen Gallenwegen, in der Leber und besonders in der Gallenblase. Diese Hydrierung erfolgt durch ein oder mehrere Enzyme, die aus den Zellen des Körpers stammen müssen. Das Bilirubin wird von diesem Ferment aber nur hydriert, wenn die Galle gestaut ist, sei es durch Verschluß des Gallenganges oder durch einen Leberschaden. Durch Resorption aus dem Darm gelangt das Urobilinogen dann in den Harn. Katalytische Hydrierung des Bilirubins mit Wasserstoff oder durch Bebrütung mit Leberbrei führt über Dihydrobilirubin, Mesobilirubin, Dihydromesobilirubin zu Urobilinogen. Gibt man bei Gallengangverschluß per os Urobilin[6], so findet man im Kot nur Urobilinogen aber kein Stercobilinogen. Gibt man Bilirubin, so erhält man Stercobilinogen. Urobilinogen ist also kein bakterielles Hydrierungsprodukt und kann auch nicht von Bakterien weiter zu Stercobilinogen reduziert werden. Den Beweis dafür erbrachte BAUMGÄRTEL[5], indem er Bilirubin mit einer Kotaufschwemmung in einer Apparatur bebrütete, die ähnlich wie der Dickdarm das Diffundieren von Reaktionsprodukten erlaubt. Er fand dann im Diffusat nur Stercobilinogen. Mesobilirubin wurde ebenso zu Stercobilinogen, Urobilin jedoch zu Urobilinogen reduziert. Das Urobilinogen entsteht also nicht im Darm, wird aber von ihm resorbiert und in den Harn abgeleitet. Als v. MÜLLER im Jahre 1892 in seinem berühmt gewordenen Versuch einem Patienten mit totalem Gallengangverschluß urobilinfreie Galle verabreichte, fand er in den Faeces Stercobilin, ohne es jedoch

[1] SCHOENHEIMER, R., and G. HILGETAG: J. biol. Ch. **105**, 73 (1934). — [2] MINNIBECK, H.: B. Z. **257**, 160 (1933). — [3] BAUMGÄRTEL, T.: Dtsch. Arch. klin. Med. **195**, 436 (1949). — [4] BAUMGÄRTEL, T.: Physiologie und Pathalogie des Bilirubinstoffwechsels als Grundlagen der Ikterusforschung. S. 109 u. 130. Stuttgart 1950. — [5] BAUMGÄRTEL, T. u. D. ZAHN: Klin. Wo. **1952**, 44. — [6] BAUMGÄRTEL, T.: Med. Mschr. **2**, 418 (1948). — s. a. MEYER, W. C.: Ärztl. Forsch. **1**, 51 (1947).

damals als solches zu erkennen. Er nannte es im Sinne der damaligen Kenntnisse „Urobilin". Wie Bd. 1, S. 926 ausgeführt ist, muß heute zwischen Urobilinurie und Stercobilinurie unterschieden werden.

Ob durch die Hydrierung der Gallenfarbstoffe deren Resorbierbarkeit vermindert werden soll, wissen wir ebensowenig wie den Grund für andere Reduktionen. Immerhin sollte man bedenken, daß auch Pharmaca im Darm reduziert werden und unwirksam oder wirksamer werden können. So bildet sich z. B. aus Schwefelpulver im Darm, analog der Hefegärung, etwas H_2S, andererseits werden Oxoverbindungen durch Reduktion zu Carbinolen entgiftet. Dem Reduktionsvermögen im Dickdarm sollte bei Krankheiten gleiche Beachtung wie der Fäulnis und der Gärung geschenkt werden.

f) Synthesen durch die Dickdarmflora. In neuester Zeit erkennt man immer mehr, daß die Kleinlebewesen im Darm zugunsten des Wirtes bedeutsame spezifische Arbeit leisten, und zwar durch die *Synthese neuer Verbindungen*, die der Körper selbst nicht bilden kann, die für ihn aber lebensnotwendig sind, also Vitamincharakter haben. Die *Bildung von Vitamin K*, hauptsächlich durch die Colibakterien, setzt beim Neugeborenen sofort nach der Besiedlung des Darmes ein, denn die Blutungsbereitschaft des Säuglings geht nach der Geburt rasch zurück[1, 2]. Die Darmflora genügt beim Huhn und anderen Vögeln wegen des kurzen Darmes nicht für die Vitamin K-Versorgung[3]. Beim Rind erzeugen die Pansen- und Darmmikroben *Vitamin* B_1, das bei der Kuh auch in die Milch übergeht[4]. Im Darm B_1-frei ernährter Ratten und anderer Nager entsteht Aneurin, denn sie erkranken nicht an Beriberi, sofern sie ihren Kot selbst fressen können[5]. Sie resorbieren dann im Dünndarm das im Dickdarm gebildete Vitamin in ausreichendem Maße. Ob das *Vitamin C* bei den nicht an Skorbut erkrankenden Tieren im Darm oder im Körper aufgebaut wird, bedarf noch der Klärung. Außer für Vitamine ist die Darmflora sicherlich am Aufbau weiterer lebenswichtiger Verbindungen oder deren Vorstufen beteiligt[6]. Im Dickdarm von Hunden sollen Substanzen entstehen, welche die Fäulnisvorgänge einleiten, die wiederum die Sekretion und die Bewegungen des Darmkanales beeinflussen. Histamin, z. B. in den Dickdarm gebracht, steigert die Magen- und Dünndarmperistaltik[7]. Das *Bakterieneiweiß* ist besonders für den Pflanzenfresser eine wesentliche Quelle für assimilierbaren Stickstoff und für *lebensnotwendige Aminosäuren*, die im ursprünglichen pflanzlichen Futter fehlen. Die ungeheuere Entwicklung der Kleinlebewesen im Darmtractus des Pflanzenfressers macht diesen durch die Ausnützung des von jenen assimilierten Stickstoffes (Eiweißes) geradezu zum „sekundären Fleischfresser". Für das Pferd[8] hat man in 30 kg Blinddarminhalt aus dem N-Gehalt 90 g Infusorien- und 50 g Bakterieneiweiß errechnet, allein $^1/_3$ bis $^1/_4$ des täglichen Eiweißbedarfes soll aus dem Infusorieneiweiß gedeckt werden. SCHEUNERT[9] hält diese hohen Zahlen noch nicht für gesichert aber doch für beachtenswert. Wir dürfen annehmen, daß die weitere Forschung, besonders bei Aufklärung von Erkrankungen infolge gestörter Darmflora, noch manche bisher unbekannte Synthese- und Symbioseleistung der Darmbewohner zutage fördern wird.

[1] Vgl. Bd. 2/2, Faeces. — [2] DAM, H.: Vitamin K, its chemistry and physiology. Adv. Enzymol. 2, 286 (1942). — [3] SCHMIDT, T., u. K.-H. BÜSING: Kli. Wo. **1942**, 411. — [4] Vgl. Bd. 2/2, Vitamine. — [5] Vgl. Bd. 2/2, Biochemie der Mikroorganismen. — SCHIEBLICH, M., u. J. RODENKIRCHEN: B. Z. **213**, 234, 245 (1929). — SCHWEIGERT, B. S., J. M. MCINTIRE, L. M. HENDERSON and C. A. ELVEHJEM: Arch. Biochem. **6**, 403 (1945). — [6] BAUMGÄRTEL, T.: Kli. Wo. **1942**, 265. — [7] KOSKOWSKI, W.: C. R. Soc. Biol. **97**, 926 (1927). — [8] SCHWARZ, C., u. G. BIENERT: Pflügers Arch. **213**, 556 (1926). — SCHWARZ, C., u. J. TANZER: Pflügers Arch. **213**, 563 (1926). — SCHWARZ, C., u. A. ERBEN: Pflügers Arch. **213**, 571 (1926). — [9] SCHEUNERT, A.: Handb. Biochem. Erg.-W. 2, 478 (1934).

g) Die Resorption im Dickdarm[1, 2] ist beim Menschen wesentlich geringer als im Dünndarm. Aufgesaugt werden *Wasser*[1], *Mineralsalze*, wenig *organische Verbindungen* aus dem übergetretenen Dünndarmchymus sowie die *Produkte von Gärung und Fäulnis* (s. S. 183 u. 189). Die Wasserresorption wird an der normalen Koteindickung und an ihrem Ausbleiben nach Dickdarmwegnahme sichtbar. Quantitative Angaben lassen sich durch rectale Infusionen gewinnen. Aminosäuren und hohe Spaltstücke des Eiweißes sind in isolierten Colonschlingen leicht, aber langsamer resorbierbar als im Dünndarm[3]. Glucose gelangt aus dem menschlichen Rectum nur sehr langsam und nicht mehr als 1 g je Std in den Körper, so daß rectale Glucosezufuhr für die Ernährung ungeeignet ist[4]. Eine Fettresorption konnte im Dickdarm des Hundes nicht festgestellt werden[5]. Zur Calorienzufuhr per Rectum sind Eiweiß und Fett ganz ungeeignet. Außer Wasser und löslichen Salzen, die gut resorbiert werden, nimmt der Dickdarm etwa mit Dextrin, Glucose und Alkohol im besten Fall $^1/_3$ oder höchstens $^1/_2$ der notwendigen Calorienmenge auf[6]. Nährklystiere haben daher nur einen beschränkten Wert.

h) Die Exkretion durch den Dickdarm[7, 8] betrifft in erster Linie *Mineralstoffe*, dafür spricht schon der hohe Aschegehalt (12,5%) des Kotes von Hungerkünstlern[9, 10]. Da der Dünndarm die Mineralstoffe seiner Sekrete leicht zurückresorbieren kann (vgl. S. 152), müssen die Mineralstoffe des Hungerkotes aus dem Dickdarm stammen. In der Hauptsache handelt es sich um Phosphate des Calciums und Magnesiums[11], also um beschränkt harnfähige Mineralstoffe. Ein Drittel der Phosphate soll zusammen mit den entsprechenden Ca- und Mg-Mengen durch den Dickdarm, zwei Drittel durch die Nieren ausgeschieden werden[12]. Allerdings spielen für die Verteilung auf Kot oder Harn die Art der Nahrung, besonders ihr Mineralstoffgehalt und das Säure-Basen-Verhältnis eine regulierende Rolle[13–15]. Mittels Darmfisteln an Hunden konnte gezeigt werden, daß der Darmtractus das Calcium wesentlich mehr durch den Dick- als durch den Dünndarm ausscheidet[16]. Eine isolierte und ein Jahr verschlossene Colon ascendens-Schlinge eines Hundes enthielt 250 cm³ Flüssigkeit mit Mineralsalzen als Hauptbestandteil, und zwar Natriumcarbonat und Calciumphosphat, jedoch so gut wie kein Eisen[17]. Katzen geben durch Dünn- und Dickdarm nur wenig Ca ab, sehr viel mehr nach Wegnahme der Nebenschilddrüsen[18]. Zulagen von $CaCO_3$ zum Futter erhöht bei Hunden die Ca- und PO_4-Abgabe durch den Darm[19]. In neuester Zeit hat man mit Hilfe von radioaktiven Elementen die Exkretion aus dem Körper eindeutig von der Ausscheidung der nicht resorbierten Nahrungsbestandteile unterscheiden können. Die Eisenausscheidung durch den Magen-Darmkanal soll sehr gering sein. Hunde mit Colonfisteln scheiden nach parenteralen und enteralen Eisengaben nur Spuren durch den Darm aus.[20]

---

[1] Vgl. S. 209. — [2] Vgl. S. 211 u. 222. — [3] Rhoads, J. E., A. Stegel, C. Riegel, F. A. Cajori and W. D. Frazier: Amer. J. Physiol. **125**, 707 (1939). — [4] Garrer, A. H., J. Groen and L. Hallén: Acta med. scand. **107**, 1 (1941). — [5] Papasoff, B.: Jber. Univ. Sofia, Med. Fak. **18**, 559 (1939) [Ber. Physiol. **128**, 502]. — [6] Büdingen, F.: Z. ges. exp. Med. **95**, 126 (1934). — [7] Scheunert, A., u. F. W. Krzywanek: Handb. Biochem. **5**, 198 (1925); dort ältere Literatur. — [8] Scheunert, A.: Handb. Biochem. Erg.-W. **2**, 479 (1934). — [9] Vgl. Bd. **2**/2, Faeces. — [10] Schmidt, Ad., u. J. Strasburger: Die Faeces des Menschen. 4. Aufl. S. 289. Berlin 1915. — [11] Kobert, R., u. W. Koch: D. m. W. **1894**, 883. — [12] Myers, C., and M. S. Fine: Proc. Soc. exp. Biol. Med. **16**, 73 (1919). — [13] Scheunert, A., A. Schattke u. M. Weise: B. Z. **139**, 1, 10 (1923). — [14] Takeno, J.: Jb. Kinderheilkde. **77**, 640 (1913). — [15] Telfer, St. V.: Biochem. J. **15**, 347 (1921). — [16] Walsh, E. L., and A. C. Ivy: Proc. Soc. exp. Biol. Med. **25**, 839 (1928). — [17] Moraczewski, W. v.: H. **25**, 122 (1898). — [18] Taylor, N. B., and A. Fine: Amer. J. Physiol. **93**, 544 (1930). (Ca-Gehalt im Magensaft 5,0—6,5 mg%, Pankreassaft 5,0—9,0 mg%, Blasengalle 6,0—17,0 mg%.) — [19] Heupke, W.: Z. ges. exp. Med. **75**, 83 (1931). — [20] Maddock, S., and C. W. Heath: Arch. internal Med., Chicago **63**, 584 (1939).

Von den *organischen Verbindungen*, die durch den Dickdarm abgegeben werden, erwähnten wir schon S. 191 das Dihydrocholesterin und den Cetylalkohol als echte Exkrete. Das Cholesterin wird von der Colonschleimhaut ausgeschieden und nur zum Teil zurückresorbiert. Die tägliche Cholesterinabgabe ist beim Menschen 100 mg, beim Hund 6,8 bis 11,5 mg und beim Kaninchen 1,6 bis 5,0 mg[1]. Die Unterscheidung, ob es sich um echte Exkrete des Dickdarmes oder um Inhaltsstoffe von abgeschilferten Zellen oder nicht resorbierte Verbindungen aus oberen Darmabschnitten handelt, ist noch nicht für alle Kotbestandteile gesichert. Auch Fette werden durch den Darm, wahrscheinlich den Dickdarm, ausgeschieden. Das ist mit Hilfe von deuteriumhaltigen Fetten an Menschen mit Gallenfisteln gezeigt worden[2].

i) Vergleichendes zur Dickdarmverdauung[3]. α) Die Dickdarmverdauung des Menschen und anderer Omnivoren unterscheidet sich je nach der Nahrung und dem verschiedenen anatomischen Bau des Darmtractus. Beim Schwein[4] z. B. nähert sie sich bei ausschließlich pflanzlichem Futter mehr derjenigen der Pflanzenfresser. Im Caecum und proximalen Colon findet neben umfangreichen enzymatischen Spaltungen durch den Darmsaft noch ein bakterieller Abbau von Kohlenhydraten und Eiweiß statt[5], auch Cellulose wird im Caecum gelöst[6]. Bei reiner Fleischfütterung[7] verdaut das Schwein wie die Fleischfresser.

β) Die Dickdarmverdauung der Carnivoren[3], z. B. beim Hund, beschränkt sich auf die Fäulnis der geringen, der Dünndarmverdauung entgangenen Eiweißreste. Ohne Mitwirkung der Bakterien oder der Dünndarmfermente kommt wegen Mangel an Fermenten im Dickdarm des Hundes keine Verdauung zustande[3].

γ) Die Dickdarmverdauung der Herbivoren[3, 8, 9] ist fast ganz auf die Cellulosevergärung und nur wenig auf Fäulnis von Eiweiß abgestellt. Länge und Fassungsvermögen von Caecum und Colon sind bei Pferd, Rind, Schaf u. a. entsprechend ausgebildet. Die aus dem großen Colon des Pferdes abgepreßte Flüssigkeit löst beträchtliche Mengen Cellulose (in 72 Std 60 bis 70%)[10]. Trotzdem ist im Vergleich mit den übrigen Darmabschnitten die Dickdarmverdauung des Pflanzenfressers gering.

ζ) Die Notwendigkeit der Darmfunktion.

1. Stoffwechselvorgänge in der Darmwand.

Mehr und mehr erkennt man, daß die anatomische und chemisch-analytische Betrachtung der Darmdrüsen und Darmsekrete und die Ableitung der Funktionen des Darmes aus diesen Daten nicht mehr genügen. Der Darm ist nicht nur ein Organ der Verdauung, sondern auch des intermediären Stoffwechsels, in dem eine Reihe von höchst wichtigen chemischen Umsetzungen ablaufen, die man früher der Leber zuschrieb. Allerdings ist die Bearbeitung der Biochemie des Darmes noch in den Anfängen.

---

[1] s. S. 195[19]. — [2] Shapiro, A., H. Koster, D. Rittenberg and R. Schoenheimer: Amer. J. Physiol. **117**, 525 (1936). — [3] Scheunert, A., u. F. W. Krzywanek: Handb. Biochem. **5**, 201 (1925). — [4] Krzywanek, F. W.: Die Verdauung des Schweines. Handb. Mangold **2**, 270—309 (1929). — [5] Ellenberger, W., u. V. Hofmeister: Arch. wiss. prakt. Tierheilkde. **14**, 137 (1888). — [6] Scheunert, A.: H. **48**, 9 (1906). — [7] Ellenberger, W., u. V. Hofmeister: Arch. Anat. Physiol. (B) **1890**, 280. — [8] Mangold, E.: Die Verdauung der Wiederkäuer. Handb. Mangold **2**, 107—237 (1929). — [9] Scheunert, A., u. F. W. Krzywanek: Die Verdauung des Pferdes. Handb. Mangold **2**, 237—270 (1929). — [10] Scheunert, A., u. F. W. Krzywanek: Handb. Biochem. **5**, 205 (1925).

Heute gilt als gesichert, daß das Carotin nicht in der Leber, sondern im Darm zu Vitamin A aufgespalten wird. Den ersten Beweis dafür lieferten DEUEL und seine Mitarb.[1], indem sie nach Gaben von β-Carotin in Abständen von je 15 min den Gehalt an Carotin und Vitamin A im Darm und in der Leber bestimmten. Sie fanden im Gegensatz zu MOORE, daß die Leber der Ratte nicht die Bildungsstätte des Vitamins ist sondern die Darmwand. Dort war das Vitamin A vermehrt und nicht in der Leber. Bei parenteralen Gaben mußte das Carotin erst mit der Galle in den Darm gelangen und wurde erst nach Resorption im Darm in Vitamin A zerlegt.

Je nach Tierart scheint die Umwandlung von Carotin in Vitamin A etwas verschieden zu sein. Die Leber von Haifisch, Katze und Hund konnte im in vitro-Versuch aus Carotin kein Vitamin A bilden, dagegen gelang dies in Versuchen mit einer anderen Hundeleber und mit Kuh- und Kaninchenleber, so daß DEUEL u. Mitarb.[2] an eine spezifische Fähigkeit der Vitamin A-Bildung je nach Tierart glauben. Eindeutige Beweise für die Umwandlung von Carotin in Vitamin A in der Darmwand von Ratten und Schweinen wurden auch von THOMPSON u. Mitarb. erbracht[3]. Das Auftreten von Vitamin A und das Fehlen von Carotin in der Pfortader spricht auch bei Schafen und Ziegen für die Carotinumwandlung im Darm. Die höchste Vitamin A-Konzentration fanden sie im mittleren Abschnitt des Dünndarmes. Gegen das Caecum nimmt der Gehalt ab. Im Magen und im Dickdarm trat niemals Vitamin A auf. Vitamin A wird im Darm nicht gespeichert. Nach Carotingaben an Ratten und Schweine wies der Darminhalt mehr Vitamin A in Form von Alkohol als von Ester auf, während in der Darmwand die beiden Formen zu gleichen Teilen vorhanden waren. In den mesenterialen Lymphknoten und im Lymphgang überwiegt bei Ratten der Vitaminester gegenüber dem freien Vitamin A-Alkohol[4]. Das Vitamin A scheint bei Ratten, Schafen und Ochsen zum größten Teil in den oberen Dünndarmabschnitten resorbiert zu werden[4].

Ein weiterer Beweis der extrahepatischen Vitamin A-Bildung wurde auch an Ratten geliefert. Schaltete man die Leber durch vorsichtige Unterbindung von Pfortader, Leberarterie und Ductus choledochus aus, so zeigten Ratten nach Fütterung von Carotin in Olivenöl einen Vitamin A-Anstieg im Serum, genau wie die Kontrolltiere[5]. Aus der Ähnlichkeit des Stoffwechsels der Versuchstiere darf auf einen analogen Vorgang beim Menschen geschlossen werden, wenn auch der schlüssige Beweis dafür noch zu erbringen ist.

Eine Synthese von Vitamin A durch Darmbakterien war beim Menschen nicht nachzuweisen[6].

Eine *Synthese von Biotin* muß im Darm der Henne vor sich gehen, ob jedoch in der Darmwand selbst oder durch Bakterien im Darmlumen, wird von ELVEHJEM noch geprüft[7].

Die Darmwand zeigt, soweit untersucht, einen lebhaften Stoffwechsel. Sowohl aus Eiweiß[8] als auch aus Kohlenhydraten[9] wird im Rattendarm intensiv Fett synthetisiert, wie am Deuteriumgehalt des Darmfettes nach Fütterung deuterier-

[1] MATTSON, F. H., J. W. MEHL and H. J. DEUEL jr.: Arch. Biochem. **15**, 65 (1947). — [2] WIESE, C. E., J. W. MEHL and H. J. DEUEL jr.: Arch. Biochem. **15**, 75 (1947). — [3] THOMPSON, S. Y., J. GANGULY and S. K. KON: Brit. J. Nutrit. **3**, 50 (1949). — [4] EDEN, E., and K. C. SELLERS: Biochem. J. **44**, 264 (1949). — [5] KRAUSE, R. F., and H. B. PIERCE: Arch. Biochem. **19**, 145 (1948). — [6] HUME, E. M., and H. A. KREBS: Med. Res. Council Spec. Rep. Ser. Nr. 264 (1949). — [7] COUCH, J. R., M. L. SUNDE, W. W. CRAVENS, C. A. ELVEHJEM and J. G. HALPIN: J. Nutrit. **37**, 251 (1949). — [8] BERNHARD, K., H. STEINHAUSER u. A. MATTHEY: Helv. **27**, 1134 (1944). — [9] BERNHARD, K., u. F. BULLET: Helv. **30**, 1784 (1947).

ter Nährstoffe bewiesen werden konnte[1]. Aminosäuren wie Methionin[2], Arginin[3] werden in das Darmeiweiß eingebaut.

Wir müssen nach dem Ausgeführten in den nun folgenden Versuchen, die sich mit der Ausschaltung des Darmes beschäftigen, nicht nur eine Beschränkung der Verdauungsvorgänge, sondern auch der Stoffwechselvorgänge im Darm selbst sehen.

2. Die Verdauung nach Ausschaltung von Darmteilen[4].

a) Wegnahme des Dünndarmes. Obwohl der Dünndarm nahezu das einzige Organ für die Verdauung und die Resorption ist, beeinträchtigt die Ausschaltung größerer Dünndarmabschnitte die Ausnutzung der Nahrung nicht erheblich. Nach Entfernung von über 2 m Dünndarm ist beim Menschen mit einer Beeinträchtigung der Fettverdauung zu rechnen, die Eiweißverdauung leidet nur geringfügig, die Kohlenhydratausnützung kaum. Die Störungen werden um so schwerer, je mehr vom oberen Dünndarm weggenommen wird.

Das *Duodenum*[5] selbst ist kein unbedingt lebensnotwendiges Organ. Hunde können die Duodenektomie jahrelang ohne Schaden vertragen, sofern Galle und Pankreassaft ungehindert in den Darm gelangen können. Das Duodenum ist aber nicht bedeutungslos, es beeinflußt die Regulation des Kohlenhydratstoffwechsels und das blutbildende System. Nach Duodenostomie trat anfänglich bei Hunden Hypoglykämie auf; auch perniciöse Anämie wurde beobachtet. Das CASTLE-Ferment soll auch im Duodenum gebildet werden (s. S. 121).

Beim *Hund* können die Hälfte und mehr des Dünndarmes ohne bemerkenswerte Störungen fortgenommen werden[6–8]. *Erst nach Entfernung von* $^3/_4$ *des gesamten Dünndarmes* tritt eine deutliche *Verschlechterung der Ausnutzung* aller drei Nährstoffgruppen und eine Schädigung des Gesundheitszustandes ein. Aber auch in diesem Falle übernimmt im Laufe der Zeit der noch vorhandene Dünndarm allmählich die Funktionen des gesamten Dünndarmes. Wegnahme von über $^9/_{10}$ des Dünndarmes führt bei Hunden zum Tode[8].

Eine ähnliche Verträglichkeit ausgedehnter Dünndarmresektionen (2 bis 5,4 m) ist auch beim *Menschen* beobachtet worden[9–11]. Ein Patient, dem nach der Darmresektion nur ein 80 bis 90 cm langes Dünndarmstück verblieben war, nützte die Nahrung noch gut aus[10]. Ein anderer Kranker, dem ungefähr 80% des Dünndarmes weggenommen worden war, zeigte nur eine stärker verminderte Ausnutzung des Nahrungsfettes. Resektionen[12] von der Hälfte des Dünndarmes, also von etwa 3 m, werden ohne Gefährdung der Lebensfähigkeit durch die Darmverkürzung gut überstanden.

Wegnahme von mehr als der Hälfte, etwa 4 m, kann noch nach Jahren[13], aber muß nicht unbedingt, zu Störungen im gesamten Stoffwechsel (auch zu Magenulcus), vor allem zu mangelhafter Fettresorption und zu Marasmus führen. Ein Mann mit nur 86 cm resorptionsfähigem Dünndarm[14] verdaute Kohlenhydrate ohne Störung, Eiweiß zu 25% und Fette zu 45%. Im Stuhl waren

---

[1] s. S. 197[8]. — [2] TARVER, H., and C. L. A. SCHMIDT: J. biol. Ch. **146**, 69 (1942). — FRIEDBERG, F.: Science, N.Y. **105**, 314 (1947). — [3] BLOCH, K.: J. biol. Ch. **165**, 469 (1946). — [4] SCHEUNERT, A.: Darmresektion. Handb. Biochem. Erg.-W. **2**, 473 (1934). — [5] SILBERSTEIN, F., u. L. HAUSWIRTH: Schweiz. med. Wschr. **61**, 885 (1931). — [6] MÉTIVET, G.: C. R. Soc. Biol. **82**, 222 (1919). — [7] FLINT, J. M.: Bull. Johns Hopkins Hosp. **23**, 127 (1912). — [8] MONARI, U.: Beitr. klin. Chir. **16**, 479 (1896). — [9] MIYAKE, H.: Arch. klin. Chir. **93**, 768 (1910). — [10] TUOMIKOSKI, V.: Skand. Arch. Physiol. **54**, 249 (1928). — [11] DOROW, A. R. E.: Diss. med. Hamburg 1932 [Ber. Physiol. **79**, 358]. — [12] BAUMGARTNER, O.: Diss. med. Zürich. 1938. — [13] HOFMANN, M.: Arch. klin. Chir. **131**, 251 (1924). — [14] WEST, E. S., J. R. MONTAGUE and F. R. JUDY: Amer. J. digest. Dis. **5**, 690 (1938).

freie Fettsäuren vorhanden. Wegen der schlechten Resorption von Calcium muß die Zufuhr von Calcium hoch sein. Aus diesen Versuchen geht hervor, daß bei aller Bedeutung des Dünndarmes für die Verdauung der Körper in Notfällen auch mit erheblich reduzierter Darmlänge befriedigend verdauen und resorbieren kann. Es scheint, daß der Enddarm dann die Funktionen des fehlenden Dünndarmes teilweise übernimmt.

b) Wegnahme des Enddarmes. Totale Colonektomien hat man früher beim Menschen wiederholt ausgeführt, z. B. wegen hartnäckiger Verstopfung oder bei Megacolon. Nennenswerte örtliche und allgemeine Schäden treten dabei nicht auf. Die Funktion des Dickdarmes wird vom Dünndarm übernommen. Exstirpationen großer Teile des Enddarmes sind *beim Hund* ebenfalls ohne wesentlichen Einfluß auf die Ausnutzung der Nahrung. In der Hauptsache leidet die Rückresorption von Wasser; das Volumen des Kotes nimmt also zu. Von den Nährstoffen erleidet nur die Ausnutzung des Eiweißes eine geringgradige Erniedrigung; auch der Umfang der Eiweißfäulnis ist selbstverständlich herabgesetzt[1]. Die *völlige Ausschaltung des Enddarmes*[2] durch Anlegung einer tiefen Ileumfistel führt beim Hund nach einigen Wochen unter den Erscheinungen der Kachexie regelmäßig zum Tode. Aber nach Untersuchungen von Koskowski[3] können Hunde mit ausgeschaltetem, jedoch im Körper verbleibendem Dickdarm, wobei eine Darmfistel angelegt wird und der Dickdarm seine normale Blutversorgung und Innervation behält, am Leben bleiben. Nach Entfernung des ausgeschalteten Dickdarmes gehen sie zugrunde. Heile[4] sieht die Ursachen in einem Ausfall der Alkaliionenresorption und der daraus folgenden Ionenverarmung (NaCl-Mangel?). *Beim Menschen* können die einzelnen Dickdarmabschnitte ohne Schaden für den Kranken reseziert werden. Auch der ganze Dickdarm kann noch wesentlich gekürzt werden.

Bei den Pflanzenfressern wird nach den Ausführungen auf S. 187 vor allem die Ausnutzung der Cellulose leiden. Obwohl Versuche an großen Pflanzenfressern in dieser Richtung nicht angestellt worden sind, sprechen in diesem Sinne Arbeiten am Kaninchen mit Entfernung des Caecums[5, 6]. Während sich bei den übrigen Nährstoffen vor und nach der Operation keine Unterschiede ergaben, sank die Ausnutzung der Rohfaser nach der Exstirpation von 26 auf 14,6% und die der Pentosane von 35,8 auf 27,6%.

Wegen der neuaufgefundenen Stoffwechselfunktionen des Darmes wird der Arzt trotz der erstaunlichen Befunde bei der Wegnahme von Darmstücken, Darmresektionen auf ein Minimum beschränken.

η) Schluß und Ausblick.

Ein Rückblick auf das Gebiet der Verdauung zeigt, daß in den letzten Jahrzehnten durch die Arbeit verschiedenster Richtungen, insbesondere durch die Fortschritte der Eiweißchemie, speziell der Enzym- und Proteohormonchemie, unsere Anschauungen über die Verdauungsvorgänge wesentlich erweitert wurden. Das humorale Zusammenspiel darmeigener und bei der Verdauung entstehender Stoffe ist aufs engste mit der nervösen Regulation verflochten. Die vergleichende Biochemie schafft das Verständnis für die Verdauungsvorgänge beim Menschen. Es bleibt noch viel zu tun, die einzelnen Phasen der Verdauung, die schrittweise Zerlegung des Chymus bis zur Kotbildung in den jeweiligen Darmabschnitten und schließlich den intermediären Stoffwechsel des Darmtractus zu erforschen.

---

[1] Harley, V.: Proc. R. Soc. London **64**, 77 (1898). — [2] Roith, O.: Mitt. Grenzgeb. Med. Chir. **19**, 33 (1909). — [3] Koskowski, W.: C. R. Soc. Biol. **95**, 509 (1926). — [4] Heile, B.: Verh. dtsch. Ges. Chir. **36**, 108 (1907). — [5] Zuntz, N.: Arch. Anat. Physiol. (B) **1905**, 403. — [6] Ustjanzew, W.: B. Z. **4**, 157 (1907).

2. Die Biochemie der Resorption (Aufsaugung)[1–15].

Von ERICH STRACK.

Inhaltsverzeichnis.

Zusammenfassende Darstellungen: [1] STARLING, E. H.: Die Resorption vom Verdauungskanal aus. Handb. Biochem. **5**, 217—253 (1925). — [2] PINCUSSEN, L.: Die Ausnutzung der Nährstoffe. Handb. Biochem. **5**, 295—344 (1925); Erg.-W. **2**, 485—521 (1934). — [3] VERZÁR, F.: Die Resorption aus dem Darm. Handb. Physiol. **4**, 3—81 (1929). — [4] VERZÁR, F.: Die Resorption aus dem Darm. Handb. Physiol. **18**, 78—85 (1932). — [5] MUNK, I.: Resorption. Ergebn. Physiol. **1**/1, 296—329 (1902). — [6] VERZÁR, F.: Probleme und Ergebnisse auf dem Gebiet der Darmresorption. Ergebn. Physiol. **32**, 391—471 (1931). — [7] VERZÁR, F., and E. J. MCDOUGALL: Absorption from the Intestine. London 1936. — [8] WENDT, H.: Die Fettresorption aus dem Darm und ihre Störungen. Ergebn. inn. Med. **42**, 213—272 (1932). — [9] TERROINE, É. F.: Le metabolisme de l'azote. II. Physiologie des substances protéiques. Paris 1936. — [10] MANSFELD, G.; W. NONNENBRUCH: Verh. Ges. Verd.-Krankh. **11**, 34, 63 (1933). — [11] SEYDERHELM, R.: Störungen in der Darmresorption. Handb. Physiol. **4**, 82—99 (1929). — [12] HÖBER, R.: Physikalische Chemie der Zellen und Gewebe. Bern 1947. — [13] MENNE, F.: Verdauung und Resorption. Fiat Rev. **60**, Physiol. Chem. S. 1—15. 1948. — [14] FRAZER, A. C.: Fat absorption and its relationship to fat metabolism. Physiol. Rev. **20**, 561—581 (1940); **26**, 103—119 (1946). — [15] s. a. Bd. **2**/2, Vergl. Physiol. Chem. Tiere.

a) Allgemeines.

Aufsaugung oder Resorption bezeichnet schlechthin die Aufnahme von Stoffen in den Zellverband des Körpers*. Durch seine Oberflächen, wie Darm, Haut und Lunge, steht der Körper in dauerndem stofflichen Austausch mit der Umwelt. Die lebende Oberfläche läßt gelöste Stoffe ihren chemischen und physikalischen Eigenschaften entsprechend hindurchtreten. Sie kann jedoch deren Durchtrittsgröße beeinflussen und durch die Tätigkeit des resorbierenden Organes eine gewisse Auswahl treffen. Besonders der Darm ist hierzu befähigt; die Haut[1] als äußere Schutzdecke ist für alle Stoffe wenig durchlässig, und die Lunge[2] vermag nur in geringem Grade den Stoffdurchtritt zu ändern. Werden die Zellen der Oberfläche in ihrer Funktion geschädigt, so wird zugleich meist auch das Vermögen zur Stoffauswahl gemindert. In der dadurch bedingten mangelnden Abwehr unerwünschter Substanzen hat manche Krankheitserscheinung ihre Ursache. Ebenfalls ist es bei willkürlicher Durchbrechung der deckenden Schutzflächen, wie z. B. bei subcutaner Injektion, die fehlende natürliche Auswahl, die uns zwingt, die Art, die Menge und die Konzentration der so zugeführten Stoffe sehr sorgfältig zu beachten.

In der Lehre von der Resorption hat sich die *Zweiteilung in enterale und parenterale Resorption*, nicht zuletzt aus praktischen Erwägungen heraus, eingebürgert.

Durch den *Magen-Darmkanal* werden physiologischerweise fast alle für den Körper notwendigen Stoffe mit Ausnahme der Gase aufgenommen. Außerdem ist der Verdauungskanal allein mit besonderen Hilfseinrichtungen versehen, um nicht diffusible Stoffe in größerem Umfang für die Aufsaugung herzurichten. Er ist so angelegt, daß alle Stoffe, die durch ihn sofort in die Blutbahn gelangen, erst noch einmal in der *Leber* capillar verteilt werden. Vor ihrem Angebot an die Körperzellen werden die Stoffe daher erneut gesichtet und überprüft. Diese Verhältnisse erlauben mit Recht, den *Darm* aus der Reihe der aufsaugenden Gewebe herauszuheben.

* Die hier zu besprechenden Vorgänge sind im Hinblick auf den Menschen und die höheren Wirbeltiere zusammengestellt. Aus diesem Kreis sind die Beispiele gewählt. Die grundlegenden Vorgänge solcher lebenswichtigen biochemischen Funktionen wie der Stoffaufnahme sind jedoch in der Gesamtbiologie weitgehend ähnlich angelegt (vgl. Bd. 2/2, Vergl. Physiol. Chem. Tiere).

[1] s. a. S. 251. — s. a. Bd. 2/2, Haut. — [2] Vgl. a. S. 251.

Der enteralen Resorption gegenüber bezeichnet man jede andere Aufnahme von Stoffen in den Körper als *parenteral*, gleichgültig, ob die Stoffe durch äußere oder innere Oberflächen eintreten, oder ob sie in einem Gewebe selbst aufgesaugt und zur allgemeinen Verteilung gebracht werden. In der Tat treten bei parenteraler Zufuhr unabhängig von dem aufnehmenden Gewebe eine Reihe gleichartiger Erscheinungen auf, die eine solche Zusammenfassung berechtigt erscheinen lassen.

b) Die enterale Resorption[1].

α) Allgemeines.

1. Geschichte und Einfluß der Methodik.

Die Anschauungen über die Resorption und über die bei ihr tätigen Kräfte änderten sich früher und ändern sich auch heute noch in dem Maße, in dem die einschlägigen Forschungen anderer Disziplinen unser Wissen bereichern. Besonders gut zu verfolgen ist der Einfluß der exakten Naturwissenschaften, die mit ihren umstürzenden Erkenntnissen im abgelaufenen Jahrhundert dem rätselvollen Geschehen bei der Aufsaugung unverkennbar jeweils das Gepräge gaben[2]. Neben derartigen „Angleichungen" an neuzeitiges Gedankengut, schaffen jedoch die eigenartigen Verhältnisse bei der Erforschung der Resorptionsvorgänge Verwirrung. So findet man experimentell gesichert Befund gegen Befund stehend. Sogar wesentliche Grundfragen bleiben ungeklärt und widerspruchsvoll. Ursache sind nicht die Einzelexperimente, sondern die Verschiedenartigkeit ihrer Grundbedingungen, die es nicht zuläßt, die Einzelergebnisse in die natürlich ablaufende Geschehniskette einzugliedern. Ein an sich eindeutiger experimenteller Befund ist daher häufig nur problematischer Art, auf das Gesamtgeschehen übertragen führt er zu falschen Vorstellungen.

Die folgend umrissenen Gruppen von Versuchsanordnungen[3, 4] sind physiologisch grundsätzlich verschieden zu werten. Sie lassen erkennen, wie schwierig es werden kann, einen Teilbefund für das Gesamtgeschehen auszuschöpfen:

a) *Die physiologischen Bedingungen bei der Aufsaugung bleiben weitgehend erhalten*, wenn man durch Stoffbilanzen, durch Analyse des Blutes und der Lymphe des Darmes, durch Analyse des Darminhaltes unter Zuhilfenahme gelegter Sonden oder Fisteln die Aufsaugung untersucht. Bei solchen Versuchsanordnungen sind also noch der Appetit, die nervöse und die humorale Regulation, die Steuerung der zur Resorption angebotenen Menge durch den Pylorus und die Magen-Darm-Motilität, die selbsttätige Einstellung des Säftestromes, der Konzentration, des p_H usw. erhalten. Die Art und Weise und der Anteil, in dem der einzelne physiologische Vorgang die Resorption mitbestimmt hat, läßt sich meist nicht abmessen und macht damit die Betrachtung eines Teilvorganges der Resorption sehr unübersichtlich.

b) *Auf das physiologische Zusammenspiel bei der Resorption wird verzichtet*, wenn man die Aufsaugung z. B. an isolierten Darmschlingen oder am überlebenden Darmstück studiert. In solchen Versuchsanordnungen können die Größe der resorbierenden Oberfläche ausgemessen, der Darmabschnitt, die angebotene Menge und die Konzentration eines Stoffes, die Begleitstoffe, die Resorptionszeit usw. eindeutig festgelegt und so Stoff-Fläche-Zeit gut in Beziehung gebracht werden. Aber durch das Fehlen der physiologischen Hilfs- und Regulations-

---

[1] Siehe * S. 201. [2] LIEBEN, F.: Geschichte der physiologischen Chemie. S. 432, 512, 558. Leipzig, Wien 1935. — [3] Handb. biol. Arb.-Meth., Abt. IV, Teil 6/1 (1926); Teil 6/2 (1932). — [4] LONDON, E. S.: Experimentelle Physiologie und Pathologie der Verdauung. Berlin, Wien 1925.

einrichtungen werden die natürlichen Resorptionsbedingungen wesentlich verschoben. Die Versuchsergebnisse geben die wirklichen physiologischen Vorgänge nur verzerrt wieder.

c) Zu diesen Schwierigkeiten kommen noch eine Reihe weiterer hinzu. So ändern experimentelle Eingriffe den Funktionszustand des Darmes, von dem die Resorption wesentlich abhängt, unübersehbar, und die an verschiedenen Tierarten erhobenen Befunde lassen sich nicht ohne Bedenken gegenseitig übertragen. Weiterhin hat man vielfach, um einen Teilvorgang des Resorptionsgeschehens sichtbar werden zu lassen, einseitig und mit unphysiologischen Mengen belastet, wodurch physiologisch zunächst unbedeutende Nebenreaktionen oder gar Abwehrreaktionen verfälschend hervortreten können.

Den verschiedenen Untersuchungsverfahren fehlt somit die wichtigste Vorbedingung zum Aneinanderreihen ihrer Ergebnisse zur physiologischen Geschehniskette, nämlich die gemeinsame, eindeutige Vergleichsbasis. Dies sind die Gründe, warum unsere Kenntnisse von der normalen Resorption noch so unsichere sind.

2. Anatomische Bemerkungen[1].

Um die Resorption bei den verschiedenen Tieren und in den einzelnen Abschnitten des Verdauungskanals voll verstehen zu können, muß man den anatomischen und histologischen Bau[2] in den Kreis der Betrachtungen einbeziehen.

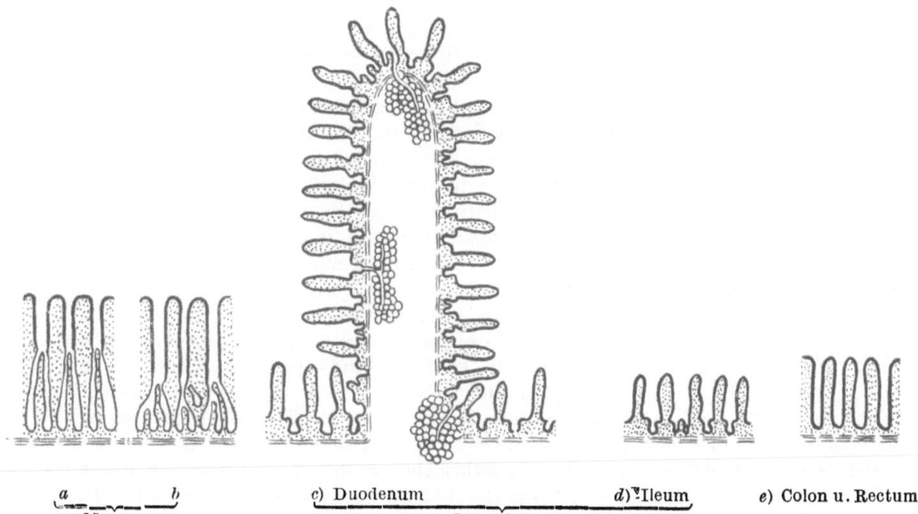

Abb. 22. Schematische Darstellung der Reliefformationen der Schleimhaut des Magen-Darmkanals (nach E. TONUTTI). Ausgezogene Linie: Epithel. Punktiert: Lamina propria. Gestrichelt: Lamina muscularis mucosae. *a* Magen, Corpusteil; *b* Magen, Pylorusteil (Krypten und Drüsen); *c* Duodenum (Zotten und Krypten auf KERCKRINGschen Falten, BRUNNERsche Drüsen in der Submucosa); *c* ohne BRUNNERsche Drüsen entspricht dem Jejunum; *d* Ileum (Zotten und Krypten); *e* Colon und Rectum (nur Krypten).

Hier ist nicht der Ort, darüber einen Abriß zu geben, jedoch seien einige grundsätzliche Tatsachen erwähnt[3]. — Gut aufsaugen können jene Teile des Verdauungsrohres, die ein einfaches Epithel und eine große Oberfläche besitzen. Diese Voraussetzungen sind am besten im *Dünndarm* erfüllt. Er ist mit einschichtigem

[1] s. a. S. 103—109. — [2] Vgl. STÖHR, P. jr.: Lehrbuch der Histologie. S. 351 ff. Berlin, Göttingen, Heidelberg 1951. — [3] PATZELT, V.: Der Darm. Handb. mikroskop. Anat. 5/3, Berlin 1936.

Zylinderepithel ausgekleidet und seine Oberfläche ist groß durch Fältelung und die reichlich vorhandenen *Darmzotten*. Beim Menschen vergrößern im Duodenum allein die Zotten die plane Oberfläche auf etwa das 10fache. Kaudalwärts verkleinert sich die spezifische Oberfläche durch Erniedrigung der Schleimhautfalten und durch einen weiteren Zottenabstand. Der Dickdarm ist zottenfrei.

Die Darmzotte enthält neben Bindegewebszellen glatte Muskelfasern, die durch den MEISSNERschen Plexus submucosus innerviert werden. Die Blutversorgung obliegt einer kleinen Arterie, die astlos bis zur Zottenspitze aufsteigt. Das unter der Epitheldecke liegende Capillarnetz füllt sich von der Zottenspitze aus und sammelt sich in einer Vene. Zwischen Arterie und Vene bestehen auch noch unmittelbare Anastomosen. Hierdurch kann die Durchblutung der Zotte, von der ja die Resorptionsgröße abhängig ist, je nach Bedarf lokal gesteuert werden. Außerdem liegt noch ein sackartiges Lymphgefäß fast zentral in der Zotte. Beim Menschen sammelt sich das Blut des Darmes schließlich in der Vena portae, die es durch die Leber führt, während die Hauptmenge der Darmlymphe im Ductus thoracicus zusammenströmt, der sich in die linke Vena subclavia ergießt. Vor ihrem Angebot an den Gesamtkörper wird somit die Lymphe nochmals in der Lunge capillar aufgeteilt.

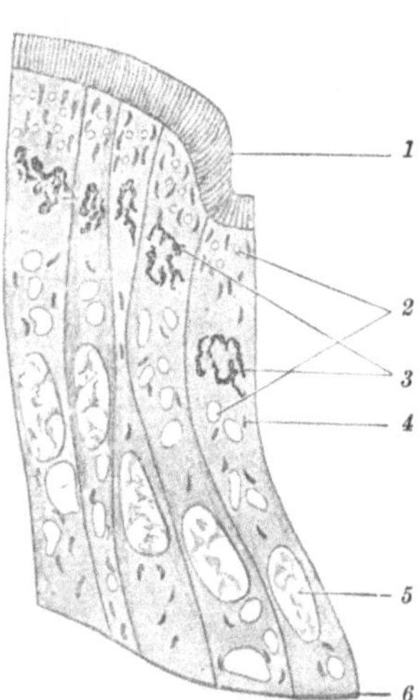

Abb. 23. Epithelzellen der Darmschleimhaut vom Reiher[2]. *1* Cuticularsaum; *2* Vacuolen; *3* GOLGI-Körper; *4* Mitochondrien; *5* Zellkern; *6* Basalmembran.

Das Epithel, das den Darm auskleidet, bildet die eigentliche resorbierende Zellschicht. Die zylindrische Epithelzelle trägt nach dem Darmlumen zu den feinstreifigen *Cuticularsaum*, der als Grenzfläche die Aufsaugung ausschlaggebend beeinflußt. Sein Aufbau und seine Funktionen sind noch nicht geklärt. Immerhin ist es bezeichnend, daß der Cuticularsaum nur bei Tierformen vorkommt, deren Nahrung vor der Resorption weitgehend aufgespalten wird. Der große, ovale Zellkern liegt im basalen Drittel. Zwischen ihm und dem Cuticularsaum befindet sich die in ihrer Bedeutung umstrittene GOLGI-*Substanz*[1], der man tätige Mitwirkung bei der Resorption zuweist. Ihr Sichtbarsein ist mit der aufsaugenden Tätigkeit verknüpft, ebenso wie auch die im feingekörnten Plasma liegenden *Vakuolen* und *Mitochondrien* von dem Stadium der Resorption abhängig sind. Gegen das Körperinnere zu ist die Epitheldecke durch ein Gitternetz abgegrenzt, in welchem die Blutgefäßcapillaren eingebaut sind. Ihre Durchlässigkeit ist aber anders als die des Cuticularsaumes. Die zwischen den Zellen befindlichen, sehr feinen *Intercellularräume*, die nach neueren Untersuchungen unmittelbar in das Lymphsystem einmünden, sollen dem Wasser und den wasserlöslichen Salzen vorwiegend als Eingangspforte in den Körper dienen; auch in diesen Fragen sind die Anschauungen nicht einheitlich.

3. Löslichkeit.

Die besten Voraussetzungen, in die Epithelschicht hineinzugelangen, haben lösliche Stoffe. Molekulardispers gelöste Stoffe werden rasch und vollständig aufgesaugt. Nährstoffe in diesen Zustand zu überführen, ist die Hauptaufgabe der Verdauung (s. S. 1ff.). Für Stoffe, die unter den im Darm herrschenden Bedingungen nicht wasserlöslich sind, verfügt der Darm über besondere Hilfseinrichtungen. Er bedient sich z. B. „hydrotroper" Substanzen[3]. *Hydrotropie* ist das Vermögen eines Stoffes, andere wasserunlösliche Stoffe wasserlöslich und

[1] HIRSCH, C. CHR.: Form und Stoffwechsel der Golgi-Körper. Berlin 1939. — [2] WEEL, P. B. v.: Z. Zellforsch. **28**, 62 (1938). — [3] s. S. 200[6], S. 421.

diffusibel zu machen[1]. Die Wirkungsweise soll im Grundplan ähnlich der der Seife bei den Emulsionsbildungen sein. Von den im Darm vorkommenden hydrotropen Substanzen sind bekannt und genauer untersucht die Salze der Gallensäuren. Neben ihnen (s. Bd. **1**, S. 180) läßt sich aber auch noch eine weitere hydrotrope Wirkung des Darmsaftes nachweisen[2,3].

Mit steigender *Molekulargröße* nimmt im allgemeinen die Durchtrittsgeschwindigkeit ab, wenn nicht besondere Ursachen, wie die Lipoidlöslichkeit, sie wieder erhöhen (Höber). In geringem Umfang und unter Störung physiologischer Verhältnisse werden aber auch *unlösliche Stoffe*, wie Quecksilber und Ruß[4], von den Darmwandzellen aufgenommen und in Lymphdrüsen, Milz und Leber abgelagert. Jedoch sollen nur unreif geborene Säuglinge, wie von Hund und Maus, derartige Durchlässigkeiten aufweisen[5]. Organisierte, corpusculäre Elemente, wie Stärke oder Bakterien, treten, wahrscheinlich unter Verletzung der Darmwand, in den Körper ein[6]. H^+ und OH^- begünstigen derartige Durchtritte[7].

4. Übersicht über die bei der Resorption tätigen Kräfte.

Die Kräfte, die die Aufsaugung bewirken, sind uns in ihrer Wirkungsweise noch nicht voll durchsichtig. Der Streit der Meinungen darüber ist mit Namen wie Liebig, Hoppe-Seyler, Heidenhain, Reid, Cohnheim, Hofmeister, Höber, Starling u. a. verknüpft.

Man kann allein durch die uns auch sonst in der Natur bekannten physikalischen und chemischen Gesetzmäßigkeiten den Durchtritt der Stoffe durch die Darmwand erklären. Die Annahme bestimmter „*vitaler*“ Kräfte ist hierzu nicht erforderlich. Jedoch muß man zugestehen, daß die lebenden Zellen bei der Aufsaugung eine die Triebkräfte ordnende und abstufende Tätigkeit ausüben. Die Zellen können die Aufnahme von Stoffen hemmen oder fördern und damit auch in gewissem Umfang den Bedürfnissen des Körpers angepaßt aufsaugen. In ähnlichem Sinne wirken nervöse und humorale Reize, die die Bewegungen des Magen-Darmkanals und seine Durchblutung steuern. Durch sie kann der Umfang der Resorption erheblich beeinflußt werden. Zu beachten sind hierbei die Magenentleerungszeit[8], die Verdauung an sich, der Funktionszustand des Epithels, der Appetit, psychische Einflüsse usw.

Über die *im Darm* als Hauptresorptionsort *wirksamen Kräfte* sei folgende kurze Übersicht als mechanische, Lösungs-, Oberflächen- und zelleigene Kräfte gegeben:

a) *Die mechanischen Kräfte* (s. a. S. 109). Die *Peristaltik* bewegt den Speisebrei weiter und bestimmt daher die Zeit, für die er zur Resorption angeboten wird. Bei sehr ausgeprägter Peristaltik[9] kommt es zu so raschen Entleerungen, daß die Aufsaugung, besonders die der Fette, leidet. Die *Pendelbewegung* und die *Segmentation* durchmischen den Inhalt des Darmes und bringen an die aufsaugenden Flächen stets neue Anteile des Speisebreies. Somit greift auch die Tätigkeit der äußeren Darmmuskulatur in die Ausnutzung der Nahrung mit ein, und durch sie naturgemäß auch die sie steuernden Reize des vegetativen Nervensystems. Dieses besitzt aber anscheinend auch noch unmittelbaren Einfluß auf die Resorptionsfähigkeit der Darmwand.

Die *Darmzotten* sind auf der Höhe der Verdauung in lebhafter Tätigkeit. Sie kontrahieren sich rhythmisch, jedoch ist diese Bewegung nicht bei allen Tieren

[1] Neuberg, C.: B. Z. **76**, 107 (1916). — s. a. Bd. **1**, S. 65. — [2] Verzár, F., u. A. v. Kúthy: B. Z. **225**, 267 (1930). — [3] s. S. 200[6]. — [4] Cuthbert, F. S., and A. C. Ivy: Proc. Soc. exp. Biol. Med. **32**, 1272 (1935). — [5] Möllendorff, W. v.: Persönliche Mitteilung. — [6] s. S. 200[3], S. 80[3]. — [7] Carere-Comes, O.: Sperimentale **92**, 489 (1938). — [8] Basch, F., u. H. Mautner: A. e. P. P. **151**, 76 (1930). — [9] Westphal, K.: Die Pathologie der Bewegungsvorgänge des Darmes und der extrahepatischen Gallenwege. Handb. Physiol. **3**, 483—519 (1927).

nachweisbar. Die Kontraktionen, Verkürzungen ohne Änderung des Durchmessers, werden als „*Pumpbewegungen*" angesehen, durch die der Inhalt der Zotten ausgepreßt und das Nachströmen neuer Flüssigkeit aus dem Chymus erleichtert wird. Die hierdurch hervorgerufene Beschleunigung der Resorption, über deren Umfang noch keine Klarheit herrscht, soll in stärkerem Maße die Fettaufsaugung begünstigen. In den letzten Jahren ist die Frage nach der Bedeutung und der Steuerung der Zottenkontraktionen eingehender untersucht worden[1,2]. Demnach wird die *Pumpbewegung auf humoralem Wege* durch das *Villikinin* ausgelöst[3] (s. S. 165). Doch auch mannigfache *andere Stoffe*, wie Wasser, Salze, Histamin, Hefeextrakt, Fruchtsäfte[4], regen die Zottentätigkeit an.

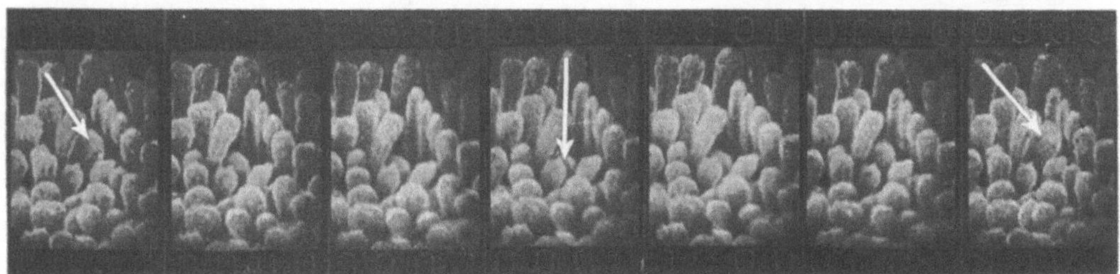

Abb. 24. Bewegung der Darmzotten beim Hund (jede 8. Filmaufnahme ist wiedergegeben).[5]

Der *Tonus* der Muskulatur bestimmt, unter welchem Druck der Darminhalt steht[6]. Der Innendruck, der im Dünndarm geringer als im Dickdarm ist, ermöglicht die *Filtration* aus dem Chymus durch die Darmwand als Filter. Die Filtration muß daher als eine der Triebkräfte bei der Resorption in Betracht gezogen werden. Tatsächlich vermehrt ein mäßig erhöhter Innendruck — bis etwa 40 mm Hg — gleichmäßig mit ihm steigend die resorbierte Menge[7]. Ein unter den Blutdruck herabgesetzter Innendruck bringt aber nach STARLING die Resorption nicht zum Stillstand.

Zu hoher Innendruck stört die Darmwandtätigkeit, vermindert die Durchblutung, erhöht die Wanddurchlässigkeit usw. Bei pathologischen Verhältnissen[8], wie beim Ileus, bei dem bis 150 cm H_2O Überdruck entstehen kann und bei dem der Tonus der Muskelfasern vermindert sein kann, wird durch die entstehende erhöhte Wandspannung ein Teil der Störungen bedingt.

Vermehrte *Durchblutung und Lymphdurchströmung* der Darmwand, besonders die oberflächliche Hyperämie erhöhen die Resorption, während Stauungen oder auch nur vorübergehende Zirkulationsstörungen sie stark herabsetzen[9].

Aus gleichen Gründen fördern capillarerweiternde Drogen die Aufsaugung, und capillarverengernde hemmen sie[10]. Da die Durchblutung unter physiologischen Verhältnissen durch *nervöse Reize* gesteuert wird, vermag der Körper also von dieser Seite her aktiv in den Resorptionsvorgang einzugreifen.

b) *Die aus der Lösung kommenden Kräfte* leiten sich aus den gelösten Stoffen selbst her und sind deshalb abhängig von den besonderen Eigenschaften dieser Stoffe: der Molekulargröße, dem Molvolumen, der Löslichkeit, der Konzentra-

---

[1] s. S. 200[6], S. 395. — [2] s. S. 200[7], S. 53. — [3] KOKAS, E. v., u. G. v. LUDÁNY: Pflügers Arch. **236**, 166 (1935). C. R. Soc. Biol. **122**, 413 (1936). — [4] LUDÁNY, G., u. I. KOVÁCS: Magyar orv. Arch. **41**, 465 (1940). — [5] KOKAS, E. v., u. G. v. LUDÁNY: Pflügers Arch. **225**, 421 (1930). — [6] TRENDELENBURG, P.: Bewegungen des Darmes. Handb. Physiol. **3**, 452—471 (1927). — [7] WELLS, H. S.: Amer. J. Physiol. **99**, 209 (1931); **130**, 410 (1940). — [8] s. S. 200[11], S. 85. — [9] BORCHARDT, W.: Pflügers Arch. **219**, 213 (1928). — [10] NASSET, E. S., and H. B. PIERCE: Amer. J. Physiol. **109**, 79 (1934).

tion, der elektrischen Ladung, der Dispersion, der Temperatur usw. Zu den primären Triebkräften der Lösung rechnen die *Diffusion* und die *Osmose* (s. Bd. **1**, S. 130, 152). Die Stärke, mit der sie wirken, hängt von der Konzentration der Stoffe ab. Nach dem FICKschen Diffusionsgesetz (s. Bd. **1**, S, 152) ist die Resorption proportional der Konzentration[1]. Im Darm wird sie bestimmt durch die Konzentrationsdifferenz des Chymus zum Zellsaft und schließlich zum Blut. Da die Zellkonzentration in der Schnelligkeit des Ausgleiches zum Blut hin mit der Lebenstätigkeit der Zelle und mit der Funktion des Organs verknüpft ist, so ergibt sich hieraus wiederum ein steuerndes Eingreifen des Körpers in den Aufsaugungsvorgang.

Wenn man die Diffusion, die Osmose und die Filtration wechselweise angewendet denkt, so kann man sowohl die Aufsaugung einer blutisotonischen als auch einer hyper- und hypotonischen Lösung erklären, insbesondere, wenn man die Ionenverteilung, wie sie bei der Einstellung der DONNAN-Gleichgewichte[2] auftreten, hier in Betracht zieht. Schwer übersehbar werden die osmotischen Vorgänge, wenn mehrere Stoffe mit verschiedener Geschwindigkeit diffundieren, und wenn die durchlassenden Membranen ihre Durchlässigkeiten ändern. Beide Bedingungen liegen ja bei der Resorption aus dem Darm stets vor. SCHREINEMAKERS[3] hat die große Vielfältigkeit osmotischer Vorgänge an einfachen, natürlichen und konstruierten Beispielen aufgezeigt und versucht, die „*osmotischen Pfade*" in der Membran in physikalisch-chemische Gesetzmäßigkeiten einzuordnen (s. Bd. **1**, S. 125ff. u. 140).

c) Die durch die *Oberfläche bedingten Kräfte* sind gegeben durch die Baustoffe, aus denen die Zelloberfläche aufgebaut ist, durch die Struktur, in der die Baustoffe angeordnet sind, durch die Größe der Oberfläche und durch ihre Veränderlichkeit. Kräfte der Art wie elektrische Kräfte[4], Adsorptionskräfte, Capillarkräfte, Oberflächenaktivität sind hier mitbestimmend[5].

Durch so einfache Vorstellungen, wie die der aufsaugenden Oberfläche als Schwamm oder Sieb, dessen Poren, kleine Kanälchen darstellend, durch die Quellung der Gerüstsubstanz veränderlich sind, vermag man die verwickelten Verhältnisse bei der Aufsaugung anschaulicher zu machen aber nicht voll zu erklären[6]. Durch die Poren treten hiernach die wasserlöslichen Stoffe, durch das Membrangerüst selbst, das im wesentlichen aus Lipoiden und Eiweiß besteht, können auch infolge ihrer besonderen Löslichkeit lipoidlösliche Stoffe in die Zelle eintreten. Funktionell ist die Zellmembran ein Ganzes, und nur solche Stoffe vermögen sie zu durchdringen, die sich in ihr lösen. Der *Quellungszustand* der Gerüststoffe, die amphoteren Charakter haben sowie hydrophile und hydrophobe Gruppen enthalten, kann durch Elektrolyte, Salze, p_H, lipoidlösliche Stoffe usw. geändert werden. Damit beeinflussen auch die angebotenen Stoffe von sich aus die Permeabilität der Membran (s. Bd. **1**, S. 125—140). Es ist klar, daß die Membrankräfte, die von der Zelle und deren Tätigkeit beeinflußt werden, den aus den gelösten Stoffen herkommenden Kräften entgegenwirken oder sie unterstützen können, so daß mannigfache Verschiedenheiten möglich sind.

d) Die *zelleigenen Kräfte*. Sie zeigen sich in allen jenen Beeinflussungen, die durch die Lebenstätigkeit der aufsaugenden Zellen bewirkt werden, und in weiterem Sinne in allen Einflüssen des Organismus auf das die Aufsaugung vollziehende Organ. Hierher gehört z. B. auch die *Tätigkeit der Leukocyten*. Ihr Anteil an der normal verlaufenden Resorption ist wohl nur gering, bei unphysiologischen Verhältnissen ist sie nachweisbar.

Grundsätzlich geht die Aufsaugung im Darm mit *gesteigerter Lebensäußerung der Darmwand* einher, kenntlich daran, daß der O_2-Verbrauch gegenüber der Ruhe ansteigt[7]. Dies ist auch der Fall, wenn lediglich Wasser aufgesaugt wird, doch sinkt die Resorptionsgröße nicht mit auftretendem O_2-Mangel. Auch die

---

[1] s. S. 200[12], S. 7. — [2] Vgl. Bd. **1**, S. 137. — [3] SCHREINEMAKERS, F. A. H.: Lectures on Osmosis. den Haag 1938. — [4] KELLER, R.: Die Elektrizität in der Zelle. Mährisch-Ostrau 1932. — [5] s. S. 200[12], S. 249. — [6] WILBRANDT, W.: Die Permeabilität der Zelle. Ergebn. Physiol. **40**, 204—291 (1938). — [7] BRODIE, T. G., W. C. CULLIS and W. D. HALLIBURTON: J. Physiol., London **40**, 173 (1910).

gerichtete Permeabilität der Darmwand hängt an der lebenden Zelle, obgleich gerichtete Permeabilität unter bestimmten Bedingungen an künstlichen Membranen erzeugt werden kann[1]. *Die tote Darmwand* läßt die Stoffe in beiden Richtungen durchtreten und nicht wie die lebende bevorzugt aus dem Lumen nach außen[2]. Membraneigenschaften und unmittelbare Tätigkeit der lebenden Zelle sind maßgeblich.

Besonders eng verknüpft mit der vollen Funktionstüchtigkeit der Darmzellen sind *die selektiven Resorptionen,* wie sie sich in Gestalt von Beschleunigungen der Glucose- und Galaktoseresorption und bei der Umwandlung der Fructose in Glucose kundtun. Weiterhin muß man hierher rechnen die *Polymerisierungen,* die *Resynthesen,* die Herstellung besonderer *Zwischenstufen* und den Umbau von Stoffen, wie man sie heute zwischen Phosphatiden und Fetten annimmt (s. S. 238). Man darf jedoch in den zelleigenen Kräften nicht neue, bisher unbekannte oder „vitale" Kräfte suchen, sondern in ihnen nur zweckvoll angesetzte Vorgänge sehen, die in jeder Zelle ablaufen und die die lebende Epithelzelle der Darmwand für die besonderen Zwecke der Aufsaugung nutzbar macht. Deshalb müssen auch allgemeine Umstimmungen im Zellhaushalt, z. B. durch Hormone und Vitamine oder Schädigungen durch Vergiftungen die Resorption mit beeinflussen.

β) Die Resorption der Nährstoffe.

1. Wasser.

Die Betrachtungen über die Aufsaugung des Wassers und zum Teil auch der Salze sind dadurch erschwert, daß durch Reize auf die Schleimhaut Flüssigkeit aus der Darmwand in den Verdauungskanal strömt. Aufsaugung und Sekretion überdecken sich, und die im Darm verbleibende Flüssigkeitsmenge ist so kein Maß mehr für die stattgehabte Resorption. Außerdem wird unter physiologischen Verhältnissen reines Wasser zur Resorption nicht angeboten. Stets sind in ihm Stoffe gelöst oder mit den Sekreten zugebracht worden, die dann zugleich mit dem Lösungsmittel Wasser aufgesaugt werden. Eine in den Darm gebrachte Lösung wird auch in der Konzentration durch „Transmineralisation" verändert. Teilweise dienen diesem Zwecke die Sekrete, deren Bedeutung für die Resorption dadurch erweitert wird[3].

Beim Menschen betragen die Sekrete bei Durchschnittsernährung insgesamt etwa 6 bis 10 Liter im Tag. Sie werden fast völlig zurückresorbiert, denn der Kot enthält nur wenig Wasser (s. Bd. 2/2, Faeces). Wasserzufuhr zur Nahrung schränkt die Sekretmenge nicht wesentlich ein. Vermutlich ist der „*Intestinalkreislauf*" des Wassers[4], bestehend aus Sekretion und Resorption, noch durch den freien Austausch des Wassers durch die Darmwand erheblich umfangreicher. Die Darmwand ist in beiden Richtungen für Wasser durchgängig, und der Austausch scheint schnell vor sich zu gehen. Nach einer Stunde schon ist in einer isolierten Darmschlinge schweres Wasser zum größten Teil durch Körperwasser ersetzt worden, ohne daß sich das Volumen der Salzlösung geändert hätte[5].

Wasserresorption aus dem Magen. Wird Wasser in den abgebundenen *Magen* gegeben, so ist der Inhalt nach einigen Stunden erheblich sauer. Die Flüssigkeitsmenge hat sich zwar nur gering vermindert, doch muß entsprechend der

[1] Loeb, J.: Die Eiweißkörper und die Theorie der kolloidalen Erscheinungen. Berlin 1924. — [2] Reid, E. W.: J. Physiol., London **26**, 436 (1901). — [3] Frey, E.: B. Z. **19**, 509 (1909). — [4] Schade, H.: Umsatz der Nährstoffe. I. Wasserstoffwechsel. Handb. Biochem. **8**, 149—182 (1925). — [5] Erlenmeyer, H., H. Gaertner, E. J. McDougall and F. Verzár: Nature **134**, 1006 (1934). — Andrew, B. L., J. N. Davidson and R. C. Garry: J. Physiol., London **98**, 487 (1940).

zugeflossenen Sekretmenge Wasser resorbiert worden sein[1]. Die Wasseraufsaugung im Magen hat gegenüber dem Darm allerdings keinen nennenswerten Umfang[2,3]. Bei Pylorusstenose kann der bestehende Gewebsdurst trotz reichlicher Füllung des Magens nicht gestillt werden. Getrunkenes Wasser tritt schnell in das Duodenum ein, so daß es auch wegen der kurzen Verweildauer nicht zu einer erheblichen Resorption kommen kann. Von 1000 cm³ haben den Magen verlassen[4]:

Nach 10 min	22%	Nach 20 min	66%
„ 15 min	46%	„ 30 min	80%.

Warmes Wasser verläßt den Magen schneller als kaltes. Da Wasser vom Darm rasch resorbiert wird, so täuscht die schnellere *Magenentleerung* eine beschleunigtere Resorption vor. Ein solches Verhalten muß man beim Studium der Aufsaugung durch Fütterung ganz allgemein beachten. Nicht das Resorptionsvermögen, sondern die Magenentleerung ist dann begrenzend, die ja von sehr verschiedenartigen Vorgängen gesteuert wird (s. S. 32).

Die Wasserresorption aus dem Darm ist beherrscht vom *Chymus*. Er ist wasserreich und hält seinen Wassergehalt ziemlich konstant. Erst im Dickdarm wird ihm stärker Wasser entzogen. Den Wassergehalt des Chymus bestimmt neben dessen Zusammensetzung auch der Zustand der Darmwand. Selbst durch starkes Wassertrinken ändert sich weder der Wassergehalt des Chymus noch der des Kotes. Durch Wassertrinken habituelle Obstipation zu beheben, gelingt nicht. Ebenso ist der Darm bei Krankheiten wie Cholera, Dysenterie und manchen Fällen von Sprue auch nicht in der Lage, genügend Wasser zur Resorption zu bringen; es muß parenteral zugeführt werden. Günstig für Dauerinfusionen bei diarrhoischen Kindern ist eine Salzlösung aus 33 mMol K^+, 122 mMol Na^+, 104 mMol Cl^- und 13 mMol Milchsäure/Liter[5].

Wasser der Nahrung wird hauptsächlich im oberen *Dünndarm* resorbiert. Die Aufsaugfähigkeit für Wasser ist aber im ganzen Darm groß. 1 cm² Dünndarmoberfläche vom Meerschweinchen[6] resorbiert nach STRAUB etwa 1,3 bis 1,4 mm³ pro min. Der Hund[7] vermag 250 cm³ Wasser in 36 min zu resorbieren, der Mensch[8] 1 Liter in etwa 22 bis 25 min. Neugeborene Ratten resorbieren langsamer als erwachsene[9].

Im *Dickdarm* wird Wasser ebenfalls ausgezeichnet aufgesaugt; bei Katze und Kaninchen etwa $^1/_2$ bis $^1/_3$ so gut wie im Dünndarm[10], nach STRAUB bei Meerschweinchen[6] in den oberen Teilen des Dickdarmes 1,1 und in den unteren Teilen 0,4 mm³ pro cm² und min, bei Katzen im Gesamtdickdarm 16 bis 25 cm³/Std[11]. Anderen Beobachtungen nach ist das Aufsaugvermögen im Colon ascendens sogar größer als im Dünndarm[10].

Einfluß der Begleitstoffe. Von besonderem Einfluß auf die Resorption des Wassers aus dem Darm ist der Gehalt an Stoffen, die einen osmotischen Druck hervorrufen. Die Ergebnisse der Untersuchungen hierüber stimmen nicht überein[4,12].

---

[1] MARX, H.: Der Wasserhaushalt des gesunden und kranken Menschen. S. 40. Berlin 1935. — [2] MERING, J. v.: Verh. Kongr. inn. Med. **1893**, 471. — [3] HUNT, J. N.: J. Physiol., London **109**, 134 (1949). — [4] CHRIST, W.: Kli. Wo. **1926 II**, 2113. — [5] GOVAN, C. D., and D. C. DARROW: Bull. Johns Hopkins Hosp. **79**, 250 (1946). — [6] STRAUB, W., u. E. LEO: A. e. P. P. **170**, 534 (1933). — [7] KLISIECKI, A., M. PIKFORD, P. ROTHSCHILD and E. B. VERNEY: Proc. R. Soc. London (B) **112**, 496 (1933). — [8] SMIRK, F. H.: J. Physiol., London **78**, 113 (1933). — [9] HELLER, H.: J. Physiol., London **106**, 245 (1947). — [10] NAKAZAWA, F.: Tohoku J. exp. Med. **6**, 130 (1925). — [11] STRAUB, W., u. E. TRIENDL: A. e. P. P. **175**, 518 (1934). — [12] ABICHT, I., u. F. KUHLMANN: Kli. Wo. **1943**, 353.

Im großen und ganzen trifft folgendes Verhalten zu: 1. Aus stark hypotonischen Lösungen wird das Wasser am schnellsten und schneller als die gelösten Stoffe aufgesaugt. Dabei steigt dann der osmotische Druck des vorübergehend im Darm verbleibenden Anteiles an. 2. Aus wenig hypotonischen oder dem Blut isotonischen Lösungen werden Wasser und gelöste Stoffe gleich schnell aufgesaugt. 3. Hypertonische Lösungen werden erst verdünnt, ehe aus ihnen Wasser aufgesaugt wird. Dabei wird neben dem Zustrom von Sekreten auch durch schnellere Resorption des gelösten Stoffes die Isotonie hergestellt. Zustrom und Resorption laufen nebeneinander her und sind wechselnd aufeinander eingestellt. Meist nimmt das Flüssigkeitsvolumen vorübergehend zu, und zwar um so stärker, je konzentrierter die in den Darm hineingebrachte Lösung ist.

Der Darm ist also bestrebt, seinen Inhalt möglichst blutisotonisch zu machen. Jedoch hängt der Druck auch von der Natur des Salzes ab. Isotonische $NaCl$-Na_2SO_4-Lösung wird hypotonisch. Die Resorption stellt sich als die Summe zweier entgegengesetzter Prozesse dar: Einströmen einer hypotonischen Flüssigkeit, während Salzlösung aufgenommen wird[1]. Der Wasseraustausch ist in beiden Richtungen groß[2]. Bei experimentell hypertonisch gemachtem Blut ist auch der osmotische Druck des Ileuminhaltes gesteigert, bleibt aber stets geringer als der des Blutes[3]. Hormone und Vitamine beeinflussen die Wasserresorption nur wenig.

Der **Weg des Wassers** in den Körper geht durch die Intercellularräume und durch die Zellen. Aus der Lymphe tritt es bald in die Blutbahn über.

Schon kurz nach der Wasseraufnahme ist das *Blut* hydrämisch und die *Leber* vergrößert, anscheinend durch Stapelung von Wasser[4]. Die Lymphmenge des *Ductus thoracicus*, der die Darmlymphe sammelt, ist auch nach reichlichem Wassertrinken gegenüber der Resorptionsruhe nur wenig vermehrt[5]. Die *Darmzotten* quellen und geraten in lebhaftere Tätigkeit, wenn man sie mit Wasser benetzt. Ob sie jedoch durch ihre Bewegungen die Wasserresorption nennenswert beschleunigen, ist nicht geklärt[6].

Als **Triebkraft für das Wasser** wird neben Osmose, Diffusion und Filtration auch der Quellungsdruck der Blut- und Plasmakolloide in Betracht gezogen, der hypotonische Lösungen aus dem Darm anzieht[7]. Das Wasserbindungsvermögen der Kolloide ist vom Milieu abhängig und daher veränderlich, so erhöht Kohlensäure ihren Quellungsdruck. Tatsächlich wird auch durch Kohlensäurezusatz Wasser schneller aufgesaugt (QUINCKE, 1877); hierbei ist es aber fraglich, ob nicht ihr Reiz auf die Blutcapillaren die Ursache dafür ist, da CO_2 diese erweitert. CO_2 fördert zudem auch die Aufsaugung von Salzlösungen, Gasen usw.[8] Erhöhter arterieller Blutdruck steigert die Aufsaugung von Wasser und Salzen[9], Reizung des Carotissinus verringert sie über Gefäßverengerung[10]. Blutentzug begünstigt die Resorption[11].

2. Salze (Mineralstoffe).

Wie schon beim Wasser erwähnt, hängt die *Geschwindigkeit*, mit der gelöste Stoffe aufgesaugt werden, von ihrer *Konzentration* ab. Mit steigendem Gehalt werden die Salze bis zu einer Höchstkonzentration, die meist in schwach hypertonischer Lösung zu finden ist, vermehrt aufgesaugt. Darüber hinaus nimmt

[1] DENNIS, C., and M. B. VISSCHER: Amer. J. Physiol. **131**, 402 (1940). — [2] VISSCHER, M. B., E. S. FETCHER jr., C. W. CARR, H. P. GREGOR, M. S. BUSHEY and D. E. BARKER: Amer. J. Physiol. **142**, 550 (1944). — [3] VISSCHER, M. B., and R. R. ROEPKE: Proc. Soc. exp. Biol. Med. **60**, 1 (1945). — [4] SIEBECK, R.: Physiologie des Wasserhaushaltes. Handb. Physiol. **17**, 161—222 (1926); **18**, 443, 444 (1932). — [5] HEIDENHAIN, R.: Pflügers Arch. **43**, Suppl., 88 (1888); **56**, 579 (1894). — [6] McDOUGALL, E. J., u. F. VERZÁR: Pflügers Arch. **236**, 321 (1935). — [7] STARLING, E. H.: J. Physiol., London **19**, 312 (1896). — [8] STRAUB, W., u. E. LEO: A. e. P. P. **170**, 534 (1933). — [9] STICKNEY, J. C., D. W. NORTHUP and E. J. VAN LIERE: Amer. J. Physiol. **150**, 466 (1947). — [10] LIERE, E. J. VAN, J. C. STICKNEY and D. W. NORTHUP: Amer. J. Physiol. **150**, 149 (1947). — [11] LIERE, E. J. VAN, D. W. NORTHUP and J. C. STICKNEY: Proc. Soc. exp. Biol. Med. **66**, 260 (1947).

die Resorption wieder ab. Das *Resorptionsmaximum* ist individuell verschieden und hängt von der Art des Stoffes sowie von dem Darmabschnitt ab.

Einfluß der Salznatur und Salzkonzentration auf die Resorption. *Kochsalz* wird im Jejunum aus 1%iger, im Ileum aus 0,6 bis 0,7%iger Lösung am schnellsten resorbiert[1]. Bei 1,5% hört im Jejunum die NaCl-Resorption gänzlich auf, um bei höheren Konzentrationen wie 3 bis 3,5% wieder deutlich in Erscheinung zu treten. Neben dem hohen Diffusionsdruck scheint aber hierfür eine Epithelschädigung mit verantwortlich zu sein[2].

Von etwa 1%iger NaCl-Lösung ab wird steigend mit der Konzentration Flüssigkeit in den Darm abgegeben. Hypertonische Lösungen werden hierdurch und infolge gesteigerter Salzresorption auf isotonischen Gehalt gebracht. Ein *Zustrom von Darmflüssigkeit* findet aber auch bei nicht hypertonischen Lösungen stets statt, denn Lösungen anderer Salze enthalten nach einiger Zeit NaCl und ein wenig $NaHCO_3$.

Isotonische KCl-Lösung nimmt vorübergehend sogar an Volumen zu; das rasche Einströmen von Darmflüssigkeit soll schädliche K^+-Wirkungen abschwächen. Isotonische Lösungen von NaJ ändern ihren osmotischen Druck nicht, obgleich J^- rasch verschwindet; es wird durch Cl^--Zustrom in gleichem Maße ersetzt[3]. In etwa 30 min wird eine hypertonische Lösung im Darm isotonisch gemacht[4]. Auch der Magen verdünnt hypertonische Salzlösungen[5]. In Ileumschlingen von Hunden diffundiert aus Eigenserum trotz gleicher Zusammensetzung mit Blut Cl^- hinaus, und es strömt Hydrogencarbonat hinzu. Der osmotische Druck sinkt gering[6].

Resorptionskräfte. In erster Linie sind es *physikalisch-chemische Kräfte*, die den Durchtritt der Salze durch die Darmwand bewirken; doch werden Cl^-, Br^- und Na^+ bei Gegenwart von mehrwertigen Ionen entgegen dem Diffusionsgefälle aus verdünnter Lösung resorbiert[7]. Für eine *Einflußnahme des Epithels* bei der Salzresorption spricht auch, daß O_2-Mangel im Blut die Resorption von NaCl absinken läßt[8]. Eine *auswählende Resorption* von Na^+ und K^+ nimmt schon GUMILEVSKI (1887) an. Einige Elektrolyte unterliegen besonderen biologischen Beeinflussungen[9]. Die einzelnen Darmabschnitte verhalten sich aber nicht gleich; der untere Dünndarm ist besonders befähigt, NaCl aktiv aufzusaugen[10]. In Mischungen der Salze beeinflussen sich die Ionen wechselnd. So wird schlecht resorbierbares Ca^{++} mit NaCl besser aufgesaugt[11]. Aus Mischungen von NaCl und KCl verläßt K^+ den Darm erheblich schneller als das Na^+, und das Cl^- wird besser aufgesaugt als seine beiden Gegenionen zusammen. Andererseits zeigte sich an radioaktiven Isotopen, daß K^+ langsamer ins Blut übertritt als Na^+, Cl^-, Br^-, J^-[12]. Die Widersprüche lassen sich bei Berücksichtigung der Zustrom-Ionen klären. PETERS[13] bildete an der Cl^--Bewegung eine allgemeine Theorie des Flüssigkeitsumlaufes: $C(dV/dt) + V(dC/dt) = C_s S + K(C_p - C) - CR_0$. (Worin ist C = Konzentration; V = Volumen; S = Sekretionsanteil an C_s = Chloridkonzentration; C_p = Plasma-Chloridkonzentration; R_0 = Anteil der Flüssigkeitsbewegung aus dem Darm.) Gifte stören die Mineralresorption. Bei Monojodessigsäurevergiftung wird NaCl vermindert aufgesaugt[14].

---

[1] OMI, K.: Pflügers Arch. **126**, 428 (1909). — [2] RABINOVITCH, J.: Amer. J. Physiol. **82**, 279 (1927). — [3] s. dazu: SULZE, W., u. Mitarb.: Arb. physiol. Anst. Leipzig 1930—1938. — [4] WEISE, P.: Arch. int. Pharmacodyn. Thérap. **21**, 77 (1911). — [5] PFEIFFER, T.: A. e. P. P. **48**, 439 (1902). — [6] VISSCHER, M. B., R. R. ROEPKE and N. LIFSON: Amer. J. Physiol. **144**, 457 (1945). — [7] INGRAHAM, R. C., and M. B. VISSCHER: Amer. J. Physiol. **114**, 676, 681 (1936). Proc. Soc. exp. Biol. Med. **36**, 201 (1937). — [8] LIEBE, E. J. VAN, and C. K. SLEETH: Amer. J. Physiol. **117**, 309 (1936). — [9] DRIVER, R. L.: Amer. J. Physiol. **133**, P 76 (1941). — [10] COBET, R.: B. Z. **114**, 33 (1921). — [11] LASCH, F.: B. Z. **169**, 292 (1926). — [12] HAMILTON, J. G.: Amer. J. Physiol. **124**, 667 (1938). — [13] PETERS, H. C.: Bull. mathem. Biophysics **2**, 141 (1940). — [14] KLINGHOFFER, K. A.: J. biol. Ch. **126**, 201 (1938).

Resorption einzelner Ionen. Die einzelnen Ionen werden verschieden schnell aufgesaugt. Sie folgen darin im allgemeinen ihren Diffusionsgeschwindigkeiten[1], wenn nicht besondere Eigenschaften wie die Lipoidlöslichkeit die Resorption steigern. Die folgende Resorptionsreihe drückt die Aufnahmegeschwindigkeiten anorganischer Salze aus, wenn die Chloride bzw. die Natriumsalze verglichen werden:

$$K > Na > Ca > NH_4 > Mg; \quad Cl > J > Br > NO_3 > SO_4 > PO_4 > F.$$

Andere Anionen bzw. Kationen sowie Begleitstoffe können die Resorptionsgeschwindigkeit ändern. Die Resorption eines Ions ist stark herabgesetzt, falls andere Ionen es in eine schwerlösliche Verbindung bringen. Nach HOFMEISTER treten solche Ionen leicht durch die Membran hindurch, die auf sie quellend und solche schwer hindurch, die auf sie entquellend wirken. Für einen großen Teil der Ionen trifft diese allgemeine Angabe zu. Die schwer resorbierbaren organischen und anorganischen Anionen geben meist mit Calcium schwerlösliche Verbindungen[2]. Fluoride werden abhängig vom Angebot unterschiedlich aufgesaugt[3].

Viel untersucht sind wegen ihrer abführenden Wirkungen die *Sulfate* (HAY, HEIDENHAIN)[4].

Na_2SO_4 wird etwa $^1/_3$, $MgSO_4$ $^1/_{10}$ so schnell aufgesaugt wie $NaCl$. Die abführende Wirkung kommt dadurch zustande, daß hypertonische SO_4^{--}-Lösungen bei schlechter Resorbierbarkeit Saftfluß hervorrufen und rasch im Darm weiterbefördert werden. Die in $MgSO_4$-Lösungen hinein abgeschiedene Darmflüssigkeit enthält viel $NaCl$, bis zu 0,58%[5]. Gesunder Dünndarm (Hundeileum) nimmt aus $NaCl$-Na_2SO_4-Lösungen kein SO_4^{--} aber praktisch alles Cl^- heraus[6]. Mit Na-Arsenat, NaF, H_2S, $HgCl_2$, $NaCN$ vergiftet, resorbiert er dagegen SO_4^{--} und scheidet Cl^- ab[7]. Die Resorptionsfähigkeit der Darmschleimhaut für andere Ionen ändert sich unter dem Einfluß von $MgSO_4$ kaum[6], obgleich beobachtet worden ist, daß schon schwache Mg^{++}-Lösungen auf die Zellpermeabilität einwirken[8].

Das Hauptangebot an **Phosphorsäure** in der Nahrung liegt nicht in ionogener, sondern in organisch gebundener Form vor. Die Esterbindung wird jedoch zum größten Teil gelöst, und das Phosphat als solches aufgesaugt, maßgeblich beeinflußt durch den Ca^{++}-Gehalt im Chymus. Ein Teil der resorbierten PO_4^{---} wird anscheinend schon wieder in der Darmwand zum Aufbau organischer Verbindungen benützt, der Hauptteil geht ins Blut über. Natriumphosphatlösung wird am besten im oberen Dünndarm aufgesaugt. Neuere Untersuchungen mit isotopem Phosphor bestätigen die früheren Anschauungen[9]. Während Parathormon die PO_4^{---}-Resorption steigert, beeinflußt Vitamin D sie nicht[10].

Calcium wird gut aufgesaugt, die Resorption hängt aber sehr stark von der Löslichkeit des verfütterten Salzes ab. Die Resorption steigt in folgender Reihe[11]: $PO_4 < SO_4 < Cl < Br < HCO_3$. Für die Resorption aus der Nahrung ist wesentlich das Verhältnis Ca^{++}: PO_4^{---}; günstig ist ein solches wie in der Milch. Alkalische Reaktion im Darm vermindert die Ca^{++}-Aufsaugung, in saurer Reaktion ist sie am besten[12]. Auch in diesem Falle ist das Anion mitbestimmend. Gebunden als

---

[1] HÖBER, R.: Pflügers Arch. **74**, 246 (1899); **86**, 199 (1901); **101**, 607 (1904). — [2] WALLACE, G. B., u. A. R. CUSHNY: Pflügers Arch. **77**, 202 (1899). — [3] LARGENT, E. J., and F. F. HEYROTH: J. industr. Hyg., Baltimore **31**, 134 (1949). — [4] s. dazu HEYMANN, P.: Schwer resorbierbare Salze. Handb. Heffter **3**/1, 40—81 (1927). — [5] COBET, R.: Pflügers Arch. **150**, 325 (1913). — [6] KNAFFL-LENZ, E., u. S. NOGAKI: A. e. P. P. **105**, 109 (1925). — [7] INGRAHAM, R. C., and M. B. VISSCHER: Amer. J. Physiol. **114**, 681 (1936). — [8] RADEMAEKERS, A., et T. SOLLMANN: Arch. int. Pharmacodyn. Thérap. **29**, 481 (1924). — SOLLMANN, T., et A. RADEMAEKERS: Arch. int. Pharmacodyn. Thérap. **31**, 39 (1926). — [9] COHN, W. E., and D. M. GREENBERG: J. biol. Ch. **123**, 185 (1938). — [10] LASKOWSKI, M.: B. Z. **292**, 319 (1937). — [11] JANSEN, W. H.: Kli. Wo. **1924 I**, 715. — [12] ROBINSON, C. S., D. E. STEWART and F. LUCKEY: J. biol. Ch. **137**, 283 (1941).

Acetat > Chlorid > Citrat > Lactat > Oxalat wird Ca^{++} abnehmend resorbiert[1]. Ca-Gluconat wird zu 20 bis 25% aufgesaugt[2]. Auch die Größe und die Zeitdauer der Zufuhren beeinflussen die Ca^{++} -Resorption[3]. Vermehrt wird die Ca^{++}-Resorption durch Fettsäuren, so daß ganz allgemein Fett in der Nahrung sie begünstigt. Viel Fett verschlechtert jedoch bei alten Ratten und Hamstern die Ca-Bilanz[4]. Da die Kalkseifen durch *Gallensäuren* in Lösung gebracht werden, so vermindert Gallemangel die Ca^{++}-Resorption[5]. Gallensäuren bringen aber auch die schwerlöslichen Kalksalze wie Carbonat und Phosphat vermehrt in Lösung[6]. Von Kalkseifen, an Ratten verfüttert, wurden aufgesaugt: als Oleat 90%, als Schweinefettsäurengemisch 72%, als Palmitat 38%, als Stearat 25%[7]. Über den Einfluß von Vitaminen und Hormonen liegen keine einheitlichen Angaben vor. Vitamin B_1 fördert die Aufsaugung von $Ca_3(PO_4)_2$[8]. Mangel an Vitamin D setzt die Ausnutzung von Ca^{++} herab[9], unterschiedlich für die einzelnen Darmabschnitte[10]. Bei Vitamin D-Zufuhr nehmen Hühnchen mehr Ca^{++} auf[11]. Dieses Vitamin und ein besonderer endogener Faktor, der bei jugendlichen, Ca^{++}-ungesättigten Ratten deutlich in Erscheinung tritt, sollen die Ca^{++}-Aufnahme wesentlich steuern. Ihnen gegenüber tritt auch bei Ca-Seifen der Einfluß der Fettsäureart zurück[12]. Milcheiweiß und Hefe[13], Milchzucker, niedere Fettsäuren und antirachitische Stoffe steigern[14], Proteinmangel verringert die Ausnutzung von Ca^{++} und Mg^{++} beträchtlich[15]. Für Milchzucker, Glucose und Galaktose wird andererseits ein Einfluß auf die Ca^{++}-Resorption verneint[16]. S^{--}-Zulage zur Nahrung hemmt spezifisch die Ausnutzung von Ca^{++}, Mg^{++} und PO_4^{---}. Es kommt dadurch an wachsenden Schweinen sogar zu rachitischen Erscheinungen. Vitamin D unterdrückt diese S^{--}-Wirkung[17].

Das **Eisen** wird fast nur in ionogener Form aufgesaugt, während ältere Anschauungen die Quelle der Verwertung für den Körper in der Zufuhr „organischen Eisens" sahen (Bunge; Schmiedeberg; Macallum)[18]. Aus Eisenkomplexverbindungen kann insbesondere die Magensalzsäure das Eisen als Ion herauslösen. Dieser Vorgang ist bestimmend für die Fe-Ausnutzung[19]. Aus Blut, das man mit der Duodenalsonde Menschen verabreichte, wurden 10 bis 25% Fe resorbiert[20]. Fe^{+++} kann wohl nur dann gut ausgenützt werden, wenn es im Magen-Darmkanal zum Fe^{++} reduziert und als solches dem Darm zur Resorption angeboten wird. Fe^{++} ist bei dem im Darm herrschenden p_H gut beständig; es ist diffusibel und resorptionsfähig und könnte als Bicarbonat in die Epithelzelle übertreten (Heubner; Starkenstein; Lintzel[21] u. a.). Daß Fe^{++} besser als

---

[1] Irving, L.: J. biol. Ch. **68**, 513 (1926). — Cremer, H. D., u. W. Herr: Ber. Physiol. **145**, 229 (1951). — [2] Staub, H. v.: Radiol. clin., Berlin **21**, 162 (1952). — [3] Fournier, P.: Cr. **232**, 1593, 1769 (1951). — [4] Kane, G. G., F. E. Lovelace and C. M. McCay: J. Gerontol. **4**, 185 (1949). — [5] Klinke, K.: Neuere Ergebnisse der Calciumforschung. Ergebn. Physiol. **26**, 235—319 (1928). — [6] Klinke, Mineralstoffwechsel S. 154. — [7] Boyd, O. F., C. L. Crum and J. F. Lyman: J. biol. Ch. **95**, 29 (1932). — [8] Ehrenberg, R.: Kli. Wo. **1949**, 337. — Ehrenberg, R., H. G. Grünhagen, K. M. v. Mellenthin u. K. Stemmer: Med. Welt **1951**, 783. — [9] Nicolaysen, R.: Biochem. J. **31**, 323 (1937). — Randoin, L., H. Susbielle et P. Fournier: Cr. **232**, 553 (1951). — [10] Harrison, H. E., and H. C. Harrison: J. biol. Ch. **188**, 83 (1951). — [11] Migicovsky, B. B., and A. M. Nielson: Arch. Biochem. **34**, 105 (1951). — [12] Nicolaysen, R.: Acta physiol. scand. **5**, 200, 215 (1943). — Nicolaysen, R., and R. Nordbø: Acta physiol. scand. **5**, 212 (1943). — [13] Ehrenberg, R.: Kli. Wo. **1946/47**, 711. — [14] Bergeim, O.: Proc. Soc. exp. Biol. Med. **23**, 777 (1926). — [15] McCance, R. A., E. M. Widdowson and H. Lehmann: Biochem. J. **36**, 686 (1942). — [16] Roberts, E., and A. A. Christman: J. biol. Ch. **145**, 267 (1942). — [17] Møllgaard, H.: Biedermanns Zbl. (B) **15**, 1 (1943). — [18] Meyer, E.: Über die Resorption und Ausscheidung des Eisens. Ergebn. Physiol. **5**, 698–745 (1906). — [19] Heilmeyer, L., u. J. v. Mutius: Z. ges. exp. Med. **112**, 192 (1943). — [20] Black, D. A. K., and J. F. Powell: Biochem. J. **36**, 110 (1942). — [21] Lintzel, W.: Neuere Ergebnisse der Erforschung des Eisenstoffwechsels. Ergebn. Physiol. **31**, 844—919 (1931).

Fe^{+++} aufgesaugt wird, ist vielfach bewiesen worden, z. B. mittels radioaktivem Fe bei Anämie[1]. Reduktionsmittel, wie auch Vitamin C[2,3], fördern die Fe-Aufnahme aus der Nahrung[4], welche ihrerseits die Resorptionsgröße vielfach beeinflußt[5]. Der weitere Weg in den Körper geht durch die Epithelzellen hindurch, in denen das Fe als Fe-Eiweißverbindung abgelagert wird[6]. Dieses *Ferritin* soll die Resorptionsgröße steuern[7]. Es geht schließlich über Lymphweg und Blutbahn zur Leber. Beim Meerschweinchen gehen histologisch nachgewiesen aber auch daneben Fe-Ionen durch die Epithelzellen[8]. Die aufgenommene Menge wird vom Bedarf bestimmt, nicht vom Konzentrationsgefälle, Serumeisen[9,10] usw. Ein Zwischenhirnzentrum soll regulieren[11]. Längeres Überangebot in der Nahrung vermehrt jedoch das Körpereisen beträchtlich[12]. Pyridoxinmangel[13] erhöht den Körpergehalt an Fe. Die zahlreichen sich widersprechenden Ansichten über die Art und den Umfang der Fe-Resorption haben neben abweichenden experimentellen Bedingungen bei den Bilanzen und Ansatzversuchen als Grund, daß Adsorption und vielleicht auch Wiederausscheidung durch die Darmschleimhaut nicht genügend beachtet wurden[14]. Dem Darm wird eine regulierernde Tätigkeit auf den Fe-Stoffwechsel durch Wiederausscheidung abgesprochen[15]. Resorption von Fe ist in Magen und Dünndarm möglich (STARKENSTEIN). Beim Menschen nimmt mit dem Alter die Resorptionsfähigkeit ab[16]. Der Umfang der normalen Fe-Resorption ist gering und beträgt nach LINTZEL etwa 1 mg täglich. In der täglichen Nahrung befinden sich 10 bis 30 mg Fe. Aus isolierten Darmschlingen ist die Resorption so gering, daß sie kaum nachweisbar ist. Fe-Präparate werden sehr unterschiedlich verwertet (HEUBNER[17]).

Eine Reihe *anderer Metalle*, wie As, Mn, Pb, Co, Ni, Cu, Zn u. a., werden in Gestalt ihrer Salze ebenfalls vom Darm in geringem Umfang aufgesaugt[18,19].

Resorptionsorte. Im *Mund* werden Mineralien nicht resorbiert, doch ist Resorption für bestimmte Ionen wie CN^- nachweisbar.

Der Magen saugt Salze in größerem Umfang nicht auf. An radioaktiven Isotopen wurde ermittelt, daß Na^+, K^+, Cl^-, Br^-, J^- in abnehmender Geschwindigkeit die Magenwand passieren[20]. J^- tritt bei Entzündung leichter hindurch[21]. Aus hypertonischer Lösung können jedoch nicht unerhebliche Salzmengen aufgenommen werden[22]. Schwache Säuren werden besser als starke aufgesaugt[23]. CO_2 diffundiert rasch durch die Magenschleimhaut; ebenso HCl durch Austauschdiffusion, wenn sie konzentrierter als 0,175 n ist[24]. Pansen von Schaf resorbiert gering PO_4^{---}[25].

---

[1] HAHN, P. F., E. JONES, R. C. LOWE, G. R. MENEELY and W. PEACOCK: Amer. J. Physiol. **143**, 191 (1945). — [2] THEDERING, F. jr.: D. m. W. **1949**, 921. — [3] NEUWEILER, W.: Zbl. Gynäk. **72**, 761 (1950). — ALBERS, H.: Zbl. Gynäk. **73**, 995 (1951). — [4] GROEN, J., W. A. VAN DEN BROEK and H. VELDMAN: Biochim. biophysica Acta, N. Y. **1**, 315 (1947). — [5] TOMPSETT, S. L.: Biochem. J. **34**, 961 (1940). — [6] GABRIO, B. W., and K. SALOMON: Proc. Soc. exp. Biol. Med. **75**, 124 (1950). — [7] GRANICK, S.: J. biol. Ch. **164**, 737 (1946). — [8] GILLMAN, T., and A. C. IVY: Gastroenterol., Baltimore **9**, 162 (1947). — [9] JASINSKI, B.: Schweiz. med. Wschr. **80**, 59 (1950). — [10] BÜCHMANN, P., u. R. STODTMEISTER: Med. Klinik **1949**, 1246. — [11] HEMMELER, G.: Schweiz. med. Wschr. **80**, 599 (1950). — [12] KINNEY, T. D., D. M. HEGSTED and C. A. FINCH: J. exp. Med. **90**, 137 (1949). — [13] GUBLER, C. J., G. E. CARTWRIGHT and M. M. WINTROBE: J. biol. Ch. **178**, 989 (1949). — [14] STARKENSTEIN, E.: Handb. Heffter **3**/2, 814 (1934). — [15] MCCANCE, R. A., and E. M. WIDDOWSON: Lancet **1937 II**, 680. J. Physiol., London **94**, 148 (1938/39). — [16] RECHENBERGER, (J.): Kli. Wo. **1952**, 669. — [17] HEUBNER, W.: H. **258**, III (1939). — [18] s. dazu Handb. Heffter **3**/1, **3**/2, **3**/3, **3**/4, **3**/5 (1927—1935). — [19] KENT, N. L., and R. A. MCCANCE: Biochem. J. **35**, 837 (1941). — [20] EISENMAN, A. J., P. K. SMITH, A. W. WINKLER and J. R. ELKINTON: J. biol. Ch. **140**, XXXV (1941). — [21] HENNING, N.: Dtsch. Arch. klin. Med. **166**, 205 (1930). — [22] TAPPEINER, H.: Z. Biol. **16**, 497 (1880). — [23] TEORELL, T.: J. gen. Physiol. **23**, 263 (1939). — [24] ELLIOT, A., L. RISHOLM and K. J. ÖBRINK: Acta med. scand. **110**, 267 (1942). — [25] SCARISBRICK, R., and T. K. EWER: Biochem. J. **49**, LXXIX (1951).

Der *Dünndarm* stellt den Hauptresorptionsort für die Mineralien dar. Im allgemeinen saugt das Jejunum besser auf als das Ileum[1]. Der Weg, den die Salze durch die Darmwand einschlagen, ist zuerst von HEIDENHAIN[2] mit Hilfe von Farbstofflösungen eingehender untersucht worden. Nach ihm treten die Salze sowohl durch die Zellen als auch zwischen den Zellen durch die Kittleisten hindurch, eine Anschauung, die STARLING[3] ebenfalls vertritt. HÖBER sowie WALLACE und CUSHNY sehen die Intercellularspalten als Hauptweg an. Aus der Lymphe treten die Salze dann in die Darmcapillaren ein und gelangen auf dem Pfortaderwege zur Leber, in der sie vorübergehend gestapelt werden können. Die Ductuslymphe transportiert von den resorbierten Mineralien nur sehr wenig ab.

Der *Dickdarm* resorbiert, wenn auch vermindert, alle Salze. H^+, Cl^- und Alkalien werden ohne weiteres resorbiert[4]. $NaCl$ wird am besten aus 0,5 bis 0,6%iger Lösung aufgesaugt; $CaCl_2$ tritt etwa $^1/_2$mal so rasch durch die Darmwand wie $NaCl$. $MgSO_4$ wird im Dickdarm praktisch kaum resorbiert[5]. NH_4Cl wird vom Hundecolon so erheblich aufgenommen, daß es zur Acidosis kommt[6].

Resorption von Gasen. Sie hängt ab von Oberfläche, Zustand, Durchblutung der Darmschleimhaut, Tonus und Innendruck. 10 bis 15 cm H_2O at ist am günstigsten. Jeder Druck über 30 cm setzt durch Kreislaufstörungen die Resorption herab. Auch die Spannung der Gase im Blut beeinflußt; denn die Gase diffundieren in beiden Richtungen durch die Darmwand. Ins Darmlumen gebrachte reine Gase werden dementsprechend in ihrer Zusammensetzung verändert. Die Resorptionsgeschwindigkeiten der einzelnen Gase bestimmen in erster Linie ihre Eigenschaften, wobei die Löslichkeit, der sie im allgemeinen parallel gehen, ausschlaggebend ist (s. Tabelle 58).

Tabelle 58. Resorption von Gasen in verschiedenen Darmabschnitten.

Aus Dünndarm von Hund[7]	Aus 25 cm Dünndarmschlinge von Katze pro Stde[8]	Aus etwa 10 cm Dünndarmschlinge von Katze pro min[9]
CO_2 sehr leicht	CO_2 160 cm³	CO_2 1,89 cm³
C_2H_2, O_2 gut	H_2S 69 cm³	C_2H_2 0,45 cm³
	O_2 14 cm³	N_2O 0,29 cm³
H_2, N_2 sehr schlecht	H_2 7,5 cm³	O_2, N_2 0,06 cm³
	CH_4 4,9 cm³	
	N_2 1,2 cm³	

Die Sonderstellung des CO_2 liegt in seiner kapillarerweiternden Eigenschaft begründet. In Gemischen mit ihm werden auch andere Gase besser resorbiert. Schock setzt die Gasresorption auf 20% herab, Lösungen von Gummi arabicum, 10% Tannin und 5% Alaun vermindern sie[9]. Unterbrechung des arteriellen Zuflusses hebt die CO_2-Resorption fast völlig auf, Unterbindung der Vena portae hemmt weniger. Im Dickdarm stören auch geringe Zirkulationsstörungen stark[7]. Im Dickdarm ist bei Katzen[9] die Gasresorption besser als im Ileum, beim Hund[7] dagegen langsamer. Besonderes klinisches Interesse hat die Gasresorption bei Meteorismus und Ileus[10].

Normales Colon entleert durch ein Darmrohr bis 655 cm³ Gas täglich[11]. Bei hoher Darmmotilität, also verschlechterten Resorptionsbedingungen, werden große

---

[1] LANNOIS et R. LÉPINE: Arch. Physiol., Paris (3) **1**, 92 (1893). — [2] HEIDENHAIN, R.: Pflügers Arch. **43**, Suppl. (1888); **56**, 579 (1894). — [3] s. S. 200[1]. — [4] SCHEER, K.: Kli. Wo. **1929 II**, 1757. — [5] GOLDSCHMIDT, S., and A. B. DAYTON: Amer. J. Physiol. **48**, 443, 450 (1919). — [6] BOYCE, W. H., and S. A. VEST: J. Urol., Baltimore **67**, 169 (1952). — [7] SCHOEN, R.: Dtsch. Arch. klin. Med. **147**, 224; **148**, 86 (1925). — [8] McIVER, M. A., A. C. REDFIELD and E. B. BENEDICT: Amer. J. Physiol. **76**, 92 (1926). — [9] ADMIRAAL, J.: Arch. néerl. Physiol. **27**, 77 (1943). — [10] WAHREN, H.: Acta chir. scand. **70**, Suppl. 23 (1933). — [11] BEAZELL, J. M., and A. C. IVY: Amer. J. digest. Dis. **8**, 128 (1941).

Gasmengen abgegeben[1]. Körperfremde Gase, wie Acetylen, deren Resorption in der Atemluft gut bestimmbar ist, werden zu Funktionsprüfungen von Darm und Leber benützt[2].

3. Kohlenhydrate.

a) Monosaccharide. Als letzte Spaltprodukte der Kohlenhydratverdauung entstehen die Monosaccharide. Sie sind diejenige Form, in der die Kohlenhydrate resorbiert werden. Nur in geringem Umfang und unter besonderen Verhältnissen läßt die Darmwand höhermolekulare Zucker durchtreten. Andererseits werden unter den gewöhnlichen Bedingungen der Kohlenhydratzufuhr mit der Nahrung auch nur kleinere Anteile weiter zerlegt; es sei denn, daß nicht aufschlußfähige Kohlenhydrate, wie Cellulose, erst in den unteren Darmabschnitten von Bakterien aufgespalten werden, wie es bei manchen Tiergruppen in größerem Umfang vorkommt (s. Verdauung). Beim Menschen bestimmt die Form des Kohlenhydratangebotes, der Zustand des Darmkanals und die Darmflora ein wie großer Anteil ungenutzt im Kot abgeht oder weiter zerlegt wird. Hierbei entstehende Produkte, wie Alkohol, Essigsäure, Milchsäure usw., sind ebenfalls resorbierbar.

α) Die Einflüsse auf die Zuckerresorption. Die *Geschwindigkeit*, mit der die Monosaccharide durch die Darmwand aufgesaugt werden, hängt von äußeren Einflüssen wie auch von der Darmwand selbst ab: Zuckerart, Konzentration, Volumen der Lösung, Vitamine, Hormone, Begleitstoffe, Darmabschnitt, dessen Funktionszustand, vorhergehende Ernährung und anderes mehr sind hier mitbestimmend. Auch das Nervensystem[3] greift in den Resorptionsvorgang ein, wie es für den Vagus bei der Glucoseresorption mehrfach festgestellt worden ist[4, 5].

Einfluß der Zuckerkonzentration. Zucker werden im Dünndarm um so rascher aufgesaugt, je konzentrierter ihre Lösungen sind[6], steigend bis zu etwa $^3/_4$ molarer Lösung[7]; bei höherer Konzentration wird verzögert aufgesaugt. Die Abhängigkeit von der Konzentration gilt auch für die Glucose[8–10]. Demgegenüber fanden andere, unter ihnen CORI[11], daß bei Fütterungen Glucose und Galaktose in weitem Umfang unabhängig von der Konzentration gleich schnell ausgenutzt werden, doch spielen hier sicherlich der Entleerungsmechanismus des Magens[12] und die Verdünnungsfunktion des Darmes eine ausgleichende Rolle[13]. Magen und Darm verdünnen. Der Magen entleert sich anfänglich nach der Zufuhr rascher[14] und bei Ratten mit steigender Außentemperatur (18 bis 45°) langsamer[15].

Etwa in gleicher Weise, wie bei den Salzen früher beschrieben, verhält sich die Resorption von Wasser und von Zuckern. Vom Traubenzucker werden *hypotonische* Lösungen, die mehr als 0,1 Mol enthalten, dadurch noch verdünnter, daß aus ihnen die Glucose schneller resorbiert wird als das Wasser (OMI). Dabei strömen aber beträchtliche Mengen von NaCl in das Darmlumen ein, und der Gesamtdruck steigt dementsprechend an[16]. Aus einer $^3/_4$ molaren Lösung wird das Wasser gleich schnell wie der Zucker aufgesaugt. Stark *hypertonische*

[1] BLAIR, H. A., R. J. DERN and P. L. BATES: Amer. J. Physiol. **149**, 688 (1947). — [2] HENNING, N., L. DEMLING u. H. KINZLMEIER: Dtsch. Arch. klin. Med. **197**, 288 (1950). — [3] LUDÁNY, G. v.: Pflügers Arch. **243**, 773 (1940). — [4] HORNE, E. A., E. J. MCDOUGALL and H. E. MAGEE: J. Physiol., London **80**, 48 (1934). — [5] HUIDOBRO, F., R. VALDÉS and M. DÁVILA: J. Pharmacol. exp. Therap. **92**, 336 (1948). — [6] OMI, K.: Pflügers Arch. **126**, 428 (1909). — [7] MAGEE, H. E., and E. REID: J. Physiol., London **73**, 163 (1931). — [8] RAVDIN, I. S., C. G. JOHNSTON and P. J. MORRISON: Amer. J. Physiol. **104**, 700 (1933). — [9] MCKAY, E. M., and H. C. BERGMAN: J. biol. Ch. **101**, 453 (1933). — [10] ABBOT, W. O., W. G. KARR, P. M. GLENN and R. WARREN: Amer. J. med. Sci. **200**, 532 (1940). — [11] CORI, C. F.: J. biol. Ch. **66**, 691 (1925). — [12] BIRCHALL, E. F., P. F. FENTON and H. B. PIERCE: Amer. J. Physiol. **146**, 610 (1946). — [13] SHAY, H., J. GERSHON-COHEN, S. S. FELS and F. L. MUNRO: Amer. J. digest. Dis. **7**, 456 (1940). — [14] PIERCE, H. B., L. F. HAEGE and P. F. FENTON: Amer. J. Physiol. **135**, 526 (1941/42). — [15] CORDIER, D., et Y. PIÉRY: C. R. Soc. Biol. **144**, 129 (1950). — [16] MCDOUGALL, E. J., u. F. VERZÁR: Pflügers Arch. **236**, 321 (1935).

Lösungen verdünnt der Darm, und zwar steigend mit der Zuckerkonzentration. Nach MAGEE u. REID erfolgt die Wasserabgabe, bis eine $^3/_4$ molare Lösung erreicht ist, nach LONDON[1] bis zum etwa isotonischen Gehalt von 6%. Die einzelnen Darmabschnitte verhalten sich hier nicht ganz gleich. Im Ileum herrscht geringe Hypotonie[2].

Weitere Einflüsse auf die Zuckerresorption. Gefördert wird die Resorption der Zucker durch Zusatz von *Gewürzen*[3], *Hefeextrakt*[4], *Cholsäure*[5] und einer Reihe von *Alkaloiden*; schwache *Salz*konzentrationen begünstigen, stärkere hemmen sie. Auch die *Phosphate* verhalten sich gleichartig. Die *Gewöhnung* spielt ebenfalls eine Rolle. War mit der Nahrung einige Tage lang eine bestimmte Hexose (Glucose, Galaktose, Fructose) reichlicher gefüttert, so wird sie jetzt schneller als vor der Zulage aufgesaugt. Eine Sonderstellung nimmt hierbei die Glusoce insofern ein, als auch vorhergehende Fütterung von Galaktose und Fructose ihre Resorption verbessert[6]. Der Darm junger Ratten saugt Kohlenhydrate besser auf als der von erwachsenen; bei letzteren ist die Resorption nach Fetternährung schlechter als nach normaler Nahrung[7]. Sinngemäß vermindern Fett-Eiweiß-Diät[8] und anhaltender Hunger die Resorptionsfähigkeit des Darmes für Glucose und Fructose[9, 10], nicht aber für Xylose[11]. Auch hier gibt es abweichende Beobachtungen[12]. Wichtig für die Aufsaugung der Glucose sind Ca-*Ionen*; fehlen diese, so wird die Glucose nur vermindert resorbiert[13]. Atropin und Opium vermindern die Zuckerresorption[14]. Sauerstoffverarmung der Atemluft verringert bei der Ratte[15] und beim Fisch[16] die Aufsaugung größerer Mengen.

Gefütterte Glucose wird während ihres Angebotes an die Darmwand mit gleichbleibender *Geschwindigkeit* aufgesaugt[17]; bei vielen anderen Zuckern ist es aber nicht der Fall. Im Verlaufe einer mehrstündigen Resorptionsdauer läßt die Aufsaugfähigkeit der Darmwand mit der Zeit nach oder steigt mit ihr an. Bei Hunden stellt Cortinzufuhr die nachlassende Aufsaugfähigkeit aus VELLA-Schlingen wieder her[18]. Die Tagesrhythmik macht sich in vormittags schlechter und in nachmittags guter Resorption von Glucose bemerkbar; Nebennierenentfernung[19] unterdrückt die Rhythmik.

Vitamine und Hormone beeinflussen die Zuckerresorption. Sie stehen aber meist nur mittelbar zum Aufsaugungsvorgang in Beziehung. Ihr allgemeiner Einfluß, den sie auch auf die Darmwandzellen ausüben, ist anscheinend der Grund für die sich widersprechenden Befunde. Ebenso sind die vielfach benützten Blutzuckeränderungen als Maß für die Resorptionsvorgänge nur bedingt brauchbar, und Operation und Futter sind zu beachten. — Mangel an Vitaminen der B-Gruppe[20] vermindern wechselnd die Zuckerresorption. Unter Vitamin B_1-Mangel wird Glucose vermindert[21] und Galaktose zu 85 bis 90% vom Rattendarm aufgesaugt[22]. Zulage von B-Komplex steigert die Glucoseaufnahme[23]. Vitamin C-Mangel verringert die Resorption von Glucose um 50%, nicht die von Galaktose. Bei Vergiftungen mit Monojodessigsäure, Phlorrhizin, Nebennierenentfernung wirkt C-Mangel mindernd auf die Resorption beider Zucker ein[24]. Vitamin D-Mangel steigert die Traubenzuckerresorption um 22%[25].

---

[1] LONDON, E. S., u. W. W. POLOWZOWA: H. **57**, 529 (1908). — [2] s. S. 216[13]. — [3] NAKAMURA, M.: Tohoku J. exp. Med. **5**, 29 (1924). — [4] KOKAS, E. v., u. G. GÁL: B. Z. **205**, 380 (1929). — [5] YUUKI, H.: H. **209**, 1 (1932). — [6] WESTENBRINK, H. G. K.: Arch. néerl. Physiol. **19**, 563 (1934). — [7] SINCLAIR, R. G., and R. J. FASSINA: J. biol. Ch. **141**, 509 (1941). — [8] SIKUMA, K.: Acta med. nagasak. **1**, 3 (1939) [Ber. Physiol. **113**, 254]. — [9] CORI, C. F.: Mammalian carbohydrate metabolism. Physiol. Rev. **11**, 143—275 (1931). — [10] HAMAR, N.: Pflügers Arch. **244**, 157 (1941). — [11] MARRAZZI, R.: Amer. J. Physiol. **131**, 36 (1940). — [12] GROEN, J.: J. clin. Invest. **16**, 245 (1937). — [13] MAGEE, H. E., and K. C. SEN: Biochem. J. **25**, 643 (1931). — [14] LAJOS, S.: B. Z. **295**, 132 (1938). — [15] CORDIER, D., et J. CHANEL: J. Physiol., Paris **41**, 151 (1949). — [16] CORDIER, D., et J. CHANEL: J. Physiol., Paris **43**, 243 (1951). — [17] CORI, C. F.: J. biol. Ch. **66**, 691 (1925). — [18] MARTINI, V.: Boll. Soc. ital. Biol. sperim. **23**, 306 (1947). — [19] HAMAR, N.: Pflügers Arch. **244**, 164 (1941). — [20] PIERCE, H. B., H. S. OSGOOD and J. B. POLANSKY: J. Nutrit. **1**, 247 (1929). — [21] HARPER, H. A.: J. biol. Ch. **142**, 239 (1942). — [22] LEONARDS, J. R., and A. H. FREE: J. Nutrit. **28**, 197 (1944). — [23] ALTHAUSEN, T. L., J. J. EILER and M. STOCKHOLM: Gastroenterol., Baltimore **7**, 551 (1946). — [24] BELLINI, L.: Riv. Clin. pediatr. **39**, 331 (1941). — [25] LIOTTA, A.: Path., Genova **33**, 200 (1941).

Entfernung der Nebenschilddrüse[1] oder der Hypophyse[2–4], letztere über die Thyreoidea[5] oder über die Nebenniere[6], vermindert die Aufsaugung von Glucose. Bei Kröten beeinflussen Hypophysen- und Nebenniereninsuffizienz die Aufsaugung von Glucose, Galaktose und Xylose nur wenig[7]. Thyroxin fördert die Resorption von allen Stoffen, die mit aktiven Phosphorylierungsprozessen aufgesaugt werden, also wirkt es über Intensivierung des allgemeinen Zellstoffwechsels[8], steigert deshalb die Glucoseresorption[9]. Insulin[10, 14] und Hyperglykämie [11–13] vermindern die Aufnahme von Glucose; anderen Autoren nach soll Hyperglykämie keinen Einfluß haben[14], Insulin soll fördern und weibliche Ratten sollen besser als männliche resorbieren[15]. Aus isoliertem Darm werden Xylose und Glucose von adrenalektomierten oder unter Vitamin B_1-Mangel stehenden Ratten nicht vermindert, wenn jedoch beide Schäden gemeinsam bestehen, verringert aufgesaugt[16].

β) Selektive Zuckerresorption. Die einzelnen Monosaccharide werden sehr verschieden schnell durch die Darmwand aufgesaugt[17] (s. Tabelle 59).

Bezogen auf die Resorptionsgeschwindigkeit für Traubenzucker gleich 100% fanden CORI[18] bei Fütterungen an *Ratten* die Geschwindigkeiten unter I, WESTENBRINK[19] bei Fütterung an Ratten die unter II und an *Tauben* die unter III, WILBRANDT[20] durch Resorptionsbestimmungen isotonischer Zuckerlösungen aus Jejunalschlingen von Ratten die Geschwindigkeiten unter IV.

Tabelle 59. Selektive Zuckerresorption.

	I	II	III	IV
D-Glucose	100	100	100	100
D-Galaktose	110	108	115	115
D-Fructose	43	42	55	44
D-Mannose	19	15	33	33
L-Xylose	15	13	33	30
L-Arabinose	9	2	16	29
L-Sorbose	—	—	—	30

Die gleiche Reihenfolge der Resorptionsgeschwindigkeiten wurde mehrfach noch, auch an *anderen Tieren*, bestätigt (MACLEOD; MAGEE; PURVES; MCCANCE u. MADDERS), zuweilen mit gewissen Abweichungen in der Größenordnung; z. B. für Fructose und Mannose[21]. Sogar beim *Frosch* ist das gleiche Verhalten zu finden[22]. Aus dem unteren Dünndarm narkotisierter Katzen wurde Xylose so

[1] MAGEE, H. E., and K. C. SEN: J. Physiol., London **75**, 433 (1932). — [2] KATER, J.: Acta brev. neerl. Physiol. **7**, 117 (1937). — [3] PHILLIPS, R. A., and P. D. ROBB: Endocrinology **25**, 187 (1939). — [4] NIEUWENHUIZEN, C. L. C. VAN: Acta med. scand. **108**, 195 (1941). — [5] RUSSEL, J. A.: Amer. J. Physiol. **122**, 547 (1938). — [6] FITZGERALD, O., L. LASZT u. F. VERZÁR: Pflügers Arch. **240**, 619 (1938). — [7] HOUSSAY, B. A., V. G. FOGLIA and O. FUSTINONI: Endocrinology **28**, 915 (1941). — [8] ALTHAUSEN, T. L.: Gastroenterol., Baltimore **12**, 467 (1949). — [9] ALTHAUSEN, T. L., and M. STOCKHOLM: Amer. J. Physiol. **123**, 577 (1938). — [10] CHAUDHURI, H., and B. S. KAHALI: Ind. J. med. Res. **23**, 963 (1936). — [11] BOSIO, P., e C. GIAUME: Path., Genova **20**, 504 (1928). — [12] LIOTTA, A.: Path., Genova **32**, 333 (1940). — [13] LOURAU, M., et O. LARTIGUE: Cr. **232**, 1697 (1951). — [14] MCDOUGALL, E. J.: Arb. ung. biol. Forsch.-Inst. **7**, 217 (1934). — [15] DEUEL, H. J. jr., L. F. HALLMAN, S. MURRAY and L. T. SAMUELS: J. biol. Ch. **119**, 607 (1937). — [16] STAEHELIN, D.: Diss. med. Basel 1946. — [17] NAGANO, J.: Pflügers Arch. **90**, 389 (1902). — [18] CORI, C. F.: J. biol. Ch. **66**, 691 (1925). Proc. Soc. exp. Biol. Med. **22**, 497 (1925). — [19] WESTENBRINK, H. G. K.: Arch. néerl. Physiol. **21**, 433 (1936). — [20] WILBRANDT, W., u. L. LASZT: B. Z. **259**, 398 (1933). — VERZÁR, F.: B. Z. **276**, 17 (1935). — [21] BURGET, G. E., R. LLOYD and P. MOORE: Proc. Soc. exp. Biol. Med. **30**, 368 (1932). — [22] WESTENBRINK, H. G. K., et K. GRATAMA: Arch. néerl. Physiol. **22**, 326 (1937).

schnell wie Glucose, Galaktose rascher und Fructose langsamer als die ersteren resorbiert[1]. Der Dickdarm resorbiert nicht selektiv[2].

Die Deutung der erheblichen Unterschiede in der Resorption der Monosaccharide muß, da die Stoffe ein fast gleiches chemisches und physikalisches Verhalten aufweisen, in der Tätigkeit der Darmschleimhaut liegen. Fermentative Einflüsse sollen die Resorption der drei ersten Hexosen begünstigen[3]; und zwar sollen Glucose und Galaktose und weniger gut Fructose bei Eintritt in die Epithelzelle zu einer Zwischenstufe phosphoryliert und bei Austritt wieder dephosphoryliert werden[2,4]. Der Zucker wäre so aus dem Diffusionsgleichgewicht genommen, ein stets steiles Gefälle beschleunigt die Resorption, die nun auch aus verdünnten Lösungen gut vor sich gehen kann.

Für eine phosphorylierte Zwischenstufe sprechen Beobachtungen, nach denen Schleimhautextrakte gerade diese Monosaccharide phosphorylieren[5], und der organisch gebundene Phosphor in der Schleimhaut während der Zuckerresorption zunimmt[6]. Bei Ratten und Kaninchen ist die Phosphorylierung kräftig. Fructose wird als 1-Ester, Glucose und Galaktose werden vorwiegend als 6-Ester resorbiert[7]. In der normalen Darmschleimhaut sollen aber die Phosphorylierungen nicht umfangreich genug sein, um damit allein die selektive Resorption zu erklären[8]. Bei selektiv resorbierbaren Zuckern wird mehr Phosphat als bei den anderen in das Darmlumen ausgeschieden, wo es zu Phosphorylierungen dienen soll[9]. Als phosphorylierendes Ferment soll die Hexokinase[10], als dephosphorylierendes Ferment die Hexose-6-phosphatase tätig[11] sein.

Die *aktive Tätigkeit der Darmwandzellen* bei der Zuckerresorption geht weiterhin daraus hervor, daß Störungen der Funktionstüchtigkeit die selektive Resorption vermindern, obgleich die allgemeine Resorptionsfähigkeit erhalten geblieben ist. Im *abgestorbenen* Darm[12], bei niederer *Temperatur*[13,14] oder nach *Vergiftung* mit Monojodessigsäure[15], Phlorrhizin[16—18] oder ähnlichen Stoffen[19,20] ist die bevorzugte Resorption der drei Hexosen aufgehoben, und die Zucker werden nur entsprechend ihrem Diffusionsvermögen aufgesaugt. Ebenso hemmt der Mangel an *Nebennierenrindenhormon* die Resorption der Glucose[21—24], wobei es aber mittelbar durch NaCl-Verlust wirkt. Zufuhr von NaCl stellt bei nebennierenlosen Ratten die alte Resorptionsgröße wieder her[25]. Bei manchen Ernährungsstörungen, bei denen die selektive Resorption vermindert ist, soll Cystin sie wieder erhöhen[26].

Das gleichartige Verhalten von Resorption, von Gärung und von Zuckerabbau im Gewebe nach Vergiftung mit Monojodessigsäure usw. spricht dafür,

---

[1] Davidson, J. N., and R. C. Garry: J. Physiol., London **97**, 509 (1940). — [2] Laszt, L., u. L. D. Torre: Schweiz. med. Wschr. **71**, 1416 (1941). — [3] s. S. 200[7], S.120. — [4] s. S. 218[20] — [5] Laszt, L.: B. Z. **276**, 44 (1935). — [6] Laszt, L., u. H. Süllmann: B. Z. **278**, 401 (1935). — [7] Kjerulf-Jensen, K.: Acta physiol. scand. **4**, 225 (1942). — [8] Lundsgaard, E.: H. **261**, 193 (1939). — [9] Laszt, L., u. L. D. Torre: Schweiz. med. Wschr. **71**, 1416 (1941). — [10] Hele, M. P.: Nature **166**, 786 (1950). — [11] Holmes, E.: Physiol. Rev. **19**, 439 (1939). — [12] Auchinachie, D. W., J. J. R. McLeod and H. E. Magee: J. Physiol., London **69**, 185 (1930). — [13] McLeod, J. J. R., H. E. Magee and C. B. Purves: J. Physiol., London **70**, 404 (1930). — [14] Verzár, F., u. H. Wirz: B. Z. **292**, 174 (1937). — [15] s. S. 200[7], S. 135. — [16] Wilson, R. H.: J. biol. Ch. **97**, 497 (1932). — [17] Lundsgaard, E.: B. Z. **264**, 221 (1933). — [18] Boydanove, E. M., and S. B. Barker: Proc. Soc. exp. Biol. Med. **75**, 77 (1950). — [19] Wertheimer, E.: Pflügers Arch. **233**, 514 (1934). — [20] Abderhalden, E., u. G. Effkemann: B. Z. **268**, 461 (1934). — [21] Wilbrandt, W., u. L. Lengyel: B. Z. **267**, 204 (1933). — [22] Judovits, N., u. F. Verzár: B. Z. **292**, 182 (1937). — [23] Verzár, F.: Die Funktion der Nebennierenrinde. Basel 1939. — [24] Paal, H.: Nebenniere, B-Vitaminkomplex und Zuckerstoffwechsel. Freiburg 1948. — [25] Althausen, T. L., E. M. Anderson and M. Stockholm: Proc. Soc. exp. Biol. Med. **40**, 342 (1939). — [26] Paal, H., u. G. Ruby: Kli. Wo. **1950**, 58.

daß tatsächlich die raschere Resorption von Glucose, Galaktose und Fructose an *Fermentprozesse* geknüpft ist. Der zentralen Stellung des Nebennierenrindenhormones bei der Phosphorylierung, die VERZÁR vertrat, ist von vielen Seiten widersprochen worden[1] (s. Bd. 2/2, Hormone). Bewiesen ist es noch nicht, daß der Phosphorylierungsprozeß die einzige bestimmende Ursache für die selektive Resorption ist[2, 3]. Die Monojodessigsäure soll anderen Beobachtungen nach ebenfalls nur indirekt die Resorption vermindern[4]. Weder *Glycerophosphat*-[5] noch *Phosphatzusatz* zur verfütterten Glucoselösung beschleunigen die Aufsaugung wesentlich oder spezifisch[6]. Frühere dafürsprechende Befunde[7] haben ihre Erklärung in p_H-Verschiebungen durch die Versuchsanordnung gefunden. Puffergemische, die das p_H von etwa 7 herstellen, können eine ähnliche Wirkung wie die Phosphate hervorrufen[8]. Ist jedoch im Darmlumen PO_4^{---} durch Ce^{++++} gefällt, so ist die Selektivität aufgehoben[9].

1, 6-Fructose-diphosphorsäure als Resorptionszwischenstufe würde erklären, warum von den Mono-methyl-glucosen aus Rattendarm die 3-Methyl-glucose selektiv wie Glucose, die 2- oder 5- oder 6-Methyl-glucose nicht selektiv aufgesaugt werden[10], denn nur erstere kann ein analoges Phosphorylierungsprodukt ergeben. 3-Äthyl-glucose wird sogar noch um 16% rascher als die Glucose von der Ratte resorbiert, und die 3-Methyl-glucose wird aus Katzendarm noch aufgenommen, wenn ihre Konzentration kleiner als im Blut ist. Jedoch wird die Phosphorylierung bezweifelt, da Methyl-glucose kein Glykogen zu bilden vermag[11]. Sie wie 3-Äthyl-, 3-Propyl- und 3-Butyl-glucose und 1- bzw. 3-Methylfructose werden resorbiert und zum erheblichen Teil im Harn ausgeschieden[12].

Die in die Resorption eingeschalteten und an die Zelltätigkeit gebundenen fermentativen Vorgänge erklären auch die Anpassungsfähigkeit des Darmes in bezug auf die Glucoseresorption: Die Steigerung der Resorptionsgeschwindigkeit bei dauernder reichlicher Zuckernahrung und deren Herabsetzung im Hunger. Ebenso läßt sich damit die früher viel erörterte Abweichung von den Diffusionsgesetzen deuten.

γ) Verhalten von Zuckergemischen. Für eine spezifische Resorption von Galaktose, Glucose und Fructose spricht auch das Verhalten ihrer Mischungen. Diese Zucker *hemmen* sich nämlich gegenseitig in der Aufsaugung. Galaktose und Glucose[13] sowie Fructose und Glucose[14] werden im Gemisch nur etwa im gleichen Umfang aufgesaugt wie Glucose allein. Die Beschränkung der Resorption wird verständlich, wenn die spezifische Resorption eines jeden der drei Zucker den gleichen Fermentvorgang beanspruchen und ihn voll ausnutzen würde. In den Gemischen sind die relativen Resorptionsgeschwindigkeiten für die einzelnen Zucker, wie sie die CORIsche Reihe festlegt, unter Umständen verändert[15]. Neben der selektiven Resorption tritt hier die konzentrationsabhängige Diffusion mehr hervor. Nicht selektiv aufsaugbare Monosaccharide verhalten sich in Gemischen entsprechend ihren Diffusionsgeschwindigkeiten.

---

[1] CLARK, W. G., and E. M. McKAY: Amer. J. Physiol. **137**, 104 (1942). — [2] VERZÁR, F., u. H. SÜLLMANN: B. Z. **289**, 323 (1937). — [3] CAMPBELL, P. N.: Biochem. J. **44**, LII (1949). — [4] KLINGHOFFER, K. A.: J. biol. Ch. **126**, 201 (1938). — [5] PONZ, F., and J. LARRALDE: Nature **168**, 912 (1951). — [6] WESTENBRINK, H. G. K.: Acta brev. neerl. Physiol. **6**, 36 (1936). — [7] MAGEE, H. E., and E. REID: J. Physiol., London **73**, 163 (1931). — [8] LASZT, L.: B. Z. **276**, 40 (1935). — [9] LASZT, L.: Schweiz. med. Wschr. **72**, 193 (1942). — [10] CSÁKY, T.: H. **277**, 47 (1943). — [11] CAMPBELL, P. N., and H. DAVSON: Biochem. J. **41**, XL (1947); **43**, 426 (1948). — [12] SKELTON, P. R., H. M. McCONKEY, J. K. SOUCH and G. A. GRANT: J. amer. pharmaceut. Ass., sci. Ed. **40**, 626 (1951). — [13] CORI, C. F., and G. T. CORI: Proc. Soc. exp. Biol. Med. **25**, 402 (1927/28). — [14] BURGET, G. E., and P. MOORE: Amer. J. Physiol. **97**, 509 (1931). — [15] SOBOTKA, H., and M. REINER: Proc. Soc. exp. Biol. Med. **27**, 576 (1929/30).

δ) Resorptionsweg. Falls die Monosaccharide Glucose und Galaktose nach ihrem Eintritt in die Darmwand an Phosphorsäure gebunden wurden, wie es die obigen Anschauungen darlegen, so ist doch zu betonen, daß diese Säure vor dem Übertritt in die Körpersäfte wieder abgespalten ist. Der Weg, den die Zucker aus der Darmwand in den Körper nehmen, geht in der Hauptsache über die *Blutbahn*. Während der Zuckerresorption steigt der Zuckergehalt in der Pfortader erheblich an[1] (bis auf 0,4%[2]), während er sich in der Lymphe nur bis auf den des peripheren Kreislaufes erhöht. Bei Ziegen sollen Zuckergaben vermehrt in die *Lymphbahnen* übergehen[3]. Eine abweichende Meinung über den primären Resorptionsweg äußerte KELLER[4].

ε) Umbau in der Darmwand. Die resorbierten Zucker können, falls sie nicht wieder ausgeschieden werden, vom Körper als Glykogen gestapelt, verbrannt oder in Fett umgebaut werden. Daß eine dieser Möglichkeiten schon in der Darmwand in größerem Umfang vor sich geht, ist nicht wahrscheinlich. Der Darm *verwertet* vom angebotenen Zucker wohl nur einen für seinen allgemeinen Stoffwechsel nötigen Anteil. Dem widerspricht auch nicht ein erhöhter *Glykogengehalt* in der Darmschleimhaut[5] während der Resorption. In der Pfortader ist der Glykogengehalt kaum angestiegen[6]. Glucose und Galaktose treten als solche in das Blut über, die *Fructose* nur zum Teil; denn die Darmwand wandelt von ihr bei der Resorption einen Anteil in Glucose um[7]. Dieser umgebaute Anteil soll es auch nur sein, der die beschleunigte Resorption der Fructose gegenüber der reinen Diffusion und damit die Mittelstellung in der CORIschen Reihe bestimmt[8]. Fructose wäre demzufolge nicht wie Glucose selektiv resorbierbar. Dem widerspricht, daß einmal die Fructose als 1-Phosphorsäureester resorbiert wird und daß ihr 6-Phosphorsäureester nicht in Glucose umgewandelt wird[9]. Andererseits wird die langsamere Resorption durch die geringere Dephosphorylierungsgeschwindigkeit der Fructoseester erklärt[10], die aber für ihre beobachtete selektive Resorption ausreichend wäre[11].

ζ) Resorptionsorte. Mund und Oesophagus sind für die Zuckerresorption bedeutungslos. Der menschliche Magen saugt aus Zuckerlösungen nur wenig auf[12, 13], hauptsächlich in der ersten Zeit nach deren Einbringung[14]. Aus hochkonzentrierter, wie 40%iger Lösung[15, 16] oder wenn zugleich Alkohol gegeben wird, steigt der resorbierte Anteil[17]. Die Magenschleimhaut vermag selektiv zu resorbieren[18]. Krankhafte Zustände, z.B. ein Ulcus, begünstigen die Zuckerresorption[19]. Auch der Hundemagen resorbiert Traubenzuckerlösungen höherer Konzentration[20], der Rattenmagen kaum[21]. Letzterer verdünnt stark, eine 50%ige Lösung auf 20%[22]. Im Gegensatz zum Darm verdünnt der Magen meist konzentriertere

---

[1] KOTSCHNEFF, N.: Pflügers Arch. **201**, 362 (1923). — [2] MERING, J. v.: Arch. Physiol. **1877**, 379. — [3] GIGON, A.: Z. klin. Med. **101**, 17 (1924). — [4] KELLER, R.: Kli. Wo. **1932 II**, 2106. — [5] YOSHIDA, H.: Trans. jap. path. Soc. **14**, 221 (1924). — [6] KOTSCHNEFF, N. P.: Z. ges. exp. Med. **94**, 417 (1934). — [7] BOLLMAN, J. L., and F. C. MANN: Amer. J. Physiol. **96**, 683 (1931). — [8] s. S. 200[7], S. 245. — [9] KJERULF-JENSEN, K.: Acta physiol. scand. **4**, 225 (1942). — [10] KALCKAR, H.: Nature **142**, 76 (1938). — [11] KJERULF-JENSEN, K., u. E. LUNDSGAARD: H. **266**, 217 (1940). — [12] LONDON, E. S., u. W. F. DAGAEW: H. **74**, 318 (1911). — [13] HOLTZ, F., u. E. SCHREIBER: B. Z. **224**, 1 (1930). — [14] WARREN, R., W. G. KARR, O. D. HOFFMAN and W. O. ABBOT: Amer. J. med. Sci. **200**, 639 (1940). — [15] JIMBO, T.: Jap. J. med. Sci. (A, III) **2**, 56, 77 (1931). — [16] SHAY, H., J. GERSHON-COHEN and S. S. FELS: Amer. J. digest. Dis. **6**, 335 (1939). — [17] EDKINS, N., and M. M. MURRAY: J. Physiol., London **66**, 102 (1928). — [18] FAITELBERG, O.: Über die Stoffresorption im Magen. Fortschr. mod. Biol. (russ.) **30**, 372 (1950). — [19] FREUND, I., u. P. STEINHARDT: D. m. W. **1931 II**, 1815. — [20] MORRISON, J. L., H. SHAY, I. S. RAVDIN and R. CAHOON: Proc. Soc. exp. Biol. Med. **41**,131 (1939). — [21] FENTON, P. F.: Amer. J. Physiol. **144**, 609 (1946). — [22] PIERCE, H. B., L. F. HAEGE and P. F. FENTON: Amer. J. Physiol. **135**, 526 (1942).

Zuckerlösungen nur gering, beim Menschen tritt eine etwa 15% ige Glucoselösung in das Duodenum ein[1].

Hauptresorptionsort für Kohlenhydrate ist der *Dünndarm*. Die Resorptionsfähigkeit sinkt vom Duodenum abwärts[2] (RÖHMANN; NAGANO; OMI u. a.). Die gut resorbierbaren oder leicht spaltbaren Kohlenhydrate der Nahrung gelangen unter den gewöhnlichen Verhältnissen der Nahrungsaufnahme kaum bis ins untere Ileum. Lediglich bei übermäßiger Zufuhr, oder wenn die Kohlenhydrate in schützende Hüllen eingeschlossen und für die spaltenden Fermente schlecht angreifbar sind, treten sie bis ins Colon ein. Gefütterte, stark konzentrierte Zuckerlösungen werden in den oberen Teilen des Dünndarmes verdünnt und dann erst von den tiefer gelegenen Abschnitten aufgenommen[3].

Unseren obigen Ausführungen nach muß durch Schädigung des Epithels die selektive Resorptionsfähigkeit vermindert werden. In der Tat ist *im entzündeten Darm* die Zuckerresorption stark herabgesetzt[4] und kann sogar bis auf $^1/_4$ des normalen Umfanges absinken[5]. Coliinfizierte Darmschlingen zeigten jedoch keine verringerte Glucoseresorption[6].

Im Dickdarm vieler Pflanzenfresser werden unlösliche Kohlenhydrate wie Cellulose durch Bakterien zerlegt (s. S 187). Die dabei entstandenen Zucker werden gut aufgesaugt, ebenso der größte Teil der bakteriell gebildeten weiteren Zersetzungsprodukte. Wiederkäuer haben jedoch ein ziemlich begrenztes Resorptionsvermögen[7]. Im Dickdarm wird Glucose ebenfalls schneller als Fructose und die Pentosen resorbiert. Beim Menschen und bei den Fleischfressern ist dieser Darmabschnitt für die Kohlenhydratresorption von geringer Bedeutung, doch ist er zu ihr befähigt[8]. Die *einzelnen Tierarten* haben ein sehr unterschiedliches Aufsaugungsvermögen. Kaninchen und Katze resorbieren Traubenzucker aus dem Colon etwa $^1/_3$ so gut wie aus dem Dünndarm[9], der Hund viel weniger[10], die Ratte nicht[11]. Beim Menschen wird Glucose resorbiert[12]; von Galaktose und Fructose etwa 1 g/Std aus dem Rectum[13].

Da im Dickdarm amylolytisches Ferment vorhanden ist, so können auch Stärke und, noch besser als diese, Dextrine ausgenutzt werden. Über den Umfang der Dickdarmresorption gehen die Angaben recht weit auseinander.

η) Resorptionsmenge. *In Form von Polysacchariden* kann man *Traubenzucker* in großer Menge zuführen, ohne daß der Körper davon überschwemmt und Zucker im Harn ausgeschieden wird. Denn die Stärke wird nur mäßig schnell abgebaut, und der Pylorus beschränkt dazu die Menge, die dem Darm zur Verzuckerung angeboten wird. Von Vorteil hierbei ist die schnelle Resorption des Traubenzuckers auch aus verdünnten Lösungen. Der gärfähige Zucker wird daher im Darm nicht angereichert. Nach RUBNER liegt die Ausnutzung beim Menschen erheblich über 700 g Stärke im Tag. Hunde resorbierten von 100 g Traubenzucker, Maltose oder Saccharose in einer Stunde 45 bis 50 g, von Lactose 25 bis 30 g[14]. Oberer Dünndarm vom Menschen resorbiert aus 10% iger Lösung

---

[1] KARR, W. G., W. O. ABBOT, O. D. HOFFMAN and T. G. MILLER: Amer. J. med. Sci. **200**, 524 (1940). — [2] LONDON, E. S., u. W. W. POLOWZOWA: H. **49**, 328 (1906); **56**, 512 (1908). — [3] LONDON, E. S., u. W. W. POLOWZOWA: H. **57**, 529 (1908). — [4] REID, E. W.: J. Physiol., London **26**, 427 (1901). — [5] CATEL, W.: Kli. Wo. **1936 II**, 1348. — [6] SCHWAHN, F.: Dtsch. Z. Verd.- u. Stoffw.-Krkh. **4**, 161 (1940/41). — [7] TRAUTMANN, A., u. T. ASHER: Dtsch. tierärztl. Wschr. **1941**, 585. — [8] BAUER, J., u. J. MONGUIÓ: Kli. Wo. **1932 II**, 1820. — [9] NAKAZAWA, F.: Tôhoku J. exp. Med. **6**, 130 (1925). — [10] BURGET, G. E., P. H. MOORE and R. W. LLOYD: Amer. J. Physiol. **105**, 187 (1933). — [11] ANDREW, B. L., J. N. DAVIDSON and R. C. GARRY: J. Physiol., London **98**, 487 (1940). — BRAND, V. v., u. A. KRAUTWALD: Dtsch. Gesundh.-Wes. **5**, 451 (1950). — [12] LÜTHJE, H.: Therap. d. Gegenwart **1913**, 193. — [13] GARRER, A. H., J. GROEN and L. HALLÉN: Acta med. scand. **107**, 1 (1941). — [14] ALBERTONI, P.: Arch. ital. Biol. **15**, 321 (1891).

in 30 min 11,2 g Galaktose je m^2 Körperoberfläche[1], aus verdünnter Glucoselösung bis 20 g/Std[2].

Resorptionsgröße und Umsatz. Verfütterte *Glucose* wird weitgehend unabhängig von der Konzentration und der absolut gegebenen Menge gleichmäßig schnell ausgenutzt[3]. Bei Hunden ist diese Menge zu etwa 0,92 g pro kg und Std festgestellt worden[4]. Jedoch besteht, wie sich an Ratten nachweisen ließ, keine eindeutige Beziehung zwischen der Resorptionsgröße und dem Körpergewicht[5]. Die Resorptionsgröße liegt damit unter dem Assimilationsvermögen des Körpers; Hunde können etwa doppelt soviel umsetzen wie sie resorbieren. Die bei Fütterung größerer Glucosemengen anfangs auftretende Glucosurie ist nicht durch eine entsprechend gesteigerte Resorption hervorgerufen, sondern bedingt durch eine anfänglich verminderte Aufnahmefähigkeit der Gewebe.

Für *andere Monosaccharide* ist die Resorptionsgeschwindigkeit und die Umsatzgröße nicht so günstig abgestimmt wie bei der Glucose. Die *Galaktose* tritt schon bei viel geringeren Zufuhren in den Harn über, abhängig von dem Vermögen der Leber, Galaktose umzubauen. Die Prüfung der Leistungsfähigkeit der Leber durch Galaktosebelastungen ist auch wegen ungleichmäßiger Aufsaugung nur begrenzt beweisend[6]. Unter natürlichen Ernährungsbedingungen ist aber von der Galaktose kein so großes Angebot zu erwarten, daß sie im Harn erscheint.

Über Zuckerbelastungen s. S. 733.

ϑ) Resorption der Pentosen. Sie werden, obgleich nur langsam aufgesaugt (s. S. 218), wegen ihrer schlechten Verwertung im Gewebe bei größerem Angebot zum erheblichen Teil im Harn ausgeschieden[7]. Unter mehreren optisch verschiedenen Pentosen wird die D(+)Xylose, die ja an C_2-C_4 der Glucose gleich konfiguriert ist, am raschesten resorbiert[8].

b) Disaccharide. Saccharose, Maltose, Lactose haben gegenüber den Monosacchariden eine geringere Diffusionsgeschwindigkeit. Die Darmwand läßt sie daher auch viel langsamer durchtreten[9]. Unter den Bedingungen der gewöhnlichen Zufuhr haben somit die *Fermente* des Darmes Zeit, die Disaccharide zu spalten, insbesondere, da sie beim Eintreten in die Schleimhaut auf die in den oberflächlichen Schichten der Schleimhaut angereicherten Fermente treffen, die eine wirksame Sperre für sie bilden. Mit der Nahrung zugeführte Disaccharide kommen daher als solche nicht zur Resorption. *Unzerlegte* Disaccharide treten erst merkbar durch die Darmwand, wenn übergroße Mengen von ihnen in den Darm gelangen, und wenn ihre Konzentration hier 5% überschreitet[10]. Für die Saccharose, die ebenso wie die Maltose etwa 3mal so schnell wie die Lactose durch die Darmwand tritt, ist dies besonders gut nachweisbar. Da es im Blut und Gewebe an spaltenden Fermenten für die Saccharose und die Lactose mangelt, so erscheinen diese beiden Disaccharide zum größten Teil unverändert im Harn, wenn sie einmal in das Blut gelangt sind[11,12]. Resorbierte Maltose wird dagegen verwertet; denn das Gewebe enthält eine für die Aufspaltung genügende Menge an Maltase.

Entsprechend ihrer leichten und vollständigen Aufspaltung im Darmlumen sind Saccharose und Maltose in viel größerem Umfang ausnutzbar als *Lactose*. Nach der Säuglingszeit ist meist nur wenig Lactase im Darm vorhanden; da-

---

[1] MOSELEY, V., and F. W. CHORNOCK: J. clin. Invest. **26**, 11 (1947). — [2] ABBOT, W. O., W. G. KARR, P. M. GLENN and R. WARREN: Amer. J. med. Sci. **200**, 532 (1940). — [3] CORI, C. F.: J. biol. Ch. **66**, 691 (1925). — [4] TRIMBLE, H. C., and S. J. MADDOCK: J. biol. Ch. **107**, 133 (1934). — [5] WESTENBRINK, H. G. K.: Arch. néerl. Physiol. **21**, 18 (1936). — [6] FIESSINGER, N., H. WALTER, M. GAULTIER et J. J. WELTI: Rev. méd.-chir. Mal. Foie **14**, 327 (1939) [Ber. Physiol. **125**, 370]. — MIYAKA, S.: Orient J. Dis. Infants **6**, [18] (1929). — [7] EBSTEIN, W.: Virchows Arch. **134**, 361 (1893). — [8] DAVIDSON, J. N., and R. C. GARRY: J. Physiol., London **99**, 239 (1941). — [9] LONDON, E. S., u. W. W. POLOWZOWA: H. **56**, 512 (1908). — [10] RÖHMANN, F., u. J. NAGANO: Pflügers Arch. **95**, 533 (1903). — [11] VOIT, C.: Z. Biol. **28**, 245 (1891). — [12] WÖRINGER, P.: C. R. Soc. Biol. **86**, 1093; **87**, 244 (1922).

durch wird die Verwertung schlechter. Außerdem wirkt Lactose in größeren Mengen abführend, so daß eine rasche Darmpassage sie ihrer vollen Ausnutzung entziehen kann. In anderer Beziehung ist dagegen die verlangsamte Spaltung der Lactose, die durch Stoffe in der Milch noch in besonderer Weise verzögert ist[1], vorteilhaft für die Verwertung der Galaktose jenseits der Darmwand[1]. Die Leber erhält so nur ein allmähliches Angebot an Galaktose, die sie ja nur begrenzt zu verarbeiten vermag.

c) Polysaccharide. Hochmolekulare Kohlenhydrate, wie Dextrine und Stärke, diffundieren sehr langsam und gelangen deshalb als solche nicht durch die Darmwand. Erst nach ihrer Aufspaltung zu Monosacchariden werden sie aufgesaugt[2]. Aus diesem Grunde sind auch Polysaccharide, für die spaltende Fermente im Darm fehlen, nicht für den Körper verwertbar. Sehr geringe Mengen von Polysacchariden vermögen physiologischerweise die Darmwand, besonders die entzündete, zu durchschreiten, doch gelingt ein solcher Nachweis nur mit empfindlichster Methodik. Es ist daher für die Kohlenhydrate die Aufsaugung in Form polymerer Kohlenhydrate praktisch bedeutungslos.

4. Eiweiß.

Das in der Nahrung zugeführte Eiweiß wird durch die Fermente des Magen-Darmkanals angegriffen und kann durch sie bis zu den Aminosäuren abgebaut werden; während der Verdauung sind diese stets im Darminhalt nachzuweisen[3]. Auf Grund dieser Befunde wurde die alte Auffassung, Eiweiß würde in Gestalt löslicher Albumosen und Peptone aufgesaugt, dahin abgeändert, daß Eiweiß ganz oder doch zum weit überwiegenden Teil als Aminosäuren resorbiert wird. Neuere Untersuchungen lassen es wieder zu, daß *neben Aminosäuren* Anteile des verfütterten Eiweißes als *Polypeptide und höhermolekulare Bestandteile zur Resorption* kommen. Ein Teil des Nahrungseiweißes wird im Darm durch Bakterien zerlegt; von den Zersetzungsstoffen wird nur ein Teil aufgesaugt[4].

a) Resorption von genuinem Eiweiß. Daß genuines Eiweiß aus dem Darm resorbiert wird, wurde schon von VOIT u. BAUER bewiesen[5] und viele spätere Arbeiten bestätigten die Beobachtung für eine Reihe von Eiweißstoffen. Als man dann noch entdeckte, daß parenteral zugeführtes Eiweiß vom Körper verarbeitet werden kann, lag es nahe anzunehmen, auch normalerweise träte ein Teil des Nahrungseiweißes unverändert durch die Darmwand. Die Frage hat deswegen Bedeutung, weil fremdes Eiweiß vom Körper auf die Dauer nicht reaktionslos vertragen wird. Er bildet Abwehrstoffe und wird für das eingedrungene Eiweiß überempfindlich. Diese „Sensibilisierung gegen Eiweiß" bildet eine Quelle für krankhafte Zustände. Andererseits läßt sich die *spezifische Überempfindlichkeit* des Tierkörpers dazu benützen, um die Resorption kleinster Mengen jenen Eiweißes zu bestimmen, für das das Tier sensibilisiert ist. Viele neuere Arbeiten beruhen auf dieser Versuchsanordnung[6,7]. Sogar für Oesophagus und Magen ist dieserart eine Resorption von nativem Eiweiß nachgewiesen worden[8].

Unter abnormen Bedingungen können beträchtliche Mengen an genuinem Eiweiß resorbiert werden, wenn z. B. der Darminhalt unter *Druck* steht[9] oder wenn *Verletzungen* der Kontinuität der Darmwand vorliegen. Auch krankhafte Veränderungen der Schleimhaut wirken in dieser Richtung. *Geschädigtes Epithel*

---

[1] CORI, C. F., and G. T. CORI: Proc. Soc. exp. Biol. Med. **25**, 402 (1928). — [2] s. S. 223[9]. — [3] KUTSCHER, F., u. J. SEEMANN: H. **34**, 528 (1901/02). — [4] s. S. 200[9], S. 11. — [5] VOIT, C., u. J. BAUER: Z. Biol. **5**, 536 (1869). — [6] WALZER, M.: J. Immunol. **11**, 249 (1926). — [7] BERGER, W., u. K. HANSEN: Allergie. Leipzig 1940. — [8] HARTEN, M., I. GRAY, S. LIVINGSTON and M. WALZER: J. Lab. clin. Med. **27**, 54 (1941). — [9] HETTWER, J. P., and R. KRIZ-HETTWER: Amer. J. Physiol. **78**, 136 (1926).

ist der Hauptgrund, warum überlebende Darmschlingen für Versuche über die Eiweißresorption unbrauchbar sind. Die Störungen der physiologischen Verhältnisse treten schnell ein und ändern die Durchlässigkeit grundlegend[1].

Der normale Darm läßt arteigenes Serumeiweiß in beschränktem Umfang rasch durchtreten[2,3]. Es scheinen jedoch weniger native Eiweiße als dialysable Peptone und Polypeptide aufgesaugt zu werden[4]. Rohes *Eiereiweiß*, in größerer Menge genossen, ist stets in Blut und Harn nachweisbar. Leicht gelangt es bei den Säugern in den ersten Tagen nach der Geburt durch die Darmwand[5]. In dieser Zeit ist der Darm auch für andere Stoffe durchlässiger als im späteren Leben[6]. So ist im Blut neugeborener Kinder *Kuhmilcheiweiß* nach seiner Verfütterung meist nachzuweisen[7]. Der Hauptteil des Eiweißes wird aber auch bei ihnen aufgespalten[8] Andauernde Eiweißzufuhr macht den Darm bald undurchlässiger gegen Eiweiß. Es scheint aber doch, daß bei jeder Zufuhr von nativem Eiweiß ein kleiner Teil unverändert durch die Darmwand geht. Für *Eier-*, *Fisch-* und *Nußeiweiß* konnte dies an sensibilisierten Menschen festgestellt werden[9]. Unlösliches und denaturiertes Eiweiß wird dagegen als solches nicht resorbiert. Kochen des Eiweißes bedeutet somit einen erhöhten Schutz gegen die Wirkungen artfremden Eiweißes[10]. Kleinerer Mengen eingedrungener Eiweißstoffe erwehrt sich der Körper z. B. durch örtliche Abwehr in der Darmwand, indem er sie als *Präcipitate* niederschlägt, oder indem die Leber die Eindringlinge abfängt und unschädlich macht.

Therapeutisch wichtige Eiweiße können aus diesem Grund und weil sie dem fermentativen Abbau unterliegen, kaum über den Darm dem Körper zugeführt werden. Thyreoglobulin kann in geringem Umfang vom Darm aufgesaugt werden, Magen- und Darmfermente zerlegen es aber; dabei gebildete Teilkomplexe werden resorbiert[11]. Sie sind wirksamer als das Thyroxin[12], das unverändert resorbiert wird[13]. Insulin saugt sowohl der Dünndarm als auch der Dickdarm ein wenig auf. Zusätze wie Serum, Calciumlactat, organische Säuren, Borsäure, Saponine, Puffergemische[14], Stoffe, die die Oberflächenspannung erniedrigen[15], Chinin[16] erhöhen die resorbierte Menge. Die Aufsaugung bleibt aber auch jetzt noch gering und unregelmäßig. Per os verabreichtes Insulin wird völlig zerstört. Über diese für den praktischen Gebrauch wichtigen Fragen siehe bei den einzelnen Stoffen.

b) Resorption von Polypeptiden (s. a. S. 914). Peptone in den Darm gebracht, verschwinden schnell aus ihm. In einer großen Zahl von Untersuchungen wurde dies festgestellt, doch gelang der chemische Nachweis von Peptonen während der Resorption im Blut nicht[17], und die Tatsache, daß Peptone ins Blut gebracht toxisch wirken, schienen dagegen zu sprechen, Peptone würden als solche resorbiert. Andererseits verschwinden aus Darmschlingen die höhermolekularen Spalt-

---

[1] Cathcart, E. P., and J. B. Leathes: J. Physiol., London **33**, 462 (1906). — [2] Dachà, U.: Boll. Soc. ital. Biol. sperim. **13**, 175 (1938). — [3] Dent, C. E., and J. A. Schilling: Biochem. J. **42**, XXIX (1948). — [4] Lombroso, U., U. Dachà e A. Littardi: Atti Soc. Sci. Lett. Genova **3**, 155 (1938). — Dent, C. E.: Schweiz. med. Wschr. **80**, 752 (1950). — [5] Comline, R. S., H. E. Roberts and D. A. Titchen: Nature **167**, 561; **168**, 84 (1951). — [6] Paffrath, H.: Abh. Kinderheilkde. **1931**, H. 28. — [7] Anderson, A. F., O. M. Schloss and C. Myers: Proc. Soc. exp. Biol. Med. **23**, 180 (1925/26). — [8] Lehmacher, K., u. R. Merten: Kli. Wo. **1951**, 322. — [9] Walzer, A., and M. Walzer: J. Allergy **6**, 532 (1935). — [10] Ratner, B., and H. L. Gruehl: J. clin. Invest. **13**, 517 (1934). — [11] Salter, W. T., and O. H. Pearson: J. biol. Ch. **112**, 579 (1935/36). — [12] Heidelberger, M., and K. O. Pedersen: J. gen. Physiol. **19**, 95 (1935). — [13] Schittenhelm, A., u. B. Eisler: Z. ges. exp. Med. **80**, 569, 580 (1932). — [14] Eaton, A. G., and J. R. Murlin: Amer. J. Physiol. **104**, 636 (1933). — [15] Hanzlik, P. J., and W. C. Cutting: Endocrinology **28**, 368 (1941). — [16] Cutting, W. C., and G. B. Robson: Endocrinology **28**, 375 (1941). — [17] Abderhalden, E.: B. Z. **8**, 360 (1908).

stücke schneller als die einzelnen Aminosäuren[1]. Pepton wird mehr als doppelt so rasch wie seine Bausteine resorbiert[2]. Glutaminsäure tritt langsamer als das Glutinpepton aus der Darmschlinge aus[3]. Schließlich wies LONDON[4] nach, daß bei der Eiweißverdauung im Pfortaderblut der Quotient Polypeptid-N/Polypeptid-N + Aminosäure-N gleich dem gefunden wird, der im Darminhalt besteht. Auf Grund dieser Beobachtungen wäre anzunehmen, bei der normalen Eiweißaufnahme würden höhermolekulare Spaltstücke resorbiert. Anderseits wurde stärkere Peptidvermehrung vermißt[5]. LOMBROSO[6] sieht in den Peptonen und Polypeptiden Formen der Aufsaugung des Eiweißes. Denn sie entstehen reichlich und sind bei dem allmählichen Eintritt in das Blut auch nicht toxisch. Im Pfortaderblut treten nach Eiweißzufuhr gebundene Aminosäuren vermehrt auf, was aber auch nach Glutaminsäurezufuhr nachweisbar war[7].

c) Resorption von Aminosäuren (s. a. S. 912f). Wie wir anfangs schon erwähnten, kann der Darm Eiweiß bis zu den Aminosäuren abbauen. Weiterhin hat ABDERHALDEN[8] in umfangreichen Untersuchungen dargetan, daß ein verfüttertes Gemisch von Aminosäuren das Eiweiß im Körperhaushalt voll ersetzt. Es könnte grundsätzlich also verfüttertes Eiweiß lediglich in Gestalt seiner Aminosäuren aufgesaugt werden. Ob es so weit zerlegt werden muß, bleibt noch offen.

Der tatsächliche *Nachweis*, daß Aminosäuren aufgesaugt werden und als solche ins Blut gelangen, ist 1913 nach vielen vergeblichen Bemühungen zuerst durch die Bestimmung des Amino-N geführt worden. Nach Verfütterung von Eiweiß oder Aminosäuren steigt der Amino-N-Gehalt im Pfortaderblut bis auf das Doppelte an, und auch der Gehalt in den Organen, wie Leber und Muskel, nimmt zu[5,9]. Der Amino-N-Gehalt des Blutes ist beim Verfüttern von Eiweiß zeitlich der Größe der Resorption aus dem Darm angepaßt[10]. Einen weiteren eindrucksvollen Beweis für den Übertritt des Eiweißes in den Körper in Form von Aminosäuren gab ABEL[11], indem er in den Blutstrom Dialysierschläuche einschaltete und große Mengen an Aminosäuren gewann, die nun auch einwandfrei chemisch identifiziert wurden. Aus dem Portalvenenblut wurden mit diesem Verfahren mehr Aminosäuren erhalten als aus dem Carotisblut.

Mit Hilfe der Papierchromatographie wurde erneut belegt, daß Fleisch, Casein, menschliches Serumeiweiß vom Hund fast gänzlich als Aminosäuren resorbiert werden[12]. Bei sehr großen Zufuhren wird Eiweiß besser ausgenützt als entsprechende Aminosäurenmengen[13]. Darmintubation beim Menschen zeigt, daß Casein- oder Gelatinelösungen von 4 bis 5% in 40 bis 50 min, ein Caseinhydrolysat in 15 bis 25 min resorbiert werden[14]. Bei normaler Verdauung soll ein Teil des Phosphors in organischer Form erhalten bleiben und als Komplex resorbiert werden[15]. Im oberen Jejunum stellt sich vom Caseinhydrolysat in 30 min eine 0,2%ige Lösung ein, in geschlossener Darmschlinge dagegen nicht, so daß die Aufsaugung stark von der anfänglichen Konzentration abhängig ist[16].

---

[1] MESSERLI, H.: B. Z. **54**, 446 (1913). — [2] LOMBROSO, U.: Rass. med. **13**, 101 (1933). — [3] SARZANA, G.: Boll. Soc. ital. Biol. sperim. **10**, 173 (1935). — [4] LONDON, E. S., u. N. KOTSCHNEFF: H. **228**, 235 (1934). — [5] PARSCHIN, A. N., u. L. N. RUBEL: Dokl. Akad. Nauk. SSSR (N. S.) **77**, 313 (1951) [Ber. Physiol. **151**, 24]. — [6] LOMBROSO, U.: Boll. Soc. ital. Biol. sperim. **13**, 489 (1938). — [7] CHRISTENSEN, H. N.: Biochem. J. **44**, 333 (1949). — [8] ABDERHALDEN, E.: Lehrbuch der physiologischen Chemie. 5. Aufl. Bd. 1, S. 490. Berlin, Wien 1923. — [9] SLYKE, D. D. VAN, and G. M. MEYER: J. biol. Ch. **16**, 197, 231 (1913/14). — [10] KÚTHY, A. v.: Pflügers Arch. **225**, 567 (1930). — [11] ABEL, S. J.: Science, N. Y. **42**, 135 (1915). — [12] DENT, C. E., and J. A. SCHILLING: Biochem. J. **42**, XXIX (1948); **44**, 318 (1949). — [13] FREE, A. H., and J. R. LEONARDS: J. Lab. clin. Med. **29**, 963 (1944). — [14] MCGEE, L. C., and E. S. EMERY jr.: Proc. Soc. exp. Biol. Med. **45**, 475 (1940). — [15] COLAS, J., G. DEMAUX, H. SIMONNET et J. STERNBERG: Cr. **231**, 881 (1950). — [16] ZETZEL, L., and B. M. BANKS: Amer. J. digest. Dis. **8**, 21 (1941).

Die einzelnen Aminosäuren werden verschieden schnell aufgesaugt. Infolge der unterschiedlichen Versuchsanordnungen stimmen die Angaben aber wenig gut überein. Von Einfluß erwies sich bei den Prüfungen, ob die Aminosäuren frei, als Natriumsalze oder als Hydrochloride gefüttert wurden.

So fanden WILSON u. LEWIS[1] bezogen auf 100 g Ratte und Stde eine Resorption, die im Mittelwert für D- und D,L-Alanin 74 mg und für das Natriumsalz 46 mg betrug; für Glykokoll 53 mg und sein Natriumsalz 64 mg; für das Natriumsalz des Leucins 42 mg und das der Glutaminsäure 62 mg. Bei weitergehender Differenzierung fand LEWIS als Mittelwerte[2]: L-Alanin 81,5; D-Alanin 61,5; D,L-Alanin 80,5; β-Alanin 51,4; D,L-Serin 67,1; D,L-iso-Serin 14,1. In einer anderen Reihe geben CHASE u. LEWIS[3] die Resorption verfütterter Aminosäuren, ausgedrückt in Milligrammäquivalenten für 100 g Ratte pro Std an:

Tabelle 60. Resorption von Aminosäuren.

Glykokoll	0,84	Leucin	0,34
Alanin	0,54	Iso- und Norleucin	0,27
Cystin	0,44	Isovalin	0,14
Glutaminsäure	0,41	D-Tryptophan	0,28
Valin	0,40	D,L-Tryptophan	0,33
Methionin	0,36		

Aus isolierten Dünndarmschlingen beim Hund wurde dagegen gefunden, daß Methionin 3mal so schnell wie Cystin resorbiert wird und daß Cystein zwischen beiden liegt[4]. L-, D- und D,L-Methionin werden mit 49,9; 45,6; 53,6 mg/100 g Std und als Na-Salze mit etwa 10 mg weniger gleich gut resorbiert[5]. Bei Katzen wird im Darmblut 3mal mehr L- als D-Alanin gefunden, wenn aus einer Darmschlinge D,L-Alanin resorbiert wird[6]. Ratten resorbieren 69,6 mg L-Prolin und 68,6 mg L-Oxyprolin pro 100 g Körpergewicht und Std[7].

Selektive Resorption von Aminosäuren. Interessant ist, daß bei einer Reihe von Aminosäuren die Resorption sich in manchem der von Glucose ähnlich verhält. Ihre Resorptionsgeschwindigkeiten sind nicht von den verfütterten Mengen und Konzentrationen bestimmt. Alanin und Asparagin werden rascher als Pentose und Säureamide von gleicher Molekülgröße resorbiert[8]. In Gemischen werden sie schlechter als allein aufgesaugt; *Alanin und Glykokoll* um $^1/_3$ weniger als der Summe der beiden Einzelresorptionen entsprechen würde. Ebenso behindern sich *Glucose* und *Glykokoll*[9]. Gegenüber der Glucoseresorption steigert die *Phlorrhizin*vergiftung die Resorption von Alanin und Glykokoll[10] um etwa $^1/_3$, aber *Nebennieren*exstirpation verringert die Aufsaugung von einigen Aminosäuren wenig, von Glykokoll um etwa die Hälfte[11]. Die Aminosäuren werden auch aus dünnen Lösungen rasch aufgesaugt[12], deshalb findet man sie während der Verdauung nicht angereichert vor. ABDERHALDEN fand im Chymus nur wenig N als Aminosäure-N, darunter aber alle im gerade verdauten Eiweiß vorkommenden Aminosäuren. Erhöhter Aminosäuregehalt des Blutes scheint die Aufnahme der Aminosäuren zu hemmen. Auch auf Grund physikalisch-chemischer Überlegungen muß daher die Aminosäureresorption ein *spezifischer Vorgang* sein[13]. Erniedrigter O_2-Druck senkt bei Hunden die Resorption von Glykokoll, nicht aber die von Zucker. Erstere scheint unmittelbar mit Oxydationsvorgängen gekuppelt zu

[1] WILSON, R. H., and H. B. LEWIS: J. biol. Ch. **84**, 511 (1929). — [2] SCHOFIELD, F. A., and H. B. LEWIS: J. biol. Ch. **168**, 439 (1947). — [3] CHASE, B. W., and H. B. LEWIS: J. biol. Ch. **106**, 315 (1934). — [4] ANDREWS, J. C., C. G. JOHNSTON and K. C. ANDREWS: Amer. J. Physiol. **115**, 188 (1936). — [5] HESS, W. C.: J. biol. Ch. **181**, 23 (1949). — [6] MATTHEWS, D. M., and D. H. SMYTH: J. Physiol., London **116**, 20 P (1952). — [7] HESS, W. C., and J. P. SHAFFRAN: Am. Soc. **73**, 474 (1951). — [8] s. S. 200[12], S. 592. — [9] CORI, C. F.: Proc. Soc. exp. Biol. Med. **24**, 125 (1926). — [10] WILSON, R. H.: J. biol. Ch. **97**, 497 (1932). — [11] LASZT, L.: Pflügers Arch. **240**, 636 (1938). — [12] ISHIKAWA, F.: Jap. J. med. Sci. (III) **2**, 76 (1931). — [13] HÖBER, R., and J. HÖBER: Proc. Soc. exp. Biol. Med. **34**, 486 (1936).

sein[1]. Die Vorernährung ist auf die Resorption von Glykokoll gegenüber Traubenzucker von geringem Einfluß[2].

Veränderungen der Aminosäuren bei der Resorption im Darm. Die Frage, ob Aminosäuren in der Darmwand selbst umgewandelt werden, und ob solche Vorgänge eine Bedeutung für die Resorption des Eiweißes haben, ist noch nicht endgültig geklärt. So bestände einmal die Möglichkeit, daß die Aminosäuren in der Darmwand zu höhermolekularen Bausteinen oder körpereigenem Eiweiß aufgebaut werden und als solche in den Körper übertreten. Früher nahm man dies an, aber verschiedene der oben erwähnten Tatsachen sprechen dagegen. Deshalb ist man heute der Auffassung, daß die Darmwand nicht nennenswert Eiweiß synthetisiert (ABDERHALDEN). Für einzelne isotop markierte Aminosäuren ist ein Einbau in höhermolekulare Stoffe nachgewiesen[3].

Auch ein *Abbau* von Aminosäuren soll *in der Darmwand* zwar stattfinden[4], aber nur gering sein. Das in kleiner Menge gefundene Ammoniak soll aus dem Eigenumsatz der arbeitenden Darmwand und aus den Zersetzungen im Dickdarm stammen[5]. Im Gegensatz zu diesen Beobachtungen verlegt LONDON[6] sogar den Hauptort der Desaminierungen bei parenteraler Zufuhr von Aminosäuren in den Dünndarm.

α) Resorptionsweg. Der Weg, den die Spaltstücke des Eiweißes in den Körper nehmen, führt über die *Pfortader* (LUDWIG, SCHMIDT-MÜHLHEIM u. a.). Nur ein sehr geringer Anteil geht durch die *Lymphbahnen*[7]. Über die Art des Transportes im *Blut* gehen die Ansichten auseinander. Die Aminosäuren sind im Blut zum größten Teil in den roten Blutkörperchen adsorptiv gebunden[8], die Polypeptide im Plasma gelöst[9]. Auch die Leukocyten beteiligen sich an dem Transport. Bei der nochmaligen capillaren Aufteilung in der *Leber* werden nicht nur ein Teil der resorbierten Aminosäuren, sondern auch höhermolekulare und schädliche Stoffe herausgefangen, wie die Analyse des Pfortader- und des Lebervenenblutes ergab.

β) Resorptionsort. Der *Magen* ist befähigt, Aminosäuren und Peptone aufzusaugen, er resorbiert sie unter normalen Bedingungen jedoch nicht in nennenswertem Umfang[10]. Die Resorption setzt auch erst ein, wenn die Saftsekretion beendet ist[11].

Hauptresorptionsort für die Eiweiße und deren Spaltstücke ist der *Dünndarm* in seiner ganzen Länge. Die oberen Abschnitte saugen besser auf als die unteren[12]. Deshalb entstehen Störungen im N-Haushalt in viel geringerem Maße, wenn die untere Hälfte des Dünndarmes aus der Resorption ausgeschaltet ist, als wenn die obere Hälfte fehlt[13]. Sogar die Resektion von $^7/_8$ des Dünndarmes wurde vom Hund vertragen[14]. Bei der normalen Ernährung ist das Eiweiß fast völlig aus dem Chymus verschwunden, wenn dieser den Dünndarm verläßt.

---

[1] NORTHUP, D. W., and E. J. VAN LIERE: Amer. J. Physiol. **134**, 288 (1941). — [2] SIKUMA, K.: Acta med. nagasaki **1**, 3 (1939). — [3] vgl. KÜHNAU, J.: Angew. Chem. **61**, 357 (1949). — [4] COHNHEIM, O.: H. **76**, 293 (1911/12). — [5] FOLIN, O., and W. DENIS: J. biol. Ch. **11**, 161 (1912). — [6] LONDON, E. S., A. M. DUBINSKY, N. L. WASSILEWSKAJA u. M. J. PROCHOROWA: H. **227**, 223 (1934). — [7] ABDERHALDEN, E., u. E. S. LONDON: Pflügers Arch. **212**, 735 (1926). — [8] ABDERHALDEN, E., u. H. KÜRTEN: Pflügers Arch. **189**, 311 (1921). — [9] LONDON, E. S., u. N. KOTSCHNEFF: H. **228**, 235 (1934). — [10] LONDON, E. S., J. S. TSCHEKUNÒW, N. A. DOBROWOLSKAJA, A. D. WOLKOW, S. F. KAPLAN, P. P. BRJUCHANOW, R. S. KRYM, Z. O. MITSCHNIK, M. R. GILLELS, P. T. BRJUCHANOW u. S. F. KAPLAN: H. **87**, 313 (1913). — [11] DELHOUGNE, F.: A. e. P. P. **159**, 128(1931). — [12] LONDON, E. S., u. W. W. POLOWZÓWA: H. **49**, 328 (1906). — [13] SHIMA, K.: B. Z. **237**, 303 (1931). — LONDON, E. S., W. F. DAGAEW, B. D. STASSOW u. O. J. HOLMBERG: H. **74**, 328 (1911). — [14] LONDON, E. S., u. W. DMITRIEW: H. **65**, 213 (1910).

Der *Dickdarm* vermag nur Spuren nativen Eiweißes[1] und geringe Mengen an Peptonen zu resorbieren. In etwas größerem Umfang saugt er Aminosäuren auf[2]. Deshalb können Aminosäuren bei rectaler Ernährung als Eiweißquelle verwendet werden.

γ) Resorptionsmenge. Der Darmkanal kann große Mengen an Eiweiß ausnutzen. Beschränkt wird die Ausnutzung beim Menschen in erster Linie durch die Verdauungsfähigkeit und sich ergebende sonstige Störungen von seiten des Körpers. Vom Menschen wird bei einer Aufnahme von 4 Litern Milch etwa 12% des N-Gehaltes im Kot ausgeschieden. Von 350 g Eiereiweiß oder bis zu 1 kg Fleisch wurden nur etwa 3% des N im Kot wiedergefunden (RUBNER).

Beträchtlich herabgesetzt ist die Ausnutzung, wenn die *Fermenttätigkeit* gestört ist. Bei Fehlen der Pankreassekretion vermindert sich die Ausnützung um weit mehr als die Hälfte[3]. Die Resorptionsfähigkeit ist dabei auch herabgesetzt, weil die Schleimhaut geschädigt ist. Caseinhydrolysat wird bei Enterocolitis vermindert resorbiert[4]. Ist das *Epithel* stärker in seiner Funktionstüchtigkeit herabgemindert, so werden die Aminosäuren nicht mehr spezifisch beschleunigt resorbiert, sondern nur noch entsprechend ihrer osmotischen Konzentration im Chymus (ISHIKAWA). In gleichem Sinne wirken *Vergiftungen* mit CN^- und F^-. Drogen hemmen oder fördern die Aminosäureresorption abhängig von Art und Menge[5]. Mangel an *Vitamin B* vermindert die Resorption, zugleich auch durch Herabsetzung der Motilität[6]. Hat einige Zeit Mangel an *Vitamin A* bestanden, so ist ebenfalls die Aufsaugung der Aminosäuren herabgesetzt[7].

δ) Bakterielle Zersetzung. Von größerer Bedeutung ist der Abbau von Eiweiß und Aminosäuren im Darmchymus durch die Bakterien. Er hängt ab von der Flora, dem Zustand des Darmes, dem p_H seines Inhaltes, der Art der Nahrung usw. (s. S. 189). Unter normalen Bedingungen ist die Zersetzung nicht groß, anders unter pathologischen Verhältnissen; hier kann sie einen solchen Umfang erreichen, daß schwerste Folgen für den Organismus durch die resorbierten Stoffe entstehen. Die intestinale *Autointoxikation*[8] und das „Ileusgift“ beruhen zum Teil auf der Entstehung derartiger Eiweißzersetzungsprodukte. Die Giftbildung und die Resorption dieser Stoffe aus experimentell angelegten Blindsäcken des Darmes ist mehrfach untersucht worden[9].

Bakterielle Zersetzungen gehen in erster Linie im *Dickdarm* vor sich (s. S. 186). Die vielartigen, dabei entstehenden Produkte, wie organische Säuren, Alkohole, Ammoniak, Gase und die biogenen Amine werden verschieden gut resorbiert. Zum Teil verwertet der Körper aber die aufgenommenen Stoffe nicht, sondern scheidet sie im Harn aus. An der Indoxyl-, Skatoxyl- und Phenol- usw. -menge im Harn kann man den Umfang der Zersetzungen und die Größe der stattgehabten Resorption ermessen. Für Indol ist der Darm (Ratte) nicht nur Resorptions-, sondern auch Ausscheidungsort[10] (s. Bd. 2/2, Entgiftung).

Von den *Zersetzungsprodukten* beanspruchen besonderes Interesse die *biogenen Amine* wegen ihrer Wirksamkeit auf den Organismus. Bei den einzelnen Tierarten ist anscheinend die Größe der Resorption verschieden. So soll Tyramin aus dem Dickdarm des Hundes, nicht aus dem der Katze resorbiert werden; aus dem Duodenum wird es jedoch gut aufgesaugt[11]. Für andere Amine, wie Histamin[12], Guanidin, Adrenalin und eine Reihe weiterer

[1] WALZER, A.: J. Immunol. **14**, 143 (1927). — [2] ABDERHALDEN, E., F. FRANK u. A. SCHITTENHELM: H. **63**, 215 (1909). — [3] SANDMEYER, W.: Z. Biol. **31**, 12 (1895). — [4] ZETZEL, L., B. M. BANKS and E. SAGALL: Amer. J. digest. Dis. **9**, 350 (1942). — [5] NAKAMURA, M.: Tohoku J. exp. Med. **5**, 29 (1924/25). — [6] GÁL, G.: B. Z. **225**, 286; **227**, 492 (1930). — NEVER, H. E.: Plügers Arch. **219**, 554 (1928); **224**, 787 (1930). — [7] SAMPSON, M. M., M. DENNISON and V. KORENCHEVSKY: Biochem. J. **26**, 1315 (1932). — [8] s. dazu: NISSLE, A.; BECHER, E.; GUTZEIT, K.; RIETSCHEL, H.; FLURY, F.: Verh. Ges. Verd.-Krankh. **1939**, 362—418. — BECHER, E.: Kli. Wo. **1931 I**, 1009, 1057. — s. S. 200[11] S. 91. — [9] TÖNNIS, W., H. HORSTER, C. REIMERS u. C. RÜDEL: Z. ges. exp. Med. **84**, 728 (1932). — [10] NICOLAI, H.: Kli. Wo. **1941**, 142, 166; **1942**, 538. — [11] COYLE, C. L., and T. E. BOYD: Amer. J. Physiol. **99**, 317 (1932). — [12] PARROT, J. L.: C. R. Soc. Biol. **143**, 1553 (1949). — DWORETZKY, M,, and C. F. CODE: Amer. J. Physiol. **166**, 462 (1951).

körperwirksamer Stoffe werden ähnliche unterschiedliche Angaben gemacht, wobei die fermentativen und andere Abwehrmaßnahmen des Körpers sehr mitbestimmend sind. Cholin wird aufgesaugt, Acetylcholin zerlegt. Narkotische Mittel erhöhen vielfach die Resorption der Basen. Die Aufsaugung von Arzneistoffen und ihre Beeinflussung ist noch recht wenig experimentell gesichert[1]. (Weiteres siehe bei den einzelnen Stoffen.)

5. Fette[2—5].

a) Allgemeines (s. a. S. 793): Die experimentellen Beobachtungen über die Fettresorption wurden von fast jeder Forschungsrichtung so einseitig ausgedeutet, daß sich in der Vergangenheit Anschauungen entwickelten, die miteinander nicht vereinbar schienen. Lebhaftes Für und Wider füllt seit Jahrzehnten das Schrifttum. Um die Jahrhundertwende glaubte die Mehrzahl der Forscher mit PFLÜGER[6], Neutralfette könnten nur ausgenutzt werden, wenn sie vorher im Darm löslich gemacht (RADZIEJEWSKI 1868), also gespalten werden; allein die Spaltstücke seien resorbierbar. Auf der anderen Seite behaupten Forscher wie FRIEDENTHAL, EXNER[7], die Fette werden als solche, als feinste Tröpfchen aufgesaugt, und schließlich legte MUNK[8] als Vertreter einer dritten Gruppe seinen Standpunkt dahin fest, daß vom verfütterten Fett zumindest ein Teil ungespalten durch die Darmwand treten kann. Keine der sich widersprechenden Meinungen konnte bis heute als allein gültig bewiesen werden. Die experimentell stark unterbaute und herrschende Anschauung PFLÜGERS wurde in den letzten zwei Jahrzehnten durch neue Befunde erschüttert, nach denen Fette doch ungespalten resorbiert werden. Die heute wieder geltenden Vorstellungen sind im Grundsätzlichen schon Mitte des vorigen Jahrhunderts klar ausgesprochen worden; sie sind experimentell jedoch inzwischen keineswegs eindeutig gesichert.

Der Darm kann Fett ungespalten oder die durch Hydrolyse entstandenen Bausteine aufsaugen. Inwieweit diese stofflichen Formen an der normalen Resorption teilhaben, und wieweit die jeweils experimentell erzeugten Resorptionsvorgänge als physiologische anzusehen sind, ist strittig geblieben. Die vielfach vernachlässigte und falsch eingeschätzte Mengenfrage ist eine der hier verwirrenden Ursachen.

Viel Fett allein verabreicht erzeugt Erscheinungsbilder, die andere Deutungen zulassen, als jene Bilder, die bei wenig Fett in reichlicher Nahrung entstehen. Übermäßige und einseitige Ernährung mit Fett ist nicht die „normale", ist nicht „physiologisch". Mensch und Tier essen große Fettmengen nicht gern und zeigen dabei oft Unbehagen, Erbrechen, Speichelfluß und einen gestörten Stoffwechsel. Trotzdem brauchen dieser Art erzwungene Resorptionsvorgänge nicht unphysiologisch zu sein, sondern können gesteigertes Geschehen wiedergeben. Fest steht, daß der Darm erheblich mehr Fett ausnützen kann, als ihm durchschnittlich mit der Nahrung angeboten wird. Seine Resorptionsreserve ist groß, und seine Aufsaugungsfähigkeit liegt bilanzmäßig um ein Vielfaches über seiner täglichen Beanspruchung[9].

Es besteht also eine hohe physiologische Anpassungsbreite. Andererseits hängt die Wertung, ob eine Fettmenge groß oder klein, physiologisch oder schon unphysiologisch ist, nicht nur von der gefütterten Menge ab. Der Fetteinstrom in

---

[1] MATTEI, P. DI: Die Resorption von Arzneistoffen. Boll. Soc. ital. Biol. sperim. **13**, 582 (1938).

Allgemeine Literatur: 2—5. [2] FRAZER, A. C.: Physiol. Rev. **20**, 561 (1940); **26**, 103 (1946). Cantor Lecture 1948. — [3] BÁRON, A.: J. Méd. Bordeaux **118**, 838 (1941). — [4] KERMACK, W. O.: Sci. Progr. **35**, 688 (1947). — [5] BLOOR, W. R.: Physiol. Rev. **19**, 557 (1939).

[6] Das umfangreiche Schrifttum hierüber s. bei PFLÜGER, E.: Pflügers Arch. **80—90** (1900—1902). — [7] EXNER, S.: Pflügers Arch. **84**, 628 (1901). — [8] s. S. 200[5], S. 318. — [9] STRACK, E., u. G. FRIEDRICH: Ber. sächs. Akad. Wiss. **93**, 115 (1941).

den Darm, die Art des Angebotes an die resorbierende Oberfläche, der als Kriterium benützte Resorptionsvorgang und anderes sind wesentlich mitbestimmend.

Trotz unausgenützter Aufsaugungsfähigkeit des Darmes kann eine kleine Fettmenge ein örtliches Überangebot darstellen. Zustrom und Verweilen des Fettes sind hierfür maßgeblich. Verteilt der Darm örtlich überschüssiges Fett auf eine größere Fläche, so bleibt ein Überangebot an die Flächeneinheit bestehen, es ist nur zeitlich verkürzt.

Wird der Fettzustrom in einer bestimmten Zeit gesteigert, so wird die Oberfläche immer mehr und schließlich ganz beansprucht, die Ausnutzungsfähigkeit überschritten, Fett im Kot ausgeschieden. Jeder die Verarbeitungskapazität überschreitende Überschuß ist im Kot leicht und störungslos zu entfernen. Es hat sich mit der ansteigenden Menge in erster Linie die resorbierende Fläche vergrößert, nicht das Überangebot auf die Flächeneinheit der resorbierenden Zellschicht. Der Darm ist ein verarbeitendes und auswählendes Organ. Er braucht deshalb nicht durch eine übergroße Zufuhr von wasserunlöslichem, indifferentem Fett in seiner Aufsaugungsfähigkeit überbeansprucht oder fehlgeleitet zu werden. Dieser Zustand könnte jedoch eintreten, wenn das maximale Angebot lange Zeit dauert, die Zellentätigkeit sich erschöpft oder Sonderwirkungen der Fette oder vorhandener Begleitstoffe durch die größere Menge störend hervortreten. Verschieben wechselnde Mengen das Zusammenspiel mit den Verdauungsvorgängen und bringen neue limitierende Faktoren in den Vordergrund, so können spezielle Vorgänge der Aufsaugung überbetont hervortreten. Das durchschnittliche Angebot in der Nahrung, auf das wir meist Bezug nehmen, ist also nicht entscheidend dafür, ob eine Menge hier als klein oder unphysiologisch groß anzusehen ist. Die Menge in der Zeiteinheit, die Stoffqualität und der Gesamtdarm mit dem von ihm gesteuerten Angebot an die Oberfläche bestimmen es.

Beschränkt der Magen den Zustrom, oder ändert die Verdauung die normale Zustandsform des Fettes stark ab, oder verzögert sich durch Aufschließung der Nahrung das Fettangebot, so braucht die Aufsaugfähigkeit der Flächeneinheit nicht voll ausgenutzt zu sein. Über- und Unterangebot an Fett bestehen im Gesamtdarm auf die Flächeneinheit bezogen unter normalen Ernährungsbedingungen häufig nebeneinander. Nach HOLMGREN[1] geht zudem die Fettresorption für den einzelnen Darmabschnitt rhythmisch vor sich. Zeiten starker Resorption wechseln mit solchen schwacher ab. Beziehungen zwischen Menge einerseits und den benutzten Kriterien, wie Bilanz, röntgenologischem Verfahren[2], histologischem Bild, Resorptionsprodukt in Blut und Lymphe usw. andererseits, bleiben nicht gleichwertig.

Für steigende Mengen eines neutralen Fettes gibt es keine Grenze, die physiologisch und unphysiologisch trennt. Selbst wenn der Tierkörper auf übergroße Mengen mit Störungen antwortet, braucht das engere Resorptionsgeschehen keineswegs unphysiologisch zu sein. Man darf deshalb mit gewissen Einschränkungen sagen: solange der Darm ohne erkennbare Störung seiner Eigenfunktion Fett ausnutzt, sind die sichtbar werdenden Resorptionsvorgänge auch physiologische. Qualitativ verschiedene Fette und quantitativ unterschiedliche Zufuhren nehmen die Verdauungs- und Aufsaugtätigkeit des Darmes sicherlich nicht gleichmäßig in Anspruch. Deshalb können jeweils bestimmte Resorptionsvorgänge übermäßig vorherrschen. Das entstehende Bild spiegelt dann nicht das Resorptionsgeschehen schlechthin, sondern eines mit mehr oder weniger betonten Teilvorgängen.

---

[1] HOLMGREN, H.: D. m. W. **1938** I, 744. — [2] GROEN, J.: Amer. J. med. Sci. **4**. 814 (1948).

Die obige Streitfrage, ob Fett gespalten oder ungespalten resorbiert wird, verliert nach neuerer Auffassung ihren Sinn; sie verschiebt sich von der grundsätzlich qualitativen nach der quantitativen Seite.

b) Vorbedingungen für die Fettresorption. Der Darm hat bei der Ausnutzung der Fette 5 Möglichkeiten:

1. Er saugt das Fett ungespalten auf. 2. Er saugt es in Gestalt seiner Bausteine auf. 3. Er saugt es als Teilspaltstücke (Mono-, Diglyceride) auf. 4. Er überführt die Bausteine in neue resorptionsfähige Verbindungen. 5. Er gibt Fette oder Fettsäuren im Kot ab.

Welche von diesen Möglichkeiten und in welchem Umfange er sie jeweils nutzt, hängt von der Art des Fettes, von der angebotenen Menge, von der Art des Angebotes, von dem Aufsaugungsvermögen des Darmes, von seinem funktionellen Zustand und seiner verdauenden Kraft ab. Deshalb haben Einfluß der p_H im Chymus, der Säftezufluß, die Emulgierfähigkeit, der Enzym- und Gallegehalt, fördernde und hemmende Begleitstoffe in der Nahrung, die Darmbewegung und ähnliches. Die Einflußnahme vieler dieser Zustände auf den Aufsaugungsvorgang der Fette ist bisher nur ungenügend bekannt. Die aktive Tätigkeit der Darmwand bei der Fettresorption ist daran ersichtlich, daß Verminderungen des O_2-Partialdruckes unter 63 mm Hg die Aufsaugung herabsetzen[1].

Nahrungsfette sind uneinheitliche Gemische, daher in ihrer Verträglichkeit und Ausnutzung recht verschieden. Der Neutralfettanteil besteht aus biologisch verschiedenwertigen Fettsäuren, und in ihm sind zudem noch chemisch und biologisch völlig andersartige Stoffe gelöst, die, wie Cholesterin, Phosphatide, Vitamine und ähnliche Stoffe, sich gegenseitig in der Ausnutzung beeinflussen. Es mögen daher auf ihnen beruhende Unterschiede in der Aufsaugung natürlicher oder gereinigter[2] oder synthetischer Fette bestehen. Jedoch ist hierüber bisher wenig bekannt geworden. Merkliche Unterschiede lassen sich wohl auch nur in besonderen, darauf angelegten Versuchsanordnungen erfassen, da ja der Darm selber mit seinen Säften Stoffe beimengt, die auf das verfütterte Fett einwirken. Olivenöl und reinstes Triolein verhalten sich gleich[3]. Synthetische Fette werden gut resorbiert[4]. Pflanzliche Öle werden bei Zulage von Cholesterin verbessert aufgesaugt[5], während Phytosterin keinen Einfluß hat[6]. Lecithin fördert besonders die Resorption hochschmelzender Fette[7], ebenso fördern höher ungesättigte Fettsäuren[8].

Damit Fette gut ausgenutzt werden, müssen sie im Darm als Emulsion vorliegen. Alle Stoffe und Bedingungen, die Bildung und Stabilisierung der Fettemulsion begünstigen, fördern daher meist auch die Fettausnutzung. Emulsionen, unmittelbar in den Darm gebracht, werden um so rascher aufgesaugt, je kleiner die Teilchen sind und je besser die Emulsion stabilisiert ist[9]. Seitens der Fette beeinflussen ihre Aufsaugung die Schmelz- und Erstarrungspunkte, die Art und Länge der Fettsäuren, das Mischungsverhältnis der Fettsäuren und der Fette, die Spaltbarkeit und anderes mehr. Seitens des Darmes müssen viele Voraussetzungen gegeben sein, wenn Fette gut ausgenutzt werden sollen (z. T. schon oben angeführt; s. a. S. 176 u. 191). Von Begleitstoffen fördern Eiweiß, Ca^{++},

---

[1] McLachlan, P. L., and C. W. Thacker: Amer. J. Physiol. **143**, 391 (1945). — [2] Steenbock, H., M. H. Irwin and J. Weber: J. Nutrit. **12**, 103 (1936). — [3] Strack, E., u. A. Loeschke: Ber. sächs. Akad. Wiss. **84**, 137 (1932). — [4] Flössner, O.: Synthetische Fette. Leipzig 1948. — [5] Schettler, G.: B. Z. **319**, 444 (1949). — [6] Schettler, G.: Kli. Wo. **1948**, 566. — [7] Augur, V., H. S. Rollman and H. J. Deuel jr.: J. Nutrit. **33**, 177 (1947). — [8] Viollier, G.: Helv. physiol. Acta **6**, 258 (1948). — [9] Shoshkes, M., R. P. Geyer and F. J. Stare: J. Lab. clin. Med. **35**, 968 (1950).

kleine Mengen freier Fettsäuren und Lecithin, dessen Einfluß bei normaler Fettzufuhr nicht allzu erheblich ist[1, 2]. Galle und Lipase begünstigen die Emulsionsbildung.

Die Galle setzt die Oberflächenspannung herab und steigert die Benetzbarkeit. Sie bewirkt eine sehr feine Emulsion und stabilisiert sie mit Hilfe von Eiweiß und Seife. Sie aktiviert die Lipase. Die Lipase bildet die gut emulsionierenden Mono- und Diglyceride[3, 4], wobei die Anwesenheit von Ca^{++} die Spaltung bis zum Monoglycerid fördert[5]. Die Pankreaslipase soll keineswegs so durchgreifend spalten wie jahrzehntelang unterstellt wurde, und es wird die vor 100 Jahren geläufige Vorstellung vertreten, Pankreaslipase spalte nur so viel Fett, daß günstige Emulsionsbedingungen entstehen. Fett, das D-markierte Fettsäuren und D-markiertes Glycerin enthielt, wurde zu 20 bis 40% [6] bzw. zu 24 bis 53% [7] gespalten. Freies Glycerin tritt zu höchstens 10% auf[8]. Die Lipase findet nur im Duodenalsaft einen günstigen p_H; in den oberen Abschnitten des Dünndarmes reagiert der Chymus zu sauer; beim Menschen etwa p_H 6, beim Hund 4,5 bis 6,5. Der p_H-Wert steigt erst im unteren Ileum zum Neutralpunkt hin an. Jedoch steuert der Darm den p_H für die Fettausnutzung insofern günstig, als bei Fetteinstrom in das Duodenum der p_H weniger stark absinkt als etwa bei Eiweißnahrung[9]. Es ist jedoch darauf hinzuweisen, daß für den Durchtritt durch den Cuticularsaum der p_H-Wert der Oberfläche selbst und nicht der im Lumen maßgeblich ist[2].

c) Aufsaugung des Bausteines Fettsäure. Gefütterte oder bei der Verdauung frei gemachte Fettsäure verlangt besondere Bedingungen zur Resorption, weil die höheren Fettsäuren, aus denen unsere Nahrungsfette zum größten Teil bestehen, nicht wasserlöslich sind. Sie müssen in eine aufsaugfähige Form gebracht werden. PFLÜGER nahm an, daß sie mit Hilfe der Galle als Alkaliseifen resorbiert werden. Er stützte seine Annahme auf den hohen Alkaligehalt der Sekrete, deren schwach alkalische Reaktion, das Lösungsvermögen der Galle für Seifen, die von ihr auch bei schwach saurer Reaktion gelöst werden, sowie auf die Beobachtung, daß Seifen gut resorbiert werden. Dies ist nicht unbestritten geblieben[10]. Verfütterte Seifen werden durch Beinahrung, Magen- und Darmsaft zerlegt, also nicht als solche zur Resorption angeboten. Seifen mit Sonden unmittelbar in das Duodenum gebracht, erzeugen bei Hunden heftige Durchfälle[11]. Isolierte Ileumschlingen resorbieren Seifen gut[12], Jejunumschlingen Na-oleat schlechter[13]. Bei letzterem verstärkte Blasengalle die Resorption, Na-taurocholat und -glykocholat dagegen nicht. Bei der sauren Reaktion des Darmchymus sind Alkalisalze höherer Fettsäuren nicht beständig. Sie sind es erst von etwa p_H 9 ab[14]. Kleinere Anteile dürften sich aber bilden, die als Teilphase eines Ionengleichgewichts für die Fettsäureresorption doch Bedeutung haben könnten.

---

[1] RALLI, E. P., S. H. RUBIN and C. H. PRESENT: Amer. J. Physiol. **122**, 43 (1938). — [2] BREUSCH, F. L.: B. Z. **293**, 280 (1937). — [3] TERROINE, É.-F.: B. Z. **23**, 404, 429 (1910). — [4] FRAZER, A. C., and H. G. SAMMONS: Biochem. J. **39**, 122 (1945). — SAGER, C.-A.: Kli. Wo. **1950**, 755. B. Z. **321**, 44 (1950/51). — [5] DESNUELLE, P., M. NAUDET et M. J. CONSTANTIN: Biochim. biophysica Acta, N. Y. **5**, 561 (1950). — DESNUELLE, P.: Bull. Soc. chim. biol. **33**, 909 (1951). — DESNUELLE, P., et M. J. CONSTANTIN: Biochim. biophysica Acta, N. Y. **9**, 531 (1952). — [6] FAVARGER, P., et R. A. COLLET: Helv. physiol. Acta **8**, C 15 (1950). — [7] BERNHARD, K., H. WAGNER u. G. RITZEL: Helv. **35**, 1404 (1952). — [8] FAVARGER, P., R. A. COLLET et E. CHERBULIEZ: Helv. **34**, 1641 (1951). — [9] THOMAS, J. E., and J. O. CRIDER: Amer. J. Physiol. **114**, 603 (1936). — [10] ROSSI, G.: Arch. Fisiol. **5**, 381 (1908). — [11] STRACK, E., u. A. LOESCHKE: Ber. sächs. Akad. Wiss. **84**, 137 (1932). — [12] CRONER, W.: B. Z. **23**, 97 (1910). — [13] VIRTUE, R. W., M. E. DOSTER-VIRTUE, D. I. SMITH and J. GREENBLATT: Amer. J. Physiol. **135**, 776 (1942). — [14] JARISCH, A.: B. Z. **134**, 163 (1923).

Choleinsäuren (s. a. S. 793). Die hydrotrope Wirkung der gallensauren Salze ist bekannt (s. Bd. **1**, S. 412). Sie lösen nicht nur Fettsäuren und ihre Alkalisalze, sondern auch ihre unlöslichen Ca^{++}- und Mg^{++}-Salze[1]. Zusammenhänge zwischen chemischem Verhalten und biologischer Bedeutung deckten zuerst WIELAND u. SORGE an der Desoxycholsäure auf[2]. 1 Mol Stearinsäure wird von 8 Mol Desoxycholsäuren molekulardispers gelöst. Niedermolekulare Fettsäuren benötigen weniger Desoxycholsäure als höhermolekulare. Die entstehenden Choleinsäureverbindungen sind komplex und nach dem Koordinationsprinzip gebaut[3]. Natürliche Glykocholsäure und Taurocholsäure vermögen bei einem p_H von 6,8 etwa $^1/_3$ Mol Ölsäure zu lösen[4]. Die Diffusionssteigerung durch gepaarte Gallensäuren ist aber gering und wechselnd[5]. Aus Lösungen von 4 Mol Na-glykocholat und 1 Mol Fettsäure diffundieren bei p_H 7 nur 7% durch Kollodiummembranen[6]. Neben den molekulardispers gelösten Choleinsäuren finden sich noch kolloidale, negativ geladene, nicht diffusible Anteile, die in konzentrierten Lösungen und bei überhöhtem Fettsäuregehalt vermehrt sind. Sie enthalten mehr Fettsäure auf weniger Gallensäure. Lecithin und NaCl steigern die lösende Kraft der Glykocholsäure bis auf 1 Mol Fettsäure[7], vermehren jedoch nicht den diffusionsfähigen Anteil[8]. Frische Rindergalle löst bis zu 6% Ölsäure (PFLÜGER), wobei das Mucin wesentlichen Anteil hat[9], ohne sie im größeren Umfang diffusionsfähig zu machen. Der kolloidale Anteil soll als Vorstufe für die Fettsäureresorption Bedeutung haben[10]. Fette werden beträchtlich weniger von gallensauren Salzen gelöst; stark lecithinhaltige Galle löst bis 10% Olivenöl[11].

Die Stabilität des Gallensäure-Fettsäurekomplexes ist p_H-abhängig. Unter p_H 6 werden die Komplexe abhängig von der Länge der Fettsäurekette unbeständiger[12]. Daß Galle Fettsäuren besser gelöst hält als die reinen gallensauren Salze, mag an ihrem Eiweißgehalt liegen. Seife-Eiweißlösungen bleiben auch nach ihrem Ansäuern klar[13]. In alkalischer Lösung sind die Komplexe beständig, und das Lösungsvermögen der Gallensäuren steigt mit dem p_H an. Bei hohem p_H sind an dem Lösungsvermögen aber auch die sich bildenden freien Seifen beteiligt. Im Darmchymus verhindert der schwach saure p_H, daß lösliche Seifen bestehen bleiben können, wenngleich örtlich und zeitlich begrenzt eine wirkungsfähige Seifenbildung in ihm durchaus denkbar wäre.

In neuerer Zeit wiesen insbesondere VERZÁR und seine Schule[14] der Gallensäure eine zentrale Bedeutung in der Fettresorption zu. Demzufolge werden aus Neutralfetten abgespaltene Fettsäuren im Darm als Choleinsäuren gelöst. Diese diffundieren durch den Cuticularsaum und werden in der Zelle durch deren saures p_H, vorzüglich in Kernnähe, oder durch Koacervation in kolloidale Phasen zerlegt[15] (s. Bd. **1**, S. 156). Die frei gemachte Fettsäure wird zu Neutralfett aufgebaut.

Die Gallensäuren gehen über die Pfortader zur Leber und durch die Galle wiederum in den Darm, sie durchlaufen einen entero-hepatischen Kreislauf. Verfütterte Gallensäuren werden besonders gut vom unteren Dünndarm auf-

---

[1] MOORE, B., and W. H. PARKER: Proc. R. Soc. London **68**, 64 (1901). — [2] WIELAND, H., u. H. SORGE: H. **97**, 1 (1916). — [3] RHEINBOLDT, H.: A. **451**, 256 (1927). — [4] VERZÁR, F., u. A. v. KÚTHY: B. Z. **210**, 265 (1929). — [5] BREUSCH, F. L.: B. Z. **293**, 280 (1937). — [6] MACHEBOEUF, M., et R. PERRIMOND-TROUCHET: C. R. Soc. Biol. **132**, 274 (1939). — [7] FÜRTH, O., u. R. SCHOLL: B. Z. **257**, 151 (1933). — [8] s. S. 200[7], S. 43. — [9] MOORE, B., and D. P. ROCKWOOD: J. Physiol., London **21**, 58 (1897). — [10] VONK, H. J., CH. ENGEL u. C. ENGEL: B. Z. **295**, 171 (1938). — [11] FÜRTH, O., u. R. SCHOLL: B. Z. **222**, 430 (1930). — [12] HOLWERDA, K.: B. Z. **294**, 372 (1937); **295**, 11 (1938). — [13] JARISCH, A.: B. Z. **134**, 163 (1923). — [14] s. S. 200[7], S. 43, 158. — [15] KÚTHY, A. v.: Kli. Wo. **1935 I**, 308. J. Chim. physique **33**, 247 (1936).

gesaugt[1]. Im Kot geht deshalb auch nur wenig verloren; beim Menschen täglich etwa 100 mg Gallensäure.

Ist der diffusible Gallensäure-Fettsäurekomplex eine notwendige Zwischenstufe der Fettaufsaugung, so würde etwa die 5fache Gewichtsmenge an Gallensäure benötigt. Auch bei Berücksichtigung der begünstigenden Faktoren im Chymus genügt die in den Darm sezernierte Gallensäuremenge — beim Menschen 12 bis 15 g, maximal etwa 30 g tgl. — nicht, die Resorption größerer Fettmengen nach diesem Prinzip zu erklären. Die tatsächlich im Darm vorhandenen Cholsäuremengen betrugen nach Fettfütterung bei Kindern 4 bis 12%, bei Katzen 5 bis 16%, bei Ratten 16 bis 75% der anwesenden Gewichtsmenge an Fett[2].

Dieses quantitative Mißverhältnis zwischen den für die Lösung der Fettsäuren im Chymus erforderlichen und den tatsächlich in den Darm abgegebenen Gallensäuremengen soll deswegen nicht bestehen, weil Gallensäure an der Schleimhautoberfläche adsorbiert für nachfolgende Fettsäure verfügbar bleibt und diese sozusagen durch die Zellgrenze schleust[3]. In der Tat sind leicht lösliche gallensaure Salze in den gewaschenen Darm gebracht noch nach vielen Stunden an seiner Oberfläche nachweisbar[4]. Günstig wirken sich auch die adsorptionshemmende und die permeabilitätssteigernde Eigenschaft der Gallensäure aus[5].

Demgegenüber ist festzuhalten, daß zwar Gallenmangel die Fettresorption stört, daß aber doch noch beträchtliche Mengen des verfütterten Fettes aufgesaugt werden. Gallezufuhr verbessert in diesem Zustand die Fettresorption, aber an Gallefistelhunden förderten nur frische Galle, wenig getrocknete Galle und nicht die Gallensäuren selbst[6]. Wird die abgeflossene Galle in länger als 4stündigen Intervallen zugeführt, so wirkt sie nicht[7]. Die lösende Kraft der Gallensäuren für Fettsäuren im Darm ist mehrfach als untergeordnet für deren Resorption angesprochen worden[8]. Ihre wirkliche Bedeutung soll vielmehr im Chymus in der Aktivierung der Lipase und der Bildung der Emulsion zu suchen sein (FRAZER), sowie darin, daß sie mit abgespaltener Fettsäure bedecktes Substrat für Fermenteinwirkungen freilegt.

Haben die Choleinsäuren keinen entscheidenden Anteil, so muß die *Resorption der wasserunlöslichen Fettsäuren auf anderen Wegen* ermöglicht werden. Fettsäuren sind lipoidlöslich, könnten daher unmittelbar in die Darmwand eindringen[9]. Auch als *Seifen* oder mittels weiterer hydrotroper Stoffe mögen kleine Anteile durch den Cuticularsaum treten. Einen größeren Umfang mißt man neugebildeten resorptionsfähigen Estern bei. Mancherlei veresterungsfähige Stoffe, wie Vitamin A, mögen beteiligt sein, vom *Cholesterin* ist es bewiesen. Bei Fischen wird dieser Weg umfangreich genutzt[10], und auch bei Hund und Katze sind aus verfüttertem Trielaidin stammende Säuren als Cholesterinester zu finden[11]. Bedeutsam stützt diese Annahme das Verhalten der Esterase im Darmlumen und in der Zelle. In Gegenwart von Gallensäuren[12], insbesondere bei p_H 5,3[13], synthetisiert das Ferment im Chymus aus den Bausteinen Cholesterinester, in der Darmwandzelle spaltet es die Ester. Länger dauernden Fütterungen von

[1] FRÖHLICHER, E.: B. Z. **283**, 273 (1936). — [2] FÜRTH, O., u. H. MINIBECK: B. Z. **237**, 139 (1931). — [3] s. S. 234[14]. — [4] VERZÁR, F., u. A. v. KÚTHY: B. Z. **230**, 451 (1931). — [5] LANGECKER, H.: A. e. P. P. **154**, 1 (1930). — [6] HEERSMA, J. R., and J. H. ANNEGERS: Proc. Soc. exp. Biol. Med. **67**, 339 (1948). — [7] SEARLE, G. W., and J. H. ANNEGERS: Proc. Soc. exp. Biol. Med. **71**, 277 (1949). — [8] SHAPIRO, A., H. KOSTER, D. RITTENBERG and R. SCHOENHEIMER: Amer. J. Physiol. **117**, 525 (1936). — BREUSCH, F. L.: B. Z. **293**, 280 (1937). — CORTESE, F., and L. BAUMAN: J. biol. Ch. **113**, 779 (1936). — [9] ROSSI, G.: Arch. Fisiol. **36**, 365 (1936). — [10] LOVERN, J. A., and R. A. MORTON: Biochem. J. **33**, 1734 (1939). — [11] FAVARGER, P.: Arch. int. Pharmacodyn. Thérap. **68**, 409 (1942). — [12] NEDSWEDSKI, S. W.: H. **236**, 69 (1935); **239**, 165 (1936). — [13] SCHRAMM, G., u. A. WOLFF: H. **263**, 61 (1940).

Cholesterin passen sich Hunde durch gesteigerte Synthesefähigkeit an[1]. Zugefütterte Cholesterinestersole steigerten die Resorption der Halogenfettsäuren aus verfütterten Brom- oder Jodfetten[2]. Aus Fetten abgespaltene Fettsäuren werden so als Cholesterinester in die Darmwandzelle gebracht, hier hydrolysiert und zu Neutralfett und Lipoid resynthetisiert oder als Cholesterinester in die Leber übergeführt[3].

Die *Kettenlänge* und die durch sie bestimmten physikalischen und chemischen Eigenschaften beeinflussen die Resorption der Fettsäuren. Allgemein gilt: je kürzer ihre C-Kette, desto besser ihre Resorption. Diffusionsversuche bestätigen diese Beobachtungen[4]. Aber auch noch mancherlei weitere stoffliche Eigenschaften wirken mit. Säuren mit geradzahliger C-Zahl treten rascher durch die Darmwand als solche mit ungeradzahliger. Die 4, 6, 8-Säuren verlassen Darmschlingen schneller als die 3, 5, 7-Säuren[5]. Feste Säuren werden bei Körpertemperatur gering ausgenutzt, doch werden auch gesättigte Säuren von C_{20} und C_{22} resorbiert[6]. Ungesättigte Fettsäuren werden besser aufgesaugt als gesättigte gleicher Kettenlänge, was nicht nur am tieferen Schmelzpunkt, sondern auch an ihrer erhöhten Diffusion liegt[4, 7]. Substitutionen in der Fettsäure, wie sie z. B. für das Studium des intermediären Abbaues vorgenommem wurden, vermindern meist ihre Resorption.

Kurzkettige Fettsäuren sind noch kräftige Säuren. Sie bilden beim p_H des Chymus Salze, werden in dieser Form aufgesaugt und gelangen über die Vena portae zur Leber[8]. Langkettige gerad- oder ungeradzahlige Fettsäuren werden über den Lymphweg abtransportiert[9]. Höhere Fettsäuren von etwa C_{10} ab werden in der Darmwand zu Fetten resynthetisiert. Quantitative Angaben über die Resorption der Fettsäuren auf Grund von Fütterungsbilanzen kranken daran, daß die Säuren frei, als Seifen, als Fette, als Gemische usw. verfüttert wurden, und daß bei festen Stoffen deren Verteilungszustand unberücksichtigt blieb.

Verfütterte feste Fettsäuren werden, insbesondere mit Fett vermischt, meist gut vertragen[10], Ölsäure dagegen nicht immer[11]. Länger dauernde Fütterungen mit ihr allein oder mit höher ungesättigten Fettsäuren[12] verursachen heftige, sogar tödliche Darmerscheinungen[13], während eine vielfach größere Trioleinmenge schadlos vertragen wird. Todesursache scheint die wegen Epithelschädigung gestörte Resynthese zu sein, wodurch zuviel freie Fettsäuren ins Blut übertreten. Ähnliche Störungen zeigten nebennierenlose Ratten auf Gaben von viel Olivenöl[14].

d) Aufsaugung des Bausteines Glycerin. Glycerin als hygroskopischer, mit Wasser mischbarer, niedermolekularer Stoff wird schnell und in großem Umfang aufgesaugt. Der Dünndarm des Hundes kann nach Höber etwa 25 cm³ in 25 min resorbieren[15]. Wochenlang können große Mengen verfüttert werden[16]. Bis zu 30 g/kg/Tag werden von Hunden ohne Beinahrung vertragen

[1] Nieft, M. L., and H. J. Deuel jr.: J. biol. Ch. **177**, 143 (1949). — [2] Kirchmair, H.: Kli. Wo. **1949**, 588. — [3] Eckstein, H. C., and C. R. Treadwell: J. biol. Ch. **112**, 373 (1935). — [4] Breusch, F. L.: B. Z. **293**, 280 (1937). — [5] Deuel, H. J. jr., L. Hallman and A. Reifman: J. Nutrit. **21**, 373 (1941). — [6] Rennkamp, F.: Ber. sächs. Akad. Wiss. **91**, 61 (1939). — [7] Lang, K.: Fette u. Seifen **52**, 595 (1950). — [8] Hughes, R. H., and E. J. Wimmer: J. biol. Ch. **108**, 141 (1935). — [9] Chaikoff, I. L., B. Bloom, B. P. Stevens, W. O. Reinhardt and W. G. Dauben: J. biol. Ch. **190**, 431 (1951). — [10] Munk, I.: Virchows Arch. **80**, 10 (1880). — [11] Nothmann, M., u. H. Wendt: A. e. P. P. **164**, 266 (1932). — [12] Kollath, W.: A. e. P. P. **167**, 538 (1932). — [13] Strack, E., u. A. Loeschke: Ber. sächs. Akad. Wiss. **84**, 137 (1932). — [14] Verzár, F., u. L. Laszt: B. Z. **276**, 11 (1935). — [15] Höber, R.: Pflügers Arch. **74**, 246 (1899). — [16] Arnschink, L.: Z. Biol. **23**, 413 (1887).

und resorbiert[1]. Das Glycerin wird schon im oberen Dünndarm vollständig aufgenommen, während verfütterte Fettsäuren bis weit in den unteren Dünndarm gelangen[2]. Beide Stoffe sind frei wenig gut in ihrer Resorption aufeinander abgestimmt. Gleichzeitige Zufütterung von Glycerin zu Fettsäuren verbessert deren Resorption nur wenig und beseitigt die von Ölsäure erzeugten Störungen beim Hund nicht[3]. Ratten verhalten sich ähnlich[4], während Frösche durch mitverfüttertes Glycerin Fettsäuren besser verwerten sollen[5]. Verfüttertes D-markiertes Glycerin oder sein Triacetylester werden nicht in den Lipoiden der Darmlymphe gefunden[6].

Glycerin kann bei seiner Resorption phosphoryliert werden[7], jedoch ist sicherlich die Phosphorylierung nicht Bedingung für seine Aufsaugung. Die Resynthese der Fettsäuren zu Neutralfett[8] zeigt, daß Nahrungsglycerin nicht erforderlich ist. Fettsäureester mit anderen Alkoholen erscheinen als Glyceride im Ductus thoracicus. Nach Zufuhr von Palmitinsäureäthylester wurde neben wenig freier Palmitinsäure nur Triglycerid gefunden[9]. Während der Fettresorption ist Glycerin in Blut und Chylus nachzuweisen[10], das der Nahrung und den Eigenbeständen des Körpers entstammt.

e) Chemie der Fettresynthese. Die grundsätzliche Frage, ob Fettsäuren in der Darmwand wieder zu Neutralfetten aufgebaut werden, ist schon durch die Versuche von MUNK[8] und FRANK[9] geklärt. Die umfangreiche Fähigkeit zur Synthese von Fetten in der Darmwand ist vielfach bestätigt[11]. Auch verfüttertes Monoglycerid gibt im Chylus nachweisbares Triglycerid[12], obwohl es unmittelbar ins Blut übertreten könnte, da es gering wasserlöslich ist[13]. Es bleibt aber offen, wieviel von den aufgesaugten Fettsäuren resynthetisiert wird. FRAZERS Meinung, daß freie Fettsäuren größtenteils den Blutweg zur Leber nehmen[14], wird durch Blutfettbestimmungen[15] widerlegt, sowie durch Versuche mit linolsäurehaltigen Fetten[16] und Beobachtungen an mit ^{14}C markierter Stearinsäure, bei denen diese in der Ductuslymphe als Triglycerid, Cholesterinester und in Phosphatiden nachgewiesen wurden[17]. Bei Versuchen mit ^{14}C markierter Palmitinsäure erschien diese zu 70 bis 92% in der Ductuslymphe, gleich ob als Fett oder als freie Säure verfüttert wird[18].

Keine Klarheit besteht darüber, wie die Resynthese der Fettsäuren zu Fett vor sich geht. Ölsäure wird aus Rattendarm verbessert resorbiert, wenn neben Gallensäuren Glycerinphosphorsäure oder statt letzterer Glycerin und Phosphat gegeben werden[19]. Auch Fett soll mit diesen Zusätzen besser resorbiert werden, wobei Phosphatasen mitbeteiligt sind[20]. Bei Ratte und Mensch wurde andererseits eine solche Förderung vermißt[21]. Nach VERZÁR u. LASZT ist Glycerinphosphorsäure das Kernstück zum Aufbau von Phosphatiden. Fütterungen mit

---

[1] STRACK, E., u. K. BLUM: Ber. sächs. Akad. Wiss. **84**, 149 (1932). — BLUM, K.: Diss. med. Leipzig 1934. — [2] LEVITES, S.: H. **53**, 349 (1907); **57**, 46 (1908). — [3] STRACK, E., u. A. LOESCHKE: Ber. sächs. Akad. Wiss. **84**, 137 (1932). — [4] VERZÁR, F., u. L. LASZT: B. Z. **270**, 24 (1934). — [5] WILL, A.: Pflügers Arch. **20**, 255 (1879). — [6] BERNHARD, K., H. WAGNER u. G. RITZEL: Helv. **35**, 1404 (1952). — [7] LASZT, L., u. H. SÜLLMANN: B. Z. **278**, 401 (1935). — [8] MUNK, I.: Virchows Arch. **95**, 407 (1884). — [9] FRANK, O.: Z. Biol. **36**, 568 (1898). — [10] RAMOND, F., et F. FLANDRIN: C. R. Soc. Biol. **56**, 169 (1904). — [11] BERNHARD, K., u. F. BULLET: Helv. physiol. Acta **5**, 422 (1947). — [12] ARGYRIS, A., u. O. FRANK: Z. Biol. **59**, 143 (1913). — [13] ROSENTHAL, G. G., u. H. TRAUTWEIN: Ber. sächs. Akad. Wiss. **86**, 325 (1934). — [14] FRAZER, A. C.: Physiol. Rev. **20**, 561 (1940); **26**, 103 (1946). — [15] WINTER, I. C., and L. A. CRANDALL jr.: J. biol. Ch. **140**, 97 (1941). — [16] REISER, R., and M. J. BRYSON: J. biol. Ch. **189**, 87 (1951). — [17] BERGSTRÖM, S., B. BORGSTRÖM, A. CARLSTEN and M. ROTTENBERG: Acta chem. scand. **4**, 1142 (1950). — BORGSTÖM, B.: Acta chem. scand. **5**, 643 (1951). — [18] BLOOM, B., I. L. CHAIKOFF, W. O. REINHARDT, C. ENTENMAN and W. G. DAUBEN: J. biol. Ch. **184**, 1 (1950). — [19] VERZÁR, F., u. L. LASZT: B. Z. **270**, 24 (1934). — [20] CERA, B., e L. BELLINI: Path., Genova **32**, 375 (1940). — [21] IRWIN, M. H., J. WEBER and H. STEENBOCK: J. Nutrit. **12**, 365 (1936).

^{32}P markierter Phosphorsäure bekräftigen diese Vorstellung[1], aber nicht bei allen Tierarten ist dieser Einbau in Phosphatid sicher nachweisbar[2]. Aus Fetten, die mit ^{14}C markiertes Glycerin enthielten, wurde für die Lymphphosphatide kein markiertes Glycerin verwendet[3]. Die Phosphatide sollen dann nach VERZÁR weiterhin in Neutralfette übergehen. Es ist aber unbewiesen, ob die Phosphatidzwischenstufe obligatorisch für den Neutralfettaufbau ist, wenngleich verfütterte Fettsäuren sowohl in Phosphatide als auch in Neutralfett eingebaut gefunden werden. So paßt sich die Jodzahl der Phosphatidfettsäuren der der verfütterten Fettsäuren an[4, 5], und gefütterte Elaidinsäure findet sich in den Phosphatiden der Ductuslymphe[6, 7]. Allerdings besteht keine strenge Gleichheit der in den Phosphatiden der Schleimhaut eingebauten Fettsäuren mit denen des gefütterten Fettes[8]. Auch die Verteilung ist ungleich. In den tieferen Schleimhautschichten findet sich mehr Kephalin, in den Epithelzellen mehr Lecithin, und die oberen Darmabschnitte enthalten größere Mengen an Phospholipoid als die unteren[9]. Für die Phosphatidsynthese wird anscheinend nur ein geringer Anteil der verfütterten Fettsäuren verbraucht. Von verfütterten Fetten wird mehr von ihren Fettsäuren als von ihrem Glycerin eingebaut[10]. In den Darmlymphdrüsen und im Ductus thoracicus finden sich von verfütterter Palmitinsäure, die mit ^{14}C markiert war, nur 2,3 bis 3,7% in den Phospholipoidfraktionen wieder[11]. Als weiteren Beweis für Phosphorylierungsstufen der Fettresynthese sieht VERZÁR die in ihrer Bedeutung umstrittenen Beobachtungen an, daß Monojodessigsäure- und Phlorrhizinvergiftung sowie Nebennierenexstirpation die Fettresorption spezifisch hemmen, und daß Rindenextrakt den Nebennierenausfall aufhebt[12].

Die Voraussetzung, daß Fett völlig gespalten werden muß, um aufgesaugt werden zu können, muß man nach den neuen Befunden fallen lassen. Obgleich es nur wenig aufgespalten ist, wird Fett doch resorbiert[13]. Der Grundversuch von VERZÁR[14], bei dem ausgewaschene Darmschlingen Olivenöl mit Lipase und Taurocholat aufsaugten, nicht aber, wenn es nur mit einem der beiden Partner angeboten wurde, und andere im gleichen Sinne gedeuteten Versuche, wie jene von HEUPKE[15], bei denen sich Fette nur nach Spaltung aus Sojabohnen mit Galle herauslösen ließen, können auch anders erklärt werden als durch eine notwendige Aufspaltung des Fettes[16]. Jedoch sollen Fettsäureester bei Ratten primär fast völlig hydrolysiert werden[17].

Die aus Neutralfetten abgespaltenen Fettsäuren gehen nach **FRAZER** als Lipoide, Cholesterinester, freie Säuren oder Seifen meist unmittelbar in die Leber, während ungespalten resorbiertes Triglycerid über den Ductus thoracicus abströmt. Demzufolge bestimmt die Größe der Lipolyse, was vom angebotenen

---

[1] ARTOM, C., G. SARZANA, C. PERRIER, M. SANTANGELO e E. SEGRÈ: Arch. int. Physiol. **45**, 32 (1937) [C. **1938 I**, 3943]. — PERRIER, C., C. ARTOM, M. SANTANGELO, G. SARZANA and E. SEGRÈ: Nature **139**, 1105 (1937). — [2] ZILVERSMIT, D. B., I. L. CHAIKOFF and C. ENTENMAN: J. biol. Ch. **172**, 637 (1948). — [3] REISER, R., M. J. BRYSON, M. J. CARR and K. A. KUIKEN: J. biol. Ch. **194**, 131 (1952). — [4] SINCLAIR, R. G.: J. biol. Ch. **82**, **117** (1929); **97**, XXXIV (1932). — [5] SINCLAIR, R. G., and C. SMITH: J. biol. Ch. **121**, 361 (1937). Arch. int. Physiol. **45**, 32 (1937). — [6] SINCLAIR, R. G.: J. biol. Ch. **115**, 211 (1936). — [7] COLLET, R. A., et P. FAVARGER: Helv. physiol. Acta **7**, C 8 (1949). — [8] BARNES, R. H., E. S. MILLER and G. O. BURR: J. biol. Ch. **140**, 233 (1941). — [9] FAVARGER, P.: Helv. physiol. Acta **7**, C 41, 371 (1949). — [10] COLLET, R. A., et P. FAVARGER: Helv. physiol. Acta **9**, C 61 (1951). — [11] BLOOM, B., I. L. CHAIKOFF, W. O. REINHARDT and W. G. DAUBEN: J. biol. Ch. **189**, 261 (1951). — [12] ISSEKUTZ, B. v., L. LASZT u. F. VERZÁR: Pflügers Arch. **240**, 612 (1938). — [13] FAVARGER, P., R. A. COLLET et E. CHERBULIEZ: Helv. **34**, **1641** (1951). — [14] s. S. 200[6], S. 447. — [15] HEUPKE, W., u. G. ROST: H. **284**, 204 (1949). — [16] WICKE, G.: Dtsch. Arch. klin. Med. **196**, **445** (1949). — RAPER, H. S.: Brit. med. J. **1949 II**, 719. — [17] BORGSTRÖM, B:. Acta chem. scand. **5**, 643 (1951).

Fett in die Leber oder ins Depot geht. Da gleichzeitige Zufuhr von Cholin, Cholesterin, Gallensäuren, Lipase, Phosphat usw. Einfluß auf Spaltung, Resorption und Resynthese hat, so wären sie alle auch für den späteren Weg des Fettes im Körper von Einfluß, was in Hinsicht auf die Leberbeteiligung bedeutungsvoll wäre.

Gallensäuren fördern nach FRAZER auf Grund ihrer Oberflächenwirkungen auch den engen Kontakt der emulgierten Neutralfette mit den Darmwandzellen. Der Enzym-Substrat-Symplex soll nach FLASCHENTRÄGER[1] unter den angebotenen Fetten und Fettsäuren jene auswählen, die durch den Cuticularsaum treten. Unter Zerlegung des Symplexes treten Fett und Fettsäuren in die Zelle über, während das Enzym zu neuem Einsatz in das Lumen zurückkehrt. Damit kann auch die Koppelung von Verdauung und Resorption zwanglos erklärt werden.

f) Die Resorption des Neutralfettes als ungespaltenes Molekül (s. a. S. 797). Als Vorbedingung einer solchen Resorption müssen die Triglyceride feinst emulgiert sein. Sie werden aus Darmschlingen, die frei von Lipase sind, umfangreich resorbiert[2–5]. Die Fette können auf Grund ihrer Lipoidlöslichkeit oder als feinste Tröpfchen durch den Cuticularsaum getreten sein. Sind die Teilchen kleiner als 0,5 μ, werden sie rasch aufgesaugt[6]. Auch Paraffin von gleichem Verteilungsgrad wird resorbiert[7,8], was allerdings von anderer Seite bestritten worden ist[9,10]. Verfüttertes Paraffinum liquidum wird, wenn auch nur gering, vom Hund resorbiert[11], ebenso Hexadecan von Ratte und Maus[12], Katzen saugen 1 g tgl. auf und verbrennen es[13]. Ratten oxydieren verfüttertes D-haltiges Hexadecan[14] und Kohlenwasserstoffe von C_8 bis C_{18} in der Leber zu Fettsäuren[15]. Besonders gut sollen Neutralfett wie auch Paraffin resorbiert werden, wenn Ölsäuremonoglycerid und gallensaure Salze die Emulsion feinst und stabil machen[16]. Solche Emulsionen aus Fett, Galle, Mono- und Diglyceriden sollen der normalen Fettaufsaugung zugrunde liegen. Zugesetztes Cholin verbessert die Aufsaugung weiterhin[17], auch Emulgatoren auf Mono-oleatbasis begünstigen sie, besonders gut sichtbar bei Störungen wie der Sprue[18].

Um die Frage zu klären, ob Fette ungespalten aufgesaugt werden und welchen Weg sie gehen, sind häufig gefärbte Fette herangezogen worden[19]. Bei der Katze geht gefüttertes, mit Sudan IV gefärbtes Fett über den Blut- und Lymphweg in den Körper, ohne daß Anzeichen einer Hydrolyse und Resynthese gefunden wurden[20]. Bei Hunden war mit Sudan III gefärbtes Fett schon in der Darmwand ungefärbt[21]. Mit Sudan IV gefärbte Neutralfette werden im Depot eingelagert, während Fettsäuren sich im Leberfett wiederfinden (FRAZER). Bei völliger Aufspaltung von Fett im Darm sollte ein Unterschied nicht bestehen. Diese Anschauung wird an Ratten durch Resorptionsversuche mit Carotin bestätigt, das in Neutralfett, Mineralöl oder Fettsäuren gelöst feinst emulgiert

---

[1] FLASCHENTRÄGER, B.: persönl. Mittlg. — [2] MELLANBY, J.: J. Physiol., London **64**, 5, 331 (1927). — [3] YAMAKAWA, S., T. NOMURA u. I. FUJINAGA: Tôhoku J. exp. Med. **14**, 265 (1929). — [4] KITAGAWA, R.: Tôhoku J. exp. Med. **24**, 329 (1934). — [5] ONOZAKI, T.: Tôhoku J. exp. Med. **29**, 224 (1936). — [6] FRAZER, A. C.: Chem. & Industr. **27**, 379 (1947). — [7] FRAZER, A. C.: Brit. med. J. **1947 II**, 641. — [8] MOLANDER, D. W.: Yale J. Biol. Med. **21**, 201 (1949). — [9] LUNDBAEK, K., and O. MAALØE: Acta physiol. scand. **13**, 247 (1947). — [10] BERRY, I. M., and A. C. IVY: Amer. J. Physiol. **162**, 80 (1950). — [11] HENRIQUES, V., u. C. HANSEN: Zbl. Physiol. **14**, 313 (1900). — [12] EL MAHDI, M. A. H., and H. J. CHANNON: Biochem. J. **27**, 1487 (1933). — [13] CHANNON, H. J., and J. DEVINE: Biochem. J. **28**, 467 (1934). — [14] STETTEN, D. jr.: J. biol. Ch. **147**, 327 (1943). — [15] BERNHARD, K.: Fette u. Seifen **54**, 627 (1952). — [16] FRAZER, A. C., J. H. SCHULMAN and H. C. STEWART: J. Physiol., London **103**, 306 (1944). — [17] FRAZER, A. C.: Chem. & Industr. **27**, 379 (1947). — [18] JONES, C. M., P. J. CULVER, G. D. DRUMMEY and A. E. RYAN: Ann. internal Med. **29**, 1 (1948). — [19] HOFBAUER, L.: Pflügers Arch. **84**, 619 (1901). — [20] WOTTON, R. M., and R. L. ZWEMER: Anat. Rec. **75**, 493 (1939). — [21] PAPASOFF, B.: Jb. Univ. Sofia, Med. Fak. **18**, 559 (1939) [Ber. Physiol. **128**, 502].

wurde. Carotin wurde zugleich mit Neutralfett oder mit Mineralöl zu etwa $^2/_3$ resorbiert und durchlief den Ductus thoracicus, während es mit Fettsäure gegeben sich in der Leber ansammelte[1]. Bei einem Menschen mit Chylothorax, der mit Sudan III gefärbtes Olivenöl bzw. Ölsäure + Glycerin + Sudan III erhielt, war nur im ersteren Falle das Chylusfett gefärbt[2].

Das resorbierte Fett erscheint nach der Resorption im Blut als *Hämokonien* (= Chylomikronen), die im Dunkelfeld quantitativ gemessen zu Resorptionsstudien dienten[3]. Nach Fettzufuhren tritt schon häufig nach 10 bis 15 min eine erste Hyperlipämie auf, die bald abklingt. Ein zweiter Anstieg hat ein Maximum nach 1 bis $2^1/_2$ Std und ist erst nach $4^1/_2$ Std oder länger, abhängig von der Fettzufuhr, abgeklungen[4]. Zugabe von Lecithin beschleunigt das Auftreten der Hämokonien[5]. Höhe und Dauer der Hyperlipämie ist beim Menschen abhängig vom Alter. Zufuhr von Lipase und Dispergiermittel gleichen sie dem kürzeren und flacheren jugendlichen Ablauf an[6]. Heparin verstärkt die Hyperlipämie[7]. Nach FRAZER soll nur resorbiertes Neutralfett, nicht aber resorbierte Fettsäuren Hyperlipämie hervorrufen. Dementsprechend vermindert Zugabe von Lipasen zu Fett bei ungestörter Resorption die Hyperlipämie[8]. Es sind aber Befunde erhoben worden, die keinen Unterschied zwischen verfütterten Glyceriden und Fettsäuren auf die Chylomikronenerzeugung feststellen[9].

g) Zusammensetzung des resorbierten Fettes. Da Fette zum Teil ungespalten oder teilgespalten aufgesaugt werden, bestimmt das Angebot in der Nahrung weitgehend die Zusammensetzung des aufgesaugten Neutralfettes. Die Größe der Spaltung mit der gesonderten Verwertung der abgespaltenen Fettsäuren als Phosphatide, als resynthetisiertes Neutralfett, als Cholesterinester, als freie Säure mit anderem Resorptionsweg, sowie die auswählende Resorption beeinflussen jedoch seine Zusammensetzung. Gefütterte Fette mit niederen Fettsäuren als C_{10} werden nicht im Fettgewebe als Glyceride abgelagert, gehen nicht den Weg über den Ductus thoracicus[10], während sie parenteral zugeführt im Depot nachweisbar sind. Weiterhin soll der Darm Nahrungsfett dem Körperfett dadurch angleichen, daß er zu festen Fetten ungesättigte Fettsäuren und zu stark ungesättigten Fetten feste Fettsäuren mit den Sekreten beisteuert[11]. Außerdem sollen Pankreassaft und Galle mittels dehydrierender Fermente ungesättigte Fettsäuren im Chymus herstellen[12,13]. D-haltige Palmitin- oder Stearinsäure wurde aber nicht nennenswert dehydriert[14].

Das aus Darmlymphe gewonnene Fett enthält bei Kaninchen bis zu 20 bis 30% Phosphatide[15]. Bei Hunden stieg unter der Fettresorption der Lipoidgehalt auf das 10fache des Ausgangswertes an[16]. Das Fett aus dem Chylus, wie die durch den Ductus thoracicus fließende Lymphe genannt wird, enthält beim Hund mit starker Zunahme des Fettes und des Gesamtcholesterins einen

---

[1] MOLANDER, D. W.: Yale J. Biol. Med. **21**, 201 (1949). — [2] AULD, W. H. R., and C. D. NEEDHAM: Lancet **1951 I**, 991. — [3] FRAZER, A. C., and H. C. STEWART: J. Physiol., London **95**, 5 P (1939). — [4] FRAZER, A. C., and H. C. STEWART: J. Physiol., London **90**, 18 (1937). — [5] TIDWELL, H. C.: J. biol. Ch. **182**, 405 (1950). — [6] BECKER, G. H., J. MEYER and H. NECHELES: Science, N. Y. **110**, 529 (1949). Gastroenterol., Baltimore **14**, 80 (1950). — [7] WALDRON, I. M., and M. H. F. FRIEDMAN: Rev. canad. Biol. **7**, 201 (1948). — [8] FRAZER, A. C., and H. C. STEWART: J. Physiol., London **94**, P 24 (1938). — [9] TIDWELL, H. C.: J. biol. Ch. **182**, 405 (1950). — REISER, R., and M. J. BRYSON: J. biol. Ch. **189**, 87 (1951). — [10] HUGHES, R. H., and E. J. WIMMER: J. biol. Ch. **108**, 141 (1935). — [11] BODANSKY, M.: Proc. Soc. exp. Biol. Med. **28**, 630 (1930/31). — [12] TANGL, H., u. N. BEREND: B. Z. **232**, 181 (1931). — [13] LANG, K.: Fette u. Seifen **52**, 595 (1950). — [14] FAVARGER, P.: Helv. physiol. Acta **9**, C 67 (1951). — [15] SÜLLMANN, H., u. W. WILBRANDT: B. Z. **270**, 52 (1934). — [16] BOLLMAN, J. L., E. V. FLOCK, J. C. CAIN and J. H. GRINDLAY: Amer. J. Physiol. **163**, 41 (1950).

nur mäßig gesteigerten Phosphorlipoidgehalt[1]. Auch im Blut wachsen die Phosphatide mit dem Fetteinstrom an. Teils ist dieses Phosphatid von der Darmwand aufgebaut worden, teils vom Körper zugebracht[2–4]. Bedeutung haben die Phosphatide im Chylus und Blut, da sie an der Bildung des Zwischenfilms beteiligt sind, der die Emulsion bildet und erhält; im Darmlumen enthält der Emulsionszwischenfilm kein Phosphatid[5]. Bei menschlichem Chylothorax enthielt die chylöse Flüssigkeit 2,4% Fett, 170 mg% Phospholipoide, 46 mg% freies und 48 mg% verestertes Cholesterin[6].

h) Resorption des Fettes im histologischen Bild. Das Auftreten von Neutralfett ist in der Darmwand schon kurz nach der Fettzufuhr leicht zu sehen (MUNK[7]). Einmal ist das Neutralfett in den Lymphbahnen als milchige Trübung sichtbar, zum anderen kann man es in den Epithelzellen mit Sudan, Alkannah und ähnlichen Farbstoffen färben. Zum Unterschied davon lassen sich die Fettsäuren als Blei- oder Kupfersalze gesondert färben. Über diese Untersuchungen liegt ein ausgedehntes Schrifttum vor[8, 9].

Zusammenfassend läßt sich folgendes sagen: Wird auf der Höhe der Verdauung nach einer großen Fettzufuhr ein Schleimhautschnitt hergestellt und auf Neutralfett gefärbt, so findet man den Cuticularsaum frei von Fett; im oberen, dem Darmlumen zugekehrten Viertel der Zelle sind häufig nur wenig Fetttröpfchen. Reichlich sind sie in der Kernzone, besonders der oberen vorhanden. Außerdem sieht man Fetttröpfchen in den Gewebsspalten und angehäuft im zentralen Lymphraum der Zotten, in den abführenden Lymphgefäßen und in den Lymphdrüsen. Die zahlreichen Leukocyten sind ebenfalls mit Fett beladen. Sowohl einzelne Zellen als auch ganze Zotten befinden sich, namentlich im Beginn der Resorption, nicht im gleichen Stadium der Aufnahme. Über die Änderung der histologischen Grundstruktur der Darmwandzellen im Verlaufe der Aufsaugung beim Frosch berichtet RITTER[10].

Verfolgt man zeitlich die Vorgänge in der Schleimhautzelle bei der Fettresorption, wie es JEKER[11, 12] an Ratten durchführte, so sind innerhalb der ersten 20 min nach der Fettfütterung oberhalb des Kernes feinst verteilte Fettsäuren, aber keine Neutralfette nachzuweisen. Erst nach 30 min treten diese auch hier auf, beginnend in den Zellen an der Zottenspitze. Die Zellen füllen sich dann mehr und mehr mit Neutralfett (s. Abb. 25), wobei die Färbbarkeit auf freie Fettsäure abnimmt (s. Abb. 26). Vergiftungen mit Phlorrhizin, Monojodessigsäure (s. Abb. 27) und Mangel an Nebennierenrindenhormon (s. Abb. 28) verhindern die Ablagerung von Neutralfett.

i) Fettverteilung in den Darmwandzellen. In den Zellen kann der Verteilungszustand der Fette zwischen feinen, zuweilen in axialen Strängen angeordneten und doppeltkerngroßen Tröpfchen schwanken. Fettart, Beinahrung, Alter des Tieres und Vitaminmangel beeinflussen ihre Größe.

Mangel an Vitamin A und B[13] bewirkt eine „großtropfige" Resorption (s. Abb. 29). Vitamin A-Ester sollen in Verbindung mit Eiweiß eine äußerst feine Verteilung

---

[1] BROCKET, S. H., M. A. SPIERS and H. E. HIMWICH: Amer. J. Physiol. **110**, 342 (1934). — [2] MILBRADT, W.: B. Z. **223**, 278 (1930). — [3] HEVESY, G., and E. LUNDSGAARD: Nature **140**, 275 (1937). — [4] HALSE, TH., K. PHILIPP u. F. RUF: Kli. Wo. **1951**, 309. — [5] ELKES, J. J., and A. C. FRAZER: J. Physiol., London **102**, 24 P (1944). — [6] TROPP, C.: Dtsch. Z. Verd.- u. Stoffw.-Krankh. **7**, 246 (1943). — [7] s. S. 200[5], S. 312. — MUNK, I.: Virchows Arch. **95**, 452 (1884). — [8] HEIDENHAIN, R.: Pflügers Arch. **43**, Suppl. 1 (1888). — [9] WEINER, P.: Z. mikroskop.-anat. Forsch. **13**, 197 (1928); **30**, 193 (1932). — [10] RITTER, U.: Ber. Physiol. **148**, 385 (1952). — [11] JEKER, L.: Pflügers Arch. **237**, 1 (1936). — [12] VERZÁR, F., u. L. JEKER: Pflügers Arch. **237**, 14 (1936). — [13] CRAMER, W., and R. J. LUDFORD: J. Physiol., London **60**, 342 (1925). — MOTTRAM, J. C., W. CRAMER and A. H. DREW: Brit. J. exp. Path. **3**, 179 (1922).

des Fettes in den Darmepithelzellen bewirken. Ob dadurch bei einigen Fischen allein der Weitertransport von Fett möglich ist[1], bleibt noch zu beweisen. Ein spezifischer Einfluß von Cholin[2] auf die Fettverteilung in der Darmwand ist bestritten[3].

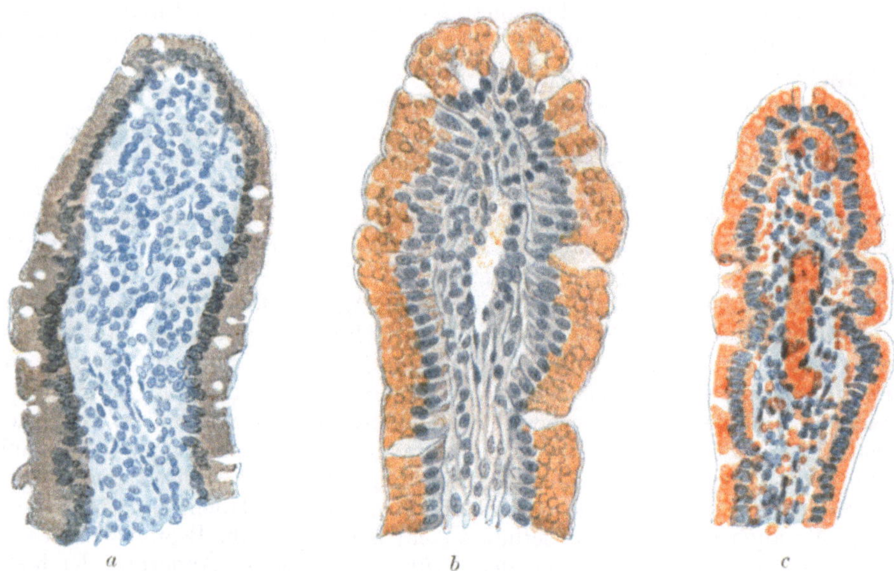

Abb. 25. Normale Fettresorption (Olivenöl bei der Ratte)[4]. *a* 20 min nach Fütterung; *b* 3 Std nach Fütterung; *c* 6 Std nach Fütterung. Färbung mit Hämalaun-Sudan.

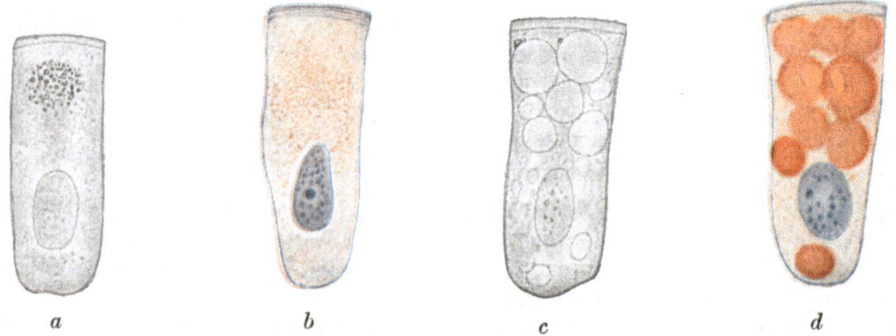

Abb. 26. Normale Fettresorption (Olivenöl bei der Ratte). Einzelne Zellen von Darmmucosa. *a* und *c* auf freie Fettsäuren gefärbt nach FISCHLER. *b* und *d* auf Neutralfett gefärbt mit Hämalaun-Sudan. *a* und *b* 20 min nach Fettfütterung; *c* und *d* 6 Std nach Fettfütterung.

Ist nur wenig Fett in der Nahrung vorhanden, so sind derartige histologische Bilder der Anreicherung von Neutralfett in der Darmwandzelle nicht zu finden. Triglycerid ist nicht vermehrt, freie Fettsäuren dagegen reichlicher nachweisbar[6].

---

[1] LOVERN, J. A., and R. A. MORTON: Biochem. J. **33**, 330 (1939). — [2] FRAZER, A. C.: Nature **157**, 414 (1946). — [3] TASKER, R. R., and W. S. HARTROFT: Nature **164**, 155 (1949). — [4] s. S. 241[11]. — [5] s. S. 241[12]. — [6] REISER, R.: J. biol. Ch. **143**, 109 (1942).

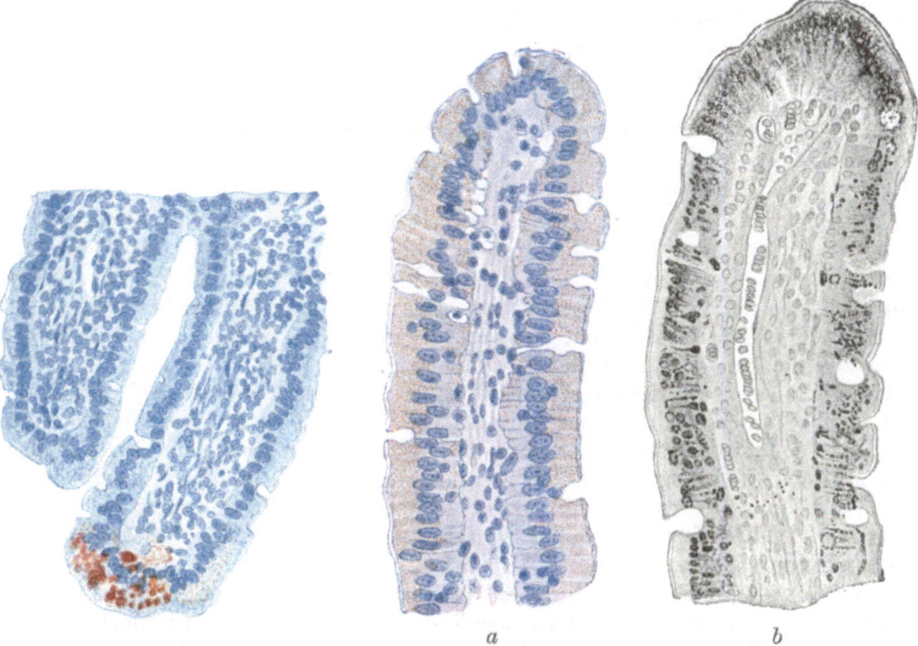

Abb. 27. Fettresorption nach Vergiftung mit Monojodessigsäure (Olivenöl bei der Ratte)[1]. Färbung Hämalaun-Sudan. 6 Std nach Fettfütterung.

Abb. 28. Fettresorption nach vorheriger Entfernung der Nebennieren (Olivenöl bei der Ratte)[2]. 6 Std nach Fettfütterung. *a* Fettfärbung mit Hämalaun-Sudan, *b* Fettsäurefärbung nach FISCHLER.

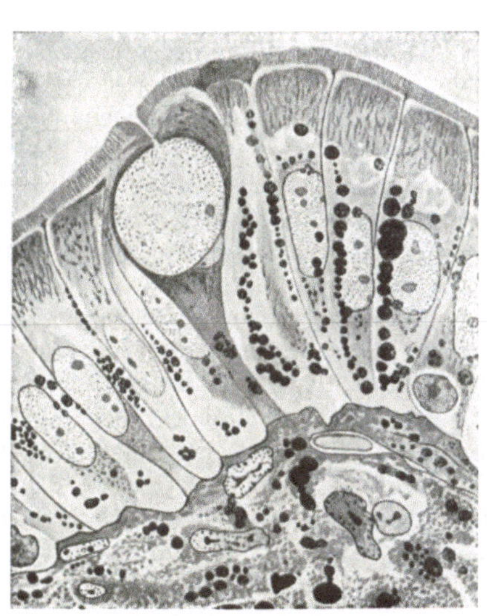

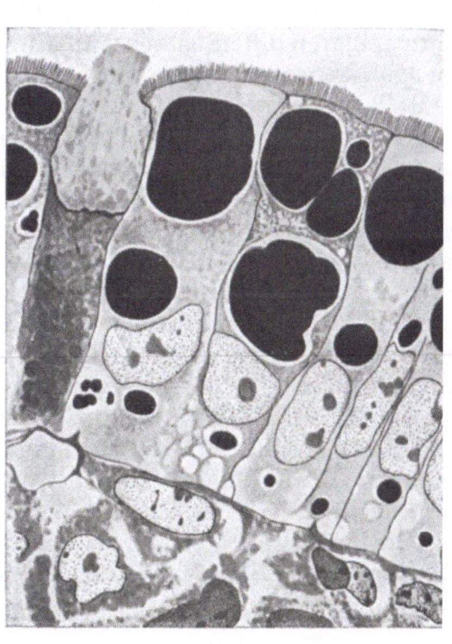

a *b*

Abb. 29. Fettverteilung in Epithelzellen vom Duodenum der Ratte abhängig von der Vitaminzufuhr[3]. *a* mit, *b* ohne Vitamin B.

[1] s. S. 241[11]. — [2] s. S. 241[12]. — [3] MOTTRAM, J. C., W. CRAMER and A. H. DREW: Brit. J. exp. Path. 3, 179 (1922). — s. S. 200[3], S. 57.

Es mag hierin die größere Aufspaltung durch ein günstigeres Verhältnis der Lipase zu dem Substrat sichtbar sein, oder Fett wird aus den Zellen schneller abtransportiert als es einströmt.

k) Weg des Fettes in den Körper. Wie oben erwähnt, ist der Übertritt von gefüttertem Fett davon abhängig, in welcher Form es durch Verdauung und Resorption in die Darmwandzelle hineingelangt und wie es hier umgewandelt wird. Von den resorbierten Fettsäuren gehen nach FRAZER erhebliche Teile den Blutweg unmittelbar in die Leber. Neutralfette nehmen dagegen den Lymphweg; Fütterung von Neutralfett vermehrt nicht die Hämokonien im Pfortaderblut. In der Darmwand erscheinen in den Lymphspalten und dem zentralen Lymphgefäß der Zotten kleinste Fetttröpfchen, die durch Kontraktionen der Zotten beschleunigt weitertransportiert werden (VERZÁR). Der Austritt durch die Zellmembran verläuft in gleicher Weise wie bei anderen Körperzellen, ohne Spaltung und Veränderung.

Der Hauptweg, auf dem das Neutralfett in den Körper weitergeleitet wird, ist die Lymphbahn. Ein nicht unerheblicher Teil fließt aber nicht über den Ductus thoracicus, sondern geht unmittelbar in das Mesenterialfettgewebe und in die Pfortader. MUNK u. ROSENSTEIN[1] fanden bei einem Menschen mit einer Lymphfistel nur 60% des verfütterten Fettes wieder. Ähnlich ist der Fetteinstrom bei Fisteltieren verteilt. Die Verteilung hängt von der Menge, von der Art des Fettes, von der Spaltungsgröße, von der Beikost und ähnlichen Beeinflussungen ab.

Der Ductus thoracicus trägt die staubfeine, milchige Fettemulsion des Chylus in die linke Vena subclavia. Die resorbierten Fette werden somit nochmals in der Lunge capillar verteilt, ehe sie in die Gewebe gelangen. Die Lunge soll noch vorhandene Reste an nichtveresterten Fettsäuren in Neutralfett umbauen[2]. In der Blutbahn kreist das Neutralfett corpusculär als Hämokonien (Chylomikronen), zum Teil aber auch als nicht sichtbares Fett. Dieser Teil soll durch die Blutcapillaren diffusibel sein; an künstlichen Membranen konnte die Diffusibilität nachgewiesen werden[3].

Daß resorbiertes Fett unmittelbar in die Pfortader überzutreten vermag, läßt sich auch nach der Unterbindung des Ductus thoracicus[4] oder sämtlicher Lymphgefäße des Dünndarmes[5] nachweisen. Die Aufsaugung war hiernach zumindest vorübergehend vermindert. Beim Hund war sie nach einigen Tagen wieder normal[6]. SULZE[7] fand dagegen an Katzen, daß durch Abbinden der gesamten mesenterialen Lymphgefäße der Hämokonienschub nicht vermindert und nur ein wenig verzögert war. Ebenso ist die Ausnützung des Fettes, falls keine Durchfälle auftreten, nicht vermindert. Aus Zotten, die in einem Darmabschnitt mit unterbundenen Chylusgefäßen lagen, tritt das Fett ebenso rasch aus wie aus normalen. Die Lymphbahnen scheinen also nicht unbedingt für die Fettresorption erforderlich zu sein, aber die Ablenkung des resorbierten Fettes in die Pfortader hat Folgeerscheinungen in Gestalt einer Fettleber. Fast $^1/_4$ des Organgewichtes bestand aus Fett, während gesunde Tiere unter gleichen Ernährungsbedingungen nur 5 bis 7% des Feuchtgewichtes abgelagert hatten.

Der Fettgehalt des Chylus beträgt meist 2 bis 5%, kann aber bis auf 8 bis 10% ansteigen; ZAWILSKI[8] fand sogar 15%. Das Chylusfett besteht zu 98% aus Neutralfetten und zu etwa 2% aus freien Fettsäuren (MUNK und ROSENSTEIN[9]).

---

[1] s. S. 200[5], S. 323. — [2] LEITES, S.: B. Z. **184**, 273 (1927). — [3] SÜLLMANN, H., u. F. VERZÁR: B. Z. **270**, 44 (1934). — [4] FRANK, O.: Arch. Anat. Physiol. (B) **1892**, 497; **1894**, 297. — [5] HALL, K.: Z. Biol. **62**, 448 (1913). — [6] CLARKE, B. G., A. C. IVY and D. GOODMAN: Amer. J. Physiol. **153**, 264 (1948). — [7] SULZE, W.: Ber. sächs. Akad. Wiss. **85**, 151 (1933). — [8] ZAWILSKI, A.: Arb. physiol. Anst. Leipzig. S. 147 (1877). — [9] MUNK, I., u. A. ROSENSTEIN: Virchows Arch. **123**, 230, 484 (1891). Arch. Anat. Physiol. (B) **1890**, 376, 581.

l) Ort der Fettresorption. Im Mund und Magen[1] werden Fett oder Fettbestandteile physiologischerweise nicht resorbiert, obgleich das Epithel des Magens bei Fettnahrung vermehrt Fett enthält[2] und bei Olivenölangebot das Epithel mit Fetttröpfchen gefüllt ist[3]. Im Pylorusteil soll beschränkt resorbiert werden[4]. Pansen von Schaf resorbiert flüchtige Fettsäuren nicht unerheblich[5]. Die Hauptresorption von Fett geht erst im Dünndarm dann vor sich, wenn Galle- und Pankreassaft zu dem Nahrungsfett getreten sind. Der Dünndarm resorbiert Fett in seiner ganzen Länge (BERNARD; DASTRE[6]). Besonders gut resorbieren unteres Jejunum und Ileum die Fettsäuren. Der Dickdarm kann wohl unter bestimmten Bedingungen Fett aufnehmen, jedoch ist die Resorption klein und für physiologische Verhältnisse bedeutungslos.

Die Ausschaltung des Dickdarmes stört die Fettausnutzung in keiner Weise, während Verlust von Dünndarmteilen, abhängig von der Menge, den resorbierten Anteil herabsetzt. Für Aufsaugung des üblichen Fettgehaltes der Nahrung ist beim Menschen der Darm in seiner ganzen Länge nicht erforderlich. Resektionen größerer Darmteile stören gegenüber Kohlenhydrat- und Eiweiß- zuerst die Fettresorption[7], wobei Verluste des Jejunums schwerer wiegen als solche des Ileums. Die Entfernung des Magens stört die Fettausnutzung anscheinend durch die daraus folgende Schädigung der Dünndarmschleimhaut.

m) Fettausnutzung. Die Resorptionsfähigkeit eines Fettes hängt, wie oben gesagt, von seinen physikalischen Eigenschaften und der Struktur seiner Fettsäuren ab. Jedoch werden schwer resorbierbare Säuren wie die Stearinsäure, wenn sie mit anderen Säuren vermischt werden, besser ausgenutzt, als wenn sie allein verabreicht werden (MUNK; ROST[8]). Die Art der Fettsäuren beeinflußt deshalb wesentlich die Ausnutzung des Triglycerids. Hochschmelzende Fette aus langkettigen, gesättigten Fettsäuren werden schlechter ausgenutzt als bei Körpertemperatur emulsionsfähige. ARNSCHINK[9] u. a.[10,11] fanden Öle und Schmalze zu 96 bis 98% — meist ohne Berücksichtigung des endogenen Anteiles des Kotfettes —, Hammeltalg zu 90% und Tristearin zu 15% ausgenutzt. Der im Darm flüssige Zustand hängt aber nicht nur vom Schmelzpunkt ab. Bei festen Fetten, die geschmolzen genossen werden, kann durch Vermischung oder andere Einflüsse der Erstarrungspunkt beträchtlich tiefer als der Schmelzpunkt liegen. Auch weitere Eigenschaften des Fettes bestimmen mit. So soll die schlechtere Ausnutzung des flüssigen Rapsöles auf der schlechteren Resorption der in ihm enthaltenen Erucasäure beruhen[12]. Leinöl wird schlechter als Olivenöl ausgenutzt[13].

Bei der Herstellung von Kunstfetten durch Hydrierung von Tranen und Ölen ist diese Frage nach der Resorption von größerer Bedeutung. Hochgehärtete Fette schmecken ausgesprochen talgig und werden nur wenig ausgenutzt, können deshalb nur beschränkt in Nahrungsfetten verschnitten werden. Fette mit gesättigten Säuren von C_{20} und C_{22}, wie sie in voll hydrierten Waltranen vorkom-

---

[1] FAITELBERG, O.: Über die Stoffresorption im Magen. Fortschr. mod. Biol. (russ.). **30**, 372 (1950). — [2] INOUYE, T.: Amer. J. Physiol. **69**, 116 (1924). — [3] HADJIOLOFF, A., u. B. PAPASOFF: Jb. Univ. Sofia, Med. Fak. **17**, 413 (1938) [Ber. Physiol. **118**, 578]. — [4] HIRAJAMA, S.: Jap. med. World **1922**, 101. — [5] MCANALLY, R. A., and A. T. PHILLIPSON: J. Physiol., London **101**, P 13/14 (1942/43). — MASSON, M. J., and A. T. PHILLIPSON: J. Physiol., London **113**, 189 (1951). — KIDDLE, P., R. A. MARSHALL and A. T. PHILLIPSON: J. Physiol., London **113**, 207 (1951). — [6] DASTRE, A.: Arch. Physiol., Paris **1890**, 321, 714, 800. — [7] NÖCKER, J.: Dtsch. Z. Verd.- u. Stoffw.-Krankh. **10**, 71 (1950). — [8] ROST, E., G. SONNTAG u. A. WEITZEL: Arch. Hygiene **118**, 193 (1937). — [9] ARNSCHINK, L.: Z. Biol. **26**, 434 (1890). — [10] STEENBOCK, H., M. H. IRWIN and J. Weber: J. Nutrit. **12**, 103 (1936). — [11] MCCAY, C. M., and H. PAUL: J. Nutrit. **15**, 377 (1938). — [12] DEUEL, H. J. jr., A. L.-S. CHENG and M. G. MOREHOUSE: J. Nutrit. **35**, 295 (1948). — [13] LOMBROSO, U., L. BELLINI e S. FILIPPON: Boll. Soc. ital. Biol. sperim. **13**, 177 (1938).

men, werden nur gering aufgesaugt[1]. Vermindert ausgenutzt werden auch einfache Fettsäureester, wie die Äthylester, die früher einmal in Deutschland zu 20% Nahrungsfetten beigemischt waren[2]. Bei mehr als 30 g täglich treten Verluste im Kot ein. Nicht zu hohe Zufuhren solcher Fettsäureester werden vom Hund noch gut ausgenutzt; Palmitinsäureäthylester zu 74%, Stearinsäuremethylester zu 64%, Ölsäureäthyl- und -metyhlester zu 80 bis 90%[3]. Mäuse resorbieren Methylester besser, wenn sie mit Neutralfett und Monopalmitat verschnitten sind, da sie allein nicht emulgiert werden[4].

n) Resorbierbare Fettmenge. Die Menge an Fett, die täglich resorbiert werden kann, schwankt bei den verschiedenen Tierarten erheblich. Fleischfresser nutzen im allgemeinen besser aus als Pflanzenfresser. Nach PETTENKOFER u. VOIT[5] kann der Hund 11,0 g Fett und bei unmittelbarem Einlauf in das Duodenum maximal 16,5 g Olivenöl pro kg und Tag resorbieren[6]. Bei längerer Fütterung nimmt die Resorptionsfähigkeit wohl infolge Reizung der Schleimhaut gering ab. Ratten von 200 g resorbieren etwa 3,5 g Öl täglich (VERZÁR)[7]. Für den Menschen hält RUBNER bis 350 g Fett am Tag für möglich, auf die Dauer jedoch nicht mehr als 150 g täglich, während v. NOORDEN bis 400 g Butter täglich verabreichte. 10 bis 12 g Fett pro kg und Tag sind verdaulich[8]. Einzelbelastungen mit 100 g Olivenöl wurden zu 90 bis 96% ausgenutzt[9].

Bestimmte Beziehungen zwischen Länge des Darmes oder seiner Oberfläche und der resorbierten Fettmenge ließen sich an Ratten nicht nachweisen[10]. Ratten resorbieren von bei Körpertemperatur flüssigen Fetten etwa 40 bis 55 mg für 100 cm² Körperoberfläche und Stunde[11, 12]. Von einsäurigen Triglyceriden (Triacetin bis Trilaurin) werden die mit geradzahligen besser als die mit ungeradzahligen Fettsäuren ausgenutzt[13].

Die Ausnutzung verfütterten Fettes wird außer von den obengenannten Bedingungen noch vom Magen und vom Darm beeinflußt. Je fetthaltiger die verfütterte Speise, desto langsamer entleert sich der Magen. FRAZER meint sogar, daß das Fettangebot stets gleichbleibend ist. Ratten entleerten aber sehr unterschiedlich. In 90 min verließen 8 bis 97% eines eingefüllten Nußöles den Magen[14]. Auch der Darm steuert das Fettangebot. So hemmen in das Duodenum eingebrachte Fettsäuren die Magenbewegungen in linearem Verhältnis zu der Menge[15]. Reizzustände und erhöhte Peristaltik des Darmes setzen den Umfang der Fettresorption herab. Gering ausnutzbare Ester, wie der Palmitinsäureäthylester[16], sollen die Magenentleerung besonders stark verzögern.

o) Fettresorption unter pathologischen Verhältnissen. Alle Funktionsstörungen der Darmschleimhaut beeinträchtigen in besonderem Maße die Resorption der Fette. Die Störungen haben vielartige Ursachen[17]. Sie entstehen auch z. B. durch Lebererkrankungen, wie Cirrhosen, Carcinomen, Stauungen[18]. Die Fettresorptionsstörungen bei einheimischer Sprue, die mit Nebennieren- und Vitamin-

---

[1] RENNKAMP, F.: Ber. sächs. Akad. Wiss. **91**, 61 (1939). — [2] ROST, E.: Ber. Physiol. **2**, 172 (1920). — [3] STRACK, E., u. A. LOESCHKE: Ber. sächs. Akad. Wiss. **84**, 137 (1932). — [4] MEAD, J. F., L. R. BENNETT, A. B. DECKER and M. D. SCHOENBERG: J. Nutrit. **43**, 477 (1951). — [5] PETTENKOFER, M. v., u. C. VOIT: Z. Biol. **9**, 1 (1873). — [6] STRACK, E., u. G. FRIEDRICH: Ber. sächs. Akad. Wiss. **93**, 115 (1941). — [7] VERZÁR, F., u. L. LASZT: B.Z. **276**, 11 (1935). — [8] VOET, R.: Rev. belg. Sci. méd. **14**, 89 (1942). — [9] s. S. 200², S. 297. — [10] IRWIN, M. H., H. STEENBOCK and V. M. TEMPLIN: J. Nutrit. **12**, 85 (1936). — [11] DEUEL, H. J. jr., L. HALLMAN and A. LEONARD: J. Nutrit. **20**, 215 (1940). — [12] CROCKETT, M. E., and H. J. DEUEL jr.: J. Nutrit. **33**, 187 (1947). — [13] DEUEL, H. J. jr., and L. HALLMAN: J. Nutrit. **20**, 227 (1940). — [14] CORDIER, D., et Y. PIÉRY: C. R. Soc. Biol. **145**, 730 (1951). — [15] CARD, W. I.: Amer. J. digest. Dis. **8**, 47 (1941). — [16] FRANK, O.: Z. Biol. **36**, 568 (1898). — [17] FRAZER, A. C., J. M. FRENCH, H. G. SAMMONS, G. THOMAS and M. D. THOMPSON: Brit. J. Nutrit. **3**, 363 (1949). — CONTI, C.: Rass. Fisiopat. **22**, 145 (1950). — [18] s. S. 200⁸, S. 257.

mangelerscheinungen verbunden sind[1], unter denen aber nicht der Mangel an Folsäure und Biotin stört[2], beruhen darauf. Bei der Sprue treten schleimige Verklumpungen im Duodenalchymus auf[3]. Bei Coeliakie wird bei ausreichendem Lipasegehalt (FRAZER) das feinst emulgierte Fett mangelhaft aufgesaugt. Gleichzeitig vorhandene Kohlenhydrate verschlechtern die Ausnutzung[4].

Der Einfluß des Mangels an Galle und der des Fehlens von Pankreassaft auf die Fettresorption ist in einer großen Anzahl von Untersuchungen geprüft worden, ist aber noch keineswegs geklärt. Fehlt die Galle, so sollen Emulgierung und Resorption der Fettsäuren erschwert sein. Die Resorption von Fett ist aber trotzdem noch beträchtlich. Ikterische Menschen mit Verschluß des Gallenganges resorbieren mehr als die Hälfte des gegessenen Fettes und bei Sonderbelastung mit 100 g Olivenöl immerhin noch ein Drittel von diesem[5]. Ähnliche Mengen resorbieren Gallenfistelhunde[6]. Dies soll darin begründet sein, daß Fettsäuren gering gallefrei resorbiert werden[7], und andere hydrotrope Stoffe sie diffusionsfähig machen. In manchen Fällen sind wohl auch Gallensäuren aus dem Blut in den Darm übergetreten[8]. Das nicht resorbierte Fett der Faeces ist nicht allein Nahrungsrest, ein Teil von ihm stammt aus der Dickdarmwand, wie Fütterungen mit D-haltigen Fetten bewiesen[9].

Fehlt der Pankreassaft, so ist die Resorption stark beschränkt, weil das Neutralfett nicht in nötigem Umfang aufgespalten werden kann. Ein besonderer Pankreasfaktor verhütet Fettlebern[10]. Besonders viele Beobachtungen sind an pankreaslosen Hunden gemacht worden. Die Angaben sind nicht einheitlich[11, 12]. Auf jeden Fall kann Fett resorbiert werden. Fein emulgierte Fette, wie das Milchfett, werden umfangreicher ausgenutzt. Magen, Darm und Bakterien spalten einen Teil des Fettes mit ihren Lipasen. Die Bakterien des Dickdarms spalten Fette sogar erheblich, jedoch sind hier die Vorbedingungen für eine Resorption von Fett nicht mehr gegeben. So erklärt sich, warum auch im Kot pankreasloser Tiere viel freie Fettsäuren zu finden sind. Ein innersekretorischer Einfluß des Pankreas auf die Fettresorption wird abgelehnt[13]. Es gibt aber Befunde, die einen Einfluß des Pankreas auch in diesem Sinne möglich erscheinen lassen. Aus isolierten Darmschlingen werden Olivenöl und auch Fettsäuren bei intaktem Pankreas besser aufgesaugt als bei fehlendem[14]. Besser als das Triglycerid wird von pankreaslosen Tieren Monoglycerid resorbiert[15].

Die Hypophysenhormone haben auf die Fettresorption nur geringen Einfluß[16]. Thyroxin hemmt bei vitaminarm gefütterten Ratten[17]. Werden die Nebennieren entfernt, so ist die Fettresorption erheblich gestört (VERZÁR)[18] (s. Abb 28, S. 243).

---

[1] HANSEN, K., u. H. v. STAA: Die einheimische Sprue und ihre Folgekrankheiten. Leipzig 1936. — HOTZ, W. H., u. K. ROHR: Ergebn. inn. Med. **54**, 174 (1938). — THAYSEN, T. E. H.: Non Tropical Sprue. Oxford 1932. — [2] WOODRUFF, A. W.: Brit. J. exp. Path. **31**, 405 (1950). — [3] SMART, G. A., and R. DALEY: Lancet **1946 II**, 159. — [4] SHELDON, W., and A. MCMAHON: Arch. Dis. Childh. **24**, 245 (1949). — [5] s. S. 200[8], S. 244. — [6] BERNHARD, K., E. SCHLÄPFER u. S. WILK: Helv. physiol. Acta **7**, 189 (1949). — [7] ROSSI, G.: Arch. Fisiol. **36**, 365 (1936). — [8] s. S. 200[8], S. 247. — [9] SHAPIRO, A., H. KOSTER, D. RITTENBERG and R. SCHOENHEIMER: Amer. J. Physiol. **117**, 525 (1936). — BERNHARD, K., u. G. RITZEL: Helv. physiol. Acta **9**, C 58 (1951). — [10] CLOWES, G. H. A. jr., and L. B. MCPHERSON: Amer. J. Physiol. **165**, 628 (1951). — [11] MEHRING, J. v., u. O. MINKOWSKI: A. e. P. P. **26**, 371 (1890). — [12] SCHEUNERT, A.: Handb. Biochem. **5**, 173 (1925). — STARLING, E. H.: Handb. Biochem. **5**, 240 (1925). — s. S. 200[8], S. 237. — [13] NOTHMANN, M., u. H. WENDT: A. e. P. P. **162**, 472 (1931); **164**, 266 (1932). — [14] LOMBROSO, U., L. BELLINI e S. FILIPPON: Boll. Soc. ital. Biol. sperim. **12**, 579 (1937). — LOMBROSO, U.: Ann. Physiol. Physicochim. biol. **16**, 298 (1940). — [15] ROSENTHAL, G., u. H. TRAUTWEIN: Ber. sächs. Akad. Wiss. **86**, 325 (1934). — [16] BORI, D. V.: Riv. Clin. pediatr. **38**, 170 (1940). — [17] BRÜHL, A.: Diss. med. Basel 1939. — [18] VERZÁR, F.: Die Funktion der Nebennierenrinde. Basel 1939.

Nebennierenextrakt, aber auch die alleinige Zufuhr von genügend NaCl beseitigen die Störung[1].

p) Einfluß von Begleitstoffen auf die Fettresorption. Die Zusammensetzung der Nahrung beeinflußt die Fettausnutzung beträchtlich[2]. Mäßige Mengen an Ca^{++}-Salzen fördern, größere hemmen. Ca^{++}- und Mg^{++}-Salze stören vorwiegend die Resorption höherer gesättigter Fettsäuren, auch schon von Laurinsäure, während sie die Resorption von Schmalz nicht beeinträchtigen[3]. Die Vitamine scheinen die Fettresorption unmittelbar nicht erheblich zu beeinflussen[4], B_2 ist nötig für die Phosphorylierungsvorgänge, über die es günstig wirken soll[5]. Mangel an den Vitaminen A, B, D[6] vermindert die Fettresorption, jedoch haben Zulagen an normalen Ratten keine Wirkung[7]. Kohlenhydrate sollen begünstigend wirken. Speck und ebenfalls Fett, das in Pflanzenzellen eingeschlossen ist, werden geringer ausgenutzt als gleiche Mengen freien Fettes.

q) Resorption der Lipoide. *Phosphatide.* Fettähnliche Stoffe werden im allgemeinen unter gleichen Bedingungen aufgesaugt wie die Fette[8]. Das Lecithin[9, 10] kann durch Fermente im Darmlumen in seine Bausteine zerlegt werden. Diese werden, wie oben beschrieben, aufgesaugt und in der Darmwand zu Neutralfett, weniger umfangreich zu Lecithin wieder aufgebaut[11]. Verfütterungen von Lecithin und seinen Spaltstücken, die mit aktivem ^{32}P markiert waren, zeigen aber, daß Lecithin auch zum Teil ungespalten aufgesaugt wird[12]. Lecithin geht wie das Fett hauptsächlich auf dem Lymphweg in den Körper und wird schon in den oberen Darmabschnitten aufgesaugt[13]. Fehlen die spaltenden Fermente, so findet sich im Kot vermehrt Lecithin[14].

Steroide. Die Sterine werden verschieden gut resorbiert[15]. Das Cholesterin wird durch Zutritt von Gallensäuren gut aufgesaugt und die Resorption durch Anwesenheit von Fetten noch begünstigt[16]. Die Ratte soll es überhaupt nur aufsaugen können, wenn es mit Fetten zusammen verabreicht wird[17]. Sowohl der Dickdarm als auch der Dünndarm nehmen Cholesterin auf und führen es in die Lymphbahnen und unmittelbar in die Pfortader[18]. Verfütterte Cholesterinester werden im Dünndarm gespalten, freies Cholesterin in Gegenwart von Galle verestert. Vom verfütterten freien Cholesterin wird ein erheblicher Teil verestert im Chylus gefunden. Das Verhältnis von freiem : verestertem Cholesterin schwankt[19]. Es beträgt 2 : 1 bis 1 : 1. Diese Esterifizierung soll wesentlich für die Cholesterinresorption sein[20]. Sie beeinflußt ja auch die Resorption der Fettsäuren bedeutsam (s. S. 235). Eine eingehende Zusammenstellung auch der pathologischen Verhältnisse der Cholesterinresorption gibt BÜRGER[21] (vgl. a. Bd. **1**, S. 397).

---

[1] CLARK, W. G., and A. N. WICK: Proc. Soc. exp. Biol. Med. **42**, 336 (1939). — [2] SCHULZ, J. A., and B. H. THOMAS: J. Nutrit., **42**, 175 (1950). — [3] MOREHOUSE, M. G., A. L.-S. CHENG and H. J. DEUEL jr.: Fed. Proc. **7**, 294 (1948). — [4] FRAZER, A. C.: Bull. Soc. Chim. biol. **33**, 968 (1951). — [5] LASZT, L., u. F. VERZÁR: B. Z. **288**, 351 (1936). — [6] LIOTTA, A., e L. BELLINI: Path., Genova **33**, 25 (1941). — [7] IRWIN, M. H., H. STEENBOCK and A. R. KEMMERER: J. Nutrit. **12**, 357 (1936). — [8] FAVARGER, P.: Bull. Soc. Chim. biol. **33**, 924 (1951). — [9] BÓCKAY, A.: H. **1**, 157 (1877/78). — [10] SCHULZ, F. N.: Handb. Biochem. **8**, 534 (1925). — [11] ECKSTEIN, H. C.: J. biol. Ch. **62**, 743 (1925). — [12] ARTOM, C., and M. A. SWANSON: J. biol. Ch. **175**, 871 (1948). Fed. Proc. **7**, 144 (1948). — [13] SLOWTZOFF, B.: Hofmeisters Beitr. **7**, 508 (1906). — [14] EHRMANN, R., u. H. KRUSPE: Berlin. klin. Wschr. **1913 II**, 1111. — [15] KÜHNAU, J.: Sterine, Gallensäuren, Inosit. Handb. Biochem. Erg.-W. **3**, 1122 (1936). — [16] SCHETTLER, G.: B. Z. **319, 444** (1949). Z. ges. inn. Med. **4**, 718 (1949). — [17] COOK, R. P.: Biochem. J. **30**, 1630 (1936); **31**, 410 (1937). — COOK, R. P., and N. L. EDSON: Biochem. J. **30**, 1637 (1936). — [18] NEDSWEDSKI, S. W.: Pflügers Arch. **214**, 337 (1926). — [19] NIEFT, M. L., and H. J. DEUEL jr.: J. biol. Ch. **177**, 143 (1949). — [20] FRÖHLICHER, E., u. H. SÜLLMANN: B. Z. **274**, 21 (1934). — [21] BÜRGER, M.: Cholesterinhaushalt beim Menschen. Ergebn. inn. Med. **34**, 583—701 (1928).

Dihydrocholesterin wird ein wenig[1], Koprosterin wird nicht von tierischem und von menschlichem Darm aufgesaugt[2]. Nach SCHÖNHEIMER[3] werden die körperfremden Sterine, ausgenommen die Bestrahlungsprodukte des Ergosterins, fast gar nicht aufgesaugt. Von für den Körper wichtigen Sterinabkömmlingen werden die Vitamine D und in geringem Umfang mit Hilfe der Gallensäuren auch Ergosterin resorbiert; Gallenmangel verhindert diese Resorption[4]. Die Sexualhormone werden resorbiert, ohne daß Galle notwendig zu sein scheint[5].

Carotinoide. Sie werden entsprechend ihrer Löslichkeit nur bei Anwesenheit von Galle aufgesaugt. Bei gallefreien Tieren wirkte Zulage von Desoxycholsäure, nicht dagegen die von Taurochol- und von Glykocholsäure oder von Decholin[6]. Carotin wird aus isolierten Dünndarmschlingen am besten aufgesaugt, wenn es zusammen mit Galle und Pankreassaft verabreicht wird[7]. Fettbeigabe begünstigt die Aufsaugung, Öle wirken besser als Cocosfett, Butter oder Pflanzenfette[8].

β-Carotin in Sesamöl wird zu 70 bis 95% von gesunder und A-avitaminotischer Ratte resorbiert[9]. β-Carotin wird besser ausgenutzt als α-Carotin[10]. Aus Gemüsen ist die Ausnutzung abhängig von deren Zustand. Der Mensch resorbiert aus rohen Karotten 1 bis 5%, aus fein zerriebenen 15 bis 20% zuweilen 30 bis 40%[11], aus Spinat etwa 50% des Gehaltes bei erheblichen individuellen Schwankungen[12]. Xanthophyll wird unter Veresterung resorbiert[13]. Vitamin A wird gut aufgesaugt, insbesondere wenn Fett und Galle vorhanden sind, Lecithin fördert[14]. In der Darmmucosa lag bei Heilbutt[15] 75%, bei Schafen und Rindern 50 bis 75% als A-Ester vor[16]. Vitamin A-Ester verhalten sich wie Fette. Sie werden hauptsächlich im Jejunum aufgesaugt. Ihre wässrigen Emulsionen werden besser als freies oder in Öl gelöstes Vitamin A ausgenutzt[17].

6. Resorption weiterer organischer Stoffe.

a) Alkohole. Die einfachen Alkohole werden rasch und mit steigendem Molekulargewicht abnehmend resorbiert. Äthanol tritt durch die Magenwand ebenso leicht wie durch die Dünn- und Dickdarmwand hindurch. Genossener Alkohol wird zu 21% vom Magen, zu 9% vom Duodenum, zu 53% vom Jejunum, zu 18% vom Ileum ausgenutzt[18]. Von 40% igem Äthanol sind im Magen resorbiert[19] nach

10 min	37%	30 min	60%
20 min	50%	60 min	90%.

CO_2-Gehalt beschleunigt die Aufsaugung des Äthanols im Magen[20, 21]. Ratten resorbieren im Magen in 20 min 14,4 mg Äthanol auf 100 g Körpergewicht[22], Iso-

[1] DAM, H., u. G. C. BRUN: B. Z. **276**, 274 (1935). — [2] BÜRGER, M., u. W. WINTERSEEL: H. **202**, 237 (1931). — [3] SCHÖNHEIMER, R.: Kli. Wo. **1932 II**, 1793. — [4] HEYMANN, W.: J. biol. Ch. **122**, 249 (1937). — [5] HOFFMAN, M. M., G. MASSON and M. L. DESBARATS: Endocrinology **42**, 279 (1948). — [6] GREAVES, J. D., and C. L. A. SCHMIDT: Proc. Soc. exp. Biol. Med. **36**, 434 (1937). — [7] IRVIN, J. L., J. KOPALA and C. G. JOHNSTON: Amer. J. Physiol. **132**, 202 (1941). — [8] BOMSKOV, C., u. F. RUF: Kli. Wo. **1940**, 647. — [9] WAGNER, K.-H., L. GÜNTHER u. L. SCHULZE: Vitamine u. Hormone **1**, 455 (1941). — [10] WILSON, H. E. C., S. M. DAS GUPTA and B. AHMAD: Ind. J. med. Res. **24**, 807 (1939). — [11] WILBRAND, U.: Med. Mschr. **4**, 923 (1950). — [12] BERNHARD, K.: Fette u. Seifen **54**, 627 (1952). — [13] s. S. 200[7]. — [14] ADLERSBERG, D., and H. SOBOTKA: J. Nutrit. **25**, 255 (1943). — [15] GLOVER, J., and R. A. MORTON: Biochem. J. **42**, LXIII (1948). — [16] EDEN, E., and K. C. SELLERS: Biochem. J. **43**, XXXIII (1949); **46**, 261 (1950). — [17] VOLK, B. W., and H. POPPER: Gastroenterol., Baltimore **14**, 549 (1950). — POPPER, H., F. STEIGMANN and H. A. DYNIEWICZ: Proc. Soc. exp. Biol. Med. **73**, 188 (1950). — [18] NEMSER, M. H.: H. **53**, 356 (1907). — [19] FAITELBERG, O.: Über die Stoffresorption im Magen. Fortschr. mod. Biol. (russ.) **30**, 372 (1950). — [20] EDKINS, N., and M. M. MURRAY: J. Physiol., London **59**, 271 (1924); **62**, 13 (1926). — [21] JUNGMICHEL, G.: A. e. P. P. **173**, 388 (1933). — [22] KAREL, L., J. H. FLEISCHER and J. LOWEN: Amer. J. Physiol. **153**, 268 (1948).

propylalkohol wird rasch aufgesaugt[1]. Der Cetylalkohol ($C_{16}H_{34}O$) wird von Hunden nur noch zu etwa 5 g täglich ausgenutzt[2].

Die mehrwertigen Alkohole werden durch die Darmwand leicht aufgenommen, ebenfalls abhängig von der Diffusionsgeschwindigkeit der Stoffe (Glycerin s. S. 236). Die Hexite, wie Dulcit, Sorbit[3], Inosit[4], werden gut, aber weniger rasch als die Glucose resorbiert.

b) Organische Säuren. Carbonsäuren werden, wenn sie in Wasser löslich sind, gut aufgesaugt. Sind sie in Wasser unlöslich oder geben sie mit Begleitstoffen, insbesondere mit Ca^{++} schwerlösliche Verbindungen, so ist ihre Ausnützung stark abhängig von ihrer Löslichkeit in Gallensäure.

c) Farbstoffe. Farbstoffe verschiedenster Zusammensetzung, wasserlösliche wie auch lipoidlösliche, sind auf ihre Resorptionsfähigkeit geprüft und zum Studium der Aufsaugungsvorgänge mit wechselndem Erfolg herangezogen worden. Teils werden sie gut resorbiert, teils nicht. Die Teilchengröße und die Löslichkeit sind hierbei nicht allein ausschlaggebend. Von körpereigenen Farbstoffen hat die Resorption der Reduktionsprodukte des Gallenfarbstoffes größeres klinisches Interesse[5,6]. Sie werden mäßig gut resorbiert. Blutfarbstoff wird dagegen nicht wesentlich aufgesaugt.

c) Die parenterale Resorption[7–17].

Die parenterale Resorption ist durch die Verschiedenartigkeit der aufsaugenden Gewebe außerordentlich vielgestaltig und hat ein ausgedehntes Schrifttum hervorgebracht. Insbesondere haben die klinisch-medizinischen Fächer erhöhtes Interesse an ihr, und man findet deshalb gerade in der Spezialliteratur dieser Gebiete viele Einzelangaben. Auf sie kann hier jedoch nicht eingegangen werden. An dieser Stelle soll nur auszugsweise eine kurze Übersicht über das Gebiet der parenteralen Resorption vermittelt werden.

Einteilung. Die parenterale Resorption läßt sich mehr oder minder gezwungen in drei Gruppen unterteilen: α) *Aufsaugung durch äußere Oberflächen,* β) *durch innere Oberflächen und* γ) *durch das Gewebe selbst.*

α) Neben der *äußeren Oberfläche, der Haut,* stehen noch mit der Außenwelt in regerem Austausch ein Teil der *Schleimhäute* und die *Lungen.*

β) Die *vorgebildeten inneren Oberflächen,* die im allgemeinen Körperhöhlen auskleiden, stellen teils *Schleimhäute,* teils *seröse Überzüge* dar. Zu ihnen gehören die Schleimhäute der Gallenblase, der Harnblase, ihrer ab- und zuführenden Wege, des Uterus und des restlichen Genitalapparates; die Synovialmembranen, die die Gelenkhöhlen auskleiden, die Flächen,

---

[1] Wax, J., F. W. Ellis and A. J. Lehman: J. Pharmacol. exp. Therap. **97**, 229 (1949). — [2] Thomas, K., u. B. Flaschenträger: Skand. Arch. Physiol. **43**, 1 (1923). — [3] Burget, G. E., W. R. Todd and H. F. Haney: Amer. J. Physiol. **123**, 27 (1938). — [4] Kühnau, J.: Sterine, Gallensäuren, Inosit. Handb. Biochem. Erg.-W. **3**, 1122 (1936). — [5] Eppinger, H.: Die Leberkrankheiten. Wien 1937. — [6] Baumgärtel, T.: Physiologie und Pathologie des Bilirubinstoffwechsels als Grundlagen der Ikterusforschung. Stuttgart 1950.

Zusammenfassende Darstellungen: 7—17. [7] Rothman, S.: Resorption durch die Haut Handb. Physiol. **4**, 107—151 (1929); **18**, 85—91 (1932). — [8] Valetin, S., et R. Cavier: J. Physiol., Paris **39**, 137 (1947). — [9] Mond, R.: Resorption aus dem Peritoneum und anderen serösen Höhlen. Handb. Physiol. **4**, 152—166 (1929). — [10] Friedemann, U., u. S. Kwasniewski: Parenterale Resorption. Handb. Biochem. **5**, 254—294 (1925). — [11] Pincussen, L.: Parenterale Resorption. Handb. Biochem. Erg.-W. **2**, 501—516 (1934). — [12] Schlossmann, H.: Der Stoffaustausch zwischen Mutter und Frucht durch die Placenta. Ergebn. Physiol. **34**, 741—811 (1932). — [13] Zuntz, L.: Stoffaustausch zwischen Mutter und Frucht. Handb. Biochem. Erg.-W. **3**, 101 (1936). — [14] Axmacher, F.: Allgemeine Pharmakologie. Berlin 1938. — [15] Häbler, C.: Physiko-chemische Medizin nach Heinrich Schade. Dresden 1939. — [16] Führer, H.: D. m. W. **1921 II**, 1393. — [17] Teschendorf, W.: A. e. P. P. **92**, 302 (1922); **104**, 352 (1924).

welche die Augenräume begrenzen, die Hirnhäute, die Eihäute, die Placentaroberfläche und ähnliche sowie das Peritoneum, die Pleura und das Perikard.

γ) Die sich in den Körpergeweben abspielende *„interstitielle“ Aufsaugung* umfaßt im weiteren Sinne auch den physiologischen *Stoffaustausch zwischen den Zellen und den Gewebssäften.* Sie unterliegt ebenfalls den gleichen allgemeinen Gesetzmäßigkeiten wie die Resorption. Hierüber wird das zum Verständnis des Zellstoffwechsels Notwendige bei den in Betracht kommenden Kapiteln gesagt werden. An dieser Stelle soll nur kurz die interstitielle Aufsaugung Erwähnung finden, die vor sich geht, wenn von außen Stoffe in den Zellverband gebracht werden.

Nach *klinischem Brauchtum* läßt sich die Einführung der Stoffe und ihre Aufsaugung umreißen: 1. in die *durch das Gewebe selbst*: intracutan, subcutan, intramuskulär, intraneural, intralumbal usw. und 2. in die *durch das Gefäßsystem*: intraarteriell, intravenös und intrakardial.

Infolge ihrer unterschiedlichen physiologischen Bedeutung und ihres abweichenden anatomischen und histologischen Baues haben die *Oberflächen auch eine stark voneinander abweichende Fähigkeit zur Resorption.*

a) Aufsaugung durch äußere Oberflächen. *Die Durchlässigkeit der äußeren* ***Haut*** der einzelnen Tierarten wird sehr stark dadurch beeinflußt, ob eine trockene oder eine feuchte, schleimhautähnliche Oberfläche vorliegt. Beim *Warmblüter* behindert die Verhornung der Haut die Stoffaufsaugung. Begünstigend wirken hier höherer Feuchtigkeitsgehalt der Hornschicht, hyperämieerzeugende Mittel oder elektrischer Strom (Iontophorese) u. a. m.

Dazu beeinflussen außer der Art und der Löslichkeit der angebotenen Stoffe auch ihre Zustandsform und die Weise, in der die Substanzen auf die Oberfläche gebracht werden. Viele Arzneimittel treten z. B. in Salbenform besser als in ionogener Lösung durch die Haut hindurch. Die Ursache dafür kann sein, daß die Begleit- oder Trägersubstanzen die Oberfläche verändern, z. B. Keratolyse hervorrufen. Solche Änderungen des Zustandes der Oberfläche durch die Stoffe müssen allgemein bei der Betrachtung der Aufsaugung berücksichtigt werden. Es ist aber bei der Haut weiterhin zu beachten, daß sie keine einheitliche Membran darstellt. Die in ihr liegenden Ausführungsgänge der Schweiß- und Talgdrüsen resorbieren meist besser als das verhornte Epithel, und durch das Hineinpressen der Stoffe in die Drüsengänge kann die vermehrte Resorption bewirkt worden sein. (Näheres über die Hautresorption s. Bd. 2/2.)

Die ***Schleimhäute*** sind gegenüber der Haut erheblich durchlässiger. Auch bei ihnen bestimmt der histologische Bau die Aufnahmefähigkeit. Mehrschichtiges Plattenepithel, wie es im Mund vorkommt, setzt dem Stoffdurchtritt mehr Widerstand entgegen als einschichtiges Zylinderepithel. Grundsätzlich verhält sich das Resorptionsvermögen der Schleimhäute wie das der serösen Oberflächen (s. u.).

Die Schleimhäute der *Nase,* der *Trachea* und der *Bronchien* saugen Wasser und Krystalloide noch verhältnismäßig gut auf, aber doch schon erheblich schlechter als die *Alveolen.* Kolloide werden kaum resorbiert. Die therapeutisch wichtigen Alkaloide werden in beschränktem Umfang und sehr verschieden gut aufgenommen.

Die ***Lungen*** haben ihre biologische Hauptbedeutung im Gasaustausch zwischen Blut und Außenluft. Die Besprechung des Gaswechsels s. S. 500 ff. Die *Alveolarepithelien,* die eine nur sehr dünne Schicht mit einer großen Gesamtoberfläche, beim Menschen etwa 100 m^2, darstellen, resorbieren Wasser und krystalloide Lösungen schnell und umfangreich. Fein versprüht werden die eingeatmeten Stoffe besonders rasch in das Blut übergeführt. Auch manche schwerlöslichen Stoffe, wie Calciumsalze, werden in dieser Form zugeführt, noch gut resorbiert. Die Fähigkeit der Alveolarepithelien zum Aufsaugen größerer Flüssigkeitsmengen und gelöster Kolloide wird auch deutlich an der schnellen Resorption der umfangreichen Ergüsse, die infolge krankhafter Zustände in die Lunge gelangt sind. Monosaccharide werden aus den Alveolen gut aufgesaugt, Fette nur in geringem Umfang.

b) Aufsaugung durch innere Oberflächen. Zu den Organen mit innerer Oberfläche, die mit Schleimhaut ausgekleidet sind, gehört die Gallenblase, deren biologische Aufgabe mit einer resorbierenden Tätigkeit verbunden ist. Die Gallenblase dickt die von der Leber bereitete Galle auf etwa $^1/_{10}$ des Volumens ein, wobei sie auch einen Teil der gelösten Stoffe zurückresorbiert. Wasser und Salze werden gut aufgesaugt, die gepaarten Gallensäuren und deren Molekülverbindungen zu einem geringeren Teil und freie Kolloide kaum. In der entzündeten Gallenblase ist die Resorptionsfähigkeit für fast alle Stoffe gesteigert, doch ist ihre Resorption nicht mehr so zweckmäßig aufeinander abgestimmt. So wird Cholesterin jetzt weniger gut als Gallensäuren aufgenommen, deren relativ geringeres Vorhandensein als hydrotrop wirkende Stoffe dann Abscheidungen in der Gallenblase begünstigt.

Aus der ***Harnblase*** ist die Resorption biologisch unerwünscht. Aber auch ihre Schleimhaut vermag zu resorbieren, wie sich durch angelegte Blasenfisteln nachweisen läßt. Wasser und Salze werden zum Teil durchgelassen und, wenn auch nur in sehr geringem Maße, fast alle Harnbestandteile. Die Durchlässigkeit der Schleimhaut vergrößert sich, wenn sie entzündlich verändert ist oder wenn der Blaseninhalt unter Druck gebracht wird.

Die ***Placenta*** als aufsaugendes Organ hat schon stets physiologisches Interesse erweckt, wird doch durch sie der Fet ernährt. Bei ihr ist das Chorionepithel die den Stoffaustausch zwischen Mutter und Frucht bestimmende Membran. Es verhält sich anders als Darmepithel und beschleunigt nicht selbst — entgegen früheren Annahmen — die Resorptionsvorgänge. Wie bei den serösen Häuten sind allein die physikalisch-chemischen Eigenschaften der Stoffe bestimmend für die Aufsaugung. Traubenzucker tritt, abhängig vom jeweiligen Gefälle, nach beiden Richtungen gleich gut hindurch. Der Eiweißhaushalt der Feten wird nur aus solchen durch das Chorionepithel diffusionsfähigen Peptiden und Aminosäuren gedeckt; Fette treten hindurch, ohne gespalten zu werden.

Die ***seriösen Häute***, wie *Peritoneum, Pleura* und *Perikard,* die Zellmembranen aus einschichtigem, plattem oder kubischem Endothel darstellen, unterscheiden sich im Hinblick auf die Aufsaugung gegenüber der Darmschleimhaut im wesentlichen darin, daß sie die Aufnahme der angebotenen Stoffe nicht wie jene selektiv beschleunigen. *Die physikaliseh-chemischen Kräfte und die Eigenschaften der Stoffe bestimmen die Resorptionsgröße.* Die Membran selbst ändert die Durchlässigkeit nur auf Grund allgemeiner *Zustandsänderungen*: wechselnde Durchblutung, Entzündung, Endothelschädigung durch Vergiftungen, Kontinuitätsunterbrechung usw. sind die Ursachen. Das *Endothel* ist auch für größere Moleküle noch verhältnismäßig gut durchgängig.

Wasser und *Krystalloide* werden durch die serösen Häute schnell resorbiert. Hypertonische, in die Bauchhöhle gebrachte Lösungen werden verdünnt, hypotonische Lösungen durch raschere Wasserresorption und Einströmen von Gewebssalzen isotonisch gemacht; isotonisch eingebrachte Lösungen ändern ihren Druck nicht. Diese Verhältnisse bewirken, daß eine hypotonische Lösung am raschesten aus der Bauchhöhle verschwindet. Die Pleura eines Hundes nimmt etwa 200 cm^3 Wasser in 10 min auf. Der *Glucose*gehalt einer injizierten Lösung gleicht sich dem des Blutes an; ist er in der Lösung höher, so verschwindet die Glucose schneller als das Wasser, ist er kleiner, so strömt aus dem Gewebe Glucose zu. — Bei Druckerhöhungen im Bauchraum bis zu etwa 20 cm Wasser steigt die resorbierte Menge an; beschleunigend wirkt auch Beckenhochlagerung. Wasser und Krystalloide werden auf dem Blutwege in den Körper weggeführt.

Kolloide und unlösliche Substanzen gehen den Lymphweg, wobei die einzelnen Teile des Bauchfelles verschieden aufnahmefähig sind. Phagocytose ist an der Fortschaffung unlöslicher Stoffe stark beteiligt. Von emulgiertem *Fett* werden in 1 Std 50 bis 60% der eingespritzten Menge aufgesaugt. Casein wird verhältnismäßig schnell resorbiert, andere *Eiweißstoffe* dagegen langsamer.

Von klinischer Bedeutung ist auch die Aufsaugung von *Gasen*, z. B. für die Anlegung eines Pneumothorax. Die Resorption der Gase geht mit der Löslichkeit des Gases im Gewebswasser einher. Die Tabelle 61, die aus Angaben von FÜHNER und TESCHENDORF ausgewählt ist, gibt einen Überblick.

Angegeben ist die Zeit, in der 100 cm³ Gas aus dem Bauchraum des Kaninchens und 600 cm³ Gas aus der Brusthöhle des Hundes verschwunden sind.

Tabelle 61. Resorption von Gasen aus Bauchhöhle und Brusthöhle.

Gase	Bauchhöhle	Brusthöhle
N_2	3 Tage	1 Tag
O_2	1 Tag	$^1/_2$ Tag
H_2	1 Tag	10 h
CH_4	1 Tag	—
CO	17 h	8 h
C_2H_6	8 h	2—3 h
N_2O	1 h	1 h
CO_2	1 h	—
H_2S	5 min	—
Äther	1 min	—

Während des Verweilens in der Körperhöhle verändert sich die Zusammensetzung des eingefüllten Gases derart, daß es nach etwa 1 Std 5 bis 7% CO_2 und 3 bis 5% O_2 enthält. Diese Konzentrationen entsprechen ungefähr dem im Gewebe herrschenden Partialdruck der beiden Gase.

c) Aufsaugung durch das Gewebe selbst. Im Gewebe besteht ein dauernder Flüssigkeitsstrom. Aus den Blutgefäßen tritt Flüssigkeit in das Gewebe ein und wird aus ihm wieder durch die Blutgefäße und zum geringen Teil durch die Lymphgefäße herausgenommen. Den Flüssigkeitsaustausch zwischen Gewebe und Gefäßen bestimmt das Wasserbindungsvermögen des Blutes und der Gewebe sowie der Blutdruck und die Gewebselastizität. Das *Wasserbindungsvermögen* der Gewebe, das durch eine Reihe von Stoffen, wie Hormonen und Alkaloiden, mittelbar und unmittelbar zu beeinflussen ist, hat klinisch eine große Bedeutung in der Ödemfrage erlangt.

Der *Flüssigkeitsaustausch* zwischen Gewebe und Gefäßsystem wird vergrößert durch Massage, Bewegung der Organe, gesteigerte Durchblutung, Wärme mäßigen Grades usw. Derartige Einflüsse verstärken daher auch die Aufsaugung injizierter Lösungen. Verminderte Durchblutung, wie sie Adrenalinzusatz bewirkt, setzt die Resorption stark herab; hiervon wird z. B. bei der örtlichen Betäubung Gebrauch gemacht.

Aus dem *subcutanen Gewebe* werden *Wasser* und *Salze* rasch resorbiert. Die Subcutis der einzelnen Körpergegenden verhält sich aber in ihrer Aufsaugung unterschiedlich. Sichere Angaben über das Resorptionsvermögen lassen sich kaum machen. Schon nach einigen min sind eingespritzte Lösungen (Farbstoffe und Salze) in den großen Blutgefäßen, in der vorderen Augenkammer und an anderen besonderen Ausscheidungsorten nachweisbar. Von den *Zuckern* ist nach $^3/_4$ bis 1 Std rund die Hälfte aus einer injizierten Lösung verschwunden. Wie im Darm werden eingespritzte Lösungen möglichst rasch auf den blutisotonischen Druck gebracht. Hypotonische Lösungen verschwinden deshalb schneller als hypertonische. Subcutan beigebrachte *Fette* werden nur langsam fortgeschafft; Paraffine und andere unlösliche Stoffe können monatelang am Injektionsort liegenbleiben. *Eiweiß*stoffe werden ebenfalls nur langsam resorbiert und zum Teil an Ort und Stelle fermentativ abgebaut, wie es beim Blutfarbstoff sichtbar wird.

Die *Schnelligkeit und der Umfang der Resorption*, die z. B. klinisch für die Wirkung beigebrachter Arzneimittel von Bedeutung sind, hängen stark von der *Technik der Injektion* ab. Diese und eine Reihe *sonstiger Bedingungen*, wie Einspritzungsort, wo vor allem dessen Durchblutung maßgebend ist, die Konzentration und die Reizwirkung der Stoffe sowie die Begleitstoffe, sind hier mitbestimmend. Der Einfluß, den die Begleit- und Trägerstoffe ausüben, ist in den letzten Jahren eingehend z. B. in der Frage der Depotinsuline untersucht worden.

Die *Zufuhr in die Blutbahn*, bei der ja der eigentliche Resorptionsvorgang schon durch die Art der Zufuhr übernommen ist, bringt die Stoffe im Körper sofort zur Verteilung. Der Vorteil gegenüber der subcutanen Injektion liegt also in der schnellen und massigen Wirkung der Stoffe. *Intravenös* kann man auch Stoffe zuführen, die im Gewebe örtlich reizen würden. Außer der Zufuhr zu Heilzwecken sind klinisch in den letzten Jahren mittels intravenöser Dauerinfusion auch Nährstoffe wie Traubenzucker, Fette, hydrolysiertes Eiweiß zugeführt worden. — Bei der intravenösen Dauerinfusion kann man Konzentration und Zeit genau einhalten, sie ist daher besonders geeignet, den Stoffumsatz und die Regulationseinrichtungen des Stoffwechsels zu studieren. Deshalb kann man mit dieser Art der Zufuhr eindeutigere Einblicke in das Stoffwechselgeschehen erhalten. — Schwerlösliche Verbindungen oder solche Stoffe, die mit dem Blut Fällungen ergeben, lassen sich intravenös nicht ohne Schaden einspritzen; andererseits ist gegenüber der subcutanen Injektion die Konzentration der injizierten Lösung von untergeordneter Bedeutung, man muß nur die Injektionsgeschwindigkeit beachten.

3. Das Blut[1].

Inhaltsverzeichnis.

a) Das Blut als Ganzes.

Von **K. HINSBERG.**

Inhaltsverzeichnis.

[1] Die Abschnitte a), b) und c) wurden bei der 1. Drucklegung 1940 von H. MÜLLER bearbeitet. Teile dieser Darstellung wurden hier übernommen.

α) Allgemeines über das Gesamtblut[1–24].

1. Zusammensetzung.

Das Blut besteht aus einer durchsichtigen Flüssigkeit, dem *Blutplasma* und den in ihr suspendierten *geformten Bestandteilen*. Das Plasma macht etwa 50 bis 57 % des gesamten Blutvolumens aus, auf die geformten Bestandteile entfallen also 43 bis 50 %. Die geformten Bestandteile bestehen aus den roten Blutzellen (Erythrocyten), den farblosen oder weißen Blutkörperchen (Leukocyten und Lymphocyten) und den Blutplättchen (Thrombocyten). Im Blutplasma sind organische und anorganische Substanzen in großer Zahl gelöst. Es folgt aus der Funktion des Blutes, das gemeinsame Nährmedium für alle Körperzellen und gleichzeitig der Transportweg der Nährstoffe und ihrer Abbauprodukte zu sein, daß seine Zusammensetzung gewissen Schwankungen unterliegt, die sich aber in relativ engen Grenzen halten. Manche der allgemeinen Eigenschaften des Blutes, insbesondere solche, die mit den Abwehrreaktionen des Organismus in Zusammenhang stehen, sind vererblich, andere werden erst im Laufe des Lebens erworben. Man kann daher mit einiger Einschränkung das Blut als ein dauernder Erneuerung und Umsetzung unterliegendes flüssiges Organ ansehen. Eine genauere Definition des Blutes gibt BEUTLER an anderer Stelle (s. Bd. 2/2, vgl. Physiol. Chem. Tiere).

Außerhalb des Körpers gerinnt das Blut mehr oder weniger leicht (s. S. 473). Dabei geht das im Plasma gelöste Fibrinogen in das unlösliche Fibrin über. Bei menschlichem Blut beobachtet man an dem Auftreten feinster roter Fäden (Fibrin), die sich bald zu netzartigen Gebilden vereinigen, die ersten Zeichen der Gerinnung bei einer Temperatur von 25° nach etwa 5 min. Dieses netzartige

---

Zusammenfassende Darstellungen über das Gesamtblut: 1—24. [1] ARNETH, J.: Die qualitative Blutlehre. Bde. 1 u. 2 Leipzig, Bde. 3 u. 4 Münster i. W. 1925/26. — [2] Blut und Lymphe. Handb. Biochem. **4**, 1—221 (1925); Erg.-W. **2**, 1—142 (1934). — [3] Blut und Lymphe. Handb. Physiol. **6**/1 u. 2 (1928). — *Geschichtliches:* [4] LIEBEN, F.: Geschichte der Physiologischen Chemie. S. 263—311. Leipzig, Wien 1935. — ROTHSCHUH, K. E.: Kli. Wo. **1941**, 621. — *Anatomisches:* [5] Handb. mikroskop. Anat. (v. MÖLLENDORFF) **2**/1 (1927). — [6] WETZEL, G.: Handb. Anat. Kind. (PETER u. a.) **1**, 58—131 (1938). — [7] Blut, Lymphknoten. Handb. path. Anat. Histol. (HENKE-LUBARSCH) **1**/1 (1926). — *Methodisches:* [8] Untersuchungen des Blutes und der Lymphe. Handb. biol. Arb.-Meth. Abt. IV, Teile 3 u. 4 (1924 u. 1927). — [9] BANG, I.: Mikromethoden zur Blutuntersuchung. 6. Aufl. Berlin 1927. — [10] HALLMANN, L.: Klinische Chemie und Mikroskopie. 6. Aufl. Stuttgart 1950. — [11] HINSBERG, K., u. K. LANG: Medizinische Chemie. 2. Aufl. Berlin 1951. — [12] RAPPAPORT, F.: Mikrochemie des Blutes. Wien, Leipzig 1935. — [13] RAPPAPORT, F.: Rapid Microchemical Methods for Blood and CSF Examinations. New York 1949. — [14] HARRISON, G. A.: Chemical Methods in Clinical Medicine. 3. Aufl. London 1947. — [15] WALCHER, K.: Gerichtlich-medizinische und kriminalistische Blutuntersuchung. Berlin 1939. — *Klinisches:* [16] Lehrb. inn. Med. (ASSMANN u. a.) 6./7. Aufl. **2**, 294—329 (1949). — [17] NAEGELI, O.: Blutkrankheiten und Blutdiagnostik. 5. Aufl. Berlin 1931. — [18] SCHITTENHELM, A.: Handbuch der Krankheiten des Blutes und der blutbildenden Organe. 2 Bde. Berlin 1925. — [19] Handb. Hämatol. (HIRSCHFELD-HITTMAIR). 2 Bde. 1932/34. — [20] Handb. inn. Med. (BERGMANN-FREY-SCHWIEGK) 4. Aufl. **2**. Berlin, Göttingen, Heidelberg 1951. — [21] HEILMEYER, L.: Das Blut: Lehrb. path. Physiol. (HEILMEYER). 6. Aufl. Jena 1945. — [22] HEILMEYER, L.: Blutkrankheiten. Handb. inn. Med. (BERGMANN-STAEHELIN) 3. Aufl. **2**. 1942. — [23] Handb. Hämatol. (DOWNEY). 4 Bde. 1938. — [24] Vgl. a. Säurebasengleichgewicht im Blut S. 528, Atmungsfunktion des Blutes S. 500, Blutgerinnung S. 473, vgl. Physiol. Chem. Tiere Bd. **2**/2.

Gebilde umschließt eine durch die Erythrocyten rot gefärbte schwammige Masse, die als *Blutkuchen* (Placenta sanguinis) bezeichnet wird. Der Blutkuchen enthält alle Formbestandteile des Blutes und das Fibrin. Zunächst hat er das gleiche Volumen wie die Blutmenge, aus der er entstand, im Laufe der Zeit zieht er sich aber mehr und mehr zusammen und preßt dabei eine klare, meist gelb gefärbte Flüssigkeit, das Blutserum, aus. Nach fettreichen Mahlzeiten erscheint das Serum mehr oder weniger weißlich (chylös). Wird das Blut mit einem Holz- oder Glasstab geschlagen oder mit Glasperlen geschüttelt, so scheidet sich das Fibrin in elastischen Fasern oder fasrigen Massen ab. Das von ihnen getrennte defibrinierte Blut besteht aus den Formbestandteilen und dem Blutserum.

Die nach Auspressen des Serums zurückbleibende, aus dem Fibrin und den Formbestandteilen bestehende Masse, wird als *Cruor* bezeichnet. Diese Bezeichnung ist aber nicht ganz eindeutig, da manchmal auch das defibrinierte Blut, manchmal auch der Erythrocytenbrei, der nach dem Zentrifugieren von defibriniertem Blut übrigbleibt, als Cruor bezeichnet werden. In der Pathologie schließlich werden als Cruorgerinnsel die intravenös sich postmortal ausbildenden Gerinnsel bezeichnet, die vorwiegend aus roten Blutzellen bestehen.

Die Gerinnung des Blutes läßt sich durch eine Reihe von gerinnungshemmenden Stoffen (Anticoagulantien) aufheben. Als solche sind z. B. bekannt: Natrium- und Kaliumoxalat, Natriumcitrat, Natriumfluorid, Hirudin, Heparin, Germanin, Liquoid (Näheres s. S. 450ff.). Die Gerinnung läßt sich erheblich verzögern, wenn man Blut in Gefäßen aufbewahrt, deren Wandung nicht benetzbar ist (paraffinierte Gefäße, Gefäße aus Bernstein oder manchen Kunststoffen). Das ungerinnbar gemachte Blut trennt sich beim Stehen in eine untere undurchsichtige, rote Schicht, welche die zelligen Elemente enthält und in eine obere, durchsichtige, bernsteingelbe Schicht, das Plasma.

2. Physiologische Aufgaben.

Den verschiedenen Bestandteilen des Blutes kommen verschiedene physiologische Funktionen zu, wobei allerdings die Wechselbeziehungen zwischen Plasma und Erythrocyten eine wichtige Rolle spielen. Wegen ihres hohen Gehaltes an den verschiedensten Fermenten sind die Leukocyten für die Abwehr von Fremdstoffen unentbehrlich. Die Thrombocyten wirken bei der Blutgerinnung mit. Eine der wesentlichsten Funktionen des Blutes ist die Transportfunktion. Mit dem Blut werden allen Zellen des Körpers die für ihren Aufbau und ihre Funktion notwendigen Bau-, Betriebs- und Regulationsstoffe zugeführt. Das Blut selber erhält sie seinerseits in erster Linie aus dem Darm, der Leber und den Drüsen mit innerer Sekretion. Von allen Organen werden ins Blut abgegeben die Endprodukte ihres Stoffwechsels, die den Ausscheidungsorganen (Nieren, Lunge, Haut) oder anderen mit ihrer Weiterverarbeitung betrauten Organen zugeführt werden müssen. Auch die Erythrocyten dienen der Transportfunktion, indem sie durch Bindung an das in ihnen enthaltene Hämoglobin den Sauerstoff den Organen übermitteln. Gemeinsam mit dem Plasma sorgen die Erythrocyten für die Erhaltung des Säurebasengleichgewichtes, eine Leistung, die aufs engste mit dem Transport der Kohlensäure im Blute zusammenhängt. Wegen des veränderlichen Hydratationsgrades der Bluteiweißkörper ist das Blut weiterhin an der Regelung des Wasserhaushaltes beteiligt. Es ist verständlich, daß eine derartige funktionelle Belastung zu gewissen Schwankungen in der Zusammensetzung des Blutes führen muß. Da diese Schwankungen für die Regulation mancher Funktionen von Bedeutung sind, ja nervöse und hormonale Regulationsvorgänge geradezu durch Konzentrationsänderungen der Blutbestandteile gesteuert werden, kommt ihnen eine zentrale physiologische Bedeutung zu. Trotzdem ist der geordnete Ablauf aller Lebensvorgänge an die im Durchschnitt konstante Zusammensetzung des Blutes gebunden, die in der *Isohydrie* (Konstanz des p_H-Wertes), der *Isotonie* (Konstanz des osmotischen Druckes) und der *Isoionie* (Konstanz der ionalen Gleichgewichte) ihren Ausdruck findet.

3. Blutentnahme und Blutgewinnung[1].

Kleinere Mengen Blut, etwa 0,1 cm³, werden aus einer Stichwunde (FRANCKEsche Nadel) der Fingerkuppe oder aus dem Ohrläppchen, bei Säuglingen aus der großen Zehe oder der Ferse nach vorheriger Reinigung der Haut entnommen. Man erhält so Capillarblut. Größere Mengen Blut werden mit einer Hohlnadel aus einer gestauten Vene, meistens der Armbeuge, gewonnen. Man erhält so venöses Blut. Die Entnahme von arteriellem Blut ist nur selten nötig und kann in Ausnahmefällen aus dem Herzen oder aus der Arteria radialis bzw. femoralis geschehen, wenn nicht ein sorgfältiger chirurgischer Eingriff vorgezogen wird. Bei Kaninchen, Meerschweinchen usw. gewinnt man das Blut nach Rasieren und Reinigen der Ohrmuschel durch Anstechen einer Ohrvene. Wenn die Gefäße nicht genügend hervortreten, reibt man die Haut der Ohrmuschel kurze Zeit mit einem mit Toluol befeuchteten Wattebausch. Bei Ratten und Mäusen erhält man das Blut durch Abschneiden eines Schwanzstückchens, wobei man den Blutaustritt durch einen gelinden Unterdruck begünstigen kann. Mitunter lassen sich auch die großen Extremitätenvenen anstechen. Auf die bei der Blutentnahme möglichen Fehlerquellen, Beimengung fremder Stoffe oder Wasserverdunstung muß geachtet werden.

Durch Zusatz von 0,75 cm³ Chloroform auf je 150 cm³ Pferdeserum läßt sich dieses bei 9° in Spezialgläsern ohne Änderung der N-Fraktionen und nur sehr geringer Abnahme der Globuline konservieren[2]. Unangenehm ist eine durch Globuline auftretende Trübung. Als Konservierungsmittel für Blut wird eine Mischung aus 2,1 g Trinatriumcitrat · 2 H_2O, 0,66 g Citronensäure kryst., 20 g wasserfreie Glucose ad 100 cm³ empfohlen[3].

β) Physikalische Eigenschaften des Gesamtblutes.

1. Aussehen.

Das Blut ist eine dicke, klebrige — arteriell hellrote, sauerstofffrei dunkelblaurote — Flüssigkeit. Auch das venöse Blut ist bereits deutlich dunkler als das arterielle. Die Farbe des Blutes ist nur in auffallendem Licht sichtbar. Der Blutfarbstoff, das Hämoglobin, befindet sich in den roten Blutkörperchen. Schon in dünner Schicht ist das Blut im durchfallenden Licht *undurchsichtig* oder *deckfarbig*. Geht der Blutfarbstoff aus den Blutkörperchen in die Blutflüssigkeit über, so wird das Blut dunkler und *durchsichtig* rot, *lackfarbig*. Dabei wird weniger Licht aus seinem Inneren reflektiert, das durchsichtige Blut ist deshalb in dickeren Schichten dunkler.

Durch Zusatz von Wasser werden die roten Blutkörperchen zum Platzen gebracht. Werden umgekehrt durch Zusatz einer hypertonischen Salzlösung die Blutkörperchen zum Schrumpfen gebracht, so wird mehr Licht als vorher zurückgeworfen und die Farbe erscheint heller. Ein großer Reichtum an roten Blutkörperchen läßt das Blut dunkler erscheinen (Neugeborenenblut), wogegen es

---

[1] LAMPÉ, A. E.: Technik der Blutentnahme. Handb. biol. Arb.-Meth. Abt. IV, Teil 3, S. 1—14 (1924). — ROMEIS, B.: Taschenbuch der mikroskopischen Technik. 15. Aufl. S. 306. München 1948. — [2] KHABAS, I., I. KHAUSTOVA, L. BASKINA u. V. KALININA: Ark. biol. Nauč **44**, 177 (1936) [Ber. Physiol. **103**, 132]. — [3] STRUMIA, M. M., A. D. BLAKE jr. and W. A. WICKS: J. clin. Invest. **26**, 667 (1947).

durch Verdünnung mit Serum oder bei großem Gehalt an farblosen Blutkörperchen heller erscheint.

Über die Absorptionsspektren von Hämoglobin in roten Blutkörperchen s. [1].

Die verschiedene Farbe von arteriellem und venösem Blut rührt wesentlich von dem verschiedenen Gehalt an Oxyhämoglobin und an Hämoglobin in diesen zwei Blutarten her. Das sauerstoffreiche Arterienblut erscheint in dicker Schicht in auffallendem Licht scharlachrot, in dünner Schicht in durchfallendem Licht gelbrot. Das sauerstoffärmere Venenblut erscheint dunkelblaurot bzw. gelbgrün. Das Blut ist also dichroitisch, zweifarbig. Im kontrastreichen, grünblauen Licht erscheint das Blut in dünner Konzentration mehr gelblich, in stärkerer Konzentration mehr bläulich[2].

2. Geschmack und Geruch.

Das Blut schmeckt salzig und riecht schwach fade, bei verschiedenen Tieren unterschiedlich, oft charakteristisch.

3. Blutmenge.

Die gesamte Blutmenge[3] beträgt im Durchschnitt $^1/_{13}$ bis $^1/_{14}$ des Körpergewichtes, für einen erwachsenen Menschen von 70 kg Gewicht also 5 bis 6 Liter und setzt sich aus dem Volumen der Blutkörperchen (43 bis 50%) und dem des Plasmas (50 bis 57%) = 2,5 bis 3,5 Liter zusammen. Das Neugeborene hat 200 bis 300 g Blut. Eine Verminderung der Blutmenge heißt *Oligämie*, eine Vermehrung *Plethora vera* (sanguinae tonica). Die genaue Beurteilung der Blutmenge ist deshalb besonders schwierig[4], weil man mit den gebräuchlichen Untersuchungsverfahren nur das zirkulierende, nicht aber auch das etwa in Milz, Leber, Eingeweiden, Haut oder Lunge *gespeicherte* Blut erfassen kann. Deshalb schwankt schon unter gewöhnlichen Bedingungen die Blutmenge erheblich, je nachdem ob die Speicher gefüllt oder entleert sind.

Zur *Bestimmung der Gesamtblutmenge*[5] am Lebenden haben sich das Farbstoffverfahren und das Kohlenoxydverfahren durchgesetzt. Mit viel Erfolg ist auch die Injektion von radioaktivem Phosphor oder Jod angewendet worden. Mit seiner Hilfe fand man für 1 kg Kaninchen 42 cm³ Blut, für 1 kg Huhn 45 cm³ Blut[6]. Auch der Verdünnungsgrad von zugeführten indifferenten Flüssigkeiten, wie z. B. 40%igen Traubenzuckerlösungen[7], wurde zur Bestimmung der Blutmenge vorgeschlagen.

Bei dem Farbstoffverfahren wird ein unschädlicher, unveränderlicher und im Plasma gut bestimmbarer Farbstoff (Kongorot, Trypanrot, Trypanblau, Evansblau, Vitalrot oder Brillantvitalrot)[8–10], der auch genügend lange in der Blutbahn verweilt und sich gleichmäßig mit dem Blut vermischt, in genau abgemessenen Mengen injiziert und die Konzentration im Plasma colorimetrisch oder photometrisch bestimmt. Aus dem Verdünnungsgrad läßt sich die Plasmamenge be-

---

[1] RUBINSTEIN, D. L., and H. M. RAVIKOVICH: Nature **158**, 952 (1946). — Über Hämoglobinspektren s. a. Bd. **1**, S. 742 u. 975. — [2] HESSE, H.: Acta med. scand. **97**, 207 (1938). — [3] GRIESBACH, W.: Handb. Physiol. **6**/2, 667 (1928). — [4] STEINMANN, B.: Kli. Wo. **1938 II**, 1641. — [5] ERLANGER, J.: Blood volume and its regulation. Physiol. Rev. **1**, 177—207 (1921). — WINTROBE, M. M.: Clinical Hematology. S. 158. Philadelphia 1943. — SEYDERHELM, R., u. W. LAMPE: Die Blutmengenbestimmung und ihre klinische Bedeutung unter besonderer Berücksichtigung der Farbstoffmethode. Ergebn. inn. Med. **27**, 245—306 (1925). — [6] HAHN, L., and G. HEVESY: Acta physiol. scand. **1**, 3 (1940). — [7] MARKOVITS, F.: Z. Kreisl.-Forsch. **26**, 16 (1936). — [8] HEILMEYER, L.: B. Z. **212**, 430 (1929). — GIBSON, J. G. jr., and W. A. EVANS jr.: J. clin. Invest. **16**, 301, 851 (1937). — GIBSON, J. G. jr., and K. A. EVELYN: J. clin. Invest. **17**, 153 (1938). — [9] BARAC, G.: Exper. **3**, 161 (1947). (Plasmavolumen beim Hund.) — MATHER, K., R. G. BOWLER, A. C. CROOKE and C. J. O. R. MORRIS: Brit. J. exp. Path. **28**, 12 (1947). — [10] NOBLE, R. P., and M. I. GREGERSEN: J. clin. Invest. **25**, 158 (1946).

rechnen. Bei dem Kohlenoxydverfahren[1] wird eine abgemessene Menge Kohlenoxyd eingeatmet und das im Blut vorhandene Kohlenoxyd bestimmt. Man bestimmt hierbei also das Erythrocytenvolumen und muß in beiden Fällen aus dem gesondert bestimmten Hämatokritwert die Gesamtblutmenge errechnen[2].

Eine unmittelbare Blutmengenbestimmung kann beim Lebenden nicht durchgeführt werden, ist aber bei Tieren des öfteren angewendet worden, um die oben genannten Methoden zu kontrollieren[3]. Man muß hierbei den Hauptanteil des Blutes durch Ausblutung gewinnen, spült den Rest mit Salzlösung aus und extrahiert schließlich das zerhackte Tier. Man findet so, daß die Blutmenge 7 bis 8,5% des Körpergewichtes, das sind 5 bis 6 Liter für einen Menschen von 70 kg Gewicht ausmacht.

Bei einzelnen Tieren ist die physiologische Blutmenge größer oder kleiner[4]. Beim Pferd $^1/_{15}$, bei Rindern und Schafen $^1/_{12}$ bis $^1/_{13}$, bei Hunden $^1/_{13}$, bei Katzen, Kaninchen und Meerschweinchen $^1/_{20}$, bei Schweinen $^1/_{22}$, bei Vögeln $^1/_{10}$ bis $^1/_{13}$ des Körpergewichtes.

Tabelle 62. Physiologische Blutmengen.

	cm³ pro kg Körpergewicht		
	zirkulierendes Gesamtblut	Plasma	rote Blutkörperchen
Erwachsene[5]	83	52,1	30,9
Frauen[6]	74	45	29
Kinder[7]	60—90	61,4	38,6
Neugeborene	75—95	—	—
Hund[8]	84—97	41,2—51,7	36,4—54,6
Ratte[9]	41—53 (Mittel 42)	—	—
Kaninchen[10]	72	—	—

Schwankungen der Blutmenge. Nach einem mehrwöchentlichen Aufenthalt im Hochgebirge ändert sich die Plasmamenge nicht; die Masse der roten Blutkörperchen steigt aber um durchschnittlich 400 cm³ (19%), ihre Zahl um 24%. Schon unter normalen Verhältnissen ist die Gesamtblutmenge Schwankungen unterworfen. Nach längerem Dursten nimmt der Wassergehalt und damit das Volumen ab, nach reichlicher Flüssigkeits- oder Kochsalzzufuhr steigt es an. Bei allgemeinem Kräfteverfall[11] nimmt das Körpergewicht stärker ab als die Blutmenge, ebenso bei erhöhter Außentemperatur. Bei nebennierenlosen Tieren ist das Blut eingedickt. In der Wärme steigt bei Menschen die Blutmenge an, während sie in der Kälte sinkt. Dabei stellen sich die Änderungen des Blutplasmas schneller ein als die des Hämoglobins[12].

[1] ERLANGER, J.: Physiol. Rev. **1**, 177 (1921). — STEINMANN, B.: A. e. P. P. **191**, 240 (1938). — [2] GRÉHANT, N., et E. QUINQUAUD: Cr. **94**, 1450 (1882). — HALDANE, J. S., and J. L. SMITH: J. Physiol., London **25**, 331 (1900). — ZUNTZ, N., u. J. PLESCH: B. Z. **11**, 47 (1908). — PLESCH, J.: Z. klin. Med. **93**, 241 (1922). — [3] WELCKER, H.: Z. ration. Med. (3) **4**, 145 (1858). — [4] SCHEUNERT, A., A. TRAUTMANN u. F. W. KRZYWANEK: Lehrbuch der Veterinär-Physiologie. S. 166. Berlin 1939. — [5] SMITH, H. P., A. E. BELT, H. R. ARNOLD and E. B. CARRIER: Amer. J. Physiol. **71**, 395 (1925). — [6] TRAVERSO, L. G.: Arch. Ist. biochim. ital. **9**, 257 (1937); **10**, 65 (1938). — [7] GALLERANI, U.: Riv. Clin. pediatr. **36**, 769 (1938). — [8] GIBSON, J. G. jr., J. L. KEELEY and M. PIJOAN: Amer. J. Physiol. **121**, 800 (1938). — [9] GRIFFITH, J. Q. jr., and R. CAMPBELL: Proc. Soc. exp. Biol. Med. **36**, 38 (1937). — SOMOGYI, J. C.: Z. Biol. **98**, 60 (1937). — [10] BAENA, V.: Z. ges. exp. Med. **96**, 420 (1935). — [11] PANUM, P. L.: Virchows Arch. **29**, 241 (1864). — [12] BAZETT, H. C., F. W. SUNDERMAN, J. DOUPE and J. C. SCOTT: Amer. J. Physiol. **129**, 69 (1940).

Verminderung der Blutmenge[1] bezeichnet man als *Anämie* oder *Oligämie*. Sie tritt z. B. nach starken Blutverlusten auf. Ein Blutverlust bis zu $^1/_4$ der Gesamtblutmenge hat kein dauerndes Sinken des Blutdruckes in den Arterien zur Folge, weil die kleineren Arterien durch Kontraktion sich der kleineren Menge Blut anpassen. Blutverluste bis zu $^1/_3$ der Blutmenge[2] setzen den Blutdruck erheblich herab. Bei Blutverlusten wird zuerst das Blutplasma durch Flüssigkeitszufuhr aus den Geweben vermehrt, so daß die kreisende Blutmenge sehr bald wieder dem Anfangswert nahe kommt. Die Blutzellen werden erst innerhalb 3 Wochen ersetzt. Unmittelbar nach der Blutung gibt das Knochenmark alle verfügbaren Erythrocyten, bei sehr starkem Blutverlust auch kernhaltige, an das Blut ab. Der Gehalt an Blutfarbstoff zeigt erst nach 6 Wochen annähernd normale Werte.

Es kann demnach der Körper selbst schweren Blutverlust ausgleichen. Er ersetzt zuerst innerhalb weniger Stunden (2 Tage) 80% der verlorenen Blutflüssigkeit, innerhalb 20 Tagen werden die Blutzellen ersetzt, und noch langsamer gestaltet sich der Ersatz des Blutfarbstoffes. Es werden demnach zuerst hämoglobinarme Zellen nachgeliefert, was sich in den ungewöhnlich niedrigen Färbeindexwerten (s. S. 432f.) zeigt.

Bei Blutspendern[3], denen 760 bis 1220 cm^3 Blut (15 bis 20% der Gesamtblutmenge) in 6 bis 13 min entnommen wurden, fiel zunächst die Plasmamenge (bestimmt mit Evansblau) stark ab, stieg dann langsam an, um nach 3 Std größer als das ursprüngliche Plasmavolumen bei einem ungefähr gleichen Verhältnis zum Erythrocytenvolumen zu sein. Nach 72 Std war das Plasmavolumen um die gesamte Menge des entnommenen Blutes erhöht. Während der ersten 2 Std nach der Blutentnahme strömte eine eiweißarme Flüssigkeit ein; der Serumeiweißgehalt nahm daher ab. Dann strömte Flüssigkeit und Eiweiß in gleicher Weise nach, so daß sich die Serumeiweißwerte nicht änderten, obwohl die gesamte kreisende Blutmenge zunahm. Der Blutverlust wirkt als physiologischer Reiz für die Bildung von normalem Eiweiß; der Zustrom von neuem Eiweiß verändert nicht das Verhältnis des Albumins zu den verschiedenen Globulinanteilen.

Entnimmt man einem ausgewachsenen Hund durch Aderlaß 3,5% des Körpergewichts an Blut und ersetzt es durch das gleiche Volumen Ringerlösung, so sinkt der Serumeiweißgehalt um 1,4 g% und der Serumalbumingehalt um 0,63 g%. Dies entspricht einem Abfall von 20 bzw. 22% des Wertes vor dem Aderlaß. Innerhalb der ersten 6 Std ändert sich diese Eiweißverarmung nicht[4]. Nach anderen Versuchen sind bei Hunden 15 min nach einem Aderlaß von 2 bis 3% des Körpergewichtes 24% der Blutflüssigkeit und 83% des Erythrocytenvolumens ersetzt; nach 15 bis 17 Std 85% der abgegebenen Blutflüssigkeit und 98% des Erythrocytenvolumens[5].

Wird Kaninchen $^1/_4$ des Blutes entzogen, so beobachtet man schon nach 24 Std normale oder leicht erhöhte Gesamtstickstoffwerte im Plasma. Am 5. Tage nach der Blutentnahme erreicht der Stickstoffgehalt seinen Höchstwert, um dann bis zum 10. Tage wieder zur Norm zurückzukehren. Der *Albumingehalt* war schon am Tage nach dem Aderlaß auf die ursprüngliche Höhe zurückgekehrt. Von den Bluteiweißstoffen wird zuerst das Globulin ersetzt, das schon von der 2. Stunde an ansteigt. Der Fibrinogengehalt verhält sich unregelmäßig[6].

Entzieht man Kaninchen künstlich lediglich große Mengen Bluteiweiß (*Plasmapherese*), indem man die Erythrocyten in Kochsalzlösung wieder infundiert, so nimmt mit dem Bluteiweiß gleichzeitig der kolloidosmotische Druck ab. Bald beginnt aber die Ergänzung des Eiweißes, das nach 24 Std fast den ursprünglichen Wert wieder erreicht hat. Nach 48 bis 72 Std ist der Eiweißgehalt höher als normal. Der kolloidosmotische Druck erreicht seinen Ausgangswert nach 72 Std. Zunächst scheint sich, wie auch aus anderen Versuchen

---

[1] HABELMANN, G.: Blutverlust und Blutersatz. Leipzig 1942. — [2] MÜLLER, W.: Transfusion und Plethora. Christiania 1875. Ber. sächs. Ges. Wiss. **25**, 573 (1875). — [3] EBERT, R. V., E. A. STEAD jr. and J. G. GIBSON jr.: Arch. internal Med., Chicago **68**, 578 (1941). — [4] ELMAN, R.: Amer. J. Physiol. **128**, 332 (1940). — [5] KORTH, J.: Arch. klin. Chir. **202**, 693 (1941). — [6] VOLINETS, I. T.: Med. Ž. **8**, 783 (1938).

hervorgeht, der Globulingehalt, dann verspätet der Albuminanteil wiederherzustellen. Nach 5 bis 6 Tagen sind der kolloidosmotische Druck und der Eiweißgehalt wieder normal.[1].

Bei plötzlichen Blutverlusten kommt es nicht infolge der Abnahme der Erythrocytenzahl und damit des Hämoglobins, sondern infolge des Sinkens des Blutdruckes, der besonders auf die Medulla oblongata einwirkt, zum Tod[2]. Beim Kaninchen genügen nämlich 15% des eigenen Blutes zum Sauerstoffaustausch; 85% sind bei ihm durch Plasma ersetzbar, erst bei 8% Eigenblutgehalt trat der Tod ein. Serum bzw. Plasma sind nach dem Blute selbst die besten Blutersatzflüssigkeiten[2]. Bei Menschen können bis $^2/_3$ des Hämoglobinvorrates akut verlorengehen, wenn nur das Gesamtblutvolumen keine wesentliche Abnahme erfährt bzw. ersetzt wird[3]. Von diesen Tatsachen hat man bei der Verwendung von Serum als Blutersatzflüssigkeit im großen Maßstabe Gebrauch gemacht. Je schneller die Blutung erfolgt, desto gefährlicher ist sie. Schon ein Blutverlust von $^1/_2$ *l* kann bei einem Erwachsenen Ohnmacht herbeiführen, ein solcher von $1^1/_2$ bis 2 *l* kann tödlich wirken[4]. Neugeborene sind gegen Blutverluste sehr empfindlich, ebenso sind fette, alte und geschwächte Menschen weniger widerstandsfähig. Frauen ertragen Blutverluste besser als Männer, bei denen schon der Verlust von $^1/_3$ der Blutmenge tödlich sein kann, bei Frauen erst der von $^2/_3$.

Nach Kriegsverletzungen[0] mit größerem Blutverlust betrug der Hämoglobingehalt in den ersten 24 Stunden nach der Verletzung 90 bis 120% und fiel in den folgenden 3 bis 5 Tagen auf 75 bis 45% ab, wenn durch den Einstrom hydratationsfähiger Eiweißstoffe oder durch Infusionen das Gefäßsystem auf das physiologisch notwendige Volumen wieder aufgefüllt war. Im allgemeinen wurde der Verlust von 20 bis 25% der Blutmenge ohne stärkere oder unschwer zu beherrschende Kreislaufbeteiligung vertragen, während eine Einbuße von mehr als der Hälfte des Blutbestandes meist den baldigen Tod zur Folge hatte. Bei Blutentnahme bis zu 40% der Gesamtblutmenge sinkt der Blutdruck bis auf eine Höhe von 40 mm Hg. Entblutungen von 40 bis 60% der Blutmenge sind nicht mehr auszugleichen und führen zum Versagen des Kreislaufes. Katzen und Hunde vertragen einen Blutverlust von 20 bis 30% der Gesamtblutmenge, ohne daß dabei ein nennenswerter Abfall des Blutdruckes beobachtet wird.

Aus Versuchen an Hunden geht weiter hervor, daß der Verlust an Gesamtblut im allgemeinen besser vertragen wird als der Verlust entsprechender Mengen von Plasma oder Erythrocyten allein. Aber auch hier wird der Erythrocytenverlust leichter überstanden als der Verlust entsprechender Plasmamengen[5].

Eine *Erhöhung der Gesamtblutmenge* ohne Veränderungen seiner Zusammensetzung nennt man *Plethora vera*. Diese kann mit mehreren *Bluttransfusionen* künstlich erzeugt werden. Die Blutmenge eines Tieres kann ohne bleibende Folgen um 83% vermehrt werden[6]. Es findet dann eine reichliche Lymphbildung statt, das überschüssige Wasser wird durch den Harn ausgeschieden, während das Eiweiß des Blutserums rasch vermindert wird. Da die roten Blutkörperchen weit langsamer (in etwa 4 Monaten)[7] zerfallen, kommt allmählich eine Polycytämie zustande[8]. Bei intravenöser Einführung größerer Flüssigkeitsmengen wird keine dauernde Hydrämie hervorgerufen, da sie, bevor sie durch Niere,

[1] Fukuhara, R.: Tohoku J. exp. Med. **30**, 465 (1936/37). — [2] Schörcher, F.: Zbl. Chir. **1940**, 577, 959. — [3] Duesberg, R.: Dtsch. Mil.-Arzt **7**, 69 (1942). — [4] Dietrich, A.: Störungen des Kreislaufes. Aschoff, Path. Anat. 7. Aufl. **1**, 449—510 (1928). — [5] Johnson, G. S., and A. Blalock: Arch. Surg. **22**, 626 (1931). — [6] Müller, W.: Transfusion und Plethora. Christiania 1875. Ber. sächs. Ges. Wiss. **25**, 573 (1875). — [7] Shemin, D., and D. Rittenberg: J. biol. Ch. **166**, 627 (1946). — [8] Tschiriew, S.: Arb. physiol. Anst. Leipzig. S. 292. 1874 [Jber. Fortschr. Tierchem. **4**, 129 (1875)]. — Forster, J.: Z. Biol. **11**, 496 (1875). — Panum, P. L.: Virchows Arch. **29**, 241 (1864).

Haut und Lunge ausgeschieden werden, in größerem Umfange gespeichert werden können[1]. *Zusammenfassend ist über die Bestimmung der Blutmenge* zu sagen, daß keines der angegebenen Verfahren absolut richtige Ergebnisse zeitigt. Die Verbindung von Farbstoff- und Kohlenoxydverfahren liefert jedoch für den Kliniker und Physiologen brauchbare Werte. Es ist aber fraglich, ob die Verteilung der *Blutzellen* in allen Gefäßabschnitten gleichmäßig ist.

Tabelle 63. Blutmenge von Hunden (im Mittel von 14 Tieren[2]).

	cm³ pro kg Körpergewicht nach		
	WELCKER-Verfahren	Farbstoffverfahren	Kohlenoxydverfahren
Plasma	40,0	50,3	42,1
rote Blutkörperchen	41,8	52,8	43,9
Gesamtblut	82,7	103,9	86,9

Blutmenge pro Zeiteinheit und Organgebiet. Die Bestimmung der *Blutumlaufzeit* kann klinisch Bedeutung gewinnen zur Beurteilung der Leistungsfähigkeit des Herzens oder der Arterien. So kann die Zeit, die Äther gebraucht, um von der Cubitalvene zu den Arteriolen der Lunge zu gelangen (etwa 7 sec), ein Maßstab für die Tüchtigkeit der rechten Herzkammer, die Zeit, die ein Stoff von der Lunge bis zur Zunge (Hitzegefühl) benötigt (5 bis 10 sec), ein Maß für die Leistungsfähigkeit der linken Kammer sein. Die Zeit, die ein Stoff von der Armvene bis zur Zungenspitze gebraucht, wird als Maßstab für die Umlaufzeit des Blutes beim Erwachsenen angesehen; sie beträgt 11 bis 17 sec. Für die Umlaufzeit von der Armvene des einen Armes bis zur Ellenbeugenvene des anderen Armes wurden 17,5 sec im Durchschnitt gemessen[3,4]. Es handelt sich dabei um die kürzeste Zeit und nicht um einen Durchschnittswert für die Blutgeschwindigkeit. Bei Kindern ist diese Zeit kleiner, bei bejahrten Menschen größer. [An Stelle von Äther (Äthergeruch in der Ausatmungsluft) wurden auch Magnesiumsulfat (Hitzegefühl im Gesicht), Decholin (bitterer Geschmack), Lobelin (Husten) oder Fluorescein (Gelbfärbung der Conjunctiva) verwendet]. Die Umlaufzeitwerte entsprechen der unterschiedlichen Weglänge. Bei Thyreotoxikosen ist die Kreislaufzeit vermindert, bei Hypothyreosen oder Herzinsuffizienz ist sie verlängert[5]. Für die richtige Versorgung des Körpers mit Blut[6] arbeiten außer dem Herzen die Arterien, Venen und Capillaren, und zwar kann dies auf chemischem (hormonalem) oder nervösem Weg veranlaßt werden. Der Bedarf an Blut und damit die Blutmenge in den einzelnen Organen hängt wesentlich von der Tätigkeit derselben ab. Während der Arbeit ist der Stoffwechsel in einem Organ lebhafter als in Zeiten der Ruhe. Die Gesamtblutmenge kann unverändert bleiben, doch kann die Blutverteilung stark schwanken. Bei Unterdruckversuchen ergab sich, daß bei einer Luftverdünnung, die einer Höhe von 6000 m entsprach, sowohl das Plasma als auch die kreisende Blutmenge bis zu 25% zunahmen und bei 7000 m sogar bis zu 50%. Dies wird auf eine Entleerung von Leber und Milz zurückgeführt[7,8]. Während der Verdauung wird das *Splanchnicus*gebiet stärker durchblutet, bei Muskelarbeit können die Eingeweidegefäße wieder Blut abgeben. Besondere Bedeutung kommt

---

[1] FLIEDERBAUM, J.: Arch. Mal. Coeur **32**, 893 (1939). — [2] SMITH, H. P., H. R. ARNOLD and G. H. WHIPPLE: Amer. J. Physiol. **56**, 336 (1921). — [3] NEURATH, O.: Z. klin. Med. **132**, 134 (1937). — BERNSTEIN, M., and S. SIMKINS: Amer. Heart J. **17**, 218 (1939). — [4] KISCH, B.: Handb. Physiol. **7**/2, 1218 (1927); dort auch ältere Literatur. — MATTHES, K., u. I. SCHLEICHER: Z. ges. exp. Med. **105**, 755 (1939). — [5] STORTI, R.: Verh. dtsch. Ges. Kreislaufforsch. **1941**, 293. — [6] HESS, W. R.: Die Regulierung des Blutkreislaufes. Leipzig 1933. — [7] DÖRING, H.: Luftfahrtmed. **4**, 138 (1940). — [8] OPITZ, E.: Über akute Hypoxie. Ergebn. Physiol. **44**, 315—424 (1941).

der Leber als Blutspeicher zu, beim Hund vor allem der Milz. Nach RANKE[1] soll von der gesamten Blutmenge bei lebenden, ruhenden Kaninchen jeweils $^1/_4$ auf die ruhenden Muskeln, auf die Leber und auf die Kreislauforgane (Herz und größere Blutgefäße) und der Rest auf die übrigen Organe (Lunge etwa 6,8%) kommen; von dem insgesamt vom Herzen geförderten Blutvolumen werden 10% von den Herzkranzgefäßen, 20% vom Darm-Pfortadergebiet, 30% vom Nierengefäßsystem und 40% von den Muskeln der Haut usw., den Gefäßen der Gliedmaßen, des Kopfes und der Haut usw. verbraucht. Nach neueren Untersuchungen fallen 73% der Gesamtblutmenge auf die großen und kleinen Venen und davon 46% auf die großen; auf das Capillargebiet kommen 6% und 21% auf die Arterien bis zu den kleinsten Ästen.

4. Spezifisches Gewicht[2].

Das spezifische Gewicht hängt ab von der Zahl der roten Blutkörperchen, d. h. von dem Hämoglobingehalt und außerdem von dem Gehalt der im Plasma gelösten Eiweißkolloide. Im Vergleich zum Blut weist das spezifische Gewicht des Harnes größere Unterschiede auf (von 1,010 bis 1,040).

Tabelle 64. Spezifisches Gewicht des Blutes[3].

	Vollblut	Serum	Blutkörperchen
			Erythrocyten
Mann	1,055–1,060[4]	1,027–1,032[8]	1,084–1,117[8]
Frau und Kind	1,050–1,060[4]	1,027–1,032[8]	1,084–1,117[8]
Neugeborenes	1,060–1,080[5]	—	im Mittel 1,097
Hund	1,057[6]	1,026; 1,022[7]	—
Pferd[9]	—	1,0277[3]	1,045–1,114 im Mittel 1,10
Pferd	—	—	*Leukocyten* 1,068–1,075 im Mittel 1,07 *Thrombocyten* 1,045–1,053 im Mittel 1,05
Hund[4]	—	1,0240 (18°)	—
Rind	—	1,0266 (18°)	—
Schwein	—	1,0309 (18°)	—
Katze	—	1,0273 (18°)	—

Das spezifische Gewicht des Serums ist zunächst von seinem Eiweißgehalt abhängig. Deshalb läßt sich aus dem spezifischen Gewicht der Serumeiweißgehalt berechnen. Es ist

$$\frac{\text{Spezifisches Gewicht} - 1{,}007}{0{,}00276} = \text{Eiweißgehalt}.$$

1,007 entspricht dem spezifischen Gewicht des eiweißfreien Plasmafiltrates; 0,00276 ist der Dichtezuwachs, der durch 1% Serumeiweiß verursacht wird.

[1] RANKE, J.: Die Blutvertheilung und der Thätigkeitsstoffwechsel der Organe. Leipzig 1871. — [2] ALDER, A.: Handb. Physiol. **6**/1, 534—536 (1928). — ASHWORTH, C. T., and G. ADAMS: J. Lab. clin. Med. **26**, 1934 (1941). — [3] BROCQ-ROUSSEU, D., et G. ROUSSEL: Le sérum normal. S. 56. Paris 1934. — [4] WALSEM, G. C. VAN, u. Ä. WOLFF: Folia haematol., Leipzig **47**, 398 (1932). — [5] WETZEL, G.: Handb. Anat. Kind. (PETER u. a.) **1**, 64. — [6] STEBBINS, G. G., and C. D. LEAKE: Amer. J. Physiol. **80**, 639 (1927). — [7] RAPOPORT, S., and G. M. GUEST: J. biol. Ch. **131**, 675 (1939). — [8] HEILMEYER, L.: Handb. Haematol. (HIRSCHFELD-HITTMAIR) **2**/1, 329—344 (1933). — [9] LÖHNER, L.: Pflügers Arch. **242**, 509 (1939).

Da die Bestimmung des spezifischen Gewichtes vom Blut mit dem Aräometer nicht genügend genau ist, wurden die meisten Untersuchungen mit dem HAMMERSCHLAG*schen Schwebeverfahren*[1] — Beobachtung des Verhaltens eines Blut- bzw. Serumtropfens in einer Chloroform-Benzolmischung — ausgeführt. Hierfür kommen ebenso die Methoden von BARBOUR-HAMILTON[2] oder VAN SLYKE[3] in Frage. Brauchbar ist auch das von SCHMALTZ und von PREGL abgeänderte Pyknometerverfahren[4], bei dem aus dem Volumen von 0,15 cm^3 und dem Gewicht der Probe das spezifische Gewicht bestimmt wird. Eine unmittelbare deutliche *Erhöhung des spezifischen Gewichtes* kann an Katzen und Kaninchen bei Erregung festgestellt werden[5]. Sie wird mit einem vermehrten Austritt von roten Blutkörperchen aus der Milz und einem vermehrten Austritt von Stoffwechselbestandteilen aus dem Blut mit gleichzeitiger Verminderung des Wassergehaltes erklärt.

Zunahme des spezifischen Gewichtes beim *Menschen* findet sich bei Bluteindikkung (stärkere körperliche Anstrengung, Hitzeeinwirkung, Durst, bei Ösophagus- und Pylorustumoren, Cholera, Dysenterie und schweren Verbrennungen), *Abnahme des spezifischen Gewichtes* bei sekundärer und perniziöser Anämie und bei den mit Wassersucht verbundenen Nierenerkrankungen.

5. Blutkörperchensenkungsgeschwindigkeit[6].

Das spezifische Gewicht der Erythrocyten ist, wie aus der vorstehenden Tabelle 64 hervorgeht, größer als das des Plasmas. Sie sinken also beim Stehen des nicht geronnenen Blutes nach unten. Besonders gut ist dies beim Pferdeblut zu beobachten, welches unter physiologischen Bedingungen bereits eine hohe Senkungsgeschwindigkeit besitzt. Die Ursachen der Senkungsgeschwindigkeit der Blutkörperchen sind nicht restlos erkannt. Die elektrische Ladung der Erythrocyten spielt keine Rolle. Die Suspensionsstabilität des Blutes ist also wohl eine Funktion der Eiweißkörper des Blutes. Sie wurde 1917 von FÅHRAEUS wieder entdeckt[7], nachdem sie schon von NASSE in Bonn 1836 beschrieben worden war.

Auch der Lipoidgehalt und der p_H sind von Einfluß. Den größten Einfluß hat aber die Zusammensetzung der Plasmaeiweißkörper[8]. Die Wirksamkeit der einzelnen Fraktionen zahlenmäßig ausgedrückt ist Fibrinogen : Euglobulin : Pseudoglobulin : Albumin = 100 : 20 : 2 : 1,5[9].

Bei Vermehrung des Fibrinogens und Globulins gegenüber dem Albumin ist die Blutkörperchensenkungsgeschwindigkeit erhöht. — Diese Erscheinung brach-

---

[1] HAMMERSCHLAG, A.: Z. klin. Med. **20**, 444 (1892). — [2] BARBOUR, H. G., and W. F. HAMILTON: J. biol. Ch. **69**, 625 (1926). Amer. J. Physiol. **69**, 654 (1924). — [3] SLYKE, D. D. VAN, A. HILLER, R. A. PHILLIPS, P. B. HAMILTON, V. P. DOLE, R. M. ARCHIBALD and H. A. EDER: J. biol. Ch. **183**, 331 (1950). — Vgl. a. PHILLIPS, R. A., D. D. VAN SLYKE, P. B. HAMILTON, V. P. DOLE, K. EMERSON jr. and R. M. ARCHIBALD: J. biol. Ch. **183**, 305 (1950). — SLYKE, D. D. VAN, R. A. PHILLIPS, V. P. DOLE, P. B. HAMILTON, R. M. ARCHIBALD and J. PLAZIN: J. biol. Ch. **183**, 349 (1950). — [4] SCHMALTZ, R.: Dtsch. Arch. klin. Med. **47**, 145 (1891). D. m. W. **1891 I**, 555. — PREGL, F.: Wien. klin. Wo. **1925**, 663. — [5] NICE, L. B., and H. L. KATZ: Amer. J. Physiol. **113**, 205 (1935). — [6] BENNHOLD, H., E. KYLIN u. S. RUSZNYÁK: Die Eiweißkörper des Blutplasmas. Dresden, Leipzig 1938. — REICHEL, H.: Blutkörperchensenkung. Wien 1936. — LEFFKOWITZ, M: Die Blutkörperchensenkung. 3. Aufl. Wien 1936. Handb. Haematol. (HIRSCHFELD-HITTMAIR) **2**/1, 435 (1933). — WESTERGREN, A.: Die Senkungsreaktion. Ergebn. inn. Med. **26**, 577—732 (1924). — KATZ, G., u. M. LEFFKOWITZ: Ergebn. inn. Med. **33**, 266—392 (1928). — WIECHMANN, E.: Kli. Wo. **1923 I**, 601. — FÅHRAEUS, R.: Die Suspensionsstabilität des Blutes. Handb. biol. Arb.-Meth. Abt. IV, Teil 3, 373 (1924). — KLIMA, R., u. F. BODART: Blutkörperchensenkung, Koagulationsband und Blutbild. Wien 1947. — WUHRMANN, F., u. C. WUNDERLY: Die Bluteiweißkörper des Menschen. 2. Aufl. S. 124. Basel 1952. — HEILMEYER, L., u. H. BEGEMANN: Handb. inn. Med. (BERGMANN-FREY-SCHWIEGK) 4. Aufl. Bd. 2. S. 26. 1951. — [7] FÅHRAEUS, R.: B. Z. **89**, 365 (1918). — [8] MALMROS, H., u. G. BLIX: Acta med. scand. Suppl. **170**, 280 (1946). — [9] GORDON, C. M., and J. R. WARDLEY: Biochem. J. **37**, 393 (1943).

ten BENDIEN u. SNAPPER[1] in zahlenmäßige Beziehung, bei der auch der Einfluß des Zellvolumens berücksichtigt ist:

$$v = \frac{45}{\text{Zellvolumen}} \cdot I[(\text{Fibrin } ^0/_{00} - 3{,}5) \cdot 12 + (\text{Globulin } ^0/_{00} - 22) \cdot 2{,}5].$$

In dieser Gleichung bedeutet v = Senkung nach 1 Std bei 200 mm Bluthöhe. 12 und 2,5 sind empirisch ermittelte Zahlen, 3,5 $^0/_{00}$ ist der durchschnittliche normale Fibrinogengehalt, 22 ist der durchschnittliche normale Globulingehalt in %, 45 das normale Zellvolumen und I entspricht dem Färbeindex der Erythrocyten.

Die Senkungsgeschwindigkeit ändert sich ungefähr proportional dem Fibrinogen- und Globulingehalt und umgekehrt proportional dem Albumingehalt des Plasmas[2]. Den Einfluß des fadenförmigen Kolloids auf die Senkung konnten WUNDERLY[3] und WUNDERLY[4] u. WUHRMANN ebenfalls mit künstlichen Solen zeigen. Sie verwenden eine Mischung von Pektin (anisometrisches Kolloid) und Glykogen (Sphärokolloid), in welcher die Senkung mit zunehmendem Pektingehalt zunimmt. Ähnliche Versuche haben GÜLLEKES[5] sowie SCHWALM u. GÜLLEKES[6] mit Gummiarabicum (2,5%ig) und 5%iger Citratlösung angestellt, um die verminderte Senkung der Erythrocyten in Blutkonserven zu untersuchen.

Außer der Eiweißzusammensetzung wirken auf die Senkungsgeschwindigkeit noch:

1. der Ballungsfaktor (Plasmafaktor),

2. die Ballungsbereitschaft der Erythrocyten (Fähigkeit der Erythrocyten, ballungsfördernde Stoffe zu adsorbieren),

3. Erythrocytenkonzentration (Hämatokritwert) (s. GÜLLEKES[5]).

Man beobachtet daher zuerst, solange keine Ballung stattgefunden hat, eine geringe Senkung, die nach Ballung abnimmt, und gegen Ende durch gegenseitige Behinderung der Blutkörperchen wieder zunimmt. Die Ballung kann aus vielen tausend Erythrocyten bestehen. Die Senkung ist ungleichmäßig (sog. Schleiersenkung), wenn die Ballung nicht gleichmäßig ist[7].

Die Senkungsgeschwindigkeit ist bei Gesunden nach Alter und Geschlecht recht verschieden. Temperaturabnahme führt nicht immer zu einer Verminderung der Senkungsgeschwindigkeit[8].

Normalwerte nach WESTERGREN. a: für Männer 3 bis 7, für Frauen 3 bis 10, für Kinder, je nach Alter 1 bis 11 mm in der 1. Std. b: nach der 2. Std liegt der Wert höher als der doppelte Einstundenwert und erreicht nach 24 Std 100 bis 124 mm, beim Kind 90 mm. Die mittlere Senkungsgeschwindigkeit errechnet man nach der Formel[9]: $\frac{a + \frac{b}{2}}{2}$, wobei a den Senkungswert nach 1, b den nach 2 Std angibt. Nach WUHRMANN[10] sind die Normalwerte in weiten Röhrchen für Männer 3 bis 8 mm in der 1., 5 bis 15 mm in der 2. Std; für Frauen 5 bis 9 mm in der 1., 10 bis 18 mm in der 2. Std.

Meerschweinchen zeigen eine sehr geringe Senkungsgeschwindigkeit: a = 1,06; b = 1,84[11].

---

[1] BENDIEN, W. M., u. I. SNAPPER: B. Z. **35**, 14 (1931). — BENDIEN, W. M., J. NEUBERG u. I. SNAPPER: B. Z. **247**, 306 (1932). — [2] ZÁRDAY, I. v., u. G. v. FARKAS: Z. ges. exp. Med. **78**, 367 (1931). — [3] WUNDERLY, C.: Helv. chim. Acta **26**, 755 (1943); **27**, 417 (1944). — [4] WUNDERLY, C., u. F. WUHRMANN: Schweiz. med. Wschr. **74**, 1128 (1945). — [5] GÜLLEKES, M.: Diss. med. Marburg 1953. — [6] SCHWALM, H., u. M. GÜLLEKES: Kli. Wo. **1952**, 986. — [7] WUHRMANN, F., u. C. WUNDERLY: Die Bluteiweißkörper des Menschen. 2. Aufl. S. 124. Basel 1952. — [8] DECKER, C. T.: Kli. Wo. **1939 II**, 1524. — [9] FRENZEL, M.: M. m. W. **1939 I**, 923. — LEFFKOWITZ, M.: Handb. Haematol. (HIRSCHFELD-HITTMAIR) **2**/1, 555 (1933). — [10] WUHRMANN, F.: Schweiz. med. Wschr. **75**, 1001 (1945). — [11] NICOLLE, P., et H. SIMONS: Sang **13**, 401 (1939).

Erhöhte Senkungsgeschwindigkeit findet sich außer bei der Schwangerschaft — hier wurde die Senkung sogar als Schwangerschaftsreaktion empfohlen[1] — bei den meisten fieberhaften Krankheiten, bei akuter Tuberkulose, Gelenkrheumatismus, Anämien, Geschwülsten und anderen Erkrankungen. Eine *Verlangsamung der Senkung* beobachtete man z. B. bei Polycytämie, Erkrankungen des Leberparenchyms, bei Ikterus und bei Kindern mit exsudativer Diathese.

Sedimentation. Im unbehandelten Blut mit stark erhöhter Senkungsgeschwindigkeit kann schon vor Eintritt der Gerinnung eine Trennung von Plasma und Körperchen eintreten. In diesem Falle ist die obere Schicht des Blutkuchens nur gelblich gefärbt, sie wird Speckhaut genannt und besteht aus Fibrin und Leukocyten, weil das ausfallende Fibrin keine roten Blutkörperchen eingeschlossen hat. Beim Menschen kann bei entzündlichen Erkrankungen diese Erscheinung beobachtet werden (Crusta phlogistica oder inflammatoria); für normales Pferdeblut ist sie die Regel.

Bestimmung der Blutsenkung. Das für klinische Zwecke in Deutschland meist gebrauchte Verfahren wurde von WESTERGREN[2] angegeben. 0,4 cm^3 3,8% iger steriler Natriumcitratlösung werden mit Blut ad 2 cm^3 gemischt und dann in Pipetten von 2,5 mm lichtem Durchmesser und 200 mm Höhe eingefüllt. Die Höhe der nach 1, nach 2 und 24 Std abgeschiedenen Plasmaschicht wird abgelesen. Nach LINZENMEIER[3] wird abgelesen, wenn unter Verwendung einer 5% igen Natriumcitratlösung die Senkung 6, 12, 18 und 24 mm erreicht hat. (Vergleich beider Verfahren s. [4]). Bei Angaben über die Blutsenkung ist es empfehlenswert, gleichzeitig die Erythrocytenzahl und den Hämatokritwert zu nennen.

6. Osmotischer Druck[5].

Die *Gefrierpunktserniedrigung* des normalen menschlichen Blutplasmas liegt zwischen 0,56 und 0,58°. Entsprechend der größeren Konzentrationsschwankungen liegen die Gefrierpunktsdepressionen beim Harn zwischen 0,075 bis 2,6°. Die Gefrierpunktsdepression im *Serum* von Hunden wurde mit 0,620°, in den *Blutkörperchen* mit 0,580° bestimmt. Beim Pferd sind die entsprechenden Zahlen 0,560° bzw. 0,530°. Bei Durst kann die Gefrierpunktsdepression im Serum wesentlich ansteigen. Es wurde von MAYER *in einem Falle* bei einem Hund eine Zunahme von 0,60° auf 0,80° beobachtet[6]. Die Gefrierpunktsdepressionen bei pathologischen Seren bieten keine Besonderheiten. Mitunter werden bei Pneumonie sehr tiefe Werte (0,78°) gefunden[7]. Bei Körpertemperatur errechnet sich aus der Gefrierpunktserniedrigung der osmotische Druck nach

$$22{,}4 \cdot 0{,}303 \cdot \left(1 + \frac{1}{273}\,37{,}5\right) = 7{,}71 \text{ Atm.}$$

Da die Gefrierpunktserniedrigung einer Lösung, die im Liter 1 gmol einer undissoziierten Verbindung enthält, = 1,85° C ist und ihr osmotischer Druck 22,4 Atmosphären beträgt, entspricht das Plasma einer wäßrigen Lösung von $\frac{0{,}56}{1{,}85} = 0{,}303$ Mol und übt einen Druck von $22{,}4 \cdot 0{,}303 = 6{,}79$ Atmosphären aus.

Auch das Blut der übrigen Säugetiere zeigt eine Gefrierpunktsdepression von 0,58° C[8]. Weitere Tierwerte[9]. Der osmotische Druck des Blutes aller Säugetiere

[1] LINZENMEIER, G.: Arch. Gynäk. **113**, 608 (1920). Pflügers Arch. **181**, 169 (1920). — [2] WESTERGREN, A.: Kli. Wo. **1922 II**, 1359. — [3] LINZENMEIER, G.: Zbl. Gynäk. **44**, 816 (1920); **46**, 535 (1922). — [4] WESTERGREN, A.: Kli. Wo. **1922 II**, 2188. — [5] Vgl. Bd. **1**, S. 130ff. — HÖBER, R.: Physikalische Chemie der Zelle und Gewebe. S. 334. 6. Aufl. Leipzig 1926. — [6] MAYER, A.: C. R. Soc. Biol. **52**, 153 (1900). — [7] BROCQ-ROUSSEU, D., et G. ROUSSEL: Le sérum normal. S. 82. Paris 1934. — [8] Einzelwerte: URBAIN, A., R. CAHEN et J. SERVIER: Cr. **206**, 1596 (1938). — [9] BROCQ-ROUSSEU, D., et G. ROUSSEL: Le sérum normal. S. 64 u. 76. Paris 1934.

ist daher gleich groß und beträgt bei Körpertemperatur nicht ganz 8 Atmosphären. Dem osmotischen Druck des Säugetierblutes entspräche, aus der Gefrierpunktsdepression berechnet, eine $\frac{5,8 \cdot 8}{22,4} = 2,07$ %ige NaCl-Lösung. In Wirklichkeit ist aber wegen der Dissoziation der Kochsalzmoleküle eine 0,95% ige NaCl-Lösung dem Blut isotonisch. Den Hauptteil an der Gefrierpunktsdepression, d. h. über 50%, trägt das Kochsalz. Der Anteil der Eiweißstoffe tritt zurück, da nicht die Molekülgröße, sondern die in Lösung befindliche Zahl der Teilchen für die Gefrierpunktsdepression entscheidend ist. Jedes Ion wirkt wie ein Teilchen. Die Gefrierpunktsdepression des Plasmas ist keine unveränderliche Größe, sondern ändert sich rhythmisch während des Atmungsvorganges[1]. Das Plasma der Kaltblüter ist mit einer 0,6% igen NaCl-Lösung isotonisch. Dementsprechend ist auch der osmotische Druck geringer. Diese sog. physiologischen Kochsalzlösungen sind zwar isosmotisch mit dem Blut, enthalten aber nicht die übrigen Salze, die im Plasma gelöst sind.

Außer Isotonie werden an eine *Blutersatzflüssigkeit* noch weitere Forderungen gestellt, und zwar, daß sie alle im Blut vorhandenen Ionen in physiologischer Mischung sowie organische Nährstoffe und Sauerstoff enthält. Schließlich soll sie die gleiche Wasserstoffionenkonzentration und die gleiche Viscosität wie das Blut besitzen[2]. Serum bzw. Plasma sind nach dem Blut selbst die besten Blutersatzflüssigkeiten[3].

Rein anorganische Lösungen für physiologische Versuche sind zuerst von RINGER[4] angegeben worden. Die heute gebräuchlichsten und vorteilhaftesten Zusammensetzungen sind in der folgenden Tabelle zusammengestellt:

Tabelle 65. Physiologische Salzlösungen (g in 1 *l* Wasser) (s. a. Bd. **1**, S. 198).

	NaCl	KCl	$CaCl_2$*	$MgCl_2 \cdot 6\,H_2O$	$NaHCO_3$	$NaH_2PO_4 \cdot 2\,H_2O$	$Na_3PO_4 \cdot 12\,H_2O$	$Ca(H_2PO_4)_2 \cdot H_2O$	Glucose
RINGER[5]									
Warmblüter .	9,5	0,2	0,2	—	0,1—1,0	—	—	—	—
Frosch	6,5	0,2	0,2	—	0,1—1,0	—	—	—	—
LOCKE[6]									
Warmblüter .	9,2	0,42	0,24	—	0,15	—	—	—	1,0
Frosch	6,0	0,3	0,2	—	0,2	—	—	—	1,0
TYRODE I[7] . . .	8,0	0,2	0,2	0,1	1,0	0,05	—	—	(1,0)
TYRODE II . . .	9,0	0,42	0,25	0,005	0,5	—	0,005	—	1,0
ADLER[8]									
Kaltblüter . .	5,9	0,4	0,4	0,25	3,51	0,126	—	—	1,5
FRIEDENTHAL[9]									
Warmblüter .	6,0	0,3	—	—	4,0	—	—	0,3	1,0

* $CaCl_2$ trocken oder $CaCl_2$ + Aqua zur Analyse in entsprechender Menge.

Das Verhältnis der einzelnen Ionen ist in RINGER-Lösung ähnlich dem der entsprechenden Ionen im Meerwasser (vgl. Bd. **1**, S. 203 u. Bd. **2**/2, Vergl. Physiol. Chemie der Tiere).

[1] HINSBERG, K., u. A. SCHÜRMEYER: Z. ges. exp. Med. **82**, 696 (1932). — s. a. S. 266[9], S. 67. — [2] VINCKE, E.: Z. ges. exp. Med. **106**, 1 (1939). — VINCKE, E., u. H. E. NEVER: Z. ges. exp. Med. **106**, 23 (1939). — [3] SCHÖRCHER, F.: Zbl. Chir. **67**, 577, 959 (1940). — [4] RINGER, S.: J. Physiol., London **5**, 247, 352 (1884/85). — [5] HÖBER, R.: Physikalische Chemie der Zelle und Gewebe. 6. Aufl. S. 664. Leipzig 1926. — [6] LOCKE, F. S.: Zbl. Physiol. **15**, 490 (1901). — [7] TYRODE, M. V.: Arch. int. Pharmacodyn. Thérap. **20**, 205 (1910). — [8] ADLER, H. M.: J. amer. med. Ass. **51**, 752 (1908). — [9] FRIEDENTHAL, H.: Jber. Fortschr. Tierchem. **33**, 297 (1903).

Durch Enteiweißen von Blut ändert sich die Gefrierpunktserniedrigung um etwa 0,01°. Δ ist für Gesamtblut und Plasma gleich[1]. Die Blutkörperchen sind also mit dem Plasma isosmotisch. Infolge des CO_2-Druckes im venösen Blut liegt der Gefrierpunkt im arteriellen Blut um 0,02° höher als im venösen Blut[2], im Serum des arteriellen Blutes liegt der Gefrierpunkt etwa 0,01° tiefer als im Serum aus venösem Blut. Der Gefrierpunkt, und damit das osmotische Gleichgewicht, wird trotz der ausgedehnten Resorptions-, Exkretions-, Sekretions- und Stoffwechselprozesse weitgehend konstant gehalten[3] (*Isotonie des Blutes*). Ausgleicheinrichtungen bestehen unter anderem in der Ionenverschiebung vom Plasma in die Blutkörperchen und vom Plasma ins Gewebe, sowie in der normalen Tätigkeit der Niere, der Lunge und der Schweißdrüsen. Deshalb kann man bei Niereninsuffizienz die Gefrierpunktsbestimmung diagnostisch verwerten, z. B. beobachtet man bei doppelseitigen Nierenerkrankungen ein Abfallen von Δ bis unter 0,6°.

Dividiert man die in Graden gemessene Gefrierpunktsdepression durch 1,85, so erhält man die molare Konzentration des Stoffes in einer Lösung. Die folgende Tabelle gibt die mittleren Konzentrationen verschiedener Seren nach BUGARSZKY u. TANGL[4] an.

Tabelle 66. Mittelwerte der molaren Konzentration im Blutserum.

Serumart	Gesamtkonzentration	Konzentration der Elektrolyte	Konzentration der Nichtelektrolyte	Die Elektrolyte sind		% Anteil an den gelösten Stoffen		Von den Elektrolyten sind	
				NaCl	Andere Ionen	Elektrolyte	Nichtelektrolyte	NaCl	nicht NaCl
	Mol/l							%	
Pferd	0,302	0,233	0,069	0,165	0,068	77,2	22,8	70,8	29,2
Hund	0,323	0,239	0,084	0,177	0,063	74,1	25,9	74,3	25,7
Rind	0,330	0,242	0,088	0,176	0,065	73,3	26,6	74,0	26,0
Schwein	0,332	0,244	0,088	0,164	0,080	73,5	26,5	67,2	32,8
Schafe	0,334	0,256	0,078	0,192	0,064	75,9	24,1	74,6	25,4
Katze	0,342	0,264	0,078	0,211	0,054	77,3	22,7	79,7	20,3

Die ***Bestimmung*** der Gefrierpunktserniedrigung[5] wird meist mit dem Gefrierpunktsapparat nach BECKMANN, bei kleinen Mengen mit dem Apparat von SALGE[6] vorgenommen. Für klinische Zwecke wird der osmotische Druck seltener bestimmt.

7. Leitfähigkeit.

Zur *Bestimmung der Konzentration der Elektrolyte*, vor allem des NaCl, kann man die Leitfähigkeit λ, die praktisch ohne Bedeutung ist, messen. Die Leitfähigkeit des Gesamtblutes[7] ist erheblich geringer als die des Serums, weil sich die Blutkörperchen kaum oder gar nicht an der Stromleitung beteiligen. Im Gegensatz zum osmotischen Druck spielt für die Leitfähigkeit der CO_2-Gehalt des Plasmas keine Rolle. Bis 56° steigt λ des Blutserums genau proportional der Temperatur an[8]. Im Blutserum schwankt die elektrische Leitfähigkeit nur in geringen Grenzen[9,10]: $\lambda_{25°} = 106$ bis $119 \cdot 10^{-4}$ und $\lambda_{18°} = 90$ bis $105 \cdot 10^{-4}$.

---

[1] HAMBURGER, H. J.: Zbl. Physiol. **11**, 217 (1897). — HEDIN, S. G.: Skand. Arch. Physiol. **5**, 238, 377 (1895). — [2] KORÁNYI, A. v.: Z. klin. Med. **33**, 1 (1897). — [3] FANO, G., e F. BOTTAZZI: Arch. ital. Biol. **26**, 45 (1896). — [4] BUGARSZKY, S., u. F. TANGL: Pflügers Arch. **72**, 531 (1898). — [5] FRIEDENTHAL, H.: Handb. biochem. Arb.-Meth. (ABDERHALDEN) **1**, 498 (1910). — [6] SALGE, B.: Z. Kinderheilkde. **1**, 126 (1911); **34**, 330 (1923). — [7] PINCUSSEN, L.: Handb. Biochem. **4**, 17 (1925); Erg.-W. **2**, 10 (1934). — [8] ORRÙ, A., e E. PIPPARELLI: Arch. Sci. biol., Bologna **24**, 97 (1938). — [9] HÄBLER, C.: Physikochemische Medizin nach Heinrich Schade. Dresden 1939. — [10] GOHR, H.: Z. klin. Med. **140**, 702 (1942).

Auch bei Krankheiten ist λ des Serums ziemlich konstant und von gleicher Größenordnung wie oben angegeben. Lediglich bei ausgeprägten Leberschäden werden höhere Werte ($\lambda_{25^\circ} = 120$ bis $138 \cdot 10^{-4}$) gefunden. Es ist aber zu bedenken, daß Alter, Art der Serumgewinnung und Temperatur für die Feststellung von λ von Bedeutung sind[1].

Über den elektrischen Widerstand und die Leitfähigkeit der Eiweiße s.[1].

Bei Tierseren wurden folgende Leitfähigkeiten gemessen[1]:

Tabelle 67. Leitfähigkeit von Tierseren ($\times 10^{-4}$).

	Beobachteter Wert	Korrigierter Wert	Berechnet für NaCl	Berechnet für andere Salze
Pferd	102,36	126,17	83,87	42,30
Hund	110,23	129,89	89,18	40,71
Rind	105,23	130,74	88,65	42,02
Schwein	107,36	133,83	82,38	51,45
Schaf	112,04	137,33	95,77	41,56
Katze	114,05	139,67	104,38	35,29

Die Leitfähigkeit nimmt in den ersten Minuten rasch ab[1], z. B. beim Hund sofort gemessen $106{,}7 \cdot 10^{-4}$; nach 3 min $102{,}4 \cdot 10^{-4}$; nach 12 min $102{,}1 \cdot 10^{-4}$.

Die *Dielektrizitätskonstante* im normalen Serum wurde zu $85{,}5 \pm 1{,}0$ festgestellt. Der durch $(NH_4)_2SO_4$ gewonnenen Albuminfraktion kommt der Wert $82{,}4 \pm 1{,}0$, der Globulinfraktion $85{,}2 \pm 1{,}0$ zu[2].

8. Kolloidosmotischer Druck[3].

Schon 1896 hatte STARLING[4] gezeigt, daß auch die Kolloide des Blutes — wie wir heute wissen die Albumine und Globuline — einen gut meßbaren osmotischen Druck ausüben, der für die physiologischen Aufgaben des Blutes im Körper von ausschlaggebender Bedeutung ist. Dieser *kolloidosmotische Druck* (K.O.D.), der auch *onkotischer Druck* genannt wird oder einfach Kolloiddruck[5, 6], ist keine einheitliche Größe wie der osmotische Druck der Krystalloide. Er ist die Resultante[7] des wahren osmotischen Druckes der Kolloide, welcher von der Konzentration der Kolloidteilchen abhängig ist, des *Quellungsdruckes*, der Kraft, mit welcher die Kolloidteilchen das Wasser festhalten, und weiter des *Membrangleichgewichtes*, welches durch die ungleiche Verteilung der Ionen zu beiden Seiten einer Membran infolge der Gegenwart verschiedener Kolloide auf beiden Seiten sich ausbildet. Dieser Kolloiddruck tritt größenordnungsmäßig erheblich hinter dem von den Elektrolyten ausgeübten Druck zurück. Seine physiologische Bedeutung ist aber sehr groß. Die Kenntnis des K.O.D., dessen Größe im gesunden Körper genau geregelt ist, ist für das Verständnis vieler Vorgänge im Körper unerläßlich. Ein Versagen seiner Regelung führt zu Krankheitszuständen. STARLING wies bereits darauf hin, daß zwischen K.O.D. und Wasserausscheidung der Niere, Bildung von Gewebswasser und Lymphe und der Ödembildung ein Zusammenhang bestehen muß, und daß der K.O.D. für die Flüssigkeitsbewegung im Körper eine wesentliche Rolle spiele. Tatsächlich ist bei manchen Erkrankungen der Niere, der Leber und bei Ödemen der K.O.D. des Blutes erniedrigt. Durch das

[1] BROCQ-ROUSSEU, D., et G. ROUSSEL: Le sérum normal. S. 86ff. Paris 1934; dort auch Werte für Kaltblüter in Abhängigkeit von der Jahreszeit. — [2] BROCQ-ROUSSEU, D., et G. ROUSSEL: Le sérum normal. S. 177. Paris 1934. — [3] Definition s. Bd. **1**, S. 180. — [4] STARLING, E. H.: J. Physiol., London **19**, 312 (1896). — [5] FARKAS, G. v.: Bennhold-Kylin-Rusznyák S. 144. — [6] MEYER, P.: Med. Kolloidlehre S. 40—53. — [7] MEYER, P.: Der kolloidosmotische Druck biologischer Flüssigkeiten. Ergebn. Physiol. **34**, 18—111 (1932).

fein abgewogene Gegenspiel von K.O.D. und Capillardruck wird der Flüssigkeitsaustausch zwischen Blut und Geweben beherrscht. Überwiegt der erstere, so wird Wasser aus den Geweben ins Blut übergeführt, überwiegt der Capillardruck, so geht Blutwasser ins Gewebe. Sinkt der K.O.D. des Blutes auf längere Zeit durch Eiweißverlust, so wird Flüssigkeit aus der Blutbahn ausgepreßt, und es kommt zu Ödemen[1]. Bei starken Blutungen (herabgesetzter Capillardruck) wird durch den K.O.D. innerhalb der Capillaren Gewebswasser in die Blutbahn eingesaugt und dadurch das Flüssigkeitsvolumen in den Gefäßen ergänzt[2]. Ob auf die Größe des K.O.D. noch andere Stoffe außer den Albuminen und im geringeren Maße auch den Globulinen einen Einfluß ausüben, ist nicht sichergestellt. Wohl aber besteht eine Abhängigkeit von Alter, Konstitution, Körperlage, Muskelarbeit und Ernährung (z. B. Unterernährung).

Der K.O.D. von Serum und Plasma ist gleich, den geringen Mengen Fibrinogen kommt kein meßbarer Druck zu. Auch zwischen den Werten von Serum und Vollblut wurden keine Unterschiede gemessen. Der K.O.D. schwankt im normalen menschlichen Blut bzw. Serum zwischen 30 und 40 cm Wasser, beträgt also etwa 0,03 bis 0,04 Atm. Über den K.O.D. bei Tieren s. Bd. 2/2, Vergl. Physiol. Chemie der Tiere. Der auf 1% Serumeiweiß reduzierte K.O.D. des gesunden Menschen liegt zwischen 40 und 50 mm Wasser, im Mittel bei 46,1 mm. Die Albumine üben in 1%iger Lösung einen K.O.D. von 79 mm Wasser aus, die Globuline in gleicher Konzentration von 13 mm Wasser. Der K.O.D. des Albumins macht also im normalen Serum 80% des Gesamtdruckes aus[3, 4]. Über die rhythmische Änderung des K.O.D. bei der Atmung, die mit der CO_2-Spannung zusammenhängt und eine Senkung von 22 bis 28 mm Wassersäule bewirken können s. [5].

Tabelle 68. Kolloidosmotischer Druck von Seren verschiedener Tiere[6].

Tierart	K.O.D. cm H_2O	Tierart	K.O.D. cm H_2O
Kaninchen	22,5—35,0	Schwein	30,0—35,0
Hund	24,5—36,5	Hammel	29,0—33,5
Pferd	22,5—35,0	Meerschweinchen	22,0—28,0
Katze	24,0—33,0	Ziege	30,0—31,0
Rind	26,0—30,0	Ratte	22,0—29,0

Das ***Verfahren zur Messung*** des K.O.D.[7] beruht darauf, daß eine kleine Serummenge durch eine semipermeable Membran von einer isotonischen Salzlösung getrennt wird. Man mißt den Gegendruck, der notwendig ist, um ein Ansteigen der Flüssigkeit in dem mit Serum gefüllten Osmometer zu verhindern. Da auf beiden Seiten der Membran Ionengleichgewicht herrscht, ist diese Größe nur von dem kolloidosmotischen Druck abhängig. Der K.O.D. kann auch nach der Formel von KEYS[8] berechnet werden, wenn Albumin- und Globulingehalt bekannt sind. K.O.D. $= f_c \cdot (45{,}2\,A + 18{,}8\,G)$. Die Formel berücksichtigt den verschiedenen Anteil von Albumin A und Globulin G am K.O.D., aber auch durch Einführung des Konzentrationsfaktors f_c die absolute Menge der Proteine, da der K.O.D. mit steigender Eiweißkonzentration stärker als linear ansteigt[9]. f_c ist bei 2% Eiweiß 0,92, bei 4% 1,03, bei 6% 1,17 und bei 8% 1,45. Über den Einfluß des p_H s. SCATCHARD[10].

---

[1] LIESEGANG, R. E.: Wasserhaushalt. Med. Kolloidlehre. S. 495—542. — [2] FARKAS, G. v.: D. m. W. **1939 I**, 131. — [3] WUNDERLY, C., u. F. WUHRMANN: Schweiz. med. Wschr. **77**, 63 (1947). — [4] BUBB, W.: Schweiz. med. Wschr. **77**, 239 (1947). — WARREN, J. V., E. A. STEAD jr., A. J. MERRILL and E. S. BRANNON: J. clin. Invest. **23**, 506 (1944). — [5] HEINZ, E., u. H. NETTER: B. Z. **319**, 529 (1949). — [6] MEYER, P.: Med. Kolloidlehre S. 52. — [7] FARKAS, G. v.: Bennhold-Kylin-Rusznyák S. 144. — MEYER, P.: Med. Kolloidlehre S. 40—53. — [8] KEYS, A.: J. physic. Chem. **42**, 11 (1938). — [9] Wuhrmann-Wunderley 2. Aufl. S. 52. — [10] SCATCHARD, G.: Science, N. Y, **113**, 201 (1951). — SCATCHARD, G., A. C. BATCHELDER and A. BROWN: J. clin. Invest. **23**, 458 (1944).

9. Wasserstoffionenkonzentration.

Eine der wesentlichsten Aufgaben des Blutes ist die Regulierung der Wasserstoffionenkonzentration. Zu diesem Zweck muß die Reaktion des Blutes konstant bleiben (Isohydrie). Die Reaktion des Blutes ist annähernd neutral. Über die Möglichkeiten des Körpers, seine Wasserstoffionenkonzentration zu regulieren, und den Anteil von Niere, Atmung, Magensekretion und Stoffwechsel bei diesen Funktionen s. S. 528.

Tabelle 69. p_H-Werte des Blutes[1].

	Vollblut	Serum	Blutkörperchen
Erwachsene	7,35[2]	7,26—7,70[5]	6,95—7,47[5]
	(7,28—7,41)	(7,38—7,40)	—
Kinder	7,35[3]	—	—
	(7,31—7,42)	—	—
Capillarblut	7,35—7,36[4]	—	—
Venenblut	7,37	—	—
	(7,33—7,39)[4]	—	—
Hund[7]	—	7,14—7,47	7,24—7,28
Ziege	—	7,40[6]	—
Pferd	—	7,30—7,70	—
Hase	—	7,20—7,80	—
Meerschweinchen	—	7,60	—

Im venösen Blut von Syphilitikern wurde ein p_H von 7,39 bis 7,65 gegenüber 7,35 bis 7,38 bei Gesunden gemessen[8]. Eine ausführliche Tabelle über den bei Krebskranken im Blut gemessenen p_H s.[9]. Die von anderer Seite angegebenen stark alkalischen Werte für das Blut[10] sind sehr unwahrscheinlich.

Zwischen dem Serum aus arteriellem und venösem Blut besteht ein Unterschied von etwa 0,35 Einheiten (p_H 7,85 arteriell und 7,50 venös)[11].

Im embryonalen Blut (des Meerschweinchens) ist in der Mitte der Gravidität ein p_H von 5,8 gemessen worden[12], 3 Std nach der Geburt von 6,2 und erst nach 6 Tagen 7,0. Über die Pufferungskapazität des Serums s.[13].

Besonders empfindlich ist das Atemzentrum gegen Änderungen des p_H des Blutes. Eine geringe Verschiebung nach der sauren Seite bewirkt über das Atemzentrum verstärkte Atmung und damit verstärkte Abgabe von Kohlensäure und regulatorische Verschiebung des p_H nach der alkalischen Seite. Arbeit, Nahrung, Jahreszeit, Klima, Höhenlage und Krankheiten können eine Wirkung auf die Regulation des Blutes ausüben. Trotzdem ist sie in den weitaus meisten Fällen unverändert. Über die p_H-Schwankungen unter pathologischen Bedingungen s.[14]. Bei Gesunden zeigt der p_H-Wert des Blutes periodische Schwan-

---

[1] MICHAELIS, L., u. P. RONA: B. Z. **18**, 317 (1909). — [2] CULLEN, G. E., and H. W. ROBINSON: J. biol. Ch. **57**, 533 (1923). — [3] WINOCUR, P., e T. SATRIANO: Arch. argent. Pediatr. **5**, 140 (1934). — [4] HAUGAARD, G., u. E. LUNDSTEEN: B. Z. **285**, 270 (1936). — [5] TAYLOR, H.: J. Physiol., London **63**, 343 (1927). — [6] BROCQ-ROUSSEU, D., et G. ROUSSEL: Le sérum normal. S. 227. Paris 1934. — [7] RAPOPORT, S., and G. M. GUEST: J. biol. Ch. **131**, 675 (1939). — [8] GEORGESCO, I. D., et V. COMPANETZ: C. R. Soc. Biol. **130**, 1329 (1939). — [9] HINSBERG, K.: Das Geschwulstproblem. S. 21—25. (Wiss. Forsch.-Ber. Bd. 57.) Dresden 1942. — [10] BREHMER, W. v.: „Siphonosphora polymorpha von BREHMER" in ihrer Bedeutung für Blut- und Geschwulstkrankheiten unter besonderer Berücksichtigung des Krebses. Haag/Amper 1947. Med. Welt **1933 II**, 1737. — [11] LUMIÈRE, A., R. H. GRANGE et R. MALAVAL: Cr. **188**, 364 (1929). — [12] MENDÉLÉEFF, P.: Arch. int. Physiol. **21**, 15 (1923). — PFAUNDLER, M.: Arch. Kinderheilkde. **41**, 174 (1905). — [13] MOND, R., u. H. NETTER: Pflügers Arch. **207**, 515 (1925). — MOSER, H.: Kolloidchem. Beih. **25**, 69 (1927). — [14] Thannhauser, Stoffwechselkrankheiten S. 565.

kungen. Er steigt während der Tageszeit an[1]. Bei kurz dauernder kräftiger Arbeit kann der p_H-Wert nach 4 bis 5 min um 0,23 Einheiten absinken (Milchsäureausschüttung), um aber schon nach $^1/_2$ Stunde den Ausgangswert zu erreichen[2]. Bei dem Sauerwerden des Blutes steigen im Serum in erster Linie die organischen Säuren an, und die CO_2-Werte fallen ab[3]. Eine Verschiebung nach der basischen Seite wird durch einen Überschuß an Alkali hervorgerufen, ohne daß sich der normale Gehalt an organischen und anorganischen Säuren ändert. Verbindungen, die im Organismus umgesetzt werden (z. B. Natrium- oder Ammoniumacetat), ändern den p_H-Wert des Blutes nicht[4]. Überwiegende Fleischnahrung verschiebt den Wert an die untere (Acidosis), überwiegende Pflanzenkost an die obere Grenze des Mittelwertes (Alkalosis). Mit zunehmendem Alter steigt der p_H im Blut physiologischerweise an[5].

p_H-Änderungen nach der sauren Seite haben im Blut eine Wanderung der Lipoide von den Erythrocyten ins Plasma (Lipämie) zur Folge, bei einer Verschiebung ins Alkalische ist es umgekehrt[6]. Eine hormonale Wechselwirkung wurde bei ausgewachsenen Kaninchen beobachtet. So wird bei Verfütterung von Corpus luteum-Hormon eine Zunahme beobachtet, bei Verfütterung von Zwischengewebe des Ovars dagegen eine Abnahme[7].

Verfahren zur ***Bestimmung*** des p_H s. Bd. 1, S. 121. Am meisten hat sich die Glaselektrode eingebürgert, die auch eine p_H-Messung in Gegenwart von Sauerstoff und Hämoglobin gestattet. Der p_H ist temperaturabhängig, und zwar nimmt er pro °C um 0,017 Einheiten ab[8]. Der Abfall ist je nach Art der Blutproben verschieden, und es ist ein Unterschied, ob das Plasma bei 18° oder 37° gewonnen wurde. Für *Vollblut* ergibt sich ein mittlerer Temperaturkoeffizient[9] von 0,0147, für *Serum* mit der Herkunft wechselnd:

Aus gemischtem	Menschenblut	0,0120
,, ,,	Hundeblut	$0{,}0107_5$
,, ,,	Kaninchenblut . . .	$0{,}0138_0$

Zur Umrechnung auf 38° sind folgende Formeln angegeben:

$$\text{Blut } p_{H_{38}} = p_{H_t} - 0{,}0147 \cdot (38 - t),$$
$$\text{Plasma } p_{H_{38}} = p_{H_t} - 0{,}0118 \cdot (38 - t).$$

Bei colorimetrischen Messungen muß eine Korrektur für den Eiweißfehler angebracht werden. Colorimetrische Messungen ergeben im allgemeinen zu sauere Werte.

10. Lichtbrechungsvermögen oder Refraktion[10].

Wie das spezifische Gewicht hängt auch diese Größe hauptsächlich vom Eiweißgehalt ab. Da 80 bis 90% der Trockenbestandteile des Serums Eiweißstoffe sind, und die restlichen Anteile gewöhnlich keinen starken Schwankungen in ihrer Zusammensetzung unterliegen, wird dieses Verfahren nicht nur zur Bestimmung des Gesamteiweißes, sondern auch zur Bestimmung des Wassergehaltes

---

[1] FANUCCHI, F.: Arch. Ist. biochim. ital. **15**, 122 (1942) [C. **1942 II**, 2491]. — [2] MARGARIA, R., e C. TALENTI: Arch. Fisiol. **32**, 165 (1933). — [3] STURM, R.: A. e. P. P. **169**, 633 (1933). — [4] ZUMMO, C., e G. SCOZZARI: Boll. Soc. ital. Biol. sperim. **9**, 808 (1934). — [5] ELDAHL, A.: Nord. med. Ark. **3**, 2938 (1939). — [6] LEVINE, R., and S. SOSKIN: Proc. Soc. exp. Biol. Med. **40**, 305 (1939). — [7] NAKATSUGAWA, N.: Folia endocrinol. jap. **9**, 45 (1933). — [8] SKOTNICKÝ, J.: Z. physikal. Chem. (A) **191**, 180 (1942). — [9] ROSENTHAL, T. B.: J. biol. Ch. **173**, 25 (1948). — [10] ALDER, A.: Refraktometrische Blutuntersuchung. Handb. Physiol. **6**/1, 537—566 (1928); dort auch Schrifttum. — HEILMEYER, L.: Handb. Haematol. (HIRSCHFELD-HITTMAIR) **2**/1, 407 (1933).

verwendet. Die refraktometrische Eiweißbestimmung wurde 1900 eingeführt[1] und seit 1902[2] als erste mikroanalytische Methode benutzt. Das Verfahren ist sehr einfach und bequem. Man braucht sehr wenig Material, die Genauigkeit liegt bei 0,3 bis 0,5%, die Methode ergibt aber nur die Gesamteiweißwerte des Serums. Venöse Stauung erhöht die Eiweißwerte beträchtlich, ebenso vasomotorische Einflüsse. Es wird daher am besten morgens nüchtern bei Bettruhe das Capillarblut entnommen. Läßt man das Serum längere Zeit stehen, so soll eine spontane Änderung der Refraktion eintreten[3].

Der mit dem Refraktometer gemessene Refraktionswert setzt sich aus dem Wasserwert ($n_D = 1{,}33320$), dem Eiweißwert (1%ige Eiweißlösung $n_D = 0{,}00172$) und dem Wert der gelösten Nichteiweißstoffe ($n_D = 0{,}00277$) zusammen. DESEÖ[4] gibt für 1% Serumeiweiß $n_D = 0{,}00187$ und für Nichteiweißstoffe $n_D = 0{,}00209$ an. Die Plasmawerte liegen wegen des Fibrinogengehaltes um 0,00080 höher. Zur Aufhebung der Gerinnung eignen sich nur Heparin und Hirudin.

Tabelle 70. Refraktionswerte und Eiweißgehalt des Serums[5].

	n_D	Eiweiß in %
Erwachsener	1,34836—1,35132	6,6—8,1
Kind	1,34687—1,34873	5,9—6,9
Neugeborenes	1,34575—1,34798	5,4—6,5
Rind und Schaf	1,3450 —1,3460	—
Schwein	1,3460 —1,3475	—
Meerschweinchen	1,3430	—

Bei Kindern[6] soll der Refraktometerwert des Serums innerhalb der ersten Lebensjahre um einen kleinen Betrag zunehmen. Zwischen dem Refraktometerwert und der Viscosität besteht keine vollkommene Übereinstimmung. Trotzdem ist sie zur Bestimmung der Eiweißfraktionen ausgenützt worden[7]. Die Methode ist heute verlassen. Näheres s. u.: Neue Formel zur Berechnung[8]. Bei pathologischen Seren ist im allgemeinen die Viscosität nicht wesentlich verschieden. Auffallend ist ein Anstieg bis auf 2,9 beim Ikterus, besonders beim Retentionsikterus (s. [6], S. 151). Das *Drehungsvermögen* des Serums für polarisiertes Licht hängt hauptsächlich von der Eiweißkonzentration ab, daneben auch von der Art und Zusammensetzung des Eiweißes. Infolgedessen sind die gemessenen Werte sehr unterschiedlich und schwanken zwischen 44 und 84°. Sie besitzen keine Bedeutung, Mittelwerte können nicht angegeben werden[9].

Nach Untersuchungen von LECOMTE DU NOÜY soll das Serum, in zugeschmolzenen Glasröhren aufbewahrt, innerhalb 40 Tagen seine optische Drehung verändern. Außerdem war vom 16. Tage ab eine Trübung zu bemerken[10].

11. Viscosität.

Die Viscosität oder innere Reibung des Gesamtblutes[11] hängt von Zahl und Größe der Formbestandteile ab. Unter diesen herrschen rein zahlenmäßig die Erythrocyten vor, doch spielt auch der Hämoglobingehalt eine Rolle. Etwa

[1] STRUBELL, A.: Verh. dtsch. Ges. inn. Med. **18**, 417 (1900). Dtsch. Arch. klin. Med. **69**, 521 (1901). — [2] REISS, E.: Refraktometrische Blutuntersuchung. Handb. biol. Arb.-Meth. Abt. IV, Teil 3, 299—334 (1924); dort auch Tabellen. — [3] PIOTROWSKI, G.: Rev. gén. Ophthalm. **40**, 101 (1926). — [4] DESEÖ, D. v.: B. Z. **230**, 373, 383; **238**, 104 (1931). — PLÖTNER, K.: B. Z. **286**, 429 (1936). — [5] LECOMTE DU NOÜY, P.: La température critique du sérum. I. Paris 1936. Cr. **186**, 854 (1928). — SATÔ, T.: Nagoya J. med. Sci. **9**, 203 (1935) [Ber. Physiol. **94**, 69]. — [6] BROCQ-ROUSSEU, D., et G. ROUSSEL: Le sérum normal. S. 159. Paris 1934. — [7] s. [6], S. 138 u. 163. — [8] WISSLER, A.: Makromol. Chem. **3**, 5 (1949). — [9] s. [6], S. 108. — [10] LECOMTE DU NOÜY, P.: Ann. Inst. Pasteur **43**, 749 (1929). — [11] NEUSCHLOSZ, S. M.: Die Viscosität des Blutes. Handb. Physiol. **6**/1, 619—651 (1928). — EVANS, P.: Lancet **242**, 162 (1942).

$^1/_3$ der Gesamtviscosität entfällt auf das Plasma[1]; diese ist überwiegend von seinem Eiweißgehalt abhängig, ohne aber eine lineare Funktion der Konzentration zu sein[2]. Leukocyten und Thrombocyten fallen nicht ins Gewicht. Bedeutsam ist aber das Verhältnis Albumine : Globuline, denn bei relativer Zunahme der Globuline nimmt die Viscosität stark zu. Es ist deshalb verständlich, daß bei der Polycytämie, bei Lungenödem, bei Eindicken des Blutes nach Phosgenvergiftung die Viscositätswerte ansteigen. CO_2-Anreicherung des Blutes[3] (croupöse Pneumonie, epidemische Meningitis und Kreislaufstörungen) wirken im gleichen Sinne. Auch während der Verdauung nimmt die Viscosität anscheinend zu. Bei Meerschweinchen sind die relativen Plasmawerte nüchtern[4] 1,5, bei der Verdauung 2,2. Beim Aufenthalt im Gebirge nimmt die Viscosität ab.

Durch Erwärmen auf 60° erfährt gewöhnliches Plasma eine Viscositätsverminderung[5]. Die Viscosität des Serums nimmt bis 56° ab, bei weiterer Temperatursteigerung nehmen die Werte stark zu. Bis 56° handelt es sich um einen reversiblen Vorgang, über 56° ist er irreversibel[6].

Viscositätswerte: Wenn man die Viscosität des Wassers = 1 setzt, so erhält man folgende Werte (relative Viscosität).

Tabelle 71. Viscosität des Blutes.

	Relative Viscosität bei 18° C (Wasser = 1,0)
Männer	4,74 (4,0—5,5)[7]
Frauen	4,40 (3,5—5,4)[7]
Gebärende Frauen	4,9
Nabelschnurblut	5,7
Blut von Neugeborenen[8]	6,6

Serum: 1,6 bis 2,2[9], Plasmawerte liegen 20 bis 25% höher. Unter „reduzierter Viscosität" versteht man die auf 10% Eiweißlösung bezogenen Werte.

Von RIEHL[10] wird die mittlere Viscosität des Plasmas zu 2,02 angegeben, die des Serums zu 1,71 bis 1,84. Nach Abzug der Restviscosität wurde die *spezifische Viscosität* des Plasmaeiweißes zu 0,131 errechnet mit nur geringen Schwankungen bei den einzelnen Tierarten. Näheres geht aus der Tabelle 72 hervor.

Tabelle 72. Vergleich von Viscosität und Refraktometerwerten in Plasma, Serum und Blut.

Tierart	Hb-Gehalt	Viscosität			Differenz P — S	Plasma		Serum		Differenz Eiweiß
		Blut	Plasma	Serum		n_D	Eiweiß	n_D	Eiweiß	
Schwein	15,95	5,95	2,11	1,84	0,27	1,3502	8,26	1,3497	8,00	0,26
Kaninchen	11,85	3,45	1,65	1,55	0,10	1,3478	6,85	1,3475	6,70	0,15
Rind	11,75	4,62	2,02	1,76	0,26	1,3488	7,47	1,3483	7,15	0,32
Pferd	11,78	4,13	2,05	1,80	0,25	1,3489	7,54	1,3484	7,25	0,29
Schaf	11,81	4,27	1,93	1,71	0,22	1,3487	7,37	1,3482	7,13	0,24
Ziege	10,87	3,96	1,99	1,73	0,26	1,3492	7,66	1,3486	7,34	0,32

[1] PRÉ-DENNING, A. DU, and J. H. WATSON: Proc. R. Soc. London (B) **78**, 328 (1906). — HEILMEYER, L.: Handb. Haematol. (HIRSCHFELD-HITTMAIR) **2**/1, 373—406, bes. 393ff. (1933). — [2] NAEGELI, O.: Blutkrankheiten und Blutdiagnostik. 5. Aufl. Berlin 1931. — [3] HARO, A.: C. R. Soc. Biol. **83**, 697 (1876). — BURTON-OPITZ, R.: Pflügers Arch. **119**, 363 (1907). — ODAIRA, T.: Tôhoku J. exp. Med. **2**, 396 (1921). — [4] MARIA, G. DI: Boll. Zool. **10**, 81 (1939). — [5] ROBUSCHI, L.: Boll. Soc. ital. Biol. sperim. **8**, 560 (1933). — [6] LECOMTE DU NOÜY, P.: Cr. **186**, 804 (1928). — [7] HESS, W.: Dtsch. Arch. klin. Med. **94**, 404 (1908). M. m. W. **1907 II**, 2225. — [8] PISCHEDDA, M.: Atti Accad. Fisiocrit. Siena, Sez. med.-fisica (11) **9**, 44 (1941) [Ber. Physiol. **129**, 508]. — [9] WEBER, H.: Z. Biol. **70**, 211 (1920). — [10] RIEHL, J.: Pflügers Arch. **246**, 709 (1943). —

Besonders auffallend ist der niedrige Wert bei Kaninchen, was der Autor auf die Domestizierung bezieht. Der Quotient Eiweißgehalt/Viscosität war im Mittel 3,81 und ziemlich konstant; eine Beziehung zur Blutgerinnungszeit der einzelnen Tiere ergab sich nicht.

Ausführliche Tabelle über die Beziehungen von spezifischem Gewicht, Viscosität und Eiweißgehalt s. [1].

Die Bestimmung wird nach einem von HESS angegebenen und von SATÔ verbesserten Verfahren durchgeführt, indem die Durchflußvolumina und -zeiten von Blut und Wasser durch Capillaren gemessen werden[2, 3]. Es wurde auch eine Viscositätsbestimmung auf Grund des Kugelfallprinzips angegeben[4], bei der aber große Flüssigkeitsmengen gebraucht werden.

12. Oberflächenspannung.

MORGAN u. WOODWARD haben bei menschlichem und tierischem Serum eine Oberflächenspannung von 45 bis 46 Dyn/cm gefunden[5], BECKMANN[6] 50,5 bis 57,2 (Wasser 73 Dyn/cm 18° C).

Nach neueren Untersuchungen beträgt sie 45 bis 60 Dyn/cm[7]. Es besteht kein Unterschied zwischen Männern und Frauen und zwischen dem Alter von 15 bis 80 Jahren. Der Wasserwert wird bei einer Verdünnung von 10^{-4} erreicht; in pathologischen Fällen sind verwertbare Unterschiede nicht beobachtet worden. In einigen Fällen wird der Wasserwert bei größerer oder kleinerer Verdünnung erzielt. Auch bei Neoplasmen sind die Werte normal, desgleichen bei Gravidität. Hier ist jedoch auffallend, daß erst bei einer Verdünnung von 10^{-7} die Aktivität der Eiweißkörper ausgeschaltet wird.

Im Serum haben die Gallensäuren auffallenderweise keinen Einfluß auf die Oberflächenspannung[8]. Man kann zwar bei verhältnismäßig großer Gallensäurenkonzentration eine Abnahme, bei geringer Gallensäurekonzentration wieder eine Zunahme feststellen, doch kommt diesen Beobachtungen keine biologische Bedeutung zu. Beeinflussung durch vegetative Gifte[9].

13. Redoxpotential.

Eine weitere, biologisch sehr wichtige physikalisch-chemische Konstante ist das Oxydations-Reduktionspotential oder abgekürzt Redoxpotential. Es handelt sich um eine Größe, die durch die Anwesenheit von Stoffen bestimmt wird, die reversibel im oxydierten oder reduzierten Zustande auftreten können. Hierzu rechnet man z. B. Cystein, Cystin, Glutathion, Ascorbinsäure u. a. Je nachdem, ob die eine oder andere Form überwiegt, ist die von dem System bewirkte Oxydationswirkung verschieden. Die Größe wird potentiometrisch gemessen, in Volt ausgedrückt und ist um so stärker positiv, je mehr Sauerstoff bzw. andere starke Oxydationsmittel vorhanden sind. Tabelle von Redoxsubstanzen und eine kurze theoretische Betrachtung[10]. Unter Öl aufgefangenes Blut zeigt beim gesunden Menschen ein Redoxpotential von —185 bis —230 mV, bezogen auf die gesättigte Kalomelelektrode[11]. Das Redoxpotential ist eine sehr konstante Größe und ändert sich erst bei stärksten Störungen im Ablauf der Oxydationsprozesse. Im strömen-

[1] BROCQ-ROUSSEU, D., et G. ROUSSEL: Le sérum normal. S. 163. Paris 1934. — [2] HESS, W.: Dtsch. Arch. klin. Med. **94**, 404 (1908). M. m. W. **1907 II**, 2225. — [3] SATÔ, T.: Nagoya J. med. Sci. **9**, 203 (1935); **10**, 187 (1936) [Ber. Physiol. **94**, 69; **99**, 536]. — [4] SCHWALM, H.: Arch. Gynäk. **172**, 288 (1941). — [5] MORGAN, J. L. R., and H. E. WOODWARD: Am. Soc. **35**, 1249 (1913). — [6] BECKMANN, K.: Kli. Wo. **1926 I**, 215. — [7] KÜNZEL, O.: Ergebn. inn. Med. **60**, 565 (1941). — [8] BLANQUET, P., et F. TAYEAU: Bull. Soc. Chim. biol. **29**, 683 (1947). — [9] NEUMAYR, A.: Wien. Z. inn. Med. **30**, 26 (1949). — [10] HAUROWITZ, F.: Fortschritte der Biochemie 1938—1947. S. 250. Basel, New York 1948. — [11] SEYDERHELM, R., K. MULLI u. J. THYSSEN: M. m. W. **1937 I**, 620.

den Blut beim Hund gemessen fand man −202 mV, im Plasma[1] −229 mV. Für Kranke werden Werte unter −170 mV angegeben[2]. Durch Zufuhr von Vitamin C oder Cystein kehren die Werte wieder auf die normale Größe zurück.

Die Messung des Redoxpotentials ist nicht einfach, da sie mit der blanken, unangreifbaren Platinelektrode erfolgen muß, und die Elektroden oft aus unbekannten Gründen Abweichungen geben. Näheres über die Technik[3]. Auch mit Redoxindikatoren ist eine Messung möglich[4].

γ) Zusammensetzung des menschlichen Blutes[5—12].

Die folgende Tabelle 73 soll einen Überblick über die einzelnen Bestandteile des Blutes in Beziehung zu ihren physikalischen Eigenschaften und biologischen Aufgaben geben. Die näheren Angaben über ihre quantitativen Beziehungen finden sich in den folgenden Abschnitten. Die Mengen schwanken in gewissen Grenzen, nicht nur in Abhängigkeit von Alter und Geschlecht, von Ernährung und Wohnort, von pathologischen Bedingungen, sondern auch individuell innerhalb einer Menschengruppe, die sonst unter den gleichen Umweltsbedingungen lebt. Es ist daher erklärlich, daß die im Schrifttum verzeichneten Abweichungen sich auch bei gleicher Methodik immer finden werden, und es erscheint wichtig, darauf hinzuweisen, daß man sich über die lokal herrschenden Normalwerte orientieren muß.

Tabelle 73. Abhängigkeit der physikalischen Eigenschaften des Blutes von Natur und Menge seiner Bestandteile.

Bestandteile des Blutes	Physikalische Eigenschaften	Biologische Aufgaben
Wasser	Reaktion Blutmenge	Isotonie, Isoionie Sauerstoff- und Kohlensäuretransport
Eiweiß	Spezifisches Gewicht Senkung Lichtbrechung Kolloiddruck Viscosität	Transportmittel für mehr oder weniger gelöste Stoffe Regelung des Säure-Basengleichgewichtes
Formbestandteile (Erythrocyten bzw. Hämoglobin)	Reaktion Spezifisches Gewicht Viscosität	Sauerstoff- und Kohlensäuretransport
Gelöste organische (außer Eiweiß) und anorganische Bestandteile	Reaktion Osmotischer Druck Elektrische Leitfähigkeit Gefrierpunktserniedrigung Redoxpotential	Regelung des Säure-Basengleichgewichtes

[1] Oivin, I. A.: Bull. Biol. Méd. exp. URSS 7, 344 (1939). — [2] Serejski, M. J., et S. B. Shneerson: Bull. Biol. Méd. exp. URSS 3, 542; 5, 324 (1938). — Serejski, M. J.: Bull. Biol. Méd. exp. URSS 5, 326 (1938). — [3] Eggers, H., u. H. Mohr: B. Z. **302**, 211 (1939). — Jørgensen, H.: B. Z. **302**, 226 (1939). — Seyderhelm, R., u. J. Thyssen: B. Z. **304**, 436 (1940). — Eggers, H.: B. Z. **310**, 231 (1941/42). — Green, D. E.: Biochem. J. **27**, 1044 (1933). — Zerfas, L. G., and M. Dixon: Biochem. J. **34**, 365 (1940). — [4] Tillmans, J.: Z. Unters. Lebensm. **54**, 33 (1927).

Zusammenfassende Darstellungen über die Zusammensetzung des menschlichen Blutes: 5—12. [5] Hallmann 6. Aufl. S. 433—441. — [6] Harrison, G. A.: Chemical Methods in Clinical Medicine. 3. Aufl. London 1947. — [7] Lehrb. path. Physiol. (Heilmeyer) 3. Aufl. S. 52—55. Jena 1940. — [8] Hinsberg-Lang 2. Aufl. 1951. — [9] Myers, V. C., and E. Muntwyler: Chemical changes in blood and their clinical significance. Physiol. Rev. **20**, 1 (1940). — [10] Rappaport, F.: Mikrochemie des Blutes. Wien, Leipzig 1935. — [11] Sunderman, F. W., and F. Boerner: Normal Values in Clinical Medicine. S. 93—189. Philadelphia, London 1950. — [12] Krebs, H. A.: Biochim. biophysica Acta, N. Y. **4**, 249 (1950).

Tabelle 74. Zusammensetzung des menschlichen Blutes.

Normale Werte = *n*. Normale Mittelwerte = **halbfett**. Pathologische Werte = *p*. Grenzwerte = *kursiv*. (Zusammengestellt von Flaschenträger B., u. R. Escher; vgl. auch Abelin, I.: Einführung in die Experimentelle Chemische Physiologie. S. 248. Bern 1944. — Hallmann 6. Aufl. 1952.)

		Gesamtblut	Serum oder Plasma	Blutkörperchen	Bemerkungen	s. S.
I. Physikalische Konstanten						
1. Spezifisches Gewicht	*n*	1,050—**1,055**—1,060	1,025—**1,028**—1,032	1,084—**1,100**—1,117		263
Neugeborenes	*p*	1,060—1,080 → *1,070*	→ *1,050*			
2. p_H	*n*	7,28—**7,35**—7,41	7,26—7,70	6,95—7,47		271
	p	*7,06* ← → *7,8* (Coma) (Tetanie)	*7,00* ← → *7,8*			518, 539
3. Alkalireserve (Vol.% CO_2)	*n*		55—65 (Mann) 50—60 (Frau)			
	p		10 und weniger (schweres Coma)			510
4. O_2-Kapazität (Vol.% O_2)	*n*	10—**20**—30				
	p	*10* u. weniger (Anämie) *30* u. mehr (Polycytämie)				
% der Gesamtkapazität Arterie		92—95 (tiefere Werte möglich)				
Vene		60—70 (tiefer b. Herzstörungen)				425
5. Wassergehalt g%	*n*	75—**80**—82	90—92	65—68		479
6. Prothrombinzeit sec	*n*	12—**13**—15	12—**13**—15		Mikromethode	
	p				Fiechter über *20*	
Gerinnungszeit nach Bürker		Beginn 4—5 $^1/_2$, Ende 5—6 min				255
Blutungszeit nach Duke	*n*	1—**2**—3				
	p	verlängert bei hämorrhag. Diathese				
7. Brechungsindex			1,3484—1,3513			273
II. Eiweiß- und verwandte Stoffe						
8. Hämoglobin g/100 cm³	*n*	14—**16**—18				431
	p	5—14				

Tabelle **74** (Fortsetzung).

		Gesamtblut	Serum oder Plasma	Blutkörperchen	Bemerkungen	s. S.
16 g% = 100%	*n*	*80—100%*				
	p	unter 20% letal				
9. Eiweiß, g/100 cm³, gesamt	*n*		6,5—**7**—8,2 Säugling: 5,6—**6**—6,6			286, 439
	p		*3,5* ← → *12* (Nephrosen) (multiples Myelom)			
Albumin	*n*		4—**5**—6		65% des Gesamteiweiß	286, 310
	p		*0* → *6* (Nephrosen)			
Globulin	*n*		2—**2,5**—4		35% des Gesamteiweiß	286, 309f.
	p		→ **7** (Myelom)			
Alb.-Glob.-Quot.			2,0			
α-Globulin*	*n*		2—5%			299f.
	p		(vermehrt bei nephrot. Sympt.-Kompl.)			
β-Globulin*	*n*		9—13%		besonders vermehrt bei β-Plasmacytom	299f.
	p		(vermehrt bei nephrot. Sympt.-Kompl.)			
γ-Globulin*	*n*		14—18%		besonders vermehrt bei γ-Plasmacytom	299f.
	p		vermehrt bei akuten Entzündungen, Leberzellschädigungen			
Fibrinogen	*n*		0,2—**0,25**—0,4 Neugeb.: 0,10—0,15		fehlt im Serum	295f.
	p		*0—1,2* (Carcinose, Infektionen)			
10. Rest-Stickstoff mg% (Enteiweißung mit Trichloressigsäure)	*n*	25—**30**—40	20—**30**—40 Kind: 20—40	40—**55**—65		339, 444
	p					
11. Harnstoff-N mg%	*n*	12—**15**—22	10—**24** Kind: 10—22	9—**12**—19		342
	p		→ *800* (Urämie)			

12. Harnsäure mg%	*n* *p*	6—**8,5**—11	2—**3**—7 erhöht bei Sepsis, Pneumonie, Erysipel. → *23* myeloische Leukämie	10—**14**—17	2—4 bei purinarmer Kost. *4—10* bei Nephritis, Gicht. Über *15* bei Pb-Vergiftung	346
13. Bilirubin mg%	*n* *p*		0,2—**0,5**—1 Kind: → 0,8 *1—8—15*			353
14. Urobilinogen mg%	*n* *p*	0	0 *0,5* (Stauungsleber)	0		355
15. Indican mg%	*n* *p*	0,03—1,0 *2,7* (Coma uräm.) *0,6* (Eklampsie) *0,8* (Nephritis)		0	nur im Plasma	350
16. Kreatinin** mg% gesamt präformiert Kreatin mg%	*n*	 5,2—8 1,6—3,6 3,3—5,0	Erwachsene Kinder 1,2—3,5 — 0,7—1,3 1,5 0,5—2,5 6,5	 7,0—10,4 2,0—4,0 4,0—7,5	 erhöht bei Niereninsuffizienz	 348
17. Cholin mg%	*n*		0,05—0,7—2,0		abhängig von der Jahreszeit	351
18. Histamin γ%	*n* *p*		2—10 *20* bei Rauchern			 352
III. Weitere organische Bestandteile						
19. Kohlenhydrate (Blutzucker) mg%	*n* *p*	70—**100**—120 *40* (Schock) *150—1000* (Diabetes)	50—110	70—95		313, 443
20. Milchsäure mg%	*n*	8—**10**—15 → 140 bei Arbeit	10—15	22		323

* Werte in % des Gesamteiweiß

** Die Kreatininwerte für Blut und Erythrocyten sind wegen unspezifischer Bestimmungsmethoden nicht als zuverlässig anzusehen.

Tabelle 74 (Fortsetzung).

		Gesamtblut	Serum oder Plasma	Blutkörperchen	Bemerkungen	s. S.
21. Alkohol mg%	*n*	0,2—3—6 30 erträglich				327
	p	→ *100* betrunken → *600* letal				
22. Gesamtfette mg%	*n*	500—700	400—**600**—800	400—425		330, 441
(Neutralfette + Lipoide)	*p*	→ *10000* (Diabetes)				
Neutralfette	*n*	**200**	100—**225**—400 Kind: 100	50—70		331
Phosphatide	*n*	200	140—**200**—300	200—400		343
Cholesterin, gesamt	*n*	140—**150**—230	100—250 (starke individuelle Schwankungen normal)			337
	p		*500—1000* (Diabetes u. a.)			
frei	*n*	50	40—80 Kind: weniger	100—140		
Ester	*n*	100—150	100—150	10—30		
Esterquote %	*n*	60	60—70	10		
	p		*20—60*			
freies Cholesterin / Ester-Cholesterin			1 : 2—1 : 3			
23. Aceton und Acetessigsäure mg%	*n*	0,5—1,6	0,5—1,6			327
	p	→ *350* (Coma)				
IV. Wirkstoffe						
24. Vitamin A γ%	*n*	15—200	**47**—**58**—75			357, 451
	p	*0—60* (Hypovitaminose)				
Carotin γ%	*n*	20—170	95—**122**—138			
	p	*20—60* (Hypovitaminose)				
25. Vitamin D γ%	*n*		1,65—4,12			360, 454
26. Vitamin E mg%	*n*	1,35 Gravidität:				360, 454

27. Vitamin K γ%	n		7,5—10			361
28. Vitamin B_1 γ%, gesamt	n	9—16	4—8			361, 451
	p	*unter 9*				
frei	n	4,9	2—5			
Cocarboxylase	n	4,5—**7,0**—12,0	1—5			
	p	*unter 3,1*				
29. Vitamin B_2 γ%	n	35—40				362, 452
30. Pantothensäure mg%	n	23				363, 452
	p	*5—9*				
31. Vitamin C mg%	n	**1,0** und mehr = gesättigt, optimal. Durchschnitt: 0,4—1,0				364, 454
	p	*unter 0,4*				
32. Nicotinsäureamid mg%	n	0,5—0,8				363, 452
33. Vitamin H' γ%	n	2,3				366, 454
34. Vitamin H γ%	n	0,3—0,6				366, 454
35. Diastase (WOHLGEMUTH-Einheiten)	n		16—32			378, 450
	p		*2000* (im Plasma)			
36. Phosphatase (BODANSKY-Einheiten)	n		1,5—4,0		Erwachsene	375, 450
	p		*7—14* (Rachitis, Knochenerkrankungen)		Kinder (alkalische Phosphatase)	
V. Anorganische Stoffe						
37. Natrium mg%	n	170—200	280—**320**—350	25—**40**—60		393, 425
38. Kalium mg%	n	160—200	16—**20**—25 Kind. Serum: 16—20	300—**350**—420		394, 428
39. Magnesium mg%	n	3—4	1—3	1—3—6		397, 428
40. Calcium mg%	n	5—**6,1**—7	9—11	unter 3		395, 428
	p		*6* ← (Tetanie) → *19* (Ostitis fibrosa)			

Tabelle 74 (Fortsetzung).

		Gesamtblut	Serum oder Plasma	Blutkörperchen	Bemerkungen	s. S.
41. Eisen γ%	*n*	45000—50000	80—**100**—140			398, 429
	p		*20* *250*			
42. Kupfer mg%		0,12—**0,13**—0,16	0,08—**0,11**—0,14			401, 429
43. Zink mg%		0,52—0,68	0,3—0,37	0,60—0,83		403, 429
44. Chlorid mg% Cl	*n*	250—310 Kind: 260—310	320—360 Kind: 320—400	150—210		407, 430
	p		*280* ← (Hypochlorämie)			
Kochsalz (= Cl als NaCl berechnet)	*n*	450—560	580—**600**—630			
	p		*450* ← (Hypochlorämie)			
45. Phosphor mg% P						411, 431, 445
gesamt	*n*	28—**36**—48	10—**12**—15	60—80		
anorganisch	*n*	Erwachsene: 2—5 Kinder: 4—**5**—6	Erwachsene: 3—4 Kind: 4—6			
	p		*1—2*: Rachitis *5—7*: Heilung von Fraktur und Rachitis *10—16*: Urämie			
Lipoid-P (ätherlöslich)	*n*	10—12	5—**8**—10	16—20		
46. Schwefel mg% S						414, 431
Gesamt-S						
nicht enteiweißt		120	70	190		
enteiweißt		4—5	3—4	4		
Sulfat-S						431
nicht enteiweißt		0,3—1,4	0,5—1,1	1,5		
enteiweißt		1,9	2,7	1,7		

b) Blutplasma und Blutserum.

Von K. HINSBERG.

α) Plasmaeiweißstoffe.

β) Serumeiweißstoffe.

γ) Andere organische Bestandteile.

α) Plasmaeiweißstoffe[1–8].

1. Allgemeines.

Die Blutflüssigkeit, das Blutplasma, entspricht dem Gesamtblut, aus dem die Formbestandteile entfernt sind. Es ist eine leicht gelblich gefärbte, klebrige Flüssigkeit. Auf die Bedeutung des Blutplasmas für den Ablauf der gesamten Lebenserscheinungen wurde bereits S. 256 hingewiesen. Es dient zur Ernährung der Gewebe, zum Transport der Stoffwechselzwischen- und -endprodukte, der Hormone, Fermente, Antikörper und nicht zuletzt zur Regulierung des Säurebasengleichgewichtes und des Wasserhaushaltes. In neuerer Zeit ist besonders auf die Bedeutung des Plasmas, speziell der Plasmaeiweißkörper, für immunbiologische Verhältnisse hingewiesen worden[9, 10].

a) Gewinnung des Plasmas. Genaue Anleitungen über die Gewinnung des Plasmas finden sich in den zusammenfassenden Darstellungen[1–8]. Wegen der leichten Gerinnbarkeit des Blutes bzw. des Fibrinogens gelingt eine *Gewinnung des Plasmas* nur bei Anwendung gewisser Vorsichtsmaßnahmen, welche die Gerinnung verhindern oder verzögern. Eine Trennung der Formbestandteile durch freiwillige Senkung der Blutkörperchen beim Stehen im Kühlschrank oder durch Zentrifugieren gelingt nur bei dem schwer gerinnbaren und leicht sedimentierenden Pferdeblut, oder wenn das Blut in paraffinierten und gekühlten Glasröhrchen aufgefangen wird, wodurch die Gerinnung genügend lange verzögert werden kann. Durch Filtration kann eine Trennung wegen der großen Weichheit und Elastizität der Blutkörperchen nicht erreicht werden. Blutplasma, das ohne Zusätze gewonnen wird, nennt man „*Nativplasma*".

Zusammenfassende Darstellungen über Plasmaeiweißstoffe: 1–8. [1] Bennhold, H.: Über die Vehikelfunktion der Serum-Eiweißkörper. Ergebn. inn. Med. **42**, 273 (1932). — Bennhold, H., E. Kylin u. S. Rusznyák: Die Eiweißkörper des Blutplasmas. Dresden, Leipzig 1938. — [2] Hatz, E. B.: Bennhold-Kylin-Rusznyák S. 80. — [3] H.-Th. 10. Aufl., Bd. V, S. 803. — [4] Lampé, A. E.: Handb. biol. Arb. Meth. Abt. IV, Teil 3, S. 14 (1924). — [5] Letsche, E.: Handb. biol. Arb.-Meth. Abt. IV, Teil 3, S. 590 (1924). — [6] Wuhrmann-Wunderly 2. Aufl. S. 140. 1952. — [7] Edsall, J. T.: The plasma proteins and their fractionation. Adv. Protein Chem. **3**, 383–479 (1947). — [8] Cohn, E. J., and J. T. Edsall: Proteins, Amino Acids and Peptides as Ions and Dipolar Ions. New York 1943.

[9] Homburger, F.: J. clin. Invest. **23**, 417 (1944). Schweiz. med. Wschr. **75**, 839 (1945). — [10] Treffers, H. P.: Some contributions of immunology to the study of proteins. Adv. Protein Chem. **1**, 69–119 (1944).

Leichter kann die Gerinnung durch Zusatz gerinnungshemmender Stoffe (z. B. Salze der Oxal-, Citronen- oder Fluorwasserstoffsäure, Hirudin oder Heparin) verhindert werden. Auch andere Pharmaka, wie z. B. Germanin oder Liquoid, verhindern die Gerinnung (s. a. S. 491). Das beim Zentrifugieren von in dieser Weise ungerinnbar gemachtem Blut erhaltene Plasma nennt man „Salz-", „Hirudin-" oder „Heparinplasma". Das Hirudinplasma steht dem Nativplasma wohl am nächsten; leider ist es nicht leicht zugänglich. Klares „Salzplasma" erhält man auch, wenn man 3 Raumteile Blut mit einem Raumteil gesättigter Magnesiumsulfatlösung (70 g $MgSO_4 \cdot 7\,H_2O$ in 100 cm^3) mischt und zentrifugiert. Es gelingt auch menschliches Plasma in flüssigem oder getrocknetem Zustand zu konservieren. Derartige Präparate dienen als Blutersatz bei schweren Blutverlusten, allerdings ändert sich ihre Zusammensetzung im Laufe der Zeit. Schon nach 6 Monaten Lagern des sterilen flüssigen Plasmas verschwinden Fibrinogen und γ-Globulin fast ganz[1–3].

b) Bestandteile des Plasmas. Unter ihnen nehmen die Eiweißstoffe den größten Anteil, etwa $^3/_4$ des Trockenrückstandes, ein. Aus diesem Grunde — aber auch wegen ihrer überragenden biologischen Bedeutung — sollen sie zuerst besprochen werden. Wegen ihrer mannigfaltigen Aufgaben und der damit verbundenen Bedeutung hat man sie als eigenes Organsystem bezeichnet und den Erythrocyten, Leukocyten und Thrombocyten gleichwertig zur Seite gestellt. Im Mittel enthalten beim Menschen 100 cm^3 Plasma 7g *Gesamteiweißstoffe*[4], was etwa 4% für das Gesamtblut ausmacht oder etwa 200 g Eiweiß im Gesamtplasma des Menschen. Dieser Eiweißgehalt entspricht etwa dem der Leber. Bei den Plasmaeiweißstoffen unterscheidet man 2 Gruppen: 1. das von selbst gerinnende Fibrinogen und 2. die restlichen Eiweißstoffe, die bei der Gerinnung in Lösung bleiben und ihren ursprünglichen Solzustand beibehalten; dies ist das sogenannte *Serumeiweiß*, das aus Albuminen und Globulinen besteht. Das Plasmaeiweiß enthält 62% Serumalbumine, 35% Serumglobuline und 4% Fibrinogen. Im Plasma schwankt der Gehalt an Serumalbuminen zwischen 4,2 und 5,8% (Mittel 5,0%), an Serumglobulinen zwischen 2,1 und 4,0% (Mittel 2,5%) und das Fibrinogen zwischen 0,2 und 0,4% (im Mittel 0,25%). Diese Werte gelten für Erwachsene[5]; für Neugeborene[6] sind die Mittelwerte: Serumalbumin 4,5, Serumglobulin 2,9, Fibrinogen 0,1%.

Tabelle 75. Serumeiweißkörper des Menschen und einiger Tiere in abgerundeten Werten (g in 100 cm^3 Serum)[7].

	Grenzwerte	Mittelwerte		Grenzwerte	Mittelwerte
Erwachsene[8]	6,6—8,2	7,0	Rind[10]	6,4—7,1	6,7
Kinder[8]	5,9—6,9	6,5	Hund[10]	5,3—6,0	5,6
Neugeborene[8]	5,4—6,5	6,0	Huhn[10]	4,3—5,3	4,7
Schwein[9]	5,8—9,5	7,54	Kaninchen[7]	—	6,6
Pferd[10]	6,6—7,6	6,8	Meerschweinchen[7]	—	5,4

[1] LOZNER, E. L., S. LEMISH, A. S. CAMPBELL and L. R. NEWHOUSER: Blood **1**, 459 (1946). — [2] MULFORD, D. J.: Derivatives of blood plasma. Ann. Rev. Physiol. **9**, 327—356 (1947). — [3] EDSALL, J. T.: The plasma proteins and their fractionation. Adv. Protein Chem. **3**, 383 bis 479 (1947). — [4] KYLIN, E.: Physiologische Grundbegriffe. Bennhold-Kylin-Rusznyák S. 11. — [5] STARLINGER, W., u. E. WINANDS: Z. ges. exp. Med. **60**, 138 (1928). — [6] Biol. Daten (BROCK) **3**, 173—176 (1939). — [7] PAÏC, M., et V. DEUTSCH: Bull. Soc. Chim. biol. **20**, 1108 (1938). — [8] GLEISS, J., u. H. RÖTTGER: Arch. Gynäk. **181**, 109 (1951). — [9] ALDER, A.: Handb. Physiol. **6**/1, 548 (1928). — [10] WLADASCH, A.: B. Z. **287**, 337 (1936). — D'Ans-Lax S. 1743.

COHN[1] unterscheidet im Plasma 6 Haupteiweißfraktionen:

I. Fibrinogen: es enthält das fibrinolytische Ferment und den Hämophiliefaktor.
II. Immunoglobuline: Isohämagglutinine, Luteinisierungshormon.
III_1. Isohämagglutinine, Anti-Rhesusfaktor und Luteinisierungshormon.
III_2. Thrombin: fibrinolytischer Faktor, Hämophiliefaktor, Komplement (II, III_1, III_2 bestehen zu 90% aus γ-Globulinen).
IV_1. Lipoproteide.
IV_2. Hypertensinogen, Komplement.
IV_3. Proteingebundenes Jod, Hypertensinogen, thyreotropes Hormon.
V. Albumin, proteingebundenes Jod.
VI. Follikelhormon.

c) Vererbung der Plasmaeiweißkörper. Jedes Tier ist durch eine bestimmte Eigenart im Aufbau seines Bluteiweißes gekennzeichnet. Die Plasmaeiweißstoffe erhalten im Gang der Vererbung besondere Feinheiten im strukturellen Aufbau, und zwar machen sich väterliche und mütterliche Einflüsse geltend. Jedenfalls besitzen die Bluteiweißstoffe rassische Merkmale und individuelle Eigenschaften[2].

d) Aufgaben und Lebensdauer der Plasmaeiweißkörper. Die Eiweißstoffe des Plasmas sind keine zufälligen Blutbestandteile und werden sicher nicht unmittelbar aus dem Nahrungseiweiß übernommen. Sie haben wichtige Aufgaben zu erfüllen: Verschluß verletzter Gefäße durch Gerinnung (Fibrinogen), Regelung des Wasserstoffwechsels, Beteiligung an der Gerinnungshemmung[3] (Albumin), Bildung von Abwehrstoffen (Globuline), Aufrechterhaltung einer gleichmäßigen Reaktionslage (Pufferwirkung, amphotere Eigenschaften). Weiter sind die Albumine und Globuline, so wie die Blutkörperchen für den Sauerstoff, Träger für eine Reihe von körpereigenen und körperfremden Stoffen, indem sie mit diesen mehr oder weniger leicht lösliche Bindungen eingehen (*Vehikelfunktion* des Bluteiweißes). Es kann auch keinem Zweifel unterliegen, daß das Plasmaeiweiß im Laufe des Lebens Änderungen in der Feinstruktur erfährt. Sie sind zwar geringfügig, aber mit geeigneten Methoden nachweisbar. Das gleiche gilt auch für das Erythrocyteneiweiß[4]. Die „Lebensdauer" der Serumeiweißstoffe von Kaninchen wird auf Grund von Agglutinationsversuchen mit 3 bis 4 Wochen angenommen[5]. In neuerer Zeit ist mit Hilfe der Isotopen diese Zeit für die Eiweißkörper genauer untersucht worden[6].

e) Ursprung, Bildung und Schicksal der Plasmaeiweißkörper. Die Plasmaeiweißkörper bilden mit den Formbestandteilen des Blutes eine geschlossene Einheit in physikalisch-chemischer Beziehung, vor allem auch als funktionelles Organ, wie es auf S. 256 näher dargestellt ist. Es lag nahe, für beide einen gemeinsamen Ursprung anzunehmen[7]. *Leber* und *Knochenmark*[8, 9] hält man für

[1] COHN, E. J.: Science, N. Y. **101**, 65 (1945). Blood **1**, 3 (1946). — [2] ABDERHALDEN, E.: Forsch. u. Fortschr. **15**, 177 (1939). Med. Klinik **1939 I**, 14. — [3] WÖHLISCH, E.: Kli. Wo. **1942**, 208. — [4] ABDERHALDEN, E., u. R. ABDERHALDEN: Z. Altersforsch. **3**, 109 (1941). — [5] KEILHACK, H.: A. e. P. P. **180**, 1 (1936). — [6] Vgl. Wuhrmann-Wunderly 2. Aufl., S. 19.

[7] Zusammenfassendes in Bennhold-Kylin-Rusznyák. a) JÜRGENS, R.: Der Ursprung der Plasmaeiweißkörper. S. 41. — b) BENNHOLD, H.: Die Vehikelfunktion der Bluteiweißkörper. S. 236. — c) KYLIN, E.: Zusammenfassung über die Bedeutung der Plasmaeiweiße für die Klinik. S. 427.

[8] NOLF, P.: Arch. int. Physiol. **3**, 1 (1905). — KERR, W. J., S. H. HURWITZ and G. H. WHIPPLE: Amer. J. Physiol. **47**, 356, 387 (1918). — WHIPPLE, G. H.: Amer. J. Physiol. **33**, 50 (1914). — WHIPPLE, G. H., and S. H. HURWITZ: J. exp. Med. **13**, 136 (1911). — FOSTER, D. P., and G. H. WHIPPLE: Amer. J. Physiol. **58**, 407 (1922). — MADDEN, S. C., and G. H. WHIPPLE: Plasma proteins. Their source, production and utilization. Physiol. Rev. **20**, 194 (1940). — ROBERTS, S., and A. WHITE: Studies on the origin of the serum proteins. J. biol.

die Bildungsstätte der Plasma-Eiweißstoffe. Bei schweren Lebererkrankungen tritt nämlich mitunter ein vollständiger Schwund des Fibrinogens und bei Myelomen eine enorme Vermehrung der Plasmaeiweißkörper auf (vgl. S. 278). Denkbar ist allerdings auch, daß nicht die Leber selbst das Eiweiß bildet, sondern ähnlich, wie man es für die Blutkörperchen annimmt, Stoffe ins Blut abgibt, und daß durch diese mittelbar die Bildung der Eiweißstoffe im Knochenmark beeinflußt wird. Versuche von HAMMARSTEN u. ÅGREN[1] sollen dafür sprechen. Zur Erforschung der Bedeutung des Knochenmarks für die Eiweißbildung wurde auch der Eiweißgehalt des aus dem Sternalpunktat gewonnenen Serums mit dem des Venenblutserums verglichen. Die Ergebnisse waren uneinheitlich, sowohl hinsichtlich der Menge als auch der Zusammensetzung der Eiweißstoffe, so daß Schlußfolgerungen noch nicht gezogen werden können[2, 3]. Ob außer dem Knochenmark auch das *reticuloendotheliale System* der Blutdrüsen dabei beteiligt ist, kann noch nicht mit Sicherheit entschieden werden, obschon vieles dafür spricht[4].

Man beobachtete eine erhöhte Fibrinogenausschwemmung bei Hunden, denen Trypanblau oder Trypoflavin[5] eingespritzt worden war. DALLA VOLTA[6] glaubt, das Knochenmark spiele für die Bildung der Albumine, die Leber für die der Globuline und des Fibrinogens eine Rolle. Es ist auch eine sekundäre Umwandlung von grob dispersen Eiweißstoffen (Globuline) in fein verteilte erwogen worden. Überzeugende Beweise in vivo konnten für diese Theorie bis jetzt nicht erbracht werden[2, 3]

Man kann sich auch denken, daß die Eiweißstoffe des Plasmas *nicht in einem Organ allein* gebildet werden, da sie wie die Blutkörperchen von ihren Bildungsstätten an das Blut abgegeben werden. Ein Ersatz des Plasmaeiweißes aus dem Vorrat in den Gewebezellen ist möglich[7].

Der Hund z. B. kann über 10 bis 60 g Eiweiß aus den Zellreserven zum Aufbau von Bluteiweiß zur Verfügung stellen. Dieser Berechnung liegt die Annahme zugrunde, daß 30 g Serumeiweiß in der Blutbahn des Hundes vorhanden sind[8]. Für die Ergänzung des verlorengegangenen Plasmaeiweißes ist die Zusammensetzung der Nahrung nicht nebensächlich, da das Nahrungseiweiß zur Plasmaeiweißneubildung mit herangezogen wird. Wird bei einem Hund das Plasmaeiweiß durch Plasmapherese (Entnahme von Blut unter Rückführung der gewaschenen Blutkörperchen) auf 3,6 bis 3,9% gesenkt, so findet die schnellste Regeneration nach Fütterung von Rinderserum statt. Das Rinderserum besitzt also einen hohen Wirkungswert für die Serumalbuminregeneration, aber einen verhältnismäßig geringen biologischen Wert[9]. 1 g Plasmaeiweiß wurde in den oben angeführten Versuchen aus 2,6 g

---

Ch. **180**, 505 (1949). — GOODPASTURE, E. W.: Amer. J. Physiol. **33**, 70 (1914). — CHANUTIN, A., J. C. HORTENSTINE, W. S. COLE and S. LUDEWIG: J. biol. Ch. **123**, 247 (1938). — [9] MÜLLER, P. T.: Hofmeisters Beitr. **6**, 454 (1905). — MORAWITZ, P., u. E. REHN: A. e. P. P. **58**, 141 (1908). — JÜRGENS, R., u. F. GEBHARDT: A. e. P. P. **175**, 558 (1934). — FLEISCHHACKER, H.: Wien. Arch. inn. Med. **34**, 96 (1940).

[1] s.: Bennhold-Kylin-Rusznyák S. 427. — s. a. EMMRICH, R.: Das Bluteiweißbild. Stuttgart 1952. — [2] JÜRGENS, R.: Der Ursprung der Plasmaeiweißkörper. Bennhold-Kylin-Rusznyák · S. 41. — [3] POLI, E.: Sperimentale **93**, 455 (1939). — [4] SIEGMUND, H.: Kli. Wo. **1922 II**, 2566. — LESZLER, A., u. L. PAULICZKY: Z. ges. exp. Med. **91**, 86 (1933). — HEINLEIN, H.: Morphologische Veränderungen durch parenterale Eiweißzufuhr. Ergebn. Hyg. **20**, 274 (1937). Z. ges. exp. Med. **112**, 535 (1943). — SABIN, F. R.: J. exp. Med. **70**, 67 (1939). — BJØRNEBOE, M., H. GORMSEN and F. LUNDQUIST: J. Immunol. **55**, 121 (1947). — EHRICH, W. E., D. L. DRABKIN and C. FORMAN: J. exp. Med. **90**, 157 (1949). — DOUGHERTY, T. F., J. H. CHASE and A. WHITE: Proc. Soc. exp. Biol. Med. **58**, 135 (1945). — HARRIS, T. N., and S. HARRIS: J. exp. Med. **90**, 169 (1949). — [5] FIERZ-DAVID, H. E.: Künstliche organische Farbstoffe. Berlin 1926. — SCHULTZ, G.: Farbstofftabellen. 7. Aufl. München 1931; dort die Formeln für die Farbstoffe. — [6] DALLA VOLTA, A.: Boll. Soc. ital. Biol. sperim. **10**, 167 (1935). — [7] MĚLKA, J.: Bratislav. lek. Listy **15**, 696 (1935) [Ber. Physiol. **88**, 444]. — [8] MADDEN, S. C., W. E. GEORGE, G. S. WARAICH and G. H. WHIPPLE: J. exp. Med. **67**, 675 (1938). — MADDEN, S. C., W. A. NOEHREN, G. S. WARAICH and G. H. WHIPPLE: J. exp. Med. **69**, 721 (1939). — [9] WELCH, A. A., and E. GOETTSCH: Bull. Johns Hopkins Hosp. **64**, 425 (1939).

Rinderserumeiweiß bzw. aus 5,3 bis 6 g Muskeleiweiß oder aus 6,8 bis 8 g Lebereiweiß ersetzt. Hält man die Versuchshunde bei einer eiweißarmen nur aus Lebereiweiß bestehenden Grundkost, so können 17 bis 27% des Lebereiweißes in Plasmaeiweißstoffe übergeführt werden. Ein Zusatz von Gelatine zu dieser Grundkost war nahezu wirkungslos. Gibt man aber zur Gelatine noch Cystin[1] und entweder Tryptophan oder Tyrosin, so werden 25 bis 40% dieser Nahrung in Plasmaeiweißstoffe übergeführt. Tryptophan allein war unwirksam. Nach Erschöpfung der zum Aufbau der Plasmaeiweißstoffe dienenden Speicher war der Körper während des eiweißfreien Ernährungsabschnittes kaum oder gar nicht in der Lage, Plasmaeiweiß zu ersetzen. Ebensowenig gelingt dies im Hunger.

Tierisches Eiweiß eignet sich für den Ersatz von Plasmaeiweiß besser als pflanzliches[2]. Letzteres begünstigt die Albumin-, ersteres die Globulinbildung[3]. Durch Plasmapherese kann man bei Hunden das Plasmaeiweiß nur bis auf einen ziemlich konstanten Wert von 3,5 bis 4,2% verringern. Auch bei weiterer Blutentnahme bleibt dieser Eiweißgehalt erhalten. Dieses Gleichgewicht wird dadurch hergestellt, daß von den Körperzellen Zelleiweiß (Reserve- oder intermediäres Eiweiß) nachgeliefert wird. Wenn durch Nahrungszufuhr das Plasmaeiweiß ersetzt wird, so geben die Körperzellen entsprechend weniger ab. Bei Verabreichung von Hypophysenhinterlappenauszügen wurde eine Zunahme des Gesamteiweißes zugunsten der Albumine beobachtet. Fibrinogen und Globuline werden nicht beeinflußt[4]. Entfernung der Hypophyse, der Schilddrüse oder der Nebenniere führt bei Ratten im allgemeinen zu einer Senkung des Serumalbumins und zu einer *kompensatorischen* Zunahme des Serumglobulins[5]. Der Lunge[6] wird die Fähigkeit zugesprochen, den höheren Fibrinogengehalt des venösen Blutes herabzusetzen, Schwankungen auszugleichen und den Fibrinogengehalt im arteriellen Blut konstant zu halten.

Sind schon unsere Kenntnisse über den Ursprung des Bluteiweißes nicht gesichert, so liegen über das weitere Schicksal und den Ort der Umbildung dieser Eiweißstoffe nur Vermutungen vor[7]. Es liegt nahe, den Ort der Umbildung an die Stätten der Eiweißbildung zu verlegen. Pro Tag soll der Mensch etwa 6 bis 10 g Bluteiweiß umsetzen[8], dabei kann das Plasmaeiweiß noch in ziemlich großen Aminosäureverbänden (Peptiden) aus dem Blut verschwinden, um in spezifisches Körpereiweiß umgewandelt zu werden[9].

2. Darstellung und Bestimmung der Plasmaeiweiße.

Die Darstellung des Gesamtplasmaeiweißes hat keine große Bedeutung erlangt, da Biochemiker und Arzt mehr Wert auf das gegenseitige Verhältnis der einzelnen Anteile als auf die Gesamtmenge legen. Auch die meist angewandte und scheinbar schonendste Darstellung durch Ausfällung mit Neutralsalzen, wie z. B. durch Ganzsättigung mit Ammonsulfat oder Natriumsulfat, verursacht eine tiefgreifende Veränderung im chemischen Aufbau der Eiweißstoffe. Mit anderen Fällungsmitteln geht die Denaturierung noch weiter. Es stößt die Darstellung der einzelnen Anteile auf Schwierigkeiten, weil eine Trennung mit den bisher hauptsächlich angewandten Verfahren durch Aussalzen mit verschiedenen Konzentrationen von Neutralsalzen kaum vollkommen durchgeführt werden kann[10]. Lediglich das Fibrinogen macht eine Ausnahme, weil es bei der Gerinnung als unlösliches Fibrin ausfällt, wogegen alle anderen Eiweißstoffe in Lösung bleiben.

Eine *Eiweißbestimmung im Plasma* ist aus dem spezifischen Gewicht möglich, da Änderungen des spezifischen Gewichtes fast ausschließlich durch Konzentra-

[1] MADDEN, S. C., A. P. TURNER, A. P. ROWE and G. H. WHIPPLE: J. exp. Med. **73**, 571 (1941). — [2] POMMERENKE, W. T., H. B. SLAVIN, D. H. KARIHER and G. H. WHIPPLE: J. exp. Med. **61**, 261, 283 (1935). — [3] WHIPPLE, G. H.: Amer. J. med. Sci. **196**, 609 (1938). — [4] BLAZSÓ, A.: Ber. Physiol. **101**, 678 (1937). — [5] LEVIN, L., and J. H. LEATHEM: J. biol. Ch. **140**, P 76 (1941). — [6] GORECZKY, L., u. J. KOVÁTS: Z. ges. exp. Med. **110**, 512 (1942). — [7] DIRR, K.: Einiges über Serumeiweißkörper und deren Bedeutung. Ergebn. inn. Med. **57**, 260 bis 296, bes. 291 (1939). — [8] KEILHACK, H.: A. e. P. P. **180**, 1 (1936). — [9] HOWLAND, J. W., and W. B. HAWKINS: J. biol. Ch. **123**, 99 (1938). — [10] RUSCZYNSKI, P.: B. Z. **152**, 250 (1924). — Hammarsten 10. Aufl. S. 198ff.

tionsänderungen des Eiweißes bedingt sind. Eine hierfür, besonders für Reihenuntersuchungen sehr brauchbare Methode ist von PHILLIPS, VAN SLYKE u. Mitarb. ausgearbeitet worden[1]. Es werden Kupfersulfatlösungen abgestufter Konzentrationen benutzt, in die ein Plasmatropfen eingebracht wird; sobald sich der Tropfen in der Schwebe hält, ist sein spezifisches Gewicht gleich dem der Kupfersulfatlösung. Ein anderes Verfahren benutzen BARBOUR u. HAMILTON[2]. Sie stellen durch Mischung von Brombenzol und Toluol ein Gemisch her, dessen spezifisches Gewicht etwas kleiner als das des Plasmas bzw. des Blutes ist und messen die Fallzeit eines Plasma- oder Bluttropfens über eine abgesteckte Strecke. Aus der Fallzeit läßt sich das spezifische Gewicht und somit der Eiweißgehalt berechnen. Die Methoden sind vielfach nachgeprüft worden, s. hierzu [3].

In jüngster Zeit sind 2 neue Verfahren entwickelt worden, die eine genaue fraktionierte Trennung bzw. Ausfällung der Eiweißkörper gestatten. Es ist dies die *Elektrophorese* nach TISELIUS[4], die an sich schon lange bekannt war und in ihren Anfängen als *Kataphorese* bezeichnet worden ist[5]. Sie beruht darauf, daß jeder Eiweißkörper entsprechend seiner individuellen Konstitution im elektrischen Feld eine typische Wanderungsgeschwindigkeit zeigt. Hierbei muß man, um Störungen und Überlagerungen zu vermeiden, sehr genau auf eine konstante Temperatur, eine genau definierte Wasserstoffionenkonzentration, eine nur in geringen Grenzen variable Ionenstärke und schließlich auch auf die Konzentration des Eiweißes selbst achten. Es gelingt mit Hilfe der Elektrophorese wirklich einheitliche Eiweißkörper zu isolieren, die auch mit anderen Methoden geprüft, sich als einheitlich erweisen. Entsprechend ihrer Wanderungsgeschwindigkeit werden die im Plasma vorkommenden Eiweißkörper heute als Albumin, α_1-, α-$_2$, β_1-, β_2-Globulin, Fibrinogen und γ-Globuline unterschieden. Mit dieser Einteilung sind keineswegs alle möglichen und vorkommenden Eiweißindividuen im Serum erschöpft, vielmehr enthalten diese Fraktionen noch jene nur spurenweise vorkommenden Eiweiße, die biologisch äußerst wichtig sind und als Immunkörper, Antikörper, Antitoxine, Fermenteiweiße usw. wirken. Ihre Menge ist aber so gering, daß eine elektrophoretische Abtrennung nicht möglich ist. Mit Hilfe der Papierelektrophorese (s.u.) ist nach GRASSMANN[6] eine präparative Trennung der Eiweißfraktionen unter Benutzung einer entsprechenden Apparatur möglich (vgl. Bd. **1**, S. 693 sowie 567).

Die 2. Methode, die zur Reindarstellung der Eiweißkörper entwickelt wurde, ist die *fraktionierte Fällung mit Alkohol* bei tiefen Temperaturen[7]. Während bei Zimmertemperatur Eiweiß durch Zusatz von Methyl- oder Äthylalkohol sehr rasch denaturiert wird, kann man diese Denaturierung bei tiefen Temperaturen

---

[1] PHILLIPS, R. A., D. D. VAN SLYKE, P. B. HAMILTON, V. P. DOLE, K. EMERSON jr. and R. M. ARCHIBALD: Copper Sulfate Methods for Measuring Specific Gravities of Whole Blood and Plasma. New York 1944 u. 1945. Navy Res. Unit. Hosp. Rockefeller Institute Med. Res. New York 1943. J. biol. Ch. **183**, 305 (1950). — SLYKE, D. D. VAN, A. HILLER, R. A. PHILLIPS, P. B. HAMILTON, V. P. DOLE, R. M. ARCHIBALD and H. A. EDER: J. biol. Ch. **183**, 331 (1950). — SLYKE, D. D. VAN, R. A. PHILLIPS, V. P. DOLE, P. B. HAMILTON, R. M. ARCHIBALD and J. PLAZIN: J. biol. Ch. **183**, 349 (1950). — [2] BARBOUR, H. G., and W. F. HAMILTON: J. biol. Ch. **69**, 625 (1926). Amer. J. Physiol. **69**, 654 (1924). — [3] OPPERMANN, A.: Kli. Wo. **1949**, 602. — REISER, M.: D. m. W. **1948**, 532. — HOCH, H., and J. R. MARRACK: Brit. med. J. **1945**, 151. — PERROTIN, J., M. LEMAIRE et R. STOECKLIN: Presse méd. **54**, 91 (1946). — [4] TISELIUS, A.: Nova Acta R. Soc. Sci. upsal. (IV) **7**, Nr. **4** (1930). Trans. Faraday Soc. **33**, 524 (1937). — THEORELL, H.: B. Z. **275**, 1; **278**, 291 (1935). — [5] KYLIN, E.: Physiologische Grundbegriffe. Bennhold-Kylin-Rusznyák S. 11. — [6] GRASSMANN, W.: Naturwiss. **38**, 200 (1951). — [7] COHN, E. J., and J. T. EDSALL: Proteins, Amino Acids and Peptides as Ions and Dipolar Ions. New York 1943. — COHN, E. J.: Advance in Military Medicine: The History of the Commitee on Medical Research. Chapter 28, Plasma Fractionation. New York 1947. Exper. **3**, 125 (1947).

verhindern. Um reproduzierbare Fraktionen zu erzielen ist es nötig, Temperatur, p_H, Ionenstärke, Konzentration des Fällungsmittels und Konzentration der Proteinkomponenten zu kennen bzw. konstant zu halten. Besonders der letzte Faktor ist wichtig, wenn die Konzentration der verschiedenen Proteine im System groß ist. Seine Bedeutung nimmt in verdünnten Lösungen ab. Die bei der Äthanolfraktionierung anfallenden Eiweißfraktionen sind elektrophoretisch nicht einheitlich, sondern enthalten lediglich eine der Komponenten sehr stark angereichert. Die Methode hat aber den Vorteil, daß verhältnismäßig große Eiweißmengen aufgearbeitet werden können, sofern die nötigen Apparaturen zur Verfügung stehen. Dies ist während des Krieges zur Gewinnung therapeutisch wichtiger Eiweißfraktionen ausgenutzt worden (s. weiter unten).

Die Bedingungen, unter welchen die Fällungen zu erfolgen haben, gehen aus der Tabelle 76 hervor. Gleichzeitig ist in dieser Tabelle die elektrophoretische Zusammensetzung der gefällten Eiweißfraktionen angegeben. Man sieht deutlich, daß man es nicht mit einheitlichen Eiweißkörpern zu tun hat, sondern mit Gemischen.

Tabelle 76. Trennung und elektrophoretische Zusammensetzung der wichtigsten Fraktionen des menschlichen Plasmas durch Äthanolfällung.

Fraktion	Fällungsbedingungen				Eiweiß im System g/l	Elektrophoretische Zusammensetzung g/l Plasma (berechnet)					
	p_H	$\Gamma/_2$*	Temp. °C	Mol.-Fraktion Äthanol		Albumin	Globulin α	Globulin β	Globulin γ	Fibrinogen	Gesamt
Plasma	7,4	0,16	—	—	60,3	36,3	9,2	10,6	7,2	2,5	65,8
I	7,2	0,14	−3	0,027	51,1	0,2	0,3	0,5	0,3	2,1	3,4
II+III	6,8	0,09	−5	0,091	30,0	0,8	1,1	9,1	7,0	1,0	19,0
IV−1	5,2	0,09	−5	0,062	15,8	0	4,5	0,5	0,1	0	5,1
IV−4	5,8	0,09	−5	0,163	10,1	0,9	2,7	2,2	0	0	5,8
V	4,8	0,11	−5	0,163	7,5	29,9	1,3	0,3	0	0	31,5
VI	4,8	0,11	−5	0,163	0,2	0,8	0,2	0,1	0	0	1,0
Summe						32,6	10,1	12,7	7,4	3,1	65,8

* = Maß für Ionenstärke (s. a. Bd. 1, S. 108)

Diese Fraktionen lassen sich durch Wiederauflösen und erneute Fällung weiter trennen, wie es das Beispiel einer solchen Aufarbeitung für die Fraktionen II und III zeigt, aus welcher Prothrombin, Isoagglutinin, Plasminogen (s. S. 292 u. 297) und γ-Globulin abgetrennt werden können. Derartige Unterteilungen der zuerst erhaltenen Fällungen lassen sich mit allen in der Tabelle 76 angeführten Fraktionen durchführen. Über eine Fraktionierung von Plasma mit Äther bei 0 bis −5° C s. [1].

Welche Eiweißkörper in den einzelnen Fraktionen angereichert sind, geht aus der Tabelle 77 hervor. Weitere Einzelheiten über das Verfahren s. bei EDSALL[2].

Durch die beiden zuletzt genannten Verfahren hat die Untersuchung der Eiweißkörper in chemischer und physikalisch-chemischer Hinsicht große Fortschritte gemacht (s. a. Bd. **1**, S. 567). Man ist über das Molekulargewicht und über Form und Größe der Eiweißkörper weitgehend orientiert, wie dies Tabelle 78 zeigt.

[1] KEKWICK, R. A., M. E. MACKAY and B. R. RECORD: Nature **157**, 629 (1946). — [2] EDSALL, J. T.: Ergebn. Physiol. **46**, 308—353 u. zwar 318 (1950). — Vergl. a. LEVER, W. F., F. R. N. GURD, E. UROMA, R. K. BROWN, B. A. BARNES, K. SCHMID and E. L. SCHULTZ: J. clin. Invest. **30**, 99 (1951).

Abtrennung von Prothrombin, Isoagglutininen, Plasminogen und γ-Globulinen aus den Fraktionen II und III (nach COHN u. Mitarb.)[1]

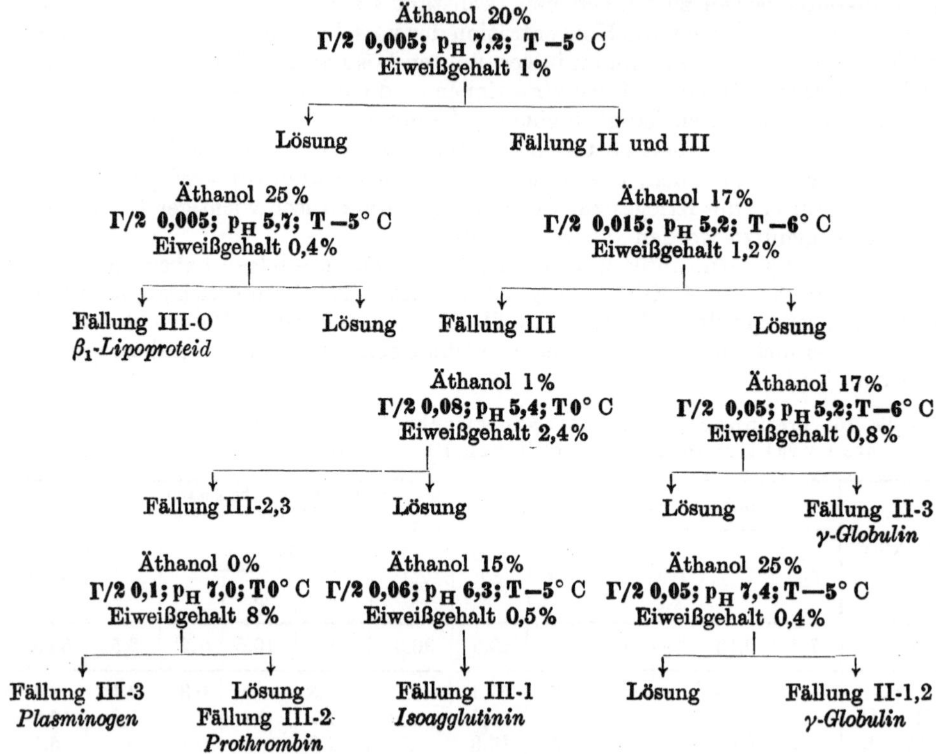

Tabelle 77. Eiweißfraktionen im menschlichen Plasma gesondert und konzentriert in diversen Fraktionen[2].

Eiweißfraktion	% bei 7,5% Plasmaeiweiß	angereichert in Fraktion	I. P. (annähernd)	Spezifisch-chemische Wirksamkeit
Fibrinogen	0,3	I-2	5,3	Thrombin
Nicht gerinnbares Eiweiß, unlöslich bei tiefer Temperatur . .	0,01	I-1		
Antihämolytisches Globulin . .	—	I	—	
Antikörper, γ-Globuline				
Diphtherie-Antikörper	(0,00007)			
Masern- „				
Mumps- „				
Influenza- „				
Keuchhusten- „		II		
Streptokokken-Antitoxin . . .	0,82		7,3	Antigene
Typhus „H“ Agglutinine . .				
Antikörper, Euglobuline				
Typhus „O“ Agglutinine . . .		III-1	6,3	Antigene
Isoagglutinine				
Anti-A, Anti-B	(0,002)	III-1	6,3	Unverträgliche rote Blutzellen
Anti-Rh-Antikörper				

[1] s. EDSALL, J. T.: Ergebn. Physiol. **46**, 308—353, u. zwar 330 (1950). — [2] s. [1] S. 313.

Tabelle 77 (Fortsetzung).

Eiweißfraktion	% bei 7,5% Plasma-eiweiß	angereichert in Fraktion	I. P. (annähernd)	Spezifisch-chemische Wirksamkeit
Komplementanteile				
C′ 1	0,03	III-2		Antigen-Antikörper-
C′ 2	0,03	IV		Komplex
Enzymvorstufen				
Prothrombin	0,02	III-2		Thromboplastin
Plasminogen		III-3		Streptokinase
Serum-Enzyme				
Thrombin		III-2	4,8	Fibrinogen
Plasmin		III-3		Eiweiße
Amylase				Stärke
Lipase				Lipoide
Peptidase		IV		L-Leucylglycylglycin
Phosphatase (alkal.)		IV		Phosphorsäure-monoester
Esterase	0,0015	IV-6	4,5	Acetylcholin, Äthylbutyrat
Krystallis. metallbindendes β_1-Pseudoglobulin	0,2	IV-7	5,6	Eiweiß und Kupfer
Proteine von hohem Molekulargewicht				
β_1-Globulin (lipoidarm)				
S = 7	0,15	III-0		
S = 20	0,075	III-0		
Jodeiweiß		IV-6		
Thyreotropes Hormon		IV-4		
Glykoproteide				
α_2-Glykopseudoglobulin	0,05	IV-6	4,9	
α_2-Mucoidglobulin	0,04	IV-6	4,9	
Lipoproteide				
β_1; 75% Lipoidgehalt „X" Protein	0,4	III-0	5,6	Östriol, Carotinoide und andere Steroide
α_1; 35% Lipoidgehalt	0,2	IV-0	5,2	Steroide
Blaugrünes Pigment				
α-Globulin, Bilirubin enthaltend		IV-2		
α_1-Globulin	0,004	V-1	4,7	Diazoreaktion
Albumin				
krystallisiert mit Mercurichlorid		V	4,9	Quecksilber, Dekanol,
krystallisiert mit Dekanol	3,75	V	4,9	Fettsäuren, gallensaure Salze, viele Farben und Drogen

Tabelle 78. Form und Größe der Plasmaeiweißkörper[1].

Eiweißfraktion	Molekulargewicht	Länge in Å	Durchmesser in Å	Form
Albumin	69000	150	38	ellipsoid
β_1-Globulin	90000	190	38	„
γ-Globulin	156000	235	38	„
Fibrinogen	400000	700	38	„
α-Lipoprotein	200000	300	50	„
β-Lipoprotein	1300000	185	185	sphäroid

[1] s. S. 294[1].

Eine Zusammenfassung über neuere Verfahren zur Reindarstellung von Proteinen s. [1]. Es muß schon an dieser Stelle darauf hingewiesen werden, worauf weiter unten noch näher eingegangen wird, daß die alte Bezeichnung der Eiweißfraktionen als Eu- und Pseudoglobulin mit der neueren Definition nicht übereinstimmt.

Die quantitative Bestimmung der einzelnen Plasmaeiweißfraktionen ist keine leichte Aufgabe, und eine Lösung ist erst in letzter Zeit gefunden worden. Mit Hilfe der *Elektrophorese* und einer besonderen optischen Anordnung kann man die Art und Menge des Eiweißes bestimmen. Das Prinzip dieser Methode, welches in diesem Zusammenhang nur gestreift werden kann, ist kurz erläutert bei ZÖLLNER[2]; eingehende Darstellung s. [3].

Eine Mikromodifikation ist von ANTWEILER[4] ausgearbeitet worden. Die Fraktionierung der Eiweißkörper durch Neutralsalzfällung entspricht nie ganz den elektrophoretisch gefundenen Werten, sofern mit einer Salzlösung, wie z. B. mit Natriumsulfat nach HOWE[5] gearbeitet wird. Es gelingt aber, eine Fraktionierung der Eiweißanteile durch Verwendung verschiedener Salze zu erreichen, wenn man sowohl Natriumsulfat als auch Natriumsulfit und Ammoniumsulfat mit Kochsalz verwendet[6]. Die in Lösung gebliebenen oder ausgefällten Eiweißkörper können colorimetrisch bestimmt werden. Ein hierfür brauchbares Prinzip ist die *Biuretreaktion*, nachdem WEICHSELBAUM[7] gezeigt hatte, wie ein stabiles und brauchbares Reagens zusammengesetzt sein muß. Verwendung der Papierelektrophorese zur quantitativen Trennung der Serum- bzw. Plasmaeiweißkörper s. [8].

Auf *physikalischem Wege*, d. h. *refraktometrisch* oder *interferometrisch* läßt sich nur der Gesamteiweißgehalt bestimmen. Zu diesem Zweck sind diese physikalischen Methoden bisher unübertroffen. Der *nephelometrischen* Bestimmung einer durch Eiweißfällung erzeugten Trübung stehen große Schwierigkeiten entgegen, da es nur schwer gelingt, gleichmäßige Bedingungen einzuhalten. Man kann auch den *Gesamtstickstoff der Eiweißfraktionen* bestimmen und aus dem Stickstoffgehalt den Gesamteiweißgehalt durch Multiplikation mit einem Faktor berechnen. Meist wird der Faktor 6,25 gewählt in der Annahme, daß der Stickstoffgehalt des Eiweißes 16% beträgt. Dies trifft praktisch aber nur für das γ-Globulin zu, für das Gesamtplasma-Eiweiß, dessen Stickstoffgehalt 14,9% beträgt, müßte man besser den Faktor 6,72 wählen. Der Stickstoffgehalt der einzelnen Eiweißfraktionen und der theoretisch zu fordernde Faktor können aus der folgenden Tabelle entnommen werden:

Tabelle 79. Stickstoffgehalt der verschiedenen Eiweißfraktionen[9].

	Albumin	Globulin			Fibrinogen	Gesamtplasma
		α	β	γ		
Stickstoffgehalt in %	15,95	11,9	14,84	16,03	16,90	14,90
Faktor zur Berechnung des Eiweißgehaltes	6,27	8,41	6,73	6,24	5,92	6,72

(Vgl. Bd. 1, S. 603.)

Es ist zu bemerken, daß der Faktor 6,72 nur für normales menschliches Plasma gilt, für pathologisches Plasma müßte er streng genommen jedesmal bestimmt werden. Im allgemeinen liegt er zwischen 6,55 und 6,75. Der Unterschied im Stickstoffgehalt der einzelnen Fraktionen

[1] SCHRAMM, G.: Angew. Chem. **54**, 7 (1941). — s. a. EDSALL, J. T.: Adv. Protein Chem. **3**, 460 (1947). Ergebn. Physiol. **46**, 347 (1950). — ONCLEY, J. L., G. SCATCHARD and A. BROWN: J. physic. Colloid Chem. **51**, 184 (1947). — [2] ZÖLLNER, N.: Physik, Physiologie und Klinik der Plasmaproteine. Beih. Med. Mschr. Stuttgart 1950. — [3] Wuhrmann-Wunderly 2. Aufl. S. 85. — [4] ANTWEILER, H. J.: Kolloid-Z. **115**, 130 (1949). Quantitative Elektrophorese in der Medizin. Berlin, Göttingen, Heidelberg 1952. — ANTWEILER, H. J., u. H. ENGELHARD: Kolloid-Z. **117**, 110 (1950). — s. a. LABHART, H., u. H. STAUB: Helv. **30**, 1954 (1947). — [5] HOWE, P. E.: J. biol. Ch. **49**, 109 (1921). — [6] GLEISS, J., u. K. HINSBERG: Z. ges. exp. Med. **116**, 599 (1950/51). — [7] WEICHSELBAUM, T. E.: Amer. J. clin. Path. **10**, 40 (1946). — [8] GRASSMANN, W., K. HANNIG u. M. KNEDEL: D. m. W. **1951**, 333. — TURBA, F., u. H. J. ENEKEL: Naturwiss. **37**, 93 (1950). — CREMER, H.-D., u. A. TISELIUS: B. Z. **320**, 273 (1950). — ESSER, H., F. HEINZLER, F. KAZMEIER u. W. SCHOLTAN: M. m. W. **1951 I**, 985. — [9] COHN, E. J., L. E. STRONG, W. L. HUGHES jr., D. J. MULFORD, J. N. ASHWORTH, M. MELIN and H. L. TAYLOR: Am. Soc. **68**, 459 (1946).

erklärt sich daraus, daß diese wechselnde Mengen von Proteiden enthalten, so daß z. B. beim α-Globulin der Stickstoffgehalt durch die Zunahme der Lipoide stark abnimmt. Die Bestimmungsmethoden, die sich auf eine Farbreaktion einzelner, im Molekül vorkommender Aminosäuren gründen, wie z. B. Tyrosin, Cystin, Tryptophan oder Arginin, sind nur bei einheitlichen Eiweißen anwendbar, die keiner pathologischen Veränderung unterliegen. Dies ist z. B. beim Hämoglobin der Fall. Bei den Plasmaeiweißstoffen muß aber mit einer Veränderung der Zusammensetzung gerechnet werden. Infolgedessen sind diese Methoden nicht zu empfehlen. Näheres darüber bei GLEISS u. HINSBERG[1], sowie[2].

Auch *oxydimetrische Methoden* sind zur Bestimmung von Eiweiß vorgeschlagen worden, haben sich aber nicht durchgesetzt. Einzelheiten über die älteren Verfahren s.[3].

Ein gutes Verfahren ist immer noch die *gravimetrische Bestimmung*. Die Eiweißkörper werden bei schwachsaurer Reaktion durch Hitzekoagulation vollständig ausgefällt, um nach Auswaschen und Trocknen gewogen zu werden. Auch die Eiweißfraktionen können auf diese Weise bestimmt werden, jedoch ist die Ausführung ziemlich zeitraubend.

Über dieses Gebiet ist eine unabsehbare Zahl von Einzelarbeiten erschienen, auf die im einzelnen nicht eingegangen werden kann. Die verschiedenen Verfahren sind auch in ihrer Zuverlässigkeit gegeneinander geprüft worden, hierüber unter[4], s. a. unter[2].

3. Fibrinogen (*Metaglobulin*)[5].

Das Fibrinogen ist der unbeständigste Plasmaeiweißstoff. Es besitzt globulinähnliche Eigenschaften und ist durch ein extremes Verhältnis von Länge zum Durchmesser des Moleküls ausgezeichnet (s. Bd. **1**, Abb. 63, S. 650). Es fällt bei niedrigem Salzgehalt aus, z. B. schon bei Halbsättigung mit Natriumchlorid, aber das so erhaltene Eiweiß ist nicht einheitlich. Man kann einen basischen Anteil a) und einen sauren Anteil b) unterscheiden[6]. Die Herstellung von Fibrinogenlösungen ist schwierig, weil sowohl eine spontane Gerinnung als auch eine Denaturierung vermieden werden muß. Eine zuverlässige Vorschrift s. APITZ[7]. Die Koagulationstemperatur ist für den Anteil a) 55° und für den Anteil b) 37°. Ersterer fällt bei 28% Ammonsulfat, letzterer bei 16% Ammonsulfat. Der isoelektrische Punkt liegt für den Anteil a) bei p_H 12,4, für den Anteil b) bei p_H 8,5. Das Fibrinogen von Exsudaten entspricht dem Anteil b).

Die Darstellung von prothrombinfreiem monatelang haltbarem Trockenfibrinogen aus Hunde-Citratplasma ist nur unter Verwendung einer Hochvakuum-Tieftemperatur-Trocknungsanlage möglich. (Vgl. Bd. **1**, S. 598.) Krystallisiertes Fibrinogen aus Schweineblut s.[8].

Bestimmung von Fibrinogen. Das im Citratplasma vorhandene Fibrinogen wird am besten durch Zusatz einer optimalen Menge 5%iger Calciumchloridlösung bei 37° zur Gerinnung gebracht, abgetrennt und entweder durch direkte Wägung, durch Stickstoffbestimmung oder colorimetrische Bestimmung[9] die Fibrinmenge ermittelt. Colorimetrisch kann

[1] GLEISS, J., u. K. HINSBERG: Z. ges. exp. Med. **116**, 599 (1950/51). — JAGER, B. V., T. B. SCHWARTZ, E. L. SMITH, M. NICKERSON and D. M. BROWN: J. Lab. clin. Med. **35**, 76 (1950). —
[2] Hinsberg-Lang 2. Aufl. S. 523. — Hallmann 6. Aufl. S. 502. — Rappaport S. 120. —
[3] HATZ, E. B.: Bestimmungsmethoden der Bluteiweiße. Bennhold-Kylin-Rusznyák S. 75. —
[4] KEYSER, J. W.: Biochem. J. **44**, XXIII (1949). — DICKER, S. E.: J. Physiol., London **107**, 8 (1948). — MAJOOR, C. L. H.: J. biol. Ch. **169**, 583 (1947). — KINGSLEY, G. R., and L. A. TERZIAN: J. Lab. clin. Med. **34**, 1175 (1949). — LINDEBOOM, G. A.: Acta brev. neerl. Physiol. **15**, 11 (1947). — WEICHSELBAUM, T. E.: Amer. J. clin. Path. **10**, 40 (1946). — COHEN, P. P., and F. L. THOMPSON: J. Lab. clin. Med. **33**, 75 (1948). — [5] Chemie des Fibrinogens s. Bd. **1**, S. 727. — [6] SCHMITZ, A.: H. **222**, 155 (1933). — KYLIN, E., u. F. PAULSEN: B. Z. **285**, 159 (1936). — KYLIN, E.: Bennhold-Kylin-Rusznyák S. 18. —
[7] APITZ, K.: Z. ges. exp. Med. **101**, 552 (1937). — HAMMARSTEN, O.: Pflügers Arch. **19**, 563 (1879). — HEUBNER, W.: A. e. P. P. **59**, 229 (1903). — FLORKIN, M.: J. biol. Ch. **87**, 629 (1930). — FERGUSON, J. H., and B. N. ERICKSON: Proc. Soc. exp. Biol. Med. **40**, 425 (1939). —
[8] LAKI, K.: H. **273**, 95 (1942). — MYLON, E., M. C. WINTERNITZ and G. J. DE SÜTÖ-NAGY: J. biol. Ch. **143**, 21 (1942). — [9] ALHA, A.-L.: Ann. Chir. Gynaec. fenn. **38**, Suppl. **3**, 6 (1949). — WEICHSELBAUM, T. E.: Amer. J. clin. Path. **10**, 40 (1946). — DITTEBRANDT, M.: Amer. J. clin. Path. **18**, 439 (1948). — MAJOOR, C. L. H.: J. biol. Ch. **169**, 583 (1947). Yale J. Biol. Med. **18**, 419 (1946). — JAGER, B. V., and M. NICKERSON: J. biol. Ch. **173**, 683 (1948).

das Fibrinogen in jedem Falle durch die Biuretreaktion (s. S. 294) oder eine Tyrosinbestimmung zuverlässig ermittelt werden. Auch aus der Differenz des Gesamteiweißgehaltes im Plasma und im Filtrat[1] nach Ausfällung des Fibrins läßt sich das Fibrinogen berechnen, doch ist diese Bestimmungsart nicht sehr zu empfehlen.

Der Fibrinogengehalt im Blut des normalen Menschen schwankt zwischen 0,22 und 0,36%[2]. Von manchen Autoren wird als obere Normalgrenze 0,4% angegeben. Der Mittelwert liegt bei 0,25%. Bei Neugeborenen ist der Fibrinogengehalt erniedrigt und beträgt nur 0,08%, bei Hunden 0,1 bis 0,15%[3].

Die *biologische Bedeutung des Fibrinogens* liegt vor allem darin, daß Verletzungen kleiner Blutgefäße geschlossen werden können. Blutgerinnung innerhalb größerer Gefäße, auch unverletzter Gefäße, nennt man *Thrombose*; wenn Teilstücke eines Thrombus abgelöst und verschleppt werden, kommt es zur *Embolie*. Außerhalb des Blutgefäßes gerinnt das Blut spontan[4]. Dem Fibrinogen wird auch ein Einfluß auf die Wundheilung, die Knochenneubildung[5] und den Wasserhaushalt[6] zugeschrieben. Mit einer Vermehrung des Fibrinogens im Blut ist auch eine erhöhte Senkungsgeschwindigkeit der Blutkörperchen verbunden (s. S. 264). Außerdem steht die Höhe des Blutdruckes zur Fibrinmenge in Beziehung.

Die bei Hunden durch Adrenalin hervorgerufene Blutdruckerhöhung ist von einer Zunahme, die bei Verabreichung von Acetylcholin auftretende Blutdruckabnahme von einer Abnahme des Fibrinogens begleitet.

Ähnlich liegen die Verhältnisse beim gesunden und kranken Menschen, bei dem man bei hohem Blutdruck hohe Fibrinogenwerte findet[7]. Eine *Fibrinogenvermehrung* (Hyperinosis, Hyperfibrinogenämie) findet man in der Schwangerschaft und allgemein bei entzündlichen und fieberhaften Erkrankungen, wie z. B. bei der Pneumonie, eine *Verminderung* des Fibrinogens (Hypinosis, Hypofibrinogenämie) bei infektiös toxischen Vorgängen, z. B. bei Typhus und schweren Leberschädigungen[8].

Die therapeutische Verwendung von Fibrinogen ist vielfach versucht worden. Die nach COHN bei 0° mit 10% Äthanol gewonnene Fraktion enthält 90% Fibrinogen, läßt sich als steriles Trockenpulver gewinnen und kann in physiologischer Kochsalzlösung wieder aufgelöst werden. Sie wurde als antihämophiles Globulin[9] angewandt; die Wirkung auf die Gerinnungszeit ist erheblich und hält über 24 Std an. Die Fraktion läßt sich von dem anhaftenden Fibrinogen durch Hitzekoagulation bei 56° ohne Einbuße an Aktivität befreien[10].

Fibrinfilme, aus der Fraktion I nach COHN unter Zusatz von Glycerin hergestellt, werden in der Hirnchirurgie zum Abdecken von Defekten und zur Behandlung von Verbrennungen[11] benutzt. Auch Röhren und Nahtmaterial für die Nervenchirurgie werden aus Fibrin hergestellt. Der Fibrinschaum ist ein hervorragendes plastisches Material, das bei 130 bis 170° getrocknet, seine Schrumpfungsneigung verliert und mit Thrombinlösung wie ein Schwamm gesättigt werden kann. Diese Fibrinschäume besitzen einen außerordentlich starken hämostatischen Effekt und können zur Ausfüllung von Operationshöhlen verschiedenster Art benutzt werden[12].

---

[1] Rappaport S. 121. — [2] STARLINGER, W., u. E. WINANDS: Z. ges. exp. Med. **60**, 138 (1928). — [3] SCHMIDT, H. R.: Zbl. Gynäk. **51**, 1107 (1927). — [4] Über Blutgerinnung s. S. 473 ff. — [5] BERGEL, S.: M. m. W. **1916 II**, 1111. D. m. W. **1928 I**, 182. — [6] KOLLERT, V., u. W. STARLINGER: Wien. klin. Wschr. **1922 I**, 439. — [7] GORECZKY, L., u. G. BERENCSI: Z. ges. exp. Med. **106**, 495 (1939). — [8] Wuhrmann-Wunderly 2. Aufl. S. 274. — [9] MINOT, G. R., and F. H. L. TAYLOR: Ann. internal Med. **26**, 363 (1947). — [10] FERRY, J. D., and P. R. MORRISON: Am. Soc. **69**, 388 (1947). — [11] FERRY, J. D., M. SINGER, P. R. MORRISON, J. D. PORSCHE and R. L. KUTZ: Am. Soc. **69**, 409 (1947). — [12] HAWN, C. v. Z., E. A. BERING jr., O. T. BAILEY and S. H. ARMSTRONG jr.: J. clin. Invest. **23**, 580 (1944). — BAILEY, O. T., and F. D. INGRAHAM: J. clin. Invest. **23**, 597 (1944). — BAILEY, O. T., O. SWENSON, J. J. LOWRY and E. A. BERING jr.: Surgery **18**, 347 (1945). — WOODHALL, B.: J. amer. med. Ass. **126**, 469 (1944). — INGRAHAM, F. D.: J. amer. med. Ass. **126**, 680 (1944). — STATE, D.: Arch. Surg. **58**, 284 (1949).

Das Fibrin[1] ist auf Grund seiner chemischen Zusammensetzung bisher nicht vom Fibrinogen zu unterscheiden. Trotzdem handelt es sich um zwei verschiedene Stoffe[2]. Bei der Gerinnung einer reinen Fibrinogenlösung scheidet sich das Fibrin nach Zusatz von Serum in Form feiner Körnchen, nadelförmiger Krystalle und Fädchen ab; später ist die Struktur elastisch, faserig. Es wird daher auch Faserstoff genannt. Das Fibrin des Blutkuchens kann leicht zu kleinen weniger elastischen und nicht besonders faserigen Klümpchen zerrührt werden. Der Gerinnungsprozeß scheint also lediglich eine Veränderung der langen Fibrinogenmoleküle in sehr viel längere nadelähnliche Mikrokrystalle hervorzurufen[3]. Die chemische Natur dieser Veränderung des Fibrinogens im Fibrin, wie sie durch Thrombin hervorgerufen wird, ist weiterhin unklar. Näheres über diesen Vorgang s. S. 476. Zweifellos handelt es sich um einen proteolytischen Vorgang[4].

Eigenschaften des Fibrins. In Wasser, Alkohol und Äther unlöslich; in $1^0/_{00}$ HCl, NaOH oder KOH zu einer gallertartigen Masse quellbar. *Darstellung von Fibrin*[5]. Fibrin frei von eingeschlossenen Blutkörperchen erhält man beim Schlagen von Blut, aus filtriertem Pferdeblutplasma oder aus Transsudaten. Mit sehr verdünnter Kochsalzlösung läßt es sich gut auswaschen. Zur Reinigung behandelt man es dann weiter mit Wasser, Alkohol und Äther. Die ***Bestimmungsmethoden für Fibrin*** entsprechen denjenigen des Fibrinogens (s. a. S. 295).

Fibrinolyse. Fibrin wird von verdünnten Neutralsalzlösungen, z. B. von 5 bis 10%iger Kochsalzlösung aufgelöst. Läßt man Fibrin mit dem Blut, in dem es entstanden ist, einige Zeit in Berührung, so geht es ebenfalls zum Teil in Lösung[6]. Dieser Vorgang heißt *Fibrinolyse.* Es handelt sich dabei um einen proteolytischen Vorgang, der durch einige, dem Fibrin anhaftende tryptische Proteinasen hervorgerufen wird[7]. Das Ferment wurde *Thrombolysin* genannt. Auch innerhalb des Körpers kennt man diesen Vorgang, z. B. bei der Lösung der croupösen Pneumonie oder bei der Lösung von Fibrin in Exsudaten, bei der Organisierung von Thrombosen, weiter bei der Phosphor-, Chloroform- und Benzolvergiftung, also bei Leberschädigungen[8]. Näheres über den Vorgang der Fibrinolyse s. [9]. Im Blutserum kommt auch ein die Fibrinolyse hemmender Stoff, das *Thromboligin*[10] vor. Die neuesten Untersuchungen[11] haben den Vorgang der Fibrinolyse genauer aufgeklärt. Christensen und MacLeod nannten das wirksame proteolytische Enzym *Plasmin* und seine Vorstufe *Plasminogen.* Letzteres ist hauptsächlich in der Fraktion III-2,3 nach Cohn u. Mitarb. enthalten und kann daraus nach dem Schema S. 292 angereichert und besonders vom Thrombin abgetrennt werden[12]. Bleibt das reine Präparat (Fraktion III-3) 2 bis 3 Wochen bei 0° stehen, so nimmt seine Aktivität spontan zu. In geringerem Grade kann es durch Chloroform oder *Streptokinase* aktiviert werden. Näheres hierüber s. Edsall[13]. Die Streptokinase wurde von Tillett u. Garner[14] entdeckt und von Milstone[15] als Kinase identifiziert. Plasmin läßt sich durch den Trypsininhibitor von Northrop und Kunitz hemmen, die Hemmungskurven zeigen, daß Plasmin und

---

[1] Chemie und Eigenschaften des Fibrins s. Bd. **1**, S. 727. — Wuhrmann-Wunderly 2. Aufl. S. 37. — [2] Wöhlisch, E.: Kli. Wo. **1923 I**, 1073. Z. ges. exp. Med. **40**, 137 (1924). — [3] Zöllner, N.: Physik, Physiologie und Klinik der Plasmaproteine. Beih. Med. Mschr. Stuttgart 1950. — [4] Polonovski, M.: Pathologie Chimique II. S. 1108. Paris 1952. — Halse, T.: Fibrinolyse. S. 25ff. Freiburg 1948. — [5] H.-Th. S. 468. — [6] Dastre, A.: Arch. Physiol., Paris **7**, 408 (1895). — [7] Schmitz, A.: H. **244**, 89 (1936). — Dyckerhoff, H., u. O. Jacober: B. Z. **317**, 72 (1944). — [8] Jürgens, R.: Der Ursprung der Plasmaeiweißkörper. Bennhold-Kylin-Rusznyák S. 62. — [9] Halse, T.: Fibrinolyse. Freiburg i. Br. **1948**. — [10] Rosenmann, M.: B. Z. **287**, 26 (1936). — [11] Christensen, L. R.: J. gen. Physiol. **28**, 363 (1945). — [12] s. a. Gibian, H.: H. **288**, 165 (1951). — [13] Edsall, J. T.: Ergebn. Physiol. **46**, 308 (1950). — [14] Tillett, W. S., and R. L. Garner: J. exp. Med. **58**, 485 (1933). — Garner, R. L., and W. S. Tillett: J. exp. Med. **60**, 239 (1934). — [15] Milstone, J. H.: J. Immunol. **42**, 109 (1941).

Trypsin zwei verschiedene Fermente sind. Eine Reindarstellung von Plasmin ist bis jetzt nicht geglückt; aktive Plasminlösungen zerstören sowohl Plasmin als auch Plasminogen. Die Rolle bei der Blutgerinnung ist noch ungeklärt; SEEGERS u. LOOMIS[1] haben gefunden, daß Plasmin (Fibrinolysin), welches *frei* von Thrombin und Prothrombin ist, Prothrombin nicht aktivieren kann. Oxalatplasma oder Fibrinogenlösungen werden nicht zur Gerinnung gebracht. Prothrombin wird rasch zerstört, obwohl Thrombin nicht aktiviert wird (s. a. S. 481).

4. Fibringlobulin.

Beim Aussalzen des Fibrinogens mit 17- bis 28%iger Ammonsulfatlösung erhält man meist das Fibrinogen in einer Eiweißfraktion, die etwas größer ist als die Menge des entsprechenden geronnenen Fibrins. Es geht nicht alles Eiweiß, das unter obigen Umständen ausfällt, von selbst in den Gelzustand über, sondern ein Teil behält seinen Solzustand. Diesen Teil nennt man Fibringlobulin. Nach HAMMARSTEN[2] werden nur 60 bis 94% des durch Fällung erhaltenen Fibrinogens in Fibrin umgewandelt. Fibringlobulin ist bisher wenig untersucht worden und ist wohl der schwerstlösliche Plasmaeiweißstoff. Er findet sich im Plasma[3] nur in sehr kleinen Mengen, kann durch Sättigung mit Kochsalz oder durch 28%ige Sättigung mit Ammonsulfat vollständig ausgefällt werden und gerinnt bei 64 bis 66°. Eine Nachprüfung dieser alten Angaben wäre erwünscht.

Darstellung des Fibringlobulins. Versetzt man 2 Teile Pferdeblutserum mit 5,2 Teilen Wasser und 2,8 Teilen gesättigter Ammonsulfatlösung, so scheidet es sich mit anderen Stoffen zusammen ab[4]. Reineres Fibringlobulin erhält man aus dem Filtrat von auf 56° erhitzten Fibrinogenlösungen durch Sättigung mit Kochsalz[5].

β) Serumeiweißstoffe[6].

1. Allgemeines.

a) Trennung der Eiweißstoffe durch Salzfällung, Elektrophorese und mit der Ultrazentrifuge. An der auf die HOFMEISTERsche Schule[4] zurückgehenden und dem Pferdeserum angepaßten *Einteilung der Serumeiweißstoffe*, nach welcher *durch Aussalzen* mit einer $^1/_3$ gesättigten Ammonsulfatlösung das Euglobulin, mit 50% gesättigter Ammonsulfatlösung das Pseudoglobulin[7] und bei Ganzsättigung mit Ammonsulfat das Albumin ausgefällt wird, wurde bis heute in vielen Fällen festgehalten. Wenn man auch weiß, daß diese Fällungsgrenzen willkürlich und bei einzelnen Tierarten verschieden und unscharf sind, so ist trotzdem diese Einteilung auch auf das menschliche Serum übertragen worden. Die zur Erzeugung der einzelnen Fraktionen notwendigen Neutralsalzkonzentrationen sind in der folgenden Tabelle 80 zusammengestellt (vgl. a. [8]):

Die leichter fällbaren und höher molekularen Anteile der Serumeiweißstoffe werden Serumglobuline, die schwerer fällbaren mit kleinerem Molekulargewicht Serumalbumine genannt. Es besteht aber zwischen diesen beiden Gruppen keine

---

[1] SEEGERS, W. H., and E. C. LOOMIS: Science, N. Y. **104**, 461 (1946). — [2] HAMMARSTEN, O.: Pflügers Arch. **30**, 437 (1883). — [3] HUISKAMP, W.: H. **44**, 182; **46**, 273 (1905). — [4] SAMUELY, F.: Fibrinoglobulin. Biochem. Handlex. **4**, 102 (1911). — [5] HAMMARSTEN, O.: Pflügers Arch. **22**, 431 (1880). — [6] Bennhold-Kylin-Rusznyák S. 26. — DIRR, K.: Einiges über die Serumeiweißkörper und deren Bedeutung. Ergebn. inn. Med. **57**, 260—296 (1939). — COHN, E. J.: Chemical, physiological, and immunological properties and clinical uses of blood derivatives. Exper. **3**, 125 (1947). — BLOCK, W. D., and W. A. MURRILL: Proc. Soc. exp. Biol. Med. **47**, 374 (1941). — [7] FULD, E., u. K. SPIRO: H. **31**, 132 (1900/01). — [8] EFFERSØE, P.: Scand. J. clin. Lab. Invest. **3**, 6 (1951).

Tabelle 80. Ausfällung der Eiweißstoffe mit Neutralsalzen[1].

	Prozentuale Sättigung der Salzlösungen					Kaliumphosphat p_H 6,5 25° C Mol pro Liter
	$(NH_4)_2SO_4$ [2]	Na_2SO_4 [3]	Na_2SO_3 [4]	$MgSO_4$ [2]	NaCl [2]	
Fibrinogen	17—28	10,6	12,5	—	50	1,3
Euglobulin	28—33	13,5	15	50	100	1,7
Pseudoglobulin I	33—50	17,4	18,0	100	—	—
Pseudoglobulin II	—	21,5	—	—	—	2,5
Globuline	50*	21,0	21,0**	100*	—	—
Albumin	75—100	100	—	—	—	3,00

* = 2 mol, ** = 1,6 mol.

bestimmte und sichere Grenze[5]. Die durch Aussalzen gewonnenen Globuline und Albumine des Serums sind keine chemisch einheitlichen Verbindungen mit gleichen physikalischen Eigenschaften, wie schon oben hervorgehoben wurde. In jeder Fraktion handelt es sich um Mischungen mehrerer Eiweißstoffe, die sich weiter zerlegen lassen; ferner sind in der Albuminfraktion, wie aus ihren Lösungseigenschaften geschlossen werden kann, Globuline, umgekehrt in der Globulinfraktion Albumine enthalten. Die verschiedenen Eiweißstoffe können also durch Neutralsalzfällungen nicht scharf voneinander getrennt werden, es bestehen vielmehr fließende Übergänge zwischen ihnen. Man sollte daher immer mit der Bezeichnung „Albumin" und „Globulin" das angewandte Bestimmungsverfahren angeben. Wenn auch die gestufte Ausfällung der Serumeiweißstoffe keine Aussage über ihren natürlichen Zustand im Serum gestattet, so erlaubt sie doch charakteristische Gruppen herauszuschälen, Fermente oder Antikörper zu isolieren[6]. Vergleich zwischen Elektrophorese und Salzfällung s. [7] u. S. 305.

Im Ultramikroskop[8] sieht man im Blutserum von Tieren 1. Teilchen von mikroskopischer Größenordnung, die aus emulgiertem Fett bestehen, 2. Teilchen von Eiweißcharakter, welche die Hauptmasse darstellen und 3. plättchenförmige, möglicherweise krystalline Bildungen kolloidaler Größenordnung, die höchstwahrscheinlich aus höheren Fettsäuren bestehen. 4. Ultramikronen, die ein diffuses Leuchten zeigen und einer hochdispersen Fettemulsion angehören. Das Absorptionsspektrum des Normalserums[9] zeigt ein Maximum bei 2775 Å mit einem spezifischen Extinktionskoeffizienten von etwa 59. Das Absorptionsminimum liegt bei etwa 2520 Å, die dazugehörige spezifische Extinktion bei 25.

Bei der *Zerlegung des nativen Serums durch Elektrophorese*[10] erhält man vom Gesamteiweißgehalt rund 59% als Albumine und 41% als Globuline. Der Albuminanteil läßt sich weiter in Albumin und α_1-Globulin aufteilen, die Globulinfraktion in α_2-, β_1-, β_2- und γ-Globuline. Das Gesamtserum enthält unter normalen Bedingungen auf den Gesamteiweißgehalt berechnet 12—15% α-Globuline, 12—14% β-Globuline und 10—12% γ-Globuline. Die Fehlergenauigkeit wird auf $\pm$2—3% des Gesamteiweißgehaltes angegeben. DOLE[11] findet mit der Elektrophorese als Mittelwert von 15 gesunden Personen 60,3% Albumin, 4,6% α_1-, 7,2% α_2-, 12,1% β- und 11% γ-Globulin, außerdem 5,1% Fibrinogen. Dagegen ist der Gesamt-

[1] GEILL, T.: Über die Fällungen der Blutproteine. Bennhold-Kylin-Rusznyák S. 119. — [2] HAMMARSTEN, O.: Pflügers Arch. **17**, 413 (1878); **22**, 431 (1880). — [3] HOWE, P. E.: J. biol. Ch. **49**, 93, 109 (1921). — [4] CAMPBELL, W. R., and M. I. HANNA: J. biol. Ch. **119**, 9 (1937). — ROCHE, J., Y. DERRIEN et M. MOUTTE: C. R. Soc. Biol. **130**, 1299 (1939). — [5] GRÓH, J., u. E. FALTIN: H. **199**, 13 (1931). — [6] ASTRUP, T., and A. BIRCH-ANDERSEN: Nature **160**, 637 (1947). — [7] GOHR, H., K. H. FALKENBACH u. H. LANGENBERG: Z. ges. inn. Med. **5**, 407 (1950). — [8] KOLOMITZEWA, M.: Colloid J., Woronesh **5**, 797 (1939) [C. **1940 II**, 83]. — [9] PRUDHOMME, R.-O.: Ann. Inst. Pasteur **67**, 419 (1941). — [10] WLADASCH, A.: B. Z. **287**, 337 (1936). — Vgl. a. HARTMANN, E.: Ber. Physiol. **139**, 220 (1950). — [11] DOLE, V. P.: J. clin. Invest. **23**, 708 (1944).

eiweißgehalt von Frühgeburten (mit fraktionierter Salzfällung gefunden[1, 2]) 5,0 ± 1,3 g%. Davon sind: Albumin 58 ± 4%, α-Globulin 12 ± 4,5%, β-Globulin 19,2 ± 7% und γ-Globulin 10,0 ± 3,5%. Im Fetalserum Mens III sind nur 1,55% Eiweiß, davon 88% Albumin und 5,3% γ-Globulin vorhanden[2]. Bis zur Geburt steigen die Werte auf 6,30% Gesamteiweiß, davon 65% Albumin und 36,3% γ-Globulin. α- und β-Globuline sind nur in geringen Mengen vorhanden. Nach COHN u. Mitarb.[3] sind nach Äthanolfällung (Methode 6), elektrophoretisch kontrolliert, bei 6,58% Gesamteiweißgehalt 3,26% Albumin, 1,01% α-, 1,26% β- und 0,74% γ-Globuline neben 0,31% Fibrinogen vorhanden. Diese Zahlen stellen absolute Werte dar. Vergleichende Untersuchungen über die nach verschiedenen Methoden gewonnenen Eiweißfraktionen s. [4].

Die individuellen Schwankungen gesunder Personen sind unter konstanten Bedingungen bemerkenswerterweise gering. Die Schwankungen zwischen verschiedenen Individuen sind aber beträchtlich. Auch innerhalb eines Tages ist der Eiweißgehalt des Serums nicht konstant, wie aus Untersuchungen von ALHA[5] hervorgeht. Wird zur Eiweißuntersuchung jeweils das Blut um 8, 12, 16 und 19 Uhr abgenommen, so ergeben sich Unterschiede, die weit außerhalb der Fehlergrenze liegen. Die Schwankungen drücken sich nicht nur im Gesamteiweißgehalt aus, sondern auch in den einzelnen Fraktionen. Aus den 20 Untersuchungen, die an Frauen angestellt wurden, ergibt sich im Durchschnitt eine mittlere Schwankung des Gesamteiweißgehaltes um 0,59%, des Albumins um 0,49% und des Globulins um 0,62% während des Tages. Man kann aus den Versuchen aber nicht schließen, daß etwa morgens oder abends der Eiweißgehalt am höchsten oder am niedrigsten sei. Man findet alle Möglichkeiten, die von der Autorin in einer Tabelle niedergelegt sind. Die Schwankungen liegen außerhalb der Fehlerbreite der Methode (Methanolfällung), in einzelnen Fällen sind sie so groß, daß beispielsweise um 8 Uhr 6,6% Eiweiß gefunden wird und um 12 Uhr bereits 7,5%. In einem anderen Falle stieg der Eiweißgehalt von 6,6% (8 Uhr) auf 8,1% (16 Uhr). Dementsprechend schwankt auch der Albumin-Globulinquotient um rund 0,36 Einheiten. DÖRING u. Mitarb. berichten über einen deutlichen 24 Stunden-Rhythmus des Eiweißgehaltes im Blutserum[6].

Diese Ergebnisse werden ergänzt durch Untersuchungen über den Eiweißgehalt während des Menstruationszyklus[7]. Während der Menstruation ist der Eiweißgehalt am niedrigsten, ungefähr am 11. Tage nach der Menstruation erreicht er ein Maximum. Die Beziehungen zu Körpergewicht und Hämatokritwert gehen aus der nebenstehenden Kurve hervor (s. Abb. 30). Veränderungen im Alter[8].

Mit der Ultrazentrifuge bestimmt, findet man im Normalserum 78% Albumin und nur 22% Globulin[9].

b) Charakterisierung. Die einzelnen Eiweißfraktionen enthalten wechselnde Mengen von Proteiden. Die Glykoproteide kommen vorwiegend in der α- und β-Fraktion vor[10]. Das Fibrinogen enthält keine Kohlenhydrate. In der Euglobulinfraktion wurden 0,18 bis 0,26% Kohlenhydrate gefunden, darunter Mannose,

---

[1] GLEISS, J., u. H. RÖTTGER: Arch. Gynäk. **181**, 109 (1951). — [2] EWERBECK, H., u. H. E. LEVENS: Kli. Wo. **1950**, 582. — [3] COHN, E. J., J. A. LUETSCHER jr., J. L. ONCLEY, S. H. ARMSTRONG jr. and B. D. DAVIS: Am. Soc. **62**, 3396 (1940). — [4] SCHOLTAN, W., F. E. SCHMENGLER, H. ESSER, F. HEINZLER, F. KAZMEIER, K. HINSBERG u. K. JAHNKE: Ärztl. Forsch. **6**, 145 (1950). — JAGER, B. V., T. B. SCHWARTZ, E. L. SMITH, M. NICKERSON and D. M. BROWN: J. Lab. clin. Med. **35**, 76 (1950). — [5] ALHA, A.-L.: Ann. Med. exp. Biol. fenn. **28**, 27 (1950). — [6] DÖRING, G. K., E. SCHAEFERS u. G. WEBER: Pflügers Arch. **253**, 165 (1951). — [7] DANFORTH, D. N., P. K. BOYER and S. GRAFF: Endocrinology **39**, 188 (1946). — [8] BOSELLI, A., G. MARS et M. MORPURGO: Rev. méd. Liège **5**, 655 (1950). — RAFSLEY, H. A., B. NEWMAN and C. I. KRIEGER: Amer. J. med. Sci. **217**, 206 (1949). — [9] BLIX, G.: Z. ges. exp. Med. **105**, 595 (1939). — [10] Wuhrmann-Wunderly 2. Aufl. S. 40.

Galaktose und Glucosamin. Auch Prothrombin[1] und Thrombin enthalten Kohlenhydrate. Die Lipoproteide sind über alle Eiweißstoffe verteilt. Die Verteilung geht aus der folgenden Tabelle hervor, die nach den Angaben von WUHRMANN u. WUNDERLY zusammengestellt ist[2]:

Tabelle 81.
Lipoidgehalt der Eiweißfraktionen.

Eiweißfraktion	Cholesterin %	Lipoidphosphor %
Albumin	1,07	0,09
α-Globulin	4,45	0,29
β-Globulin	8,65	0,40
γ-Globulin	0,41	0,04

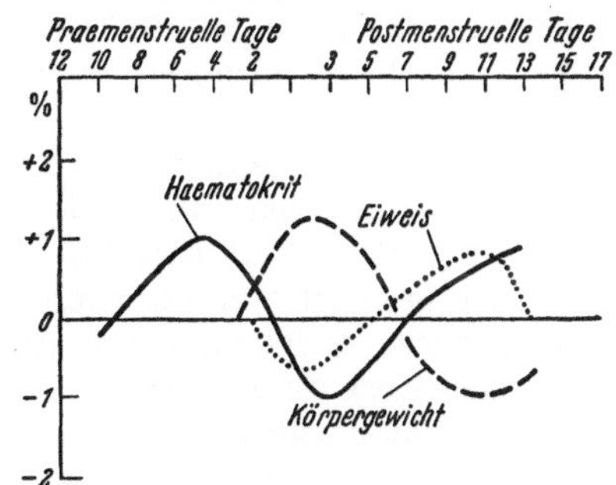

Abb. 30. Beziehung zwischen Eiweißgehalt des Serums, Haematokritwert und Körpergewicht während des Zyklus.

Zur Charakterisierung der hydrophilen bzw. lipophilen Eigenschaften der Serumeiweißkörper s.[3].

Außerdem kommen im Serum in der Albuminfraktion noch sehr kleine Eiweißanteile vor, das *Serolipoid*, welches 0,3% im Serum ausmacht und kohlenhydrathaltig ist, ebenso ein *Haptoglobulin*, welches 10% Kohlenhydrate enthält und ein *Seromucoid*, das 0,05% im Serum ausmacht und 10,7% Kohlenhydrate enthält[4]. Es wird aber betont, daß diese Unterfraktion nicht homogen war[4].

Eine weitere Aufteilung der Plasmafraktionen, um Antikörper, Isoagglutinine, Prothrombin und Plasminogen abzutrennen und die β_1-Lipoproteide zu gewinnen, ist mit Hilfe der Äthanolfraktionierung mit geringerem Erfolg versucht worden[5]. Es gelang, Typhus-A- und -H-Agglutinin, ebenso verschiedene Antitoxine nachzuweisen. Auch das *Serum-Ac-Globulin* wurde in konzentrierter Form aus Rinderserum oder aus defibriniertem Rinderoxalatplasma gewonnen (s. S. 481). Es beteiligt sich aktiv an der Blutgerinnung, indem es das Prothrombin in Gegenwart von Calciumionen in Thrombin überführt[6]. Der Ac-Globulingehalt von Rinderserum wurde nach Adsorption von Prothrombin an $BaCO_3$ zu 88 bis 95 Einheiten/cm³ bestimmt[7]. Die elektrophoretische Bestimmung führt zu etwas höheren Werten[8].

Seromucoid[9] wurde von ZANETTI[10] im eingeengten Filtrat des koagulierten Blutserums gefunden und für ein Mucoproteid gehalten. Seine Menge beträgt beim Hund 0,03%[11]. Das Seromucoid ist im siedenden Wasser löslich, durch Alkohol fällbar und zeigt eine positive Reaktion nach ADAMKIEWICZ. Es enthält 47,6% C, 6,8% H, 11,6% N und 1,75% S. Nach der Hydrolyse liefert es ungefähr 25% mucosaminhaltiges Kohlenhydrat. Nach dem Carbazolverfahren[12] untersucht, liegt ein Gemisch von Galaktose + Mannose und Glucosamin im Verhältnis von 1,6 : 1 vor. Beim Hund nimmt die Seromucoidmenge nach kohlenhydratreichem Futter zu[11,13]. Die Mucoproteide des Serums können auch gewonnen werden, nachdem das Eiweiß durch Perchlorsäure gefällt worden ist.

[1] SEEGERS, W. H.: J. biol. Ch. **136**, 103 (1940). — [2] S. 300[10], S. 41. — JANICKI, J., u. D. ASSENHAJM: B. Z. **291**, 21 (1937). — [3] WUNDERLY, C.: Kolloid-Z. **117**, 137 (1950). Nature **165**, 850 (1950). — ONCLEY, J. L., F. R. N. GURD and M. MELIN: Am. Soc. **72**, 458 (1950). — [4] RIMINGTON, C.: Ergebn. Physiol. **35**, 712 (1933). Biochem. J. **34**, 931 (1940). — [5] ONCLEY, J. L., M. MELIN, D. A. RICHERT, J. W. CAMERON and P. M. GROSS jr.: Am. Soc. **71**, 541 (1949). — [6] WARE, A. G., and W. H. SEEGERS: Amer. J. Physiol. **152**, 567 (1948). — [7] MURPHY, R. C., A. G. WARE and W. H. SEEGERS: Amer. J. Physiol. **151**, 338 (1947). — [8] WARE, A. G., and W. H. SEEGERS: J. biol. Ch. **172**, 699 (1948). — [9] Über Mucoide s. Bd. **1**, S. 760ff. — [10] ZANETTI, C. U.: Jber. Fortschr. Tierchem. **27**, 31 (1898). — [11] BYWATERS, H. W.: B. Z. **15**, 322 (1909). — [12] GURIN, S., and D. B. HOOD: J. biol. Ch. **131**, 211 (1939). — [13] STAUB, A. M., and C. RIMINGTON: Biochem. J. **42**, 5 (1948).

Die elektrophoretische Untersuchung des so gewonnenen Materials[1] zwischen p_H von 4,5 bis 8,4 ergab, daß mindestens 3 Fraktionen vorhanden sind, deren isoelektrische Punkte bei p_H 2,3, 3,4 und 4,3 liegen. Die größte Fraktion hat den tiefsten isoelektrischen Punkt und zeigt bei p_H 8,4 dieselbe Wanderungsgeschwindigkeit wie das α_1-Globulin[1]. Der vermehrte Mucoproteidgehalt, der beim Magenkrebs beobachtet wurde, ist hauptsächlich auf diese saure Fraktion zu beziehen.

Myxoprotein[2]: Aus dem auf 0° abgekühlten, wäßrigen globulinfreien Filtrat, wie es bei der Darstellung von Serumalbumin (s. S. 310) entsteht, läßt sich das Myxoprotein mit den Albuminen durch Zufügen der gleichen Menge gekühlten Acetons ausfällen. Während das Albumin aus dem Niederschlag mit dest. Wasser leicht herausgelöst werden kann, bleibt das Myxoprotein als graue, schleimige Masse zurück. Im feuchten Zustand zeigt es eine weiße Farbe, die manchmal einen Stich nach Rosa aufweist; nach Trocknen im Vakuum erhält man weiße Blätter, die in 10% iger Kochsalzlösung löslich sind. Analyse des Myxoproteins s. Tabelle 82.

Tabelle 82. Analyse von Myxoproteinen.

	C	H	N	S
Rinderserum	46,91	7,06	14,36	1,05
Pferdeserum	47,7	7,3	14,5	1,15

Dieses Myxoprotein, welches auch viscöses Protein genannt wurde[3], besteht aus einem hitzeunbeständigen Teil A und einem hitzebeständigen Teil B; in B befinden sich die Antikörper, z. B. die *Hämolysine*[4]. Bemerkenswert scheint noch zu sein, daß in Seren, aus denen die Lipoide durch organische Lösungsmittel bei tiefer Temperatur gefällt oder extrahiert sind, die Wanderungsgeschwindigkeit der Eiweißkomponenten unbeeinflußt bleibt. Ausgenommen hiervon ist das α-Globulin[5]. Wäßrige Zusätze von Suspensionen, von Cholesterin-Mastix oder Sudan III werden von β-Globulin gebunden. Das Bilirubin wandert vollständig oder größtenteils ebenfalls zum β-Globulin.

Bei der gewöhnlichen Dialyse von Serum gegen Wasser fällt nicht das ganze „Euglobulin" aus und bei der Elektrodialyse nicht das ganze „Pseudoglobulin". In beiden Anteilen kommt ein *viscöses Protein* vor, das dem Myxoprotein nahesteht[3]. Es besteht wie dieses aus einem hitzeunbeständigen Anteil A und einem hitzebeständigen Anteil B. Im letzteren befinden sich die Antikörper, z. B. die Hämolysine[4].

Pseudoglobulin und viscöses Protein unterscheiden sich in ihren physikalisch-chemischen und immunbiologischen Eigenschaften deutlich voneinander[6]. Entzieht man einer Globulinlösung die Lipoide, so fällt aus ihr nach vollständiger Entfernung der Salze durch Dialyse kein Euglobulin mehr aus. Die Wasserunlöslichkeit der Euglobulinanteile wird also nicht durch Eiweiß, sondern lediglich durch den Lipoidanteil bedingt[7].

Außer den bisher genannten Methoden, die eine quantitative Bestimmung der einzelnen Eiweißfraktionen anstreben, gibt es noch eine Reihe sog. *Labilitätsreaktionen* (s. S. 306), die eine Änderung der normalen Verhältnisse der Eiweißfraktionen anzeigen. Hierzu gehören die Blutsenkungsreaktion, das Koagulationsband nach WELTMANN einschließlich der Nephelogramm-Methode, die Takatareaktion, die Cadmiumreaktion, der Thymoltrübungstest und die Kephalin-Cholesterin-Flockungsreaktion. Diese Methoden haben sich in der Klinik einen breiten Raum erobert, weil sie einfach anzustellen sind und weil aus ihrem Ausfall auf die

[1] MEHL, J.W., J. HUMPHREY and R. J. WINZLER: Proc. Soc. exp. Biol. Med. **72**, 106 (1949). — MEHL, J. W., F. GOLDEN and R. J. WINZLER: Proc. Soc. exp. Biol. Med. **72**, 110 (1949). — [2] PIETTRE, M.: Biol. Listy **22**, 1 (1937) [Ber. Physiol. **103**, 251]. — [3] DOLADILHE, M.: Cr. **203**, 1295 (1936). — [4] DOLADILHE, M., et M. MAZILLE: C. R. Soc. Biol. **130**, 1116 (1939). — [5] BLIX, G.: J. biol. Ch. **137**, 495 (1941). — [6] DOLADILHE, M.: Ann. Inst. Pasteur **59**, 624 (1937). — DOLADILHE, M., et M. MAZILLE: C. R. Soc. Biol. **131**, 752 (1939). — [7] MACHEBOEUF, M. A., et F. TAYEAU: C. R. Soc. Biol. **129**, 1184 (1938).

relative Vermehrung bzw. Verminderung einer Eiweißfraktion geschlossen werden kann. Über die Bedeutung und Bewertung dieser Plasma- und Eiweißfraktionen in der Praxis s.[1].

Außer den bisher besprochenen normalen Eiweißkörpern des Plasmas und des Serums gibt es noch atypische Eiweißkörper und Proteide. Besonders im Nephroseplasma ist der Albuminanteil atypisch verändert, in einem geringeren Ausmaß auch die Globuline[2]. In einzelnen Fällen wurden Proteine mit abnorm hohem Teilchengewicht festgestellt, so bei einer Myelomatose ein Globulin mit dem Molekulargewicht von 1 Million[3]. Besonders bekannt ist der BENCE-JONES-Eiweißkörper, der nur ein Molekulargewicht von 35000 bis 37000 besitzt und an seiner besonderen Hitzelöslichkeit erkannt werden kann. Während er nämlich bei etwa 60° koaguliert und ausfällt, geht er bei 100° wieder zu 90% in Lösung. Er kann sowohl im Blut als auch im Harn nachgewiesen werden[4] (s. Bd. **1**, S. 695).

c) Bausteinanalyse. Die normale Zusammensetzung einiger Plasmaproteine geht aus der ausführlichen Tabelle, die von EDSALL[5] mitgeteilt wird, hervor: sie beruht auf den Arbeiten von BRAND u. Mitarb. sowie von SHEMIN[6]. Eine chromatographische Untersuchung von Rinderserumalbumin ist von STEIN u. MOORE[7] mitgeteilt worden. Bei diesen Analysen werden über 99% des Gesamt-

Tabelle 83. Aminosäurenzusammensetzung von menschlichen Plasmaproteinen[5] (g für je 100 g Eiweiß).

Aminosäuren	Albumin	Globuline			Fibrinogen
		γ	β	α	
Gesamt-N	15,95	16,03	15,24	—	16,9
Gesamt-S	1,96	1,02	1,32		1,26
Freier α-Amino-N	0,18	0,11			
Amid-N	0,88	1,11			
Glycin	1,6	4,2	5,6	3,1	5,6
Alanin					
Valin	7,7	9,7	7,0	5,2	4,4
Leucin	11,0	9,3	7,9	14,2	7,1
Isoleucin	1,7	2,7	5,0	1,7	4,8
Prolin	5,1	8,1	7,1	4,7	5,7
Phenylalanin	7,8	4,6	4,7	4,6	4,2
Cystein	0,7	0,7	} 3,5	1,5	0,4
Cystin/2	5,6	2,4			2,3
Methionin	1,3	1,1	1,7	1,4	2,5
Tryptophan	(0,2)	2,9	2,0	1,9	3,3
Arginin	6,2	4,8	6,8	7,7	7,9
Histidin	3,5	2,5	2,8	2,8	2,8
Lysin	12,3	8,1	6,6	8,9	8,3
Asparaginsäure	10,4	8,8	9,8	9,0	13,6
Glutaminsäure	17,4	11,8	14,5	21,6	14,3
Serin	3,7	11,4	7,1	5,0	9,2
Threonin	5,0	8,4	6,1	4,9	6,6
Tyrosin	4,7	6,8	6,0	4,5	5,8
	105,9	108,3	104,2	102,7	108,8

(Vgl. a. Bd. **1**, S. 685, 691 u. 720.)

[1] Wuhrmann-Wunderly 2. Aufl. S. 140. — [2] GOETTSCH, E., and J. D. LYTTLE: J. clin. Invest. **19**, 9 (1940). — [3] WALDENSTRÖM, J.: Acta med. scand. **117**, 216 (1944). — [4] MAGNUS-LEVY, A.: Z. klin. Med. **119**, 307 (1932). — POLSON, A.: Kolloid-Z. **87**, 149 (1939). — SVEDBERG, T., u. K. O. PEDERSEN: Die Ultrazentrifuge. Dresden 1940. — MALMROS, H., u. G. BLIX: Acta med. scand. Suppl. **170**, 280—306 (1946). — [5] EDSALL, J. T.: Ergebn. Physiol. **46**, 308, u. zwar 349 (1950). — [6] BRAND, E., B. KASSELL and L. J. SAIDEL: J. clin. Invest. **23**, 437 (1944). — SHEMIN, D.: J. biol. Ch. **159**, 439 (1945). — [7] STEIN, W. H., and S. MOORE: J. biol. Ch. **176**, 337, 367 (1948); **178**, 53, 79 (1949).

stickstoffes wiedergefunden. Gegenüber der mitgeteilten Tabelle ergeben sich keine wesentlichen Differenzen.

d) Quantitativer Vergleich der Menge der Eiweißkörper. Ein Vergleich der Angaben über den Eiweißgehalt im menschlichen Serum ist nur möglich, wenn man die neuen Bezeichnungen den alten Bezeichnungen gegenüberstellen kann. Dies geht aus Tabelle 88 (S. 306) hervor, die einen Vergleich der nach COHN u. Mitarb. gewonnenen Fraktionen mit den elektrophoretisch gewonnenen Eiweißkörpern enthält.

Nach eingehenden Versuchen von GUTMAN u. Mitarb.[1] mit Na_2SO_4-Fällung nach HOWE ergeben sich folgende Zahlen:

Tabelle 84. Eiweißverteilung im Blutserum (Na_2SO_4-Fällung).

	Mittel %	Grenzwerte %	Prozentualer Anteil am Gesamteiweiß	Prozentualer Anteil an der Globulinfraktion
Gesamteiweiß	7,2	6,5—7,9	100	—
Albumin	5,2	4,7—5,7	72	—
Globuline	2,0	1,3—2,5	28	100
Euglobulin	0,2	0,1—0,4	2,8	10
Pseudoglobulin I	1,3	0,8—1,9	18	65
Pseudoglobulin II	0,5	0,2—0,8	7	25

Man findet also anteilig in der Globulinfraktion:

durch Salzfällung 10% Euglobulin, 65% Pseudoglobulin I und 25% Pseudoglobulin II, elektrophoretisch aber 37% α-, 34% β- und 29% γ-Globulin.

Von JAGER u. Mitarb.[2] ist ein Vergleich des Albumingehaltes in bezug auf den Gesamteiweißgehalt des Serums mit verschiedenen Methoden durchgeführt worden. Die Tabelle 85 zeigt, daß die Ausbeuten unter normalen und patho-

Tabelle 85. Fraktionierung der Bluteiweißkörper gesunder und kranker Menschen.

Serumart	Albumin in % vom Gesamtserumeiweiß						
	elektrophoretisch	21,5% Na_2SO_4	26% Na_2SO_4	26,9% Na_2SO_4	Magnesiumsulfat	gepuffertes Methanol	immunologisch
Normale Personen	61	74	59	59	64	64	60
Normale Personen	57	71	58	60	64	64	66
Normale Personen	65	71	60	62	63	63	72
Normale Personen	62	70	59	62	63	68	63
Normales Sammelserum (40 Personen)	64	70	49	58	67	64	70
Reconvaleszentenserum (Varicellen)	51	62	54	57	54	60	46
Reconvaleszentenserum (Pneumonie)	49	58	46	49	51	53	57
Malaria (31. Woche)	44	52	42	47	47	46	39
Lebercirrhose	31	33	25	27	32	22	31
Nephrotisches Syndrom	32	57	55	47	54	51	33
Nephrotisches Syndrom	45	49	41	47	46	43	43

[1] GUTMAN, A. B., D. H. MOORE, E. B. GUTMAN, V. MCCLELLAN and E. A. KABAT: J. clin. Invest. **20**, 765 (1941). — [2] JAGER, B. V., T. B. SCHWARTZ, E. L. SMITH, M. NICKERSON and D. M. BROWN: J. Lab. clin. Med. **35**, 76 (1950).

logischen Bedingungen nicht immer dieselben sind, daß z. B. mit 21,5%iger Natriumsulfatlösung bei Gesunden zu viel Albumin, bei einer Lebercirrhose fast richtige Werte gefunden werden.

Aus diesen Befunden geht hervor, daß mit einer einfachen Salzfällung andere Fraktionen gefunden werden, als durch Alkoholfällung oder elektrophoretische Trennung. Mengenmäßig übereinstimmende Werte können dagegen nach dem Verfahren von WEICHSELBAUM[1] in der Modifikation von WOLFSON u. Mitarb.[2] bei Verwendung verschiedener Salzlösungen erhalten werden. Diese Befunde sind mehrfach bestätigt worden[3]. Die folgende Tabelle 86 gibt einen derartigen Vergleich zwischen elektrophoretischer Bestimmung und Salzfällungen, wobei im letzteren Falle die Fraktionen mit der Biuretmethode colorimetrisch bestimmt wurden[4].

Tabelle 86. **Abweichung der Serumeiweißwerte bei fraktioniert colorimetrischer und bei mikroelektrophoretischer Bestimmung (nach ANTWEILER). Ausgedrückt in Relativprozenten.**

Fraktion	Mittelwert C T_{90} in %	g_5 %	g_{95} %
Albumin	+1,8	+ 9	− 5
α-Globulin	+4,0	+10	− 7
β-Globulin	+3,8	+11	− 7
γ-Globulin	+3,8	+ 7,5	−11

Die Werte g_5 bzw. g_{95} geben die prozentuale Verteilung aller Werte der Versuchsreihe bis 5 bzw. 95% der Einzelmessungen an. T_{90} ist das Mittel der zwischen g_5 und g_{95} liegenden Werte[5].

Die Zahlen besagen, daß die Mittelwerte in Relativprozenten aller Bestimmungen (40) gegenüber den nach ANTWEILER elektrophoretisch ermittelten Werten um 1,8 bis 4,0% zu hoch lagen. Die Schwankung bewegte sich in den durch g_5 und g_{95} bezeichneten Grenzen. In absoluten Zahlen ausgedrückt wird, wenn elektrophoretisch 5% Albumin gefunden wird, colorimetrisch im Mittel 5,09% gefunden, mit einer Schwankung von 5,45 bis 4,75%.

Tabelle 87. **Durchschnittliche Menge des Serumglobulins[6].**

Spezies	g in 100 cm³ Blut	Spezies	g in 100 cm³ Blut
Mensch	2,7	Hund	1,9
Pferd	3,4	Huhn	3,3
Rind	3,1	Schwein[7]	3,1
Kaninchen[8]	1,7	Meerschweinchen	1,9

e) Physikalische Konstanten der Eiweißkörper und Fraktionen. Eine physikalisch-chemische Untersuchung der mit Äthanol gefällten Plasmaproteine hatte folgendes Ergebnis[9]:

[1] WEICHSELBAUM, T. E.: Amer. J. clin. Path. **10**, 40 (1946). — [2] WOLFSON, W. Q., C. COHN, E. CALVARY and F. ICHIBA: Amer. J. clin. Path. **18**, 723 (1948). — [3] LINDEBOOM, G. A.: Acta brev. neerl. Physiol. **15**, 11 (1947). — COHN, C., and W. Q. WOLFSON: J. Lab. clin. Med. **33**, 367 (1948). — AUERSWALD, W., u. H. BORNSCHEIN: Wien. Z. inn. Med. **31**, 16 (1950). — [4] GLEISS, J., u. K. HINSBERG: Z. ges. exp. Med. **116**, 599 (1950/51). — [5] Vgl. DAEVES, K., u. A. BECKEL: Großzahlforschung und Häufigkeitsanalyse. Weinheim, Berlin 1948. — [6] WLADASCH, A.: B. Z. **287**, 337 (1936). — [7] BICKER, G.: Diss. med. veterin. Hannover 1939 [Ber. Physiol. **115**, 572]. — [8] PAÏC, M., et V. DEUTSCH: Bull. Soc. Chim. biol. **20**, 1112 (1938). — [9] ONCLEY, J. L., M. MELIN, J. W. CAMERON, D. A. RICHERT and L. K. DIAMOND: Ann. N. Y. Acad. Sci. **46**, 899 (1946). — ONCLEY, J. L., G. SCATCHARD and A. BROWN: J. physic. Colloid Chem. **51**, 184 (1947).

Tabelle 88. Physikalische Eigenschaften der Plasmaproteine.

Elektrophoretische Komponente	Fraktion **	Ungefähre Konzentration im Plasma g/Liter	Sedimentationskonstante (s_{20}, w)	Spez. Volumen	Molekulargewicht	Dimensionen in Å	
						Länge	Durchmesser
Albumin . . .	V	32	4,6	0,733	69000	150	38
α_1-Globulin*. .	IV-1	2	5,0	0,841	200000	300	50
α_2-Globulin . .	IV-6	1	9	0,693	(300000)		
β_1-Globulin . .	IV-7	2	5,5	0,725	90000	190	37
β_1-Globulin . .	III-0, III-2	2	7	0,74	(150000)		
β_1-Globulin . .	III-0	1	20	0,74	(500000 bis 1000000)		185
β_1-Globulin*. .	III-0	2	2,9***	0,950	(1300000)	185	
β_2-Globulin . .	III-1	2	7		(150000)		
γ-Globulin . .	II	5	7,2	0,739	156000	235	44
γ-Globulin . .	II	1	10	0,739	(300000)		
Fibrinogen . .	I-2	2	9		400000	700	38

* Diese beiden Globuline sind Lipoproteide und enthalten 35% „Lipoid" für die α_1-Komponente, 75% „Lipoid" für die β_1-Komponente.
** Fraktionen nach COHN u. Mitarb.[1].
*** Bei Verwendung von 0,5 m NaCl als Lösungsmittel.

Die Fraktionen II und III lassen sich weitgehend unterteilen. Es konnten Antikörper, Agglutinine, Prothrombin, Plasminogen und β-Lipoproteid gewonnen werden[2], vgl. Tab. 77 (S. 292/3). Dort s. a. über die Zusammensetzung der verschiedenen Fraktionen.

Die *eigentlichen Serumglobuline* finden sich auch in den weißen und roten Blutkörperchen. Sie transportieren die Fettstoffe, besonders das Cholesterin. An die Lipoide sind auch Antikörper, Agglutinine, Präcipitine und Lysine gebunden, weiter Carotin, Thiochrom, Lactoflavin (Euglobulin) und das säurelösliche Eisen[3]. Eine *Vermehrung des Globulinanteiles* beobachtet man deshalb bei Zunahme der Abwehrstoffe, bei Infektionskrankheiten, Ödemen, bösartigen Geschwülsten, Nephritiden, bei Schwangerschaft und Bestrahlungen; eine *Verminderung* dieses Anteiles bei Ikterus und schweren Lebererkrankungen. Die Senkung der Blutkörperchen wird bei Vermehrung der Globuline beschleunigt. Eine Hyperproteinämie bezieht sich immer auf eine Vermehrung der Globuline, eine Hypoproteinämie immer auf eine Verminderung der Albumine[4].

f) Die Labilitätsreaktionen des Eiweißes. Die zur Erkennung von Leberkrankheiten vielfach verwendete TAKATA-ARA-Reaktion[5] beruht nicht nur auf einer Verschiebung der Eiweißstoffe nach der gröber dispersen Seite (bei mehr als 50% Globulin im Gesamtplasma[6]), sondern auch auf der quantitativen Veränderung in den *Bausteinen*[7]. Da beim Pferd an und für sich die Globuline immer überwiegen, ist diese Reaktion im Pferdeserum stets positiv, im Gegensatz zum Kaninchen, bei welchem die Albumine überwiegen (s. Tabelle 87). Über die Beurteilung der TAKATA-ARA-Reaktion und allgemein der Serumlabilitätsreak-

[1] COHN, E. J., L. E. STRONG, W. L. HUGHES, D. J. MULFORD, J. N. ASHWORTH, M. MELIN and H. L. TAYLOR: Am. Soc. **68**, 459 (1946). — [2] ONCLEY, J. L., M. MELIN, D. A. RICHERT, J. W. CAMERON and P. M. GROSS jr.: Am. Soc. **71**, 541 (1949). — [3] BARKAN, G., u. O. SCHALES: H. **248**, 96 (1937). — [4] Wuhrmann-Wunderly 2. Aufl. S. 303. — [5] Müller-Seifert 66. Aufl. S. 147. — Hallmann 6. Aufl. S. 305. — [6] HAARMANN, W.: Dtsch. Z. Verd.- u. Stoffw.-Krankh. **2**, 225 (1939). — [7] DIRR, K.: Einiges über die Serumeiweißkörper und deren Bedeutung. Ergebn. inn. Med. **57**, 260 (1939).

tionen s. [1]. Über die Änderungen der Serumeiweißkörper bei einer Lebercirrhose, infolge therapeutischer Maßnahmen s. [2], bei einer infektiösen Mononucleosis s. [3], bei Leber- und anderen Erkrankungen s. [4].

Eine andere Labilitätsreaktion ist die WELTMANN-*Reaktion*[5], auch unter dem Namen *Koagulationsband* nach WELTMANN bekannt. Sie besteht in einer Hitzekoagulation in Anwesenheit von verschieden konzentrierten Calciumchloridlösungen. In Kombination mit der Cadmiumsulfatreaktion (Ausführung s. [1]) ergeben sich nach WUHRMANN, WUNDERLY u. HUGENTOBLER[6] folgende 6 Kombinationen:

1. Schmales WELTMANN-Band bei positiver Cadmiumreaktion: Zunahme der α-Globuline.
2. Schmales WELTMANN-Band bei negativer Cadmiumreaktion: Zunahme der β_1-Globuline.
3. Normales WELTMANN-Band bei positiver Cadmiumreaktion: Zunahme der β_2-Globuline oder der α- und β-Globuline.
4. Normales WELTMANN-Band bei negativer Cadmiumreaktion: normale Blut-Eiweiß-Verhältnisse oder Zunahme der β_1- und γ-Globuline.
5. Verbreitertes WELTMANN-Band bei positiver Cadmiumreaktion: Zunahme der γ-Globuline.
6. Verbreitertes WELTMANN-Band bei negativer Cadmiumreaktion: seltene spezielle Verhältnisse der Blutproteine, meist mit γ-Globulinvermehrung verbunden. Gleichzeitige Labilitätsreaktion und Elektrophorese s. [7].

Ebenso wie man versucht hat, durch die einfachen Labilitätsreaktionen sich einen Einblick in das prozentuale Verhältnis der Globuline zum Albumin zu verschaffen, hat man auch versucht, die γ-Globuline allein zu bestimmen. Dies gelingt entweder durch Fällung mit 33,3%iger Ammonsulfatlösung[8] oder mit Zinksulfatlösung[9]. In beiden Fällen ergab die elektrophoretische Prüfung des Niederschlages bzw. der Trübung, daß diese zum größten Teil aus γ-Globulinen besteht. Die so gefällten γ-Globuline, die den Fraktionen II/3, II und I/2 der Tabellen 76 u. 77 (S. 291, 292) entsprechen, haben einen isoelektrischen Punkt von p_H 7,3 bzw. 6,85. Sie verhalten sich wie homogene Antigene. Auch eine Fällung mit Ammoniumsulfat und Natriumchloridlösung, wie sie KINGSLEY schon vorgeschlagen hat, ist zur nephelometrischen Bestimmung der γ-Globuline verwendet worden[10]. Die γ-Globulinfraktion ist deshalb wichtig, weil sie den größten Teil der Antigene des Serums enthält. Eine eingehende Studie über diese Zusammenhänge s. [11].

Neben der unmittelbaren Bestimmung der Eiweißfraktionen ist noch ein Verfahren entwickelt worden, durch steigende Salzkonzentrationen einen Einblick in das Verhältnis der Plasmaproteine zu bekommen. Man verwendet am besten saures Natriumphosphat in Mengen von 0,6 bis 3,0 Mol pro Liter und bekommt unter normalen Bedingungen einen scharfen Knick in der Löslichkeitskurve bei 1,30 und 2,05 mol Kaliumphosphat, p_H 6,5. Diese Knickpunkte entsprechen dem

[1] Wuhrmann-Wunderly 2. Aufl. S. 123. — [2] STERLING, K., W. E. RICKETTS, J. B. KIRSNER and W. L. PALMER: J. clin. Invest. **28**, 1236 (1949). — KINGSLEY, G. R., and A. A. BEHREND: J. Lab. clin. Med. **34**, 1178 (1949). — [3] STERLING, K.: J. clin. Invest. **28**, 1057 (1949). — [4] KINGSLEY, G. R., and T. E. MACHELLA: J. Lab. clin. Med. **34**, 1183 (1949). — [5] WELTMANN, O., u. C. V. MEDVEI: Z. klin. Med. **118**, 670 (1931). — [6] WUHRMANN, F., C. WUNDERLY u. F. HUGENTOBLER: D. m. W. **1949**, 481. — [7] KAUTZSCH, E., A. OSWALD u. G. HOFMANN: M. m. W. **1952**, 922. — [8] JAGER, B. V., and M. NICKERSON: J. biol. Ch. **173**, 683 (1948). — JAGER, B. V., E. L. SMITH, M. NICKERSON and D. M. BROWN: J. biol. Ch. **176**, 1177 (1948). — [9] HUERGA, J. DE LA, H. POPPER, M. FRANKLIN and J. I. ROUTH: J. Lab. clin. Med. **35**, 466 (1950). — POPPER, H., J. DE LA HUERGA, F. STEIGMANN and M. SLODKI: J. Lab. clin. Med. **35**, 391 (1950). — [10] HUERGA, J. DE LA, and H. POPPER: J. Lab. clin. Med. **35**, 459 (1950). — [11] HESS, E. L., and H. F. DEUTSCH: Am. Soc. **71**, 1376 (1949).

Endpunkt der Ausfällung von Fibrinogen bzw. Globulin[1]. Die Auswertung dieser Aussalzungskurven ist bei WUHRMANN u. WUNDERLY eingehend besprochen worden[2]. Statt Kaliumphosphat kann auch Natriumsulfat verwendet werden[3]. Diese Kurven bieten aber gegenüber der alten Methode keinen Vorteil. Kleinere Eiweißfraktionen können mit ihr nicht aufgefunden werden.

Die Serumeiweißkörper besitzen eine ausgesprochene *Vehikelfunktion*, wie aus der Adsorption vieler natürlicher und künstlicher Farbstoffe an die Eiweißkörper hervorgeht[4, 5]. Es hat sich nun gezeigt, daß zwischen den Stoffen, die durch die Leber oder die Niere ausgeschieden werden sollen, ein deutlicher Unterschied besteht. Die *lebergängigen* Stoffe zeigen in „physiologischen" Konzentrationen „quantitative" Bindung an die Albumine (ganz allgemein eine starke Bindung mit niederer Dissoziationskonstante), wogegen die *nierengängigen* eine lockere Bindung mit hoher Dissoziationskonstante aufweisen und stets eines deutlich nachweisbaren Gegengewichtes freier dissoziierter Ionen bedürfen. Diese verschiedenartige Bindung an die Albuminteilchen ist für den „gezielten Transport" zu Leber oder Niere von grundlegender Bedeutung.

Wird dem Serum Kollidonlösung zugesetzt, so vermag dieses die Farbstoffaufteilung von der Leber auf die Niere umzudirigieren. Die geänderte Bindungsart des Eiweißstoffes läßt sich in diesen Fällen elektrophoretisch nachweisen[5].

2. Gewinnung von Blutserum und Darstellung von Serumeiweiß.

Zur *Gewinnung von Blutserum*[6] läßt man gewöhnlich das Blut in einem Glaszylinder stehen und gießt nach einiger Zeit das ausgepreßte Serum vom Blutkuchen ab. Bei kleinen Blutmengen, 0,1 bis 0,2 cm^3, saugt man das frisch entnommene Blut in U-förmige Capillaren auf und trennt durch Zentrifugieren Blutkuchen und Serum nach der Gerinnung. Um bei der Gewinnung von Serum jegliche Hämolyse zu vermeiden, wird das mit einer trockenen völlig alkoholfreien Spritze entnommene Blut mit einer langen weiten Kanüle in ein Zentrifugenglas langsam unter eine Schicht von Paraffinöl gespritzt. Die aufsteigende Paraffinschicht benetzt vorher die Glaswand, und das Blut kommt mit dieser nicht in Berührung. Man läßt das Blut im Zentrifugenglas spontan gerinnen und zentrifugiert hinterher ab.

Zur *Darstellung von Serumeiweiß*[7] wird das Serum mit dem zehnfachen Volumen Wasser verdünnt, mit $^1/_{10}$ seines Volumens 20%iger Trichloressigsäure gefällt und zentrifugiert. Das Eiweiß wird, nachdem die Flüssigkeit abgegossen ist, mit einigen cm^3 Alkohol versetzt und in demselben Zentrifugenglas in einem Trockenschrank bei 90 bis 100° getrocknet. Die getrocknete Masse wird verrieben. Serum-*Globulin* wird durch Natriumsulfat gefällt, der erhaltene Niederschlag abfiltriert, in wenig Wasser gelöst, durch Trichloressigsäure gefällt, zentrifugiert und wie oben angegeben getrocknet. Das getrocknete Präparat wird dann natriumsulfatfrei gewaschen und abermals getrocknet.

Aus dem Filtrat der Globulinfällung läßt sich das *Albumin* durch Trichloressigsäure ausfällen und in gleicher Weise trocknen und pulverisieren.

Um reines *Globulin* zu bekommen, fällt man z. B. aus 2 Teilen Rinderserum, 5 Teilen Wasser und 3 Teilen gesättigter Ammonsulfatlösung zuerst das Fibringlobulin aus. Das Filtrat versetzt man mit so viel Ammonsulfat, daß eine Halbsättigung entsteht; das dabei

---

[1] BUTLER, A. M., and H. MONTGOMERY: J. biol. Ch. **99**, 173 (1932/33). — WUHRMANN, F., u. F. LEUTHARDT: Kli. Wo. **1938 I**, 409. — DERRIEN, Y.: Trav. Membres Soc. Chim. biol. **26**, 1, 1091 (1944). — FLORKIN, M., et G. DUCHATEAU-BOSSON: Bull. Acad. R. Méd. Belg. (VI) **8**, 342, 562, 573 (1943). — FLORKIN, M.: Acta biol. belg. **3**, 351(1942). — [2] Wuhrmann-Wunderly 2. Aufl. S. 75. — [3] MAJOOR, C. L. H.: J. biol. Ch. **169**, 583 (1947). Yale J. biol. Med. **18**, 419 (1946). — JAGER, B. V., T. B. SCHWARTZ, E. L. SMITH, M. NICKERSON and D. M. BROWN: J. Lab. clin. Med. **35**, 76 (1950). — [4] BENNHOLD, H.: Kolloid-Z. **43**, 328 (1927). Verh. dtsch. Ges. inn. Med. **42**, 353 (1930). — BENNHOLD, H., u. R. SCHUBERT: Z. ges. exp. Med. **113**, 722 (1944). — [5] BENNHOLD, H., H. OTT u. M. WIECH: D. m. W. **1950**, 11. — [6] H.-Th. S. 803. — LAMPÉ, A. E.: Handb. biol. Arb.-Meth. Abt. IV, Teil 3, S. 16 (1924). — LETSCHE, E.: Handb. biol. Arb.-Meth. Abt. IV, Teil 3, S. 592 (1924). — [7] BÁLINT, P., u. M. BÁLINT: B. Z. **305**, 310 (1940).

ausfallende Globulin wird mehrfach in Wasser gelöst und wieder mit Ammonsulfat gefällt[1]. Schließlich wird der Globulinniederschlag in Wasser gelöst und so lange dialysiert, bis keine Ammoniumionen mehr nachweisbar sind. Wird das Fibringlobulin nicht vorher entfernt, so entsteht ein Globulin, welches mit Fibringlobulin und Nucleoproteid verunreinigt ist[2].

Darstellung von Euglobulin und Pseudoglobulin. Nach den bisherigen Ausführungen ist es verständlich, daß es sich bei der Darstellung von Eu- und Pseudoglobulin nicht um einheitliche Verbindungen handeln kann. Es sei daher nur die heute am meisten gebräuchliche Trennung durch Aussalzen mitgeteilt. Das Euglobulin[3] kann verhältnismäßig leicht aus Blutserum von Rindern durch Neutralisation oder durch schwaches Ansäuern mit Essigsäure und darauffolgende Verdünnung mit dem 10- bis 20fachen Volumen Wasser als feinflockige Fällung ausgeschieden werden. Zur Trennung des Euglobulins vom Pseudoglobulin wird Rinder- und Pferdeserum zu 33% mit Ammonsulfat gesättigt und der mit einer gleich starken Ammonsulfatlösung gewaschene Niederschlag = Euglobulin in Wasser gelöst. Der aus dieser Lösung durch Sättigung mit Kochsalz erhaltene Niederschlag wird abfiltriert. Er bildet das Euglobulin I; aus dem Filtrat kann Euglobulin II durch Ammonsulfat gefällt werden. Durch Sättigung des Euglobulinfiltrates zu 50% mit Ammonsulfat wird das Pseudoglobulin gewonnen[4].

Das aus Blutserum dargestellte Serumglobulin ist stets mit Thrombin verunreinigt. Ein von Fibrinferment freies Serumglobulin kann aus fermentfreien Transsudaten dargestellt werden. Serumglobulin und Thrombin sind daher verschiedene Stoffe.

Bestimmung der Globuline. Ihre Menge wird im allgemeinen nur rechnerisch als Differenz aus Gesamteiweiß und Albuminanteil ermittelt[5].

3. Serumglobuline
(s. a. Bd. 1, S. 693).

Früher unterschied man beim Globulin nur 2 Anteile[6], das *Euglobulin* und das *Pseudoglobulin.* Das Euglobulin wird bei $^1/_3$ Sättigung mit Ammonsulfat erhalten und ist in reinem Wasser unlöslich. Es ist reich an Phosphor. Der schwerer fällbare Anteil, das Pseudoglobulin, der erst bei Halbsättigung mit Ammonsulfat ausfällt, ist wasserlöslich und phosphorfrei. Beide Fraktionen kommen teils frei nebeneinander, teils in Verbindung miteinander vor. Diese Verbindungen sind in Wasser und in verdünnten Salzlösungen so lange löslich, wie sie Pseudoglobulin im Überschuß enthalten[7]. Durch weitere Fällung mit Neutralsalzen können Unterfraktionen, Pseudoglobulin I und II[8] und Euglobulin I und II[4] erhalten werden.

Eine *weitere Unterteilung* der Serumeiweißstoffe von Mensch, Pferd, Rind und Kaninchen wurde von HEWITT[9] vorgenommen. Er unterscheidet zwei Euglobuline, von denen das mit II bezeichnete mit dem „viscösen Protein" (s. unter Myxoprotein) vergleichbar sein soll. Die Fraktionen I und II unterscheiden sich durch ihren Gehalt an Kohlenhydraten.

Die *Pseudoglobuline* bestehen aus wenigstens 3 Anteilen: Pseudoglobulin A, dem eigentlichen Pseudoglobulin und dem Globoglykoid. Globoglykoid findet sich auch in dem Albuminniederschlag; es zeichnet sich durch besonders hohen Gehalt an Polysacchariden aus (7,5% berechnet als Galaktose-Mannose-Glucosaminkomplex) und fällt erst bei höherer Ammoniumsulfat- oder Natriumsulfatkonzentration als die übrigen Globuline aus. Sein Tryptophangehalt beträgt etwa die Hälfte von dem der anderen Globuline. Beim Vermischen von Pseudoglobulin A und Globoglykoid kann eine Kombination entstehen, welche dem Euglobulin II entspricht.

[1] REYE, W.: Diss. med. Straßburg 1898. — [2] GRÓH, J., u. E. FALTIN: H. **199**, 13 (1931). — HEWITT, L. F.: Biochem. J. **32**, 26, 1540 (1938); **33**, 1496 (1939). — [3] Hammarsten 11. Aufl. S. 207. — [4] FISCHER, A., u. A. BLANKENSTEIN: B. Z. **220**, 380 (1930). — [5] Einzelheiten s. S. 298ff. — [6] HASLAM, H. C.: Biochem. J. **7**, 492 (1913). — HOWE, P. E.: J. biol. Ch. **49**, 93, 109 (1921). — [7] SØRENSEN, S. P. L.: C. R. Lab. Carlsberg **15**, Nr. 11, S. 1 (1925). — [8] HOWE, P. E.: J. biol. Ch. **57**, 235, 241 (1923). — [9] HEWITT, L. F.: Biochem. J. **32**, 26, 1540 (1938); **33**, 1496 (1939); dort auch älteres Schrifttum.

In allen Serumglobulinanteilen finden sich Antitoxine[1]. Das Fibrinogen ist sicher frei von Antikörpereigenschaften, ob das Albumin solche aufweist, ist noch nicht sicher[2]. Im Immunserum wirken die Antitoxine hauptsächlich auf den Globulinanteil. Nach der Behandlung eines Pferdes mit Diphtherietoxin findet man folgende Verschiebung der Eiweißfraktionen:

Tabelle 89. Verschiebung der Eiweißfraktionen nach Diphtherietoxinbehandlung bei Pferden[3].

	Unbehandelt g %		Behandelt g %
Pseudoglobulin A	2,45	2,83	9,30
Globoglykoid	0,46	0,47	0,59
Crystalbumin	1,73	2,00	0,91
Seroglykoid	0,35	0,55	0,26
Andere Eiweißstoffe	2,02	1,82	1,34

Bei einem mit Diphtherietoxin geimpften Pferd verdreifacht sich also der Gehalt an Pseudoglobulin A, während die Albumine auf die Hälfte absinken. Eu- und Pseudoglobuline unterscheiden sich außer durch ihre Menge auch durch ihren Lipoidgehalt[4, 5].

4. Serumalbumine[6].

Sie nehmen beim Menschen unter den Plasmaeiweißstoffen den größten Anteil ein. Von den Globulinen unterscheiden sich die Albumine durch ihre Löslichkeit in reinem Wasser. Die Albumine[7, 8] transportieren Salze, Wasser, Farbstoffe des Serums (Bilirubin, Urobilinogen, Koproporphyrin I und III, Melanogen, künstliche Farbstoffe und Sulfonamide[9]), Harnsäure, zum Teil aromatische Oxysäuren, komplexgebundenes Calcium, ferner Silber, Kupfer und Vitamin C. Eine besondere Aufgabe fällt dem Albumin im Wasserstoffwechsel zu (kolloidosmotischer Druck[7]) und bei der Regelung der Salzzufuhr und des Säfteaustausches in den Capillaren und Zellen (Ödembildung).

Albumin ist vermehrt bei Überschwemmung des Blutes mit Farbstoffen, so z. B. beim Ikterus, *vermindert* dagegen bei Nephrosen. Im allgemeinen entspricht eine Globulinzunahme einer Albuminabnahme und umgekehrt. Klinisches Interesse besitzt das Verhältnis Albumin zu Globulin, das auch *Albumin-Globulin-Quotient* genannt wird. Er soll unter normalen Bedingungen 1,5 bis 2,5 betragen. Wir wissen allerdings einstweilen sehr wenig über diesen Quotienten, der ja auch gewöhnlich nicht auf Grund der Analyse reiner Eiweißfraktionen berechnet wird.

Die Darstellung des Serumalbumins erfolgt, indem das Blutserum zuerst bei 30° mit gepulvertem Magnesiumsulfat gesättigt wird, wobei die Globuline ausfallen. Man wäscht den Niederschlag mit bei 30° gesättigter Magnesiumsulfatlösung und sättigt das auf p_H 4,7 bis 4,8 angesäuerte Filtrat und die Waschlösung mit festem Ammoniumsulfat. Der abfiltrierte und abgepreßte Niederschlag wird in Wasser gelöst, durch Sättigung mit Ammonsulfat bei 40° wieder zur Abscheidung gebracht und abermals in Wasser gelöst. Nach Entfernung der Salze durch anhaltende Dialyse gegen destilliertes Wasser fällt man die Lösung der Albumine durch starken Alkohol im Überschuß, filtriert den Niederschlag ab und wäscht ihn zuerst mit Alkohol, dann mit Äther.

Statt mit Ammonsulfat auszufällen, kann man auch das Magnesiumsulfatfiltrat mit Essigsäure bis zu einem Gehalt von 1% versetzen[10], den Niederschlag nach einigen Stunden

[1] s. Tab. 77, S. 292/3. — [2] KLINKE, K.: Serumeiweiß und serologische Reaktionen. Bennhold-Kylin-Rusznyák S. 369. — [3] HEWITT, L. F.: Biochem. J. **32**, 1540 (1938). — [4] JANICKI, J., u. D. ASSENHAJM: B. Z. **291**, 21 (1937). — [5] s. Tab. 81, S. 301. — [6] Chemie des Albumins s. Bd. **1**, S. 685. — [7] DIRR, K.: Ergebn. inn. Med. **57**, 260—296 (1939); dort auch Schrifttumsangaben. — [8] BENNHOLD, H.: Ergebn. inn. Med. **42**, 273 (1932). — Bennhold-Kylin-Rusznyák S. 30. — [9] KIMMIG, J., u. H. WESELMANN: Arch. Derm. Syph., Berlin **182**, 436 (1941). — [10] MACHEBOEUF, M., et H. VANAUD: C. R. Soc. Biol. **135**, 1249 (1941).

abfiltrieren, abpressen, in wenig Wasser lösen und die neutralisierte Lösung von neuem zur Entfernung des restlichen Globulins mit Magnesiumsulfat sättigen. Das Filtrat der Magnesiumsulfatfällung wird wieder mit Essigsäure angesäuert, der dabei auftretende Niederschlag wie oben beschrieben behandelt, schließlich in wenig Wasser gelöst, die Lösung neutralisiert, durch Dialyse von anhaftenden Salzen befreit und mit Alkohol ausgefällt.

Krystallisiertes Albumin erhält man durch Zusatz von 160 cm³ Eisessig zu je 100 cm³ des klaren Globulinfiltrates beim Stehen über Nacht (HEWITT). Krystalle von menschlichem Serumalbumin[1].

Das in krankhaften Zuständen in den Harn übergehende Eiweiß besteht zum großen, wenn nicht zum überwiegenden Teil aus Serumalbuminen.

Tabelle 90. Vorkommen von Albuminen im Serum (*g* in 100 cm³)[2].

Mensch	5,0 (4,3 bis 5,8)	Hund	3,66
Pferd	3,43	Huhn	1,38
Rind	3,60	Schwein[3]	4,3

Für Pferdeserum[4] wurde 2,8% Crystalbumin, 0,3% Seroglykoid und 0,05% Seromucoid gefunden.

Die Darstellung von *krystallisiertem Serumalbumin* ist zum ersten Male GÜRBER[5] gelungen. Man erhält es aus dem globulinfreien Filtrat von Pferdeoxalatplasma durch Zusatz von Essigsäure.

Das Serumalbumin ist keine einheitliche Verbindung[6]. Es besteht aus wenigstens einem schwerlöslichen, krystallisierenden „reinen Albuminanteil" *Crystalbumin*, das fast frei von Kohlenhydraten (unter 0,1%[7]) und Lipoiden[8] ist und enthält pro Mol 1 Mol Tryptophan. Es enthält weiter einen zweiten leichtlöslichen Anteil, *Seroglykoid*, der außer Albumin ein dem Seromucoid sehr ähnliches Proteid enthält, durch Hitze nicht koaguliert wird, über 4% Kohlenhydrate (Galaktose, Mannose, Acetylhexosamin enthaltendes Polysaccharid) und wenig Lipoide[8], Phosphor und Cholesterin enthält, aber mehr Tryptophan als die eigentliche Albuminfraktion. Außerdem ist der Albuminniederschlag von geringen Mengen eines Globulins, dem *Globoglykoid* (vgl. Bd. **1**, S. 763) begleitet. Chemisch unterscheidet sich das Serumalbumin vom Globulin dadurch, daß es kein Glykokoll, weniger Tyrosin und mehr Tryptophan, sowie mehr Schwefel enthält[9].

Der Albumin-II-Anteil des Serums Krebskranker soll weniger Tryptophan als der von Gesunden enthalten[10] (461 mg% gegen 512 bis 594 mg% normal), bei Ratten ist das Verhältnis aber umgekehrt.

Durch gestufte Fällung und durch Elektrophorese sind weitere Anteile in der Albuminfraktion gefunden worden, die sich durch ihren Gehalt an Lipoiden und Kohlenhydraten unterscheiden lassen[11]. Auch der Aminosäuregehalt von Crystalbumin und Seroglykoid aus menschlichem Serum ist bestimmt worden[12]. Sowohl menschliches wie Rinderserumalbumin wurden von COHN u. Mitarb. aus Äthanol-Wasser-Mischungen bei minus 5° krystallisiert erhalten[13].

Die Fraktionierung des Serumeiweißes nach COHN erlaubt eine präparative Darstellung in so großen Mengen, daß die einzelnen Fraktionen entsprechend

---

[1] COHN, E. J.: Exper. **3**, 125, bes. 130 (1947). — [2] WLADASCH, A.: B. Z. **287**, 337 (1936). — [3] BICKER, G.: Diss. med. veterin. Hannover 1939 [Ber. Physiol. **115**, 572]. — [4] HEWITT, L. F.: Biochem. J. **31**, 360 (1937); **33**, 1496 (1939). — [5] GÜRBER, A.: Verh. physik. med. Ges. Würzburg **1894**, 143. — KRIEGER, H. T.: Jber. Fortschr. Tierchem. **29**, 14 (1900). — [6] HEWITT, L. F.: Biochem. J. **31**, 1534 (1937). — MACHEBOEUF, M., et J. DUBOY: C. R. Soc. Biol. **132**, 272 (1939). — [7] s. HEWITT, L. F.: Biochem. J. **31**, 1534 (1937). — [8] s. Tab. 81, S. 301. — [9] BÁLINT, P., u. M. BÁLINT: B. Z. **305**, 310 (1940). — [10] ROSENBOHM, A.: Z. Krebsforsch. **49**, 665 (1940). — [11] KYLIN, E.: Physiologische Grundbegriffe. Bennhold-Kylin-Rusznyák S. 30. — KLECZKOWSKI, A.: B. Z. **299**, 311 (1938). — [12] BÁLINT, P.: Kli. Wo. **1943 II**, 598. — [13] COHN, E. J., W. L. HUGHES jr. and J. H. WEARE: Am. Soc. **69**, 1753 (1947).

ihrer Wirksamkeit zu therapeutischen Zwecken verwendet werden können. Eine tabellarische Übersicht über die Eiweißfraktion und ihre klinische Verwendbarkeit gibt das folgende Schema, soweit die therapeutische Verwertbarkeit bis jetzt bekannt ist. Eine eingehende Besprechung s. bei EMMRICH[1].

Tabelle 91. Übersicht über Physiologie und klinische Verwendung der Plasmaeiweißfraktionen[2].

<table>
<tr><td colspan="2" rowspan="2">I</td><td>Antihämophiles Globulin</td><td rowspan="3">Blutgerinnung</td><td>Hämophilie</td></tr>
<tr><td>Fibrinogen</td><td rowspan="2">Schaum und Thrombin zur Blutstillung, Fibrinhaut als Duraersatz</td></tr>
<tr><td rowspan="4">II + III</td><td>III-2</td><td>Komplement
Prothrombin</td></tr>
<tr><td>II</td><td>γ-Globuline
Antikörper gegen Mumps, Masern, Hepatitis, Influenza-A, Typhus-H, Diphtherie- und Streptokokkentoxin</td><td>Immunität</td><td>Prophylaxe von Masern und Hepatitis epidemica</td></tr>
<tr><td>III-1</td><td>Isoagglutinine, Typhus-0-Antikörper</td><td></td><td>Blutgruppen</td></tr>
<tr><td>III-0</td><td>γ-Globuline
Cholesterin, Phosphatide, Carotinoide, Phosphatase</td><td rowspan="2">Lipoproteide</td><td></td></tr>
<tr><td rowspan="3">IV</td><td>IV-1</td><td>α-Globuline
Cholesterin
Phosphatide</td><td></td></tr>
<tr><td rowspan="2">IV-3,4</td><td>β-Globuline</td><td rowspan="2"></td><td rowspan="2"></td></tr>
<tr><td>α-Globuline
Hypertensinogen</td></tr>
<tr><td colspan="2">V</td><td>Albumine</td><td>Aufrechterhaltung des Plasmavolumens</td><td>Schock-Hypoproteinämie (Nephrose, Lebercirrhose), Ödem</td></tr>
</table>

[1] EMMRICH, R.: Das Bluteiweißbild. S. 79ff. Stuttgart 1952. — [2] COHN, E. J.: Blood **1**, 3 (1946). — vgl. a. LEVER, W. F., J. R. N. GURD, E. UROMA, R. K. BROWN, B. A. BARNES, K. SCHMID and E. L. SCHULTZ: J. clin. Invest. **30**, 99 (1951). — MACK, H. C., A. R. ROBINSON, M. E. WISEMAN, E. J. SCHOEB and I. G. MACY: J. clin. Invest. **30**, 609 (1951).

5. Nucleoproteide[1].

Mit dem Globulin wird ein Nucleoproteid ausgefällt, das in seinen Eigenschaften große Ähnlichkeit mit ihm aufweist. Es findet sich sowohl im Blutplasma als auch im Serum und wird durch Sättigung mit Magnesiumsulfat vollständig ausgesalzen. Bei der Dialyse scheidet es sich nur unvollständig aus. Es wird viel schwerer als Serumglobulin von überschüssiger verdünnter Essigsäure gelöst. Diese Eigenschaft wurde zur Abtrennung des Nucleoproteins vom Globulin verwertet[2]. Die biologische Bedeutung des Nucleoproteids ist noch unklar.

γ) Andere organische Bestandteile.

1. Die Kohlenhydrate des Plasmas und Serums.

a) Begriffsbestimmung. Die ersten Angaben über das Vorkommen von Kohlenhydraten im Blut stammen von TIEDEMANN und GMELIN[3] aus dem Jahre 1826. 20 Jahre später wurden sie von MAGENDIE, 1849 von CLAUDE BERNARD und 1892 von PICKARDT[4] gesichert.

Die im Blutplasma vorkommenden Kohlenhydrate[3, 5] lassen sich in freien und gebundenen Zucker aufteilen. Der Hauptanteil wird von dem freien Zucker, dem „wahren Blutzucker" gebildet und besteht aus Glucose. Gelegentlich kommen Laevulose, selten Lactose, Saccharose, Maltose und Pentosen dazu. Unter gebundenem Zucker, auch „nicht freier reduzierender Zucker", sucre virtuel, hydrolysierbare Substanz, latenter Zucker, Eiweißzucker und kombinierter Blutzucker genannt, versteht man den Zucker, der erst durch Spaltung mit Säuren oder Fermenten vor der Enteiweißung in Freiheit gesetzt werden muß, um zu reduzieren. Er umfaßt Glykogen, Dextrine, Glykoproteide, Hexosephosphorsäure, gepaarte Glucuronsäure, Glykolipoide, Nucleoproteide, Nucleinsäuren, Aminozucker-

Tabelle 92. Aufteilung der Plasmakohlenhydrate[6].

Gesamtreduktion nach Säurehydrolyse 0,280–0,300%	Freier Zucker 0,08–0,10%	Glucose Maltose (vergärbar) 0,05–0,07%	
		Restreduktion (unvergärbar) 0,01–0,03%	Kreatin Kreatinin Harnsäure Hexosephosphorsäure Ergothionein Glutathion Glucuronsäure (Lactose)
	Gebundene Kohlenhydrate 0,200–0,220%		Glykogen proteingebundene Polysaccharide Glykoproteide Hexosephosphorsäure gepaarte Glucuronsäuren Lactose, Maltose

[1] Nucleoproteide s. Bd. 1, S. 767. — [2] LIEBERMEISTER, G.: Hofmeisters Beitr. 8, 439 (1906). — PEKELHARING, C. A., u. W. HUISKAMP: H. 39, 22 (1903). — [3] MORAWITZ, P.: Der Blutzucker und die reduzierenden Substanzen des Blutplasma. Handb. Biochem. 4, 114—125 (1925). — [4] PICKARDT, M.: H. 17, 217 (1893). — [5] BARRENSCHEEN, H. K.: Der Blutzucker. Handb. Biochem. Erg.-W. 2, 72—90 (1934). — ADLER, E.: Der Blutzucker. Handb. Physiol. 6/1, 289—294 (1928). — GREVENSTUK, T. A.: Über freien und gebundenen Zucker in Blut und Organen. Ergebn. Physiol. 28, 1—243 (1929). — DUMAZERT, C., et G. PENET: C. R. Soc. Biol. 130, 558 (1939). — [6] STAUB, H.: Handb. Physiol. 16/1, 572 (1930).

abkömmlinge. Vergärbarer Zucker ist labil an Plasmaeiweiß gebunden, nicht vergärbarer durch Säure abspaltbar. Die fest an Eiweiß gebundenen Kohlenhydrate sind Polysaccharide, die als Bausteine Mannose, Galaktose und Hexosamin enthalten. Ihre Gesamtmenge beträgt im normalen Serum 160—**180**—200 mg%[1], wovon etwa 100 mg% auf Mannose und Galaktose[2], etwa 80 mg% auf Hexosamin entfallen[1]. Auch kleine Mengen von gebundener Hexuronsäure finden sich in den Serumproteinen[3]. In den letzten Monaten der Schwangerschaft ist diese Fraktion vermehrt von 111 auf 152 mg%, wobei unter Abnahme der Albumine ihr Kohlenhydratgehalt von 0,76 auf 3,22% ansteigt[4].

b) Blutzucker[5]. Der gewöhnlich als „Blutzucker" bestimmte und bezeichnete Wert beträgt beim Menschen 70--120 mg%[5]. Es handelt sich nicht um eine einheitliche Verbindung, sondern um den in Glucose ausgedrückten „Gesamtreduktionswert" des Blutes. Der Nüchternblutzucker des menschlichen Gesamtblutes beträgt im Mittel 90—100 mg%, nach kohlenhydratreicher Nahrung kann der Wert beim Gesunden auf 160—180 mg% steigen. Bei mangelnder Kohlenhydrataufnahme am Vormittag sanken bei vegetativ labilen, erschöpft aussehenden jungen Männern die Blutzuckerwerte bis auf 30 mg% ab, ohne daß besondere Erscheinungen auftraten[6]. Für den Nüchternblutzucker werden folgende Werte in mg% angenommen (Tab. 93):

Tabelle 93. Blutzucker (in mg%)[3, 7].

Erwachsene[8]	70—120	Rind[10]	70—110
Neugeborene[9]	76	Pferd[7]	60—120
Neugeborene, erste Lebenswoche	bis 35	Hund[11]	60—130
		Ziege	40—70
Kleinkind[9]	83	Kaninchen[11]	60—180
Jugendliche[9]	95	Meerschweinchen[12]	118
		Ratte[12]	138
		Maus[12]	245
		Vögel[12]	80—300

Hund und Kaninchen zeigen normalerweise starke Schwankungen[13]. Auch beim Menschen ist der Blutzuckergehalt nicht konstant, stärkere Schwankungen sind bei Sportsleuten und im Schock beobachtet worden[14].

Die Höhe der Blutzuckerwerte im Tierreich[15] nimmt mit der Lebhaftigkeit der Tiere zu. Die höchsten Werte weisen die Bienen auf, die etwa 200 Flügelschläge in der Sekunde machen[3]. Im Blut der Larve einer Fliege von Gastrophilus intestinalis, welche im Darm von Pferden lebt, wurde eine reduzierende Substanz gefunden, die ungefähr 350 mg% Glucose entspricht. Sie ist nur zu 25% vergärbar[16]. Von den Vögeln haben die Laufvögel (Huhn) mit 150—200 mg%, die guten Flieger mit 200—300 mg% die höchsten Blutzuckerwerte, die niedrigsten die Wasservögel mit 80—160 mg%[12]. Der Frosch[17] hat im Winter 28 mg%, im Mai

[1] STARY, Z., F. BURSA, Ö. KALEOĞLU u. BILEN: Bull. Fac. Méd. Istanbul **13**, 243 (1950). — STARY, Z., H. BODUR, S. G. LISIE u. F. BATIYOK: Kli. Wo. **1953**, 399. — [2] SEIBERT, F. B., and J. ATNO: J. biol. Ch. **163**, 511 (1946). — [3] STARY, Z., u. M. YUVANIDIS: B. Z. **324**, 206 (1953). — [4] SHETLAR, M. R., K. H. KELLY, J. V. FOSTER, C. L. SHETLAR and M. R. EVERETT: Amer. J. Obstet. Gynec. **59**, 1140 (1950). — [5] BEUTLER, R.: Ergebn. Biol. **17**, 1—104 (1939). — HOLTZ, F.: B. Z. **235**, 104 (1931). — Rappaport S. 139. — SOSKIN, S.: Physiol. Rev. **21**, 140—193 (1941). — [6] UMBER, F.: Die Stoffwechselkrankheiten in der Praxis. 3. Aufl. S. 14. München 1939. — [7] D'Ans-Lax S. 1742. — [8] Rappaport S. 139. — [9] RUMPF, F.: Jb. Kinderheilkde. **105**, 321 (1924). — [10] KNAPP, A.: B. Z. **287**, 342 (1936). — [11] GENESS, S. G., u. W. P. KOMISSARENKO: B. Z. **285**, 420 (1936). — [12] ERLENBACH, F.: Z. vgl. Physiol. **26**, 121 (1938). — VÖLKER, R.: Arch. Tierheilkde. **59**, 16 (1929). — s. [3] S. 28. — [13] REENKOLA, M.: Acta obstet. scand. **20**, 35 (1940). — [14] JOKL, E.: Kli. Wo. **1935 I**, 718. — [15] s. Bd. **2**/2: Vergl. Physiol. Chemie der Tiere. — [16] LEVENBOOK, L.: Bull. Soc. Chim. biol. **31**, 460 (1949). — [17] LUNDBERG, E., u. S. THYSELIUS-LUNDBERG: Acta physiol. scand. **3**, 297 (1941/42).

42 mg%, während der Kopulation und bei Ausstoßung von Sperma bzw. Eiern steigt der Blutzucker beim Männchen bis auf 59 mg%, beim Weibchen bis auf 63 mg% im Mittel an.

Bestimmung. Zur Bestimmung des Blutzuckers[1] stehen Reduktionsmethoden sowie colorimetrische, volumetrische und elektrometrische Titrationsverfahren zur Verfügung. Am verbreitetsten und dabei sehr zuverlässig ist das von HAGEDORN-JENSEN[2] angegebene Verfahren. Allerdings wird mit dieser Methode nicht der „wahre“ Zuckerwert ermittelt. Für die Bestimmung ist die Art der Enteiweißung nicht gleichgültig. Bei dem ursprünglichen Verfahren wird Zinkhydroxyd verwendet; an seiner Stelle wird Cadmiumhydroxyd empfohlen[3], um die Sulfhydrylverbindungen niederzuschlagen. Als Oxydationsmittel wird im eiweißfreien Filtrat Kaliumferricyanid [Kaliumhexacyanoferrat(III)]-Lösung verwendet.

Es ist bei der Blutzuckerbestimmung darauf zu achten, daß Fingerbeerenblut venöse Beschaffenheit nur vor den Mahlzeiten und im Hunger zeigt. Nach Kohlenhydrataufnahme können Unterschiede von 30 bis 50 mg% Blutzucker zwischen „wahrem“ venösen und Fingerbeerenblut auftreten, weil dann das capillare Blut arterielle Beschaffenheit besitzt. Bei Diabetikern hat das Fingerbeerenblut vor und nach den Mahlzeiten venöse Beschaffenheit[4].

Zur photoelektrischen Mikrobestimmung von Blutzucker eignet sich nach Eiweißfällung mit Perchlorsäure die Phosphormolybdänsäure[4].

Blutzuckerverteilung. Der durch Reduktion bestimmte Blutzuckerwert ist auf Zellen und Plasma verteilt; er muß nicht in allen Gefäßgebieten des Körpers gleich sein. Über den Blutzuckergehalt der verschiedenen Gefäßgebiete sind nicht sehr viele Untersuchungen angestellt worden. Die ersten Angaben stammen von CHAUVEAU[5], die später von CL. BERNARD[6] bestätigt wurden. Das Verhältnis Zellzucker zu Plasmazucker ist bei den einzelnen Tierarten verschieden[7]. Beim Menschen[8] beträgt das Verhältnis 0,78 bis 0,86. Das arterielle Blut weist gewöhnlich einen etwas höheren Wert auf als das venöse. Beim Menschen beträgt der Unterschied etwa 4 mg%[9], höchstens 10 mg%[10]. Beim Pferd[11] ist der Unterschied 17 mg%, beim Kaninchen[12] 4 bis 8 mg%, beim Rind 8,5 mg%, beim Huhn 1,7 mg%, beim hungernden Hund 4 mg%[13].

Bei Einspritzung von Glucose in die Blutbahn der Katze kommt es zu einem bedeutenden Anstieg des Zuckers im Blut und Plasma, wobei der Zuckergehalt der geformten Elemente wegen der Umwandlung des Zuckers in Glykogen die übliche Höhe nicht überschreitet[14]. Bei fallendem Blutzucker ist der Gehalt in den geformten Bestandteilen labiler als der des Plasmas.

Physiologische Blutzuckerschwankungen. Nach Genuß größerer Zuckermengen wird bei vielen Wirbeltieren ein deutlicher Anstieg im Pfortaderblut beobachtet (Werte bis zu 400 mg%)[15]. Das Lebervenenblut enthält schon weniger Zucker, aber nach Kohlenhydratzufuhr immer noch mehr als das der zugehörigen Arterie. Beim Kaninchen beobachtete man im Lebervenenblut einen Mehrgehalt von 23 mg% gegenüber dem Femoralarterienblut, und hier ist der Zuckergehalt um 8 mg% höher als in der zugehörigen Vene[16]. Das Studium der arteriovenösen

---

[1] Hinsberg-Lang 2. Aufl. S. 200. — [2] HAGEDORN, H. C., u. B. N. JENSEN: B. Z. **135**, 46; **137**, 92 (1923). — [3] FUJITA, A., u. D. IWATAKE: B. Z. **242**, 43 (1931). — FUJITA, A., u. K. OKAMOTO: B. Z. **225**, 368 (1930). — [4] HAMILTON, R. H.: Amer. J. clin. Path., techn. Suppl. **2**, 206 (1938). — KAMLET, J.: Amer. J. clin. Path., techn. Suppl. **4**, 20 (1940). — [5] CHAUVEAU, A.: Cr. **42**, 1008 (1856). — [6] BERNARD, CL.: Leçons sur le Diabète sucré. S. 274. Paris 1877. — [7] FONTÈS, G., et L. THIVOLLE: C. R. Soc. Biol. **100**, 1198 (1929). — [8] LARIZZA, P.: Z. ges. exp. Med. **101**, 597 (1937). — [9] HENRIQUES, V., u. R. EGE: B. Z. **119**, 121 (1921). — SOMOGYI, M.: J. biol. Ch. **174**, 189 (1948). — [10] BARRENSCHEEN, H. K., F. DOLESCHALL u. L. POPPER: B. Z. **177**, 50 (1926). — [11] CHAUVEAU, A., et KAUFMANN: Cr. **104**, 1126 (1887). — [12] BEUTLER, R.: Ergebn. Biol. **17**, 1 (1939). — [13] KNAPP, A.: B. Z. **287**, 342 (1936). — [14] KARAJEV, A. I., u. V. M. EFENDIJEWA: Bull. Biol. Méd. exp. URSS **9**, 238 (1940) [C. **1941 II**, 217]. — [15] s. MAGNUS-LEVY, A.: Handb. Biochem. **8**, 349 (1925). — [16] CORI, C. F., G. T. CORI and H. GOLTZ: Proc. Soc. exp. Biol. Med. **21**, 121 (1923).

Differenz des Blutzuckers nach oraler Zuckerbelastung mit 100 g Glucose[1] ergab, daß die maximale Differenz nach 1 Std vorhanden ist und mit dem Abfallen des arteriellen Zuckers wieder verschwindet, aber durch eine *zweite* Belastung mit 75 g Glucose längere Zeit auf der maximalen Differenz von etwa 38 mg% gehalten werden kann. Es ist bewiesen, daß der Blutzucker Gesunder im Laufe eines Tages einem „Rhythmus" folgt, der jedenfalls von dem Leberrhythmus abhängig ist[2]. Es wurde auch festgestellt, daß im arteriellen Blut der Zuckergehalt keine unveränderliche Größe ist, sondern in Zeitabständen von 8,6 bis 9,4 min zwischen 70 und 130 mg% steigt und fällt[3]. Die Schwankungsperioden im venösen Blut sind weniger deutlich ausgeprägt und ziehen sich über längere Zeitabschnitte hin. Sie laufen mit denen im arteriellen Blut nicht parallel, können sogar entgegengesetzte Richtung haben[4]. Die Fähigkeit eines Tieres, seinen Blutzucker im Hunger weitgehend auf normaler Höhe zu halten, ist von zahlreichen Umständen abhängig, so z. B. von der Stoffwechseltätigkeit, den gespeicherten Vorräten und der Fähigkeit, aus Eiweiß und Fett Zucker aufzubauen. Über Glucosebelastung und Blutzuckerkurven s. S. 733.

Jahreszeitliche Schwankungen wurden bei Mensch, Pferd, Kaninchen und Hund nicht beobachtet[5]. Auf die Veränderungen beim Frosch wurde schon oben hingewiesen.

Körperliche Arbeit kann den Blutzucker stark verändern, Richtung und Umfang der Änderung hängen von den Versuchsbedingungen ab. Bei trainierten Tieren wird im allgemeinen durch starke Arbeit kein Einfluß auf den Blutzucker ausgeübt. Erzwingt man aber von den Tieren ungewohnte Arbeiten, so versagt wie beim Menschen die Regulation, d. h. der Blutzucker steigt oder fällt plötzlich[6].

Bei Tauben wurde eine erbliche Veranlagung für hohen oder niedrigen Blutzucker festgestellt[7]. Die Blutzuckerwerte der Bastarde einer Turteltaube (190 mg%) und einer Streptopelia alba (150 mg%) liegen zwischen denen der beiden Eltern. Ähnliche Versuche wurden mit Mäusen angestellt[8].

α) Restreduktion. Mit den üblichen Reduktionsverfahren werden neben dem wahren vergärbaren Zucker auch reduzierende nichtzuckerartige Verbindungen erfaßt. Dieses nach der Vergärung der Glucose noch verbleibende Reduktionsvermögen wird Restreduktion, residual reduction, reste de fermentation, reste de déglucidation[9], Saccharoide[10] genannt.

*Die **Bestimmung** der Restreduktion* kann direkt nach Vergärung des Zuckers erfolgen oder indirekt aus den unterschiedlichen „Blutzuckerwerten" in Blutfiltraten, die auf verschiedene Art enteiweißt wurden; dabei müssen bei einer Enteiweißungsart jene Stoffe, welche die Restreduktion bewirken, gefällt werden. Die direkte Bestimmung ist zweckmäßiger[11]. Es ist aber zu beachten, daß Glucose von Hefe nicht vollkommen vergoren wird[12].

Die Restreduktion beträgt beim Menschen, als Glucose ausgedrückt, je nach dem Enteiweißungsverfahren etwa 25% (5 bis 35) der gewöhnlichen Gesamtreduktion[13], so daß der „wahre" Blutzucker etwa 20 mg niedriger liegt als mit dem gewöhnlichen Verfahren bestimmt wird.

---

[1] Somogyi, M.: J. biol. Ch. **174**, 189, 597 (1948). — [2] Meyer, F. A.: Z. ges. exp. Med. **107**, 569 (1940). — s. a. Möllerström, J.: Das Diabetesproblem. S. 68. Leipzig 1943. — [3] Alexenzewa, E. S.: J. Physiol. USSR **27**, 132 (1939) [C. **1940 I**, 3414]. — [4] Alexenzewa, E. S.: Biochem. J., Kiew **15**, 125 (1940) [Ber. Physiol. **124**, 448]. — [5] Beutler, R.: Ergebn. Biol. **17**, 18 (1939). — [6] s. [5] S. 31. — [7] Riddle, O., and H. E. Honeywell: Amer. Naturalist **57**, 412 (1923). Amer. J. Physiol. **67**, 317 (1924). — [8] Cammidge, P. J., and H. A. H. Howard: J. Genetics **16**, 387 (1926). — [9] Fontès, G., et L. Thivolle: Sang **3**, 625 (1929). — [10] Benedict, S. R.: J. biol. Ch. **92**, 141 (1931). — [11] Smelo, L. S., F. M. Kern and D. L. Drabkin: J. biol. Ch. **125**, 461 (1938). — [12] Laug, E. P., and T. P. Nash jr.: J. biol. Ch. **108**, 479 (1935). — [13] Herbert, F. K., and M. C. Bourne: Biochem. J. **24**, 299 (1930). — Beutler, R.: Ergebn. Biol. **17**, 1 (1939).

Mit dem direkten Verfahren bestimmt, findet man als Restreduktion beim Hund 26,5, bei der Katze 32, bei der Ratte 30, bei der Taube 70 bis 81 mg% in Glucosewerten ausgedrückt[1]. In den Blutkörperchen ist die Restreduktion wesentlich höher als im Plasma; je nach der Enteiweißung beträgt sie das 2- bis 5fache. Im Vollblut ist sie etwas weniger als die Hälfte des Plasmawertes[2, 3].

Tabelle 94. Restreduktion des menschlichen Blutes (in mg%).

Gesamtblut	27[2]	14[3]
Serum	10	9
Erythrocyten	47	20

Zusammensetzung der Restreduktion. Unter den die Restreduktion hervorrufenden Stoffen übt den größten Einfluß mit etwa 50% das Glutathion aus[4], dann folgen Adenylsäure, Adenosintriphosphorsäure, Ascorbinsäure und Glucuronsäure[5]. Keine große Bedeutung haben Harnsäure, Kreatinin und Ergothionein[2]. Die Hexosephosphorsäuren können je nach den vorhandenen Mengen auch an der Restreduktion beteiligt sein[6]. 10 bis 20% der Restreduktion entfallen auf die Ascorbinsäure, die restlichen 30 bis 40% auf die übrigen der hier genannten Verbindungen[7].

β) Der „wahre" Blutzucker. Es ist verständlich, daß man versucht hat, Verfahren zur Bestimmung des wahren Zuckers unter Ausschaltung der Restreduktion zu gewinnen. Der nächstliegende Weg, den Wert durch Gärung zu bestimmen, ist rechnerisch schwierig und nicht zuverlässig. Deshalb versuchte man durch Anwendung anderer Enteiweißungsmittel[8] oder an nicht hämolysiertem Blut[9] zum Ziel zu kommen, ohne es aber ganz zu erreichen. Einzelheiten über diese Versuche s. [10]. Aus dem Blut von Kaninchen ließ sich ein Zucker darstellen, der sich als α-Glucopyranose erwies[11]. Enolisierung der Glucose spielt im Tierkörper keine wesentliche Rolle[12]. Ob der vergärbare Zucker nur aus Glucose besteht, ist noch nicht bewiesen. Der Unterschied zwischen den durch Gärung erhaltenen und den durch Restreduktion bestimmten Werten legte den Verdacht nahe, daß noch andere Zucker vorliegen; so soll im Hungerzustande 3 mg% (2,4 bis 3,5) Fructose im Plasma vorhanden sein[13].

Quellen und Regulation des Blutzuckers (s. a. S. 768 ff.).

Neben nervösen Einflüssen (Vagus und Zentralnervensystem[14]) sind hauptsächlich hormonale Einflüsse (Bauchspeicheldrüse, Nebenniere, Schilddrüse und Hypophyse[15]) beteiligt. In letzter Zeit wurde auf die Bedeutung der Vitamine, besonders der B-Gruppe[16] hingewiesen. Zufuhr von Kohlenhydraten ruft eine

[1] s. S. 316[11]. — [2] Somogyi, M.: J. biol. Ch. **75**, 33 (1927). — [3] Ege, R., u. J. Roche: Skand. Arch. Physiol. **59**, 75 (1930). — [4] Benedict, S. R., and E. B. Newton: J. biol. Ch. **83**, 361 (1929). — Herbert, F. K., M. C. Bourne and J. Groen: Biochem. J. **24**, 291 (1930). — Herbert, F. K., and M. C. Bourne: Biochem. J. **24**, 299 (1930). — Everett, M. R.: J. biol. Ch. **87**, 761 (1930). — [5] Roche, J.: Bull. Soc. Chim. biol. **12**, 636 (1930). — Fashena, G. J., and H. A. Stiff: J. biol. Ch. **137**, 21 (1941). — [6] Neuberg, C., u. M. Kobel: B. Z. **238**, 226 (1931). — [7] Menon, V. K. N.: Ind. J. med. Res. **23**, **447** (1935) [Ber. Physiol. **102**, 263]. — [8] Somogyi, M.: Proc. Soc. exp. Biol. Med. **26**, 353 (1929). — Dumazert, C., et M. Bierry: C. R. Soc. Biol. **119**, 737 (1935). — [9] Herbert, F. K., and J. Groen: Biochem. J. **23**, 339 (1929). — Herbert, F. K., M. C. Bourne and J. Groen: Biochem. J. **24**, 291 (1930). — Herbert, F. K., and M. C. Bourne: Biochem. J. **24**, 299 (1930). — [10] Somogyi, M.: J. biol. Ch. **90**, 725 (1931). — Haslewood, G. A. D., and T. A. Strookman: Biochem. J. **33**, 920 (1939). — Hinsberg-Lang 2. Aufl. S. 190. — [11] Winter, L. B.: Biochem. J. **24**, 851 (1930). — [12] Stetten, D. jr., and M. R. Stetten: J. biol. Ch. **165**, 147 (1946). — [13] Herbert, F. K.: Biochem. J. **32**, 815 (1938). — [14] Cahane, M.: Presse méd. **1937 I**, 550. — [15] Elmer, A. W., u. M. Scheps: Kli. Wo. **1930 II**, 2439. — [16] Stepp-Kühnau-Schroeder, Vitamine 7. Aufl. Bd. 1, S. 100, 138, 244, 301.

vorübergehende Blutzuckersteigerung hervor, der eine mehr oder weniger starke physiologische Hypoglykämie folgt[1]. Außer der physiologischen alimentären Hyperglykämie kann auch eine solche nach starker körperlicher Arbeit auftreten[2]. Beim Geübten (Trainierten) ist die Steigerung wesentlich geringer als beim Ungeübten.

Als Hauptquelle für den Blutzucker kommen die Glykogenspeicher in der Leber und in der Muskulatur in Betracht. Dieses Körperglykogen stammt vornehmlich aus den Kohlenhydraten der Nahrung, des weiteren aus Eiweiß und vielleicht auch aus Fett (Glykoneogenese, s. S. 763 u. 836). Eine krankhafte *Blutzuckersteigerung*[3] ist am längsten bei der Zuckerkrankheit bekannt. Man beobachtet sie ferner bei Hunger, Hyperthyreosen (*Basedow*), gesteigerter Nierentätigkeit, Erregungszuständen des vegetativen Nervensystems (Hirntumor, Meningitis) nach Narkose, Asphyxie, oft im Fieber, manchmal bei Akromegalie[3] und bei Eklampsie[4].

Eine Glucosurie tritt ein, wenn der Blutzucker eine bestimmte Höhe erreicht hat. Diese Blutzuckerschwelle ist individuell verschieden. Sie soll sich nach FÖLDI[5] berechnen lassen. Es ist aber vor kurzem darauf hingewiesen worden, daß diese Größe bei ein und derselben Person vom momentanen Blutzuckerwert unabhängig ist. Die Formel von FÖLDI gilt nur, wenn die aktuelle Blutzuckerkonzentration größer als die aglucosurische Konzentration (= höchste Blutzuckerkonzentration, bei der eben noch keine Glucosurie auftritt) ist[6]. *Herabgesetzte (Nüchtern-)Blutzuckerwerte* findet man bei Hyperinsulinismus, Hypothyreoidismus, akuter gelber Leberdystrophie, ADDISONscher Krankheit, Glykogenspeicherkrankheit und bei Verfütterung von Gallensäuren[7]. Bei einem Absinken auf etwa 0,04% Glucose im Blut treten in der Regel hypoglykämische Krämpfe auf, die durch Zuckerinfusion rasch wieder verschwinden. Sie werden auch bei Sportkrankheit[8,9] und bei der Insulintherapie von Schizophrenen beobachtet.

c) Weitere Kohlenhydratbestandteile. α) Fructose ist bis jetzt im normalen Blut nicht mit Sicherheit nachgewiesen worden. Ihr Gehalt wird mit 2 bis 4% des Gesamtblutzuckers angegeben[10] oder in absoluten Mengen mit 2,4 bis 4,4 mg %[11], doch werden diese Werte ausdrücklich als scheinbare Fructosewerte bezeichnet. Der einwandfreie *Nachweis* ist deshalb besonders schwierig, weil es noch nicht möglich ist, so kleine Fructosemengen neben Glucose sicher erkennen zu können. Unter Verwendung von Proteus vulgaris soll dies zwar möglich sein, nicht aber durch Hefe[12]. Bis jetzt versucht man meist den colorimetrischen Nachweis mit Diphenylamin[13]. Die Bedeutung des Fruchtzuckers im Zuckerhaushalt ist bis jetzt noch nicht geklärt, wenigstens soweit es den Ursprung und das Schicksal der Blutfructose betrifft[10].

Mit der SELIWANOFFschen Reaktion, durch Reduktion oder mittels Polarisation wurde Fruchtzucker im Blut menschlicher Feten[14] und neugeborener Ziegen[15], sowie im normalen Blut

---

[1] LABBÉ, M., R. BOULIN et M. PETRESCO: C. R. Soc. Biol. **109**, 351 (1932). — [2] BÜRGER, M., u. H. KRAMER: Kli. Wo. **1928 I**, 745. — [3] Rappaport S. 139. — [4] MAYS, C. R., and W. M. MCCORD: Amer. J. Obstet. Gynec. **29**, 405 (1935). — [5] FÖLDI, M., G. SZABÓ u. S. ZSOLDOS: Exper. **3**, 329 (1947). — [6] GERGELY, J.: Exper. **4**, 198 (1948). — [7] HORSTERS, H., u. H. ROTHMANN: A. e. P. P. **142**, 261 (1929). — [8] JOKL, E.: Kli. Wo. **1935 I**, 718. — [9] BEUTLER, R.: Ergebn. Biol. **17**, 27 (1939). — [10] OKAMURA, H.: Jap. J. med. Sci. (II) **4**, 103 (1938) [C. **1941 II**, 1758]. — [11] HERBERT, F. K.: Biochem. J. **32**, 815 (1938). — [12] HARDING, V. J., T. F. NICHOLSON, G. A. GRANT, G. HERN and C. E. DOWNS: Trans. R. Soc. Canada (V) [3] **26**, 33 (1932). — HARDING, V. J., and T. F. NICHOLSON: Biochem. J. **27**, 1082 (1933). — HARDING, V. J., T. F. NICHOLSON and A. R. ARMSTRONG: Biochem. J. **27**, 2035 (1933). — [13] MARTIN, R. W.: H. **259**, 62 (1939). — Hinsberg-Lang 2. Aufl. S. 210. — [14] EYMER, P.: Ärztl. Forsch. **1951**, I/442. — [15] ORR, A. P.: Biochem. J. **18**, 171 (1924).

von Kaninchen (7,2 mg%), Schweinen (4,6 mg%) und Hunden (7,2 mg%) nachgewiesen[1]. Bei mit Fructose belasteten Kaninchen enthält das Blut aus der Arteria carotis mehr Fructose als das aus der Vena jugularis interna und dieses mehr als das aus der Vena jugularis externa. Bei unbelasteten Tieren sind die gefundenen Unterschiede gering[2].

Wird Fructose in größeren Mengen genossen, so tritt sie im Blut auf. Der Verlauf der Blutzuckerkurve nach Fructosebelastung wird als Leberfunktionsprobe verwendet. Insekten (die Larven der Fliege Gastrophilus intestinalis) enthalten freie Fructose in verschiedenen Mengen, je nach der Entwicklungsphase der Larve[3]. Auch im Fetalblut von Schafen ist der Fructosegehalt bei jungen Embryonen am höchten (etwa 150 mg%)[4]. Da Inulin, ein Polymerisationsprodukt der Fructose, zu Clearancebestimmungen ständig an Bedeutung gewinnt, ist auch die Fructosebestimmung wesentlicher geworden. Inulin läßt sich nach Hydrolyse direkt als Fructose mit Hilfe der Diphenylaminreaktion bestimmen[5], oder nach Fällung mit Calciumhydroxyd, wobei eine Anreicherung erzielt wird[6].

Bestimmung: s. [7].

β) Saccharose, Lactose und Galaktose sind im normalen Blut bisher nicht nachgewiesen worden[8]. Galaktose wird ebenfalls als Leberfunktionstest verwendet[9]. Um die Galaktose von Fructose unterscheiden zu können, benutzt man die Eigenschaft der Galaktose, von Bäckerhefe nicht vergoren zu werden, doch ist auf die Auswahl der Hefe großer Wert zu legen. Galaktose vergärende Hefe enthält ein Ferment, welches Galaktose über Galaktose-1-phosphorsäure in Glucose-6-phosphat überführen kann[10].

Bestimmung der Saccharose im Blut[11].

Bestimmung der Lactose und Maltose[12].

Zucker lassen sich chromatographisch gut von einander trennen. Eine Methode für Blut stammt von WALLENFELS[13]. Eine Übersicht der Methoden s.[14]. Weitere Verfahren (besonders für Harn ausgearbeitet) s.[15]. Geeignete Mischungen zur chromatographischen Trennung der Kohlenhydrate[16]. Verwendung von Tierkohle[17].

γ) Hexosephosphorsäure ist verschiedentlich im Blutserum beobachtet worden[18]. Ihre Menge wird mit 1 mg%[19] oder im menschlichen Blut in Glucose ausgedrückt mit 0,63 bis 2,14 mg% angegeben, was im Durchschnitt 1% des Gesamtzuckers entspricht[20].

δ) Phosphoglycerinsäure ist nur in den Erythrocyten[21], nicht im Serum nachgewiesen worden. Auch Glycerinphosphorsäure wurde im Blutserum nicht gefunden.

---

[1] KOZUKA, K.: Tohoku J. exp. Med. **15**, 398 (1930). — [2] s. S. 318[10]. — [3] LEVENBOOK, L.: Nature **160**, 465 (1947). Bull. Soc. Chim. biol. **31**, 460 (1949). — [4] BARKLAY, H., P. HAAS, A. S. G. HUGGETT, K. KING and D. ROWLEY: J. Physiol., London **109**, 98 (1949). — [5] HIGASHI, A., and L. PETERS: J. Lab. clin. Med. **35**, 475 (1950). — DEUTSCH, E.: Klin. Med., Wien **4**, 81 (1949). — [6] HERZ, N., and B. SHAPIRO: J. Lab. clin. Med. **32**, 1159 (1947). — [7] MARTIN, R. W., H. **259**, 62 (1939). — H.-Th. 10. Aufl. Bd. V, S. 74. — [8] MICHLIN, D., u. O. BORODINA: Biochimija, Moskau **2**, 745 (1937) [Ber. Physiol. **106**, 542]. — [9] Rappaport S. 148. — [10] CAPUTTO, R., L. F. LELOIR, R. E. TRUCCO, C. E. CARDINI and A. C. PALADINI: J. biol. Ch. **179**, 497 (1949). — [11] WEST, C. D., and S. RAPOPORT: Proc. Soc. exp. Biol. Med. **70**, 141 (1949). — [12] HAMMOND, L. D.: J. Res. nat. Bur. Stand. **41**, 211 (1948). — BENHAM, G. H., and V. E. PETZING: Analyt. Chem., Washington 115, **21**, 991 (1949). — H.-Th. 10. Aufl., Bd. V, S. 80. — [13] WALLENFELS, K.: Ärztl. Forsch. **1951**, I/430. Naturwiss. **37**, 491 (1950). — [14] CRAMER, F.: Angew. Chem. **62**, 73 (1950). — [15] MALYOTH, G., K. SCHEPPE u. H. W. STEIN: Kli. Wo. **1952**, 1018. — RIFFART, W., P. DECKER u. H. WAGNER: Kli. Wo. **1952**, 350. — HORROCKS, R. H., and G. B. MANNING: Lancet **1949 I**, 1042. — [16] NOVELLIE, L.: Nature **166**, 745 (1950). — [17] WHISTLER, R. L., and D. F. DURSO: Am. Soc. **72**, 677 (1950). — [18] BARRENSCHEEN, H. K., F. DOLESCHALL u. L. POPPER: B. Z. **177**, 39 (1926). — BARRENSCHEEN, H. K., u. K. HÜBNER: B. Z. **229**, 329 (1930). — BARRENSCHEEN, H. K., u. K. BRAUN: B. Z. **231**, 144 (1931). — [19] LAWACZECK, H.: Kli. Wo. **1925 II**, 1858. — [20] ROCHE, J.: Bull. Soc. Chim. biol. **12**, 636 (1930). — [21] GREENWALD, I.: J. biol. Ch. **63**, 339 (1925).

ε) Freies Glycerin soll dagegen im Blutserum vorkommen, doch steht eine Bestätigung dieser Befunde noch aus[1]. Im Blut vom Hund sollen 1,5 bis 2,5 mg%, beim Kaninchen 4,2 bis 4,9 mg%[2], beim Rind 1,7 bis 2,4 mg%, beim Schwein 2,9 bis 4,8 mg%[3] vorhanden sein.

ζ) Gebundener Zucker (Glykogen und Eiweißzucker). Unter gebundenem Zucker im weiteren Sinne versteht man Kohlenhydrate, die vor der Enteiweißung erst nach Spaltung mit Säuren oder Fermenten in Freiheit gesetzt und dann durch ihre reduzierende Wirkung nachweisbar werden. Dabei können die reduzierenden Spaltprodukte entweder nur aus Zucker bestehen oder aber auch anderer Natur sein: Glucose, Polysaccharide (Glykogen), Glucosamin oder Glucuronsäuren. Bei der Hydrolyse erhält man aus Albumin und Globulin 1 bis 5% Zucker, aus Mucinen und Mucoiden 10 bis 30%. Diese Zucker sind Glucosamino-dimannose und Glucosamino-digalaktose oder ein Gemisch beider[4]. Der Kohlenhydratgehalt der Albuminfraktion beträgt etwa 90 bis 100 mg%, davon 20 bis 30 mg% Glucosamin, der Rest Mannose und Galaktose[5]. Das Kohlenhydrat ist in der prosthetischen Polysaccharidgruppe des Seroglykoids enthalten, eines Mukoids, das vom Albumin abgetrennt werden kann[6] (s. S. 311). Das zurückbleibende Serumalbumin enthält nur noch 0,1% Zucker. Im einzelnen werden nebenstehende Angaben gemacht[4].

Tabelle 95. Kohlenhydratgehalt von Serumeiweißkörpern (in %).

Protein-Fraktion		Kohlenhydrate
Euglobulin,	wasserlöslich . .	0,84
„	NaCl-löslich . .	0,98
„	Na_2CO_3-löslich .	2,38
„	NaOH-löslich .	8,50
Pseudoglobulin,	wasserlöslich	0,98
„	NaCl-löslich	0,64
„	Na_2CO_3-löslich	0,40
„	NaOH-löslich	7,03
Albumin I	. . . .	0,47
„ II	. . . .	0,55
„ III	. . . .	0,65

Nach Seibert u. Mitarb. enthalten α-Globuline besonders viel Kohlenhydrate, die γ-Globuline Polysaccharide von abweichender Struktur[7].

Von Braun[8] wird folgendes Schema über die Zusammensetzung des Gesamtzuckers angegeben:

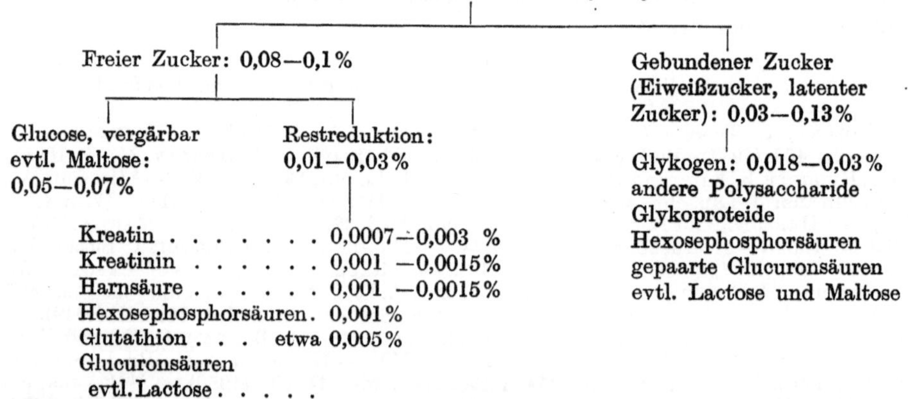

[1] Palmieri, V. M.: Arch. Med. lég., Lisboa 4, 426 (1931). [Dtsch. Z. gerichtl. Med. 21, R 230 (1933)]. — [2] Nicloux, M.: C. R. Soc. biol. 136, 764 (1903). — [3] Schmitz, E.: B. Z. 45, 18 (1912). — [4] Hinsberg-Lang 2. Aufl. S. 228. — Rimington, C.: Ergebn. Physiol. 35, 712 (1933). — [5] Stary, Z., F. Bursa, O. Kaleoğlu u. M. Bilen: Bull. Fac. Méd. Istanbul 13, 243 (1950). Med. Mschr. 1953, 497. — [6] Hewitt, L. F.: Biochem. J. 31, 360, 1534 (1937). — [7] Seibert, F. B., M. V. Seibert, A. J. Atno and H. W. Campbell: J. clin. Invest. 26, 90 (1947). — [8] Braun, H.: B. Z. 275, 433 (1935).

Liegt als Kohlenhydratkomponente nur *Glykogen* vor, so werden diese Verbindungen als *Glykogenproteide* oder *Desmoglykogen* bezeichnet. Zum Teil sind sie auch mit Eiweißzucker identifiziert worden. Im Blut ist das Glykogen recht beständig[1], doch ist noch nicht eindeutig bewiesen, ob Glykogen auch im Serum vorkommt[2]. Glykogengehalt in Blut und Plasma s. Tabelle 96.

Tabelle 96. Glykogengehalt des Blutes.

	Gesamtblut mg%	Plasma		Körperchen	
		mg%	% des Gesamt-glykogens	mg%	% des Gesamt-glykogens
Kinder[3]	11,7—**16,6**—20,6	3,7	21	13	79
Erwachsene, gesund[4]	7,5— **9,6**—11,7	2,8—3,0	30	6,8	70
Hunde[4, 5], nach 12—16 Stunden Hunger	7,7—**10,4** —13,7	3,1—3,7	17	17	83
Kaninchen[6]	10—44	2,8[4]			
Meerschweinchen[6]	19—26				

Bei Hunger nimmt das Glykogen im Blut ab[7].

Bestimmung des Glykogens nach Überführung in Glucose[1, 8, 9].

Da die Leukocyten die Träger des Blutglykogens sind, muß man für 1000 Leukocyten/mm³ 0,7 mg% Glykogen in Rechnung setzen. In Pferdeleukocyten findet sich auch ein an Eiweiß gebundenes Glykogen (Desmoglykogen). Sie enthalten auf Frischgewicht bezogen 0,5% Glykogen (=69% des Gesamtglykogengehaltes des Blutes[10]). Der Polysaccharidgehalt der Proteine ist vermehrt bei Pneumonie, Carcinom und Tuberkulose, bei letzterer parallel dem Fortschreiten der Krankheit; im allergischen Stadium findet sich der Hauptanteil der Polysaccharide in der α_2-Globulinfraktion[11, 12]. Bei Sarcoidosis, bei welcher die Polysaccharide ebenfalls vermehrt sind, ist der Eiweißgehalt im ganzen vermehrt, bei Carcinom vermindert, bei Tuberculose unverändert. In allen diesen Fällen sind die γ-Globuline vermehrt. Sehr erhebliche Steigerungen finden sich auch bei schwerem Diabetes[13]. Bei Frauen ist der Polysaccharidgehalt besonders in der Albuminfraktion während der letzten Monate der Schwangerschaft erheblich erhöht[14]. Im allgemeinen findet eine Zunahme mit dem Alter statt; bei Gewebszerfall sind die α_2-Globuline und die Polysaccharide vermehrt, weil das α-Globulin viel Kohlenhydrate enthält[11].

Eiweißzucker. Im Blut vieler Tiere (Säugetiere, Vögel, Amphibien, Fische und Mollusken) findet sich Kohlenhydrat an Eiweiß gebunden und stellt den eigentlichen Eiweißzucker dar. Im allgemeinen wurde der Eiweißzucker aus dem Unterschied im Zuckergehalt des unvorbehandelten und des hydrolysierten Blutserums bestimmt. Vergärbarer Zucker des Hydrolysates, vermindert um den direkt bestimmbaren Zucker, entspricht dem vergärbaren Anteil an Eiweißzucker. Der Eiweißzucker befindet sich im Globulin- und im Albuminanteil, hauptsächlich

1 Unshelm, E.: Z. ges. exp. Med. **96**, 129 (1935). — 2 Verheugt, A. P. M.: Ned. T. Geneeskde. **86**, 1078 (1942). — 3 Genkin, A. M.: Bull. Biol. Méd. exp. USSR **7**, 206 (1939). — 4 Golandas, G.: Pflügers Arch. **236**, 230 (1935). — 5 Genkin, A. M.: Biochimija, Moskau **3**, 546 (1938). — 6 Tscherkes, H. A.: J. Physiol. USSR **25**, 167 (1938). — 7 Staub, H., u. G. Golandas: Pflügers Arch. **236**, 355 (1935). — 8 s. a. Staudinger, Hj.: H. **275**, 122 (1942). — 9 Simonovits, S.: B. Z. **265**, 437 (1933). — Wagner, R.: Arch. Biochem. **11**, 249 (1946). — Suter, E.: Helv. physiol. Acta **5**, 6 (1947). — 10 Willstätter, R., u. M. Rohdewald: H. **225**, 103 (1934). — 11 Seibert, F. B., M. V. Seibert, A. J. Atno and H. W. Campbell: J. clin. Invest. **26**, 90 (1947). — Shetlar, M. R.: Texas Rep. Biol. Med. **10**, 228 (1952). — 12 Stary, Z., H. Bodur, S. G. Lisie u. F. Batiyok: Kli. Wo. **1953**, 399. — Stary, Z., F. Bursa, Ö. Kaleoğlu u. M. Bilen: Bull. Fac. Méd. Istanbul **13**, 243 (1950). — 13 Stary, Z., Ö. Kaleoğlu u. F. Bursa: Istanbul Contr. clin. Sci. **1**, 158, 311 (1951). — 14 Stary, Z., F. Bursa, O. Tezok u. R. Cindi: H. **288**, 55 (1951).

aber in den Globulinen[1]. Die Polyosen sollen in den Serumproteinen über die NH-Gruppe des Histidins gebunden sein[2].

Durch alkalische Hydrolyse kann die prosthetische Gruppe als ein nicht reduzierendes Polysaccharid in Freiheit gesetzt werden, während Säurehydrolyse darüber hinaus eine Zerlegung in mehrere Monosaccharide bewirkt. Es konnten D-Mannose, D-Glucosamin und D-Galaktose isoliert und nachgewiesen werden[3].

Außerdem gelang es, aus dem Komplex Uronsäure [„Glucuronsäure" (?)] herauszulösen[3]. Bei Säurehydrolyse lassen sich 2 Gruppen von Zuckern unterscheiden; die eine ist locker gebunden, wird schon durch schwache Säuren in Freiheit gesetzt und ist durch Bierhefe vergärbar, die andere besteht aus unvergärbaren Zuckern und aus Glucosamin. Sie wird erst durch starke Säuren in Freiheit gesetzt[4]. Aus dem Albumin- und aus dem Globulinanteil ließ sich ein aus Glucosamin und 2 Mol Mannose aufgebauter Kohlenhydratkomplex isolieren, der als solcher nicht reduziert[5]. Aus Rinderserum wurde ein aus 2 Mol Mannose und 1 Mol N-Acetylglucosamin bestehender Komplex[6] sowie ein weiteres Polysaccharid erhalten[7]. Etwa $^1/_3$ des Eiweißzuckers kommt in Pferde- und Schweineserum als Glucosamin vor. Der vergärbare Anteil beträgt beim Pferd 43 mg%, beim Schwein 29 mg%, unabhängig von der Gesamtmenge Eiweißzucker, der 229 bis 315 bzw. 172 bis 192 mg% ausmacht[7]. Für menschliches Serum wird ein Eiweißzuckergehalt von 180 bis 260 mg% bei einem Eiweißgehalt von 7,5 bis 8,3% angegeben. Er scheint bei immunologischen Vorgängen eine Rolle zu spielen. So ist er im Plasma bei Carcinom- und Pneumoniekranken, worauf schon oben hingewiesen wurde, vermehrt. Seine Bestimmung scheint für diagnostische Zwecke ohne Bedeutung zu sein[8], obschon SEIBERT u. Mitarb.[9] glauben, sie zu einer Unterscheidung von Sarkom und Carcinom benutzen zu können.

Bestimmungsmethoden[7,10,11]:

Da während der Säurespaltung ein stark wechselnder Anteil der freigesetzten Monosaccharide zerstört wird[12], werden neuerdings die in den eiweißgebundenen Polysaccharide enthaltenen Hexosen colorimetrisch bestimmt[13,14].

η) Glucosamin. Der Gehalt an gebundenem Glucosamin im Serum gesunder Menschen schwankt zwischen 76 und 110 mg%[15]; er ist erhöht nach Infektionen bei ausgebreiteten bösartigen Geschwülsten und bei sterilen Infarkten, erniedrigt bei Neugeborenen. Bei Wöchnerinnen ist er erst normal und steigt vom 5. Tage nach der Geburt an gerechnet wieder an. Von NILSSON[16] wird der Normal-Glucosamingehalt des Serums für Menschen zwischen 20 und 30 Jahren zu 63 bis 88 mg%, im Mittel zu 77 mg% angegeben. Er ist besonders bei Pneumoniekranken stark erhöht auf 118 bis 183 mg%, im Mittel auf 145 mg%. Dabei ist das Serumlipoid nicht vermehrt, eher erniedrigt. Berechnet auf reines Eiweiß ergibt sich an Glucosamin: für Gesamteiweiß 1% (0,8 bis 1,3), Albumine 0,52% (0,37 bis 0,65), Globuline 2,18% (1,66 bis 2,73). Im Nabelstrangblut ist der Glucosamingehalt vermindert, im Mittel auf 32 mg%; das Gesamteiweiß enthält dabei 0,57%, das Albumin 0,22%, das Globulin 1,56%. Über die Verteilung des Glucosamins im Tierblut s. Tabelle 97.

Bestimmung des Glucosamins im Blutserum[17].

ϑ) Glucuronsäure. Im Schrifttum wird über das Vorkommen von Glucuronsäure im menschlichen und tierischen Blut berichtet[18]. Hierbei handelt es sich um gepaarte Glucuron-

[1] BIERRY, H.: C.R. Soc. Biol. **110**, 889 (1932); **124**, 695 (1937). — GREVENSTUK, T. A.: Ergebn. Physiol. **28**, 1—243 (1929). — [2] PRZYŁECKI, S. J. v.: Acta Biol. exp., Warszawa **12**, 82 (1938) [C. **1939 II**, 119]. — [3] BIERRY, H.: C. R. Soc. Biol. **110**, 889 (1932). — [4] DUMAZERT, C., et G. PENET: C. R. Soc. Biol. **130**, 558 (1939). — [5] RIMINGTON, C.: Biochem. J. **25**, 1062 (1931). — BIERRY, H.: Cr. **191**, 1381 (1930); **192**, 1284 (1931). — [6] OZAKI, G.: J. Biochem. **24**, 73 (1936) [Ber. Physiol. **97**, 369]. — [7] BIERRY, H., B. GOUZON et C. MAGNAN: C. R. Soc. Biol. **130**, 856, 1454 (1939). Cr. **210**, 120 (1940). — [8] HINSBERG, K., u. R. MERTEN: Z. klin. Med. **135**, 76 (1939). — [9] SEIBERT, F. B., M. V. SEIBERT, A. J. ATNO and H. W. CAMPBELL: J. clin. Invest. **26**, 90 (1947). — [10] BRAUN, H.: B. Z. **275**, 433 (1935). — [11] MERTEN, R.: B. Z. **297**, 304 (1938). — [12] STARY, Z., H. BODUR, S. G. LISIE u. F. BATIYOK: Kli. Wo. **1953**, 399. — STARY, Z., F. BURSA, Ö. KALEOĞLU u. M. BILEN: Bull. Fac. Méd. Istanbul **13**, 243 (1950. — [13] TILLMANS, J., u. K. PHILIPI: B. Z. **215**, 31 (1929). — [14] DISCHE, Z., u. H. POPPER: B. Z. **175**, 371 (1926). — [15] WEST, R., and D. H. CLARKE: J. clin. Invest. **17**, 173 (1938). — [16] NILSSON, I.: B. Z. **291**, 254 (1937). — [17] RIMINGTON, C.: Biochem. J. **34**, 931 (1940). — NILSSON, I.: B. Z. **285**, 386 (1936). — Hinsberg-Lang 2. Aufl. S. 232. — [18] LÉPINE, R., et R. BOULUD: Cr. **135**, 139 (1902); **136**, 1037 (1903).

Tabelle 97. Glucosamin im Tierblut.

Tierart	Gesamt-eiweiß %	Albumin / Globulin	Glucosamin im Blutserum mg%	Glucosamin im Albumin %	Glucosamin im Globulin %	Glucosamin im Gesamt-eiweiß %
Pferd	8,20	1,00	73	0,35	1,44	0,89
	8,40	0,60	66	0,61	0,90	0,79
	—	—	87	—	—	1,36
Kuh	4,05	2,02	70	0,98	3,21	1,73
Kalb	4,25	2,86	83	0,19	2,09	1,95
	4,32	—	73	—	—	1,69
Schwein	6,43	3,20	57	0,25	3,07	0,89
	7,52	1,88	65	0,29	1,95	0,86
	6,92	—	54	—	—	0,78
Kaninchen	5,03	—	33	—	—	0,66
	4,41	—	33	—	—	0,68

säuren. Sie sollen in den Blutkörperchen enthalten sein, aus denen sie beim Defibrinieren durch Schlagen zum Teil ins Serum übergehen. Neuere Untersuchungen ergaben jedoch, daß sowohl Globuline als auch die in der Albuminfraktion enthaltenen Mucoproteide (Seroglykoid) kleine Mengen von Hexuronsäuren enthalten. Ihre Menge entspricht einem Zehntel der in diesen Eiweißkörpern enthaltenen Hexosemenge[1].

Zu den Uronsäuren gehört auch die *Hyaluronsäure*, für deren Spaltung ein spezifisches Ferment im Serum nachgewiesen wurde. Über den Gehalt an Hyaluronsäure im Serum unter normalen oder pathologischen Bedingungen ist noch nichts bekannt. Hyaluronidase Bd. **1**, S. 757, 1048, 1146.

Nachweis von Glucuronsäure[2,3].

ι) Inosit ist im Plasma zu 0,42 bis 0,76 mg% gefunden worden[4].

d) Milchsäure. Die L-(+)-*Milchsäure* (Fleischmilchsäure) ist ein ständiger Bestandteil des Blutes[5] (s. Bd. 1, S. 299f.). Bei den Untersuchungen auf Milchsäure ist darauf zu achten, daß im Vollblut durch Glykolyse die Milchsäure sehr rasch zunimmt. Daher sind von manchen Autoren Ruhenüchternwerte bis zu 20 mg% gefunden worden[6]. Bei guter Methode und unter Beobachtung besonderer Vorsichtsmaßnahmen zur Verhütung einer Glykolyse in vitro werden meist Werte zwischen 5 und 15 mg% gefunden[7], von einzelnen Autoren sehr konstante Werte von 9,5 und 9,2 mg% im Mittel[8].

Tabelle 98. Milchsäuregehalt im Blut (Normalwerte in mg%).

	Gesamtblut	Plasma	Erythrocyten
Mensch	8—**9,5**—15		22,1
Kinder, 1. bis 3. Monat[9]	19	10—15	
„ , ab 4. Monat[8]	13,8		
Pferde, Ruhewert[10]		11—12	
Hund[11]	10,3—30,7	13,6—36	

[1] Stary, Z., u. M. Yuvanidis: B. Z. **324**, 206 (1953). — [2] Rimington, C.: Biochem. J. **34**, 931 (1940). — Nilsson, I.: B. Z. **285**, 386 (1936). — [3] Dische, Z.: J. biol. Ch. **167**, 189; **171**, 725 (1947). Arch. Biochem. **16**, 409 (1948). — Hinsberg-Lang 2. Aufl. S. 238ff. — [4] Sonne, S., and H. Sobotka: Arch. Biochem. **14**, 93 (1947). — [5] Frey, M. v., u. M. Gruber: Arch. Anat. Physiol. (B) **1885**, 533. — [6] Partos, A.: Pflügers Arch. **236**, 452 (1935). — [7] Matakas, F.: B. Z. **239**, 417 (1931). — [8] Lehmann, J.: Skand. Arch. Physiol. **80**, 237 (1938). — Goldsmith, G. A.: Amer. J. med. Sci. **215**, 182 (1948). — [9] György, P., u. W. Keller: Kli. Wo. **1931 I**, 365. — [10] Erkol, M.: Ankara Yüksek Zir. Enst. Derg. 1937 [Ber. Physiol. **117**, 69]. — [11] Baisset, A., L. Bugnard et J. Rogeon: Bull. Soc. Chim. biol. **20**, 51 (1938).

Für das Rind werden als Mittelwert im Vollblut 11 angegeben, für das Schaf 11, für den Hund 24, für die Ziege 10, für das Kaninchen 9 mg%[1].

Bei kräftiger Muskelarbeit steigt in der Regel die Blutmilchsäure erheblich an. Bei Pferden bis auf das 11fache des Ruhewertes[2], um nach $3^1/_2$ Std wieder den Ausgangswert zu erreichen. Die Vermehrung im Blut ist darauf zurückzuführen, daß die bei der Muskelarbeit durch den anaeroben Zerfall der Kohlenhydrate gebildete Milchsäure in das Blut übertritt. Bei Trainierten ist der Anstieg geringer (50 bis 60 mg%) als beim Ungeübten (bis zu 140 mg%[3]). Bemerkenswerterweise verursacht eine Infusion von Natriumlactat keine Erhöhung der Milchsäure im Blut[4, 5]. Dagegen wird durch Infusion von Brenztraubensäurenatrium die Milchsäure im Blut gesteigert[6].

Krankhafte Vermehrung der Milchsäure im Blut beobachtet man bei Schädigung der die Milchsäure verarbeitenden bzw. das Glykogen speichernden Gewebe (Leber)[7], ferner bei örtlichem Sauerstoffmangel für die Milchsäureverbrennung (venöse Stauung, Herzinsuffizienz, Pneumonie, Äthernarkose)[8]. Bei Morbus Basedow ist trotz des gesteigerten Grundumsatzes die Blutmilchsäure normal[9]. Karpfen und Schleien haben in der Ruhe einen Milchsäuregehalt von 13,6 bzw. 15,2 mg% im Blut. Nach 15 min langem Umherjagen steigt der Wert auf 54 mg % und kehrt in 6 Std wieder zur Norm zurück[10].

Im Höhenklima bis zu 4600 m wurde keine Vermehrung der Milchsäure im Blut festgestellt[11]. Jahreszeitliche Schwankungen wurden beobachtet, und zwar nimmt die Milchsäure von Oktober bis Januar ab (13 mg%) und steigt ab Februar wieder an (bis auf etwa 19 mg%[12]).

Zur ***Bestimmung*** der Milchsäure besitzen wir colorimetrische, oxydimetrische[13, 14] und biologische Verfahren[15].

e) Die **Brenztraubensäure** ist als äußerst wichtiges physiologisches Zwischenprodukt sehr oft untersucht und bearbeitet worden. Zusammenfassende Darstellungen s. [16–18]. Bei der Untersuchung des Blutes ist darauf zu achten, daß sie in vitro verschwindet[19], ganz in Gegensatz zur Milchsäure. Im Vollblut wird die Brenztraubensäure zum Teil in Milchsäure umgewandelt. Nach Zusatz von Natriumfluorid findet man ungefähr 90% der verschwundenen Brenztraubensäure als Milchsäure wieder[20]. Durch Zusatz von Jodacetat wird sie im Blut stabilisiert[19]. Die für den Brenztraubensäuregehalt des Blutes angegebenen Werte sind schwankend. Diese Unterschiede rühren zum Teil von Veränderungen her, die nach der Blutentnahme auftreten, zum Teil daher, daß außer der Brenztraubensäure gleichzeitig auch andere Ketosäuren bestimmt werden. Auf diesen Umstand haben besonders Cavallini u. Mitarb. hingewiesen[21]. Sie finden nach Abtrennung der Ketoglutarsäure mittels Papierchromatographie nur noch 0,28 mg% Brenztraubensäure im Blut, neben 0,21 mg% Ketoglutarsäure und

---

[1] D'Ans-Lax S. 1743. — [2] s. S. 323[10]. — [3] Rappaport S. 131. — [4] Perger, H.: Kli. Wo. **1927 II**, 1324. — [5] Mohos, E., u. A. Scholtz: Dtsch. Arch. klin. Med. **171**, 397 (1931). — [6] Caro, L. de, P. Fornaroli e I. Boni: Boll. Soc. ital. Biol. sperim. **15**, 518 (1940) [Ber. Physiol. **121**, 595]. — [7] Schumacher, H.: Kli. Wo. **1928 II**, 1733. — [8] Mendel, B., W. Engel u. I. Goldscheider: Kli. Wo. **1925 I**, 306. — [9] Mohos, E., u. A. Scholtz: Dtsch. Arch. klin. Med. **171**, 397 (1931). — [10] Socondat, M., et D. Diaz: Cr. **215**, 71 (1942). — [11] Laquer, F.: Z. Biol. **70**, 99 (1920). — [12] Truka, J.: Z. Geburtsh. **110**, 137 (1935). — [13] Hinsberg-Lang 2. Aufl. S. 111ff. — Barker, S. B., and W. H. Summerson: J. biol. Ch. **138**, 535 (1941). — [14] Fürth, O. v., u. D. Charnass: B. Z. **26**, 199 (1910). — Lehnartz, E.: H. **179**, 1 (1928). — Friedemann, T. E., M. Cotonio and P. A. Shaffer: J. biol. Ch. **73**, 335 (1927). — Lieb, H., u. M. K. Zacherl: H. **211**, 211 (1932). — Lauersen, F.: Mikrochem. **25**, 85 (1938). — [15] Lehmann, J.: Skand. Arch. Physiol. **80**, 237 (1938). — [16] Stotz, E.: Adv. Enzymol. **5**, 129, u. zwar 139 (1945). — [17] Long, C.: Biochem. J. **40**, 27 (1946). — [18] Aebi, H.: Helv. **30**, 1639 (1947). — [19] Bueding, E., and H. Wortis: Proc. Soc. exp. Biol. Med. **44**, 245 (1940). — [20] Bueding, E., and R. Goodhart: J. biol. Ch. **141**, 931 (1941). — [21] Cavallini, D., N. Frontali and G. Toschi: Nature **164**, 792 (1949).

einer dritten unbekannten Ketosäure. Ein Teil der Autoren findet Normalwerte von 1,0 bis 1,5 mg%[1], andere[2] solche von 0,77 bis 1,16 mg% und wieder andere von 0,5 mg%[3]. Dabei wird besonders auf die Anhäufung von Carbonylverbindungen bei beriberikranken Menschen hingewiesen und ein Unterschied zwischen der Brenztraubensäure und den bisulfitbindenden Substanzen gemacht. Normalwerte, wie sie im Blut bestimmt sind, gibt die nachfolgende Tabelle:

Tabelle 99. Brenztraubensäuregehalt des Blutes (in mg%).

	Normal	Einfluß der Arbeit	Vitamin B_1-Mangel[5]	
Mensch	0,55* 0,4—1,0		c) 1,3 0,8—1,9	d) 2,7 1,0—5,8
Kaninchen	1,0	a) 1,1 b) 1,6		
Ratten	1,1		3,2[4]	
Tauben	0,9		5,4[4]	
Hund	1,68 ± 0,21			

* Werte über 1,3 mg% sind krankhaft.

a) bei Hunger; b) bei gewöhnlicher Nahrungsaufnahme und bei Bewegung; c) bei chronischer, d) bei akuter Beriberikrankheit.

Mit der Zunahme der Milchsäure geht auch immer eine — allerdings geringere — Zunahme der Brenztraubensäure einher. Sie erreicht nach Muskelarbeit ihre Höchstwerte kurze Zeit später als die Milchsäure[6].

Nach Einnahme von Glucose steigt bei normalen Personen der Brenztraubensäuregehalt im Blut an, erreicht nach 1 Std den Höhepunkt und nach 3 Std wieder den Ausgangswert. Bei Menschen, die an Vitamin B_1-Mangel leiden, steigt bei dieser Versuchsanordnung der Brenztraubensäuregehalt auf sehr hohe Werte an. Die Dauer des Abklingens ist erheblich verlängert[7]. Zwischen dem Capillarblut und dem venösen Blut besteht ein Unterschied, und zwar ist der Gehalt im Venenblut in 74% der Fälle etwas niedriger als im Capillarblut, ohne Bevorzugung einer bestimmten Krankheitsgruppe. Es kommen aber auch Ausnahmen vor, und es ist deshalb gleichgültig, wie das Blut gewonnen wird[8]. Von anderer Seite wird ebenfalls berichtet, daß im Fingerbeerenblut mehr Brenztraubensäure als im Venenpunktat gefunden wird[9].

Nach Zufuhr von Aminosäuren steigt der Wert stark an[10]. MARKEES u. MEYER[11] geben den Nüchternwert beim Kaninchen mit 0,5 bis 2,5 mg% Brenztraubensäure an. Beim Alloxandiabetes ist die Verwertungsmöglichkeit für Brenztraubensäure gestört, die Nüchternwerte steigen auf 1,3 bis 4,3 mg%. Bei Belastung mit 0,25 g Natriumpyruvat pro kg Körpergewicht kommt es zunächst zu einem Anstieg, der Ausgangswert wird aber schon nach 1 Std wieder erreicht[12]. Nach Überimpfung von Tumoren ist oft ein Anstieg der Brenztraubensäure gefunden worden[13,14], der nach Rückbildung der Tumoren wieder zur Norm zurückgeht. Die Steigerung im Blut wurde bei Ascitesmäusen nicht gefunden[15] und bei Krebs-

[1] EULER, H. v., I. SÄBERG u. B. HÖGBERG: H. **268**, 171 (1941). — [2] s. S. 324[19]. — [3] PLATT, B. S., and G. D. LU: Biochem. J. **33**, 1525 (1939). — [4] LU, G. D.: Biochem. J. **33**, 774 (1939). — [5] LU, G. D.: Biochem. J. **33**, 249 (1939). — [6] JOHNSON, R. E., and H. T. EDWARDS: J. biol. Ch. **118**, 427 (1937). — [7] BUEDING, E., M. H. STEIN and H. WORTIS: J. biol. Ch. **140**, 697 (1941). — [8] SCHMIDT, H. W.: Kli. Wo. **1943**, 489. — [9] TSATSAKOS, D.: Kli. Wo. **1943**, 442. — [10] OBERDISSE, K.: Kli. Wo. **1947**, 872. — [11] MARKEES, S., u. F. W. MEYER: Exper. **4**, 31 (1948). — [12] MARKEES, S., u. F. W. MEYER: Exper. **4**, 195 (1948). — MARKEES, S.: Helv. physiol. Acta **9**, C 30 (1951). — [13] EULER, H. v., B. HÖGBERG u. I. SÄBERG: H. **274**, 285 (1942). — [14] EULER, H. v.: Z. Krebsforsch. **51**, 193 (1941). — EULER, H. v., L. AHLSTRÖM, J. RÖNNESTAM-SÄBERG u. I. PETTERSSON: Z. Krebsforsch. **55**, 15 (1944). — EULER, H. v., B. SKARZYNSKI u. B. HÖGBERG: Z. Krebsforsch. **49**, 46 (1940). — [15] SCHMIDT, H. W.: Z. Krebsforsch. **54**, 170 (1943).

kranken nur im fortgeschrittenen Stadium der Krankheit[1]. Im Oestrus ist die Brenztraubensäure bei der Ratte vermehrt und nimmt nach Testosteroninjektion ab[2, 3]. Die umfassendsten Steigerungen der Brenztraubensäure werden bei Beriberikranken und nach Vitamin A-Mangel beobachtet[2, 4, 8, 9]. Weiterhin findet man erhöhte Werte bei Diabetes[5], bei Pellagra[1] und nach Nebennierenexstirpation[6]. Die *Bisulfitbindungsfähigkeit* des Blutes ist eine unspezifische Reaktion und gestattet nicht zwischen Aldehyden, Ketonen usw. zu unterscheiden[7]. Bei B_1-Avitaminose steigen die bisulfitbindenden Stoffe im Blut parallel der Brenztraubensäure an[7, 8], besonders rasch bei gleichzeitiger Nebennierenexstirpation[7]. Im Hunger ist der Anstieg bei nebennierenlosen Tieren stärker und reziprok dem Glykogengehalt der Leber, in diesem Fall aber unabhängig vom Gehalt an Brenztraubensäure und Ketonkörpern[7]. Entsprechend der Steigerung bei Vitamin B_1-Mangel wird nach Zufuhr von Vitamin B_1 oder Cocarboxylase der Brenztraubensäuregehalt auch bei gesunden Menschen erniedrigt[9].

Bemerkenswert ist, daß bei subcutaner oder oraler Gabe von Citronensäure bei Ratten oder Menschen der Brenztraubensäuregehalt des Blutes bis auf weniger als die Hälfte herabgesetzt werden kann. Der gleiche Effekt tritt ein, wenn wegen Aneurinmangel oder aus anderen Ursachen der Brenztraubensäurespiegel erhöht war. Diese Wirkung ist fast ausschließlich auf Citronensäure beschränkt[10]. Das Verhältnis Milchsäure : Brenztraubensäure ist unter normalen Bedingungen konstant 9,3 und ändert sich bei Vitaminmangel, Herzkrankheiten und Neuritiden[11].

Zur ***Bestimmung*** ist empfehlenswert die Methode von Lu[12] oder die colorimetrische Bestimmung mit Hilfe von Salicylaldehyd[13]. Ausführliche Anweisungen s.[14]. Ausschaltung des Acetessigsäurefehlers[15].

f) Weitere organische Säuren. Die Gesamtmenge[16] der organischen Säuren im Serum von Kleinkindern soll für 100 cm³ Serum 12,0 bis 18,4 cm³ n/10 Natronlauge entsprechen[17]. Bei Niereninsuffizienz sind die ätherlöslichen Säuren bis auf das 4fache vermehrt[18]. Im einzelnen kommen folgende Säuren vor:

Ameisensäure: 4,8 mg%[19].

Essigsäure wurde bisher nicht nachgewiesen.

Oxalsäure wird mit 0,2 bis 0,5 mg% je nach der Tierart angegeben[20, 21]. Im Serum von Menschen sind 0,21, von Pferden 0,24, von Rindern 0,32, von Schweinen 0,30, von Schafen 0,47 mg% beobachtet worden. Menschliches Gesamtblut soll 0,37 mg% enthalten[21]. Die Oxalsäure wird als Stoffwechselendstufe angesehen[22], die Bildung im Blut ist an die geformten Bestandteile gebunden. Da NaCN und NaF den Vorgang hemmen, wird ein fermentativer Prozeß angenommen[20].

---

[1] SCHMIDT, H. W.: Z. Krebsforsch. **51**, 349 (1941). — [2] EULER, H. v., I. SÄBERG u. B. HÖGBERG: H. **268**, 235 (1941). — [3] EULER, H. v., I. SÄBERG u. B. HÖGBERG: H. **268**, 171 (1941). — [4] FORNAROLI, P.: Quad. Nutriz. **7**, 155 (1940) [Ber. Physiol. **122**, 604]. — CARO, L. DE, P. FORNAROLI e I. BONI: Boll. Soc. ital. Biol. sperim. **15**, 518 (1940) [Ber. Physiol. **121**, 595]. — PLATT, B. S., and G. D. LU: Biochem. J. **33**, 1525 (1939). — [5] EULER, H. v., F. SCHLENK u. B. HÖGBERG: Upsala Läk.-Fören. Förh. (N. F.) **45**, 301 (1939) [Ber. Physiol. **118**, 119]. — [6] SCHMIDT, H. W.: B. Z. **310**, 225 (1941/42); **312**, 1 (1942). — [7] FITZ-GERALD, O.: Pflügers Arch. **241**, 741 (1939). — [8] LU, G. D., and B. S. PLATT: Biochem. J. **33**, 1538 (1939). — [9] EULER, H. v., u. B. HÖGBERG: Naturwiss. **27**, 769 (1939). — [10] EULER, H. v., u. B. HÖGBERG: H. **265**, 244 (1940). — [11] GOLDSMITH, G. A.: Amer. J. med. Sci. **215**, 182 (1948). — [12] LU, G. D.: Biochem. J. **33**, 249 (1939). — [13] STRAUB, F. B.: H. **244**, 117 (1936). — [14] Hinsberg-Lang 2. Aufl. S. 129. — FRIEDEMANN, T. E., and G. E. HAUGEN: J. biol. Ch. **147**, 415 (1943). — [15] MARKEES, S.: Exper. **7**, 314 (1951). — [16] VLADIMIROV, G. E., u. J. A. EPSTEIN: J. Physiol. USSR **26**, 287 (1939) [Ber. Physiol. **120**, 427]. — [17] CSAPÓ, J.: Jb. Kinderheilkde. **123**, 307 (1929). — [18] BECHER, E., R. ENGER u. E. HERRMANN: Kli. Wo. **1932** I, 891. — [19] DROLLER, H.: H. **211**, 57 (1932). — STEPP, W.: H. **109**, 99 (1920). — [20] FLASCHENTRÄGER, B., u. P. B. MÜLLER: H. **251**, 52 (1938). — [21] MÜLLER, P. B.: H. **256**, 75 (1938). — [22] TOENNIESSEN, E., u. E. BRINKMANN: H. **252**, 177 (1938). — MÜLLER, P. B.: H. **266**, 149 (1940).

Bernsteinsäure ist mit 0,7 mg% im Blut vorhanden[1]. KREBS[2] gibt 0,5 mg% (0,1 bis 0,9) für menschliches Plasma an. Von FLASCHENTRÄGER u. LÖHR[3] wurden im Rinderblut nicht mehr als 0,2 mg% gefunden.

Fumarsäure wurde mit weniger als 0,3 mg% gefunden[4].

Der *Citronensäuregehalt* des Blutes wird mit 2,0 bis 2,5 mg%[5] und mit 1,4 bis 2,3 mg%[6], im Mittel mit 1,76 mg% angegeben. Davon sind 60 bis 80% im Plasma, der Rest in den Zellen enthalten. Die Citronensäure ist bei Leberkranken vermehrt[5]. Diese Erhöhung beruht auf der Verhinderung des Citronensäureabbaus[7]. Der Citronensäuregehalt des Pferdeserums wurde biologisch mit Citricodehydrogenase zu 4,7 bis 7,3 mg% bestimmt[8].

g) Acetaldehyd findet sich im Blut in geringer Menge, und zwar beim Menschen 0,32 bis 0,5, beim Pferd 0,32 bis 0,68, beim Ochsen 0,24 bis 0,47 und beim Hund 0,12 bis 0,42 mg%[9]. *Bestimmung*[10].

h) Äthylalkohol. Menschliches Blut soll normalerweise etwas Alkohol enthalten, und zwar bis 6 mg%, meist aber zwischen 2 und 4 mg%[11]. Nach reichlicher Kohlenhydratzufuhr steigt der Wert etwas (auf 5,2 mg%), nach Genuß alkoholischer Getränke erheblich (bis auf 45 mg%[12]) an. Werden im Blut über 6 mg% Alkohol gefunden, so wird das gerichtlich als vermehrter Alkoholgehalt gewertet[13]. 100 mg% wird als leicht angetrunken, 200 mg% als mittlerer Rausch und bis 350 mg% als schwerer und schwerster Rausch bewertet. 500 mg% Alkohol im Blut sind meist tödlich und 600 mg% werden nie überstanden[14]. Bei der Bewertung kleinster Alkoholmengen ist zu berücksichtigen, daß meist die unspezifische Methode nach WIDMARK[15] verwendet wird, nach welcher alle oxydierbaren flüchtigen Substanzen bestimmt werden und die von Aceton gestört werden kann[13]. Über ***Bestimmungsverfahren*** s.[16], über eine spezifische Methode[17]. *Methylalkohol* im Blut[18].

i) Acetonkörper. Für die Ketonkörper wird unter normalen Bedingungen beim Menschen ein Gehalt von 1,2 bis 1,8 mg% (nach UMBER 0,5 bis 1,6 mg%) Gesamtaceton angegeben, darunter 0,4 bis 0,8 mg% Aceton und 1,5 bis 2,5 mg% β-Oxybuttersäure, entsprechend 0,8 bis 1,4 mg% Aceton[19]. Für die Acetessigsäure allein werden 0,055 bis 0,26 mg% gefunden; im Plasma 0,08 bis 0,26 mg%. Das normale Rattenblut enthält 0,23 bis 0,48 mg%. Für Meerschweinchen und Mäuse werden ähnliche Werte gefunden wie für die Ratte, doch steigen bei der Maus die Werte beim Fasten bis auf 2,9 mg% an. Bleibt Blut stehen, so nimmt die Acetessigsäure beträchtlich ab[20]. Beim Säugling liegen die Werte für Gesamtaceton etwas höher, zwischen 1,4 und 2,0 mg%[21]. Die Menge der Ketonstoffe ist im arteriellen Blut niedriger als im venösen. Der Unterschied wird als Maß für die Ketonkörperbildung im *ruhenden* Muskel gewertet, während nach *Arbeit*, also bei gesteigertem Ketonkörpergehalt des Blutes (über 10 mg%), Ketonkörper vom

[1] THUNBERG, T.: Acta med. scand., Suppl. **90**, 122 (1938). — [2] KREBS, H. A.: Ann. Rev. **19**, 417 (1950). — [3] FLASCHENTRÄGER, B., u. G. LÖHR: H. **174**, 302 (1928). — [4] MARSHALL, L. M., J. M. ORTEN and A. H. SMITH: J. biol. Ch. **179**, 1127 (1949). — [5] KRUSIUS, F.-E., u. A. VESA: Acta Soc. Med. fenn. Duodecim (A) **21**, Nr. 2 (1939) [C. **1939 II**, 3303]. — [6] WOLCOTT, G. H., and P. D. BOYER: J. biol. Ch. **172**, 729 (1948). — [7] MÅRTENSSON, J.: Nord. Med. **1940**, 253 [Ber. Physiol. **121**, 50]. — [8] HIRSCHLAFF-LINDGREN, B.: Skand. Arch. Physiol. **76**, 15 (1937). — [9] FABRE, R.: Bull. Soc. Chim. biol. **7**, 429 (1925). — [10] BURBRIDGE, T. N., C. H. HINE and A. F. SCHICK: J. Lab. clin. Med. **35**, 983 (1950). — [11] GIBSON, J. G. jr., and H. BLOTNER: J. biol. Ch. **126**, 551 (1938). — [12] ABELIN, I.: Schweiz. med. Wschr. **69**, 569 (1939). — BICKEL, A.: Biologische Wirkungen des Alkohols auf den Stoffwechsel. Leipzig 1936. — [13] GUTSCHMIDT, J.: Kli. Wo. **1939 I**, 58. — [14] GOLDHAHN, R.: Dtsch. Z. Chir. **239**, 241 (1933). — WIDMARK, E. M. P.: B. Z. **259**, 285 (1933). — THÜRAUF: Dtsch. Mil.-Arzt **2**, 157 (1937). — ELBEL, H.: Die wissenschaftlichen Grundlagen der Beurteilung von Blutalkoholbefunden. Leipzig 1937. — [15] WIDMARK, E. M. P.: B. Z. **131**, 475 (1922); **270**, 297 (1934). — [16] Hinsberg-Lang 2. Aufl. S. 144. — Rappaport S. 126. — KAISER, H., u. E. WETZEL: Angew. Chem. **46**, 622 (1933). — WALCHER, K.: Gerichtlich-medizinische und kriminalistische Blutuntersuchung. Berlin 1939. — [17] KLUGE, H.: Z. Unters. Lebensm. **78**, 449 (1939). — WEINIG, E.: Dtsch. Z. gerichtl. Med. **40**, 318 (1951). — [18] URI, J., u. E. JENEY: Wien. Z. inn. Med. **28**, 455 (1947). — [19] LAUERSEN, F.: Kli. Wo. **1937 II**, 1187. — [20] ROSENTHAL, S. M.: J. biol. Ch. **179**, 1235 (1949). — ROSSI, A.: Arch. Sci. biol., Napoli **24**, 73 (1938) [Ber. Physiol. **110**, 244]. — [21] Biol. Daten (BROCK) Bd. 3, S. 174.

Muskel zum Verschwinden gebracht werden[1]. Im Gegensatz zur Milchsäurebildung ist die Bildung von Aceton und von β-Oxybuttersäure bei gewohnter von der bei ungewohnter Arbeit verschieden. Bei Ungewohnten oder Ungeübten kommt es bei plötzlicher Anstrengung zu einer Ketonämie, die sich in der Ruhezeit noch steigert, während sie beim Trainierten ausbleibt, wie aus der folgenden Tabelle zu sehen ist. (Die in dem β-Oxybuttersäurewert vorhandene Acetessigsäure ist im Acetonwert enthalten.)

Tabelle 100. Gehalt an Acetonkörpern und Milchsäure im Blut bei Arbeit[2] (in mg%).

	nach ungewohnter Arbeit				nach gewohnter Arbeit		
	Sofort	Nach Ruhe von			Sofort	Nach Ruhe von	
		5 Std	8 Std	24 Std		5 Std	8 Std
Aceton	3,6	10,2	8,3	2,4	0,7	0,8	0,77
β-Oxybuttersäure	12,7	18,0	14,8	5,7	3,5	2,0	1,6
Milchsäure	75	22	17	—	97	34	19

Über den Einfluß von Glucose, Pancortex und Adrenalin s. [3]. Im Hunger tritt infolge Verminderung der Kohlenhydratvorräte eine Vermehrung der Acetonkörper im Blut ein, desgleichen während der Schwangerschaft, bei Äthernarkose, Diabetes mellitus, wobei die Werte zum Teil erheblich vermehrt sein können[4]. Im Coma sind Werte bis zu 30 mg% beobachtet worden[5], während von anderer Seite nur Steigerungen bis zu 4,6 mg% berichtet werden[6]. Die von LECOQ u. CAREL[7] für Tiere und Menschen angegebenen Normalwerte liegen viel höher und müssen nachgeprüft werden.

Tabelle 101. Ketonkörpergehalt des Blutes (in mg%).

	Mensch	Hund	Kaninchen	Ratten
Aceton	2,36	4,32	2,65	5,68
	2,49	2,68	2,30	5,88
		2,21	2,50	4,70
β-Oxybuttersäure	9,34	25,01	9,05	17,8
	9,93	30,65	19,77	18,12
	10,73	10,08	13,65	15,00

Bestimmung s. [8].

Bei Versuchen, spezifische Bestimmungsmethoden für Brenztraubensäure auszuarbeiten, ist im Blut auch α-*Ketoglutarsäure* gefunden worden[9], und zwar in Mengen von 0,21 mg% (im 24-Stunden-Harn erscheinen gleichzeitig 20,5 mg%).

Bestimmung s. [10]

k) Phenole und aromatische Oxysäuren[11]. Gewöhnlich findet man im Blut nur sehr geringe Mengen von Fäulnisstoffen, die meist aus der Eiweißverdauung im Darm stammen. Solche sind z. B. Phenol, Kresol, Dioxybenzol, Indican sowie die

---

[1] GAMBIGLIANI ZOCCOLI, A., e M. FEDI: G. R. Accad. Med. Torino **52**, 146 (1939). — [2] WINKLER, H., u. F. HEBELER: Kli. Wo. **1939 I**, 596. — [3] GAMBIGLIANI ZOCCOLI, A., e M. FEDI: G. R. Accad. Med. Torino **52**, 146 (1939). — [4] Rappaport S. 155. — [5] WINNICK, T.: J. biol. Ch. **141**, 115 (1941). — [6] CHAKRABORTY, M. K., and M. C. NATH: Science & Culture, Calcutta **12**, 505 (1947) [Chem. Abstr. **41**, 5915 (1947)]. — [7] LECOQ, R., et R. CAREL: Cr. **201**, 1154 (1935). — [8] Hinsberg-Lang 2. Aufl. S. 163. — Rappaport S. 152. — LAUERSEN, F.: Mikrochem. **25**, 85 (1938). Kli. Wo. **1937 II**, 1187. — BARNES, R. H., and A. N. WICK: J. biol. Ch. **131**, 413 (1939). — [9] CAVALLINI, D., N. FRONTALI and G. TOSCHI: Nature **164**, 792 (1949). — [10] Hinsberg-Lang 2. Aufl. S. 138. — [11] BECHER, E.: Einfache quantitative, klinisch-chemische Harn- und Blutuntersuchungsmethoden. S. 46. Jena 1934.

Salze aromatischer Oxysäuren, der Indolessigsäure oder Indolacetursäure. Freie Phenole sollen normalerweise im Menschenblut nicht vorkommen[1].

Die *Xanthoproteinreaktion* zeigt alle vom Tyrosin sich ableitenden Darmfäulnisstoffe an, besonders die genannten Phenole und Phenolabkömmlinge, außerdem die vom Tryptophan stammenden Abkömmlinge, wie Indican, Indolessigsäure und Indolacetursäure, natürlich auch Tyrosin und Tryptophan selbst. Phenylalanin und seine Abkömmlinge werden von der Xanthoproteinreaktion nicht erfaßt.

Im normalen enteiweißten Blut ist die Xanthoproteinreaktion sehr schwach. Kocht man vor Anstellung der Probe das eiweißfreie Blutfiltrat mit Säuren und äthert aus, so ist beim Gesunden keine Abnahme der Xanthoproteinreaktion zu beobachten. Bei einer wahren Niereninsuffizienz aber beobachtet man eine starke Abnahme der Farbtönung nach Kochen mit Säure und Ausäthern.

Der *ätherunlösliche* Anteil enthält die aromatischen Aminosäuren in *freier* oder *gebundener* Form; der *ätherlösliche* Anteil enthält die Darmfäulnisverbindungen, die sich vom Tyrosin und Tryptophan ableiten. Der größte Teil dieser Fäulnisstoffe ist durch Bindung an Schwefelsäure bzw. Glucuronsäure zunächst noch nicht ätherlöslich, er wird es aber nach Hydrolyse mit Säure. Bei schwerer Niereninsuffizienz findet man immer einen starken Anstieg des ätherlöslichen Anteils; der nach der Säurehydrolyse ätherlösliche Anteil umfaßt Phenol, Kresol, Dioxybenzole, aromatische Oxysäuren, Indol und Indolessigsäure. Ein Teil dieser ätherlöslichen Verbindungen ist flüchtig (Phenol, Kresol, Indol).

Außer der Xanthoproteinreaktion gibt es noch andere colorimetrische Verfahren[2–5], von denen nur das letztere[5] spezifisch sein soll; mit ihm sollen die einzelnen Phenolanteile gesondert bestimmt werden können.

Nach den Untersuchungen von Woinar u. Babkin[6] soll im normalen Blut kein *Phenol* vorkommen, während von amerikanischen Autoren[7] 1 bis 2 mg% gefunden wurden, was aber durch Anwendung unspezifischer Methoden zu erklären sei. Von anderen Autoren werden Mengen von 0,5 bis 0,55 mg% Phenol im gewöhnlichen Serum angegeben[8]. Davon sind 0,14 bis 0,22 mg% ätherlöslich und flüchtig, 0,017 bis 0,15 ätherunlöslich und flüchtig und 0,16 bis 0,25 nicht flüchtige „Phenole" und davon 0,10 bis 0,15 mg% Oxysäuren. Im Schrifttum werden für den Menschen je nach dem Bestimmungsverfahren „Phenolwerte" von 0,02 bis 2,0 mg% angegeben[2]. Im Kaninchenblut macht das freie „Phenol" im Mittel 79,2% des Gesamtphenols aus (absolut 1,74 mg%), das gebundene Phenol 20,8% (0,51 mg%)[9].

Im arteriellen Blut sind die Werte höher als im venösen, z. B. bei Kaninchen 1,7 bzw. 1,4 mg%[10] oder bei Kröten 1,13 bzw. 0,9 mg%. Der Gehalt an Darmfäulnisprodukten im Blut ist erhöht[11] bei Niereninsuffizienz, Lebercirrhose, akuter gelber Leberdystrophie, Endocarditis lenta, schwerer Pneumonie, perniciöser Anämie, Ileus und nach Einnahme von Phenolabkömmlingen, wie z. B. Salicylsäure.

l) Restkohlenstoff. Eine bisher wenig beachtete Fraktion ist der Restkohlenstoff im Blut, worunter man die Gesamtmenge des Kohlenstoffes versteht, der in das eiweißfreie Blutfiltrat übergeht[12]. Im allgemeinen stellt er den Kohlenstoff der

---

[1] Woinar, A., u. M. Babkin: J. Physiol. USSR **30**, 134 (1941) [C. **1942 I**, 241]. — [2] Schmidt, E. G., M. J. Schmulovitz, A. Szczpinski and H. B. Wylie: J. biol. Ch. **120**, 705 (1937). — Nassi, L.: Diagnost. Tecn. Lab. **9**, 161 (1938). — [3] Hinsberg-Lang 2. Aufl. S. 159 ff. — [4] Marcolongo, F.: Arch. Sci. med., Torino **63**, 262 (1937). — [5] Sevilla, J., u. J. A. Di Menza: Rev. Asoc. bioquím. argent. **14**, 17 (1947) [Ber. Physiol. **137**, 396]. — [6] Woinar, A., u. M. Babkin: J. Physiol. USSR **30**, 134 (1941) [C. **1942 I**, 241]. — [7] Wallace, S. L., J. M. Little and J. R. R. Bobb: J. Lab. clin. Med. **33**, 845 (1948). — [8] Marcolongo, F.: Riv. Pat. sperim. (N. S.) **8**, 450 (1937). — [9] Sakai, K.: Jap. J. Gastroenterol. **12**, 5 (1940) [Ber. Physiol. **129**, 177]. — [10] Tokuyama, S.: J. Biochem. **27**, 119 (1938). — [11] Becher, E.: Einfache quantitative, klinisch-chemische Harn- und Blutuntersuchungsmethoden. S. 46. Jena 1934. — [12] Stepp, W.: Der Restkohlenstoff des Blutes und seine Bedeutung für Physiologie und Pathologie. Ergebn. Physiol. **19**, 290 (1921).

mit Phosphorwolframsäure nicht fällbaren organischen Verbindungen dar und erfaßt daher nicht die lipoidlöslichen Anteile des Blutes[1–3]. Die Höhe des Rest-C hängt von dem Enteiweißungsverfahren ab. Durchschnittswerte im Phosphorwolframsäure-Filtrat beim Menschen 185 mg% (160 bis 200)[1, 2], beim Kaninchen 154,1 ± 18,1 mg%[4]. Im Kaninchenplasma ist der Restkohlenstoffgehalt geringer als im Vollblut. Daraus geht hervor, daß, obwohl die bekannten Anteile des Rest-C hauptsächlich im Plasma enthalten sind, der Rest-C in größerer Menge in den Blutkörperchen vorhanden sein muß.

Am Rest-C sind beteiligt: Traubenzucker, Milchsäure, Harnstoff, Aminosäuren, Phenole, Imidazolderivate, Gesamtkreatinin, Harnsäure, Ameisensäure, Adenosinphosphorsäure, Diphosphoglycerinsäure und schließlich noch hydrolysierbare reduzierende Substanzen, die als Glucose berechnet werden[5].

Bei Diabetes, bei Nierenerkrankungen, die mit einer Retention harnpflichtiger Stoffe einhergehen, bei Leberschädigungen, schwersten Kreislaufstörungen, Leukämie und bösartigen Neubildungen kann der Rest-C stark erhöht sein.

Bei Hunden wurde ein Rest-C zwischen 173 und 189 mg% gefunden, der nach Sensibilisierung, besonders aber im Schock, stark ansteigt[5].

Verwendet man zum Enteiweißen eine Alkohol-Äther-Mischung, so bleiben wesentlich mehr kohlenstoffhaltige Verbindungen im Filtrat, da die gesamten Lipoide nicht ausgefällt werden. So wurde im Serum von Hunden nach Alkohol-Äther-Fällung ein Rest-C von 890 mg% gefunden, davon waren 679 mg% petrolätherlöslich; im Phosphorwolframsäure-Filtrat fanden sich gleichzeitig 268 mg% C. Wird das Alkohol-Äther-Filtrat verseift, so kann der Fettkohlenstoff besonders bestimmt werden[6].

Bestimmung s. [3].

2. Fette und Lipoide.

a) Begriffsbestimmungen. Zur Besprechung der Plasmabestandteile, die unter dem Namen Lipoide zusammengefaßt sind, ist es nötig, die hier gebrauchten Bezeichnungen festzulegen. Alle mit Äther ausziehbaren Stoffe werden unter dem Namen Lipoide zusammengefaßt.

Zu ihnen gehören im weitesten Sinne die Fette, Fettstoffe, Phosphatide, Cerebroside, Carotinoide und Sterine. Diese Extrakte enthalten also nicht chemisch einheitliche oder auch nur verwandte Verbindungen, sondern Stoffe, die ein gleichartiges Lösungsverhalten zeigen. Über ihre Konstitution und Eigenschaften s. Bd. 1, S. 360—483.

Die generelle Einteilung ist am besten aus folgender Übersicht zu entnehmen:

Fettstoffe (Fette und Lipoide) = Lipoide = Gesamtfette	1. Eigentliche Fette = Neutralfette = Triglyceride	
	2. Monoaminophosphatide	Lipoide
	3. Diaminophosphatide = Sphingomyeline	
	4. Cerebroside	
	5. Sterine und Steroide	
	6. Carotinoide	

Zu den angeführten Lipoiden tritt eine Reihe erst kürzlich entdeckter, in sehr kleinen Mengen vorkommender Verbindungen, z. B. Serinphosphatide; s. darüber Bd. 1, S. 373 ff.

[1] Imhäuser, K.: Z. ges. exp. Med. **82**, 552 (1932). — [2] Voit, K.: Kli. Wo. **1934 II**, 1641. Z. klin. Med. **126**, 230 (1933). — [3] Lauersen, F., u. K. Voit: B. Z. **280**, 276 (1935). — [4] Inouye, T.: Tôhoku J. exp. Med. **36**, 58 (1939). — [5] Diehl, F.: A. e. P. P. **179**, 670 (1935). — [6] Ruppert, V.: H. **231**, 213 (1935).

Durch Hydrolyse kann das Gemisch in den verseifbaren Anteil und in das Unverseifbare aufgeteilt werden[1]. Das Unverseifbare enthält die Sterine, Carotinoide und ungeklärten Stoffe (Restunverseifbares), zu welchen auch Kohlenwasserstoffe gehören können. Das Vorkommen von freien Fettsäuren im Blut ist unwahrscheinlich[2].

b) An Eiweiß gebundene Fette (Lipoproteide). Ein Teil der Fette geht erst nach Zugabe von Alkohol in den Äther über. Dieser Anteil ist an Eiweiß gebunden, sog. Cenapsen[3] (s. S. 862) über die Art der Bindung und über die Natur dieser Fette ist noch wenig bekannt. Der Fettanteil der Lipoidglobuline ist schwerer abzutrennen als der in den Lipoidalbuminen. Während die an die Albumine gebundene Fettmenge sich wenig ändert, schwankt die an die Globuline gebundene oft erheblich[3, 4]. Das Verhältnis der Serumfette, die durch Äther allein ausgezogen werden können, zu den Gesamtfetten ist unter physiologischen Bedingungen ziemlich unveränderlich. Der ätherlösliche Anteil beträgt ungefähr 65% der Gesamtfette. Unter krankhaften Bedingungen nimmt der ausziehbare Anteil der Lipoide erheblich ab (bis auf 16%)[5], d. h. es werden weit mehr Lipoide an Eiweiß gebunden. Die Zusammensetzung der mit Äther allein ausziehbaren und der an Eiweiß gebundenen Fettstoffe ist wenig verschieden, doch kann man nicht davon sprechen, daß für die Bindung an Eiweiß bestimmte Lipoide bevorzugt werden[6]. Bei der Fällung mit Ammonsulfat gehen die eiweißgebundenen Fette in die Eiweißfällung. Im Pferdeserum ergaben sich für die eiweißgebundenen Fette Werte von 0,4 bis 1,0 g in 100 cm³; dieselbe Menge war im Hunde- und Hühnerserum nachweisbar, dagegen nicht im Meerschweinchenserum.

Nach einer Zusammenstellung nach WUHRMANN u. WUNDERLY[7] verteilen sich die Lipoide auf die einzelnen Eiweißfraktionen wie folgt:

Tabelle 102. Verteilung des Lipoids auf die Eiweißfraktionen des Blutserums.

	Cholesterin %	Phosphatidphosphor %
Albumin	1,07	0,09
α-Globulin	4,45	0,29
β-Globulin	8,65	0,40
γ-Globulin	0,41	0,04

Es zeigen sich jedoch wie bei allen Lipoiduntersuchungen große individuelle Schwankungen, da von allen Stoffarten, welche im Blute enthalten sind, die Lipoide die weitaus größten Variationen aufweisen (vgl. hierzu auch die Cholesterinwerte S. 337). Die Gesamtfettwerte liegen im arteriellen Blut meist etwas höher als im venösen[8].

c) Gebundene Fettsäuren, Neutralfette und Phosphatide. In der folgenden Tabelle sind Mittelwerte aufgenommen, die die Mengen der einzelnen Bestandteile im Gesamtblut und Serum wiedergeben. Es ist aber dabei zu berücksichtigen, daß die natürliche Schwankungsbreite, aus der diese Werte errechnet wurden, bis zu 50% betragen kann. Der Einfluß der Nahrung ist bei den Lipoiden im Blut viel größer als bei den Kohlenhydraten und beim Eiweiß.

Bezüglich der Tabelle der Normalwerte ist noch hinzuzufügen, daß außer den großen physiologischen Schwankungen auch die Methode einen wesentlichen Einfluß auf den Befund ausübt. Dieser kann so stark sein, daß die mit verschiedenen Methoden gewonnenen Resultate nicht unmittelbar miteinander verglichen werden können, was bei den folgenden Tabellen zu berücksichtigen ist.

[1] GRAFF, U.: B. Z. **298**, 179 (1938). — [2] HERBERT, F. K.: Biochem. J. **29**, 1887 (1935). — [3] MACHEBOEUF, M. A., et J. DUBOY: C. R. Soc. Biol. **132**, 272 (1939). — [4] MACHEBOEUF, M. A., et L. DIZERBO: C. R. Soc. Biol. **132**, 268 (1939). — [5] zit. nach Ann. Rev. **9**, 115 (1940). — [6] DELAGE, P.: Diss. Paris 1939 [Ber. Physiol. **117**, 387]. — [7] Wuhrmann-Wunderly 2. Aufl. S. 41. — [8] ACHARD, C., M. BARIÉTY, A. CODOUNIS et E. HADJIGEORGES: C. R. Soc. Biol. **110**, 888 (1932).

Im *Hundeblut* wurden im Mittel 751 mg% Gesamtfett, mit täglichen Schwankungen von ±22% gefunden[1], davon waren 202 mg% Phosphatide, 207 mg% Cholesterin und 342 mg% Neutralfett. Nach Pankreasausschaltung steigt bei Hunden das Fett in der Leber an und sinkt im Blutplasma, bleibt aber in den Blutkörperchen unverändert[2].

Tabelle 103. Verteilung der Gesamtfette im Blut (in mg%)*.

	Gesamtblut[3]	Serum			Hund[6] Gesamtblut
		Erwachsene		Kind[4]	
		Mann[4]	Frau[5]		
Gesamtfette . . .	500	500—750	422—**589**—730	454	465—644
Neutralfette . . .	—	225	78—**154**—229	100	—
Gesamtcholesterin (a)	140—**150**—200	232	112—**162**—192	143	137—205
Freies Cholesterin (b)	50	82	37—**47**—59	35	104—144
Cholesterinquotient $= \left(\frac{\text{freies Cholesterin}}{\text{Estercholesterin}}\right)$	1 : 3	1 : 2,8	1 : 3	1 : 4	—
Monoaminophosphatide (Lecithine und Kephaline).	300	175—**181**—300	170—**196**—236	136	286—391
Sphingomyelin . .		23			
Gesamtfettsäuren	300—400	—	245—**353**—457	—	309—439

* s. a. Tab. 74, S. 280.

In mMol pro Liter ausgedrückt ergibt sich folgendes Verhältnis[7]:

Tabelle 104. Phosphatidgehalt im menschlichen Blut (in mMol pro Liter).

Normalwerte	Blut	Plasma	Zellen
Gesamtphosphatide	3,2—3,5	2,7—3,1	3,5—4,5
Lecithin	1,5—2,0	2,2—2,4	0,7—1,8
Kephalin	0,6—1,0	0,1—0,25	1,2—2,2
Sphingomyelin.	0,6—0,7	0,4—0,6	0,9—1,2

Im menschlichen Serum fanden sich aus dem Phosphorgehalt berechnet folgende Fraktionen[8, 9]:

Tabelle 105. Lipoidgehalt im menschlichen Blut.

	mg%[8]	mg% Mittelwert[8]	mg%	mg% Mittelwert
Gesamtphosphatidphosphor	7,94—10,9	9,04		
Gesamtphosphatide	198—272	226	128—191	152±16
Sphingomyelin	13,8—33,8	23		
Kephalin.	47—133,5	96	13—46	30±10
Lecithin	56—203	107	103—157	122±14
Gesamtfettsäuren und Unverseifbares .			245—498	376±72

[1] Schrade, W.: Ergebn. inn. Med. **62**, 743 (1942). — [2] Rubin, S. H., and E. P. Ralli: Amer. J. Physiol. **129**, 578 (1940). — [3] Boyd, E. M., and H. J. Tweddell: Trans. R. Soc. Canada (V) (3) **29**, 113 (1935) [Ber. Physiol. **96**, 73]. — [4] Erickson, B. N., H. H. Williams, F. C. Hummel and I. G. Macy: J. biol. Ch. **118**, 15 (1937). — Erickson B. N., H. H. Williams, F. C. Hummel, P. Lee and I. G. Macy: J. biol. Ch. **118**, 580 (1937). — [5] Boyd, E. M.: J. biol. Ch. **101**, 323 (1933). — [6] Chaikoff I. L., and A. Kaplan: J. biol. Ch. **106**, 267 (1934). — [7] Hack, M. H.: J. biol. Ch. **169**, 137 (1947). — [8] Thannhauser, S. J., J. Benotti and H. Reinstein: J. biol. Ch. **129**, 709 (1939). — Vgl. a. Wilson, W. R., and A. E. Hansen: J. biol. Ch. **112**, 457 (1936). — [9] Artom, C.: J. biol. Ch. **139**, 65 (1941). — Schmidt, G., J. Benotti, B. Hershman and S. J. Thannhauser: J. biol. Ch. **166**, 505 (1946).

Lipoid-P im Plasma unter pathologischen Bedingungen[1]; bei Leptosomen und Pyknikern[2].

Zwischen Männern und Frauen wird ein deutlicher Unterschied gefunden[3]. Eine vergleichende Übersicht der seit 1938 veröffentlichten Resultate gibt PETERSEN[4].

Tabelle 106. Plasmalipoide im Blut von Menschen und verschiedenen Tierarten (in mg% bestimmt mit der oxydimetrischen Mikromethode[5]).

	Meerschweinchen	Albinoratten	Kaninchen	Kühe	Katzen	Junge Hähne	Menschen
Zahl der Untersuchungen	10	116	89	3	27	22	118
Gesamtfette . . .	160±34	230±31	243±89	348±51	376±110	520±85	530±74
Neutralfette	73±33	85±30	105±50	105±39	108± 65	225±77	142±60
Gesamte Fettsäuren	116±29	152±23	169±66	202±55	228± 82	361±74	316±85
Gesamt-Cholesterin	32± 5	52±12	45±18	110±32	93± 24	100±23	152±24
Cholesterinester . .	21±11	31±10	23±12	73±15	63± 23	66±19	106±25
Cholesterin, freies .	11± 2	21± 8	22±13	37±15	30± 10	34± 9	46± 8
Phosphatide . . .	51±12	83±24	78±33	84±21	132± 53	155±34	165±28

Es ist fraglich, ob die in der Tabelle 106 angegebenen Werte für Neutralfett den wirklichen Verhältnissen entsprechen; denn BLIX[6] hat im Blutserum nur 30 bis 70 mg% gefunden. Er kritisiert, daß die auf direktem Weg erhaltenen Triglyceridwerte zu hoch seien.

Vermehrte Werte für den Gehalt an Fetten[7], besonders an Neutralfetten[8], beobachtet man nach fettreicher Nahrung, im Hungerzustand, in der Schwangerschaft, während der Menstruation, bei Lipoidnephrose, Diabetes mellitus, einigen Lebererkrankungen und verminderter Schilddrüsentätigkeit. *Herabgesetzte* Werte wurden bei lang dauernden Hungerzuständen und bei Nebennierenrindeninsuffizienz (Morbus ADDISON) gefunden.

Wenn auch für den Transport des mit der Nahrung aufgenommenen Fettes in erster Linie der Lymphweg und nur in ganz geringem Umfange die Pfortader herangezogen wird, so ist doch nach fettreicher Nahrung auch der Fettgehalt des peripheren Blutes vermehrt (alimentäre Lipämie). 4 bis 5 Std nach der Nahrungsaufnahme ist der Höchstwert erreicht[9], um dann wieder auf den Normalwert abzufallen[10]. Das fetthaltige Serum ist durch feinste Fetttröpfchen milchig getrübt (manifeste Hyperlipämie). Es gibt aber auch eine krankhafte Vermehrung des Blutfettes ohne Trübung des Serums (latente Hyperlipämie).

Bei der alimentären Hyperlipämie nehmen nicht nur die Neutralfette zu, sondern in beträchtlichem Maße auch die Plasmaphosphatide. An der Erhöhung ist das Kephalin ebenso stark beteiligt wie die Cholinphosphatide[11].

Als Bildungsstätte der Blutfette ist die Darmwand anzusehen, die Plasmaphosphatide entstehen dagegen erst ausschließlich in der Leber (s. a. Bd. 2/2). Sie ist der Hauptort der Synthese und des Umbaus, auch für die Ergänzung und die Entfernung von Plasmaphosphatiden, wie neue Versuche mit radioaktivem ^{32}P an Hunden ergaben[12].

In experimenteller Beziehung ist es wichtig, daß die Blutlipoide nach Entfernung der Schilddrüse ansteigen und nach Verabfolgung von Schilddrüsensubstanz wieder abfallen[13].

[1] ZILVERSMIT, D. B., and A. K. DAVIS: J. Lab. clin. Med. **35**, 155 (1950). — [2] KORNERUP, V.: Arch. internal Med., Chicago **85**, 398 (1950). — [3] COLARUSSO, A.: Diagnost. Tecn. Lab. **10**, 733 (1939). — [4] PETERSEN, V. P.: Scand. J. clin. Lab. Invest. **2**, 44 (1950). — [5] BOYD, E. M.: J. biol. Ch. **143**, 131 (1942). — [6] BLIX, G.: B. Z. **305**, 145 (1940). — [7] Rappaport S. 159f. — [8] HERBERT, F. K.: Biochem. J. **29**, 1887 (1935). — [9] BODANSKY, M.: Proc. Soc. exp. Biol. Med. **28**, 630 (1931). — [10] HETÉNYI, G.: Z. ges. exp. Med. **106**, 42 (1939). — s. a. S. **241**. — [11] BRANTE, G.: B. Z. **305**, 136 (1940). — [12] ENTENMAN, C., I. L. CHAIKOFF and D. B. ZILVERSMIT: J. biol. Ch. **166**, 15 (1946). — REINHARDT, W. O., M. C. FISHLER and I. L. CHAIKOFF: J. biol. Ch. **152**, 79 (1944). — [13] BARNES, R. H., and E. M. MCKAY: Ann. Rev. **13**, 211, u. zwar 229 (1944).

Wenn beim Kaninchen nach häufig wiederholtem Blutentzug[1] von täglich 20 bis 25 cm³ die Erythrocytenzahl auf etwa 2000000 abgesunken ist, tritt ebenfalls eine Lipämie auf. Bei sehr fettreicher Kost[2], wenn die Gesamtcalorien zu 88 bis 90% mit Fett gedeckt sind, ist ein hypoglykämischer Schock beobachtet worden. Versuche an Hunden ergaben, daß fettreiche Nahrung eine Verminderung des Glykogenspeicherungsvermögens der Leber bewirkt[3].

Eine Studie über die Fettsäureester im Serum bei 102 gesunden, fastenden Personen, die mit einer neuen zuverlässig erscheinenden Methode durchgeführt worden ist, ergab 7,0 bis 12,6 mäq/*l*. Im Mittel fand sich ein Gehalt von 9,2 mäq/*l*.[4] Dieselben Werte wurden auch von vielen anderen Autoren gefunden[5].

Die Menge der *Neutralfette* hängt von der Zufuhr mit der Nahrung ab und schwankt infolgedessen sehr stark. Sie sind hauptsächlich mit den Globulinen verbunden und werden mit diesen niedergeschlagen, bei Seren mit positiver Wassermannreaktion dagegen mit dem Albuminanteil[6].

Die **Phosphatide** bilden neben den später zu besprechenden Steroiden den Hauptanteil der Blutlipoide. Zu ihnen gehören Lecithine, Kephaline und Sphingomyeline. Es gelang aus Plasma Mono- und Diaminophosphatide abzutrennen. Das Vorkommen von Kephalin und Lecithin im Plasma ist gesichert, Cerebroside sollen dagegen im Plasma oder Serum nicht vorkommen[7]. Der Phosphatidgehalt des Serums ist recht konstant, auch unabhängig vom Menstruationszyklus und von den Jahreszeiten[8]. Die Angaben über die tatsächlichen Mengen sind nicht einheitlich[9], wie schon oben betont wurde. Durch lange Unterernährung, wie in den Kriegsjahren, nimmt der Gehalt an Phosphatiden, gleichzeitig auch der an anorganischem Phosphor und an Gesamtphosphor ab[10]. In den Phosphatiden ist der im Plasma vorkommende, organisch gebundene Phosphor vollständig enthalten[11]. Die Serumphosphatide sind nach Nahrungsaufnahme vermehrt (s. o.). Sie werden als die Transportform der Fette angesehen.

Im Gesamtblut besteht etwa $^1/_3$ der Phosphatide aus Sphingomyelin. Es kommen aber sehr große Schwankungen vor, wie aus der nachfolgenden Tabelle zu ersehen ist[12].

Tabelle 107. Menge und Zusammensetzung der Phosphatide von Serum und Plasma (in mg%).

Quelle	Gesamt-phosphatid-P	Gesamt-phosphatide	Lecithin	Kephalin	Sphingo-myelin
Menschliches Sammelserum .	5,1	140	74	11	55
Menschenplasma I	7,87	208	150	14	44
„ II	6,57	165	117	13	35
„ III	5,92	154	111	9	34
„ IV	10,07	256	192	20	44
Rinderserum I	3,16	83	60	2	21
„ II	2,98	75	48	3	24
Schweineserum	3,63	96	72	3	21
Hundeserum	14,18	365	288	22	55

[1] STEWART, H. C.: J. Physiol., London **101**, 15 P (1942/43). — [2] SCHRÖDER, I.: Acta med. scand., Suppl. **26**, 157 (1928). — [3] MIYAZAKI, M.: J. Biochem. **24**, 407 (1936) [Ber. Physiol. **101**, 574]. — [4] BAUER, F. C., jr., and E. F. HIRSCH: Arch. Biochem. **23**, 137 (1949). — [5] BAUER, F. C., jr., and E. F. HIRSCH: Arch. Biochem. **20**, 242 (1949). — [6] FRANKENTHAL, K.: Z. Immun.-Forsch. **42**, 501 (1925). — [7] BRÜCKNER, J.: H. **268**, 251 (1941). — [8] zit. nach Ann. Rev. **9**, 115 (1940). — [9] THANNHAUSER, S. J., J. BENOTTI and H. REINSTEIN: J. biol. Ch. **129**, 709 (1939). — [10] COSTE, F., A. GRIGAUT et P. CAPRON: Bull. Mém. Soc. méd. Hôp. Paris (III) **57**, 766 (1941). C. R. Soc. Biol. **135**, 1396 (1941). — [11] POSTERNAK, S.: Cr. **182**, 724 (1926). — [12] SINCLAIR, R. G., H. TSUYUKI and E. MINOVITCH: J. biol. Ch. **174**, 343 (1948).

Im Vollblut machen die Sphingomyeline 60 bis 70% der Phosphatide aus. In Ergänzung zu diesen Befunden wird noch mitgeteilt, daß Truthahnserum 20% der Gesamtphosphatide als Kephalin enthält. Dasselbe gilt für Hühner[1], für die eine Schwankung von 21 bis 27% im Kephalingehalt mit einem Mittelwert von 21,3% der Gesamtphosphatide angegeben wird. Die Ergebnisse der Tabelle wurden aus dem N : P-Verhältnis des acetonunlöslichen, durch Dialyse gereinigten Lipoidniederschlages berechnet. Daß es sich tatsächlich um Kephalin handelt, konnte durch die Aminostickstoffbestimmung sichergestellt werden[2]. Die Sphingomyeline lassen sich von den anderen Phospholipoiden durch milde Hydrolyse mit n Kalilauge bei 37° abtrennen. Hierbei werden die Sphingomyeline nicht gespalten, sie bleiben deshalb bei einer Dialyse als alleinige Stickstoffverbindungen innerhalb der Diffusionszelle. Im Pferdeserum wurden nach anderen Untersuchungen nur Phospholipoide vom Lecithintyp, aber kein Kephalin angetroffen[3].

Der **Cerebrosid**gehalt von Serum und Plasma wird zu 0 bis 7,3 mg% angegeben, doch scheint der höchste Wert nach den Angaben von BRÜCKNER[4] sehr unsicher. Es ist wahrscheinlicher, daß im Serum und Plasma keine Cerebroside vorkommen. Dagegen enthalten die Erythrocyten im Mittel 34,8 mg% (25,4 bis 48,4), die Leukocyten sogar die große Menge von 210 mg%, im Vollblut finden sich im Mittel 18,7 mg% Cerebroside[4]. Dem stehen entgegen die älteren Befunde von KIRK[5], der im Plasma 0 bis 167 mg% und in den Erythrocyten 0 bis 113 mg% Cerebroside gefunden hat.

Für das *Plasmal*, das aldehydhaltige Phosphatid, welches gegen Säure sehr empfindlich ist, werden pro Liter Blut folgende Mittelwerte angegeben[6]:

Ochse, Rind und Kuh 57,4, Pferd 28,1, Mensch 27,8, Kalb 22,3, Hund 14,2, Hahn 12,8, Kaninchen 10,7, Ziege 10,3, Hammel 6,4 und Schwein 6,0 mg.

Gebundene Fettsäuren. Die im Blutserum nüchterner Menschen ermittelte Fettsäuremenge schwankt zwischen 240 und 470 mg%. Von anderer Seite wird sogar eine Schwankung von 282 bis 650 mg% angegeben[7]. Sie setzt sich aus den Fettsäuren zusammen, die aus den Neutralfetten und den Phosphatiden stammen. Von dieser Menge entfallen im Durchschnitt 41,4% = 146 mg% (64 bis 217) auf das Neutralfett, 36,8% = 130 mg% (113 bis 157) auf die Phosphatide und 21,8% = 77 mg% (50 bis 96) auf das veresterte Cholesterin[8]. Bei Kindern sind etwa 5% der Fettsäuren Linolsäure und etwa 3% Arachidonsäure[9]. Außerdem finden sich noch Palmitin- und Ölsäure[10]. Über die Verteilung der einzelnen Fettsäuren s. Tabelle 108:

Tabelle 108. Verteilung der gebundenen Fettsäuren aus Ochsenblut (Gesamtgehalt = 100)[11].

Fettsäuren	Gesättigte	Ungesättigte
Niedere	?	—
C_{16}	10	?
C_{18}	13	26
C_{20}	—	33
C_{22}	—	10
Höhere	3	—
Gesamt	26	69

Der größte Teil der im Blut vorkommenden gebundenen Fettsäuren besteht also aus ungesättigten Säuren.

[1] RANNEY, R. E., C. ENTENMAN and I. L. CHAIKOFF: J. biol. Ch. **180**, 307 (1949). — [2] SINCLAIR, R. G.: J. biol. Ch. **174**, 343 (1948). — [3] DELSAL, J. L., and M. MACHEBOEUF: Bull. Soc. Chim. biol. **25**, 358 (1943). — [4] BRÜCKNER, J.: H. **268**, 251 (1941). — [5] KIRK, E.: J. biol. Ch. **123**, 637 (1938). — [6] Hinsberg-Lang 2. Aufl. S. 314. — [7] BOYD, E. M.: J. biol. Ch. **101**, 323 (1933). — [8] RAPPAPORT, F., u. H. ENGELBERG: Kli. Wo. **1932 II**, 2080. — [9] BROWN, W. R., and A. E. HANSEN: Proc. Soc. exp. Biol. Med. **36**, 113 (1937). — [10] WESSEL, K.: Diss. med. Freiburg i. Br. 1938. — [11] PARRY, T. W., and J. A. B. SMITH: Biochem. J. **30**, 592 (1936).

Für das Tierserum sind folgende Werte bekanntgeworden: Rattenserum: 87 bis 186 mg%, im Mittel männlich 121, weiblich 150 mg%[1]. Kaninchen: Gesamtblut 280, Plasma 220, Erythrocyten 360 mg%[2]. Hund: Gesamtblut 309 bis 439 mg%, davon entfallen auf das Neutralfett 85 bis 203 mg%[3].

Ein Maß für die Menge der ungesättigten Fettsäuren ist das *Jodbindungsvermögen**. Über die *Bestimmung* im Serum s. [4]. Es wurde bei unterschiedlichem Menschenmaterial zu 519 gefunden und ändert sich offenbar mit dem Alter und während der Gravidität[5]. Nach der Geburt erfolgt ein geringer Abfall der ante partum besonders erhöhten Werte. Im Nabelschnurblut sind die Werte niedriger als bei der Mutter, und zwar wurden gefunden im Gesamtblut 389, im Nabelschnurserum 238, mit Schwankungen von 345 bis 422 bzw. 191 bis 277.

Tabelle 109. Jodbindungsvermögen der Fettsäuren aus 100 cm³ Blut bei Frauen[5].

Alter	Blut	Serum
Nichtschwangere Frauen 20 bis 30 Jahre . .	428—457—502	428—565—698
,, ,, 30 ,, 40 ,, . .	468—529—573	369—533—656
,, ,, 40 ,, 50 ,, . .	421—558—743	—
,, ,, 50 ,, 60 ,, . .	549—624—760	—
,, ,, 60 ,, 70 ,, . .	407—536—618	—
Gesunde schwangere Frauen, 20 bis 35 Jahre		—
Mens II	425—523—607	
,, III	466—519—595	—
,, IV	442—544—636	—
,, V	540—606—679	—
,, VI	508—603—684	—
,, VII	592—669—721	—
,, VIII	560—696—815	—
,, IX	534—674—775	
,, X	565—744—820	733—905—1149
ante partum	550—784—1063	—

Für das Tierblut wurden folgende Jodzahlen** gefunden: Schwein 133, Rind 147, Schaf 118 und Hund 155[6].

Ausführliche Beschreibung der *Bestimmungsverfahren* s. [7].

Über eine Beziehung der ungesättigten Fettsäuren zum Blutzucker s. [8]. Dort auch weitere Literatur.

Nach Alkaliisomerisation kann man durch Messung im U. V. bei bestimmten Wellenlängen zwischen ungesättigten Fettsäuren mit 2 bis 6 C=C-Bindungen unterscheiden[9].

Es werden folgende Werte für Menschen angegeben: Diensäuren 62,9 mg%, Triensäuren —8,2 mg% und Tetraensäuren 17,0 mg%. Der negative Wert für Triensäuren soll durch eine Störung der Methode durch Pentaensäuren zustande kommen. Von höher ungesättigten Fettsäuren sind an Hexaensäuren 25% mehr und an Pentaensäuren 200% mehr als an Tetraensäuren vorhanden. Die konjugiert ungesättigten Fettsäuren kommen auch spontan vor. Ihre Menge ist bei Haut-

* = mg Jod, die durch die Fettsäuren aus 100 cm³ Blut bzw. Serum gebunden werden.
** = g gebundenes Jod für 100 g Fettsäuren.

[1] Williams, H. H., J. Melville and W. E. Anderson: Proc. Soc. exp. Biol. Med. **36**, 292 (1937). — [2] Horiuchi, Y.: J. biol. Ch. **44**, 345 (1920). — [3] Chaikoff, I. L., and A. Kaplan: J. biol. Ch. **106**, 267 (1934). — [4] Hinsberg, K., u. G. Holland: Kli. Wo. **1933 II**, 1601. — Holland, G., u. K. Hinsberg: Z. ges. exp. Med. **94**, 485 (1934). — [5] Mühlbock, O.: Kli. Wo. **1937 I**, 853. — [6] Bloor, W. R.: J. biol. Ch. **59**, 543 (1924). — [7] Hinsberg-Lang 2. Aufl. S. 315. — Boyd, E. M.: Amer. J. clin. Path., techn. Suppl. **2**, 77 (1938). — [8] Mazzoleni, L.: Kli. Wo. **1941**, 1056. — [9] O'Connell, P. W., E. Lipscomb and B. F. Daubert: Arch. Biochem. **36**, 304 (1952).

erkrankungen, Anämien, Ödemen und nach Belastung mit Leinöl typisch verändert[1].

Bestimmung s.[2].

Das *Glycerin*, der alkoholische Bestandteil der Fette und Lipoide, wird bei den Fetten, Bd. 1, S. 362, abgehandelt, s. a. S. 320. ***Bestimmung*** des Glycerins s. [3].

d) Cholesterin. Der Gehalt des Serums an Cholesterin, das ständig von Dihydrocholesterin begleitet ist[4], hat keine sehr konstante Größe. Nach den Ergebnissen von SCHUBE[5], der Untersuchungen über die Konstanz der Cholesterinwerte bei 10 Männern angestellt hat, ergibt sich, daß bei derselben Versuchsperson innerhalb von 16 Wochen der Cholesteringehalt im Serum von 100 bis 187 mg% schwankt. Noch größer ist die Schwankung bei verschiedenen Menschen; die Normalwerte werden von 109 bis 302 mg% angegeben[6]. Die *Durchschnittswerte* sind daher immer etwas willkürlich. Bemerkenswert ist ein Anstieg des Gesamtcholesterins in den ersten Lebenstagen[7] und während der Schwangerschaft[8], natürlich auch nach reichlicher Aufnahme von Cholesterin. Mit zunehmendem Alter nimmt der Cholesteringehalt zu[9]. Es erübrigt sich daher, genauere Normalwerte anzugeben.

Beim Meerschweinchen steigen die Cholesterinwerte im Serum besonders auffallend. Am 29. Lebenstag werden 65,8 mg%, am 75. Lebenstag 78 mg%, am 100. Tag 79,4 und am 141. Tag 92 mg% gemessen[10]. Bei Rhesusaffen wird ein Mittelwert von 118 mg% im Serum gefunden, ein Wert, der colorimetrisch nach BLOOR bestimmt wurde[11].

Das Cholesterin ist im Blut meist kolloidal gelöst oder an Eiweißstoffe gebunden. Es kommt in freier Form vor, der größere Teil ist aber mit ungesättigten Fettsäuren verestert[12].

Die Verteilung auf die Eiweißkörper ist folgende[13]:

Freies Cholesterin in den Globulinen 3 mg%, in den Albuminen 13 mg%; verestertes Cholesterin 26 mg% in den Globulinen, 56 mg% in den Albuminen. Wirkung der Gallensäuren auf die Eiweißbindung[14]; während im Plasma bzw. im Serum die Esterform überwiegt (60 bis 70%), findet man in den Erythrocyten 80 bis 90% freies Cholesterin.

Das Verhältnis von freiem Cholesterin zu Estercholesterin im Serum bezeichnet man als *Cholesterinquotient*. Er ist recht beständig, bei den einzelnen Spezies aber verschieden, innerhalb derselben Tierart aber gleichbleibend. Beim gesunden Menschen[15] beträgt er 1 : 3 bis 1 : 2, beim Kind 1 : 4.

Unter *Estersturz* bezeichnet man eine Verminderung der Cholesterinester, wie sie zuerst von BÜRGER[16] beschrieben worden ist. Der Estersturz kommt hauptsächlich bei Lebercirrhosen und cholämischen Lebererkrankungen vor. Die absolute und relative Verminderung des Cholesterinesters im Blut führt oft zu

---

[1] ZIRM, K. L., u. E. SCHAUENSTEIN: Mh. Chem. **83**, 1014 (1952). — MUSGER, A., K. L. ZIRM u. E. SCHAUENSTEIN: Hautarzt **3**, 170 (1952). — ZIRM, K. L., H. AXENFELD u. E. SCHAUENSTEIN: Kli. Wo. **1952**, 788. — [2] Hinsberg-Lang 2. Aufl. S. 273. — PETERSEN, V. P.: Scand. J. clin. Lab. Invest. **2**, 14 (1950). — CHEVALLIER, A., S. MANUEL, C. BURG et J. ROUILLARD: C. R. Soc. Biol. **144**, 577 (1950). — BERK, L. C., N. KRETCHMER, R. T. HOLMAN and G. O. BURR: Analyt. Chem., Washington **22**, 718 (1950). — [3] HARVEY, S. C., and V. HIGBY: Arch. Biochem. **30**, 14 (1951). — Hinsberg-Lang 2. Aufl. S. 151. — [4] SCHÖNHEIMER, R., H. v. BEHRING u. R. HUMMEL: H. **192**, 95 (1930). — [5] SCHUBE, P. G.: J. Lab. clin. Med. **22**, 280 (1936). — [6] SPERRY, W. M.: J. biol. Ch. **117**, 391 (1937). — [7] MÜHLBOCK, O.: Arch. Gynäk. **160**, 1 (1935). — SPERRY, W. M.: Amer. J. Dis. Children **51**, 84 (1936). — [8] MÜHLBOCK, O., u. C. KAUFMANN: Z. ges. exp. Med. **102**, 461 (1938). — [9] BOKELMANN, O., u. O. MÜHLBOCK: Kli. Wo. **1937 I**, 854. — [10] MANCA, B.: Boll. Soc. ital. Biol. sperim. **14**, 446 (1939). — [11] HARTMAN, C. G., and W. FLEISCHMANN: Endocrinology **29**, 793 (1941). — [12] BLOOR, W. R.: J. biol. Ch. **59**, 543 (1924). — [13] MACHEBOEUF, M.: Gaz. méd. Bordeaux **1939**, 31. — [14] TAYEAU, F.: C. R. Soc. Biol. **137**, 239 (1943). — [15] ROTHE-MEYER, A., and E. M. HICKMANS: Arch. Dis. Childh. **20**, 160 (1945). — [16] BÜRGER, M.: M. m. W. **1922 I**, 103.

einer Umkehrung des Cholesterinquotienten. Sie beruht nicht auf einer Verminderung der veresternden Kraft der Leber, sondern wahrscheinlich auf mangelnder Resorption von Neutralfetten bzw. Fettsäuren

Die Milz spielt insofern eine Rolle, als sie die übermäßige Spaltung des gebundenen Cholesterins im Serum hemmt[1]. Aber auch bei Erkrankungen der Leber ohne Ikterus wird ein Estersturz beobachtet.

Die Fettsäuren der Cholesterinester: Ebenso wie ein Gleichgewicht zwischen den beiden Cholesterinformen besteht, scheinen im Blute auch enge Beziehungen zwischen Cholesterin und Fettsäuren einerseits und dem Lecithin andererseits vorzuliegen[2]. Als Fettsäureanteil kommen in den Cholesterinestern in Menschen- und Pferdeserum in der Hauptmenge Linolsäure, daneben Palmitin- und Ölsäure vor[3].

Die Bedeutung des Cholesterins liegt einerseits in einer Schutzwirkung auf die Blutkörperchen, wobei es als Antitoxin, Antihämolysin und Antiinfektionsstoff wirkt und andererseits als Überträger von Fettsäuren zu und von den Fettspeichern fungiert. Von THANNHAUSER[4] wird diskutiert, daß Cholesterin auch gebildet werden könnte, um überschüssige Essigsäure zu entfernen. Der in der Seitenkette befindliche ^{14}C wird als CO_2 ausgeschieden oder findet sich in den Phosphatiden und im Glykogen der Leber wieder[5].

Eine *Erhöhung*[6] *der Cholesterinwerte* beobachtet man in der Schwangerschaft, bei Diabetes mellitus (bis 1000 mg%) bei Lipoidnephrose (500 bis 700 mg% Ester), bei Urämie, chronischem Alkoholismus[7], Lebererkrankungen und nach Nebennierenentfernung. Das Blutserum kann dann ein milchiges Aussehen annehmen. Bei einer Familie mit Xanthelasma war die pathologische Erhöhung von freiem Cholesterin (daneben auch der Gesamtlipoide) bei 45 Mitgliedern festzustellen. 27 Mitglieder dieser Familie zeigten atherosklerotische Erscheinungen[8].

Eine *Abnahme* des Cholesteringehaltes findet man bei perniciöser Anämie, hämolytischem Ikterus, akuten Lebererkrankungen und Infektionskrankheiten, wie Tuberkulose und Pneumonie[6], und nach Zufuhr von Nebennierenrindenhormon. Auch bei verminderter Nahrungszufuhr nimmt der Cholesteringehalt ab[9]. Gegenüber einem Normalwert von 210 mg wurden z. B. in Deutschland im Jahre 1942 nur noch 191, im Jahre 1947 nur noch 160 mg% Gesamtcholesterin gefunden. Das Verhältnis von freiem zu verestertem Cholesterin war nicht verändert, auch der Cholesteringehalt der Erythrocyten war normal geblieben.

Zur ***Bestimmung*** des Cholesterins (s. hierzu a. Bd. **1**, S. 393) ist zu sagen, daß die colorimetrische Bestimmung wegen der außerordentlichen Wasserempfindlichkeit der Reagenzien zu sehr unsicheren Ergebnissen führen kann. Ausgezeichnet bewährt hat sich das Hämolyseverfahren[10]; neuerdings werden von amerikanischen Autoren wesentlich vereinfachte Extraktionsverfahren mit colorimetrischer Messung beschrieben[11,12]. Gerade für klinische Auswertungen ist die gleichmäßige Anwendung eines zuverlässigen Verfahrens erwünscht. Ausführliche Beschreibung s. [13].

---

[1] MOLFINO, F.: Rass. Terap. **4**, 385 (1932) [Ber. Physiol. **71**, 91]. — [2] ADLER, E.: Handb. Physiol. **6**/1, 274 (1928). — [3] WESSEL, K.: Diss. med. Freiburg i. Br. 1938. — [4] THANNHAUSER, S. J.: Medizinische **1952**, 599. — [5] KRITCHEVSKY, D., M. R. KIRK and M. W. BIGGS: Metabolism **1**, 254 (1952). — [6] Rappaport S. 170. — ITO, K., and K. KUNITARO: Kyoto-Ikadaigaku-Zasshi **1**, 407 (1927) [Ber. Physiol. **43**, 429]. — [7] ORNSTEIN, L.: Bull. Soc. roum. Neurol. **2**, 185 (1925) [Ber. Physiol. **38**, 703]. — [8] KORNERUP, V.: Nord. Med. **1942**, 3300 [Ber. Physiol. **133**, 556]. — s. a. MORRISON, L. M., W. T. GONZALES and L. HALL: J. Lab. clin. Med. **34**, 1473 (1949). — [9] SCHMIDT-THOMÉ, J., G. SCHETTLER u. H. GOEBEL: H. **283**, 63 (1948). — [10] SCHMIDT-THOMÉ, J., u. H. AUGUSTIN: H. **275**, 190 (1942). — [11] GLEISS, J., u. K. HINSBERG: H. **284**, 156 (1949). — ZUCKERMAN, J. L., and S. NATELSON: J. Lab. clin. Med. **33**, 1322 (1948). — [12] KINGSLEY, G. R., and R. R. SCHAFFERT: J. biol. Ch. **180**, 315 (1949). — [13] Hinsberg-Lang 2. Aufl. S. 245ff.

e) Restunverseifbares. Nach Ausfällung von Cholesterin und Dihydrocholesterin mit Digitonin bleibt noch ein Rückstand, das „Restunverseifbare" (RU), zurück. Es gibt die LIEBERMANN-BURCHARDsche Reaktion. Nach dem Absorptionsspektrum scheint es sich um eine dem Cholesterin nahestehende Verbindung zu handeln[1]. Seine Menge beträgt bis zu 50%· des Unverseifbaren überhaupt. Es wurden z. B. gefunden in 235 mg Unverseifbarem: 153 mg Cholesterin und 83 mg RU. Von anderer Seite werden Werte von 59 mg%[2] bis 140 mg%[1] für das RU angegeben. Die Kohlenwasserstoffe *Squalen* und *Hepen* [C_{45} H_{76} vielleicht ein Homologes des Squalen[3]] sind im menschlichen Serum nicht nachweisbar[4]. Dagegen wurde aus dem Serum trächtiger Stuten noch ein 7 β-Oxycholesterin, allerdings nur in einer Menge von 0,02 mg%, isoliert[5]. Auch andere Sterine sollen noch vorkommen[4].

f) Gallensäuren findet man beim gesunden Menschen nur im enterohepatischen Kreislauf, im peripheren Kreislauf konnten spektrophotometrisch höchstens Spuren nachgewiesen werden, d. h. weniger als 0,1 mg%[6–8]. Zwischen Vollblut und Serum zeigt sich kein Unterschied[9].

Bei Lebererkrankungen finden sich Gallensäuren auch im peripheren Blut[10]. Es wurden Werte bis zu 36 mg% angegeben. Bei Stauungsikterus finden sich hohe Gallensäure- und hohe Bilirubinwerte; es wurden z. B. gefunden 11,8 mg% Gallensäuren und 15,1 mg% Bilirubin[9]. Wenn zur Gelbsucht noch eine Leberschädigung hinzutritt (hepatocellulärer Ikterus), nehmen die Gallensäurewerte im peripheren Blut wieder ab. Beim hämolytischen Ikterus[11] nimmt verständlicherweise der Gallensäuregehalt im Blut nicht zu.

Im gewöhnlichen Hundeblut konnten weder Cholsäure noch Desoxycholsäure nachgewiesen werden[12].

Auf die Bestimmung der Gallensäuren wurde bisher kaum Wert gelegt, da die Methoden teils unbefriedigend, teils unspezifisch waren. Nachdem in dieser Hinsicht eine wesentliche Verbesserung eingetreten ist, kann die Bestimmung der Gallensäuren im Blut zur Leberparenchymprüfung dienen.

Bestimmung s. [13].

3. N-haltige Verbindungen.

a) Reststickstoff. Rest-N nennt man den Stickstoff[14,15] derjenigen Verbindungen, die nach Ausfällung der Eiweißstoffe in einem Filtrat verbleiben. Der Begriff Rest-N bezieht sich also nicht auf eine bestimmte Verbindung, sondern man versteht darunter allgemein die Summe der gesamten stickstoffhaltigen wasserlöslichen Nichteiweißverbindungen sowohl im Blut als auch in anderen Körperflüssigkeiten und in Geweben. Die Molekülgröße ist nach oben durch Polypeptide (Peptone, Albumosen) begrenzt, nach unten durch das Ammoniumion. Die Verbindungen des Rest-N sind nicht nur verschiedener Herkunft, sondern haben auch verschiedene physiologische Bedeutung. Daher verändern sich bei Erkrankungen die einzelnen Bestandteile nicht gleichsinnig, sondern oft sogar voneinander unabhängig. Wenn auch der Harnstoff den Hauptanteil des Rest-N

---

[1] GRAFF, U.: B. Z. **298**, 179 (1938). — [2] BRANDT, W.: B. Z. **288**, 257 (1936). — [3] DIMTER, A.: H. **271**, 293 bes. 302 (1941). — [4] DIMTER, A.: H. **272**, 189 (1942). — TRAPPE, W.: B. Z. **306**, 316 (1940). — [5] WINTERSTEINER, O., and J. R. RITZMANN: J. biol. Ch. **136**, 697 (1940). — [6] JENKE, M.: Verh. dtsch. Ges. inn. Med. **49**, 246 (1937). — [7] DOUGLAS-SAUERMANN, A. Graf, u. F. v. MALTZAHN: Kli. Wo. **1939 I**, 686. — [8] JENKE, M., u. U. GRAFF: Kli. Wo. **1939 I**, 125. — [9] MINIBECK, H.: B. Z. **297**, 29 (1938). — [10] FERRARA, D.: Boll. Soc. med.-chir. Catania **5**, 336 (1937). — [11] GIGON, A., u. M. NOVERRAZ: Schweiz. med. Wschr. **70**, 522 (1940). — [12] ABE, Y.: J. Biochem. **26**, 323 (1937). — [13] Hinsberg-Lang 2. Aufl. S. 325. — JENKE, M.: Kli. Wo. **1939 I**, 317. — [14] SOPP, J. W.: Der Reststickstoff, seine Bestimmung und seine Bedeutung. Ergebn. inn. Med. **46**, 151—207 (1934). — LARIZZA, P.: Die Fraktionierung des Reststickstoffes des Blutes unter normalen und pathologischen Verhältnissen. Ergebn. inn. Med. **59**, 59—99 (1940). — [15] *Methodisches*: Hinsberg-Lang 2. Aufl. S. 512ff. — Hallmann 6. Aufl. S. 441 u. S. 540. — Rappaport S. 82.

ausmacht, so ist eine geringe Erhöhung des Rest-N nicht immer durch Harnstoffzunahme bedingt. Je höher der Rest-N im ganzen ist, desto höher ist in der Regel der prozentuale Anteil des Harnstoffs, wie schon von FOLIN[1] im Jahre 1930 gefunden wurde. Danach beträgt der Harnstoffanteil bei 41 mg% Rest-N 20%, bei 80 mg% 77%. Einzelne Fraktionen des Rest-N, wie z. B. Harnsäure und Indican, können schon beträchtlich zunehmen, ohne daß der Gesamt-Rest-N-Wert bereits als pathologisch angesehen werden muß[2].

Nach der gegebenen Definition sind Begriff und Menge des Rest-N nicht eindeutig, weil je nach der Art der Blut- bzw. Serumgewinnung und der Enteiweißung außer dem Eiweiß mehr oder weniger auch andere N-haltige Stoffe niedergeschlagen werden, wie aus der folgenden Tabelle zu sehen ist:

Tabelle 110. Die wichtigsten Eigenschaften von enteiweißten Blutfiltraten[3].

Enteiweißungsmittel	Normalwerte für Rest-N mg%	Normalwerte für Amino-N mg%	Harnsäure	Harnstoff	Kreatinin	Ergothionein	Glutathion	Ausbeute an Filtrat	pH des Filtrats	Verhalten der höheren Eiweißabbauprodukte
Trichloressigsäure	25—40	—	+	+	+	+	+	79%	1,0	Nur geringfügige Fällung
Wolframsäure (FOLIN-WU)	25—40	3,33	+	+	+	0	+	68%	5,1	Starke Fällung
Uranylacetat	25—40	—	+	+	+		+			
Eisenhydroxyd	—	2,98		+				57%	6,4	Mittelstarke Fällung
Metaphosphorsäure	25—40	—	+	+	+	+	+	81%	2,1	Mittelstarke Fällung
Pikrinsäure	—	3,46		+	+		+	86%	2,2	Starke Fällung
Wolframmolybdänsäure (BENEDICT)	25—40	—	+	+	+	+	+			
Zinkhydroxyd (SOMOGYI)	15—20	2,44	0	+	+	0	0			
Cadmiumhydroxyd (FUJITA-IWATAKE)	20—30	2,27	0	+	±	0	0			
Phosphorwolframsäure	10—20	—	0	+	±	±	±			Starke Fällung
Unhämolysiertes Blut nach FOLIN	15—20	—	+	+	+	0	0			

Bestimmt mittels der gasometrischen Carboxyl-C-Methode. [HAMILTON, P. B., and D. D. VAN SLYKE: J. biol. Ch. **150**, 231 (1943). — s. a. Hinsberg-Lang 2. Aufl. S. 441].
+ Die Substanz geht quantitativ ins Filtrat.
0 Die Substanz wird quantitativ gefällt.
± Die Substanz wird teilweise gefällt.

So kommt es, daß man Rest-N-Werte im Serum bis zu 120 mg% angegeben findet, die noch je nach der Art der Enteiweißung als „normal" bezeichnet werden. Es ist daher zweckmäßig, sich auf ein bestimmtes Fällungsmittel zu einigen, um Vergleichswerte zu erhalten. Heute wird allgemein Trichloressigsäure verwendet, da sie Polypeptide nicht fällt. Unter diesen Bedingungen findet man im menschlichen Gesamtblut bei Erwachsenen 41,3 mg% Rest-N, im Serum 25 bis 43, im Mittel 31 mg% und in Erythrocyten 43,4 bis 66,1, im Mittel 54 mg%[4] (s. a.

[1] FOLIN, O., and A. SVEDBERG: J. biol. Ch. **88**, 715 (1930). — [2] BECHER, E.: Einfache quantitative, klinisch-chemische Harn- und Blutuntersuchungsmethoden. 2. Aufl. S. 51ff. Jena 1937. — [3] Nach Hinsberg-Lang 2. Aufl. S. 526/27. — [4] LARIZZA, P.: A. e. P. P. **182**, 617 (1936).

S. 279). Bei Kindern beträgt der Rest-N im Serum 19 bis 40 mg%[1]. Bei Warmblütern werden nur wenig abweichende Werte gefunden[2].

Der Rest-N läßt sich im normalen Blut in 2 ungefähr gleich große Anteile zerlegen: in den Harnstoffanteil, der nur aus Harnstoff und Spuren von Ammoniak besteht, und in den Nichtharnstoffanteil (*Residual*-N). Dieser enthält die restlichen N-haltigen Verbindungen, wie Kreatin, Kreatinin, Purine (Harnsäure), Indican, Aminosäuren, Peptone, Polypeptide, Oxyproteinsäuren, sowie eine große Anzahl weiterer Bestandteile, die einzeln kaum ins Gewicht fallen, zusammen aber ungefähr 7% des Rest-N ausmachen[3].

Zu diesem unbestimmten Rest-N gehören[4]: Carbaminsäure, Guanidin, Hippursäure, Betain, Carnitin, Phenacetursäure und Indolacetursäure, Glutamin, Phenylacetylglutamin, Glutathion, Ergothionein, Colamin, Tyramin, Adrenalin, Histamin, Carnosin, Cholin, Taurin, Gallenfarbstoffe, Urochromogen, Chondroitinschwefelsäure, Adenosin, Guanosin, Adenylsäure, Guanylsäure und Inosinsäure neben einer Reihe weiterer Vitamine und Hormone.

In den Organen ist der Rest-N wesentlich höher als im Plasma. Im Tierblut wurden folgende Werte gefunden: Schafblut 28 mg%[5] (13 bis 41), Pferdeplasma 34 mg%, Rinderplasma 31 mg%[6], Hundeblut 22 bis 32 mg%[7]. Die prozentuale Verteilung des Rest-N ergibt sich aus der folgenden Tabelle:

Tabelle 111. Bestandteile des Serum-Rest-N (Mittelwerte in mg%)[8].

			Substanz	Stickstoff	Proz. Anteil
Rest-N in 100 cm³ Serum . . . . . 25—43 mg% N .	Harnstoffanteil 16,6 mg% N	Harnstoff	33	16,66	53,44
		NH_3	Null bis Spuren		
	Nichtharnstoffanteil 14,4 mg%	Kreatin	3,3	1,23	
		Kreatinin	1,52	0,56	
		Gesamtkreatinin		1,79	5,76
		Harnsäure	4,79	1,60	5,16
		Indican	Spuren		
		Aminosäuren, frei		6,49	
		Aminosäuren, gebunden		2,21	7,24
		Aminostickstoff			20,89
		unbestimmbarer Rest-N		2,31	7,51

Der Rest-N ist abhängig von Nahrungsaufnahme, Blutbezirk, Alter und körperlicher Leistung. Er ist *erhöht* bei Ausscheidungsunfähigkeit der Niere[9], z. B. bei akut-entzündlichen Nierenerkrankungen, chronischer Nierenentzündung (bis zu 300, ja sogar 587 mg%[10]), bei sekundärer Schrumpfniere, Sklerose der Nierenarteriolen, Quecksilbervergiftungen, akutem Darmverschluß, großen Flüssigkeitsverlusten durch Eindickung des Blutes (Cholera, Dysenterie, Erbrechen), Eklampsie und bei gesteigertem Gewebszerfall (Pneumonie, Masern, Scharlach). Die bei diesen Erkrankungen auftretende Zunahme des Rest-N kann schließlich zu dem von den Klinikern als Urämie bezeichneten Zustand führen. Auch bei

[1] Biol. Daten (Brock) Bd. 3, S. 173. — [2] D'Ans-Lax S. 1742. — [3] Larizza, P.: A. e. P. P. **186**, 232 (1937). — [4] Sopp, J. W.: Der Reststickstoff, seine Bestimmung und seine Bedeutung. Ergebn. inn. Med. **46**, 151 (1934). — [5] Otto, G.: Diss. med. veterin. Hannover 1931 [Ber. Physiol. **68**, 508]. — [6] Skrkanek, G., u. K. Otter: Arch. Tierheilkde. **57**, 567 (1928). — [7] Scheunert, A., u. H. v. Pelchrzim: B. Z. **139**, 17 (1923). — [8] Scheunert, A., A. Trautmann u. F. W. Krzywanek: Lehrbuch der Veterinärphysiologie. S. 163. Berlin 1939. — [9] Rappaport S. 91. — [10] Sopp, J. W.: Ergebn. inn. Med. **46**, 151 (1934).

Schockzuständen, wie sie nach schweren Verwundungen auftreten, wird eine Erhöhung des Rest-N auf 40 bis 133 mg% beobachtet[1]. Der Peptid-N und der Amino-N bleiben unter diesen Umständen normal. Nach den Untersuchungen von TAUBES[2] nimmt nach Unterbindung der Uretheren beim Hund der Rest-N kontinuierlich zu, um kurz ante exitum wieder auf den Normalwert abzufallen.

Auch die Ermittlung einzelner Bestandteile des Rest-N kann über die Vorgänge im Körper Aufschluß geben. So werden bei Nierenerkrankungen in vielen Fällen die Xanthoproteinreaktion und die Indicanreaktion herangezogen[3]. Auch die Harnsäurebestimmung ist für die Beurteilung der Nierenfunktion oft wertvoll[4].

Zur *Bestimmung* des Rest-N wird das enteiweißte Serum meist nach KJELDAHL verascht und das aus dem Stickstoff gebildete Ammoniak bestimmt. Genaue Anweisungen s. [5].

Als besondere Fraktion ist der sog. *Differenz*-N-*Wert* untersucht worden. Er ergibt sich als Differenz der Rest-N-Werte nach Enteiweißung mit Trichloressigsäure und mit Phosphorwolframsäure. Im letzteren Falle sollen auch die Polypeptide niedergeschlagen werden. Gegen dieses Verfahren sind berechtigte Einwände erhoben worden, da durch PWS auch andere N-haltige Verbindungen ausgefällt werden, niedere Peptide dagegen ins Filtrat übergehen[5]. Allerdings kann dieser Differenz-N durch Erepsin fast vollständig verdaut werden[6].

b) Harnstoff. Den Hauptanteil, etwas über die Hälfte des gesamten normalen Rest-N, nimmt der Harnstoff ein. Bei Erwachsenen[7] enthält das Serum 16,7 (13 bis 24) mg% Harnstoff-N, wenn das Blut nüchtern, d. h. 12 Stunden nach der letzten Mahlzeit, abgenommen worden ist. Die Werte im Gesamtblut sind damit fast identisch (11,8—14,7—22) mg%, in den Erythrocyten etwas niedriger (9,3—11,8—18,9) mg%. Bei Kindern ist der Harnstoffgehalt im Serum 10 bis 25 mg%[8].

Hundeblut[9] enthält bei gewöhnlichem Futter 42, bei Hunger 28 und bei stickstofffreiem Futter 9,3 mg% Harnstoff-N. Bei Katzen werden 14 bis 36, bei Pferden 6,5 bis 32 mg% gefunden[10]. Bei einem Widder fand sich im Pfortaderblut 7,7 mg%[11]. Rattenblut[12] enthält 50 $\pm$ 1,63 mg% Harnstoff-N, Kaninchenserum 12 bis 42 mg%[13]. Das Blut der Selachier ist sehr reich an Harnstoff, es enthält 2,6%[14]. Dieser hohe Harnstoffgehalt ist für die Herztätigkeit dieser Tiere lebensnotwendig, wahrscheinlich aber auch für die Funktion aller Organe und Gewebe[15]. Die Harnstoffmenge ist von der Eiweißzufuhr abhängig; denn der Harnstoff ist die Endstufe des Eiweißstoffwechsels für den Menschen und die übrigen Säugetiere. Außer bei den obengenannten Krankheiten (s. Rest-N) ist der Harnstoff noch erhöht beim Hunger, nach starker Muskeltätigkeit und nach Sympathicusreizung. Bei Nierenschädigungen werden Harnstoffwerte bis 480 mg% beobachtet[16]. *Vermindert* ist der Harnstoff bei Lipoidnephrose (7 bis 10 mg%), bei akuter Leberdystrophie (5 bis 10 mg%) und bei akuten toxischen Lebererkrankungen[17].

Zur ***Bestimmung*** des Harnstoffes sind das Xanthydrol- und das Ureaseverfahren brauchbar; weniger genau, doch für klinische Zwecke verwendbar ist das

---

[1] CREMER, H.-D.: Dtsch. Mil.-Arzt 7, 79 (1942). — [2] TAUBES, S.: Wien. klin. Wschr. **1934**, 750. — [3] Müller-Seifert 66. Aufl. S. 165, 227. — [4] BECHER, E.: Einfache quantitative, klinisch-chemische Harn- und Blutuntersuchungsmethoden. 2. Aufl. Jena 1937. — [5] Hinsberg-Lang 2. Aufl. S. 517. — [6] GODFRIED, E. G.: Biochem. J. **33**, 955 (1939). — [7] LARIZZA, P.: A. e. P. P. **182**, 617 (1936). Ergebn. inn. Med. **59**, 59 (1940). — [8] Biol. Daten (BROCK) Bd. 3, S. 173. — [9] RICHET, C. jr., et R. MONCEAUX: C. R. Soc. Biol. **94**, 841 (1926). — [10] DAMBOVICEANU, A.: C. R. Soc. Biol. **101**, 325 (1929). — [11] DINNING, J. S., H. M. BRIGGS, W. D. GALLUP, H. W. ORR and R. BUTLER: Amer. J. Physiol. **153**, 41 (1948). — [12] HAWKINS, W. W., M. L. MCFARLAND and E. W. MCHENRY: J. biol. Ch. **166**, 223 (1946). — *Methode:* BARRETT, J. F.: Biochem. J. **29**, 2442 (1935). — [13] BENHAM, G. H.: Biochem. J. **31**, 1157 (1937). — [14] SCHROEDER, W. v.: H. **14**, 576 (1890). — [15] BAGLIONI, S.: Zbl. Physiol. **19**, 385 (1905). — [16] SOPP, J. W.: Ergebn. inn. Med. **46**, 151 (1934). — [17] Rappaport S. 95.

Hypobromitverfahren[1]. Ein Vergleich über die Ergebnisse mit verschiedenen Methoden s. [2].

c) **Ammoniak.** Im frischen Menschen- und Wirbeltierblut kommt Ammoniak nicht oder nur in Spuren vor. Die Angaben über den Ammoniakgehalt des Blutes sind recht unterschiedlich[3]. Schon bald nach der Blutentnahme beginnt eine Ammoniakbildung, die aber durch Sauerstoffausschluß unterdrückt werden kann[4].

Die Angaben über den Ammoniakgehalt schwanken sehr, und zwar zwischen 2 und 100 γ%[5]. Die hohen Werte sind zweifelsohne auf sekundäre Ammoniakbildung zurückzuführen, denn schon nach 5 min kann die Ammoniakmenge des entnommenen Blutes von 2 auf 40 γ und nach 3 Std auf 4000 γ% steigen[5,6]. Das beim Stehen des Blutes frei werdende Ammoniak entsteht aus Carbaminoverbindungen, aus Adenosin und Adenylpyrophosphorsäure, aus letzterer besonders in den Erythrocyten[7]. Auch im Hunde- und Kaninchenblut entsteht in vitro sehr rasch Ammoniak. Physiologisch ist dagegen der Blutammoniakanstieg bei Muskelarbeit[8].

Nach Verfütterung von Ammoniumchlorid steigt das Blutammoniak bis auf 1 mg% an[9]. Künstliche Zufuhr von Ammoniumchlorid kann zu schweren toxischen Erscheinungen und selbst zum Tode der Versuchstiere führen. Eine Vermehrung des Ammoniaks wird bei Patienten kurz vor dem Tode und bei Leberleiden gefunden[10]. Auch bei schizophrenen Psychosen[11] sind erhöhte Werte gefunden worden. Der Ammoniakgehalt ist in der Nierenvene am höchsten, am niedrigsten in der Arteria femoralis[12]. Während bei den Wirbeltieren normalerweise das Ammoniak erst beim Stehenlassen des Blutes frei wird, enthält das Blut der Wirbellosen[13] von vornherein 0,05 bis 0,07 mg% Ammoniak-N. Die Ammoniakabspaltung im Säugetierblut in vitro wird durch eine Adenosindesaminase hervorgerufen[14]. Im Zellstoffwechsel entsteht ständig Ammoniak durch Abspaltung aus den Aminoverbindungen. Unter gewöhnlichen Verhältnissen wird dieses von NH_3-Empfängern, d. h. Ketosäuren, in der Leber zum Aufbau neuer Stoffe wieder verwendet. Der Ammoniakgehalt ist deshalb bei Lebererkrankungen erhöht, während er bei Nierenerkrankungen normal bleibt[15].

Über die ***Bestimmung*** des Ammoniaks s. [9,16,17].

d) **Aminosäuren.** Bei den Angaben über den Aminosäuregehalt des Blutes ist zu beachten, daß die colorimetrischen Verfahren, welche die Gesamtmenge der Aminosäuren bestimmen, unspezifisch sind und in keinem Fall alle Aminosäuren gleichmäßig erfaßt werden. Neben einer Reihe von spezifischen Me-

[1] HINSBERG, K., u. R. MERTEN: Chemische Bestimmungsmethoden im klinischen Laboratorium. S. 120. München, Berlin 1952. — Hinsberg-Lang 2. Aufl. S. 354. — Hallmann 6. Aufl. S. 510. — [2] SELJESKOG, S. R., and J. W. CAVETT: J. Lab. clin. Med. **23**, 194 (1937). — [3] STANOJEVIĆ, L.: Die physiologische und klinische Bedeutung des Blutammoniaks. Leipzig 1938. — [4] STREHLER, E., J. HAAS u. F. RUPP: B. Z. **313**, 170 (1942/43). — STREHLER, E.: Schweiz. med. Wschr. **73**, 1492 (1943). — [5] FOLIN, O.: J. biol. Ch. **97**, 141 (1932). — SLYKE, D. D. VAN, and V. H. KUGEL: J. biol. Ch. **102**, 489 (1933). — PARNAS, J. K., u. J. HELLER: B. Z. **152**, 1 (1924). — PARNAS, J. K.: B. Z. **274**, 158 (1934). — CONWAY, E. J., and R. COOKE: Biochem. J. **33**, 457 (1939). Nature **142**, 720 (1938). — CONWAY, E. J.: Micro-Diffusion Analysis and Volumetric Error. London 1939. — [6] PARNAS, J. K., u. A. KLISIECKI: B. Z. **169**, 255 (1926). — [7] KALK, H., u. A. BONIS: Z. klin. Med. **123**, 731 (1933). — [8] s. [3], S. 34. — [9] KOPROWSKI, H., and H. UNIŃSKI: Biochem. J. **33**, 747 (1939). — [10] FULD, H.: Kli. Wo. **1933 II**, 1364. — [11] RIEBELING, C.: Kli. Wo. **1933 II**, 1572. — [12] SLYKE, D. D. VAN, and A. HILLER: J. biol. Ch. **102**, 499 (1933). — [13] FLORKIN, M., et H. RENWART: C. R. Soc. Biol. **131**, 1274 (1939). — [14] FLORKIN, M., et G. FRAPPEZ: Arch. int. Physiol. **50**, 197 (1940). — [15] STREHLER, E.: Schweiz. med. Wschr. **73**, 1492 (1943). — [16] FOLIN, O.: J. biol. Ch. **97**, 141 (1932). — SLYKE, D. D. VAN, and V. H. KUGEL: J. biol. Ch. **102**, 489 (1933). — PARNAS, J. K., u. J. HELLER: B. Z. **152**, 1 (1924). — PARNAS, J. K.: B. Z. **274**, 158 (1934). — CONWAY, E. J., and R. COOKE: Biochem. J. **33**, 457 (1939). Nature **142**, 720 (1938). — CONWAY, E. J.: Micro-Diffusion Analysis and Volumetric Error. London 1939. — [17] Hinsberg-Lang 2. Aufl. S. 517.

thoden gestatten es vor allem die neueren Verfahren, nach welchen einzelne Aminosäuren auf biologischem Wege bestimmt werden können, sichere Aussagen über die Menge einzelner Aminosäuren zu machen. Auf mikrobiologischem Wege wurden im Blut von 2 erwachsenen gesunden Männern folgende Werte gefunden[1].

Tabelle 112. Konzentration von Aminosäuren in Plasma und Harn.

Aminosäure	Aminosäuren im hydrolysierten Plasma mg pro cm³		Freie Aminosäuren im Plasma γ pro cm³		Nichteiweiß-Aminosäuren im Plasma γ pro cm³		Aminosäuren im Urin γ pro cm³		Nierenclearance cm³ Plasma pro min	
	1	2	1	2	1	2	1	2	1	2
Leucin	6,66	6,66	24,98	24,92	36,73	54,04	19,76	32,24	0,44	0,52
Isoleucin	1,66	1,60	18,00	18,15	23,70	36,63	15,06	20,18	0,49	0,50
Valin	4,35	3,57	22,35	26,72	39,93	43,95	19,28	23,52	0,40	0,46
Threonin	4,13	3,91	20,85	21,63	32,60	51,23	52,60	71,48	1,24	1,19
Arginin	3,29	3,77	17,18	16,47	22,13	37,13	23,28	30,04	0,82	0,69
Histidin	2,14	2,21	17,03	14,11	20,77	23,72	142,90	387,60	5,31	13,87
Lysin	6,41	8,41	20,78	24,70	36,10	60,21	61,75	140,54	1,32	2,00
Methionin	0,46	0,50	3,23	4,52	3,20	4,83	6,66	10,92	1,59	1,94
Ergothionein[2]			41,5	43,5						

Nach SALT[3] ist in normalen menschlichen Erythrocyten 3,05 bis 12,0, im Mittel 7,28 mg% Ergothionein, in Erythrocyten vom Schwein 15,6 bis 24,2, im Mittel 20,74 mg% vorhanden.

Im Dialysat von Pferde- und Rinderplasma[4] und -serum konnten unter anderem Alanin, Valin, Leucin, Asparagin, Glutaminsäure, Arginin, Histidin, Tyrosin, Lysin, Prolin und Glykokoll nachgewiesen werden.

Im enteiweißten Serum von Menschenblut fand man 3 bis 8 mg% Aminosäuren[5], bei Kaninchen[6] 5 bis 7 mg% und im nicht enteiweißten Pferdeserum[7] 200 mg% Tryptophan. Das freie Tryptophan im Rinderblut schwankt zwischen 0,9 und 1,5 mg%, im Plasma zwischen 0,7 und 1,4 mg%[8]. Der Tyrosingehalt beträgt im Menschenserum 1,5 bis 3,6 mg%[9], der an freiem Cystein im Pferdeplasma 1,6 mg%[10]. Über das Auftreten von Phenylalanin in Harn und Blut bei Imbecillitas phenylpyruvica s. [11]. Der Methioningehalt des menschlichen Blutes schwankt zwischen 0,27—0,32—0,38 mg%; im Serum finden sich 0,14—0,17, in den Blutkörperchen 0,41 bis 0,73 mg%[12]. Aminosäuren im Serum von Gesunden und von Kranken mit rheumatischer Arthritis s. [13]. Im Rattenblutserum werden 5 mg% Alanin gefunden[14]. Der Gesamtaminosäuregehalt im menschlichen Blut wurde mit colorimetrischen Methoden mit 7 bis 9 mg%, im Serum mit 5 bis 7 mg% und in den Erythrocyten mit 9,3 bis 12 mg% bestimmt[15]. Das Serum von Kindern enthält 6 bis 7 mg%[16]. Bei Wiederkäuern wurden mit der colorimetrischen Methode von FOLIN u. WURSTER beim Bullen 4,9—**6,9**—9,2, bei Kühen 2,5—**4,9**—7,7, bei Kälbern 4,5—**5,3**—9,0, bei Schafen 4,3—**5,9**—8,1 und bei Ziegen 4,5—**6,1**—8,0 mg% Aminosäuren gefunden[17].

---

[1] SHEFFNER, A. L., J. B. KIRSNER and W. L. PALMER: J. biol. Ch. **175**, 107 (1948). — vgl. a. KREBS, H. A.: Ann. Rev. **19**, 409 (1950). — [2] HUNTER, G.: Canad. J. Res. (E) **27**, 230 (1949). — [3] SALT, H. B.: Biochem. J. **25**, 1712 (1931). — [4] ABDERHALDEN, E.: H. **114**, 250 (1921). — [5] DIRR, K., u. J. STREHLE: H. **260**, 56 (1939). — [6] REISS, M., L. SCHWARZ u. F. FLEISCHMANN: H. **234**, 201 (1935). — [7] OHLSSON, E.: Skand. Arch. Physiol. **58**, 77 (1930). — [8] CARY, C. A.: J. biol. Ch. **67**, XL (1926). — [9] MATSUMOTO, Y.: Jap. J. Derm. **32**, 191 (1932). — [10] NUMATA, I.: B. Z. **304**, 404 (1940). — [11] FÖLLING, A., u. K. CLOSS: H. **254**, 115 (1938). — [12] GONNARD, P.: Bull. Soc. Chim. biol. **25**, 421 (1943). — [13] BLOCK, W. D., and W. A. MURRILL: Proc. Soc. exp. Biol. Med. **47**, 374 (1941). — [14] WISS, O.: Helv. **31**, 22 (1948). — [15] LARIZZA, P.: A. e. P. P. **182**, 617 (1936). — CHRISTENSEN, H. N., and E. L. LYNCH: J. biol. Ch. **163**, 741 (1946). — [16] Biol. Daten (BROCK) Bd. 3, S. 173. — [17] ROTHERMEL, E.: Diss. med. veterin. Hannover 1941.

Im Pfortaderblut ist besonders nach Eiweißaufnahme der Aminosäuregehalt höher als im übrigen Körperblut. Es werden alle Aminosäuren angetroffen[1]. Das Pfortaderblut eines nüchternen Hundes enthält 5,4 bis 7,1 mg% Aminosäure-N, nach Fleischfütterung 1,1 bis 4,0 mg% mehr, während eiweißfreies Futter ohne Einfluß ist. Bei Hunger nimmt besonders der Aminosäure-N im Plasma ab[2].

Vermehrung der Aminosäuren findet man bei akuten Erkrankungen des Leberparenchyms, wie z. B. bei akuter gelber Leberdystrophie (Lysin) Phosphor-, Arsen-, Chloroform- und Tetrachlorkohlenstoffvergiftungen, bisweilen auch bei Hepatitis epidemica, bei der Werte von 10 bis 15, in Ausnahmefällen sogar von 200 mg% erreicht werden[3]. Bei Eklampsie findet man hier und da Werte von 6 bis 12 mg%, bei myeloischer Leukämie ist der Aminosäure-N regelmäßig erhöht[4]. Verabfolgung von Hypophysenvorderlappenhormon, und zwar des gereinigten Wachstumshormons, setzt den Aminosäuregehalt bei normalen und hypophysektomierten Ratten deutlich herab, während das adrenocorticotrope Hormon den Blutaminosäurespiegel erhöht[5]. Bei hypophysektomierten Tieren ist der Effekt in gleicher Weise zu beobachten, obschon der Aminosäuregehalt im Blut dieser Tiere an und für sich erniedrigt ist. Durch Insulin kann der Aminosäuregehalt der hungernden Katze gesenkt werden, durch Kohlenhydratgaben wird dies verhindert[6]. Verteilung der Aminosäuren im Blut bei Gesunden und Kranken[7].

Die *Nierenclearance* berechnet sich nach der Formel $U/P \sqrt{V}$. In dieser Formel ist U = Konzentration der Aminosäure im Urin, P = Konzentration von Aminosäure im Plasma und V = ausgeschiedene Harnmenge pro Minute als Mittelwert von zwei 6-Tagesportionen. Von den hier angeführten Aminosäuren wird Histidin am schnellsten ausgeschieden, während im Vergleich mit Arginin, Methionin und Tryptophan, Methionin am langsamsten ausgeschieden wird[8].

Über die ***Bestimmung*** der Aminosäuren s. [9].

Das colorimetrische Verfahren von FOLIN[10] ist für Forschungszwecke nicht geeignet, dagegen sind zur Bestimmung der Gesamtaminosäuren das gasometrische Verfahren nach VAN SLYKE oder die Formoltitration brauchbar[11]. Neuerdings wird die Umsetzung mit peri-Naphthindan-2, 3, 4-trionhydrat (Formel s. Bd. **1** S. 517) empfohlen[12], die ähnlich der Umsetzung mit Ninhydrin verläuft.

e) Polypeptide. Die Frage, ob das gewöhnliche Blut höhere Eiweißabbaustoffe enthält, ist oft behandelt worden, ohne daß eine endgültige Entscheidung gefallen wäre. Es handelt sich bei diesen Stoffen um Polypeptide oder Peptide. Neuere Arbeiten scheinen dafür zu sprechen, daß der dem Polypeptid-N entsprechende Anteil durch ereptische Fermente angegriffen wird.

Übereinstimmung besteht dagegen darin, daß bei krankhaften Verhältnissen, wie bei vermehrtem parenteralen Eiweißabbau, z. B. bei Nieren-, Blut-, und einigen schweren Lebererkrankungen (Stauungsleber), sicher Polypeptide im Blut vorkommen[13, 14]. Schon bei der Besprechung des Differenz-N, der ja dem Peptid-N entsprechen soll, wurde auf die Schwierigkeiten der Bestimmung dieser Fraktion mittels Trichloressigsäure-Phosphorwolframsäurefällung hingewiesen (s. S. 342). Auch das andere Verfahren, nämlich Bestimmung des Amino-N im Trichloressigsäurefiltrat vor und nach Säurehydrolyse befriedigt nicht restlos[15], da bei

[1] ABDERHALDEN, E.: H. **114**, 250 (1921). — [2] GIAUME, C.: Pediatria, Arch. **3**, 191 (1928). — GIAUME, C., e P. BOSIO: Pediatria, Arch. **3**, 209 (1928). — [3] SOPP, J. W.: Ergebn. inn. Med. **46**, 151 (1934). — [4] Rappaport S. 104. — [5] LI, C. H., I. GESCHWIND and H. M. EVANS: J. biol. Ch. **177**, 91 (1949). — [6] BONE, A. H., and C. REID: J. Physiol., London **107**, 5 P (1948). — [7] SIMON, A.: A. e. P. P. **154**, 239 (1930). — SIMON, A., u. B. ZEMPLÉN: A. e. P. P. **161**, 478 (1931). — [8] WOODSON, H. W., S. W. HIER, J. D. SOLOMON and O. BERGEIM: J. biol. Ch. **172**, 613 (1948). — [9] Hinsberg-Lang 2. Aufl. S. 420ff. — [10] FOLIN, O.: J. biol. Ch. **51**, 377 (1922). — [11] SLYKE, D. D. VAN, and E. KIRK: J. biol. Ch. **102**, 651 (1933). — [12] MOUBASHER, R., and A. SINA: J. biol. Ch. **180**, 681 (1949). — MOUBASHER, R.: J. biol. Ch. **175**, 187 (1948). — [13] GODFRIED, E. G.: Biochem. J. **33**, 955 (1939). — [14] LARIZZA, P.: A. e. P. P. **186**, 232 (1937). — [15] Hinsberg-Lang 1. Aufl. S. 409.

der Hydrolyse Aminogruppen außer aus Peptidbindungen auch aus Aminen oder Glutamin frei werden können. Es ist deshalb richtiger, statt von Peptid-N von *gebundenem Amino*-N zu sprechen[1]. Bei Krankheiten sollen Diaminosäuren und Diamine im Differenz-N enthalten sein[2].

Nicht nur die Filtrate nach Trichloressigsäurefällungen, sondern auch solche nach Wolframsäure- und Pikrinsäurefällungen[3] enthalten gebundenen, durch Cellophan nicht diffusiblen Amino-N. Bei der Gerinnung des Blutes steigt der gebundene α-Aminosäurestickstoff von Trichloressigsäurefiltraten an. Dieser Anstieg wurde zum Teil schon vor dem Auftreten einer Koagulation beobachtet. Er war nicht abhängig von der Berührung zwischen Serum und Fibrin, der Zeit, die für die Enteiweißung benötigt wurde oder von der Stärke der Trichloressigsäure[3]. Für den *gebundenen Amino*-N werden im Serum 2,2 (1 bis 3) mg% gefunden = 7,2% des gesamten Rest-N. Im Gesamtblut werden 4,2 mg% = 10,1% des gesamten Rest-N gefunden, in den Erythrocyten sind 7,0 (4,7 bis 10,2 mg%) = 13% des Rest-N vorhanden[4].

Die physiologische Bedeutung dieser Polypeptide im Blut ist noch nicht geklärt. Man weiß auch nicht, woher sie ins Blut gelangen, ob aus dem Darm, den Geweben oder aus beiden. Es ist auch noch nicht entschieden, ob es sich bei den Peptiden um Verbindungen des Zwischenstoffwechsels handelt, die noch vom Körper verwertet werden, oder um Stoffwechselschlacken des endogenen Eiweißstoffwechsels, die durch die Nieren ausgeschieden werden sollen. Während der Schwangerschaft nehmen die Serumpolypeptide zu, gehen bei der Geburt wieder etwas zurück, um dann im Wochenbett wieder anzusteigen[5]. Unter krankhaften Verhältnissen findet man die Polypeptide hauptsächlich im Serum, unter normalen Bedingungen in den roten Blutkörperchen[6]. Glutathion findet sich nur in den Blutkörperchen.

Bestimmung s. [7, 8].

f) Purine. Die Menge der *Harnsäure* im Blut wird durch exogene und endogene Harnsäurezufuhr beeinflußt. Man findet beim Menschen im Gesamtblut je nach der Methode 5,8 bis 10,9, im Serum 2,7 bis 7,2, in den Erythrocyten 9,9 bis 16,5 mg% Harnsäure. Im allgemeinen werden die Durchschnittswerte für das Serum mit 2 bis 4 mg% angegeben[9] (s. Tab. 74, S. 279). Es fehlt auch nicht an Forschungsergebnissen, nach denen die Harnsäureverteilung zwischen Plasma und Erythrocyten nicht dem oben angegebenen Verhältnis entspricht, sondern umgekehrt oder unregelmäßig ist[10]. Bei purinreicher Kost kann die Bluthamsäure auf 10 bis 12 mg% ansteigen[11]. Dies ist bei der Beurteilung des Harnsäuregehaltes zu berücksichtigen.

Außerdem soll Plasma von Männern (enzymatische Methode) weniger Harnsäure enthalten als Plasma von Frauen[12].

Das Serum von Kindern und Säuglingen enthält 2,5 bis 3,5 mg%[13]. Beim Hundeblut (4,2 bis 11,3 mg%) wurde im Plasma weniger Harnsäure als in den Erythrocyten gefunden[14], im Blut von Schafen ist 3,8, von Kühen 5,6 und von Kälbern und Ochsen 4,9 mg% Harnsäure gefunden worden[15].

Bei der Beurteilung der Harnsäurewerte ist besonders zu berücksichtigen, daß im Serum noch ein Chromogen vorkommt, welches das Harnsäurereagens ebenfalls reduziert, aber keine Harnsäure ist. Wird die Harnsäure mit Uricase zerstört, so kann die Farbbildung durch Chromogen besonders bestimmt und in Abzug gebracht werden. Man findet nach

---

[1] Becher, E., u. E. Herrmann: Dtsch. Arch. klin. Med. **171**, 529, 547 (1931); **173**, 1, 23 (1932). — Vgl. Hiller, A., and D. D. van Slyke: J. biol. Ch. **53**, 253 (1922). — [2] Martens, R.: Bull. Soc. Chim. biol. **18**, 1551 (1936). — [3] Christensen, H. N., and E. L. Lynch: J. biol. Ch. **166**, 87 (1946). — [4] Larizza, P.: A. e. P. P. **186**, 232 (1937). — [5] Neuweiler, W., u. A. Stucki: Kli. Wo. **1940**, 1265. — [6] Hahn, A.: B. Z. **121**, 262 (1921). — [7] Vigneaud, V. du, and H. M. Dyer: Ann. Rev. **6**, 201 (1937). — [8] Claudatus, I.: Mikrochem. **26**, 305 (1939). — Hinsberg-Lang 2. Aufl. S. 424. — Rappaport S. 102. — [9] Rappaport S. 110. — Kühnau, J., u. M. Schiering: Kli. Wo. **1940**, 705. — [10] Larizza, P.: A. e. P. P. **182**, 617 (1936). — [11] Brøchner-Mortensen, K.: Medicine, Baltimore **19**, 161 (1940). — Moraczewski, W. v., S. Grzycki, H. Jankowski u. R. Sliwinski: A. e. P. P. **165**, 482 1932). — [12] Praetorius, E.: J. Gerontol. **6**, 135 (1951). — [13] Biol. Daten (Brock) Bd. 3, S. 173. — [14] Liotta, D.: Arch. Farmacol. sperim. **46**, 241 (1929). — [15] Norris, J. H., and W. E. Chamberlin: Austral. J. exp. Biol. med. Sci. **6**, 285 (1929).

dieser Methode[1] z. B. „Gesamturat" 6,6, Chromogen 0,7, also wirkliche Harnsäure 5,9 mg% im normalen Menschenplasma. Als Chromogene, die Harnsäure vortäuschen können, kommen folgende Stoffe in Frage; die Zahlen bedeuten das chromogene Äquivalent der betreffenden Verbindungen, Harnsäure = 1 gesetzt.

1-Methylharnsäure 1,05	3-Methylharnsäure 0,31
1, 3-Dimethylharnsäure 0,51	Ergothionein 0,24
Ascorbinsäure 0,44	Harnsäure-9-ribosid 0,17
Resorcin 0,32	Cystin 0,005

Die Harnsäure kommt frei oder gebunden vor[2], die Art der Bindung ist noch unklar. Läßt man Blut mehrere Tage im Kühlschrank stehen, so bleiben die Harnsäurewerte bei Mensch, Hund und Kaninchen unverändert, bei Ratte, Meerschweinchen und Maus nehmen sie zu, was bei Ratte und Meerschweinchen auf eine Guanase- oder Xanthinoxydasewirkung zurückzuführen ist[3]. Eine Uricase wurde im menschlichen Blut nicht beobachtet. Im Plasma ist das Gesamturat zu 79%, die wirkliche Harnsäure zu 77% ultrafiltrierbar[1]. *Vermehrt* ist die Harnsäure des menschlichen Blutes bei erhöhtem Zell- und Kernzerfall (bei myeloischer Leukämie bis 23 mg%, bei Pneumonie, Sepsis und Erysipel), bei Ausscheidungsstörungen (Nierenerkrankungen 4—10—15 mg%) und bei Störungen des Harnsäurestoffwechsels[4] (bei Gicht 4 bis 12 mg%[5]). Es ist bemerkenswert, daß die Tophi keine chromogene Substanz enthalten (WOLFSON u. Mitarb. s. [6,7]). Harnsäurebelastung durch Injektion von sterilen Uratlösungen gelingt nur schlecht, aber 10 bis 20 g Nucleinsäure werden ohne Beschwerden vertragen[7]. Durch purin- und nucleinsäurefreie Kost kann bei Gichtkranken die Bluthamsäure gesenkt werden. Die Harnsäureausscheidung übersteigt die Menge der zugeführten Harnsäure beträchtlich, es findet also eine Purinsynthese im Organismus statt[8].

Nach Genuß von Coffein usw. treten substituierte Harnsäuren im Blut auf[9].

Die ***Bestimmungsverfahren*** beruhen fast alle auf dem colorimetrischen Prinzip der Reduktion von Phosphorwolframsäure oder besser von Arsen-Phosphorwolframsäure[10]. Auf die Bedeutung der Chromogene wurde schon S. 346 hingewiesen. Um die Methode spezifischer zu machen, ist es empfehlenswert, die Harnsäure als Silbersalz zu fällen und anschließend zu bestimmen[10]. Man verwendet meistens Serum.

Der *gesamte Puringehalt* des menschlichen Blutes wird durch die Nucleotide, Nucleoside und freien Purine gedeckt. Der hohe Nucleinsäure-Puringehalt der Leukocyten spielt hierbei keine Rolle[11]. Nucleine fehlen im Serum. Der im Blut vorkommende organische Phosphor ist Lipoidphosphor[12]. Dagegen finden sich im Blut Nucleotide (Adenosintriphosphorsäure fast ausschließlich in den Erythrocyten), und zwar zweimal soviel wie freie Purine. Der Nucleotid-N beträgt 2 bis 4 mg%, der Purinbasen-N 1 bis 1,5 mg%[7,13]. Die Nucleotide werden nicht zum Rest-N gerechnet, da sie mit dem Eiweiß niedergeschlagen werden. Im gewöhnlichen Blut trifft man 22 bis 27 mg% Adenylsäure[14], bei Männern im Mittel 31, bei Frauen 26 mg%. Sie kommt nur in den Zellen vor, wie überhaupt die Nucleotide den Zellkernen entstammen. Der Nucleotidgehalt im fetalen Blut liegt entsprechend seinem höheren Gehalt an roten Blutkörperchen über dem Normalwert von Erwachsenen[11].

Im gewöhnlichen Blut beträgt die Summe von Xanthin und Hypoxanthin etwa das Doppelte der Harnsäuremenge[10]. Allantoin wurde im Rattenblut zu 7,7 $\pm$ 0,3 mg%, im

[1] WOLFSON, W. Q., R. LEVINE and M. TINSLEY: J. clin. Invest. **26**, 991 (1947). — WOLFSON, W. Q., B. HUDDLESTUN and R. LEVINE: J. clin. Invest. **26**, 995 (1947). — [2] JONES, C. M.: C. R. Soc. Biol. **93**, 298, 299 (1925). — [3] BLAUCH, M. B., and F. C. KOCH: J. biol. Ch. **130**, 455 (1939). — [4] Rappaport S. 110. — [5] KÜHNAU, J., u. M. SCHIERING: Kli. Wo. **1940**, 705. — [6] WOLFSON, W. Q., R. LEVINE and M. TINSLEY: J. clin. Invest. **26**, 991 (1947). — [7] WOLFSON, W. Q., B. HUDDLESTUN and R. LEVINE: J. clin. Invest. **26**, 995 (1947). — [8] COSTE, F., A. GRIGAUT et M. LAMOTTE: Presse méd. **46**, 1129 (1938). — [9] JOHNSON, E. A.: Biochem. J. **51**, 133 (1952). — [10] Hinsberg-Lang 2. Aufl. S. 400. — [11] BARRENSCHEEN, H. K., u. A. PEHAM: H. **272**, 87 (1942). — [12] POSTERNAK, S.: Cr. **182**, 724 (1926). — [13] THANNHAUSER, S. J., u. G. CZONICZER: H. **110**, 307 (1920). — [14] BUELL, M. V.: J. biol. Ch. **108**, 273 (1935).

Hundeblut zu 5,8 bis 6,6 mg% gefunden[1]. Im Hühnerblut entfallen von den *Gesamtpurinen* auf die löslichen freien Purine etwa $^1/_3$, auf das Nucleinsäurepurin[2] etwa $^2/_3$. Der Nucleosid-N liegt zum Unterschied vom menschlichen Blut mit dem Nucleotid-N mindestens auf gleicher Höhe, übertrifft ihn aber oft erheblich; während der Nucleosidwert bei menschlichem Blut zu etwa 50% der Harnsäure zugehört, beträgt der Harnsäureanteil im Hühnerblut nur etwa 17%. Adeninnucleotidgehalt im Taubenblut 55 bis 85 mg%[3], im Hühnerblut 7,5 bis 15 mg%, im Entenblut 32 bis 35 mg%. BARRENSCHEEN[2] gibt für Hühnerblut 2 bis 3mal höhere Werte an.

Durch enzymatische Desaminierung lassen sich freies Adenin, Adenosindiphosphorsäure und Adenosintriphosphorsäure getrennt bestimmen[4].

Tabelle 113. Nucleotidgehalt des Frosch- und Kükenblutes (in mg%).

	Gesamtpurine ausgedrückt als Adenin	Adenin als Adenylsäure	Adenin als Adenosindiphosphorsäure	Adenin als Adenosintriphosphorsäure
Froschblut	19,3	0	0	13,9
Zellen	29,2	0	0	23,5
Plasma	0,0			
Kükenblut	21,0	0	0	7,5

Bestimmung der Nucleotide im Serum s. [5, 6], von Alloxan im Blut [7].

g) Kreatinin und Kreatin. Das Vorkommen von Kreatinin im Blut war jahrelang sehr umstritten. Einige Untersucher lehnten die Anwesenheit von Kreatinin ab[8]. Selbst die Isolierung als Zinkchlorid-Doppelsalz wurde so erklärt, daß das Kreatinin erst bei der Aufarbeitung entstanden sei und nur in Vorstufen im Blut vorkomme[9]. Andere Untersucher hingegen bejahten die Anwesenheit von Kreatinin im Blut[10]. Dieser Streit wurde entschieden durch den eindeutigen Nachweis von Kreatinin durch die Isolierung als Kreatinin-Goldsalz[11]. Außerdem konnte auch Kreatin nachgewiesen werden[12, 13]. Es wurden Bakterienstämme gefunden, deren Enzyme nur Kreatinin, in sehr viel geringerem Umfang auch Acetylkreatinin und Glykocyamidin, nicht aber andere Kreatininabkömmlinge angreifen. 40 (30 bis 50)% der die Dinitrobenzoesäurereaktion gebenden Stoffe wurden von diesen Stämmen in den Erythrocyten und 91 (80 bis 100)% im Plasma zerstört[14].

Kreatin entsteht im menschlichen Körper durch Synthese aus Arginin, Glykokoll und Methionin, wie mit radioaktiven Isotopen nachgewiesen wurde[15]. Kreatinin ist das Abbauprodukt des Kreatins und als solches eine Stoffwechselschlacke. Die Vermehrung im Blut geht mit der Erhöhung des Rest-N parallel. Diese Zunahme erfolgt gleichzeitig mit der der Harnsäure und später als die des Harnstoffes. Man findet sie bei Darmverschluß[16], akuter[17] und chronischer[16] Nephritis, akuter gelber Leberdystrophie[16] und Prostatahypertrophie[18]. Bei Nieren-

[1] HAWKINS, W. W., M. L. MCFARLAND and E. W. MCHENRY: J. biol. Ch. **166**, 223 (1946). — [2] BARRENSCHEEN, H. K., u. A. PEHAM: H. **272**, 87 (1942). — [3] BUELL, M. V., and M. E. PERKINS: J. biol. Ch. **76**, 95 (1928). — [4] ALBAUM, H. G., and R. LIPSHITZ: Arch. Biochem. **27**, 102 (1950). — [5] Hinsberg-Lang 2. Aufl. S. 381. — [6] vgl. a. BRADY, T. G., and E. MCEVOY-BOWE: Nature **168**, 299 (1951). — HORECKER, B. L., and A. KORNBERG: J. biol. Ch. **175**, 385 (1948). — [7] BRÜCKMANN, G.: J. biol. Ch. **165**, 103 (1946). — [8] BEHRE, J. A., and S. R. BENEDICT: J. biol. Ch. **110**, 245 (1935). — [9] GAEBLER, O. H.: J. biol. Ch. **89**, 451 (1930); **117**, 397 (1937). — [10] HAYMAN, J. M. jr., S. M. JOHNSTON and J. A. BENDER: J. biol. Ch. **108**, 675 (1935). — FERRO-LUZZI, G.: B. Z. **275**, 422 (1935). — DANIELSON, I. S.: J. biol. Ch. **113**, 181 (1936). — [11] LINNEWEH, F.: Kli. Wo. **1935 I**, 293. — [12] ZACHERL, M. K.: H. **248**, 69 (1937). — DELORY, G. E., and J. JACKLIN: Biochem. J. **36**, 281 (1942). — [13] ZACHERL, M. K., u. H. LIEB: H. **226**, 130 (1934). — [14] MILLER, B. F., and R. DUBOS: Proc. Soc. exp. Biol. Med. **35**, 335 (1936). J. biol. Ch. **121**, 447 (1937). — DUBOS, R., and B. F. MILLER: J. biol. Ch. **121**, 429 (1937). — [15] BLOCH, K., and R. SCHOENHEIMER: J. biol. Ch. **138**, 167 (1941). — [16] FEIGL, J.: B. Z. **81**, 14 (1917). — RATHERY, F., M. DÉROT et BATAILLE: C. R. Soc. Biol. **110**, 923 (1932). — [17] MYERS, V. C., and J. A. KILLIAN: Amer. J. med. Sci. **157**, 674 (1919). — [18] CANTAROW, A., and R. C. DAVIS: J. Lab. clin. Med. **18**, 502 (1933).

kranken kommt der Höhe des Kreatininspiegels prognostische Bedeutung zu, da die Werte kurz vor dem Tode bis auf 35 mg% ansteigen können[1]. Allerdings muß betont werden, daß es sich hierbei durchaus um eine unspezifische Reaktion handeln kann, da die Bestimmungsverfahren nicht nur für Kreatinin spezifisch sind. Nierenvenenblut von Hunden enthält durchschnittlich 11% weniger Kreatinin als das entsprechende arterielle Blut[2]. Kreatinin wird auch als Clearancesubstanz in der Nierendiagnostik gebraucht[3]. Bei gesunden und kranken Menschen, wie auch bei Hunden, ist das gesamte Blutkreatinin ultrafiltrierbar[4]. Nach Insulin soll es zu einem Absinken des Blutkreatins parallel zum Blutzucker kommen[5].

Im Blut konnte außerdem Kreatinphosphorsäure nachgewiesen werden. Im Blut von Säuglingen und Kindern wurden 3,4 mg%, von Erwachsenen 2,4 mg% gefunden[6]. 70% des sog. anorganischen Phosphats im Blut sollen bei Säuglingen aus Kreatinphosphorsäure bestehen, bei Erwachsenen wird dieser Wert mit 63% angegeben. Nach Vitamin D-Gaben steigt die Kreatinphosphorsäure an, während das wahre anorganische Phosphat unbeeinflußt bleibt[7].

Die ***Bestimmung*** des Kreatinins wird meist nach der JAFFÉschen Reaktion mit alkalischer Pikrinsäure durchgeführt. Es existieren zahlreiche Modifikationen, wodurch schon angezeigt wird, daß die Methode nicht genügend spezifisch ist. In neuerer Zeit wird die Bestimmung mit 3,5-Dinitrobenzoesäure empfohlen. Diese Reaktion soll spezifischer für Kreatinin als die Pikratmethode sein, genügt aber auch nicht allen Ansprüchen. *Kreatin* wird meist nach Umwandlung in Kreatinin gemeinsam mit dem sog. präformierten Kreatinin als Gesamtkreatinin bestimmt und aus der Differenz berechnet. Die Diacetylreaktion ist für Kreatin spezifisch, kann aber bis jetzt auf so geringe Mengen, wie sie im Blut vorkommen, nicht angewandt werden. Einzelheiten[8]. Über Verwendung von Kaliumquecksilber(II)-rhodanid s.[9].

Da die Methoden der Bestimmung bisher unbefriedigend sind, ist es auch nicht verwunderlich, daß die Mengenangaben für Kreatin und Kreatinin im Blut weit auseinandergehen. Es darf als sicher angenommen werden, daß besonders bei der Kreatinbestimmung (notwendige Umwandlung in Kreatinin durch Kochen mit Salzsäure) unspezifische Substanzen, „Pseudokreatine"[10], mitbestimmt werden. Dies dürfte besonders bei der Bestimmung im Vollblut zutreffen, da die Erythrocyten etwa zur Hälfte unspezifisch reagierende Substanzen enthalten[11]. Man sollte sich daher hüten, im Serum oder Plasma erhaltene Werte mit denen aus Vollblut zu vergleichen. Auch die Art der Eiweißfällung ist von Bedeutung[12]. Die folgende Tabelle zeigt Kreatin- und Kreatininwerte in Gesamtblut und Erythrocyten. Bei der Beurteilung ist zu bedenken, daß wahrscheinlich unspezifische Substanzen miterfaßt worden sind.

Tabelle 114. Kreatinin und Kreatin in Gesamtblut und Erythrocyten des Erwachsenen (in mg%).

	Gesamtblut	Erythrocyten
Gesamtkreatinin[13]	5,2—8,0	7,0—10,4
Präformiertes Kreatinin	1,6—3,0[13]	2,0— 4,0[13]
	1,5[14]	2,5[14]
Kreatin	3,3—5,0[13]	4,0—7,5[13]
	3,0—7,0[14]	6,0[14]

[1] HIGLEY, C. S., and R. O. BOWMAN: J. amer. med. Ass. **102**, 1380 (1934). — [2] GOUDSMIT, A. jr.: J. biol. Ch. **115**, 613 (1936). — [3] FERRO-LUZZI, G.: Z. ges. exp. Med. **92**, 382; **94**, 708 (1934). — [4] ACHARD, C., J. LÉVY et I. POTOP: C. R. Soc. Biol. **113**, 658 (1933). — [5] KOPLOWITZ, E.: Z. klin. Med. **113**, 605 (1930). — [6] JANDA, K., u. O. GÖBELL: Z. Kinderheilkde. **63**, 524 (1942). — [7] GÖBELL, O., u. K. JANDA: Z. Kinderheilkde. **63**, 532 (1942). — [8] Hinsberg-Lang 2. Aufl. S. 363. — RAAFLAUB, J., u. I. ABELIN: B. Z. **321**, 158 (1950/51). — [9] STELGENS, P., H. WOLF u. K. SCHREIBER: H. **286**, 218 (1951). — [10] BOHN, H., u. F. HAHN: Z. klin. Med. **125**, 458 (1933). — [11] MILLER, B. F., and R. DUBOS: Proc. Soc. exp. Biol. Med. **35**, 335 (1936). J. biol. Ch. **121**, 447 (1937). — DUBOS, R., and B. F. MILLER: J. biol. Ch. **121**, 429 (1937). — [12] FERRO-LUZZI, G., A. SALADINO u. S. SANTAMAURA: Z. ges. exp. Med. **96**, 250 (1935). — [13] LARIZZA, P.: A. e. P. P. **182**, 617 (1936). — [14] D'Ans-Lax S. 1742.

Die Kreatin- und Kreatininbestimmung im Serum ergibt übereinstimmendere Werte. Bei Kindern[1] wurden 1,5 mg% Kreatinin und 6,5 mg% Kreatin gefunden. Die folgende Tabelle zeigt die Verteilung von Kreatin und Kreatinin im Serum Erwachsener.

Tabelle 115. Kreatin und Kreatinin im Blutserum von Erwachsenen (mg%).

Kreatinin	Kreatin
1,1 –2,3[2]	2,4 –4,3[2]
1,6[3]	0,35—0,93[15]
0,7 –2,0[4]	0,17—0,50[15]
0,5 –1,0[5]	
0,9 –1,65[17]	0,5 –0,8[6]
0,17–1,28[7]	0 –1,58[7]
0,78–1,26[8]	0,76–1,28[16]
0,73–1,25[9]	1,29–1,97[9]
0,96–1,30[10]	0,28–1,36[10]
1,2[11]	0,3[11]

Im Gesamtblut des Hundes betrug das Gesamtkreatinin 1,9 mg%, bei der Ratte 2,6 mg%[12]. Nach älteren Angaben betragen die Werte beim Hund für Gesamtkreatinin 3,8 bis 4,1 mg% und für Kreatinin 1,2 bis 1,5 mg%[13]. Für das Pferd[14] werden 3,2 mg% Gesamtkreatinin und 1,6 mg% Kreatinin angegeben, während diese Werte beim Rind[13] bei 5,7 bis 10,5 und 1,4 bis 1,7 mg% liegen.

Die endgültigen Kreatinin- und Kreatinwerte dürften erst mit einer spezifischen Methode zu ermitteln sein.

Der Gesamtkreatinin-N wird beim erwachsenen Menschen für Serum mit 1,8 mg% N und für Erythrocyten mit 3,0 mg% N angegeben[2].

Glykocyamin, die Vorstufe des Kreatins, wurde mit 0,24 bis 0,26 mg% gefunden[18].

h) Indican, Cholin, Acetylcholin, Histamin. Die übrigen Bestandteile des Reststickstoffs[19] betragen zusammen 2,3 mg% oder 7,5 % des Gesamt-Rest-N im Serum und 16,4 mg% bzw. 30,5 % in den Erythrocyten. Dieser Anteil umfaßt folgende Verbindungen:

Indican gilt heute als regelmäßiger Bestandteil des Blutes[20]. Die Konzentration wird mit 0,03 bis 0,10 mg%[21–23] angegeben. Im pathologischen Serum ist es früher als im normalen Serum entdeckt worden[24, 25]. Indican ist nur im Plasma, nicht in den roten Blutkörperchen enthalten[26]. Die Nahrungszufuhr ist für den Gehalt ohne Bedeutung, doch ist es während der Schwangerschaft vermehrt (0,15 bis 0,24 mg%). Es ist nicht giftig. Pathologisch ist die *Vermehrung*[22] bei Darmerkrankungen, besonders bei Dünndarmverschluß infolge gesteigerter Darmfäulnis (bis 0,24 mg%), bei Nierenkrankheiten, Coma uraemicum (bis 2,7 mg%), Eklampsie (bis 0,6 mg%), Schwangerschaftsnephritis (0,7 bis 0,8 mg%[27]) und experimentell nach

[1] Biol. Daten (Brock) Bd. 3, S. 173. — [2] Larizza, P.: A. e. P. P. **182**, 617 (1936). — [3] Maydell, R.: Z. ges. exp. Med. **91**, 455 (1933). — [4] Gukelberger, M., u. F. Wyss: Z. ges. exp. Med. **111**, 352 (1943). — [5] Langley, W. D., and M. Evans: J. biol. Ch. **115**, 333 (1936). — Popper, H., E. Mandel u. H. Mayer: B. Z. **291**, 354 (1937). — [6] Bohn, H., u. F. Hahn: Z. klin. Med. **125**, 458 (1933). — Bohn, H., A. Friedsam u. F. Hahn: Zbl. inn. Med. **56**, 465 (1935). — [7] Heger, F.: Diss. med. Düsseldorf 1948. — [8] Barrett, E., and T. Addis: J. clin. Invest. **26**, 875 (1947). — [9] Röttger, H.: B. Z. **319**, 359 (1949). — [10] Berendt, H. W.: Z. ges. inn. Med. **5**, 87 (1950). — [11] D'Ans-Lax S. 1742. — [12] Hawkins, W. W., M. L. McFarland and E. W. McHenry: J. biol. Ch. **166**, 223 (1946). — [13] Scheunert, A., u. H. v. Pelchrzim: B. Z. **139**, 17 (1923). — [14] Krückeberg, M.: Diss. med. veterin. Hannover 1939. — [15] Tierney, N. A., and J. P. Peters: J. clin. Invest. **22**, 595 (1943). — Peters, J. H.: J. biol. Ch. **146**, 179 (1942). — [16] Allinson, M. J. C.: J. biol. Ch. **157**, 169 (1945). — [17] Levedahl, B. H., and L. T. Samuels: J. biol. Ch. **176**, 327 (1948). — Barrett, E., and T. Addis: J. clin. Invest. **26**, 875 (1947). — [18] Hoberman, H. D.: J. biol. Ch. **167**, 721 (1947). — [19] Larizza, P.: A. e. P. P. **182**, 617 (1936); **186**, 232 (1937). — [20] Haas, G.: Dtsch. Arch. klin. Med. **119**, 177 (1916); **121**, 304 (1917). — [21] Pinelli, L.: Biochim. Terap. sperim. **22**, 563 (1935). — [22] Rappaport S. 118. — s. a. Baar, G.: Die Indicanämie. Berlin, Wien 1922. — [23] Sharlit, H.: J. Lab. clin. Med. **20**, 850 (1935). — Böhm, F. (teilweise unter Mitarbeit von Grüner, G., u. E. Böhm): B. Z. **290**, 137 (1937). — [24] Hervieux, C.: C. R. Soc. Biol. **56**, 622 (1904). — [25] Obermayer, F., u. H. Popper: Z. klin. Med. **72**, 332 (1911). — [26] Houssay, B.-A., P. Mazzocco et D. Potick: C. R. Soc. Biol. **117**, 1235 (1934). — [27] Rübsamen, W.: Arch. Gynäk. **117**, 397 (1922).

Injektion von Urannitrat[1]. Bei Tieren (Hunden) wurden 0,02—**0,07**—0,17 mg% gefunden[2]. Eine Zusammenfassung der Beurteilung des Indicangehaltes im Serum s.[8].

Atsumi[1] nimmt an, daß in den Nieren ein „Hormon" gebildet wird, welches den Indicanwert im Serum zu senken in der Lage ist. Das Nebennierenrindenhormon senkt ebenfalls eine Hyperindicanämie, die als sehr empfindliches Zeichen einer Leberparenchymschädigung gewertet wird[3]. Bei Belastungsversuchen[4] mit Indolderivaten steigt das Serumindican an, und gleichzeitig wird die Thormälensche Reaktion im Harn positiv.

Thormälen*sche Reaktion:* Melanogenhaltige Harne geben nach Zusatz von Nitroprussidnatrium und Kalilauge (Legalsche Acetonprobe) nach Ansäuern mit Essigsäure eine Blaufärbung.

Bestimmung: Im allgemeinen wird die Kondensation der Indoxylschwefelsäure mit Thymol zu dem blauvioletten 4-Cymol-2-indolignon benutzt[5, 6]. Bei der Kondensation des Indoxyls mit Ehrlichs Aldehydreagens entsteht ein roter Farbstoff[7].

Die **Indolessigsäure** findet sich manchmal in Spuren im Serum. Man denkt an eine Entstehung im Darm aus der Nahrung[9]. Sicher ist, daß sie aus Tryptamin (Tryptophan) im Darm entstehen kann[4].

Der **Cholingehalt** des menschlichen Serums ist sehr schwankend und wird mit 0,05—**0,7**—2,0 mg% angegeben[10, 11]. Nach den Untersuchungen von Schlegel[12] sind die Cholinwerte von der Jahreszeit abhängig, am tiefsten im Juli (0,3 mg%), am höchsten im Februar/März (1,4 bis 1,5 mg%). Auf den Zusammenhang mit der Lichteinwirkung und der jahreszeitlichen Häufigkeit von Rachitis und Tetanie wird kurz eingegangen. Neuerdings wird auf den Zusammenhang von Cholin und Geburt hingewiesen[13]. Eine Zusammenfassung der Literatur s.[14].

Für den Hund werden Werte von 1,5 bis 2,0 mg mitgeteilt[15], und zwar ist der Gehalt in der Pfortader doppelt so hoch wie in der Lebervene. Im Rattenblut sollen 22 bis 31 mg%, im Rinderblut 13 mg% und beim Hund 34 mg% vorkommen[16]. Die Zahlen erscheinen sehr hoch, es werden auch viel niedrigere Werte mitgeteilt[17].

Bestimmung biologisch nach Überführung in Acetylcholin[18] oder chemisch als Reineckat[19], neuerdings auch als Mercurichlorid-Doppelsalz[20]. Auch eine Trennung und Bestimmung der wasserlöslichen Form des Cholins soll möglich sein[21].

Acetylcholin[22]. Das Vorkommen von Acetylcholin im Blut ist unwahrscheinlich. Von einigen Forschern waren große Mengen von Acetylcholin aus Rinderblut isoliert worden[23—25]. Die Werte schwankten zwischen 5,5 und 1,5 mg%[26]. Da

---

[1] Atsumi, Y.: J. Chosen med. Ass. **29**, 34 (1939) [Ber. Physiol. **116**, 99]. — [2] s. S. 350[24]. — [3] Varga, A.: Kli. Wo. **1943**, 168. — [4] s. S. 350[23]. — [5] Rappaport S. 113. — [6] Snapper, I., u. W. J. van Bommel van Vloten: Kli. Wo. **1922 I**, 718. — [7] Gössner, W.: H. **282**, 262 (1947). — [8] Baar, G.: Die Indicanämie. Berlin, Wien 1922. — [9] Berthelot, A.: C. R. Soc. Biol. **128**, 847 (1938). — [10] Kahane, E.: Bull. Soc. Chim. biol. **19**, 205 (1937). — [11] Page, I. H., u. E. Schmidt: H. **191**, 262 (1930). — [12] Schlegel, J. U.: Proc. Soc. exp. Biol. Med. **70**, 695 (1949). — [13] Eagle, E.: Amer. J. Obstet. Gynec. **42**, 262 (1941). — [14] Jukes, T. H.: Ann. Rev. **16**, 193—222 (1947). — [15] Maxim, M., et C. Vasiliu: Bull. Soc. Chim. biol. **11**, 70 (1929). — [16] Fletcher, J. P., C. H. Best and O. M. Solandt: Biochem. J. **29**, 2278 (1935). — [17] Riechers, W.: Diss. med. Jena 1941. — [18] Gaddum, J. H., u. H. H. Dale: Gefäßerweiternde Stoffe. S. 63. Leipzig 1936. — [19] Glick, D.: J. biol. Ch. **156**, 643 (1944). — Kapfhammer, J., u. C. Bischoff: H. **191**, 179 (1930). — Marenzi, A. D., and C. E. Cardini: J. biol. Ch. **147**, 363 (1943). — [20] Eagle, E.: J. Lab. clin. Med. **27**, 103 (1941). — [21] Ducet, G.: Cr. **226**, 1045 (1948). — [22] Literatur s. Ammon, R.: Kli. Wo. **1935 I**, 453. — Classen, P. H.: Z. ges. exp. Med. **109**, 688 (1941). — [23] Kapfhammer, J., u. C. Bischoff: H. **191**, 179 (1930). — [24] Vogelfanger, I.: H. **214**, 109 (1933). — [25] Bischoff, C., W. Grab u. J. Kapfhammer: H. **200**, 153 (1931). — [26] Kahane, E., et J. Levy: Cr. **202**, 1210 (1936). Bull. Soc. Chim. biol. **19**, 777 (1937).

bei der außerordentlichen biologischen Wirksamkeit des Acetylcholins diese Werte sehr unwahrscheinlich waren, wurden sie nachgeprüft und konnten von anderen Forschern nicht bestätigt werden[1, 2]. Auch eine biologisch unwirksame komplexgebundene Form des Acetylcholins kann diesen Widerspruch nicht vollkommen aufklären[3, 4]. Immerhin ist daran gedacht worden, daß bei der Aufarbeitung in dem einen Fall Acetyl frei wurde, in dem anderen Fall nicht[5]. Die Anwesenheit von Acetylcholin im Blut ist auch deshalb unwahrscheinlich, weil es von der im Blut vorkommenden Cholinesterase sehr bald in Cholin und Essigsäure gespalten würde (s. Bd. 1, S. 1081 und Blutfermente S. 373 u. 449). Auch HOPPE-SEYLER u. SCHÜMMELFEDER[6] konnte im Blut kein Acetylcholin nachweisen.

Die ***Bestimmung*** des Acetylcholins entspricht der des Cholins, auch die Umsetzung mit Hydroxylamin ist zur quantitativen chemischen Bestimmung vorgeschlagen worden[7].

Betain wurde im Blut bis jetzt noch nicht angetroffen.

Histamin (s. a. Bd. 1, S. 792). Das Histamin ist eine im Blut vorkommende physiologisch außerordentlich wirksame Verbindung. Seine Anwesenheit im Blut ist gesichert, seitdem es aus Kaninchenleukocyten in Substanz dargestellt worden ist[8]. Im kreisenden Blut ist seine Menge gering, da es rasch durch die Lunge beseitigt wird[9]. Es ist überwiegend an die Leukocyten, besonders an die eosinophilen gebunden[10]. Plasma und Erythrocyten sind arm an Histamin[11]. Im Kaninchenblut sind hauptsächlich die Blutplättchen die Träger des Histamins[12]. Bei der Gerinnung geht das Histamin vollständig aus den Zellen in das Serum über[10]. 10 bis 40% sind an das Plasmaeiweiß gebunden[13]. Es kann auch von Serum in vitro zu einer inaktiven Substanz gebunden oder entgiftet werden[14].

Die für das Serum angegebenen Mengen schwanken außerordentlich, je nach der Bestimmungsart. Die durch biologische Methoden ermittelten Daten schwanken in sehr weiten Grenzen: Mensch[10, 15, 16] 2 bis 50 γ%, meistens zwischen 2—4,3—10 γ%, nach GADDUM u. DALE[17] 40 γ%. Bei Rauchern sind die Werte erhöht (8,4 bis 10 γ%)[18], bei Nicotinmißbrauch kommen sogar 20 γ% gegenüber einem Durchschnittswert bei Nichtrauchern von 4,3 γ% vor. Bei Asthmatikern findet LUBSCHEZ 2,7 γ% (normal 0,6 bis 4,6 γ%), bei einem kindlichen Ekzem 7,0 und 9,1 γ% (normal Kinder 0,7 bis 3,5 γ%)[19]. Bei Pferden werden 3 γ%[20], bei Rindern 1,5 bis 13 γ%[18, 21], bei der Ziege 16 γ%, beim Hund 0 bis 16 γ%, bei der Katze 1 bis 6 γ% und beim Kaninchen 110 bis 195 bis 250, sogar 1200 γ% beschrieben. Das Blut von Ratten soll 3,5 bis 30 γ%, das von Meerschweinchen zwischen 7 und 100 γ% enthalten (Literatur[16, 18, 20, 21]).

---

[1] GADDUM, J. H., u. H. H. DALE: Gefäßerweiternde Stoffe. S. 63. Leipzig 1936. — [2] DALE, H. H., u. H. W. DUDLEY: H. **198**, 85 (1931). — WREDE, F., u. W. KEIL: H. **194**, 229 (1931). — [3] s. S. 351[26]. — [4] KAHANE, E., et J. LEVY: Ann. Physiol. Physicochim. biol. **14**, 575 (1938). — [5] KAHANE, E., et J. LEVY: C. R. Soc. Biol. **127**, 10 (1938). — [6] HOPPE-SEYLER, F. A., u. N. SCHÜMMELFEDER: Z. Naturforsch. **1**, 696 (1946). — SCHÜMMELFEDER, N.: Kli. Wo. **1946/47**, 405. — [7] HESTRIN, S.: J. biol. Ch. **180**, 249 (1949). — [8] CODE, C. F., and H. R. ING: J. Physiol., London **90**, 501 (1937). — [9] EICHLER, O., u. G. SPEDA: A. e. P. P. **195**, 152 (1940). — [10] CODE, C. F., and A. D. McDONALD: Lancet **1937 II**, 730. — CODE, C. F.: J. Physiol., London **90**, 349 (1937). — [11] ANREP, G. V., G. S. BARSOUM, M. TALAAT and E. WIENINGER: J. Physiol., London **96**, 130 (1939). — CODE, C. F.: J. Physiol., London **90**, 485 (1937). — [12] ZON, L., E. T. CEDER and C. W. CRIGLER: Publ. Hlth. Rep. **1939**, 1978 [Ber. Physiol. **121**, 68]. — [13] WENT, F., u. B. REX-KISS: Z. klin. Med. **139**, 29 (1941). — [14] COLLDAHL, H., C. G. HOLMBERG and C. B. LAURELL: Acta physiol. scand. **12**, 1 (1946). — [15] RIESSER, O.: A. e. P. P. **187**, 1 (1937); dort auch Schrifttum. — [16] BARSOUM, G. S., and J. H. GADDUM: J. Physiol., London **85**, 1 (1935). — [17] GADDUM, J. H., u. H. H. DALE: Gefäßerweiternde Stoffe. S. 37. Leipzig 1936. — [18] WERLE, E., u. G. EFFKEMANN: Kli. Wo. **1940**, 1160. — [19] LUBSCHEZ, R.: J. biol. Ch. **183**, 731 (1950). — [20] CODE, C. F., and J. L. JENSEN: Amer. J. Physiol. **131**, 768 (1941). — [21] BUSINCO, L.: Diagnost. Tecn. Lab. **2**, 131 (1940).

Mittels chemischer Methoden, und zwar durch Kupplung mit p-Nitrodiazobenzol und Extraktion mit Methylisobutylketon[1] wurden zum Teil andere Werte gefunden, beim Meerschweinchen[2] 160 bis 240 γ%, beim Kaninchen 120 bis 350 γ%, bei Ratte und Maus nur Spuren[1]. Beim anaphylaktischen Schock wird Histamin in die Blutbahn ausgeschwemmt[3], es läßt sich durch Herabsetzung der Gerinnbarkeit und durch kompensatorische Hemmung mittels Arginin und Histidin nachweisen. Die Histaminvermehrung ist nur ein Teilsymptom des Schocks, obwohl beim Peptonschock auch der Histamingehalt des Plasmas von 2 γ% auf 50 bis 100 γ% ansteigt. Der Histamingehalt der Blutkörperchen bleibt unverändert. Das im Plasma auftretende Histamin soll der Leber entstammen[4]. Im Gegensatz zu Hund und Meerschweinchen, bei welchen sich das Bluthistamin durch anaphylaktischen Schock auf das 2- bis 13fache bzw. auf das 2- bis 80fache des Durchschnittswertes erhöht[5], war der Histamingehalt des peripheren Blutes von Pferd und Kalb während des anaphylaktischen Schockes nicht erhöht[6].

Bei Krankheiten wird eine Vermehrung des Histamins im Blut mitunter bei der Tuberkulose, eine Verminderung in vielen Fällen bei Asthmatikern gefunden[7].

Zur *Bestimmung* des Histamins kommen im wesentlichen nur biologische Verfahren in Frage. Auf eine chemische Methode kann nur hingewiesen werden[8].

Für **Tyramin**[9] werden Durchschnittswerte von 0,2 bis 0,6 mg% im Serum, in krankhaften Fällen von 1 bis 2 mg% angegeben. Für das *Tryptamin* liegen keine Angaben vor.

Adrenalin kommt in kleinsten Mengen im Blut vor, s. darüber S. 369.

Für **Guanidin** und *guanidinähnliche Verbindungen* des Blutes (s. Bd. **1**, S. 789) fand man bei Männern Werte um 0,25, bei Frauen um 0,23 mg%[10], bei Kindern 0,12 bis 0,2 mg%[11], bei Hunden 0,35 bis 0,74 mg%[12]. Es soll sich dabei um Guanidin, Methylguanidin, as-Dimethylguanidin und Glykocyamidin handeln[13]. Über Guanidin im Blut s. weiter [14, 15].

Trimethylaminoxyd findet sich im Blut von Meerestieren, wo es mit anderen Basen dem osmotischen Einfluß des Meerwassers entgegenwirken soll[15].

4. Farbstoffe des Serums.

Die wichtigsten Farbstoffe des Serums lassen sich in 2 Gruppen teilen:

1. Die Abkömmlinge des Blutfarbstoffes.
2. Die Carotinoide (Lipochrome).

Unter den Abkömmlingen des Blutfarbstoffes sind besonders wichtig: die Gallenfarbstoffe, Urobilinogen und Stercobilinogen.

a) Gallenfarbstoffe. Das *Bilirubin* (*Hämatoidin* VIRCHOWS), s. Bd. **1**, S. 911 ff., ist eine ständig im Blut vorkommende Abbaustufe des Hämoglobinstoffwechsels. Zum ersten Male wurde es im Pferdeserum nachgewiesen[16]. Es entsteht sowohl im

---

[1] ROSENTHAL, S. M., and H. TABOR: J. Pharmacol. exp. Therap. **92**, 425 (1948). — [2] ROSE, B.: Proc. Soc. exp. Biol. Med. **39**, 306 (1938). — [3] WATERS, E. T., J. MARKOWITZ and L. B. JAQUES: Science, N.Y. **87**, 582 (1938). — ACKERMANN, D.: Naturwiss. **27**, 515 (1939). — [4] TINEL, J., G. UNGAR et J. L. PARROT: C. R. Soc. Biol. **129**, 267 (1938). — [5] CODE, C. F., and H. R. HESTER: Amer. J. Physiol. **127**, 71 (1939). — [6] CODE, C. F.: Amer. J. Physiol. **127**, 78 (1939). — [7] RIESSER, O.: A. e. P. P. **187**, 1 (1937). — [8] ROSE, B.: Proc. Soc. exp. Biol. Med. **39**, 306 (1938). — LUBSCHEZ, R.: J. biol. Ch. **183**, 731 (1950). — [9] LESURE, A.: J. Pharmacie Chim. (9) **1**, 55 (1940). — [10] ANDES, J. E., and V. C. MYERS: J. Lab. clin. Med. **22**, 1147 (1937). — PFIFFNER, J. J., and V. C. MYERS: J. biol. Ch. **87**, 345 (1930). — [11] DORDI, A.: Riv. Clin. pediatr. **33**, 59 (1935). — [12] HELMER, O. M., and I. H. PAGE: Proc. Soc. exp. Biol. Med. **37**, 680 (1938). — [13] WEBER, C. J.: J. biol. Ch. **123**, CXXIV (1938). — [14] ANDES, J. E., E. J. VAN LIERE, E. J. ANDES and P. VAUGHN: J. Lab. clin. Med. **26**, 530 (1940). — [15] HOPPE-SEYLER, F. A.: Z. Biol. **90**, 433 (1930). — [16] HAMMARSTEN, O.: Jber. Fortschr. Tierchem. **8**, 129 (1879).

reticuloendothelialen System als auch in anderen Geweben und im Blut[1,2]. Einzelheiten des Hämoglobinabbaues s. S. 1016ff sowie Bd. 1, S. 942 ff.

Im Serum ist das Bilirubin vollständig und unter allen Umständen an das Eiweiß gebunden[2]; trotzdem kann man zwischen der sog. *direkten* und *indirekten* Reaktion unterscheiden, deren Wesensunterschied bis jetzt nicht einwandfrei geklärt ist (s. a. Bd. 1, S. 914). Der Unterschied der beiden Reaktionen liegt darin, daß die *eine* Kupplung zu einem Azofarbstoff in wäßriger Lösung zeigt, die *andere* nur in Gegenwart von Alkohol oder starker Coffeinlösung, Ammonsulfat oder Harnstoff. Völlige Einmütigkeit über die Bedeutung des direkten und indirekten Bilirubins ist bisher nicht erzielt worden, und eine feinere Unterscheidung der Bilirubinarten, z. B. mit verzögerter oder stark verzögerter direkter Reaktion, hat keinen Fortschritt gebracht[3]. Es ist auch nicht möglich, die direkte Reaktion in absoluten Bilirubineinheiten anzugeben, da für die Stärke des Reaktionsausfalles die Reaktionszeit ausschlaggebend ist. Mißt man den Ausfall der direkten Reaktion nach 5 min, so ist im Verhältnis zum gesamten Bilirubin der sog. *Bilirubinindex* (Verhältnis von direktem zu indirektem Bilirubin) kleiner als 1, bei hepatischem Ikterus größer, bei anhepatischem wesentlich kleiner als 1[4]. Nach den Angaben von KÜHN[5] ergibt die direkte Reaktion immer 60 bis 80% des Gesamtbilirubins.

Die direkte Bilirubinreaktion erfolgt im Eiweißverband[6]. Eiweiß setzt aber die Stärke der Reaktion herab, so daß der direkte Anteil des Bilirubins nicht exakt faßbar ist. Von normalem und ikterischem Serum wird zugesetztes Bilirubin praktisch sofort „indirekt" gebunden. Gallensäuren haben keinen Einfluß.

Mit Hilfe der Diazoreaktion lassen sich trotzdem ein hepatogener (direkte Reaktion positiv) und ein extrahepatogener, hämolytischer Ikterus (direkte Reaktion negativ) unterscheiden. Die Durchschnittsnüchternwerte für Bilirubin liegen bei Frauen zwischen 0,22 bis 1,00 mg%, wobei 52% der Werte unter 0,5 mg% liegen. Bei Männern sind die Werte 0,24 bis 0,98 mg%, wobei 62% der Werte über 0,5 mg% betragen. Nach Nahrungsaufnahme nimmt der Bilirubingehalt ab[7]. Im Blut aus dem Knochenmark und der Milzvene ist mehr Gallenfarbstoff nachzuweisen als im arteriellen Blut der genannten Organe.

Der Bilirubingehalt von Pferdeplasma beträgt im Mittel 1,57 mg%, mit einem niedrigsten Wert von 0,48 mg%. 48stündiges Fasten erhöhte den Bilirubinwert im Mittel auf 1,86 mg%, in einem Einzelfall sogar von 1,96 auf 5,1 mg%[8].

Im Serum ausgewachsener Rinder soll Bilirubin fehlen. Bei Kälbern war es in wechselnder Menge vorhanden[9], dagegen fand ENGEL[10] bei einer 6jährigen Kuh im Serum 0,13 mg%.

In der Schwangerschaft und in den ersten Lebenstagen (Icterus neonatorum) ist das Bilirubin normalerweise erhöht[11]. Krankhafte Steigerungen beobachtet man bei perniziöser Anämie, hämolytischem Ikterus, hämolytischen Anämien, Verlegung der Gallenwege, kurz, immer dann, wenn es zu vermehrter Bildung und Ausschwemmung des Bilirubins in das Blut kommt oder wenn es dort zu-

---

[1] ASCHOFF, L.: Kli. Wo. **1932 II**, 1620. — [2] SNAPPER, I., u. W. M. BENDIEN: Acta med. scand. **98**, 77 (1938). — WESTPHAL, U.: Ber. Physiol. **136**, 159 (1949). — [3] WITH, T. K.: H. **278**, 130 (1943). — [4] BALZER, E., u. P. SCHULTE: Dtsch. Arch. klin. Med. **194**, 550 (1949). — [5] KÜHN, H. A.: Z. ges. exp. Med. **115**, 371 (1949/50). — [6] WESTPHAL, U., u. P. GEDIGK: H. **284**, 274 (1949). — [7] HUHTALA, A.: Duodecim, Helsinki **53**, 1034 (1937) [Ber. Physiol. **108**, 71]. — ENGEL, M.: H. **259**, 75 (1939). — [8] RAMSAY, W. N. M.: Biochem. J. **39**, XXXII (1945). — [9] NABHOLZ, A.: Diss. med. veterin. Zürich 1938 [Ber. Physiol. **117**, 250]. — [10] ENGEL, M.: Diss. med. Zürich. S. 52, 1935. H. **259**, 75 (1939). — [11] SCHLÜNS, O.: Zbl. Gynäk. **50**, 2185 (1926).

rückgehalten wird[1]. Im Hochgebirge beobachtet man eine geringe Steigerung des Serumbilirubins[2].

Zur Prüfung der Leistungsfähigkeit der Leber wurde die Leberbelastungsprobe mit Bilirubin vorgeschlagen[1].

Zur ***Bestimmung*** des Bilirubins wird das direkte spektroskopische Verhalten selten herangezogen. Meist wird die Diazoreaktion angewandt, für welche zahlreiche Abänderungen vorgeschlagen wurden[3–5]. Grundsätzlich ist dazu zu sagen, daß bei allen Methoden mit Eiweißfällung Bilirubin verlorengeht und die Normalwerte niedriger liegen als bei jenen Methoden, die ohne Eiweißfällung arbeiten.

Über andere gelbe Substanzen außer Bilirubin im Serum s. [6], s. a. HALÁSZ[7]. Über das Auftreten von Biliverdin im Serum bei Gelbsucht s. [8]. Über Bilifuscin und Mesobilifuscin als natürliche Abbauprodukte des Blutfarbstoffes s. [9].

Urobilinogen und Stercobilinogen (s. a. Bd. **1**, S. 825). Die Untersuchungen der letzten Jahre haben einwandfrei ergeben, daß Urobilinogen und Stercobilinogen nicht identisch sind, sondern daß letzteres 4 Wasserstoffatome mehr enthält. Mit der EHRLICHschen Aldehydreaktion lassen sich diese beiden Stoffe nicht voneinander unterscheiden, da die EHRLICHsche Reaktion eine Gruppenreaktion ist, die von allen Pyrromethenen gegeben wird. Sie müssen entweder eine freie α-Gruppe oder sonstige labile Gruppen tragen. Für Urobilinogen und Stercobilinogen ist die EHRLICHsche Diazoreaktion nur dann charakteristisch, wenn sie in der Kälte auftritt. Die Aldehydreaktion, die in der Wärme auftritt, wird von einem Indolderivat gegeben[10]. Urobilinogen und Stercobilinogen können unterschieden werden mit der Mesobiliviolinreaktion[11] oder mit der Pentdyopentreaktion[12].

Diese Unterscheidung ist wesentlich; denn das Stercobilinogen wird nur im Darm gebildet[13], während das Urobilinogen durch das RES aus Bilirubin gebildet wird[14]. Man muß daher annehmen, daß die Urobilinurie des Gesunden in Wirklichkeit eine Stercobilinurie ist, da physiologisch Urobilinogen bzw. Urobilin im Harn nicht vorkommen (s. a. Bd. **1**, S. 931).

Urobilinogen, die Leukoverbindung des Urobilins, ist selbst bei geringer Urobilinogenurie im Plasma nicht nachweisbar, dagegen wird bei allen Kranken mit viel Urobilinogen im Harn auch Urobilinogen im Plasma gefunden. Es gelang nie, bei Ikterus infolge vollständigen Gallengangverschlusses Urobilinogen im Plasma nachzuweisen. Das *Urobilin* ist ein künstliches Oxydationsprodukt des Urobilinogens von roter Farbe und ist im Serum gesunder Menschen spektrophotometrisch nicht nachzuweisen. Dagegen sollen in Fällen mit schwerer Stauungsleber bis zu 0,46 mg% gefunden sein. Der fluorometrische Nachweis mit SCHLESINGERs Reagens (durch Zusatz von alkoholischem Zinkacetat) ist nicht spezifisch und wird sowohl von Stercobilin als auch von Flavinen gegeben. Die

---

[1] EILBOTT, W.: Z. klin. Med. **106**, 529 (1927). — BERGMANN, G. v.: Funktionelle Pathologie. S. 150. Berlin 1932. — BERGMANN, G. v., u. F. STROEBE: Krankheiten der Leber und Gallenwege. Lehrb. inn. Med. (ASSMANN u. a.). 6/7. Aufl. Bd. 1, S. 903. — SOFFER, L. J., and M. PAULSON: Amer. J. med. Sci. **192**, 535 (1936). — [2] VERZÁR, F., A. v. ARVAY, J. PETER u. H. SCHOLDERER: B. Z. **257**, 113 (1933). — [3] JENDRASSIK, L., u. R. A. CLEGHORN: B. Z. **289**, 1, 438 (1937). — JENDRASSIK, L., u. P. GRÓF: B. Z. **297**, 81 (1938). — Hinsberg-Lang 2. Aufl. S. 583. — [4] ENGEL, M.: H. **259**, 75 (1939). — [5] WHIDBORNE, J., and C. H. GRAY: Biochem. J. **39**, XI (1945). — [6] WITH, T. K.: Nature **158**, 310 (1946). — [7] HALÁSZ, M.: H. **284**, 257 (1949). — [8] LARSON, E. A., G. T. EVANS and C. J. WATSON: J. Lab. clin. Med. **32**, 481 (1947). — [9] SIEDEL, W., W. v. PÖLNITZ u. F. EISENREICH: Naturwiss. **34**, 314 (1947). — [10] GÖSSNER, W.: Kli. Wo. **948**, 567 H. **282**, 262 1947). — [11] FISCHER, H., u. G. NIEMANN: H. **137**, 293 (1924). — [12] FISCHER, H., u. H. v. DOBENECK: H. **263**, 125 (1940). — [13] ROYER, M.: Urobilin bei normalem und pathologischem Zustand. Buenos Aires 1929. — [14] STICH, W.: D. m. W. **1946**, 137.

grüne Fluorescenz ist auch in den Fällen vorhanden, in denen spektrophotometrisch keine Spur von Urobilin zu erkennen war[1].

Ein weiteres Abbauprodukt des Hämoglobins ist das *Pentdyopent*, welches nur noch 2 Pyrrolidinringe enthält. Es kommt nicht im Serum vor, kann aber in den Erythrocyten nachgewiesen werden[2]. Bemerkenswert ist, daß Urobilinogen eine positive Pentdyopentreaktion gibt, während Stercobilinogen nicht reagiert.

Bestimmung von Urobilin und Urobilinogen, Stercobilin und Stercobilinogen s. [3, 4].

b) Hämatin. Hämatin findet sich beim Menschen nur bei Krankheiten, bei perniziöser Anämie, Malaria, kongenitaler Porphyrie und bei Phosgenvergiftungen. Hundeserum und Vogelblut enthalten Hämatin[5].

c) Porphyrine. *Protoporphyrin* findet man gewöhnlich im Serum nicht, wohl aber in den Erythrocyten[6]. Nur bei einigen Krankheiten, vorwiegend bei solchen mit erhöhtem Bilirubingehalt, bei Leberschädigungen, mitunter auch bei perniziöser Anämie und Malaria lassen sich auch im Plasma geringe Mengen Porphyrin nachweisen[7, 8].

Koproporphyrin I[9] ist in geringen Mengen im normalen Serum von Mensch, Pferd und Rind enthalten. Bei kongenitaler Porphyrie, perniziöser Anämie und Nierenerkrankungen ist es vermehrt[10]. *Koproporphyrin III* findet sich im Blut besonders nach Bleivergiftung[11].

Uroporphyrin I läßt sich vermutlich neben *Uroporphyrin III* im Serum bei kongenitaler Porphyrie nachweisen, nicht aber im Gesamtblut[12]. Über Extraktion von Porphyrinen aus Blutserum und Erythrocyten s. [13, 14]. Mit der spektrophotometrischen Methode werden in 10 cm^3 Erythrocyten normalerweise 30 bis 35 γ Protoporphyrin gefunden[14].

d) Carotinoide[15] (s. a. Bd. **1**, S. 459ff. sowie Bd. 2/2, Vitamine). Für die gelbe Farbe des Blutserums sind neben dem Bilirubin Polyene wie die Carotinoide (=Lipochrome) verantwortlich. Hierzu gehören Carotin, Lutein, Lycopin, Xanthophyll u. a. Der Gehalt des Blutes an Carotinoiden und deren Mischung ist von den mit der Nahrung zugeführten Carotinoiden abhängig. Sie werden nur im Serum angetroffen. Gewöhnlich findet man 20 bis 50 γ% „Gesamtcarotinoide" mit Grenzwerten von 10 bis 100 γ%[16]. Darunter macht das Carotin einschließlich verschiedener Oxydationsstufen 10 bis 70% aus[17]. Im Fetalblut wurden keine Carotinoide gefunden[18]. Neugeborene haben einen geringen Carotin- und einen hohen Xanthophyllgehalt im Blut[19].

Das Blut derjenigen Tiere, welche keine Carotinoide stapeln, ist lipochromfrei, z. B. von Schwein, Schaf, Meerschweinchen, Hund, Katze und Albinoratte.

Im Hungerzustand verschwinden die Polyene aus dem Kreislauf. Das Blutlipochrom ist wahrscheinlich an Eiweiß gebunden und wird erst frei, nachdem

---

[1] Heilmeyer, L., u. W. Ohlig: Kli. Wo. **1936 II**, 1124. — [2] Bingold, K.: Kli. Wo. **1935 II**, 1287. — Bingold, K., u. W. Stich: Med. Mschr. **1949**, 243. — [3] Roos, C. J.: Acta med. scand. **96**, 140 (1938). — [4] Hinsberg-Lang 2. Aufl. S. 590. — [5] Bingold, K.: Z. klin. Med. **120**, 503 (1932). — Schrifttum bei Fischer-Orth, Pyrrolchemie **2**/1, 387 (1937). — [6] Schumm, O.: A. e. P. P. **191**, 529 (1939). — Fischer-Orth, Pyrrolchemie **2**/1, 390 (1937). — [7] Carrié, K.: Die Porphyrine, ihr Nachweis, ihre Physiologie und Klinik. Leipzig 1936. — Vigliani, E. C., e M. Sano: Folia med., Napoli **26**, 325 (1940). — [8] Brugsch, J.: Porphyrine. Leipzig 1952. — [9] Mallinckrodt-Haupt, A. S. v.: Kli. Wo. **1941**, 190. — [10] Fischer-Orth, Pyrrolchemie **2**/1, 479 (1937). — Vannotti, A.: Porphyrine und Porphyrinkrankheiten. S. 42. Berlin 1937. — [11] Langen, C. D. de: Acta med. scand. **133**, 73 (1949). — [12] Fischer-Orth, Pyrrolchemie **2**/1, 513 (1937). — [13] Vannotti, A.: s. [10] S. 273. — [14] Grinstein, M., and M. M. Wintrobe: J. biol. Ch. **172**, 459 (1948). — [15] Karrer, P., u. E. Jucker: Carotinoide. Basel 1948. — [16] Thiele, W., u. I. Scherff: Kli. Wo. **1939 II**, 1208, 1275. — [17] With, T. K.: Nord. Med. **1940**, 2136. — [18] Guidetti, E.: Ginecologia **1**, 1059—1064 (1935) [Ber. Physiol. **96**, 238]. — [19] Abba, G. C., e L. Noceto: Riv. Clin. pediatr. **37**, 513 (1939).

die Eiweißstoffe gefällt sind[1]. In den ersten 6 Lebensmonaten und in den Wintermonaten ist der Carotingehalt im Blut erniedrigt[2]. Vermehrung des Serumlipochroms findet sich bei reichlicher Zufuhr von Carotinoiden durch Nahrungsmittel, bei der Xanthosis (z. B. von Zuckerkranken)[3], wobei Werte bis 0,392 mg% erreicht werden[4]. Über die Beziehung zum Vitamin A s. Bd. **1**, S. 472ff. Im menschlichen Serum finden sich neben β-Carotin verschiedene andere Carotinoide. Mit Hilfe der chromatographischen Absorptionsanalyse wurden Carotin, darunter besonders das β-Carotin, Lycopin, Xanthophyll und Zeaxanthin nachgewiesen[5]. Das Vorkommen von Lutein ist wahrscheinlich[6]. Die Menge der einzelnen Bestandteile und ihr Verhältnis zueinander wechseln natürlich je nach der Nahrung. Ein allgemeiner Prozentsatz an β-Carotin läßt sich nicht angeben. Es wurden z. B. gefunden 30% β-Carotin, 40% Kryptoxanthin und 30% Xanthophyll oder 45% Lycopin, 20% Kryptoxanthin und sehr wenig β-Carotin[7]. Im Rinder- und Pferdeserum bestehen die Carotinoide zu etwa 85% aus β-Carotin und zu 10% aus α-Carotin[8]. Über den Gehalt im Schwangerenblut s. [9], im Nabelschnurblut s. [10].

Über den Carotin- und Vitamin A-Gehalt im Blutserum bei Kranken s. [11]. Carotingehalt bei Schlachttieren: Bei Rind, Schwein, Schaf und Geflügel[12] findet man Werte zwischen 3,8 und 1775 γ% im Serum, in der Hauptsache β-Carotin. Nur bei einigen Vögeln, Reptilien und Fischen findet man auch Carotin in den roten Blutkörperchen[13].

Bestimmungsmethoden s. [8].

5. Vitamine[14–19].

a) **Fettlösliche Vitamine** (s. a. Bd. 2/2). α) Vitamin A. Eine Vitamin A-Wirkung des Blutes, vgl. Blutkörperchen S. 451, wurde erstmals 1925 gefunden, als Ratten bei Zusatz von Rattenblut zu vitamin A-freiem Futter Wachstum zeigten[20]. Das Serum ist für das Vitamin A und seine Vorstufe das Carotin nur Transportmittel; es vermittelt den Austausch zwischen den Organen und die Überführung von den Resorptions- zu den Wirkungsstätten. Trotzdem ist der Vitamingehalt ziemlich konstant, der Carotingehalt dagegen auch beim Gesunden erheblichen Schwankungen unterworfen. Über tägliche Schwankungen s. [21]. Die Angabe von Durchschnittswerten ist daher kaum möglich[22], insbesondere ist das

---

[1] Zechmeister, L.: Die Carotinoide im tierischen Stoffwechsel. Ergebn. Physiol. **39**, 117 bis 191 (1937). Carotinoide. Berlin 1934. — [2] Clausen, S. W., and A. B. McCoord: J. Pediatr. **13**, 635 (1938). — [3] Lindqvist, T.: Studien über das Vitamin A beim Menschen. Acta med. scand., Suppl. **97** (1938). — Galeone, A.: Arch. Sci. med., Torino **75**, 560 (1943) [C. **1943 II**, 1727]. — [4] Stueck, G. H., G. Flaum and E. P. Ralli: J. amer. med. Ass. **109**, 343 (1937). — [5] Dániel, E. v., u. T. Béres: H. **238**, 160 (1936). — Willstaedt, H., u. T. Lindqvist: H. **240**, 10 (1936). — Hoch, H.: Biochem. J. **38**, 304 (1944). — [6] Müller, P.: Kli. Wo. **1932 I**, 189. — [7] Veen, A. G. van, and J. C. Lanzing: Proc. Kon. Akad. Wet. Amsterdam (II) **40**, 779 (1937). — [8] Gstirner, F.: Chemisch-physikalische Vitaminbestimmungsmethoden. 4. Aufl. S. 55. Stuttgart 1951. — Johnson, R. M., and C. A. Baumann: J. biol. Ch. **169**, 83 (1947). — [9] Gaehtgens, G.: Kli. Wo. **1937 I**, 894; **II**, 1073. — [10] Wendt, H.: Kli. Wo. **1936 I**, 222. — [11] Stepp-Kühnau-Schroeder, Vitamine 7. Aufl. Bd. 1, S. 58ff. (1952). — [12] Maxim, M.: Kli. Wo. **1940**, 203. — [13] Rösiö, B.: H. **182**, 289 (1929).

Zusammenfassende Darstellungen 14—19. [14] Stepp-Kühnau-Schroeder, Vitamine 7. Aufl. Bd. 1, S. 58. — [15] Bomskov, C.: Methodik der Vitaminforschung. Leipzig 1935. — [16] Gstirner, F.: Chemisch-physikalische Vitaminbestimmungsmethoden. 4. Aufl. Stuttgart 1951. — [17] Bredereck, H., u. R. Mittag: Vitamine u. Hormone. 1. Teil. Ergebnisse der Vitamin- und Hormonforschung. 2. Aufl. Leipzig 1938. — [18] Vogel, H.: Chemie und Technik der Vitamine. 3. Aufl. Stuttgart 1950. — [19] Vitamin Methods. Hrsg. György, P.: New York Bd. 1, 1950. Bd. 2, 1951.

[20] Euler, H. v., u. S. Steffenburg: H. **149**, 195 (1925). — [21] Gounelle, H., J. Gerbeaux et Y. Raoul: C. R. Soc. Biol. **136**, 81 (1942). — [22] Thiele, W.: Kli. Wo. **1940**, 1201.

Verhältnis Vitamin A : Carotin sehr unkonstant. Dazu kommt, daß die Vitamin A-Mengen in verschiedenen Einheiten angegeben werden und eine Umrechnung außerordentlich erschwert ist. Hohe Vitaminwerte entsprechen im allgemeinen einem guten Sättigungsgrad des Körpers, niedrige Werte sind aber nicht einer Hypovitaminose gleichzusetzen[1].

Die in älteren Arbeiten verwandte SHERMAN-Einheit[2] wurde zuerst auf 1,4, später auf 0,66 bis 0,88 und zuletzt auf 0,75 internationale Einheiten festgesetzt. Außer in *biologischen Einheiten* wird der Vitamin A-Gehalt manchmal als Provitamin in γ β-Carotin angegeben. Vollständige Resorption vorausgesetzt[3], entspricht eine I. E. des Vitamins A, deren Gewicht zu 0,3 bis 0,4 γ angenommen wird, der biologischen Wirkung von 0,6 γ β-Carotin. 3 I.E. = 1 Ratteneinheit. Bei der biologischen Bestimmung ist 1 γ β-Carotin = 4 Ratteneinheiten. Bei der biologischen Bestimmung[2] ist 1 γ β-Carotin nicht genau 1 γ Vitamin A. Als Einheit wird auch der Blauwert verwendet, der nach Einwirkung von $SbCl_3$ auf Vitamin A in Chloroformlösung erhalten wird. Ein Blauwert ist ungefähr 32 I.E. = 19,2 γ β-Carotin. Außerdem werden LOVIBOND-Einheiten (L.E.B.) angegeben. Eine L.E.B. schwankt zwischen 1,3 und 6,4 I.E.[4-7]. Eine korrigierte L.E.B. entspricht jetzt 2 I.E.[8]. Werte, die spektrographisch gefunden werden, können mit Hilfe eines Konversionsfaktors von 1600 in I.E. umgerechnet werden.

Im Blut Gesunder[9] fand man 20 bis 170 γ% Carotin und 15 bis 200 γ% Vitamin A, bei weniger gut Ernährten 20 bis 60 γ% Carotin und 0 bis 100 γ% Vitamin A. Mit einer Mikromethode[10], die nur 0,06 cm³ Blut benötigt und die ultraviolette Absorption bei 328 und 460 mμ im Spektrophotometer nach BECKMAN mißt und ebenso genaue Werte wie die CARR-PRICE-Reaktion liefert, wird im Serum Gesunder 47—58—75 γ% Vitamin A und 95—122—138 γ% Carotin gefunden. Im Blut von Schwangeren[10] beträgt der mittlere Gehalt an Vitamin A 54,5 I.E., an Carotin[11] 46,5 γ je 100 cm³ bei gesunden Menschen neben 108 I.E. Vitamin A 27,5 γ% β-Carotin[12]. Nach STEPP, KÜHNAU u. SCHROEDER kann man folgende Tabelle aufstellen:

Tabelle 116. Werte von Vitamin A in I.E. pro 100 cm³ Blut.

Wert in I.E.	γ Vitamin A	Prozentualer Anteil der Fälle	Klinische Beurteilung
Unter 70	23,3	0,7%	sichere Mangelwerte
„ 100	33,3	8,3%	wenig befriedigende Werte
Zwischen 100 und 150	33,3—50,0	39 %	wahrscheinlich befriedigende Werte
„ 150 und 200	50,0—66,6	32 %	sicher befriedigende Werte
„ 200 und 250	66,6—83,3	17 %	
„ 250 und 300	83,3—100	3 %	
Über 400	über 100		bei Gesunden nicht vorkommende Werte

[1] NYLUND, C. E., u. T. K. WITH: Vitamine u. Hormone **1**, 354 (1941). — [2] LUNDE, G.: Vitamine in frischen und konservierten Nahrungsmitteln. 2. Aufl. S. 14. Berlin 1943. — [3] WAGNER, K.-H.: H. **264**, 153 (1940). — [4] WOLFF, L. K.: Z. Vit.-Forsch. **7**, 227 (1938). — [5] EEKELEN, M. VAN, A. EMMERIE u. L. K. WOLFF: Acta brev. neerl. Physiol. **4**, 172 (1935) [C. **1935 I**, 2394]. — Vgl. a.: KREBS, H. A.: Ann. Rev. **19**, 420 (1950). — [6] EEKELEN, M. VAN, A. EMMERIE u. L. K. WOLFF: Z. Vit.-Forsch. **6**, 150 (1937). — [7] MOLL, T., O. DALMER, P. VON DOBENECK, G. DOMAGK u. F. LAQUER: A. e. P. P. **170**, 176 (1933). — [8] LINDQVIST, T.: Studien über das Vitamin A beim Menschen. Acta med. scand., Suppl. **97** (1938). — [9] DECO, M., et P. CLÉMENS: C. R. Soc. Biol. **135**, 434 (1941) [C. **1942 II**, 185]. — [10] BESSEY, O. A., O. H. LOWRY, M. J. BROCK and J. A. LOPEZ: J. biol. Ch. **166**, 177 (1946). [Analyst **72**, 161 (1947)]. — [11] VARANGOT, J.: C. R. Soc. Biol. **135**, 1360 (1941) [C. **1942 II**, 57]. — [12] WAGNER, K.-H.: Z. klin. Med. **137**, 653 (1940). — s. a. Stepp-Kühnau-Schroeder, Vitamine 7. Aufl. Bd. 1, S. 61.

In den Sommermonaten liegt der Vitamin A-Gehalt höher als im Winter, wie dies aus Reihenuntersuchungen in München hervorgeht[1].

Im Frühsommer wurde für das Vitamin A in 10 cm^3 Serum ein Blauwert von 1,2 (0,7 bis 1,7) L.E.B. (= 3 γ) und ein Gelbwert (Carotin) von 3,1 L.E.B. ermittelt; bis zum Herbst erhöhten sich die Werte auf 1,73 bzw. 11,5 L.E.B.

Im Blut von *Gesunden* fehlen Vitamin A und seine Vorstufen nie ganz. Mit zunehmendem Alter setzt ein Anstieg des Carotins und ein deutlicher Abfall des Vitamin A-Gehaltes im Serum ein[2]. Keinen Zusammenhang zwischen Vitamin A-Gehalt des Blutes und dem Lebensalter finden DIENST u. v. BEBBER[3]. Bei sehr reichlicher Zufuhr von Carotin mit der Nahrung[1] steigt der Carotinwert im Blut steil an, während der Vitamin A-Wert zurückbleibt. Wird längere Zeit Carotin in größeren Mengen, z. B. 3mal täglich 2 mg aufgenommen, so entwickelt sich auch beim gesunden Menschen das Bild der *Xanthosis*, einer Gelbfärbung der Haut. Bei diesem auch „Carotinikterus" genannten Zustand wurden Blutcarotinwerte bis zu 60 L.E.B. gefunden. Das Verhältnis Carotin : Vitamin A war 15 : 1 bis 20 : 1, während es gewöhnlich 2 : 1 oder 3 : 1 ist[4].

Im Blutserum der *Kuh* ist gewöhnlich mehr Vitamin A als in der Milch vorhanden, während der Carotingehalt im Blut 50—300mal größer ist als in der Milch[5]. Beim *Hund* weist das Blut der unteren Hohlvene nach Aufnahme des Lebervenenblutes einen höheren Vitamin A-Gehalt auf als das Blut des rechten Herzens, und dieses wieder mehr als das der oberen Hohlvene. Im Blut des rechten Herzens findet sich stets mehr Vitamin A als in dem des linken Herzens. Der bei Durchströmung der Lungen auftretende Verlust wird nicht mit einer Vitaminspeicherung in der Lunge erklärt, sondern auf eine Zerstörung oder Überführung in andere noch unbekannte Verbindungen bezogen[6]. Splanchnicusreizung bei gesunder Leber vermehrt den Vitamin A-Gehalt des Blutes, ebenso Adrenalineinspritzung, also Reizung des sympathico-adrenalen Systems[7].

Bei länger dauernder Vitamin A-Zufuhr steigt der Vitamingehalt an, ohne daß die Carotinmenge besonders zunimmt. Dabei beobachtet man besonders bei Pflanzenfressern, aber auch bei Menschen, eine starke Vermehrung des Blutfettes einschließlich der Lipoide, die sich nach einiger Zeit trotz weiterer Vitamin A-Zufuhr allmählich wieder zurückbildet. Der Vitaminspiegel überschreitet eine bestimmte Höhe im Blut nicht. Bei *vitamin A-armer* oder *vitamin A-freier Ernährung* sinkt der Wert rasch ab. Unterliegt der Vitamingehalt schon unter gewöhnlichen Bedingungen starken Schwankungen, so ist dies bei Krankheiten noch viel mehr der Fall. Da die Fette als Trägerstoffe für das Vitamin und seine Vorstufen wirken, ist das Schicksal des Vitamins eng mit dem der Fette verbunden. Das Blut scheint nur Transportmittel für das Vitamin A zu sein, um den Austausch zwischen den Organen sicherzustellen.

Bei Krankheiten mit mangelhafter Fettresorption (chronische Pankreaserkrankung) ist der Gehalt im Blut erniedrigt, bei der Lipämie des Diabetikers und bei Nephrosen erhöht. Da die Leber für die Überführung der Vorstufen in das Vitamin wichtig ist, kann es bei Leberschädigungen (Lebercirrhose) sogar zu einem Verschwinden des Vitamins aus dem Blut kommen bzw. das Carotin-Vitamin A-Gleichgewicht im Sinne einer rückläufigen Carotinbildung aus Vitamin A verschoben sein[8]. Bei BASEDOWscher Krankheit (antagonistische Toxinwirkung),

[1] STEPP, W., u. H. WENDT: Dtsch. Arch. klin. Med. **180**, 640 (1937). — [2] SCHNEIDER, E., u. E. WIDMANN: Kli.Wo. **1935 I**, 670. — [3] DIENST, C., u. H. VAN BEBBER: Kli. Wo. **1942**, 298. — DIENST, C., M. GLEES u. H. VAN BEBBER: Kli. Wo. **1942**, 1054. — [4] VEEN, A. G. VAN, and J. C. LANZING: Proc. Kon. Akad. Wet. Amsterdam (II) **40**, 779 (1937). — [5] SKURNIK, L., u. M. HELLÉN: Z. Vit.-Forsch. **15**, 52 (1944). — [6] WENDT, H., u. M. EINHAUSER: Vitamine u. Hormone **1**, 9 (1941). — [7] YOUNG, G., and G. WALD: Amer. J. Physiol. **131**, 210 (1940/41). — [8] CHENTOW, J. S., F. A. RATSCHEWSKI u. A. M. SCHENDEL: Klin. Med., Moskau **17**, (20), 20 (1939) [C. **1940 I**, 587].

bei perniziöser Anämie und bei croupöser Pneumonie bis zur Krisis, bei fieberhaften Infektionen[1] beobachtet man ein Absinken der Werte. Bei Reizung des sympathico-adrenalen Systems kommt es zu einer Erhöhung des Vitamin A-Gehaltes im Serum. Sie ist die Folge einer Entleerung des Vitamin A aus der Leber und anderen Organen[2]. Ferner ist der Vitamingehalt[3] bei Myxödem und chronischen Nierenentzündungen erhöht[1]. Über weitere Veränderungen bei Krankheiten s.[4]; besonders erwähnenswert scheint noch, daß bei Chloroform- und Äthernarkose der Vitamin A-Gehalt der Leber bedeutend herabgesetzt wird[4].

Bestimmung s. [4] u. [5].

β) Vitamin D. Über den Gehalt an Vitamin D im menschlichen Serum sind wir nur mangelhaft unterrichtet. Es werden Werte von 66 bis 165 USP-Einheiten ($= 1{,}65$—$4{,}125\ \gamma$ Vitamin D_2) angegeben. Zwischen Kindern und Erwachsenen besteht kein merklicher Unterschied. Narkose, Fieber und Hunger sind ohne Einfluß. Das Blutserum weist den höchsten Vitamin D-Gehalt aller bisher untersuchten Säugetierorgane auf[6].

Eine USP-Einheit[7] (United States Pharmacopeia-Einheit) = eine I.E. = $0{,}025\ \gamma$ krystallisiertes Vitamin D_2. Die *Bestimmung* ist nur im Rattenversuch möglich.

γ) Vitamin E. Im Blut gesunder Männer und Frauen fand man 1,38 bzw. 1,34 mg% Vitamin E; bei Schwangeren im Mittel 1,61 mg%, im Laufe der Schwangerschaft steigt der Vitamin E-Gehalt sogar bis auf 1,82 mg% und sinkt 10 Tage nach der Entbindung auf 1,0 mg% ab[8].

Nicht alle Autoren haben solch hohe Werte gefunden. Nach KOFLER[9], der eine fluorometrische Methode anwendet, sind im Serum 0,4 bis 1,4 mg%, meist aber nur 50 bis 90 γ% Tocopherol vorhanden. Auch COUPERUS[10] findet meistens Werte von 0,1 mg%. Das Gesamtblut von zwei Verunglückten enthielt bei einer Frau 45, bei einem Mann 64 mg[11]. Der wichtigste Speicher ist das Subcutanfett. Beim Diabetes sind die Werte erhöht[12]. Als normal werden von diesen Autoren $1{,}1 \pm 0{,}4$ mg% angegeben, mit Schwankungen von 0,5—2,4 mg%. Es soll keine Beziehung zum Tocopherolgehalt der Nahrung bestehen, wohl aber zum Cholesteringehalt des Plasmas. In der Schwangerschaft werden von VARANGOT u. Mitarb.[13] Werte von 0,31 bis 0,34 mg% gefunden, bei nichtschwangeren Frauen von 0,2 mg%. Übereinstimmend berichten alle Autoren, daß die Werte in der Schwangerschaft erhöht sind. Über die absolute Höhe scheint aber noch

[1] LINDQVIST, T.: Acta med. scand., Suppl. **97** (1938). — [2] THIELE, W., u. P. GUZINSKI: Kli. Wo. **1940**, 345. — YOUNG, G., and G. WALD: Amer. J. Physiol. **131**, 210 (1940/41). — [3] BOMSKOV, C.: Methodik der Vitaminforschung. S. 60. Leipzig 1935. — [4] Stepp-Kühnau-Schroeder, Vitamine 7. Aufl. Bd. 1, S. 22. — ALLEN, R. S., and S. W. FOX: Analyt. Chem., Washington **22**, 1291 (1950). — BIERI, J. G., and M. O. SCHULTZE: Arch. Biochem. **34**, 273 (1951). — [5] GSTIRNER, F.: Chemisch-physikalische Vitaminbestimmungsmethoden. 3. Aufl. S. 5. Stuttgart 1951. — LINDQVIST, T.: Studien über das Vitamin A beim Menschen. Acta med. scand., Suppl. **97** (1938). — [6] WARKANY, J., and H. E. MABON: Amer. J. Dis. Children **60**, 606 (1940). — WARKANY, J.: Amer. J. Dis. Children **52**, 831 (1936). — [7] LUNDE, G.: Vitamine in frischen und konservierten Nahrungsmitteln. S. 205. Berlin 1940. — [8] VARANGOT, J.: Cr. **214**, 691 (1942). — STRAUMFJORD, J. V., and M. L. QUAIFE: Proc. Soc. exp. Biol. Med. **61**, 369 (1946). — QUAIFE, M. L., and P. L. HARRIS: J. biol. Ch. **156**, 499 (1944). — QUAIFE, M. L., and R. BIEHLER: J. biol. Ch. **159**, 663 (1945). — BRUGGEN, J. T. VAN, and J. V. STRAUMFJORD: J. Lab. clin. Med. **33**, 67 (1948). — [9] KOFLER, M.: Helv. **26**, 2166 (1943); **30**, 1053 (1947). — [10] COUPERUS, J.: Ned. T. Geneeskde. **87**, 541 (1943) [C. **1943 II**, 333]. — [11] QUAIFE, M. L., and M. J. DJU: J. biol. Ch. **180**, 263 (1949). — [12] BENSLEY, E. H., A. F. FOWLER, M. V. CREAGHAN, B. A. MOORE and E. K. MCDONALD: J. Nutrit. **40**, 323 (1950). — [13] VARANGOT, J., H. CHAILLEY et N. RIEUX: C. R. Soc. Biol. **137**, 393 (1943); **138**, 24 (1944). — KACHMAR, J. F., P. D. BOYER, T. W. GULLICKSON, E. LIEBE and R. M. PORTER: J. Nutrit. **42**, 391 (1950).

keine Klarheit zu herrschen. Es besteht eine Abhängigkeit von den ungesättigten Fettsäuren[1].

Mit einer neuen Methode unter Verwendung einer Reaktion mit α-, α-Dipyridyl werden bei sehr kleinen Serummengen im Mittel Werte von 1,07 mg% im menschlichen Serum gefunden[2]. Bei Zusatzversuchen wurden 95% wiedergefunden. Bei —23° aufgehoben, ist das Tocopherol 8 Wochen im Serum stabil. Bei Kaninchen wurden 3 mg% gefunden[3]. Dieser Wert ist aber abhängig von der Jahreszeit, er erreicht im Juni ein Maximum und im Frühjahr ein Minimum.

Bestimmung s. [2], [4].

δ) Vitamin K. Über die Menge des Vitamin K liegen nur sehr spärliche Angaben vor. Die meisten Autoren begrügen sich mit der Bestimmung der Gerinnungszeit, um auf einen Vitamin K-Mangel zu schließen. Im Plasma des Hühnerblutes wurden 15 bis 20 D.G.E. (= 7,5—10,0 γ Vitamin K_3) pro g Trockensubstanz gefunden. Bei Säugern kommt Vitamin K nur in geringen Mengen vor; es wird im Darm bakteriell gebildet[5]. Eine D.G.E. = 1 DAM-GLAVIND-Einheit = 0,5 γ Vitamin K_3.

Bestimmung s. [6].

b) Wasserlösliche Vitamine. α) Vitamin B_1, Aneurin. Das freie Vitamin findet sich im Plasma, während es gebunden mit Pyrophosphorsäure verestert als *Cocarboxylase* fast nur in den Erythrocyten anzutreffen ist (vgl. S. 452). Die in der umstehenden Tabelle 117 angegebenen Vitamin B_1-Werte sind mit dem Thiochromtest[7, 8] ermittelt; sie stimmen mit den biologisch ermittelten gut überein. Mit dem Phykomyces-Test (SCHOPFER) fand man im Gesamtblut des Menschen als Normalwert 9 bis 16 γ% Vitamin B_1, Werte unter 9 γ% gelten als vermindert[9, 10]. Im mütterlichen Blut[11] sind 3,6 γ% freies und 13 γ% gebundenes Aneurin, im arteriellen Nabelschnurblut 4,4 γ% freies und 14 γ% gebundenes Aneurin gefunden worden, im venösen 6,3 γ% freies und 17 γ% gebundenes Vitamin B_1. Auch von DEUTSCH werden 9 bis 16 γ% Vitamin B_1 gefunden[11]. Diese Zahlen werden auch von WESTENBRINK u. Mitarb.[12], die 11,2 ± 1,5 γ% Aneurinpyrophosphat gefunden haben, bestätigt. Wesentlich geringere Werte im Plasma werden von SINCLAIR[13] mitgeteilt. Zwischen dem Blut gesunder und diabetischer Menschen ist kein Unterschied[14]. Im Harn wird bemerkenswerterweise nur freies Aneurin, keine Cocarboxylase ausgeschieden[14].

Die bei Kindern ermittelten Werte decken sich im wesentlichen mit denen von Erwachsenen[15]. Bei lang dauernden chronischen oder bei akuten Krankheiten

---

[1] FERRANDO, R., P. CHENAVIER et M. CORMIER: Bull. Soc. Chim. biol. **31**, 810 (1949). — [2] QUAIFE, M. L., N. S. SCRIMSHAW and O. H. LOWRY: J. biol. Ch. **180**, 1229 (1949). — KLATSKIN, G., and D. W. MOLANDER: J. Lab. clin. Med. **39**, 802 (1952). — [3] VINET, A., et P. MEUNIER: Cr. **213**, 709 (1941). — MEUNIER, P., and A. VINET: Bull. Soc. Chim. biol. **24**, 365 (1942). — [4] FARBER, M., A. T. MILHORAT and H. ROSENKRANTZ: Proc. Soc. exp. Biol. Med. **79**, 225 (1952). — [5] Stepp-Kühnau-Schroeder, Vitamine 6. Aufl. S. 409. — [6] HINSBERG, K., u. R. MERTEN: Chemische Bestimmungsmethoden im klinischen Laboratorium. München, Berlin 1952. — UNGER, P. N., M. WEINER and S. SHAPIRO: Amer. J. clin. Path. **18**, 835 (1948). — [7] RITSERT, K.: Kli. Wo. **1939 II**, 1370. — [8] CARO, L. DE, e P. FORNAROLI: Boll. Soc. ital. Biol. sperim. **15**, 1068 (1940). — [9] MEIKLEJOHN, A. P.: Biochem. J. **31**, 1441 (1937). — ROWLANDS, E. N., and J. F. WILKINSON: Brit. med. J. **1938 II**, 878. — UNGLEY, C. C.: Lancet **1938 I**, 875, 925, 981. — Ammon-Dirscherl, Fermente, Hormone, Vitamine 2. Aufl. S. 786. — BANG, H. O.: Z. Vit.-Forsch. **15**, 168 (1944). — [10] DEUTSCH, E.: Schweiz. med. Wschr. **72**, 895 (1942). — [11] NEUWEILER, W.: Z. Vit.-Forsch. **10**, 40 (1940); **11**, 88 (1941). — [12] WESTENBRINK, H. G. K., E. P. S. PARVÉ, A. C. VAN DER LINDEN u. W. A. VAN DEN BROEK: Z. Vit-Forsch. **13**, 218 (1943) [C. **1943 II**, 2246]. — [13] SINCLAIR, H. M.: Biochem. J. **33**, 2027 (1939). — [14] BRACCO, F.: Annu. Merck **54** (1940) [Vitamine u. Hormone **5**, 186 (1944)]. — [15] WORTIS, H., R. S. GOODHART and E. BUEDING: Amer. J. Dis. Children **61**, 226 (1941).

werden wesentlich niedrigere Werte gefunden[1, 2]. Vor der Geburt nimmt im mütterlichen Organismus der Gehalt an freiem und gebundenem Aneurin bis auf 3,4 bzw. 12,4 γ% ab, unmittelbar nach der Geburt sogar bis auf 1,9 und 12,0 γ%. Tagesschwankungen sind nicht charakteristisch[3]. Bei Tieren liegen die Werte wesentlich höher, bei Kühen um 400 bis 600 γ%, bei Schafen um 400 bis 500 γ%, bei Ziegenböcken um 200 bis 300 γ%[4]. Aus diesen Zahlen geht hervor, daß der Vitamingehalt wesentlich von der Nahrung abhängig ist. Deshalb ist der absolute Blutwert für das Maß des Vitamindefizits nicht verwertbar, dagegen ist das Verhalten des Vitamin B_1-Gehaltes im Blute nach Belastung mit Aneurin dafür brauchbar[3, 5, 6]. Normalerweise ist nach einer Vitamin B_1-Belastung der Normalwert nach 60 min wieder erreicht. Dies bezieht sich sowohl auf freies als auch auf gebundenes Aneurin. Bei Kranken erfolgt die Zunahme jedoch fast nur beim freien Aneurin und beträgt fast das 3- bis 4fache gegenüber den Gesunden; die Veränderungen bei der Cocarboxylase sind nicht charakteristisch[6]. Bei Blutwerten unter 3,1 γ% (mit dem Gärungsverfahren ermittelt) scheint es sich um B_1-Mangelzustände zu handeln[7]. Unter diesen Bedingungen steigt der Brenztraubensäuregehalt im menschlichen Blute an.

Tabelle 117. Vitamin B_1-Gehalt im menschlichen Blut (in γ%).

	Freies Aneurin	Gesamtaneurin	Cocarboxylase
Gesamtblut[10]	4,9	14,5	4,5—7,0—13,0
„ [9]	3—11	7—18	5,7—10
Plasma[10]	2	3,7	1
Serum[9]	4,8	7,9	4,8

1000 γ Cocarboxylase = etwa 710 γ Vitamin B_1.

Bestimmt nach WARBURG enthält das Blut[8] des Menschen 4,5 bis 12 γ%, des Rindes 5,7 γ%, der Taube 20,2 γ%, der avitaminotischen Taube 5,6 γ%, und zwar vorwiegend in den Blutzellen und bei diesen wieder am meisten in den Leukocyten, die die Cocarboxylase aufbauen können.

Bestimmungsverfahren s. [9—11].

Einheiten: eine I.E. = 3 γ Aneurinhydrochlorid,
eine SMITH-Einheit = 2 I.E. = 6 γ Aneurinhydrochlorid,
eine CHICK-ROSCOE-Einheit = 1,2 I.E. = 3,5 γ Aneurinhydrochlorid,
eine CHASE-SHERMAN-Einheit = 0,5 I.E. = 1,5 γ Aneurinhydrochlorid,
1 mg Äquivalent (COGWILL) = 0,05 I.E. = 0,15 γ Aneurinhydrochlorid.
Eine *Taubentagesdosis* (KINNERSLEY-PETERS) = etwa 2 γ Aneurinhydrochlorid.

β) Lactoflavin (*Riboflavin, Vitamin B_2*). Im Blut Gesunder wurden mikrobiologisch 35 bis 45 γ% Lactoflavin gefunden[12]. Davon sind im Plasma 3,2 γ%, in den Erythrocyten 22,4 γ% und in den Leukocyten 252 γ% gefunden worden[13]. Einzelheiten s. Tab. 178, S. 452. Aus dem Blut geht nur sehr wenig Vitamin in den Liquor über. Der umgekehrte Weg ist aber gut gangbar.

[1] DEUTSCH, E.: Schweiz. med. Wschr. **72**, 895 (1942). — [2] SCHULTZ, F. W., and E. M. KNOTT: Amer. J. Dis. Children **61**, 231 (1941). — [3] ABDERHALDEN, R., u. A. HILDEBRANDT: Kli. Wo. **1944**, 61. — [4] ŠLEZIC, M.: Arch. Tierheilkde. **77**, 164 (1941). — [5] MOLNÁR, I., u. M. HORÁNYI: Orv. Hetil. **1940**, 491 [Ber. Physiol. **123**, 195]. Kli. Wo. **1940**, 1165. — [6] MAGYAR, I.: Z. Vit.-Forsch. **10**, 32 (1940). — [7] GOODHART, R. S., and T. NITZBERG: J. clin. Invest. **20**, 625 (1941). — [8] GOODHART, R. S., and H. M. SINCLAIR: J. Physiol., London **95**, 57 P (1939). Biochem. J. **33**, 1099 (1939). — [9] RITSERT, K.: Kli. Wo. **1939 II**, 1370. — [10] CARO, L. DE, e P. FORNAROLI: Boll. Soc. ital. Biol. sperim. **15**, 1068 (1940). — [11] DEUTSCH, E.: Schweiz. med. Wschr. **72**, 895 (1942). — BANG, H. O.: Z. Vit.-Forsch. **15**, 168 (1944). — [12] AXELROD, A. E., T. D. SPIES and C. A. ELVEHJEM: Proc. Soc. exp. Biol. Med. **46**, 146 (1941). — AXELROD, A. E.: Proc. Soc. exp. Biol. Med. **45**, 565 (1940). — [13] Stepp-Kühnau-Schroeder, Vitamine 7. Aufl. Bd. 1, S. 232.

Eine Ratteneinheit = 7 γ Lactoflavin und eine BOURQUIN-SHERMAN-Einheit = 2 bis 2,5 γ Lactoflavin.

Bestimmung s. [1].

γ) Pantothensäure. Im Mittel findet man 22,9 γ% im Gesamtblut. Bei Kranken mit Pellagra, Beriberikrankheit und Lactoflavinmangel ist der Gehalt auf 5 bis 9 γ% erniedrigt[2, 3]. 44% der Pantothensäure des Gesamtblutes entfallen auf das Plasma[4]. DENKO u. Mitarb.[5] geben 6—22 γ% an.

Bei Hund und Schaf werden 26, beim Schwein 33, beim Pferd 45 und beim Kaninchen 72 γ%[4] gefunden. Bei pantothensäurearmer Nahrung nimmt der Gehalt im Körper ab. Die *Bestimmung* kann colorimetrisch oder mikrobiologisch mit Acetobakter suboxydans erfolgen[6].

δ) Der Pellagraschutzstoff. Die *Nicotinsäure bzw. ihr Amid* finden sich in der Hauptsache in den Erythrocyten und werden daher bei diesen besprochen (s. S. 453). Das Gesamtblut enthält 0,3 bis 0,6 mg%[7], s. a. Tab. 74, S. 281. Da das Nicotinsäureamid ein wesentlicher Bestandteil des Coenzyms I ist, erfährt dieses durch Zufuhr von Nicotinsäure eine Steigerung, deren Höhe von der zugeführten Menge Nicotinsäure abhängig ist[8]. Werden Schafe mit kobaltarmem Heu ernährt, so nimmt der Nicotinsäuregehalt im Blut von 1,2 auf 0,95 mg% ab[9]. Für Nicotinsäureamid gibt BANDIER[10] folgende Werte im Blut an:

Tabelle 118. Nicotinsäureamidgehalt im Blut (in mg%).

Neugeborene	Placentarblut	0,43
Kinder	5 bis 10 Jahre	0,37
Erwachsene	20 bis 35 Jahre	0,37
Frauen	über 50 Jahre	0,32
Männer	„ 50 „	0,45
Frauen	während der Gravidität	0,27

MELNICK u. Mitarb. finden für gesunde Männer 0,54—**0,69**—0,83 mg%, für gesunde Frauen 0,52—**0,62**—0,74 mg%[11]. Fast dieselben Ergebnisse hatte QUERIDO[12], aber nur $^1/_4$ bis $^1/_5$ dieser Menge finden OLIVA u. MAGRINI[13]. Ihre Methode wird aber kritisiert. LEVITAS u. Mitarb.[14] finden nämlich 2,8—**3,6**—4,4 mg% im Gesamtblut und 6,2—**7,7**—8,9 mg% in Erythrocyten. Das Plasma soll nur Spuren enthalten. Es scheint sicher, daß sich der überwiegende Anteil in den Erythrocyten findet, was auch von anderen Autoren[13, 15] gefunden wurde. Im Blut von Tieren findet PEARSON[15]: Hund 0,36—**0,52**—0,67 mg%, Schwein

[1] Stepp-Kühnau-Schroeder, Vitamine 7. Aufl. Bd. 1, S. 225. — GSTIRNER, F.: Chemisch-physikalische Vitaminbestimmungsmethoden. 4. Aufl. Stuttgart 1951. — GOHR, H., u. B. THIEKÖTTER: Vitamine u. Hormone **3**, 196 (1942). — [2] PENNINGTON, D., E. E. SNELL and R. J. WILLIAMS: J. biol. Ch. **135**, 213 (1940). — PELCZAR, M. J. jr., and J. R. PORTER: Proc. Soc. exp. Biol. Med. **47**, 3 (1941). — [3] STANBERY, S. R., E. E. SNELL and T. D. SPIES: J. biol. Ch. **135**, 353 (1940). — [4] PEARSON, P. B.: J. biol. Ch. **140**, 423 (1941). — [5] DENKO, C. W., W. E. GRUNDY and J. W. PORTER: Arch. Biochem. **13**, 481 (1947). — [6] RITTER, E. DE, and S. H. RUBIN: Analyt. Chem., Washington **21**, 823 (1949). — WOLLISH, E. G., and M. SCHMALL: Analyt. Chem., Washington **22**, 1033 (1950). — Stepp-Kühnau-Schroeder, Vitamine 7. Aufl. Bd. 1, S. 377. — [7] Stepp-Kühnau-Schroeder, Vitamine 7. Aufl. Bd. 1, S. 288. — [8] AXELROD, A. E., E. S. GORDON and C. A. ELVEHJEM: Amer. J. med. Sci. **199**, 697 (1940). — [9] RAY, S. N., W. C. WEIR, A. L. POPE and P. H. PHILLIPS: J. Nutrit. **34**, 595 (1947). — [10] BANDIER, E.: Acta med. scand. **107**, 62 (1941). — [11] MELNICK, D., W. D. ROBINSON and H. FIELD jr.: J. biol. Ch. **136**, 157 (1940). — [12] QUERIDO, A., M. ALBEAUX-FERNET et A. LWOFF: C. R. Soc. Biol. **131**, 182 (1939). — [13] OLIVA, G., e A. MAGRINI: Boll. Soc. ital. Biol. sperim. **16**, 245 (1941). — s. a. KLEIN, J. R., W. A. PERLZWEIG and P. HANDLER: J. biol. Ch. **145**, 27 (1942). — FIELD, H. jr., D. MELNICK, W. D. ROBINSON and C. F. WILKINSON jr.: J. clin. Invest. **20**, 379 (1941). — [14] LEVITAS, N., J. ROBINSON, F. ROSEN, J. W. HUFF and W. A. PERLZWEIG: J. biol. Ch. **167**, 169 (1947). — [15] PEARSON, P. B.: J. biol. Ch. **129**, 491 (1939).

0,32—0,47—0,77 mg%, Schaf 0,36—0,83—1,32 mg%, Pferd 0,57—0,83—1,04 mg%. Der Gehalt scheint stark abhängig von der Ernährung zu sein.

Bestimmung s. [1].

ε) Inosit. Über den normalen Inositgehalt des Plasmas liegt nur eine Angabe vor; nach ihr enthält es 0,42—0,76 mg% [2].

ζ) Vitamin B_6 (*Pyridoxin*) im Gewebe ist zu 60—80% an Eiweiß gebunden und dadurch unlöslich[3]. Der Vitamin-B_6-Gehalt des Blutes beträgt bei der Maus 40 γ%, beim Schaf 12 γ% und beim Affen 6—20 γ% mit großen Schwankungen.

Vorkommen und ***Bestimmung*** s. [3].

η) Vitamin B_{12} (*Cyanocobalamin*). Über den Gehalt des Blutes an Vitamin B_{12} ist nichts bekannt. BIRD u. HOEVET[4] fanden, daß verschiedene Proteine Vitamin B_{12} binden, unter anderem Globuline des Blutes. UNGLEY[5] nimmt an, daß die Menge im Blut gering ist und nicht den klassischen Effekt auf den intrinsic factor zeigt.

Bestimmung s. [6].

ϑ) Vitamin C. Der Ascorbinsäuregehalt des Blutes bzw. Plasmas hängt von der mit der Nahrung aufgenommenen Menge ab. Man kann aber keine unmittelbaren Beziehungen feststellen. Im Blut liegt das Vitamin C größtenteils in der oxydierten Form vor[8, 14]. Die angegebenen Werte schwanken außerdem mit der Methode. An „wahrer" Ascorbinsäure wird nach Bleifällung für Gesunde im Blut 0,15 bis 0,85 mg% angegeben[7, 15]. Mit anderen Methoden werden die Durchschnittswerte mit 0,8 bis 1,2 mg% ermittelt[8]. Ist der Körper mit Vitamin C „gesättigt", so findet man 1,3 mg% [9]. Die Höhe des Vitamin C-Gehaltes im Blut gibt allerdings keinen Aufschluß über den Vitamingehalt des ganzen Organismus. Man kann aus ihm allein z. B. nicht auf Skorbut schließen[10]. Nach Vitamin C-Belastung werden Werte bis zu 3 mg% beobachtet[11]. Bei vitamin C-freier Ernährung sinkt der Vitamingehalt des Blutes rasch ab; Werte bis herab zu 0,08 mg% sind beobachtet worden. Werte unter 0,4 bis 0,5 mg% sind Zeichen für eine vitamin C-arme Kost. Die höchsten Vitaminmengen findet man im Sommer, die niedrigsten im Frühjahr[12]. Bei der Beurteilung der Reduktion, besonders bei sehr niedrigen Ascorbinsäurewerten, ist darauf Rücksicht zu nehmen, daß das Blut immer einen Restreduktionswert zeigt, der nicht auf Ascorbinsäure bezogen werden kann[13] (s. S. 316). Im allgemeinen nimmt man an, daß bei einem Ascorbinsäuregehalt von 0 bis 0,4 mg% die Versorgung schlecht ist, bei 0,4 bis 0,8 mg% mäßig und bei 0,8 bis 1,2 mg% gut[11].

---

[1] GSTIRNER, F.: Chemisch-physikalische Vitaminbestimmungsmethoden. 4. Aufl. S. 128. Stuttgart 1951. — Stepp-Kühnau-Schroeder, Vitamine 7. Aufl. Bd. 1, S. 282. — RAOUL, Y., et O. CREPY: Bull. Soc. Chim. biol. **23**, 362 (1941). — FRIEDEMANN, T. E., and E. I. FRAZIER: Arch. Biochem. **26**, 361 (1950). — [2] SONNE, S., and H. SOBOTKA: Arch. Biochem. **14**, 93 (1947). — [3] Stepp-Kühnau-Schroeder, Vitamine 7. Aufl. Bd. 1, S. 336, 340 — GREENBERG, L. D., and J. F. RINEHART: Proc. Soc. exp. Biol. Med. **70**, 20 (1949). — [4] BIRD, O. D., and B. HOEVET: J. biol. Ch. **190**, 181 (1951). — [5] UNGLEY, C. C.: Brit. med. J. **1950 II**, 905. Trans. N. Y. Acad. Sci. **14**, 25 (1951). — [6] BESSELL, C. J., E. HARRISON and K. A. LEES: Chem. & Industr. **1950**, 561. — SMITH, E. L., and W. F. J. CUTHBERTSON: Biochem. J. **45**, XII (1949). — BOXER, G. E., and J. C. RICKARDS: Arch. Biochem. **29**, 75 (1950); **30**, 372, 382, 392 (1951). — ENDER, F., u. H. STEEG: B. Z. **321**, 426 (1950/51). — [7] RICHTER, D., and P. G. CROFT: Biochem. J. **37**, 706 (1943). — [8] Stepp-Kühnau-Schroeder, Vitamine 6. Aufl. S. 285. — GSTIRNER, F.: Chemisch-physikalische Vitaminbestimmungsmethoden. 4. Aufl. Stuttgart 1951. — GOHR, H., u. B. THIEKÖTTER: Vitamine u. Hormone **3**, 196 (1942). — DAUBENMERKL, W.: Acta pharmacol. toxicol., København **5**, 270 (1949). — NEUWEILER, W.: Kli. Wo. **1939 I**. 769. — [9] EEKELEN, M. VAN: Biochem. J. **30**, 2291 (1936). — [10] KELLIE, A. E., and S. S. ZILVA: Biochem. J. **33**, 153 (1939). — [11] Stepp-Kühnau-Schroeder, Vitamine 6. Aufl. S. 285. — [12] TRIER, E.: Kli. Wo. **1938 II**, 976. — DAUBENMERKL, W.: Nord. Med. **43**, 1017 (1950). — [13] WÖRDEHOFF, P.: Verh. physik.-med. Ges. Würzburg (N. F.) **63**, 25 (1940). — [14] s. S. 365[4]. — [15] s. S. 365[5].

Das Vitamin C ist zwischen Plasma und Erythrocyten ziemlich gleichmäßig verteilt[1]. In den Leukocyten ist es reichlich vorhanden, so daß man bei Leukämien Werte von 1,7 bis 5,5 mg% antreffen kann[2]. Die Menge der Ascorbinsäure in den Leukocyten kann als festes Maß für den Vitamin C-Gehalt im Gesamtkörper angenommen werden[3]. Während der Schwangerschaft steigt der Vitamin C-Gehalt im Venenblut von 0,27 mg% auf 0,44 mg% kurz vor der Geburt[4].

Bei einem Vitamin C-Gehalt von 0,44 mg% im venösen Blut wurde im Nabelschnurblut 1,06 mg% bestimmt[5]. Es finden sich auch Angaben, nach denen das Plasma einen höheren Vitamin C-Gehalt haben soll[6].

Tabelle 119. Ascorbinsäuregehalt in den einzelnen Blutbestandteilen (in mg%).

	Mensch[3]	Pferd[7]	
		Vitamin C reduziert	Vitamin C oxydiert
Plasma	0,25—2,0	0,33	0,74
Erythrocyten	0,45—2,15	0,76	1,62
Blutplättchen, Leukocyten	0—15	22,7	34,7
	(27—33)	13,0	21,9

Außer zwischen reduziertem und oxydiertem muß unterschieden werden zwischen gebundenem und freiem Vitamin C[8]. Nach den vorliegenden Literaturangaben muß mit einer Eiweiß-Ascorbinsäure-Verbindung im Serum gerechnet werden.

Die Angaben über den *Vitamin C-Gehalt im Tierblut* schwanken im allgemeinen zwischen 1 und 2,5 mg%. Die Höhe hängt von der Ernährung ab. Bei niedrigen Konzentrationen ist mehr in den Erythrocyten vorhanden, sonst ist die Verteilung gleich[9]. Über jahreszeitliche Schwankungen s. [10,15]. Für Kaninchen wird 1,2 bis 1,5 mg% angegeben[11], für Schlachttiere 0,4 bis 0,8 mg%[12], für Geflügel 0,72 bis 1,4 mg%[13], für die gesunde erwachsene Ratte 0,33 bis 0,87 mg%[14].

Bestimmungsverfahren sind in großer Zahl angegeben worden. Ausführliche Mitteilung s. bei GSTIRNER[16]. Für klinische Zwecke s. besonders [17] und [18], im Gesamtblut[19].

[1] SARGENT, F.: J. biol. Ch. **171**, 471 (1947). — HEINEMANN, M.: J. clin. Invest. **20**, 39 (1941). — [2] STEPHENS, D. J., and E. E. HAWLEY: J. biol. Ch. **115**, 653 (1936). — [3] LOWRY, O. H., O. A. BESSEY, M. J. BROCK and J. A. LOPEZ: J. biol. Ch. **166**, 111 (1946). — BUTLER, A. M., and M. CUSHMAN: J. biol. Ch. **139**, 219 (1941). — [4] PLAUT, F., u. M. BÜLOW: H. **236**, 241 (1935). — TANIGUCHI, T., E. HAMAMOTO, Y. HIRATA and K. SUZUKI: Orient. J. Dis. Infants **21**, 1 (1937). — FUJITA, A., u. T. EBIHARA: B. Z. **290**, 201 (1937). — THOENIES, H.: Diss. med. Freiburg i. Br. 1940 [Ber. Physiol. **125**, 45]. — CHU FU-T'ANG, T. WOO and C. SUNG: Chin. J. Physiol. **13**, 383 (1938) [Ber. Physiol. **112**, 225]. — BRIEGER, H.: Kli. Wo. **1942**, 491. — [5] MØLLER-CHRISTENSEN, E., u. C. THORUP: Zbl. Gynäk. **64**, 1858 (1940). — [6] PIJOAN, M., and E. EDDY: J. Lab. clin. Med. **22**, 1227 (1937). — [7] NUMATA, I.: B. Z. **304**, 19, 404 (1940). — [8] EIDELMAN, M. M., u. F. J. GORDON: Biochimia, Moskau **14**, 58 (1949). — HOLTZ, P., u. H. WALTER: Kli. Wo. **1940**, 136. — HOLTZ, P., u. C. REICHEL: Kli. Wo. **1940**, 461. — HOLTZ, P.: Kli. Wo. **1940**, 813. H. **263**, 187 (1940). — [9] DAUBENMERKL, W.: Acta pharmacol. toxicol., København **6**, 194 (1950). — [10] DAUBENMERKL, W.: Nord. Med. **43**, 1017 (1950). — [11] SKURNIK, L., u. H. GROTH: Acta med. scand. **101**, 321 (1939). — [12] SHEAHAN, M. M.: J. comp. Path. **57**, 28 (1947). — [13] MAXIM, M.: Kli. Wo. **1940**, 203. — [14] TODHUNTER, E. N., and T. J. MCMILLAN: J. Nutrit. **31**, 573 (1946). — [15] RAOUL, Y., R. GOUNELLE, A. VINET et A. VALLETTE: C. R. Soc. Biol. **135**, 1543 (1941). — [16] GSTIRNER, F.: Chemisch-physikalische Vitaminbestimmungsmethoden. 4. Aufl. S. 364. Stuttgart 1951. — [17] LLOYD, B. B., H. M. SINCLAIR and G. R. WEBSTER: Biochem. J. **39**, XVII (1945). — [18] LOWRY, O. H., J. A. LOPEZ and O. A. BESSEY: J. biol. Ch. **160**, 609 (1945). — [19] KUETHER, C. A., and J. H. ROE: Proc. Soc. exp. Biol. Med. **47**, 487 (1941). — MILLS, M. B., and J. H. ROE: J. biol. Ch. **170**, 159 (1947). — DAUBENMERKL, W.: Acta pharmacol. toxicol., København **5**, 270 (1949.)

Über die anderen wasserlöslichen Vitamine liegen nur recht spärliche Angaben vor. Die *p-Aminobenzoesäure* (*Vitamin H'*) soll im Blut 2,3 γ% betragen[1].

Bestimmung s. [2].

ι) Folsäure kommt im Blut nur in geringen Mengen vor. Über 90% sind als Konjugate vorhanden, die durch Hühnerpankreaskonjugase spaltbar sind, z. T. vielleicht auch in Bindung an Proteide. STEPP, KÜHNAU u. SCHROEDER[3] geben folgende Tabelle:

Tabelle 120. Folsäuregehalt im Blut (in γ%).

	Folsäure			
	frei		gesamt	
	Vollblut	Plasma	Vollblut	Plasma
Truthahn	24—26	10—19	240—354	155—160
Kaninchen	5	—	132—194	—
Rind	3	2	—	—
Mensch*	0—2	—	80—140	—

* vgl. a. [6]

Bestimmung s. [4].

ϰ) Von dem Vitamin H (Biotin) sind im Säugetierblut 0,3—0,6 γ% gefunden worden, im Urin dagegen 3—6,5 γ% [5], im Plasma sind 0,95—1,66 γ% vorhanden[6], gebunden an Eiweißkörper, und zwar verschieden stark bei den einzelnen Tiergattungen[7]. Nach NIELSEN[8] enthält das Schweineserum 6,5 γ pro cm^3. ***Bestimmung*** erfolgt biologisch.

λ) Vitamin P kommt nur sehr wenig im Organismus vor[9].

6. Hormone (s. a. Bd. 2/2).

Nachdem man erkannt hatte, daß es im Körper Stoffe gibt, die in besonderen Drüsen gebildet werden, die mittelbar oder unmittelbar in die Blutbahn übergehen und entfernt von ihrer Bildungsstätte auf andere Organe einwirken, war man bemüht, diese Stoffe im Blut nachzuweisen[10]. Da sie aber dort in so geringen Mengen vorkommen, daß sie mit chemischen Mitteln fast nicht zu erfassen sind, waren diese Versuche anfangs erfolglos. Erst durch das Auffinden biologischer Nachweise und in einzelnen Fällen auch von geeigneten chemischen Mikroverfahren ist es heute möglich geworden, den größten Teil der bekannten Hormone im Blut nachzuweisen und teilweise auch quantitativ zu bestimmen.

a) Insulin. Die Menge des ins Blut abgesonderten Insulins ist so gering, daß man es biologisch nur durch seine blutzuckersenkende Wirkung nachweisen kann. Wird das Pankreasvenenblut eines gesunden Hundes einem diabetischen Hund in die Blutbahn eingespritzt, so wird der Blutzucker stärker gesenkt, als wenn man

[1] Stepp-Kühnau-Schroeder, Vitamine 6. Aufl. S. 248 (1944). — [2] TING, K. S., J. M. COHN and A. C. CONWAY: J. Lab. clin. Med. **34**, 822 (1949). — Stepp-Kühnau-Schroeder, Vitamine 7. Aufl. Bd. 1, S. 462 (1952). — [3] Stepp-Kühnau-Schroeder, Vitamine 7. Aufl. Bd. 1, S. 473. — [4] Stepp-Kühnau-Schroeder, Vitamine 7. Aufl. Bd. 1, S. 463. — [5] Stepp-Kühnau-Schroeder, Vitamine 6. Aufl. S. 392. — [6] DENKO, C. W., W. E. GRUNDY and J. W. PORTER,: Arch. Biochem. **13**, 481 (1947). — [7] TERP, P.: Acta pharmacol. toxicol., København **6**, 386 (1950). — [8] NIELSEN, N., u. V. HARTELIUS: C. R. Lab. Carlsberg **23**, 387 (1942). — [9] Stepp-Kühnau-Schroeder, Vitamine 6. Aufl. S. 432. — [10] BOMSKOV, C.: Methodik der Hormonforschung. Leipzig. Bd. 1, 1937, Bd. 2, 1939. — Ammon-Dirscherl, Fermente, Hormone u. Vitamine. 2. Aufl..

Carotisblut des gleichen Hundes verwendet[1]. Mit dem THUNBERG-Methylenblauverfahren[2] wurden im Blut von Menschen 10^{-13} bis 10^{-15} g/cm³ Insulin nachgewiesen. Nach kohlenhydratreicher Kost steigt der Insulingehalt im Pankreasvenenblut an. Im Blut normaler Hunde, die 24 Std hungerten, sind ungefähr $^{1}/_{10000}$ Einheiten Insulin je cm³ vorhanden[3]. Der Insulingehalt des Blutes läßt sich ferner nach GROEN u. Mitarb.[4] am Diaphragma der Ratte auswerten, da die Autoren in früheren Arbeiten[5] gefunden haben, daß zwischen dem Insulingehalt einer Suspensionslösung und der Glucoseverwertung durch das Diaphragma eine quantitative Beziehung besteht. Nach diesen Angaben enthält normales Serum $6{,}23 \cdot 10^{-5}$ bis $6{,}25 \cdot 10^{-4}$ Einh./cm³ insulinähnlich wirkende Stoffe, die im Serum bei Coma diabeticum oder pankreaslosen Hunden fehlen. Über einen Hexokinaseinhibitor bei Diabetes s. [6].

b) Schilddrüsenhormon. Die im Blut vorkommende *Thyroxinkonzentration* ist so klein, daß sie chemisch nicht erfaßt werden kann. Mit dem bereits genannten Methylenblauverfahren werden ungefähr 10^{-15} g/cm³ für Mensch und Kaninchen im normalen peripheren Venenblut angegeben[7]. Bei Hyperthyreosen ist die Menge erhöht. *Thyreoglobulin* wurde im gewöhnlichen Hundeblut auch im venösen Schilddrüsenblut (serologisch bestimmt) nicht aufgefunden[8]. Dagegen konnte elektrophoretisch Radio-Thyroxin in Bindung an eine Eiweißkomponente des Serums nachgewiesen werden[9], deren Wanderungsgeschwindigkeit der der α-Globuline entspricht. Außerdem wurde mit der Papierchromatographie 3,5,3′L-Trijodothyronin im menschlichen Plasma identifiziert[10]. Über einen colorimetrischen Test mit N-Diäthylsulfanilamid s. [11].

Bei gleichzeitiger biologischer Bestimmung von Thyroxin und thyreotropem Hormon zeigten sich große Unterschiede bei den einzelnen Tieren[12]. In Ratten ist viel Thyroxin und wenig thyreotropes Hormon vorhanden, umgekehrt bei Menschen, Rindern, Schafen, Pferden und Meerschweinchen. Im Serum von Frosch und Schildkröte war der Test negativ; bei Tauben wurde nur Thyroxin gefunden. Über Blutjod s. S. 409.

c) Das Nebenschilddrüsenhormon kommt im Schwangerenblut vor[13]. Es wird darin auch die Anwesenheit eines parathyreotropen Hormons angenommen, da es die gleiche Wirkung wie Hypophysenvorderlappenauszüge auf die Epithelkörperchen ausübt[14].

d) Hypophysenvorderlappenhormone. Das normale Blut enthält nur wenig *thyreotropes Hormon* des Hypophysenvorderlappens[15]. Eingespritztes Hormon verschwindet sehr rasch aus dem Blut. Bei Hyperthyreosen soll im Serum weniger, bei Hypothyreosen mehr als gewöhnlich gefunden werden[16]. Dagegen sind geringe

[1] LA BARRE, J.: C. R. Soc. Biol. **96**, 196 (1927). — [2] AHLGREN, G.: Skand. Arch. Physiol. **47**, Suppl. **1** (1925). — [3] GELLHORN, E., J. FELDMAN and A. ALLEN: Endocrinology **29**, 849 (1941). — BORNSTEIN, J.: Austral. J. exp. Biol. med. Sci. **28**, 87, 93 (1950). — [4] GROEN, J., C. E. KAMMINGA, A. F. WILLEBRANDS and J. R. BLICKMAN: J. clin. Invest. **31**, 97 (1952). — [5] STADIE, W. C., and J. A. ZAPP jr.: J. biol. Ch. **170**, 55 (1947). — KRAHL, M. E., and C. R. PARK: J. biol. Ch. **174**, 939 (1948). — [6] WEIL-MALHERBE, H.: Nature **165**, 155 (1950). — [7] EULER, U. S. v.: A. e. P. P. **171**, 186 (1933). — TREVORROW, V.: J. biol. Ch. **127**, 737 (1939). — TAUROG, A., and I. L. CHAIKOFF: J. biol. Ch. **176**, 639 (1948). — GROSS, J., C. P. LEBLOND, A. E. FRANKLIN and J. H. QUASTEL: Science, N. Y. **111**, 605 (1950). — [8] STELLAR, L. I., and H. G. OLKEN: Endocrinology **27**, 614 (1940). — [9] GORDON, A. H., J. GROSS, D. O'CONNOR and R. PITT-RIVERS: Nature **169**, 19 (1952). — [10] GROSS, J., and R. PITT-RIVERS: Lancet **1952 I**, 439. — [11] WINIKOFF, D., and V. M. TRIKOJUS: Biochem. J. **42**, 475 (1948). — [12] D'ANGELO, S. A., and A. S. GORDON: Endocrinology **46**, 39 (1950). — [13] HOFFMANN, F.: Arch. Gynäk. **153**, 181 (1933). — [14] HAMILTON, B., L. DASEF, W. J. HIGHMAN jr. and C. SCHWARTZ: J. clin. Invest. **15**, 323 (1936). — [15] LOESER, A.: A. e. P. P. **176**, 697 (1934). — [16] FELLINGER, K.: Wien. Arch. inn. Med. **29**, 375 (1936).

Mengen des antithyreotropen Schutzstoffes im Serum aller bisher untersuchten Tiere (Pferd, Schaf, Hund, Kaninchen, Meerschweinchen, Ratte) vorhanden[1]. Nach vorheriger Behandlung mit thyreotropem Hormon ist die Menge des antithyreotropen Schutzstoffes vermehrt. Wenn der Schutzstoff auch in der Hauptsache im Serum vorhanden ist, so kann man ihn doch in geringen Mengen auch in den roten Blutkörperchen nachweisen[2]. Bei Basedowkranken und Schwangeren fehlt der antithyreotrope Schutzstoff im Serum. Auch antithyreoidale Schutzstoffe sind im Blut und Serum aufgefunden worden, im Serum von Schwangeren und Basedowkranken weniger als im gewöhnlichen[3]. Injiziertes ACTH verschwindet bei der Ratte sehr schnell[4].

Übergeordnete Geschlechtshormone, *gonadotrope Hormone* (Follikelreifungs- und Luteinisierungshormon), werden im Blut schwangerer Frauen und trächtiger Stuten gefunden. Im gewöhnlichen Zyklus der Frau beobachtet man einen Höhepunkt im Gehalt dieses Hormons zwischen dem 9. und 12. Tag[5]. Im Serum trächtiger Stuten erscheint das keimdrüsenstimulierende Hormon zwischen dem 33. und 42. Tag nach der Befruchtung; es erreicht zwischen dem 56. und 84. Tag den Höhepunkt seiner Wirksamkeit mit 12000 bis 55000 Ratteneinheiten pro Liter. Von da an sinkt der Gehalt bis zur Geburt ab[6]. Die Frage, ob das menschliche Serum ein gegen das gonadotrope Hormon der Hypophyse gerichtetes „*Antihormon*" (antigonadotropes Hormon) enthält, ist noch umstritten. Einige Autoren bejahen diese Frage für Menschen[7], Hund, Kaninchen und Katze[8], andere verneinen sie[9]. Das *Wachstumshormon* soll im Serum von Akromegalen[10], das *Kohlenhydratstoffwechselhormon* im menschlichen Blut nach Glucosebelastung und bei Diabetikern[11] vorkommen.

Die Melanophorenreaktion fällt mit dem Plasma schwangerer Frauen, trächtiger Katzen und Frösche negativ aus. Die Erythrocyten adsorbieren das Melanophorenhormon. Nach Auswaschen der Blutkörperchen mit physiologischer Kochsalzlösung gelang der Nachweis des Hormons in der Waschflüssigkeit[12].

Das *Lactationshormon*[13] wurde zuerst von TESAURO im Blut stillender Frauen gefunden[14]. Es wurde später auch im Blut gesunder, nichtschwangerer und nichtstillender Frauen nachgewiesen[15]. Zur Zeit des Menstruationsbeginns und des Follikelsprunges wurden zwei Gipfel im Prolactingehalt des Blutes festgestellt[15]. Das Menstruationsblut enthielt stets größere Mengen des Hormons. Aus dem Serum trächtiger Stuten läßt sich Prolactin in hoch gereinigter Form gewinnen[13].

Antidiuretische Substanz ist im Serum bei Diabetes insipidus sehr wenig vorhanden, neben hoher Ausscheidung von Corticoiden im Harn. Bei Morbus Addison sind die Verhältnisse umgekehrt[16]. Bei Wasserbelastung sinkt der Gehalt an antidiuretischer Substanz im Serum bei gesunden Menschen, und steigt bei Wasserentzug.

---

[1] LOESER, A.: Kli. Wo. **1937 I**, 913. — [2] s. S. 366[10], Bd 2, S. 890. — [3] s. S. 366[10], Bd. 2, S. 893. — [4] GREENSPAN, F. S., C. H. LI and H. M. EVANS: Endocrinology **46**, 261 (1950). — [5] FRANK, R. T., and U. J. SALMON: Proc. Soc. exp. Biol. Med. **32**, 1237 (1935). — [6] UYEI, N., M. ITO, T. KITASAWA and H. CHIBA: J. Biochem. **31**, 273 (1940). — [7] LAROCHE, G., et H. SIMONNET: C. R. Soc. Biol. **121**, 416 (1936). — [8] GUERCIO, F., e D. CAZZALO: Arch. Fisiol. **39**, 372 (1939); **41**, 26 (1941). — [9] FELLOWS, M.-D.: Endocrinology **26**, 369 (1940). — [10] Ammon-Dirscherl, Fermente, Hormone u. Vitamine 2. Aufl. S. 271. Leipzig 1948. — [11] ANSELMINO, K. J., u. F. HOFFMANN: Kli. Wo. **1934 II**, 1048. — [12] WICHKO-FILATOWA, K. D.: Probl. d'Endocrinol., Moskau **5**, 26 (1940) [C. **1941 I**, 1183]. — [13] VOSS, H. E.: Prolactin. Das Laktationshormon des Hypophysenvorderlappens. Ergebn. Physiol. **44**, 96—229 (1941). — [14] TESAURO, G.: Pediatria, Riv. **44**, 665 (1936). — [15] EHRHARDT, K., u. H. F. VOLLER: Endocrinologie **22**, 19 (1939). — [16] LLOYD, C. W., and J. LOBOTSKY: J. clin. Endocrinol. **10**, 318 (1950).

e) Nebennierenmarkhormone. Die Bestimmung des *Adrenalins* im peripheren Blut gesunder Menschen ist erst in jüngster Zeit gelungen[1–3]. Im Blut der Nebennierenvene und des rechten Herzens ist der Gehalt am höchsten.

Mit dem Methylenblauverfahren, bei dem die oxydationserregende Wirkung des Adrenalins auf fein verteilte Muskulatur gemessen wird, wurde in der älteren Literatur der Adrenalingehalt im peripheren Venenblut mit 10^{-12} bis 10^{-13} g/cm³ bei Menschen und Kaninchen berechnet[4]. Mit einem anderen Verfahren bestimmt (Bindung von Adrenalin an Kieselsäure, Ausziehen des Adrenalins und colorimetrische Bestimmung[5]) beträgt der Adrenalingehalt des arteriellen Blutes 20 bis 580 γ%, meistens 100 bis 200 γ%. BLOOR gibt für den Menschen im Mittel 5 γ% an[6]. Durch Scorpiongift erfolgt Anstieg auf das Siebenfache[7]. Bei Hunden sollen 100—580—1600 γ%, vorkommen[8].

Das venöse Blut[5] enthält 20% weniger Adrenalin als das arterielle. Der Unterschied beruht auf Zerstörung bzw. Oxydation des Adrenalins im Gewebe.

Über die Verteilung des Adrenalins im Blut selbst liegen widersprechende Angaben vor. So wurde gefunden, daß in den roten Blutkörperchen die 10fache Menge Adrenalin wie in Serum oder Plasma vorliegt und daß die Erythrocyten eine Art peripheren Adrenalinspeicher darstellen, aus denen das locker gebundene Adrenalin bei Bedarf in Freiheit gesetzt werden kann[9, 10]. Nach anderen Angaben dagegen findet sich Adrenalin nur im Serum[11].

Mit modernen Mitteln (fluorometrische Messung) hat WEST[12] folgende Werte gefunden:

Tabelle 121. Adrenalingehalt des Blutes von Kaninchen (in γ%).

Kaninchen	Fluorometrisch		Biologisch		Chemisch	Mittelwert	SHAWS spez. Test[13]
	JÖRGENSEN	WEST	STRAUB-Herz	Frosch, Gefäße			
A	11,0	9,4	9,8	9,0	12,0	10,2	210
B	11,9	12,2	10,0	12,0	12,7	12,7	230

Wahrscheinlicher Mittelwert 9,8 γ %, der sich nach Injektion von 2 mg Adrenalin verdoppelt. ANNERSTEN[14] u. Mitarb. finden aber 120—330 γ%, also mindestens den zehnfachen Wert. Nach LUND[15] ist kein Adrenalin im venösen Blut, und innerhalb 40 Std verschwindet es fast vollständig aus Rinderplasma. Bei der Gerinnung verschwinden 60 bis 70% aus der flüssigen Phase[16]. Gleichzeitige fluorometrische oder colorimetrische ***Bestimmung*** von Adrenalin und Noradrenalin[17].

[1] GIORDANO, C., u. P. ZEGLIO: Z. klin. Med. **135**, 212 (1939). — [2] BLOOR, W. R.: J. biol. Ch. **128**, IX (1939). — RAAB, W.: Endocrinology **28**, 325 (1941). — [3] LUND, A.: Acta pharmacol. toxicol., København **6**, 137 (1950). — ANREP, G. V., G. S. BARSOUM and B. GABRAWY: J. R. egypt. med. Ass. **33**, 869 (1950). — [4] EULER, U. S. v.: A. e. P. P. **171**, 186 (1933). — Vgl. a. WEIL-MALHERBE, H.: Ber. Physiol. **145**, 231 (1951). — [5] GIORDANO, C., u. P. ZEGLIO: Z. klin. Med. **135**, 212 (1939). — [6] BLOOR, W. R.: J. biol. Ch. **128**, IX (1939). — [7] ANREP, G. V., G. S. BARSOUM and B. GABRAWY: J. R. egypt. med. Ass. **33**, 869 (1950). — [8] FASANARO, G.: Ormoni **3**, 449 (1941). — [9] CROCETTA, A.: Boll. Soc. ital. Biol. sperim. **8**, 455 (1933). — [10] OKAMURA, N.: Okayama-Igakkai-Zasshi **50**, 2325 (1938). — [11] ROGOFF, J. M.: Proc. Soc. exp. Biol. Med. **36**, 441 (1937). — [12] WEST, G. B.: J. Physiol., London **106**, 426 (1947). — Vgl. a. JØRGENSEN, K. S.: Acta pharmacol. toxicol., København **1**, 225 (1945). — BLOCH, W.: Helv. physiol. Acta **6**, 122 (1948). — RANGIER, M.: Expos. ann. Biochim. méd. **7**, 249 (1947). — [13] SHAW, F. H.: Biochem. J. **32**, 19 (1938). — [14] ANNERSTEN, S., A. GRÖNWALL and E. KÖIW: Nature **163**, 136 (1949). Scand. J. clin. Lab. Invest. **1**, 60 (1949). — [15] LUND, A.: Acta pharmacol. toxicol., København **5**, 231 (1949). — [16] LEHMANN, G., u. H. F. MICHAELIS: Arbeitsphysiol. **14**, 9 (1949). — [17] LUND, A.: Acta pharmacol. toxicol., København **6**, 137 (1950). — GLAZKO, A. J., and W. A. DILL: Nature **168**, 32 (1951).

f) Keimdrüsenhormone[1]. *Follikelhormone* wurden 1925 erstmalig im Blut von Frauen und weiblichen Tieren nachgewiesen[2]. In der Schwangerschaft ist es stark vermehrt. Es ist zwischen Zelle und Plasma gleichmäßig verteilt. Während der Menstruation wechselt seine Menge, indem es nach einem raschen Abfall während der Menstruation langsam bis zum Beginn der nächsten Menstruation zu einem Höhepunkt ansteigt. Im Menstrualblut selbst ist der Follikelhormongehalt 3- bis 6mal höher als in normalem Blut[3]. Vor der Geschlechtsreife findet man es bei Mädchen nicht oder nur in sehr geringer Menge im Blut. Mit der Geschlechtsreife steigt der Hormongehalt entsprechend der stark erhöhten Follikelhormonbildung an. Zu Beginn des *Klimakteriums* wird dann eine bestimmte Mindestmenge nicht mehr unterschritten. Im vollentwickelten Klimakterium sind schließlich im Blut und Urin keine östrogenen Stoffe mehr nachweisbar[4]. Im Serum trächtiger Stuten liegen 80% der Geschlechtshormone in einer ätherunlöslichen, gebundenen Form vor, im Blut schwangerer Frauen $^1/_3$ bis $^1/_2$ der östrogenen Hormone. Östron wird in vitro im Blut rasch verändert, wobei die Ketogruppe und die biologische Wirksamkeit verschwinden[5]. Diese Veränderungen werden wahrscheinlich durch ein Enzym bewirkt. *Gelbkörperhormone* konnten bisher nur im Blut Schwangerer nachgewiesen werden. Der Höhepunkt der Progesteronbildung fällt mit dem Höhepunkt der Placentarentwicklung, etwa im 8. bis 9. Schwangerschaftsmonat, zusammen[6]. In 10 l normalem Schweineblut läßt sich Progesteron eben noch nachweisen, bei graviden Kaninchen dagegen nicht[7].

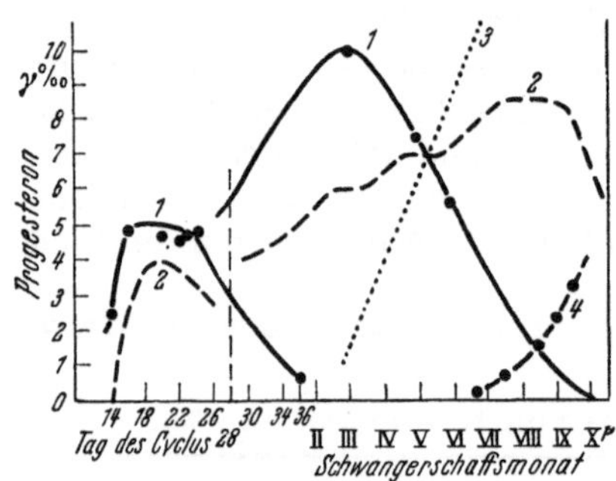

Abb. 31. Progesterongehalt des Blutes bei der Frau.

Kurve *1*: Progesterongehalt des excidierten Corpus luteums; *2*: Progesterongehalt in γ/l Blut; *3*: Progesterongehalt der Placenta; *4*: Progesterongehalt der fetalen Nebenniere.

Über den Progesterongehalt des Blutes im Verlaufe eines Cyclus und in der Schwangerschaft orientiert ein Diagramm nach HOFFMANN u. v. LÀM[8] (s. Abb. 31).

Demnach ist der Maximalgehalt am 20. Tage des Cyclus 0,3 bis 0,4 γ%, in der Gravidität im 8. und 9. Monat 0,8 bis 0,9 γ%. Mit einer verfeinerten Methode finden dagegen HOOKER u. FORBES[9] 500 bis 800 γ% im Blut des pseudograviden Kaninchens, 500 bis 1000 γ% bei der graviden Maus, 400 bis 500 γ% bei der graviden Frau bis zur 8. Woche. Das Progesteron ist gleichmäßig auf Erythrocyten und Plasma verteilt.

Männliche Geschlechtshormone sind in geringen Mengen im Blut von Bullen angetroffen worden[10]. Eine quantitative Bestimmung der neutralen männlichen Steroide im Blut ergibt im Mittel 14,6 mg pro l Blut[11].

---

[1] BOMSKOV, C.: Methodik der Hormonforschung. Bd. 2, S. 140. Leipzig 1939. — [2] LOEWE, S.: Kli. Wo. **1925 II**, 1407. — LOEWE, S., u. E. H. V. VOSS: Kli. Wo. **1926 I**, 1083. — FRANK, R. T., M.-L. FRANK, R. G. GUSTAVSON and W. W. WEYERTS: J. amer. med. Ass. **85**, 510 (1925). — [3] FRANK, R. T., and M. A. GOLDBERGER: J. amer. med. Ass. **86**, 1686; **87**, 1719 (1926); **90**, 106, 376 (1928). — FRANK, R. T.: Kli. Wo. **1927 II**, 1288. — [4] FEUCHTINGER, O.: Wien. Arch. inn. Med. **35**, 145, bes. 169 (1941). — [5] WERTHESSEN, N. T., C. F. BAKER and N. S. FIELD: J. biol. Ch. **184**, 145 (1950). — [6] HOFFMANN, F., u. L. v. LÀM: Zbl. Gynäk. **66**, 292 (1942). — [7] BLOCH, P. W.: Rev. franç. Endocrinol. **15**, 42 (1937). — [8] HOFFMANN, F., u. L. v. LÀM: Zbl. Gynäk. **65**, 2014 (1941); **66**, 292 (1942); **70**, 1177 (1948). — HOFFMANN, F.: Geburtsh. u. Frauenhlkde. **12**, 1000 (1952). — [9] HOOKER, C. W., and T. R. FORBES: Endocrinology **44**, 61 (1949). — FORBES, T. R.: Endocrinology **49**, 218 (1951). — [10] WOMACK, E. B., and F. C. KOCH: Endocrinology **16**, 267 (1932). — [11] ZIMMERMANN, W.: Vitamine u. Hormone **5**, 276 (1944).

g) Gewebshormone[1]. Von den Gewebshormonen sind Histamin, Cholin, Acetylcholin schon bei den N-haltigen Serumbestandteilen besprochen worden. Der Gehalt des Serums an Kallikrein wird mit 0,7 KE/cm³ angegeben[2]. 1 KE = 1 Kallikreineinheit ist diejenige Menge Kallikrein, welche in 5 cm³ dialysiertem normalem menschlichem Harn enthalten ist, sofern diese Harnprobe einer Menge von etwa 50 Litern entnommen ist. Es ist in unwirksamer Form, mit einem Inhibitor verbunden, vorhanden. Über weitere Gewebshormone, die meist im Blut bzw. im Plasma unbeständig sind, s.[1].

7. Fermente[3–8].

Man war schon frühzeitig in der Klinik bemüht, krankhafte Veränderungen im Stoffwechsel durch Bestimmung der Fermente zu erkennen und zu erklären (vgl. Blutkörperchen S. 449). Die ersten derartigen Bestimmungen wurden in Magen- und Darmsaft ausgeführt, später in Blut, Serum oder Plasma. Mit Verbesserung der Methodik gelang es tatsächlich, charakteristische Veränderungen im Fermentgehalt des Blutes bei gewissen Krankheiten festzustellen. Ein Teil der im Serum aufgefundenen Fermente stammt wohl aus den zelligen Bestandteilen des Blutes, besonders aus den Leukocyten. Ein anderer Teil wird aus den verschiedensten Organen ausgeschwemmt.

Eine gewisse Schwierigkeit, die Versuchsergebnisse verschiedener Forscher miteinander vergleichen zu können, ergibt sich daraus, daß für die Bestimmung der Fermente keine einheitlichen Bestimmungsverfahren oder einheitliche Bezugsgrößen angenommen worden sind. Die größte Schwierigkeit lag bis vor kurzem in dem geringen Fermentgehalt des Blutes. Die Untersuchungen am menschlichen Blut sind daher auch weniger zahlreich, die meisten Ergebnisse wurden an Tierblut gewonnen.

a) Hydrolasen.

α) Esterasen (s. Bd. 1, S. 1070ff). Von **Lipasen** findet man im Blutserum zwei verschiedene Arten, von denen die eine gegen Atoxyl, die andere gegen Chinin empfindlich ist[9]. Die tributyrinspaltenden Esterasen sind an die Albumine und Globuline gebunden[10]. Die Lunge gibt regelmäßig Esterasen an das Blut ab[11, 15]. Der Lipasegehalt scheint in Abhängigkeit vom Fettgehalt des Serums zu schwanken. Es ist noch nicht zu entscheiden, ob das Ferment des Blutes aus einzelnen Organen (Pankreas, Leber, Schilddrüse, Lunge) stammt, oder ob es aus den Leukocyten herrührt; diese letztere Annahme ist wahrscheinlicher[12]. Bei Krankheiten können bestimmt Organlipasen ins Blut übertreten, so ist z. B. bei gesunden Hunden der höchste Lipasegehalt im *Pfortaderblut* gefunden worden[13]. Der normale Gehalt im menschlichen Blut wird mit 23 bis 42 Einheiten angegeben, davon sind 2 Einheiten atoxylresistent[14]. Die colorimetrisch gefundenen Lipase-Einheiten (s. Bd. 1,

---

[1] s. a. ABDERHALDEN, R.: Die Hormone. Berlin, Göttingen, Heidelberg. 1952. — GROSSMAN, M. I.: Physiol. Rev. **30**, 33 (1950). — [2] WERLE, E., u. H. KORSTEN: Z. ges. exp. Med. **103**, 153 (1938).

Zusammenfassende Darstellungen: 3—8. [3] AMMON, R., u. E. CHYTREK: Die Bedeutung der Enzyme in der klinischen Diagnostik. Ergebn. Enzymforsch. **8**, 91 (1939). — [4] AMMON, R., u. W. DIRSCHERL: Fermente, Hormone u. Vitamine. 2. Aufl. Leipzig 1948. — [5] BAMANN, E.: Substrate der esterspaltenden Enzyme. Bamann-Myrbäck **1**, 11—115. — [6] Oppenheimer, Fermente Suppl.-Bde. 1 u. 2. — [7] Handb. Biochem. Erg.-W. **1**/A. Tierische Fermente 384—562 (1933). — WOHLGEMUTH, J.: Blutfermente. Handb. Biochem. Erg.-W. **2**, S. 91—98 (1934). — [8] Handb. Enzymol. (NORD-WEIDENHAGEN) 1940.

[9] RONA, P., u. R. PAVLOVIĆ: B. Z. **134**, 108 (1923). — [10] CATTANEO, C.: Enzymologia **2**, 356 (1937/38). — [11] RAPOPORT, S. J., u. A. F. SCHARIKOWA: Trav. Inst. physiol. Moscou **1**, 218 (1939) [C. **1939 I**, 441]. — [12] ROSSITER, R. J., E. WONG and G. E. HALL: J. Physiol., London **108**, 14 P (1949). — [13] GALLINA, E., e A. NASCIMBENE: Biochim. Terap. sperim. **29**, 89 (1942). — [14] LAGERLÖF, H. O.: Acta physiol. scand. **13**, 301 (1947).

S. 1077) sind mit diesen Werten nicht vergleichbar. Nach den Untersuchungen von SELIGMAN u. Mitarb.[1] wirkt Taurocholat ($8 \cdot 10^{-2}$ m) fördernd auf die Serumlipase (6 bis 38%). Mit ihrer titrimetrischen Methode und unter Verwendung von Tributyrin als Substrat und Aktivierung mit $CaCl_2$ geben TUBA u. HOARE[2] bei Menschen zwischen 9 und 63 Jahren 300 bis 600 Einheiten pro 100 cm³ an. Bei Männern werden etwas höhere Werte gefunden als bei Frauen[2,3].

Das Auftreten einer chininfesten Lipase ist krankhaft und als Zeichen einer Störung der Leistungsfähigkeit der Leber anzusehen. Sie braucht bei Parenchymschädigung der Leber nicht im Serum zu erscheinen. Besonders bei Erkrankungen des Pankreas[4] oder bei Carcinom läßt sich eine atoxylresistente Lipase nachweisen. Im letzteren Fall stammt sie aus dem Tumorgewebe selbst[5]. Trotzdem können aber auch schwere krankhafte Störungen vorliegen, ohne daß es zu erkennbaren Veränderungen im Lipasegehalt des Blutes kommt.

Eine *Vermehrung* der Lipase findet man häufig bei *beginnender* Lungentuberkulose, und zwar soll dann eine chininfeste Lipase auftreten[6]. Bei Fettsucht, bisweilen bei Rachitis oder Diabetes, ist die Lipase ebenfalls vermehrt.

Vermindert ist sie bei Leber- und Gallenerkrankungen, Krebs und Tuberkulose[7], Kachexie, Intoxikationen, vor allem bei Darmstörungen der Kinder[8]. Veränderungen bei Carcinom haben zuerst BERNHARD u. KÖHLER beschrieben[9]. Einfluß von Ovarektomie und Stilboestrol bei der Ratte[10].

Mit zunehmendem Alter nimmt der Lipasegehalt des Serums ab[11]. In konserviertem Blut ändert er sich nicht deutlich[12]. Gehalt der Leukocyten und Erythrocyten an Lipase s. [13,14].

Bestimmung: Es wird die durch Lipase bewirkte Abnahme der Oberflächenspannung einer gesättigten wäßrigen Tributyrinlösung gemessen[15]. Titrimetrische Bestimmung und Einfluß des Substrates[16]. Colorimetrische Bestimmung[17] (s. a. LAGERLÖF[18]).

Eine **Lecithinase**[19] (s. Bd. 1, S. 1080) kommt im Blutserum vor. Über die Mengenverhältnisse ist nichts bekannt, bei der fermentativen Cholesterinestersynthese spielt sie eine Rolle. Wahrscheinlich muß auch zwischen α- und β-Lecithinase unterschieden werden.

Eine **Cholesterinesterase** (s. Bd. 1, S. 1087) wurde im Serum des Menschen und des Hundes nachgewiesen. Sie ist in der Lage, das im Serum vorhandene Cholesterin zu 90% zu verestern[20]. Der Gesamtcholesteringehalt bleibt dabei unverändert, aber die Cholesterinester vermehren sich auf Kosten des freien Cholesterins und des Lecithins[21]. Während bei Normalpersonen zwischen 36 und 67% des freien

---

[1] SELIGMAN, A. M., M. M. NACHLAS and M. C. MOLLOMO: Amer. J. Physiol. **159**, 337 (1949). — [2] TUBA, J., and R. HOARE: J. Lab. clin. Med. **38**, 308 (1951). — [3] GOLDSTEIN, N. P., J. H. EPSTEIN and J. H. ROE: J. Lab. clin. Med. **33**, 1047 (1948). — [4] SCHMITT, K.: Arch. klin. Chir. **174**, 510 (1933). — [5] BERNHARD, F.: Z. Krebsforsch. **38**, 450 (1933). — [6] BIRATH, G.: Beitr. Klin. Tuberk. **96**, 89 (1941) [C. **1941 II**, 56]. — [7] HANGLEITER, H., u. A. REUTER: Z. ges. exp. Med. **107**, 355 (1940). — [8] Rappaport S. 178. — [9] BERNHARD, F., u. K. KÖHLER: Dtsch. Z. Chir. **248**, 72 (1936). — [10] TUBA, J., and R. HOARE: Canad. J. med. Sci. **29**, 25 (1951). — [11] GIGANTE, D.: Arch. ital. Med. sperim. 8, 569 (1941) [Ber. Physiol. **129**, 87]. — TUBA, J., and R. HOARE: J. Lab. clin. Med. **38**, 308 (1951). — [12] AMMON, R., u. W. DIRSCHERL: Fermente, Hormone u. Vitamine. 2. Aufl. S. 61. Leipzig 1948. — [13] FLEISCHMANN, W.: B. Z. **200**, 25 (1928). — [14] BAZILEVIČ, I.: Therap. Arch., Moskau **8**, 95 (1930) [Ber. Physiol. **56**, 94]. — [15] Rappaport S. 176. — [16] TUBA, J., and R. HOARE: Canad. J. Res. (E) **28**, 106 (1950). Canad. J. med. Sci. **29**, 25 (1951). — [17] SELIGMAN, A. M., and M. M. NACHLAS: J. clin. Invest. **29**, 31 (1950). — [18] LAGERLÖF, H. O.: Acta physiol. scand. **13**, 301 (1947). — [19] CRANDALL, L. A. jr.: Amer. J. digest. Dis. **2**, 230 (1935). [Ber. Physiol. **90**, 163]. — BELFANTI, S., A. CONTARDI u. A. ERCOLI: Lecithasen. Ergebn. Enzymforsch. **5**, 213—232 (1936). — ERCOLI, A.: Lecithasen. Handb. Enzymol. (NORD-WEIDENHAGEN) **1**, 480—494 (1940). — [20] SPERRY, W. M.: J. biol. Ch. **111**, 467 (1935). — SCHRAMM, G., u. A. WOLFF: H. **263**, 61 (1940). — [21] BÉNARD, H., P. DESGREZ, A. GAJDOS, F. LAMBOTTE et M. POLONOVSKI: Bull. Soc. Chim. biol. **31**, 170 (1949).

Cholesterins bei 3tägiger Bebrütung verestert wurden, fand sich bei dekompensierten Lebercirrhosen ein Mittel von 36% und bei Ikterus von 30,6%, schwankend von 5,5 bis 53%. Gallensaure Salze hemmen nur in Konzentrationen, die in der Klinik nicht vorkommen.

Nur im Hundeserum wurde daneben auch ein durch gallensaure Salze aktivierbares Ferment gefunden, welches die Cholesterinester des Serums mit großer Geschwindigkeit spaltet[1]. Innerhalb der Erythrocyten ist das Vorhandensein eines esterspaltenden Fermentes sehr wahrscheinlich, da im Gesamtblut im Gegensatz zum Serum keine Cholesterinestervermehrung erzielt werden kann[2].

Cholinesterase (s. Bd. 1, S. 1081 ff.). Von der Cholinesterase werden die Ester des Cholins gespalten. Man muß hierbei 2 Arten unterscheiden: 1. die Acetylcholinesterase, welche nur den physiologisch wichtigen Essigsäureester des Cholins spaltet oder Essigsäureester ähnlicher Basen. 2. Die Cholinesterase, die auch andere Ester des Cholins, z. B. mit Benzoesäure, spaltet. Über Spezifität im Pferdeblut s.[3]. Über den Gehalt des Serums an den beiden Esterasen gibt die folgende Tabelle Auskunft:

Tabelle 122. Die Cholinesteraseaktivität[4].

Geschlecht	Zahl der Tiere	Zahl der Proben	Gesamt-cholinester gespalten	Acetylester gespalten (Acetyl-cholinesterase)	% des Acetyl-cholins	Benzoylcholin gespalten (Cholinesterase)	% des Acetyl-cholins
weiblich	18	100	0,741±0,028	0,057±0,0025	8	0,147±0,0064	20
männlich	7	40	0,148±0,005	0,050±0,0035	34	0,016±0,0017	11

Die Zahlen beziehen sich auf den Verbrauch von 0,077 n NaOH pro Std bewirkt durch 0,61 ml Serum.

Über die Hemmbarkeit der Acetylcholinesterase und der Cholinesterase[5]. Die Wirkung von Fluorophosphaten ist z. T. um mehr als eine Zehnerpotenz stärker als die von Eserin. Die Acetylcholinesterase ist hauptsächlich an die Membran der menschlichen Erythrocyten adsorbiert[6], und es gelingt nicht, sie in meßbarer Menge zu eluieren. Als Bildungsort der Cholinesterase werden Magen- und Darmwand angenommen[7]. Die Haltbarkeit im Blut ist gut[8]. Wenn keine Hämolyse stattfindet, läßt sich das Ferment auch noch nach Tagen einwandfrei bestimmen, d. h. ein Postversand ist möglich. Als Normalwerte werden angegeben (gemessen nach WARBURG): gespalten von 1 cm^3 Serum in der Std bei Frauen 28,5 mg Acetylcholin und 30 bis 35,7 mg bei Männern. Eine deutliche Beziehung zu Kalium- und Calciumgehalt, Blutdruck und Pulszahl wurde nicht gefunden.

Die Cholinesterase ist nicht gleichmäßig über das Blut verteilt. Bei Mensch, Rind, Schaf, Ziege und Kaninchen enthalten die Blutkörperchen mehr Esterase als das Plasma, bei Pferd und Hund, Katze, Ente und Huhn liegen die Verhältnisse umgekehrt. Hier sind die Blutkörperchen praktisch frei von Esterase. Bei der Taube ist das Plasma fermentfrei. Nicht hämolysiertes Gesamtblut hat 18 bis 59% mehr Cholinesterase als hämolysiertes Gesamtblut. Die zusätzliche Aktivität ist durch Prostigmin nicht beeinflußbar[9]. Besonders hoch ist die Aktivi-

[1] SPERRY, W. M., and V. A. STOYANOFF: J. biol. Ch. **126**, 77 (1938). — [2] s. S. 372[20]. — [3] STURGE, L. M., and V. P. WHITTACKER: Biochem. J. **47**, 518 (1950). — MOUNTER, L. A., and V. P. WHITTAKER: Biochem. J. **47**, 525 (1950). — [4] SAWYER, C. H., and J. W. EVERETT: Endocrinology **39**, 307 (1946). — [5] GLASSON, B.: Schweiz. med. Wschr. **75**, 1011 (1945). — AMMON, R.: Ergebn. Enzymforsch. **9**, 35 (1943). — MACKWORTH, J. F., and E. C. WEBB: Biochem. J. **42**, 91 (1948). — [6] PALÉUS, S.: Arch. Biochem. **12**, 153 (1947). — [7] FELDBERG, W., u. P. ROSENFELD: Pflügers Arch. **232**, 212 (1933). — [8] SCHAEFER, H.: Pflügers Arch. **249**, 405 (1948). — [9] WERLE, E.: Fermentforsch. **17**, 230 (1943).

tät des Blutes der Weinbergschnecke[1]. Das Ferment der roten Blutkörperchen soll von dem des Plasmas verschieden sein (s. S. 450).

Der Cholinesterasegehalt im Serum des Menschen bleibt mehrere Wochen auf gleicher Höhe. Im Vollblut von Schwangeren findet man etwas höhere Werte als in dem Nichtschwangerer[2]. Die gefundenen Werte sind im übrigen von der Bestimmungsmethode abhängig[2,3]. Als Anhalt können folgende Zahlen dienen:

Tabelle 123. Spaltung von Acetylcholin durch 1 cm^3 verschiedener Blutarten[4].

Blutart	Hydrolysiert in 60 min mg Acetylcholin
Weinbergschneckenblut	160
Pferdeserum	30
Rinderblutlysat	6,5
Rinderserum	1,5

Mit dem Alter nimmt der physiologische Acetylcholinesterasegehalt des menschlichen Serums ab. Allerdings sind die Schwankungsbreiten erheblich[5]. Über den Gehalt des Blutes an verschiedenen Fermenten[6] s. Tabelle 124.

Tabelle 124. Enzymgehalt von Nabelschnurblut und Blut von Erwachsenen.

Enzym und Einheit	Alter	Zahl	Mittlere Aktivität
Serum			
Pseudocholinesterase	Erw.	24	76,7 ± 2,82
(Einheit = mm^3 CO_2/cm^3/min)	Neug.	24	50,2 ± 2,94
wahre Cholinesterase	Erw.	24	1,053 ± 0,055
(Einheit = mm^3 CO_2/cm^3/min)	Neug.	24	0,827 ± 0,043
Erythrocyten			
wahre Cholinesterase	Erw.	11	48,31 ± 5,49
(Einheit = mm^3 CO_2/mg Fe/min)	Neug.	24	32,90 ± 1,94
Kohlensäureanhydratase	Erw.	13	36,65 ± 2,51
(willkürl. Einheit/mg Fe × 10^2)	Neug.	26	9,10 ± 2,41
Katalase	Erw.	13	27,67 ± 2,39
(willkürl. Einheit/mg Fe)	Neug.	27	19,23 ± 1,58
Glyoxalase	Erw.	7	555,0 ± 75,2
(mm^3 CO_2/mg Fe/min)	Neug.	9	281,0 ± 34,2
Saure Phosphatase	Erw.	11	4,61 ± 0,423
(willkürl. Einheit/mg Fe)	Neug.	9	4,84 ± 0,517

Erniedrigte Cholinesterasewerte wurden bei Lebercirrhose, Hepatitis, Fieber, Anämie, Polyarthritis[7], Krebs, Unterernährung und perniziöser Anämie[7], *erhöhte* bei Hyperthyreoidismus und unbehandeltem schwerem Diabetes festgestellt[8]. Nach Kastration nimmt die Cholinesterase bedeutend ab und steigt nach Verabfolgung von Östrogenhormon wieder an[9]. Der Anstieg kann über die Normalwerte hinausführen. Auffallenderweise zeigt die Cholinesterase des Pferde-

[1] AMMON, R., u. G. VOSS: Pflügers Arch. **235**, 393 (1935). — [2] BRÜCKE, F. T. v., E. v. HUEBER u. H. SARKANDER: Kli. Wo. **1941**, 587. — [3] JONES, M. S., and W. C. STADIE: Quart. J. exp. Physiol. **29**, 63 (1939). — HAWES, R. C., and G. A. ALLES: J. Lab. clin. Med. **26**, 845 (1941). — [4] AMMON, R., u. W. DIRSCHERL: Fermente, Hormone u. Vitamine. 2. Aufl. S. 76. Leipzig 1948. — [5] HEIM, F.: Kli. Wo. **1944**, 63. — [6] JONES, P. E. H., and R. A. MCCANCE: Biochem. J. **45**, 464 (1949). — [7] SCHMIDT, H. W.: Kli. Wo. **1946/47**, 818. — MEYER, L. M., A. SAWITZKY, N. D. RITZ and H. M. FITCH: J. Lab. clin. Med. **33**, 189 (1948). — MCARDLE, B.: Quart. J. Med. (N. S.) **9**, 107 (1949). — HUTCHINSON, A. O., R. A. MCCANCE, and E. M. WIDDOWSON: Med. Res. Council, spec. Rep. Ser. Nr. 275 (1951). — [8] ANTOPOL, W., L. TUCHMAN and A. SCHIFRIN: Proc. Soc. exp. Biol. Med. **36**, 46 (1937). — [9] EVERETT, J. W., and C.H. SAWYER: Endocrinology **39**, 323 (1946).

serums einen Verlust an Aktivität beim Verdünnen der Lösung, während sichtbares Licht zu einer reversiblen Aktivitätssteigerung führt[1]. Die bei Krankheiten beschriebenen Veränderungen bedürfen noch der Nachprüfung[2]. Experimentelle Untersuchungen bei Durchblutungsstörungen, Verbrennungen und Erfrierungen s.[3].

Die Hemmung der Cholinesterase ist vielfach untersucht worden. Am bekanntesten ist die Wirkung des Physostigmins oder Eserins. Weiter sind Fluorophosphate eingehend geprüft worden[4], s. a. S. 373. Aber auch verschiedene Pharmaka, wie z. B. Sulfonamide, p-Aminobenzoesäure, Antipyrin und Pyrazolone wirken hemmend[5]. Zur Theorie der Cholinesterasehemmung[6]. Für Fermentuntersuchungen eignet sich am besten das Pferdeserum, weil es den größten Cholinesterasegehalt aufweist[7]. Kritik der verschiedenen Verfahren[8]. *Bestimmung* s.[9].

Phosphatasen (s. a. Bd. **1**, S. 1089 ff.). Nachdem erkannt war, daß die Phosphorylierungsvorgänge im Organismus eine lebenswichtige Rolle spielen, richteten sich diesbezügliche Untersuchungen sehr bald auf das Blut, weil es am leichtesten zugänglich war. Serum, Erythrocyten und myeloische Leukocyten enthalten Phosphatase[10]. Die *alkalische Serumphosphatase* hat die Fähigkeit, Monoester der Phosphorsäure zu hydrolysieren und Pyrophosphat in Orthophosphat umzuwandeln. Die Glycerophosphatase wird im Albuminanteil des Serums angetroffen[11]. Die Serum- und Erythrocytenphosphatase besitzen auch synthetisierende Wirkung[12]. Unter Berücksichtigung des p_H-Optimums steht die Serum- und Leukocytenphosphatase der Nieren-, Knochen- und Darmphosphatase nahe[6]. Bei den *Phosphatasen* der *roten Blutzellen* handelt es sich um andere Fermente als bei den Phosphatasen der weißen Blutzellen und des Serums[13].

Da die *weißen Blutzellen* sehr reich an Phosphatase sind, während das Serum arm daran ist, besteht die Möglichkeit, daß die Serumphosphatase aus den weißen Blutzellen und nicht, wie sonst angenommen wird, aus den Knochen stammt[13].

Die Werte für den Phosphatasegehalt des menschlichen Serums zeigen Schwankungen, die vom Entwicklungsalter abhängig sind. Der Jugendliche hat im Mittel 7 (5 bis 14) BODANSKY-Einheiten* im Serum, während der Erwachsene nur 1,5 bis 4 Einheiten besitzt. Die Einheiten für Normalwerte schwanken stark, je

* Eine BODANSKY-Phosphataseeinheit ist jene Fermentmenge, die 1 mg P nach 1-stündiger Bebrütung bei 38 ° und p_H 8,6 durch 100 cm^3 Plasma oder Serum aus einer Standardlösung von β-glycerinphosphorsaurem Natrium in Form von Phosphorsäure abspaltet[14]. Über die verschiedenen Methoden der Phosphatasebestimmung im Blut s. [15]. Weitere Vergleiche s. [16, 17]. Beständigkeit der Phosphatase[18].

[1] KRAUPP, O.: Z. Vit.-, Horm.-Ferm.-Forsch. **2**, 179 (1948/49). — [2] AUGUSTINSSON, K. B.: Acta physiol. scand. **15**, Suppl. **52** (1948). — ALDRIDGE, W. N., and D. R. DAVIES: Brit. med. J. **1952 I**, 945. — [3] SCHÜMMELFEDER, N.: Kli. Wo. **1946/47**, 113. A. e. P. P. **204**, 454, 466, 567, 626 (1947). — [4] HEYMANS, C.: Exper. **2**, 260 (1946). — ADRIAN, E. D., W. FELDBERG and B. A. KILBY: Brit. J. Pharmacol. **2**, 56 (1947). Nature **158**, 625 (1946). — KOELLE, G. B., A. GILMAN and B. D. BINZER: J. Pharmacol. exp. Therap. **87**, 421 (1946). — COUTEAUX, R., H. GRUNDFEST, D. NACHMANSOHN and M. A. ROTHENBERG: Science, N.Y. **104**, 317 (1946). — [5] ZELLER, E. A.: Verh. schweiz. Physiol. S. 51. Januar 1942. Helv. **25**, 216, 1099 (1942). — [6] ZELLER, E. A.: Verh. schweiz. Physiol. S. 43. Juni 1942. — [7] STEDMAN, Ed., E. STEDMAN and L. H. EASSON: Biochem. J. **26**, 2056 (1932). — WERLE, E., u. G. STÜTTGEN: Kli. Wo. **1942**, 821. — [8] SCHAEFER, H., u. E. MAIER: B. Z. **319**, 420 (1949). — [9] SCHÜMMELFEDER, N.: A. e. P. P. **204**, **454** (1947). — ALDRIDGE, W. N., and D. R. DAVIES: Brit. med. J. **1952 I**, 945. — RAVIN, H. A., K. C. TSOU and A. M. SELIGMAN: J. biol. Ch. **191**, 843 (1951). — [10] ROCHE, J.: C. R. Soc. Biol. **107**, 1144 (1931). Biochem. J. **25**, 1724 (1931). — IWATSURU, R., u. K. NANJO: B. Z. **300**, 422 (1938/39). — Tierische Phosphatasen: BAUR, H.: Z. Vit.-, Horm.-Ferm.-Forsch. **2**, 507—595 (1948/49). — [11] CATTANEO, C.: Enzymologia **2**, 356 (1937/38). — [12] ROCHE, J.: Bull. Soc. Chim. biol. **13**, 841 (1931). — [13] ROCHE, J.: C. R. Soc. Biol. **107**, 640 (1931). — [14] BODANSKY, A.: J. biol. Ch. **101**, 93 (1933). — WOODARD, H. Q., and N. L. HIGINBOTHAM: Amer. J. Cancer **31**, 221 (1937). — [15] LINHARDT, K., u. K. WALTER: Med. Mschr. **1951**, 22. — [16] SCHREIER, K.: Kli. Wo. **1951**, 391. — [17] LINHARDT, K., u. K. WALTER: H. **289**, 245 (1952). — [18] RUPPERT, F.: Kli. Wo. **1952**, 184. Z. ges. exp. Med. **116**, 378 (1950).

nach der Methode. Die Phosphatase kann mit zunehmendem Alter sogar vollständig aus dem Serum verschwinden[1]. In den ersten 2 Lebensjahren ist der Phosphatasegehalt des Blutes im Winter höher als im Sommer; bei Erwachsenen sind bis jetzt keine jahreszeitlichen Schwankungen beobachtet worden[2]. Am meisten untersucht und am längsten bekannt sind die Veränderungen des *Phosphatasegehaltes bei Knochenerkrankungen*[1, 3]. Bei Ostitis fibrosa enthält das Serum 5 bis 10 Einheiten Phosphatase, bei Osteomalacie, Ostitis deformans 50 bis 120 Einheiten und bei Rachitis 30 bis 190 Einheiten[4]. Ähnlich hohe Werte findet man bei multiplem Myelom, Morbus PAGET und Knochencarcinom[1, 3].

Je schwerer die Erkrankungen, desto größer ist die Erhöhung der Plasmaphosphatase. Bei Heilerfolgen, z. B. nach Vitamin D-Zufuhr bei Rachitis, sinken die Werte auf 6 bis 14 Einheiten wieder ab. Auch bei der Ratten[5]-, Kaninchen- und Kükenrachitis[6] wurden erhöhte Werte beobachtet. Aus Versuchen an Kaninchen, Meerschweinchen und Schafen scheint hervorzugehen, daß bei Bestrahlung mit ultraviolettem Licht eine Aktivierung einer thermolabilen Phosphatase zustande kommen kann[7], was aber in vielen Fällen nicht bestätigt werden konnte[8]. Ein Anstieg der phosphatspaltenden Wirkung des Serums ließ sich auch in einigen Fällen von Knochentuberkulose[9] und unter der Einwirkung von Nebenschilddrüsenauszügen nachweisen[10]. Da ferner bei Erkrankungen, die mit Leber- bzw. Gallenstörungen einhergehen, der Serumphosphatasegehalt ansteigt, wurde die Leber als Bildungsstätte der Phosphatase angesehen[11]. Ja, man hat sogar die Phosphatasebestimmung für eine geeignetere Prüfung der Leberleistungsfähigkeit als die Serum-Bilirubin-Bestimmung angesehen[12]. Bei hämolytischem Ikterus ist zum Unterschied von anderen Gelbsuchtformen das Ferment nicht vermehrt[13]. Im Blut krebskranker Menschen wird eine Vermehrung der Phosphatase gefunden, sobald es zur Bildung von Metastasen, besonders von Knochenmetastasen gekommen ist[14, 15]. Während der Gravidität ist die Phosphatase nahezu unverändert, 4 Tage nach der Geburt erfolgt ein steiler Anstieg mit einem Maximum nach 3 Wochen[16]. Von indischen Autoren wird über eine signifikante Erhöhung während der Schwangerschaft berichtet[17]. Anstieg von 8,8 auf 17,6 E in der 33.—36. Schwangerschaftswoche. Placentarblut zeigt geringe Phosphataseaktivität. Junge Ratten

---

[1] BODANSKY, A., and H. L. JAFFE: Arch. internal Med., Chicago **54**, 88 (1934). — [2] VERMEHREN, E.: Acta med. scand. **100**, 267 (1939). — [3] KOLLER, F., u. A. ZUPPINGER: Oncologia, Basel **2**, 98 (1949). — JONGH, C. L. DE: Ned. T. Geneeskde. **86**, 994 (1942) [C. **1942 II**, 295]. — [4] KAY, H. D.: J. biol. Ch. **87**, LII; **89**, 249 (1930). — Rappaport S. 176. — [5] JURJEWA, L. A.: Kazan. med. Ž. **35**, 35 (1939) [C. **1940 I**, 3945]. — MOTZOK, I., and A. M. WYNNE: Biochem. J. **47**, 187 (1950). — MOTZOK, I.: Biochem. J. **47**, 193, 196 (1950). — [6] KODAMA, S., u. H. TAKAMATSU: Trans. Soc. path. jap. **29**, 498 (1939) [C. **1942 II**, 2155]. — [7] ABBA, G. C., e L. NOCETO: Riv. Clin. pediatr. **37**, 513 (1939). — [8] ALBERS, D.: B. Z. **306**, 143 (1940). Fundamenta radiol., Berlin **5**, 157 (1940). — IWATSURU, R., u. K. NANJO: B. Z. **300**, 429 (1938/39). — [9] KOLDAJEW, B., u. M. ALTSCHULER: Beitr. Klin. Tuberk. **83**, 433 (1933). — [10] PAGE, I. H., u. M. RESIDE: B. Z. **226**, 273 (1930). — [11] FREEMAN, S., Y. P. CHEN and A. C. IVY: J. biol. Ch. **124**, 79 (1938). — BODANSKY, A., and H. L. JAFFE: Proc. Soc. exp. Biol. Med. **31**, 107 (1933). — [12] ROBERTS, W. M.: Brit. med. J. **1933 I**, 734. — GUTMAN, A. B., K. B. OLSON, E. B. GUTMAN and C. A. FLOOD: J. clin. Invest. **19**, 129 (1940). — MERANZE, T., D. R. MERANZE and M. M. ROTHMAN: Rev. Gastroenterol., N. Y. **6**, 254 (1939). — GUTMAN, A. B., and B. JONES: Proc. Soc. exp. Biol. Med. **71**, 572 (1949). — [13] ARMSTRONG, A. R., E. J. KING and R. I. HARRIS: Canad. med. Ass. J. **31**, 14 (1934). — KIRBERGER, E., u. G. A. MARTINI: Dtsch. Arch. klin. Med. **197**, 268 (1950). — [14] KAY, H. D.: J. biol. Ch. **89**, 249 (1930). — GUTMAN, A. B., E. B. GUTMAN and J. N. ROBISON: Amer. J. Cancer **38**, 103 (1940). — [15] LUBENSTEIN, H.: Z. ges. exp. Med. **100**, 456 (1937). — SHARNOFF, J. G., J. R. LISA and P. A. RIEDEL: Arch. Path., Chicago **33**, 460 (1942). — KOLLER, F., u. A. ZUPPINGER: Oncologia, Basel **2**, 98 (1949). — BERNHARD, A., and L. ROSENBLOOM: Proc. Soc. exp. Biol. Med. **74**, 164 (1950). — WOODARD, H. Q., and N. L. HIGINBOTHAM: Amer. J. Cancer **31**, 221 (1937). — [16] WEIL, L.: J. biol. Ch. **138**, 375 (1941). — [17] AMRITMAHAL, G. R., and A. BANERJEE: J. Obstet. **57**, 73 (1950).

bis zu einem Monat weisen geringe, von da ab stark ansteigende Werte auf. Bei JENSEN-Sarkom wird keine Änderung beobachtet, auch nicht bei Rückbildung des Sarkoms[1]. Eine Abnahme der Phosphatase nach der Operation wird prognostisch günstig beurteilt. Ob es sich bei der Phosphatasevermehrung um eine wirkliche Vermehrung der Phosphatasemenge handelt oder um eine Aktivierung des Fermentes, etwa durch Zunahme von Magnesium oder anderen Aktivatoren, ist noch nicht entschieden[2]. Auch bei *Basedow*scher Krankheit und bei Hyperparathyreose ist der Phosphatasegehalt erhöht[3,4]. Erniedrigte Werte finden sich bei Wachstumsanomalien (Kretinismus, Skorbut, Chondrodystrophie).

Die vorstehenden Angaben beziehen sich auf die sog. *alkalische Phosphatase*, deren Wirkungsoptimum bei p_H 8,6 liegt.

Die Wirkung der *sauren Phosphatase* wird bei p_H 4,9 ermittelt. Im Serum werden im allgemeinen Werte von 0,5 bis 2 Einheiten gefunden, bei metastatischem Prostatakrebs steigen sie auf das Mehrhundertfache an[5,6]. Saure Phosphatase und polarographische Analyse s.[7]. Die *Pyrophosphatase*[8] des Blutes besitzt ein p_H-Optimum von 7,4, im Serum ist wenig Enzym vorhanden. Die Blutkörperchen von Mensch, Hund und Pferd enthalten 10mal soviel wie die von Rindern. Innerhalb der einzelnen Tiergattung findet man große Schwankungen. Eine Pyrophosphatasewirkung der Erythrocyten wird erst nach Hämolyse nachweisbar. Im Plasma ist ein Stoff vorhanden, der das Enzym stark hemmt.

Bestimmung von Phosphatase[9]. Außer der Verwendung des natürlichen Substrates, des β-glycerinphosphorsauren Natriums, werden in neuerer Zeit auch künstliche Substrate, z. B. Phenolphthaleinphosphorsäure[10], Phenolphosphorsäure[11,12] und andere Ester[13] vorgeschlagen. Unter Verwendung verschiedener Substrate soll eine differenziertere Bestimmung möglich sein. Saure Phosphatase s.[10,14].

Eine weitere Differenzierung ist durch Hemmung der sauren Phosphatase durch Alkohol[15], Formaldehyd[16] oder Fluorid[17] möglich. Dies ist besonders in hämolytischen Seren wichtig[18].

Sulfatase (s. Bd. **1**, S. 1099) ist im menschlichen Blut bisher unbekannt.

Tannase (s. Bd. **1**, S. 1087): Blutzellen können Tannin spalten, ebenso Blutserum[19,20].

---

[1] KÖHLER, F.: H. **223**, 98 (1934). — [2] s. S. 376[16]. — [3] s. S. 376[14]. — [4] Rappaport S. 176. — [5] GUTMAN, E. B., and A. B. GUTMAN: J. biol. Ch. **136**, 201 (1940). — BENSLEY, E. H., P. WOOD and D. LANG: Amer. J. clin. Path. **18**, 742 (1948). — BENSLEY, E. H., P. WOOD, S. MITCHELL and B. MILNES: Canad. med. Ass. J. **58**, 261 (1948). — [6] LANGEMANN, H.: Schweiz. med. Wschr. **79**, 138 (1949). — LUNDSTEEN, E., and M. VERMEHREN: Enzymologia **6**, 27 (1939). — ANDERSCH, M. A., and A. J. SZCZYPINSKI: Amer. J. clin. Path. **17**, 571 (1947). — [7] ROBINSON, A. M.: Brit. J. Cancer **2**, 360 (1948). — [8] SJÖBERG, K.: Acta physiol. scand. **1**, 220 (1940/41). — NAGANNA, B., V. K. NARAYANA MENON: J. biol. Ch. **174**, 501 (1948). — [9] BODANSKY, A.: J. biol. Ch. **101**, 93 (1933). — KAY, H. D.: J. biol. Ch. **87**, LII; **89**, 249 (1930). — LINHARDT, K., u. K. WALTER: Med. Mschr. **5**, 22 (1951). H. **289**, 245 (1952). — HINSBERG, K., u. R. MERTEN: Chemische Bestimmungsmethoden. München 1952. — [10] HUGGINS, C., and P. TALALAY: J. biol. Ch. **159**, 399 (1945). — [11] KIRBERGER, E., u. G. A. MARTINI: Dtsch. Arch. klin. Med. **197**, 268 (1950). — [12] KING, E. J., and A. R. ARMSTRONG: Canad. med. Ass. J. **31**, 376 (1934). Lancet **1937**, **I**, 891; **1942**, **I**, 208. — [13] BESSEY, O. A., O. H. LOWRY, and M. J. BROCK: J. biol. Ch. **164**, 321 (1946). — HUDSON, P. B., H. BRENDLER and W. W. SCOTT: J. Urol., Baltimore **58**, 89 (1947). — ANDERSCH, M. A., and A. J. SZCZYPINSKI: Amer. J. clin. Path. **17**, 571 (1947). — [14] GUTMAN, E. B., and A. B. GUTMAN: J. clin. Invest. **17**, 473 (1938). J. biol. Ch. **136**, 201 (1940). — [15] BENSLEY, E. H., P. WOOD, S. MITCHELL, A. DRYSDALE and D. LANG: J. Lab. clin. Med. **35**, 161 (1950). — [16] KINTNER, E. P.: J. Lab. clin. Med. **37**, 637 (1951). — BENSLEY, E. H., P. WOOD and D. LANG: Amer. J. clin. Path. **18**, 742 (1948). — [17] GRÜNING, W.: Kli. Wo. **1950**, 644. — ANAGNOSTOPOULOS, C., et J. COURTOIS: Bull. Soc. Chim. biol. **31**, 1504 (1949). — [18] WOODARD, H. Q.: Blood **5**, 660 (1950). — [19] AMMON, R., u. W. DIRSCHERL: Fermente, Vitamine und Hormone. 2. Aufl. S. 71. Leipzig 1948. — [20] SIEBURG, E., u. G. MORDHORST: B. Z. **100**, 204 (1919).

Phytase[1] wurde im Plasma niederer Wirbeltiere gefunden; in den Blutkörperchen und im Plasma von Säugetieren ist sie nicht vorhanden.

Nucleosidasen[2] fehlen im Blut gewöhnlich.

β) Carbohydrasen (s. a. Bd. **1**, S. 1042). Aus der großen Menge der Carbohydrasen hat lediglich die **Amylase** (Diastase)[3] klinische Bedeutung gewonnen. Die im Blut anzutreffende Amylase *entstammt der Bauchspeicheldrüse*, aus der sie unmittelbar in das Blut übergeht. Über den Blutweg gelangt sie durch die Niere im Harn zur Ausscheidung. Eine Rückresorption des in den Darm ergossenen Fermentes findet gewöhnlich nicht statt[4]. Die höchsten Amylasewerte im Blut finden sich bei Schwein, Hund, Meerschweinchen, die niedrigsten bei Mensch, Rind und Ziege. Das Ferment ist vorwiegend im Plasma enthalten, das Verhältnis des Gehaltes von Blutkörperchen zu Serum ist 1 : 5. Beim Menschen, Hund, Kaninchen und Hammel findet man die Amylase im Albuminanteil, beim Pferd nur im Globulinanteil des Plasmas[5, 6]. Der Amylasegehalt des menschlichen Serums schwankt innerhalb gewisser Grenzen. Im allgemeinen wird angenommen, daß 32 WOHLGEMUTH-Einheiten (WE) pro cm³ (bei 38° in 30 min gemessen = $D_{30}^{38°}$) den höchsten Normalwert darstellen, der auch gewöhnlich nicht überschritten wird. Wenn der Amylasegehalt mit einer Verdünnungsreihe ermittelt wird, sind 128 Einheiten sicher pathologisch[7]. HUGGINS[8] gibt als Normalwert 9—35, RAPPAPORT[9] 32—64 Einheiten an, und nach CHROMETZKA[10] sind im Fluoridblut 90—98 Einheiten, im Citratblut 70—90 Einheiten normal. Aus diesen Zahlenangaben geht schon hervor, daß die Angabe der Normalwerte sehr von der Methode abhängig ist.

Sobald im Pankreas das Sekret sich in den Drüsengängen staut und in das Blut übergeht, ist die Fermentmenge im Serum vermehrt.

In den Fällen, in denen eine Vermehrung der Urindiastase mit einer solchen der Blutamylase einhergeht, spricht man von einer „Fermententgleisung" als Kennzeichnung für die Durchbrechung der physiologischen Ferment-Lymph- oder Ferment-Blut-Schranke. Dieser Ausdruck wurde besonders für Erkrankungen der Bauchspeicheldrüse geprägt[11].

Neben dem Pankreasferment haben an der stärkespaltenden Fähigkeit des Blutes auch die Amylasen der weißen Blutzellen Anteil[12]. Ein kleiner Teil der Blutamylase soll auch aus den Speicheldrüsen und anderen Organen, hauptsächlich der Leber, herrühren[13]. Daher sind die Ursachen für die *Erhöhung* der Blutdiastasewerte verschiedenartig. Sie können außer vom Pankreas durch den Kohlenhydratstoffwechsel von der Leber und weiteren noch unbekannten Größen beeinflußt werden. Der *Amylaseabfall* wird nicht nur durch die Entfernung des amylasebildenden Organs verursacht, sondern dieser kann sehr wohl durch die Ausschaltung des Inselorgans und der dadurch hervorgerufenen Kohlenhydratstoffwechselstörung bedingt sein. Der Amylasegehalt des Hundeblutes ist gleichmäßig auf Serum und Formbestandteile verteilt, er ist in der Pfortader nicht erhöht[14].

---

[1] RAPOPORT, S., E. LEVA and G. M. GUEST: J. biol. Ch. **139**, 621 (1941). — [2] BREDERECK, H.: Handb. Enzymol. (NORD-WEIDENHAGEN) **1**, 502 (1940). — SHARNOFF, J. G., J. R. LISA and P. A. RIEDEL: Arch. Path., Chicago **33**, 460 (1942). — [3] WOHLGEMUTH, J.: Handb. Biochem. Erg.-W. **2**, 94 (1934). — [4] HENNING, N., u. E. BACH: Dtsch. Arch. klin. Med. **168**, 374 (1930). — [5] BASSANI, B., e C. CATTANEO: Boll. Soc. ital. Biol. sperim. **14**, 193 (1939). — [6] KOKURYO, T.: Japan. J. med. Sci. (II) **2**, 115, 131 (1933) [C. **1935 I**, 2195]. — [7] Hallmann 6. Aufl. S. 297. — [8] HUGGINS, C., and P. S. RUSSELL: Ann. Surg., Philadelphia **128**, 668 (1948). — [9] Rappaport S. 174. — [10] CHROMETZKA, F., u. F. ERLEMANN: Kli. Wo. **1938 II**, 1673. — [11] KATSCH, G.: Verh. Ges. Verd.-Krankh. **4**, 89 (1925). — [12] LOESCHKE, A.: Jb. Kinderheilkde. **146**, 133 (1936). — [13] GARGASOLE, D.: Rass. Terap. **5**, 16 (1933). — [14] GALLINA, E., e A. NASCIMBENE: Biochim. Terap. sperim. **29**, 89 (1942).

Erhöhte Blutdiastasewerte kann man bei akuter, meist auch bei chronischer Pankreatitis finden, ferner bei Pankreasnekrose, akutem Pankreasgangverschluß und akuter Leberdegeneration[1]. Auch bei chronischen Lebererkrankungen, Basedow, Neurosen und Infektionskrankheiten sind erhöhte Werte gefunden worden[2]. Ebenfalls bei Krankheiten des Magens (Gastritis, Ulcus, Carcinom) und Krankheiten des Darmes (Ulcus duodeni, Ileus, Tumoren, Obstipation und Helminthiasis) werden erhöhte Werte beobachtet[3], ebenso bei Diabetes[3], während HUGGINS u. Mitarb.[4] bei Diabetes erniedrigte Werte finden. Bei Pankreascirrhose[5] und bei schweren Leberparenchymschäden[6] ist die Blutdiastase ebenfalls erniedrigt. Bei der Narkose, besonders bei Chloroformnarkose, nimmt die Diastase zu[7], ebenfalls nach Opiaten[8], nach Injektion von Glykogen und Pilocarpin[9]. 100 g Glucose in 250 cm³ H_2O oral gegeben bewirken eine deutliche Abnahme der Serumamylase[10], während die Harnamylase unverändert bleibt.

Amylasebestimmungen[11] sind nach den verschiedensten Prinzipien ausgeführt worden. Bei der einen Gruppe stellt man fest, wieviel Stärke in einer gegebenen Zeit bei 38° zu mit Jod nicht färbbaren Dextrinen abgebaut wird[12]. Bei anderen Verfahren werden die aus Stärke oder Glykogen entstandenen reduzierenden Abbaustoffe bestimmt[2, 13, 14]. Die Angaben nach den Methoden[13, 14] gehen ziemlich weit auseinander. Schließlich wird auch noch beschrieben, daß die übriggebliebene Stärkemenge unter gewissen Bedingungen nach Zusatz von Jod direkt colorimetrisch bestimmt werden kann[15]. Neben der spaltenden wird eine polysaccharid- und zuckerbildende Wirkung des Blutes beschrieben[16].

Das menschliche Serum soll auch eine geringe *Maltase*wirkung (α-Glucosidase) besitzen[17, 18]. Beim Pferd findet sie sich in den Globulinen, beim Hund ist sie jedoch nur in Spuren in der Albuminfraktion anzutreffen[17, 19]. Sie wurde auch im Blutserum von Schwein und Hammel nachgewiesen[17].

Wie das Serum enthalten auch die Leukocyten[20], nicht aber die Erythrocyten Amylase und Maltase. In den Erythrocyten kommen dagegen milchsäurebildende Fermentsysteme vor[21] (s. S. 450). Die gelegentlich im Plasma von Pferdeblut beobachtete *Fructosidase* (Saccharase) hat wahrscheinlich eine alimentäre Ursache[22], dasselbe dürfte auch von *Lactase* gelten. *β-Glucuronidase* wird im Blut in sehr wechselnden Mengen gefunden, etwa 0 bis 230 Einheiten in 100 cm³ Plasma[23]. Erythrocyten enthalten kein Ferment, dagegen sind die Leukocyten

[1] POLOWE, D.: Surg., Gynec. Obstet. **82**, 115, 494 (1946). — [2] CHROMETZKA, F., u. F. ERLEMANN: Kli. Wo. **1938 II**, 1673; dort auch weiteres Schrifttum. — POPPER, H. L., and H. NECHELES: Proc. Soc. exp. Biol. Med. **43**, 220 (1940). — [3] KAPP, H., u. A. VISCHER: Arch. Verd.-Krankh. **63**, 292 (1938). — PAPAYANOPULOS, G., u. S. THADDEA: Z. ges. exp. Med. **108**, 708 (1941). — [4] HUGGINS, C., and P. S. RUSSELL: Ann. Surg., Philadelphia **128**, 668 (1948). — [5] AMMON, R., u. E. CHYTREK: Ergebn. Enzymforsch. **8**, 112 (1939). — [6] GÜLZOW, M.: Kli. Wo. **1941**, 237. Z. klin. Med. **138**, 76 (1940). — [7] THELEN, A.: Dtsch. Z. Chir. **244**, 554 (1935). — [8] GROSS, J. B., M. W. COMFORT, D. R. MATHIESON and M. H. POWER: Proc. Staff. Meet. Mayo Clin. **26**, 81 (1951). — [9] YAMAGATA, S.: Tohoku J. exp. Med. **52**, 43 (1950). — [10] GOLDSTEIN, N. P., B. W. SMITH, J. H. EPSTEIN and J. H. ROE: Amer. J. Physiol. **159**, 29 (1949). — [11] PAPAYANOPULOS, G.: Kli. Wo. **1940**, 530. — SOMOGYI, M.: J. biol. Ch. **125**, 399 (1938). Arch. internal Med., Chicago **67**, 665 (1941). — ANDERSCH, M. A.: J. biol. Ch. **166**, 705 (1946). — [12] WOHLGEMUTH, J.: B. Z. **9**, 1 (1908). — Rappaport S. 174. — [13] OTTENSTEIN, B.: B. Z. **240**, 350 (1931). — BALTZER, F.: Kli. Wo. **1935 II**, 1395. — [14] RENNKAMP, F., u. B. SCHULER: Kli. Wo. **1936 II**, 1473. — ANDERSCH, M. A.: J. biol. Ch. **166**, 705 (1946). — NOVERRAZ, M., et P. SCHNEIDER: Schweiz. med. Wschr. **78**, 898 (1948). — KIBRICK, A. C., H. E. ROGERS and S. SKUPP: J. biol. Ch. **190**, 107 (1951). — [15] ZINKER, E. P., and F. J. REITHEL: J. Lab. clin. Med. **34**, 1312 (1949). — [16] CRANDALL, L. A. jr.: Amer. J. digest. Dis. Nutrit. **2**, 230 (1935). — [17] KOKURYO, T.: Jap. J. med. Sci. (II) **2**, 115, 131 (1933) [C. **1935 I**, 2195]. — [18] GLOCK, G. E.: Biochem. J. **32**, 235 (1938). — [19] BASSANI, B., e C. CATTANEO: Boll. Soc. ital. Biol. sperim. **14**, 193 (1939). — [20] WILLSTÄTTER, R., u. M. ROHDEWALD: H. **209**, 33 (1932). — WOHLGEMUTH, J.: Handb. Biochem. Erg.-W. **2**, 95 (1934). — [21] MEYERHOF, O.: B. Z. **246**, 249 (1932). — [22] WEIDENHAGEN, R.: Z. Ver. dtsch. Zuckerindustr. **82**, 318 (1932). — [23] FISHMAN, W. H., B. SPRINGER and R. BRUNETTI: J. biol. Ch. **173**, 449 (1948).

sehr fermentreich[1]. Bemerkenswert sind Fermentänderungen nach Verabfolgung von östrogenen Hormonen[1].

Bestimmung mit Phenolphthaleinglucuronsäure als Substrat[2, 3].

Hyaluronidase ist bis jetzt im Blut nicht gefunden worden. Die von einigen Seiten beschriebene Wirkung auf Blutgerinnung, Blutsenkung und Resistenz der roten Blutkörperchen ist nicht auf die Hyaluronidase selbst zurückzuführen, sondern auf die Begleitstoffe, besonders auf Verunreinigungen durch Blei, die aus der Herstellung stammen[4, 5]. Über Antihyaluronidase s. S. 383.

Eine ausführliche Übersicht über Chemie und biologische Bedeutung der Hyaluronidase s. Bd. 1, S. 1048 u. 1068 sowie [6]. Physiologische und klinische Bedeutung s. [7]. ***Bestimmung*** s. [8].

γ) Eiweißspaltende Fermente (Proteasen) (s. Bd. 1, S. 1132ff.). Man nimmt an, daß die Proteasen gewöhnlich an die Serumkolloide adsorbiert sind und deshalb nicht ohne weiteres wirken.

Proteinasen. Trypsin und Kathepsin wurden im Pferde-[9] und Kaninchenserum[10] festgestellt. Das im Blutplasma befindliche tryptische Ferment ist durch einen Hemmstoff blockiert[11]. Pepsin und Trypsin werden von den Erythrocyten adsorbiert[12]. Die Leukocyten enthalten eigene Proteinasen[13]. Es ist möglich, daß auch Pepsin bzw. seine Vorstufe ins Blut abgegeben wird[14]; eine Bedeutung kommt ihm wohl nicht zu, da es beim p_H des Blutes unwirksam ist; s. a. Bd. 1, S. 1148.

Sehr wahrscheinlich stammt die Serumproteinase nicht aus dem Pankreas[15, 16], obschon beide Enzyme in manchen Beziehungen miteinander übereinstimmen. Blut, Protease und Prothrombin hängen in vieler Beziehung zusammen. Thrombin selbst ist proteolytisch aktiv. Es kommt mit aktiver Protease in der Eiweißfraktion III_3 vor (s. S. 312), während sowohl Prothrombin als auch inaktive Protease in der Fraktion III_2 erscheinen[17].

Die Mengen an Proteinasen im normalen Serum sind recht schwankend. Sehr gering sind sie bei Menschen und Hunden, besonders reichlich bei Meerschweinchen und Kaninchen. Bei Carcinom s. [18].

Bestimmung s. [19]. Fibrinolyse s. S. 297 u. 489.

---

[1] Fishman, W. H., and A. J. Anlyan: J. biol. Ch. **169**, 449 (1947). — [2] Talalay, P., W. H. Fishman and C. Huggins: J. biol. Ch. **166**, 757 (1946). — [3] Fishman, W. H.: J. biol. Ch. **169**, 7 (1947). — [4] Blackburn, C. R. B.: J. biol. Ch. **178**, 855 (1949). — [5] Meyer, K.: Army Air Force Rheumatic Fever Control Program. News Letter **2**, 1 (1945). Ann. rheumatic. Dis. **7**, 37 (1948). Physiol. Rev. **27**, 335 (1947). — Werle, E., u. H. Moll: B. Z. **320**, 120 (1949/50). — Favilli, G.: J. exp. Med. **54**, 197 (1931). — Favilli, G., and D. McClean: J. Path. Bacteriology **38**, 153 (1934). — [6] Gibian, H.: Angew. Chem. **63**, 105 (1951). — [7] Billerbeck, K.: Ärztl. Forsch. **1952**, I/197. — Klecker, E.: Ärztl. Wschr. **1950**, 638. — Meyer, K.: Physiol. Rev. **27**, 335 (1947). — [8] Greif, R. L.: J. biol. Ch. **194**, 619 (1952). — Bachtold, J. G., and L. P. Gebhardt: J. biol. Ch. **194**, 635 (1952). — [9] Rona, P., u. H. Kleinmann: B. Z. **241**, 283 (1931). — [10] Kleinmann, H., u. G. Scharr: B. Z. **252**, 343 (1932). — [11] Schmitz, A.: H. **250**, 37 (1937); **255**, 234 (1938). — Bersin, T., u. S. Berger: H. **283**, 74 (1948). — [12] Ljubowzowa, K., u. E. Walter: Klin. Med., Moskau **14**, 100 (1936) [C. **1937 II**, 602]. — [13] Willstätter, R., E. Bamann u. M. Rohdewald: H. **185**, 267 (1929); **188**, 107 (1930). — Stern, K., M. K. Birmingham, A. Cullen and R. Richer: J. clin. Invest. **30**, 84 (1951). — Weiss, C., A. Kaplan and C. E. Larson: J. biol. Ch. **125**, 247 (1938). — [14] Ammon, R., u. E. Chytrek: Ergebn. Enzymforsch. **8**, 124 (1939). — [15] Kaplan, M. H.: J. clin. Invest. **25**, 331 (1946). — [16] Christensen, L. R., and C. M. McLeod: J. gen. Physiol. **28**, 559 (1945). — [17] Glazko, A. J.: J. clin. Invest. **26**, 364 (1947). — [18] Weil, L., and M. A. Russell: J. biol. Ch. **126**, 245 (1938). — [19] Charney, J., and R. M. Tomarelli: J. biol. Ch. **171**, 501 (1947). — Tomarelli, R. M., J. Charney and M. L. Harding: J. Lab. clin. Med. **34**, 428 (1949). — Burdon, K. L., and R. P. Mudd: Proc. Soc. exp. Biol. Med. **72**, 330 (1949). — Shulman, N. R., and H. J. Tagnon: J. biol. Ch. **186**, 69 (1950). — White, F. D., and J. M. Bowman: Canad. J. Res. (E) **25**, 153 (1947). — Hasse, K., u. L. Burgardt: B. Z. **321**, 296 (1950/51). — Wells, B. B., H. N. Marvin and M. J. Waldvogel: Amer. J. clin. Path. **19**, 448 (1949).

Peptidasen. Das Serum von Mensch, Pferd, Rind, Kalb, Schaf, Hund, Schwein und Kaninchen enthält zum Teil große Mengen Peptidasen. Der Gehalt an *Polypeptidase* schwankt von einer Tierart zur anderen erheblich. Es ist möglich, daß das polypeptidspaltende Ferment des Serums den Formbestandteilen des Blutes entstammt, wahrscheinlich den Erythrocyten[1], wie bei künstlicher Anämie durch Phenylhydrazin bei Hunden gefunden wurde. Besonders in Erythrocytenhämolysaten sind die Peptidasen wirksam[2]; es lassen sich D- und L-Peptide spaltende Fermente nachweisen. Erstere sind in nicht aktivem Zustand im Serum vorhanden, lassen sich aber durch Kobalt aktivieren. Die Art des Substrates ist für die Größe der Spaltung ausschlaggebend. Die Spaltung schwankt zwischen 0,84 und 52,5% für L-Dipeptide bei normalen Menschen. Bei Krankheiten können Abweichungen beobachtet werden[2,3]. Peptidasen kommen auch in den Leukocyten[4] vor. Ein hoher Gehalt an Aminopolypeptidasen und die Anwesenheit verhältnismäßig geringer Mengen einer ziemlich empfindlichen Dipeptidase scheint kennzeichnend zu sein (Bd. 1, S. 1132). Das Vorkommen von Peptidasen im Serum ist von vielen Autoren untersucht worden[5]. Besonders im Hinblick auf das Auftreten einer vermehrten Peptidasewirkung im Serum beim Carcinom sind sehr viele Untersuchungen angestellt worden. Aus einigen Untersuchungen[2,6] scheint hervorzugehen, daß D-Polypeptidasen bei Carcinom vermehrt sind, ihre Wirkung aber substratabhängig ist. Über die Spezifität der Peptidasen s. a. [7]. Bei Ratten mit WALKER-Carcinom 256 oder Philadelphiasarkom 1 ist der Aminopolypeptidasegehalt im Blut nicht gesteigert; dagegen ist die Proteinaseaktivität während des Tumorwachstums und während der Schwangerschaft erheblich vermindert[8].

Die Peptidasen können durch Zusatz von Schwermetallsalzen, besonders von Mangan und Kobalt, aktiviert werden. Auf diese Umstände ist bei der Bestimmung der Peptidaseaktivität Rücksicht zu nehmen[2,9].

Bestimmung mit der üblichen Formoltitration oder nach[10] bei D-Peptiden mit D-Aminosäureoxydase.

δ) Amidasen (s. a. Bd. 1, S. 1102). Das Vorkommen von *Arginase* wurde im Blut, und zwar in den Erythrocyten des Menschen und der Tiere (Rind, Hammel, Schwein), sichergestellt[11].

Erythrocyten von Kaninchen, Meerschweinchen, Ziege und Ratten enthielten keine Arginase, auch nicht das Serum gesunder oder tumorkranker Menschen[12].

ε) Desaminasen: *Guanase* s. [13].

b) Fermente der elementaren Atmung. Redoxasen. Im Blutplasma kommen im allgemeinen keineDehydrogenasen vor, auch nicht in den Erythrocyten. Im

---

[1] SMITH, E. L., G. E. CARTWRIGHT, F. H. TYLER and M. M. WINTROBE: J. biol. Ch. **185**, 59 (1950). — [2] MERTEN, R.: B. Z. **318**, 185 (1948). — [3] GRASSMANN, W., u. W. HEYDE: H. **188**, 69 (1930). — MASCHMANN, E.: B. Z. **308**, 359; **309**, 179 (1941); **311**, 29, 252 (1941/42); **313**, 129, 151, 156 (1942/43). — [4] s. S. 380[13]. — [5] SENNHENN, H.: Z. ges. exp. Med. **109**, 742 (1941). — WALDSCHMIDT-LEITZ, E., K. MAYER u. R. HATSCHEK: H. **263**, I (1940). — WALDSCHMIDT-LEITZ, E., R. HATSCHEK u. R. HAUSMANN: H. **267**, 79 (1941). — EULER, H. v., L. AHLSTRÖM, B. HÖGBERG u. A. M. LILJA: Z. Krebsforsch. **51**, 248 (1941). — AHLSTRÖM, L., H. v. EULER u. B. HÖGBERG: H. **273**, 129 (1942). — MASCHMANN, E.: B. Z. **308**, 359; **309**, 179 (1941). — [6] HERKEN, H., u. R. MERTEN: H. **270**, 201 (1941). — HERKEN, H., R. MERTEN u. A. SCHMITZ: Naturwiss. **30**, 226 (1942). — MASCHMANN, E.: Naturwiss. **29**, 518 (1941). — SCHMITZ, A.: Z. ges. exp. Med. **110**, 75 (1942). — BAMANN, E. u. O. SCHIMKE: B. Z. **310**, 131 (1941/42). — [7] ALBERS, D.: B. Z. **310**, 54 (1941/42). — MERTEN, R.: B. Z. **318**, 167 (1948). — [8] s. S. 380[18]. — [9] MASCHMANN, E.: Naturwiss. **28**, 780 (1940); **29**, 518, 709 (1941). — BAMANN, E., u. O. SCHIMKE: B. Z. **308**, 130 (1941); **310**, 119 (1941/42). — [10] HERKEN, H., u. H. ERXLEBEN: H. **269**, 47 (1941). — [11] EDLBACHER, S., F. KRAUSE u. K. W. MERZ: H. **170**, 68 (1927). — [12] IWABUCHI, T.: J. Biochem. **26**, 387 (1937). — [13] BLAUCH, M. B., and F. C. KOCH: J. biol. Ch. **130**, 455 (1939).

Serum (und Gewebe) von tumortragenden Tieren ist aber Aldolase nachgewiesen worden[1]. Die Leukocyten enthalten immer Dehydrogenasen[2]. Wie die Katalase werden auch Oxydasen, Peroxydasen, Codehydrase und Cocarboxylase bei Besprechung der Erythrocyten und Leukocyten behandelt (s. S. 449 u. 462). Gärungsfermente sind im Serum von tumortragenden Ratten gefunden worden[3], desgleichen sind Kohlensäureanhydratase[4], Aldehydrase[5], Phenolase[6], auch Diaminoxydase-Histaminase[7] vorhanden. Die histaminolytische Fähigkeit ist besonders an das Serum und die weißen Blutzellen gebunden[8]. In der Schwangerschaft ist diese Fähigkeit stark erhöht, und es wurde versucht, sie zu einem Schwangerschaftstest auszuarbeiten[9]. Die Erhöhung fehlt bei Katzen[10].

Die **Katalase**[11] (s. Bd. 1, S. 886 u. 1216) haftet am Stroma der Erythrocyten und wird als Schutz für die roten Blutkörperchen gegenüber H_2O_2 angesehen[12]. Leukocyten und Hämoglobin besitzen eine gewisse Katalasewirkung, die durch Kobaltfütterung und bei Höhenadaption zunimmt[13].

Der Katalasegehalt ist sehr konstant aber temperaturabhängig[14]. Normal finden sich im menschlichen Blut 9,7 bis 11,9 Einheiten, nach Sonnenbädern 13,3 bis 15,7 Einheiten. Während der Schwangerschaft nimmt der Katalasegehalt im Blut ab, bei der Menstruation zu[15].

Xanthindehydrase[16] (s. Bd. 1, S. 1206) wurde im Blut von Ratten und Meerschweinchen gefunden, nicht aber bei Menschen, Hund, Kaninchen oder der Maus. Im Rattenblut findet sich die Xanthindehydrase sowohl im Plasma als auch in den Blutkörperchen.

c) Neuauftreten von Fermenten. Abwehrfermente. Die bisher beschriebenen Fermente sind körpereigen mit Ausnahme der Hyaluronidase. Gelegentlich findet man weitere Fermente, wenn körperfremde Stoffe, besonders Polypeptide und Eiweißstoffe unter Umgehung des Magendarmkanals in den Körper gelangen. Das Plasma gewinnt die Fähigkeit, diese Fremdstoffe abzubauen. So können Eiweißstoffe, die aus Tumoren oder der Placenta in den Blutkreislauf gelangen, neue proteolytische und peptidatische Wirkungen hervorrufen, oder es scheint bei Zufuhr von Saccharose oder Lactose zur Bildung der dazugehörigen Fermente zu kommen[17]. Bei der Ratte gelingt es, durch i.v. Einspritzung racemischer Peptide beträchtliche Mengen von D-Peptidase im Serum hervorzurufen[18]. Gewöhnliches Serum zeigt gegenüber D-Peptiden eine wesentlich geringere Wirkung. Von einzelnen Autoren wird sogar angenommen, daß das Serum von

---

[1] SIBLEY, J. A., and A. L. LEHNINGER: J. nat. Cancer Inst. **9**, 303 (1949). — [2] GAUDIO, V.: Arch. Sci. med., Torino **62**, 111 (1936). — [3] WARBURG, O., u. W. CHRISTIAN: B. Z. **314**, 399 (1943). — [4] KEILIN, D., and T. MANN: Nature **144**, 442 (1939). — [5] HIZUME, K.: B. Z. **147**, 216 (1924). — [6] GOTTSCHALK, A.: H. **168**, 132 (1927). — [7] BEST, C. H., and E.W. MCHENRY: Amer. J. Physiol. **93**, 633 (1930). — [8] MARCOU, I.: Bull. Acad. Méd. Roumanie **4**, 495 (1939). — [9] WERLE, E., u. G. EFFKEMANN: Kli. Wo. **1940**, 717. — [10] CARLSTEN, A.: Acta physiol. scand. **20**, Suppl. **70**, 27 (1950). — [11] PERLMANN, G. E., and F. LIPMANN: Arch. Biochem. **7**, 159 (1945). — BÉNARD, H., A. GAJDOS et M. TISSIER: Hémoglobine et pigments apparentés. Paris 1949. — [12] HERBST, (R.): Kli. Wo. **1937 II**, 1662. — ENGEL, M.: H. **266**, 135 (1940). — [13] STAFFE, A., u. V. DARGUZAS: Acta haematol., Basel **3**, 135 (1950). — [14] DERIBAS, D., et J. KORNMANN: Bull. Soc. Chim. biol. **18**, 418 (1936). — [15] GOZMAN, R., and S. SOUBKOWA: Obstet. & Gynec., Moscow Nr. **12**, 45 (1940). — [16] BLAUCH, M. B., and F. C. KOCH: J. biol. Ch. **130**, 455 (1930). — [17] WERTHEIMER, E.: Immunfermente. ABDERHALDENsche Reaktion. Handb. Biochem. Erg.-W. **2**, 98—103 (1934). — ABDERHALDEN, E., u. S. BUADZE: Fermentforsch. **13**, 228, 291 (1932). — ABDERHALDEN, E.: Abwehrfermente (die Abderhaldensche Reaktion). 6. Aufl. Dresden, Leipzig **1941**. — TREFFERS, H. P.: Some contributions of immunology to the study of proteins: Adv. Protein Chem. **1**, 69—119 (1944). — [18] WALDSCHMIDT-LEITZ, E., K. MAYER u. R. HATSCHEK: H. **263**, **1** (1940). — WALDSCHMIDT-LEITZ, E., R. HATSCHEK u. R. HAUSMANN: H. **267**, 79 (1941). — WALDSCHMIDT-LEITZ, E., u. K. MAYER: H. **262**, IV (1939/40).

Menschen, Kaninchen und Ratten nur L-Peptide spaltet[1]. Mit ultraviolettem Licht bestrahltes Rattenserum soll D-Leucylglycin spalten[1]. Auch im Serum von Geschwulstträgern finden sich D-Peptidasen[2], was allerdings nicht in jedem Falle bestätigt werden konnte[3]. Näheres s. unter Peptidasen S. 381 u.[4].

Antihyaluronidasen. Die Hyaluronidasen wirken als Antigene, und deshalb finden sich im Serum *Antihyaluronidasen*[5]. Solche Antihyaluronidasen können z. B. gegen Bakterienhyaluronidasen gebildet werden. Im menschlichen Blutserum kann man 2 Gruppen unterscheiden:

1. Eine beständige thermostabile Form, die in der γ-Globulinfraktion enthalten ist, und die besonders gegen die Streptokokkenhyaluronidase gerichtet[6], aber auch im normalen Serum vorhanden ist. Sie ist ein echter Antikörper.

2. Eine wesentlich schwächer wirksame thermolabile unbeständige Form, die unspezifisch wirkt und in der Albuminfraktion enthalten ist. Sie kommt vor in allen Seren, ist bei manchen Bakterien- und Virusinfektionen erhöht, auch bei der exsudativen Phase des rheumatischen Fiebers und bei bösartigen Tumoren[7].

Der Hemmstoff gegen Hyaluronidasen besitzt Polysaccharidcharakter[8].

Außerdem gibt es im Rinderserum, weniger im Schweine- und Pferdeserum, gar nicht im menschlichen Serum, einen Hemmungsfaktor, der hochmolekular und thermolabil ist und mit der Globulinfraktion ausgefällt werden kann[9]. Der Gehalt an Antihyaluronidase wechselt mit Alter und Geschlecht. Das Neugeborene hat dieselbe Menge wie seine Mutter, der Titer nimmt dann ab, um zwischen dem 20. und 60. Lebensjahr wieder anzusteigen. Beim männlichen Geschlecht ist zwischen dem 1. und 15. Lebensjahr und über 45 Jahre der Antihyaluronidasegehalt am höchsten (127 bis 149 Einheiten), zwischen dem 16. und 45. Lebensjahr schwankt er zwischen 85 und 89 Einheiten. Bei Frauen zwischen 16 und 45 Jahren liegt er konstant bei 112 bis 118 Einheiten[10].

Die Hemmstoffe des Serums inaktivieren Hodenhyaluronidase nur reversibel; denn die Hodenhyaluronidase wird durch ein Ferment begleitet, durch welches der Hemmkörper abgebaut wird[9,11].

---

[1] EULER, H. v., L. AHLSTRÖM u. B. HÖGBERG: D. m. W. **1940**, 1078. — MASCHMANN, E.: B. Z. **313**, 156 (1942/43). — [2] EULER, H. v., L. AHLSTRÖM, B. HÖGBERG u. A. M. LILJA: Z. Krebsforsch. **51**, 248 (1941). — EULER, H. v., L. AHLSTRÖM u. B. HÖGBERG: Z. Krebsforsch. **51**, 433 (1941). — [3] ABDERHALDEN, E., u. R. ABDERHALDEN: H. **265**, 253 (1940). — AHLSTRÖM, L., H. v. EULER u. B. HÖGBERG: H. **273**, 129 (1942). — BAYERLE, H.: Z. Krebsforsch. **52**, 341 (1942). — BORETTI, G.: Z. Krebsforsch. **52**, 438 (1942). — ABDERHALDEN, R.: Fermentforsch. **16**, 486 (1942). — [4] MERTEN, R.: Ergebn. inn. Med. (N. F.) **2**, 50 (1951). — ABDERHALDEN, R.: Ergebn. Enzymforsch. **11**, 1 (1950). Schweiz. med. Wschr. **76**, 30 (1946). — [5] THOMPSON, R. T., and F. E. MOSES: J. clin. Invest. **27**, 805 (1948). — MCCLEAN, D.: J. Path. Bacteriology **54**, 284 (1942). — MCCLEAN, D.: Biochem. J. **37**, 169 (1943). — MCCLEAN, D., and C. W. HALE: Biochem. J. **35**, 159 (1941). — HUMPHREY, J. H.: Biochem. J. **37**, 177 (1943). — LEONARD, S. L., and R. KURZROK: Endocrinology **39**, 85 (1946). — SCHMITH, K., and V. FABER: Scand. J. clin. Lab. Invest. **2**, 292 (1950). — FABER, V., and K. SCHMITH: Scand. J. clin. Lab. Invest. **2**, 298 (1950). — [6] THOMPSON, R. T., and F. E. MOSES: Science, N. Y. **110**, 70 (1949). — THOMPSON, R. T., and F. E. MOSES: Fed. Proc. **7**, 282 (1948). — THOMPSON, R. T.: J. Lab. clin. Med. **33**, 919 (1948). — HARRIS, T. N., and S. HARRIS: Amer. J. med. Sci. **217**, 174 (1949). — QUINN, R. W.: J. clin. Invest. **27**, 463 (1948). — [7] GLICK, D., and D. H. MOORE: Arch. Biochem. **19**, 173 (1948). — FULTON, J. K., S. MARCUS and W. D. ROBINSON: Proc. Soc. exp. Biol. Med. **69**, 258 (1948). — MOORE, D. H., and T. N. HARRIS: J. biol. Ch. **179**, 377 (1949). — [8] ASTRUP, T., and N. ALKJAERSIG: Nature **166**, 568 (1950). — FREEMAN, M. E., R. WHITNEY and A. DORFMAN: Proc. Soc. exp. Biol. Med. **70**, 524 (1949). — [9] WERLE, E., u. R. BAUEREIS: B. Z. **319**, 542 (1949). — GLICK, D., and D. H. MOORE: Arch. Biochem. **19**, 173 (1948). — [10] DORFMAN, A., M. L. OTT and R. WHITNEY: J. biol. Ch. **174**, 621 (1948). — [11] HADIDIAN, Z., and N. W. PIRIE: Biochem. J. **42**, 266 (1948). — WERLE, E., u. H. MOLL: B. Z. **320** 120 (1949/50). — HADIDIAN, Z.: Ann. N. Y. Acad. Sci. **52**, 1105—1107 (1950).

Die Wirkung der Hyaluronidase wird durch eine im Blutplasma enthaltene Substanz, welche *Antiinvasin* genannt wurde, aufgehoben; dadurch wird der Organismus gegen die Hyaluronidase pathogener Erreger geschützt. Dieses Antiinvasin kann in zwei Komponente zerlegt werden[1]. In Bakterien- und Schlangengift soll ein Stoff vorkommen, der diesem Antiinvasin entgegenwirkt (Proinvasin)[2].

Antihyaluronidasen kommen vor bei Leberkrankheiten[3], Poliomyelitis[4], rheumatischem Fieber[5], Hautkrankheiten[6], Infektionskrankheiten[7], während des Menstruationscyclus und in der Schwangerschaft[8], bei menschlichem Krebs[9] und Mammakrebs der Maus[10], bei C-Avitaminose[11] und allgemeiner Schädigung[12].

Bestimmung[13].

Eine Übersicht über die im Menschenblut nachgewiesenen Fermente gibt die folgende Tabelle:

Tabelle 125. Übersicht über die Fermente im menschlichen Blut.

	Plasma oder Serum	Erythrocyten	Leukocyten
Esterasen			
Lipasen	+	++	++
Cholinesterase	+	++	
Cholesterinesterase	+	+(?)	
Phosphatasen	+	+	+++
Carbohydrasen			
Amylasen	+	0	+
Maltase	+	0	
Proteasen	+(?)		
Trypsin			+
Kathepsin			+
Peptidasen	++		+
Aminopolypeptidasen	++		+
Dipeptidasen	+		
Arginase	hemmt	++	
Kohlensäureanhydratase	0	+	++
Redoxasen	0	0	+
Dehydrogenasen	0	0	+
Oxydasen			+
Peroxydasen			+
Katalase	+[14]	++	++
Histaminase	+		+

0 = nicht vorhanden.

[1] GOLDBERG, A., and E. HAAS: J. biol. Ch. **170**, 757 (1947). — BAUMBERGER, J. P., and N. FRIED: J. biol. Ch. **172**, 347 (1948). — [2] HAAS, E.: J. biol. Ch. **163**, 63, 89, 101 (1946). — [3] SNIVELY, G. G., and D. GLICK: J. clin. Invest. **29**, 1087 (1950). — [4] GLICK, D., and F. GOLLAN: J. infect. Dis. **83**, 200 (1948). — [5] GOOD, R. A., and D. GLICK: J. infect. Dis. **86**, 38 (1950). — CHRIST, P., u. W. H. HAUSS: Z. Rheumaforsch. **11**, 84 (1952). — QUINN, R. W.: J. clin. Invest. **27**, 471 (1948). — [6] GRAIS, M. L., and D. GLICK: J. invest. Derm. **11**, 259 (1948). — [7] GRAIS, M. L., and D. GLICK: J. infect. Dis. **85**, 101 (1949). — BERGQVIST, S.: Acta med. scand. **143**, Suppl. **267** (1952). — THOMPSON, R. T., and M. A. BLANKENHORN: Proc. centr. Soc. clin. Res. **18**, 12 (1945). — FRIOU, G. J.: J. infect. Dis. **84**, 240 (1949). — FRIOU, G. J., and H. A. WENNER: J. infect. Dis. **80**, 185 (1947). — [8] HAKANSON, E. Y., and D. GLICK: J. clin. Invest. **28**, 713 (1949). — [9] HAKANSON, E. Y., and D. GLICK: J. nat. Cancer Inst. **9**, 129 (1948). — [10] GLICK, D., T. A. GOOD and J. J. BITTNER: Proc. Soc. exp. Biol. Med. **69**, 524 (1948). — [11] SCHACK, J. A., R. W. WITHNEY and M. E. FREEMAN: J. biol. Ch. **184**, 551 (1950). — [12] GOOD, R. A., T. A. GOOD, V. C. KELLEY and D. GLICK: Fed. Proc. **9**, 178 (1950). — [13] s. S. 383[5]. — [14] DILLE, R. S., and C. H. WATKINS: J. Lab. clin. Med. **33**, 480, 487 (1948).

Die Fermente im Blut sind nach dem im vorhergehenden Gesagten ein wesentlicher Bestandteil des Blutes. Ihre Natur entspricht im großen und ganzen dem der Gewebe, ist aber doch für einzelne Blutanteile charakteristisch.

8. Blutgruppen (s. Bd. 1, S. 358 u. 765/66)[1–4].

a) Allgemeines. Schon frühzeitig wurde beobachtet, daß es bei Blutübertragungen von Mensch zu Mensch und erst recht bei Übertragungen von Tier zu Mensch zu schweren Zwischenfällen oder gar Todesfällen kam. Innerhalb des Kreislaufes kam es hierbei zur Hämolyse. Das Plasma des Empfängers löste die Blutkörperchen des Spenders auf. In vitro konnte bei Unverträglichkeiten keine Hämolyse, aber Agglutination der Spenderblutkörperchen durch das Empfängerplasma beobachtet werden. Diese beiden Vorgänge werden durch im Blutplasma enthaltene Hämolysine und Agglutinine ausgelöst. LANDSTEINER[2] konnte diese Vorgänge durch die Anwesenheit von zwei verschiedenen Agglutininen (Antikörpern) im Serum erklären. Er fand zwei an die Erythrocyten gebundene *agglutinable Antigene* (*Agglutinogene, Receptoren, Blutkörpercheneigenschaften*), die mit A und B bezeichnet wurden. Sie kommen einzeln oder gemeinsam in den roten Blutkörperchen vor, können aber auch fehlen. Dementsprechend werden die Blutgruppen mit A, B, AB und 0 (bei Fehlen der Antigene) bezeichnet. Im Serum finden sich immer nur Antikörper, welche die eigenen Blutkörperchen nicht agglutinieren können. Man bezeichnet sie mit α oder Anti-A und β oder Anti-B.

Tabelle 126.

Blutkörperchenantigene und -antikörper des menschlichen Blutes[3].

Gruppe	Die Erythrocyten		Das Serum enthält Agglutinine gegen	Formel
	enthalten die agglutinable Substanz	werden agglutiniert durch Serum der Gruppe		
0	0	—	AB = $\alpha\beta$	0, α, β
A	A	0, B	B = β	A, β
B	B	0, A	A = α	B, α
AB	AB	0, A, B	—	AB, 0

Aus der Tabelle 126 geht hervor, daß Erythrocyten der Gruppe 0 keine Agglutinogene enthalten und daher auch von keinem Serum angegriffen werden. Man kann diese Blutkörperchen also allen Menschen übertragen. Die Angehörigen der Blutgruppe 0 werden daher als „Universalspender" bezeichnet. Bei größeren Blutübertragungen ist aber zu berücksichtigen, daß das 0-Serum Agglutinine und Hämolysine gegen Erythrocyten der Blutgruppe A, B und AB enthält. Bei kleineren Übertragungen spielen diese Antikörper keine Rolle. Das Serum der Blutgruppe A enthält Anti-B-Agglutinin und ballt Blutkörperchen der Gruppen B und AB zusammen. Serum der Blutgruppe B agglutiniert Erythrocyten der

Zusammenfassendes über Blutgruppen: 1—4. [1] SCHIFF, F.: Handb. Biochem. **3**, 314 (1925). — PUTTER, E.: Handb. Biochem. Erg.-W. **1**/B, 1035 (1933). — THOMSEN, O.: Die Vererbung der Blutgruppen beim Menschen. Handb. Erbbiol. Mensch. (JUST) **4**/1, 333—410. — SCHIFF, F., and W. C. BOYD: Blood Grouping Technic. New York 1942. — WIENER, A. S.: Blood Groups and Transfusion. 3. Aufl. Springfield, Ill. 1943. — WILLENEGGER, H., u. R. BOITEL: Der Blutspender. Basel 1947. — MORGAN, W. T. J.: The human AB0 blood group substances. Exper. **3**, 257 (1947). — MOURANT, A. F.: Dominance and recessiveness in human blood groups. Nature **160**, 353 (1947). — MUDD, S., and W. THALHEIMER: Blood Substitutes and Blood Transfusion. Springfield, Ill. 1942. — STEFFAN, P.: Handbuch der Blutgruppenkunde. München 1932. — SCHMIDT, H.: Fortschritte der Serologie. 2. Aufl. In Lieferungen. Darmstadt 1950. — [2] LANDSTEINER, K.: Wien. klin. Wschr. **14**, 1132 (1901). — [3] Müller-Seifert 66. Aufl. S. 209. 1949. — [4] Hallmann 6. Aufl. S. 412.

Gruppen A und AB, Serum der Gruppe AB enthält keine Serumagglutinine. Daher wird die Gruppe AB auch als „Universalempfänger" bezeichnet. Für die Blutübertragung ist am zweckmäßigsten die Anwendung gruppengleichen Blutes. In Notfällen kann auch ein Spender der Gruppe 0 herangezogen werden. Das folgende Schema zeigt die Möglichkeiten für eine Bluttransfusion.

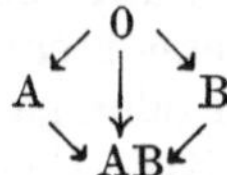

Inzwischen hat sich herausgestellt, daß die Verhältnisse nicht so einfach wie oben beschrieben sind. Zuerst konnten zwei Untergruppen A_1 und A_2 festgestellt werden[1]; außerdem wurden noch zahlreiche weitere Untergruppen der Blutgruppeneigenschaften A und B gefunden[2]. Der Genotyp einer Blutgruppe setzt sich aus verschiedenen allelen Genen zusammen, bei denen A und B gegenüber 0 dominant sind. Dadurch sind im Genotyp zahlreiche Blutgruppenmöglichkeiten gegeben, die aus dem Phenotyp nicht ohne weiteres ersichtlich sind. In Rinderserum konnte ein Antikörper Anti-0 gefunden werden[3]. Dies führte zur Aufstellung der HIRSZFELDschen Plejadentheorie[2,4], die besagt, daß A und B mit ihren Untergruppen mehr oder weniger vollständige Mutationen des Antigens 0 sind; dabei sind A über B sowie A und B über 0 dominant. Die einzelnen Blutgruppen enthalten je nach ihrer Zusammensetzung größere oder kleinere Mengen der Antigene A, B und 0 mit ihren Untergruppen. Entsprechend ist die Verteilung der Antikörper im Serum. Bei genotypisch reinen Blutgruppen A und B findet sich Anti-0 im Serum. Mit Zunahme von Antigen 0 in den Erythrocyten fällt Anti-0 im Serum ab, bis es bei genotypisch reinen Blutgruppen 0 vollständig fehlt. Die Entwicklung der Blutgruppe A beim Neugeborenen soll evtl. auf Kosten einer angenommenen 0-Substanz vor sich gehen[5]. Die Agglutinine sind oft noch nicht oder nicht voll ausgebildet[6].

Auch bei den Tieren konnten Blutgruppen gefunden werden, doch liegen hier recht verwickelte Verhältnisse vor[7, 8]. Bei Hund, Katze, Ziege, Kaninchen, Meerschweinchen, Maus, Ratte, Vögeln und Fischen ließ sich keine Gruppeneinteilung auf Grund von Isoreaktionen aufstellen. Bei Rindern, Schweinen und Schafen kommen neben den vier Gruppen, die auch der Mensch besitzt, noch Defekt- oder Untergruppen vor, die nicht in die vier übrigen Gruppen einzureihen sind. Bei den anthropoiden Affen, aber nicht bei den niederen Affen, kommen die Blutkörpercheneigenschaften denen des Menschen am nächsten. Beim Pferd kennt man 6 Agglutinine und Agglutinogene.

Im menschlichen Blut konnten neben den obengenannten Blutgruppen noch weitere Faktoren nachgewiesen werden[9]. Sie wurden mit M, N und P bezeichnet. M und N können getrennt oder gemeinsam vorkommen. Daraus ergeben sich folgende Möglichkeiten: M, N, MN und P. Bei Blutübertragungen spielen diese Gruppen nur eine geringe Rolle. Sie bilden meist nur sehr schwache Antikörper, die klinisch kaum in Erscheinung treten. Einzelne Fälle von Anti-M und Anti-N sind

---

[1] DUNGERN, E. v., u. L. HIRSZFELD: Z. Immun. -Forsch. **8**, 526 (1911). — [2] HIRSZFELD, L.: J. Immunol. **55**, 141 (1947). — [3] BLUMENTHAL, G., u. L. H. RASCH: Z. Immun.-Forsch. **106**, 436 (1949). — [4] RASCH, L. H.: Z. Immun.-Forsch. **106**, 313 (1949). — [5] WITEBSKY, E., and L. M. ENGASSER: J. Immunol. **61**, 171 (1949). — [6] LAFFONT, A., et A. ASSUS: Gynéc. et Obstét. **46**, 251 (1947) [Kongr. Zbl. ges. inn. Med. **118**, 467]. — [7] SCHERMER, S.: Die Vererbung der Blutgruppen bei den Säugetieren. Handb. Erbbiol. Mensch. (JUST) **4/1**, 310—332. — [8] SCHEUNERT, A., A. TRAUTMANN u. F. W. KRZYWANEK: Lehrbuch der Veterinär-Physiologie. S. 166. Berlin 1939. — [9] LANDSTEINER, K., and P. LEVINE: J. exp. Med. **47**, 757 (1928).

indessen berichtet worden[1–3]. Für die Erb- und Abstammungsforschung haben sich die Blutgruppeneigenschaften als sehr wichtig erwiesen. Sie verändern sich nicht während des ganzen Lebens und auch nicht während einer Krankheit. Sie vererben sich nach ganz bestimmten Gesetzen. Die serologische Untersuchung erstreckt sich auf die Blutgruppensysteme A (A_1, A_2), B, 0, M, N und P.

Die ***Bestimmung*** der Blutgruppen[4–6] geschieht mit käuflichen Testseren der Gruppen A, B und 0. Man bringt einen Tropfen der Seren auf einen Objektträger und gibt dazu eine kleine Menge des zu untersuchenden Blutes. Findet keine Zusammenballung der Blutkörperchen statt, so handelt es sich um Gruppe 0. Agglutinieren die Blutkörperchen in beiden Seren, so liegt die Gruppe AB vor. Bei der Blutgruppe A findet man im Testserum A keine Zusammenballung, wohl aber im Testserum B. Blutgruppe B verhält sich umgekehrt.

Tabelle 127. Verteilung der Blutgruppen in Deutschland[4].

	0	A	B	AB
	%	%	%	%
West	41	46	9	4
Süd	39	44	12	5
Ost	35	42	16	7
Mittel	38	42	14	6
Gesamt	38	44	13	5

Gruppe A nimmt nach Norden, Gruppe B nach Osten zu.

b) Rhesus- (= Rh-) Faktor[7–10]. Die Tatsache, daß auch bei gruppengleichen Bluttransfusionen immer wieder Zwischenfälle auftraten, führte 1940 zur Aufdeckung eines neuen Systems[11]. Diese Blutkörpercheneigenschaft wurde Rh genannt und war unabhängig vom AB0-System und den Faktoren M, N und P. Der Name Rh stammt vom Rhesusaffen ab. Es wurde nämlich zuerst beobachtet, daß nach Injektion von Rhesusaffenblut im Kaninchenserum ein Antikörper gebildet wurde, der die Blutkörperchen von 85% der weißen Bevölkerung Nordamerikas agglutinierte. Diejenigen Personen, deren Blutkörperchen agglutiniert werden, erhielten die Bezeichnung Rh-positiv (Rh). Fand keine Agglutination statt, so wurden die Blutkörperchen Rh-negativ (rh) genannt. Inzwischen wurden auch hier eine ganze Reihe Untergruppen aufgefunden. Im ganzen werden jetzt für die Vererbung 10 verschiedene Gene angenommen[12]. Diese sind mit den z. Zt. bekannten 7 Antiseren bestimmbar und lassen im ganzen 41 verschiedene Phenotypen unterscheiden. Zu diesen sind im Augenblick 120 Genotypen bekannt[9].

In den Erythrocyten der Europäer kommen 6 Antigene vor: C, c, D, d, E, e, jedes kann einen eigenen Antikörper bilden. Ein Chromosom kann nur ein Antigen

---

[1] CALLENDER, S. T., and R. R. RACE: Brit. med. Bull. **4**, 188 (1946/47). — [2] CALLENDER, S. T., and R. R. RACE: Ann. Eugenics **13**, 102 (1946). — [3] BOWLEY, C. C., and I. DUNSFORD: Brit. med. J. **1949 II**, 681. — [4] PIETRUSKY, F.: Technik der Blutgruppenbestimmung mit Einführung in die Blutgruppenpraxis. Berlin 1940. — [5] DAHR, P.: Die Technik der Blutgruppen- und Blutfaktorenbestimmung. Leipzig 1940. — [6] OEHLECKER, F.: Die Bluttransfusion. 2. Aufl. Berlin, Wien 1940. — LENGGENHAGER, K.: Weitere Fortschritte in der Blutgerinnungslehre. Stuttgart 1949.

Zusammenfassendes über Rh-Faktor: 7—10. [7] POTTER, E. L.: Rh. Its Relation to Congenital Hemolytic Disease and to Intragroup Transfusion Reactions. Chicago 1947. — [8] BESSIS, M.: La maladie hémolytique du nouveau-né. Paris 1947. — [9] ZÖLLNER, N.: Theorie und Klinik des Rh-Faktors. Kli. Wo. **1946/47**, 293. — [10] GRUMBACH, A.: Die Rhesustypen und ihre Diagnose. Schweiz. med. Wschr. **77**, 815 (1947).

[11] LANDSTEINER, K., and A. S. WIENER: Proc. Soc. exp. Biol. Med. **43**, 223 (1940). — [12] WIENER, A. S.: Science, N. Y. **102**, 479 (1945). Rh-Syllabus. Stuttgart, New York 1949.

enthalten, z. B. C oder c, aber nicht beide. Da aber Zellkerne des menschlichen Körpers, ausgenommen die Geschlechtszellen, je ein Chromosomen*paar* enthalten, können in einer Zelle Rh-Chromosome vorkommen, z. B. CC oder cc (homocygot) oder Cc (heterocygot).

Die Geschlechtszellen mit einem Rh-Chromosom können z. B. teils C-, teils c-Chromosome enthalten und bei der Befruchtung weitergeben. Nach der Aufstellung von MOLLISON, MOURANT u. RACE[1] kommen bei der Testung mit Anti-C, Anti-c, Anti-D und Anti-E-Seren folgende Genotypen vor, die noch weiter unterteilt werden können.

Tabelle 128. Genotypen-Teste für vier Anti-Rh-Seren.

Reaktion des Blutes mit				Häufigster Genotyp bei jeder Reaktionsgruppe	Berechneter prozentualer Anteil jeder Gruppe in England
anti-C	anti-c	anti-D	anti-E		
+	+	+	—	CDe/cde	34,9
+	—	+	—	CDe/CDe	18,5
—	+	—	—	cde/cde	15,1
—	+	+	+	cDE/cde	14,1
+	+	+	+	CDe/cDE	13,4
—	+	+	—	cDe/cde	2,1
—	+	—	+	cdE/cde	0,9
+	+	—	—	Cde/cde	0,8
+	—	+	+	CDe/CDE	0,2
+	+	—	+	cdE/Cde	sehr klein
+	—	—	—	Cde/Cde	sehr klein

Über die Vererbung der Genotypen und die klinische Auswertung s. [1], S. 390. Über die chemische Natur des Blutgruppenfaktors Rh ist nichts bekannt[2]. Dagegen stellen die Rh-Haptene ein einheitliches, mit dem Lecithin verwandtes, ubiquitär vorkommendes Phospholipoid dar, welches unspezifisch reagiert.

Antikörper gegen Rh-Blutkörperchen werden im rh-Serum nur nach Sensibilisierung mit Rh-Erythrocyten gebildet. Transfusionszwischenfälle treten also dann auf, wenn sensibilisierte rh-Personen eine Übertragung von Rh-Erythrocyten erhalten. Durch die bereits vorgebildeten Antikörper im rh-Serum kommt es zur Hämolyse der transfundierten Erythrocyten.

Eine weitere große Bedeutung kommt dem Rh-Faktor bei der Entstehung der *Neugeborenen-Erythroblastose* zu. Erwartet eine rh-Mutter von einem Rh-Vater ein Rh-Kind, so kommt es zur Sensibilisierung des mütterlichen Organismus. Die gegen Rh gebildeten Antikörper der Mutter führen zu einer Schädigung des Kindes. Die Folgen sind entweder eine fetale Erythroblastose, Hydrops oder Icterus gravis[3–6]. Da die Antikörper der rh-Mutter nicht sehr schnell gebildet werden, ist das erste Kind meist gesund. Die folgenden Kinder leiden an den oben angegebenen Krankheiten, oder es kommt überhaupt nur zu Totgeburten.

Der erythroblastotische Symptomenkomplex stellt sich nach SCHMIDT[7] folgendermaßen dar:

---

[1] MOLLISON, P. L., A. E. MOURANT and R. R. RACE: Med. Res. Council. Mem. **19**, London 1948. — [2] SPIELMANN, W.: Z. Naturforsch. **4b**, 284 (1949). — [3] LEVINE, P., and R. E. STETSON: J. amer. med. Ass. **113**, 126 (1939). — [4] LEVINE, P., E. M. KATZIN and L. BURNHAM: J. amer. med. Ass. **116**, 825 (1941). — [5] LEVINE, P.: J. amer. med. Ass. **128**, 946 (1945). — [6] WIENER, A. S.: J. Lab. clin. Med. **30**, 957 (1945). — [7] SCHMIDT, H.: Fortschritte der Serologie. 2. Aufl. S. 679. Darmstadt 1952.

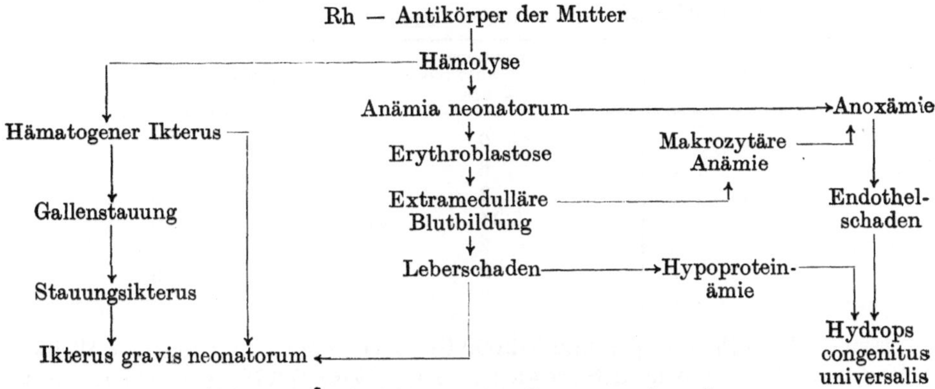

Abb. 32. Erythroblastotischer Symptomenkomplex.

Im Blut von Rh-Menschen konnte ein Antikörper gefunden werden, der gegen rh-Erythrocyten gerichtet ist[1]. Dieser Faktor wurde Anti-c, -d oder -e genannt. Auch hier sind verschiedene Untergruppen anzunehmen.

Bei den Rh-Agglutininen unterscheidet man 2 Arten. Die Agglutinine sind bivalent und führen schon in Kochsalzlösung zu Agglutination. Daneben gibt es auch Koagglutinine oder blockierende Antikörper. Diese führen in Kochsalzlösung nicht, dagegen im Serum oder Plasma zur Konglutination. Hierbei ist die Anwesenheit eines *Protein X* erforderlich[2]. Es soll ein Komplex von Albumin, Globulin und Phospholipoiden sein. Aus Erythrocytenstroma konnten zwei Eiweißfraktionen, *Stromatin* und *Elinin*, isoliert werden[3] (s. a. S. 440). Elinin ist ein Lipoproteid und enthält das Rh-Antigen. Auch die A- und B-Substanzen sind in größererMenge im Elinin als im Stromatin enthalten. Das Rh-Antigen erwies sich als thermolabil und konnte durch 5 min langes Erwärmen auf 56° inaktiviert werden. Aus Elinin konnte mit Äther ein thermostabiler Körper extrahiert werden, der Rh-Antigen enthielt. Die Antikörper finden sich in verschiedenen Eiweißfraktionen des Serums. Die Agglutinine wanderten mit der γ-Globulinfraktion. Die blockierenden Antikörper fanden sich im Euglobulin und zum kleineren Teil im α- und β-Globulin. Kryptagglutinoide waren in der Euglobulin- und β-Globulinfraktion vorhanden. Die Albuminfraktion war antikörperfrei[4]. Die blockierenden Antikörper sind thermostabiler als die gewöhnlichen Agglutinine[5].

Außer den bisher genannten Blutgruppen sind in letzter Zeit auch eine *Reihe weiterer Faktoren* aufgefunden worden, z. B. der LEWIS-Faktor mit den Untergruppen Le^a und Le^b im Speichel und in Ovarialcystenflüssigkeit. Er soll ein Kohlenhydrat sein und wird durch entsprechende Fermente verdaut[6]. Zu dem gleichen System gehören die Faktoren KELL und CELLANO[7]. Außerdem wird zu dem gleichen System noch ein Faktor LUTHERAN gerechnet. Ein neues Blutgruppenantigen JOBBINS soll mit den vorher genannten Faktoren keine Verwandtschaft haben[8].

Diese Gruppen hat RACE[9] in einer Tabelle zusammengefaßt.

[1] WIENER, A. S., E. B. SONN and R. B. BELKIN: J. exp. Med. **79**, 235 (1944). — [2] WIENER, A. S.: J. Lab. clin. Med. **30**, 662 (1945). — [3] CALVIN, M., R. S. EVANS, V. BEHRENDT and G. CALVIN: Proc. Soc. exp. Biol. Med. **61**, 416 (1946). — [4] HILL, J. M., S. HABERMAN and R. GUY: Amer. J. clin. Path. **19**, 134 (1949). — [5] DIAMOND, L. K., and N. M. ABELSON: J. clin. Invest. **24**, 122 (1945). — [6] GRUBB, R., and W. T. J. MORGAN: Brit. J. exp. Path. **30**, 198 (1949). — [7] LEVINE, P., M. WIGOD, A. M. BACKER and R. PONDER: Blood **4**, 869 (1949). — [8] GILBEY, B. E.: Nature **160**, 362 (1947). — [9] RACE, R. R.: Adv. Sci. **5**, 307 (1949).

Tabelle 129. Die 7 Blutgruppen nach RACE[1].

Gruppenbezeichnung	Phenotypen (serologisch unterscheidbare Typen)	Genotypen (genetisch unterscheidbare Gruppen)
A_1A_2B0	6	10
MNS	6	10
P	2	2
Rh	41	120
Lutheran	2	3
Lewis	2	3
Kell (Cellano)	2	3

Es sind 23616 Phenotypen und 972000 Genotypen möglich. Unter 250 Weißen in Boston und London fand SANGER (zit. nach RACE[1]) 179 verschiedene Bluttypen, von denen 133 einmal, 29 zweimal, 10 dreimal, 6 viermal und eine fünfmal vorkam.

Für die A-Substanz ist ein Mol.-Gew. von 260000 und eine spezifische Drehung $[\alpha]_{5461} = +15 \pm 5°$ gemessen worden[2]. Es handelt sich um ein Polysaccharid-Proteid, das L-Fucose, D-Galaktose und N-Acetylglucosamin enthält. Der N verteilt sich zu 38% auf Aminosäuren, zu 51% auf Glucosamin und zu 91% auf α-Amino-N.

Die A-, B- und 0-Substanzen sind bisher chemisch nicht unterscheidbar[3]. Die M- und N-Substanzen sind nicht löslich in Alkohol und Aceton und werden durch Trypsin nicht verdaut. Es sind keine Lipoide oder Proteide, wahrscheinlich Polysaccharide, doch ist die Kohlenhydratnatur noch nicht bewiesen[4].

δ) Anorganische Bestandteile.

1. Allgemeines und Wassergehalt.

a) Allgemeines. Für die Erfüllung der dem Blut übertragenen Aufgaben kommt dem Salzgehalt eine besondere Rolle zu. Bereits durch die Arbeiten von BUNGE[5] ist die hohe Bedeutung des Mineralstoffwechsels erkannt worden, aber erst in neuerer Zeit ist es gelungen, die Rolle der Mineralstoffe näher zu erforschen. Heute ist man dank methodischer Fortschritte in der Lage, durch laufende Untersuchungen den Gehalt des Blutes an bestimmten Elementen zu ermitteln und dadurch die Beurteilung und Behandlung eines Krankheitsbildes zu kontrollieren. Zu diesen Elementen gehören vor allem Cl, Ca, P, seltener J, Na, K, Mg und Fe. Aber auch die ausgesprochenen Spurenelemente erhalten eine steigende Bedeutung. Es kommt hierbei nicht nur auf die Menge des jeweiligen Elementes an, sondern auch auf seine Zustandsform, ja, man kann sagen, daß in der neueren Forschung die Beurteilung der Zustandsform, wie z. B. beim Ca, Mg, Fe und J, immer größere Bedeutung erlangt hat. Mit den hier genannten Elementen ist keineswegs eine erschöpfende Übersicht gegeben, es sind nur Beispiele solcher Elemente, die heute gut untersucht sind. Es kommt hinzu, daß ihre Bestimmung leichter möglich ist als die anderer Elemente, und sie daher im klinischen Schrifttum besonders berücksichtigt worden sind.

Die allgemeine Aufgabe der anorganischen Bestandteile im Serum und im Plasma, wozu auch das Wasser gerechnet wird, ist die Aufrechterhaltung des

[1] RACE, R. R.: Adv. Sci. **5**, 307 (1949). — [2] SCHMIDT, H.: Fortschritte der Serologie. 2. Aufl. S. 652. Darmstadt 1952. — [3] LANDSTEINER, K., and R. A. HARTE: J. biol. Ch. **140**, 673 (1941). — [4] SCHMIDT, H.: Med. u. Chem. **4**, 420 (1942). — [5] BUNGE, G.: Lehrbuch der physiologischen und pathologischen Chemie. 2. Aufl. S. 96—121. Leipzig 1889.

osmotischen Druckes und damit eine Regulation der Wasserverteilung innerhalb des Organismus; diese hängt aber ebenso sehr von den Eiweißstoffen ab.

b) Wasser[1]. Das Wasser ist wie bei allen tierischen Organen auch der Hauptbestandteil des Blutes. Das Plasma enthält 91%, das Serum[2] 90 bis 91 % Wasser, die Blutkörperchen dagegen nur 65 %, das Gesamtblut etwa 80 %. Näheres darüber s. S. 425ff. sowie Tab. 130. Der Wassergehalt des Blutes wird vom Organismus innerhalb gewisser Grenzen in auffallender Weise konstant gehalten. Er kann dies mittels seiner Ausscheidungs- und Speicherorgane erreichen, deren Funktion durch endokrine Drüsen und das autonome Nervensystem reguliert wird.

Beim nüchternen Hund[3] ist im arteriellen und im venösen Blut die kreisende, nicht gebundene Wassermenge gleich. Sie beträgt im Mittel 37,3 cm³ pro kg Körpergewicht. Durch unnatürliche Rückenlage nimmt sie um 4 bis 12%, durch motorische und psychische Unruhe oder durch Wassertrinken um 10 bis 15% zu. Eine durch wiederholte kleine Aderlässe hervorgerufene Anämie ändert die Wassermenge des Plasmas nicht; ein einmaliger kräftiger Aderlaß führt nach vorübergehender Verminderung zu einer stärkeren Erhöhung, die nach 3 Tagen wieder ausgeglichen ist. Der Wassergehalt des Plasmas scheint für die Funktion der Plasma-Eiweißstoffe optimal zu sein[4]. Näheres darüber s. S. 589ff.

Tabelle 130. Wassergehalt des Menschenblutes (in %)[5].

	Wasser	Trockenrückstand
Vollblut[6]	80 (75—82)	18—25
Plasma[6]	90—92	8—10
rote Blutkörperchen[6]	65,2—68,4	32—35
Vollblut[7]		
Neugeborenes ♂ und ♀	74,2—73,9	25,7—26,1
1 Jahr alt ♂ und ♀	82,3—82,6	17,5
25—35 Jahre alt ♂ und ♀	70 und 80	20—30
60—90 Jahre alt ♂ und ♀	80,5	19,5

88 bis 95% der Trockenmasse des Vollblutes besteht aus organischen, der Rest aus anorganischen Bestandteilen. Bei Tieren findet man die gleichen Werte bei einem Wassergehalt des Blutes von 77 bis 82%.

Tabelle 131. Wassergehalt von Tierblut[8] (g in 100 cm³).

	Gesamtblut	Erythrocyten	Serum
Pferd	79,5	61,3	91,5
Rind	80,9	59,2	91,4
Schaf	82,0	60,0	91,0
Schwein	79,1	62,6	91,8
Kaninchen	81,0	63,0	92,0
Hund	79,2	62,6	92,3

Die Unterschiede zwischen männlichen und weiblichen Tieren liegen innerhalb der Fehlergrenzen der Bestimmung. Es erscheint wünschenswert, daß die älteren

[1] s. Bd. **1**, S. 176ff. — [2] Thelen, H.: H. **250**, 221 bes. 229 (1937). — [3] Fliederbaum, J.: Arch. Mal. Coeur **32**, 995 (1939). — [4] Dirr, K.: Einiges über die Serumeiweißkörper und deren Bedeutung. Ergebn. inn. Med. **57**, 260—296 (1939). — [5] Domarus, A. v.: Methodik der Blutuntersuchungen. S. 180. Berlin 1921. — [6] Diaz, C. J., F. Bielschowsky u. J. R. Miñón: Kli. Wo. **1935 II**, 995. — Kuroda, K.: Keijo J. Med. **5**, 111 (1934). — Kuroda, K., T. Ryô and R. Ebina: Keijo J. Med. **7**, 612 (1936). — Miller, A. T. jr.: J. biol. Ch. **143**, 65 (1942). — [7] Ryô, T.: Keijo J. Med. **8**, 71 (1937) [Ber. Physiol. **102**, 577]. — [8] Schoen, R.: Tab. biol. period. **3**, 388 (1926).

Analysen, besonders diejenigen, welche Menschen von 25 bis 35 Jahren betreffen, nachgeprüft werden.

Bei *Krankheiten* kann der Wassergehalt im Blut vermehrt sein. Man spricht dann von *Hydrämie*, z. B. bei Wassersucht, nach großen Blutverlusten, bei Kachexien und Hungerödemen. Eine Verminderung des Wassergehaltes oder *Anhydrämie* beobachtet man bei starkem Verlust von Flüssigkeit (Durchfällen und Erbrechen) und bei Wasserentzug. Besonders eindrucksvoll kann dies bei Nebennierenerkrankungen sein. So fällt bei nebennierenlosen Katzen der Blut-Wassergehalt von 85,5 auf 79,8%. Daneben wird der Thymusdrüse für den Gehalt der Erythrocyten und des Blutplasmas an gebundenem Wasser eine Bedeutung zugeschrieben[1]. Hypophyse und Wasserhaushalt s. [2].

Wasserbestimmung. Die Wasserbestimmung erfolgt am einfachsten durch Aufsaugen eines Bluttropfens auf ein vorgewogenes Stückchen Filtrierpapier[3, 4]. Ein brauchbares Mikroverfahren wird von KURODA angegeben[5]. Der Wassergehalt der Erythrocyten kann nach Bestimmung des Wassergehaltes des Gesamtblutes und des Plasmas, des Hämatokritwertes[6] und des spezifischen Gewichtes errechnet werden. Über eine ausgezeichnete titrimetrische Methode s. K. FISCHER[7] und weiter[8] (s. a. Bd. **1**, S. 176).

Im folgenden Abschnitt werden nur Menge und Zustand der einzelnen *Ionen* besprochen, die funktionelle Aufgabe dieser im Blut vorkommenden Bestandteile ist im Abschnitt „Mineralstoffwechsel“ behandelt (s. S. 608ff.).

Die Verteilung der einzelnen Elemente bzw. Ionen innerhalb des Blutes ist nicht immer gleichmäßig. Die hauptsächlich in den Formbestandteilen anzutreffenden werden dort, S. 427ff., behandelt. Dort finden sich auch in Tabelle 152, S. 426, die Anteile in den einzelnen Blutteilen einander gegenübergestellt.

2. Kationen.

a) Gesamtbasen. Die Menge der Kationen ist der Menge der Anionen nicht äquivalent, sondern überwiegt etwas über sie. Nach einer Zusammenstellung von HEUBNER[9] kommen im normalen Blutserum 0,143 basische und 0,133 saure Äquivalente vor.

Tabelle 132. Gehalt des normalen menschlichen Blutserums an Mineralstoffen.

	mg auf 100 cm^3		Konzentration in Äquivalenten
	Grenzwerte	Mittel	
Cl	320—400	355	0,100
HCO_3	—	160	0,026
SO_4	—	22	0,005
HPO_4	3—15	10	0,002
Na	280—320	300	0,130
K	16—24	20	0,005
Ca	8—11	10	0,005
Mg	1—4	$2^1/_2$	0,003
Summe		880	saure 0,133 bas. 0,143

[1] HIRATA, Y., and T. OKAMOTO: Orient. J. Dis. Infants **21**, 48 (1937). — [2] JORES, A.: Klinische Endokrinologie. 3. Aufl. S. 43. Berlin, Göttingen, Heidelberg 1949. — [3] BRAHN, B., u. F. BIELSCHOWSKY: Kli. Wo. **1928 II**, 2004. — [4] Hinsberg-Lang 2. Aufl. S. 84. — [5] KURODA, K.: Keijo J. Med. **4**, 270 (1933); **5**, 111 (1934). — [6] DOMARUS, A. v.: Methodik der Blutuntersuchungen. S. 180. Berlin 1921. — [7] FISCHER, K.: Z. angew. Chem. **48**, 394 (1935). — [8] MITCHELL J. jr., and D. M. SMITH: Aquametry. New York 1948. — THOMANN, I., u. A. KAELIN: Pharmaceut. Acta helv. **13**, 23 (1938). — MITCHELL, J. jr.: Analyt. Chem., Washington **23**, 1069 (1951). — [9] HEUBNER, W.: Der Mineralstoffwechsel. Der Mineralbestandteil des Körpers. Handb. Balneol. (DIETRICH-KAMINER) **2**, 193 (1922).

WALAAS u. WALAAS[1] finden im Mittel 155 maeq Kationen/*l* mit einer ungefähren Streuung von $\pm 10\%$; die Verteilung entspricht fast einer GAUSSschen Kurve. Ferner wurde gefunden, daß sich die Menge der Gesamtbasen im Blutserum ändert, und zwar nimmt sie sowohl beim Stehen als auch nach Nahrungsaufnahme um etwa 2 maeq/*l* zu. Die Abweichung ist aber statistisch nicht gesichert. Bei schwerer Muskelarbeit tritt eine Vermehrung um 4,5 maeq/*l* ein, nach Nahrungsaufnahme um 4,6 maeq/*l*, dagegen eine Abnahme nach Flüssigkeitsaufnahme um 3,6 maeq/*l* , bei Hyperventilation um 1,9 maeq/*l*. Gleichzeitig ändert sich auch der p_H-Wert.

Bestimmung. Die Kationen werden heute meist elektrometrisch bestimmt, wobei die Kationen als Amalgam an eine Quecksilberkathode gebunden werden[2]. Indirekte Bestimmung der Gesamtbasen nach der Methode von CHRISTENSEN-WARBURG[3].

Über den *Gesamtbasengehalt* bei Pferd, Hund und Rind s. FORTUNESCO[4].

b) Natrium[5]. Unter den anorganischen Kationen nimmt das *Natrium* den ersten Platz ein. Sein Anteil beträgt im Vollblut 170 bis 200 mg%[6], im Serum 300 bis 350 mg%, entsprechend 130 bis 150 maeq/l[7]. Die Menge des Natriums im Plasma ist von der im Serum nicht deutlich verschieden, sie beträgt 300 bis 340 mg%, im Mittel 323 mg%[8]. Im Serum gehen 90% aller dort vorkommenden Kationen auf Rechnung des Natriums. Der überwiegende Anteil liegt als NaCl vor, ein kleiner Teil ist an das Hydrogencarbonation gebunden. Der Kochsalzgehalt des Serums entspricht ungefähr dem einer n/10-Lösung (585 mg%).

Nach HALLMANN[9] sind im Gesamtblut nur 160 bis 200 mg%, im Serum und Plasma 280 bis 350 mg% Natrium vorhanden. Mit dem Flammenphotometer[10] finden sich im Serum Gesunder 135,5—**144**—153,3 mg%, oder 3,6—**4,5**—6,2 maeq/*l*.

Tabelle 133. Natriumgehalt im Blut (in mg%).

	Gesamtblut	Plasma	Serum	Erythrocyten
Mensch[4, 8]	170—187	300—**323**—340	280—**320**—350	26—**41**—60[8] 40—100[15]
Kind[11]			280—**320**—350	
Säugetiere[12]	260—405	336—424	336—424	32—137
Hund[13]	300[15]		354	210
Kaninchen[14]	200		285—340	—
Rind[15]	360		330	165
Schaf[15]	270		320	160
Ziege[15]	270		320	160
Pferd[15]	200		330	—

Die Höhe der Blutnatrium-Menge ist künstlich wenig zu beeinflussen; nur große Kochsalzgaben verursachen eine geringe Steigerung, die rasch wieder ausgeglichen wird. In der Schwangerschaft, bei tuberkulösen Pleuraexsudaten und

[1] WALAAS, E., u. O. WALAAS: Acta physiol. scand. **17**, 235 (1949). — [2] WALAAS, E., u. O. WALAAS: Acta physiol. scand. **17**, 222 (1949). — ØRSKOV, S. L., u. E. RATJEN: Acta physiol. scand. **13**, 238 (1947). — SUNDERMAN, F. W.: Amer. J. clin. Path. **19**, 659 (1949). — HURKA, W.: B. Z. **313**, 416 (1942/43). — [3] KIRK, E., G. SØRENSEN, M. TRIER u. E. WARBURG: Acta med. scand. **109**, 321 (1941). — [4] FORTUNESCO, A.: C. R. Soc. Biol. **130**, 1334 (1939). — [5] s. a. S. 425 sowie Bd. **1**, S. 211, — [6] Rappaport S. 67. — [7] MARGITAY-BECHT, A.: Kli. Wo. **1937 II**, 1353. — [8] STREEF, G. M.: J. biol. Ch. **129**, 661 (1939). — [9] Hallmann 6. Aufl. S. 440. — [10] HALD, P. M.: J. biol. Ch. **167**, 499 (1947). — MARINIS, T. P., E. E. MUIRHEAD, F. JONES and J. M. HILL: J. Lab. clin. Med. **32**, 1208 (1947). — [11] Biol. Daten (BROCK) Bd. **3**, S. 175. — [12] PASQUIER, M.-A.: Cr. **209**, 360 (1939). — KERR, S. E.: J. biol. Ch. **117**, 227 (1937). — [13] MORGULIS, S., and V. L. BOLLMAN: Amer. J. Physiol. **84**, 350 (1928). — [14] SAFAROV, A.: Biochem. J., Kiew **13**, 331 (1939). — [15] D'Ans-Lax S. 1743.

bei Herz- und Nierenerkrankungen kann es zu einer Erhöhung, bei Pneumonie, Diabetes insipidus, Myxödem[1] und besonders bei Nebennierenschädigung[2] zu einer Verminderung des Natriums kommen. Auch nach Verbrennungen kann das Natrium im Blutserum absinken; es geht dann in die verschorften Gewebe[3].

Bestimmung. Empfehlenswert ist die Bestimmung als Natriumzinkuranylacetat[4].

c) Kalium[5]. Der Kaliumgehalt des menschlichen Serums schwankt von 15 bis 22 mg%[6]. Dies entspricht 4,1 bis 5,1 maeq/*l* und stellt nur $^1/_{10}$ des Kaliumgehaltes des Vollblutes dar, oder sogar nur $^1/_{20}$ des Kaliumgehaltes der Erythrocyten[7]. Von FISCHER[8] wird allerdings der Kaliumgehalt der Erythrocyten nur zu 200 bis 250 mg% angegeben. Ein Teil des Serumkaliums ist nicht dialysierbar. Es wandert an die Anode[9]. In den Blutkörperchen liegt $^1/_3$ des Zellkaliums in Form eines mehrwertigen Hämoglobinsalzes, der Rest als KCl und $KHCO_3$ vor[10]. Eine Vermehrung des Kaliums findet man bei allen Vorgängen, die mit einem vermehrten Erythrocytenzerfall einhergehen, weiter in manchen Fällen von Diabetes mellitus, Ulcus ventriculi und duodeni, chronischer Arthritis, exsudativer Diathese, Pleuritis und Lebercirrhose. Zum Teil wurden sehr stark erhöhte Werte (23,4 bis 51,4 mg%) im Serum von Verwundeten im Schockzustand angetroffen. Da gleichzeitig der Natriumgehalt (304 bis 320 mg%) unverändert bleibt, ist der Quotient Na : K stark herabgesetzt[11]. Eine Verminderung beobachtet man bei allen Lähmungen[12], bisweilen bei dekompensierten Herzfehlern, bei Verschlußikterus und bösartigen Geschwülsten[13]. Über Probleme des Kaliumstoffwechsels s. [14].

Auf die Wechselwirkung zwischen Kalium und Natrium und Calcium im Plasma sei nur hingewiesen. Das Verhältnis Natrium : Kalium (15 bis 17) wird als *Alkaliquotient* bezeichnet. Im Plasma[15] beträgt der Quotient K : Ca 1,75 bis 2,13, im Mittel 2. Ist das physiologische Gleichgewicht K : Ca infolge eines relativen Überwiegens des Kaliums gestört, so treten Calciummangelerscheinungen auf. Für den Kalium- und Calciumstoffwechsel wird ein gemeinsames Regulationssystem angenommen[16].

Über Veränderungen des Kaliumgehaltes bei Hungergeschädigten s. [17]. Bei Kaninchen führte Bestrahlung mit rotem Licht von 580 bis 640 mμ und mit grünem Licht von 470 bis 550 mμ zu einer Zunahme des Calciums und einer Abnahme des Kaliums im Serum. Blaues Licht von 420 bis 470 mμ verhielt sich entgegengesetzt[18]. Bei großen Anstrengungen kommt es zu einer Ausscheidung von Kalium im Harn. Bei Kranken, schlecht Trainierten usw. steigt dagegen das Kalium im Serum an, ähnlich wie bei einer Nebennierenrindeninsuffizienz[19]. Über die Bedeutung des Kaliums für das lebende Gewebe s. [20]. Bei Nebennierenrindeninsuffizienz (ADDISONsche Krankheit) ist der Serumkaliumwert erhöht.

---

[1] MARGITAY-BECHT, A.: Kli. Wo. **1937 II**, 1353. — [2] BRITTON, S. W., and H. SILVETTE: Amer. J. Physiol. **118**, 594 (1937). — [3] LOWDON, A. G. R., R. A. MCKAIL, S. L. RAE, C. P. STEWARD and W. C. WILSON: J. Physiol., London **96**, 27 P (1939). — [4] Hinsberg-Lang 2. Aufl. S. 5, bes. 7. — KATHEN, H., u. K. LANG: B. Z. **318**, 425 (1948). — [5] s. a. S. 427 sowie Bd. **1**, S. 211. — [6] Müller-Seifert 66. Aufl. S. 241. 1949. — [7] STREEF, G. M.: J. biol. Ch. **129**, 661 (1939). — [8] FISCHER, H.: Schweiz. med. Wschr. **71**, 173 (1941). — [9] INOSEMZEW, S. I.: Bull. Acad. Sci. URSS (Sér. biol.) **1937**, 977 [C. **1938 I**, 3068]. — [10] TARUSOV, B. N., et E. V. BURLAKOVA: Bull. Biol. Méd. exp. URSS **7**, 400 (1939) [C. **1939 II**, 4014]. — [11] CREMER, H.-D.: Dtsch. Mil.-Arzt **7**, 79 (1942). — [12] JANTZ, H.: Nervenarzt **18**, 360 (1947). — [13] Rappaport S. 70. — [14] WELLER, J. M., and I. M. TAYLOR: Ann. internal Med. **33**, 607 (1950). — [15] PINCUSSEN, L.: B. Z. **161**, 61 (1925). — [16] JESSERER, H.: Wien. klin. Wschr. **1942 I**, 109. D. m. W. **1942 I**, 479. — [17] MELLINGHOFF, K.: Dtsch. Arch. klin. Med. **194**, 277 (1949). — [18] SAI, E.: Folia pharmacol. jap. **31**, 11 (1941) [C. **1942 II**, 1478]. — [19] SCHÖNHOLZER, G.: Schweiz. med. Wschr. **72**, 1295 (1942). — [20] DRUCKREY, H., H. HERKEN u. N. BROCK: Naturwiss. **27**, 418 (1939).

Bei Nebennierenrindenüberfunktion bestehen die umgekehrten Tendenzen. Adrenalin kann den Serumkaliumgehalt vorübergehend herabsetzen.

Tabelle 134. Kaliumgehalt von Blut und Plasma.

	Gesamtblut	Plasma	Serum	Erythrocyten[2]
Mensch[1]	160—200	15—25	16—22	326—**379**—418
Kind			17—20	
Pferd[3]	230[1]	19[1]	19—**23**—25	410[1]
Hund[4]	20[1]	21[1]	22	22[1]
Kaninchen[5]	164	22[1]	15—**22**—25	430[1]
Taube[6]			19—30	
Rind[1]	40		21	60
Schaf[1]	34		20	60
Ziege[1]	33		22	60

Ausführliche Tabelle über den Gehalt von Serum, Plasma und Erythrocyten an Natrium, Kalium und Calcium, Chlor und Wasser[7]. Es sind dort auch einige pathologische Zustände berücksichtigt.

Bestimmung. Da der Hauptanteil des Kaliums in den Erythrocyten vorhanden ist, muß bei der Bestimmung im Serum darauf geachtet werden, daß eine Diffusion des Kaliums aus den Zellen möglichst vermieden wird[8]. Zumeist wird das Kalium als Kalium-natrium-hexanitrokobaltiat ($K_2Na[Co(NO_2)_6]$) bestimmt. Die Fällung als Kalium-silber-hexanitrokobaltiat ist wegen der größeren Unlöslichkeit ebenfalls empfehlenswert[9].

d) Calcium[10]. Besonders eingehend wurde im Blut das Calcium aus theoretischen und klinischen Gründen untersucht. Es findet sich hauptsächlich im Serum bzw. Plasma in einer Menge von 9,5 bis 11,1 mg %[11], entsprechend 4,5 bis 5,5 maeq/*l*. Diese Menge ist im Serum gelöst, obwohl bei p_H 7,3 die Löslichkeit der Calciumsalze weit überschritten ist. Nach dem heutigen Stande der Forschung[12—17] kann man 2 Formen von Calcium unterscheiden (s. a. S. 644 sowie Bd. 1, S. 214): 1. eine diffusible, dialysierbare und krystalloide Form, die 45 bis 65 % des Gesamtcalciums ausmacht, also 4,5 bis 6 mg % beträgt. Diese ionisierbare Form besteht zu 70 bis 80 % aus wirklichen Calciumionen, zu einem kleineren Teil aus elektrisch neutralem, komplexgebundenem bzw. undissoziiertem Calcium. Dieses läßt sich an Bariumsulfat adsorbieren und kann so von den Calciumionen getrennt werden. In dem nichtionisierten Anteil sollen Verbindungen wie $CaSO_4$, $CaCO_3$, $Ca_3(PO_4)_2$, Calciumsalze der α- und β-Glycerinphosphorsäure, Fumarsäure und Ascorbinsäure zu suchen sein[18]. Auch wird das Calciumacetat dazu gerechnet. Allerdings muß auf Grund der Ergebnisse mit dem Froschherzverfahren, mit dem das ionisierte Calcium bestimmt wird, angenommen werden, daß alles diffusible Calcium ionisiert ist bzw. ionisiert werden kann[19].

[1] D'Ans-Lax S. 1742/43. — s. a. Hallmann 6. Aufl. S. 440. — Müller-Seifert 60. Aufl. S. 241: 16—20 mg%. — [2] Streef, G. M.: J. biol. Ch. **129**, 661 (1939). — [3] Neumann, H.: Diss. med.veterin. Hannover 1939. — [4] Morgulis, S., and V. L. Bollman: Amer. J. Physiol. **84**, 350 (1928). — [5] Lebioda, J.: Med. došw. spol. **21**, 290 (1936) [Ber. Physiol. **99**, 432]. — [6] Safarov, A.: Biochem. J., Kiew. **13**, 331 (1939) [Ber. Physiol. **118**, 240]. — Engel, R.: D. m. W. **1949**, 1389. — [7] Thelen, H.: H. **250**, 221 (1937). — [8] Graul, E. H., u. L. Rausch: Ärztl. Wschr. **1949**, 564, 591. — [9] Hinsberg-Lang 2. Aufl. S. 9. — Rappaport S. 67. — Fischer, H.: Schweiz. med. Wschr. **71**, 173 (1941). — [10] s. a. S. 428 sowie Bd. **1**, S. 214. — [11] Rappaport S. 74. — Robertson, J. D.: Lancet **241**, 97 (1941). — [12] Greenberg, D. M.: Ann. Rev. **8**, 269 (1939). — [13] Linneweh, F.: Kli. Wo. **1939 I**, 350. — Linneweh, F., u. S. Gen: Mschr. Kinderheilkde. **83**, 337 (1940). — Pauli, W., u. M. Samec: B. Z. **17**, 235 (1909). — [14] Harnapp, G. O.: Kli. Wo. **1938 II**, 1731. — [15] Benjamin, H. R., and A. F. Hess: J. biol. Ch. **100**, 27 (1933). — [16] Brull, L.: Arch. int. Physiol. **32**, 138 (1930). — [17] Klinke, K.: Kli. Wo. **1927 I**, 791. Ergebn. Physiol. **26**, 235 (1928). — [18] Greenwald, I.: J. biol. Ch. **124**, 437 (1938). — [19] McLean, F. C., and A. B. Hastings: J. biol. Ch. **107**, 337 (1934); **108**, 285 (1935).

Die 2. Form des Calciums ist nicht diffusibel, nicht dialysierbar, liegt kolloidal vor und entspricht einer Menge von ungefähr 5 mg%. Dieser Anteil ist hauptsächlich an das Bluteiweiß gebunden[1]. Zu einem kleineren Teil, etwa 25%, soll er an Bariumsulfat adsorbierbar sein[2], zu einem größeren Teil, etwa 75%, den an Eiweiß gebundenen Anteil darstellen. Nach WIDENBAUER[3] ist ein Teil des Calcium auch an die Euglobulinfraktion gebunden. Für die Zustandsform des Calciums im Blutserum läßt sich folgendes Schema aufstellen:

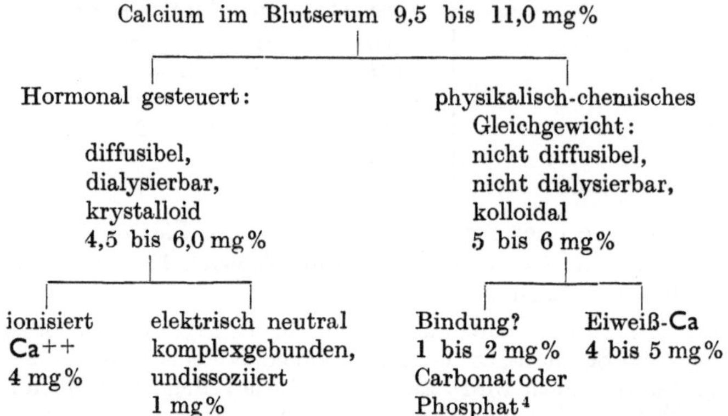

Der diffusible Anteil wird hormonal gesteuert und ist nach Entfernung der Nebenschilddrüse vermindert. Das nicht diffusible, kolloidale Calcium wird physikalisch-chemisch durch den Eiweißgehalt und den p_H des Serums beeinflußt[5, 6]. Hinsichtlich der absoluten Mengen der einzelnen Calciumanteile findet man im Schrifttum keine Übereinstimmung. Die hier angegebenen Werte können als Grenzwerte betrachtet werden. Nimmt man an, daß das Calcium im Serum als Hydroxylapatit vorhanden ist, so muß diese Lösung übersättigt sein[7, 8]. Die Höhe des Calciums im Serum ist immer abhängig von dem gleichzeitig vorhandenen anorganischen Phosphat. Für den Normalgehalt des Calciums im Blutserum ergeben sich folgende Werte:

Tabelle 135. Calciumgehalt des Blutes (in mg%).

	Gesamtblut	Plasma	Serum	Erythrocyten
Mensch[9]	5,5—**6,1**—7,0[6]	9,5—**10,2**—11,0	9,5—**10,2**—11,0[17]	0,9—**1,6**—2,7[10]
Neugeborene[11] . .			10—13	
Säuglinge[11]			10—12	
Pferd[12, 13]	4		8	
Schaf	5		8	
Kalb [14]	7		9	
Hund[15]	6		11	
Kaninchen[13, 16] . .	5[13]		10,0	4,4 (?)

[1] 1 g Serumprotein ist imstande 0,062 mMol Calcium zu binden. — MCCANCE, R. A., and E. M. WIDDOWSON: J. Physiol., London **101**, 304 (1942/43). — [2] BENJAMIN, H. R., and A. F. HESS: J. biol. Ch. **100**, 27 (1933). — [3] WIDENBAUER, F.: Kli. Wo. **1943**, 63. — [4] SCHMIDT, C. L. A., and D. M. GREENBERG: Physiol. Rev. **15**, 297 (1935). — MCLEAN, F. C., and M. A. HINRICHS: Amer. J. Physiol. **121**, 580 (1938). — [5] LINNEWEH, F.: Kli. Wo. **1939 I**, 350. — [6] PAULI, W., u. M. SAMEC: B. Z. **17**, 235 (1909). — [7] KLEMENT, R., u. R. WEBER: B. Z. **308**, 391 (1941). — [8] GREENWALD, D. J.: J. biol. Ch. **161**, 697 (1945). — [9] Rappaport S. 74. — [10] STREEF, G. M.: J. biol. Ch. **129**, 661 (1939). — [11] STEARNS, G.: Physiol. Rev. **19**, 415 (1939). — WOLFF, J.: Mschr. Kinderheilkde. **89**, 56 (1941/42). — [12] ERRINGTON, B. J.: Cornell Veterin. **27**, 1 (1937). — [13] D'Ans-Lax S. 1743. — [14] DAHLHAUS, H.: Diss. med. veterin. Hannover 1938 [Ber. Physiol. **115**, 183]. — [15] MORGULIS, S., and V. L. BOLLMAN: Amer. J. Physiol. **84**, 350 (1928). — [16] LEBIODA, J.: Med. došw. spol. **21**, 290 (1936) [Ber. Physiol. **99**, 432]. — [17] THELEN, H.: H. **246**, 194 (1937). — HOLTZ, F.: M. m. W. **1939 I**, 485.

Erhöhte Calciumwerte findet man bei gesteigerter Tätigkeit der Nebenschilddrüse, bei Ostitis fibrosa RECKLINGHAUSEN, D-Hypervitaminose, bei Überdosierung von A. T. 10, in manchen Fällen von Nephritis mit Urämie, bei multipler Sklerose und der PAGETschen Erkrankung. *Verminderte Werte* finden sich beim Nachlassen der Nebenschilddrüsentätigkeit, bei Tetanie, häufig verbunden mit Rachitis, bei Vitamin D-Mangel und bei Nephrosen, wobei besonders das nichtdialysierbare Calcium abfällt. Verminderte Werte finden sich ferner bei gesteigertem Knochenaufbau, exsudativer Tuberkulose, Vagotonie, Ekzembereitschaft, Spasmophilie und Osteomalacie. Sie sind auch beobachtet worden bei profusen Durchfällen und bei Niereninsuffizienz mit Phosphatstauung[1]. Auch bei Hungerzuständen ist eine Erniedrigung der Serum-Calciumwerte auf 8,4 mg% gefunden worden[2]. Während der Schwangerschaft sind die Werte normal, doch läßt sich die Calciumbilanz durch Zulage von Calciumphosphat, besonders bei gleichzeitiger Gabe von Vitamin D, wesentlich verbessern[3]. Durch Magnesiumbehandlung nimmt das Gesamtcalcium ab. Das ultrafiltrierbare Calcium ist dabei relativ und absolut vermehrt[4]. Einspritzung von Calcium führt bei Mensch und Tier zu einem Anstieg der Blutcalciumwerte, der 2 bis 3 Std anhält[5].

Auf die gefäßabdichtende Wirkung des Calciums, seinen Einfluß auf das kolloidlösende Natrium und auf seine Beziehungen zum Kalium bei der nervösen Erregung kann nur hingewiesen werden. Über die Rolle des Calciums bei der Blutgerinnung s. S. 184.

Bestimmung durch Fällung als Calciumoxalat[6, 7]. In neuester Zeit wird die nephelometrische Bestimmung als Calciumoleat vorgeschlagen[8]. Fußend auf der Reaktion von SCHWARZENBACH[9] werden auch direkte titrimetrische Methoden mit Äthylendiamintetraacetat (Complexon) und Murexid oder Eriochromschwarz T als Indikatoren empfohlen[10].

Über die Beziehung zu den anderen alkalischen Erden, besonders dem Strontium s. [11].

e) **Magnesium**[12]. Das Magnesium kommt beim Menschen und bei vielen Tieren, mit Ausnahme der Wiederkäuer, im Blut in überwiegender Menge in den Erythrocyten vor[13]. Beim Menschen entfallen von 3 bis 4 mg% des Gesamtblutes 2,0 bis 2,8 mg% oder 1,5 bis 2,3 maeq/l auf das Serum. Nähere Angaben vermittelt die nachfolgende Tabelle:

Tabelle 136. Magnesiumverteilung im Blut (in mg%)[14].

	Mensch	Pferd	Rind	Schaf	Ziege	Kaninchen	Hund
Erythrocyten	4	4,8	1	1	2,4	4,6	3,9
Serum	2,3	2,8	4	2,5	2,5	2,9	2,3
Gesamtblut	3	4	5	2,0	2,5	3,5	4

Das Magnesium kommt ähnlich wie das Calcium in mehreren Formen vor[15]: 1. als filtrierbare adsorbierbare Form, 2. als filtrierbare nichtadsorbierbare Form; sie ist wahrscheinlich

[1] HOLTZ, F.: Nord. Med. **1939 I**, 751. — HOLTZ, F., u. F. KRAMER: Naturwiss. **24**, 177 (1936). — [2] MELLINGHOFF, K.: Dtsch. Arch. klin. Med. **194**, 277 (1949). — [3] OBERMER, E.: J. Obstet. Gynec. **54**, 432 (1947). — [4] RICHTER-QUITTNER, M.: C. R. Soc. biol. **91**, 598 (1924). — [5] FINE, A., and N. B. TAYLOR: Amer. J. Physiol. **85**, 368 (1928). — JANSEN, W. H.: Kli. Wo. **1924 I**, 715. — [6] Hinsberg-Lang 2. Aufl. S. 13. — [7] Rappaport S. 71. — WAELSCH, H., u. S. KITTEL: H. **255**, 36 (1938). — HECHT, G.: H. **274**, 27 (1942). — HOLT, P. F., and H. J. CALLOW: Analyst **68**, 35 (1943) [C. **1943 II**, 652]. — ROTHLIN, E., u. H. v. BIDDER: Helv. physiol. Acta **3**, 99 (1945). — LOUREIRO, J. A. DE, and G. J. JANZ: Biochem. J. **38**, 16 (1944). — [8] MURAYAMA, M.: J. Lab. clin. Med. **33**, 906 (1948). — [9] SCHWARZENBACH, G., u. H. GYSLING: Helv. **32**, 1314 (1949). — [10] RAAFLAUB, J.: Helv. physiol. Acta **9**, C 33 (1951). H. **288**, 228 (1951). — FLASCHKA, H., u. A. HOLASEK: H. **288**, 244 (1951). — HOLTZ, A. H., and L. SEEKLES: Nature **169**, 870 (1952). — [11] STEFANINI, M., and A. J. QUICK: Amer. J. Physiol. **152**, 389 (1948). — [12] s. a. S. 428 sowie Bd. **1**, S. 214. — [13] EVELETH, D. F.: J. biol. Ch. **119**, 289 (1937). — [14] D'Ans-Lax S. 1743. — MANZINI, C.: Boll. Soc. ital. Biol. sperim. **9**, 421 (1934) [Ber. Physiol. **83**, 608]. — [15] BENJAMIN, H. R., A. F. HESS and J. GROSS: J. biol. Ch. **103**, 383 (1933).

ionisiert und beträgt beim Menschen 80 bis 90%, beim Rind 70% des diffusiblen Magnesiums[1].

Als 3. Form kommt ein nicht filtrierbarer, nicht adsorbierbarer, möglicherweise an Eiweiß gebundener Anteil vor. Bei erhöhtem Calciumgehalt sinkt das adsorbierbare Magnesium ab. Im Schlaf oder nach schwerer Arbeit beobachtet man eine Vermehrung des Magnesiums im Blut. Krankhaft ist diese Vermehrung bei Myasthenie und periodischer Extremitätenlähmung[2]. Bei Tetanie ist sowohl Magnesium als auch der anorganische Phosphor vermehrt[3]. Das gleiche gilt für die Niereninsuffizienz bei der eine Wechselwirkung zwischen Kalium und Magnesium besteht[4].

Bei Kindern fallen die Magnesiumwerte des Serums mit zunehmendem Alter von 2,4 auf 1,9 mg% ab, um in der Pubertät wieder auf 2,3 mg% anzusteigen[5]. Über die Änderung des Magnesiumgehaltes bei experimenteller Rachitis s. [6]. Auf Aspirin nimmt der Magnesiumgehalt, besonders bei gleichzeitiger Verabfolgung von Magnesiumsalzen, im Serum zu[7].

Der Magnesiumgehalt ist bei einer großen Zahl von Krankheiten untersucht worden, ohne daß dabei wesentliche Unterschiede gefunden wurden[8]. Bei Schlafmittelvergiftungen nimmt der Magnesiumgehalt im Serum offenbar um einen geringen Betrag ab, durch Prolaninjektion (100 bis 200 R.E. an Katzen subcutan) erfolgt ein Anstieg nach 4 Std, der 24 bis 28 Std anhält[9].

Bestimmung. Während früher die Fällung als $MgNH_4PO_4$ bevorzugt wurde, hat sich jetzt die Fällung mit 8-Oxychinolin durchgesetzt[10].

f) Spurenelemente. Über die Bedeutung der Spurenelemente in der Biologie s. [11–14] sowie S. 655ff. Nicht alle Spurenelemente werden regelmäßig gefunden. Spektrographisch lassen sich immer nachweisen: Ag, Al, Cu, Fe, Mn, P, Si, Ti, und Zn, nur vereinzelt werden gefunden: Co, Cr, Ge, Pb, Ni, Sn und Sr[15]. Diese Befunde decken sich weitgehend mit Untersuchungen an Drüsen[16]. Außer den obengenannten Elementen ist auch noch *Vanadium* gefunden worden[17].

Bestimmung s. [18].

α) Eisen[19]. Die Gesamtmenge an Eisen bei einem 70 kg schweren Menschen kann mit 4,3 g angenommen werden. Hiervon sind 55% im Hämoglobin und 10% im Myoglobin und den Zellhäminen vorhanden. Der Rest von 30 bis 35% bildet das sog. Vorratseisen, von dem 0,8 g in Leber, Milz und Knochenmark deponiert sind, wo es teils als *Hämosiderin*, vor allem aber als *Ferritin* an ein oder mehrere Proteine gebunden vorhanden ist[20]. Der Körper hält das einmal aufgenommene Eisen fest, so daß das physiologisch aktive Eisen in einem Kreisprozeß: Hämoglobineisen-Serumeisen-Depoteisen-Serumeisen-Hämoglobineisen im Umlauf ist.

---

[1] NORDBÖ, R.: Skand. Arch. Physiol. **81**, 265 (1939). — [2] Rappaport S. 79. — [3] KRÜGER, E.: Z. Kinderheilkde. **53**, 83 (1932). — [4] BROOKFIELD, R. W.: Quart. J. Med. (N. S.) **6**, 87 (1937). — [5] PAVIA, M.: Riv. Clin. pediatr. **26**, 700 (1928). — CABITTO, A.: Riv. Clin. pediatr. **30**, 384 (1932). — SHUKERS, C. F.: J. Nutrit. **22**, 53 (1941). — [6] BOMSKOV, C., u. E. KRÜGER: Z. Kinderheilkde. **52**, 47 (1932). — [7] WINTER, J. E., and C. H. RICHEY: J. Pharmacol. exp. Therap. **42**, 179 (1931). — [8] LANG, K.: Z. klin. Med. **122**, 206 (1932). — [9] DELL' ACQUA, G.: Z. ges. exp. Med. **96**, 357 (1935). — [10] Hinsberg-Lang 2. Aufl. S. 18. — [11] s. Bd. **1**, S. 184ff. — [12] FLASCHENTRÄGER, B.: Schweiz. med. Wschr. **71**, 949 (1941). — [13] SOUCI, S. W.: Balneologe **6**, 465, 497 (1939). — [14] KOLLATH, W.: Umschau **42**, 1121 (1938). — BERG, R.: Hippokrates **1941**, 85, 125 [Ber. Physiol. **125**, 156]. — [15] DUTOIT, P., et C. ZBINDEN: Cr. **188**, 1628 (1929). — [16] PRESS, R., and W. R. FEARON: Sci. Proc. R. Dublin Soc. (N. S.) **22**, 157 (1939) [Ber. Physiol. **125**, 238]. — [17] BOYD, T. C., and N. K. DE: Ind. J. med. Res. **20**, 789 (1933). — [18] H.-Th. 10. Aufl. Bd. III, im Druck. — [19] s. a. S. 429 sowie Bd. **1**, S. 221. — [20] LAUFBERGER, V.: Bull. Soc. Chim. biol. **19**, 1575 (1937). — KUHN, R., N. A. SÖRENSEN u. L. BIRKOFER: B. **73**, 823 (1940). — GRANICK, S., and P. F. HAHN: J. biol. Ch. **155**, 661 (1944). — MICHAELIS, L.: Adv. Protein Chem. **3**, 53 (1947).

Die Transportform dieses Eisens ist das Serumeisen. Es macht in 7 *l* Blut 5 bis 7 mg aus, es befindet sich also nur 1‰ des Körpereisens in dieser Form. Nimmt man die durchschnittliche Lebensdauer der Erythrocyten zu 100 Tagen (nach SHEMIN u. RITTENBERG 127 Tage[1]) an, so läßt sich ein täglicher Eisenumsatz von 25 mg Eisen errechnen, woraus ersichtlich ist, wie lebhaft der Eisenaustausch mit dem Serum sein muß. Der Serumeisenwert spiegelt das Gleichgewicht zwischen dem Hämoglobinauf- und -abbau wieder. Infolgedessen sind die *Eisenwerte erhöht*, wenn der Blutzerfall die Erythrocytenneubildung übersteigt: bei Perniciosa[2] und verschiedenen anderen Bluterkrankungen, ferner bei Ikterus[3], Hepatitis im Initialstadium und bei oralen und intravenösen Eisengaben. Auch in der Schwangerschaft steigen die Eisenwerte an[4]. *Verminderte Eisenwerte* dagegen findet man im Serum, wenn die Neubildung der roten Blutzellen die Zerstörung überwiegt: Anämie in Regeneration, Polycytämie, bei Blutungen, Geschwülsten, Leukämien und Infekten[5]. Besonders bei Infekten ist die Verminderung des Serumeisens und ein gleichzeitiger Anstieg des Kupfers im Serum sehr charakteristisch.

Auch das Eisen des Blutserums ist an Eiweiß gebunden, nach den Untersuchungen von VAHLQUIST[6] in der Hauptsache an α- und β-Globulin, dagegen glaubt NEUKOMM[7], daß das Eisen ausschließlich an Albumin gebunden sei, und daß sogar eine direkte Beziehung zu dem Eiweißgehalt bestehe. Es wird eine Eisen(III)-globulinverbindung angenommen; dieses Serumglobulin, keine anderen Globuline, soll diese Verbindung zu bilden vermögen[8].

Die lang diskutierte Frage des *leicht abspaltbaren Eisens* konnte durch Untersuchungen mit radioaktivem ^{55}Fe und ^{59}Fe geklärt werden. Es handelt sich um ein Kunstprodukt, das durch Einwirkung von HCl und Sauerstoff auf Hämoglobin gebildet wird[9]. Für das Serumeisen werden folgende Normalwerte angegeben:

Tabelle 137. Eisengehalt des Blutes (in mg%)[10].

	Gesamtblut	Serum
Mensch	45—50	0,08—0,14
Mann		0,12—0,13
Frau		0,08—0,09
Kind	41—52	0,08—0,13

[1] SHEMIN, D., and D. RITTENBERG: J. biol. Ch. **166**, 627 (1946). — [2] BRØCHNER-MORTENSEN, K.: Acta med. scand. **113**, 43 (1943). — [3] PLUMIER, M.: Acta biol. belg. **1**, 393 (1941); **2**, 113, 116 (1942) (Ikterus). — [4] ALBERS, H.: Arch. Gynäk. **172**, 547 (1942). — NEUWEILER, W.: Z. Geburtsh. **124**, 252 (1942). — [5] SCHÄFER, K.-H.: Kli. Wo. **1943**, 98. — WETZEL, U.: Z. ges. exp. Med. **111**, 320 (1943). — REGINSTER, A.: Acta biol. belg. **1**, 434 (1941) (Lungentbc.). — MONASTERIO, G., e A. LATTANZI: Rass. Fisiopat. **15**, 173 (1943). — [6] VAHLQUIST, B. C.: Acta paediatr., Uppsala **28**, Suppl. **5**, 111 (1941). — [7] NEUKOMM, S.: Schweiz. Z. Path. Bakt. **9**, 161 (1946). — [8] STARKENSTEIN, E., u. Z. HARVALIK: A. e. P. P. **172**, 75 (1933). — [9] MILLER, L. L., and P. F. HAHN: J. biol. Ch. **134**, 585 (1940). — [10] HEILMEYER, L., u. K. PLÖTNER: Das Serumeisen und die Eisenmangelkrankheiten. Jena 1937. — HEILMEYER, L., u. G. STÜWE: Kli. Wo. **1938 II**, 925. — BÜCHMANN, P.: Die Bedeutung der Serumeisenbestimmung für die Klinik. Ergebn. inn. Med. **60**, 446—507 (1941). — HEILMEYER, L.: Forsch. u. Fortschr. **19**, 263 (1943). — SACHS, A., V. E. LEVINE and W. O. GRIFFITH: Arch. internal Med., Chicago **60**, 982 (1937). — Biol. Daten (BROCK) Bd. 3, S. 175. — WALDENSTRÖM, J.: Schweiz. med. Wschr. **74**, 978 (1944). — VAHLQUIST, B.: Acta paediatr., Uppsala **25**, 302 (1939). — s. a. S. 400[7]. — HEILMEYER, L.: Forsch. u. Fortschr. **19**, 263 (1943). — WALKER, B. S.: J. Lab. clin. Med. **24**, 308 (1938) [Ber. Physiol. **111**, 585]. — DEJARDIN, J., et A. LAMBRECHTS: Acta biol. belg. **2**, 159 (1942). — OLIVA, G., et D. FURBETTA: Boll. Soc. ital. Biol. sperim. **17**, 630 (1942).

Bei Kindern sind die physiologischen Schwankungen sehr groß. Beim Säugling liegen die Werte beträchtlich unter denjenigen der Erwachsenen und sind auch beim Icterus neonatorum eher erniedrigt als erhöht. Auch die Angaben für die Frau schwanken erheblich, obschon aus allen Untersuchungen hervorgeht, daß die Werte für die Frau etwas niedriger liegen als beim Mann. Durch Verabfolgung von Eisenpräparaten oral oder intravenös wird der Eisengehalt des Serums nur vorübergehend erhöht. Änderung bei Eisentherapie[1].

Unter pathologischen Bedingungen kann das Serumeisen stark verändert sein. Bei schwerer Hepatitis und makrocytärer Anämie findet man eine Vermehrung. Eine sehr starke Vermehrung bei perniciöser Anämie (Männer bis 243, Frauen bis 170 γ%) desgl. bei aplastischen Anämien (164 bis 256 γ%), geringe Erhöhung bei sekundären Anämien (bis 166 γ%). Vermindert ist das Serumeisen natürlich bei Eisenmangelanämie, extrem bis 15 γ%, bei akuten Infektionen (40 bis 80 γ%), bei Tuberkulose (27 bis 74 γ%). Bei rheumatischen Infekten werden normale bis erniedrigte Werte gefunden, desgl. bei malignen Tumoren[2].

Infolge seiner Bindung an Eiweiß kann man dialysierbares und nicht dialysierbares Eisen unterscheiden. Dieser Unterschied wird in der Regel nicht gemacht. Das nichtdialysierbare Eisen soll in dreiwertiger, das dialysierbare in zweiwertiger Form vorliegen[3]. Neben dem Serumeisenspiegel wird von LAURELL[4] auch noch eine Sättigungsgrenze beschrieben. Bei Gesunden soll diese bei 315 ± 3,3 γ% liegen. Die Veränderungen der Sättigungsgrenze sind unabhängig von dem Serumeisengehalt, und es werden folgende Werte mitgeteilt:

Tabelle 138. Sättigungsgrenze für Eisen im Blutserum.

	Sättigungsgrenze	Serumeisen
Gravidität im 6. bis 9. Monat	erhöht	erniedrigt
Ante partum	erniedrigt	—
Neugeborene	„	erhöht
Akuter Blutverlust	erst erniedrigt, dann erhöht	erhöht
Chronische Blutung	erhöht	erniedrigt
Unbehandelte Perniciosa	wenig erniedrigt	—
Perniciosa nach Lebertherapie	wenig verändert	stark erniedrigt
Akute Infektionen	erst erniedrigt, später normal	erniedrigt
Chronische Infektionen, Tumoren	schwach erniedrigt	—

Einer besonderen Erwähnung bedarf der *Eisengehalt des Säuglings*. Mit Muttermilch ernährt, enthält sein Serum 100 γ% Eisen, mit Kuhmilch ernährt dagegen nur 50 γ%. Bei der gesunden Schwangeren beträgt der Eisengehalt des Serums 120 γ%, sinkt aber in der Schwangerschaft wie bei einem echten Eisenmangel stark ab[5].

Durch Aufenthalt in der Höhe wird das Serumeisen nicht verändert[6]. Bedeutung des Eisenstoffwechselproblems für die Klinik[7].

Bestimmung s. [8].

[1] THEDERING, F. jr., u. R. GROSS: Z. ges. inn. Med. **4**, 634 (1949). — [2] HEILMEYER, L., W. KEIDERLING u. G. STÜWE: Kupfer und Eisen als körpereigene Wirkstoffe. Jena 1941. — [3] TOMPSETT, S. L.: Biochem. J. **34**, 959 (1940). — [4] LAURELL, C.-B.: Acta physiol. scand. **14**, Suppl. **46** (1947). — [5] ALBERS, H.: Arch. Gynäk. **172**, 547; **173**, 324 (1942). — [6] LOEWY, A., u. G. CROHNHEIM: B. Z. **234**, 283 (1931). — [7] VANNOTTI, A., u. A. DELACHAUX: Schweiz. med. Wschr. **71**, 319 (1941). — VAHLQUIST, B. C.: Acta paediatr., Uppsala **28**, Suppl. **5** (1941). — [8] Hinsberg-Lang 2. Aufl. S. 23. — HOYER, G.: Scand. J. clin. Lab. Invest. **2**, 125 (1950). — HACKER, W., A. ZIMMERMANN u. H. RECHMANN: Z. analyt. Chem. **129**, 104 (1949). — PORAT, B. T. D. v.: Scand. J. clin. Lab. Invest. **2**, 106 (1950).

β) Kupfer[1]. Kupfer wurde zum ersten Male im Jahre 1830 im Blut nachgewiesen[2]. Weitere historische Daten s. HEILMEYER[3]. Hinsichtlich Eisen und Kupfer bestehen zwischen den Tierarten phylogenetische Unterschiede. Die wirbellosen Tiere enthalten im Blut mehr Kupfer und weniger Eisen als die Wirbeltiere. Bei den Mollusken und Crustaceen enthält das Blut Kupfer an Stelle von Eisen. Der kupferhaltige Blutfarbstoff, das Hämocyanin, hat die gleichen Funktionen wie das Hämoglobin, ist im sauerstoffgesättigten Zustand grün, im sauerstofffreien Zustand farblos. Auch in der Wirbeltierreihe bestehen Unterschiede. Je höher die betreffende Tierart organisiert ist, desto mehr tritt offenbar das Eisen in den Vordergrund. Das Kupfer kommt im Blut ausschließlich an Eiweiß gebunden vor, und zwar nach älteren Arbeiten an die Albumine[4]. Aus dieser Verbindung wird das Kupfer durch Säure oder Alkali sowie beim Stehenlassen (1 bis 2 Tage unter 10°), ferner bei Enteiweißung mit sauren und alkalischen Fällungsmitteln freigesetzt[5]. Es bildet eine organische Verbindung, die als blaues *Hämocuprein* isoliert worden ist[5]. Das Hämocuprein enthält 1,12% Schwefel und 0,34% Kupfer, es besitzt keine katalytische Wirkung; wahrscheinlich beruht seine Bedeutung in seiner Wirkung auf die Hämatopoese[6].

Die spezifische Proteinkomponente ist wahrscheinlich ein lipoidfreies β_1-Globulin, an welches das Kupfer gebunden ist[7]. In vitro und in vivo zugesetzte Kupfersalze werden nicht in der gleichen Weise gebunden, weil das Kupferglobulin im Serum voll mit Kupfer gesättigt ist. Das überschüssige Kupfer wandert rasch aus der Blutbahn ab und wird in der Leber gespeichert. Durch eine unspezifische Reizkörpertherapie oder bei Infektion oder Intoxikation steigt der Kupfer-Globulinspiegel an. Man nimmt an, daß das Eisen für die Hämoglobinbildung, das Kupfer aber für die Bildung der Blutkörperchen notwendig ist. Man hat auch an eine Beziehung zur Cytochromoxydase und damit zur Zellatmung gedacht[8]. Neuerdings wird auf einen Zusammenhang mit dem Zink hingewiesen[9]. Von oral verabreichtem radioaktivem Kupfer wird nur wenig resorbiert und wenig in den roten Blutzellen gespeichert. Dieses wird aber hartnäckiger zurückgehalten als das Plasmakupfer[10]. Die Rolle des Kupfers wird am besten als die eines Biokatalysators charakterisiert, da es selbst in kleinsten Mengen fermentative Wirkungen in vitro und in vivo beeinflußt. Der Gesamtkörper enthält ungefähr 100 bis 150 mg Kupfer, davon sind 84 mg in den Muskeln, 34 mg im Skelet, 13,5 mg in der Leber, 5,3 mg im Blut, 4,2 mg im Gehirn und der Rest in sehr kleinen Anteilen in den übrigen Organen enthalten. Im Gegensatz dazu ist der Hauptanteil des Eisens im Blut als Hämoglobin vorhanden. Der Gehalt an Kupfer in den Organen mit Ausnahme von Milz und Leber ist etwa von gleicher Größe. Die physiologischen Cu-Werte betragen für den Menschen 0,087 bis 0,147 mg% im Serum, die gleichen Zahlen gelten für die Erythrocyten, so daß sich ein Verteilungskoeffizient von ungefähr 1 ergibt. Bei Erwachsenen, Kindern und Tieren wurden folgende Normalwerte gefunden:

---

[1] s. a. S. 429 u. 665ff. sowie Bd. **1**, S. 225. — [2] SARZEAU: J. Pharmacie Chim. **1830**, 653 [Med. u. Chem. **4**, 174 (1942)]. — [3] HEILMEYER, L., W. KEIDERLING u. G. STÜWE: Kupfer und Eisen als körpereigene Wirkstoffe. Jena 1941. — [4] EISLER, B., K. G. ROSDAHL u. H. THEORELL: B. Z. **286**, 435 (1936). — YOSIKAWA, H.: Jap. J. med. Sci. (II) **4**, 211 (1939). — YOSIKAWA, H., u. H. SIBUTA: Jap. J. med. Sci. (II) **4**, 223, 232 (1939). — BOYDEN, R., and V. R. POTTER: J. biol. Ch. **122**, 285 (1937/38). — [5] MANN, T., and D. KEILIN: Proc. R. Soc. London (B) **126**, 303 (1938). Nature **142**, 148 (1938). — [6] SCHULTZE, M. O., C. A. ELVEHJEM and E. B. HART: J. biol. Ch. **116**, 107 (1936). — [7] KEIDERLING, W.: Kli. Wo. **1950**, 460. — [8] LEUTHARDT, F.: Mineralstoffwechsel. Ergebn. Physiol. **44**, 588—655 (1941). — Scharrer, Spurenelemente S. 113. Berlin 1941. — MÜLLER, A. H.: Die Rolle des Kupfers im Organismus mit besonderer Berücksichtigung seiner Beziehungen zum Blut. Ergebn. inn. Med. **48**, 440—469 (1935). — [9] EGGLETON, W. G. E.: Biochem. J. **34**, 991 (1940). — [10] COMAR, C. L., G. K. DAVIS and L. SINGER: J. biol. Ch. **174**, 905 (1948).

Tabelle 139. Kupfergehalt im Blut (in mg%).

	Gesamtblut	Serum
Erwachsene[1]	0,12—**0,13**—0,16	0,08—**0,11**—0,14[2]
Neugeborene[3]	0,08	
Kinder bis 15 Jahren[3]	0,17	
15 bis 19 Jahre[4]	0,14—0,16	
Schwangere[5]		0,195—0,360
Nichtschwangere[5]		0,122—0,133
Rind[6]	0,10—0,12	
Schaf[7]	0,03—**0,07**—0,13	
Hammel[8]		0,016—0,029
Ziege[6]	0,10	
Kaninchen[9]	0,10	
Pferd[8]		0,095—0,158
Huhn und Gans[10]		0,04
Taube[10]		0,008
Schnecke[11]	32—104	

Bezüglich der Beurteilung der Normalwerte muß beachtet werden, daß der Kupfergehalt innerhalb eines Tages beträchtlichen Schwankungen unterworfen ist und auch nach der Nahrungsaufnahme sich ändert. Näheres s. bei HEILMEYER, KEIDERLING u. STÜWE[12]. Während der Gravidität nimmt das Kupfer im Serum erheblich zu. Das Nabelvenenblut enthält 30% mehr Kupfer als das entsprechende Arterienblut, woraus auf eine Resorption durch die Placenta geschlossen wurde[5].

Unter pathologischen Bedingungen tritt sehr oft eine Veränderung, und zwar meist eine Vermehrung des Kupfergehaltes ein. Schon bei Unterernährten[13] nimmt das Kupfer um geringe Mengen zu, und bei Tieren ist eine Kupfermangelkrankheit bekannt, die sich in Lecksucht äußert. Bei ihr sind die Serumkupferwerte herabgesetzt[6]. Bei der perniciösen Anämie sind die Kupferwerte im Serum erhöht, viel stärker bei der aplastischen Anämie[14], während sich bei den essentiellen Eisenmangelanämien normale Kupferwerte finden (HEILMEYER). Bekannt ist die Steigerung des Kupfergehaltes bei Infektionen, die schon bei leichten Erkältungskrankheiten auftreten kann. Der Toxintiter im Serum geht dem Kupfergehalt annähernd parallel. Sehr starke Steigerungen des Kupfergehaltes findet man bei malignen Tumoren, Geisteskrankheiten[15] und auch bei Lebererkrankungen, während sie bei Allergien, Diabetes und Ulcus ventriculi nur mäßig erhöht sind. Bei Beriberi und Ödemkrankheit oder Unterernährung wurde mehr Kupfer und weniger Zink als bei Gesunden gefunden. Das Verhältnis der beiden Metalle ist normalerweise = 4 und erniedrigt sich auf 1,82.

Bestimmung meist als Diäthyldithiocarbamat[16].

---

[1] BRAUN, L., u. L. SCHEFFER: B. Z. **304**, 397 (1940). — [2] HEILMEYER, L., W. KEIDERLING u. G. STÜWE: Kupfer und Eisen als körpereigene Wirkstoffe. S. 32. Jena 1941. — SCHMIDT, H.-G.: B. Z. **302**, 256 (1939). — [3] SACHS, A., V. E. LEVINE and A. A. FABIAN: Arch. internal Med., Chicago **58**, 523 (1936). — [4] SACHS, A., V. E. LEVINE and W. O. GRIFFITH: Arch. internal Med., Chicago **60**, 982 (1937). — [5] NEUWEILER, W.: Kli. Wo. **1942**, 521. — [6] SJOLLEMA, B.: B. Z. **295**, 372 (1938). — SARATA, U.: Jap. J. med. Sci. Trans. (II) **3**, 1 (1935) [Ber. Physiol. **87**, 598]. — [7] EDEN, A.: J. comp. Path. **52**, 249 (1939). — SACHS, A., V. E. LEVINE and A. A. FABIAN: Arch. internal Med., Chicago **55**, 227 (1935). — [8] HEILMEYER, L., W. KEIDERLING u. G. STÜWE: Kupfer und Eisen als körpereigene Wirkstoffe. S. 78. Jena 1941. — [9] BJERRUM, J., u. V. HENRIQUES: Skand. Arch. Physiol. **72**, 271 (1935). — [10] CHOU, T.-P., and W. H. ADOLPH: Biochem. J. **29**, 476 (1935). — [11] GUILLEMET, R., et A. SIGOT: C. R. Soc. Biol. **114**, 1041 (1933). — [12] s. [8], S. 33. — [13] EGGLETON, W. G. E.: Biochem. J. **34**, 991 (1940). — [14] BENCE, C.: Wien. klin. Wschr. **48**, 1075 (1935). — [15] HEILMEYER, L., W. KEIDERLING u. G. STÜWE: Kupfer und Eisen als körpereigene Wirkstoffe. S. 94/95. Jena 1941. — [16] Hinsberg-Lang 2. Aufl. S. 25. — MCFARLANE, W. D.: Biochem. J. **26**, 1022 (1932).

γ) Zink[1]. Über die biologische Bedeutung des Zinks s. die Zusammenfassung Rucci[2]. Zinkarme Kost verursacht Erhöhung der Blut-Harnsäure[3], reichliche Zufuhr fördert die Bildung von gepaarten Schwefelsäuren in der Leber[4]. Über das Vorkommen in Organen s. [5].

Besonders bemerkenswert ist das Vorkommen im Pankreas, weil durch Zink die Insulinwirkung auf das 10fache vermindert wird. Eine indirekte Bedeutung kann dem Zink insofern zukommen, als es beim Fehlen des Eisens dieses zum Teil ersetzen kann[2]. In bezug auf das Blut konnte Savoca erstmalig im Jahre 1885 eine günstige Wirkung bei Chlorose erzielen[2]. Von anderen Autoren ist eine Zunahme der Erythrocyten und des Hämoglobingehaltes nach Zink nicht beobachtet worden. Das Zink kommt in großen Mengen in vielen Nahrungsmitteln vor. Zinkmangel ruft bei der Ratte Erscheinungen hervor, die mit einer Verringerung der Serumphosphatase und Abnahme der Mineralstoffe in den Knochen einhergehen[6]. Weitere Wirkung des Zinkmangels s. [7]. Das Zink ist als integrierender Bestandteil der Kohlensäureanhydratase[8] der Rindererythrocyten erkannt worden, doch ist der Zinkgehalt des Blutes immer höher, als dem Gehalt an diesem Ferment entspricht. Zink kommt gleichfalls in der Uricase vor[9]. Phylogenetisch besteht beim Zink ebenfalls eine Beziehung zum Eisen. Je höher das Tier in der Tierreihe steht, desto niedriger ist sein Zinkgehalt und desto höher der Eisengehalt[10]. Im Blut findet Zink sich in überwiegendem Maße in den Erythrocyten, wie aus der folgenden Tabelle 140 hervorgeht. Aus der Pathologie ist bekannt, daß der Zinkgehalt des Blutes bei Beriberi und Pellagra herabgesetzt ist[11].

Tabelle 140. Zinkgehalt des Blutes (in mg%).

	Gesamtblut	Plasma	Blutkörperchen
Mensch[12]	0,52—0,68	0,29—0,37	0,60—0,83
Mensch[13] (polarographisch bestimmt)	0,74—1,36	0,29—0,69	
Rind[14, 16]	0,51—0,56	0,37	0,81
Hund[14]	0,45	0,32	0,60
Katze[14]	0,46		
Ratte[14]	0,67		
Hammel[14]		0,29	0,77
Kaninchen[14]		0,35	0,81
Meerschweinchen[14]		0,34	0,82
Pferd[15]	0,2	0,1	

[1] s. a. S. 429 u. 647ff. sowie Bd. **1**, S. 227. — [2] Rucci, E.: Folia med., Napoli **26**, 997 (1940 [Ber. Physiol. **126**, 610]. — [3] Wachtel, L. W., E. Hove, C. A. Elvehjem and E. B. Hart: J. biol. Ch. **138**, 361 (1941). — [4] Sanfilippo, G.: Arch. Farmacol. sperim. **73**, 120 (1942). Boll. Soc. ital. Biol. sperim. **17**, 121 (1942). — [5] Leiner, M., u. G. Leiner: Naturwiss. **29**, 763 (1941). Biol. Zbl. **62**, 119 (1942). — Rost, E.: Ber. dtsch. pharmaz. Ges. **29**, 549 (1919). — Eggleton, W. G. E.: Biochem. J. **34**, 991 (1940). — Bertrand, G., et Y. Brandt-Beauzemont: Bull. Soc. Chim. biol. **13**, 197 (1931). — Todd, W. R., and C. A. Elvehjem: J. biol. Ch. **96**, 609 (1932). — Schwaibold, J., u. A. Lesmüller: Vorratspfl. u. Lebensm.-Forsch. **4**, 100 (1941). — [6] Day, H. G., and E. V. McCollum: Proc. Soc. exp. Biol. Med. **45**, 282 (1940). — [7] Todd, W. R., C. A. Elvehjem and E. B. Hart: Amer. J. Physiol. **107**, 146 (1934). — Newell, J. M., and E. V. McCollum: J. Nutrit. **6**, 289 (1933). — [8] Hove, E., C. A. Elvehjem and E. B. Hart: J. biol. Ch. **136**, 425 (1940). — Keilin, D., and T. Mann: Biochem. J. **34**, 1163 (1940). — [9] Holmberg, C. G.: Biochem. J. **33**, 1901 (1939). — [10] Yakusizi, N.: Keijo J. Med. **7**, 276 (1936). — Koga, A.: Keijo J. Med. **5**, 80 (1934). — Bassani, B.: Arch. Sci. biol., Bologna **20**, 515 (1934). — [11] Keilin, D., and T. Mann: Nature **144**, 442 (1939). — Eggleton, W. G. E.: Biochem. J. **34**, 991 (1940). — [12] Eggleton, W. G. E.: Chin. J. Physiol. **15**, 33 (1940). — Burstein, A. I.: B. Z. **216**, 449 (1929). — [13] Bassani, B.: Arch. Sci. biol., Bologna **20**, 515 (1934). — [14] Burstein, A. I.: B. Z. **216**, 449 (1929). — [15] Eisenbrand, J., u. M. Sienz: H. **268**, 22 (1941). — [16] Rost, E.: Ber. dtsch. pharmaz. Ges. **29**, 549 (1919).

Die Werte schwanken bei demselben Individuum innerhalb 14 Tagen beträchtlich[1]. Frauenblut enthält weniger Zink.

Tabelle 141. Zinkgehalt des Blutes (in γ pro cm³).

	Plasma	Leukocyten	Erythrocyten	Gesamtblut	Abweichung* %
Normale Männer	2,1	0,2	6,4	8,8	−0,1
Streuung	±1,4	±0,1	±1,3	±2,0	±10,0
Normale Frauen	1,8	0,22	6,2	8,6	−5,7
Streuung	±1,1	±0,09	±0,8	±1,8	±16,4
Streuung innerhalb 14 Tagen	0,9—3,3	0,1—0,35	5,2—8,1	6,1—11,2	

* Abweichung = Differenz zwischen Gesamtblut und Summe der Einzelwerte.

Bestimmung s. [2].

δ) Blei[3]. Blei wird zwar regelmäßig im Blut gefunden, doch besitzt es nur in toxikologischer Beziehung Bedeutung. Bei Menschen, die mit Blei nicht in Berührung kommen, werden je nach der angewandten Methode unterschiedliche Normalwerte gefunden. Diese schwanken zwischen 10 und 20 γ% [4] und zwischen 5 und 20 γ% [5], oder man erhält überhaupt negative Resultate[6], während mit älteren Methoden meist höhere Werte gefunden werden. Man nimmt an, daß das Blei als Bleiphosphat im Blut kreist[7], daneben ist eine organische Bindung möglich. Untersuchungen am Hund ergaben mit der Dithizonmethode im allgemeinen Blutkreislauf 7 bis 17 γ% und im Pfortaderblut 15 bis 20 γ% [8]. Das Blei ist nicht dialysierbar und zum größten Teil an die Eiweißstoffe des Blutes und an die Erythrocyten gebunden.

Es wird vielfach angegeben, daß bei einem Gehalt von mehr als 100 γ% im Blut eine Bleigefährdung vorliege, doch scheint diese Zahl zu hoch gegriffen zu sein; besser ist die Einteilung nach STRAUBE[5], der Bleiwerte zwischen 5 und 33 γ% als normal bezeichnet.

17— 63 γ% Bleiaufnahme ohne Intoxikation,
23—111 γ% Bleiaufnahme mit Intoxikation und
29— 56 γ% mitunter kein Zeichen der Bleiaufnahme mit Intoxikation.

Bei 44 Bleiarbeitern ohne Symptome einer Bleivergiftung wurden Werte zwischen 60 und 190 γ% gefunden. Die Kontrolluntersuchungen an 70 Menschen, die beruflich nicht mit Blei in Berührung kamen, ergaben im Durchschnitt 57 γ%[9].

Beim Menschen ist die Bleikonzentration im Gesamtblut rund 3mal so hoch wie im Plasma[10]. Dies trifft aber nicht für alle Tiere zu. Über den natürlichen Bleigehalt in rohen Nahrungsmitteln s.[11]. Dabei ist bemerkenswert, daß Sprithefe oft einen hohen Bleigehalt von 148 mg% aufweisen kann. Es gibt auch bleifreie Hefe, technische Futterhefe enthielt 0,5 bis 3,7 mg%[12]. Über die Löslichkeit der Bleisalze in physiologischen Lösungen s. [13].

Bestimmung. Die Bestimmung erfolgt entweder mit Dithizon oder elektrolytisch, zum Teil auch spektrographisch[12, 14, 15].

---

[1] VALLEE, B. L., and J. G. GIBSON II: J. biol. Ch. **176**, 445 (1948). — [2] Hinsberg-Lang 2. Aufl. S. 28. — WOLFF, H.: B. Z. **320**, 291 (1949/50). — [3] s. a. S. 430 u. 688 sowie Bd. **1**, S. 231. — [4] BASS, E.: D. m. W. **1933 II**, 1665. — WILLOUGHBY, C. E., and E. S. WILKINS jr.: J. biol. Ch. **124**, 639 (1938). — [5] STRAUBE, G., u. H. BECK: Kli. Wo. **1939 I**, 356. — PORTHEINE, F.: Kli. Wo. **1952**, 83. — [6] SCOTT, G. H., and J. H. MCMILLEN: Amer. J. med. Sci. **195**, 622 (1938). — [7] HESSE, E.: Kli. Wo. **1940**, 104. — [8] SCAGLIONI, C.: Folia med., Napoli **27**, 738 (1941). — [9] CHALMERS, J. N. M.: Lancet **1940 I**, 447. — [10] TOMPSETT, S. L., and A. B. ANDERSON: Biochem. J. **35**, 48 (1941). — [11] KOGAN, A. M.: Voprosy Pitanija **9**, Nr. 4, 13 (1940) [Ber. Physiol. **129**, 469]. — [12] DANCKWORTT, P. W.: Z. Unters. Lebensm. **84**, 416 (1942). — [13] MAXWELL, L. C., and F. BISCHOFF: J. Pharmacol. exp. Therap. **36**, 279 (1929). — [14] BECK, H., u. G. STRAUBE: Kli. Wo. **1939 I**, 242. — KRAFT-STRÖM, H., K. WÜLFERT u. O. SYDNES: B. Z. **290**, 382 (1937). — [15] Hinsberg-Lang 1. Aufl. S. 35. — VESTERBERG, R., and O. SJÖHOLM: Mikrochem. **38**, 81 (1951).

ε) Quecksilber[1]. Genaue Angaben über die Quecksilbermengen im Blut sind nicht zu machen. Im Schrifttum finden sich Werte von 0,19—**0,36**—0,47 γ% [2, 3]. Bei Menschen, die mit Quecksilber in Berührung kommen, bei den zivilisierten Völkern ist das wegen der Amalgamplomben der Zähne die überwiegende Mehrheit, sind die Werte erhöht.

Bestimmung s. [4].

ζ) Aluminium[5]. Nach MEUNIER[6] besteht für das Aluminium ebenfalls eine phylogenetische Beziehung. Je tiefer die Tiere in der Tierreihe stehen, desto höher ist ihr Aluminiumgehalt. Im ganzen ist der Aluminiumgehalt in Pflanzen 50 bis 100mal höher als in Tieren. Ob das Aluminium im Blut durch die Verwendung von Aluminiumgeschirren gesteigert wird, ist fraglich. Versuche am Hund haben ergeben, daß es praktisch nicht resorbiert wird[7]. Es findet auch keine Speicherung statt[8]. Es gibt aber auch Autoren, die einer Aufnahme des Aluminiums aus Kochgeschirren das Wort reden[9]. Man kann Mengen bis 1,2 mg in 100 cm^3 Blut finden, gewöhnlich aber nur 0,2 mg[10, 11]. Schafblut enthält bis 3 mg% [9], Hundeblut 0,23 mg%[11] und Rinderblut 0,07 mg%[12].

Eine Übersicht über die Rolle des Aluminiums und anderer Spurenelemente in der Ernährung s. [11, 13].

Bestimmung als Aluminiumphosphat[7] oder spektroskopisch[9].

η) Arsen[14]. Arsen ist in Spuren immer im Blut enthalten, besonders im Menstrualblut[15]. Nach Fischnahrung ist es leichter nachweisbar, weil Fische meist größere Mengen Arsen enthalten[16]. Die im Blut gefundenen Mengen schwanken zwischen 8,3[17] und 63,8 γ%[18]. Bemerkenswert ist, daß sich mit dem Cyclus die Arsenmengen im Blut rhythmisch verändern sollen[15]. Auch ist der Arsengehalt abhängig von der Entwicklung des Eies, was als weiterer Beweis für den Zusammenhang zwischen Arsen und Zellwachstum angesehen wird. Radioaktives Natriumarseniat wandert bei einem Gehalt von 0,02 bis 1 mg pro cm^3 ziemlich rasch in die Erythrocyten ein[19].

Bestimmung entweder nach MARSH[20] oder mit einer modifizierten GUTZEIT-Methode[21].

ϑ) Chrom. Der Chromgehalt ist mit 30 γ% angegeben worden[22].

Bestimmung als Chromat[22].

ι) Gold[23]. Gold ist im Blut auch gefunden worden, und zwar 0,03 mg% [24]. Der gleiche Autor fand im Gehirn 14 mg pro kg Trockensubstanz; dieser Wert wird aber bestritten[25]. Der Nachweis, daß Gold im tierischen und pflanzlichen Organismus regelmäßig vorkommt, ist noch nicht geliefert. Es soll hauptsächlich in Leber und Niere, seltener in Lunge und Milz gespeichert werden[26]. Über das Vorkommen in anderen Lebewesen s. [27].

---

[1] s. a. S. 687 sowie Bd. **1**, S. 229. — [2] STOCK, A., u. F. CUCUEL: Angew. Chem. **47**, 641, 801 (1934). — STOCK, A., u. N. NEUENSCHWANDER-LEMMER: B. **71**, 550 (1938). — STOCK, A.: B. Z. **304**, 73 (1940); **316**, 118 (1943). — [3] BODNÁR, J., Ö. SZÉP u. B. WESZPRÉMY: B. Z. **302**, 384 (1939); dort auch Schrifttum. — SZÉP, Ö.: B. Z. **307**, 79 (1940/41). — [4] VESTERBERG, R.: Mikrochem. **36/37**, 967 (1951). — [5] s. a. S. 685 sowie Bd. **1**, S. 215. — [6] MEUNIER, P.: Cr. **203**, 891 (1936). — [7] WÜHRER, J.: B. Z. **265**, 169 (1933). — [8] MACKENZIE, K.: Biochem. J. **24**, 1433 (1930). — [9] LEWIS, S. J.: Biochem. J. **25**, 2162 (1931). — [10] MULL, J. W., D. B. MORRISON and V. C. MYERS: Proc. Soc. exp. Biol. Med. **24**, 476 (1927). — [11] UNDERHILL, F. P., and F. I. PETERMAN: Amer. J. Physiol. **90**, 1, 15 (1929). — UNDERHILL, F. P., F. I. PETERMAN and S. L. STEEL: Amer. J. Physiol. **90**, 52 (1929). — UNDERHILL, F. P., F. I. PETERMAN, E. G. GROSS and A. C. KRAUSE: Amer. J. Physiol. **90**, 72 (1929). — [12] GERASSIMOW, P. N.: Bull. Biol. Méd. exp. URSS **7**, 88 (1939), dort auch Verfahren. — [13] ROSE, M. S.: J. Nutrit. **1**, 541 (1929). — [14] s. a. S. 692ff. sowie Bd. **1**, S. 242. — [15] GUTHMANN, H., u. K. H. HENRICH: Arch. Gynäk. **172**; 380 (1941). — [16] BRAHME, L.: Acta med. scand. Suppl. **5** (1923). — [17] BILLETER, O., u. E. MARFURT: Helv. **6**, 780 (1923). — [18] GUTHMANN, H., u. H. GRASS: Arch. Gynäk. **152**, 127 (1932). — [19] BAYARD, P.: Bull. Soc. R. Sci. Liège **11**, 591 (1942). — [20] BODNÁR, J., Ö. SZÉP u. V. CIELESZKY: H. **264**, 1 (1940). — [21] HOW, A. E.: Industr. engng. Chem., analyt. Ed. **10**, 226 (1938). — FISCHER, R., u. T. LANGHAMMER: Mikrochem. **34**, 203 (1949). — SEIFERT, P., u. R. BROSSMER: A. e. P. P. **214**, 121 (1952). — [22] URONE, P. F., and H. K. ANDERS: Analyt. Chem., Washington **22**, 1317 (1950). — [23] s. a. S. 687 sowie Bd. **1**, S. 226. — [24] BERG, R.: B. Z. **198**, 424 (1928). — [25] BERTRAND, G.: Cr. **194**, 409 (1932). — [26] POLICARD, A., A. DUFOURT, P. ANSTETT et PETEY: Bull. Histol. appl. **10**, 59 (1933) [Ber. Physiol. **73**, 761]. — [27] BABIČKA, J.: Mikrochem. **31**, 201 (1944).

$\varkappa$) Mangan[1]. Das menschliche Blut enthält 0,13 mg% Mangan[2], das Pferdeserum 0,115 mg%[3]. Im Tierblut wurden 2 bis 6 γ% gefunden[4]. Über die Verteilung von radioaktivem Mangan in Blut und Geweben s. [5].

λ) Zinn, Titan, Uran, Lithium, Silber (s. a. S. 683ff.). *Zinn*[6] ist in Mengen von 0,125 bis 164 mg% im Säugetierblut nachgewiesen worden[7], nach LANG enthält das Plasma nur 0,002 mg%[8].

Bestimmung nach [9].

Über das Vorkommen von *Titan*[10] im Hundeblut s. [11].

Spuren von *Uran*[12] wurden beim Menschen in Harn und Knochen nachgewiesen. Sein Vorkommen im Blut ist wahrscheinlich[13] (4×10^{-5} mg%). Weiter wurde das Vorkommen von *Lithium*[14, 15] und *Silber*[14, 16] beschrieben. Silber im Organismus [17].

Bestimmung s. [18].

μ) Bor[19]. Bor ist reichlich in Pflanzen gefunden worden.

Bestimmung nach [20].

ν) Nickel[21]. Der Nickelgehalt des Stierblutes ist mit weniger als 0,2 γ% angegeben worden[22], Ni kommt also sicher nur in äußerst kleinen Mengen vor. Es hat bei Ratten keine hämatopoetische Wirkung[23]. Die Giftwirkung ist genauer untersucht[22].

Bestimmung nach [24].

ξ) Kobalt[25]. Das Kobalt hat besondere Beachtung gefunden, da es hämatopoetisch wirken soll. Im Stierblut ist 1 γ% gefunden worden[22], im Menschenblut nach WEISSBECKER 0,5 bis 1 γ%[26]; hier ist auch die Literatur zusammengefaßt.

Im Serum und in der Leber sind *Kobaltproteine* gefunden worden[27]. Das Kobaltprotein aus Leber wurde als Vitamin B_{12} identifiziert. Es wurde rein dargestellt und hat die Summenformel[28]: $C_{63}H_{97}O_{20}N_{14}PCo$. Die Spaltprodukte zeigen Verwandtschaft zu Vitamin B_{12}.

Nachweis und ***Bestimmung*** s. [26, 29], ältere Literatur bei [30].

3. Anionen.

a) Fluor[31]. Die Angaben über die Fluorwerte im menschlichen Blut schwanken innerhalb weiter Grenzen, und zwar zwischen 350 γ%[32] und 35 bis 140 γ%[33] bzw. 27 bis 74 γ%[34]. In der Trockensubstanz des Blutes sind 2,3 mg% Fluor gefunden worden[35]. Nach HARTMANN u. Mitarb.[34] läßt sich, ebenso wie bei Jod, ein alkohollöslicher (anorganischer) Anteil und ein alkoholunlöslicher (organischer) Anteil unterscheiden. Diese Befunde lassen sich aber nicht immer

---

[1] s. a. S. 670ff. sowie Bd. **1**, S. 211. — [2] REIMAN, C. K., and A. S. MINOT: J. biol. Ch. **45**, 133 (1920/21). — [3] ABDERHALDEN, E., u. P. MÖLLER: H. **176**, 95 (1928). — [4] LANGECKER, H.: Handb. Heffter **3**/2, 1327. — [5] BORN, H. J., H. A. TIMOFÉEFF-RESSOWSKY u. P. M. WOLF: Naturwiss. **31**, 246 (1943). — [6] s. a. Bd. **1**, S. 230. — [7] BERTRAND, G., et V. CIUREA: Cr. **192**, 780 (1931). — [8] LANG, K.: Dtsch. med. Rdsch. **1949**, 855. — [9] SCHWAIBOLD, J., W. BORCHERS u. G. NAGEL: B. Z. **306**, 113 (1940). — [10] s. a. Bd. **1**, S. 216. — [11] CHUYKO, V., and A. VOYNAR: Biochem. J., Kiew **14**, 191 (1939). [Ber. Physiol. **120**, 372]. — [12] s. a. Bd. **1**, S. 217. — [13] HOFFMANN, J.: Wien. klin. Wschr. **1941 II**, 1055. B. Z. **313**, 377 (1942/43). — [14] Hammarsten 11. Aufl. S. 268. — [15] s. a. Bd. **1**, S. 211. — [16] s. a. Bd. **1**, S. 226. — [17] HEUBNER, W.: Kolloid-Z. **89**, 110 (1939). — [18] KRAINICK, H. G.: Mikrochem. **26**, 158 (1939). — LORD, S. S., jr., R. C. O'NEILL and L. B. ROGERS: Analyt. Chem., Washington **24**, 209 (1952). — [19] s. a. S. 698ff. sowie Bd. **1**, S. 232. — [20] JEWSBURY, A., and G. H. OSBORN: Analyt. chim. Acta, N. Y. **3**, 481 (1949). — [21] s. a. S. 686 sowie Bd. **1**, S. 223. — [22] HENDRYCH, F., u. H. WEDEN: Handb. Heffter **3**/2, 1460. — [23] POLONOVSKI, M., et S. B. BRISKAS: C. R. Soc. Biol. **129**, 493 (1938). — [24] STARY, Z.: Mikrochem. **15**, 141 (1934). — FUNK, H., u. M. DITT: Z. analyt. Chem. **93**, 241 (1933). — FEINSTEIN, H. I.: Analyt. Chem., Washington **22**, 723 (1950). — [25] s. a. S. 430 u. 672ff. sowie Bd. **1**, S. 223. — [26] WEISSBECKER, L.: Med. Mschr. Beih. 9. Stuttgart 1950. — [27] MASCHERPA, P., u. L. CALLEGARI: A. e. P. P. **169**, 206 (1933). — [28] FANTES, K. H., J. E. PAGE, L. F. J. PARKER and E. L. SMITH: Proc. R. Soc. London (B) **136**, 592 (1950). — SMITH, E. L.: Proc. R. Soc. Med. **43**, 535 (1950). — [29] Hinsberg-Lang 2. Aufl. S. 31f. — [30] HEUBNER, W.: Handb. Heffter **3**/2, 621. — [31] s. a. S. 695ff. sowie Bd. **1**, S. 246. — [32] ZDAREK, E.: H. **69**, 127 (1910). — [33] WULLE, H.: H. **260**, 169 (1939). — KRAFT, K., u. R. MAY: H. **246**, 233 (1937). — [34] HARTMANN, H., E. CHYTREK u. R. AMMON: H. **265**, 52 (1940). — [35] GAUTIER, A., et P. CLAUSMANN: Cr. **157**, 94 (1913).

bestätigen. Ob das Fluor bei der Hämophilie eine Bedeutung besitzt, wie angegeben wird[1], ist nicht bewiesen.

Das Fluor wird von der Mutter auf den Embryo übertragen[2]. Es besitzt antagonistische Wirkung gegenüber dem Calcium[3]; toxische Wirkungen kommen hauptsächlich bei Kryolitharbeitern vor[4]. Es ist hier nicht möglich, die außerordentlich umfangreiche Literatur über dieses Gebiet anzuführen. Eine Übersicht s. [5] (s. a. S. 695ff.).

Vorkommen im Organismus[6].

Bestimmung s. [7].

b) Chlor[8]. Den Hauptanteil unter den Anionen nimmt das Chlorion ein. Eine Zusammenstellung der in Blut, Plasma usw. vorkommenden Mengen gibt die folgende Tabelle:

Tabelle 142. Chloridgehalt im Blut (in mg%).

	Gesamtblut	Plasma	Serum	Blutkörperchen
Mensch[14]	272—310[9]	320—**345**—360[10]	330—**343**—360[11]	150—**180**—210[11]
Kind[12]			320—**355**—400	
Hund[13, 14]	290—310		379—**390**—400	136[14]
Kaninchen[10, 14]	290	385	380—**390**—400	123[14]
Ziege[14]	290		370	148
Schaf[14]	310		370	165
Rind[14]	310		370	181
Pferd[14]	280		360	194

Das Verhältnis des Chloridgehaltes von Serum und Erythrocyten ist abhängig von der Kohlensäurespannung und dem Säurebasengleichgewicht[15]. Im menschlichen Serum entsprechen die obigen Werte 100 bis 107 maeq/*l* Chlor oder 570 bis 620 mg% NaCl und für das Gesamtblut 450 bis 500 mg% NaCl.

Im Schrifttum sind häufig die Chlorwerte in Kochsalz ausgedrückt, was nicht ganz richtig ist. Das Chlor liegt zwar überwiegend als Ion vor, ein kleiner Teil von etwa 25% ist aber nicht ionisiert[16]. Er ist an Eiweißstoffe, vielleicht auch an Lipoide gebunden[17]. Aus menschlichem Fett ist z. B. ein in Petroläther löslicher Cl-Komplex isoliert worden[18]. Vergleiche hierzu auch[19]. Klinisch spielt das Verhältnis Chloride der Zellen: Chloride des Serums = 0,48 bis 0,52 eine Rolle[20]. So kann bei Nephritiden und Nephrosklerosen das Chlor in der Blutflüssigkeit zugunsten des Cl in den Erythrocyten abfallen[21]. Eine schematische Übersicht über

[1] Stuber, B., u. K. Lang: Z. klin. Med. **108**, 423 (1928). B. Z. **212**, 96 (1929). — Hoff, F., u. F. May: Z. klin. Med. **112**, 558 (1930). — [2] Reid, E., and R. G. Cheng: Chin. J. Physiol. **12**, 233 (1937). — Murray, M. M.: J. Physiol., London **87**, 388 (1936). — [3] Manolesco, H.: Arch. Neurol., Bucuresti **6**, 139 (1942) [Ber. Physiol. **132**, 296]. — Straub, J.: Ber. Physiol. **126**, 480 (1941). — [4] Brun, G. C., H. Buchwald u. K. Roholm: Nord. Med. **1941**, 810. — [5] Greenwood, D. A.: Physiol. Rev. **20**, 582 (1940). — Roholm, K.: Handb. Heffter **7**, 1—62 (1938). — [6] Mayrhofer, A., u. A. Wasitzky: B. Z. **204**, 62 (1929). — Mayrhofer, A., C. R. Schneider u. A. Wasitzky: B. Z. **251**, 70 (1932). — Mayrhofer, A.: B. Z. **295**, 302 (1938); dort auch Methode. — Roholm, K.: Ergebn. inn. Med. **57**, 822—915 (1939). — [7] Hinsberg-Lang 2. Aufl. S. 33. — Urech, P.: Helv. **25**, 1115 (1942). — Kortüm-Seiler, M.: Angew. Chem. **59**, 159 (1947). — [8] s. a. S. 340 u. 628ff. sowie Bd. **1**, S. 248. — [9] Rappaport S. 46. — [10] Yamada, Y.: Mitt. med. Akad. Kioto **6**, 1535, 2099 (1932). — [11] Thelen, H.: H. **250**, 221 (1937). — [12] Biol. Daten (Brock) Bd. 3, S. 175. — [13] Kauker, E.: Diss. med. veterin. Leipzig 1939 [Ber. Physiol. **118**, 240]. — [14] D'Ans-Lax S. 1743. — [15] Karady, S., H. Selye and J. S. L. Browne: J. biol. Ch. **131**, 717 (1939). — Hofman, L.: Biochem. Ž., Kiew **15**, 419 (1940). — Landau, A., J. Glass u. S. Kaminer: Wien. Arch. inn. Med. **20**, 375 (1930). — [16] Vávra, R.: Spisy lék. Fak. Brno **16**/3, 1 (1937). [Ber. Physiol. **102**, 424]. — [17] Christensen, H. N., and R. C. Corley: J. biol. Ch. **123**, 129 (1938). — [18] Peters, J. P., and E. B. Man: J. biol. Ch. **107**, 23 (1934). — [19] Starkenstein, E., u. G. Hahnel: A. e. P. P. **172**, 55 (1933). — [20] Chabanier, H., C.-O. Guillaumin, M. Laudat, M. Lévy, M. Paget et C. Vaille: Bull. Soc. Chim. biol. **19**, 800 (1937). — [21] Eugster, A.: Z. klin. Med. **107**, 224 (1928).

die Beziehungen zwischen Blut-Chlor und Chlor in den Geweben gibt das folgende Diagramm[1]:

Retention von Cl im Gewebe → gewisse Nephritiden

Retention von Cl im Gewebe → Pneumonie, Diabetes, Pankreas-Erkrankungen = Hypochlorämie — Azotämie.

Retention im Gewebe → nach Operation → Hypochlorämie = Azotämie.

Chlor im Gewebe → Retention im Gewebe → ausgedehnte Verbrennungen der Haut = Hypochlorämie — Azotämie

NaCl der Nahrung → Blut Chlor

Urin ← Blut Chlor; Urin → verursacht niemals Hypochlorämie

Blut Chlor → Magensaft → Hypersekretion verursacht keine Hyperchlorhydrie — Hyperchlorämie

Magensaft → Erbrechen {Stenosen, Gastroenteritis, Schwangerschaft, renale Azotämie} Hypochlorämie parallel der Azotämie

Blut Chlor → Stuhl → norm. Salzverlust

Stuhl → ausgedehnte Diarrhöen {Gastroenteritis, Colitis} Hypochlorämie = Azotämie; {renale Azotämie} Hypochlorämie parallel Azotämie

Blut Chlor → Schweiß → normaler Salzverlust

Schweiß → heftige Schweißausbrüche {Infektionen, Tuberkulose} Hypochlorämie = Azotämie

Blut Chlor → Peritoneum → Ascites → Hypochlorämie = Azotämie

Eine Erhöhung der Chloride im Serum (Hyperchlorämie) findet man bei reichlichem Kochsalzgenuß, bei Anämie, manchen Nierenerkrankungen, essentieller Hypertonie, kardialer Dekompensation, Diabetes insipidus, Harnretentionen und schließlich bei Hyperventilation. Ein Absinken der Chlorwerte tritt ein nach einer starken Abgabe von Magensalzsäure oder von Flüssigkeit (Erbrechen und Durchfälle[2]), oder wenn Flüssigkeiten im Gewebe zurückgehalten werden (Ödeme, croupöse Pneumonie, Tuberkulose, Ascites, Urämie, Diabetes mellitus, Quecksilbervergiftungen oder sonstige Störungen der Abgabe), weiter bei Kochsalzentzug, Nebennierenschädigung (*Addison*sche Krankheit[3]). Über Beobachtungen bei experimentellem Chlorentzug an Hunden s. [4]. Der Chlorwert sank bis auf 142 mg% im Plasma, gleichzeitig ging der Chlorgehalt der Haut auf $^2/_3$ bis $^1/_2$ zurück. Die Wiederauffüllung mit Chlor erfolgt verhältnismäßig rasch[4, 5].

Über die Bedeutung der Chlorionen für die Regelung der Isotonie des Wasserhaushaltes und der Nierentätigkeit s. Bd. 2/2. Über die Beziehungen von Blutchlor zu Liquorchlor s. [6]. Bei der Durchströmung des isolierten Hundemagens wird dem Blut laufend 30 bis 40% des zugesetzten Chlors entnommen[7].

---

[1] Dimitriu, C. C., et L. Schwartz: Bull. Acad. Méd. Roumanie **2**, 492 (1937). — [2] Walther, G., u. L. Günther: Kli. Wo. **1942**, 726. — Gigli, G.: Rass. Fisiopat. **11**, 50 (1939) [Ber. Physiol. **117**, 579]. — [3] Rappaport S. 47. — [4] Mellinghoff, K.: Z. ges. exp. Med. **110**, 423 (1942). — [5] Schmidt, W.: Diss. med. Göttingen 1940 [Ber. Physiol. **127**, 478]. — [6] Karlström, F.: Acta med. scand. Suppl. **138** (1942). — Glass, J.: Z. ges. exp. Med. **82**, 776 (1932). — Hubbard, R. S., and G. M. Beck: J. Lab. clin. Med. **26**, 535 (1940). — [7] Binet, L., et A. Bargeton: C. R. Congr. franç. Méd. **1939**, 169.

Die ***Bestimmung*** der Blutchloride sollte immer nur unter Berücksichtigung der Plasmamenge und des Natriumgehaltes des Blutes diagnostisch ausgewertet werden[1]. Für die Enteiweißung ist Trichloressigsäure nicht zu empfehlen. Einzelheiten der Bestimmung[2].

c) Brom[3]. Die Angaben über den Bromgehalt des Blutes schwanken außerordentlich, nicht zuletzt deshalb, weil die Methodik sehr oft zu wünschen übrigläßt[4]. Die Fragen, ob der Bromgehalt des Blutes eine charakteristische Höhe hat, ob er durch die Nahrung bedingt wird und welche physiologische Bedeutung ihm zukommt, sind noch nicht beantwortet[5–8]. Im Schrifttum finden sich Werte von 0,1 bis 2,0 mg%. Gewöhnlich schwanken sie zwischen 0,16 und 0,40 mg%[5]. Die Plasmawerte sind etwas höher, sie schwanken zwischen 0,18 und 0,45 mg%[9]. In den Erythrocyten scheint es sich anzuhäufen[5–7, 10]. Im Serum und Plasma liegt das Brom nur in anorganischer Bindung vor. Die Annahme, daß im Gesamtblut Brom in organischer Bindung vorkommt[11, 12], ist nicht bewiesen. Eine Bromeiweißverbindung wird abgelehnt[5, 13]. Der Bromgehalt schwankt innerhalb der verschiedenen Altersstufen[14]. Bei Kindern finden sich Werte von 0,25 bis 1,0 mg%[15]. Im Blut von Pferden wurde 0,4 bis 0,5 mg%, im Blut von Rindern 0,27 bis 0,70 mg% gefunden[16, 17].

Bromat soll artefiziell im Blut vorkommen, da es bei der Herstellung von Haarwellen verwendet wird[10].

Bestimmung s. [18].

d) Jod[19]. Über den Jodgehalt im menschlichen Blut finden sich recht unterschiedliche Angaben in der Literatur[20]. In erster Linie ist dies darauf zurückzuführen, daß die Analysen mit verschiedenen Verfahren, die zum Teil recht mangelhaft sind, durchgeführt wurden. Es scheint heute sicher, daß bei der trockenen Veraschung Verluste an Jod eintreten oder ein Teil des Jods im Rückstand verbleibt[21]. Nach dieser Arbeit sollen die niedrigen Jodwerte relativ richtig, aber absolut zu niedrig sein. Der wirkliche Wert soll bei 30 bis 35 γ% liegen.

Beim Mann wurden im Durchschnitt 14 γ% (9 bis 16), bei der Frau 17 γ% (11 bis 20) gefunden[22]. Das Blut neugeborener Kinder enthält 4,7 γ% (1 bis 11)[23], das von Kindern 6,6 γ% (3 bis 12)[24], von Katzen 3,7 bis 33 γ%[25]. Bei anderen Säugetieren wurden Mengen zwischen 8 und 15 γ% gefunden[26].

Die Höhe des Blutjodgehaltes ist von äußeren und inneren Einflüssen abhängig. Man kann zwischen einem alkohollöslichen (75%) und einem alkohol-

---

[1] AMBARD, L., J. STAHL e D. KUHLMANN: Diagnost. Tecn. Lab. **9**, 473 (1938). — [2] Hinsberg-Lang 2. Aufl. S. 35ff. — Rappaport S. 46. — HOVI, V.: Suom. Kemist. (B) **22**, 36 (1949). — SWIFT, E. H., G. M. ARCAND, R. LUTWACK and D. J. MEIER: Analyt. Chem., Washington **22**, 306 (1950). — KING, E. J., and D. S. BAIN: Biochem. J. **48**, 51 (1951). — VISWANATHAN, R.: Biochem. J. **48**, 239 (1951). — [3] s. a. S. 699f. sowie Bd. **1**, S. 249. — [4] BERNHARDT, H., u. H. UCKO: B. Z. **155**, 174 (1925). — [5] LEIPERT, T.: Microchim. Acta **3**, 147 (1938). B. Z. **280**, 416 (1935). — [6] KARP, J., u. G. WOLFSOHN: Schweiz. med. Wschr. **69**, 834 (1939). — [7] STRAUB, J.: B. Z. **303**, 398 (1939/40). — [8] MORUZZI, G.: G. Clin. med. **20**, 199 (1939) [Ber. Physiol. **114**, 230]. — [9] WIKOFF, H. L., R. A. BRUNNER and H. W. ALLISON: Amer. J. clin. Path. **10**, 234 (1940). — [10] DUNN, A. L., and A. R. MCINTYRE: J. Lab. clin. Med. **34**, 425 (1949). — [11] DOERING, H.: B. Z. **291**, 81 (1937). — [12] MARGULIES, E.: Diagnost. Tecn. Lab. **9**, 393 (1938). — [13] GUILLAUMIN, C.-O., et B. MEREJKOWSKY: C. R. Soc. Biol. **113**, 1428 (1933). — [14] IBERTI, U., e. V. FABBRINI: Clin. med. ital. (N. S.) **72**, 229 (1941) [Ber. Physiol. **130**, 277]. — [15] GRÜNINGER, U.: Mschr. Kinderheilkde. **74**, 100 (1938). — [16] HASSELBECK, J.: Diss. med. veterin. Hannover 1938. — [17] WEIR, E. G., and A. B. HASTINGS: J. biol. Ch. **129**, 547 (1939). — [18] Hinsberg-Lang 2. Aufl. S. 41.ff. — [19] s. a. S. 679ff. sowie Bd. **1**, S. 251. — [20] FELLENBERG, T. v.: Das Vorkommen, der Kreislauf und der Stoffwechsel des Jods. Ergebn. Physiol. **25**, 207 (1926.) — Ciba-Z. **53**, 1764 (1952). — HESS, B.: Ärztl. Wschr. **1952**, 473. — [21] SCHITTENHELM, A., u. J. BAUER: Z. ges. exp. Med. **119**, 45, 61 (1952). — [22] GUTZEIT, K., u. G. W. PARADE: Z. klin. Med. **133**, 503 (1938). — PERKIN, H. J., and F. H. LAHEY: Arch. internal Med., Chicago **65**, 882 (1940). — WILMANNS, H.: B. Z. **289**, 41 (1937). — ZAK, B., H. H. WILLARD, G. B. MYERS and A. J. BOYLE: J. Lab. clin. Med. **38**, 964 (1951). — [23] TURNER, K. B., A. DE LAMATER and W. D. PROVINCE: J. clin. Invest. **19**, 515 (1940). — WAISSMANN, N. M.: Klin. Med., Moskau **18** (21), 97 (1940). — [24] FASHENA, G. J.: J. clin. Invest. **17**, 179 (1938). — [25] HELIN, B., u. H. ZILLIACUS: Nord. med. Ark. **1939**, 3580. — [26] D'Ans-Lax S. 1743.

unlöslichen (25%) Anteil unterscheiden[1, 2]. In absoluten Zahlen ausgedrückt ist die Jodverteilung im Blut ungefähr folgendermaßen[3, 4]:

Tabelle 143. Jodverteilung im Blut.

Organisch gebundenes Jod	Eiweißjod	in Alkohol unlöslich 2 bis 5 γ%[1]
	Lipoidjod	in Alkohol löslich 10 bis 16 γ%[3].
	Jod in sonstigen organischen Bindungen	

Die alkohollösliche Menge wurde noch weiter in einen, bei schwachsaurer Reaktion in Chloroform löslichen mit Lipoidjod bezeichneten Anteil[2, 3], in einen anorganischen und in einen alkohollöslichen organischen Anteil von 1 bis 3 γ% zerlegt. Das Lipoidjod ist sowohl nach seiner Menge als auch nach seiner Zusammensetzung noch recht wenig gesichert.

Der Jodgehalt des Blutes ändert sich bei Vögeln mit der Jahreszeit[5], beim Salm während der Laichzeit; er kann dann bis auf das Siebenfache ansteigen[6]. Im menschlichen Plasma beträgt das an Eiweiß gebundene Jod 5 bis 8 γ%, das ist mehr als bei Hund, Ratte, Maus und Huhn, die 3 bis 4 γ% eiweißgebundenes Jod besitzen. Dagegen ist das Gesamtplasmajod bei Hunden mit 14 bis 52 γ% viel höher als beim Menschen (5,9 bis 7,6 γ%). Dem Blutjodgehalt, besonders dem eiweißgebundenen Jod, wird in letzter Zeit eine größere Bedeutung zugemessen als dem Grundumsatz[7]. Bei Tuberkulose ist der Blutjodgehalt unverändert[8]. Die Werte sind für das Huhn 6,4 bis 8,4 γ%, für Maus und Ratte 3,4 bis 4,5 γ%[9]. Nach Versuchen mit dem isotopen ^{131}J zu schließen, wird injiziertes Jod sehr bald zu 90% in Thyroxin verwandelt und kreist als solches im Blut[10].

Das Blutjod, insbesondere der organische alkoholunlösliche Anteil, ist erhöht nach erheblicher körperlicher Anstrengung[11], bei Hyperthyreose und Gravidität.

Tabelle 144. Anorganisches und organisches Jod im Blut (in γ%)[12].

	Normal	Vegetativ stigmatisierte	Basedow
Anorganisches Jod	2	14	38
Organisches Jod	12	51	93

Bei Zufuhr von Jod (LUGOLscher Lösung) ist der anorganische alkohollösliche Anteil erhöht. Verminderte Jodwerte beobachtet man bei Myxödem, Kretinismus und Schilddrüsenentfernung[13]. Bei Zufuhr von thyreotropem Hormon steigt der Jodgehalt, insbesondere der organische Anteil[14], an.

[1] GUTZEIT, K., u. G. W. PARADE: Z. klin. Med. **133**, 513 (1938). — [2] VEIL, W. H., u. A. STURM: Dtsch. Arch. klin. Med. **147**, 166 (1925). — LUNDE, G., K. CLOSS u. O. C. PEDERSEN: B. Z. **206**, 261 (1929). — [3] LEIPERT, T.: B. Z. **293**, 99 (1937). — RIGGS, D. S., P. H. LAVIETES and E. B. MAN: J. biol. Ch. **143**, 363 (1942). — [4] WILMANNS, H.: Z. ges. exp. Med. **112**, 1 (1943). — [5] CLARKE, E. L., and E. M. BOYD: J. biol. Ch. **135**, 691 (1940). — [6] LACHIVER, F., et J. LELOUP: Bull. Soc. Chim. biol. **31**, 1128 (1949). — [7] BARKER, S. B., M. J. HUMPHREY and M. H. SOLEY: J. clin. Invest. **30**, 55 (1951). — SWENSON, R. E., and G. M. CURTIS: J. clin. Endocrinol. **8**, 934 (1948). Trans. amer. Ass. Goiter **1947**, 145. — CURTIS, G. M., and M. B. FERTMAN: Ann. Surg. **122**, 963 (1945). — CONNOR, A. C., G. M. CURTIS and R. E. SWENSON: J. clin. Endocrinol. **9**, 1185 (1949). — [8] KLASSEN, K. P., E. L. RILEY and G. M. CURTIS: Amer. Rev. Tuberc. **1945**, 561. — [9] TAUROG, A., and I. L. CHAIKOFF: J. biol. Ch. **163**, 313 (1946). — [10] TAUROG, A., and I. L. CHAIKOFF: J. biol. Ch. **171**, 439 (1947). — TAUROG, A., I. L. CHAIKOFF and C. ENTENMAN: Endocrinology **40**, 86 (1947). — [11] GUTZEIT, K., u. G. W. PARADE: Z. klin. Med. **133**, 503, 513 (1938). — [12] NUERNBERGK, H., u. E. WIDMANN: Kli. Wo. **1931 II**, 1712. — [13] Rappaport S. 53. — Peters-van Slyke 2. Aufl. Bd. 1, S. 54. — [14] LOESER, A.: Kli. Wo. **1937 I**, 913.

Außer Alkohol wurde auch 75%iges Aceton zur Unterteilung des Jods verwendet. Man erhält dabei 1. einen acetonlöslichen, 2. einen acetonunlöslichen, aber wasserlöslichen und 3. einen aceton- und wasserunlöslichen Anteil.

Der erste Anteil entspricht den Jodverbindungen, die später im Harn auftreten[1].

In der Schilddrüse kommt das Jod nur in organischer Bindung vor, bei Kindern werden auch geringe Mengen anorganisches Jod gefunden[2]. Für den Bereich der Stadt New York hat BRUGER besondere Werte veröffentlicht[3]. Das an das Eiweiß gebundene Jod ist hauptsächlich an Albumin gebunden[4]. Das Verhältnis von anorganischem zu organischem Jod wird als *Jodquotient* bezeichnet[5]. Der alkohollösliche Anteil wird hauptsächlich mit dem anorganischen, der alkoholunlösliche mit dem organisch gebundenen Jod (eiweißgebundenes Thyroxin) und dem Jodeiweiß in Beziehung gebracht.

Über die Schwankungen des Jods im Körper s. [6], über den Jodgehalt der Luft s. [7]. Einfluß der Hypophyse[8].

Für die ***Bestimmung*** sind eine große Zahl von Verfahren angegeben worden[9–12].

e) Phosphor[13]. Die Phosphorverbindungen des Blutes gehören sehr verschiedenen Stoffklassen an, die auch physiologisch ganz verschiedenen Zwecken dienen. Die Bedeutung der einzelnen Fraktionen des Blutes ist in den letzten Jahren immer mehr erkannt worden. Von den anorganischen Phosphaten, die klinisch und diagnostisch am häufigsten gebraucht werden, hat man zu unterscheiden die säurelöslichen organischen Phosphorverbindungen. Eine Einteilung dieser Fraktion ist aus dem folgenden Schema ersichtlich[14–16].

Tabelle 145. Phosphatfraktionen im Blut.

Anorganischer P (PO_4-P)	Organischer P	
	a) „Phosphorsäureester“ b) Nucleotide c) Phosphokreatin	a) Phosphatidphosphor (= Lipoid-P) b) Eiweißphosphor
Säurelöslicher P im Serumfiltrat		Säureunlöslicher Phosphor im Serumrückstand

Zu den Nucleotiden zählen Verbindungen wie Adenosintriphosphorsäure, Adenylsäure, Diphosphopyridinnucleotid. Zu den Phosphorsäureestern rechnet man Ester des Glycerins, der Kohlenhydrate und deren Abkömmlinge, sowie

[1] BLUM, F., u. R. GRÜTZNER: H. **85**, 429 (1913); **91**, 392, 450 (1914). — DAVISON, R. A., and G. M. CURTIS: Proc. Soc. exp. Biol. Med. **41**, 637 (1939). — [2] WILMANNS, H.: Z. ges. exp. Med. **112**, 1 (1943). — [3] BRUGER, M., J. W. HINTON and W. G. LOUGH: J. Lab. clin. Med. **26**, 1942 (1941). — [4] BASSETT, M. A., A. H. COONS and W. T. SALTER: Amer. J. med. Sci. **202**, 516 (1941). — [5] GUTZEIT, K., u. G. W. PARADE: Z. klin. Med. **133**, 522 (1938). — [6] SALTER, W. T.: Physiol. Rev. **20**, 345 (1940). — [7] CAUER, H.: B. Z. **292**, 116 (1937); **299**, 69 (1938). — JESSER, H., u. E. THOMAE: Z. analyt. Chem. **125**, 89 (1943). — [8] TAUROG, A., I. L. CHAIKOFF and L. BENNETT: Endocrinology **38**, 122 (1946). — SCHITTENHELM, A., u. J. BAUER: Z. ges. exp. Med. **119**, 45, 61 (1952). — [9] GUTZEIT, K., u. G. W. PARADE: Z. klin. Med. **133**, 503, 513 (1938). — [10] LEIPERT, T.: B. Z. **261**, 436 (1933). — MCCLENDON, J. F., A. C. BRATTON, R. V. WHITE and W. C. FOSTER: Proc. Soc. exp. Biol. Med. **37**, 638 (1938). — WHITE, H. L., and D. ROLF: Proc. Soc. exp. Biol. Med. **45**, 433 (1940). — LACHIVER, F., et J. LELOUP: Bull. Soc. Chim. biol. **31**, 1128 (1949). — ZACHERL, M. K., u. W. STÖCKL: Mikrochem. **38**, 278 (1951). — KLEIN, E.: B. Z. **322**, 388 (1951/52). — [11] Rappaport S. 49. — [12] Hinsberg-Lang 2. Aufl. S. 44ff. — Hallmann 6. Aufl. S. 556. — [13] s. a. S. 431 u. 646ff. sowie Bd. **1**, S. 238. — [14] Rappaport S. 55. — Hinsberg-Lang 2. Aufl. S. 50ff. — Hallmann 6. Aufl. S. 441. — CHRISTENSEN, H. N.: J. biol. Ch. **129**, 531 (1939). — [15] ABDERHALDEN, E.: H. **23**, 521 (1897). — [16] GREENWALD, I.: J. biol. Ch. **14**, 369 (1913/14).

— fälschlicherweise — Kreatinphosphorsäure, die kein Ester, sondern eine Amidsäure ist. Die „Phosphorsäureester“ reduzieren z. T. FEHLINGsche Lösung. Sie sind überwiegend in den Erythrocyten enthalten (s. S. 445 ff.) und werden durch Eiweißfällungsmittel nicht gefällt. Sie sind in dem Filtrat des durch Salz, Essigsäure-Pikrinsäure oder Trichloressigsäure gefällten Blutes oder Plasmas enthalten und werden daher als *säurelöslicher Phosphor* bezeichnet[1, 2]. Diese Fraktion ist dadurch ausgezeichnet, daß sie ätherunlöslich ist.

Klinisch wird vorwiegend die Bestimmung des anorganischen Phosphors im Gesamtblut oder Serum ausgeführt. Der organische, locker gebundene Phosphor ist vorwiegend in den Formbestandteilen enthalten, und es ist selbstverständlich, daß beim Stehen des Blutes sich Zusammensetzung und Menge der einzelnen P-Fraktionen ändern. Deshalb müssen besonders bei der Bestimmung des anorganischen Phosphors die Blutkörperchen sofort nach der Blutentnahme abgetrennt werden, um sekundäre Veränderungen durch Hämolyse und andere Vorgänge zu vermeiden. Schon 2 bis 3 Std nach der Blutentnahme ist eine Vermehrung des organischen Phosphors auf Kosten des anorganischen festzustellen. Später tritt eine Umkehr dieses Vorganges ein, indem eine Vermehrung des anorganischen Phosphors durch raschen Zerfall des säurelöslichen veresterten Phosphors eintritt. Diese Reaktion tritt im hämolysierten Blut sofort auf. Im eiweißfreien Blutfiltrat oder Serumfiltrat sind die Phosphorester beständig[3], weil die Fermente, welche die Spaltung verursachen, entfernt sind. Auch Umesterungen durch Phosphatasen sind möglich.

Über die Verteilung der einzelnen P-Fraktionen im menschlichen Blut s.[4] und Tabelle 146.

Aus dem Phosphatid-P läßt sich das Lecithin durch Multiplikation mit 25 errechnen[5]. Im Serum handelt es sich überwiegend um Phosphatid-P mit sehr wenig Nuclein-P. Im Gesamtblut spielt der Nuclein-P besonders bei kernhaltigen Blutkörperchen eine wesentliche Rolle. In dem mit Trichloressigsäure enteiweißten Oxalatblut läßt sich durch Aufnahme der Hydrolysekurve mit n HCl der säurelöslichePhosphor in eine Anzahl von Fraktionen aufteilen (Tabellen 145 u. 146). Zuckerphosphorsäureester s.[6], Triosephosphorsäure[7], Phosphobrenztraubensäure[8], Glycerinphosphorsäure[9].

Tabelle 146. Phosphorverteilung im Gesamtblut von Mensch und Tier (in mg%)[10, 11].

	Kind	Mensch 40 Jahre	Hund jung	Hund alt	Kaninchen
Gesamt-P		36	46,6	43,6	43,4
Gesamtsäurelöslicher P		19	28,7	25,4	30,4
Säureunlöslicher P		17	17,9	18,2	13,0
Anorganischer P (PO_4-P)	4—6	3—4	6,1	2,8	2,7
Pyrophosphat-P (Adenosintriphosphorsäure)		5,4	3,1	2,0	3,3
Esterphosphat-P	4—7	2—5	3,9	4,8	6,1
Diphosphoglycerinsäure-P		11,0	15,6	15,8	18,7
Lipoid-P		10,0		15,0	14,0

[1] GREENWALD, I.: J. biol. Ch. **14**, 369 (1913). — [2] BLOOR, W. R.: J. biol. Ch. **36**, 49 (1918). — GUEST, G. M., and S. RAPOPORT: Organic acid-soluble phosphorus compounds of the blood. Physiol. Rev. **21**, 410 (1941). — [3] Rappaport S. 55. — Hinsberg-Lang 2. Aufl. S. 50. — Hallmann 6. Aufl. S. 524. — CHRISTENSEN, H. N.: J. biol. Ch. **129**, 531 (1939). — [4] STEARNS, G., and E. WARWEG: J. biol. Ch. **102**, 749 (1933). — [5] Peters-van Slyke Bd. I, S. 238. — [6] LOHMANN, K.: B. Z. **194**, 306 (1928); **254**, 381 (1932). — [7] MEYERHOF, O., u. K. LOHMANN: B. Z. **271**, 89 (1934). — [8] MEYERHOF O., u. K. LOHMANN: B. Z. **273**, 60 (1934). — [9] RAPOPORT, S.: B. Z. **291**, 429 (1937). — [10] Rappaport S. 63. — [11] D'Ans-Lax S. 1743.

Über die Verteilung der P-Verbindungen zwischen Erythrocyten und Serum s. S. 426 u. 445. Weitere Werte für die Phosphorfraktionen im Tierblut s. SALGUES[1]. Die P-Menge im Blut der Kaltblüter ist höher als in dem der Warmblüter[1].

Der Gehalt an anorganischer Phosphorsäure ist abhängig vom Lebensalter. In 100 cm^3 Serum von Erwachsenen fand man mit der Molybdatmethode bei Männern 2,8—**3,8**—4,8 mg, bei Frauen 3,5—**4,0**—4,9 und bei Kindern 4,6—**5,7**—7,2 mg anorganisches Phosphat[2, 3]. Die Menge des anorganischen Phosphors geht dem Phosphatasegehalt parallel[4].

Der Gehalt des Serums an anorganischem Phosphor kann beim Menschen auch durch Ultraviolettbestrahlung gesteigert werden[4]. Beim Kind sinken die anorganischen P-Werte im Winter ab, um im Frühjahr wieder anzusteigen[5]. Auch beim Kaninchen sind jahreszeitliche Schwankungen sowohl des Ca- als auch des P-Gehaltes festgestellt worden[6], und zwar ist der Ca-Gehalt im Mai und November am höchsten, im Januar und September am niedrigsten; der P-Gehalt verhält sich gerade umgekehrt.

Eine Erhöhung des anorganischen Phosphors findet sich bei Muskelarbeit[7], Tetanie und bei ausheilender Rachitis. Ferner bei Nephritiden (bis über 8 mg % PO_4-P), toxischem Eiweißzerfall und bei Heilung von Knochenbrüchen[8], bei Tabes, Hypervitaminose D (nach Vitamin D-Zufuhr Steigerung des säurelöslichen Phosphors), Hypoparathyreoidismus. Vermindert ist der P-Gehalt bei alimentärer Glykämie und unter Insulinwirkung, bei Pneumonie, florider Rachitis (bei Kindern 1 bis 2 mg % PO_4-P), bei Osteomalacie und Hyperparathyreoidismus[7]. Zwischen dem Ca- und P-Stoffwechsel bestehen enge Beziehungen, die besonders bei der Rachitis gestört sind. Hier findet sich bei normalem Calciumgehalt eine Verminderung des anorganischen P mit stärkster Phosphatasevermehrung (Näheres s. S. 716). Auch bei dekompensierten Kreislaufkranken sind Veränderungen beobachtet worden[9], desgleichen bei Diabetikern [10].

Tabelle 147. P-Verteilung im Gesamtblut von Tieren (in mg%)[11].

	Huhn	Pferd	Rind	Schaf	Schwein	Hund	Katze	Meer-schwein	Ratte
Gesamt-P . . .	91,2	26,6—27,4	18,2—22,7	16,7—19,9	20,3—21,7	43,6	26,5	35,0	41,0
Lipoid-P . . .	9,5	8,0	8,4—10,9	8,0—10,4	11,2—11,9	14,6	14,9	8,1	9,9
Säurelöslicher P	34,2	16,1—18,6	9,3—11,8	8,7— 9,4	9,0— 9,7	22,2	5,7	20,7	25,3
Anorganischer P	3,2	1,6— 2,1	5,4— 7,0	4,3— 6,1	5,4	3,2	4,1	3,8	3,0
Nuclein-P . . .	47,4	0,6— 0,7	—	—	—	3,6	1,8	2,3	1,8

Die Bestimmungen erfolgten nach GREEN[12], die Nuclein-P-Werte sind errechnet und nicht sicher. Weitere Anteile im Tierblut s. GUEST u. RAPOPORT[13]. Über das Vorkommen von Lipoidphosphor s. Näheres im Abschnitt über die Lipoide des Blutes und Serums (s. unten u. S. 331).

Ein niedriger Kaliumgehalt (37,5 mMol pro 1000 g und weniger) ist bei Katze, Rind, Ziege, aber nicht beim Hund mit einem niedrigen Gehalt an organischem P

[1] SALGUES, R.: Cr. **204**, 524 (1937). Bull. Soc. Chim. biol. **20**, 1223 (1938). — [2] SIMONSEN, D. G., M. WERTMAN, L. M. WESTOVER and J. W. MEHL: J. biol. Ch. **166**, 747 (1946). — [3] BOMSKOV, C., u. H. NISSEN: Z. ges. exp. Med. **85**, 142 (1932). — [4] SCHEER, K., u. A. SALOMON: Jb. Kinderheilkde. **103**, 129 (1923). — [5] RUDDER, B. DE: Umschau **42**, 1119 (1938). — [6] GRANT, J. H. B., and F. L. GATES: Proc. Soc. exp. Biol. Med. **22**, 315 (1925). — [7] Rappaport S. 63. — [8] GYÖRGY, P., u. E. SULGER: Z. ges. exp. Med. **45**, 224 (1925). — [9] GERÉB, S., u. D. LASZLO: Kli. Wo. **1932 I**, 800. — [10] MEIER, R., u. E. THOENES: A. e. P. P. **161**, 119 (1931). — [11] MALAN, A. I.: 16. Rep. veterin. Res. S.-Afr. 307, 327 (1930) [Ber. Physiol. **60**, 86]. — SALGUES, R.: Bull. Soc. Chim. biol. **20**, 1223 (1938). — [12] GREEN, H. H.: J. agric. Sci. **18**, 372 (1928) [Ber. Physiol. **49**, 62]. — [13] GUEST, G. M., and S. RAPOPORT: Organic acid soluble phosphorus compounds of the blood. Physiol. Rev. **21**, 410—437 (1941).

verbunden (6,2 mMol und weniger). Bei Tieren mit einem hohen Kaliumgehalt kommt auch ein hoher organischer säurelöslicher P-Wert vor (13,2 mMol und mehr)[1].

Tabelle 148. Verteilung der Phosphatfraktionen zwischen Serum, Erythrocyten und Gesamtblut des Menschen (in mg%)[2].

	Gesamt-P	Lipoid-P	säurel. P	anorg. P	Nuclein-P	Lecithin
Gesamtblut	33	8—18	19	2	2,2—3,4	300
Serum	14	5—12	—	3,4	—	190
Erythrocyten	70	16—20	—	5	—	400

Bestimmung s. [3, 4].

Nucleotide, Phosphatide und *Sphingomyeline* s. S. 330ff.

f) Schwefel[5] kommt im Blut in verschiedener Bindung vor, und zwar als

1. *anorganisches Sulfat* (SO_4-Ionen).
2. *Ester-Schwefelsäure* (nicht ionisiert, organische Schwefelsäure, fälschlicherweise auch als Ätherschwefelsäure bezeichnet), z. B. im Harnindican und in anderen gepaarten Schwefelsäuren.
3. *Organisch gebundener Schwefel*, meist als zweiwertiger S, auch Eiweißschwefel oder Neutralschwefel genannt, z. B. in Serumeiweiß, Glutathion, Methionin und Cystein.

Der einwandfreie Nachweis von Sulfosäuren steht noch aus. Die unter 1 und 2 genannten Schwefelfraktionen werden auch unter dem Namen Nicht-Eiweißschwefel zusammengefaßt. Ein Teil der Sulfate ist in einzelnen Seren in einer organischen, nichtultrafiltrierbaren Form vorhanden[6].

Lange spielte der Schwefelgehalt des Blutes in der Klinik keine Rolle, dann wurde zunächst dem Sulfatschwefel Beachtung geschenkt. Heute wird mehr auf das Verhältnis der drei verschiedenen Schwefelanteile geachtet[7].

Tabelle 149. Schwefelverteilung im enteiweißten menschlichen Blutserum (in mg%)[7].

	Mittelwerte	Grenzwerte	Mann	Frau
Gesamt-S (= Rest-S)	3,4	2,95—3,75	3,5	3,2
Sulfat-S	1,6	1,0 —1,85	1,6	1,5
Ester-S	0,4	0,25—0,65	0,4	0,4
Neutral-S	1,4	0,90—1,95	1,5	1,3

An *Glutathion* wurde im Gesamtblut des Menschen 35 mg% gefunden. Der höchste Wert ist bei Kaninchen mit 54 mg%, der niedrigste Wert bei Hunden mit 24 mg% gefunden worden[8]. In der folgenden Tabelle sind die S-Werte im Gesamtblut, im nichtenteiweißten Plasma und in den Erythrocyten einander gegenübergestellt; obwohl die absoluten Mengen etwas hoch erscheinen, geben die Zahlen doch einen guten Anhalt über die Aufteilung der Schwefelfraktionen. In den geformten Bestandteilen ist ein Teil des Nichteiweißschwefels diffusibel, ein anderer nichtdiffusibel; der letztere kann schlechthin auf Glutathion bezogen werden. Der diffusible Schwefel entspricht etwa 55% des Plasmaschwefels[9].

---

[1] Kerr, S. E.: J. biol. Ch. **117**, 227 (1937). — [2] H.-Th. 10. Aufl. Bd. V, S. 132. — [3] Hinsberg-Lang 2. Aufl. S. 50ff. — [4] Rappaport S. 55. — [5] s. a. S. 651ff. sowie Bd. **1**, S. 243. — [6] Guillaumin, C.-O.: C. R. Soc. Biol. **135**, 99 (1941). — [7] Sturm, A., u. A. Pothmann: Z. klin. Med. **137**, 467 (1940). — [8] D'Ans-Lax S. 1743. — [9] Hajdu, N.: H. **206**, 217 (1932).

Tabelle 150. Schwefelverteilung im menschlichen Blut (in mg%)[1].

	Gesamtblut	Plasma	Erythrocyten
Gesamt-S	122,1	141[2]	190,0
Eiweiß-S	118,0	137	185,9
Nichteiweiß-S	4,0	4,1	4,1
Anorganischer S	1,4	1,1	1,5
Ester-S (Organischer-Nichteiweiß-S)	2,7	3,0	2,5
Ester-S (Anorganischer-Nichteiweiß-S)	1,9	2,7	1,7
100 Teile Gesamt-S enthalten:			
Eiweiß-S	96,7	94,2	97,9
Ester-S	2,2	4,2	1,3
Anorganischen S	1,1	1,6	0,8

Bei Nierenerkrankungen beruht die Steigerung des Gesamtschwefels im enteiweißten Serum fast ausschließlich auf dem Anstieg des Sulfatschwefels und des Esterschwefels, wobei die Vermehrung des Esterschwefels die des Sulfatschwefels meist noch übertrifft. Der Neutralschwefel ist in keiner Weise an die Bewegung des Rest-N gebunden. Abweichungen im Blutschwefel beobachtet man ferner bei Nebennieren-, Leber-, und akuten Infektionserkrankungen und bei Diabetes[3,4]. Besonders bei Sepsis sind auffallend niedrige Glutathionwerte beobachtet worden. Auch im Alter nimmt die Gesamtmenge an Glutathion ab.

Der *Neutralschwefel* wird von den S-haltigen Aminosäuren bzw. Aminosäureabkömmlingen und Peptiden gebildet; von ihnen finden sich Ergothionein und Glutathion hauptsächlich in den Erythrocyten (s. S. 448f.). Cystin ist im Rattenblut in kleinen Mengen abhängig von der Nahrung vorhanden.

Bestimmung s. [5,6].

An sonstigen schwefelhaltigen Verbindungen wurden aus 1000 kg Rindertrockenblut 3,5 kg Dimethylsulfon ($CH_3-SO_2-CH_3$) erhalten[7]. Dieser Befund ist auffallend, da Sulfone als Bestandteile tierischer und pflanzlicher Zellen bisher unbekannt waren.

g) Rhodan[8]. Im Gesamtblut wurden 0,1 bis 0,2 mg% Rhodan (SCN^-) als Kupferpyridinkomplex [Cu Pyr. $(SCN)_2$] gefunden[9]. Es werden auch Werte von 0,04 bis 1,1 mg% für Säugetiere angegeben[10]. Daneben 0,015 bis 0,075 mg% für Vögel und 0,75 bis 3,5 mg% für Insektenblut[10]. Nach einer unbestätigten Angabe soll das ionisierte Rhodan mit einem Lipoid im Gleichgewicht stehen[11]. Es ist ferner ein Ferment gefunden worden, die *Rhodanese*, welche aus HCN- und S-haltigen Verbindungen die Rhodanbildung katalysiert[12].

Bestimmung s. [13].

h) Nitrite[14]. Als Durchschnittswerte für Nitrite beim Erwachsenen werden 0,8 γ% (0,0 bis 1,6) angegeben. Gelegentlich, besonders in den Sommermonaten, fehlt es auch bei Personen, die sonst Nitrit im Blut aufweisen. Bei Zufuhr von nitrithaltigen bzw.

---

[1] LARIZZA, P.: Fisiol. e Med. **6**, 203 (1935). — [2] D'Ans-Lax 2. Aufl. S. 1743 — [3] STURM, A., u. A. POTHMANN: Z. klin. Med. **137**, 467 (1940). — [4] SCHREIBER, H.: Ergebn. Hyg. **14**, 271 (1933). — [5] Hinsberg-Lang 2. Aufl. S. 63. — WALTER, R. N.: Analyt. Chem., Washington **22**, 1332 (1950). — PERKOWITZ, L. P., and E. L. SHIRLEY: Analyt. Chem., Washington **23**, 1709 (1951). — [6] STURM, A., u. A. KAUTZSCH: Z. klin. Med. **137**, 460 (1940). — SCHÖBERL, A.: Z. analyt. Chem. **128**, 210 (1948). — [7] RUZICKA, L., M. W. GOLDBERG u. H. MEISTER: Helv. **23**, 559 (1940). — [8] s. a. S. 20 u. 67 sowie Bd. **1**, S. 233, 246. — [9] STUBER, B., u. K. LANG: Dtsch. Arch. klin. Med. **175**, 564; **176**, 213 (1933). — LANG, K.: B. Z. **259**, 243; **262**, 14; **263**, 262 (1933). — [10] BACQ, Z. M., et P. FISCHER: Bull. Soc. Chim. biol. **29**, 308 (1947). — [11] ROSENBAUM, J. D., and P. H. LAVIETES: J. biol. Ch. **131**, 663 (1939). — [12] MENDEL, B., H. RUDNEY and M. C. BOWMAN: Cancer Res. **6**, 495 (1946). — [13] GOLDSTEIN, F.: J. biol. Ch. **187**, 523 (1950). — Hinsberg-Lang 2. Aufl. S. 70. — [14] s. a. Bd. **1**, S. 238.

nitritbildenden Stoffen und Heilmitteln kann der Gehalt im Blut auf 4 bis 5 γ% ansteigen[1]. Übermäßige Nitritzufuhr kann zu schweren toxischen Erscheinungen und zum Tode führen[2].

Bestimmung s. [3].

i) Silicium[4] (s. a. S. 690ff.). Die Angaben über den Siliciumgehalt des menschlichen Blutes sind recht unzuverlässig. Mit chemischen Methoden erhielt man Werte von 0,2 bis 29,2 mg%[5]. Spektroskopisch schwanken die Werte zwischen 0 und 0,05 mg%[6] und 8 bis 9 bis 24 bis 28 mg%[7]. Im Ochsenblut soll alkohollösliches organisch gebundenes Silicium vorkommen[8]. Von den bisher angegebenen *Bestimmungsverfahren* ist keines restlos befriedigend.

Über die Physiologie und Pathologie der Kieselsäure s. [9].

c) Die geformten Bestandteile des Blutes[10—17].

Von **K. Hinsberg**, bearbeitet von **H. W. Berendt**.

[1] Stieglitz, E. J., and A. E. Palmer: Arch. internal Med., Chicago **59**, 620 (1937). — [2] Becker, E.: Dtsch. med. Rdsch. **3**, 900 (1949). — [3] Hänni, H.: Mikrochem. **36/37**, 912 (1951). — [4] s. a. Bd. **1**, S. 234. — [5] Frank, H., u. G. Gerstel: H. **253**, 225 (1938). — Kraut, H., u. M. Weber: H. **275**, 127 (1942). — Kraut, H.: H. **194**, 81 (1931). — Bodnár, J., u. T. Török: H. **261**, 257 (1939). — [6] Weil, H.: A. e. P. P. **188**, 377 (1938). — [7] Richter, C.: Arbeitsschutz **1940**, 87. — [8] Holzapfel, L., u. I. Kerner-Esser: Naturwiss. **31**, 386 (1943). — [9] King, E. J., and T. H. Belt: Physiol. Rev. **18**, 329 (1938).

Zusammenfassende Darstellungen über geformte Bestandteile des Blutes: 10—17. [10] Kanitz, A.: Chemie der isolierten Zellen. A. Blutkörper. Handb. Biochem. **2**, 560—586 (1925). — [11] Edlbacher, S.: Deskriptive Chemie der Zelle. Handb. Biochem. Erg.-W. **1/B**, 769—782 (1933). — [12] Bürker, K.: Die körperlichen Bestandteile des Blutes. Handb. Physiol. **6/1**, 3—75 (1928). — Higgins, G. M.: Formed elements of the blood. Ann. Rev. Physiol. **3**, 283 bis 312 (1941). — Osgood, E. E.: Blood cytology. Ann. Rev. Physiol. **10**, 181—200, (1948). — *Anatomisches:* [13] Brodersen, J.: Handb. mikroskop. Anat. (v. Möllendorff) **2/1**, 584 bis 678 (1927). — *Klinisches:* [14] Naegeli, O.: Blutkrankheiten und Blutdiagnostik. 5. Aufl. Berlin 1931. — [15] Schleip, K., u. A. Alder: Atlas der Blutkrankheiten und des normalen und pathologischen Knochenmarks. 4. Aufl. Berlin-München 1949. — [16] Heilmeyer, L., u. H. Begemann: Morphologie und Physiologie des erythrocytären Systems. Handb. inn. Med. (Bergmann-Frey-Schwiegk) 4. Aufl. **2**, 68—184 (1951). — [17] Schulten, H.: Lehrbuch der klinischen Hämatologie. 4. Aufl. Stuttgart 1948.

α) Die roten Blutkörperchen.

1. Allgemeines.

a) Form und Größe. Die vollentwickelten Blutkörperchen sind beim Menschen und anderen Säugetieren runde, elastische, bikonkave Scheiben ohne Kern, die in der Masse rot, einzeln schwach gelblich erscheinen. Bei Kamelen, Lamas und deren Verwandten findet sich eine mehr oder weniger elliptische Form. Die Farbe und den Namen verdanken sie dem Blutfarbstoff, dem Hämoglobin. Bei den Vögeln, Amphibien und Fischen (mit Ausnahme der Cyclostomen) sind die roten Blutkörperchen im allgemeinen kernhaltig. Die Größe wechselt bei den verschiedenen Tierarten, sie sind um so kleiner, je größer die Zahl der Erythrocyten in der Raumeinheit ist[1]. Beim Menschen[2] haben die roten Blutkörperchen einen Durchmesser von im Mittel 7,1 bis 7,9 μ. Zellen über 9 μ werden Makrocyten oder Megalocyten, solche unter 6 μ Mikrocyten genannt. Die Dicke der roten Blutkörperchen[3, 4] beträgt etwa 2 μ, ihr Volumen[5] etwa 90 (60 bis 120) μ^3, ihre Oberfläche 100 bis 115 μ^2. BÜRKER[6] berechnet die Gesamtoberfläche der Erythrocyten auf 3200 m².

Tabelle 151. Anzahl der roten Blutkörperchen und Hämoglobingehalt im Blut[3, 15–17].

	Millionen in mm³	g Hb in 100 cm³
Mann[3]	5—5,55	16,0
Frau[2]	4—4,5	14,5
Kind[3]	4,5	
Neugeborene[16]	5,06	19,5
Pferd[18]	6,94	12,4
Rind[18]	5,72	10,8
Schwein[18]	7,44	16,1
Ziege[18]	13,94	10,9
Schaf[18]	10,7	11,9
Hund[17]	5,0—6,2	9—15,1
Kaninchen[18]	5,86	11,9
Ratte[18]	8,57	15,2
Frosch[15]	0,45	14,6
Taube[15]	3,18	13,7
Henne[15]	2,77	9,6

b) Die Anzahl der roten Blutkörperchen schwankt im Blut verschiedener Tierarten stark. Beim Neugeborenen ist sie größer als beim Erwachsenen[7]. Außerdem sind die Umwelteinflüsse von großer Bedeutung für die Erythrocytenzahl; im luftverdünnten Raum und in großen Höhen ist sie vermehrt[8]. Daraus geht schon hervor, daß das Blutbild weitgehend ortsgebunden ist. Die Art der Nahrung wirkt ebenfalls auf die Zusammensetzung des Blutbildes[9], vor allem dürfte den B-Vitaminen ein Einfluß zuzusprechen sein. Auch hormonale Vorgänge müssen berücksichtigt werden[10, 11]. Der Einfluß der Menstruation auf die Zahl der roten Blutkörperchen wird verschieden beurteilt[12, 13]. Über die Zahl der roten Blutkörperchen bei sporttreibenden Frauen[14].

Weitere Tierwerte s. AIKI[1].

Die Bestimmung der Erythrocytenzahl aus Volumenkonzentration und elektrischer Leitfähigkeit soll wesentlich genauer sein als das Zählkammerverfahren[19].

---

[1] AIKI, T.: Okayama-Igakkai-Zasshi **51**, 2461 (1939). — [2] HEILMEYER, L. u. H. BEGEMANN: Morphologie und Physiologie des erythrocytären Systems. Handb. inn. Med. (BERGMANN-FREY-SCHWIEGK) 4. Aufl. **2**, 68—184 (1951). — [3] EDLBACHER, S.: Deskriptive Chemie der Zelle. Handb. Biochem. Erg.-W. **1**/B, 769—782 (1933). — [4] BOROS, J. v.: Ergebn. inn. Med. **42**, 635 (1932). — [5] ALDER, A.: Z. klin. Med. **88**, 74 (1919). — FROEHLICH, C.: Folia haematol., Leipzig **27**, 109 (1922). — [6] BÜRKER, K.: Die körperlichen Bestandteile des Blutes. Handb. Physiol. **6**/1, 3—75 (1928). — [7] BIERRING, K.: Acta med. scand. **55**, 584 (1921). — [8] ABDERHALDEN, E.: Z. Biol. **43**, 125, 443 (1902); dort auch Schrifttum. — [9] JONES, E. S., K. B. MCCALL, C. A. ELVEHJEM and P. F. CLARK: Blood **2**, 154 (1947). — [10] BAIRD, E. E,. and K. P. DIXON: Amer. J. clin. Path. **18**, 470 (1948). — [11] LEVENS, H.-E.: Med. Mschr. **3**, 424 (1949). — [12] DANFORTH, D. N., P. K. BOYER and S. GRAFF: Endocrinology **39**, 188 (1946). — [13] DÖRING, G. K.: Pflügers Arch. **252**, 292 (1949/50). — [14] MARLOFF, H.-J.: Pflügers Arch. **251**, 241 (1949). — [15] KANITZ, A.: Chemie der isolierten Zellen. A. Blutkörper. Handb. Biochem. **2**, 560—586 (1925). — [16] BÖRNER, R.: Pflügers Arch. **220**, 716 (1928). — [17] DOMARUS, A. v.: Einführung in die Hämatologie. Leipzig 1929 (4. Aufl. des Taschenbuches der klinischen Hämatologie). — [18] EISBRICH, F.: Pflügers Arch. **203**, 285 (1924). — [19] SCHWAN, H.: Pflügers Arch. **251**, 550 (1949).

c) Bau der Erythrocyten. Die Benutzung des Elektronenmikroskops hat in den letzten Jahren die Kenntnisse über den Bau der Erythrocyten erweitert. Trotzdem ist eine völlige Klarheit darüber, ob es sich bei den roten Blutkörperchen um einen mit Hämoglobin gefüllten Ballon oder um einen Gerüstbau mit eingelagertem Hämoglobin handelt, nicht erzielt worden. Im allgemeinen überwiegt aber die Ansicht, daß es sich bei den roten Blutkörperchen um eine cytologisch begrenzte Zelle handelt. WOLPERS[1] fand eine Membran von 15 mμ Dicke, die aus einem Netz von Eiweißmicellen mit mosaikartig eingelagerten Lipoiden bestehen soll. PONDER[2] spricht sich mehr für einen lamellären Schichtbau aus Grenzflächenlipoiden und Stromatineiweiß aus. Demgegenüber steht die Ansicht von JUNG[3], der in der Erythrocytenmembran einen Schichtbau sieht, der außen von einer monomolekularen Lipoidschicht bekleidet ist, an die sich Stromatineiweißmicellen anbauen. Diese Zellmembran ist nach außen scharf begrenzt, während die Innenfläche gegen das Zellinnere hin schnell an Dichte abnimmt. Nach neueren Untersuchungen von LINDEMANN[4] ist die Membran der Erythrocyten zweiseitig scharf begrenzt. Sie soll durch Dehydratisierung der äußeren Protoplasmaschicht des Erythroblasten entstehen, während das Protoplasma im Innern durch Einlagerung von Hämoglobin verflüssigt wird[5].

Während über die geschilderte Membranstruktur im großen und ganzen Einigkeit besteht, ist die Art und Weise, wie das Hämoglobin im Erythrocyten festgehalten wird, noch umstritten. LINDEMANN[4] nimmt an, daß kein Innengerüst besteht, sondern daß das Hämoglobin in Form eines polymolekularen Assoziates vorliegt. Diese Assoziate sollen ein Gerüstwerk im Zellinnern vortäuschen können. Auch JUNG[6] lehnt ein Innengerüst ab. Das Fehlen eines Innengerüstes wird aber nicht als bewiesen anerkannt[2, 7]. Über die Struktur des Stromaeiweißes s. S. 440. Nach neueren Untersuchungen soll die Erythrocytenmembran aus 4 verschiedenen Lipoproteiden bestehen, die aber eventuell durch Aufspaltung eines einzigen Eiweißkörpers entstanden sein können[8].

d) Isotonie, Hämolyse und Cytolyse[9–12]. ***Begriffsbestimmung:*** Eine *isotonische Lösung* hat den gleichen osmotischen Druck wie das Serum des Blutes, aus dem die Erythrocyten stammen. In einer solchen Lösung, z. B. in 0,95%iger NaCl-Lösung, verändern sie ihr Aussehen mehr zur Kugelform hin. Auch treten chemische Veränderungen durch Abgabe von Stoffen ein[2]. An Lösungen mit größerem Salzgehalt, *hypertonische*[2] *Lösungen*, geben die Blutkörperchen unter Schrumpfung Wasser ab, bis das osmotische Gleichgewicht wiederhergestellt ist. In Lösungen mit geringerem Salzgehalt, *hypotonischen Lösungen*, quellen sie unter Aufnahme von Wasser. Unter *Hämolyse* versteht man den Austritt von Hämoglobin aus den Erythrocyten. Hiermit ist ein Untergang der Zelle nicht unbedingt verbunden. Unter bestimmten Bedingungen ist die Zelle sogar in der Lage, den begonnenen Austritt des Hämoglobins zu unterbrechen und einen Teil des Blutfarbstoffes wieder aufzunehmen[13, 14]. Statt von Hämolyse spräche man besser von Hämoglobinolyse.

---

[1] WOLPERS, C.: Naturwiss. **29**, 416 (1941). — [2] PONDER, E.: Hemolysis and Related Phenomena. New York 1948. — [3] JUNG, F.: Kli. Wo. **1942**, 917. — [4] LINDEMANN, B.: A. e. P. P. **206**, 439 (1949); **209**, 44 (1950). — [5] BRAUNSTEINER, H.: Wien. klin. Wschr. **1950**, 585. — [6] JUNG, F.: Kli. Wo. **1946/47**, 459. Naturwiss. **37**, 229, 254 (1950). — [7] BINGOLD, K., u. W. STICH: M. m. W. **1950**, 1. — [8] PEROSA, L., and G. RACCUGLIA: Exper. **8**, 382 (1952).

Zusammenfassendes über Hämolyse: 9-12. [9] ALDER, A.: Handb. Physiol. **6**/1, 550—566 (1928). — [10] BRINKMAN, R.: Handb. Physiol. **6**/1, 567—585 (1928). — [11] HAMBURGER, H. J.: Bestimmung der Resistenz der roten Blutkörperchen. Handb. biol. Arb.-Meth. Abt. IV, Teil 3, 263—298 (1924). B. Z. **129**, 163 (1922). — [12] s. a. [2].

[13] BRINKMAN, R., and A. v. SZENT-GYÖRGYI: J. Physiol., London **58**, 204 (1923). — STARLINGER, W.: Z. ges. exp. Med. **54**, 464 (1927). — [14] LINDEMANN, B.: A. e. P. P. **206**, 615 (1949).

Unter *Cytolyse*, besser Stromatolyse, ist der Zerfall der roten Blutzellen zu verstehen, bei dem natürlich auch das Hämoglobin in das umgebende Milieu abströmt.

Vorgang der Hämolyse: PONDER[1] teilt den Vorgang der Hämolyse in verschiedene Phasen ein:

1. Die prolytische Phase zeichnet sich dadurch aus, daß der Erythrocyt die Kationenimpermeabilität verliert und Kugelform annimmt (s. a. Abschnitt Permeabilität, S. 422).

2. Die lytische Phase umfaßt den eigentlichen Hämoglobinaustritt aus den Erythrocyten.

3. Die stromatolytische Phase setzt sofort nach Beginn des Hämoglobinaustritts aus der Zelle ein und führt zu Veränderungen des Zellstromas durch die verschiedenartigsten Lysine.

Dabei wird angenommen, daß 2 Mechanismen nebeneinander herlaufen:

a) eine Ruptur der oberflächlichen Lipoidhülle und

b) eine Dehnung des Proteinmaschenwerkes[2].

Es gibt zahlreiche Möglichkeiten, eine Hämolyse bei roten Blutkörperchen hervorzurufen. Am bekanntesten sind mechanische Einwirkungen, osmotische Druckunterschiede, abwechselndes Gefrieren und Wiederauftauenlassen des Blutes.

Arten und Ursachen der Hämolyse: Wasser oder hypotonische Salzlösungen bewirken die *osmotische* Hämolyse der Erythrocyten. Dabei kommt es zu Wasseraufnahme in die Zelle[3] und zu den oben beschriebenen Veränderungen an der Membran. Es muß angenommen werden, daß schon geringfügige Dehnungen der Poren zu Hämoglobinaustritt führen können. Elektronenmikroskopische Untersuchungen zeigten, daß die Membran bei der osmotischen Hämolyse nicht zerstört wird[4]. Daher wurden auch Veränderungen am Hämoglobinmolekül angenommen. Es soll zu einem Zusammenbruch der polymolekularen Hämoglobinassoziate bis zur diffusiblen Größe kommen[4]. Bei der Hypotoniehämolyse werden ähnliche Vorgänge angenommen.

Die *mechanische Hämolyse* ist eine Cytolyse durch mechanische Einwirkung und dadurch bedingten Hämoglobinaustritt.

Die größte Bedeutung hat wohl die *kolloidosmotische Hämolyse* im Sinne WILBRANDTS[5]. Er nimmt an, daß durch Einwirkung eines Lysins auf den Erythrocyten die Kationenimpermeabilität der Zelle verlorengeht. Wegen des Verlustes des osmotischen Gleichgewichtes nimmt die Zelle Wasser auf, da das Hämoglobin für einen höheren osmotischen Druck in der Zelle verantwortlich zu machen ist. Die Hämolyse läuft ab, wie oben unter „Vorgang der Hämolyse" geschildert.

Die *Wärmehämolyse* ist ein recht komplexer Vorgang. So verläuft z. B. bei Rinderblutkörperchen die Hämolyse nicht proportional der Temperaturerhöhung, sondern in zwei kritischen Sprüngen. Der erste liegt bei 40 bis 43°, der zweite bei 60 bis 62°. Beim ersten Sprung beobachtet man eine Steigerung der Hämolyse um das 5fache, beim zweiten um das 4fache. Insgesamt steigert sich die Hämolyse bei einer Temperaturerhöhung von 40 auf 50° um das 18fache und bei einer weiteren von 50 auf 60° noch um das 7,4fache[6]. Während WILBRANDT[5] die Wärme-

---

[1] PONDER, E.: Hemolysis and Related Phenomena. New York 1948. — [2] DAVSON, H., and E. PONDER: Biochem. J. **32**, 756 (1938). — [3] s. S. 419. — [4] LINDEMANN, B.: A. e. P. P. **206**, 197 (1949). — [5] WILBRANDT, W.: Pflügers Arch. **245**, 22 (1942). — [6] SMORODINZEW, I. A., et T. P. FEDIAI: Bull. Soc. Chim. biol. **20**, 1429 (1938) [Ber. Physiol. **112**, 433].

hämolyse als kolloidosmotische Hämolyse bezeichnet, sieht JUNG[1] in ihr einen komplexen Vorgang aus Hitzedenaturierung der Erythrocytenmembran und aus gesteigerter Ionenpermeabilität.

Auch *stark oberflächenaktive Stoffe*, die lipoidlöslich oder eiweißfällend sind, können Hämolyse hervorrufen: Äther, Chloroform, Alkohol, Seifen der höheren, besonders der ungesättigten Fettsäuren, Gallensäuren mit ihren Salzen, Saponine[2], Phosphatide, Wasserstoffionen, Schwermetallsalze ($HgCl_2$). Von letzteren genügen oft schon Spuren. Die *Digitoninhämolyse* ist bedingt durch eine Reaktion zwischen dem Cholesterin der Blutkörperchen und dem Saponin. Da das unveresterte Cholesterin des Serums hemmend auf die Digitoninhämolyse wirkt, konnte hieraus eine quantitative Bestimmung des Blutcholesterins entwickelt werden[3]. Bei Einwirkung von Phenylhydroxylamin und Phenylendiamin wurden anatomische Veränderungen an den Erythrocyten beobachtet[4]. Weiter können Stoffwechselbestandteile von Bakterien (Tetanusbacillen, Staphylokokken, Streptokokken), Pflanzen (Pilze), Tieren (Schlangen, Kröten, Bienen, Spinnen) und gewisse Tierseren (Aalserum) menschliche Erythrocyten hämolysieren. Neuerdings hat auch die *Ultraschallhämolyse* Beachtung gefunden. Während sie einerseits[5] für eine nichtosmotische Hämolyse gehalten wird, bei der die Membranen zerrissen werden, konnte LINDEMANN[6] diesen Befund nicht bestätigen. Er sieht die Ultraschallhämolyse als Wärmehämolyse ohne Zerstörung der Erythrocytenmembran an. Die *Strahlenhämolyse* wird als kolloidosmotische Hämolyse angesehen[5, 7]. Mitunter können auch im gewöhnlichen Blutserum vorkommende und immunisatorisch erzeugte Stoffe (*Hämolysine*) Hämolyse erzeugen; deshalb hat man vor Blutübertragungen von Mensch zu Mensch darauf zu prüfen[8, 9].

e) **Resistenz**[10—13]. Das normale Blutkörperchen setzt der Cytolyse innerhalb gewisser Grenzen einen Widerstand entgegen. Diese Fähigkeit nennt man *osmotische Resistenz*. Sie besitzt klinische Bedeutung. Beim Menschen liegt die *Minimumresistenz* (obere Resistenzgrenze), das ist die Kochsalzkonzentration, bei der zuerst Hämolyse auftritt, bei 0,42 bis 0,46% NaCl, die *Maximumresistenz* (untere Resistenzgrenze), bei der *alle* Erythrocyten hämolysiert sind, bei 0,30 bis 0,34% NaCl[13]. Den Bereich zwischen diesen beiden Größen bezeichnet man als *Resistenzbreite*. Die Ursache der Resistenzbreite liegt darin, daß die neugebildeten jungen Blutkörperchen, die weniger Plasmalipoide enthalten als die älteren, widerstandsfähiger sind. Lecithin setzt die Resistenz herab. Durch Wegwaschen der Plasmalipoide mittels passender Salzlösung wird die Resistenz erhöht[11].

Die Resistenz ist bei kernlosen Blutkörperchen und solchen mit geringer Größe, wie die vom Schaf und Pferd, ferner beim hämolytischen Ikterus, verringert und bei der perniziösen und Bothriocephalus-Anämie, sowie bei jugendlichen Erythrocyten erhöht. Die Resistenzerhöhung bei vital-granulierten Erythrocyten soll durch ein starkes Wasserbindungsvermögen begründet sein[14].

---

[1] JUNG, F.: Kli. Wo. **1942**, 917. — [2] JUNG, F., u. K. BÖHM: A. e. P. P. **207**, 144 (1949). — [3] SCHMIDT-THOMÉ, J.: H. **275**, 183, 208 (1942). — SCHMIDT-THOMÉ, J., u. H. AUGUSTIN: H. **275**, 190 (1942). — [4] JUNG, F.: Kli. Wo. **1946/47**, 459. — [5] s. [1]. — RUST, H. H., u. W. FEINDT: Naturwiss. **38**, 248 (1951). — [6] LINDEMANN, B.: A. e. P. P. **209**, 44 (1950). — [7] LIECHTI, A., u. W. WILBRANDT: Strahlentherap. **70**, 541 (1941). — RUSCH, G., A. LIECHTI u. W. WILBRANDT: Radiol. clin., Berlin **15**, 380 (1946). — [8] Näheres s. S. 385 sowie Bd. **2**/2, Immunochemie. — [9] STICH, W., u. E. KORINTH: Z. ges. exp. Med. **115**, 452 (1949/50). —

Zusammenfassendes über osmotische Resistenz: 10—13. [10] ALDER, A.: Handb. Physiol. **6**/1, 560—566 (1928). — [11] HAMBURGER, H. J.: Osmotischer Druck und Ionenlehre in der medizinischen Wissenschaft. Wiesbaden 1902. — [12] SIMMEL, H.: Handb. Hämatol. (HIRSCHFELD-HITTMAIR) **2**/1, 495 (1933); dort auch S. 529 Tierwerte. Die Prüfung der osmotischen Erythrocytenresistenz. Ergebn. inn. Med. **27**, 507—545 (1925). — [13] HEILMEYER, L., u. H. BEGEMANN: Handb. inn. Med. (BERGMANN-FREY-SCHWIEGK) 4. Aufl. **2**, 51 (1951).

[14] ROMBERG, E. H.: Med. Mschr. **3**, 758 (1949).

Am gebräuchlichsten ist die *Bestimmung der Resistenz* gegen reine Kochsalzlösungen.

Man stellt eine Reihe von Kochsalzlösungen her, deren Konzentration von 0,7% NaCl jeweils um 0,02% auf 0,2% absteigt, gibt zu 1 cm³ jeder Lösung einen Tropfen frisches Citratblut oder, was keinen Vorteil bietet, ausgewaschene Blutkörperchen und sieht, bei welcher Konzentration die Hämolyse eben beginnt bzw. vollständig ist.

Eine neuere Resistenzbestimmung unter Verwendung der Hämolysezuwachskurven gibt Bolton[1] an. Wegen weiterer Faktoren, auf die bei der Resistenzbestimmung besonders zu achten ist, s. [2].

f) Permeabilität [3,4]. Aus verschiedenen Untersuchungen ergab sich, daß die roten Blutkörperchen nicht für alle Substanzen, die im Blutserum vorhanden sind, permeabel sind. Im Gegensatz zu den Blutkörperchen anderer Säugetiere sind menschliche Erythrocyten durchlässig für Glucose[5,6]. Von den Aminosäuren können Tyrosin, Alanin und Phenylalanin in die Erythrocyten eintreten, während sie für Glutaminsäure und Asparaginsäure undurchlässig sind[7]. Außerdem können eine ganze Reihe Hexosen, Pentosen, Alkohole, Aldehyde, Ketone, Ester und Amide in die Erythrocyten eindringen[8–10]. Die Permeabilität für diese Substanzen ist aber für verschiedene Tierarten unterschiedlich. Die lipoidlöslichen Stoffe können zu Hämolyse führen. Wesentlich interessanter werden die Permeabilitätsverhältnisse bei Betrachtung der Elektrolyte[11]. Hier konnte eine selektive Permeabilität für anorganische Anionen und eine Impermeabilität für Kationen festgestellt werden. Cl verteilt sich sehr schnell und gleichmäßig zwischen Serum und Zellen, ebenso Jodid und Bromid[12,13]. Mit der Diffusionsmöglichkeit für Cl ist der physiologische Transport von HCO_3'-Ionen durch die Erythrocytenmembran gesichert. Auch Phosphationen können ohne Schwierigkeit diffundieren[14–16]. Dabei kommt es zu einer Steigerung der Glykolyse[15]. Bei der Diffusion zwei- oder mehrwertiger Anionen kann es zu Veränderungen an der Zelle kommen, da sich zur Aufrechterhaltung der Elektroneutralität ein SO_4''-Ion beispielsweise gegen 2 Cl'-Ionen austauschen muß[14,17]. Über die Permeabilität organischer Anionen ist bisher verhältnismäßig wenig bekannt[3].

Die Kationenimpermeabilität für Na und K ist von lebenswichtiger Bedeutung für die Zelle. Im Abschnitt Hämolyse wurde bereits gesagt, daß es in der prolytischen Phase zum Austritt von Kalium und Eintritt von Natrium in den Erythrocyten kommt. Die Folge des Aufhörens der Kationenimpermeabilität kann also die Hämolyse sein[4]. Derartige Erscheinungen des K-Verlustes können schon beim Stehen in sterilem Plasma auftreten[18]. Hierbei ist die Temperatur von Bedeutung. Harris[18] konnte nachweisen, daß die Kationenimpermeabilität in enger Beziehung zur Glykolyse in den roten Blutkörperchen steht, d. h. daß durch Stoffwechselvorgänge die Zelle den für sie notwendigen Lebenszustand

---

[1] Bolton, J. H.: Blood **4**, 172 (1949). — [2] Parpart, A. K., P. B. Lorenz, E. R. Parpart, J. R. Gregg and A. M. Chase: J. clin. Invest. **26**, 636 (1947).

Zusammenfassendes über Permeabilität: 3—4. Höber, R.: Physikalische Chemie der Zellen und Gewebe. S. 251—314. Bern 1947. — [4] Ponder, E.: Hemolysis and Related Phenomena. S. 224ff. New York 1948.

[5] Kozawa, S.: B. Z. **60**, 231 (1914). — [6] Ege, R.: B. Z. **111**, 189 (1920); **114**, 88 (1921). — [7] Ussing, H. H.: Acta physiol. scand. **5**, 335; **6**, 222 (1943). — [8] Gryns, G.: Pflügers Arch. **63**, 86 (1896). — [9] Hedin, S. G.: Pflügers Arch. **68**, 229 (1897); **70**, 525 (1898). — [10] Höber, R., u. S. L. Ørskov: Pflügers Arch. **231**, 599 (1933). — [11] Wilbrandt, W.: Ergebn. Physiol. **40**, 204 (1938). — [12] Bayard, P.: Bull. Soc. R. Sci. Liège **11**, 620 (1942). — [13] Smith, P. K., A. J. Eisenman and A. W. Winkler: J. biol. Ch. **141**, 555 (1941). — [14] Hald, P. M., A. J. Heinsen and J. P. Peters: Amer. J. Physiol. **152**, 77 (1948). — [15] Heinsen, A. J.: Amer. J. Physiol. **152**, 216 (1948). — [16] Taylor, F. H. L., S. M. Levenson and M. A. Adams: Blood **3**, 1472 (1948). — [17] Koeppe, H.: Pflügers Arch. **67**, 189 (1897). — [18] Harris, J. E.: J. biol. Ch. **141**, 579 (1941).

aufrechterhält[1]. Da aber die roten Blutkörperchen in vivo radioaktives K aufnehmen können[2], muß man sich wohl der von DAVSON u. DANIELLI[3] vertretenen Meinung anschließen, daß es sich hierbei um einen aktiven Transport durch die Zellmembran handelt. Auch für andere Substanzen wird diese Theorie der aktiven Membrandiffusion angenommen[4–6]. Nach anderen Untersuchungen wird eine Hemmung des in der Erythrocytenmembran lokalisierten Acetylcholin-Cholinesterasesystems für Permeabilitätsänderungen verantwortlich gemacht, während durch Änderungen im Kohlenhydratstoffwechsel die Permeabilität nicht beeinflußt werden soll[7]. Mit diesen Erscheinungen sind elektrophysiologische Vorgänge eng verbunden. Die roten Blutkörperchen haben in isotonischer Rohrzuckerlösung in Abwesenheit von Elektrolyten eine negative Ladung. Sie führen ein elektrokinetisches Potential[8] von 40 bis 60 mV. Die Kationenimpermeabilität ist an diese negative Ladung gebunden. Durch Veränderung der Ladung der Membran gelingt es, die Anionenpermeabilität in eine Kationenpermeabilität umzuändern[9]. Neuere Untersuchungen über das elektrokinetische Potential der Blutzellen bei FRITZE[10].

g) Glykolyse und Atmung. Die zur Erhaltung der Kationenimpermeabilität nötige Energie liefert der Zuckerstoffwechsel. CL. BERNARD beobachtete, daß beim Stehenlassen von Blut der Blutzuckergehalt abnimmt. Diesen Vorgang nennt man Glykolyse. Bei der Glykolyse entsteht aus Glucose Milchsäure. Die dabei auftretenden Zwischenstufen sind in den Erythrocyten auf Grund der schnellen Stoffwechselvorgänge ohne besondere Eingriffe schwer nachweisbar. So läßt sich durch NaF oder Natriumjodacetat eine Hemmung der Glykolyse der Erythrocyten erzielen[11]. Die gebildete Milchsäure kann im Blut nachgewiesen werden. Nach anderen Beobachtungen [12] wird angenommen, daß Glucose zunächst zu Glykogen aufgebaut und über eine reaktionsfähige Zwischenform zu Milchsäure abgebaut wird. In diesem Falle würde man richtiger von einer *Glykogenolyse* sprechen. Auf jeden Fall wird der Vorgang der Milchsäureentstehung durch Fermente katalysiert[13]. Diese Fermente müssen in den Erythrocyten vorhanden sein, wenn dies auch angezweifelt worden ist[12]. Die Glykolyse der weißen Blutkörperchen ist nach neueren Untersuchungen 200 bis 1000mal größer als die der Erythrocyten[14]. Zur Aufrechterhaltung der physiologischen Permeabilität ist die anaerobe Phase der Glykolyse völlig ausreichend[15], sie verläuft im anaeroben und aeroben Milieu fast gleich stark. Die bei der Glykolyse auftretenden Stoffwechselprodukte (besonders Milchsäure) dienen als Substrat für Fermentsysteme, welche das normalerweise bei der Reaktion mit Sauerstoff neben Oxyhämoglobin entstehende Hämiglobin wieder zu Hämoglobin reduzieren und es damit funktionsfähig erhalten[16].

Der Sauerstoffverbrauch, also die *Atmung der Erythrocyten*, ist nur gering[17]. Bei der Atmung wird die gebildete Milchsäure oxydiert. Da die Atmung der

[1] RUMMEL, W.: Arch. int. Pharmacodyn. Thérap. **78**, 268 (1949). — [2] DEAN, R. B., T. R. NOONAN, L. HAEGE and W. O. FENN: J. gen. Physiol. **24**, 353 (1941). — [3] DAVSON, H., and J. F. DANIELLI: The Permeability of Natural Membranes. Cambridge 1943. — [4] WILBRANDT, W.: Helv. med. Acta **13**, 143 (1946). — [5] DAVSON, H., and J. M. REINER: J. cellul. comp. Physiol. **20**, 325 (1942). — [6] LE FEVRE, P. G.: J. gen. Physiol. **31**, 505 (1948). — [7] GREIG, M. E., and W. C. HOLLAND: Arch. Biochem. **23**, 370 (1949). — [8] NETTER, H.: Pflügers Arch. **208**, 16 (1925). — [9] MOND, R.: Pflügers Arch. **217**, 618 (1927). — MOND, R., u. F. HOFFMANN: Pflügers Arch. **219**, 467 (1928). — [10] FRITZE, E.: Z. klin. Med. **147**, 568 (1951). — [11] BUEDING, E., and W. GOLDFARB: J. biol. Ch. **141**, 539 (1941). — [12] WILLSTÄTTER, R., u. M. ROHDEWALD: H. **247**, 115 (1937). — [13] LUNDSGAARD, E.: Die Glykolyse. 3. Die Glykolyse im Blut. Ergebn. Enzymforsch. **2**, 184—189 (1933). — MEYERHOF, O.: B. Z. **246**, 249 (1932). — [14] BIRD, R. M.: J. biol. Ch. **169**, 493 (1947). — [15] WILBRANDT, W.: Pflügers Arch. **243**, 519 (1940). — [16] KIESE, M.: Kli. Wo. **1946/47**, 81. — [17] WARBURG, O.: Über den Stoffwechsel der Tumoren. Berlin 1926.

Erythrocyten aber nur gering ist, dürften diese Prozesse keine wesentliche Bedeutung haben. Im Gegensatz zu den kernlosen Erythrocyten der Säugetiere zeigen die kernhaltigen roten Blutkörperchen der Vögel einen erheblichen Sauerstoffverbrauch. Störungen von Glykolyse und Atmung der roten Blutkörperchen können bei Krankheiten, z. B. Malaria[1], auftreten.

h) Agglutination. Mitunter können sich die Formbestandteile des Blutes zusammenballen und Häufchen bilden. Das wurde schon vor 100 Jahren als Ursache für die beschleunigte Senkung und die Speckhautbildung erkannt[2]. Die Ursache der Agglutination ist der Verlust der elektrischen Ladung der Erythrocyten[3]. Dies wurde anfangs besonders im Zusammenhang mit der Blutsenkung gezeigt[4]. Neuerdings werden Beziehungen zwischen der Senkungsgeschwindigkeit der roten Blutkörperchen und dem Polysaccharidgehalt des Blutserums angenommen[5]. Die Möglichkeiten, die zu einer Agglutination führen können, sind mannigfaltig. Die Stoffe, die diese Erscheinungen hervorrufen, heißen *Agglutinine*[6]. Sie werden nicht nur durch lebende oder abgetötete Bakterien, sondern auch von Bakterien- und Zelleiweißstoffen gebildet. Besonderes Interesse hat die Agglutination bei der Blutübertragung von Mensch zu Mensch[7]. Die von LANDSTEINER gefundenen Blutkörpercheneigenschaften A und B konnten inzwischen isoliert werden. Sie wurden als Polysaccharide erkannt[8]. Wurden Blutkörperchen durch das Serum einer anderen Blutgruppe agglutiniert, so konnte auch hier eine Entladung des elektrokinetischen Potentials der Erythrocyten festgestellt werden[9]. Eine unspezifische Agglutination von Blutkörperchen wird durch Kälteagglutinine hervorgerufen[10]. Die Agglutination kann auch noch durch verschiedene andere Substanzen bewirkt werden[11].

i) Gewinnung reiner Erythrocyten[12,13]. 6 *l* frisches Pferdeblut werden mit 6 *l* Citratlösung (0,75% Natriumcitrat und 0,9% Kochsalz) gemischt, zum Absetzen stehengelassen, dann die Plasmaschicht abgehoben und die Erythrocytenschicht durch eine mehrfache Lage von Watte[14] auf einer Nutsche filtriert. Die Watteschicht wird vorher mit Plasma, das durch Zusatz einiger Tropfen $CaCl_2$-Lösung zur Gerinnung gebracht war, durchtränkt. Blutplättchen und weiße Blutkörperchen werden vollständig zurückgehalten. Die Reinheit des Präparates wird durch Zählung der weißen und roten Blutkörperchen in der ZEISS-THOMAschen Zählkammer geprüft.

2. Chemische Zusammensetzung der roten Blutkörperchen.

a) Allgemeines. Die quantitative Bestimmung, ja selbst der qualitative Nachweis ihrer chemischen Bausteine ist bei den Blutkörperchen mit sehr großen Schwierigkeiten verbunden. Dies beruht darauf, daß die Gewinnung reiner Erythrocyten ohne Veränderung ihrer Zusammensetzung kaum möglich ist. So ist es nicht verwunderlich, wenn für den Gehalt an einzelnen Bestandteilen sehr

[1] BALL, E. G., R. W. MCKEE, C. B. ANFINSEN, W. O. CRUZ and Q. M. GEIMAN: J. biol. Ch. **175**, 547 (1948). — [2] NASSE, H.: Das Blut in mehrfacher Beziehung physiologisch und pathologisch untersucht. Bonn 1836. [HEILMEYER, L.: Handb. inn. Med. (BERGMANN-STAEHELIN) 3. Aufl. **2**, 18 (1942)]. — [3] HÖBER, R.: Handb. Physiol. **6**/1, 656—665 (1928). — [4] FÅHRAEUS, R.: B. Z. **89**, 355 (1918). — [5] STARY, Z., H. BODUR u. F. BATIYOK: Schweiz. med. Wschr. **81**, 1273 (1951). — [6] FRIMBERGER, F.: Ergebn. inn. Med. **61**, 680—785 (1942). — [7] Näheres s. Bd. **2**/2, Immunochemie. — [8] HALLAUER, C.: Z. Immun.-Forsch. **83**, 114 (1934). — FREUDENBERG, K., u. H. EICHEL: A. **510**, 240 (1934); **518**, 97 (1935). — WITEBSKY, E., and N. C. KLENDSHOJ: J. exp. Med. **72**, 663 (1940). — KOSSJAKOW, P. N.: Z. Immun.-Forsch. **99**, 221 (1941). — AMINOFF, D., W. T. J. MORGAN and W. M. WATKINS: Biochem. J. **46**, 426 (1950). — ORTH, G.-W.: Umschau **1950**, 745. — s. a. Bd. **1**, S. 358f. — [9] SCHRÖDER, V.: Pflügers Arch. **215**, 32 (1927). — [10] HEILMEYER, L., F. HAHN u. H. SCHUBOTHE: Kli. Wo. **1946/47**, 193. — TISCHENDORF, W., E. FRITZE u. W. SCHULZ: Kli. Wo. **1949**, 538. — SCHUBOTHE, H., u. H. W. ALTMANN: Z. klin. Med. **146**, 428 (1950). — [11] LUDEWIG, S., and A. CHANUTIN: J. biol. Ch. **179**, 271 (1949). — [12] HAUROWITZ, F., u. J. SLÁDEK: H. **173**, 268 (1928). — [13] HEKMA, E.: B. Z. **11**, 177 (1908). — [14] ABDERHALDEN, E., u. H. DEETJEN: H. **53**, 285 (1907).

verschiedene Werte gefunden wurden. Dazu kommt, daß auch die Bestimmungsverfahren nicht immer einer Kritik standhalten können. Eine gewisse Standardisierung für Vergleichszwecke wäre daher zu empfehlen. Außerdem wird den Erythrocyten die Fähigkeit zur Sekretion zugeschrieben[1].

Die Bestandteile der Erythrocyten werden nach 2 Verfahren bestimmt: das wünschenswertere *direkte*, und das heute noch viel gebräuchliche und in manchen Fällen auch vorläufig bessere, *indirekte*.

Bei diesem werden die Blutkörperchenwerte unter Berücksichtigung des Blutkörperchenvolumens aus der Differenz von Gesamtblut und Plasma berechnet. Bei dem direkten Bestimmungsverfahren liegen die Hauptfehlerquellen schon in der Gewinnung der Körperchen. In den Tabellen sind deshalb für Vergleichszwecke möglichst die nach demselben Verfahren bestimmten Serum- und Erythrocytenwerte angeführt. Nach dem Gesagten müssen diese nicht in allen Fällen auch die absoluten Werte sein.

b) Wassergehalt. Die Erythrocyten gehören bei einem durchschnittlichen Wassergehalt von 65 bis 68% nach Knochen- und Fettgewebe zu den wasserärmsten Gebilden des Körpers. Die Menge scheint von Größe, Hämoglobingehalt und Alter der Blutkörperchen abhängig zu sein (Wassergehalt des Plasmas 90 bis 92%, vom Gesamtblut 78 bis 81%). Das eigentliche Lösungswasser wird mit etwa 70% der wäßrigen Phase der Erythrocyten angegeben, der Rest des Zellwassers soll gebunden sein[2]. Nach neueren Untersuchungen scheint die Bestimmung des Lösungswassers aber nicht genau ausführbar zu sein[3].

c) Trockenmasse (32 bis 35%) besteht zu 95 bis 98% aus organischen, der Rest (2 bis 5%) aus anorganischen Bestandteilen. Da die Werte der einzelnen Bestandteile individuell sehr schwanken, sind in der folgenden Tabelle abgerundete Mittelwerte zusammengefaßt[4, 5]. Auf die Schwankungen beim Menschenblut wurde ebenfalls hingewiesen[6]. Die Mengen der einzelnen Verbindungen werden gesondert besprochen. In neuerer Zeit werden besonders in der amerikanischen Literatur[7] die Werte für die Bestandteile der roten Blutkörperchen in mMol/*l* angegeben. Dies hat den Vorteil, daß man vergleichbare Werte erhält. Die folgende Tabelle 152 enthält derartig berechnete Werte[8]:

d) Mineralstoffe. Seit BUNGE (1876) ist der Mineralstoffwechsel wiederholt Gegenstand der Untersuchung gewesen[9]. Wie aber bereits anfangs erwähnt wurde, ist auch heute über die in den Erythrocyten vorkommenden anorganischen Ionen noch nicht das letzte Wort gesprochen. Auch über die Ionendurchlässigkeit der Erythrocytenmembran liegen widersprechende Angaben vor[10] (s. a. Abschnitt Permeabilität, S. 422). Über die physiologischen Aufgaben der Mineralbestandteile s. S. 609 sowie Bd. 1, S. 185, 204 u. 209.

Nach neuerer Auffassung scheint **Natrium** in den Blutkörperchen aller Säugetiere vorhanden zu sein. Nur beim Pferd bestehen noch Zweifel.

---

[1] DURAN-JORDA, F.: Nature **159**, 293 (1947). — [2] PARPART, A. K., and J. C. SCULL: J. cellul. comp. Physiol. **6**, 137 (1935). — [3] ØRSKOV, S. L.: Acta physiol. scand. **12**, 192, 202 (1947). — [4] ABDERHALDEN, E.: H. **25**, 65 (1898). — [5] D'Ans-Lax S. 1742f. — [6] HALD, P. M., and A. J. EISENMAN: J. biol. Ch. **118**, 275 (1937). — [7] DRABKIN, D.: Science, N. Y. **101**, 445 (1945). — [8] PONDER, E.: Hemolysis and Related Phenomena. S. 121. New York 1948. — [9] SCHMITT, F.: Die Stellung der Erythrocyten im Mineralhaushalt. Ergebn. inn. Med. **57**, 241—259 (1939). — [10] PETERS, J. P., A. J. EISENMAN and P. M. HALD: Yale J. Biol. Med. **9**, 167 (1936). — STREEF, G. M.: H. **242**, 1 (1936). — THELEN, H.: H. **246**, 194; **250**, 221 (1937). — WAELSCH, H., S. KITTEL u. A. BUSZTIN: H. **234**, 27 (1935). — WAELSCH, H., u. S. KITTEL: H. **255**, 36 (1938). — WAKEMAN, A. M., A. J. EISENMAN and J. P. PETERS: J. biol. Ch. **73**, 567 (1927). — BANSI, H. W.: Kli. Wo. **1939 I**, 797. — DAVSON, H., and J. F. DANIELLI: Biochem. J. **30**, 316 (1936). — MOND, R.: Pflügers Arch. **217**, 618 (1927). — MORACZEWSKI, W. v., u. T. SADOWSKI: Kli. Wo. **1938 II**, 1678. — PONDER, E., and G. SASLOW: J. Physiol., London **73**, 267 (1931).

Tabelle 152. Verteilung von Wasser und gelösten Bestandteilen zwischen roten Blutkörperchen und Serum beim Menschen[1].

	Serum	Zellen
Wasser . . . . g/*l*	935	707
Eiweiß . . . . ,,	70	175
An Eiweiß gebundene Basen . . . . mMol/*l*	17	44
Harnstoff . . . . ,,	5	5
Glucose . . . . ,,	5-6	3
Andere organische Stoffe (gelöst) . . . . ,,	4	3
Hydrogencarbonat . . . . mäq/*l*	26	19
Chloride . . . . ,,	104	52
Säurelösliche organische Phosphate . . . . ,,	Spur	17
Mit organischem Phosphat gebundene Basen . . . ,,	Spur	17
Anorganisches Phosphat . . . . ,,	2	2
Mit anorganischem Phosphat gebundene Basen . . ,,	2	2
Sulfate . . . . ,,	1	1
Mit Sulfaten gebundene Basen . . . . ,,	1	7
Ca . . . . ,,	5	0
Mg . . . . ,,	2	2
K . . . . ,,	5	81
Na . . . . ,,	135	18
Gesamtbasen . . . . mäq/*l*	146	103
Gesamtsäuren . . . . ,,	150	134

Tabelle 153. Zusammensetzung des Gesamtblutes.
100 Gewichtsteile Gesamtblut enthalten[2,3]:

	Mensch	Rind	Schaf	Ziege	Pferd	Katze	Schwein	Hund	Kaninchen
Wasser . . . . . g%	80	80	82	80	75	80	79	81	82
Feste Stoffe . . . ,,	20	19	18	20	25	20	21	19	18
Hämoglobin . . . ,,	14	10	9	11	17	14	14	13	12
Eiweiß . . . . . ,,	4—6	7	7	7	7	4	4	4	2,5
Zucker . . . . mg%	70—110	70	70	80	50	90	70	110	100
Cholesterin . . ,,	140—200	190	130	130	30	90	40	130	60
Lecithin . . . ,,	300	230	220	250	290	230	230	210	280
Neutralfett . . ,,	0—160[2]	57	90	50	60	40	110	60	70
Fettsäuren . . ,,	290—420	50	50	40	40	30	50	80	50
Na . . . . . . ,,	180—240	360	270	270	200	270	180	270	210
K . . . . . . ,,	160—200	34	34	33	227	212	192	21	175
Fe . . . . . . ,,	50	38	34	38	58	48	49	45	43
Ca . . . . . . ,,	6—7	5	5	5	4	4	5	4	5
Mg . . . . . . ,,	3	5	2	2	4	4	5	3	4
Cl . . . . . . ,,	250—280	318	308	290	280	280	270	290	290
Gesamt-P . . . ,,	33	18	17	19	28	36	44	43	48
Lipoid-P . . . ,,	10	10	9	9	10	—	11,5	15	14
Säurelöslicher P ,,	19	3	3	4	16	—	—	22	30
Anorganischer P ,,	3—4	5	5	5	2	—	—	3	4
Nuclein-P . . . ,,	—	0,2	0,3	0,4	0,3	3	—	0,5	—
Anorganischer S ,,	1,5—3,5	2,5	—	7	7	—	—	3	5

[1] PONDER, E.: Hemolysis and Related Phenomena. S. 121. New York 1948. — [2] HARRISON, G. A.: Chemical Methods in Clinical Medicine. 3. Aufl. S. 331—334. London 1947. — [3] D'Ans-Lax S. 1742f. — ABDERHALDEN, E.: H. **25**, 65 (1898).

Tabelle 154. Zusammensetzung des Blutserums[1, 2].
100 Gewichtsteile Blutserum enthalten:

	Mensch	Rind	Schaf	Ziege	Pferd	Katze	Schwein	Hund	Kaninchen
Wasser . . g%	90—92	91	92	91	90	93	92	92	92,5
Feste Stoffe ,,	8—10	8,6	8,3	9,2	9,8	7,3	8,2	7,6	7,4
Eiweiß . . ,,	7— 8	7,3	6,8	7,8	8,4	5,9	6,8	6,0	5,4
Zucker . mg%	100	110	110	130	120	150	120	180	170
Cholesterin ,,	150—190	120	880	110	30	60	40	70	50
Lecithin . ,,	190	170	170	170	170	170	140	170	170
Neutralfette ,,	50—580[3]	90	140	60	130	80	190	110	120
Fettsäuren ,,	300—470	50	70	60	40	50	80	120	80
Na . . . . ,,	320—340	320	320	320	330	330	320	350	330
K . . . . ,,	15—25	22	22	21	22	22	22	19	21
Fe . . . . ,,	0,08—0,14	0,2	—	—	0,14	—	—	0,24	0,1
Ca . . . . ,,	9—11	9	9	9	8	8	9	10	9
Mg . . . ,,	2—3	4	2	2	3	2	2	2	3
Cl . . . . ,,	320—360	370	370	370	370	420	360	400	390
Gesamt-P . ,,	14	11	11	10	11	—	—	10	11
Anorgan. P ,,	2—4	4	3	3	3	—	—	3,5	3
Gesamt-S . ,,	140	150	—	—	—	—	—	—	—

Tabelle 155. Zusammensetzung der roten Blutkörperchen[1, 2].
100 Gewichtsteile Blutkörperchen enthalten:

	Mensch	Rind	Schaf	Ziege	Pferd	Katze	Schwein	Hund	Kaninchen
Wasser . . . g%	60—67	59	60	61	61	62	63	64	63
Feste Stoffe. ,,	33—40	41	39,5	39	39	37,6	37	35,6	37
Hämoglobin. ,,	28—32	32	30	32	31,5	33	33	33	33
Eiweiß ohne Hb ,,	3—4	6,4	7,8	5,4	5,7	2,7	1,9	0,99	1.2
Zucker . . mg%	50—90	*	*	*	*	*	*	*	*
Cholesterin . ,,	130—170	340	240	170	40	130	50	220	70
Lecithin. . . ,,	400	370	340	390	400	310	350	260	460
Neutralfett . ,,	—	40[4]	70[4]	—	—	—	—	—	—
Fettsäuren . ,,	270—450	—	—	—	—	—	10	10	—
Na . . . . . ,,	40—100	170	170	160	+[5]	200	+[5]	210	+[5]
K . . . . . ,,	360—430	60	60	60	410—490	20	410	20	430
Fe . . . . . ,,	100	120	110	110	110	110	110	110	120
Ca . . . . . ,,	—[6]***	+[7]	+[5]	+[5]	+[5]	+[8]	+[5]	+[5]	4[14]
Mg . . . . . ,,	4—5	1	1	2,4	4,8	6	12	3,9	4,6
Cl . . . . . ,,	150—210	180	170	150	190	100	150	140**	120
Gesamt-P . . ,,	70	23	26	22	60	—	—	48	70
Anorganisch. P ,,	3—5	11	15	9	46	52	74	38	55

* Über den Zuckergehalt der Erythrocyten besteht noch keine Klarheit. Während einerseits angegeben wird, daß nur die Erythrocyten von Menschen und Affen[9, 10] für Glucose durchlässig sind, wird von anderer Seite dies auch für die Blutkörperchen von Hund und Rind beschrieben[11]. ** Bei Hunden fanden RAPOPORT u. GUEST[12] 180—245 mg% Cl. *** LARIZZA gibt 2—5 mg% an[13]. s. a. S. 428.

[1] ABDERHALDEN, E.: H. **25**, 65 (1898). — [2] D'Ans-Lax S. 1742 f. — [3] HARRISON, G. A.: Chemical Methods in Clinical Medicine. 3. Aufl. S. 331—334. London 1947. — [4] ERICKSON, B. N., H. H. WILLIAMS, S. S. BERNSTEIN, I. AVRIN, R. L. JONES and I. G. MACY: J. biol. Ch. **122**, 515 (1937/38). — [5] STREEF, G. M.: J. biol. Ch. **129**, 661 (1939). — [6] PONDER, E.: Hemolysis and Related Phenomena. New York 1948. — [7] THOMAS, R. G.: Austral. J. exp. Biol. med. Sci. **11**, 109 (1933). — [8] HEUBNER, W., u. P. RONA: B. Z. **93**, 187 (1919). — [9] KOZAWA, S.: B. Z. **60**, 231 (1914). — [10] EGE, R.: B. Z. **111**, 189 (1920); **114**, 88 (1921). — [11] NOMA, A.: Okayama-Igakkai-Zasshi **1925**, 1125 [Ber. Physiol. **37**, 135]. — [12] RAPOPORT, S.,

Auch **Kalium** wird als Bestandteil der Zellen aller Säugetiere angenommen. Es liegt zu $^1/_3$ in Form eines mehrwertigen Hämoglobinsalzes (K_nHb) vor, der Rest als KCl und $KHCO_3$[1]. Bei Tieren, deren Blutkörperchen einen niedrigen K-Gehalt (3,75 mMol oder 150 mg% und weniger, z. B. Katze, Hund, Rind) aufweisen, sind auch die Werte des *organisch gebundenen säurelöslichen Phosphors* niedrig (0,62 mMol = 19,2 mg% und weniger). Umgekehrt ist ein hoher Gehalt an organisch gebundenem säurelöslichem Phosphor (1,32 mMol und mehr = über 41 mg%) von hohen Kaliumwerten begleitet. Eine Ausnahme macht nur der Hund[2]. Die Verteilung von Natrium und Kalium in den roten Blutzellen verschiedener Tiere gibt die folgende Tabelle[3].

Tabelle 156. Kalium- und Natriumgehalt roter Blutkörperchen von verschiedenen Lebewesen.

	Kalium mäq pro *l*	Natrium mäq pro *l*
Mensch	100	20
Kaninchen	99	16
Ratte	100	12
Affe	111	—
Schwein	100	11
Pferd	88	—
Meerschweinchen	105	15
Schaf	18—64	16—84
Rind	22	79
Hund	9	107
Katze	6	104

Über die besonderen Beziehungen zwischen Natrium und Kalium s. Abschnitt Permeabilität, S. 422.

Pathologische Veränderungen von Natrium und Kalium in den Erythrocyten sind besonders bei Acidose bekannt[4].

Der **Calcium**gehalt der roten Blutkörperchen ist umstritten. Es darf heute aber wohl angenommen werden, daß die roten Blutkörperchen des Menschen kein Ca enthalten[5]. Es sind aber auch gegenteilige Ansichten vertreten worden. Die gleichen Unklarheiten bestehen bei einer Reihe von Tieren[4, 6].

Der **Magnesium**gehalt der roten Blutkörperchen des Menschen beträgt durchschnittlich 4 bis 5 mg%. Tierwerte s. Tabelle 155 (S. 427).

Weitere Angaben über Na[2, 7, 8], K[3, 8, 9], Ca[7, 8] und Mg[8—10].

and M. G. Guest: J. biol. Ch. **131**, 675 (1939). — [13] Larizza, P.: Biochem. Terap. sperim. **22**, 280 (1935). — [14] Lebioda, J.: Med. dósw. społ. **21**, 290 (1936).

[1] Tarusov, B. N., et E. V. Burlakova: Bull. Biol. Méd. exp. USSR **7**, 400 (1939) [C. **1939 II**, 4014]. — Davson, H.: Biochem. J. **33**, 389 (1939). — [2] Kerr, S. E.: J. biol. Ch. **117**, 227 (1937). — [3] Ponder, E.: Hemolysis and Related Phenomena. S. 123. New York 1948. — [4] Guest, G. M., and S. Rapoport: Amer. J. Dis. Children **58**, 1072 (1939). — Martin, H. E., and M. Wertman: J. clin. Invest. **26**, 217 (1947). — Danowski, T. S., P. M. Hald and J. P. Peters: Amer. J. Physiol. **149**, 667 (1947). — [5] Kramer, B., and F. F. Tisdall: J. biol. Ch. **53**, 241 (1922). — Heubner, W., u. P. Rona: B. Z. **93**, 187 (1919). — Cowie, D. M., and H. A. Calhoun: J. biol. Ch. **37**, 505 (1919). — Jones, M. R., and L. L. Nye: J. biol. Ch. **47**, 321 (1921). — Rona, P., u. D. Takahashi: B. Z. **31**, 336 (1911). — Thelen, H.: H. **250**, 221 (1937). — [6] Streef, G. M.: J. biol. Ch. **129**, 661 (1939). — Thomas, R. G.: Austral. J. exp. Biol. med. Sci. **11**, 109 (1933). — Heubner, W., u. P. Rona: B. Z. **93**, 187 (1919). — [7] Streef, G. M.: J. biol. Ch. **129**, 661 (1939). — [8] Erickson, B. N., H. H. Williams, F. C. Hummel and I. G. Macy: J. biol. Ch. **118**, 15 (1937). — [9] Hald, P. M., and A. J. Eisenman: J. biol. Ch. **118**, 275 (1937). — [10] Greenberg, D. M., S. P. Lucia, M. A. Mackey and E. V. Tufts: J. biol. Ch. **100**, 139 (1933). — Eveleth, D. F.: J. biol. Ch. **119**, 289 (1937); Mg bei Tieren.

Eisen[1] liegt in der Hauptsache als Hämoglobineisen (0,336% im Hb) vor und ist deshalb zum größten Teil in den Erythrocyten anzutreffen. Die Eisenmenge in den roten Blutkörperchen (etwa 2 g) hängt von der Hämoglobinmenge ab. Auf 100 g Erythrocyten entfallen 100 mg Eisen. Ein Teil des Eisens kann mit verdünnter Säure, z. B. mit 0,4%iger HCl, als Ion abgespalten werden und wurde deshalb als „*leichtabspaltbares Eisen*" bezeichnet[2]. Inzwischen hat sich das leichtabspaltbare Eisen aber als Kunstprodukt erwiesen[3]. Beim Auf- und Abbau des Hämoglobins besteht ein reger Austausch mit dem Serumeisen, dessen Werte deshalb in der Klinik zu diagnostischen Zwecken herangezogen werden[4, 5]. In den Erythrocyten normaler Säuglinge kommt nicht an Hb gebundenes Eisen vor. Durchschnittswerte: Hb-Eisen 44,4 mg%, Gesamteisen 50,7 mg%, Differenz 6,7 mg%[6]. Die folgende Tabelle zeigt die Eisenwerte verschiedener Säugetiere in Gesamtblut, Serum und Erythrocyten[7].

Tabelle 157. Eisen im Blut verschiedener Säugetiere (in mg%).

100 g	Mensch	Pferd	Rind	Schaf	Ziege	Kaninchen	Hund
Gesamtblut	50	58	40	34	38	43	45
Serum	0,08–0,2	0,14	0,2	—	—	0,1	0,24
Erythrocyten	100	110	115	110	110	115	110

Kupfer ist gleichmäßig auf Serum und Blutkörperchen verteilt, was mit radioaktivem Cu festgestellt wurde[8]. Die Menge Cu in den roten Blutkörperchen ist allerdings nicht genau bekannt (s. Tabelle 139, S. 402), soll aber zwischen 0,08 und 0,14 mg% liegen. Im Blut finden sich verschiedene Kupfer-Eiweißverbindungen (s. Bd. 1, S. 224 u. 747). Zwischen Serumeisen und -kupfer bestehen Wechselbeziehungen[4, 5]. Bekannt ist die Bedeutung des Kupfers für die Hämatopoese[9]. Der kupferhaltige Blutfarbstoff Hämocyanin ersetzt bei Mollusken und Crustaceen das eisenhaltige Hämoglobin.

Der **Zink**gehalt des Blutes verteilt sich zu 75% auf die Erythrocyten, zu 22% auf das Plasma und zu 3% auf die Leukocyten. Der einzelne Leukocyt enthält ungefähr 25 mal mehr Zink als der einzelne Erythrocyt[10]. Ein Unterschied bei den Geschlechtern konnte nicht gefunden werden. Im Gesamtblut finden sich $0,88 \pm 0,2$ mg%, in den Erythrocyten $0,63 \pm 0,11$ mg%, in den Leukocyten $0,02 \pm 0,01$ mg% und im Plasma $0,21 \pm 0,13$ mg% Zink[10]. WOLFF[11] fand in den Erythrocyten etwa 1,3 mg% Zink. 0,3% des Zink in den Erythrocyten ist in dem Ferment Kohlensäureanhydratase enthalten, das bei der CO_2-Bindung an Hämoglobin eine Rolle spielt[12]. Inaktivierung von Zink durch Trichloressigsäure oder BAL (British Anti Lewisit) inaktiviert gleichzeitig das ganze Enzym[13].

Bestimmung s.[14].

In den Blutkörperchen finden sich 0,011 mg% **Zinn**, im Plasma 0,002 mg%[15]. Die Bedeutung des Zinns im Organismus ist noch unbekannt.

[1] Rappaport S. 79. — Hinsberg-Lang 2. Aufl. S. 538. — WALDENSTRÖM, J.: Nord. Med. **1940**, 1703 [Ber. Physiol. **125**, 154]. — [2] BARKAN, G.: Kli. Wo. **1937 II**, 1265. — [3] MILLER, L. T., and P. F. HAHN: J. biol. Ch. **134**, 585 (1940). — [4] BÜCHMANN, P.: Die Bedeutung der Serumeisenbestimmungen für die Klinik. Ergebn. inn. Med. **60**, 446 (1941). — [5] HEILMEYER, L., u. K. PLÖTNER: Das Serumeisen und die Eisenmangelkrankheit. Jena 1937. — HEILMEYER, L., u. G. STÜWE: Kli. Wo. **1938 II**, 925. — [6] CACIOPPO, F., e D. PUSTORINO: Lattante **20**, 95 (1949) [Kongr.-Zbl. inn. Med. **124**, 47.] — [7] D'Ans-Lax S. 1742/43. — [8] COMAR, C. L., G. K. DAVIS and L. SINGER: J. biol. Ch. **174**, 905 (1948). — [9] SCHULTZE, M. O., C. A. ELVEHJEM and E. B. HART: J. biol. Ch. **116**, 107 (1936). — [10] VALLEE, B. L., and J. G. GIBSON II: J. biol. Ch. **176**, 445 (1948). — [11] WOLFF, H.: Kli. Wo. **1950**, 105. — [12] BURSTEIN, A. I.: B. Z. **216**, 449 (1929). — GRANICK, S.: Blood **4**, 404 (1949). — [13] VALLEE, B. L., and M. D. ALTSCHULE: Blood **4**, 398 (1949). — [14] VALLEE, B. L., and J. G. GIBSON II: J. biol. Ch. **176**, 435 (1948) — [15] LANG, K.: Dtsch. med. Rdsch. **1949**, 854, 877.

Kobalt konnte in den Blutzellen bisher nicht gefunden werden[1]. Das Kobalt hat in ganz geringen Spuren großen Einfluß auf die Blutbildung. Es konnte vor kurzem in dem Vitamin B_{12}, dem antiperniziösen „extrinsic"-Faktor, gefunden werden[2, 3]. In größeren Dosen gegeben, führt Kobalt zu Polycytämie[4, 5]. Durch den Anstieg der Zahl der zirkulierenden Erythrocyten nimmt das Blutvolumen zu, das Plasmavolumen bleibt unverändert[6]. Auch die Leukocytenzahl wird nicht beeinflußt[7]. Durch Cholin kann die Kobalt-Polycytämie bei Ratten nicht verhindert werden[8].

Die folgende Tabelle gibt eine Übersicht über die Mineralbestandteile des Blutes.

Tabelle 158. Mineralbestandteile des Blutes (in mg%).

Ionen	Mensch		Pferd[9]			
	Zellen	Serum[10]	Zellen	Serum	Leukocyten*	Blutplättchen**
Na	26—**43**[11]—60	315—**320**—350	75	322	261	288
K	326—**379**[11]—418	18—**20**—22	321	21	89	65
Ca	—[12]	9,5—**10,2**—11,0	—[13]	12	7	9
Mg	3,4—**4,0**[11]—5,6	1,8—**2,34**—2,8	4,8[13]	2,8[13]	—	—
Cl	150—**188**[14]—210	335—**360**—370	165	356	249	260
Anorgan. P .	1,8[15]	3,4[16]	7	4	31	27

* Vgl. S. 460. ** Vgl. S. 472.

Die **Spurenelemente** *Jod, Mangan, Aluminium, Arsen, Fluor* und *Brom* sind im Gesamtblut stets nachweisbar (s. a. S. 398ff.). Ob sie ständig in den Erythrocyten vorkommen, ist noch nicht mit Sicherheit nachgewiesen. *Blei* kann, wie in Versuchen am Hund gefunden wurde[17], in die Erythrocyten eintreten. Außerdem können Arsen[18] und Brom[19] in die roten Blutkörperchen hineindiffundieren.

Wie im Serum, so herrscht auch in den Erythrocyten unter den anorganischen Anionen das **Chlor** vor. Das Verhältnis zwischen Serum-Cl zu Blutkörperchen-Cl beträgt etwa 2 : 1. Überwiegend ist es an die Alkalimetalle, naturgemäß besonders an Kalium gebunden, so daß die übliche Berechnung als NaCl nicht exakt ist. Bei Neugeborenen ist ein reichlicher Cl-Gehalt der Gewebe nicht auf einen vermehrten Chlorgehalt der Erythrocyten zurückzuführen, sondern ist eine Folge reichlich vor-

---

[1] Comar, C. L., and G. K. Davis: Arch. Biochem. **12**, 257 (1947). — [2] Rickes, E. L., N. J. Brink, F. R. Koniuszy, T. R. Wood and K. Folkers: Science, N. Y. **107**, 396 (1948). — [3] Smith, E. L., and L. F. J. Parker: Biochem. J. **43**, VIII (1948). — [4] Orten, J. M., and M. C. Bucciero: J. biol. Ch. **176**, 961 (1948). — [5] Weissbecker, L.: Kobalt als Spurenelement und Pharmakon. Stuttgart 1950; dort auch weitere Literatur. — [6] Orten, J. M., F. A. Underhill, E. R. Mugrage and R. C. Lewis: J. biol. Ch. **99**, 457 (1932/33). — Stanley, A. J., H. C. Hopps and A. A. Hellbaum: Proc. Soc. exp. Biol. Med. **61**, 130 (1946). — [7] Orten, J. M., F. A. Underhill, E. R. Mugrage and R. C. Lewis: J. biol. Ch. **96**, 11 (1932). — [8] Bucciero, M. C., and J. M. Orten: Amer. J. Physiol. **154**, 513 (1948). — [9] Endres, G., u. L. Herget: Z. Biol. **88**, 451 (1929). — [10] Jansen, W. H., u. A. M. Loew: Dtsch. Arch. klin. Med. **154**, 195 (1927). — [11] Streef, G. M.: J. biol. Ch. **129**, 661 (1939). — [12] Ponder, E.: Hemolysis and Related Phenomena. New York 1948. — [13] D'Ans-Lax S. 1743. — [14] Thelen, H.: H. **250**, 221 (1937). — [15] Farmer, S. N., and M. Maizels: Biochem. J. **33**, 280 (1939). — [16] Nissen, H.: Z. Kinderheilkde. **57**, 289 (1936). — [17] Mortensen, R. A., and K. E. Kellogg: J. cellul. comp. Physiol. **23**, 11 (1944). — [18] Bayard, P.: Bull. Soc. R. Sci. Liège **11**, 591 (1942). — [19] Leipert, T.: Mikrochim. Acta **3**, 147 (1938). B. Z. **280**, 416 (1935). — Karp, J., u. G. Wolfsohn: Schweiz. med. Wschr. **69**, 834 (1939). — Straub, J.: B. Z. **303**, 398 (1939/40). — Weir, E. G., and A. B. Hastings: J. biol. Ch. **129**, 547 (1939).

handenen extracellulären Wassers[1]. Eine Abnahme von Cl in den Erythrocyten ist ein Zeichen von Salzmangel, eine Zunahme die Folge davon, daß der Verlust an Wasser den an Cl übertrifft. Blutkörperchen von Hunden[2] enthalten 180 bis 245 mg% Cl, von Ratten[3] 170—180—185 mg% Cl.

Das **Hydrogencarbonat-Ion** (HCO_3^-) ist nächst dem Chlorion das wichtigste. Der Gehalt in den roten Blutkörperchen beträgt durchschnittlich 160 mg%. Zusammen mit dem Chlorion ist es zur Regulierung des Säure-Basengleichgewichtes von besonderer Bedeutung[4].

Anorganische Phosphate (1,5 bis 4,5 mg% P) sind in den Erythrocyten etwa in der gleichen Menge vorhanden wie im Serum[5]. Bei schweren Acidosen wird anorganisches P auf Kosten von organischem P freigesetzt[6]. Über organische Phosphatverbindungen s. S. 445.

In den Erythrocyten sind nur wenig *Sulfate* vorhanden, jedoch ist der Gehalt höher als im Serum (1,5 mg% gegen 1,1 mg%)[7].

Im Trockenrückstand von Rinderblutkörperchen findet sich *Kieselsäure*[8].

e) Gesamtstickstoff der menschlichen Erythrocyten. Der *Gesamtstickstoff* beträgt 5,7 bis 6,15 g%[9, 10]. Hiervon entfallen etwa 94% auf das Hämoglobin und 6% auf die übrigen Bestandteile. Unter den übrigen Bestandteilen steht das Gerüsteiweiß im Stroma der roten Blutkörperchen mengenmäßig an der Spitze. Die übrigen Bestandteile sind Zucker (5,3%) und N-haltige Extraktivstoffe (9,25%).

f) Hämoglobin[11–20]. α) Allgemeines und physiologische Aufgaben. Der rote Blutfarbstoff macht bei den meisten Tieren und beim Menschen etwa $^1/_3$ der roten Blutkörperchen bzw. 80% ihrer Trockenmasse aus. In 100 cm^3 Blut findet man 14—16—18 g Hämoglobin. Für einen Menschen von 70 kg Gewicht ergibt sich daraus eine Gesamtmenge von etwa 800 g. Wie die Zahl der roten Blutkörperchen, so zeigt auch der Hämoglobingehalt gewisse individuelle Schwankungen und wechselt je nach der Höhenlage des Aufenthaltsortes[21]. In hochgelegenen Ortschaften sowie bei Fliegern in großen Höhen ist der Hämoglobingehalt und die Erythrocytenzahl größer als im Tiefland. Auffallend gleichmäßig erwies sich der Hämoglobingehalt pro μ^2 Oberfläche des Erythrocyten[22]. Er beträgt etwa 31×10^{-14} g. Bei verschiedenen Krankheiten kommen sehr niedrige Hb-Werte vor. Bei Ancylostomiasis[23] wurden bis zu 10% Hb gefunden. Auch bei perniziöser Anämie sind Werte bis zu 12% Hb beschrieben worden[24]. Diese niedrigen Hb-Werte scheinen nur dann mit dem Leben vereinbar zu sein, wenn der Hb-Gehalt des Blutes langsam auf niedrige Werte absinkt.

---

[1] Kerpel-Fronius, E.: Rev. franç. Pédiatr. **14**, 56 (1938) [Ber. Physiol. **110**, 85]. — [2] Rapoport, S., and G. M. Guest: J. biol. Ch. **131**, 675 (1939). — [3] Karady, S., H. Selye and J. S. L. Browne: J. biol. Ch. **131**, 717 (1939). — [4] s. S. 532. — [5] Farmer, S. N., and M. Maizels: Biochem. J. **33**, 280 (1939). — Stearns, G., and E. Warweg: J. biol. Ch. **102**, 749 (1933); dort auch Schrifttum. — Guest, G. M., and S. Rapoport: Amer. J. Dis. Children **58**, 1072 (1939). — [6] Guest, G. M., and S. Rapoport: J. Lab. clin. Med. **26**, 190 (1940). — [7] Larizza, P.: Fisiol. e Med. **6**, 203 (1935). — [8] Gonnermann, M.: H. **99**, 269 (1917). — [9] Schoen, R.: B. Z. **128**, 293 (1922). — [10] Ichimi, T.: Tohoku J. exp. Med. **13**, 276 (1929).

Zusammenfassendes über Hämoglobin: 11—20. [11] Bürker, K.: Handb. Physiol. **6**/1, 3 (1928). — [12] Barkan, G.: Handb. Physiol. **6**/1, 76 (1928). — [13] Kanitz, A.: Handb. Biochem. **2**, 560 (1925). — [14] Haurowitz, F.: Handb. Biochem. Erg.-W. **1**/A, 369 (1933). — [15] Edlbacher, S.: Handb. Biochem. Erg.-W. **1**/B, 769 (1933). — [16] Haurowitz, F.: Fortschritte der Biochemie 1938—1947. S. 156—175. Basel 1948. — [17] Lemberg, R., and J.W. Legge: Hematin Compounds and Bile Pigments. New York, London 1949. — [18] s. a. Bd. **1**, S. 741. — [19] Brugsch, J.: Hämoglobin — Der rote Blutfarbstoff. Leipzig 1950. — [20] Vannotti, A., and A. Delachaux: Iron Metabolism and its Clinical Significance. New York **1949**.

[21] Vannotti, A., u. H. Markwalder: Z. ges. exp. Med. **105**, 1 (1939). — Muralt, A. v.: Schweiz. med. Wschr. **65**, 461 (1935). — [22] Horneffer, L.: Pflügers Arch. **220**, 703 (1928). — Edlbacher, S.: Handb. Biochem. Erg.-W. **1**/B, 769 (1933). — [23] Ghalioungui, P.: Lancet **1947** II, 70. — [24] Petrides, P.: Dtsch. Arch. klin. Med. **194**, 661 (1949).

Tabelle 159. Blutkörperchenzahl und Hb-Gehalt[1] im Blut.

	Millionen Erythrocyten/ cm^3 Blut		g Hb/100 cm^3 Blut	
	Mittel	Grenzwerte	Mittel	Grenzwerte
Männer[1]	4,96	4,37—5,58	16,03	14,39—18,03
Frauen[1]	4,70	—	14,7	12—16
Knaben[1]	5,04	—	19,70	—
Mädchen[1]	5,07	—	19,28	—
Neugeborene[2]	5,06	4,07—6,01	19,48	15,20—23,71
Rinder[3]	5,72	—	10,8	—
Hunde[4]	5,6	5,0 —6,2	12,0	9,0 —15,1
Schweine	7,44	—	16,1	—
Ratten	8,57	—	15,2	—
Kaninchen	5,86	—	11,9	—
Pferde	6,94	—	12,4	—
Schafe	10,70	—	11,9	—
Ziegen	13,94	—	10,9	—

Hb-Bestimmung[5—13]. Von den zahlreichen Verfahren, die zur Bestimmung des Hb vorgeschlagen wurden, sollen nur die grundlegenden und gebräuchlichsten genannt werden. Zumeist wird es colorimetrisch bestimmt. Zu diesem Zwecke wird das Hb entweder in das haltbare salzsaure Hämin (SAHLI[14a]) oder in das O_2-freie Hämoglobin (BÜRKER[14b], HEILMEYER[15]) übergeführt. Neuere colorimetrische Bestimmungsmethoden arbeiten mit dem photoelektrischen Colorimeter[16, 17]. Die spektrophotometrischen Bestimmungen[14c] sind zwar genauer, verlangen aber eine besondere Apparatur. Auf die Sauerstoff- und Kohlenoxyd-Bindungsfähigkeit gründen sich gasometrische Bestimmungen[14d, 18], die sehr genau, aber umständlich sind. Chemische Verfahren beruhen auf der Bestimmung des Eisengehaltes des Hb[19]; daraus wird das Hb dann berechnet. In neuerer Zeit werden auch Mikroverfahren und Hb-Bestimmungen auf Grund des spezifischen Gewichtes des Blutes angegeben. KING u. Mitarb. haben eine Anzahl von Verfahren verglichen[20].

Färbeindex. Nicht nur der prozentuale Hb-Gehalt spielt in der Klinik eine große Rolle, sondern auch das Verhältnis der Hb-Menge zur Erythrocytenzahl. Dieses Verhältnis wird als Färbeindex[21] (F.I.) der roten Blutkörperchen bezeichnet. Man setzt zur Errechnung

[1] s. S. 431[22]. — [2] BÖRNER, R.: Pflügers Arch. **220**, 716 (1928). — [3] EISBRICH, F.: Pflügers Arch. **203**, 285 (1924). — KANITZ, A.: Handb. Biochem. **2**, 561 (1925). — [4] MORRIS, M. L., J. B. ALLISON and D. F. GREEN: J. Lab. clin. Med. **25**, 353 (1940).

Zusammenfassendes über Hb-Bestimmung: 5—13. [5] MÜLLER, F.: Die Bestimmung des Blutfarbstoffgehaltes. Handb. biol. Arb.-Meth. Abt. IV, Teil 3, S. 33 (1924). — [6] SCHUMM, O.: Spektrographische Methoden zur Bestimmung des Hämoglobins und verwandter Farbstoffe. Handb. biol. Arb.-Meth. Abt. IV, Teil 3, S. 63 (1924). — [7] HEUBNER, W.: Über Anwendung der photographischen Methode in der Spektrophotometrie des Blutes. Handb. biol. Arb.-Meth. Abt. IV, Teil 3, S. 127 (1924). — [8] FEIGL, J., u. W. WEISE: Handb. biol. Arb.-Meth. Abt. IV, Teil 3, S. 552 (1924). — [9] MÜLLER, F., u. W. BIEHLER: Handb. Biochem. **1**, 409 (1924). — [10] BÜRKER, K.: Handb. physiol. Meth. (TIGERSTEDT) **2**, Abt. I, S. 213 (1910). — [11] BÜRKER, K.: Handb. Physiol. **6**/1, S. 28 (1928). — [12] HITTMAIR, A.: Handb. Haematol. (HIRSCHFELD-HITTMAIR) **2**/1, S. 239 (1933). — [13] Hinsberg-Lang 2. Aufl. S. 545. — WELCH, G. K., and W. W. WALTHER: Lancet **260**, 548 (1951).

[14] RONA, P.: Praktikum der Physiologischen Chemie. II. Teil. Berlin 1929. — a) S. 151. — b) S. 153. — c) S. 136. — d) S. 155. — [15] HEILMEYER, L.: Medizinische Spektrophotometrie. S. 86. Jena 1933. — [16] KIESE, M.: A. e. P. P. **204**, 199 (1947). — [17] BELL, G. H., J. W. CHAMBERS and M. B. R. WADDELL: Biochem. J. **39**, 60 (1945). — [18] SLYKE, D. D. VAN, A. HILLER, J. R. WEISIGER and W. O. CRUZ: J. biol. Ch. **166**, 121 (1946). — [19] Rappaport S. 79. — LINTZEL, W.: Z. ges. exp. Med. **86**, 269 (1933). — [20] KING, E. J., and M. GILCHRIST: Lancet **1947 II**, 201. — KING, E. J., M. GILCHRIST, I. D. P. WOOTTON, R. DONALDSON, R. B. SISSON, R. G. MACFARLANE, H. M. JOPE, J. R. P. O'BRIEN, J. M. PETERSON and D. H. STRANGEWAYS: Lancet **1947 II**, 789; **1948 II**, 563. — KING, E. J., M. GILCHRIST, I. D. P. WOOTTON, J. R. P. O'BRIEN, H. M. JOPE, P. E. QUELCH, J. M. PETERSON, D. H. STRANGEWAYS and W. N. M. RAMSAY: Lancet **1948 I**, 478. — [21] BÜRKER, K.: Handb. Physiol **6**/1, S. 3, u. zwar S. 35 (1928).

die normale Erythrocytenzahl von 5 Millionen im mm^3 und den Hb-Gehalt von 16 g in 100 cm^3 Blut auf 100% fest. Der normale Färbeindex entspräche also einem Verhältnis von Hb zu Erythrocyten wie 100 : 100 = 1 (Normalwert 0,95 bis 1,0). Praktisch wird der Färbeindex nach der Formel: $\frac{\text{Hb}\,\%}{2 \cdot \text{Erythrocytenzahl}}$ berechnet, wobei man für die Erythrocytenzahl die ersten beiden Stellen des gefundenen Wertes einsetzt. Bei einem Hb-Gehalt von 60% und einer Erythrocytenzahl von 4 Millionen ergibt sich demnach der Färbeindex zu $\frac{60 \cdot 50}{100 \cdot 40} = \frac{60}{2 \cdot 40} = 0{,}75$.

Während dieser Ausdruck ein relatives Maß der beiden Größen ergibt, kann man den absoluten Hb-Gehalt eines Erythrocyten (Hb_E) unter den gleichen Voraussetzungen aus dem Verhältnis Hb-Gehalt von 1 mm^3 Blut zu Erythrocytenzahl in 1 mm^3 Blut = 0,00016 zu 5000000 = $32{,}4 \cdot 10^{-12}$ g ermitteln. Es genügt die Angabe der Zahl 32,4, welche einem Färbeindex von 1,0 entspricht. Diese Beziehungen geben ein klareres Bild über die Veränderungen im Blut.

Färbeindex bei Krankheiten. Ist der Hb-Gehalt im Verhältnis zur Erythrocytenzahl vermindert, so wird der Färbeindex kleiner als 1. Dies findet man bei Blutungsanämien, bei der Chlorose (Bleichsucht) und bei sekundären Anämien (Krebs, Tuberkulose). Bei der perniziösen Anämie (BIERMER) sind beide Größen stark herabgesetzt. Da die Erythrocyten aber sehr stark mit Hb beladen sind, ist das Hb nicht in dem gleichen Maße vermindert wie die Erythrocyten. Der Färbeindex steigt über 1 an. Auch bei verschiedenen Infektionskrankheiten, bei der myeloischen und lymphatischen Leukämie, findet man verminderte Hb-Werte.

Aufgaben des Hämoglobins. Im Organismus hat der Blutfarbstoff mindestens die 3 folgenden wichtigen Aufgaben zu erfüllen:

1. Transport des Sauerstoffes von der Lunge zu den Geweben[1].
2. Mitwirkung beim Transport der Kohlensäure[1].
3. Beteiligung an der Regulation der absoluten Reaktion des Blutes[2].

Die erste Aufgabe ist am längsten bekannt. Das Hb ist in der Lage, mit seinem zentral gelegenen Eisenatom sehr leicht durch Nebenvalenzen lockere Bindungen mit molekularem Sauerstoff einzugehen. Das so entstandene Oxyhämoglobin (Hämatoglobulin, Hämatokrystallin) wird als eine leicht dissoziierbare Molekülverbindung aufgefaßt. Durch das Wechselspiel Hämoglobin + $O_2 \rightleftarrows$ Oxyhämoglobin werden auch die beiden anderen Aufgaben gelöst.

Über weitere Aufgaben des Hämoglobins besteht noch keine Klarheit. Es scheint zur Peroxydation ungesättigter Fettsäuren erforderlich zu sein[3], kann aber wohl in diesem Falle durch Myoglobin ersetzt werden.

Über Begleitstoffe des Hb und ihre Wirkungen s. [4, 5].

Das Hb verschiedener Tierarten scheint nicht einheitlich aufgebaut zu sein. So können Unterschiede in der Affinität zu Sauerstoff festgestellt werden[6]. Aus dem Blut von Ochsen, Schafen, Eseln und Hunden konnten 2 vielleicht auch 3 verschiedene Hämoglobine isoliert werden[7, 14]. Ferner wurde ein fetales und ein adultes Hb festgestellt[8–11] (s. a. S. 1011 sowie Bd. 1, S. 745). Beim Menschen wurden bisher 2 verschiedene Hämoglobine gefunden[12, 13]. Nach anderer Ansicht soll die Art der Hb

[1] CO_2-O_2-Transport s. S. 518 bzw. 502. — [2] s. Säure-Basen-Gleichgewicht im Blut s. S. 538. — [3] WATTS, B. M., and D. H. PENG: J. biol. Ch. **170**, 441 (1947). — [4] BARKAN, G., e O. SCHALES: Arch. ital. Sci. farmacol. **6**, Suppl. 106 (1937) [Ber. Physiol. **108**, 24]. — [5] RAWLINSON, W. A.: Austral. J. exp. Biol. med. Sci. **16**, 303 (1938) [Ber. Physiol. **112**, 30]. — [6] MCCARTHY, E. F.: J. Physiol., London **86**, 77 (1936). — [7] GEIGER, A.: Proc. R. Soc. London (B) **107**, 368 (1931). — [8] BRINKMAN, R., and J. H. P. JONXIS: J. Physiol., London **88**, 162 (1937). — [9] WYMAN, J. jr., J. A. RAFFERTY and E. N. INGALLS: J. biol. Ch. **153**, 275 (1944). — [10] VICKERY, H. B.: J. biol. Ch. **156**, 283 (1944). — [11] CRANDALL, M. W., and D. L. DRABKIN: J. biol. Ch. **166**, 653 (1946). — [12] HAUROWITZ, F., A. WINKLER u. F. KRAUS: H. **232**, 125 (1935). — [13] MCCARTHY, E. F.: J. Physiol., London **102**, 55 (1943/44). — [14] BETKE, K.: B. Z. **322**, 188 (1951).

beim Fetus, beim Kind und beim Erwachsenen verschieden sein[1]. Diese Annahme wird jedoch von anderer Seite bestritten[2]. Das Hb in den unversehrten roten Blutkörperchen unterscheidet sich durch das Fehlen der γ-Absorptionsbande (405 bis 430 mμ) von dem Hb in Lösung. Dieser Fehler beruht auf einer rein optischen Erscheinung und ist durch die Eigenschaften der Oberflächen, die das Hb von den umgebenden Medien trennen, bedingt[3].

Nach VAN SLYKE[4] unterscheidet man im Blut *aktives* Hb, das zur reversiblen Bindung von O_2 und CO fähig ist. Im Gegensatz dazu existiert im Blut *inaktives* Hb[4,5], das diese Eigenschaft nicht mehr besitzt. Durch Reduktion kann inaktives Hb wieder in aktives Hb verwandelt werden. Es ist demnach anzunehmen, daß aktives Hb 2wertiges Fe und inaktives Hb 3wertiges Fe enthält (z. B. Methämoglobin = Hämiglobin).

Hämoglobin kommt nur in geringen Mengen im arteriellen, in größerer Menge im venösen Blute und als überwiegender Blutfarbstoff im Blut von Erstickten vor.

Außer Sauerstoff kann Hb noch weitere Gase zum Teil sehr fest binden. Dazu gehören Kohlenoxyd, Blausäure, Stickoxyd, Acetylen und andere. Das *Kohlenoxyd*-Hb wird in Spuren in jedem Blut angetroffen. Bei Rauchern fand sich ein Mittelwert von 0,67 Vol.-%, was einem CO-Gehalt von 4,2% entspricht. Der höchste erreichte Wert betrug 10,16%[6]. Bei Kraftfahrern[7] können die CO-Werte auf etwa 2 bis 4% ansteigen[6,8]. Nach CO-Einatmung tritt eine Hemmung der Abspaltung des „leichtabspaltbaren Eisens" (BARKAN) ein, die noch nachweisbar ist, wenn das CO-Hb nicht mehr gefunden werden kann[9]. Ein CO-Gehalt von 0,04% in eingeatmeten Gasen bedingt durch Bildung von CO-Hb einen Ausfall von 12% Hb. Die Bindung des Hb mit CO ist fester als die mit Sauerstoff[10].

Nachweis von CO-Hb nach OETTEL[11].

Methämoglobin[12] ist eine Hämoglobin-Sauerstoffverbindung, in welcher der Sauerstoff fest gebunden ist. Das Eisen liegt in 3wertiger Form vor. Methämoglobin wird unter dem Einfluß verschiedenartigster Substanzen gebildet[13]. Bei Anwesenheit von Nitrit setzt sich 1 Mol Nitrit mit 2 Mol Hb um[14]. Auch bei Zusammenbringen mit Harn soll Methämoglobin entstehen[15]. Im Blut gesunder Menschen ist etwa 0,1 % Methämoglobin vorhanden[16]. Andere Untersucher[17] halten die Anwesenheit von Met-Hb im normalen Blut für nicht gesichert. Bei Katzen sind ungefähr 8,6% des gesamten Blutfarbstoffes als Met-Hb vorhanden[18]. Der

---

[1] McCARTHY, E. F.: J. Physiol., London **80**, 206 (1934). — BRINKMAN, R., and J. H. P. JONXIS: J. Physiol., London **85**, 117 (1935). — PONDER, E., and P. LEVINE: Blood **4**, 1264 (1949). — [2] TSAO, M. U., and H. S. REARDON: Amer. J. Dis. Children **79**, 673 (1950). — [3] KEILIN, D., and E. F. HARTREE: Nature **148**, 75 (1941). — [4] SLYKE, D. D. VAN, A. HILLER, J. R. WEISIGER and W. O. CRUZ: J. biol. Ch. **166**, 121 (1946). — [5] HEUBNER, W.: Kli. Wo. **1940**, 328. — [6] SCHMIDT, O.: Kli. Wo. **1939 II**, 938. Reichsgesh.-Bl. **1940**, 53. — [7] KRAUT, H.: Chem. Fabrik **13**, 90 (1940). — [8] SCHWARZ, F.: Schweiz. med. Wschr. **70**, 78 (1940). — LEERS, O.: Gerichtsärztliche Untersuchungen. Berlin 1913. — SYMANSKI, (H.): D. m. W. **1942**, 192. — [9] BECKMANN, H. A.: Z. ges. exp. Med. **109**, 467 (1941). — [10] s. S. 431[12]. — [11] OETTEL, H.: A. e. P. P. **190**, 233 (1938). — [12] HAVEMANN, R., u. W. HEUBNER: B. Z. **299**, 222 (1938). — HALPERN, B. N., et P. DUBOST: Bull. Soc. Chim. biol. **21**, 717 (1939). — ROCHE, J.: Arch. int. Pharmacodyn. Thérap. **37**, 358 (1930). — JUNG, F.: A. e. P. P. **192**, 464 (1939). — BERNHEIM, F., and H. O. MICHEL: J. biol. Ch. **118**, 743 (1937). — BROOKS, J.: Proc. R. Soc. London (B) **118**, 560 (1935). — HEUBNER, W.: Kli. Wo. **1941**, 137. — [13] HEUBNER, W.: Ergebn. Physiol. **43**, 9—56 (1940). — [14] JUNG, F., u. H. REMMER: A. e. P. P. **206**, 459 (1949). — [15] RIEDEL, H.: A. e. P. P. **190**, 224 (1938).— [16] HEUBNER, W., M. KIESE, M. STUHLMANN u. W. SCHWARTZKOPFF-JUNG: A. e. P. P. **204**, 313 (1947). — [17] SLYKE, D. D. VAN, A. HILLER, J. R. WEISIGER and W. O. CRUZ: J. biol. Ch. **166**, 121 (1946). — [18] ISSEKUTZ, B. v. jr.: A. e. P. P. **193**, 567 (1939).

Met-Hb-Gehalt einer Blutprobe soll Gradmesser für den Anteil alter, abbaureifer Erythrocyten sein. Die am leichtesten hämolysierbaren Zellen zeigen den höchsten Met-Hb-Gehalt. Dies soll auf einer verminderten Aktivität der Fermente, die Met-Hb in Hb zurückführen, beruhen[1]. Die Umwandlung des 3wertigen Eisens des Met-Hb in 2wertiges Eisen ist im Organismus durchaus möglich. Die Stoffwechselvorgänge in den Erythrocyten sollen hierfür verantwortlich sein[2]. Reduktion von Met-Hb kann durch Hexosediphosphat, Lactat und Methylenblau in Gegenwart von Nicotinsäureamid[3] erfolgen. Auch eine Reihe von Hexosen[4] und Diphosphopyridinnucleotid[5] sollen bei der Reduktion wirksam sein. Met-Hb-Bildung größeren Ausmaßes beobachtet man bei Vergiftungen mit Kaliumchlorat, Anilin, Acetanilid und Phenacetin.

Bestimmung des Met-Hb nach HAVEMANN, JUNG und v. ISSEKUTZ[6].

Bei Einwirkung von H_2S und O_2 oder von H_2S und H_2O_2 auf Hb entsteht grünes *Sulfhämoglobin*[7, 8]. Sulf-Hb wurde früher für Verdoglobin gehalten, was sich aber als nicht richtig erwies[7].

Außerdem findet man im Blut 0,5 bis 1,5% *Verdohämoglobin*[9]. Näheres s. Bd. 1, S. 923.

Darstellung des Hb, s. Bd. 1, S. 741.

β) Aufbau des Hämoglobins (s. a. Bd. 1, S. 741ff. u. 853ff.): *A*) *Aufbau des Moleküls:* Das Molekulargewicht des Hb der höheren Tiere wird mit 66000 angegeben. Bei einem Eisengehalt von 0,336% würde dies 4 Eisenatomen und 4 Hämgruppen entsprechen. Die Dimensionen des Hb-Moleküls[10, 11] betragen $36 \times 64 \times 48$ Å. Entsprechend der Wertigkeit des Eisens im Molekül spricht man bei 2wertigem Eisen von *Hämo-* und bei 3wertigem Eisen von *Hämi*verbindungen. Die Bindung und Wertigkeit des Eisens läßt sich mit magnetischen Messungen feststellen (s. Bd. 1, S. 855f.). Das Häm scheint über eine saure und basische Gruppe an das Globin gebunden zu sein[12, 13].

B) *Aufbau des Globins* (s. a. Bd. 1, S. 708 f. u. 853). Die Eiweißkomponente Globin macht etwa 96% des Blutfarbstoffes aus. Die Bausteine sind bekannt[14], über Auf- und Abbau ist wenig auszusagen. Da bisher Anämien wegen Mangel an Globin nicht bekannt sind, muß angenommen werden, daß der Aufbau des Globins dem Körper keine Schwierigkeiten bereitet. Auch nach großen Aderlässen ist ein Globinmangel nicht beobachtet worden. Zum Aufbau von 1 g Hämoglobin sind im allgemeinen 7 bis 8 g Nahrungseiweiß nötig[15]. Da aber unter Zugrundelegung einer täglichen Urobilin- bzw. Urobilinogenausscheidung von 150 mg[16] sich ein Hb-Verlust von 3 bis 4 g errechnet[17], so müßte der Körper theoretisch täglich 20 bis 30 g Nahrungseiweiß zur Ergänzung des Hb bereitstellen. Beim Abbau des Globins finden sich keine charakteristischen Ausschei-

[1] JUNG, F.: Dtsch. Arch. klin. Med. **195**, 454 (1949). — [2] FINCH, C. A., H. A. EDER and R. W. MCKEE: 39. Ann. Meet. amer. Soc. clin. Invest. 1947 [J. clin. Invest. **26**, 1181 (1947)]. — [3] GUTMANN, H. R., B. J. JANDORF and O. BODANSKY: J. biol. Ch. **169**, 145 (1947). — [4] SPICER, S. S., C. H. HANNA and A. M. CLARK: J. biol. Ch. **177**, 217 (1949). — [5] GRANICK, S.: Blood **4**, 404 (1949). — [6] HAVEMANN, R., F. JUNG u. B. v. ISSEKUTZ jr.: B. Z. **301**, 116 (1939). — [7] HAUROWITZ, F.: J. biol. Ch. **137**, 771 (1941). — [8] MICHEL, H. O.: J. biol. Ch. **126**, 323 (1938). — [9] HAVEMANN, R.: Kli. Wo. **1941**, 543. — [10] PERUTZ, M. F.: Nature **143**, 731 (1939); **149**, 491 (1942). — [11] HAUROWITZ, F.: H. **254**, 266 (1938). — BOYES-WATSON, J., and M. F. PERUTZ: Nature **151**, 714 (1943). — [12] WYMAN, J. jr.: J. biol. Ch. **127**, 1 (1939). — [13] THEORELL, H.: Ark. Kemi, Mineral. Geol. **16** A, Nr. 14 (1943). — [14] BARKAN, G.: Handb. Physiol. **6**/1, S. 79 (1928). — [15] FELIX, K.: Die Dynamik des Eiweißes. Verh. dtsch. Ges. inn. Med. **52**, 387 (1940). — [16] WATSON, C. J.: Arch. internal Med., Chicago **47**, 698 (1931). — HEILMEYER, L.: Erkennung und Behandlung der Anämien. Ergebn. inn. Med. **55**, 320—437 (1938). — [17] HAWKINS, W. B., and A. C. JOHNSON: Amer. J. Physiol. **126**, 326 (1939)

dungsprodukte. Es scheint festzustehen, daß der Eiweißanteil beim Abbau des Hb retiniert wird und zu neuen Synthesen verwandt werden kann[1].

C) Aufbau des Häms. Über den Bau der prosthetischen Gruppe des Hb, des Häm, s. Bd. 1, S. 856ff. Die Synthese des Hb findet in den Erythrocyten statt. Vor der Kopplung der prosthetischen Gruppe mit Globin und Eisen wird wahrscheinlich die Porphyrinstufe durchlaufen (s. auch Bd. 1, S. 903). Über die Hämsynthese s. S. 996 ff. Die Porphyrinsynthese scheint Vorrang vor der Bildung der Serumeiweißkörper zu haben[2]. Sie wird durch Lactoflavin gefördert, das auch den Eiseneinbau unterstützt[3]. Auch bei Anämien wurde ein deutlicher Einfluß von Lactoflavin auf die Hb-Bildung beobachtet[4]. Durch Knochenmarkextrakte läßt sich ebenfalls der Hb-Aufbau fördern[5]. Normale menschliche Erythrocyten enthalten in 100 cm^3 roten Blutkörperchen 30 bis 35 γ Protoporphyrin[6]. In erythroblastischen Zellen des Knochenmarks gesunder Menschen wurde nur dann Protoporphyrin nachgewiesen, wenn besonders starke Aufbauarbeit geleistet werden mußte, z. B. in der Fetalzeit und bei Kindern[7]. Beim hämolytischen Ikterus und während der Reticulocytenkrise unter Leberbehandlung der perniziösen Anämie enthalten die Reticulocyten Protoporphyrin[8]. Auch sonst wurden geringe Mengen Protoporphyrin in diesen jungen roten Blutzellen gefunden[9]. Im Serum wurde bisher kein Protoporphyrin nachgewiesen, im Gesamtblut durchschnittlich 13 γ%[10].

Die Hb-Synthese in den Erythrocyten beginnt erst nach Abfall der Ribosepolynucleotide unter 0,5%, d. h. nach Abschluß der Reifungsphase. Hierbei steigt der Hb-Gehalt der Zelle rasch bis auf $28 \times 10^{-6}\,\gamma$ an[11].

Beim Schwein wurden Beziehungen zwischen Erythrocyten-Protoporphyrin, Plasma-Eisen und Plasma-Kupfer gefunden[12]. In 100 cm^3 Schweine-Erythrocyten finden sich $118 \pm 43{,}4\,\gamma$ Protoporphyrin. Bei Pyridoxinmangel sind diese Werte erheblich erniedrigt. Bei anämischen Hunden wurde Eisen leicht in die Erythrocyten aufgenommen, bei gesunden hingegen nicht[13].

Mit radioaktivem N konnte die Beteiligung von Glykokoll am Aufbau des Porphingerüstes bei Ratte und Mensch festgestellt werden[14]. Glutaminsäure, Prolin, Leucin und Ammoniumcitrat wirkten nur indirekt als N-Lieferanten des Porphyrins, da sie vorher im Körper umgebaut wurden. Außerdem wurde Wasserstoff, der aus Essigsäure stammte, im Porphyringerüst nachgewiesen[15]. Kernlose Erythrocyten der Säugetiere bilden kaum noch Häm aus Glykokoll, während diese Synthese in den kernhaltigen Erythrocyten der Ente möglich war[16]. In den Erythrocyten von Kranken mit Sichelzellenanämie konnte ebenfalls ein Aufbau von Häm aus Glykokoll sichergestellt werden[17], während bei Perniciosa

[1] DUESBERG, R.: Kli. Wo. **1938 II**, 1353. — [2] ROBSCHEIT-ROBBINS, F. S., S. C. MADDEN, A. P. ROWE, A. P. TURNER and G. H. WHIPPLE: J. exp. Med. **72**, 479 (1940). — [3] STICH, W.: Verh. dtsch. Ges. inn. Med. **56**, 224 (1951). — [4] GYÖRGY, P., F. S. ROBSCHEIT-ROBBINS and G. H. WHIPPLE: Amer. J. Physiol. **122**, 154 (1938). — [5] BAENA, V.: B. Z. **274**, 358 (1934). — [6] SEGGEL, K.-A.: Fluorescenzphänomen und Porphyringehalt der Erythrocyten. Ergebn. inn. Med. **58**, 582—654 (1940). — [7] BORST, M., u. H. KÖNIGSDÖRFFER jr.: Untersuchungen über Porphyrie mit besonderer Berücksichtigung der porphyria congenita. Leipzig 1929. — [8] SEGGEL, K.-A.: Folia haematol., Leipzig **52**, 250 (1934). Kli. Wo. **1937 I**, 382. — WATSON, C. J., and W. O. CLARKE: Proc. Soc. exp. Biol. Med. **36**, 65 (1937). — [9] HIJMANS VAN DEN BERGH, A. A., u. W. GROTEPASS: Kli. Wo. **1933 I**, 586. — [10] SCHUMM, O.: A. e. P. P. **191**, 529 (1939). — [11] THORELL, B.: Acta med. scand. **129**, Suppl. **200** (1947). — [12] CARTWRIGHT, G. E., and M. M. WINTROBE: J. biol. Ch. **172**, 557; **176**, 571 (1948). — [13] HAHN, P. F., W. F. BALE, E. O. LAWRENCE and G. H. WHIPPLE: J. exp. Med. **69**, 739 (1939). — [14] SHEMIN, D., and D. RITTENBERG: J. biol. Ch. **166**, 621, 627 (1946). — ALTMAN, K. I., G. W. CASARETT, R. E. MASTERS, T. R. NOONAN and K. SALOMON: J. biol. Ch. **176**, 319 (1948). — [15] BLOCH, K., and D. RITTENBERG: J. biol. Ch. **159**, 45 (1945). — [16] SHEMIN, D., I. M. LONDON and D. RITTENBERG: J. biol. Ch. **173**, 799 (1948); **183**, 749 (1950). — [17] LONDON, I. M., D. SHEMIN and D. RITTENBERG: J. biol. Ch. **173**, 797 (1948).

zweifelhafte Ergebnisse vorlagen. Tryptophan und andere Aminosäuren, die man bisher als Pyrrolvorstufen ansah, zeigten keine Steigerung der Porphyrinbildung[1]. Bei der Kopplung zwischen Protoporphyrin, Globin und Eisen spielen gewisse Metalle (Kupfer) vielleicht eine katalytische Rolle[2]. Weiteres hierüber s. S. 1010.

In der Hauptsache trifft man im Körper Porphyrinabkömmlinge des Ätioporphyrin III an, in geringen Mengen begegnet man auch den Isomeren der Reihe I (s. a. Bd. 1, S. 891 u. 903). Nach den bisher vorliegenden Befunden ist es wahrscheinlicher, daß es sich bei diesen Porphyrinen um Verbindungen handelt, die im Aufbau entstanden sind und nicht um Abbaustufen, z. B. des Hämins (s. dazu auch S. 996ff). Für die Form I mit ihrer gegenüber der Form III verschiedenen Anordnung der Substituenten wäre die Entstehung durch Abbau von Hämin (Typ III) schwer vorstellbar[3]. Es ist aber bekannt, daß bei Steigerung der Erythropoese gleichzeitig mit der Zunahme der Protoporphyrinbereitung eine vermehrte Synthese des schon physiologisch gebildeten Protoporphyrin I stattfindet[4]. Auch die zur Form III gehörigen Porphyrine werden wahrscheinlich als unvollendete Aufbaustufen der Hämoglobinsynthese von den erythroblastischen Zellen abgegeben (Bleivergiftung).

γ) Abbau des Hämoglobins (s. a. S. 1016ff sowie Bd. 1, S. 942ff). *A*) *Bilirubinbildung*. Der Abbau des Hb zu Bilirubin konnte in den letzten Jahren recht weitgehend aufgeklärt werden. Der physiologische Abbau beginnt, wenn das Hb aus den Erythrocyten austritt[5]. Der Abbau findet statt in den reticuloendothelialen Zellen von Leber, Milz, Knochenmark, in der Blutbahn und in Exsudaten[4, 6]. Dadurch werden bei einem erwachsenen Menschen etwa 24,4 mg Eisen am Tag frei[7]. Man nimmt an, daß beim physiologischen fermentativen Hämoglobinabbau Zwischenstufen auftreten, in denen der Porphinring durch Oxydation an der α-Methingruppe unter Verlust dieser Gruppe gesprengt wird[8]. Dabei bleibt die Bindung mit dem Eiweiß und Eisen erhalten. Diese eisenhaltigen Zwischenstufen sind grün gefärbt und werden als *Verdoglobin* bezeichnet[9]. Sie sind auch unter den Namen grünes Hämin[10], Verdohämochromogen[11], Verdohämoglobin[12], Pseudohämoglobine[8] und eisenhaltige Gallenfarbstoff-Globinverbindungen bekannt. Diesen Verbindungen steht das Sulfhämoglobin nahe[13]. Durch weitere Oxydation wird das 2 wertige Eisen in 3 wertiges Eisen übergeführt, und das Molekül zerfällt unter Oxydation der α-Methingruppe zur CO_2-Gruppe und Reduktion etwaiger Ketogruppen zu Hydroxylgruppen in Biliverdin, Eisen und Globin[14]. Das Biliverdin wird in der Leber durch weitere Reduktion z. T. in Bilirubin übergeführt. Ascorbinsäure ist als Reduktionsmittel hieran beteiligt, sie kann aber durch Cystein in Gegenwart von Fe^{++}- und Cu^{+}-Ionen ersetzt

---

1 Thomas, J.: Bull. Soc. Chim. biol. **20**, 471 (1938). — 2 Fontès, G., et L. Thivolle: C. R. Soc. Biol. **123**, 804 (1936). — Schultze, M. O.: Metallic elements and blood formation. Physiol. Rev. **20**, 37—67 (1940). — 3 Vgl. Bd. **1**, S. 892. — 4 Duesberg, R.: Kli. Wo. **1938 II**, 1353; dort auch Literatur. — 5 Siedel, W.: Gallenfarbstoffe. Fortschr. Chem. org. Naturstoffe **3**, 81—144 (1939). — Liébecq, C.: Conception actuelle du catabolisme de l'hémoglobine. (Actualités biochimiques, No. 7) Lüttich, Paris 1946. Exper. **4**, 56 (1948). — vgl. a. Lemberg, R., and J. W. Legge: Hematin Compounds and Bile Pigments. S. 503 ff. New York 1949. — 6 Aschoff, L.: Kli. Wo. **1932 II**, 1620. — Engel, M.: Kli. Wo. **1940**, 1177. — Baumgärtel, T.: M. m. W. **1944**, 407. — Watson, C. J.: Blood **1**, 99 (1946). — 7 Drabkin, D. L.: Amer. J. med. Sci. **209**, 268 (1945). — 8 Barkan, G., and O. Schales: Nature **142**, 836 (1938). H. **248**, 96 (1937); **253**, 83; **254**, 241 (1938). — 9 Kiese, M.: Naturwiss. **30**, 588 (1942). — Kiese, M., u. L. Seipelt: A. e. P. P. **200**, 648 (1942/43). — 10 Warburg, O., u. E. Negelein: B. **63**, 1816 (1930). — 11 Havemann, R.: B. Z. **308**, 1 (1941). — 12 Lemberg, R.: Biochem. J. **29**, 1322 (1935). — Lemberg, R., J. W. Legge and W. H. Lockwood: Biochem. J. **33**, 754 (1939). — 13 Heubner, W.: Kli. Wo. **1940**, 268. — Jung, F.: A. e. P. P. **194**, **16** (1940). — S. a. Bd. **1**, S. 924. — 14 Engel, M.: Kli. Wo. **1940**, 1177; dort auch Literatur.

werden[1]. Das abgespaltete C-Atom wird wahrscheinlich als Kohlenmonoxyd abgespalten (s. S. 1018). Das Bilirubin bildet im Blutserum eine Verbindung mit den Eiweißkörpern. Elektrophoretisch wurde eine Bindung an das Serumalbumin festgestellt[2]. Das freie und das direkte Bilirubin im Serum haben ein gleich hohes Molekulargewicht[3]. Es ist elektiv an die Serumalbumine gebunden[4]. Die verschiedene Reaktion von direktem und indirektem Bilirubin wird neuerdings auf die Art der Bindung an das Serumalbumin zurückgeführt. Beim direkten Bilirubin soll die Diazotierung im Eiweißverband möglich sein[5]. Das beim Hb-Abbau anfallende Eisen verbleibt zu 85% im Körper und kann dort weiter verwandt werden. Untersuchungen über die extra hepatische Bilirubinbildung, z. B. bei Punktionsflüssigkeit, führten zu der Ansicht, daß der erste Schritt der Bilirubinbildung eine Spaltung des Hb in Häm und Globin ist, daß dann eine Verbindung von Häm mit Albumin entsteht und erst dieses „Hämalbumin" die genannten Reaktionen zum Bilirubin durchläuft[6].

B) Andere Abbauprodukte des Hämoglobins (s. a. Bd. **1**, S. 943ff.). Durch enteralbakteriellen Abbau des Bilirubins entsteht beim Menschen Stercobilinogen und durch weitere Oxydation Stercobilin[7]. Die früher vertretene Ansicht, daß der bakterielle Abbau des Bilirubins zum Urobilinogen führe, hat sich inzwischen als nicht richtig herausgestellt[8]. Die Unterscheidung der beiden Farbstoffe ist dadurch möglich, daß Urobilinogen bzw. sein Oxydationsprodukt Urobilin zu Mesobiliviolin dehydriert werden kann[9] und die Pentdyopentreaktion gibt[10] (s. Bd. 1, S. 936ff.). Stercobilinogen bzw. Stercobilin geben diese Reaktionen nicht. Durch diese neueren Befunde ist der sog. enterohepatische Kreislauf[11, 12] des Urobilinogens sehr zweifelhaft geworden. Inzwischen wurde auch festgestellt, daß physiologisch mit dem Urin Stercobilinogen, statt wie bisher angenommen Urobilinogen, ausgeschieden wird[13]. Die Urobilinogenbildung muß in das retikuloendotheliale System verlegt werden[13, 14]. Es wird nur in Spuren im Darm gefunden, in den es mit der Galle ausgeschieden wurde. Die quantitative Erfassung von Stercobilin und Stercobilinogen im Stuhl und Harn ergibt ein Maß zur Schätzung des Erythrocytenzerfalls[16].

Physiologischer Abbau des Blutfarbstoffes führt auch zu *Harnfarbstoffen*, schlecht definierten gelben Pigmenten[15]. Auf Grund von Versuchen und klinischen Beobachtungen[16, 17] konnte gezeigt werden, daß der durch Ammonsulfatsättigung des Harnes fällbare Teil der Harnfarbstoffe bei allen Erkrankungen mit gesteigertem Blutzerfall vermehrt, bei Aderlaßanämien vermindert ist (über Harnfarbstoff s. Bd. **1**, S. 945 u. Bd. **2**/2, Niere und Harn).

Hämatin. Bei perniziöser Anämie, hämolytischem Ikterus und schweren Leberzellschädigungen konnte Hämatin im Serum nachgewiesen werden[18]. Es zerfällt also das Hämoglobin zuerst in Globin und die Farbstoffkomponente. Das weitere Schicksal des Hämatins ist noch unbekannt. Sicher wird es nicht zu Gallenfarbstoff. Ein Übergang in Porphyrin ist denkbar[19]. Innerhalb des Darmes kann das Hämatin durch Bakterien in Proto- und Deuteroporphyrin umgewandelt werden.

[1] Lemberg, R., B. Cortis-Jones and M. Norrie: Biochem. J. **32**, 149 (1938). — Lemberg, R., J. W. Legge and W. H. Lockwood: Biochem. J. **35**, 328 (1941). — Lemberg, R., W. H. Lockwood and J. W. Legge: Biochem. J. **35**, 363 (1941). — [2] Bennhold, H.: Ergebn. inn. Med. **42**, 273 (1932). — [3] Bungenberg de Jong, W. J. H.: Dtsch. Arch. klin. Med. **190**, 229 (1943). — [4] Pedersen, K. O., u. J. Waldenström: H. **245**, 152 (1937). — Baumgärtel, T.: Physiologie und Pathologie des Bilirubinstoffwechsels als Grundlage der Ikterusforschung. S. 153. Stuttgart 1950. — [5] Westphal, U., u. P. Gedigk: H. **283**, 161 (1948). — [6] Dirr, K., u. E. Klemm: Z. ges. exp. Med. **107**, 338 (1940). — [7] Baumgärtel, T.: M. m. W. **1944**, 407; dort auch Literatur. — [8] Baumgärtel, T.: Dtsch. Arch. klin. Med. **197**, 139 (1950). — [9] Fischer, H., u. G. Niemann: H. **146**, 196 (1925). — [10] Bingold, K.: Kli. Wo. **1933 II**, 1201. — [11] Heilmeyer, L.: Handb. inn. Med. (Bergmann-Staehelin) 3. Aufl. **2** (1942). — [12] Fischler, F., u. F. Gebhardt: M. m. W. **1944**, 90. — [13] Stich, W.: D. m. W. **1946**, 137. Kli. Wo. **1948**, 365. — [14] Baumgärtel, T.: Dtsch. Arch. klin. Med. **197**, 139 (1950). — [15] Lemberg, R., and J. W. Legge: Hematin Compounds and Bile Pigments. S. 559. New York 1949. — [16] Heilmeyer, L.: Erkennung und Behandlung der Anämien. Ergebn. inn. Med. **55**, 320—437 (1938). — [17] Otto, W., u. L. Heilmeyer: Z. ges. exp. Med. **77**, 144 (1931). — [18] Duesberg, R.: A. e. P. P. **162**, 249, 280 (1931). Kli. Wo. **1938 II**, 1353. — [19] Thomas, J.: Bull. Soc. Chim. biol. **20**, 635 (1938).

Porphyrine (s. a. S. 1006ff., 1019ff. sowie Bd. 1, S. 891ff.). Im Blut sind Protoporphyrin, Koproporphyrin und Uroporphyrin nachgewiesen worden. Das Koproporphyrin überwiegt mengenmäßig weitgehend das Uroporphyrin. Ob man Uro- und Koproporphyrin als Anzeichen für einen gestörten Abbau von Hb bei verschiedenen Erkrankungen ansehen kann, ist noch unklar. Der Porphyrinstoffwechsel kann durch verschiedene Vitamine beeinflußt werden. Lactoflavinmangel[1] führt zur Bildung von Koproporphyrin I. Andererseits steigert Lactoflavinzufuhr die Bildung von Protoporphyrin. Pteroylglutaminsäure führte bei Ratten zu vermehrter Porphyrinausscheidung[2].

Die Konstitution einer Reihe anderer Farbstoffe ist bisher nicht bekannt[3]. Dazu gehören Rubrobilin, Biliprasin, Bilihumin, Choleprasin, Bilinegrin und Xanthorubin (s. Bd. 2/2, Niere und Harn). Die Abstammung vom Blutfarbstoff ist noch nicht gesichert. Die Struktur von Porphobilinogen (Chromogen) scheint jetzt geklärt zu sein[4] (s. a. Bd. 1, S. 902ff.).

g) Andere organische Bestandteile der roten Blutkörperchen. α) Stroma. Die neben Hämoglobin im Blutkörperchen vorhandenen Eiweißstoffe sind nicht wasserlöslich und finden sich als Gerüsteiweiß mit anderen Anteilen in den Stromata der Blutkörperchen[5]. Sie liegen hier als Protein-Lipoid-Komplex[6] vor, dessen Gesamtfettgehalt bei Schaf, Rind und Pferd 20 bis 25%, beim Menschen 10 bis 15% und bei den Vögeln 3% ausmacht.

Stroma-Darstellung[5, 7]. Die Blutkörperchen werden aus eisgekühltem, durch Schlagen defibriniertem Tierblut oder aus menschlichem Citrat-Venenblut durch Zentrifugieren abgetrennt und so lange mit kalter 0,9%iger NaCl-Lösung gewaschen, bis Plasma, Leukocyten und Blutplättchen entfernt sind. Zur Hämolyse werden 1 *l* gewaschene Erythrocyten mit 20 *l* Natriumcitratpuffer (21,008 g Citronensäure und 200 cm³ carbonatfreie n NaOH auf 1 *l*; zur Hämolyse wird diese Natriumcitratlösung 1 : 15 verdünnt und auf $p_H = 5,5$ gebracht) verdünnt und über Nacht im Kühlschrank aufbewahrt. Durch 4maliges Zentrifugieren (40000 Umdrehungen/min) werden die Rückstände (= die Stromata) abgetrennt. Zur weiteren Reinigung werden diese in 4 *l* gekühlte Natriumcitratpufferlösung (p_H 5,5) gebracht und unter Eiskühlung 6 bis 8 Std elektrisch gerührt. Danach werden durch scharfes Zentrifugieren Unlösliches und Waschflüssigkeit getrennt. Diese Reinigung wird 4 bis 6mal wiederholt. Der endgültige Rückstand, das „Stroma", wird bei 35° im Vakuum getrocknet und zur Analyse gepulvert.

Tabelle 160. Zusammensetzung getrockneter, grob gereinigter Stromata (in %)[7].

	Gesamt-bestand-teile *	Eiweiß **	Hb	Gesamt-fettstoffe	Asche	Gesamt-Fe	An-organisches Fe	Organisches Fe
Mensch .	87—89	39—59	14—34	10—12	5	0,11—0,28	0,04—0,17	0,06—0,11
Pferd . .	85	53	10	20	2	0,05	0,02	0,03
Rind . .	91—93	56—59	2—7	25—26	2—3	0,04—0,06	0,02—0,05	0,01—0,03
Schaf . .	97	68	2	24	3	0,13	0,12	0,01
Huhn . .	96	91	1	2	2	0,09	0,09	0,00
Truthahn	98	86	7	2	3	0,04	0,02	0,02

* Summe von Hb + Eiweiß + Gesamtfettstoffe + Asche.
** Gesamteiweiß minus Hb.

[1] STICH, W.: Verh. dtsch. Ges. inn. Med. Wiesbaden **56**, 224 (1951). — [2] TOTTER, J. R., E. S. AMOS and C. K. KEITH: J. biol. Ch. **178**, 847 (1949). — [3] SIEDEL, W.: Gallenfarbstoffe. Fortschr. Chem. org. Naturstoffe **3**, 81—144, und zwar S. 131ff. (1939). — [4] STICH, W.: Ärztl. Wschr. **1948**, 580. — [5] BERNSTEIN, S. S., R. L. JONES, B. N. ERICKSON, H. H. WILLIAMS, I. AVRIN and I. G. MACY: J. biol. Ch. **122**, 507 (1937/38). — [6] ERICKSON, B. N., H. H. WILLIAMS, S. S. BERNSTEIN, I. AVRIN, R. L. JONES and I. G. MACY: J. biol. Ch. **122**, 515 (1937/38). — [7] BOEHM, G.: B. Z. **282**, 32 (1935).

Stromaeiweiß: Über den Gehalt der Blutkörperchen an Stromaeiweiß, das durch wiederholtes Ausziehen mit Alkohol und Äther von den Gesamtfettstoffen befreit wurde, liegen sehr verschiedene Werte vor. Für Säugetiere werden Werte von 0,99 bis 7,85%, im Mittel von 4% angegeben[1]. Für das Menschenblut findet man für lipoidfreies Eiweiß 1,68%, für lipoidhaltiges Eiweiß 2,14%[2]. Stromata verschiedener Tiere (Rind, Pferd, Schwein, Schaf), die nach der oben beschriebenen Methode gewonnen und bei 60 bis 70° im Vakuum getrocknet wurden, zeigen bei einem Gehalt an Gesamt-N von 12,9 bis 14% und an Gesamt-S von 0,71 bis 0,78% eine weitgehend ähnliche Zusammensetzung[3].

Das Stromaeiweiß, *Stromatin*, ist kein einheitlicher Eiweißkörper. Nach elektrophoretischen Untersuchungen besteht es aus einem Protein a und einem nicht weiter definierten Protein b[4]. Die Fraktionierung von Stromatin ergab ferner die Anwesenheit eines neuen Proteins, *Elinin*, das weniger N und mehr P als Stromatin enthält[5]. Elektrophoretisch wandert die größere Komponente von Elinin, das auch kein einheitlicher Eiweißkörper ist, mit fast derselben Geschwindigkeit wie das Protein a.

Tabelle 161. Aminosäure-, N- und S-Gehalt von Stromaeiweiß (in %)[3].

	Mensch	Rind	Schaf	Schwein	Pferd
Histidin	2,1 (4,3)	1,9 (4,0)	2,3 (4,7)	2,1 (4,5)	1,9 (4,2)
Arginin	4,8 (11,8)	5,1 (12,0)	5,3 (11,4)	4,6 (11,4)	4,9 (11,6)
Lysin	3,8 (5,8)	3,5 (4,8)	3,5 (4,5)	3,5 (5,1)	3,8 (5,4)
Tyrosin	2,7 (1,7)	2,9 (1,6)	2,9 (1,4)	2,8 (1,6)	2,9 (1,6)
Tryptophan	1,2 (1,2)	1,2 (1,2)	1,1 (1,0)	1,2 (1,3)	1,1 (1,1)
Cystin	0,9 (0,8)	0,78 (0,7)	0,95 (0,8)	1,11 (1,0)	0,85 (0,8)
Methionin	1,8 (1,4)	1,5 (1,2)	2,1 (1,6)	1,7 (1,5)	1,9 (1,6)
Gesamt-N	13,0	13,8	14,0	13,1	12,9
Gesamt-S	0,713	0,708	0,784	0,716	0,715

Die Werte in Klammern geben den prozentualen Anteil am Gesamtstickstoff wieder.

Etwa $^1/_4$ des gesamten Stickstoffes der Stromata geht auf Kosten dieser 7 Aminosäuren. Ihre molekulare Verteilung ist die folgende: 7 Histidin, 14,5 Arginin, 13 Lysin, 8 Tyrosin, 3 Tryptophan, 2 Cystin und 3,5 Methionin.

Das reine Gerüsteiweiß wird weder durch Pepsin noch durch Trypsin angegriffen, ist nahezu frei von Phosphor und enthält nur geringe Spuren von Schwefel. Wird das unreine Stromaeiweiß mit Pepsin verdaut, so ergibt sich folgende N-Verteilung:

Tabelle 162. N-Verteilung im Stromaeiweiß vom Pferd (in %)[6].

	Durch Pepsin löslicher Anteil (Hb?)	Unlöslicher Rückstand (Gerüsteiweiß der Stromata)
Amid-N	4,2	9,9
Humin-N	26,2	15,2
Monoaminosäure-N	44,1	60,5
Diaminosäure-N	25,4	14,0
(und zwar Histidin-N)	(13,1)	(2,35)

[1] ABDERHALDEN, E.: H. **25**, 65 (1898). — [2] BEUMER, H., u. M. BÜRGER: A. e. P. P. **71**, 311 (1913). — [3] BEACH, E. F., B. N. ERICKSON, S. S. BERNSTEIN, H. H. WILLIAMS and I. G. MACY: J. biol. Ch. **128**, 342 (1939). — s. a. PONDER, E.: Hemolysis and Related Phenomena. S. 122. New York 1948. — [4] STERN, K. G., M. REINER and R. H. SILBER: J. biol. Ch. **161**, 731 (1945). — [5] CALVIN, M., R. S. EVANS, V. BEHRENDT and G. CALVIN: Proc. Soc. exp. Biol. Med. **61**, 416 (1946). — [6] HAUROWITZ, F., u. J. SLÁDEK: H. **173**, 274 (1928).

Neuere Untersuchungen des Stromatins ergaben folgende Werte:

Tabelle 163. Zusammensetzung von Stromatin (in %)[1].

	Ochse	Schaf	Mensch
Glykokoll	3,67	3,66	3,60
Leucin	10,1	11,4	11,2
Tyrosin	3,42	—	—
Tryptophan	1,45	—	—
Gesamt-N	13,7	15,3	15,9
Amino-N	10,4	12,0	11,6
Schwefel	0,68	0,79	—

Über die Verteilung von Aminosäuren in Kern und Cytoplasma von Kükenerythrocyten s. MELAMPY[2].

β) Fette und Lipoide. Beim Menschen, Rind und Schaf finden sich 89 bis 100% der Gesamtfettstoffe im Stroma der roten Blutkörperchen[3]. Diese Zellfettstoffe sind Strukturbestandteile und nehmen an Transport und Stoffwechsel der Fette nicht teil[4]. Sie werden also mit dem Stroma von den roten Blutkörperchen abgetrennt. Sie sind darin verhältnismäßig fest gebunden und werden erst nach längerem Ausziehen mit Alkohol und Äther entfernt. Fällt man die Fettstoffe der Erythrocyten mit Aceton, so sind sie mit organischen und anorganischen Verbindungen des Blutes verunreinigt, z. B. mit Harnstoff, Natrium und Chlor[5]. Eine Übersicht über den Gesamtfettgehalt der Erythrocyten gibt die folgende Tabelle:

Tabelle 164. Gesamtfettgehalt der Erythrocyten verschiedener Säugetiere[6].

	mg% Fettstoffe	mg Fettstoffe pro Zelle · 10^{-10}	mg Fettstoffe pro μ^2 Zelloberfläche · 10^{-12}
Mensch	388	3,94	4,2
Schwein	387	2,16	3,8
Affe	694	3,92	4,7
Ratte	630	3,83	4,3
Kaninchen	507	3,50	3,9
Katze	534	2,41	4,4
Hund	565	3,88	4,9
Ochse	590	2,22	3,9
Schaf	550	2,43	5,6

Die Fettstoffe der getrockneten Stromata bestehen zu 60% aus Phosphatiden, zu 30% aus freiem Cholesterin und zu 10% aus Cholesterinestern und Neutralfett[7]. Etwa 50% der Phosphatide bestehen aus Kephalin, bei den Vögeln sind es nur 30%[7].

[1] BALLENTINE, R.: J. cellul. comp. Physiol. **23**, 21 (1944). — [2] MELAMPY, R. M.: J. biol. Ch. **175**, 589 (1948). — [3] ERICKSON, B. N., H. H. WILLIAMS, S. S. BERNSTEIN, I. AVRIN, R. L. JONES and I. G. MACY: J. biol. Ch. **122**, 515 (1937/38). — [4] RUBIN, S. H.: J. biol. Ch. **131**, 691 (1939). — [5] CHRISTENSEN, H. N.: J. biol. Ch. **129**, 531 (1939). — [6] PARPART, A. K., and A. J. DZIEMIAN: Cold Spring Harbor Symp. quant. Biol. **8**, 17 (1940). — [7] ERICKSON, B. N., H. H. WILLIAMS, S. S. BERNSTEIN, I. AVRIN, R. L. JONES and I. G. MACY: J. biol. Ch. **122**, 515 (1937/38).

Tabelle 165. Lipoidverteilung in Erythrocyten verschiedener Tiere (in mg%)[1].

	Rind	Schaf	Huhn
Gesamtfettstoffe	375 (100)	595 (100)	550 (100)
Phosphatide	207 (55)	333 (56)	420 (76)
Neutralfett	40 (11)	69 (12)	46 (8)
Cholesterinester	35 (9)	42 (7)	1 (1)
Freies Cholesterin	93 (25)	151 (25)	83 (15)

Werte in Klammern geben den prozentualen Anteil an den Gesamtfettstoffen an.

In Kaninchenerythrocyten beträgt der Wert für Gesamtfettsäuren 360 mg%, für Lecithin 400 mg% und für Gesamtcholesterin 160 mg%[2].

Tabelle 166. Verteilung der Fettstoffe im menschlichen Blut (in mg%)[3–6].

	Plasma		Erythrocyten	
	Kind 16 Jahre[4]	Erwachsener[5]	Kind 16 Jahre[4]	Erwachsener[6]
Gesamtfettstoffe	454 (100)	735 (100)	424 (100)	491
Phosphatide	136 (30)	181 (25)	244 (58)	270—395
Neutralfett	100 (22)	225 (31)	51 (12)	70
Gesamtcholesterin	182 (40)	232 (31)	116 (30)	120—190
frei	35 (8)	82 (11)	97 (23)	99—140
Ester	143 (31)	150 (20)	32 (7)	8—27
Gesamtfettsäuren				247—313

Die Werte in Klammern bedeuten den prozentualen Anteil an den Gesamtfettstoffen.

Das Verhältnis der Diaminophosphatide zu den Monoaminophosphatiden beträgt in den getrockneten Stromata 1 : 2, in Leber und Milz 1 : 5. Auch in der Zusammensetzung des Sphingomyelins unterscheiden sich die Stromata; in ihm herrscht vor allem die Lignocerinsäure vor[7]. In reinen menschlichen Erythrocyten findet man mit der Orcinschwefelsäurereaktion im Durchschnitt 34,8 mg% Cerebroside[8].

Die mengenmäßige Verteilung von Lecithin, Kephalin[9], ätherunlöslichen Phosphatiden und Cerebrosiden[8] in den Blutkörperchen und im Plasma des Menschen ist aus der folgenden Tabelle 167 zu ersehen[10]. Über Sphingomyelingehalt der Erythrocyten s. a. HACK[11] (1,06 mMol/*l*). Das Verhältnis von Lecithin zu Gesamtfettsäuren[12] liegt bei Mensch, Igel, Kaninchen, Ratte, Wiesel, Hund, Ochse, Schwein, Schaf und Pferd im Serum mit Ausnahme von Mensch und Igel unter 1, in den roten Blutkörperchen dagegen stets über 1.

[1] ERICKSON, B. N., H. H. WILLIAMS, S. S. BERNSTEIN, I. AVRIN, R. L. JONES and I. G. MACY: J. biol. Ch **122**, 515 (1937/38). — [2] HORIUCHI, Y.: J. biol. Ch. **44**, 345 (1920). — [3] ERICKSON, B. N., H. H. WILLIAMS, S. S. BERNSTEIN, I. AVRIN, R. L. JONES and I. G. MACY: J. biol. Ch. **122**, 521 (1937/38). — [4] ERICKSON, B. N., H. H. WILLIAMS, F. C. HUMMEL and I. G. MACY: J. biol. Ch. **118**, 15 (1937). — ERICKSON, B. N., H. H. WILLIAMS, F. C. HUMMEL, P. LEE and I. G. MACY: J. biol. Ch. **118**, 569 (1937). — [5] PAGE, I. H., E. KIRK, W. H. LEWIS jr., W. R. THOMPSON and D. D. VAN SLYKE: J. biol. Ch. **111**, 635 (1935). — [6] BOYD, E. M.: J. biol. Ch. **115**, 37 (1936). — BOYD, E. M., and R. B. MURRAY: J. biol. Ch. **117**, 629 (1937). — [7] THANNHAUSER, S. J., P. SETZ and J. BENOTTI: J. biol. Ch. **126**, 785 (1938). — [8] BRÜCKNER, J.: H. **268**, 251 (1941). — [9] WILLIAMS, H. H., B. N. ERICKSON, I. AVRIN, S. S. BERNSTEIN and I. G. MACY: J. biol. Ch. **123**, 111 (1938). — ERICKSON, B. N., I. AVRIN, D. M. TEAGUE and H. H. WILLIAMS: J. biol. Ch. **135**, 671 (1940). — [10] KIRK, E.: J. biol. Ch. **123**, 637 (1938). — [11] HACK, M. H.: J. biol. Ch. **169**, 137 (1947). — [12] WATANABE, R.: Keijo J. Med. **10**, 149 (1940) [Ber. Physiol. **129**, 43].

Tabelle 167. Verteilung der Lipoide im Menschenblut (in mg%)[1].

	Erythrocyten	Plasma
Gesamtfettstoffe	400 —	559 —
Gesamtphosphatide	196 (100)	145 (100)
ätherunlösliche Phosphatide . . .	47 (24)	58 (40)
Lecithin.	32 (16)	19 (13)
Kephalin	117 (60)	68 (47)
Cerebroside	51 —	— —
	35[2] —	— —

Werte in Klammern bedeuten prozentualen Anteil an den Gesamtphosphatiden.

Die Blutkörperchen enthalten überwiegend freies Cholesterin, im Plasma herrscht die Esterform vor[3]. Im Serum wurde nämlich ein esterbildendes Ferment gefunden[4], während in verschiedenen Organzellen esterspaltende Enzymsysteme angetroffen werden[5]. Dies dürfte auch für die Blutkörperchen anzunehmen sein[5]. Bei Nebenniereninsuffizienz enthalten die Erythrocyten mehr Cholesterin als das Plasma[6]. Cholesterinwerte im menschlichen Plasma und in den roten Blutkörperchen s. Tabelle 166, S. 442. Cholesterinwerte der Erythrocyten von verschiedenen Tierarten werden in der folgenden Tabelle angegeben[7]:

Tabelle 168. Cholesterin in den Erythrocyten verschiedener Tierarten (in mg%).

Tierart		Tierart	
Schwein . . .	50	Bulle	180
Ochse	340	Schaf.	240
Pferd.	110	Ziege	170
Maulesel . . .	205—222	Katze	218—246
Hund.	213—216	Kaninchen . .	160—234

γ) Kohlenhydrate[8]. Die Blutkörperchen des Menschen enthalten immer etwas weniger *Traubenzucker* als das Plasma, etwa 70—83—95% des Plasmazuckers. Während sich beim Diabetes nur wenig an diesem Verhältnis ändert, 73—85—93%, sind die absoluten Werte natürlich erhöht[9]. Nach anderen Autoren befinden sich in den Erythrocyten nur 60% der Zuckermenge des Plasmas. Bei Diabetes mellitus soll dieser Wert auf 70% ansteigen[10]. Außer den Blutkörperchen des Menschen enthalten auch die von Hund, Rind und Affe Glucose[11, 12]. Beim Hund findet man gewöhnlich in den roten Blutkörperchen 10% mehr Zucker als im Plasma[13]. Außerdem überwiegt beim Hund nach Glucosegaben der Zucker im Plasma, nach Insulindarreichung in den Blutkörperchen. Nach den bis jetzt vorliegenden Befunden enthalten die roten Blutkörperchen von Pferd, Schwein, Schaf, Ziege, Katze, Kaninchen, Meerschweinchen und Gans keine Glucose. Es ist anzunehmen, daß die roten Blutkörperchen

[1] Kirk, E.: J. biol. Ch. **123**, 637 (1938) — [2] Brückner, J.: H. **268**, 251 (1941). — [3] Brun, G. C.: Folia haematol., Leipzig **62**, 367 (1939). — [4] Bénard, H., P. Desgrez, A. Gajdos, F. Lambotte et M. Polonovski: Bull. Soc. Chim. biol. **31**, 170 (1949). — [5] Schramm, G., u. A. Wolff: H. **263**, 61 (1940); dort auch Schrifttum. — [6] Blanchard, E. W.: Anat. Rec. **64**, Suppl. **1**, 50 (1935). — [7] Ponder, E.: Hemolysis and Related Phenomena. S. 124. New York 1948. — [8] Beutler, R.: Vergleichende Betrachtungen über den Zuckergehalt des menschlichen und tierischen Blutes. Ergebn. Biol. **17**, 1—104 (1939). — [9] Larizza, P.: Z. ges. exp. Med. **101**, 597 (1937). — [10] Folin, O., and A. Svedberg: J. biol. Ch. **88**, 715 (1930). — [11] Kozawa, S.: B. Z. **60**, 231 (1914). — Ege, R.: B. Z. **111**, 189 (1920); **114**, 88 (1921). — [12] Noma, A.: Okayama-Igakkai-Zasshi **1925**, 1125 [Ber. Physiol. **37**, 135]. — [13] Askanasas, Z.: Med. doświ. spol. **23**, 528 (1938) [Ber. Physiol. **116**, 598].

auch die beim Glucoseabbau entstehenden Verbindungen enthalten. Im Gesamtblut nachweisbares Lactat und Pyruvat dürften sicherlich zu einem Teil aus den glykolytischen Vorgängen in den Erythrocyten stammen. So sind in den roten Blutkörperchen 22,1 mg% *Milchsäure* nachgewiesen worden. Genaue Werte über den Gehalt der Erythrocyten an *Brenztraubensäure* liegen bis jetzt noch nicht vor. Hingegen konnte in den Erythrocyten *Acetaldehyd* nachgewiesen werden[1]. Er ist im Vollblut von Katzen, Hunden, Meerschweinchen und Menschen in Mengen von 0,2 bis 1,0 mg% vorhanden. Davon enthalten die Erythrocyten etwa 90%. Der Acetaldehyd liegt in gebundener Form vor, seine Bedeutung ist noch unbekannt.

Die Erythrocyten enthalten neben den bekannten reduzierenden Substanzen auch noch andere unbekannte, die ebenfalls reduzierend wirken. Dieser Stoff oder diese Stoffe machen etwa 25 bis 30% des Gesamtreduktionswertes aus[2]. Die reduzierende Wirkung dieser Substanzen wird als *Restreduktion* bezeichnet.

Der Hauptanteil des *Glykogens* im Blut ist an die geformten Bestandteile gebunden. Bei Kindern[3] werden bei einem Glykogengehalt des Gesamtblutes von 11,7—16,6—20,6, bei Erwachsenen[3] von 7,5—9,6—11,7 und beim hungernden Hund[3] von 7,7—10,4—13,7 mg%, im Durchschnitt 79 bzw. 83% des Gesamtglykogens in den Leukocyten angetroffen. Nach neueren Untersuchungen mit histochemischen Methoden konnte in den roten Blutkörperchen kein Glykogen gefunden werden[4].

Die menschlichen Erythrocyten sind für Fructose undurchlässig[5]. Papierchromatographisch wurden im Gesamtblut 0,5 bis 5,0 mg% gefunden[6]. Beim Hund konnte Glucuronsäure nur in den Blutkörperchen angetroffen werden[7].

δ) Reststickstoff, Extraktivstoffe und Restkohlenstoff. Der Stickstoff derjenigen N-haltigen Verbindungen des Blutes, die nach dem Enteiweißen, z. B. mit Trichloressigsäure, im Filtrat verbleiben, wird unter dem Sammelbegriff *Rest*-N zusammengefaßt. Der Reststickstoff ist nicht gleichmäßig auf Formbestandteile und Serum verteilt, wie aus der Tabelle zu ersehen ist:

Tabelle 169. Verteilung von Rest-N im Menschenblut (in mg%)[8].

Fraktion	Rote Blutkörperchen	Serum
Rest-N	53,86 (100)	31,06 (100)
Harnstoff-N	11,77 (21,85)	16,66 (53,44)
Aminosäure-N (= freier Amino-N)	11,04 (20,49)	6,49 (20,89)
Harnsäure-N	4,7 (8,72)	1,6 (5,16)
Gesamtkreatinin-N	2,98 (5,53)	1,79 (5,76)
Differenz- oder Polypeptid-N	7,02 (13,0)	2,21 (7,24)
Unbestimmbarer N	16,35 (30,41)	2,31 (7,51)

In Klammern ist der prozentuale Anteil der einzelnen Gruppen am Gesamt-Rest-N angegeben.

Der Polypeptid-N wurde hier als „Differenz des Rest-N" in Trichloressigsäure- und Phosphorwolframsäure(PWS)filtrat bestimmt. Dabei wird vorausgesetzt, daß PWS die Eiweißstoffe + Peptide, Trichloressigsäure nur die Eiweißstoffe ausfällt. PWS ist aber nicht das zur Bestimmung der Peptide geeignete Fällungsmittel.

[1] Barker, S. B.: J. biol. Ch. **137**, 783 (1941). — [2] Ege, R., et J. Roche: C. R. Soc. Biol. **101**, 98 (1929). — [3] Genkin, A. M.: Bull. Biol. Méd. exp. URSS **7**, 206 (1939) [Ber. Physiol. **115**, 185]. Biochimia, Moskau **3**, 546 (1938) [Ber. Physiol. **110**, 584]. — [4] Wagner, R.: Arch. Biochem. **11**, 249 (1946). — Gibb, R. P., and R. E. Stowell: Blood **4**, 569 (1949). — [5] Eisner, G., u. F. Lewy: B. Z. **202**, 91 (1928). — [6] Wallenfels, K.: Naturwiss. **38**, 238 (1951). — [7] Lépine, R., et R. Boulud: Cr. **136**, 1037 (1903). — [8] Larizza, P.: A. e. P. P. **182**, 617 (1936); **186**, 232 (1937).

Der Nucleotid-N-Gehalt der Blutkörperchen wird mit 13,4 mg% beim Mann und 12,2 mg% bei der Frau angegeben[1]. Der Nucleotidgehalt soll mit der Erythrocytenzahl weitgehend parallel gehen[2].

An freien Aminosäuren wurden Glykokoll, Alanin und Methionin in den Erythrocyten nachgewiesen[3, 4]. Die Verteilung in Vollblut, Plasma und Erythrocyten zeigt die folgende Tabelle.

Tabelle 170. Verteilung von Glykokoll, Alanin und Methionin im menschlichen Blut (in mg%).

	Vollblut	Plasma	Erythrocyten
Glykokoll	2,02	1,77	2,36
Alanin	4,0	3,97	4,03
Methionin	—	—	0,41—0,73

Jedoch werden auch andere als die in der Tabelle aufgeführten Werte angegeben[5]. Nach Belastung mit den beiden Aminosäuren Glykokoll und Alanin wurde deren langsamer Übergang in die Erythrocyten festgestellt[5]. Es wird angenommen, daß die bei der Verdauung von Eiweiß resorbierten Aminosäuren hauptsächlich durch die Erythrocyten zur Leber weitergegeben werden[6]. Dabei tritt die dem aufgenommenen Amino-N entsprechende Menge „Nichtaminosäure-N" aus den Erythrocyten in das Plasma über[7]. Der Gesamtaminosäuregehalt ist bei Kaninchen und Katzen, wie bei Menschen, zumeist in den Erythrocyten höher als im Plasma[8]. Die Konzentration der Aminosäuren im Blut ist von hormonalen Einflüssen abhängig[9].

Der Restkohlenstoff. Die Gesamtmenge des nach dem Enteiweißen noch verbliebenen Kohlenstoffes ist beim Kaninchen im Plasma geringer als im Gesamtblut (154,1 ± 18,1 mg%). Er ist also, obwohl die bekannten Anteile hauptsächlich im Plasma enthalten sind, in größerer Menge in den Blutkörperchen vorhanden[10].

ε) Phosphorsäureverbindungen. Die Verteilung der Phosphorverbindungen in Gesamtblut, Erythrocyten und Serum der Menschen zeigen die Tabellen 171 u. 172.

Beim Hund sind die Werte für die Erythrocyten fast die gleichen, bei Kaninchen und Ratte liegen sie etwas höher[11].

Tabelle 171. Verteilung der P-Verbindungen im Menschenblut (in mg%)[12].

	Gesamtblut				Erythrocyten				Serum			
	Geburt	1	15	25	Geburt	1	15	25	Geburt	1	15	25
		Jahre				Jahre				Jahre		
Gesamt-P	46	42,5	38	35	80	95	73	63	12	14,5	13,5	12
Lipoid-P	10,5	12	11	11	17	20	17	16	5,3	8	8,5	8
Anorganischer P	5	5	2,5	2,5	4	3	4	2	4	5,5	4	3
Ester-P	30	26	22	21	60	72	53	47	1	0,4	0,5	0,5

[1] BUELL, M. V., and M. E. PERKINS: J. biol. Ch. **76**, 95 (1928). — BUELL, M. V.: J. biol. Ch. **108**, 273 (1935). — BARRENSCHEEN, H. K., u. A. PEHAM: H. **272**, 87 (1942). — [2] ALLEN, F. W., S. P. LUCIA and J. J. EILER: J. clin. Invest. **15**, 157 (1936). — [3] GUTMAN, G. E., and B. ALEXANDER: J. biol. Ch. **168**, 527 (1947). — [4] GONNARD, P.: Bull. Soc. Chim. biol. **25**, 421 (1943). — [5] CHRISTENSEN, H. N., P. F. COOPER jr., R. D. JOHNSON and E. L. LYNCH: J. biol. Ch. **168**, 191 (1947). — [6] SBARSKI, I. B.: Arch. Sci. biol. (russ.) **41**, 49 (1936). — [7] HÄUSLER, H.: A. e. P. P. **116**, 173 (1926). — [8] JAKOWLEW, N. N.: Bull. Biol. Méd. exp. URSS **8**, 331 (1939) [Ber. Physiol. **120**, 257]. — [9] FRIEDBERG, F., and D. M. GREENBERG: J. biol. Ch. **168**, 405 (1947). — [10] INOUYE, T.: Tôhoku J. exp. Med. **36**, 58 (1939). — [11] GUEST, G. M., and S. RAPOPORT: Amer. J. Dis. Children **58**, 1072 (1939). — [12] STEARNS, G., and E. WARWEG: J. biol. Ch. **102**, 749 (1933).

Außer den bereits bei den Fetten und Lipoiden (besonders Phosphatiden) besprochenen Phosphorverbindungen, findet man in den Blutkörperchen etwa 50 mg% *säurelöslichen Phosphor*. Er umfaßt außer den geringen Mengen anorganischen Phosphates im wesentlichen *Phosphorsäureester*. 97% der P-Ester des gesamten Blutes entfallen auf die Erythrocyten, nur 1% auf das Plasma und 2% auf die anderen Formbestandteile[1].

Tabelle 172. Zusammensetzung des säurelöslichen Phosphors von 100 cm³ menschlichen Erythrocyten (in mg)[2].

Anorganischer P	1—3
Organischer säurelöslicher P	50—60
Adenosintriphosphorsäure	9—12
Diphosphoglycerinsäure	25—30
Hexosemonophosphat, Hexosediphosphat berechnet	15

Die folgende Tabelle zeigt die Verteilung von säurelöslichem Phosphor in den roten Blutzellen verschiedener Säugetiere.

Tabelle 173. Verteilung von säurelöslichem P in roten Blutkörperchen verschiedener Säugetierarten (in mg%)[3].

	Adenosintriphosphorsäure-P	Diphosphoglycerinsäure-P	Organischer säurelöslicher P
Mensch	13,5	28,0	55,0
Schwein	20,8	43,7	98,7
Kaninchen	21,1	45,3	87,9
Maus	12,1	51,8	84,1
Ratte	14,4	34,1	66,8
Meerschweinchen	11,2	34,8	59,7
Affe	13,4	31,0	56,6
Hund	9,9	31,0	52,1
Pferd	3,7	33,4	50,9
Katze	9,4	3,5	20,2
Schaf	8,4	$<0,8$	15,4
Ziege	7,3	$<0,2$	11,8
Rind	6,0	$<0,7$	10,8

Der Hauptanteil am organischen säurelöslichen P entfällt zu etwa 50% auf *Diphosphoglycerinsäure*. Ihr werden wichtige Funktionen bei der Ionenverteilung zwischen Erythrocyten und Plasma zugeschrieben[4]. Auch soll sie durch ständigen Zerfall die Synthese der Adenosintriphosphorsäure ermöglichen und so für einen konstanten Gehalt an Adenosintriphosphorsäure in den roten Blutzellen sorgen[5]. Monophosphoglycerinsäure kommt in den roten Blutkörperchen nicht vor[5]. Ein knappes Viertel des säurelöslichen organischen P entfällt auf Adenosintriphosphorsäure. Das Vorkommen von Adenosindiphosphorsäure in den Erythrocyten ist sehr fraglich[6], Kreatinphosphorsäure konnte kürzlich gefunden werden[7]. Ferner sind in den roten Blutkörperchen Hexosemonophosphorsäure, Hexosediphosphorsäure und andere phosphorylierte Zwischenprodukte des Kohlenhydratstoffwechsels anzunehmen.

[1] KAY, H. D., and F. B. BYROM: Brit. J. exp. Path. **8**, 240 (1927). — [2] GUEST, G. M., and S. RAPOPORT: Amer. J. Dis. Children **58**, 1072 (1939). — [3] PONDER, E.: Hemolysis and Related Phenomena. S. 126. New York 1948. — RAPOPORT, S., and G. M. GUEST: J. biol. Ch. **138**, 269 (1941). — [4] RAPOPORT, S., and G. M. GUEST: J. biol. Ch. **131**, 675 (1939). — [5] RAPOPORT, S., and G. M. GUEST: J. biol. Ch. **129**, 781 (1939). — [6] GOURLEY, D. R. H.: Arch. Biochem. **40**, 1 (1952). — [7] SCHILD, K. T., u. W. MAURER: B. Z. **323**, 235 (1952).

Die folgende Tabelle zeigt neue Untersuchungsergebnisse[1] über die mengenmäßige Zusammensetzung.

Tabelle 174. Organische Phosphorverbindungen in menschlichen Erythrocyten (als mg P in 100 cm³ Zellen).

Anorganischer P	2,55 ± 0,16
Labiler P von Adenosintriphosphorsäure	7,31 ± 0,29
Stabiler P von Adenosintriphosphorsäure	3,27 ± 0.24
Adenylsäure	1,89 ± 0,18
2,3-Diphosphoglycerinsäure*	8,82 ± 0,25
bei andersartiger Hydrolyse	13,78 ± 0,81
Glycerinphosphorsäure	2,05 ± 0,46
Glucose-1-phosphat	1,72 ± 0,21
Glucose-6-phosphat	2,72 ± 1,27
Coenzym-Fraktion	0,59 ± 0,19
Propandiolphosphat	0,57 ± 0,14

* Der Wert für 2, 3-Diphosphoglycerinsäure muß mit 23 mg/100 cm³ Zellen angenommen werden, da nur 60% hydrolysiert werden können.

Phosphat soll in die Erythrocyten nur als Adenosintriphosphorsäure eintreten, die an der Zellmembran gebildet wird[1, 2]. Das Eindringen von kleinen Mengen anorganischen Phosphats scheint aber nicht ausgeschlossen zu sein. Durch Jodessigsäure kann die Aufnahme von P durch die Erythrocyten gehemmt werden, die Konzentration von Adenosintriphosphorsäure und 2, 3-Diphosphoglycerinsäure wird gesenkt[3]. Die Phosphate der Formbestandteile sind für die Aufrechterhaltung der absoluten Reaktion des Blutes wichtig[4]. Bei schweren Acidosen wird anorganisches P auf Kosten von organischem P freigesetzt[5]. Organischer säurelöslicher P und Cl in den Erythrocyten bewegen sich gegensinnig. Aus der Adenylsäure der Erythrocyten stammt ein Teil des beim Stehenlassen des Blutes frei werdenden Ammoniaks[6].

Die Phosphatester der Blutkörperchen entstehen wohl aus den Nucleotiden der Normoblastenkerne[7]. In dieser Hinsicht sind auch Befunde von THORELL[8] zu nennen, nach denen mit zunehmender Reife der Erythrocyten ihr Gehalt an Ribosepolynucleotiden abnimmt. Ribonucleinsäure konnte durch Versuche mit Ribonucleinase ebenfalls in Erythrocyten nachgewiesen werden[9]. Mit diesem Ferment konnten die Substanzen der basophilen Tüpfelung der Erythrocyten und die Substantia reticulo-filamentosa der Reticulocyten zerlegt werden. Es wird daher angenommen, daß es sich hierbei um Ribonucleotide handelt. In den Erythrocyten von Vögeln konnte eine Phytatphosphorverbindung nachgewiesen werden[10].

Das Verhältnis $\frac{\text{Menge des Gesamtester-P}}{\text{Erythrocyten-Volumen}}$ wird „Phosphorindex"[11] genannt. Er beträgt im Mittel 53%, mit geringer Schwankungsbreite (10%).

ζ) Schwefelhaltige Verbindungen. Der Gesamtschwefelgehalt der Erythrocyten wird im Mittel mit 190 mg% angegeben. Davon entfallen 97,9% auf

[1] GOURLEY, D R H : Arch. Biochem 40, 1 (1952) — [2] SCHILD, K. T., u. W. MAURER: Naturwiss. 38, 303 (1951). — [3] GOURLEY, D. R. H.: Arch. Biochem. 40, 13 (1952). — [4] FARMER, S. N., and M. MAIZELS: Biochem. J. 33, 280 (1939). — [5] GUEST, G. M., and S. RAPOPORT: J. Lab. clin. Med. 26, 190 (1940). — [6] CONWAY, E. J., and R. COOKE: Biochem. J. 33, 457 (1939). — [7] FREUDENBERG, E.: Z. Kinderheilkde. 57, 427 (1936). — [8] THORELL, B.: Acta med. scand. Suppl. 200 (1947). — [9] THOMA, K.: Kli. Wo. 1950, 215. — [10] LEVA, E., and S. RAPOPORT: J. biol. Ch. 141, 343 (1941). — [11] KAY, H. D., and F. B. BYROM: Brit. J. exp. Path. 8, 240 (1927).

den Eiweiß-S (Globin, Gerüsteiweiß) und 1,3% (= 2,5 mg) auf organischen Nichteiweiß-S. Der Rest geht zu Lasten des Sulfat-S[1]. Der Nichteiweiß-S der geformten Bestandteile ist zum Teil diffusibel (anorganischer S), zum Teil nicht diffusibel. Der letztere kann schlechthin auf *Glutathion* bezogen werden[2, 3]. Die für diese Verbindung angegebenen Werte schwanken in weiten Grenzen, je nach dem angewandten, aber immer unspezifischen Bestimmungsverfahren. Die Werte des venösen und arteriellen Blutes zeigen keine Unterschiede[4]. Das Glutathion findet sich ausschließlich in den Blutkörperchen, wie dies beim Menschen und Kaninchen festgestellt wurde[5, 6]. In den Kaninchenerythrocyten konnten außerdem Cystin und Cystein gefunden werden[7]. ***Bestimmung*** im Blut[8].

Tabelle 175. Glutathion im Blut (in mg%).

	Gesamtblut		Blutkörperchen
	reduziert	oxydiert	
Mensch[9]	28	4—8	75
Kind[10]	24		
Säugling[10]	29—32		
Hund[11]	36,6		
Schaf[11]	31,0		
Schwein[11]	30,0		
Bulle[12]	41,5	6,3	
Kuh[12]	38,3	6,8	
Neugeborenes Kalb[12]	56,4	7,1	
Pferd[11]	27,4		
Kaninchen[13]	30,0		

Tabelle 176. Verteilung von Glutathion und Cystein in den einzelnen Blutbestandteilen des Pferdes (in mg%)[14].

Blutbestandteil	Glutathion		Cystein	
	reduziert	gesamt	reduziert	gesamt
Plasma	0	6,8	0,2	1,6
Erythrocyten	120	135,5	0,5	0,6
Blutplättchen	42,2	107,9	0,0	1,9
Leukocyten	93,7	100,0	0,5	1,5

Blutserum enthält ein Ferment, das Glutathion unter Bildung von Cystin hydrolysiert[15]. Im Blut ungeübter Personen wird durch sportliche Leistungen sowohl das reduzierte als auch das gesamte Glutathion beträchtlich vermindert. Bei gut Trainierten beobachtet man zuerst eine vorübergehende Vermehrung, dann eine Verminderung[16]. Bei Dyskrasien fanden sich in den Erythrocyten (100 g Frischgewicht) 14,67 bis 18,0 mg reduziertes Glutathion und 16,03 bis

[1] Larizza, P.: Fisiol. e Med. **6**, 203 (1935). — [2] Hajdu, N.: H. **206**, 217 (1932). — [3] Chemie des Glutathions s. Bd. **1**, S. 576. — [4] Ceresa, F., e P. Guala: Arch. Sci. med., Torino **70**, 303, 369 (1940) [Kongr.-Zbl. inn. Med. **106**, 681; **107**, 573]. G. R. Accad. Med. Torino **102**, Pte 2, 193 (1939) [Kongr.-Zbl. inn. Med. **109**, 232]. — [5] Hunter, G., and B. A. Eagles: J. biol. Ch. **72**, 133 (1927). — [6] Gajatto, S.: Arch. ital. Sci. farmacol. **8**, 103 (1939). — [7] Monden, M.: Jap. J. med. Sci. (III) **6**, 147 (1939) [C. **1940 I**, 2663]. — [8] Hinsberg-Lang 2. Aufl. S. 63ff., 455ff. — [9] Turner, R. H.: Proc. Soc. exp. Biol. Med. **26**, 541 (1929). — [10] Biol. Daten (Brock) Bd. 3, S. 173. — [11] Ludolph, A.: Diss. med. veterin. Berlin 1938 [Ber. Physiol. **113**, 67]. — [12] Reid, J. T., G. M. Ward and R. L. Salsbury: Amer. J. Physiol. **152**, 633 (1948). — [13] Binet, L., et G. Weller: C. R. Soc. Biol. **119**, 939 (1935). — [14] Numata, I.: B. Z. **304**, 404 (1940). — [15] Woodward, G. E.: Biochem. J. **33**, 1171 (1939). — [16] Šantavý, F.: Arbeitsphysiol. **10**, 213 (1938).

19,01 mg Gesamtglutathion. Die entsprechenden Werte für die Leukocyten lagen bei 3,57 bis 4,14 mg und 3,71 bis 4,28 mg[1].

Wie für den Ester-P wurde auch für das Glutathion ein Quotient errechnet. Das Verhältnis von mg reduziertem Glutathion in 100 cm³ Blut zu Millionen Erythrocyten in 1 mm³ beträgt im Durchschnitt 7,0 bis 8,6, bei Kindern ist es niedriger. Der Quotient gibt den relativen Glutathiongehalt der einzelnen Blutkörperchen an[2].

Ergothionein[3] kommt nur in den Erythrocyten vor, und zwar in einer Menge von 3 bis 12 mg in 100 cm³ Blutkörperchen[4] und von 3 bis 5 mg% im Gesamtblut. Sein Gehalt ist beim Diabetiker erhöht, beim Nierenkranken unverändert. In Schweineblutkörperchen wurden 20 mg% gefunden.

Bestimmung[5, 6].

Über die Verteilung des Schwefels im menschlichen Blut s. Tab. 152, S. 426.

h) Fermente. Von den im Blut angetroffenen Fermenten ist die *Katalase* (s. Bd. 1, S. 886ff. u. 1216ff.) in den roten Blutkörperchen wohl mengenmäßig am stärksten vertreten. Sie ist vor allem in den Erythrocyten und Leukocyten zu finden, nach neueren Untersuchungen aber auch im Plasma vorhanden[7]. Wegen des mengenmäßigen Überwiegens der Erythrocyten tritt der Katalaseanteil in den Leukocyten gewöhnlich in den Hintergrund[8]. Die Katalase macht etwa 0,16 bis 0,26% des Gesamttrockengewichtes der roten Blutkörperchen aus[9]. Der Hämatingehalt der Katalase beträgt 1,15%, das Molekulargewicht bei einer Berechnung auf 4 Hämatingruppen pro Molekül 238000. Nachdem die Katalase der menschlichen Erythrocyten in krystallisierter Form gewonnen wurde[9], steht ihre nahe Verwandtschaft zu anderen Organkatalasen fest; dies wurde zeitweise bestritten[10].

Die Aufgabe der im Blut reichlich vorhandenen Katalase ist der Schutz des Hämoglobins gegen das Zellgift Wasserstoffsuperoxyd sowie gegen biologisch gebildete Peroxyde. In katalasezerstörenden Organen, hauptsächlich in der Niere, hört diese spezifische Schutzwirkung auf, und der Blutfarbstoff wird dann zu Pentdyopent abgebaut[11].

Die Angaben über den Katalasegehalt bei Krankheiten sind oft nicht ohne weiteres vergleichbar, da sie mit verschiedenen Verfahren erzielt wurden[12]. So wird über eine Erhöhung der Blutkatalase bei ADDISONscher Krankheit berichtet. Bei Krebs soll sie erniedrigt sein, bei Lungentuberkulose wurden je nach dem Zustand erhöhte und erniedrigte Werte gefunden. Erhöhte Werte wurden auch, besonders für die Plasmakatalase, bei hämolytischer Anämie, chronischen Nierenleiden und perniziöser Anämie gefunden[7].

Die ***Bestimmung*** der Katalase[12, 13] kann entweder durch Titration des von dem Ferment unzersetzt gebliebenen Wasserstoffsuperoxydes[14] oder durch volumetrische Messung des freigesetzten Sauerstoffes[12, 13] erfolgen.

Die Aktivität der *Cholinesterase* in den Erythrocyten übertrifft die Aktivität der Plasmacholinesterase[15] bei Mensch, Schaf, Rind, Ziege und Kaninchen.

---

[1] CONTOPOULOS, A. N., and H. H. ANDERSON: J. Lab. clin. Med. **36**, 929 (1950). — [2] BACH, EM., u. ER. BACH: B. Z. **236**, 174 (1931). — [3] Chemie des Ergothioneins s. Bd. **1**, S. 788. — [4] HUNTER, G., and B. A. EAGLES: J. biol. Ch. **65**, 623 (1925); **72**, 123 (1927). — BENEDICT, S. R., E. B. NEWTON and J. A. BEHRE: J. biol. Ch. **67**, 267 (1926). — PIRIE, N. W.: Biochem. J. **27**, 202 (1933). — [5] SALT, H. B.: Biochem. J. **25**, 1712 (1931). — [6] Hinsberg-Lang 2. Aufl. S. 372. — [7] DILLE, R. S., and C. H. WATKINS: J. Lab. clin. Med. **33**, 480, 487 (1948). — [8] KUROKAWA, H.: Tôhoku J. exp. Med. **14**, 520, 539 (1929/30). — STERN, K. G.: H. **204**, 259 (1932). — [9] HERBERT, D., and J. PINSENT: Biochem. J. **43**, 203 (1948). — [10] BONNICHSEN, R. K.: Arch. Biochem. **12**, 83 (1947). — [11] BINGOLD, K.: Dtsch. Arch. klin. Med. **177**, 230 (1935). Naturwiss. **26**, 656 (1938). — [12] KAETHER, H.: Kli. Wo. **1940**, 761. — [13] JUSATZ, H. J.: Kli. Wo. **1932 II**, 1188; dort auch Schrifttum. — [14] STERN, K. G.: H. **204**, 267 (1932); dort auch Schrifttum. — [15] SAWITSKY, A., H. M. FITCH and L. M. MEYER: J. Lab. clin. Med. **33**, 203 (1948).

Bei Pferd, Hund, Katze, Ente und Huhn sind die Verhältnisse umgekehrt. Die Cholinesterase der Erythrocyten wird auch als wahre Cholinesterase (Acetylcholinesterase) angesprochen, während die des Plasmas als unspezifische Cholinesterase (Cholinesterase) bezeichnet wird[1] (s. Bd. 1, S. 1081 ff.). Die Acetylcholinesterase der Erythrocyten soll an die Membran gebunden sein[2]. Auch bei Rind, Schaf und Ziege wurde Cholinesterase in den roten Blutkörperchen festgestellt[3]. Die Aktivität der Cholinesterase der Erythrocyten ist bei gesteigerter Hämatopoese vermehrt, bei gehemmter Hämatopoese vermindert[4]. Bei Patienten mit perniziöser Anämie konnte eine verminderte Aktivität der Acetylcholinesterase nachgewiesen werden, die unter der Behandlung anstieg[5].

In den menschlichen Erythrocyten wird eine saure und eine alkalische *Phosphatase* gefunden. Während die saure Phosphatase (p_H 4,9) in den Erythrocyten eine wesentlich stärkere Aktivität aufweist als im Plasma, ist die Aktivität der alkalischen Phosphatase (p_H 8,9) des Plasmas wesentlich höher als die der Erythrocyten[6]. Die Phosphatasen der Erythrocyten sind von den Phosphatasen der Leukocyten und des Plasmas verschieden[7]. Es wird ihnen die Fähigkeit der Synthese zugeschrieben[8]. Die alkalische Erythrocytenphosphatase wird durch Mg aktiviert, während die saure angeblich gehemmt wird[9]. Um im hämolytischen Serum die saure Erythrocytenphosphatase ausschalten zu können, benutzt man ihre Hemmbarkeit durch Formaldehyd[10]. Bei verschiedenen Erkrankungen, wie Verschlußikterus, PAGETscher Krankheit, metastatischem Prostatacarcinom und Knochensarkom wurde die Erythrocytenphosphatase erhöht gefunden[6]. Bei Pferd und Rind wurden 2 Erythrocytenphosphatasen nachgewiesen[11], eine vom Typ A_4 (p_H 6,0 bis 6,2) und eine vom Typ A_1 (p_H 9,2 bis 9,5).

Außerdem findet sich in den Erythrocyten eine *Pyrophosphatase*, deren p_H-Optimum bei 7,4 bis 7,8 liegt und die durch Mg aktiviert werden kann[12]. Die Wirkung soll allerdings erst nach Hämolyse nachweisbar sein.

Da in den Erythrocyten Glucose zu Milchsäure abgebaut wird, muß man in den roten Blutkörperchen die hierzu erforderlichen Fermentsysteme annehmen. Das *milchsäurebildende Fermentsystem* wurde bei Mensch, Pferd, Kaninchen und Ratte gefunden[13]. In vitro wird im Blut das Verschwinden von Brenztraubensäure durch Phosphat bei p_H 7,4 gefördert, während Thiamin, Cocarboxylase, Glucose und Veränderung des Sauerstoffdruckes keine Wirkung hatten[14]. Für dieses Ferment wird ein hitzestabiler Aktivator im Plasma angenommen.

In den Erythrocyten ist weniger *Amylase* vorhanden als im Plasma. Das Verhältnis beträgt etwa 1 : 5.

In den roten Blutkörperchen wurden in neuerer Zeit D- *und* L-*Peptidasen* nachgewiesen[15]. Die in den Erythrocyten von Mensch, Rind, Hammel und Schwein vorkommende *Arginase* soll durch Serum gehemmt werden[16]. IWABUCHI[17]

---

[1] MENDEL, B., and H. RUDNEY: Biochem. J. **37**, 59 (1943). — MENDEL, B., D. B. MUNDELL and H. RUDNEY: Biochem. J. **37**, 473 (1943). — [2] PALÉUS, S.: Arch. Biochem. **12**, 153 (1947). — [3] ANTOPOL, W., L. TUCHMAN and A. SCHIFRIN: Proc. Soc. exp. Biol. Med. **36**, 46 (1937). — [4] SAWITSKY, A., M. ROWEN and L. M. MEYER: J. Lab. clin. Med. **34**, 178 (1949). — [5] MEYER, L. M., A. SAWITSKY, N. D. RITZ and H. M. FITCH: J. Lab. clin. Med. **33**, 189 (1948). — [6] BEHRENDT, H.: Amer. J. clin. Path. **19**, 167 (1949). — [7] ROCHE, J.: C. R. Soc. Biol. **107**, 640 (1931). — [8] ROCHE, J.: Bull. Soc. Chim. biol. **13**, 841 (1931). — [9] KING, E. J., E. J. WOOD and G. E. DELORY: Biochem. J. **39**, XXIV (1945). — [10] BENSLEY, E. H., P. WOOD and D. LANG: Amer. J. clin. Path. **18**, 742 (1948). — [11] ROCHE, J.: Bull. Soc. Chim. biol. **13**, 841 (1931). — ROCHE, J., et E. BULLINGER: C. R. Soc. Biol. **127**, 1271 (1938); **131**, 398 (1939). Enzymologia **7**, 278 (1939). — [12] NAGANNA, B., and V. K. NARAYANA MENON: J. biol. Ch. **174**, 501 (1948). — [13] MEYERHOF, O.: B. Z. **246**, 249 (1932). — [14] BUEDING, E., and R. GOODHART: J. biol. Ch. **141**, 931 (1941). — [15] MERTEN, R.: B. Z. **318**, 185 (1948). — [16] EDLBACHER, S., F. KRAUSE, u. K. W. MERZ: H. **170**, 68 (1927). — [17] IWABUCHI, T.: J. Biochem. **26**, 387 (1937).

konnte im Serum keine Arginase feststellen. *Pepsin* und *Trypsin* sollen von den Erythrocyten adsorbiert werden[1]. Außerdem wurde eine *Ribonuclease* gefunden[2].

Die in den roten Blutkörperchen vorhandene *Kohlensäureanhydratase* ist ein zinkhaltiges Ferment. 99% der gesamten Fermentmenge finden sich innerhalb der roten Zellen[3]. Die ***Bestimmung*** kann colorimetrisch erfolgen[4].

In den Erythrocyten wird ein *cholesterinesterspaltendes Ferment* angenommen, da es im Gesamtblut, im Gegensatz zum Plasma, bei Bebrütung zu keiner Estervermehrung kommt[5]. Außerdem wurden in den Erythrocyten angetroffen: *Lipase*[6], *Xanthinoxydase* bei der Ratte[7], *Codehydrase* beim Rind[8] und *Cocarboxylase*[9] beim Mensch, bei anderen Säugetieren und bei Vögeln.

i) Hormone (s. a. S. 366 u. Bd. 2/2). In den roten Blutkörperchen findet sich ein „gefäßerweiternder Stoff", der in der Hauptsache aus *Adenosintriphosphorsäure* besteht[10]. Das im Gesamtblut vorkommende *Adrenalin* wird mit 0,2 bis 1,0 mg% angegeben[11]. Diese mit chemischen Methoden gewonnenen Werte liegen sehr hoch, und es wird angenommen, daß nur ein kleiner Teil des gefundenen Adrenalins in aktiver Form vorliegt. Man betrachtet die Erythrocyten als periphere Adrenalinspeicher, da sie im arteriellen Blut etwa 85% und im venösen Blut etwa 95% des kreisenden Adrenalins adsorbieren[12]. Über den Gehalt der Erythrocyten an sonstigen Hormonen ist wenig bekannt. *Östradiol* soll frei in die roten Blutzellen eintreten können, eine Bindung wird nicht angenommen[13]. Es soll gleichmäßig zwischen Plasma und Zellen verteilt sein. Außerdem wurden geringe Mengen *Histamin* in den Erythrocyten gefunden[14]. Auch ein *antithyreotroper Schutzstoff* wird in den roten Blutkörperchen angenommen[15].

k) Vitamine. In 100 cm³ Blut wurden bei normalen Menschen 20 bis 50 γ Gesamtcarotinoide, davon 10 bis 50% *Carotin*, gefunden[16]. Während einerseits nur bei einigen Vögeln, Reptilien und Fischen Carotin nachgewiesen wurde[17], konnten andererseits aus 1 *l* Ochsenerythrocyten 3,1 mg Carotin isoliert werden[18]. Über den *Vitamin A*-Gehalt der roten Blutkörperchen ist bisher wenig bekannt.

Das *Vitamin* B_1 (Aneurin) soll gleichmäßig auf Blutkörperchen und Serum verteilt sein[19]. Dabei soll das Plasma nur Aneurin, die Blutzellen nur den Pyrophosphorsäureester, die Cocarboxylase, enthalten[9, 20]. In den Leukocyten ist mehr Cocarboxylase vorhanden als in den Lymphocyten, in den Erythrocyten

---

[1] LJUBOWZOWA, K., u. E. WALTER: Klin. Med., Moskau **14**, 100 (1936) [C. **1937 II**, 602]. — [2] MILLER, Z. B., and L. M. KOZLOFF: J. biol. Ch. **170**, 105 (1947). — [3] KEILIN, D., and T. MANN: Nature **144**, 442 (1939). — HARTRIDGE, H., and F. J. W. ROUGHTON: Proc. R. Soc. London (A) **104**, 395 (1923); **107**, 654 (1925). — [4] WILBUR, K. M., and N. G. ANDERSON: J. biol. Ch. **176**, 147 (1948). — [5] SPERRY, W. M.: J. biol. Ch. **111**, 467 (1935). — KLEIN, W.: H. **254**, 1 (1938); **259**, 268 (1939). — SCHRAMM, G., u. A. WOLFF: H. **263**, 61 (1940). — [6] BAZILEVIČ, I.: Therap. Arch., Moskau **8**, 95 (1930) [Ber. Physiol. **56**, 94]. — SIMON, H.: Z. ges. exp. Med. **39**, 407 (1924). — [7] BLAUCH, M. B., and F. C. KOCH: J. biol. Ch. **130**, 455 (1939). — [8] DAVIS, A. R., E. B. NEWTON and S. R. BENEDICT: J. biol. Ch. **54**, 595 (1922). — [9] BANGA, I., S. OCHOA and R. A. PETERS: Biochem. J. **33**, 1109 (1939). — [10] FLEISCH, A., u. P. WEGER: Pflügers Arch. **239**, 476 (1938). — STUDER, A., A. FLEISCH u. M. CROISIER: Pflügers Arch. **241**, 78 (1939). — [11] LEHMANN, G.: D. m. W. **1949**, 193. — [12] OKAMURA, N.: Okayama-Igakkai-Zasshi **50**, 2325 (1938). — [13] BISCHOFF, F., and R. E. KATHERMAN: Amer. J. Physiol. **152**, 189 (1948). — [14] ANREP, G. V., G. S. BARSOUM, M. TALAAT and E. WIENINGER: J. Physiol., London **96**, 130 (1939). — CODE, C. F.: J. Physiol., London **90**, 485 (1937). — [15] BOMSKOV, C.: Methodik der Hormonforschung. Bd. 1, S. 390. Leipzig 1937. — [16] WITH, T. K.: Vitamine u. Hormone **1**, 429 (1941). — [17] RÖSIÖ, B.: H. **182**, 289 (1929). — [18] EULER, B. v., H. v. EULER u. H. HELLSTRÖM: B. Z. **203**, 370 (1928). — [19] RITSERT, K.: Kli. Wo. **1939 I**, 852. — [20] GOODHART, R. S., and H. M. SINCLAIR: Biochem. J. **33**, 1099 (1939). — SINCLAIR, H. M.: Biochem. J. **33**, 1816 (1939).

am wenigsten[1]. Kernhaltige Blutzellen können in vitro Aneurin phosphorylieren[1]. Während im Blut von Huhn, Ratte, Schwein und Frosch Aneurinpyrophosphat aus Aneurin gebildet werden kann, ist das im Blut von Mensch und Meerschweinchen nicht möglich[2]. Insulin führt zu einer Zunahme von Diphosphothiamin im Blut[3]. Die folgende Tabelle zeigt den Gehalt an Cocarboxylase im Vollblut verschiedener Lebewesen:

Tabelle 177. Cocarboxylase im Vollblut (in γ%).

	Mittelwerte	Grenzwerte
Mensch[1]	7,0	4,5—12,0
Rind[1]	5,7	—
Taube[1]	20,2	—
Taube, B_1-avitaminotisch[1]	5,6	—
Ratte[4]	—	10—22

Im Gesamtblut von Mensch, Ratte und Kalb wurden 0,5 γ pro g Blut *Riboflavin* gefunden; Hundeblut und Schweineblut enthalten die doppelte Menge[5]. Nach anderen Angaben beträgt das Gesamtriboflavin in den Erythrocyten 22,4 γ %[6].

Die Verteilung von Aneurin und Riboflavin in den einzelnen Blutbestandteilen s. Tabelle 178[7].

Tabelle 178. Verteilung von Aneurin und Riboflavin in den einzelnen Blutbestandteilen (γ/100 cm^3 der Komponenten)[8].

	Vitamin	Fälle	Plasma	Erythrocyten	Plättchen	Leukocyten	Gesamtblut
Pferd	Aneurin	8	2,5 ± 0,1	9,0 ± 0,5	74 ± 4,4	59 ± 6,2	6,4 ± 0,3
	Ribofl.	2	3,6 ± 0,3	12,3 ± 0,3	163 ± 7	156 ± 9,5	8,5 ± 0,7
Rind	Aneurin	2	2,4 ± 0	9,6 ± 0,5	60 ± 1,3	51 ± 2,8	6,4 ± 0,2
	Ribofl.	2	4,3 ± 0,1	23,3 ± 0,1	185 ± 13	151 ± 4,5	16,7 ± 0,4
Schwein	Aneurin	2	2,8 ± 0,5	17,9 ± 0,1	31 ± 1,1	29 ± 0,3	9,9 ± 0,2
	Ribofl.	2	11,6 ± 0,4	40,4 ± 2,4	205 ± 3	172 ± 5	27,8 ± 1,1
Ziege	Aneurin	1	2,4	8,2	31	28	6.0
Mensch	Aneurin	3	1,7	11,1	72	47	7,0
	Ribofl.	3	3,1	10,6	120	115	6,9

Der *Pantothensäure*gehalt des Gesamtblutes geht aus der Tabelle 179 hervor. Beim Menschen sollen sich 44%, bei Hund und Schwein etwa 60% des Vitamins im Plasma befinden.

Tabelle 179. Pantothensäure im Vollblut (in γ%)[8].

	Mittelwerte		Mittelwerte
Mensch	19	Schwein	33
Hund	26	Pferd	45
Schaf	26	Kaninchen	72

Fast der ganze im Blut anzutreffende Pellagraschutzstoff ist als *Nicotinsäureamid* an die Erythrocyten gebunden[9]. In der Tabelle 180 sind die Mengen in Nicotinsäure ausgedrückt.

[1] s. S. 451[20]. — [2] WESTENBRINK, H. G. K., and E. P. STEYN-PARVÉ: Biochim. biophysica Acta, N. Y. **1**, 87 (1947). — [3] FOÀ, P. P., J. A. SMITH and H. R. WEINSTEIN: Arch. Biochem. **13**, 449 (1947). — [4] EULER, H. v., F. SCHLENK o. B. HÖGBERG: Upsala Läk.-Fören. Förh. (N. F.) **45**, 301 (1939) [Ber. Physiol. **118**, 119]. — [5] STRONG, F. M., R. E. FEENEY, B. MOORE and H. T. PARSONS: J. biol. Ch. **137**, 363 (1941). — [6] BURCH, H. B., O. A. BESSEY and O. H. LOWRY: J. biol. Ch. **175**, 457 (1948). — [7] FUJITA, A., and M. YAMADORI: Arch. Biochem. **28**, 94 (1950). — [8] PEARSON, P. B.: J. biol. Ch. **140**, 423 (1941). — [9] DORFMAN, A., M. K. HORWITT, S. A. KOSER and F. SAUNDERS: J. biol. Ch. **128**, XX (1939). — PEARSON, P. B.: J. biol. Ch. **129**, 491 (1939).

Tabelle 180. Nicotinsäure im Vollblut (in mg%)[1, 2].

	Mittelwerte	Grenzwerte
Mensch	0,37	0,25—0,46[4] 0,62—0,89
Neugeborenes[3]	0,268	—
Kind 1 bis 2 Jahre[3]	0,42	—
Pferd	0,57	0,53—1,04
Hund	0,52	0,36—0,67
Schwein	0,47	0,32—0,77
Schaf	0,83	0,36—1,33

Die Werte für Nicotinsäureamid im Blut werden jedoch nicht einheitlich angegeben. MELNICK u. Mitarb.[5] fanden für gesunde Männer 0,54—**0,69**—0,83 mg% und für gesunde Frauen 0,52—**0,62**—0,74 mg%, LEVITAS u. Mitarb.[6] dagegen im Gesamtblut 2,8—**3,6**—4,4 mg% und in den Erythrocyten 6,2—**7,7**—8,9 mg%, also sehr hohe Werte.

Nicotinsäureamid ist Bestandteil der *Co-Zymase* (s. Bd. **1**, S. 831f). In den Erythrocyten wurden pro Gramm 100 γ Diphosphopyridinnucleotid gefunden[7]. Dieses kann in den roten Blutkörperchen Methämoglobin reduzieren. Durch Adenosintriphosphorsäure ist die Hydrolyse von Diphosphopyridinnucleotid rückgängig zu machen[8]. Der mit dem Gärungsverfahren bestimmte Co-Zymasegehalt des Blutes wird in der Tabelle 181 wiedergegeben. Das Ferment ist fast ganz in den Blutzellen enthalten, das Serum ist sehr arm an Co-Zymase oder frei davon. Nimmt man im Mittel einen Gehalt des menschlichen Venenblutes an Codehydrasen I und II von 60 γ/cm^3 an, was rund 11 γ Nicotinsäureamid entspricht, so ist etwa $^1/_8$ des gesamten Nicotinsäureamids in freier Form vorhanden.

Tabelle 181. Gehalt des Blutes an Co-Zymase und Nicotinsäureamid.

	Co-Zymase mg%	Nicotinsäureamid mg%
Mensch	4,0—8,0[9] * 2,0—3,5[10]	0,15**
Pferd	15,0[9]	
Rind	10,0[9]	0,2
Hund	5,1—6,6[10]	
Kaninchen	6,0[9]	0,33
Meerschweinchen	6,5—8,9[9]	
Ratte	5,0[9] 6,4—10,6[10]	0,3
Huhn	6,5—10,5[10]	

* = 100 γ Co-Zymase in 1 g Erythrocyten.
** = 3 γ Nicotinsäureamid in 1 g Erythrocyten.

[1] PEARSON, P. B.: J. biol. Ch. **129**, 491 (1939). — [2] QUERIDO, A., M. ALBEAUX-FERNET et A. LWOFF: C. R. Soc. Biol. **131**, 182 (1939). — [3] VERROTTI, I.: Pediatria, Riv. **50**, 20 (1942). — [4] KÜHNAU, W. W.: Kli. Wo. **1939 II**, 1333. — [5] MELNICK, D., W. D. ROBINSON and H. FIELD jr.: J. biol. Ch. **136**, 157 (1940). — [6] LEVITAS, N., J. ROBINSON, F. ROSEN, J. W. HUFF and W. A. PERLZWEIG: J. biol. Ch. **167**, 169 (1947). — [7] GOLDINGER, J. M., M. A. LIPTON and E. S. G. BARRON: J. biol. Ch. **171**, 801 (1947). — [8] GRANICK, S.: Blood **4**, **404** (1949). — [9] EULER, H. v., u. F. SCHLENK: Kli. Wo. **1939 II**, 1109. — [10] AXELROD, A. E., and C. A. ELVEHJEM: J. biol. Ch. **131**, 77 (1939).

Bei Pellagra ist der Gehalt der Erythrocyten an Co-Zymase wenig verändert. Es wurden Werte zwischen 70 und 90 γ/cm^3 Erythrocyten gefunden, während der normale Wert mit 85 γ/cm^3 angegeben wird[1].

Biotin ist im Gesamtblut nachgewiesen worden[2]. Bei der Maus fanden sich 0,064 γ in 1 g getrocknetem Blut[3]. Außerdem wurden in 1 g getrocknetem Mäuseblut 1,49 γ *p-Aminobenzoesäure* und 2,16 γ *Vitamin* B_6*-Komplex* gefunden[3].

Der *Pyridoxin*gehalt des Gesamtblutes wird bei Schafen mit 11,8 γ%[4], bei Rhesusaffen mit 11,2 γ% angegeben[5].

Der *Vitamin C*-Gehalt der roten Blutkörperchen[6] ist von der Konzentration im Gesamtblut abhängig. Liegt der Vitamin C-Spiegel im Gesamtblut unter 0,6 mg%, dann liegt der Plasmaspiegel tiefer. Bei einem Vitamin C-Gehalt des Gesamtblutes von 0,6 bis 0,9 mg% ist der Plasmaspiegel annähernd gleich hoch. Liegt die Konzentration im Gesamtblut über 0,9 mg%, dann ist der Spiegel im Plasma höher[7]. Das Verhältnis von Ascorbinsäure im Plasma (A_p) zu Ascorbinsäure in den roten Zellen (A_c) läßt sich nach folgender Gleichung festlegen: $A_c : A_p = \frac{A_{wb} + 0,28}{A_{wb} - 0,17} \cdot A_{wb}$ = Ascorbinsäure im Vollblut. A wird ausgedrückt[8] in mg pro 100 cm^3 H_2O. Mit dieser Berechnung wurden gefunden im

Gesamtblut	0,35 bis 1,95 mg%,	im
Plasma	0,25 bis 2,00 mg%,	in den
Erythrocyten . . .	0,45 bis 2,15 mg%.	

Die Zellen scheinen also mehr Ascorbinsäure als das Plasma zu enthalten.

Vom *Vitamin D* wird angenommen, daß es beim Zerfall der roten Blutkörperchen in der Leber frei wird und mit der Galle in den Darm gelangt[9].

Vitamin E soll im Blutserum zu 1,5 mg% vorkommen[10]. Der Gehalt der roten Blutkörperchen ist noch unbekannt.

3. Kernhaltige rote Blutkörperchen.

Am eingehendsten sind die der Vögel untersucht worden. Die Zusammensetzung dieser Erythrocyten ist die gleiche wie die der kernlosen. Es kommen lediglich noch die Kernbestandteile dazu.

In der durch Hämolyse gewonnenen, durch wiederholtes Auswaschen mit 3,6%iger $NaCl$-Lösung hämoglobinfreien und durch mehrmaliges Behandeln mit Alkohol, zuletzt mit Äther, getrockneten Kernmasse von Hühnererythrocyten, wurden nach Entfernung von Lecithin, Cholesterin und anderen Stoffen durch Kochen mit Alkohol 17,20% N und 3,93% P gefunden[11]. Daraus errechnen sich 45% Nucleinsäure und 55% Histon. Mit 1%iger HCl konnten 54% der Kernmasse ausgezogen werden. Mit diesen Ergebnissen wurden die früheren Mitteilungen über ein Nuclein[12] und ein Nucleoproteid[13, 14] bestätigt.

4. Andere Einschlüsse in den roten Blutkörperchen.

Nach neueren Untersuchungen ist anzunehmen, daß die basophil punktierten Erythrocyten und die Reticulocyten identisch sind. Dies wurde sowohl in Dunkel-

---

[1] Axelrod, A. E., T. D. Spies and C. A. Elvehjem: J. biol. Ch. **138**, 667 (1941). — [2] Nielsen, N., u. V. Hartelius: B. Z. **311**, 317 (1941/42). — [3] Ritchey, M. G., L. F. Wicks and E. L. Tatum: J. biol. Ch. **171**, 51 (1947). — [4] Ray, S. N., W. C. Weir, A. L. Pope and P. H. Phillips: J. Nutrit. **34**, 595 (1947). — [5] Greenberg, L. D., and J. F. Rinehart: Proc. Soc. exp. Biol. Med. **70**, 20 (1949). — [6] s. a. S. 364. — [7] Roe, J. H., C. A. Kuether and R. G. Zimler: J. clin. Invest. **26**, 355 (1947). — Daubenmerkl, W.: Acta pharmacol., toxicol., København **6**, 194 (1950). — [8] Sargent, F. 2nd: J. biol. Ch. **171**, 471 (1947). — [9] Seyderhelm, R.: Die Hypovitaminosen. S. 13. Leipzig 1938. — [10] Vinet, A., et P. Meunier: Cr. **213**, 709 (1941). — [11] Ackermann, D.: H. **43**, 299 (1904/05); dort auch Darstellung von Kernen aus Vogelerythrocyten nach H. Plenge. — [12] Plósz, P.: Hoppe-Seylers med.-chem. Unters. S. 461. 1866/71. — [13] Kossel, A.: H. **5**, 267 (1881); **8**, 511 (1883/84). — [14] Bang, I.: Hofmeisters Beitr. **5**, 319 (1904).

felduntersuchungen[1] als auch mit histochemischen Methoden[2] nachgewiesen. Da die Einschlußsubstanzen durch Ribonuclease verdaut wurden, können sie als Ribonucleotide aufgefaßt werden.

Über die Natur der mit verschiedenen Substanzen in den Erythrocyten erzeugbaren HEINZ-Körperchen besteht noch keine einheitliche Ansicht. Es wird angenommen, daß es sich um ein morphologisches Korrelat zum Verdoglobin handelt, da die Bildungsgeschwindigkeit und die Abhängigkeit von p_H und Temperatur mit denen des Verdoglobins identisch sind[3]. Die Bildung von HEINZ-Körperchen geht häufig der von Methämoglobin parallel und wird durch alle toxischen Stoffe, die zur Verdoglobinbildung führen, angeregt[4]. Nach anderen Autoren sind die HEINZ-Körperchen anderer Herkunft. Bei Einwirkung von Dinitrobenzol und Phenylhydroxylamin entstehen sie durch Ausfällung von Stromatineiweiß, Chlorat fällt dagegen nicht das Stromatineiweiß, sondern das Hb[5]. Elektronenoptisch sind diese durch verschiedene Einwirkung gebildeten HEINZ-Körperchen zu unterscheiden.

β) Die weißen Blutkörperchen[6—9].

1. Allgemeines.

a) Größe und Form. Bei den weißen Blutkörperchen, auch Leukocyten oder Lymphkörperchen genannt, lassen sich verschiedene Arten unterscheiden. Die *Lymphocyten* (20 bis 30%) sind etwa so groß wie rote Blutkörperchen. Sie haben nur einen schwachen Protoplasmasaum um einen runden Kern. Daneben finden sich die eigentlichen *Leukocyten* (60 bis 70%). Sie besitzen eine wesentlich größere Protoplasmamenge als die Lymphocyten. Je nach dem Grad der Reifung ist der Kern mehr oder weniger gelappt und eingebuchtet[10]. Manche Formen zeigen eosinophile oder basophile Granula, die diese Bezeichnung auf Grund ihrer Anfärbbarkeit erhielten. Außerdem finden sich *Monocyten* (5 bis 8%), die durch Größe, gelappte große Kerne und verhältnismäßig starken Protoplasmagehalt imponieren. Im Menschen- und Säugetierblut sind die meisten weißen Blutkörperchen größer als die roten. Als normal wird ein Durchmesser von 12 bis 14 μ bezeichnet[11, 12]. Die weißen Blutkörperchen haben ein niedrigeres spezifisches Gewicht als die roten; es wird zu 1,031 bis 1,065 angegeben[13]. Sie bewegen sich im kreisenden Blut schon bei mäßiger Strömungsverminderung näher an der Gefäßwand. Außerdem ist ihre Bewegungsgeschwindigkeit langsamer als die der roten Zellen. Nach neueren Untersuchungen ist die Leukocytengröße weitgehend vom Ionenmilieu des Blutes abhängig[14].

Zum Unterschied von den Erythrocyten ist das Protoplasma der Leukocyten während des Lebens zu amöboiden Bewegungen fähig. Diese ermöglicht den Zellen die Wanderung sowie die Aufnahme kleiner Körnchen oder Fremdkörperchen in das Innere. Der letztere Vorgang wird als *Phagocytose* bezeichnet. Für diese Bewegungen ist die durch das Eiweiß bedingte Viscosität des Plasmas von großer Bedeutung[15]. In physiologischer NaCl-Lösung kommen sie deshalb auch erst nach Zusatz von etwas Gummi arabicum, Leim oder Dextrin

---

[1] HAENEL, U., u. G. RIVA: D. m. W. **1950**, 498. — [2] THOMA, K.: Kli. Wo. **1950**, 215. — [3] GAJDOS, A., et G. TIPREZ: Sang **18**, 35 (1947) [Ber. Physiol. **139**, 284]. — [4] HEUBNER, W., et F. JUNG: Sang **22**, 166 (1951). — [5] JUNG, F.: Kli. Wo. **1946/47**, 459. —

Zusammenfassendes über weiße Blutkörperchen: 6—9. [6] HEILMEYER, L., u. H. BEGEMANN: Die weißen Blutkörperchen und die Reticulumzellen. Morphologie und Physiologie. Handb. inn. Med. (BERGMANN-FREY-SCHWIEGK) 4. Aufl., Bd. 2, S. 471 — [7] SEYDERHELM, R.: Die Leukocyten. Handb. Physiol. **6**/2, S. 700—718. — [8] GLANZMANN, E.: Physiologie der Leukocyten nach den Arbeiten von 1929—1940. Ergebn. Physiol. **44**, 473—555 (1941). — [9] UNDRITZ, E.: Schweiz. med. Wschr. **74**, 995 (1944). — SUNDERMAN, F. W., and F. BOERNER: Normal Values in Clinical Medicine. S. 54. Philadelphia, London 1950.

[10] MOESCHLIN, S.: Schweiz. med. Wschr. **76**, 1051 (1946). — [11] s. [6]. — [12] SCHULTEN, H.: Lehrbuch der klinischen Haematologie. 4. Aufl. Stuttgart 1948. — [13] SCHLOSSMANN, H., u. M. GRÜTER: A. e. P. P. **171**, 317 (1933). — [14] WEISSBECKER, L.: Z. klin. Med. **146**, 187 (1950). — [15] FRIEDEMANN, U., u. A. SCHÖNFELD: B. Z. **80**, 312 (1917).

zum Vorschein. Die Beweglichkeit und das phagocytäre Vermögen der Leukocyten werden durch Kalksalze in spezifischer Weise gesteigert, während Kaliumionen die Phagocytose hemmen[1].

b) Zahl. Die Zahl der weißen Blutkörperchen schwankt nicht nur in verschiedenen Gefäßbezirken, sondern auch unter verschiedenen physiologischen Verhältnissen (Tagesschwankungen von 5000 bis 10000 im mm³). Im Durchschnitt kommt auf 500 bis 1000 rote Blutkörperchen je ein farbloses. Beim erwachsenen Menschen liegt der Nüchternwert zwischen 5500 und 8000 im mm³, beim Neugeborenen zwischen 17000 und 19000. Beim Kind liegt die Zahl ebenfalls höher als beim Erwachsenen[2]. Nach Mahlzeiten finden sich sehr unterschiedliche Veränderungen der Leukocytenzahl. Während nach Eiweißkost im Anschluß an Leukopenie eine erhebliche Leukocytose auftritt, ist diese nach Kohlenhydratkost wesentlich geringer. Nach Fettkost finden sich keine bemerkenswerten Änderungen der Leukocytenzahl. Es wird angenommen, daß es sich nicht um eine einfache Verteilungs- und Konzentrationsänderung der weißen Blutkörperchen handelt, da sich auch der prozentuale Anteil der einzelnen Arten ändert[3].

Auch bei Tieren finden sich Schwankungen der Leukocytenwerte. Die folgende Tabelle führt die Leukocytenzahl verschiedener Tiere an:

Tabelle 182. Leukocytenzahl verschiedener Tiere[4] (in mm³).

Tierart	Gesamt-leukocytenzahl	Tierart	Gesamt-leukocytenzahl
Pferd	8000—11000	Schwein	6000—16000
Rind	7000— 9000	Hund	10000
Ziege	9000—12000	Katze	9000
Schaf	6180—13000	weiße Maus[5]	7000—8000

Bei der weißen Maus wurde bei einer Normalzahl von 7000 bis 8000 Leukocyten eine gleichmäßige Schwankung zwischen 4000 und 11000 gefunden. Dabei war ein deutlicher 12-Stunden-Rhythmus festzustellen mit einem höheren Nacht- und tieferen Tagesgipfel[5].

Die Zahl der Leukocyten ist weitgehend von hormonalen Einflüssen abhängig. Vor allem Nebennierenrinde und Nebennierenmark scheinen besondere regulatorische Aufgaben zu erfüllen[6—9]. Hiervon werden nach bisherigen Untersuchungen hauptsächlich die Lymphocyten betroffen. Insulin führt zu einer Leukocytose[10]. Bei hypophysektomierten Ratten war die sonst nach Kältereiz auftretende Leukopenie nur sehr schwach[9]. Nach Injektion von ACTH, Cortison oder Adrenalin kommt es normalerweise zu einem Absturz der Zahl der eosinophilen Leukocyten, der bei Nebennierenrindeninsuffizienz ausbleibt[11]. Der nach Sympathicomimeticis erfolgende Leukocytenanstieg soll nicht im Zusammenhang

---

[1] HAMBURGER, H. J., u. J. DE HAAN: B. Z. **24**, 470 (1910). — HAMBURGER, H. J.: B. Z. **26**, 66 (1910). — [2] JASCHKE, R. T. v.: Physiologie, Pflege und Ernährung des Neugeborenen. S. 95. München 1927. — [3] WACHHOLDER, K., A. BECKMANN u. H. WALTER: Pflügers Arch. **251**, 459 (1949). — [4] SCHEUNERT, A., A. TRAUTMANN u. F. W. KRZYWANEK: Lehrbuch der Veterinär-Physiologie. S. 160. Berlin 1939. — [5] KLEIN, H.: Virchows Arch. **316**, 97 (1949). — [6] ANDREASEN, E., u. O. GOTTLIEB: Acta physiol. scand. **13**, 35 (1947). — [7] HERBERT, P. H., and J. A. DE VRIES: Endocrinology **44**, 259 (1949) [Kongr.-Zbl. inn. Med. **124**, 316]. — [8] ELMADJIAM, F., H. FREEMAN and G. PINCUS: Endocrinology **39**, 293 (1946). — [9] LANGENDORFF, H., u. E. TONUTTI: Ärztl. Forsch. **1950**, 197. — [10] BAIRD, E.E., and K. P. DIXON: Amer. J. clin. Path. **18**, 470 (1948). — [11] HILLS, A. G., P. H. FORSHAM and C. A. FINCH: Blood **3**, 755 (1948). — THORN, G. W., P. H. FORSHAM, F. T. G. PRONTY and A. G. HILLS: J. amer. med. Ass. **137**, 1005 (1948). — BRAUNSTEINER, H., F. PAKESCH u. H. VETTER: Wien. klin. Wschr. **1951**, 359.

mit dem Anstieg des Histamins im Plasma stehen[1]. In Exsudaten soll ein Eiweißkörper auftreten, der aktiv die Leukocytose begünstigt[2].

Nach Gabe der Vitamine A, B_1 und B_2 konnte bei Kindern keine Wirkung auf die Leukocytenzahl festgestellt werden, während nach Vitamin C ein Abfall hoher Leukocytenwerte eintrat[3].

Bei Krankheiten, besonders bei Infektionen und bei der Leukämie, kann es zu einem enormen Anstieg der Leukocytenzahl kommen (200000 und mehr). Dabei ist die Zahl der weißen Blutkörperchen nicht nur absolut, sondern auch im Verhältnis zu den Erythrocyten stark vermehrt[4]. Therapeutisch wurde in neuerer Zeit zur Senkung der Leukocytenzahl bei Leukämien Urethan verwendet[5]. Hierdurch wird die Atmung der Leukocyten beeinflußt[6].

c) Morphologische Einteilung. Histologisch[7] und klinisch[8] unterscheidet man nach ihrer Form und nach der Färbbarkeit mit neutralen, sauren und basischen Farbstoffen 3 Hauptgruppen. Das Hervortreten der Kernstrukturen ist vor allem durch chemische Unterschiede der Zellen bedingt. Entsprechend ihrer Herkunft werden die aus dem lymphatischen Gewebe (Lymphdrüsen), adenoidem Gewebe (Milz) stammenden ungranulierten Lymphocyten zum lymphatischen System, die im Knochenmark entstehenden granulierten oder polymorphkernigen Leukocyten zum myeloischen System gerechnet. Die Herkunft der Monocyten ist noch sehr umstritten. Die Tabelle 183 zeigt die durchschnittliche Verteilung der einzelnen Arten im menschlichen Blut.

Tabelle 183. Weiße Blutzellen in 1 mm^3 Menschenblut[9].

	Zahl	Erwachsene		Kind[10] %
		Mittel %	Grenzwerte %	
Lymphocyten (Rundzellen)	1750	25	20—30	48
Monocyten	70	1	1—10	3
(große mononucleäre Leukocyten)				
Polymorphkernige Leukocyten	(5180)	(74)	(60—75)	(49,5)
a) neutrophile	4970	71	60—70	46
b) acidophile-eosinophile	175	2,5	1—4	3
c) basophile (Mastzellen)	35	0,5	0—1	0,5
Insgesamt	7000			

Chemisch lassen sich die weißen Blutkörperchen der lymphatischen und der myeloischen Reihe durch den Gehalt an einem oxydierenden Ferment unterscheiden (s. Indophenoloxydase Bd. 1, S. 1211). Diese Reaktion wird auch diagnostisch verwertet. Die Oxydase ist nur in den polymorphkernigen Leukocyten und in ihren Vorstufen, nicht aber in den Lymphocyten und Monocyten vor-

[1] Baur, H., u. H. Staub: Helv. physiol. Acta **7**, 482 (1949). — [2] Menkin, V.: Blood **3**, 939 (1948). — [3] Kohte, G.: Mschr. Kinderheilkde. **78**, 329 (1939). — [4] Rohr, K.: Schweiz. med. Wschr. **73**, 1125 (1943). — [5] Paterson, E., A. Haddow, I. ap Thomas and J. M. Watkinson: Lancet **1946 I**, 677. — Moeschlin, S.: Exper. **3**, 195 (1947). — Maringer, S.: Schweiz. med. Wschr. **77**, 114 (1947). — Schulze, E., E. Fritze u. H. H. Müller: D. m. W. **1947**, 371. — Bock, H.-E., u. R. Gross: D. m. W. **1949 II**, 953, 995. — Beickert, A.: Z. ges. inn. Med. **5**, 143 (1950). — [6] Fellinger, K., u. J. Schmid: Wien. Z. inn. Med. **29**, 245 (1948). — [7] v. Möllendorff, Lehrb. Histol. 25. Aufl. S. 73. — [8] Schilling, V.: Das Blutbild und seine klinische Verwertung. 9. u. 10. Aufl. Jena 1933. — Naegeli, O.: Blutkrankheiten und Blutdiagnostik. 5. Aufl. Berlin 1931. — [9] Heilmeyer, L., u. H. Begemann: Handb. inn. Med. (Bergmann-Frey-Schwiegk) 4. Aufl. Bd. 2, S. 513. — Hallmann 6. Aufl. S. 388. — Tillmanns, J., u. G. Ohnesorge: Praktikum der klinischen usw. Untersuchungsmethoden. 13. Aufl., S 333. Berlin 1940. — [10] Osgood, E. E., R. L. Baker, I. E. Brownlee, M. W. Osgood, D. M. Ellis and W. Cohen: Amer. J. Dis. Children **58**, 282 (1939).

Tabelle 184. Verteilung der weißen Blutzellen im Blut verschiedener Tiere.

	Tiere[1] (Durchschnitt) %	Hund[2]		Kaninchen[3] %
		jung %	ausgewachsen %	
Lymphocyten	40—60	33,3	21,7	37,2—64,6
Monocyten	4—10	0—1	0—1	0—2
Polymorphkernige Leukocyten		(67,0)	(77,8)	
a) neutrophile	40—60	62,5	71,9	30—58
b) acidophile	2—16	4,0	5,4	0—2,3
c) basophile	0,5	0—1	0—1	1,7—7,2

handen[4, 5]. Da die Reaktion sich nur in Blutausstrichen, nicht aber in Blutaufschwemmungen durchführen läßt, wird das Freiwerden der Oxydase in den polymorphkernigen Leukocyten auf eine Strukturschädigung zurückgeführt[6].

d) Physiologische Aufgaben der einzelnen Leukocytengruppen[7]. Die *neutrophilen* Leukocyten (Mikrophagen) sind besonders bei der Eiweißresorption, der Abwehr von Bakterien und von giftigen Stoffwechselverbindungen, dem Abbau und der Verflüssigung von Gewebe, z. B. des Fibrins bei Pneumonie, der Beförderung von Calcium, Eisen und anderen Salzen nach den unteren Darmabschnitten beteiligt. Den *Eosinophilen* wird eine Aufgabe bei der Anaphylaxie und den Wurmkrankheiten zugeschrieben. Die Bedeutung der *Basophilen* ist noch nicht sichergestellt. Bei chronischen Entzündungen wurde ein Anstieg in verschiedenen Geweben festgestellt[8]. Die *Monocyten* betätigen sich als Makrophagen und beseitigen verbrauchte Erythrocyten. Die *Lymphocyten* stehen in einem gewissen Gegenspiel zu den Neutrophilen und sind bei vorwiegender Kohlenhydrat- und Fettkost sowie bei Immunitätsreaktionen wichtig. Antikörper scheinen sie nach neueren Untersuchungen aber nicht bilden zu können[9]. Während die Neutrophilen bei Entzündungen eine wichtige Rolle in der Kampfphase spielen, scheinen die Lymphocyten für die Reparationsphase notwendig zu sein.

e) Sonstige Eigenschaften der Leukocyten. Wie bei den Erythrocyten findet sich auch bei den Leukocyten eine anaerobe Glykolyse. Die Atmung ist wie bei den roten Blutkörperchen klein. Im Serum ist die Atmung größer als in Ringerlösung, auch während der Phagocytose ist sie erhöht[10]. Die für die anaerobe Glykolyse angegebenen Werte sind nicht ohne weiteres vergleichbar, da zu den Bestimmungen sowohl Leukocyten aus Blut als auch aus Exsudaten verwendet wurden[11, 12]. Bei Leukocytose und Leukämie ändern sich die Größen von Glykolyse und Atmung[12]. Im Vergleich zu den Erythrocyten ist die Glykolyse der weißen Blutkörperchen 200 bis 1000mal größer[13].

---

[1] SCHEUNERT, A., A. TRAUTMANN u. F. W. KRZYWANEK: Lehrbuch der Veterinär-Physiologie. S. 160. Berlin 1939. — [2] MORRIS, M. L., J. B. ALLISON and D. F. GREEN: J. Lab. clin. Med. **25**, 353 (1940). — [3] KURIBAYASHI, S.: Tohoku J. exp. Med. **36**, 328 (1939). — [4] WINKLER, F.: Folia haematol., Leipzig **4**, 323 (1907). — [5] HATIEGAN, J.: Wien. klin. Wschr. **1913 I**, 537. — [6] BETKE, K.: Z. ges. exp. Med. **115**, 386 (1949/50). — [7] BÜRKER, K.: Handb. Physiol. **6**/1, 64. — HEILMEYER, L., u. H. BEGEMANN: Handb. inn. Med. (BERGMANN-FREY-SCHWIEGK) 4. Aufl. Bd. 2. — REBUCK, J. W.: Amer. J. Path. **17**, 614 (1947). — [8] JANES, J., and J. R. McDONALD: Arch. Path., Chicago **45**, 622 (1948). — [9] SCHWEIZER, W., u. H. REBER: Z. ges. exp. Med. **116**, 265 (1950/51). — [10] DELAUNAY, A., J. PAGES et M. MAURIN: Ann. Inst. Pasteur **72**, 946 (1946). — [11] MACLEOD, J., and C. P. RHOADS: Proc. Soc. exp. Biol. Med. **41**, 268 (1939). — [12] PENATI, F., e M. RAPELLINI: G. Accad. Med. Torino **105**, Pte 2, 96 (1942) [Ber. Physiol. **132**, 541]. — [13] BIRD, R. M.: J. biol. Ch. **169**, 493 (1947).

In vitro neigen die Leukocyten, besonders die stab- und segmentkernigen, zu Konglomeratbildung. Diese Aggregationsneigung ist bei entzündlichen Erkrankungen erhöht. Eine Beziehung zu den Agglutinationen der Erythrocyten besteht nicht. Bei Leukämien ist die Aggregationsneigung meist nicht vorhanden[1, 2].

f) Gewinnung reiner Leukocyten. Die farblosen Blutzellen lassen sich entweder aus frischem Blut durch fraktioniertes Absitzenlassen[3, 4] oder aus fibrinfreiem Blut durch fraktionierte Zellauflösung gewinnen[5]. Das erste Verfahren eignet sich leider nur für das Pferdeblut gut (schwieriger für Schweineblut), bei anderen Blutarten mißlingt die Trennung. Das zweite Verfahren hat den Nachteil, daß auch ein Teil der Leukocyten der Zerstörung anheimfällt[6].

Methodik[7]. 300 bis 400 cm³ Oxalatblut werden auf 3 bis 4 Zentrifugengläser verteilt und lange, aber nicht stark, zentrifugiert. Man pipettiert das überstehende Plasma ab und schöpft dann in den stark geneigten Gläsern die oberste grau-weiße, aus Leukocyten bestehende Schicht vorsichtig ab. Das so erhaltene Gemenge wird zur Beseitigung der Erythrocyten stark zentrifugiert. Diese setzen sich ab und die Leukocyten können abpipettiert werden. Um sie von den letzten Spuren von Erythrocyten und Plasma zu befreien, werden sie 1 bis 2mal mit 10 cm³ einer 10%igen Essigsäurelösung versetzt, gut durchgerührt und wieder schwach zentrifugiert. Schließlich werden die Leukocyten mit physiologischer Kochsalzlösung 1- bis 2mal gewaschen und dann mit dieser Lösung, wenn nötig, in einem 25 cm³-Kölbchen aufgefüllt. Schüttelt man das Meßkölbchen lange, so erhält man eine vollständige Auflockerung der zusammengeballten Leukocyten bei ganz gleichförmiger Verteilung in der Kochsalzlösung. Man kann nun, wenn nötig, die Leukocyten wie üblich zählen.

Die Gewinnung lebender Leukocyten[8] beruht auf der Beobachtung, daß nach Zufügen von Fibrinogen zu heparinisiertem Blut eine sehr starke Beschleunigung der Erythrocytensedimentierung eintritt. Nach einstündigem Stehen sind im überstehenden Plasma die Leukocyten in etwa derselben Zahl und prozentualen Verteilung wie im Capillarblut vorhanden. Erythrocyten und Thrombocyten sind nur noch vereinzelt zu finden. Unter dem Mikroskop zeigten die so gewonnenen Leukocyten aktive Form- und Lageveränderungen.

2. Chemische Zusammensetzung der weißen Blutkörperchen.

a) Allgemeines. Da es sehr schwer ist, Blutleukocyten in ausreichender Menge für die chemische Aufarbeitung zu gewinnen, wurden die meisten Befunde an Eiter- und Thymusleukocyten erhoben. Diese Ergebnisse können aber nur mit Vorbehalt auf die Leukocyten des Blutes übertragen werden. Bei den Eiterleukocyten handelt es sich ja oft nicht mehr um vollwertige, sondern gewissermaßen um schon abgekämpfte Zellen, die in ihrer Zusammensetzung Veränderungen erfahren haben können. Lediglich für Fermentuntersuchungen können genügend Blutleukocyten erhalten werden.

Im Gegensatz zu den zahlreichen Untersuchungen, die über Morphologie und Fermentgehalt der weißen Blutkörperchen im menschlichen Blut angestellt wurden, sind die Forschungen über ihre chemische Zusammensetzung sehr spärlich. Besser, wenn auch nicht genügend, sind wir über die Leukocyten von Pferden unterrichtet. Der Hauptgrund für diese mangelhaften Kenntnisse liegt in der schwierigen Beschaffung der Blutleukocyten. Erst in letzter Zeit, als auch hier mikrochemische Bestimmungsmethoden angewandt wurden, kam in einzelne Gebiete mehr Klarheit.

---

[1] Robineaux, R., et S. Bazin: Sang **22**, 241 (1951). — [2] Tischendorf, W., u. E. Fritze: Kli. Wo. **1949**, 170. — [3] Hekma, E.: B. Z. **11**, 177 (1908). — [4] Hamburger, H. J.: Die Technik des Arbeitens mit Phagozyten zu biologischen Zwecken. Handb. biochem. Arb.-Meth. (Abderhalden) **9**, 1—23 (1919). — [5] Szilárd, P.: Pflügers Arch. **211**, 597 (1926). — [6] Willstätter, R., E. Bamann u. M. Rohdewald: H. **185**, 267 (1929). — [7] Larizza, P.: Z. ges. exp. Med. **101**, 615 (1937). — [8] Minor, A. H., and L. Burnett: Blood **3**, 799 (1948); **4**, 667 (1949). — Bucher, O.: Exper. **2**, 461 (1947). — Maupin, B., J. Julliard, R. Ardry, P. H. Bonnel, R. Chary, L. Hénaff, H. Perrot et M. P. Robert: Sang **21**, 76 (1950).

b) Wassergehalt und Trockenmasse. Die Trockenmasse beträgt etwa 20% der frischen Leukocyten[1].

c) Mineralstoffe[2]. Der *Natrium*gehalt in den Pferdeleukocyten ist ähnlich dem des Plasmas und höher als in den Erythrocyten. Die *Kalium*menge ist niedriger als in den Erythrocyten, doch noch erheblich höher als im Serum. Der *Calcium*gehalt entspricht etwa dem des Plasmas. Besonders ausgezeichnet sind die Leukocyten durch ihren Reichtum an *Phosphor*. Der *Zink*gehalt wird mit 0,02 ± 0,01 mg% angegeben[3]. Außerdem wurde noch *Eisen* nachgewiesen[4]. Einzelheiten s. Tabelle 158, S. 430.

d) Organische Bestandteile der weißen Blutkörperchen. α) Eiweißstoffe. Infolge der Kontraktionsfähigkeit des Leukocytenprotoplasmas hat man das Vorkommen von Myosin in ihm angenommen. Der Beweis dafür ist noch zu erbringen. Inwieweit sonst in den Leukocyten Globuline neben Spuren von Albuminen vorkommen, ist nicht sicher bekannt, da man früher nicht immer zwischen Globulinen auf der einen und Nucleoproteiden auf der anderen Seite unterschieden hat[5].

Demnach ist unser Wissen über die Eiweißbestandteile der Leukocyten noch wenig befriedigend. Im wesentlichen dürfte es sich bei den Eiweißverbindungen um *Proteide* handeln. Als Hauptbestandteile des Protoplasmas der weißen Blutkörperchen betrachtet man die Nucleoproteide. Sie scheinen mit der in den Eiterzellen vorkommenden sog. „hyalinen Substanz“ von Rovida identisch zu sein (s. S. 584).

Eiweiß der Leukocyten aus Thymus. Die Angaben über die Bestandteile und deren mengenmäßigen Anteil an den Leukocyten der Thymusdrüse, die vorwiegend untersucht wurden, weichen stark voneinander ab. Auch wird — wohl mit Recht — bezweifelt, daß Lymphknotenzellen und Thymusdrüsenzellen übereinstimmen; denn die Lymphknotenzellen enthalten 0,7%, die Thymuszellen 3,15% nucleinsaures Histon[6]. In den feuchten Thymuszellen wurden ferner gefunden 1,1% eines Nucleoproteids und 11,75% unbekannte Eiweißstoffe, von denen nur der kleinste Teil aus Albuminen und Globulinen besteht[6]. Eine unter dem Namen Nucleohiston[7], Gewebsfibrinogen[8], Cytoglobulin, Präglobulin[9] beschriebene Verbindung besitzt in der Regel keine einheitliche Zusammensetzung, sondern ist ein mehr oder weniger verwickeltes Gemenge[10]. Eine Untersuchung der Eiweißbestandteile von Blutleukocyten mit Hilfe neuerer Verfahren ist wünschenswert.

β) Rest-N und Extraktivstoffe. In einer Milliarde Leukocyten mit einem Gesamt-N von 20,38 mg wurde nach Enteiweißung mit Trichloressigsäure der Rest-N bestimmt. Er beträgt ungefähr 20% des Gesamt-N. Die Werte für Gesamt-N, Harnsäure, Kreatinin, Kreatin, Aminosäure-N sowie für Gesamtphosphor sind aus der Tabelle 185 zu ersehen[11].

Tabelle 185. Chemische Zusammensetzung der weißen Blutzellen (1 Milliarde).

	mg		mg
Gesamt-N	20,38	Aminosäure-N	1,66
Rest-N	4,06	Eiweiß-N	16,32
Harnsäure	0,60	Gesamt-P	5,71
Gesamtkreatinin	3,69	Zucker	0
Kreatinin	2,68	reduzierende Verbindungen	0
Kreatin	1,01		

Gesamt-N : Gesamt-P = 3,6

[1] Haan, J. de: B. Z. **128**, 124 (1922). — [2] Endres, G., u. L. Herget: Z. Biol. **88**, 451 (1929). — [3] Vallee, B. L., and J. G. Gibson II: J. biol. Ch. **176**, 445 (1948). — [4] Saneyoshi, S.: B. Z. **59**, 339 (1914). — [5] Kanitz, A.: Handb. Biochem. **2**, 582. — [6] Bang, I.: Hofmeisters Beitr. **4**, 354, 364 (1904). — [7] Kossel, A.: H. **7**, 7 (1882/83). — Lilienfeld, L.: H. **18**, 473 (1894). — [8] Wooldridge, L. C.: Die Gerinnung des Blutes. Leipzig 1891. — [9] Schmidt, A.: Zur Blutlehre. Leipzig 1892. — [10] Steudel, H.: H. **87**, 207 (1913); **90**, 291 1914). — [11] Larizza, P.: Z. ges. exp. Med. **101**, 615 (1937).

Bei der myeloischen Leukämie steigen der Nucleotid-[1] und Aminosäure-N[2] im Blut an. Diese Steigerung ist auf die Leukocyten zurückzuführen. Weiße Blutkörperchen enthalten 6- bis 7mal mehr Aminosäure-N als das Plasma[2]. In Eiterkörperchen wurde außerdem eine nicht näher erforschte Chondroitinschwefelsäure „Glucothionsäure“[3], in Thymusleukocyten Aminovaleriansäure und Inosit angetroffen[4]. Außerdem enthalten die weißen Blutkörperchen reichlich Nucleinsäurepurin, das aber im Rahmen der Gesamtpurine der geformten Bestandteile des Blutes nicht ins Gewicht fällt[5].

γ) Fette und Lipoide. Verhältnismäßig eingehend wurden die Gesamtfettstoffe in den weißen Blutkörperchen erforscht. Die Werte der einzelnen Anteile schwanken schon bei gesunden Menschen und Tieren in weiten Grenzen bis zu 100%. Beim Menschen[6] (Frauen im Intermenstrum) entfallen von Gesamtfettstoffen, die im Mittel 1 bis 3% der Leukocyten ausmachen, 47% auf Phosphatide, 31% auf Neutralfette und je 11% auf freies Cholesterin und Cholesterinester. Die menschlichen Leukocyten enthalten 50 bis 100% mehr Gesamtcholesterin und etwa 4mal soviel freies Cholesterin wie das Plasma. In den Leukocyten des Hundes[7] finden sich etwa doppelt soviel Phosphatide (710 mg%) wie in den Erythrocyten (372 mg%). Die Menge der Cerebroside in den Leukocyten wird mit 210 mg% angegeben[8].

Tabelle 186. Zusammensetzung der Fette und Lipoide aus Leukocyten.

	Frauen[9]	Erwachsene[10]	Kaninchen[11]
	mg/100 g feuchte Leukocyten		
Gesamtfettstoffe	1710	1447	1860
Neutralfette	536	209	552
Gesamtfettsäuren	1103	830	1161
Davon entfallen auf:			
Neutralfett	508		524
Phosphatide	534		581
Fettsäuren, an Cholesterin verestert	73		56
Gesamtcholesterin	300	320	388
frei	194	238	84
verestert	110	82	304
Phosphatide	802	869	864

Bei Krankheiten kann sich die Lipoidzusammensetzung der weißen Blutzellen ändern. So sind Phosphatide und freies Cholesterin bei der chronischen lymphatischen Leukämie[10] erniedrigt, bei der chronischen myeloischen Leukämie[10] erhöht. Entsprechend sind auch die Fettsäuren und die Gesamtlipoide bei der lymphatischen Leukämie verringert. Diese Veränderungen sind nicht darauf zurückzuführen, daß der Lipoidgehalt als solcher sich ändert, sondern sie sind in der von Haus aus unterschiedlichen Zusammensetzung der Leukocyten und Lymphocyten zu suchen. So enthalten bei Frauen[12] 100 g neutrophile Leukocyten 1500 mg% Phosphatide und 350 mg% freies Cholesterin, die Lymphocyten 600 mg% Phosphatide und 150 mg% freies Cholesterin.

---

[1] ALLEN, F. W., S. P. LUCIA and J. J. EILER: Proc. Soc. exp. Biol. Med. **34**, 609 (1936). — [2] OKADA, S., and T. HAYASHI: J. biol. Ch. **51**, 121 (1922). — [3] MANDEL, J. A., u. P. A. LEVENE: B. Z. **4**, 78 (1907). — [4] LILIENFELD, L.: H. **18**, 473 (1894). — [5] BARRENSCHEEN, H. K., u. A. PEHAM: H. **272**, 87 (1942). — [6] BOYD, E. M.: J. biol. Ch. **101**, 623 (1933). — [7] BOYD, E. M.: J. biol. Ch. **91**, 1 (1931). — [8] BRÜCKNER, J.: H. **268**, 251 (1941). — [9] s. [6]. — [10] BOYD, E. M.: Arch. Path., Chicago **21**, 739 (1936). — [11] BOYD, E. M., and J. W. STEVENSON: J. biol. Ch. **117**, 491 (1937). — [12] BOYD, E. M., and D. J. STEPHENS: Proc. Soc. exp. Biol. Med. **33**, 558 (1936).

δ) Kohlenhydrate. In den Leukocyten ist kein Zucker vorhanden, wie aus dem Fehlen eines Reduktionswertes geschlossen wird[1]. Dagegen wurde *Glykogen* sowohl in Exsudat- (1,5 bis 2,0 g in 100 cm^3 Leukocyten) als auch in Blutleukocyten (0,64 bis 1,52%) von Pferden angetroffen[2]. Eine Million normaler menschlicher weißer Blutzellen enthält 2,54 γ Glykogen[3]. Über den Glykogengehalt der gesamten Blutkörperchen s. auch Tabelle 96, S. 321. Der Glykogengehalt der Leukocyten nimmt mit zunehmendem Reifungsgrad zu[3,4]. Diese Feststellungen treffen nur für die neutrophilen Leukocyten zu. Die Lymphocyten und Monocyten enthalten, wenn überhaupt, nur geringe Mengen von Glykogen[3,4]. Bei Leukämien ist der Glykogengehalt der weißen Zellen herabgesetzt, bei Polycytämie erhöht[3]. Andere Autoren[5] schreiben aber auch den Myelocyten einen deutlichen Glykogengehalt zu. Der Glykogengehalt isolierter Leukocyten erwies sich höher als der normaler Leukocyten[6]. In ruhenden Zellen scheint es vor dem Angriff der Fermente geschützt zu sein[7]. Bei der fermentativen Glykogenolyse lieferten Pferdeleukocyten durchschnittlich 4 bis 5 g Glucose, berechnet auf 100 g trockene Leukocyten. Das Trockengewicht beträgt etwa 20% der frischen Leukocyten[8].

ε) Organische Schwefelverbindungen. Die Granula der basophilen Leukocyten von Mensch, Kaninchen und Meerschweinchen werden von Hyaluronidase aus Cl. Welchii hydrolysiert. Es ist demnach anzunehmen, daß sie aus Polyschwefelsäureestern der Hyaluronsäure nach Art einer polymeren Mucoitinschwefelsäure bestehen. Beim Kaninchen sollen die basophilen Granula auch Ribonucleinsäuren enthalten[9].

Reduziertes Glutathion wird mit 3,91 ± 0,14 mg/100 g, S—S Glutathion mit 0,13—0,28 mg/100 g angegeben[10]. Bei lymphatischer Leukämie ist es bis auf 15 mg% erhöht.

e) Fermente. Der Fermentgehalt der Leukocyten (Serum s. S. 371ff., Erythrocyten s. S. 449f.) wurde eingehend erforscht. Allerdings wurden die meisten Untersuchungen an den leichter zugänglichen Tierleukocyten vorgenommen. Ob diese Ergebnisse immer auf den Menschen übertragen werden können, ist fraglich, da z. B. nicht bei allen Tieren die gleichen Fermente angetroffen werden[11]. Es zeigen auch nicht alle Leukocytengruppen gleiche Fermenteigenschaften, was ja auch zur Unterscheidung der myeloischen von der lymphatischen Reihe dient (Oxydasereaktion, s. S. 457 sowie Bd. **1**, S. 1211). Schließlich ist es nicht gleichgültig, woher die Leukocyten stammen. Eiterleukocyten können sich anders verhalten als Blutleukocyten[12].

In der myeloischen Reihe findet man Oxydasen[13] und Peroxydasen[13,14] (s. Myeloperoxydase Bd. **1**, S. 884). Das Freiwerden der Peroxydasen scheint von einer Strukturschädigung der Leukocyten abzuhängen[15]. Aus den Leukocyten wurde außerdem ein grünes Ferment „Verdoperoxydase", das Peroxydasewirkung hat, isoliert[16]. Es scheint in den eosinophilen Granula vorzukommen, macht etwa

[1] Larizza, P.: Z. ges. exp. Med. **101**, 615 (1937). — [2] Haan, J. de: B. Z. **128**, 124 (1922). — [3] Wagner, R.: Blood **2**, 235 (1947). — Valentine, W. N.: Blood **6**, 845 (1951). — [4] Wachstein, M.: Blood **4**, 54 (1949). — Gibb, R. P., and R. E. Stowell: Blood **4**, 569 (1949). — [5] Wislocki, G. B., J. J. Rheingold and E. W. Dempsey: Blood **4**, 562 (1949). — [6] Wagner, R.: Amer. J. Dis. Children **73**, 559 (1947). — [7] Willstätter, R., u. M. Rohdewald: H. **203**, 189 (1931). — [8] s. S. 460[1]. — [9] Laves, W., u. K. Thoma: Kli. Wo. **1950**, 95. — [10] Valentine, W. N.: Blood **6**, 845 (1951). — Thoma, K.: Verh. dtsch. Ges. Path. **1950**, 129. — [11] Grassmann, W., u. F. Schneider: Ergebn. Enzymforsch. **5**, 79—116 (1936). — [12] Willstätter, R., E. Bamann u. M. Rohdewald: H. **185**, 267 (1929); **188**, 107 (1930). — Willstätter, R., u. M. Rohdewald: H. **204**, 181 (1932). — [13] Tschernoruzki, M.: H. **75**, 216 (1911). — [14] Nikolajew, K.: B. Z. **194**, 244 (1928). — [15] Betke, K.: Z. ges. exp. Med. **115**, 386 (1950). — [16] Agner, K.: Acta physiol. scand. **2**, Suppl. VIII (1941).

Tabelle 187. In den Leukocyten vorkommende Fermente.

Ferment	Tierart
Esterasen	
Lipasen	Mensch, Kaninchen[1]
Phosphatasen	Mensch, Pferd, Kaninchen, Meerschweinchen, Ratte[2]
Nucleotidasen	Hund[3, 4], Rind[4]
Carbohydrasen	
α-Glucosidase (Maltase)	Pferd[5]
Amylase (Diastase)	Mensch[6]
(Desmo- und Lyo-)[3, 5]	Pferd[5], Hund[3]
Proteasen	
Proteinasen	
Pepsin (?)	Ratten, Kaninchen[7]
Trypsin (Desmo- und Lyo-)[8, 9]	Mensch[10], Pferd[8, 11], Schwein[8], Hund[8], Kaninchen[7], Meerschweinchen[9], Ratte[7]
Kathepsin	Mensch[10], Pferd[8, 11], Schwein[8], Hund[8], Kaninchen[7], Ratte [7], Meerschweinchen[9]
Peptidasen	
Aminopolypeptidasen	Mensch[10], Pferd, Schwein, Hund[8]
Carboxypolypeptidasen	Pferd, Schwein, Hund[8]
Tripeptidasen	Mensch[12]
Dipeptidasen	Mensch[12], Pferd[8, 10, 11], Schwein, Hund, Kaninchen[13]
Kohlensäureanhydratase	Säugetiere[14]
Dehydrogenasen	Mensch, Hund[15]
Katalase	Mensch[16], Hund[3], Kaninchen[16, 17], Meerschweinchen[16], Maus[16]
Peroxydase	Mensch[3], Pferd[18], Hund[3]
Oxydase	Mensch, Hund[3]
Histaminase	Mensch[19]

[1] NEES, F.: B. Z. **124**, 156 (1921). — FLEISCHMANN, W.: B. Z. **200**, 25 (1928). — [2] ROCHE, J.: Bull. Soc. Chim. biol. **13**, 841 (1931). Biochem. J. **25**, 1724 (1931). — IWATSURU, R., u. K. NANJO: B. Z. **300**, 422, 429 (1938/39). — ROSSITER, R. J., and G. E. HALL: J. Physiol., London **108**, 14 P (1949). — ROSSITER, R. J., and E. WONG: J. biol. Ch. **180**, 933 (1949). — PLUM, C. M.: Nord. Med. **43**, 69 (1950) [Ber. Physiol. **143**, 33]. — HAIGHT, W. F., and R. J. ROSSITER: Blood **5**, 267 (1950). — [3] TSCHERNORUZKI, M.: H. **75**, 216 (1911). — [4] DEUTSCH, W., u. K. RÖSLER: H. **185**, 146 (1929). — [5] WILLSTÄTTER, R., u. M. ROHDEWALD: H. **203**, 189 (1931); **209**, 33 (1932). — [6] LOESCHKE, A.: Jb. Kinderheilkde. **146**, 133 (1936). — [7] WEISS, C., and E. J. CZARNETZKY: Proc. Soc exp. Biol. Med **32**, 684 (1935). Arch. Path. Chicago **20**, 233 (1935). — [8] WILLSTÄTTER, R., E. BAMANN u. M. ROHDEWALD: H. **185**, 267 (1929); **188**, 107 (1930). — WILLSTÄTTER, R., u. M. ROHDEWALD: H. **204**, 181 (1932). — [9] STERN, K. G.: H. **199**, 169 (1931); dort auch Schrifttum. — [10] HUSFELDT, E.: H. **194**, 137 (1931). — [11] GRASSMANN, W., u. F. SCHNEIDER: Ergebn. Enzymforsch. **5**, 79—116 (1936). — [12] MERTEN, R.: B. Z. **318**, 185 (1948). — [13] WEISS, C., A. KAPLAN and C. E. LARSON: J. biol. Ch. **125**, 247 (1938). — [14] ROUGHTON, F. J. W.: Handb. Enzymol. (NORD-WEIDENHAGEN) **2**, 1022 (1940). — [15] GAUDIO, V.: Arch. Sci. med., Torino **62**, 111 (1936). — [16] STERN, K. G.: H. **204**, 259 (1932). — [17] FUKUCHI, K.: Arb. 3. Abt. anat. Inst. Kyoto (D) **4**, 65 (1934). — [18] NIKOLAJEW, K.: B. Z. **194**, 244 (1928). — [19] MARCOU, I.: Bull. Acad. Méd. Roumanie **4**, 495 (1939).

1 bis 2% der Leukocyten aus und hat toxinentgiftende Wirkung[1]. Ferner trifft man in der myeloischen Reihe Katalasen[2, 3] an. Diese werden besonders in den Eosinophilen, aber bei Kaninchen auch in den Lymphocyten[4] gefunden. Natürlich liegt die Hauptkatalasewirkung bei den Erythrocyten, allein schon auf Grund der zahlenmäßigen Überlegenheit. Dagegen ist der Katalasewert der Polynucleären 3- bis 4mal so groß wie der der Erythrocyten[5]. Als Fermentvorstufe ist in Leukocyten und Thrombocyten ein Gesamtriboflavingehalt von 252 γ% festgestellt worden[6]. Gewaschene Leukocyten enthalten ein Ferment, das einfache Triglyceride und Methylester hydrolysiert[7], aber keine Cholinesterase[7].

Die Tabelle 187 gibt eine Übersicht über die weiteren in den Leukocyten aufgefundenen Fermente. Es wäre wünschenswert, wenn durch weitere Versuche der Fermentgehalt der menschlichen Leukocyten im allgemeinen, wie auch der der myeloischen und der lymphatischen Reihe im besonderen weiter untersucht würde. Zusammenfassung s. [8].

f) Hormone. Über den Hormongehalt der weißen Blutkörperchen ist außerordentlich wenig bekannt. Es wird ihnen die Fähigkeit der Sekretion zugeschrieben. Die Histaminbildung in den Granulocyten scheint erwiesen zu sein, 70% des Histamingehaltes des Vollblutes stammen aus den Granulocyten[9]. Eine besondere Bindung des Histamins an die Eosinophilen wird angenommen[10]. In 1 Million Leukocyten wurden 0,02 g Histamin gefunden[8, 11].

g) Vitamine. Auch über den Vitamingehalt der weißen Blutkörperchen wissen wir bisher sehr wenig. Der Gehalt an Vitamin C wird mit 27 bis 33 mg in 100 g Leukocyten angegeben[12], ist also besonders reichlich. S. a. Tabelle 178, S. 452.

γ) Entstehung und Untergang der roten und weißen Blutkörperchen[13–20].

Die Bildung der geformten Bestandteile des Blutes ist ein sehr komplexer Vorgang. Das Zusammenspiel zahlreicher Einzelfaktoren ist dazu erforderlich. Viele dieser Faktoren sind bekannt, aber wie sie zusammenarbeiten, ist noch wenig geklärt. Über die chemischen Vorgänge bei der Bildung und auch beim Untergang der roten und weißen Blutkörperchen besteht noch wenig Klarheit.

1. Ort der Blutbildung.

Während der Schwangerschaft ist die embryonale Blutbildung in zahlreichen Organen nachgewiesen worden. Mit zunehmender Ausreifung des Fötus verlagert sie sich immer mehr in die eigentlichen Organe der Blutbildung. Während sich anfangs sämtliche Blutzellen überall da entwickeln können, wo retikuloendotheliale

[1] AGNER, K.: Nature **159**, 271 (1947). — [2] TSCHERNORUZKI, M.: H. **75**, 216 (1911). — [3] STERN, K. G.: H. **204**, 259 (1932). — [4] FUKUCHI, K.: Arb. 3. Abt. anat. Inst. Kyoto (D) **4**, 65 (1934). — [5] IGLAUER, K.: Folia haematol., Leipzig **44**, 159 (1931). — [6] BURCH, H.B., O. A. BESSEY and O. H. LOWRY: J. biol. Ch. **175**, 457 (1948). — [7] ROSSITER, R. J., E. WONG and G. E. HALL: J. Physiol., London **108**, 14 P (1949). — [8] VALENTINE, W. N.: Blood **6**, 845 (1951). — [9] CODE, C. F.: J. Physiol., London **89**, 257; **90**, 349, 485 (1937). — CODE, C. F., and H. R. ING: J. Physiol., London **90**, 501 (1937). — [10] CODE, C. F., and A. D. McDONALD: Lancet **1937 II**, 730. — [11] KELEMEN, E., G. BIKICH, J. BORBOLA u. B. TANOS: Acta haematol., Basel **9**, 171 (1953). — [12] BESSEY, O. A., O. H. LOWRY and M. J. BROCK: J. biol. Ch. **168**, 197 (1947).

Zusammenfassendes über Blutbildung: 13—20. [13] NAEGELI, O.: Blutkrankheiten und Blutdiagnostik. 5. Aufl. Berlin 1931. — [14] HOFF, F.: Blut und vegetative Regulation. Ergebn. inn. Med. **33**, 195—265 (1928). — [15] HEILMEYER, L.: Erkennung und Behandlung der Anaemien. Ergebn. inn. Med. **55**, 320—437 (1938). — [16] HEILMEYER, L., u. H. BEGEMANN: Handb. inn. Med. (BERGMANN-FREY-SCHWIEGK) 4. Aufl. Bd. 2, S. 91. — [17] SCHULTZE, M. O.: Metallic elements and blood formation. Physiol. Rev. **20**, 37—67 (1940). — [18] STODTMEISTER, R., u. R. HOCK: Blutbildung und Vitamine. Ergebn. inn. Med. **62**, 239—281 (1942). — [19] WESTPHAL, U.: Wirkstoffe der Blutbildung. Ergebn. Physiol. **45**, 482—513 (1944). — [20] ROHR, K.: Das menschliche Knochenmark. 2. Aufl. Stuttgart 1949.

Zellen vorhanden sind, findet man später Blutbildungsherde in Leber, Milz, Knochenmark, Lymphknoten, Thymus, Milchdrüsen, Prostata, Fußsohle und selten in den Nebennieren[1–3]. Nach der Geburt liegt die Bildungsstätte der roten Blutkörperchen im roten Knochenmark der kurzen Knochen. Sie werden von dort aus, wahrscheinlich noch als Reticulocyten[4], an das strömende Blut abgegeben. Die weißen Blutkörperchen der myeloischen Reihe werden ebenfalls im roten Knochenmark gebildet, die der lymphatischen Reihe im lymphatischen System (Milz, Lymphknoten, Thymus, Tonsillen, Adventitia der Blutgefäße, reticuloendotheliales Zellsystem usw.)[5]. Es wurde berechnet[6], daß 5 *l* Blut 2600 g Knochenmark gegenüberstehen, davon etwa 1300 g rotes, aktives Mark und 1300 g als Reserve. Das Gewicht des normalerweise aktiven Knochenmarks entspricht also etwa dem der Leber. In 1 mm³ Knochenmark darf man etwa 200000 bis 400000 Zellen annehmen. Auf die Erythroblasten, die Vorstufen der roten Blutkörperchen, entfallen ungefähr 50000 bis 100000, auf die Granuloblasten[2], die Vorstufen der weißen myeloischen Blutkörperchen, etwa die gleiche Anzahl[7].

2. Entstehung der roten Blutkörperchen.

a) Zentralnervöse Regulation. Der Einfluß des Zentralnervensystems wurde hauptsächlich für die Bildung der weißen Blutkörperchen nachgewiesen[8, 9], dürfte aber auch für die roten Blutkörperchen zutreffen. Ein Zentrum für die Steuerung der Erythrocytenzahl scheint man in die Gegend des Tuber cinereum legen zu dürfen. Untersuchungen am vegetativen Nervensystem ergaben, daß Sympathicus und Parasympathicus eine antagonistische Wirkung auf die Blutbildung haben[10]. Dabei soll der Parasympathicus fördernd und der Sympathicus hemmend wirken. Die Reizwirkung auf das Knochenmark durch Höhenluft und Blutentziehung ist in ihren Grundlagen noch ungeklärt.

b) Hormonale Steuerung. Hormonale Einflüsse auf die Bildung der roten Blutkörperchen dürfen als gesichert angesehen werden. Für die Schilddrüse wurde dies schon recht frühzeitig festgestellt[11]. Schilddrüsenlose Tiere zeigen eine sehr viel schlechtere Blutregeneration als Normaltiere. Mangel an Keimdrüsenhormonen kann ebenfalls zur Anämie führen[12]. Der Einfluß der Hypophyse ist erwiesen[13, 14]. Die Untersuchungen mit Nebennierenhormonen hatten unterschiedliche Ergebnisse[14–16]. Auch der Milz ist ein Einfluß auf die Blutbildung zuzuschreiben[17].

c) Stoffliche Steuerung. α) Nahrungseinflüsse. Vor allem den Eiweißstoffen dürfte bei der Blutbildung Bedeutung zuzumessen sein. Durch Glyko-

---

[1] Simonetti, G. B. E.: Monit. zool. ital. **48**, Suppl. 298 (1938). — [2] Moeschlin, S.: Die Milzpunktion. Basel 1947. — [3] Plum, C. M.: Blood **4**, 142 (1949). — [4] Plum, C. M.: Acta haematol., Basel **2**, 317, 333 (1949). — [5] Bock, H.-E.: Z. ges. exp. Med. **83**, 418 (1932). — [6] Veeneklaas, G. M. H.: Maandschr. Kindergeneeskde. **11**, 141 (1942) [Ber. Physiol. **130**, 61]. — [7] Rohr, K.: Das menschliche Knochenmark. 2. Aufl. Stuttgart 1949. — [8] s. S. 464[15]. — [9] Beer, A. G.: Med. Klinik **1948**, 409. — [10] Morikawa, K.: Mitt. med. Ges. Tokyo **52**, 95 (1938). — Somogyi, J. C.: Z. Biol. **98**, 464 (1938). — [11] Mansfeld, G.: Pflügers Arch. **152**, 23 (1913). — Mansfeld, G., u. J. Sós: Kli. Wo. **1938 I**, 386; dort auch Schrifttum. — [12] Schwarzhoff, E.: Z. ges. exp. Med. **99**, 214 (1936). — Feuchtinger, O.: Wien. Arch. inn. Med. **35**, 145 (1941). Med. Klinik **1948**, 45; dort auch Literatur. — Döring, G. K.: Pflügers Arch. **252**, 292 (1949/50). — [13] Flaks, J., I. Himmel et A. Zlotnik: Presse méd. **45**, 1261 (1937). — Meyer, O. O., G. E. Stewart, E. W. Thewlis u. H. P. Rusch: Folia haematol., Leipzig **57**, 99 (1937). — [14] Dougherty, T. F., and A. White: Science, N. Y. **98**, 367 (1943). Endocrinology **35**, 1 (1944). — White, A., and T. F. Dougherty: Endocrinology **36**, 16 (1945). — [15] Murphy, J. B., and E. Sturm: Science, N. Y. **98**, 568 (1943). — [16] Leitartikel: The suprarenal cortex and the hemopoetic system. Brit. med. J. **1950 I**, 421. — [17] Iida, Y.: J. med. Coll. Keijo **7**, 432 (1937). — Lichtwitz, L.: Pathologie der Funktionen und Regulationen. Leyden 1936. — Bock, H.-E., u. B. Frenzel: Kli. Wo. **1938 II**, 1315.

koll, Glutaminsäure, Asparaginsäure, Cystin, Histidin, Phenylalanin und Prolin konnte die Hb-Bildung bei Hunden gebessert werden[1]. Auch dem Methionin wird eine Wirkung, besonders bei der perniziösen Anämie, zugeschrieben[2]. Eine ausreichende Zufuhr von Eisen und Kupfer ist unbedingt erforderlich[3]. Mit Kobalt kann eine Polycytämie erzeugt werden[4]. Cholin verhindert diese Polycytämie nicht, dagegen scheint sie durch Cystein beeinflußbar zu sein[5]. Über die Zusammenhänge zwischen Kobalt und Vitamin B_{12} s. u.

β) Hämopoietine. Reticulocyten reifen in physiologischer Kochsalzlösung langsamer als bei Zusatz von Serum oder Leberextrakt. In Serum und Leberextrakt wird daher ein besonderer Ausreifungsstoff angenommen[6]. Auch Erythrocytenhämolysat fördert die Erythropoese[7]. Befreit man menschliches Plasma von den Blutgasen, so hat es eine deutlich steigernde Wirkung auf die Blutzellenbildung im Knochenmark. In Gegenwart von Sauerstoff wird dieses Hämopoietin unwirksam. Es wird deswegen als oxydables Hämopoietin bezeichnet[8]. Außerdem soll sich im normalen Magensaft ein Reifungsfaktor befinden, der mit dem CASTLE-Ferment nicht identisch ist[9].

γ) Einfluß der Vitamine[10]. Die wichtige Rolle der Vitamine bei der Blutbildung ist erwiesen. Besonders aufschlußreich waren Untersuchungen bei der perniziösen Anämie. CASTLE[11] gelang der Nachweis, daß zur Weiterentwicklung der Reticulocyten und zur Unterdrückung der Bildung von biologisch minderwertigen Megalocyten ein besonderer *Reifungsstoff* notwendig ist (Hämamin, Anahämin, Hämon). Ohne diesen Stoff bleibt die Blutbildung auf embryonaler Stufe stehen. Der Reifungsstoff entsteht im Magen oder Duodenum aus einem mit der Nahrung zugeführtem hitze- und alkalibeständigem Stoff von Vitamincharakter, dem Hämogen (*extrinsic factor*), und einem gegen Hitze unbeständigen, ferment- oder hormon(?)artigen, von der Magenschleimhaut gebildeten Stoff, dem Hämopoietin (*intrinsic factor*, Hämogenase[12]). Diese Reaktion ist nicht an den Organismus gebunden. Das blutbildende Prinzip kann aber nur in seiner fertigen Form als Hämamin resorbiert werden; dann wird es wieder in Hämogen zurückverwandelt und in dieser Form vorwiegend in der Leber gespeichert. Bei Bedarf wird dann das Leberhämogen durch den Innenstoff der Leber, die Hämogenase, in Hämamin umgewandelt. Seine Wirksamkeit wird durch Tyrosin und Xanthopterin aktiviert[13]. Der Außenstoff Hämogen findet sich besonders in Leber, Hefe, Weizenkeimlingen, in geringen Mengen auch in der Muskulatur und im Eiereiweiß. Der antiperniziöse extrinsic factor wurde inzwischen als eine kom-

---

[1] WHIPPLE, G. H., and F. S. ROBSCHEIT-ROBBINS: Proc. Soc. exp. Biol. Med. **36**, 629 (1937). J. exp. Med. **71**, 569 (1940). — [2] GAJDOS, M. A.: Sang **18**, 114, 184 (1947). — BÉNARD, H., A. GAJDOS, M. GAJDOS-TOROK et M. POLONOVSKI: Sang **19**, 264 (1948). — BÉNARD, H., A. GAJDOS et P. RAMBERT: Presse méd. **1949**, 885. — [3] SCHULTZE, M. O.: Physiol. Rev. **20**, 37—67 (1940). — LANG, K.: Dtsch. med. Rdsch. **1949**, 854, 877. — [4] WEISSBECKER, L.: Kobalt als Spurenelement und Pharmakon. (Beih. Med. Mschr. Nr. 9) Stuttgart 1950. — [5] BUCCIERO, M. C., and J. M. ORTEN: Amer. J. Physiol. **154**, 513 (1948). Blood **4**, 395 (1949). — ORTEN, J. M., and M. C. BUCCIERO: J. biol. Ch. **176**, 961 (1948). — [6] PLUM, R.: Sang **19**, 540 (1948). Schweiz. med. Wschr. **78**, 990 (1948). — [7] PLUM, C. M.: Acta physiol. scand. **14**, 383 (1947). — [8] DÖRING, G. K., u. H. H. LOESCHCKE: Pflügers Arch. **251**, 220 (1949). — KLINGELHÖFFER, K.-O.: Pflügers Arch. **252**, 278 (1949/50). — [9] BARTA, I.: Wien. Z. inn. Med. **31**, 121 (1950). — [10] STODTMEISTER, R., u. R. HOCK: Ergebn. inn. Med. **62**, 239—281 (1942). — [11] ARON, H., u. K. KLINKE: Handb. Biochem. Erg.-W. **3**, 307 (1936). — DUESBERG, R.: M. m. W. **1938 II**, 1435; dort auch Schrifttum. — Stepp-Kühnau-Schroeder, Vitamine 6. Aufl. S 252. — CASTLE, W. B.: Science, N. Y. **82**, 159 (1936). — CASTLE, W. B., and F. H. L. TAYLOR: J. amer. med. Ass. **96**, 1198 (1931). — STRAUSS, M. B., and W. B. CASTLE: J. amer. med. Ass. **98**, 1620 (1932). — CASTLE, W. B., and M. A. BOWIE: J. amer. med. Ass. **92**, 1830 (1929). — [12] REIMANN, F., F. HEMMRICH u. H. STEINER: Z. klin. Med. **129**, 659 (1936). — [13] TSCHESCHE, R.: Angew. Chem. **51**, 349 (1938).

plexe Kobaltverbindung erkannt und aus roher Leber isoliert[1]. Auch in Rinderkot konnte er gefunden werden[2]. Die Kobaltverbindung wurde als *Vitamin* B_{12} bezeichnet. Das Vitamin soll auch für das Kükenwachstum notwendig sein[3]. Die normale Erythropoese ist von der Anwesenheit von Thymonucleinsäure abhängig[4]. Die Synthese dieser Nucleinsäure wird anscheinend durch Vitamin B_{12} ermöglicht[5]. Als *intrinsic factor* wird ein aus Magensaft isolierter, hitzelabiler, nicht dialysierbarer Stoff *Apoerythein* angenommen[6]. Apoerythein kann mit Vitamin B_{12} eine Verbindung eingehen und es damit für das Wachstum verschiedener Bakterien unwirksam machen. Schon früher war festgestellt worden,[7] daß die perniziöse Anämie erfolgreich mit Folinsäure behandelt werden kann. Die Wirkung der Folinsäure ist noch nicht geklärt, doch ist der Mechanismus ein anderer als beim Vitamin B_{12}. So konnte ein Eingreifen der Folinsäure in den Tyrosin-[8] und Porphyrinstoffwechsel[9] festgestellt werden. Eine Reihe von Flavinfermenten wird durch Folinsäure gehemmt[10]. Neuerdings wird angenommen, daß die Folinsäure über den Porphyrinstoffwechsel auf die Hämoglobinbildung wirkt[11]. Bei normalen Ratten konnte kein Einfluß auf die Erythropoese festgestellt werden[12]. Neben Folinsäure wirkten auch eine Reihe synthetischer Pterine (Xanthopterin) und Pyrimidine (Thymin) günstig auf die Blutbildung bei Perniciosa[13]. Über die Behandlung der Perniciosa mit Thymin und Folinsäure[14]. Der Gehalt an freier Folinsäure betrug im Gesamtblut vom Mensch 0,85, vom Hühnchen 8,7, vom Truthahn 16,8, vom Pferd 3,3, vom Schwein 6,6 und vom Schlachtvieh 1,9 γ pro Liter[15]. Nach Enzymverdauung von Gesamtblut oder Plasma stiegen die Werte an. *Fluorometrische* ***Bestimmung***[16].

3. Untergang der roten Blutkörperchen.

Die roten Blutkörperchen gehen im reticuloendothelialen System, hauptsächlich in Milz und Leber (KUPFFERsche Sternzellen) und bei Bedarf auch im Knochenmark und den Blutlymphknoten zugrunde. Der erste Schritt beim Abbau ist eine Zerstörung des Stromas durch Hämolyse. Die bei der Blutkörperchenauflösung frei werdenden Gerüsteiweißstoffe werden im Körper offenbar wieder verwertet, während der Farbstoffanteil, das Häm, weiter abgebaut wird (s. Abbau des Hämoglobins, Bd. **1**, S. 942). Über die Lebensdauer[17] der roten Blutkörperchen war die Meinung früher recht unterschiedlich. Im allgemeinen wird heute diese Zeit mit 100 bis 120 Tagen angegeben[18]. SHEMIN u. RITTENBERG haben aus Versuchen mit ^{15}N-Glykokoll die mittlere Lebensdauer des Erythrocyten

---

[1] RICKES, E. L., N. J. BRINK, F. R. KONIUSZY, T. R. WOOD and K. FOLKERS: Science, N. Y. **107**, 396 (1948). — [2] LILLIE, R. J., C. A. DENTON and H. R. BIRD: J. biol. Ch. **176**, 1477 (1948). — [3] OTT, W. H., E. L. RICKES and T. R. WOOD: J. biol. Ch. **174**, 1047 (1948). — [4] THORELL, B.: Acta med. scand. **129**, Suppl. **200** (1947). — [5] WOLFF, H.: Kli. Wo. **1950**, 279. — [6] TERNBERG, J. L., and R. E. EAKIN: Am. Soc. **71**, 3858 (1949). — HALL, B. E.: Brit. med. J. **1950 II**, 585. — [7] SPIES, T. D.: Lancet **1946 I**, 225. — BERRY, L. J., and T. D. SPIES: Blood **1**, 271 (1946). — [8] WOODRUFF, C. W., M. E. CHERRINGTON, A. K. STOCKELL and W. J. DARBY: J. biol. Ch. **178**, 861 (1949). — RODNEY, G., M. E. SWENDSEID and A. L. SWANSON: J. biol. Ch. **179**, 19 (1949). — [9] TOTTER, J. R., E. S. AMOS and C. K. KEITH: J. biol. Ch. **178**, 847 (1949). — [10] WILLIAMS, J. N. jr., C. A. NICHOL and C. A. ELVEHJEM: J. biol. Ch. **180**, 689 (1949). — [11] KIMBEL, K.-H.: D. m. W. **1950**, 837. — [12] DÖRING, G. K., u. H. H. LOESCHCKE: Pflügers Arch. **252**, 231 (1949/50). — [13] NORRIS, E. R., and J. J. MAJNARICH: Amer. J. Physiol. **152**, 652 (1948). — DANIEL, L. J., M. L. SCOTT, L. C. NORRIS and G. F. HEUSER: J. biol. Ch. **173**, 123 (1948). — [14] PETRIDES, P.: Dtsch. Arch. klin. Med. **194**, 661 (1949); dort auch Schrifttum. — [15] SCHWEIGERT, B. S., and P. B. PEARSON: Amer. J. Physiol. **148**, 319 (1947). — [16] ALLFREY, V., L. J. TEPLY, C. GEFFEN and C. G. KING: J. biol. Ch. **178**, 465 (1949). — [17] ASHBY, W.: Blood **3**, 486 (1948) (Zusammenfassung). — [18] HEILMEYER, L., u. H. BEGEMANN: Handb. inn. Med. (BERGMANN-FREY-SCHWIEGK) 4. Aufl. Bd. 2, S. 151. — ROHR, K.: Das menschliche Knochenmark. 2. Aufl. Stuttgart 1949. — OSBORNE, D. E., and O. F. DENSTEDT: J. clin. Invest. **26**, 655 (1947). — SINGER, K., S. ROBIN, J. C. KING and R. N. JEFFERSON: J. Lab. clin. Med. **33**, 975 (1948).

zu 127 Tagen berechnet[1]. (s. a. Bd. 1, S. 946). Dabei soll ein „innerer“ Faktor das Alter der Zellen begrenzen, und ein „äußerer“ Faktor die Zellen vor Erreichung der Altersgrenze untergehen lassen[2]. Bei Erkrankungen der roten Blutkörperchen ist die Lebensdauer verkürzt, bei unbehandelter perniziöser Anämie soll sie 23 bis 28 Tage betragen[3]. Bei Sichelzellenanämie beträgt die Lebensdauer der Erythrocyten etwa 30 Tage[4].

Zur *Bestimmung der Lebensdauer von Erythrocyten* können verschiedene Verfahren herangezogen werden:

1. Man bestimmt die Zeit, nach der die künstlich vermehrte Zahl der Erythrocyten (Höhenklima, Unterdruckkammer, Transfusion) wieder den Ausgangswert erreicht hat.

2. Es wird bestimmt, wann die nach Aderlaß verminderte Blutkörperchenzahl wieder den ursprünglichen Wert erreicht hat.

3. Durch Agglutination wird bestimmt, wann fremde Spendererythrocyten (unterschiedliche M- und N-Faktoren der roten Blutkörperchen) mit serologischen oder mikroskopischen Verfahren nicht mehr nachweisbar sind.

4. Man berechnet durch Bestimmung von Abbaustufen des Hämoglobins (Bilirubin bei Gallenfisteln, Stercobilin im Stuhl und Harn) den Hämoglobinumsatz und schließt daraus auf die Lebensdauer.

5. Man benützt den Reticulocytenanstieg nach Blutentzug als Maßstab für die Wiederherstellung des Blutbildes.

6. In neuerer Zeit werden auch Isotopen (Fe, P, N) zur Bestimmung der Lebensdauer angewandt.[5]

4. Blutkonservierung[6–9].

Die Blutkonserve spielte besonders in Kriegszeiten eine große Rolle und wird auch jetzt hauptsächlich in Rußland und Amerika in der Friedenschirurgie benutzt. Es kommt vor allem darauf an, die Blutkörperchen möglichst lange lebend zu erhalten. Hierzu werden sog. Stabilisatoren verwandt. Am besten hat sich eine Citrat-Glucosemischung bewährt. Die Glucose ersetzt hierbei laufend die im Stoffwechsel der Erythrocyten verbrauchten Kohlenhydratmengen. Außerdem muß die Konserve bei einer Temperatur von 4 bis 5° C aufbewahrt werden. Die Verwertbarkeit einer derartigen Konserve wird unterschiedlich angegeben; so soll die Lebensdauer der Erythrocyten zwischen 1 und 13 Wochen betragen[10–12]. Im allgemeinen wird man aber kein über 3 Wochen altes Blut transfundieren[13]. Als Maß für die Brauchbarkeit einer Blutkonserve werden der Eintritt der Hämolyse, der durch Glucose verzögert werden kann, und der Austritt von Kalium aus den Erythrocyten angesehen[14]. Es scheint wichtig zu sein, daß Adenosin-

---

[1] Shemin, D., and D. Rittenberg: J. biol. Ch. **166**, 627 (1946). — [2] Callender, S. T., E. O. Powell and L. J. Witts: J. Path. Bacteriology **59**, 519 (1947). — [3] Singer, K., J. C. King and S. Robin: J. Lab. clin. Med. **33**, 1068 (1948). — [4] Singer, K., S. Robin, J. C. King and R. N. Jefferson: J. Lab. clin. Med. **33**, 975 (1948). — [5] Heilmeyer, L., u. H. Begemann: Handb. inn. Med. (Bergmann-Frey-Schwiegk) 4. Aufl. Bd. 2, S. 152. — Lang, Stoffwechsel S. 330. — Lang, K.: In: Künstliche radioaktive Isotope in Physiologie, Diagnostik und Therapie. S. 264. Berlin 1953.

Zusammenfassendes über Blutkonservierung: 6—9. [6] Kubányi, E.: Die Bluttransfusion. S. 51—57. Berlin, Wien 1928. — [7] Schilling, V.: Direkte, indirekte und Konserven-Bluttransfusion. Ergebn. inn. Med. **59**, 284—338 (1940); dort auch Schrifttum. — [8] Schürch, O., H. Willenegger u. H. Knoll: Blutkonservierung und Transfusion von konserviertem Blut. Wien 1942. — [9] Maurer, G.: Med. Klinik **1950**, 1. —

[10] Drew, C. R., and J. Scudder: J. Lab. clin. Med. **26**, 1473 (1941). — Belk, W. P., and B. C. Barnes: Amer. J. med. Sci. **201**, 838 (1941). — Parpart, A. K., J. R. Gregg, P. B. Lorenz, E. R. Parpart and A. M. Chase: J. clin. Invest. **26**, 641 (1947). — Rapoport, S.: J. clin. Invest. **26**, 616, 622 (1947). — Strumia, M. M., A. D. Blake jr. and W. A. Wicks: J. clin. Invest. **26**, 667, 672 (1947). — [11] Gnoinski, H.: Sang **12**, 820 (1939). — [12] Fischer, R.: Schweiz. med. Wschr. **72**, 291 (1942). — [13] Schürch, O.: Acta Soc. Med. fenn. Duodecim (B) **31**, 58 (1941) [Kongr.-Zbl. inn. Med. **110**, 582]. — [14] Fischer, H.: Schweiz. med. Wschr. **71**, 173 (1941).

triphosphorsäure möglichst lange in den Zellen erhalten bleibt[1]. Diese Zellen überlebten im Plasma des Empfängers 15 bis 70 Tage[2]. In der Konserve kommt es während der Aufbewahrungszeit zu Formveränderungen der Erythrocyten, wie Entrundung, Schrumpfung und Stechapfelform. Die Thrombocyten verschwinden rasch, die polymorphkernigen Leukocyten nach einer Woche. Monocyten und Lymphocyten sind widerstandsfähiger. Die Funktion des Hämoglobins in den Erythrocyten soll 6 bis 8 Wochen erhalten bleiben[3]. Im Plasma findet sich eine Zunahme von Kalium, eine Abnahme von Natrium und Magnesium, während Calcium unverändert bleibt. Der Rest-N steigt nicht nennenswert an[4]. In der bei 4 bis 5° C aufbewahrten Blutkonserve sterben Luesspirochäten innerhalb von 3 bis 4 Tagen ab, so daß eine Infektion nicht möglich ist. Bei Malaria und Hepatitis epidemica sind die Möglichkeiten einer Infektion durch Konservenblutinfusion noch nicht geklärt.

5. Entstehung der weißen Blutkörperchen.

a) Zentralnervöse Regulation. In zahlreichen Arbeiten wurde der Einfluß des Zentralnervensystems auf die Bildung der Leukocyten untersucht. Man darf heute ein Zentrum für die Steuerung der Leukocytenzahl im Tuber cinereum annehmen. Von ihm gehen Nervenfasern durch das Rückenmark und von diesem über das Ganglion coeliacum zur Leber. In der Magen- und Dünndarmschleimhaut sollen die Stoffe erzeugt werden, die zur Steigerung der Leukocytenzahl führen. Diese Stoffe sollen auf dem Blutweg über die Leber zum Knochenmark gebracht werden. Die Leber ist hierbei als Speicher für den leukocytensteigernden Wirkstoff zu betrachten. Die Abgabe dieses Wirkstoffes von der Leber an das Knochenmark untersteht dem zentralnervösen Einfluß des blutregulierenden Zentrums in der Gegend des Tuber cinereum. Grundlegende Untersuchungen auf diesem Gebiet stammen von Hoff[5] und Beer[6]. Die Funktion des Knochenmarks soll durch den Sympathicus herabgesetzt, durch den Parasympathicus gefördert werden.

b) Hormonale Steuerung. Eng verbunden mit der zentralnervösen Regulation ist die hormonale Steuerung der Bildung der weißen Blutkörperchen. Vor allem dürfte hier der Nebenniere eine besondere Funktion zuzuschreiben sein. So führt Adrenalektomie bei Ratten und Mäusen zur Lymphocytose[7, 8], während die Injektion von Nebennierenrindenhormon eine Lymphopenie ergibt[7, 9]. Es werden auch Beziehungen zwischen Lymphocyten und Blutzucker angenommen, die durch die Nebenniere geregelt werden sollen[10]. Auch durch das adrenocorticotrope Hormon der Hypophyse konnte die Leukocytenzahl beeinflußt werden[7, 8, 11]. Über die Wirkung von Sexualhormonen berichtet Feuchtinger[12]. An einem Einfluß der Milz auf die Bildung der weißen Blutkörperchen kann nicht gezweifelt werden[13].

c) Stoffliche Steuerung. Zerfallsprodukte der Leukocyten scheinen einen Anreiz zur Leukocytenbildung zu geben[14]. Besonders Nucleotide und Nuclein-

[1] Rapoport, S.: J. clin. Invest. **26**, 591 (1947). — [2] Gibson, J. G., R. D. Evans, J. C. Aub, T. Sack and W. C. Peacock: J. clin. Invest. **26**, 715 (1947). — [3] Fischer, H., u. O. Schürch: Schweiz. med. Wschr. **71**, 169 (1941). — [4] Wolff, J.: Mschr. Kinderheilkde. **91**, 80 (1942). — [5] Hoff, F.: Blut und vegetative Regulationen. Ergebn. inn. Med. **33**, 195—265 (1928); **46**, 1—93 (1934). — [6] Beer, A. G.: Med. Klinik **1948**, 409; dort auch Schrifttum. — [7] Verzár, F.: Schweiz. med. Wschr. **80**, 468 (1950). — [8] White, A., and T. F. Dougherty: Endocrinology **36**, 16 (1945). — [9] Langendorff, H., u. E. Tonutti: Ärztl. Forsch. **1950**, 197. — [10] Elmadjiam, F., H. Freeman and G. Pincus: Endocrinology **39**, 293 (1946). — [11] Herbert, P. H., and J. A. de Vries: Endocrinology **44**, 259 (1949). — [12] Feuchtinger, O.: Med. Klinik **1948**, 45. — [13] Rohr, K.: Das menschliche Knochenmark. 2. Aufl. Stuttgart 1949. — [14] Nettleship, A.: Amer. J. clin. Path. **10**, 265 (1940).

säuren sollen hieran beteiligt sein. Über den Einfluß der Vitamine liegen keine ganz einheitlichen Mitteilungen vor[1]. Bei Ratten sind Methylgruppen und Vitamin B_{12} für die Leukocytenproduktion erforderlich[2].

6. Untergang der weißen Blutkörperchen.

Als Untergangsort der Leukocyten werden Milz, Lymphknoten, Knochenmark und Leber angesehen[3]. Die Leukocyten zerfallen nicht in der Blutbahn. Sie werden von den Phagocyten besonders in den blutbildenden Organen (Milz, Knochenmark) aufgenommen. Ein Teil wird mit Sekreten und Exkreten aus dem Körper entfernt. Die Lebensdauer der weißen Blutkörperchen wurde früher mit 2 bis 3 Tagen veranschlagt[4]. Neuere Untersuchungen mit radioaktivem Phosphor ergaben eine Lebensdauer von durchschnittlich 12,8 Tagen. Dabei erfolgt die Ausschwemmung der Zellen aus dem Knochenmark nach 4 Tagen, die Lebensdauer im strömenden Blut beträgt 8,8 Tage[5]. Unter zentralnervösen Reizen kommen leukocytäre Abbauformen im strömenden Blut vor[6].

δ) Die Blutplättchen[7–13].

1. Allgemeines.

a) Größe und Zahl. Die Blutplättchen, Thrombocyten oder Hämatoblasten sind blasse, farblose, klebrige, rundliche bis längliche Plättchen von 1,5 bis 3,7 μ Durchmesser[14]. Die Angaben über die Zahl der Thrombocyten in 1 mm^3 gehen weit auseinander, da jahreszeitliche und Tagesschwankungen vorliegen und Unterschiede zwischen arteriellem, venösem und capillarem Blut bestehen[15]. Im allgemeinen wird ihre Zahl mit 200000 bis 300000/mm^3 angegeben[7, 12]. Nach neueren Untersuchungen werden 400000 Thrombocyten pro mm^3 angenommen[16]. Die niedrigsten Werte werden gleich nach der Geburt[17] gefunden. Bei Hunger, perniziöser Anämie und einigen anderen Blutkrankheiten, die sich durch mangelhafte Gerinnungsfähigkeit des Blutes auszeichnen, ist die Zahl der Plättchen vermindert (Thrombocytopenie). In der Schwangerschaft, im Höhenklima, bei künstlicher Erwärmung, Quarzlicht- und Röntgenbestrahlung sowie bei Chlorose und sekundären Anämien sind sie häufig vermehrt (Thrombocytose). Heparininjektion führt beim Hund zu tiefem Abfall der Thrombocytenzahl[18], bei Männern und Kaninchen konnte ein derartiger Effekt nicht nachgewiesen werden[19].

Bei Angabe der Thrombocytenzahl sollte immer das Verfahren, nach dem die Zählung durchgeführt wurde, mitgeteilt werden.

---

[1] Stodtmeister, R., u. R. Hock: Ergebn. inn. Med. **62**, 239—281 (1942). — [2] Dinning, J. S., L. D. Payne and P. L. Day: Arch. Biochem. **27**, 467 (1950). — [3] Seyderhelm, R., u. C. Oestreich: Z. ges. exp. Med. **56**, 503 (1927). — [4] Osgood, E.: J. amer. med. Ass. **109**, 933 (1937). — [5] Kline, D. L., and E. E. Cliffton: Science, N. Y. **115**, 9 (1952). — [6] Lübbers, P.: D. m. W. **1947**, 518. —

Zusammenfassendes über Blutplättchen: 7—13. [7] Bürker, K.: Handb. Physiol. **6**/1, 67 (1928). — [8] Kanitz, A.: Handb. Biochem. **2**, 585 (1925). — [9] Edlbacher, S.: Handb. Biochem. Erg.-W. **1**/B 782 (1933). — [10] Bizzozero, J.: Virchows Arch. **90**, 261 (1882). — [11] Fonio, A., u. J. Schwendener: Die Thrombocyten des menschlichen Blutes und ihre Beziehung zum Gerinnungs- und Thrombosevorgang. Bern 1942. — [12] Heilmeyer, L., u. H. Begemann: Handb. inn. Med. (Bergmann-Frey-Schwiegk) 4. Aufl. Bd. 2, S. 772 — [13] Braunsteiner, H.: Kli. Wo. **1951**, 335.

[14] Annoni, G.: Haematol., Napoli **18**, 465 (1937). — Degkwitz, R.: Folia haematol., Leipzig **25**, 153 (1920). — [15] Tocantins, L. M.: Amer. J. Physiol. **119**, 439 (1937). — Goldeck, H., G. Herrnring u. U. Richter: D. m. W. **1950**, 702. — [16] Aggeler, P. M., J. Howard and S. P. Lucia: Blood **1**, 472 (1946). — [17] Arneth, J.: Mschr. Kinderheilkde. **73**, 34 (1938). — [18] Fidlar, E., and L. B. Jacques: J. Lab. clin. Med. **33**, 1410 (1948). — [19] Quick, A. J., J. N. Shanberge and M. Stefanini: J. Lab. clin. Med. **33**, 1424 (1948).

Plättchenzählung[1]. Um die Blutplättchen für die Zählung sichtbar zu machen, muß man die Gerinnung des Blutes verhindern, da sonst alle Thrombocyten in das Fibrinnetz mit einbezogen werden. In defibriniertem Blut sind daher keine Thrombocyten mehr enthalten. Auf die mit Äther gut gereinigte Fingerkuppe bringt man einen Tropfen 14% ige $MgSO_4$-Lösung (zur Verhinderung einer Zusammenballung der Plättchen) und sticht durch diesen ein, so daß eine kleine Blutmenge in die $MgSO_4$-Lösung hineinfließt. Von diesem Gemisch wird ein Tropfen abgenommen, auf ein Objektglas gebracht, getrocknet, gefärbt und in einem Ausschnitt des Präparates das Verhältnis von Erythrocyten zu Blutplättchen bestimmt. An Stelle von $MgSO_4$ wurde auch empfohlen: 1 Teil 2% ige Natriumcitratlösung + 10 Teile Blut oder 0,015 Teile Hirudin (0,01 g Hirudin in 1 cm^3 0,9% iger NaCl) auf 10 Teile Blut. Eine Beurteilung der verschiedenen Verfahren s. bei RASI u. BOLLETTI[2].

b) Gewinnung. Zur Gewinnung der Blutplättchen wird ihre Eigenschaft benutzt, von allen Formbestandteilen des Blutes die spezifisch leichtesten zu sein[3–5]. Pferde-[3] und Eselsblut eignen sich besonders gut[6]. Aus 2 *l* Rinderblut wurden 0,5 bis 1 g reine, noch feuchte Plättchen erhalten[7].

c) Eigenschaften. Blutplättchen sind sehr empfindlich. Bei einem p_H von 9 bzw. 4 zerfallen sie. Sie verändern leicht ihre Form, haften an Fremdkörpern und ballen sich zusammen. Dies geschieht beim Austritt aus den Blutgefäßen, wobei es dann meist zur Blutstillung kommt. Die Bedeutung der Thrombocyten bei der Blutgerinnung s. S. 473. Bei einer Schädigung der Innenwand eines Blutgefäßes bleiben die Plättchen dort haften und ballen sich zusammen. Sie verursachen dadurch eine lokale Blutgerinnung, so daß es zur Thrombenbildung (*Thrombosen*) kommt. Erzeugt man bei Hunden eine Purpura, so zeigt sich eine kleine Verringerung der Blutviscosität im Zusammenhang mit der Abnahme der Blutplättchen[8].

d) Entstehung, Untergang und Morphologie. Es darf heute als gesichert angesehen werden, daß die Thrombocyten im Knochenmark aus den Knochenmarksriesenzellen (*Megakaryocyten*) entstehen[9]. Sie enthalten einen Kern und Protoplasmabestandteile. Der Protoplasmaanteil wird auch als *Hyalomer*, der zentrale feinkörnige Anteil als *Granulomer* bezeichnet. Elektronenmikroskopisch konnten diese beiden verschiedenen Zonen ebenfalls festgestellt werden[10]. Die Kernbestandteile ließen sich färberisch und chemisch nachweisen[11, 12]. Auch das Lungengewebe soll in der Lage sein, Thrombocyten zu bilden[13]. Wie bei den Blutkörperchen darf man auch bei der Entstehung der Blutplättchen eine nervöse und eine hormonale Regelung (Milz, Nebenniere, Ovar) annehmen. Die Milz hat eine hemmende Wirkung auf die Thrombocytenbildung, nach Herausnahme dieses Organs kommt es zu einer erheblichen Thrombocytenvermehrung. Der Untergang der Thrombocyten dürfte im Blute selbst, in der Milz und im reticuloendothelialen System besonders in den KUPFFERschen Sternzellen stattfinden. Die Lebensdauer der Blutplättchen von Katzen betrug 3 bis 4 Tage, der durchschnittliche Plättchenverbrauch 2542/mm^3/Std[14].

---

[1] HEILMEYER, L., u. H. BEGEMANN: Handb. inn. Med. (BERGMANN-FREY-SCHWIEGK) 4. Aufl. Bd. 2, S. 791. — [2] RASI, F., e M. BOLLETTI: Riv. Clin. pediatr. **36**, 430 (1938). — [3] HAUROWITZ, F., u. J. SLÁDEK: H. **173**, 233 (1928). — [4] ERICKSON, B. N., P. LEE and H. H. WILLIAMS: J. biol. Ch. **123**, XXXIV (1938). — [5] MORAWITZ, P.: Dtsch. Arch. klin. Med. **79**, 224 (1904). — [6] HIKMET, P.: Arch. Tierheilkde. **55**, 222 (1926). — [7] KOLLER, F.: H. **244**, 25 (1936). — [8] TOCANTINS, L. M.: Proc. Soc. exp. Biol. Med. **36**, 402 (1937). — [9] ROHR, K.: Das menschliche Knochenmark. 2. Aufl. Stuttgart 1949. — SCHWARZ, E.: Arch. Path., Chicago **45**, 333 (1948). — QUATTRIN, N.: Acta med. scand. **134**, 48 (1949). — [10] WOLPERS, C., u. H. RUSKA: Kli. Wo. **1939 II**, 1077, 1111. — BRAUNSTEINER, H.: Wien. Z. inn. Med. **30**, 448 (1949). — [11] KOLLER, F.: H. **244**, 25 (1936). — [12] VOIT, K., u. H. KEMPA: Z. Biol. **95**, 653 (1934). — [13] HOWELL, W. H., and D. D. DONAHUE: J. exp. Med. **65**, 177 (1937). — [14] LAWRENCE, J. S., and W. N. VALENTINE: Blood **2**, 40 (1947).

2. Chemische Zusammensetzung der Blutplättchen.

Die chemischen Untersuchungen der Blutplättchen sind noch spärlich, da sie schwer zugänglich sind.

Tabelle 188. Zusammensetzung der Thrombocyten und Leukocyten. 100 g getrocknete Blutplättchen und Leukocyten enthielten (in g).

	Thrombocyten		Leukocyten
	Mensch[1]	Pferd[2]	Pferd[2]
Eiweiß	64,0	71,0	69,0
Gesamtfettstoffe	15,4	12,0	22,0
Phosphatide	11,4		
Freies Cholesterin	2,5	1,7	7,4
Cholesterinester	0,9		
Neutralfett	0,6		
Asche		5,5	1,84
Calcium		0,074	0,04

Über die sonstige Zusammensetzung der Blutplättchen liegen nur wenige Angaben vor. 68% der Phosphatide in den menschlichen Thrombocyten bestehen aus Kephalin[3], 2% des Gesamt-N (2,5 mg% des Frischgewichtes) aus Purin-N. Diese Tatsache wird als Beweis für die Anwesenheit von Kernbestandteilen in den Thrombocyten angesehen, da kernlose Rindererythrocyten nur 0,15 bis 0,3% des Gesamt-N an Purin-N enthalten[4]. Über den Glutathiongehalt der Pferdethrombocyten s. Tabelle 176, S. 448. Die Megakaryocyten enthalten Glykogen[5, 6]. Der Glykogengehalt der Thrombocyten ist dagegen noch umstritten[6, 7]. Bei Kaninchen wurde das Histamin des Blutes in den Thrombocyten festgestellt[8].

Der Gehalt der Thrombocyten vom Pferd an Natrium, Kalium, Calcium, Chlor und anorganischem Phosphor ist aus der Tabelle 158, S. 430, zu ersehen.

An Fermenten wurde in den Blutplättchen eine Dipeptidase nachgewiesen[9]. Die fermentative Wirkung bei der Gerinnung s. S. 483. An Vitaminen konnten bei Untersuchung der Plättchen zusammen mit Leukocyten Ascorbinsäure[10] und Riboflavin[11] nachgewiesen werden. In Thrombocyten vom Pferd wurden 22,7 mg% reduziertes und 34,7 mg% Gesamt-Vitamin C gefunden[12].

ε) Reticulumzellen, Plasmazellen[13].

Ab und zu findet man im strömenden Blut auch als Reticulumzellen bezeichnete kernhaltige Zellen. Diese stammen aus dem Knochenmark und aus dem reticuloendothelialen System. Da sie im Blut nur vereinzelt und selten vorkommen, ist über ihre Zusammensetzung nichts bekannt. Sie dürften aber den weißen Blutkörperchen sehr nahe stehen.

---

[1] Erickson, B. N., P. Lee and H. H. Williams: J. biol. Ch. **123**, XXXIV (1938). — [2] Haurowitz, F., u. J. Sládek: H. **173**, 233 (1928). — [3] Erickson, B. N., H. H. Williams, I. Avrin and P. Lee: J. clin. Invest. **18**, 81 (1939). — [4] Koller, F.: H. **244**, 25 (1936). — Rohr, K., u. F. Koller: Kli. Wo. **1936 II**, 1549. — [5] Wachstein, M.: Blood **4**, 54 (1949). — [6] Wislocki, G. B., J. J. Rheingold and E. W. Dempsey: Blood **4**, 562 (1949). — [7] Wagner, R.: Blood **2**, 235 (1947). — Gibb, R. P., and R. E. Stowell: Blood **4**, 569 (1949). — [8] Zon, L., E. T. Ceder and C. W. Crigler: Publ. Hlth. Rep. **1939**, 1978 [Ber. Physiol. **121**, 68]. — [9] Abderhalden, E., u. H. Deetjen: H. **53**, 280 (1907). — [10] Bessey, O. A., O. H. Lowry and M. J. Brock: J. biol. Ch. **168**, 197 (1947). — [11] Burch, H. B., O. A. Bessey and O. H. Lowry: J. biol. Ch. **175**, 457 (1948). — [12] Numata, I.: B. Z. **304**, 404 (1940). — [13] Franke, H., u. E. Heinicke: Fol. haematol., Leipzig **70**, 243 (1951).

ζ) Blutstäubchen oder Hämokonien[1].

Die Blutstäubchen (Chylomikronen)[2] spielen nur eine untergeordnete Rolle. Sie sind keine eigentlichen Formbestandteile des Blutes. Sie werden als feinste Tröpfchen von Fetten und Lipoiden angesehen. Früher wurde angenommen, daß sie während der Fettverdauung oder von der Leber aus in das Blut gelangen. So sollte z. B. bei Diabetes mellitus ihre Menge stark erhöht sein und dem Serum ein milchiges Aussehen verleihen (Lipämie). Diese Ansicht dürfte aber heute als irrig anzusehen sein. Die Blutstäubchen werden jetzt als Abströmungen der Erythrocyten bezeichnet[3]. Sie sind außerordentlich vielformig und können nur entstehen, wenn die Erythrocytenmembran noch lipoidhaltig ist. Es wird sogar angenommen, daß die Blutstäubchen Hb-haltig sind[4]. Mikroskopisch kann man sie bei Dunkelfeldbeleuchtung gut sehen[5, 6].

d) Die Blutgerinnung.

Von E. Jorpes.

Inhaltsverzeichnis.

Seite

α) Allgemeines[7–29].

Die auffallendste Eigenschaft des Blutes ist wohl seine Fähigkeit, kurz nach der Entleerung aus dem Gefäßsystem zu einem festen Kuchen zu erstarren. Diese Erscheinung, die schon in den Wunden auftritt und einen Schutzmechanis-

---

[1] Müller, H. F.: Zbl. Path. 7, 529 (1896). — Weltmann, O.: B. Z. 65, 440 (1914). — [2] Fourman, L. P. R.: Trans. R. Soc. trop. Med. Hyg. 41, 537 (1948). — [3] Schümmelfeder, N., u. W. Schümmelfeder: Kli. Wo. 1948, 303. — [4] Jung, F.: Kli. Wo. 1949, 232. — [5] Cunningham, R. N., and B. A. Peters: Biochem. J. 32, 1482 (1938). — [6] Elkes, J. J., A. C. Frazer and H. C. Stewart: J. Physiol., London 95, 68 (1939). —

Zusammenfassende Darstellungen über Blutgerinnung: 7—29. [7] Apitz, K.: Die intravitale Blutgerinnung. I. Teil. Physiologische Grundlagen und Besonderheiten der intravitalen Gerinnung. Ergebn. inn. Med. 61, 54—131 (1942). II. Teil. Die natürliche Blutstillung. Ergebn. inn. Med. 62, 617—663 (1942). III. Teil. Dysthrombotische Blutungsübel. Ergebn. inn. Med. 63, 1—152 (1943). — [8] Chargaff, E.: The coagulation of blood. Adv. Enzymol. 5, 31—65 (1945). — [9] Fonio, A.: Die Gerinnung des Blutes. Handb. Physiol. 6/1, 307 (1928). — [10] Fonio, A.: Die Hämophilie. Ergebn. inn. Med. 51, 443 (1936). — [11] Fredericq, P.: Données récentes sur

mus gegen Verblutung bildet, ist der Gegenstand unzähliger Untersuchungen geworden.

Beim Erstarren des Blutes geht eine Eiweißfraktion, das Fibrinogen, das nur $^1/_{30}$ des Gesamteiweißgehaltes des Plasmas ausmacht, unter Denaturierung in gelartiges Fibrin über. Die Blutkörperchen werden dabei in ein Netz von Fibrinfäden im Blutkuchen eingeschlossen und bei der nachfolgenden Retraktion des Fibringels, der *Synärese*, zurückgehalten. Die bei der Synärese ausgepreßte Blutflüssigkeit, das Serum, ist also frei von Formelementen.

Geschichtliches. Schon frühzeitig hat man auf die Ähnlichkeit der Blutgerinnung mit der Labgerinnung der Milch hingewiesen (BUCHANAN[1] 1845; BRÜCKE[2] 1857) und zwei wirksame Faktoren, das *Fibrinogen* und ein *Gerinnungsferment*, angenommen. BUCHANAN konnte fibrinogenhaltige Exsudate, Perikardial- und Hydrocelenflüssigkeiten durch Zusatz von Serum oder von Waschflüssigkeit des Fibrins zum Erstarren bringen und dabei den Vorgang als Ergebnis der Vereinigung zweier Faktoren deuten. Die *fermentative Natur der Gerinnung* wurde durch die Untersuchungen von ALEXANDER SCHMIDT in Dorpat zwischen 1861 und 1895 festgestellt[3]. Seine Lehre bildet die Grundlage der von den meisten Forschern anerkannten Gerinnungstheorie von SPIRO u. FULD[4] sowie von MORAWITZ[5]. Das Fibrinferment von SCHMIDT, später von ihm *Thrombin* genannt, ist das Hauptagens bei der Gerinnung. Beinahe die ganze Diskussion bewegt sich um die Entstehung und Wirkungsweise des Thrombins.

Vergleichendes. Der Gerinnungsvorgang mit allen darin eingreifenden Komponenten ist für sämtliche *Wirbeltiere* derselbe. Das Prothrombin scheint bei allen Warmblütern qualitativ dasselbe zu sein, was auch beim Thrombin der Fall ist. Nur die Thrombokinase zeigt sowohl bei einigen Säugetieren als auch bei Vögeln eine gegen das Prothrombin der eigenen Tierart besonders starke Wirksamkeit[6]. Erst bei den Kröten konnten abweichende Eigenschaften des Prothrombins bzw. des Thrombins nachgewiesen werden. Das Thrombin des Säugetierblutes wirkt jedoch auch auf das Fibrinogen der Fische.

Bei den *Wirbellosen* herrschen teilweise ganz andere Verhältnisse. Bei Tieren mit weicher Körperwand wird die Flüssigkeit rein mechanisch zurückgehalten. Bei ihnen ist kein der Gerinnung entsprechender Vorgang vorhanden. Wunden werden durch die Elastizität der Gewebe und durch Muskelkontraktionen verschlossen. Bei Seesternen z. B. können amöboide

---

la coagulation du sang. (Actualités biochimiques. Nr. 5) Liège, Paris 1946. — [12] FUCHS, H. J.: Blutgerinnung. Ergebn. Enzymforsch. **2**, 282 (1933). — [13] HEILMEYER, L., u. H. BEGEMANN: Physiologie der Blutgerinnung und Blutstillung. Handb. inn. Med. (BERGMANN-FREY-SCHWIEGK) 4. Aufl. Bd. 2, S. 756. — [14] HOWELL, W. H.: Theories of blood coagulation. Physiol. Rev. **15**, 435 (1935). — [15] HOWELL, W. H.: Recent advances in the problem of blood coagulation applicable to medicine. J. amer. med. Ass. **117**, 1059 (1941). — [16] KLINKE, E.: Kolloidchemie der Gerinnung. Med. Kolloidlehre. S. 416. Dresden 1933. — [17] LAMPERT, H.: Thrombose und Embolie. Med. Kolloidlehre. S. 433. Dresden 1933. — [18] MORAWITZ, P.: Die Chemie der Blutgerinnung. Ergebn. Physiol. **4**, 307 (1905). — [19] Oppenheimer, Fermente Suppl. **2**, 951—1008. — [20] OWREN, P. A.: The Coagulation of Blood. Oslo 1947. Acta med. scand. Suppl. **194** (1947). — [21] QUICK, A. J.: Ann. Rev. Physiol. **6**, 295 (1944). — [22] RIEBEN, W. K.: Beiträge zur Kenntnis der Blutgerinnung. Basel 1947. — [23] SMITH, H. P.: Ann. Rev. Physiol. **4**, 245 (1942). — [24] SMITH, H. P., and J. E. FLYNN: The coagulation of blood. Ann. Rev. Physiol. **10**, 417 (1948). — [25] WÖHLISCH, E.: Die Physiologie und Pathologie der Blutgerinnung. Ergebn. Physiol. **28**, 443 (1929). — [26] WÖHLISCH, E.: Die klassische Theorie der Blutgerinnung und ihre neuere Entwicklung. Naturwiss. **24**, 513 (1936). — [27] WÖHLISCH, E.: Fortschritte in der Physiologie der Blutgerinnung. Ergebn. Physiol. **43**, 174 (1940). — [28] WÖHLISCH, E.: Thrombose und Blutgerinnung. Bamann-Myrbäck **3**, 2109—2136. — [29] ZUNZ, E.: Traité Physiol. 2. Aufl. **7**, 189 (1934).

[1] BUCHANAN, A.: London med. Gaz. (N. S.) **1**, 617 (1845). J. Physiol., London **2**, 158 (1879/80). — [2] BRÜCKE, E. W. R.: Virchows Arch. **12**, 81, 172 (1857). — [3] SCHMIDT, A.: Pflügers Arch. **6**, 445 (1872). Zur Blutlehre. Leipzig 1892. Weitere Beiträge zur Blutlehre. Wiesbaden 1895. — [4] FULD, E., u. K. SPIRO: Hofmeisters Beitr. **5**, 171 (1904). — [5] MORAWITZ, P.: Hofmeisters Beitr. **4**, 381 (1904). Dtsch. Arch. klin. Med. **79**, 1 (1904). — [6] QUICK, A. J.: Amer. J. Physiol. **123**, 712 (1938).

Zellen durch ihre Anhäufung und dichte Agglutination eine ebenso gute Verstopfung der Wunde bewirken wie das Fibrin[1]. Bei Crustaceen, Skorpionen, Limulus und einigen Insekten mit hartem Integument kommt neben dem letzteren cellulären Vorgang auch eine richtige Fibringerinnung vor[2]. Fibrinogen wird hier jedoch nur in geringem Grad erzeugt, es verschwindet schon bei einem 2 bis 3 Wochen dauernden Hungerzustand. Durch Thrombin der Wirbeltiere wird dieses Fibrinogen nicht koaguliert.

β) Das Fibrinogen.

Vorkommen. Das Fibrinogen kommt in Plasma und Chylus, in der Lymphe und in einigen Trans- und Exsudaten vor.

Als *Bildungsort des Fibrinogens* hat man die *Leber* oder das ganze hämatopoetische *System der blutbildenden Organe* angenommen. DOYON u. KAREFF[3] fanden 1904, daß nach Leberexstirpation die Gerinnungsfähigkeit des Blutes verlorengegangen war, was NOLF[4] dem Mangel an Fibrinogen zuschrieb. Bei stärkeren Leberschädigungen wie nach Vergiftungen durch Phosphor, Chloroform, Benzol u. a. sieht man auch einen erniedrigten Fibrinogengehalt oder ein Verschwinden des Fibrinogens aus dem Blut[5,6].

Weitere mit besserer Technik ausgeführte Versuche fielen anders aus. Sowohl in den Versuchen von FIESSINGER[7], bei denen die Hunde 6 Std überlebten, als auch in den ersten Versuchen von MANN u. MAGATH[8], in denen die Tiere sogar 24 Std am Leben blieben, waren der Koagulationsvorgang und der Fibrinogengehalt des Blutes ziemlich normal. Dies könnte die Ansicht der MORAWITZschen Schule[9] stützen, nach welcher die Fibrinogenbildung im allgemeinen den blutbildenden Organen zukommt.

Spätere tierexperimentelle Arbeiten sprechen jedoch ganz entschieden für den hepatogenen Ursprung des Fibrinogens. MANN u. BOLLMAN[10] fanden 1929, daß das Fibrinogen nach schweren Blutungen nicht regeneriert wird, falls die Leber entfernt ist. MCMASTER u. DRURY[11] bestätigten die schnelle Regeneration von Fibrinogen, 90% in 6 Std, wenn den Hunden entleertes defibriniertes Blut wieder injiziert wird. Nach Entfernung der Leber bleibt jede Regeneration aus.

Die Vermutung[12–15], daß die *Erythrocytenmembran* nach der Hämolyse an der Fibrinogenbildung teilnimmt, ist wegen des ganz verschiedenen Aminosäuregehaltes der Membran und des Fibrins nicht haltbar[16,17].

Es gibt einen angeborenen, allerdings sehr seltenen Zustand, *Pseudohämophilie*[18–21], mit geringem Fibrinogengehalt des Blutes, zwischen 0,018 und 0,020%, der eine lebensgefährliche Blutungsneigung mit sich bringt.

---

[1] CUÉNOT, L.: Traité Physiol. 2. Aufl. **7**, 153 (1934). — [2] SCHULZ, F. N.: Handb. Winterstein **1**, 707 (1925). — [3] DOYON, M., et N. KAREFF: C. R. Soc. Biol. **56**, 612 (1904). — [4] NOLF, P.: Arch. int. Physiol. **3**, 1 (1905). C. R. Soc. Biol. **97**, 912 (1927). — [5] WHIPPLE, G. H.: Amer. J. Physiol. **33**, 50 (1914). — FOSTER, D. P., and G. H. WHIPPLE: Amer. J. Physiol. **58**, 407 (1922). — [6] WHIPPLE, G. H., and S. H. HURWITZ: J. exp. Med. **13**, 136 (1911). — [7] FIESSINGER, N.: Sang **6**, 906 (1932). — [8] MANN, F. C., and T. B. MAGATH: Arch. internal Med., Chicago **30**, 73, 171 (1922); **31**, 797 (1923). Ergebn. Physiol. **23**, 212 (1924). — [9] JÜRGENS, R., u. H. TRAUTWEIN: Dtsch. Arch. klin. Med. **169**, 28 (1930). — JÜRGENS, R.: A. e. P. P. **178**, 260 (1935). — [10] MANN, F. C., and J. L. BOLLMAN: Proc. Staff Meet. Mayo Clinic **4**, 328 (1929). — [11] MCMASTER, P. D., and D. R. DRURY: Proc. Soc. exp. Biol. Med. **26**, 490 (1929). — [12] LANDOIS, L.: Zbl. med. Wiss. **12**, 419 (1874). — [13] REYMANN, G. C.: Z. Immun.-Forsch. **41**, 209 (1924). — [14] DAVIDE, H.: Acta med. scand., Suppl. **13** (1925). — [15] FAGERBERG, E., S. E. FAGERBERG and R. FÅHRAEUS: Acta med. scand. **108**, 1 (1941). — [16] JORPES, E.: Acta physiol. scand. **7**, 51 (1944). — [17] JORPES, E.: Biochem. J. **26**, 1488 (1932). — [18] RISAK, E.: Z. klin. Med. **128**, 605 (1935). — [19] SMITH, H. P., and J. E. FLYNN: Ann. Rev. Physiol. **10**, 417 (1948). — [20] FANCONI, G.: Störungen der Blutgerinnung beim Kinde. Leipzig 1941. — [21] GLANZMANN, E., H. STEINER u. H. KELLER: Schweiz. med. Wschr. **70**, 1261 (1940).

Darstellung. Das Fibrinogen wurde 1856 von DENIS[1] aus Plasma durch Sättigung mit Kochsalz dargestellt. Infolge der Molekülgröße wird das Fibrinogen schon bei Halbsättigung mit Kochsalz ausgefällt (O. HAMMARSTEN[2]). Es wird ferner bei Vermischung von 27 Volumina gesättigter Ammoniumsulfatlösung mit 73 Volumina Plasma ausgesalzen. Infolge der Beimengung von Prothrombin ist das durch wiederholte Fällung mit Kochsalz oder Ammoniumsulfat gewonnene Fibrinogen in wäßriger Lösung nicht stabil und eignet sich nicht zur quantitativen Bestimmung der Gerinnungsfaktoren.

Es ist das große Verdienst der ehemaligen „Iowa-Gruppe" unter H. P. SMITH, quantitative Messungen der möglichst gereinigten Komponenten des Koagulationssystemes eingeführt zu haben. Sowohl das Prothrombin als auch das Thrombin und das Fibrinogen sind danach hochgereinigt erhalten worden.

Zur Darstellung des prothrombinfreien Fibrinogens wurde das Prothrombin vor der Fällung zusammen mit den Salzen aus dem verdünnten Oxalatplasma mit adsorbierenden Mitteln entfernt. Hierfür sind Magnesiumhydroxyd[3], Bariumsulfat[4,5], Tricalciumphosphat[6], Aluminiumhydroxyd[7], und Asbest verwendet worden.

OWREN[8] kühlt das Oxalatplasma 24 Std lang bei 0°C und entfernt die Blutplättchen durch Zentrifugieren, darauf wird das Plasma zweimal mit Tricalciumphosphat behandelt und zweimal durch die Asbestpapiermasse des Seitzfilters passiert.

WARE, GUEST u. SEEGERS[9] gaben 1947 eine einfache Methode an, durch Ausfrieren, langsames Auftauen, Zentrifugieren und Waschen in der Kälte 95 bis 100%ig reines Fibrinogen aus Oxalatplasma darzustellen. Nach Aufbewahrung bei —30°C während eines Zeitraumes von 6 Monaten oder nach Gefriertrocknen im Hochvakuum ist das Präparat noch leicht wasserlöslich und zeigt einen unveränderten, sehr hohen Dehnungswiderstand.

Das Fibrinogen, das man nach der Methode von COHN u. Mitarb.[10] durch Ausfrieren bei —2° bis —3°C in Gegenwart von 8% Äthylalkohol bei p_H 7,2 erhält, ist nur zu 60 bis 80% rein und enthält neben Globulinen Prothrombin und fibrinolytisches Enzym.

Genaue Angaben über die **Chemie des Fibrinogens** sind Bd. 1, S. 727, zu finden. Sowohl die Angaben über den isoelektrischen Punkt als auch über den Gehalt an den einzelnen Aminosäuren zeigen, daß es weniger sauer ist als die Globuline und Albumine. In Gegenwart von Salzen wird seine wäßrige Lösung bei 52° bis 56° C koaguliert.

Physikalische Eigenschaften. Das Molekül ist sehr groß: Messungen des osmotischen Druckes, der Viscosität und der Strömungsdoppelbrechung weisen auf Dimensionen der „Molekel" von 35 × 700 Å und ein Teilchengewicht von 300000 bis 500000 hin[11]. Auch der Wert 700000 ist angegeben worden[12]. Das Molekül ist wie bei vielen anderen Eiweißkörpern zu groß, um genau definiert werden zu können. Daß es nach LAKI[13] möglich sein soll, krystallinisches Fibrinogen darzustellen, ist ebenso unwahrscheinlich wie die Ansicht von CUMMINE u. LYONS[14] über das Vorkommen von zwei verschiedenen Formen des Fibrinogens, Fibrinogen A und B[15].

Die Frage des Mechanismus der Umwandlung des Fibrinogens in Fibrin ist noch nicht geklärt. Die rein enzymatische Wirkungsweise des Thrombins ist

---

[1] DENIS, P.-S.: Nouvelles études chimiques, physiologiques et médicinales. Paris 1856. — [2] HAMMARSTEN, O.: Pflügers Arch. **19**, 563 (1879); **22**, 431 (1880). Lehrbuch der Physiologischen Chemie. 11. Aufl. S. 201. München 1926. — [3] FUCHS, H. J.: Z. Immun.-Forsch. **58**, 14 (1928). — [4] BORDET, J., et L. DELANGE: Ann. Inst. Pasteur **26**, 737 (1912). — [5] TANTURI, C. A., and R. F. BANFI: J. Lab. clin. Med. **31**, 706 (1946). — [6] BORDET, J., et L. DELANGE: Ann. Bull. Soc. R. Sci. méd. natur. Bruxelles **72**, 87 (1914). — [7] QUICK, A. J.: Amer. J. Physiol. **114**, 282 (1935/36). — [8] OWREN, P. A.: Biochem. J. **43**, 136 (1948). — [9] WARE, A. G., M. M. GUEST and W. H. SEEGERS: Arch. Biochem. **13**, 231 (1947). — [10] COHN, E. J., L. E. STRONG, W. L. HUGHES jr., D. J. MULFORD, J. N. ASHWORTH, M. MELIN and H. L. TAYLOR: Am. Soc. **68**, 459 (1946). — [11] ONCLEY, J. L., G. SCATCHARD and A. BROWN: J. physic. Colloid Chem. **51**, 184 (1947). — [12] HOLMBERG, C. G.: Ark. Kemi, Mineral. Geol. **17** A, Nr. 28 (1944). — [13] LAKI, K.: H. **273**, 95 (1942). — [14] CUMMINE, H. G., and R. N. LYONS: Brit. J. Surg. **35**, 337 (1948). — [15] VOORHEES, A. B. jr., and E. J. PULASKI: J. Lab. clin. Med. **34**, 1352 (1949).

wohl allgemein anerkannt. Eine bestimmte Menge gereinigten Thrombins (1500 Thrombineinheiten pro mg) wandelt das 2×10^5-fache an Fibrinogen in Fibrin um[1]. Der wahrscheinlichste Vorgang ist dabei eine Polymerisation zu langen Fäden, wobei die einzelnen Monomeren selbst keine größeren Veränderungen im Molekül erfahren[2–4]. Die Röntgenstrahlenspektroskopie zeigt für Fibrinogen und Fibrin dieselbe Struktur[5–8]. Auch die Produkte der enzymatischen Proteolyse sind bei beiden ähnlich[9]. Durch die Einwirkung einiger oxydierender Reagenzien, wie Ninhydrin, Chloramin-T und 1,4-Naphthochinon-2-sulfonsäure, kann eine Koagulation des Fibrinogens hervorgerufen werden[10]. Der *Fibrinogengehalt* im normalen Plasma des Menschen soll[11] 0,12 bis 0,30% (Mittelwert 0,21 ± 0,06%) oder[12] 0,19 bis 0,33% (Mittelwert 0,25%) betragen. *Der Fibrinogengehalt des Blutes ist ein Spiegel für den allgemeinen Gesundheitszustand des Körpers.* Bei mancherlei krankhaften Zuständen, Infektionen, bösartigen Geschwülsten und sogar auch während der Schwangerschaft beobachtet man eine Erhöhung des Fibrinogengehaltes des Plasmas, der bei schweren Infektionen auf 0,8 bis 0,9% steigen kann. Parallel mit der Erhöhung des Fibrinogen- und Globulingehaltes geht eine Verminderung der Suspensionsstabilität des Blutes, eine beschleunigte Senkungsreaktion (S.R.). Es besteht sogar bei pathologischen Zuständen eine direkte Proportionalität zwischen dem Fibrinogengehalt des Plasmas und der Senkungsgeschwindigkeit der Erythrocyten[13].

Sedimentieren die Erythrocyten vor der Gerinnung, wie z. B. im normalen Pferdeblut, entsteht eine „Speckhaut" von weißem retrahiertem Fibrin oberhalb des roten Gerinnsels. Diese *crusta phlogistica seu inflammatoria* war ein *signum morbi* der alten Medizin. Dieses Phänomen wurde schon 1836 von HERMANN NASSE[14] in Bonn sehr ausführlich beschrieben. Die Bedeutung des Fibrinogengehaltes für die Senkungsgeschwindigkeit sowie auch der hemmende Einfluß der Salze auf die Geldrollenbildung bzw. auf die Sedimentationsgeschwindigkeit, waren ihm wohlbekannt. Der klinische Wert der Senkungsreaktion wurde von ROBIN FÅHRAEUS[15] 1917 in Schweden neu entdeckt (s. S. 264).

γ) Das Prothrombin.

Die Vorstufe des Thrombins, das Prothrombin (*Thrombogen* nach MORAWITZ und *Serozym* nach BORDET), ist mit der Entdeckung des Vitamins K und der Einführung des Dicumarols in die medizinische Therapie eine praktisch sehr wichtige Blutkomponente geworden. Der Prothrombingehalt des Blutes kann quantitativ bestimmt und mit den genannten Mitteln so reguliert werden, daß sowohl Blutungen als auch intravasculäre Gerinnung verhindert werden können.

Vorkommen. Nach MORAWITZ[16] sollten als Quelle des Prothrombins die Blutplättchen zu betrachten sein. Diese sollten nach ihm sowohl Prothrombin als

[1] FERRY, J. D., and P. R. MORRISON: Am. Soc. **69**, 388 (1947). — [2] PORTER, K. R., and C. VAN ZANDT HAWN: J. exp. Med. **90**, 225 (1949). — [3] REJSEK, K., and M. KUBIK: J. clin. Path. **2**, 55 (1949). — [4] vgl. a. WÖHLISCH, E.: Ergebn. Physiol. **43**, 277 (1940). — [5] KATZ, J. R., u. A. DE ROOY: Naturwiss. **21**, 559 (1933). Recu. Trav. chim. Pays-Bas **52**, 742 (1933). — [6] ASTBURY, W. T., and R. LOMAX: Soc. **1935**, 846. — [7] NEURATH, H., J. P. GREENSTEIN, F. W. PUTNAM and J. O. ERICKSON: Chem. Rev. **34**, 157 (1944). — [8] BAILEY, K., W. T. ASTBURY and K. M. RUDALL: Nature **151**, 716 (1943). — [9] SEEGERS, W. H., M. L. NIEFT and J. M. VANDENBELT: Arch. Biochem. **7**, 15 (1945). — [10] CHARGAFF, E., and A. BENDICH: J. biol. Ch. **149**, 93 (1943). — [11] TREVORROW, V., M. KASER, J. P. PATTERSON and R. M. HILL: J. Lab. clin. Med. **27**, 471 (1941/42). — [12] HAM, T. H., and F. C. CURTIS: Medicine, Baltimore **17**, 413 (1938). — [13] WESTERGREN, A., H. THEORELL u. G. WIDSTRÖM: Z. ges. exp. Med. **75**, 668 (1931). — [14] NASSE, H.: Das Blut. Bonn 1836. — [15] FÅHRAEUS, R.: The suspension-stability of the blood. Acta med. scand. **55**, 1 (1921). — [16] MORAWITZ, P.: Dtsch. Arch. klin. Med. **79**, 215 (1904).

auch Kinase enthalten, und nur das zur Thrombinbildung nötige Calcium sollte in ihnen fehlen. BAYNE-JONES[1] kam (1912) in HOWELLS Laboratorium zum gleichen Ergebnis, ebenso FUCHS[2] (1928). Im Gegensatz hierzu hat BORDET[3] immer das Vorkommen des Prothrombins in den Blutplättchen bestritten, und in letzter Zeit hat EAGLE[4] MORAWITZS Vermutung endgültig widerlegt. FERGUSON[5] behauptete 1936, daß das Prothrombin aus den Plasmaproteinen stamme.

Eine Reihe von experimentellen Untersuchungen der letzten Zeit haben endgültig bewiesen, daß das Prothrombin in der Leber gebildet wird (s. FERGUSON[6], S. 237). Eine leichte Chloroformvergiftung kann einen Prothrombinsturz im Plasma verursachen und eine Verstärkung der Giftwirkung akute gelbe Leberatrophie mit Fibrinogenmangel bewirken[7, 8]. Die Lymphgefäße der Leber sind sehr reich an Prothrombin, diejenigen der übrigen Organe[9] ärmer. Schaltet man im Tierversuch (beim Hunde) die Leber aus dem Blutkreislauf aus, so entsteht eine Hypoprothrombinämie[10]. Ein beinahe vollständiger Prothrombinmangel wurde bei einem Neugeborenen mit einem Leberinfarkt beobachtet[11].

Zur ***Darstellung des Prothrombins*** sind verschiedene Methoden angegeben worden. MELLANBY[12] verfeinerte ein von DALE u. WALPOLE[13] angegebenes Verfahren, bei dem das Prothrombin zusammen mit Fibrinogen und Globulinen durch Verdünnung des Oxalatplasmas mit 10 Vol. Wasser und Einstellung auf p_H 5,3 ausgefällt wird. Das Prothrombin wird mit einer Calciumhydrogencarbonatlösung von p_H 7 ausgelaugt. Das Fibrinogen kann nach Auflösung des Niederschlages in physiologischer Kochsalzlösung durch einige Minuten langes Erhitzen[14] auf 55°C oder durch Zusatz minimaler Thrombinmengen[15] entfernt werden.

Nach anderen Methoden wird das Prothrombin an verschiedene Stoffe adsorbiert. BORDET u. DELANGE[16] entfernten die Blutplättchen durch Zentrifugieren des Oxalatplasmas und schüttelten dann das Plasma 2 bis 3 Std mit einer Suspension von Tricalciumphosphat, um das Prothrombin zu adsorbieren. FUCHS[17] zog, um Caciumsalze zu vermeiden, eine Suspension von Magnesiumhydroxyd vor. Auch Bariumsulfat, Bariumcarbonat (FANTL u. NANCE[18]), Aluminiumhydroxyd (QUICK) und Asbest (OWREN) sind als Adsorptionsmittel verwendet worden (s. Fibrinogen, S. 476). HOWELL[19] fällte das Oxalatplasma in kleinen Portionen von 4 bis 6 cm³ mit 1 Vol. Aceton. Nach schnellem Trocknen wurde der Niederschlag mit verdünnter Hydrogencarbonatlösung extrahiert.

Die reinsten Prothrombinpräparate haben SEEGERS[20–25] u. Mitarb. nach dem MELLANBY-Verfahren aus Rinderplasma hergestellt. Das Prothrombin kommt in COHNS Fraktion III—2 des Plasmas vor[26]. Es ist im Rinderplasma stabil und verliert in zwei Wochen bei +5°C nur 10% seiner Aktivität. Sogar das sonst labile gereinigte Prothrombin wird im Rinderplasma

---

[1] BAYNE-JONES, S.: Amer. J. Physiol. **30**, 74 (1912). — [2] FUCHS, H. J.: Z. Immun.-Forsch. **59**, 424 (1928). — [3] BORDET, J.: Ann. Inst. Pasteur **34**, 561 (1920). — [4] EAGLE, H.: J. gen. Physiol. **18**, 531 (1934/35). — [5] FERGUSON, J. H.: Amer. J. Physiol. **117**, 587 (1936). — [6] FERGUSON, J. H.: Ann. Rev. Physiol. **8**, 231 (1946). — [7] SMITH, H. P., E. D. WARNER and K. M. BRINKHOUS: J. exp. Med. **66**, 801 (1937). — [8] ANDRUS, W. DE W., and J. W. LORD jr.: Surgery **12**, 801 (1942). — [9] BRINKHOUS, K. M., and S. A. WALKER: Amer. J. Physiol. **132**, 666 (1941). — [10] UVNÄS, B.: Acta physiol. scand. **3**, 97 (1941/42). — [11] KAPLAN, L., M. A. PERLSTEIN and E. R. HESS: Amer. J. Dis. Children **65**, 258 (1943). — [12] MELLANBY, J.: Proc. R. Soc. London (B) **107**, 271 (1930/31). — [13] DALE, H. H., and G. S. WALPOLE: Biochem. J. **10**, 331 (1916). — [14] EAGLE, H., and T. N. HARRIS: J. gen. Physiol. **20**, 543 (1936/37). — [15] ASTRUP, T., and S. DARLING: Acta physiol. scand. **4**, 293 (1942). — [16] BORDET, J., et L. DELANGE: Ann. Bull. Soc. R. Sci. méd. natur. Bruxelles **72**, 87 (1914). — [17] FUCHS, H. J.: Z. Immun.-Forsch. **58**, 14 (1928). — [18] FANTL, P., and M. NANCE: Nature **158**, 708 (1946). — [19] HOWELL, W. H.: Amer. J. Physiol. **35**, 474 (1914). — [20] SEEGERS, W. H., K. M. BRINKHOUS, H. P. SMITH and E. D. WARNER: J. biol. Ch. **126**, 91 (1938). — [21] SEEGERS, W. H.: J. biol. Ch. **136**, 103 (1940). — [22] LOOMIS, E. C., and W. H. SEEGERS: Arch. Biochem. **5**, 265 (1944). — [23] SEEGERS, W. H., E. C. LOOMIS and J. M. VANDENBELT: Proc. Soc. exp. Biol. Med. **56**, 70 (1944). — [24] WARE, A. G., and W. H. SEEGERS: J. biol. Ch. **174**, 565 (1948). — [25] SEEGERS, W. H., E. C. LOOMIS and J. M. VANDENBELT: Arch. Biochem. **6**, 85 (1945). — [26] SEEGERS, W. H.: J. biol. Ch. **136**, 103 (1940).

stabilisiert[1]. Die weitere Reinigung der Prothrombinpräparate wurde durch Adsorption an Magnesiumhydroxyd, wiederholte Fällung mit Ammoniumsulfat und isoelektrische Ausflockung erzielt.

Eigenschaften. Das hochgereinigte Prothrombin mit 1500 Iowa-Einheiten pro mg ist nach SEEGERS u. Mitarb.[2, 3] ein Glykoproteid mit 4,3% Kohlenhydrat. Die Löslichkeitskurve in zu 37% gesättigter Ammoniumsulfatlösung spricht dafür, daß ein einheitliches Protein vorliegt. Gegen Hitze ist es nicht so empfindlich wie das Fibrinogen und kann von diesem getrennt werden, indem man schnell auf 54 bis 56° C erhitzt, wobei das Fibrinogen in salzhaltiger Lösung ausgeflockt wird. Das Prothrombin hat seinen isoelektrischen Punkt bei p_H 4,9. Außerhalb des p_H-Gebietes 4,8 bis 10 wird es schnell inaktiviert. In Wasser ist es zwischen p_H 3,3 und 5,6 unlöslich.

Als ***Prothrombin-*** bzw. ***Thrombin-Einheit*** („Iowa-Einheit") wurde 1936 von WARNER, BRINKHOUS u. SMITH[4] diejenige Menge definiert, die bei 28° C 1 cm³ einer gereinigten Fibrinogenlösung in 15 sec koaguliert. Zu dieser Bestimmung kann auch Rinder-Oxalatplasma verwendet[5] werden, obgleich es Antithrombin enthält. Um 1 cm³ Oxalatplasma zu koagulieren, sind $2^1/_2$ Einheiten erforderlich. Auch das hochgereinigte Prothrombin geht in wäßriger Lösung teilweise spontan in Thrombin über, was auf dem Vorhandensein von Plasmaproteasen beruhen soll.

Nach den Arbeiten von FUCHS[6] schien es möglich, daß das Prothrombin mit dem Mittelstück des hämolytischen Komplementes identisch sei. Die Identität der beiden Faktoren wurde jedoch von QUICK[7] in Frage gestellt. Er fand denselben Komplementtiter im Plasma und im Serum. Hemmende Einflüsse sollen auf die zwei Faktoren in verschiedener Weise[8, 9] einwirken. Nach Zerstörung des Komplementes mit Hefeenzymen oder Ammoniak ist die Fähigkeit des Plasmas, Prothrombin in Thrombin umzuwandeln, verlorengegangen[10], jedoch das Prothrombin nicht zerstört.

Der Prothrombingehalt des Blutes. Der Vorrat an Prothrombin im fließenden Blute ist sehr gering, nach SEEGERS u. Mitarb.[11] etwa 300 Einheiten (0,2 mg) pro cm³ normalen Menschenplasmas. Dieser Vorrat wird in vivo sehr schnell (in 2 bis 3 Tagen) verbraucht und muß durch kontinuierliche Neubildung in der Leber ersetzt werden. Zur Synthese ist Vitamin K erforderlich; sie wird durch Dicumarol im Überschuß verhindert.

Zur **quantitativen Bestimmung des Prothrombins** sind für klinische und experimentelle Zwecke viele Methoden ausgearbeitet worden. Sie sind beinahe alle Modifikationen der einstufigen Methode von QUICK, STANLEY-BROWN u. BANCROFT[12] oder der zweistufigen Methode von WARNER, BRINKHOUS u. SMITH[4].

Die einstufige Prothrombin-Bestimmungsmethode: Oxalatplasma wird in Gegenwart eines Überschusses an Thrombokinase recalcifiziert. Die Calciumkonzentration muß optimal sein und die Temperatur bei 37°C gehalten werden.

---

[1] WARE, A. G., M. M. GUEST and W. H. SEEGERS: Amer. J. Physiol. **150**, 58 (1947). — [2] SEEGERS, W. H., E. C. LOOMIS and J. M. VANDENBELT: Arch. Biochem. **6**, 85 (1945). — [3] SEEGERS, W. H. and H. P. SMITH: J. biol. Ch. **140** 677 (1941). — [4] WARNER, E. D., K. M. BRINKHOUS and H. P. SMITH: Amer. J. Physiol. **114**, 667 (1935/36). — [5] SEEGERS, W. H., and D. A. MCGINTY: J. biol. Ch. **146**, 511 (1942). — [6] FUCHS, H. J.: Ergebn. Enzymforsch. **2**, 282 (1933). — [7] QUICK, A. J.: J. Immunol. **29**, 87 (1935). — [8] WISING, P. J.: Acta med. scand. **94**, 506 (1938). — [9] WILANDER, O.: Skand. Arch. Physiol. **81**, Suppl. **15** (1939). — [10] MANN, F. D., and M. HURN: Proc. Soc. exp. Biol. Med. **67**, 83 (1948). — [11] SEEGERS, W. H., E. C. LOOMIS and J. M. VANDENBELT: Arch. Biochem. **6**, 85 (1945). — [12] QUICK, A. J., M. STANLEY-BROWN and F. W. BANCROFT: Amer. J. med. Sci. **190**, 501 (1935).

Bezüglich der Methodik der einstufigen Bestimmungsmethode und ihrer zahlreichen Modifikationen sei auf eine Reihe von Zusammenstellungen[1–5] hingewiesen. LINK[6] verwendete verdünntes, 12,5%iges Plasma, wodurch eine größere Genauigkeit der Analyse ermöglicht werden soll. ZIFFREN, OWEN, HOFFMAN u. SMITH[7] vereinfachten die einstufige Methode, indem sie dem Vollblut am Krankenbett, daher der Name „bedside method", Thromboplastin zusetzten. KOLLER[8] u. Mitarb. haben eine ähnliche Technik ausgearbeitet, um die Gerinnungszeit mit Kapillarblut auf einem Uhrglas am Krankenbett zu bestimmen. Verschiedene Kinasepräparate geben verschiedene Werte (s. ALLEN)[9]. Trockenpulver aus Kaninchenhirn gibt Normalwerte von 11 bis 12 sec, wogegen Präparate aus Menschenhirn Werte von 19 bis 23 sec geben. Als Thrombokinase ist auch Schlangengift von Vipera Russellii verwendet worden. Es ist aber nicht sehr geeignet, sondern zeigt z. B. nach BIGGS u. MACFARLANE[10] bei schon drohender Blutungsgefahr nur mäßig erniedrigte Prothrombinwerte.

Die erhaltenen Zeitwerte dienen zur Berechnung des Prothrombinindex:

$$\frac{\text{Normale Gerinnungszeit (sec)}}{\text{Gerinnungszeit der Probe (sec)}} \cdot 100.$$

Der Indexwert entspricht jedoch keineswegs dem wahren Prothrombingehalt, sondern dieser wird durch Verdünnung des Normalplasmas mit prothrombinfreiem Plasma bestimmt.

Mit einem Gehalt von 30% des ursprünglichen Plasmas erhält man im Prothrombintest eine Gerinnungszeit von z. B. 27 sec, mit 20% eine von 35 sec und mit 10% eine Zeit von 58 sec. Die hiernach aus dem Normalwert (18 sec) errechneten Indexwerte von 67, 51 und 31 entsprechen also 30, 20 und 10% Prothrombin.

OWREN[11, 12] hält allerdings die QUICKsche Methode für wenig empfindlich und verwendet zur Messung der Dicumarolwirkung ein System aus frischem oder lyophilisiertem Rinderplasma (als Quelle des fünften Faktors), einer genau abgemessenen Thrombokinasemenge, Oxalatplasma (mit Veronalpuffer 1 : 10 verdünnt) und einer optimalen Calciummenge. Die QUICKsche Methode hat sich sogar bei niedrigen Prothrombinwerten als unzuverlässig erwiesen[13, 14] und eignet sich deshalb nicht so gut für die Klinik wie diejenige von OWREN.

Die zweistufige Bestimmungsmethode: WARNER, BRINKHOUS u. SMITH[15] beobachteten, daß die Prothrombinaktivierung bei verschiedenen Tierarten mit verschiedener Geschwindigkeit verläuft und wollten diese Fehlerquelle vermeiden. Sie arbeiteten daher die zweistufige Bestimmungsmethode aus, bei der man zuerst eine vollständige Umwandlung des Prothrombins in Thrombin binnen einiger Minuten erreicht, und dann den Thrombingehalt aus der Gerinnungszeit einer gereinigten Fibrinogenlösung bestimmt. Sie benützten verdünntes Plasma und Pufferlösungen. Um eine schnelle Umwandlung des Prothrombins in Thrombin zu erreichen, setzten WARE u. SEEGERS[16] „Ac-globulin" (s. S. 481) enthaltendes verdünntes Rinderplasma hinzu (s. Faktor V).

Zur Messung des Prothrombingehaltes ist die zweistufige Methode in dieser letzten Modifikation die zuverlässigste.

δ) OWRENS Accelerin und Convertin.

Gereinigtes, in Citratlösung gelöstes Prothrombin kann auch ohne Calcium und Thrombokinase in gewissem Umfange spontan in Thrombin übergehen.

---

[1] KAULLA, K. N. v.: Klinische Fortschritte auf dem Gebiete der Blutgerinnung. S. 75. (Monogr. Med. Klin. Heft 7.) Berlin, München 1949. — [2] BIGGS, R., and R. G. MACFARLANE: J. clin. Path. **2**, 33 (1949). — [3] MAWSON, C. A.: J. Lab. clin. Med. **34**, 458 (1949). — [4] FROMMEYER, W. B. jr., and R. D. EPSTEIN: New Engl. J. Med. **241**, 743 (1949). — [5] BIGGS, R.: Prothrombin Deficiency. Springfield, Ill. 1951. — [6] LINK, K. P.: Fed. Proc. **4**, 176 (1945). — [7] ZIFFREN, S. E., C. A. OWEN, G. R. HOFFMAN and H. P. SMITH: Amer. J. clin. Path. **4**, 13 (1940). — [8] PEDRAZZINI, A., E. SALVIDIO u. F. KOLLER: Schweiz. med. Wschr. **79**, 428 (1949). — [9] ALLEN, E. V.: Bull. N. Y. Acad. Med. **24**, 491 (1948). — [10] BIGGS, R., and R. G. MACFARLANE: J. clin. Path. **2**, 33 (1949). — [11] OWREN, P. A.: Scand. J. clin. Lab. Invest. **1**, 81 (1949). — [12] OWREN, P. A., and K. AAS: Scand. J. clin. Lab. Invest. **3**, 201 (1951). — [13] ASTRUP, T., S. MÜLLERTZ and J. R. HANSEN: Scand. J. clin. Lab. Invest. **3**, 209 (1951). — [14] PALMER, H., and A. HELLEM: 23. Nord. Kongr. inn. Med. Juni 1952. Acta med. scand. 1953, Suppl. im Druck. — [15] WARNER, E. D., K. M. BRINKHOUS and H. P. SMITH: Amer. J. Physiol. **114**, 667 (1935/36). — [16] WARE, A. G., and W. H. SEEGERS: Amer. J. clin. Path. **19**, 471 (1949).

Aber auch nach Zusatz dieser beiden Komponenten erfolgt die Umwandlung des gereinigten Prothrombins in Thrombin nur sehr langsam. Offenbar ist bei der Reinigung des Prothrombins noch ein anderer für die Gerinnung notwendiger Plasmabestandteil als die Thrombokinase — nach SMITH[1] u. Mitarb. ein „prothrombin convertibility factor" — entfernt worden.

Daß außer Prothrombin, Thrombokinase, Calciumionen und Fibrinogen noch ein fünfter Stoff bei der Gerinnung notwendig ist, und zwar für die Aktivierung des Prothrombins, wurde 1943 von OWREN[2] bewiesen. Er nannte diese Substanz **Faktor V** oder **Proaccelerin**. Sein Fehlen konnte offenbar einen an Hämophilie erinnernden Zustand hervorrufen. Gerade bei einem solchen Falle von „Parahämophilie" konnte OWREN unter äußerst primitiven Verhältnissen im damals besetzten Oslo das Fehlen eines bisher unbekannten Gerinnungsfaktors feststellen.

Diesem fünften Faktor OWRENS ist große Aufmerksamkeit gewidmet worden. Unabhängig von OWREN beschrieben FANTL u. NANCE[3] 1946 einen „accelerator" aus Plasma, der die Aktivierung des Prothrombins, auch des gereinigten Prothrombins, stark beschleunigt. WARE, GUEST u. SEEGERS[4] erwähnten 1947 eine ähnliche Wirkung eines „accelerator globulin" oder **„Ac-globulin"**. QUICK beobachtete schon 1943[5, 6], daß die Prothrombinzeiten beim Aufbewahren des Plasmas verlängert werden, und daß die Gerinnung dieses Plasmas normalisiert wird, wenn man durch Dicumarolbehandlung hypoprothrombinämisch gewordenes Plasma zusetzt. Er schloß daraus, daß das Prothrombin aus zwei Komponenten besteht, einer labilen Komponente A, die bei der K-Avitaminose abwesend sein soll, und einer stabilen Komponente B, die dicumarolempfindlich sei. Diese Aufteilung des Prothrombins wird von mehreren Autoren[7–9] für unberechtigt gehalten und wurde von QUICK selbst später aufgegeben[10]. Seine ursprüngliche labile „Prothrombinkomponente A" ist mit OWRENS Faktor V und dem „Ac-globulin" von WARE u. SEEGERS identisch.

Nach OWREN geht der fünfte Faktor — WARE u. SEEGERS' „Plasma-Ac-globulin" — während des Gerinnungsprozesses in einen neuen Stoff, **Faktor VI** oder **Accelerin**, über, von WARE u. SEEGERS[11, 12] „Serum-Ac-globulin" (s. S. 301) genannt. Die Konzentration des Plasma-Ac-globulins ist nach MURPHY u. SEEGERS[13] beim Hunde, bei der Katze und beim Kaninchen etwa zehnmal höher als beim Menschen. Das Serum-Ac-globulin ist beim Menschen und beim Hund äußerst labil, in Rinder- und Kaninchenserum dagegen besser haltbar.

Dazu hat OWREN[14] 1947 das Vorkommen noch eines Aktivators „Cofaktor V" angedeutet, später[15] von ihm Proconvertin und von KOLLER[16] **Faktor VII** genannt. Faktor VII ähnelt in vieler Hinsicht dem Prothrombin, mit dem zusam-

[1] WARNER, E. D., K. M. BRINKHOUS and H. P. SMITH: Amer. J. Physiol. **114**, 667 (1935/36). SMITH, H. P., E. D. WARNER and K. M. BRINKHOUS: J. exp. Med. **66**, 801 (1937). Proc. Soc. exp. Biol. Med. **40**, 197 (1939). — [2] OWREN, P. A.: Skr. norske Vid.-Akad. Oslo, mat.-naturv. Kl. **1944**, 21. The Coagulation of the blood. Investigations on a new clotting factor. Acta med. scand., Suppl. **194** (1947). Bull. schweiz. Akad. med. Wiss. **3**, 163 (1947). — [3] FANTL, P., and M. NANCE: Nature **158**, 708 (1946). — [4] WARE, A. G., M. M. GUEST and W. H. SEEGERS: J. biol. Ch. **169**, 231 (1947). Science, N. Y. **106**, 41 (1947). — [5] QUICK, A. J.: Amer. J. Physiol. **140**, 212 (1943/44). Proc. Soc. exp. Biol. Med. **62**, 249 (1946). — [6] QUICK, A. J.: Amer. J. Physiol. **151**, 63 (1947). — [7] LINK, K. P.: Fed. Proc. **4**, 176 (1945). — [8] LOOMIS, E. C., and W. H. SEEGERS: Amer. J. Physiol. **148**, 563 (1947). — [9] DAM, H.: Nature **161**, 1010 (1948). — DAM, H., and E. SØNDERGAARD: Biochim. biophysica Acta, N. Y. **2**, 409 (1948). — [10] QUICK, A. J., and M. STEFANINI: J. Lab. clin. Med. **34**, 1203 (1949). — [11] WARE, A. G., and W. H. SEEGERS: Amer. J. Physiol. **152**, 567 (1948). — [12] WARE, A. G., and W. H. SEEGERS: J. biol. Ch. **172**, 699 (1948). — [13] MURPHY, R. C., and W. H. SEEGERS: Amer. J. Physiol. **154**, 134 (1948). — [14] OWREN, P. A.: Bull. schweiz. Akad. med. Wiss. **3**, 163 (1947). — [15] OWREN, P. A.: Scand. J. clin. Lab. Invest. **3**, 168 (1951). — [16] KOLLER, F., A. LOELIGER u. F. DUCKERT: Acta haematol., Basel **6**, 1 (1951).

men er im Gegensatz zum Faktor V an Asbest, $BaSO_4$ und $Ca_3(PO_4)_2$ adsorbiert wird. Das **Convertin** wird bei der Gerinnung nicht verbraucht. Es ist sogar bei Zimmertemperatur mehrere Tage im Serum haltbar, wodurch es frei von dem labilen Faktor V, dem Accelerin, gewonnen werden kann. Die Substanz ist von KOLLER u. Mitarb.[1] weitgehend gereinigt worden. *Unter Dicumarolwirkung wird Proconvertin noch schneller als Prothrombin verbraucht*[2].

Außer durch diese im Plasma enthaltenen Faktoren soll die Aktivierung des Prothrombins auch durch eine Substanz aus den Blutplättchen, die nicht mit der Thrombokinase identisch ist, beschleunigt werden[3–5].

***Darstellung des Faktor V*[6]:** Oxalatplasma wird durch eine Asbestpapiermasse, die etwa 30 bis 40% Asbest enthält, filtriert. Das Prothrombin wie auch das Proconvertin werden dabei quantitativ an Asbest adsorbiert, der Faktor V dagegen nur wenig. Das Fibrinogen wird nach Zusatz von $^1/_{10}$ Vol. Äther bei -1 bis $-2°$ aus dem Plasma ausgefroren. Nach Verdünnen mit Wasser wird etwa die halbe Menge der Plasmaglobuline bei p_H 6,5 entfernt, wonach der Faktor V bei p_H 5,3 beinahe quantitativ ausgefällt wird.

Auch WARE u. SEEGERS[7,8] geben eine Methode zur Reinigung und zur Bestimmung der Aktivität des „Ac-globulins" an. Danach kann es nicht mehr als 0,7% der Gesamtproteine des Rinderplasmas ausmachen. Es wird in Ammoniumsulfatlösungen früher als das Prothrombin ausgefällt und ist sehr wärmeempfindlich. Hochgereinigtes Prothrombin enthält noch etwas „Ac-globulin" und kann durch 7 Tage langes Aufbewahren in 0,1%iger steriler Lösung bei 28°C davon befreit werden[9].

OWRENS *Faktor V*, das *Proaccelerin, wird durch Dicumarolbehandlung sehr wenig beeinflußt*[10]. Auch seine Stabilität unterscheidet sich von der des Prothrombins: nach OWREN[11] verschwindet der fünfte Faktor binnen 8 Tagen bei einer Temperatur von $+5°$ C zu etwa 90% aus menschlichem Oxalatplasma, während vom Prothrombin unter denselben Verhältnissen nur 25% verschwinden. Nach FAHEY, WARE u. SEEGERS[12] ist „Ac-globulin" in Citratplasma bei $+5°$ C eine Woche lang haltbar, verliert aber in 3 Wochen 70% der Aktivität, während Prothrombin unverändert bleibt. Im Rinderplasma ist der Faktor V stabiler und wird deshalb aus diesem dargestellt. In gefrorenem Zustand im Hochvakuum getrocknet ist die Substanz haltbar.

Der fünfte Faktor ist keine Plasmaprotease, kommt im Hämophilieblut vor und ist infolgedessen nicht mit dem bei der Hämophilie wirksamen Plasmaglobulin von PATEK u. TAYLOR identisch[13]. Bei der Chloroformvergiftung verschwindet der fünfte Faktor ebenso wie das Prothrombin und das Fibrinogen aus dem Blut[14].

ε) Die Thrombokinase.

Wohl der größte Teil der älteren Diskussion über die Gerinnung des Blutes galt der Frage der *Prothrombinaktivierung*. ALEXANDER SCHMIDT glaubte, daß eine zymoplastische, den weißen Blutzellen entstammende Substanz aus dem Prothrombin Thrombin abspaltet.

---

[1] DUCKERT, F., A. LOELIGER u. F. KOLLER: Helv. **34**, 2431 (1951). — FORELL, M. M. u. F. KOLLER: M. m. W. **1953**, 433. — [2] OWREN, P. A., and K. AAS: Scand. J. clin. Lab. Invest. **3**, 201 (1951). — [3] MANN, F. D., M. HURN and T. B. MAGATH: Proc. Soc. exp. Biol. Med. **66**, 33 (1947). — [4] MANN, F. D., and M. HURN: Amer. J. Physiol. **164**, 105 (1951). — [5] WARE, A. G., J. L. FAHEY and W. H. SEEGERS: Amer. J. Physiol. **154**, 140 (1948). — [6] OWREN, P. A.: Biochem. J. **43**, 136 (1948). — [7] WARE, A. G., and W. H. SEEGERS: Amer. J. Physiol. **152**, 567 (1948). — [8] WARE, A. G., and W. H. SEEGERS: J. biol. Ch. **172**, 699 (1948). — [9] FERGUSON, J. H., and J. H. LEWIS: Proc. Soc. exp. Biol. Med. **67**, 228 (1948). — [10] FAHEY, J. L., J. H. OLWIN and A. G. WAR: Proc. Soc. exp. Biol. Med. **69**, 491 (1948). — [11] OWREN, P. A.: Biochem. J. **43**, 136 (1948). — [12] FAHEY, J. L., A. G. WARE and W. H. SEEGERS: Surg., Gynec. Obstet. **88**, 370 (1949). — [13] PATEK, A. J. jr., and F. H. L. TAYLOR: J. clin. Invest. **16**, 113 (1937). — [14] SYKES, E. M. jr., W. H. SEEGERS and A. G. WARE: Proc. Soc. exp. Biol. Med. **67**, 506 (1948).

Daß *im Blute selbst die Blutplättchen die Quelle der Thrombokinase* sein können, wurde schon 1882 von HAYEM[1] angedeutet und 1909 durch LE SOURD u. PAGNIEZ[2] festgestellt. Sie zeigten, daß durch Zentrifugieren plättchenfrei gemachtes Oxalatplasma ohne Zusatz von Plättchenbrei bei Recalcifizierung nicht gerann. Die Frage wurde von DELEZENNE[3] am Vogelplasma genauer untersucht. Dieses kann infolge der Stabilität der Vogelblutplättchen auch ohne Oxalatzusatz leicht durch Zentrifugieren von allen Zellelementen befreit werden, wonach das dann kinasefreie Plasma tagelang flüssig bleibt.

Um das gleiche mit Säugetierblut zu erreichen, baute FUCHS[4] eine Schnellzentrifuge, in der die Plättchen bei niedriger Temperatur mit 15000 Umdrehungen pro min schnell sedimentieren, ehe sie Kinase abgegeben haben. Mit der gegenwärtigen Technik des Schnellzentrifugierens bietet die Bereitung von thrombocytenfreiem Säugetierplasma nicht dieselben Schwierigkeiten, besonders wenn die Spritzen, Nadeln, Zentrifugenröhrchen und Glasgefäße mit polymeren Siliciumhalogenverbindungen, Silikonen[5] (General Electric Dri-Film, Nr. 9987) vorbehandelt sind.

SCHMIDTS zymoplastische Substanz war alkohollöslich und thermostabil. Auch WOOLDRIDGE[6] hatte gefunden, daß alkoholische oder ätherische Extrakte der Gewebe gerinnungsfördernd wirken. Im Jahre 1910 beobachtete FREUND[7], daß die Kinase lipoidlöslich ist, ein Befund, der von ZAK[8] und vor allem von BORDET[9] bestätigt wurde. Die Arbeiten von BORDET[9] und von HOWELL[10] sicherten die Lipoidnatur der Kinase. HOWELL konnte weiter zeigen, daß die Kephalinfraktion der Phosphatide Träger der Kinasewirkung ist. Zusammen mit ihm gelang es McLEAN[11] nachzuweisen, daß Lecithin und Sphingomyelin unwirksam sind, und Kephalin bei Sättigung der Doppelbindung der Fettsäuren und beim Altern der Präparate seine Wirkung verliert. Dies wurde an reinem Kephalin[12], von dem 0,5 γ noch wirksam waren, bestätigt. Kephalin ist in der Verdünnung 1:2 Millionen stark wirksam. Synthetisches Distearylkephalin[13] ist völlig inaktiv. Dagegen zeigt natürliches Pflanzenkephalin[14] aus Sojamehl und Baumwollöl eine gute Kinasewirkung.

Schon frühzeitig wurde auch beobachtet, *daß die Gewebe reich an Kinase* sind, ganz besonders die Muskeln, das Gehirn und die Hoden. Aus den Lungen konnte ein sehr aktives lipoidlösliches Antiheparin[15] dargestellt werden. Die Gewebsthrombokinase ist im Gegensatz zu den Kephalinpräparaten äußerst thermolabil und hat eine viel stärkere thromboplastische Wirkung. In Wasser gelöst oder suspendiert verlieren die Thrombokinasepräparate schon in einigen Stunden an Aktivität. An der Luft getrocknete oder mit Aceton entwässerte Gehirnsubstanz ist einige Monate haltbar. Durch Zusatz von Hydrochinon soll man Thrombokinaselösungen stabilisieren können[16, 17].

---

[1] HAYEM, G.: Union méd., Paris (3) **34**, 315, 350, 385, 433, 481, 581 (1882). — [2] LE SOURD, L., et P. PAGNIEZ: J. Physiol. Path. gén. **11**, 1 (1909). — [3] DELEZENNE, C.: C. R. Soc. Biol. **48**, 782 (1896); **49**, 489, 507 (1897). — [4] FUCHS, H. J.: Z. Immun.-Forsch. **59**, 424 (1928). Ergebn. inn. Med. **38**, 173, 229 (1930). A. e. P. P. **145**, 108 (1929). Ergebn. Enzymforsch. **2**, 282 (1933). — [5] JAQUES, L. B., E. FIDLAR, E. T. FELDSTED and A. G. MACDONALD: Canad. med. Ass. J. **55**, 26 (1946). — [6] WOOLDRIDGE, L. C.: On the Chemistry of the Blood and Other Scientific Papers. London 1893. — [7] FREUND, E.: Wien. klin. Wschr. **1910 I**, 682. — [8] ZAK, E.: A. e. P. P. **70**, 27 (1912); **74**, 1 (1913); **97**, 499 (1923). — [9] BORDET, J.: Ann. Inst. Pasteur **34**, 561 (1920). — [10] HOWELL, W. H.: Amer. J. Physiol. **31**, 1 (1912/13). — [11] McLEAN, J.: Amer. J. Physiol. **41**, 250 (1916); **43**, 586 (1917). — [12] GRATIA, A., and P. A. LEVENE: J. biol. Ch. **50**, 455 (1922). — [13] GRÜN, A., u. R. LIMPÄCHER: B. **60**, 151 (1927). — [14] CHARGAFF, E., F. W. BANCROFT and M. STANLEY-BROWN: J. biol. Ch. **116**, 237 (1936). — [15] CHARLES, A. F., A. M. FISHER and D. A. SCOTT: Trans. R. Soc. Canada (V) **28**, 49 (1934). — [16] KAZAL, L. A., A. HIGASHI, M. DE YOUNG, R. BRAHINSKY and R. H. BARNES: Arch. Biochem. **10**, 183 (1946). — [17] LEIN, J., and H. W. HAYS: Fed. Proc. **4**, 45 (1945).

Die hochgereinigte Thrombokinase aus Lungen ist ein Lipoprotein[1] mit 12 % N und 0,8% P. Der Lipoidanteil (1,8% des Gesamtgewichts) kann mit Alkohol-Äther extrahiert werden. Die Blutplättchen sind auch sehr reich an Phosphatiden[2].

In letzter Zeit ist der Thrombokinase des Plasmas, dem *Plasmathromboplastin bzw. Plasmathromboplastinogen* größere Aufmerksamkeit gewidmet worden (s. S. 497). Wird das Blut ohne Zusatz von Antikoagulantien in silikonbehandelten, gekühlten Röhrchen bei +2° C 10 min lang bei 17500 *g* zentrifugiert[3], so bleibt das vermutlich thrombocytenfreie Plasma in den silikonbehandelten Röhrchen flüssig, gerinnt aber schnell bei der Berührung mit Glas oder Glaspulver (Pyrexglas), offenbar durch Aktivierung eines Thromboplastinogens des Plasmas.

In ähnlicher Weise kann man durch Schütteln des Oxalatplasmas mit Chloroform eine Aktivierung des Prothrombins auch ohne Calciumionen erzielen[4]. Dies beruht auf der Wirkung einer Plasmaprotease, die, wie auch das krystallinische Trypsin, eine Aktivierung des Prothrombins hervorrufen kann[5]. FERGUSON[6] sieht in der Prothrombinaktivierung einen proteolytischen Prozeß. Das hochgereinigte Thromboplastin[7] aus Lungen hat jedoch keine proteolytische Wirkung.

Auch aus dem Plasma kann die Plasmathrombokinase zusammen mit den Lipoiden bei 25000 Umdrehungen pro min abzentrifugiert werden[8].

Über die *Wirkungsweise der Thrombokinase* ist sonst wenig bekannt. EAGLE[9] und QUICK[10] nahmen eine katalytische Wirkung enzymatischer Natur an. Im Gegensatz hierzu fanden MERTZ, SEEGERS u. SMITH[11], daß die Thrombokinase bei der Aktivierung des Prothrombins proportional der gebildeten Thrombinmenge verbraucht wird. QUICK[12] hat dieser Ansicht beigestimmt. Er betrachtet jedoch die Aktivierung des Thromboplastinogens des Plasmas als einen katalytischen Vorgang, der durch die Thrombocyten bewirkt wird[13]. Auch SEEGERS u. Mitarb.[14] finden, daß Plasma ohne Mitwirkung der Thrombocyten nicht aktiviert werden kann. Nach MILSTONE[15] kommt das Plasmathromboplastin in einer Vorstufe vor, die in Gegenwart von Calciumionen aktiviert wird.

QUICK[16] sieht in der Prothrombinaktivierung einen sehr komplizierten Vorgang. Nachdem er anerkannt hat, daß seine ursprüngliche „labile Komponente A" des Prothrombins mit OWRENS fünftem Faktor identisch ist, greift er auf eine alte Theorie von BORDET zurück, der behauptete, daß das Prothrombin, das *Serozym*, bei der Berührung des Blutes mit Glas- und Gefäßwänden aus einer Vorstufe, dem *Proserozym*, gebildet wird. In Übereinstimmung hiermit spricht QUICK von einem aktiven und einem inaktiven Zustande des Prothrombins.

ζ) Das Calcium.

Nachdem zuerst GREEN[17] 1887 und FREUND[18] 1888 beobachtet hatten, daß Gipslösung die Gerinnung beschleunigt, wies ARTHUS[19] im Jahre 1890 die Unent-

[1] CHARGAFF, E.: J. biol. Ch. **160**, 351; **161**, 389 (1945). — [2] COHEN, S. S., and E. CHARGAFF: J. biol. Ch. **140**, 689 (1941). — [3] CONLEY, C. L., R. C. HARTMANN and W. I. MORSE: J. clin. Invest. **28**, 340 (1949). — [4] TAGNON, H. J.: J. Lab. clin. Med. **27**, 1119 (1942). — [5] TAGNON, H. J., C. S. DAVIDSON and F. H. L. TAYLOR: J. clin. Invest. **21**, 525 (1942). — [6] FERGUSON, J. H.: Physiol. Rev. **16**, 640 (1936). — [7] CHARGAFF, E., A. BENDICH and S. S. COHEN: J. biol. Ch. **156**, 161 (1944). — [8] MACFARLANE, R. G., J. W. TREVAN and A. M. P. ATTWOOD: J. Physiol., London **99**, P 7 (1940/41). — [9] EAGLE, H.: J. gen. Physiol. **18**, 531, 547 (1935). — [10] QUICK, A. J.: Amer. J. Physiol. **114**, 282 (1935/36); **115**, 317; **116**, 535 (1936). — [11] MERTZ, E. T., W. H. SEEGERS and H. P. SMITH: Proc. Soc. exp. Biol. Med. **42**, 604 (1939). — [12] QUICK, A. J.: J. biol. Ch. **109**, LXXIII (1935). J. amer. med. Ass. **110**, 1658 (1938). — [13] QUICK, A. J., and M. STEFANINI: Proc. Soc. exp. Biol. Med. **67**, 111 (1948). — [14] PATTON, T. B., A. G. WARE and W. H. SEEGERS: Blood **3**, 656 (1948). — [15] MILSTONE, J. H.: Science, N. Y. **106**, 546 (1947). — [16] QUICK, A. J., and M. STEFANINI: J. Lab. clin. Med. **34**, 1203 (1949). — [17] GREEN, J. R.: J. Physiol., London **8**, 354 (1887). — [18] FREUND, E.: Med. Jb. (N. F.) **3**, 259 (1888). — [19] ARTHUS, M., et C. PAGÈS: Arch. Physiol., Paris (5) **2**, 810 (1890). Cr. **112**, 241 (1891). — ARTHUS, M.: Z. Biol. **34**, 433 (1897).

behrlichkeit der Calciumsalze bei der Gerinnung nach. Er zeigte, daß Oxalate, Fluoride und Citrate die Gerinnung verhindern. Zuerst dachte man an die Entstehung einer Calciumverbindung des Thrombins[1] (PEKELHARING) oder des Fibrinogens. HAMMARSTEN[2] wies nach, daß fertiges Thrombin auch ohne Gegenwart von Calcium eine dialysierte Fibrinogenlösung oder dialysiertes Plasma koaguliert. Calcium ist aber doch für die Gerinnung notwendig, nämlich für die Aktivierung des Prothrombins. Es greift also in die erste Phase der Gerinnung ein. Die Befunde von HAMMARSTEN wurden später mit verbesserter Technik[3] bestätigt.

Sehr umstritten ist die Frage der *Wirkungsweise des Calciums*. Nach HAMMARSTEN und WÖHLISCH ist eine katalytische Wirkung auf die Prothrombinaktivierung am wahrscheinlichsten. HOWELL, der behauptete, die Kinase befreie das Prothrombin von der Hemmung des Antiprothrombins, nahm zuerst eine unmittelbare Wirkung des Calciums auf das Prothrombin an. Dieser Gedanke wurde von seinen Mitarbeitern weiterentwickelt, die annahmen, das Calcium sei ein Bestandteil des Thrombins. Im Gegensatz hierzu stellte KASTL[4] aus Serum, das durch Oxalat calciumfrei gemacht war, im Laboratorium von WÖHLISCH hochwirksame Thrombinpräparate nach SCHMIDT dar, die nach der Analyse calciumfreie Fibrinogenlösungen zur Gerinnung brachten[5]. Auch EAGLE[6] findet das Calcium für die Thrombinwirkung unnötig und bestreitet den Calciumgehalt des Thrombins. Die alte Frage, ob das Calcium katalytisch oder stöchiometrisch wirkt, soll nach QUICK[7] nun entschieden sein. Calcium soll danach ähnlich wie die Thrombokinase stöchiometrisch, nicht enzymatisch-katalytisch in die Aktivierung des Prothrombins eingreifen[8].

Auf Grund einiger Befunde von VINES[9] hielten LOUCKS u. SCOTT[10] nichtsdestoweniger das Thrombin für eine Calciumverbindung. Nach einiger Zeit tauchte diese Vorstellung wieder auf[11–13]. Nach Ansicht dieser Forscher sollte die Prothrombinaktivierung nur in einer Aufnahme von Calcium bestehen, eine Annahme, die nochmals von WÖHLISCH u. WEITNAUER[14] widerlegt wurde.

Schließlich soll hervorgehoben werden, daß man auch behauptet hat, das Calcium sei für die Prothrombinaktivierung nicht unbedingt nötig. CEKADA[15] konnte durch Einwirkung von Chloroform gereinigtes Prothrombin aktivieren. Feucht aufbewahrte Prothrombinpräparate werden spontan aktiviert (MELLANBY). Es ist jedoch fraglich, ob diese Präparate ganz calciumfrei waren. Jedenfalls kann man damit rechnen, daß sie Plasmaproteasen enthielten, die, wie auch das Trypsin, das Prothrombin aktivieren können (EAGLE)[16].

Zusammenfassend kann man sagen, daß Calciumionen für den normalen Verlauf der Vorgerinnung notwendig sind. Strontium hat eine ähnliche, aber schwächere Wirkung.

η) Das Thrombin.

Das *Gerinnungsenzym* Thrombin entsteht aus einer Vorstufe, dem Prothrombin. Es wird bei der Koagulation neu gebildet, und zwar in solcher Menge, daß das frische Serum und die Fibringerinnsel sehr reich daran sind.

[1] PEKELHARING, C. A.: Untersuchungen über das Fibrinferment. Amsterdam 1892. — [2] HAMMARSTEN, O.: Pflügers Arch. **22**, 431 (1880); **30**, 437 (1883). H. **22**, 333 (1896/97); **28**, 98 (1899). — [3] WÖHLISCH, E., u. K. PASCHKIS: Z. ges. exp. Med. **40**, 121 (1924). — [4] KASTL, O.: B. Z. **274**, 452 (1934). — [5] WÖHLISCH, E.: Naturwiss. **24**, 513 (1936). — [6] EAGLE, H.: J. gen. Physiol. **18**, 547 (1935). — [7] QUICK, A. J.: Science, N. Y. **106**, 591 (1947). — [8] QUICK, A. J.: Amer. J. med. Sci. **214**, 272 (1947). — [9] VINES, H. W. C.: J. Physiol., London **55**, 86, 287 (1921). — [10] LOUCKS, M. M., and F. H. SCOTT: Amer. J. Physiol. **91**, 27 (1930). — [11] SCOTT, F. H., and C. CHAMBERLAIN: Proc. Soc. exp. Biol. Med. **31**, 1054 (1934). — [12] SCHEURING, H.: B. Z. **277**, 437; **279**, 436 (1935); **283**, 1 (1936). — [13] DYCKERHOFF, H., u. H. F. KÜRTEN: B. Z. **284**, 111 (1936). — [14] WEITNAUER, H., u. E. WÖHLISCH: B. Z. **288**, 137 (1936). — [15] CEKADA, E. B.: Amer. J. Physiol. **78**, 512 (1926). — [16] EAGLE, H.: J. gen. Physiol. **18**, 547 (1935).

Darstellung von Thrombin. Aus frischem Serum oder aus Fibringerinnseln können hochwirksame Thrombinpräparate hergestellt werden. Das Thrombin hat eine besondere Neigung, sich an Fibrin zu fixieren. Zur Darstellung des Thrombins denaturierte A. SCHMIDT die Eiweißstoffe des frischen Serums durch mehrwöchiges Stehenlassen mit Alkohol bei Zimmertemperatur, wonach das Thrombin aus dem Trockenpulver mit physiologischer Kochsalzlösung extrahiert wurde. HOWELL[1] gewann es nach einem schon von BUCHANAN[2] angegebenen und von GAMGEE[3] im Jahre 1879 abgeänderten Verfahren durch Extraktion von Fibringerinnseln mit 8%iger Kochsalzlösung und Fällung mit 1 Vol. Aceton. Die Eiweißstoffe der Fällung wurden teilweise durch Trocknen und teilweise durch nachheriges Schütteln der wäßrigen Lösung mit Chloroform denaturiert und entfernt[4]. BLEIBTREU u. ATZLER[5] fingen das Thrombin an isoelektrisch ausgefälltem Casein auf. Es wird auch wie das Prothrombin an Tricalciumphosphat[6] adsorbiert. BLEIBTREU[7] benutzte das MELLANBY-Verfahren[8] von 1909. Das Oxalatplasma wird mit destilliertem Wasser auf das 10fache verdünnt und mit Essigsäure angesäuert. Das Prothrombin wird zusammen mit Fibrinogen und Globulin ausgeflockt. Es wird durch Kinase aktiviert und gleichzeitig von ausgeflocktem Fibrin befreit. Die reinsten Thrombinpräparate mit etwa 13000 Iowa-Einheiten pro mg Stickstoff sind von SEEGERS u. Mitarb.[9–11] aus hochgereinigtem Prothrombin dargestellt worden. Auch MILSTONE[12] berichtet über ein hochgereinigtes Thrombin.

Eigenschaften. Der isoelektrische Punkt des hochgereinigten Thrombins liegt bei p_H 4,3, ist also niedriger als der des Prothrombins (p_H 4,9). Auch in der Löslichkeit in Wasser und der Stabilität unterscheiden sich die beiden Präparate. Das Molekulargewicht des Thrombins, etwa 77000, soll nur die Hälfte vom Molekulargewicht des Prothrombins betragen.

Als Trockenpulver ist das Thrombin haltbar. Seine wäßrige Lösung verliert durch die Einwirkung von Säuren bei p_H 3,4 oder von Alkali bei p_H 10 irreversibel ihre Aktivität. Gereinigtes Thrombin verträgt in wäßriger Lösung von p_H 7 eine Temperatur von 50° C minutenlang (MELLANBY) oder auch ein kurzes Erhitzen auf 80° (WÖHLISCH). Das reinste Thrombin zeigt nach SEEGERS *keine fibrinolytische Wirkung*.

ϑ) Antiprothrombin bzw. Antithrombin.

Die Frage, warum das Blut in den Gefäßen flüssig bleibt, wurde schon 1772 von HEWSON[13] gestellt, als er zeigen konnte, daß das Blut einer aufgehängten großen Vene lange Zeit flüssig blieb, wenn nur die Intima intakt war. Er hielt zur Erklärung dieses Phänomens eine gerinnungshemmende Wirkung der Gefäßwände für möglich. Später hat man das Vorhandensein eines Antiprothrombins postuliert. Schon SCHMIDT isolierte aus weißen Blutzellen ein „Cytoglobin", dem er eine gerinnungshemmende Wirkung zuschrieb. In dem FULD-SPIRO-MORAWITZschen Schema hat das Antiprothrombin eigentlich keinen Platz, aber die meisten Forscher können es in ihren Theorien nicht entbehren. Nach BORDET existiert das Serozym (Prothrombin) nicht als solches, sondern mit Antiprothrombin maskiert als Proserozym, eine Ansicht, die von SCHEURING[14] bestritten, aber von QUICK[15, 16] mit seiner inaktiven Komponente des Prothrombins wieder aufgenommen wurde.

---

[1] HOWELL, W. H.: Amer. J. Physiol. **26**, 453 (1910). — [2] BUCHANAN, A.: London med. Gaz. (N.S.) **1**, 617 (1845). J. Physiol., London **2**, 158 (1879/80). — [3] GAMGEE A.: J. Physiol., London **2**, 145 (1879). — [4] QUICK, A. J.: Amer. J. Physiol. **115**, 317 (1936). — [5] BLEIBTREU, M., u. E. ATZLER: Pflügers Arch. **181**, 130 (1920). — [6] BORDET, J., et L. DELANGE: Ann. Bull. Soc. R. Sci. méd. natur. Bruxelles **72**, 87 (1914). — [7] BLEIBTREU, M.: Pflügers Arch. **213**, 642 (1926). — [8] MELLANBY, J.: J. Physiol., London **36**, 288 (1908); **38**, 28 (1909). Proc. R. Soc. London (B) **113**, 93 (1933). — [9] SEEGERS, W. H.: J. biol. Ch. **136**, 103 (1940). — [10] SEEGERS, W. H., and D. A. McGINTY: J. biol. Ch. **146**, 511 (1942). — [11] SEEGERS, W. H., and A. G. WARE: Fed. Proc. **7**, 186 (1948). — [12] MILSTONE, H.: J. gen. Physiol. **25**, 679 (1942). — [13] HEWSON, W.: Works edited by GULLIVER, G. London 1846. — [14] SCHEURING, H.: Kli. Wo. **1939 II**, 1062. — [15] QUICK, A. J.: Amer. J. Physiol. **114**, 282 (1935/36); **115**, 317; **116**, 535 (1936). — [16] QUICK, A. J., and M. STEFANINI: J. Lab. clin. Med. **34**, 1203 (1949).

Am bestimmtesten äußerte sich HOWELL[1] darüber. Er behauptete, daß das Prothrombin ein Prothrombin-Antiprothrombin-Komplex sei, aus dem die Kinase das Prothrombin frei mache. Das Antiprothrombin sollte das von ihm entdeckte Heparin sein, dem physiologischerweise eine gerinnungshemmende Aufgabe zukommen sollte. In einem künstlich erzeugten experimentellen Zustande, dem Peptonschock des Hundes, beobachtet man auch ein Ausschwemmen von Antiprothrombin bzw. von Heparin aus der Leber, was der Gerinnungsfähigkeit des Blutes entgegenwirkt oder sie ganz aufhebt (s. Peptonschock, S. 498).

Welch eine Bedeutung der Antiprothrombinwirkung des Heparins und des Heparin-Cofaktors im Plasma zuzuweisen ist (s. Heparinwirkung, S. 491), ist noch unentschieden.

Ein weit größeres Interesse ist dem *Antithrombin des Plasmas* und dessen Heparin-Cofaktor gewidmet worden, da das Blutplasma ein starkes Antithrombin enthält. Kurz nach seiner Bildung bei der Gerinnung verschwindet das Thrombin wieder, ein Vorgang, den man früher Metathrombinbildung nannte. Die Verbindung Thrombin-Antithrombin sollte reversibel und ein Teil des Thrombins mit Alkali regenerierbar[2] sein.

Das Thrombin neutralisierende Agens ist unter den Plasmaalbuminen[3] zu finden. Krystallinisches Serumalbumin ist jedoch unwirksam[4–6]. QUICK spricht von nur einem Antithrombin des Plasmas, dessen Wirkung durch Heparin hochgradig verstärkt wird, ASTRUP[7,8] dagegen von zwei verschiedenen. Das erste, das normale Antithrombin, ist ein Eiweißfaktor, dessen Gehalt im Blute ziemlich konstant ist, das zweite, eine Verbindung von Heparin mit einem Heparin-Cofaktor, zeigt bei verschiedenen Zuständen wechselnde Werte[9]. Bei Lebererkrankungen wie auch bei Schockzuständen beobachtet man einen erhöhten Antithrombinwert des Blutes[10]. Die Antithrombinwirkung des Plasmas wird mit Hilfe von gereinigtem Thrombin gemessen[9, 11–15].

ι) Der Gerinnungsvorgang.

Die weitaus größte Anerkennung hat die sog. klassische Gerinnungstheorie von ALEXANDER SCHMIDT gefunden, die in ihren Hauptzügen von FULD, SPIRO, MORAWITZ, WÖHLISCH und HOWELL verteidigt worden ist. Nach diesem Schema zerfällt der Gerinnungsvorgang in zwei Phasen:

1. Die Vorgerinnung, die Thrombinbildung, und
2. die Hauptgerinnung, die Bildung des Fibrins aus dem Fibrinogen.

Schema der Blutgerinnung. Im Plasma soll kein Thrombin vorkommen. Sobald Kinase aus Thrombocyten oder aus anderen Quellen, wie verletzten Gefäßwänden oder aus der Gewebsflüssigkeit, hinzutritt oder Plasmathromboplastin aktiviert wird, entsteht Thrombin, und die Gerinnung wird ausgelöst. Die erste Phase der Gerinnung ist ein autokatalytischer Vorgang. Es vergeht einige Zeit, bis die Thrombinbildung beginnt, sie erfolgt aber nach dieser Latenzzeit sehr

---

[1] HOWELL, W. H.: Amer. J. Physiol. **77**, 680 (1926). — [2] WÖHLISCH, E.: B. Z. **316**, 295 (1944). — [3] QUICK, A. J.: Amer. J. Physiol. **123**, 715 (1938). — [4] JAQUES, L. B., and R. A. MUSTARD: Biochem. J. **34**, 153 (1940). — [5] ZIFF, M., and E. CHARGAFF: Proc. Soc. exp. Biol. Med. **43**, 740 (1940). — [6] FERGUSON, J. H.: Amer. J. Physiol. **130**, 759 (1940). — [7] ASTRUP, T., and S. DARLING: Acta physiol. scand. **4**, 45, 293 (1942). — [8] ASTRUP, T., and S. DARLING: J. biol. Ch. **133**, 761 (1940). — [9] VOLKERT, M.: Acta physiol. scand. **5**, Suppl. **15** (1942). — [10] KOLLER, F., and W. FRITSCHY: Helv. med. Acta **14**, 263 (1947). — [11] SEEGERS, W. H., E. D. WARNER, K. M. BRINKHOUS and H. P. SMITH: Science, N. Y. **96**, 300 (1942). — [12] SEEGERS, W. H., and H. P. SMITH: Proc. Soc. exp. Biol. Med. **52**, 159 (1943). — [13] ASTRUP, T., and S. DARLING: Acta physiol. scand. **4**, 293 (1942); **5**, 13 (1943). — [14] HURN, M., and F. D. MANN: Amer. J. clin. Path. **17**, 741 (1947). — [15] HOLDEN, W. D., J. W. COLE and J. H. DAVIS: Surg., Gynec. Obstet. **89**, 20 (1949).

schnell. Während die Kinasewirkung der Kinasemenge in etwa stöchiometrischen Verhältnissen proportional ist, scheint es, als ob das neugebildete Thrombin die weitere Prothrombinaktivierung katalytisch steigere. Mit der Umwandlung des Fibrinogens in Fibrin befassen sich die Gerinnungstheorien weniger. Der Prozeß ist — wie kolloidchemische Vorgänge überhaupt — nicht leicht zu fassen, und die Diskussion hierüber trägt daher wenig zur Klarheit bei. Der Übergang vom flüssigen zum Gelzustand erinnert völlig an die Gerinnung von Milcheiweiß und an die entsprechende Umwandlung anderer Kolloide, z. B. eines flüssigen Kieselsäuresols. Die nachfolgende *Retraktion des Blutkuchens* ist ebenfalls *identisch mit der kolloidchemischen Synärese* der Gele[1, 2]. In groben Zügen entspricht die Fibrinbildung einer Denaturierung des Fibrinogens, weshalb WÖHLISCH auch das Thrombin als eine echte Denaturase betrachtet (s. Fibrinogen, S. 476f. sowie Bd. **1**, S. 727).

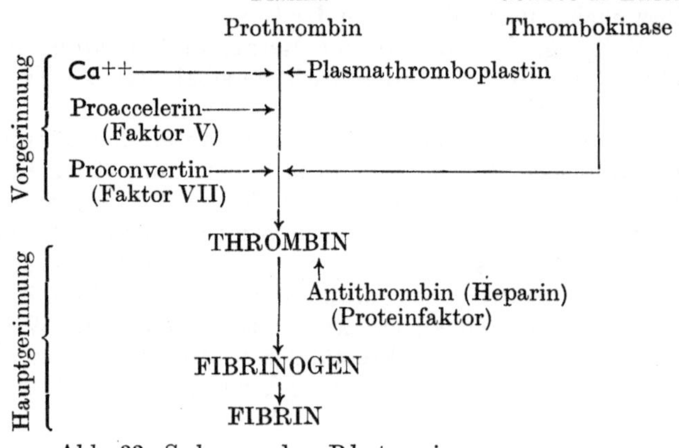

Abb. 33. Schema der Blutgerinnung.

κ) Andere Theorien der Blutgerinnung.

In scharfem Gegensatz zu der weiter entwickelten SCHMIDTschen Lehre stellten andere Forscher rein physikalische Betrachtungen an, indem sie den Gedankengang von WOOLDRIDGE[3] aus dem Jahre 1886 wieder aufnahmen.

PEKELHARING[4], HEKMA[5], MILLS[6] und besonders NOLF[7] betrachteten die Gerinnung als eine Störung des kolloidalen Gleichgewichts des Blutes. WOOLDRIDGE behauptete, das Plasma enthalte alle zur Gerinnung nötigen Anteile; es bedürfe nur einer Verschiebung des Gleichgewichts, um die Gerinnung auszulösen. Das glaubte er in der Tat am Vogelplasma und am Peptonplasma des Hundes durch Schütteln mit etwas Chloroform, durch Verdünnen mit 10 bis 20 Volumina destilliertem Wasser oder durch Einleiten von Kohlensäure gezeigt zu haben. NOLF, der seit 1906 mehr als 30 Jahre lang seine Ansicht verteidigt hat, betrachtet das Fibrin als ein Produkt der gemeinsamen Ausflockung dreier Plasmakolloide, des Fibrinogens, des Thrombogens (Prothrombin) und des Thrombozyms (Kinase). Durch Vereinigung der beiden letzten sollte Thrombin entstehen, das bei der Gerinnung nicht mitwirken soll, sondern als Nebenprodukt gebildet wird. Nach der durch Schütteln mit Chloroform ausgelösten Gerinnung soll auch das Serum 30- bis 100mal mehr Thrombin enthalten als nach der natürlichen Gerinnung.

[1] LIESEGANG, R., u. H. LAMPERT: Z. ges. exp. Med. **82**, 172 (1932). — [2] LAMPERT, H., u. A. OTT: Z. ges. exp. Med. **94**, 309 (1934). — [3] WOOLDRIDGE, L. C.: Arch. Anat. Physiol. (B) **1883**, 389. — [4] PEKELHARING, C. A.: Untersuchungen über das Fibrinferment. Amsterdam 1892. — [5] HEKMA, E.: B. Z. **199**, 333 (1928). — [6] MILLS, C. A.: J. biol. Ch. **46**, 135 (1921). — [7] NOLF, P.: Sang **10**, 257 (1936).

Das physiologische Gleichgewicht des Systems soll durch Antiprothrombin im fließenden Blut gesichert sein. Nach MILLS und HEKMA stört die aus den Geweben kommende Kinase dieses Gleichgewicht.

Diese Ansicht NOLFS, wie auch ähnliche Behauptungen von MILLS, sind von mehreren Seiten (BORDET u. a.), wie es scheint mit Recht, scharf kritisiert worden. Kaum ein Gebiet hat eine solche Verwirrung der Ansichten gezeigt wie dieses. Mehrmals widerlegte Theorien tauchten wieder auf, und von vornherein unglaubhafte Behauptungen wurden ernsthaft wieder vorgebracht.

Bezüglich der Entwicklung auf diesem Gebiete und der Kritik sei auf WÖHLISCHS[1] Schrifttum hingewiesen. Weitere Beiträge zur Diskussion sind kürzlich von TAGNON[2,3] geliefert worden.

λ) Die Fibrinolyse[4].

Die enzymatische Auflösung eines Gerinnsels bzw. die Depolymerisation des Fibrinogens im Blut ist eingehend studiert worden[5—8]. Das Phänomen tritt beim Schock[9], bei Operationen[10, 11] usw. auf und verursacht, daß das Blut nach plötzlichem Tode im Schock[12] nicht gerinnt. Bei der Thrombosebehandlung mit gerinnungshemmenden Mitteln können frische Gerinnsel[13—15] aufgelöst werden.

Es handelt sich bei der Fibrinolyse um die Wirkung von Proteasen, die im Plasma vorkommen oder entstehen können[16]. Aktive Präparate sind aus der Euglobulinfraktion[17—20] oder aus der COHN-Fraktion III-2[21] dargestellt und weitgehend gereinigt worden. Das gereinigte Thrombin hat dagegen nach SEEGERS[22] keine fibrinolytische Wirkung (S. 486, Thrombin). Normales Plasma wird durch Schütteln mit Chloroform, und die Euglobulinfraktion durch die Einwirkung von Aceton bei p_H 1 bis 1,2 in dieser Hinsicht stark aktiviert.

Das Fibrinolysin der Streptokokken ist gegen hochgereinigtes Fibrinogen inaktiv, wird aber durch Zusatz von Spuren von Plasma[23] aktiviert. Nach der gegenwärtigen Terminologie soll das bakterielle Fibrinolysin nur eine Streptokinase sein, die die Vorstufe des Plasmafibrinolysins aktiviert[24—26], das „*Plasminogen*" in „*Plasmin*" umwandelt (s. S. 297).

Tierische Gewebe können das Plasminogen aktivieren, und zwar die bei der Extraktion wasserunlöslichen Rückstände. Als beste Quelle dieser sog. Fibrinokinase gibt ASTRUP[27] Schweineherz an. Der Verlauf der Aktivierung wurde von ihm näher verfolgt[28] und eine quantitative Methode zur Bestimmung des Plasmins angegeben[29].

---

[1] WÖHLISCH, E.: Die Physiologie und Pathologie der Blutgerinnung. Ergebn. Physiol. **28**, 443 (1929); **43**, 174 (1940). — [2] TAGNON, H. J.: J. Lab. clin. Med. **27**, 1119 (1942). — [3] TAGNON, H. J., C. S. DAVIDSON and F. H. L. TAYLOR: J. clin. Invest. **21**, 525 (1942). — [4] s. a. S. 297. — [5] NOLF, P.: Arch. int. Physiol. **6**, 306 (1908). — [6] UNGAR, G.: Lancet **1947 I**, 708. — [7] HALSE, T.: Fibrinolyse. Freiburg 1948. — [8] GUEST, M. M., B. M. DALY, A. G. WARE and W. H. SEEGERS: J. clin. Invest. **27**, 785, 793 (1948). — [9] TAGNON, H. J.: J. Lab. clin. Med. **27**, 1119 (1942). J. clin. Invest. **24**, 1 (1945). — [10] MACFARLANE, R. G.: Lancet **1937 I**, 10. — [11] KAULLA, K. N. v.: Schweiz. med. Wschr. **77**, 313 (1947). — [12] YUDIN, S. S.: Presse méd. **44**, 68 (1936). — [13] RABINOVITCH, J., and B. PINES: Surgery **14**, 669 (1943). — [14] LOEWE, L.; E. D. HIRSCH and D. M. GRAYZEL: Surgery **22**, 746 (1947). — [15] DALE, D. U., and L. B. JAQUES: Canad. med. Ass. J. **46**, 546 (1942). — [16] TAGNON, H. J., C. S. DAVIDSON and F. H. L. TAYLOR: J. clin. Invest. **21**, 525 (1942). — [17] LOOMIS, E. C., and R. M. SMITH: J. biol. Ch. **163**, 767 (1946). — [18] SHINOWARA, G. Y.: Proc. Soc. exp. Biol. Med. **66**, 456 (1947). — [19] ROCHA E SILVA, M., and C. RIMINGTON: Biochem. J. **43**, 163 (1948). — [20] KAULLA, K. N. v.: Nature **164**, 408 (1949). — [21] EDSALL, J. T., R. M. FERRY and S. H. ARMSTRONG jr.: J. clin. Invest. **23**, 557 (1944). — [22] SEEGERS, W. H.: J. biol. Ch. **136**, 103 (1940). — [23] MILSTONE, H.: J. Immunol. **42**, 109 (1941). — [24] SHINOWARA, G. Y.: Proc. Soc. exp. Biol. Med. **66**, 456 (1947). — [25] ROCHA E SILVA, M., and C. RIMINGTON: Biochem. J. **43**, 163 (1948). — [26] LOOMIS, E. C., C. GEORGE jr. and A. RYDER: Arch. Biochem. **12**, 1 (1947). — [27] ASTRUP, T.: Acta physiol. scand. **24**, 267 (1952). — [28] ASTRUP, T.: Biochem. J. **50**, 5 (1952). — [29] ASTRUP, T., J. CROOKSTON and A. MACINTYRE: Acta physiol. scand. **21**, 238 (1950).

Das Blut enthält Antifibrinolysine[1], deren Gehalt besonders bei Infektionen mit β-hämolytischen Streptokokken stark erhöht ist[2].

Durch fibrinolytisches Enzym wird das Menstruationsblut[3-5] flüssig gehalten.

Das Fibrinogenmolekül wird auch dann depolymerisiert, wenn man dem Plasma 15 bis 40% Harnstoff zusetzt[6].

μ) Die Gerinnung beeinflussende Faktoren.

Die Gerinnungszeit des Blutes wird durch mehrere Faktoren, wie Temperatur, Oberflächenverhältnisse, Salzmenge usw., stark beeinflußt. Die mit normalem Blute erhaltenen Werte hängen daher völlig von der angewandten Technik ab und können zwischen einigen Minuten und einer halben Stunde schwanken. Der Zutritt von Luft ruft Kinaseproduktion hervor, und die Behandlung der Glasgefäße mit Paraffin oder Silikonen verlängert die Gerinnungszeit um ein Vielfaches. Bezüglich der zahlreichen empfohlenen Methoden s. WÖHLISCH[7].

Die Fibrinbildung wird schon wegen der enzymatischen Natur des Gerinnungsprozesses durch die *Temperatur* beeinflußt. Eine Erniedrigung der Temperatur um 10° C kann die Gerinnungszeit verdoppeln[8]. Auf Eis aufbewahrte Blutproben gerinnen langsam.

Die stärkste Beschleunigung der Blutgerinnung wird durch *mechanische Faktoren* ausgelöst, welche Gewebskinase frei machen, die Blutplättchen schädigen oder vielleicht das Plasmathromboplastin aktivieren. Schlagen des Blutes oder Schütteln mit Glasperlen sind altbewährte Mittel, um Gerinnung herbeizuführen. Die Thrombocyten sind sehr empfindlich. Schon die *Berührung mit Luft* genügt, um Kinase aus ihnen austreten zu lassen. Ähnlich dürften die beim Entweichen der Kohlensäure entstehende Alkalescenz[9] (DEETJEN) und das aus weichem Glas ausgelaugte *Alkali*[10] lytisch auf die Thrombocyten wirken. Durch mittelgroße Dosen von *Adrenalin* wird die Gerinnung beschleunigt. In vitro ist Adrenalin unwirksam. Die beobachtete Verkürzung der Gerinnungszeit des Blutes nach Mahlzeiten[11] wird einer Adrenalinausschwemmung zugeschrieben.

Um die Gerinnung zu verzögern, hat man das Blut vor Reibungsmomenten geschützt. Zu diesem Zwecke wurden früher die Glasgefäße mit Vaselin[12] bestrichen oder paraffiniert[13], oder das Blut in Gefäßen aus besonderem, mit Wasser nicht leicht benetzbarem Material, wie Bernstein oder Kunststoffen (z. B. Athrombit[14]), gesammelt. In letzter Zeit hat man beobachtet, daß polymere Siliciumhalogen-Verbindungen, Silikone (General Electric Dri-Film Nr. 9987), das Glas unbenetzbar machen. In silikonbehandelten Gefäßen ist die Gerinnungszeit stark verzögert[15].

Anticoagulantien. Seit 1890 wurden Oxalate, Fluoride und Citrate als Anticoagulantia verwendet (ARTHUS). In letzter Zeit ist Natriumhexametaphosphat, $Na_6P_6O_{18}$, vorgeschlagen worden[16]. Das Oxalat entfernt die Calciumionen durch

[1] GUEST, M. M., B. M. DALY, A. G. WARE and W. H. SEEGERS: J. clin. Invest. **27**, 785, 793 (1948). — [2] Commiss. Acute Resp. Disease: J. clin. Invest. **25**, 352 (1946). — [3] LOZNER, E. L., Z. E. TAYLOR and F. H. L. TAYLOR: New Engl. J. Med. **226**, 481 (1942). — [4] HUGGINS, C., V. C. VAIL and M. E. DAVIS: Amer. J. Obstet. Gynec. **46**, 78 (1943). — [5] SMITH, O. W., and G. V. S. SMITH: Science, N. Y. **102**, 253 (1945). — [6] JÜHLING, L., u. E. WÖHLISCH: B. Z. **298**, 312 (1938). — [7] WÖHLISCH, E.: Bamann-Myrbäck **3**, 2126. — [8] WEINER, M., and S. SHAPIRO: Proc. Soc. exp. Biol. Med. **69**, 210 (1948). — [9] DEETJEN, H.: H. **63**, 1 (1909). — [10] BÜRKER, K.: Pflügers Arch. **102**, 55 (1904); **118**, 452 (1907). — [11] MILLS, C. A.: J. biol. Ch. **55**, XVIII (1923). — [12] FREUND, E.: Med. Jb. (N. F.) **1**, 46 (1886); (N. F.) **3**, 259 (1888). — [13] BORDET, J., et O. GENGOU: Bull. Acad. R. Méd. Belg. **17**, 897 (1903). — [14] LAMPERT, H.: Die physikalische Seite des Blutgerinnungsproblems und ihre praktische Bedeutung. Leipzig 1931. — [15] JAQUES, L. B., E. FIDLAR, E. T. FELDSTED and A. G. MACDONALD: Canad. med. Ass. J. **55**, 26 (1946). — [16] LARSON, C. E.: Proc. Soc. exp. Biol. Med. **44**, 554 (1940).

Ausfällung, Citrat und Metaphosphat durch Entionisierung. Aus dem Natriummetaphosphat entsteht $Na_2Ca_2P_6O_{18}$ mit dem Komplex $(Ca_2P_6O_{18})$. Das Calcium kann auch durch Schütteln des Blutes mit einem Ionenaustauscher[1, 2], Amberlite JR 100, entfernt werden.

Die zur Verhinderung der Gerinnung nötige Konzentration ist für Oxalate 1‰, für Fluoride 3‰, für Citrate 4‰ bis 1% und für das Metaphosphat 0,1 bis 2%. Wegen seiner guten Löslichkeit wird das Kaliumoxalat in 20%iger Lösung viel verwendet, während Tri-natriumcitrat entweder in 40%iger oder in der dem Blut isotonischen 3,8%igen Lösung bis zu einem Gehalt von 1% zugesetzt wird. Das Oxalat ist toxisch und ist darum in vivo kontraindiziert, das Citrat aber wird von Tieren auch intravenös vertragen. Es wird im Körper schnell oxydiert. Gegenwärtig werden diese Mittel zum Gebrauch sowohl in vivo als in vitro durch Heparin ersetzt.

Mehrere synthetische Substanzen, wie Liquoid ROCHE, das eine Polyanetholsulfosäure[3] ist, Germanin, Salvarsan und Neosalvarsan nebst einigen Farbstoffen, wie „Chlorazol fast Pink" (Benzo-echtrosa) und Chicago-Blau[4], können ebenfalls die Gerinnung verhindern.

Die im Tierreich vorkommenden gerinnungshemmenden Substanzen beschränken sich auf Heparin, Hirudin und einige Schlangengifte.

Hirudin. Im Jahre 1884 fand HAYCRAFT[5], daß in den Mundteilen des Blutegels ein gerinnungshemmender Stoff vorkommt, der das eingesaugte Blut im Darm des Egels flüssig hält. Die von FRANZ[6] 1903 dargestellte Substanz wurde Hirudin genannt. Eine ähnliche Wirkung haben auch Extrakte der Mundteile von Anchylostomum caninum[7] und der Zecke, Ixodes ricinus[8]. Auch Gifte von Schlangen, wie Kobra, Naja u. a., können die Gerinnbarkeit aufheben. Andere Schlangengifte beschleunigen die Gerinnung und werden in sehr starker Verdünnung, z. B. $2 \cdot 10^{-6}$ g/cm³, als „Thrombin" verwendet[9, 10].

Heparin. Auf Anregung von HOWELL untersuchte MCLEAN 1916 die Kinasewirkung der Phosphatidfraktion aus Herz und Leber, die man damals als Cuorin bzw. Jecorin bezeichnete. Das Präparat aus der Leber zeigte wider Erwarten eine verzögernde Wirkung auf die Gerinnung. Die wirksame Substanz, von HOWELL[11] Heparin genannt, wurde zuerst für ein Lipoid gehalten. 1928 fand HOWELL[12] in hochaktiven Präparaten Kohlenhydrate, darunter Glucuronsäure sowie Calcium und Sulfat. Hochgereinigte Präparate wurden 1933 hergestellt[13, 14].

CHARLES u. SCOTT[14] gaben eine sehr gute Darstellungsmethode an und zeigten weiter, daß Heparin auch in anderen Organen vorkommt, besonders reichlich in den Lungen. 1935 fand JORPES[15] in den reinsten Präparaten einen ungewöhnlich hohen Gehalt an Esterschwefelsäure, mit einem Schwefelgehalt bis zu 13,5%, auf freie Säure berechnet. Daneben wurde ein Aminozucker gefunden, und zwar 1 Mol auf 1 Mol Glucuronsäure. Der Aminozucker erwies sich als Glucosamin[16].

---

1 STEINBERG, A.: Proc. Soc. exp. Biol. Med. **56**, 124 (1944). — 2 QUICK, A. J.: Amer. J. Physiol. **148**, 211 (1947). — 3 DEMOLE, V., u. M. REINERT: A. e. P. P. **158**, 211 (1930). — 4 HUGGETT, A. S. G., and F. M. ROWE: J. Physiol., London **80**, 82 (1934). — 5 HAYCRAFT, J. B.: A. e. P. P. **18**, 209 (1884). — 6 FRANZ, F.: A. e. P. P. **49**, 342 (1903). — 7 LOEB, L., u. A. J. SMITH: Zbl. Bakteriol. (I) **37**, 93 (1904). — 8 SABBATANI, L.: Arch. ital. Biol. **31**, 37 (1899). — 9 BARRATT, J. O. W.: J. Physiol., London **75**, 428 (1932); **80**, 422 (1934). — 10 MACFARLANE, R. G., and B. BARNETT: Lancet **1934 II**, 985. — 11 HOWELL, W. H., and E. HOLT: Amer. J. Physiol. **47**, 328 (1918/19). — 12 HOWELL, W. H.: Bull. Johns Hopkins Hosp. **42**, 199 (1928). — 13 SCHMITZ, A., u. A. FISCHER: H. **216**, 264, 274 (1933). — 14 CHARLES, A. F., and D. A. SCOTT: J. biol. Ch. **102**, 425, 431 (1933). — SCOTT, D. A., and A. F. CHARLES: J. biol. Ch. **102**, 437 (1933). — 15 JORPES, E.: Biochem. J. **29**, 1817 (1935). — 16 JORPES, E., u. S. BERGSTRÖM: H. **244**, 253 (1936).

Das Heparin könnte folglich eine Mucoitinpolyschwefelsäure sein. Essigsäure kommt jedoch nicht im Heparin vor, sondern die Aminogruppe des Glucosamins ist an Schwefelsäure gebunden[1].

Der Disaccharidgrundeinheit kommt also die folgende Konstitution zu, wobei die freien Oxygruppen der Zuckerbausteine teilweise mit Schwefelsäure verestert sind:

```
          H                      H
          |                      |
 ---------C---------    ---------C---------
|         |         |  |         |         |     |
|      H—C—OH       |  |      H—C—NH2      |     |
|         |         |  |         |         |     |
|     HO—C—H        |  |     HO—C—H        |     |
|         |         |  |         |         |     |
|      H—CO---------|--       H—CO---------|-----
          |         |            |         |
       H—CO---------        H—CO----------
          |                      |
        COOH                   CH2OH
```

Das Heparin bildet schwerlösliche Barium- und Brucinsalze, die durch Auflösen in heißem Wasser gereinigt werden können. Auch durch Benzidin, Protamin[2], Toluidinblau[3], Dodecylamin oder Octadecylamin[4] wird das Heparin meist quantitativ ausgefällt.

Heparin übt seine gerinnungshemmende Wirkung durch die außerordentlich starke elektrische Ladung aus[5]. Die Wirkung wird infolgedessen von Protamin und Toluidinblau in vivo[6] und in vitro[7] aufgehoben. Verschiedene Polysaccharide bekommen durch Einführen von Schwefelsäuregruppen eine ausgeprägte gerinnungshemmende Wirkung[8–12].

Als Einheit des Heparins ist $^1/_{130}$ der Wirkung eines mg eines hochgereinigten Natriumsalzes festgelegt worden[13].

Die Wirkung wird nicht durch die sauren Gruppen allein bedingt, sondern auch durch andere Faktoren, vielleicht die Molekülgröße; Hundeheparin ist $2^1/_2$mal stärker wirksam als Rinderheparin[14] mit demselben Gehalt an Schwefelsäure, die Schweine- und Schafheparine wirken viel schwächer.

Howell[15] zeigte 1924, daß das Heparin ein *Antiprothrombin* ist. Es konnte die Umwandlung des gereinigten Fibrinogens in Fibrin durch Thrombin erst in Gegenwart von etwas Plasma verhindern. Nach Zusatz von Plasma wird das Heparin ein sehr starkes *Antithrombin*. Aber auch als Antithrombin benötigt das Heparin die Mitwirkung eines Co-Faktors aus dem Plasma[16, 17]. Der Cofaktor des Heparins für die Antithrombinwirkung ist unter den Plasmaalbuminen zu finden. Nach Quick soll er mit dem normalen Antithrombin des Plasmas identisch sein, nach Astrup dagegen nicht (s. Antithrombin, S. 486).

---

[1] Jorpes, J. E., H. Boström and V. Mutt: J. biol. Ch. **183**, 607 (1950). — [2] Chargaff, E., and K. B. Olson: J. biol. Ch. **122**, 153 (1937/38). — [3] Holmgren, H., u. O. Wilander: Z. mikroskop.-anat. Forsch. **42**, 242 (1937). — [4] Jaques, L. B.: Acta haematol., Basel **2**, 188 (1949). — [5] Jorpes, E.: Scand. Arch. Physiol. **80**, 202 (1938). — [6] Jorpes, E., P. Edman and T. Thaning: Lancet **1939 II**, 975. — [7] Chargaff, E., and K. B. Olson: J. biol. Ch. **122**, 153 (1937/38). — [8] Bergström, S.: H. **238**, 163 (1936). — [9] Karrer, P., H. Koenig and E. Usteri: Helv. **26**, 1296 (1943). — Karrer, P., E. Usteri and B. Camerino: Helv. **27**, 1422 (1944). — [10] Astrup, T., and J. Piper: Acta physiol. scand. **9**, 351 (1945); **11**, 211 (1946). — Piper, J.: Acta pharmacol. toxicol., København **2**, 138, 317 (1946). — [11] Maurer, K., u. E. Vincke: B. **80**, 179 (1947). — [12] Seifter, J., and A. J. Begany: Amer. J. med. Sci. **216**, 234 (1948). — [13] Jorpes, J. E.: Heparin. 2. Aufl. S. 80. London, New York, Toronto 1946. — [14] Jaques, L. B., and E. T. Waters: Amer. J. Physiol. **129**, P 389 (1940). — [15] Howell, W. H.: Amer. J. Physiol. **71**, 553 (1924/25). — [16] Brinkhous, K. M., H. P. Smith, E. D. Warner and W. H. Seegers: Amer. J. Physiol. **125**, 683 (1939). — [17] Astrup, T.: Science, N.Y. **90**, 36 (1939).

Das Heparin wirkt antikomplementär und stark hemmend auf viele Enzyme und auf das Wachstum von Zellen in Gewebskulturen[1].

Die *Bildungsstätte des Heparins* sind die Mastzellen von EHRLICH[2, 3]. Diese Zellen, nunmehr *Heparinocyten* genannt, kommen im Bindegewebe in der nächsten Nähe der Präcapillaren und Capillaren vor, oft dicht an die Gefäßwände gelagert. Mehrere Histologen haben den Zellen eine besondere Aufgabe zuschreiben wollen[4, 5]. Die Granula der Mastzellen, die mit basischen Farbstoffen, wie Toluidinblau, sich metachromatisch färben lassen, enthalten Heparin. Die metachromatische Färbung ist eine für Schwefelsäureester der Polysaccharide spezifische Reaktion[6]. Besonders reich an Mastzellen sind einige Bindegewebsgeschwülste, Mastocytome, bei Hunden, die auch viel Heparin[7] enthalten.

Es ist sehr wahrscheinlich, daß das Heparin physiologisch eine gerinnungshemmende Wirkung ausübt. Seine Bildung erinnert an diejenige der Hormone, und es könnte als ein Hormon im Dienste der Blutzirkulation betrachtet werden. Es könnte jedoch auch ganz andere Funktionen haben, von denen wir nichts wissen.

Zur Aufhebung der Gerinnungsfähigkeit des Blutes in vivo eignet sich am besten das reine Heparin. Intravenös gegeben ist es beim Menschen und den gewöhnlichen Versuchstieren schon in einer Menge von 0,3 mg pro kg wirksam. 1 mg pro kg gibt eine Gerinnungszeit von 30 bis 60 min. Mäßige Mengen schädigen den Organismus nicht. In der Klinik wird Heparin als Therapeuticum gegen Thrombose und Lungenembolie verwendet[8—10]. Es soll intravenös gegeben werden.

Vitamin K[11]. *Geschichtliches.* Im Jahre 1929 fand DAM[12], daß Küken bei einer sterinfreien Diät subcutane und intramuskuläre Blutungen bekamen. Der Zustand wurde von ihm[13, 14] 1934 und von ALMQUIST[15] 1935 als eine Avitaminose bezeichnet, die sich vom Skorbut unterscheidet. DAM nannte die Erkrankung 1935 K- oder Koagulationsavitaminose[16]. An der California Universität hatten HOLST u. HALBROOK[17] 1933 denselben Zustand beobachtet, ihn jedoch für eine C-Avitaminose gehalten. Es wurde bald festgestellt, daß die Erkrankung auf einem Prothrombinmangel beruht[18].

Biologie. Vitamin K kommt im Pflanzenreich vor, wird aber auch bei den Tieren bakteriell im Darm gebildet. Ein Lipoidextrakt aus Colibacillen ist 10mal stärker wirksam als einer aus Luzernenheu.

Chemie (s. a. Bd. 2/2). KARRER u. DAM stellten 1938 aus Luzernenheu ein Öl her, das in bezug auf Löslichkeit, Lichtabsorption und Destillierbarkeit sowie chromatographisch einheitlich war, und von ihnen α-*Phyllochinon* genannt wurde.

---

[1] JORPES, J. E.: Heparin. 2. Aufl. S. 53-56. London, New York, Toronto 1946. — [2] HOLMGREN, H., u. O. WILANDER: Z. mikroskop.-anat. Forsch. **42**, 242 (1937). — [3] JORPES, E., H. HOLMGREN u. O. WILANDER: Z. mikroskop.-anat. Forsch. **42**, 279 (1937). — [4] LEHNER, J.: Ergebn. Anat. **25**, 67 (1924). — [5] QUENSEL, U.: Acta path. microbiol. scand. Suppl. **16**, 358 (1933). — [6] LISON, L.: C. R. Soc. Biol. **118**, 821 (1935). Arch. Biol., Paris **46**, 599 (1935). — [7] OLIVER, J., F. BLOOM and C. N. MANGIERI: J. exp. Med. **86**, 107 (1947). — [8] KOLLER, F.: Die Prophylaxe und Therapie der Thrombose mit Antikoagulantien. Helv. med. Acta (A) **16**, 184 (1949). — [9] KAULLA, K. N. v.: Moderne Thrombosebekämpfung. Stuttgart 1946. Klinische Fortschritte auf dem Gebiete der Blutgerinnung. (Monogr. Med. Klin. H. 7.) Berlin, München 1949. — [10] JORPES, J. E.: Ergebn. inn. Med. (N. F.) **2**, 6 (1951). — [11] s. a. Bd. **2**/2. — [12] DAM, H.: B. Z. **215**, 475 (1929); **220**, 158 (1930). — [13] DAM, H.: Nature **133**, 909 (1934). — [14] DAM, H., and F. SCHÖNHEYDER: Biochem. J. **28**, 1355 (1934). — [15] ALMQUIST, H. J., and E. L. R. STOKSTAD: Nature **136**, 31 (1935). — [16] DAM, H.: Nature **135**, 652 (1935). Biochem. J. **29**, 1273 (1935). — [17] HOLST, W. F., and E. R. HALBROOK: Science, N. Y. **77**, 354 (1933). — [18] DAM, H., F. SCHØNHEYDER and E. TAGE-HANSEN: Biochem. J. **30**, 1075 (1936).

1939 gelang es DOISY[1], zwei verschiedene, krystallinische Substanzen, K_1 aus Luzernenheu und K_2 aus faulendem Fischmehl, zu isolieren.

Im selben Jahre teilte ALMQUIST[2] mit, daß Phthiocol, 2-Methyl-3-oxy-1,4-naphthochinon, ein gelbes Pigment aus Tuberkelbacillen, hochgradig wirksam ist. Das reine K_1-Vitamin erwies sich als 2-Methyl-3-phythyl-1,4-naphthochinon. Pro Gewichtseinheit ist das synthetisch leicht zugängliche 2-Methyl-1, 4-naphthochinon wirksamer als K_1. Weiter erwiesen sich auch wasserlösliche Verbindungen, die offenbar im Organismus in das 2-Methyl-1,4-naphthochinon übergehen, wie 1-Oxy-2-methyl-4-amino-naphthalin-hydrochlorid (sog. Vitamin K_5), als stark wirksam.

Die Wasserlöslichkeit des Disuccinats, Diphosphats oder Sulfats des 2-Methyl-1,4-naphthohydrochinons wie auch diejenige von Verbindungen des letztgenannten Typs, ermöglichten eine intravenöse Therapie und eine orale Medikation auch ohne Gallensäuren. Die synthetischen Vitamin K-Präparate sind für die medizinische Therapie unentbehrlich[3, 4] geworden (s. cholämische Blutungen, S. 499).

Die Hauptfunktion des Vitamins K darf darin gesehen werden, daß es bei der Synthese des Prothrombins in der Leber als Biokatalysator — möglicherweise als Bestandteil (Co-Ferment) von physiologischen Redoxsystemen — wirkt.

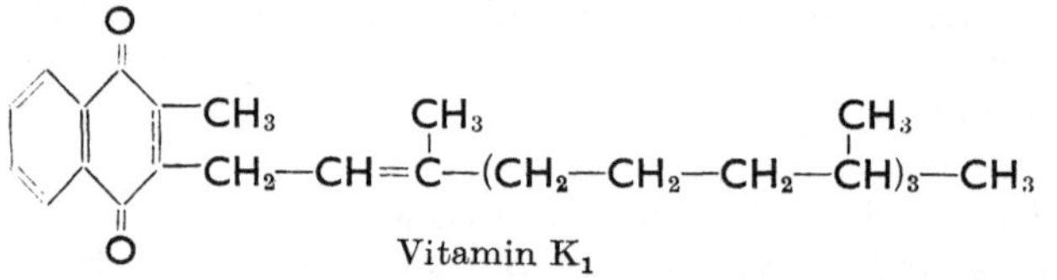

Vitamin K_1

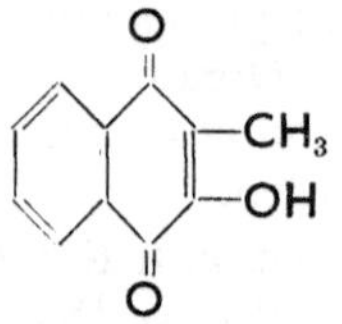

Phthiocol

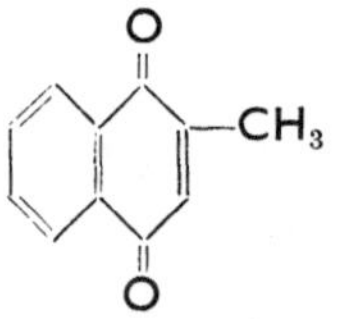

2-Methyl-1,4-naphthochinon

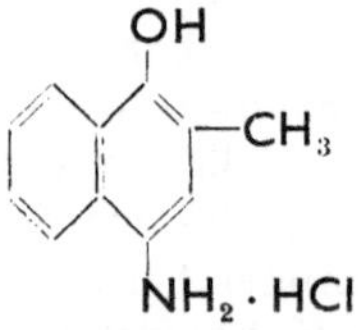

Vitamin K_5

Dicumarol. Kurz nach der Entdeckung des Vitamins K im Jahre 1934 und der Einführung dieses Vitamins in die medizinische Therapie 1938, wurde ein Stoff mit antagonistischer Wirkung, das Dicumarol, gefunden, das die Prothrombinsynthese in der Leber verhindern kann. Die Substanz entsteht durch bakterielle Einwirkung auf Cumarin[5] im faulenden Heu und verursacht eine tödliche hämorrhagische Diathese, die Süßkleekrankheit, bei den mit dem verdorbenen Heu gefütterten Haustieren[6]. Die hämorrhagische Diathese beruht auf einem Thrombin- bzw. Prothrombinmangel[7].

Mit Hilfe der neuen Methoden zur Prothrombinbestimmung und mit Kaninchen als Versuchstieren gelang es ROBERTS[8], CAMPBELL, SMITH u. LINK[9–11]

[1] MCKEE, R. W., S. B. BINKLEY, D. W. MCCORQUODALE, S. A. THAYER and E. A. DOISY: Am. Soc. **61**, 1295 (1939). — [2] ALMQUIST, H. J., and A. A. KLOSE: Am. Soc. **61**, 1611, 1923 (1939). — [3] RIEGEL, B.: Vitamins K. Ergebn. Physiol. **43**, 133 (1940). — [4] KOLLER, F.: Das Vitamin K und seine klinische Bedeutung. Leipzig 1941. — [5] SMITH, W. K., and R. A. BRINK: J. agric. Res. **57**, 145 (1938). — [6] SCHOFIELD, F. W.: Canad. veterin. Rec. **3**, 74 (1922). J. amer. veterin. med. Ass. **64**, 553 (1923/24). — [7] RODERICK, L. M.: Amer. J. Physiol. **96**, 413 (1931). — [8] ROBERTS, W. L.: Summaries of Doctoral Dissertations Madison **2**, 204 (1936/37). — [9] CAMPBELL, H. A., W. L. ROBERTS, W. K. SMITH and K. P. LINK: J. biol. Ch. **136**, 47 (1940). — [10] CAMPBELL, H. A., and K. P. LINK: J. biol. Ch. **138**, 21 (1941). — [11] CAMPBELL, H. A., W. K. SMITH, W. L. ROBERTS and K. P. LINK: J. biol. Ch. **138**, 1 (1941).

1940, das wirksame Agens aus verfaultem Melilotusheu zu isolieren. STAHMANN, HUEBNER u. LINK konnten im folgenden Jahre [1–4] die Substanz identifizieren. Sie erwies sich als identisch mit einer bereits 1902 von ANSCHÜTZ und FRESENIUS[5–7] synthetisch dargestellten Verbindung von der Konstitution eines 3,3'-Methylen-bis-(4-oxycumarins), bzw. 3,3'-Methylen-bis-(2,4-diketochromans) und konnte leicht aus Acetylsalicylsäure und Formaldehyd bereitet werden. Das Syntheseprodukt wird Dicumarol genannt.

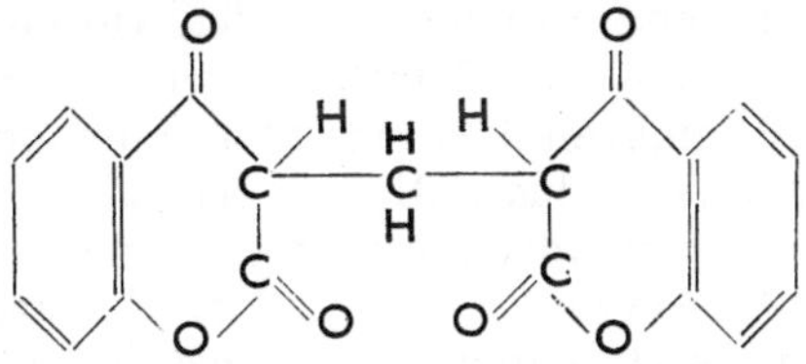

3,3'-Methylen-bis-(2,4-di-ketochroman)

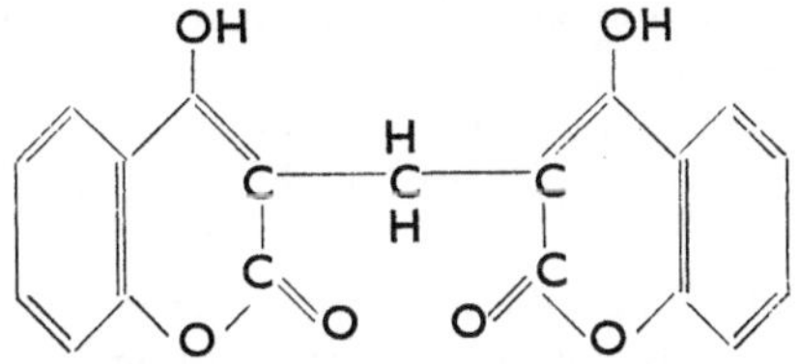

3,3'-Methylen-bis-(4-oxycumarin)

Die Wirkung des Dicumarols ist ganz spezifisch. Es verhindert die Prothrombinsynthese in der Leber, kann aber in stärkerer Dosierung auch die Fibrinogenbildung hemmen[8]. Das Dicumarol wird nur oral gegeben. Die Wirkung ist erst nach 24 Std oder noch später voll entwickelt und klingt in mehreren Tagen allmählich ab. Das K-Vitamin hebt die Wirkung auf.

Bezüglich des Wirkungsmechanismus des Dicumarols hat man deshalb vermutet, daß seine Wirkung mit der Ähnlichkeit der Konstitution dieses Körpers mit derjenigen des Vitamins K bzw. des 2-Methyl-1,4-naphthochinons zusammenhänge[9]. Nach dieser Hypothese wirkt das Dicumarol auf Grund seiner konstitutionellen Verwandtschaft mit dem Vitamin K in einer konkurrierenden Weise derart, daß es die Reaktion zwischen dem Vitamin und dem Enzymsystem verhindert, das für die Prothrombinsynthese in der Leber verantwortlich ist[10]. Man könnte dann annehmen, daß das Vitamin durch das Dicumarol aus seiner cofermentartigen Bindung nach dem Massenwirkungsgesetz verdrängt wird, wodurch die Synthese nicht mehr stattfinden kann. Man hat in der Tat das Dicumarol als Antivitamin angesehen, wobei ein ähnlicher Antagonismus wie zwischen der p-Aminobenzoesäure und dem p-Aminobenzol-sulfonamid vorliegen soll[11, 12]. Es bleibe jedoch nicht unerwähnt, daß andere Autoren[13, 14] die Meinung vertreten,

---

[1] STAHMANN, M. A., C. F. HUEBNER and K. P. LINK: J. biol. Ch. **138**, 513 (1941). — [2] HUEBNER, C. F., and K. P. LINK: J. biol. Ch. **138**, 529 (1941). — LINK, K. P., R. S. OVERMAN, W. R. SULLIVAN, C. F. HUEBNER and L. D. SCHEEL: J. biol. Ch. **147**, 463 (1943). — [3] OVERMAN, R. S., M. A. STAHMANN, W. R. SULLIVAN, C. F. HUEBNER, H. A. CAMPBELL and K. P. LINK: J. biol. Ch. **142**, 941 (1942). — [4] OVERMAN, R. S., M. A. STAHMANN and K. P. LINK: J. biol. Ch. **145**, 155 (1942). — [5] FRESENIUS, R.: Diss. phil. Bonn 1902. — [6] ANSCHÜTZ, R.: B. **36**, 463 (1903). — [7] ANSCHÜTZ, R.: A. **367**, 169 (1909). — [8] IRISH, U. D., and L. B. JAQUES: Amer. J. Physiol. **143**, 101 (1945). — [9] LEHMANN, J.: Svenska Läk.-Tdg. **39**, 73, 1041 (1942). — [10] LEHMANN, J.: Acta physiol. scand. **6**, 28 (1943). — [11] MEUNIER, P., et C. MENTZER: Cr. **215**, 259 (1942). — [12] MEUNIER, P., C. MENTZER u. M. A. VINET: Helv. **29**, 1291 (1946). — [13] JANSEN, K. F., u. K. A. JENSEN: H. **277**, 66 (1943). — [14] GLAVIND, J., and K. F. JANSEN: Acta physiol. scand. **8**, 173 (1944).

die Wirkung des Dicumarols sei wohl kaum als direkte Hemmung des Vitamins K anzusprechen, sondern sie bestehe wahrscheinlich in einer spezifischen toxischen Wirkung.

Das Mittel ist in großem Umfange in der Thrombosebehandlung verwendet worden. Kürzlich sind ähnliche Syntheseprodukte, wie z. B. der Äthylester der Di-4-oxycumarinylessigsäure („Tromexan“), empfohlen worden[1].

Die seltenen Erden. Als seltene Erden bezeichnet man im allgemeinen die 15 Elemente des Periodischen Systems mit den Ordnungszahlen 57 bis 71. Die bekanntesten unter ihnen sind Lanthan, Cer, Praseodym, Neodym und Samarium. Die ersten Mitteilungen über eine blutgerinnungshemmende Wirkung von seltenen Erden kamen (1927 bis 1931) aus dem Pharmakologischen Institut der Universität Florenz; dort wurde eine ausgeprägte Wirkung der Chloride des Lanthans[2], des Neodyms[3], des Praseodyms[4] und des Samariums[5] beobachtet. Die Blutgerinnungshemmung durch seltene Erden wurde seit 1936 erneut untersucht, also etwa zu der Zeit, in der die Behandlung von Thrombosen mit Antikoagulantien anfing, Bedeutung zu erlangen. Nachdem tierexperimentelle und in vitro-Befunde an Neodymsalzen mitgeteilt worden waren[6–8], wurden seit 1937 von VINCKE u. Mitarb. Arbeiten über die gerinnungshemmende Wirkung anorganischer und organischer Salze des Lanthans, Cers, Praseodyms, Neodyms und Samariums ausgeführt.

Die seltenen Erden sind bei subcutaner, intramuskulärer oder oraler Applikation infolge der schlechten Resorbierbarkeit wirkungslos. Bei intravenöser Verabfolgung tritt aber eine Blutgerinnungshemmung ein, sobald die Mischung mit dem Blut vollendet ist. In Bezug auf den Zeitpunkt des Wirkungseintritts gleichen also die seltenen Erden dem Heparin; während aber bei diesem Stoff das Maximum der Wirkung augenblicklich erreicht ist, ist dies bei den seltenen Erden durchschnittlich erst $^1/_2$ bis 2 Std nach der Injektion der Fall[9].

Es gelingt, den durch seltene Erden hervorgerufenen Prothrombinmangel durch vitamin K-wirksame Stoffe weitgehend wieder aufzuheben[10].

Der Verwendung anorganischer Salze und der Acetate seltener Erden als Anticoagulantien in der Humanmedizin steht ihre schädliche Kreislaufwirkung[11] entgegen[12]. Nach Untersuchungen an zahlreichen organischen Salzen[13–15] wurde im Neodymsulfoisonicotinat ein Anticoagulans von günstiger Kreislaufwirkung gefunden, das zur Behandlung von Thrombosen und Embolien vorgeschlagen wurde[16, 17].

ν) Die Pathologie der Blutgerinnung[18].

Blutungszustände, die durch mangelhafte Gerinnung bedingt sind, können in verschiedener Weise ausgelöst werden. Zufällige oder vorübergehende Stö-

---

[1] KAULLA, K. N. v.: Klinische Fortschritte auf dem Gebiete der Blutgerinnung. (Monogr. Med. Klin. H. 7.) Berlin, München 1949. — [2] AIAZZI-MANCINI, M.: Arch. Fisiol. **25**, 257 (1927). — [3] GUIDI, G.: Arch. int. Pharmacodyn. Thérap. **37**, 305 (1930). — [4] NICCOLINI, P.: Arch. int. Pharmacodyn. Thérap. **37**, 199 (1930). — [5] NICCOLINI, P.: Arch. int. Pharmacodyn. Thérap. **40**, 247 (1931). — [6] DYCKERHOFF, H.: Angew. Chem. **49**, 379, 559 (1936). — [7] DYCKERHOFF, H., u. H. F. KÜRTEN: B. Z. **284**, 111 (1936). — [8] DYCKERHOFF, H., W. v. BEHM, N. GOOSSENS u. H. MIEHLER: B. Z. **288**, 271 (1936). — [9] VINCKE, E., u. H.-A. OELKERS: A. e. P. P. **187**, 594 (1937). — [10] VINCKE, E., u. E. SCHMIDT: H. **273**, 39 (1942). — [11] STEIDLE, H.: Handb. Heffter **3/4**, 2189 (1935). — [12] VINCKE, E., u. H. E. NEVER: A. e. P. P. **194**, 308 (1940). — [13] VINCKE, E.: Z. ges. exp. Med. **113**, 522 (1944). — [14] VINCKE, E., u. H. E. NEVER: Z. ges. exp. Med. **113**, 536 (1944). — [15] VINCKE, E.: A. e. P. P. **204**, 497 (1947). — [16] VINCKE, E., u. E. SUCKER: Kli. Wo. **1950**, 74. — [17] VINCKE, E., u. E. SUCKER: Z. Vit.-, Horm.-Ferm.-Forsch. **3**, 69 (1949/50). — [18] QUICK, A. J.: Hemorrhagic Diseases and the Physiology of Hemostasis. Springfield, Ill. 1942.

rungen werden durch Prothrombinmangel — Dicumarolwirkung, K-Avitaminose, ikterische Blutungen — oder durch einen Heparinüberschuß — Thrombosetherapie, Peptonschock — hervorgerufen. Dauernde hämorrhagische Diathesen können morphologisch oder chemisch bedingt sein. Die größte Zahl der Fälle zeigt einen *Thrombocyten*mangel[1, 2], darunter auch manche, die klinisch als Hämophiliefälle angesehen werden. Bei der Purpura thrombopenica[3] findet man eine starke Verminderung oder sogar ein völliges Verschwinden der Thrombocyten des Blutes, weil sie im Übermaß in der Milz zerstört werden, weshalb bei diesem Leiden die Milz exstirpiert wird.

Die Blutungen im subcutanen Gewebe und in den Muskeln bei *Skorbut* sind dagegen nur durch Schädigungen der Gefäßwände infolge Vitamin C-Mangels verursacht.

Die Hämophilie. Diese seit langem bekannte Krankheit beruht auf einer Störung des Gerinnungsvorganges, die sich in einer erniedrigten Gerinnungsfähigkeit äußert[4, 5]. Dabei ist, wie festgestellt wurde, der Gehalt *des Blutes an Thrombocyten, Fibrinogen, Prothrombin,* OWRENS *fünftem Faktor und Calcium normal.* Die Fibrinogenumwandlung verläuft gleichfalls normal. *Die Störung liegt in der Thrombinbildung.* Sie könnte daher entweder auf einer mangelnden Kinasebildung[6] oder auf einem Überschuß an Antiprothrombin[7, 8] beruhen. Was die letztere Möglichkeit betrifft, hat HOWELL[9] gefunden, daß Hämophilieblut noch ärmer an Antithrombin bzw. Heparin ist als Normalblut.

Die Plättchenzahl wurde normal befunden. Man hat deshalb an einen erniedrigten Kinasegehalt der Thrombocyten gedacht (SAHLI[6]) und an eine größere Resistenz der Thrombocytenmembran (FONIO[10]). Nach BRINKHOUS[11] soll ein lytischer Faktor des normalen Plasmas die Thrombocyten auflösen und das Thromboplastinogen aktivieren (s. S. 484). Dieser Faktor soll bei der Hämophilie fehlen. Auch FEISSLY[12] hat eine ähnliche Ansicht ausgesprochen.

Nach WÖHLISCH (1932)[4] sind die Thrombocyten jedoch nicht in jedem Falle von Hämophilie minderwertig, und auch FUCHS[13] fand, daß die Blutplättchen des Hämophilieblutes durch Bildung von Plättchenhäufchen die Gerinnung gut auslösen können. Normales Plasma kann die Blutungstendenz bei der Hämophilie aufheben, und *wiederholte Bluttransfusionen sind die einzige adäquate Therapie bei dieser Krankheit.* Die therapeutische Aktivität ist in einer Globulinfraktion enthalten[14, 15]. Das gereinigte antihämophile Globulin von PATEK und TAYLOR ist auch gegen Hämophilie verwendet worden[16, 17]. Wie dieses antihämophile Globulin wirkt, ist aber völlig unbekannt und ebenso sein Zusammenhang mit

---

[1] JÜRGENS, R.: Hämorrhagische Diathesen. Schweiz. med. Wschr. **79**, 817 (1949). — [2] FANCONI, G.: Störungen der Blutgerinnung beim Kinde. Leipzig 1941. — [3] MORAWITZ, P.: Pathologische Physiologie der hämorrhagischen Diathesen. Handb. Physiol. **6**/1, 412 (1928). — [4] WÖHLISCH, E.: Handb. Krankh. Blut (SCHITTENHELM) (in Enzykl. klin. Med.) **2**, 567. Kli. Wo. **1932 I**, 118, 161. — [5] HOWELL, W. H.: Bull. N. Y. Acad. Med. **15**, 3 (1939). — [6] SAHLI, H.: Z. klin. Med. **56**, 264 (1905). Dtsch. Arch. klin. Med. **99**, 518 (1910). — [7] FEISSLY, R.: C. R. Soc. Biol. **87**, 1121 (1922). — [8] FEISSLY, R., u. A. FRIED: Kli. Wo. **1924 I**, 831. — [9] HOWELL, W. H.: Bull. N. Y. Acad. Med. **15**, 3 (1939). — [10] FONIO, A.: Schweiz. med. Wschr. **69**, 952 (1939). — [11] BRINKHOUS, K. M.: Amer. J. med. Sci. **198**, 509 (1939). — [12] FEISSLY, R.: Helv. med. Acta **7**, 583 (1941); **8**, 823 (1941). — [13] FUCHS, H. J.: Z. ges. exp. Med. **79**, 76 (1931). — [14] PATEK, A. J. jr., and R. P. STETSON: J. clin. Invest. **15**, 531 (1936). — PATEK, A. J. jr., and F. H. L. TAYLOR: J. clin. Invest. **16**, 113 (1937). — [15] POHLE, F. J., and F. H. L. TAYLOR: J. clin. Invest. **17**, 779 (1938). — [16] MINOT, G. R., C. S. DAVIDSON, J. H. LEWIS, H. J. TAGNON and F. H. L. TAYLOR: J. clin. Invest. **24**, 704 (1945). — LEWIS, J. H., H. J. TAGNON, C. S. DAVIDSON, G. R. MINOT and F. H. L. TAYLOR: Blood **1**, 166 (1946). — [17] MINOT, G. R., and F. H. L. TAYLOR: Ann. internal Med. **26**, 363 (1947).

dem Plasmathromboplastin. QUICK[1] hält eine mangelhafte Aktivierung des Plasmathromboplastinogens für die Ursache der Hämophilie, was mit der Ansicht von BRINKHOUS gut übereinstimmt.

Es ist in Frage gestellt worden, ob die Thrombocyten für die Aktivierung des Plasmathromboplastinogens nötig sind. CONLEY[2] u. Mitarb. fanden, daß das vermutlich thrombocytenfreie Normalplasma bei Berührung mit Glas gerinnt, während das Hämophilieplasma auch in gewöhnlichen Glasgefäßen ebenso flüssig bleibt wie in silikonbehandelten. Durch die Berührung mit Glas oder durch Schütteln mit Chloroform soll die Vorstufe des Thromboplastinogens aktiviert werden (s. a. NOLF[3]).

Die Hämophilie ist ein erbliches Leiden. Es erkranken ausschließlich Männer, aber das Leiden wird durch die gesunden Töchter der Bluter auf die Enkel übertragen. Die erbliche Eigenschaft ist geschlechtsgebunden und recessiv. In neuester Zeit wurde eine erbliche Hämophilie beim Hunde[4, 5] gefunden. Nach BRINKHOUS u. Mitarb.[6, 7] scheint die Anomalie der Blutgerinnung bei der Hundehämophilie identisch zu sein mit derjenigen der menschlichen Hämophilie. Die klinischen Symptome und die geschlechtsgebundene recessive Erblichkeit waren bei beiden Arten ganz gleich. Es zeigte sich, daß Hämophilie beim weiblichen Geschlecht in berechneter Anzahl auftrat, wenn heterocygote Hündinnen mit hämophilen Rüden gepaart wurden; unter 19 weiblichen und 22 männlichen Welpen waren 10 weibliche und 8 männliche Bluter.

Die echte Hämophilie kommt selten vor. Unter den 7 Millionen Einwohnern Schwedens waren z. B. 1944 nur 94 männliche Bluter nebst 25 sicheren und 26 vermuteten Trägerinnen der Erbanlage[8].

Äußerst selten sind die Fälle mit *angeborenem Fibrinogenmangel* (s. Fibrinogen, S. 475).

Fälle von *idiopathischer Hypoprothrombinämie* infolge mangelhafter Neubildung in der Leber sind kürzlich beschrieben worden[9, 10].

An Hämophilie erinnernde Zustände können durch *Mangel an OWRENs fünftem Faktor* hervorgerufen werden. OWREN beschrieb den ersten Fall einer solchen „Parahämophilie“ (s. OWRENs Faktor V, s. S. 480). Einige kürzlich veröffentlichte Fälle könnten dieselbe Genese haben[11, 12].

Der Peptonschock des Hundes. Wenn man einem hungernden Hund Witte-Pepton (0,3 g pro kg) intravenös injiziert, wird ein Schockzustand mit erniedrigter oder sogar ganz aufgehobener Gerinnungsfähigkeit des Blutes ausgelöst. Diese Beobachtung machte SCHMIDT-MÜHLHEIM[13] schon 1880 in LUDWIGs Laboratorium. Sie wurde später gründlich untersucht. Es zeigte sich, daß der Hund besonders stark und sogar schon bei der ersten Injektion reagiert. Andere Tiere sind mehr oder weniger widerstandsfähig dagegen. Bei der Gans ist nach Leberexstirpation eine Injektion von Pepton wirkungslos. Die Ursache der verzögerten Blutgerinnung liegt darin, daß beim Peptonschock aus der Leber oder aus den

---

[1] QUICK, A. J., and M. STEFANINI: Proc. Soc. exp. Biol. Med. **67**, 111 (1949). — [2] CONLEY, C. L., R. C. HARTMANN and W. I. MORSE: J. clin. Invest. **28**, 340 (1949). — [3] NOLF, P.: Schweiz. med. Wschr. **75**, 78 (1945). — [4] MERKENS, J.: Ned.-Ind. Bl. Diergeneeskde. **50**, 149 (1938) [NACHTSHEIM, H.: Fortschr. Erbpath. Rasshyg. **4**, 79 (1940)]. — [5] FIELD, R. A., C. G. RICHARD and F. B. HUTT: Cornell Veterin. **36**, 285 (1946). — [6] BRINKHOUS, K. M., and J. B. GRAHAM: Science, N. Y. **111**, 723 (1950). — [7] GRAHAM, J. B., J. A. BUCKWALTER, L. J. HARTLEY and K. M. BRINKHOUS: J. exp. Med. **90**, 97 (1949). — [8] SKÖLD, E.: On hämophilia in Sweden. Acta med. scand. **119**, Suppl. **150** (1944). — [9] COVEY, J. A., J. L. COHEN and J. P. PAPPS: Ann. internal Med. **33**, 467 (1950). — [10] RENNER, W. F.: Amer. J. clin. Path. **20**, 546 (1950). — [11] FRANK, E., N. BILHAN and H. EKREN: Acta haematol., Basel **3**, 70 (1950). — [12] COSGRIFF, S. W., and E. LEIFER: J. amer. med. Ass. **148**, 462 (1952). — [13] SCHMIDT-MÜHLHEIM, A.: Arch. Anat. Physiol. (B) **1880**, 33.

Gewebsmastzellen Heparin ausgeschwemmt wird, wie von WILANDER[1] und von JAQUES[2] durch Isolierung von Heparin aus dem Blute gezeigt wurde. Dasselbe geschieht beim anaphylaktischen Schock des gegen Serumalbumin sensibilisierten Hundes[2].

Ein erhöhter Heparingehalt des Blutes wurde auch bei Hunden, die einer *intensiven Röntgenbestrahlung*[3] ausgesetzt worden waren, und bei einigen Fällen von *basophiler myeloischer Leukämie*[4] beim Menschen beobachtet. Neoplastisches Wachstum von Mastzellen wird äußerst selten gefunden[5], wohl aber eine starke Vermehrung derselben in verschiedenen Geschwülsten, Sarkomen[6] u. a. Von besonderem Interesse sind die Bindegewebsmastozyme beim Hunde, die sehr reich an Mastzellen sind und viel Heparin enthalten[7, 8]. Die Gerinnungszeit des Blutes ist hierbei jedoch nicht verlängert.

Die cholämischen Blutungen. Von größter klinischer Bedeutung war früher ein Zustand mit herabgesetzter Gerinnungsfähigkeit des Blutes, der beim Verschluß des Ductus choledochus[9] etwas später als die Gelbsucht auftritt. Diese Blutungstendenz war eine von den Chirurgen sehr gefürchtete Komplikation, deren Genese bis in die letzte Zeit hinein unbekannt blieb. Mit der Entdeckung des K-Vitamins wurde auch dieser Zustand aufgeklärt: durch den Mangel an Gallensäuren im Darm können die natürlichen K-Vitamine wie auch die Sterine nicht resorbiert werden; es entsteht eine K-Avitaminose mit Hypoprothrombinämie. 1938 wurde dieser Zustand erstmalig mit K-Vitaminkonzentraten erfolgreich behandelt[10]. Gegenwärtig werden zu diesem Zwecke auch ohne Gallensäuren leicht resorbierbare synthetische Salze verschiedener Methylnaphthohydrochinonester prophylaktisch gegeben.

ξ) Die klinische Verwendbarkeit einiger Gerinnungsfaktoren.

Bei der Hämophilie sind wiederholte Transfusionen von *Vollblut*[11–13] oder *frischem Plasma* lebensrettend.

Von größter klinischer Bedeutung sind heutzutage das *Vitamin K*[14, 15] als Prophylaktikum gegen Blutungen und die gerinnungshemmenden Mittel *Heparin*[16] und *Dicumarol*[16] für die Behandlung der Thrombose. Das Heparin ist weiter unentbehrlich bei intravasalen Eingriffen, wie Druckmessungen und Herzkatheterisierungen, und bei artifiziellen Durchblutungen mit „künstlichen Nieren“[17, 18].

Fibrin aus Tier- oder Menschenblut ist, entweder allein oder mit Thrombin imbibiert, als Deckungsmittel für durch Verbrennung geschädigte oberflächliche

---

[1] WILANDER, O.: Skand. Arch. Physiol. **81**, Suppl. **15** (1939). — [2] JAQUES, L. B., and E. T. WATERS: Amer. J. Physiol. **129**, P 389 (1940). — WATERS, E. T., J. MARKOWITZ and L. B. JAQUES: Science, N. Y. **87**, 582 (1938). — [3] ALLEN, J. G., M. SANDERSON, M. MILHAM, A. KIRSCHON and L. O. JACOBSON: J. exp. Med. **87**. 71 (1948). — [4] BARNARD, R. D.: Science, N. Y. **107**, 571 (1948). — [5] BALI, T., and J. FURTH: Amer. J. Path. **25**, 605 (1949). — [6] HOLMGREN, H., and G. WOHLFART: Cancer Res. **7**, 688 (1947). — [7] OLIVER, J., F. BLOOM and C. N. MANGIERI: J. exp. Med. **86**, 107 (1947). — [8] PAFF, G. H., F. BLOOM and C. REILLY: J. exp. Med. **86**, 117 (1947). — [9] WALTERS, W.: Obstructive Jaundice. Mayo Foundation, Univ. Minnesota 1931. — [10] DAM, H., and J. GLAVIND: Lancet **1938 I**, 720. — [11] PATEK, A. J. jr., and R. P. STETSON: J. clin. Invest. **15**, 531 (1936). — PATEK, A. J. jr., and F. H. L. TAYLOR: J. clin. Invest. **16**, 113 (1937). — [12] POHLE, F. J., and F. H. L. TAYLOR: J. clin. Invest. **17**, 779 (1938). — [13] SKÖLD, E.: On haemophilia in Sweden. Acta med. scand. **119**, Suppl. **150** (1944). — [14] DAM, H.: Adv. Enzymol. **2**, 285 (1942). — [15] KOLLER, F.: Das Vitamin K und seine klinische Bedeutung. Leipzig 1941. — [16] JORPES, J. E.: Ergebn. inn. Med. (N. F.) **2**, 6 (1951). — [17] KOLFF, W. J., and J. van NOORDWIJK: The Artificial Kidney. Kampen, Holland 1946. — [18] ALWALL, N.: Acta med. scand. **132**, 392, 477, 572, 587 (1949); **133**, Suppl. **229** (1949).

Gewebe[1], zum Ausfüllen von Operationswunden[2] oder zur Blutstillung[3] empfohlen worden. Für diese Zwecke wird aus Fibrinogenlösungen entweder ein Fibrinfilm oder ein Fibrinschaum bereitet[4]. In der Neurochirurgie wird das Fibrin zur Blutstillung[5], als Ersatz bei Duradefekten[6] und als Stützsubstanz bei der Nervennaht[7,8] besonders geschätzt. Mit Hilfe frischer Fibringerinnsel werden Konkremente aus dem Nierenbecken entfernt: dieses wird mit einer Fibrinogenlösung[9] gefüllt und danach eine hochaktive Thrombinlösung eingegossen. Bei der nachherigen Operation werden alle kleineren Konkremente mit dem Gerinnsel entfernt[10].

Hochgereinigte *Thrombinpräparate* aus artfremdem Blut (Thrombin Topical, Parke-Davis) haben sich bei der Blutstillung gut bewährt[11,12]. Wegen der Gefahr der Übertragung von Viruskrankheiten (Hepatitis u. a.) kann menschliches Thrombin ebensowenig wie menschliches Fibrinogen zu diesem Zwecke verwendet werden. Bei oberflächlichen Blutungen wird ein Streupulver verwendet oder eine Thrombinlösung mit 1000 Thrombineinheiten pro cm^3 aufgespritzt. Bei Magenblutungen spült man zuerst den Mageninhalt mit Pufferlösungen heraus und gibt dann wiederholt 10000 Einheiten in neutraler Phosphatlösung[13,14].

e) Die Atmungsfunktion des Blutes[15–23].

Von **K. Felix**.

Inhaltsverzeichnis.

[1] Hawn, C. van Z., E. A. Bering jr., O. T. Bailey and S. H. Armstrong jr.: J. clin. Invest. **23**, 580 (1944). — [2] Young, F., and B. V. Favata: War Med. **6**, 80 (1944). — [3] Bering, E. A. jr.: J. clin. Invest. **23**, 586 (1944). — [4] Ferry, J. D., and P. R. Morrison: J. clin. Invest. **23**, 566 (1944). — [5] Bailey, O. T., and F. D. Ingraham: J. clin. Invest. **23**, 591 (1944). — [6] Bailey, O. T., and F. D. Ingraham: J. clin. Invest. **23**, 597 (1944). — [7] Singer, M.: J. Neurosurg. **2**, 102 (1945). — [8] Tarlov, I. M.: J. amer. med. Ass. **126**, 741 (1944). — [9] Neurath, H., J. E. Dees and H. Fox: J. Urol., Baltimore **49**, 497 (1943). — [10] Dees, J. E.: J. clin. Invest. **23**, 576 (1944). — [11] Tidrick, R. T., W. H. Seegers and E. D. Warner: Surgery **14**, 191 (1943). — [12] Sternberger, L. A.: J. clin. Path. **1**, 229 (1948). — [13] Rogers, T. M.: J. amer. med. Ass. **137**, 1035 (1948). — [14] Daly, B. M., C. G. Johnston and G. C. Penberthy: Ann. Surg., **129**, 832 (1949).

Zusammenfassende Darstellungen: 15—23. [15] Barcroft, J.: Die Atmungsfunktion des Blutes: I. Teil: Erfahrungen in großen Höhen. Ins Deutsche übertragen von Feldberg, W. Berlin 1927; II. Teil: Hämoglobin. Berlin 1929 (Monogr. Physiol. Pfl. u. Tiere Bde. **13** u. **18**). — [16] Henderson, Y., u. O. Klimmer: Atmung, Erstickung, Wiederbelebung. Erlebtes und Erkämpftes. Autorisierte Übersetzung nach dem Werk „Adventures in Respiration" von Henderson, Y. Hrsg. von Klimmer, O. Leipzig 1941. — [17] Liljestrand, G.: Physiologie der Blutgase. Handb. Physiol. **6**/1, 444—533 (1928). — [18] Dill, D. B., and W. H. Forbes: Blood gas transport. Ann. Rev. Physiol. **9**, 357 (1947). — [19] Haldane, J. S., and J. G. Priestley: Respiration. New. ed. Oxford 1935. — [20] Heilmeyer, L.: Blut. Lehrb. path. Physiol. (Heilmeyer) 8. Aufl. S. 1ff., Jena 1951. — [21] Loewy, A.: Die Gase des Körpers und der Gaswechsel. Handb. Biochem. **6**, 1 (1926). — [22] Darling, R. C.: Blood gas transport. Ann. Rev. Physiol. **12**, 265 (1950). — [23] Wood, E. H.: Blood gas transport. Ann. Rev. Physiol. **14**, 235 (1952).

α) Allgemeine Grundlagen für den Gastransport des Blutes.

Das Blut als Transportmittel. Die Atmungsfunktion des Blutes ist ein Teil seiner allgemeinen Transportaufgaben. Wie das Blut die Nährstoffe vom Ort der Resorption zu den Stätten des Verbrauchs, die Hormone vom Bildungs- zum Wirkungsort und die Stoffwechselendprodukte von den Geweben nach den Ausscheidungsorganen bringt, so schafft es den Sauerstoff von der Lunge zu den Geweben, nimmt dort die Kohlensäure auf und bringt sie zur Lunge. An den beiden Wendepunkten wird das Blut in dem ausgedehnten Capillarnetz zu einem feinen Film ausgebreitet, der nur durch eine dünne Membran von der Umgebung getrennt ist. Diese läßt Gase ohne weiteres durchtreten. Aufnahme und Abgabe der Gase erfolgen nach den allgemeinen physikalischen Gesetzen, welche den Gasaustausch zwischen Luft und Flüssigkeit und zwischen zwei verschiedenen Flüssigkeiten beherrschen.

Absorptions- oder Löslichkeitskoeffizient[1]. Die Menge Gas, welche von einer Flüssigkeit aufgenommen wird, hängt zunächst von der Natur des Gases und der Flüssigkeit ab, ferner von dem Volumen der Flüssigkeit und dem Druck, unter dem das Gas mit ihr in Berührung gebracht wird, und schließlich noch von der Temperatur. Der Einfluß, den die Natur der Flüssigkeit und des Gases ausüben, wird mit dem *Absorptions- oder Löslichkeitskoeffizienten* der Flüssigkeit für das bestimmte Gas ausgedrückt.

Der *Absorptionskoeffizient* nach BUNSEN[1] gibt an, wieviel cm^3 Gas von 1 cm^3 Flüssigkeit unter dem Druck von 760 mm Hg aufgenommen werden. Er wechselt mit der Temperatur und muß für jede Temperatur besonders ermittelt werden. Je höher die Temperatur, um so weniger Gas wird im allgemeinen gelöst. Durch Erhitzen zum Sieden und durch Evakuieren kann man die Flüssigkeiten von Gas befreien. Der Löslichkeitskoeffizient ändert sich, wenn in der Flüssigkeit noch andere Stoffe gelöst sind. Für die wichtigsten im Blut vorkommenden Gase sind die Löslichkeitskoeffizienten in der folgenden Tabelle 189 zusammengestellt.

Partialdruck. Steht die Flüssigkeit nicht mit einem einheitlichen Gas, sondern mit einem Gemisch in Berührung, so wird von jedem einzelnen Gas unabhängig von den anderen, so viel gelöst, wie seinem Teildruck entspricht. So enthält die atmosphärische Luft 77,08% Stickstoff und 20,75% Sauerstoff; die Teildrucke dieser beiden Gase betragen bei einem Barometerstand von 760 mm Hg somit 585 mm Hg und 158 mm Hg.

---

[1] EUCKEN, A.: Grundriß der physikalischen Chemie. 6. Aufl. S. 233. Leipzig 1948.

Tabelle 189. Löslichkeitskoeffizienten[1—4].

Flüssigkeit	Temperatur °C	Sauerstoff	Kohlendioxyd	Stickstoff
Wasser	20	0,0315	0,878	0,0160
	38	0,0323	0,545	0,01272
Plasma	20	0,033	0,994	0,017
	38	0,0209	0,510	0,0117
Blut.	20	0,034	0,934	0,016
	38	0,0230	0,480	0,013
Blutzellen	15	0,025	0,825	0,014
	38	0,0260	0,440	0,0146

β) Die physikalischen Vorgänge in der Lunge.

Anatomische Vorbemerkungen[5]. Durch die Bewegungen des Brustkorbes bei der Atmung wird die Lunge erweitert und wieder verengert, nimmt atmosphärische Luft auf und gibt die in ihr enthaltene Luft teilweise wieder ab. Zweck dieser Vorgänge ist es, frische Luft bis in die Alveolen zu bringen; denn dort werden die Gase ausgetauscht. Nase, Trachea, große, kleine und kleinste Bronchien leiten die Luft, erwärmen sie und sättigen sie durch die Drüsen in ihrer Schleimhaut mit Wasserdampf. Der Inhalt der Luftwege gilt als schädlicher Raum. Er macht etwa 140 cm³ aus und schwankt erheblich, weil die Weite der Bronchien wechseln kann.

Unter ihrer Schleimhaut besitzen die Bronchien eine Schicht ringförmig angeordneter glatter Muskelfasern. Trachea und größere Bronchien enthalten nach außen von der Muskelschicht mehr oder weniger dicht einander folgend Knorpelspangen oder -platten, welche einen völligen Verschluß verhindern. An den kleineren Bronchien rücken die knorpeligen Teile immer weiter auseinander und fehlen bei denen, deren Durchmesser unter 1 mm liegt, ganz. Sie können also durch einen Krampf der Muskelfasern (Asthma) vollständig geschlossen werden. Der motorische Nerv für die Bronchialmuskeln ist der N. vagus.

Trachea und Bronchien sind mit einem Flimmerepithel ausgekleidet, dessen Härchen nach außen zu schlagen. So werden Schleim und eingeatmeter Staub bis zum Kehlkopf geschafft und von dort durch Husten oder Räuspern entfernt.

Die feinsten Bronchien, die Bronchioli respiratorii, haben einen Durchmesser von 0,4 mm und tragen bereits kleine Alveolen. Sie teilen sich in 3 bis 5 Luftgänge (Ductus alveolares), die an ihren Enden in je 2 bis 5 Luftsäcke (Sacculi alveolares) übergehen. Luftgänge und -säcke sind in ihrer ganzen Länge und Oberfläche mit Alveolen besetzt. Jede Alveole stellt eine halbkugelige Schale dar, deren Durchmesser beim erwachsenen Menschen 0,25 mm beträgt. Ihre Gesamtzahl wird auf 300 bis 400 Millionen geschätzt; sie bilden zusammen eine Oberfläche von 80 bis 120 qm. Diese Größe schwankt aber außerordentlich, weil nicht immer alle Alveolen entfaltet sind. Die Alveolen sind mit einem dünnen Epithel, dem respiratorischen Epithel, ausgekleidet, das aus kernhaltigen und teilweise auch kernlosen Zellen besteht.

Die Bronchioli respiratorii und die Alveolen sind von einem engmaschigen Capillarnetz umsponnen. In der Ruhe werden nur wenige von ihnen durchblutet, mit steigender Tätigkeit aber immer mehr geöffnet.

Grenzflächen. Der Film, zu dem das Blut in den Lungencapillaren ausgebreitet wird, nimmt eine Fläche von rund 80 bis 120 m² (s. o.) ein und ist nur 0,01 mm dick. Von der Alveolarluft ist das Blut durch die Capillarwand und

[1] SLYKE, D. D. VAN, R. T. DILLON and R. MARGARIA: J. biol. Ch. **105**, 571 (1934). — [2] SENDROY, J. jr., R. T. DILLON and D. D. VAN SLYKE: J. biol. Ch. **105**, 597 (1934). — [3] BOHR, C.: Skand. Arch. Physiol. **17**, 104 (1905). — [4] BEST, C. H., and B. TAYLOR: The Physiological Basis of Medical Practice. London 1945. — [5] FELIX, W.: Anatomie der Atmungsorgane. Handb. Physiol. **2**, 37—69 (1925). — v. MÖLLENDORFF, Lehrb. Histol. 25. Aufl. S. 362. — Handb. mikroskop. Anat. (v. MÖLLENDORFF) **5**/3 (1936). — HAYEK, H. v.: Die menschliche Lunge. Berlin, Göttingen, Heidelberg 1953.

das Alveolarepithel getrennt. Beide machen zusammen nur 0,004 mm aus und setzen der Diffusion der Gase keinen nennenswerten Widerstand entgegen. So ermöglichen die anatomischen Verhältnisse einen raschen und ziemlich vollständigen Austausch der Gase zwischen Lungenluft und Blut nach Maßgabe der physikalischen Verhältnisse, der Zusammensetzung der Alveolarluft und der Gasspannung des venösen Blutes.

Lungengase. Die *Alveolarluft* enthält dieselben Gase wie die Atmosphäre, nur in etwas anderer Zusammensetzung, da sich die Einatmungsluft immer mit der bereits in der Lunge vorhandenen mischt und wegen der Enge der Wege nicht völlig ausgewechselt wird.

Tabelle 190. Zusammensetzung der Luft und der Atemgase.

	Atmosphärische Luft[1] Vol.-%		Alveolarluft[2, 3] Vol.-%	Alveolarluft[2, 3] mm Hg
Sauerstoff	20,94		13,1—14,5	99—110
Stickstoff	77,08	78,01	75	570
Edelgase (vorwiegend Argon)	0,93			
Kohlendioxyd	0,03		3,9—5,3	30—41
Wasserdampf	0,92		5,2—8,0	39—60

Die Zusammensetzung der atmosphärischen Luft auf der Erdoberfläche ist von Ort, Jahr und Jahreszeiten unabhängig und bleibt konstant[4].

Bei den Städtern enthält die Lungenluft bisweilen kleine Mengen von *Kohlenoxyd*. Außerdem hat man in ihr, namentlich bei Tieren, manchmal *Wasserstoff* und *Sumpfgas* (Methan) nachgewiesen, die wahrscheinlich bei der Darmgärung[5] entstanden, vom Blut aufgenommen und in der Lunge abgegeben worden sind. Kaninchen atmen in der Stunde pro kg Körpergewicht 0,44 bis 3,9 cm^3 Wasserstoff und 1,21 bis 4,24 cm^3 Methan aus[6]. In der Ausatmungsluft des Pferdes[7] fand man 0,013% Wasserstoff und 0,038% Methan, in der des Hammels[8] bestehen 7,3% des ausgeatmeten Kohlenstoffs aus Sumpfgas. Dieser hohe Gehalt dürfte aber durch Beimischung der aus dem Pansen aufgestoßenen Gase bedingt sein. Im mittleren und schweren Diabetes wird noch *Aceton* ausgeatmet. Schließlich treten hin und wieder noch andere riechende Substanzen in der Atemluft auf.

Analyse der Alveolarluft. Um Alveolarluft für die Analyse zu gewinnen, führt man entweder einen Katheter in den Bronchus einer Lunge ein oder läßt die Versuchsperson in ein langes weites Rohr ausatmen, das in der Nähe des Mundendes einen seitlichen Tubus besitzt. Wird stark ausgeatmet, so finden sich die Luftteile aus den oberen Atemwegen in den entfernteren Teilen des Rohrs und die aus den tiefen Bezirken und Alveolen nahe dem Munde. Man entnimmt dann aus dem Tubus eine Probe zur Analyse und arbeitet sie nach den bekannten Methoden auf. Zunächst wird das Gesamtvolumen der Probe gemessen, dann nacheinander das Kohlendioxyd durch Kalilauge und der Sauerstoff durch alkalische Pyrogallol- oder Natriumdithionitlösung ($Na_2S_2O_4$) absorbiert. Die jeweilige Volumenabnahme entspricht der Menge des Gases. Als Rest bleiben Stickstoff und die Edelgase, allenfalls noch Kohlenmonoxyd, Methan und Wasserstoff sowie die anderen oben erwähnten Beimengungen.

Blutgase. Die Untersuchung des aus der Lunge strömenden arteriellen Blutes auf die gelösten Gase hin zeigt uns, in welchem Maße der Austausch stattgefunden hat.

Um die Gasspannung im Blut zu bestimmen, benützt man das KROGHsche Mikrotonometer. In diesem Apparat wird das strömende Blut mit einer kleinen

[1] LEHMANN, H., u. A. HELLER: Luft. Handb. Lebensm.-Chem. (BÖMER u. a.) 8/2, 487—599 (1940). — [2] HALDANE, J. S., and J. G. PRIESTLEY: J. Physiol., London **32**, 225 (1905). — [3] SCHOEDEL, W.: Alveolarluft. Ergebn. Physiol. **39**, 450—488 (1937). — [4] CARPENTER, T. M.: Am. Soc. **59**, 358 (1937). — [5] Vgl. diesen Bd. S. 187. — [6] TACKE, B.: B. **17**, 1827 (1884). — [7] ZUNTZ N., u. C. LEHMANN: Landwirtschaft. Jb. **18**, 91 (1889). — [8] HENNEBERG, W., u. T. PFEIFFER: J. Landwirtsch. **38**, 215 (1890).

Luftblase ins Gleichgewicht gebracht und diese dann nach dem gleichen Prinzip wie die Alveolarluft analysiert[1].

In der folgenden Tabelle 191 sind die Mittelwerte der Analysen des venösen, arteriellen Blutes und der Alveolarluft gegenübergestellt.

Tabelle 191. Gasspannungen in mm Hg.

Gase	Alveolarluft	Venöses Blut	Arterielles Blut
Sauerstoff	99—110	40—50	80—96
Stickstoff (einschließl. Edelgase usw.)	550—570	550	550
Kohlendioxyd	30—41	41—55	36—45
	679—721	631—655	666—691

Sauerstoff. Nach diesen Zahlen besteht für Sauerstoff ein Druckgefälle zwischen der Alveolarluft und dem venösen Blut und ebenso für Kohlendioxyd, jedoch in umgekehrter Richtung. Wie die Spannungen der beiden Gase zeigen, reicht das Druckgefälle aus, um ihren Austausch herbeizuführen, so daß es nicht nötig ist, eine besondere sekretorische Leistung des Alveolarepithels anzunehmen.

Um zu berechnen, wieviel Sauerstoff in der Lunge vom Blut bei einer gegebenen Druckdifferenz aufgenommen wird, braucht man noch die *Diffusionsgröße*, womit die Anzahl cm^3 Gas bezeichnet wird, welche die gesamte Alveolaroberfläche in einer Minute passieren, wenn die Druckdifferenz zwischen Alveolarluft und Blut 1 mm beträgt[2]. Für den Sauerstoff ist diese Konstante 23—43 in der Ruhe und 37—56 während der Arbeit. Somit können bei 60 mm $23 \times 60 = 1380$ cm^3 bis $56 \times 60 = 3360$ cm^3 Sauerstoff in das Blut übergehen.

Für Kohlendioxyd ist die Diffusionsgröße etwa 20 bis 30mal größer, so daß es trotz der geringeren Druckdifferenz stets rasch genug aus dem Blut entweicht. Bei Krankheiten kann die Diffusionskonstante herabgesetzt sein, entweder dadurch, daß die gasaustauschende Oberfläche verkleinert ist oder daß die Alveolen mit Sekret gefüllt sind.

Früher ist eine *Sekretion von Sauerstoff* durch das Alveolarepithel in das Blut hinein sehr viel diskutiert worden[3—6]. HALDANE[7] sieht in der aktiven Sekretion von Sauerstoff durch die Alveolen einen Teil der Akklimatisationsvorgänge an große Höhen und niedere Luftdrucke. CAMPBELL[8] konnte aber in zahlreichen Versuchen, in denen Tiere für längere Zeit unter niederem Sauerstoffdruck gehalten wurden, keine Anhaltspunkte für eine Sauerstoffsekretion finden.

Gase in der Schwimmblase der Fische[9]. Daß aber an sich tierische Gewebe Sauerstoff sezernieren können, zeigen die Schwimmblasen mancher Fische. Eine Ellritze, der man die Schwimmblase entleert hat, füllt sie im Verlauf einiger Tage mit einem Gasgemisch, das etwa 50% Sauerstoff enthält[10].

Bei den Arten, die in großen Tiefen leben, enthält die Schwimmblase bis zu 80% und mehr Sauerstoff[11], der gegen den hydrostatischen Druck des Meerwassers hat sezerniert werden müssen. Der Druck in den Blasen ist etwa 1000mal größer als in dem arteriellen Blut der Fische. Die Sekretion wird durch das Nervensystem geregelt[11].

Im großen und ganzen entspricht der Gehalt des arteriellen Blutes an gelösten Gasen dem aus den Druckdifferenzen und Löslichkeitskoeffizienten zu erwartenden Werten, allerdings nicht ganz genau.

[1] KROGH, A.: The Respiratory Exchange of Animals and Man. London 1916. Die Mikrogasanalyse und ihre Anwendungen. Handb. biol. Arb.-Meth., Abt. IV, Teil 10, S. 179 (1926).— [2] KROGH, M.: J. Physiol., London **49**, 271 (1915). — [3] BOHR, C.: Skand. Arch. Physiol. **22**, 221 (1909). — [4] KROGH, A., u. M. KROGH: Skand. Arch. Physiol. **23**, 179 (1910). — KROGH, A.: Skand. Arch. Physiol. **23**, 248 (1910). — [5] HARTRIDGE, H.: J. Physiol., London **45**, 170 (1912). — [6] FREDERICQ, L.: Arch. int. Physiol. **10**, 391 (1911). — [7] HALDANE, J. S.: Acclimatisation to high altitudes. Physiol. Rev. **7**, 363 (1927). — [8] CAMPBELL, J. A.: Lancet **215**, 84 (1928). Physiol. Rev. **11**, 1 (1931). — [9] Vgl. Hammarsten 11. Aufl. S. 696. — LEINER, M.: Die Fischatmung. Leipzig 1938. — [10] JACOBS, W.: Naturwiss. **28**, 33 (1940) (dort Literatur). — [11] RAUTHER, M.: Handwörterb. Naturwiss. **4**, 29 (1934).

Stickstoff. Von Stickstoff sollen sich etwa 0,8 bis 0,9 Vol.-% lösen. Die tatsächlichen Werte liegen meist etwas höher, bis 1,1 Vol-%; dies entspricht einem höheren Wert für den Partialdruck als dem, der in Tabelle 191 eingesetzt ist, nämlich etwa 634 mm Hg.

Die Abweichungen sind vor allem durch zwei Umstände bedingt. Der Stickstoff scheint nicht nur physikalisch gelöst im Blut vorzukommen, sondern vielleicht auch an das Hämoglobin[1—4] adsorbiert zu sein; denn je höher dessen Konzentration ist, um so mehr Stickstoff nimmt das Blut auf. Ferner begünstigen die Lipoide die Löslichkeit des Stickstoffs im Blut[2].

Argon. In den Zahlen für Stickstoff ist jeweils das *Argon* mit enthalten. Seine Konzentration schwankt zwischen 0,0234 und 0,04 Vol.-%[5].

Austausch von Stickstoff. Der Stickstoff wird zwischen den Alveolen und dem Blut außerordentlich leicht und rasch ausgetauscht.

Caissonkrankheit[6]. Bei Erhöhung des Luftdruckes, wie sie z. B. in den Caissons statthat, nimmt die gelöste Menge Stickstoff schnell zu, nicht nur im Blut, sondern auch in den anderen Körpersäften und in den Geweben, wegen seiner Affinität zu den Lipoiden, namentlich im Zentralnervensystem. Wird der Druck allmählich durch Zurückschleusen erniedrigt, so erfolgt der Ausgleich im selben Maße. Wenn aber sofort der normale Druck eingestellt wird, können bedrohliche Erscheinungen auftreten. Der Stickstoff entweicht dann aus dem Blut und den Geweben in kleinen Bläschen, die Luftembolien herbeiführen und das Zellgeschehen stören können. Betroffen werden Arbeiter in den Caissons und Taucher, wenn der Übergang zu normalem Luftdruck unvorsichtig durchgeführt wird. Caissonarbeiter stehen unter einem Druck von zwei bis drei Atmosphären und Taucher unter einem von fünf bis sechs Atmosphären.

Neuerdings werden Taucher mit einem Sauerstoff-Helium-Gemisch versorgt. Sie können damit tiefer tauchen und sich länger unter Wasser aufhalten. Helium ist in den Körpergeweben nur halb so löslich wie Stickstoff und diffundiert doppelt so rasch durch die tierischen Membranen. Deswegen wird in einer gegebenen Zeit weniger aufgenommen, und es entweicht rascher wieder, wenn der Druck vermindert wird[7].

Austausch von Sauerstoff. Beim Sauerstoff tritt kein vollständiger physikalischer Ausgleich zwischen Alveolarluft und Blut ein. Unter einem Druck von 99 bis 110 mm Hg sollte das Blut etwa 0,3 Vol.-% lösen, während nur 0,24 bis 0,28 Vol.-% im arteriellen Blut vorhanden sind, die einem Druck von nur 80 bis 96 mm Hg entsprechen. Diese *alveolar-arterielle Sauerstoffspannungsdifferenz* kann bis zu 20 mm Hg und mehr betragen. Vielleicht fließt das Blut zu rasch aus der Lunge ab, und es bleibt keine Zeit zum vollständigen Ausgleich. Die Sauerstoffspannungsdifferenz ist keine unwandelbare und konstante Größe. Wäre sie das, so könnten in größeren Höhen weder Menschen noch Tiere leben. Der unvollkommene Ausgleich von 20 mm Hg würde eine genügende Sauerstoffversorgung vereiteln. In Tierversuchen[8] wurde gezeigt, daß die Sauerstoffspannungsdifferenz mit abnehmendem Luftdruck kleiner wird. Bei einem Sauerstoffdruck in der Alveolarluft von 90 mm Hg (= Meereshöhe) betrug sie rund 24 mm Hg und bei einem Druck in der Alveolarluft von 59 mm Hg (= 3300 m über Meer) nur mehr rund 5 mm Hg. Bei niederen Drucken wird die Spannung also besser ausgeglichen. Sehr wahrscheinlich werden mehr Alveolen[9] und damit auch mehr Capillaren geöffnet, also die Diffusionsfläche vergrößert und der Blutstrom durch die Ver-

---

[1] CONANT, J. B., and N. D. SCOTT: J. biol. Ch. **68**, 107 (1926). — [2] SLYKE, D. D. VAN, R. T. DILLON and R. MARGARIA: J. biol. Ch. **105**, 571 (1934). — [3] LILJESTRAND, G.: Physiologie der Blutgase. Handb. Physiol. **6**/1, 523 (1928). — [4] SCHOLANDER, P. F., and G. A. EDWARDS: Amer. J. Physiol. **137**, 715 (1942). — [5] HACKSPILL, L., A.-P. ROLLET et M. NICLOUX: Cr. **182**, 719 (1926). — [6] Lehrb. inn. Med. (ASSMANN u. a.) 6./7. Aufl. **2**, 847. — [7] BARACH, A. L.: J. amer. med. Ass. **107**, 1273 (1936). — [8] KRAMER, K., u. H. SARRE: Z. Biol. **96**, 76, 89, 101 (1935); **97**, 329 (1936). Verh. dtsch. Ges. inn. Med. **47**, 64 (1935). — SARRE, H.: Z. Biol. **96**, 352 (1935). — [9] Vgl. a. HALDANE, J. S.: Acclimatisation to high altitudes. Physiol. Rev. **7**, 363 (1927).

breiterung des Bettes verlangsamt. Vermehrte mittlere Luftfüllung der Lunge und Zunahme der Atemtiefe vermindern ebenfalls die Sauerstoffspannungsdifferenz[1]. In gleicher Weise wirkt auch Erniedrigung des Sauerstoffdruckes im venösen Blut.

Austausch von Kohlendioxyd. Hinsichtlich des *Kohlendioxyds* findet ein ziemlich vollständiger Austausch statt. Der durchschnittliche Gehalt von 2 Vol.-% im arteriellen Blut entspricht der Spannung in der Alveolarluft.

γ) Die physikalischen Vorgänge in den Geweben.

Oberflächen. Auch in den Geweben wird das Blut durch das Capillarnetz über eine weite Fläche ausgebreitet und so der Austausch der Gase mit der Gewebsflüssigkeit und den Zellen ermöglicht. Die Fläche wird wahrscheinlich größer sein als die in den Lungen, doch fehlen darüber noch genaue Vorstellungen. Ferner wechselt sie mit der Verteilung des Blutes und mit dem Zustand der Tätigkeit der Organe. In den tätigen Geweben sind mehr Capillaren geöffnet als in den ruhenden, und durch den vergrößerten Querschnitt strömt das Blut wieder langsamer und läßt den Gasen zum Austausch mehr Zeit. Im allgemeinen stehen Geschwindigkeit des Blutstroms und Ausnützung des Blutes durch die Gewebe in umgekehrtem Verhältnis.

Weg der Gase. Der Weg, den der Sauerstoff in der einen und die Kohlensäure in der umgekehrten Richtung zu wandern haben, führt aus dem Blut durch die Capillarwand in die Gewebsflüssigkeit und aus ihr durch die Zellmembran in das Innere der Zelle hinein.

Die Wanderung soll nach EPPINGER[2] nur dann glatt verlaufen, wenn die Gewebsflüssigkeit frei von Eiweiß ist oder nur wenig enthält. Jede Vermehrung des Eiweißes durch entzündliche oder andere Prozesse soll die Sauerstoffversorgung der Zellen gefährden.

Diffusionskonstante. Im wesentlichen ist die Wanderung eine Diffusion aus einem eiweißreichen durch ein eiweißarmes wieder in ein eiweißreiches Medium hinein. Die Medien sind durch permeable Membranen voneinander getrennt. Die Geschwindigkeit der Diffusion hängt in einem gegebenen Medium von der Diffusionsfläche ab und ist der Druckdifferenz direkt proportional und der Quadratwurzel aus der Dichte des Gases umgekehrt proportional. Sie ist durch den *Diffusionskoeffizienten* oder die *Diffusionskonstante* gegeben. Diese bezeichnet die Menge Gas in cm^3, welche durch eine Fläche von 1 cm^2 und eine Strecke von 0,001 mm in 1 min bei einer Druckdifferenz von 1 at wandert. Für die tierischen Gewebe ist sie kleiner als für Wasser[3]. Für Sauerstoff beträgt sie bei 20° im Wasser 0,34, in 15%iger Gelatinelösung 0,28, im Muskel 0,14, im Bindegewebe 0,115. Mit steigender Temperatur nimmt sie zu, etwa um 1% für je 20°. Da man es in den Geweben nur mit geringen Abständen, die in 0,0001 mm gemessen werden, zu tun hat, kommen auch nur kurze Zeiten in Betracht. Eine Nervenfaser von 0,007 mm Dicke wird in einem Medium von 0,0001% Sauerstoff genügend versorgt; während der Tätigkeit braucht der Nerv etwa doppelt soviel Sauerstoff[4] wie während der Ruhe.

Diffusionsgefälle. Der Sauerstoffdruck beträgt in den Geweben durchschnittlich 20 bis 40 mm Hg, mit Ausnahme des gefüllten Darmkanals, in dem Gärungs- und Fäulnisvorgänge ablaufen. *Die Kohlendioxydspannung schwankt zwischen 40 und 60 mm Hg.* Wir haben also von der Alveolarluft bis zu den Geweben ein stetes Gefälle in der Sauerstoffspannung und ein ähnliches in der Kohlen-

[1] KRAMER, K., u. H. SARRE: Z. Biol. **96**, 76, 89, 101 (1935); **97**, 329 (1936). Verh. dtsch. Ges. inn. Med. **47**, 64 (1935). — SARRE, H.: Z. Biol. **96**, 352 (1935). — [2] EPPINGER, H., H. KAUNITZ u. H. POPPER: Die seröse Entzündung. Wien 1935. — [3] KROGH, A.: J. Physiol., London **52**, 391 (1919). — [4] HILL, A. V.: Proc. R. Soc. London (B) **104**, 39 (1928).

dioxydspannung zwischen den Geweben und der Lunge[1]. Auch hier genügen die physikalischen Faktoren, um den Gasaustausch zu bewerkstelligen, und es ist nicht nötig, eine Sekretion von Sauerstoff in die Gewebsflüssigkeit oder von Kohlendioxyd aus den Geweben ins Blut anzunehmen.

Der *Sauerstoffdruck* in den Geweben hängt von verschiedenen Umständen ab[2]: 1. von dem mittleren Sauerstoffdruck in den versorgenden Capillaren, 2. von der Geschwindigkeit des Blutstromes in den Capillaren, 3. von der bereits erwähnten Diffusionskonstante, 4. von der Zahl der geöffneten Capillaren, 5. vom Sauerstoffverbrauch des Gewebes.

Von diesen Einflüssen wechseln die unter 4. und 5. genannten am meisten, aber beide im gleichen Sinne. Je weniger Capillaren geöffnet sind, um so mehr Gebiete gibt es in einem Gewebe, zu denen der Sauerstoff über eine lange Strecke diffundieren muß. Da er auf dem Weg dahin noch teilweise verbraucht wird, herrscht in vielen Teilen eines ruhenden Gewebes — in ihm sind die meisten Capillaren geschlossen — ein niedriger Sauerstoffdruck, was aber die Lebensvorgänge nicht beeinträchtigt, da ein ruhendes Gewebe auch nur wenig Sauerstoff verzehrt. In dem Maße, wie nun die Tätigkeit und damit der Verbrauch an Sauerstoff zunimmt, öffnen sich mehr Capillaren und steigt der Sauerstoffdruck an, sogar höher als dem eigentlichen Bedarf entspricht. Im ruhenden Muskel beträgt er 19 mm Hg, im arbeitenden 55 mm Hg, in der ständig gut capillarisierten Speicheldrüse 44 mm Hg[2]. Die Capillarisierung paßt sich also dem Sauerstoffbedarf eines Organes gut an, ja gleicht ihn sogar zu stark aus.

Die Sauerstoffspannung des Nierengewebes, richtiger des Epithels der Kanälchen, teilt sich dem Harn mit, so daß seine Analyse Aufschluß über die Verhältnisse in der Niere gibt. Läßt man eine Versuchsperson 1 bis $1^1/_2$ Liter dünnen Tee trinken (Wasserversuch), dann steigt die Sauerstoffspannung des Harnes gleich auf 43 mm Hg und fällt in den darauffolgenden 4 Std auf 15 mm Hg ab[3].

Auf Grund der Versuche von EHRLICH über die Reduktion von Farbstoffen durch die Gewebe hat man geschlossen, daß in den Geweben der Sauerstoffdruck Null oder nur sehr gering sei. Die Reduktion der Farbstoffe hängt aber nicht vom Druck des physikalisch gelösten Sauerstoffs ab, sondern ist eine Funktion des Redoxpotentials der Gewebe (s. Bd. 1, S. 1242).

δ) Der Transport der Atemgase.

Von den Gasen, mit denen das Blut in der Lunge und in den Geweben in Berührung kommt, werden Stickstoff und die Edelgase, ferner Wasserstoff und Methan nur physikalisch gelöst; sie nehmen an den Lebensprozessen keinen Anteil. Dagegen werden die für die Atmung wichtigen, Sauerstoff und Kohlendioxyd, nicht nur gelöst, sondern auch noch chemisch gebunden. Damit hängt die Menge, welche das Blut von diesen Gasen aufnimmt, nicht nur von den physikalischen Verhältnissen, sondern auch noch von der Konzentration und Affinität der Substanzen ab, welche die Gase binden. Da die Affinität aber verschiedenen Einflüssen unterliegt, spielen noch andere Momente in die Atmungsfunktion des Blutes mit hinein und machen sie zu einer schwer übersehbaren Kette von Vorgängen. Im Mittelpunkt steht das Hämoglobin. Es beherrscht nicht nur den Transport des Sauerstoffs, sondern auch den des Kohlendioxyds.

Methodisches. Die im Blut gebundenen Atemgase werden entweder volumetrisch oder manometrisch nach VAN SLYKE[4] bestimmt. In beiden Fällen wird der Sauerstoff aus seiner Bindung an das Hämoglobin durch Kaliumhexacyanoferrat (III) ($K_3[Fe(CN)_6]$) und die an Alkali und Protein gebundene Kohlensäure durch Milchsäure frei gemacht. Dann wird evakuiert, aus dem Gasgemisch die Kohlensäure durch Natron- oder Kalilauge und der Sauerstoff durch Pyrogallol

---

[1] CAMPBELL, J. A.: Gas tensions in the tissues. Physiol. Rev. **11**, 1—40 (1931). — [2] SARRE, H.: Kli. Wo. **1938 II**, 1716. — [3] SARRE, H.: Pflügers Arch. **239**, 377 (1938). — [4] SLYKE, D. D. VAN: Handb. biol. Arb.-Meth. Abt. IV, Teil 4, 1245 (1927). — SLYKE, D. D. VAN, and J. SENDROY jr.: J. biol. Ch. **95**, 509 (1932).

oder Natriumdithionit ($Na_2S_2O_4$) absorbiert. Beim volumetrischen Verfahren ergeben sich die Werte für die beiden Atemgase aus der jeweiligen Volumenabnahme und beim manometrischen aus der Druckabnahme. Es ist dann noch eine Korrektur für die physikalisch gelösten Anteile anzubringen; man berechnet sie aus den Löslichkeitskoeffizienten und den Teildrucken der beiden Gase in der Alveolarluft.

Bei den neueren Mikroverfahren reichen Blutproben von 40 mm^3 aus, um Stickstoff, Sauerstoff und Kohlenmonoxyd in einem Arbeitsgang zu bestimmen[1]. Kohlendioxyd wird in einer getrennten Probe ermittelt[2].

1. Der Transport des Sauerstoffs.

a) **Allgemeine Bedeutung.** Wie schon mitgeteilt, vermag das Blut der Warmblüter bei dem Partialdruck der Alveolarluft nur etwa 0,24 bis 0,28 Vol.-% Sauerstoff zu lösen. Könnte der Sauerstofftransport eines Menschen nur auf diese Weise bewerkstelligt werden, wären ungefähr 300 *l* Blut bzw. Plasma nötig. Die höhere Organisation und Leistungsfähigkeit des Warmblüters ist nur durch das Hämoglobin möglich. Mit ihm transportiert das menschliche Blut fast hundertmal so viel Sauerstoff, wie es physikalisch löst.

Sauerstoffversorgung bei Insekten. Auch die Insekten haben einen sehr lebhaften Stoffwechsel. Ihre Muskeln können in der Minute eine große Zahl von Kontraktionen (etwa 200) ausführen, obwohl sie ihren Sauerstoff nur durch Diffusion durch die Tracheen zugeleitet bekommen; ein verhältnismäßig langsamer Vorgang. Er wird nur dadurch genügend rasch, daß die Dimensionen so klein sind, und die Enden der Tracheen nie weit von ihren äußeren Öffnungen entfernt sind. Diese Art der Atmung bedingt die Kleinheit der Insekten[3].

b) **Die Bindung des Sauerstoffs an das Hämoglobin** ist reversibel. Oxyhämoglobin zerfällt verhältnismäßig leicht wieder in Hämoglobin und Sauerstoff. Es genügt, wenn man aus dem Gasgemisch über dem Blut oder der Hämoglobinlösung den Sauerstoff mit einem anderen Gas verdrängt oder die Lösungen evakuiert. Ohne besonderen chemischen Eingriff kann also Oxyhämoglobin wieder „reduziert" werden.

Das sauerstofffreie Hämoglobin wird häufig auch als *„reduziertes" Hämoglobin* bezeichnet, obwohl der Ausdruck nicht richtig ist; er sollte deshalb vermieden werden. Hier wird deshalb von Hämoglobin und Oxyhämoglobin gesprochen; denn es handelt sich nicht um wahre Oxydation und Reduktion, d. h. um eine Abgabe oder Aufnahme von Elektronen. Das Eisen ist im Hämoglobin wie im Oxyhämoglobin stets zweiwertig. Bei einer wirklichen Oxydation entsteht Methämoglobin (Hämiglobin), das ein Fe(III)-hämoglobin ist.

Aufnahme und Abgabe des Sauerstoffs lassen sich zunächst durch folgende einfache Gleichung ausdrücken:

$$Hb + O_2 \rightleftharpoons HbO_2. \qquad (1)$$

Hb bedeutet hier das Mindestmolekulargewicht des Hämoglobins, das rund 17000 beträgt (vgl. unten).

Die Gleichung (1) sagt aus, daß bei konstantem Hämoglobingehalt die Ausbeute an Oxyhämoglobin nur von der Menge des Sauerstoffs abhängt, die an der Reaktion beteiligt ist. An der Reaktion nimmt so viel Sauerstoff teil, wie sich in der Flüssigkeit oder dem Blut gemäß seinem Partialdruck und dem Löslichkeitskoeffizienten aufzulösen vermag. Da der Löslichkeitskoeffizient für eine gegebene Flüssigkeit und eine bestimmte Temperatur konstant ist, hängt

---

[1] Roughton, F. J. W., and P. F. Scholander: J. biol. Ch. **148**, 541 (1943). — Scholander, P. F., and F. J. W. Roughton: J. biol. Ch. **148**, 551 (1943). — Edwards, G. A., P. F. Scholander and F. J. W. Roughton: J. biol. Ch. **148**, 565 (1943). — Roughton, F. J. W., and W. S. Root: J. biol. Ch. **160**, 123 (1945). — [2] Scholander, P. F., and F. J. W. Roughton: J. biol. Ch. **148**, 573 (1943). — [3] Barcroft, J.: Physiol. Rev. **4**, 329 (1924).

die Menge des reagierenden Sauerstoffs nur von dem Partialdruck ab, und man kann in der Gleichung an Stelle der molaren Konzentration auch den Druck, z. B. in der Alveolarluft oder den Geweben, einsetzen.

Die Ausbeute an Oxyhämoglobin drückt man gewöhnlich in Prozenten des gesamten im Blut vorhandenen Hämoglobins aus. Ist das Hämoglobin vollständig in Oxyhämoglobin übergeführt, so spricht man von einer 100% igen Ausbeute oder sagt kurz das Hämoglobin ist zu 100% mit Sauerstoff gesättigt. Das ist z. B. der Fall, wenn die Hämoglobinlösung oder das Blut mit einem Gasgemisch sich ausgeglichen haben, dessen Sauerstoffspannung 150 mm Hg (in Luft = 152 mm) beträgt.

Im Zustand der Sättigung enthält Oxyhämoglobin auf ein Atom Eisen ein Molekül Sauerstoff[1].

Nach neueren Messungen[2, 3] beträgt das Molekulargewicht des Hämoglobins 63000 (Mensch) bis 69000 (Pferd)[4], also rund das Vierfache des Mindestmolekulargewichtes. *Jedes Molekül enthält somit vier Farbstoffanteile und nimmt bei Sättigung vier Moleküle Sauerstoff auf.* Die oben angeführte Gleichung (1) ist damit in folgende abzuändern:

$$Hb_4 + 4\,O_2 \rightleftharpoons Hb_4(O_2)_4. \qquad (2)$$

Ob auch *Zwischenprodukte der Sättigung* mit ein, zwei oder drei Molekülen Sauerstoff vorkommen, ist noch nicht erwiesen; es ist auch nicht gelungen, solche Zwischenprodukte zu fassen. Aus reaktionskinetischen Überlegungen muß man aber annehmen, daß sich erst ein Molekül Sauerstoff mit Hämoglobin zu Hb_4O_2 vereinigt und dieses nach und nach drei weitere Moleküle aufnimmt, also über $Hb_4(O_2)_2$ und $Hb_4(O_2)_3$ in $Hb_4(O_2)_4$ übergeht[5—8].

Bei Sättigung bindet also 1 Grammol Hämoglobin 4 · 22,4 = 89,6 Liter oder 1 g Hämoglobin 1,34 cm³ Sauerstoff reduziert auf 0° und 760 mm Hg.

Ort der Bindung von O_2 an Hb. Die Stelle im Hämoglobinmolekül, welche den Sauerstoff festhält, ist das Eisenatom. HAUROWITZ[9] gibt dafür folgendes Formelschema.

$$\left[\begin{array}{c} \text{N}\quad\text{N} \\ \diagdown\;\diagup \\ O_2 \cdots\cdots \text{Fe} \cdots\cdots \text{Globin} \\ \diagup\;\diagdown \\ \text{N}\quad\text{N} \end{array}\right]$$

Danach ist das Sauerstoffmolekül durch eine Nebenvalenz mit dem Eisen verknüpft. N bedeutet in der Formel je einen Pyrrolring. Zwei sind durch Hauptvalenzen und die beiden andern durch Nebenvalenzen an das Eisen gebunden.

Zu einer ähnlichen Formel kommt PAULING[10] auf Grund elektromagnetischer Messungen. Nach ihm erfährt das Sauerstoffmolekül bei der Bindung an das Hämoglobin eine Änderung seiner Elektronenstruktur[11].

---

[1] PETERS, R. A.: J. Physiol., London **44**, 131 (1912). — [2] ADAIR G. S.: Proc. R. Soc. London (A) **108**, 628 (1925). — SVEDBERG, T., and R. FÅHRAEUS: Am. Soc. **48**, 430 (1926). — [3] SVEDBERG, T.: Proc. R. Soc. London (B) **127**, 1 (1939). — SVEDBERG, T., u. K. O. PEDERSEN: Die Ultracentrifuge. Theorie, Konstruktion und Ergebnisse. Dresden, Leipzig 1940 (Handb. Kolloidwiss. (Wo. OSTWALD) Bd. 7). — [4] SVEDBERG, T.: Proc. R. Soc. London (B) **127**, 1 (1939). — [5] CONANT, J. B., and R. V. McGREW: J. biol. Ch. **85**, 421 (1929/30). — [6] ROUGHTON, F. J. W.: Proc. R. Soc. London (B) **115**, 451 (1934). — [7] BARCROFT, J.: Die Atmungsfunktion des Blutes. Ins Deutsche übertragen von FELDBERG, W., 2. Teil. Hämoglobin. Berlin **1929**. — [8] HAUROWITZ, F.: H. **254**, 266 (1938). Fortschritte der Biochemie 1938—1947. S. 269. Basel, New York 1948. — [9] HAUROWITZ, F.: H. **232**, 146 (1935). Chromoproteide (Respiratorische Farbstoffe). Handb. Biochem. Erg.-W. **1**/A, 364—383 (1933). — [10] PAULING, L., and C. D. CORYELL: Proc. nat. Acad. Sci. USA **22**, 210 (1936). — [11] Über Oktett-Formulierung s. Bd. **1**, S. 58 und NÄGELI, C.: Grundriß der organischen Chemie. S. 9. 15. Aufl. Leipzig 1938.

Beim Übergang zum Hämoglobin tritt an Stelle des Sauerstoffmoleküls ein Molekül Wasser; denn bei scharfem Trocknen geht das Spektrum des Hämoglobins in das des Hämochromogens über, erscheint aber wieder, wenn feuchte Luft zum Hämoglobin strömt[1].

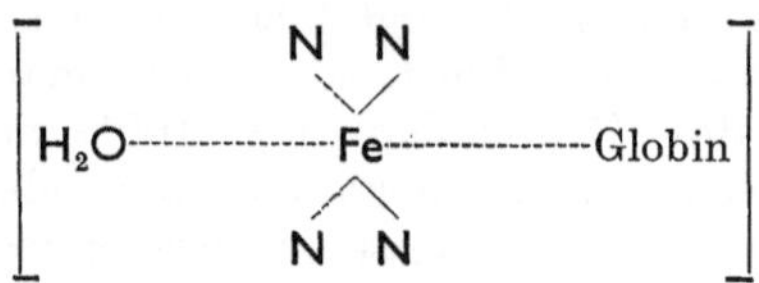

Einfluß der O_2*-Bindung.* Mit der Aufnahme des Sauerstoffs ändert das Hämoglobin seinen *elektrochemischen Charakter.* Wie jeder Eiweißkörper besitzt das Hämoglobin freie saure und basische Gruppen, kann somit als Säure wie als Base auftreten je nach der Wasserstoffionenkonzentration seiner Lösung. Der isoelektrische Punkt[2] des Hämoglobins vom Pferd liegt bei p_H 6,8 ($\pm$ 0,02) und der des Oxyhämoglobins bei p_H 6,7. Die Wasserstoffionenkonzentration des Blutes schwankt meistens zwischen p_H 7,28 und 7,52 (im Mittel 7,33), befindet sich also auf der alkalischen Seite des isoelektrischen Punktes des Hämoglobins[3]. Damit verhält sich das Hämoglobin im Blut wie eine Säure und kann Alkali binden. Das Oxyhämoglobin ist eine stärkere Säure als das Hämoglobin. Das ergibt sich schon aus dem niedrigeren p_H seines isoelektrischen Punktes[4–8]. Die Dissoziationskonstante[9] des Hämoglobins, das aus krystallisiertem Hämoglobin vom Pferd hergestellt worden ist, beträgt bei 20° $10^{-8,18}$, die des Oxyhämoglobins $10^{-6,62}$. So ist Oxyhämoglobin eine etwa 70mal stärkere Säure als Hämoglobin und kann dementsprechend auch mehr Alkali binden.

Von krystallisiertem Oxyhämoglobin des Pferdes bindet ein Grammäquivalent (= 17000) bei p_H 7,4 2,15 $\pm$ 0,10 Äquivalente Alkali und von Hämoglobin 1,47 $\pm$ 0,08 Äquivalente. Bei der Sättigung mit Sauerstoff können also von einem Grammäquivalent 0,68 $\pm$ 0,10 Äquivalente Alkali zusätzlich gebunden werden.

Umgekehrt wird die gleiche Menge Alkali bei der Abspaltung des Sauerstoffs frei und kann zur Bindung von Säuren, hauptsächlich von Kohlensäure verwendet werden[10] (s. weiter unten). Die Änderung der Acidität des Hämoglobins bei der Bindung des Sauerstoffs ist eine der wichtigsten Tatsachen für die ganze Atmungsfunktion des Blutes, da sie sich nicht nur auf den Transport des Sauerstoffs, sondern auch auf den des Kohlendioxyds auswirkt.

c) Die Sauerstoffkapazität des Blutes. Da in mittleren Höhen der normale Hämoglobingehalt zwischen 12 und 16,3 g-%[11] schwankt, können 100 cm³ Blut theoretisch maximal 18,8 bis 21,9 Vol.-% Sauerstoff binden. Man nennt diese Menge die *Sauerstoffkapazität* des Blutes und bestimmt sie, indem man eine Blutprobe mit einem Gasgemisch ins Gleichgewicht setzt, dessen Sauerstoffteildruck 150 mm Hg beträgt. Er genügt, wie bereits erwähnt, um alles Hämo-

---

[1] ZEYNEK: Festschr. f. WACHOLZ: Now. lek. Poznan **38**, 10 (1926). [HAUROWITZ, F.: H. **232**, 146 (1935)]. — [2] HASTINGS, A. B., D. D. VAN SLYKE, J. M. NEILL, M. HEIDELBERGER and C. R. HARINGTON: J. biol. Ch. **60**, 89, u. zwar 150 (1924). — [3] s. S. 538. — [4] HENDERSON, L. J.: J. biol. Ch. **41**, 401 (1920); **46**, 411 (1921). — [5] HASSELBALCH, K. A., u. C. LUNDSGAARD: B. Z. **38**, 88 (1912). — [6] HASSELBALCH, K. A.: B. Z. **78**, 112 (1917). — [7] CHRISTIANSEN, J., C. G. DOUGLAS and J. S. HALDANE: J. Physiol., London **48**, 244 (1914). — [8] PARSONS, T. R.: J. Physiol., London **53**, 42 (1919/20). — [9] HASTINGS, A. B., J. SENDROY jr., C. D. MURRAY and M. HEIDELBERGER: J. biol. Ch. **61**, 317 (1924). — [10] SLYKE, D. D. VAN, A. B. HASTINGS, M. HEIDELBERGER and J. M. NEILL: J. biol. Ch. **54**, 481 (1922). — SLYKE, D. D. VAN, A. B. HASTINGS and J. M. NEILL: J. biol. Ch. **54**, 507 (1922). — [11] The Committee on Haemoglobin Surveys. Med. Res. Council Spec. Rep. Ser. Nr. 252, London 1945. — OHLSON, M. A., D. CEDERQUIST, E. G. DONELSON, R. M. LEVERTON, G. K. LEWIS, W. A. HIMWICH and M. S. REYNOLDS: Amer. J. Physiol. **142**, 727 (1944).

globin in Oxyhämoglobin überzuführen. Tatsächlich beträgt die gesamte Sauerstoffkapazität des Blutes beim gesunden Menschen rund 20 Vol.-%[1].

Nach LUNDSGAARD[2] schwankt die Sauerstoffkapazität für den Erwachsenen zwischen 17,5 und 21,4 Vol.-%. HALDANE[3] fand für Männer 18,5, für Frauen 16,5 und für Kinder 16,1 Vol.-%. Die Schwankungen sind durch den Unterschied im Hämoglobingehalt bedingt. OHNO[4] gibt als Mittelwert für Männer 19,81 Vol.-% an, für Frauen wegen des niedrigeren Hämoglobingehaltes 0,5 Vol.-% weniger.

Etwa 3% des gesamten Hämoglobins sollen sich nicht am Sauerstofftransport beteiligen[5, 6].

Bei Einatmung reinen Sauerstoffs tritt auch während des Lebens eine vollständige Sättigung ein. Für gewöhnlich wird aber das arterielle Blut in der Lunge nur zu 85 bis 98% gesättigt[2, 7, 8]. Der Unterschied ist einmal durch den niederen Sauerstoffdruck der Alveolarluft (99 bis 110 mm) bedingt und ferner dadurch, daß kein vollständiger Ausgleich in der Sauerstoffspannung zwischen Alveolarluft und Blut statthat (s. physikalische Vorgänge in der Lunge S. 502). Außerdem hängt die Sättigung des Hämoglobins von einer Reihe von Ursachen ab, deren Einfluß im einzelnen zu besprechen ist. Hierher gehören die Konzentration des Hämoglobins, die Temperatur, der Elektrolytgehalt und die Wasserstoffionenkonzentration.

Sauerstoffkapazität des Blutes bei Krankheiten. Im allgemeinen ist der Sättigungsgrad, der erreicht wird, um so geringer, je mehr Hämoglobin das Blut enthält, weil dann die Sauerstofftotalkapazität des Blutes bis zu 30 und mehr Volumenprozent ansteigt. Das trifft namentlich für die Polycytämie zu[9].

Bei anämischen Kranken mit stark herabgesetzter Blutkörperchenzahl und vermindertem Hämoglobin sinkt die Sauerstoffaufnahmefähigkeit des Blutes. Dabei werden Werte der Sauerstofftotalkapazität von 10 Vol.-% und weniger beobachtet. Ähnliches gilt bei beträchtlicher Verwässerung des Blutes, z. B. bei Nephritis mit Hydrämie.

d) Die Dissoziation des Oxyhämoglobins. Läßt man Proben derselben Hämoglobinlösung mit Gasgemischen verschiedenen Sauerstoffpartialdruckes sich ausgleichen und trägt als Ordinate die prozentuale Sättigung und als Abscisse den zugehörigen Sauerstoffpartialdruck in ein Koordinatensystem ein, so gewinnt man durch Verbindung der einzelnen Punkte eine Kurve für das Gleichgewicht zwischen Oxyhämoglobin und sauerstofffreiem Hämoglobin. Sie gibt Aufschluß darüber, in welchem Maße Sauerstoff aufgenommen und wieder abgegeben wird, wenn sich die Sauerstoffspannung ändert. Man nennt solche Kurven *Dissoziationskurven des Oxyhämoglobins.* Hat man sie für ein bestimmtes Blut aufgestellt, so kann man aus ihr ablesen, bis zu welchem Grade das Blut in der Lunge bei dem alveolaren Sauerstoffdruck gesättigt und wie weit es in den Geweben bei der dort vorhandenen Spannung „reduziert" wird.

Führt man die Versuche mit reinen, dialysierten Hämoglobinlösungen aus, so hat die Kurve häufig die Form einer rechtwinkligen Hyperbel, die durch den Nullpunkt geht und zu der Linie der 100%igen Sättigung asymptotisch verläuft[10–13]. Das ist die einfachste Form der Dissoziationskurve. Bei Blut selbst,

---

[1] SENDROY, J. jr.: J. biol. Ch. **91**, 307 (1931). — [2] LUNDSGAARD, C.: J. biol. Ch. **33**, 133 (1918). J. exp. Med. **27**, 179 (1918). — [3] HALDANE, J. S.: J. Physiol., London **26**, 497 (1901). — [4] OHNO, M.: Z. ges. exp. Med. **53**, 82 (1926). — [5] GIBSON, Q. H., and D. C. HARRISON: Biochem. J. **40**, 247 (1946). — [6] RAMSAY, W. N. M.: Biochem. J. **38**, 470 (1944). — [7] STADIE, W. C.: J. exp. Med. **30**, 215 (1919). — [8] HARROP, G. A. jr.: J. exp. Med. **30**, 241 (1919). — [9] BAUER, E., K. LAWROWSKY u. E. SKUJIN: Z. ges. exp. Med. **58**, 586 (1928). — [10] HÜFNER, G.: Arch. Anat. Physiol. (B) Suppl. **5**, 187 (1901). — [11] BARCROFT, J., and F. ROBERTS: J. Physiol., London **39**, 143 (1909). — [12] BROWN, W. E. L., and A. V. HILL: Proc. R. Soc. London (B) **94**, 297 (1923). — [13] BARCROFT, J.: Die Atmungsfunktion des Blutes. Ins Deutsche übertragen von FELDBERG, W. Tl. 2. S. 104. Berlin 1929.

bei elektrolythaltigen Hämoglobinlösungen und manchmal auch bei reinen Hämoglobinlösungen verläuft sie anders, ist im Anfangsteil etwas eingebogen und schneidet später die Hyperbel, nähert sich also mehr einer S-Form.

In der nachfolgenden Abbildung ist die Kurve von HÜFNER, die an einer reinen Hämoglobinlösung gewonnen wurde und eine rechtwinklige Hyperbel ist, sowie eine zweite Kurve von BOHR eingezeichnet. BOHR hat seine Versuche mit Hundeblut ausgeführt und eine Kurve erhalten, die sehr von der Hyperbel abweicht.

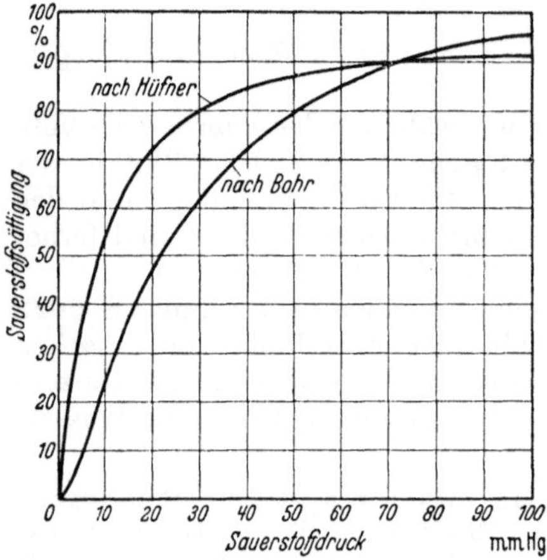

Abb. 34. Sauerstoffbindungskurven von Blut und von Hämoglobinlösung.

Die Dissoziation des Oxyhämoglobins ist von A. V. HILL[1] auf Grund thermodynamischer Überlegungen mathematisch formuliert worden.

$$\frac{y}{100} = \frac{K\,x^n}{1 + K\,x^n}.$$

y bedeutet den prozentualen Anteil des Oxyhämoglobins am Gesamthämoglobin, x den Sauerstoffdruck, K die Gleichgewichtskonstante der Reaktion, in welcher der Löslichkeitskoeffizient des Sauerstoffs und die Affinität des Hämoglobins zu Sauerstoff mit enthalten sind, und n die Anzahl Moleküle Sauerstoff, welche sich mit dem Hämoglobin verbinden. Die Größe von n bestimmt die Form der Kurve. Für $n = 1$ ist sie eine rechtwinklige Hyperbel. Für $n > 1$ wird die Kurve S-förmig, und zwar um so ausgeprägter, je größer n wird.

In stark verdünnten salzfreien Lösungen von Hämoglobin gibt die Gleichung den Verlauf der Reaktion dann richtig wieder, wenn $n = 1$ gesetzt wird; die Reaktionsgleichung lautet für diesen Fall $Hb + O_2 \rightleftharpoons HbO_2$ und Hb bedeutet das Mindestmolekulargewicht. Diese Befunde stehen in einem bis jetzt noch nicht geklärten Widerspruch zu den Messungen von ADAIR[2] und SVEDBERG[3], nach denen das wirkliche Molekulargewicht des Hämoglobins um 68000 beträgt und die Oxydation und Dissoziation des Oxyhämoglobins nach der Gleichung $Hb_4 + 4\,O_2 \rightleftharpoons Hb_4(O_2)_4$ verlaufen. In verdünnten Lösungen sollte daher die Reaktion nach der Formel

$$\frac{y}{100} = \frac{K\,x^4}{1 + K\,x^4}$$

verlaufen. Diese Gleichung liefert aber nicht eine rechtwinklige Hyperbel, sondern eine mehr S-förmige Kurve.

Für Blut gibt die Formel die experimentellen Ergebnisse richtig wieder, wenn $n = 2{,}5$ gesetzt wird[4] (nach neueren Messungen ist $n = 2{,}43$)[5]. Auch dieses Resultat entspricht nicht dem wirklichen Molekulargewicht des Hämoglobins und der Menge Sauerstoff, die von ihm gebunden wird. Zur Lösung des Widerspruchs sind verschiedene Erklärungen vorgeschlagen worden, von denen keine befriedigt. PAULING stellt sich vor, daß die vier Hämreste an den Ecken eines Quadrates stehen und alle die gleiche Affinität zu Sauerstoff haben[6]. Für die Reaktion jedes einzelnen aber wird die Gleichgewichtskonstante durch den benachbarten, nicht durch den diagonal gegenüberstehenden Rest beeinflußt, und zwar in der Weise, daß er dessen Affinität zu Sauerstoff erhöht[7]. Weiter wäre möglich, daß in den

[1] HILL, A. V.: J. Physiol., London **40**, IV (1910). Biochem. J. **7**, 471 (1913). J. biol. Ch. **51**, 359 (1922). Naturwiss. **12**, 517 (1924). — [2] ADAIR, G. S.: Proc. R. Soc. London (A) **108**, 627 (1925). — [3] SVEDBERG, T., and R. FÅHRAEUS: Am. Soc. **48**, 430 (1926). — [4] HILL, A. V.: Naturwiss. **12**, 517 (1924). — [5] CORYELL, C. D.: J. physic. Chem. **43**, 841 (1939). — [6] PAULING, L.: Proc. nat. Acad. Sci. USA **21**, 186 (1935). — [7] WYMAN, J. jr.: J. biol. Ch. **127**, 581 (1939).

Blutkörperchen bei der hohen Konzentration des Hämoglobins (35%) die Moleküle so dicht beieinanderliegen, daß sie sich gegenseitig an der Bindung des Sauerstoffs hindern[1]. Schließlich ließe sich noch denken, das Hämoglobin besäße in den roten Blutkörperchen ein niedrigeres Molekulargewicht und trete in Teilchen auf, die das Zwei- und Dreifache des Mindestmolekulargewichtes haben. Das würde heißen, das Hämoglobin sei in konzentrierten Lösungen desaggregiert. Tatsächlich ist bekannt, daß Eiweißkörper unter bestimmten Bedingungen z. B. in konzentrierten Harnstofflösungen desaggregiert werden. In 4 m Harnstofflösung ist das Hämoglobin in zwei Hälften desaggregiert. Aber n beträgt hier nur 2,9. Es besteht also keine strenge Beziehung zum Molekulargewicht[2]. Für Myoglobin[3], das ein Molekulargewicht von 17000 und nur einen Hämrest besitzt ist $n = 1$.

Die Dissoziationskurve ist auch ein Ausdruck für die Geschwindigkeit, mit der Hämoglobin Sauerstoff aufnimmt und wieder abgibt. Beide Vorgänge sind von HARTRIDGE u. ROUGHTON[4] gemessen worden. Sie haben eine Methode zur Bestimmung der Geschwindigkeit sehr rasch verlaufender Reaktionen ausgearbeitet. Ihre Anwendung auf die „Oxydation" von Hämoglobin und die „Reduktion" von Oxyhämoglobin ergab, daß der erste Vorgang unvergleichlich viel rascher verläuft als der zweite. Bei p_H 7,7 und 17,5° beträgt die Geschwindigkeitskonstante für die „Oxydation" 132 ± 10% und für die „Reduktion" 17,5. Um eine verdünnte Hämoglobinlösung bis zur Hälfte mit Sauerstoff zu sättigen, ist nicht ganz $^1/_{700}$ sec nötig. Wenn eine gemessene Menge einer dialysierten Hämoglobinlösung bis zur Sättigung auf 95% mit Sauerstoff eine bestimmte Anzahl Sekunden benötigt, so dauert es 6000mal länger, um die gleiche Menge Blut so weit zu „reduzieren", daß sie nur noch zu 5% gesättigt ist[5].

Bestünde auch im Blut die große Differenz zwischen den Geschwindigkeiten der beiden Reaktionen, so wäre eine genügende Sauerstoffversorgung der Gewebe nur dann möglich, wenn das Capillarnetz eine viel gewaltigere Ausdehnung als in Wirklichkeit hätte. Tatsächlich ist durch die begleitenden Faktoren der Unterschied in den Geschwindigkeiten sehr stark vermindert. Es sind die gleichen, welche auch die Hyperbel in die S-förmige Kurve umwandeln: Temperatur, Konzentration des Hämoglobins, Salzgehalt der Lösung, Wasserstoffionenkonzentration, Art und Zustand des Hämoglobins selbst.

α) Einfluß der Temperatur auf die Dissoziationskurve. Durch Temperaturerhöhung wird das Gleichgewicht der Reaktion $Hb + O_2 \rightleftharpoons HbO_2$ nach links verschoben, durch Abkühlen nach rechts. Somit ist die Sauerstoffaufnahme des Hämoglobins eine exotherme Reaktion. Nach den Messungen von HILL[6] werden bei der Sauerstoffbindung durch 1 Grammäquivalent (17000 g) Hämoglobin 28000 bis 30000 Calorien frei. Erhöhung der Temperatur vermindert die Affinität des Hämoglobins zum Sauerstoff und begünstigt die Spaltung des Oxyhämoglobins. Für diese letztere beträgt der Temperaturkoeffizient[7] 3,8 und für die erstere 1. Bei der Körpertemperatur ist somit der Unterschied zwischen den beiden Geschwindigkeiten erheblich vermindert. Die Aufnahme des Sauerstoffs verhält sich zur Abgabe dann nur mehr wie 25 : 1. Da durch Temperaturerhöhung die Affinität des Hämoglobins zum Sauerstoff herabgesetzt wird, ist ein höherer Partialdruck nötig, um denselben Sättigungsgrad zu erreichen wie bei niederer Temperatur.

---

[1] ADAIR, G. S.: J. biol. Ch. **63**, 533 (1925). — [2] TAYLOR, J. F., and A. B. HASTINGS: J. biol. Ch. **144**, 1 (1942). — [3] CORYELL, C. D.: J. physic. Chem. **43**, 841 (1939). — [4] HARTRIDGE, H., and F. J. W. ROUGHTON: Proc. R. Soc. London (A) **104**, 376, 395 (1923); **107**, 654 (1925); (B) **94**, 336 (1923). J. Physiol., London **62**, 232 (1927). — ROUGHTON, F. J.W.: Proc. R. Soc. London (B) **115**, 473 (1934). — HARTRIDGE, H.: Proc. R. Soc. London (A) **102**, 575 (1923). — [5] BARCROFT, J.: Physiol. Rev. **4**, 335 (1924). — [6] BROWN, W. E. L., and A. V. HILL: Proc. R. Soc. London (B) **94**, 297 (1923). — [7] HARTRIDGE, H., and F. J. W. ROUGHTON: Proc. R. Soc. London (A) **104**, 395 (1923); (A) **107**, 654 (1925).

β) Einfluß der Konzentration des Hämoglobins auf die Dissoziationskurve. In konzentrierten Hämoglobinlösungen ist die Affinität zum Sauerstoff vermindert. Die höchste Hämoglobinkonzentration findet sich in den roten Blutkörperchen. Hb macht dort 35% der feuchten Masse aus. *In den unversehrten Körperchen verläuft die Sättigung mit Sauerstoff etwa 10mal langsamer als im hämolysierten Blut.* Wird menschliches Blut auf das Fünf- bis Zweihundertfache mit einer Pufferlösung von p_H 7,4 verdünnt, so steigt die Affinität des Blutfarbstoffs zum Sauerstoff auf etwa das Dreifache an.

Ähnliche Erscheinungen hat man auch beim Blut von Ratten, Meerschweinchen, Kaninchen, Pferd, Ochse, Schaf, Katze und Huhn beobachtet. Es nimmt aber die Affinität nicht bei allen Blutarten um den gleichen Betrag zu. Wahrscheinlich kommt hier noch ein Einfluß zur Geltung, der von der Natur des Hämoglobins selbst ausgeht[1].

Auch durch Erhöhung der Hämoglobinkonzentration wird somit der Unterschied zwischen Aufnahme und Abgabe des Sauerstoffs vermindert und die Kurve der S-Form näher gebracht.

γ) Einfluß der Salze auf die Dissoziationskurve. Er ist noch nicht sehr eingehend untersucht. Gibt man zu einer Lösung von Hämoglobin in destilliertem Wasser Neutralsalze, so erhält man eine stärker gekrümmte Dissoziationskurve[2].

δ) Der Einfluß der Wasserstoffionenkonzentration auf die Dissoziationskurve ist von größter Bedeutung und wird durch die nachfolgenden Kurven demonstriert[3]. Er kommt am stärksten zur Geltung zwischen p_H 6,0 und 7,7, also in der Nachbarschaft des isoelektrischen Punktes des Hämoglobins. Je alkalischer die Reaktion ist, um so niedriger kann die Sauerstoffspannung sein, um einen bestimmten Sättigungsgrad zu erreichen. Um 80% des Hämoglobins in Oxyhämoglobin überzuführen, genügt nach den Kurven bei p_H 8,3 ein Sauerstoffdruck von rund 8 mm; bei p_H 7,4 sind bereits 33 mm, bei p_H 6,6 55 mm und bei p_H 6,3 65 mm Sauerstoffspannung nötig. Entsprechend ändert sich auch die Zeit, die nötig ist, um einen bestimmten Teil von Oxyhämoglobin zu zerlegen; je alkalischer die Reaktion, um so länger dauert es. Somit begünstigt alkalische Reaktion die Aufnahme des Sauerstoffs und erschwert die Abgabe; saure Reaktion wirkt dagegen gerade umgekehrt, hemmt die Aufnahme und fördert die Abgabe. Da gleichzeitig mit der Verschiebung der Reaktion auch der elektrochemische Charakter des Hämoglobins sich ändert, namentlich in der Nähe seines isoelektrischen Punktes, darf man den Schluß ziehen, daß das Hämoglobinanion, welches bei alkalischer Reaktion vorhanden ist, eine größere Affinität zu Sauerstoff besitzt als die nicht dissoziierte Hämoglobinsäure.

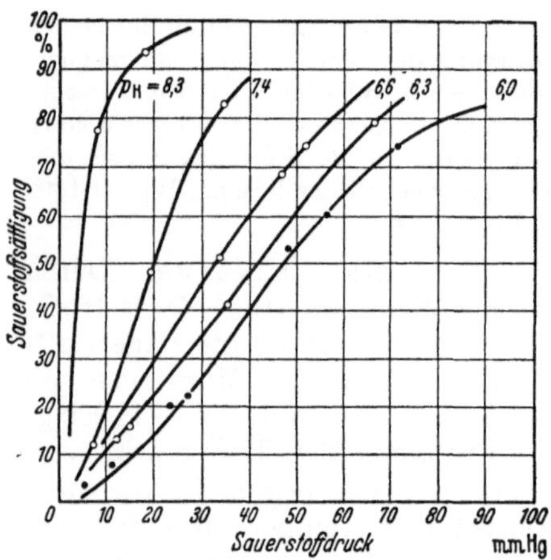

Abb. 35. Einfluß der Wasserstoffionenkonzentration auf die O_2-Dissoziationskurve von Hämoglobin[4].

[1] Hill, R., and H. P. Wolvekamp: Proc. R. Soc. London (B) **120**, 484 (1936). — [2] Barcroft, J., and M. Camis: J. Physiol., London **39**, 118 (1909). — [3] Adair, G. S.: J. biol. Ch. **63**, 517 (1925). — [4] Barcroft, J.: Die Atmungsfunktion des Blutes. Deutsch von Feldberg, W. 2. Tl. S. 117. Berlin 1929.

Der Körper kann diese Möglichkeit, die Bindung des Sauerstoffs an das Hämoglobin zu regulieren, nur innerhalb der Variationsbreite des Blut-p_H verwenden. Die äußersten Grenzen liegen etwa bei p_H 7 und 7,8.

Aus der kurvenmäßigen Darstellung dieser Beziehungen ergibt sich auch, daß bei höherem p_H die Form der Hyperbel deutlicher hervortritt, bei niedrigeren dagegen die S-Form.

ε) Einfluß der Kohlensäure auf die Dissoziationskurve. Im Blut ist die Änderung der Reaktion hauptsächlich, wenn nicht überhaupt ausschließlich durch die Konzentration der Kohlensäure bedingt. Sie wirkt aber nicht nur durch die geringe Verschiebung des p_H, sondern hat auch noch einen spezifischen Einfluß, der sich allerdings im Verlauf der Kurven nicht besonders zu erkennen gibt. Auch hier prägt sich die S-Form der Kurve um so deutlicher aus, je höher der Kohlensäuredruck des Blutes ist, je niedriger also dessen p_H. Die Kurven der Abb. 36 sind von L. J. Henderson[1] an Barcrofts Blut aufgenommen worden. Ähnliche Kurven haben schon früher Bohr, Hasselbalch u. Krogh[2] gezeichnet. Sie arbeiteten mit Hundeblut.

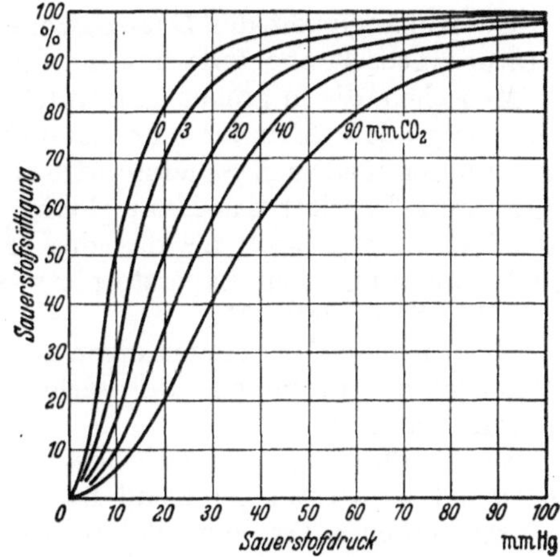

Abb. 36. Einfluß der Kohlensäurespannung auf die O_2-Dissoziationskurve von Hämoglobin[1].

Die *Bedeutung dieses Einflusses der Kohlensäure auf die Bildung von Oxyhämoglobin und dessen Dissoziation* ergibt sich ohne weiteres aus folgender Überlegung. Bei den hohen Sauerstoffdrucken ist der Einfluß der Kohlensäure gering und hindert also nicht die Sauerstoffaufnahme in der Lunge. Am größten ist er bei den mittleren und niedrigen Sauerstoffdrucken, wodurch die Ausnutzung des Sauerstoffs in den Geweben erheblich erleichtert wird. Wenn in den stromaufwärts gelegenen Gewebspartien schon ein Teil des Sauerstoffs infolge der Differenz im Partialdruck abgegeben worden ist, so könnte an sich die Gefahr bestehen, daß stromabwärts die Versorgung mit Sauerstoff ungenügend wird. Durch die aus den Geweben eindringende Kohlensäure wird aber dieser Gefahr begegnet, indem sie gerade nach Abnahme der Sauerstoffspannung die Dissoziation des Oxyhämoglobins befördert.

Ist die Kohlensäurespannung zu niedrig, wie z. B. nach forcierter Atmung, so wird der Sauerstoff nur schwer abgegeben und die Gewebe werden nicht genügend versorgt. Dasselbe tritt ein, wenn die Reaktion des Blutes infolge absoluter oder relativer Zunahme des Blutalkalis nach der alkalischen Seite hin verschoben wird. Da unter diesen Bedingungen ein größerer Teil der Kohlensäure chemisch gebunden ist, ist ihre Spannung im Blut nur gering. Dieser Zustand wird meistens automatisch wieder behoben, da als Folge des Sauerstoffmangels in den Geweben stärker saure Produkte einer unvollständigen Oxydation, in erster Linie Milchsäure, auftreten und die Blutreaktion wieder regulieren.

Wie schon erwähnt, hat die Kohlensäure auch noch einen direkten Einfluß auf das Hämoglobin. Sie wird von ihm carbaminosäureartig gebunden, und es entsteht *Carbhämoglobin* (vgl. dazu S. 523).

---

[1] Henderson, L. J.: J. biol. Ch. **41**, 401 (1920). — [2] Bohr, C., K. Hasselbalch u. A. Krogh: Zbl. Physiol. **17**, 661 (1904). Skand. Arch. Physiol. **16**, 402 (1904).

ζ) Art und Zustand des Hämoglobins selbst beeinflussen schließlich noch den Verlauf der Dissoziationskurve. *Die Blutfarbstoffe der verschiedenen Tierarten unterscheiden sich in der Affinität zum Sauerstoff und in dem Verlauf ihrer Dissoziationskurven.* Es wurde schon weiter oben berichtet, daß die Affinität beim Verdünnen des Blutes in ganz verschiedener Weise zunimmt. Auch bei anderen Versuchen traten diese Unterschiede zutage. Wird hundertfach verdünntes Blut von Mäusen und von Menschen einem Gasgemisch ausgesetzt, das 0,093% Kohlenmonoxyd enthält, so wird das Menschenblut zu 67% und das Mäuseblut zu 49% mit diesem Gas gesättigt[1].

Die Abhängigkeit der Dissoziationskurve des Oxyhämoglobins von der Temperatur wechselt ebenfalls mit der Tierart[2, 3].

Menschen, die in großen Höhen leben, und der Fetus, haben ein Hämoglobin, das eine größere Affinität zum Sauerstoff besitzt. Es entspricht das der *Anpassung* an den niedrigen Sauerstoffdruck, unter dem sich beide befinden[4, 5]. Nach HAUROWITZ[6] besitzt das Hämoglobin des neugeborenen Menschen eine größere Affinität zu Sauerstoff als das des erwachsenen. Das mütterliche Hämoglobin bindet allerdings den Sauerstoff etwas fester. Ähnliche Unterschiede bestehen auch bei Säugetieren[7, 8].

Nach neueren Untersuchungen sollen im menschlichen Blut zwei Arten von Hämoglobin vorkommen. Ihr Verhältnis soll im mütterlichen Blut ein anderes sein als im fetalen[8, 9].

Sauerstoffversorgung des Embryos. Verschiedene Umstände wirken zusammen, um den Embryo mit genügend Sauerstoff zu versorgen. Die Dissoziationskurve des mütterlichen Oxyhämoglobins wird durch Erhöhung der Wasserstoffionenkonzentration nach rechts, die des embryonalen nach links verschoben. In einem gegebenen Sauerstoffgemisch wird also das embryonale Blut bis zu einem höheren Grad gesättigt als das mütterliche, und umgekehrt gibt dieses seinen Sauerstoff bereits bei einem Druck ab, bei dem jenes ihn mit großer Begier aufnimmt. Bei einem Sauerstoffdruck von 34,5 mm z. B. ist das mütterliche Blut zu 50% gesättigt; um im embryonalen Blut die gleiche Sättigung zu erreichen, genügen bereits 11,5 mm. Außerdem ist der Sauerstoffbedarf des Embryos sehr gering, schätzungsweise 0,004 bis 0,006 cm³ pro Gramm und Minute. So erklärt es sich, daß das vom Embryo in der Nabelarterie abfließende Blut noch zu ungefähr 60% mit Sauerstoff gesättigt ist. Das Blut der Nabelvene ist zu 88% gesättigt. Auch das aus dem Uterus abfließende Blut enthält noch reichlich Sauerstoff, d. h. der gravide Uterus wird ausgiebig durchblutet; etwa 10% des Minutenvolumens sollen durch ihn fließen. Nach der Geburt bilden sich die Verhältnisse um. Das mütterliche Blut bekommt wieder seine normale Dissoziationskurve, und im Kind wird das embryonale Hämoglobin durch das des Erwachsenen mit der geringeren Affinität zum Sauerstoff allmählich ersetzt[10] (s. a. S. 433f.).

Die Unterschiede der Hämoglobine sind durch den Eiweißanteil, das *Globin*, bedingt; denn aus allen roten Blutfarbstoffen hat man bis jetzt stets denselben

[1] DOUGLAS, C. G., J. S. HALDANE and J. B. S. HALDANE: J. Physiol., London **44**, 275 (1912). — [2] MACELA, I., and A. SELIŠKAR: J. Physiol., London **60**, 428 (1925). — [3] HARTRIDGE, H., and F. J. W. ROUGHTON: Proc. R. Soc. London (A) **104**, 395 (1923). — [4] RUBOWITZ, M.: B. Z. **266**, 190 (1933). — [5] ANSELMINO, K. J., u. F. HOFFMANN: Arch. Gynäk. **147**, 69 (1931). — [6] HAUROWITZ, F.: Chromoproteide (Respiratorische Farbstoffe). Die menschlichen Hämoglobine. Handb. Biochem. Erg.-W. **1**/A, 374—375 (1933). Fortschritte der Biochemie 1938 bis 1947. S. 165. Basel, New York 1948. Progress in Biochemistry. S. 176. Basel, New York 1950. — [7] BRINKMAN, R., and J. H. P. JONXIS: J. Physiol., London **88**, 162 (1937). — DRABKIN, D. L.: J. biol. Ch. **158**, 721 (1945). — [8] WYMAN, J. jr., J. A. RAFFERTY and E. N. INGALLS: J. biol. Ch. **153**, 275 (1944). — [9] ANDERSCH, M. A., D. A. WILSON and M. L. MERTEN: J. biol. Ch. **153**, 301 (1944). — [10] BARCROFT, J.: 16. Int. Congr. Physiol. Zürich 1938. Bd. 1, S. 33. — ROOS, J.: 16. Int. Congr. Physiol. Zürich 1938. Bd. 1, S. **36**.

Farbstoff, das Hämin erhalten. Die einzelnen Globine unterscheiden sich deutlich in ihrem immunologischen Verhalten[1] und in ihrem Gehalt an Aminosäuren[2]. Die Unterschiede verschwinden zum Teil bei der Denaturierung. Alle Hämochromogene haben dasselbe Spektrum und die Sauerstoffdissoziationskurve kommt der rechtwinkligen Hyperbel bedeutend näher als die des genuinen Hämoglobins.

Da also eine Reihe von Umständen die Bindung des Sauerstoffs an das Hämoglobin beeinflußt, verläuft die Dissoziationskurve bei den einzelnen Personen etwas verschieden. Die Breite, innerhalb welcher sie schwanken kann, ergibt sich aus der Dicke der nachfolgenden Kurve BARCROFTS[3].

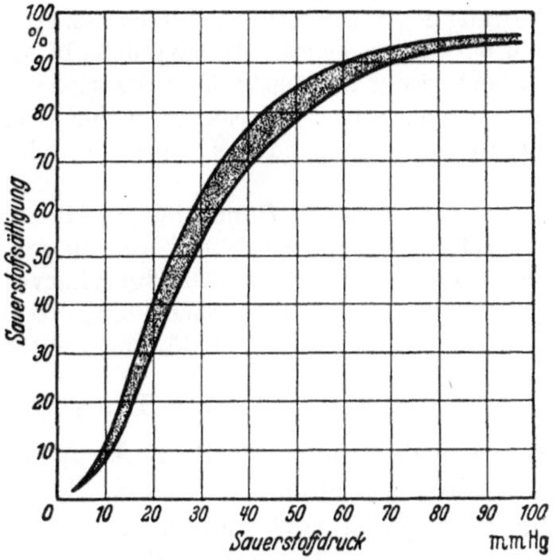

Abb. 37. Physiologische Variation der O_2-Dissoziationskurve von Blut.

Einschluß in die Erythrocyten. Damit das Hämoglobin seiner Aufgabe, den Sauerstoff zu transportieren, den Bedürfnissen des Organismus entsprechend, gerecht werden kann, müssen also eine Reihe von Bedingungen erfüllt sein. Die Konzentration muß eine möglichst hohe sein und die Wasserstoffionenkonzentration den jeweiligen Zuständen besonders angepaßt werden können. Das ist nur dadurch möglich, daß das Hämoglobin in den roten Blutkörperchen in sehr hoher Konzentration eingeschlossen ist. Dort können unabhängig vom Zustand des Plasmas die günstigsten physikalisch-chemischen Bedingungen geschaffen werden. Hämoglobin in gleicher Konzentration im Plasma aufgelöst, würde dessen besondere Funktionen sehr schwer beeinträchtigen.

Höhenklima. Dieser Vorteil des eigenen physikalisch-chemischen Systems innerhalb der roten Blutkörperchen kommt bei der Anpassung an das Höhenklima zur Geltung. Bei den Bewohnern der peruanischen Anden, die in 3000 bis 4000 m Höhe leben, erreicht das Blut einen höheren Sättigungsgrad als bei Menschen mit dem gleichen niederen Sauerstoffpartialdruck (65 bzw. 50 mm Hg) am Meeresniveau. Nach BARCROFT[1] ist der Grund dafür eine Verschiebung der Wasserstoffionenkonzentration innerhalb der roten Blutkörperchen nach der alkalischen Seite. Durch diese Regulation wird dafür gesorgt, daß auch bei stark verdünnter Luft der Organismus noch mit genügend Sauerstoff versorgt wird. Die physikalisch-chemischen Verhältnisse, wie sie in den roten Blutkörperchen bei den Bewohnern der peruanischen Anden bestehen, würden auch dann noch eine genügende Sättigung mit Sauerstoff gewährleisten, wenn sein Partialdruck auf 30 mm Hg abgesunken wäre.

Kohlenoxyd. Enthält die Atmungsluft Kohlenmonoxyd, so ist der Transport des Sauerstoffs je nach der Konzentration jenes Gases wegen der bedeutend größeren Affinität des Kohlenmonoxyds zum Hämoglobin mehr oder weniger stark gefährdet. Die ersten Vergiftungssymptome beobachtet man bereits bei einem

[1] BARCROFT, J.: Physiol. Rev. **4**, 329 (1924). — [2] BEACH, E. F., S. S. BERNSTEIN, F. C. HUMMEL, H. H. WILLIAMS and I. G. MACY: J. biol. Ch. **130**, 115 (1939). — BIRKOFER, L., and A. TAURINS: H. **265**, 94 (1940). — PORTER, R. R., and F. SANGER: Biochem. J. **42**, 287 (1948). — [3] BARCROFT, J., and H. BARCROFT: Proc. R. Soc. London (B) **96**, 28 (1924).

Gehalt von 0,05% CO in der Atemluft. 0,15 bis 0,2% CO führen zu schweren Vergiftungen und 0,3% bereits zum Tode.

Methämoglobin. In ähnlicher Weise wird der Sauerstofftransport beeinträchtigt, wenn Hämoglobin in Methämoglobin übergeführt wird. Im strömenden Blut kann dieses nicht mehr genügend rasch reduziert werden. Das tritt ein bei Vergiftung mit Kaliumchlorat, Lysol, Nitrobenzol, Sulfonamiden und verwandten Verbindungen.

Im strömenden Blut finden sich allerdings ständig kleine Mengen Methämoglobin, beim Menschen 0,1 g in 100 cm^3 bzw. 0,7% des gesamten Hämoglobins, das durch direkte Einwirkung des Sauerstoffs entstanden ist. An sich würde durch diese Reaktion in einigen Stunden der größte Teil des Hämoglobins in Methämoglobin übergeführt werden, wenn es nicht laufend wieder reduziert würde. Es wird innerhalb der roten Blutkörperchen vor allem durch die enzymatischen Teilreaktionen der Glykolyse und die Dehydrierung der Milchsäure zu Brenztraubensäure reduziert, ferner durch die Dehydrierung von Äpfelsäure und Bernsteinsäure[1].

Werden von den Hämresten im Hämoglobin einer, zwei oder drei zu Hämin oxydiert, so ändert sich die Reaktion der übrigen Hämreste mit Sauerstoff in zweifacher Weise. Die S-Form der Sauerstoffbindungskurve ist weniger ausgeprägt und der Wert für den Exponenten n in der HILLschen Formel (S. 512) nähert sich 1, die Kurve also einer Hyperbel. Außerdem nimmt die Affinität der anderen Hämreste zum Sauerstoff zu[2].

2. Der Transport der Kohlensäure.

a) Kohlensäure im Blut. *Mengen und Verteilung.* Es wurde bereits erwähnt, daß nur ein kleiner Teil des Kohlendioxyds, etwa 2 Vol.-% (=3,95 mg-% CO_2), im Blut gelöst vorkommen. Ungefähr 20mal soviel ist chemisch gebunden und kann nach Ansäuern im Vakuum ausgetrieben werden. $^2/_3$ bis $^3/_5$ (=53 bis 48 mg-% CO_2) der gesamten Kohlensäure (80 mg-% CO_2) finden sich im Plasma und der Rest in den roten Blutkörperchen. In beiden ist der Hauptteil an Alkali als Hydrogencarbonat gebunden, als Natriumhydrogencarbonat im Plasma und als Kaliumhydrogencarbonat in den roten Blutkörperchen. Neutrale Alkalicarbonate sind erst über p_H 8 beständig und kommen deswegen bei der Reaktion des Blutes nicht vor. Ein kleinerer Teil ist an die Eiweißkörper des Plasmas und an das Hämoglobin carbaminosäureartig gebunden. Auch er wird durch Ansäuern und Evakuieren frei.

Abhängigkeit der Kohlendioxydbindung. Als Maß für die gebundene Kohlensäure gilt das Volumen Kohlendioxyd (reduziert auf 0° und 760 mm), welches nach Zusatz einer stärkeren Säure, Milchsäure oder Schwefelsäure, im Vakuum ausgetrieben und dann durch Natronlauge wieder absorbiert werden kann. Es wird entweder volumetrisch oder noch genauer manometrisch gemessen. Aus dem Gesamtblut kann sogar ein großer Teil der gebundenen Kohlensäure ohne Zusatz einer stärkeren Säure im Vakuum herausgeholt werden[3]. Danach hängt die Bindung der Kohlensäure ebenso wie die des Sauerstoffs vom Partialdruck ab; je größer er ist, um so mehr bindet das Blut[4–6]. Ähnlich ist auch die Abhängigkeit von der *Wasserstoffionenkonzentration*: Verschiebung nach der alkalischen Seite erhöht, und Verschiebung nach der sauren Seite vermindert das Bindungsvermögen. Schließlich übt auch noch der Sauerstoff selbst einen Einfluß auf die Bindung der Kohlensäure aus; denn sauerstoffarmes Blut nimmt mehr auf als mit Sauerstoff gesättigtes.

[1] KIESE, M.: Kli. Wo. **1946/47**, 81; hier weitere Literatur. — [2] KIESE, M., u. G. KLINGMÜLLER: A. e. P. P. **207**, 655 (1949). — [3] PFLÜGER, E.: Pflügers Arch. **1**, 84 (1868). — [4] JAQUET, A.: A. e. P. P. **30**, 328 (1892). — [5] BOHR, C.: Blutgase und respiratorischer Gaswechsel. Handb. Physiol. (NAGEL) **1**, 54—222 (1909). — [6] CHRISTIANSEN, J., C. G. DOUGLAS and J. S. HALDANE: J. Physiol., London **48**, 244 (1914).

Formen des Vorkommens der Kohlensäure. Die Kohlensäure tritt im Blut in vier verschiedenen Formen auf: als Kohlendioxyd (CO_2), als nicht dissoziierte Kohlensäure (H_2CO_3), als Hydrogencarbonatanion (HCO_3^-) und als Carbaminosäure ($HO - CO - NH -$)[1–5].

Aus den Geweben kommt neben Kohlendioxyd nur eine verschwindende Menge Hydrogencarbonationen in das Blut. Tritt Kohlendioxyd in Wasser oder eine wässerige Flüssigkeit ein, so setzt es sich nach folgender Gleichung um:

$$CO_2 + H_2O \rightleftharpoons H_2CO_3 \rightleftharpoons H^+ + HCO_3^- . \qquad (1)$$

Diese Reaktion wird durch Kohlensäureanhydratase wesentlich beschleunigt (s. S. 520). Im Blut sind Puffer vorhanden, welche die Wasserstoffionen sofort aufnehmen und so das Gleichgewicht nach rechts verschieben. Daher kommt es, daß der weitaus größte Teil der Kohlensäure als Hydrogencarbonation vorhanden ist.

b) Hämoglobin als Puffer beim Kohlensäuretransport. Da in der Lunge nicht nur physikalisch gelöste, sondern auch chemisch gebundene Kohlensäure abgegeben wird, müssen die Natrium- und Kaliumionen, welche im Plasma und in den Blutkörperchen die Hydrogencarbonationen gebunden halten, in einen Zustand versetzt werden, in welchem sie nicht oder nur wenig die Wasserstoffionenkonzentration des Blutes verschieben, und aus dem sie sofort wieder verfügbar werden, um die Kohlensäure in den Geweben aufzunehmen. Es muß also, neben dem oben erwähnten noch ein weiterer Puffer im Blut vorkommen, welcher jeweils das Alkali bindet und wieder abgibt. Die Pufferwirkungen wechseln miteinander ab; in den Geweben müssen die Wasserstoff- und in der Lunge die Alkaliionen gebunden werden. Beide Funktionen übt nun das Hämoglobin aus, teilweise in engstem Zusammenhang mit seiner anderen Funktion, dem Transport des Sauerstoffs. Es wurde schon hervorgehoben, daß Oxyhämoglobin eine etwa 70mal stärkere Säure ist als Hämoglobin und somit mehr Kaliumionen binden kann.

Vorgänge in der Lunge. Wenn das sauerstoffarme und kohlensäurereiche Blut zur Lunge kommt, entsteht Oxyhämoglobin. Seine Acidität ist stark genug, um Hydrogencarbonate zu zerlegen und die gleichzeitig frei werdenden Alkaliionen zu binden. Die Wasserstoffionen, welche das Oxyhämoglobin abdissoziiert, vereinigen sich mit den Hydrogencarbonationen zu nichtdissoziierter Kohlensäure (H_2CO_3), die ihrerseits in Kohlendioxyd und Wasser zerfällt.

Vorgänge im Gewebe. In den Geweben spielt sich der umgekehrte Vorgang ab, Oxyhämoglobin verliert Sauerstoff und mit ihm einen Teil seiner Acidität. Es werden Kaliumionen zur Bindung von Hydrogencarbonationen frei und Hämoglobinanionen zur Bindung der Wasserstoffionen, die beide nach der oben angeführten Gleichung (1) entstehen, wenn Kohlendioxyd aus den Geweben in das Blut übertritt.

Vorgänge im Blut. Das Hämoglobin beherrscht nicht nur innerhalb der roten Blutkörperchen die Bindung und Abgabe des Kohlendioxyds, sondern auch außerhalb im Plasma. Wegen der hohen Konzentration, in der es in den Blutkörperchen vorkommt, kann es in der Lunge beim Übergang in Oxyhämoglobin durch Massenwirkung auch die Chlorionen aus dem Kaliumchlorid der Körperchen in das Plasma verdrängen. Die Chlorionen setzen sich dort mit dem Natriumhydrogencarbonat um, bilden Kochsalz und setzen die Hydrogencarbonationen frei.

---

[1] Thiel, A.: B. **46**, 241, 867 (1913). — [2] Faurholt, C.: J. Chim. physique **21**, 400; **22**, 1 (1924). — [3] Saal, R. N. S.: Recu. Trav. chim. Pays-Bas **47**, 264 (1928). — [4] Brinkman, R., R. Margaria and F. J. W. Roughton: Philos. Trans. R. Soc. London (A) **232**, 65 (1933). — [5] Stadie, W. C., u. H. O'Brien: B. Z. **237**, 290 (1931).

In den Geweben wandern die Chlorionen wieder zurück in die Blutkörperchen, bilden dort wieder Kaliumchlorid und geben im Plasma Natriumionen zur Bildung von Natriumhydrogencarbonat frei. So wird es verständlich, daß sauerstoffarmes Blut mehr Kohlensäure bindet als sauerstoffreiches und daß man aus dem Gesamtblut auch gebundene Kohlensäure durch Evakuieren austreiben kann.

In dieser Weise beteiligt sich das Hämoglobin parallel seiner Funktion des Sauerstofftransportes auch an Bindung und Abgabe der Kohlensäure, ohne daß dabei die Wasserstoffionenkonzentration des Blutes verändert wird. Da aber die normale Reaktion des Blutes auf der sauren Seite seines isoelektrischen Punktes liegt, besitzt es immer einige Carboxyle, die unabhängig von der Sauerstoffsättigung dissoziiert sind und Alkali binden. Auch dieses Alkali wird unter Umständen zur Bindung von Kohlensäure frei gemacht.

In gleicher Weise betätigen sich auch die *Eiweißkörper des Plasmas*; denn ihr isoelektrischer Punkt liegt ebenfalls auf der sauren Seite der Blutreaktion. Sie treten ebenfalls als Säuren auf und binden Alkali. Aus diesen Alkaliproteinaten wird das Alkali nach folgender Gleichung zur Bindung der Kohlensäure abgegeben.

$$Na^+\text{-Proteinat}^- + H^+ + HCO_3^- = \text{H-Protein} + Na^+\,HCO_3^- .$$

Eine weitere Quelle, aus der Alkaliionen für die Bindung der Kohlensäure frei gemacht werden können, sind die *Phosphate*, indem die sekundären in die primären übergehen.

Kohlendioxydtransport und osmotischer Druck des Blutes. Bei Aufnahme und Abgabe des Kohlendioxyds verändert sich in geringem Maße der *osmotische Druck in den roten Blutkörperchen*; denn mit Aufnahme und Bindung des Hydrogencarbonats nimmt die Zahl der freien Ionen zu. Es handelt sich um die Zunahme aktiver Kalium-, Hydrogencarbonat- und Chlorionen. Im arteriellen Blut ist ein Teil des Kaliums in wenig dissoziierbarer Form an das Oxyhämoglobin gebunden. Bei der Aufnahme der Kohlensäure aus den Geweben wird ein Teil dieses Kaliums in den aktiven, frei beweglichen Zustand übergeführt, weil das Oxyhämoglobin in das weniger saure Hämoglobin übergeht und Kaliumionen freigibt, und weil außerdem die eintretenden Hydrogencarbonat- und Chlorionen einen weiteren Anteil von Kaliumionen frei machen. Der dadurch erhöhte osmotische Druck bewirkt, daß Wasser einströmt und ihr Volumen größer wird. Bei der Abgabe der Kohlensäure in der Lunge kehren sich die Vorgänge um.

c) Kohlensäureanhydratase*[1–5]. *Auffindung.* In die Folge der Reaktionen, welche beim Gasaustausch ablaufen, ist der Zerfall von Kohlensäure in Kohlendioxyd und Wasser (in der Lunge) und seine Umkehr (in den Geweben) eingeschaltet. Der Zerfall ist verhältnismäßig langsam[3]. Nach mathematischen Überlegungen und experimentellen Befunden könnten nur etwa 2% der gesamten Kohlensäure welche das Blut in der Lunge verläßt, gemäß dem einfachen Vorgang $H_2CO_3 = CO_2 + H_2O$ innerhalb 1 sec frei werden. Die Zeit welche nötig wäre, um die ganze ausgeatmete Kohlensäure frei zu machen, wäre etwa 100mal länger als der Vorgang in Wirklichkeit dauert. So muß im Blut *ein Katalysator* vorhanden sein, der den Zerfall beschleunigt, und zwar ungefähr auf das 150fache.

Wird Serum für sich allein evakuiert und die Geschwindigkeit gemessen, mit der die Kohlensäure entweicht, so findet man den Wert, der nach der Glei-

---

* Mitbearbeitet von M. Leiner, Mainz.

Literatur über Kohlensäureanhydratase: 1—5. [1] Roughton, F. J. W.: Handb. Enzymol. (Nord-Weidenhagen) **2**, 1012—1033 (1940). Physiol. Rev. **15**, 241 (1935). Ergebn. Enzymforsch. **3**, 289—302 (1934). Bamann-Myrbäck **3**, 2552—2563. — [2] Leiner, M.: Naturwiss. **28**, 165 (1940). — [3] Brinkman, R., R. Margaria and F. J. W. Roughton: Philos. Trans. R. Soc.London (A) **232**, 65 (1933). — [4] Goor, H. van: Enzymologia **13**, 73—164 (1948/49). — [5] Roughton, F. J. W., and A. M. Clark: Sumner-Myrbäck **I**/2, 1250—1265.

chung zu erwarten ist. *Erst in Gegenwart der roten Blutkörperchen tritt die Beschleunigung ein. Sie enthalten also den geforderten Katalysator, ohne den die Kohlensäure in der Lunge nicht rasch genug entweichen könnte.*

Die katalytische Wirkung ist auch dann noch zu erkennen, wenn das Blut auf das 40000fache[1,2] verdünnt wird. Sogar dialysierte Hämoglobinlösungen zeigen den Effekt, und er bleibt erhalten, wenn das Hämoglobin in Oxy- oder Kohlenoxydhämoglobin übergeführt wird[6]. Bei der Zerlegung des Hämoglobins in seine beiden Komponenten geht die katalytische Wirksamkeit vollständig in die Globinfraktion. Trotzdem hat sie nichts mit der Eiweißkomponente des Hämoglobins zu tun; denn ihr Verhältnis zum Hämoglobingehalt wechselt bei den einzelnen Tierarten, und schließlich konnte der Katalysator bei Ratten- und Pferdeblut durch Umkrystallisation des Hämoglobins von ihm abgetrennt werden. Somit handelt es sich um eine besondere Substanz und nicht um eine Eigenschaft des Hämoglobins.

Nach der Entdeckung des Katalysators in den roten Blutkörperchen durch Brinkman u. Margaria[3] haben Meldrum u. Roughton[4] das Ferment aus Rinderblut vom Hämoglobin abgetrennt, weiter gereinigt und *Kohlensäureanhydrase* (*„carbonic anhydrase“*) genannt. Leiner[5] zieht den Namen *Kohlensäureanhydratase* vor. Etwas später haben mehrere Arbeitsgruppen den Katalysator aufgefunden, Präparate des Fermentes hergestellt und weiter gereinigt[6,7].

Darstellung. Die gewaschenen Blutkörperchen wurden mit Wasser und Alkohol versetzt, mit Chloroform geschüttelt und schließlich zentrifugiert. Es entstanden drei Schichten, eine unterste aus Chloroform, eine mittlere aus koaguliertem Hämoglobin und eine oberste wässerige Phase. In dieser fand sich der größte Teil des Katalysators neben viel Katalase und Peroxydase. Die gereinigten Präparate enthalten etwa 0,3% Zink[8,9].

Eigenschaften. Die Kohlensäureanhydratase ist in wenig gereinigtem Zustand[10], aber auch als weit gereinigtes, schwach gelbliches Trockenpulver und in stärker konzentrierten wässerigen Lösungen sehr stabil, löst sich leicht in Wasser und verdünnten Salzlösungen und ist nicht ultrafiltrierbar. Sie kann durch Adsorption an Calciumphosphat, Fällung durch Aceton und fraktioniertes Aussalzen mit Ammonsulfat weiter gereinigt werden. Die reinsten Präparate wirken mindestens 4000mal so stark wie das Blut, aus dem sie gewonnen sind.

Die Kohlensäureanhydratase dialysiert nicht durch Cellophanschläuche, wird durch 5 min langes Erhitzen auf 60° zerstört, wird unter p_H 3 und über p_H 13 irreversibel zerstört und zwischen p_H 3 und 5 in der Wirksamkeit gehemmt. Blausäure hemmt, nicht aber CO_2 und H_2S[6]. Durch starken Kohlendioxyddruck wird die dehydratisierende Wirkung des Fermentes ebenfalls stark gehemmt, weiterhin durch verschiedene Oxydationsmittel[11].

Gehemmt wird die Kohlensäureanhydratase durch Sulfanilamid und noch stärker durch Thiophen-2-sulfonamid[12].

Wirkung. Die Kohlensäureanhydratase beschleunigt nicht nur die Zerlegung der Kohlensäure, sondern auch ihre Synthese aus Kohlendioxyd und Wasser; sie betätigt sich also nicht nur bei der Abgabe der Kohlensäure in der Lunge, sondern auch bei der Aufnahme in den Geweben. Beide Richtungen der Katalyse werden außerordentlich stark aktiviert durch Serum, Milch und andere organische Flüssigkeiten, und durch wässerige Extrakte aus vielen tierischen Organen. Die hydratisierende Katalyse wird durch *Histidin*, *Histamin*, *Cystein*

[1] Wille, H.: Diss. med. Berlin 1940. — [2] Leiner, M., u. G. Leiner: Biol. Zbl. **60**, 449 (1940). — [3] Brinkman, R., and R. Margaria: J. Physiol., London **72**, P 6 (1931). — s. a. Slyke, D. D. van, and J. A. Hawkins: J. biol. Ch. **87**, 265 (1930). — [4] Meldrum, N. U., and F. J. W. Roughton: J. Physiol., London **80**, 113 (1934). — [5] Leiner, M.: Naturwiss. **28**, 165, 316 (1940). — [6] Brinkman, R., R. Margaria and F. J. W. Roughton: Philos. Trans. R. Soc. London (A) **232**, 65 (1933). — [7] Stadie, W. C., and H. O'Brien: J. biol. Ch. **103**, 521 (1933). — [8] Keilin, D., and T. Mann: Nature **144**, 442 (1939). Biochem. J. **34**, 1163 (1940). — [9] Leiner, M., u. G. Leiner: Biol. Zbl. **60**, 449 (1940). — [10] Wille, H.: Diss. med. Berlin 1940. — [11] Kiese, M., and A. B. Hastings: J. biol. Ch. **132**, 281 (1940). — [12] Davenport, H. W.: J. biol. Ch. **158**, 567 (1945).

und *Gluthation* und durch andere heterocyclische Verbindungen mit der Atomgruppe $\equiv C - NH -$ stark aktiviert.

Die Geschwindigkeit, mit der Kohlendioxyd durch die Kohlensäureanhydratase hydratisiert wird, ist dem CO_2-Druck nicht proportional, sondern erreicht einen Grenzwert. Wahrscheinlich ist in die Reaktion eine Verbindung des Fermentes mit dem Kohlendioxyd eingeschaltet, deren Zerfall die Geschwindigkeit der Katalyse bestimmt. Die Dissoziationskonstante der Fermentsubstratverbindung beträgt $1{,}2 \cdot 10^{-3}$ bei p_H 7,4 und $2{,}2 \cdot 10^{-3}$ bei p_H 9,3[1]. Wenn die Wasserstoffionenkonzentration von p_H 6 auf p_H 9 abnimmt, steigt die Aktivität der Anhydratase stark an.

Ein Mol Kohlensäureanhydratase kann in verdünntem menschlichen Blut mindestens $8 \cdot 10^5$ Mole Kohlendioxyd in der Minute bei 0° hydratisieren[2].

Vorkommen. Im Blut befindet sich das Ferment ausschließlich in den roten Blutkörperchen. Das fetale Blut enthält nach Versuchen an trächtigen Ziegen weniger als das mütterliche[3]. Nach der Geburt enthält das Blut der Nabelgefäße etwa halb so viel Anhydratase wie das mütterliche Blut.

In den *roten Blutkörperchen* kommt das Ferment nur im Innern und nicht in der Membran vor; an ihrer Oberfläche findet also die Katalyse nicht statt. Eine Suspension gewaschener unversehrter Körperchen ist 100mal weniger aktiv als die gleiche Menge lackfarbenen Blutes oder überhaupt nicht aktiv.

Weiteres Vorkommen. Das Ferment tritt auch außerhalb des Blutes auf, in der Leber, im Skeletmuskel, in der Hypophyse, im Nierenmark und im Nervensystem, wo es an der Erregungsleitung beteiligt sein soll[4]. Größere Mengen finden sich in der Magenschleimhaut, beeinflussen deren Permeabilität und wirken entscheidend bei der Salzsäureproduktion mit[5] (s. S. 160ff.). Auch im Speichel ist es enthalten und beeinflußt seine Eigenschaften[6].

Die stark atmende Retina der Fische und Vögel enthält außerordentlich viel Kohlensäureanhydratase. Sie kommt jedoch auch in der Hornhaut und der Linse des Auges vor. Das an diesem Ferment reichste Organ aller Wirbeltiere ist die Pseudobronchie der Knochenfische. Wirbeltiere mit starker Hautatmung, wie z. B. der Frosch, besitzen in ihrem ganzen Körper sehr wenig Ferment[7].

In Milch, Galle und Nebenniere fehlt es.

Bei den Wirbellosen wurde es besonders an den respiratorischen Stellen und in den Gonaden nachgewiesen, z. B. in den Tentakeln der Seerosen, den unbefruchteten und befruchteten Eiern von Seeigeln, Seewalzen und Meeresschnecken[8].

Ort der Wirkung. Da von der gesamten Kohlensäure von vornherein nur $^2/_5$ bis $^1/_3$ in den Blutkörperchen sind und das Ferment nur dort wirkt, muß die Plasmakohlensäure zur Beschleunigung ihrer Anhydratisierung erst in die Körperchen wandern. Hydrogencarbonationen können nur dann in die Körperchen übertreten, wenn gleichzeitig Chlorionen hinaus in das Plasma gehen. Wie bereits mitgeteilt wurde, treibt das Oxyhämoglobin aus dem Kaliumchlorid der Körperchen die Chlorionen ins Plasma hinaus. In den Körperchen erhalten die Hydrogencarbonationen ebenfalls aus dem Oxyhämoglobin die Wasserstoffionen zur Bildung der nichtdissoziierten Kohlensäure (H_2CO_3), die dann in Kohlendioxyd und Wasser zerfällt.

Über die *Geschwindigkeit*, mit der sich der Austausch abspielt, geben folgende Versuche[9] Auskunft. Man mischte Rinderblutzellen mit Rinderserum, welches

---

[1] Kiese, M.: B. Z. **307**, 400 (1940/41). — [2] Kreps, E. M.: C. R. Acad. Sci. URSS **45**, 197 (1944). — [3] Goor, H. van: Thesis, Groningen 1934. — [4] Ashby, W.: J. biol. Ch. **151**, 521 (1943); **152**, 235; **155**, 671; **156**, 323, 331 (1944). — [5] Davenport, H. W.: J. Physiol., London **97**, 32 (1939/40). — Bull, H. B., and J. S. Gray: Gastroenterol., Baltimore **4**, 175 (1945). — Öbrink, K. J.: Acta physiol. scand. **15**, Suppl. **51**, 77 (1948). — [6] Sand, H.: Acta physiol. scand. **16**, Suppl. **53**, 53 (1948). — [7] Bakker, A.: Graefes Arch. Ophthalm. **140**, 543 (1939). — [8] Ferguson, J. K. W., L. Lewis and J. Smith: J. cellul. comp. Physiol. **10**, 395 (1937). — [9] Dirken, M. N. J., and H. W. Mook: J. Physiol., London **73**, 349 (1931). — Luckner, H.: Pflügers Arch. **241**, 753 (1939).

mit Kohlensäure gesättigt war, verfolgte die Änderungen in der Konzentration an Kohlendioxyd, Natriumhydrogencarbonat und Chlorionen und fand, daß der Austausch zwischen Hydrogencarbonat und Chlorionen bereits in 1,3 sec zu 90% vollzogen ist. Ist unter pathologischen Umständen die Durchlässigkeit der Membran vermindert, so dauert der Austausch länger.

Da, wie erwähnt, die Kohlensäureanhydratase den umgekehrten Vorgang, die Bildung der Kohlensäure aus Kohlendioxyd und Wasser beschleunigt, kann sie manchmal zur Entscheidung benutzt werden, ob bei einer Zellreaktion Kohlendioxyd oder eines der Ionen der Kohlensäure gebildet wird. So entsteht Kohlendioxyd bei der Wirkung von Urease und Carboxylase[1].

Wege von Hydrogencarbonat- und Chlorionen. Der größte Teil des aus den Geweben einwandernden Kohlendioxyds passiert unverändert das Plasma und gelangt in die roten Blutkörperchen. Dort wird es sofort unter der Leitung der Anhydratase in nicht dissoziierte Kohlensäure (H_2CO_3) übergeführt, die dann ihrerseits gleich in Wasserstoff- und Hydrogencarbonationen zerfällt. Die Wasserstoffionen werden vom Hämoglobin gebunden, ein Teil der Hydrogencarbonationen vom Kalium, das bei der Zerlegung des Oxyhämoglobins und aus dem Kaliumsalz des Hämoglobins frei wird. Der andere, größere Teil der Hydrogencarbonationen wandert hinaus ins Plasma und wird dort von den Natriumionen gebunden, die dadurch frei werden, daß eine äquivalente Menge von Chlorionen in die Blutkörperchen hineinwandert und dort ebenfalls von frei gewordenen Kaliumionen gebunden wird (vgl. oben).

Wegen des Austausches der Hydrogencarbonat- mit den Chlorionen verschiebt sich die Wasserstoffionenkonzentration des Plasmas während des Vorganges nicht. Dagegen kann sie sich in den Körperchen ändern, in der Lunge nach der alkalischen und in den Geweben nach der sauren Seite hin, wodurch Aufnahme und Abgabe des Sauerstoffs gefördert werden.

d) Carbaminosäureverbindungen[2]. Eine weitere Form der gebundenen Kohlensäure sind die *Carbaminosäureverbindungen der Plasmaeiweißkörper* und vor allem *des Hämoglobins*. Ein *Carbhämoglobin* ist schon von BOHR angenommen worden[3–6]. Später wurde seine Existenz bezweifelt, dann aber von HENRIQUES[7] wieder sichergestellt. Er verfolgte beim Schütteln einer Hämoglobinlösung die Abgabe von Kohlendioxyd und beobachtete zwei Phasen, eine rasche, die etwa 5 sec dauerte, während der ein großer Teil des Gases entwich, und eine länger dauernde, bei der es etwa so abging wie aus Serum oder einer Phosphat-Hydrogencarbonatmischung von physiologischem p_H. HENRIQUES nahm an, daß die erste Phase auf einer Zersetzung des Carbhämoglobins beruht. Andere[8] konnten die Versuche HENRIQUES mit Hämoglobinlösungen nicht reproduzieren, sondern fanden im Gegenteil einen raschen und geraden Verlauf der Kohlendioxydabgabe. Wenn sie aber Blut verwandten, bei dem durch Zugabe von Kaliumcyanid die Kohlensäureanhydratase ausgeschaltet war, erhielten sie ebenfalls die zweiphasige Kurve, die rasche Zersetzung des Carbhämoglobins und die langsame des Hydrogencarbonats. In sauerstoffreichem Blut verläuft die erste Phase noch rascher als in sauerstoffarmem. Es besteht also eine gewisse Gegensätzlichkeit zwischen Oxy- und Carbhämoglobin.

---

[1] KREBS, H. A.: Biochem. J. **42**, LXI (1948). — [2] s. hier a. Bd. **1**, S. 515. — [3] BOHR, C.: Handb. Physiol. (NAGEL) **1**, 54 (1909). Zbl. Physiol. **17**, 713 (1903). — [4] Vgl. ferner BUCKMASTER, G. A.: J. Physiol., London **51**, 164 (1917). — [5] BAYLISS, W. M.: Principles of General Physiology. 4. Ed. S. 635. London 1924. (Grundriß der allgemeinen Physiologie. Deutsch von MAAS, L., u. E. J. LESSER. S. 734ff. Berlin 1926). — [6] MELLANBY, J., and C. J. THOMAS: J. Physiol., London **54**, 178 (1920). — [7] HENRIQUES, O. M.: B. Z. **200**, 1 (1928). — [8] MELDRUM, N. U., and F. J. W. ROUGHTON: J. Physiol., London **80**, 143 (1934).

Über die *Bedingungen*, unter denen Eiweißkörper und Aminosäuren eine Carbaminoverbindung eingehen, liegen neuere Untersuchungen[1] vor. Kohlendioxyd kann sich mit *Aminogruppen* nur dann verbinden, wenn sie in der NH_2-Form nicht im Ionisationszustand vorliegen, also mit Ammoniak (NH_3), Methylamin ($CH_3 - NH_2$) und mit Aminosäureanionen [$R - CH(NH_2) - COO^-$], aber nicht mit dem Ammoniumion (NH_4^+), dem Methylammoniumion ($CH_3 - NH_3^+$), dem Zwitterion der Aminosäuren [$R - CH(NH_3^+) - COO^-$] oder dem Aminosäurekation [$R - CH(NH_3^+) - COOH$]. Ebensowenig reagieren die nicht dissoziierte Kohlensäure (H_2CO_3), das Hydrogencarbonation (HCO_3^-) oder das Carbonation (CO_3^{--}). Mit einem Eiweißkörper verläuft der Vorgang nach folgender Gleichung:

$$CO_2 + \text{Prot.} - NH_2 \rightleftharpoons \text{Prot.} - NH - COOH \rightleftharpoons \text{Prot.} - NH - COO^- + H^+.$$

Die Reaktion verläuft an sich sehr rasch, und es findet sich im Körper kein Ferment, welches sie noch beschleunigt. Sie hängt vom *Kohlensäurepartialdruck* bis zu dem Punkt ab, an dem die Aminogruppen vom NH_2- in den NH_3^+-Zustand übergehen. Sie verläuft um so vollständiger, je höher der p_H ist. Mit sinkendem p_H zersetzen sich die Carbaminoverbindungen zunehmend. Auch Erhöhung der *Temperatur* fördert die Zersetzung. Die Bariumsalze der Carbaminoverbindungen sind löslich und eignen sich darum zur Abtrennung von anorganischen Carbonaten.

Bei dem p_H *des Blutes* besitzt das Hämoglobin genügend Aminogruppen in der NH_2-Form, um einen Teil des Kohlendioxyds carbaminosäureartig zu binden. Wird normales, lackfarbenes, kohlensäurefreies oder mit Cyanid versetztes Blut mit einem kohlendioxydhaltigen Gasgemisch geschüttelt, so wird es in zwei Phasen aufgenommen, von denen die eine rasch, die andere langsam abläuft. Die letztere zeigt den Verlauf der Aufnahme von Kohlendioxyd durch eine Pufferlösung von p_H 7 bis 8. Die schnelle Phase entspricht der Bildung der Carbaminoverbindung. Lösungen von Ammoniak und Glykokoll verhalten sich wie Blut, das mit Cyanid vergiftet ist; beide nehmen um so mehr Kohlendioxyd auf, je höher der p_H ist. Im Blut, das nicht mit Cyanid vergiftet ist, verläuft die Reaktion an sich ebenso, wird aber durch die Wirkung der Kohlensäureanhydratase verdeckt, die ja ebenfalls die Aufnahme des Gases beschleunigt.

Auch von *reinen Hämoglobinlösungen* wird Kohlendioxyd in dieser Form gebunden, d. h. so, daß es mit Bariumchlorid nicht gefällt wird. Senkt man in solchen Lösungen den p_H auf 6 bis 7, so wird die Kohlensäure wieder abgespalten[2], infolgedessen bindet Hämoglobin mehr Kohlendioxyd als Oxyhämoglobin. 15 bis 20% der Differenz im Kohlensäuregehalt zwischen arteriellem und venösem Blut soll auf Rechnung der Carbaminokohlensäure zu setzen sein.

Es wurde bereits angedeutet, daß Carb- und Oxyhämoglobin sich bis zu einem gewissen Grade ausschließen. Sättigung mit Sauerstoff verhindert die Carbaminosäurereaktion wegen der stärkeren Acidität des Oxyhämoglobins, und umgekehrt begünstigt die Bildung von Carbhämoglobin die Dissoziation des Sauerstoffs aus dem Oxyhämoglobin[3].

Der *Ort im Hämoglobinmolekül*, an dem diese Wechselwirkung stattfindet, soll jenes Wasserstoffatom sein, das in der Nähe der Farbstoffkomponente liegt und bei der Aufnahme von Sauerstoff stärker dissoziiert wird. FERGUSON u. ROUGHTON vermuten, daß es sich um ein Wasserstoffatom handelt, welches von einer Aminogruppe abgegeben bzw. gebunden wird. Es läuft also auf einen Wettbewerb um diese Aminogruppe zwischen Kohlendioxyd und Wasserstoffion hinaus. Im Hämoglobin hat die Carbaminoreaktion den Vorrang, da

---

[1] ROUGHTON, F. J. W.: Proc. R. Soc. London (A) **126**, 470 (1930). Physiol. Rev. **15**, 241 (1935). — [2] FERGUSON, J. K. W., and F. J. W. ROUGHTON: J. Physiol., London **83**, 68 (1935). — [3] MARGARIA, R., and A. A. GREEN: J. biol. Ch. **102**, 611 (1933).

sich die Aminogruppe in der NH_2-Form befindet; beim Oxyhämoglobin hat die Aminogruppe ein Wasserstoffion aufgenommen und ist in die NH_3^+-Form übergegangen, die keine Carbaminoverbindung mehr bilden kann.

Vielleicht kommt, wie ROUGHTON[1] vermutet, neben Hydrogencarbonat und Carbaminoverbindung noch eine *weitere Form gebundener Kohlensäure* vor. Ja man denkt sogar daran, daß Hämoglobin auch Hydrogencarbonationen in geringem Umfang binden kann.

Aus den Bedingungen, welche den Transport des Sauerstoffs und der Kohlensäure beherrschen, ergibt sich die im folgenden entwickelte Vorstellung vom Gasaustausch in der Lunge und in den Geweben.

ε) Der Gasaustausch in der Lunge.

Der Vorgang, der den Gesamtgasaustausch in der Lunge beherrscht, ist die Bildung von Oxyhämoglobin aus Hämoglobin und Carbhämoglobin. Er wird durch die Differenz im Partialdruck des Sauerstoffs zwischen dem venösen Blut und der Alveolenluft eingeleitet. Das venöse Blut ist zwar noch reich an Kohlensäure, die an sich die Dissoziation des Oxyhämoglobins fördert und die Sauerstoffaufnahme hemmt, jedoch nur bei den niedrigen und mittleren Sauerstoffdrucken und nicht mehr bei hohen Sauerstoffdrucken in der Alveolenluft. Hier wird, unabhängig von der Kohlensäure, praktisch derselbe Sättigungsgrad erreicht. Zudem wird der Einfluß der Kohlensäure immer geringer, weil sie gleichzeitig mit der Aufnahme des Sauerstoffs infolge der Druckdifferenz zwischen dem venösen Blut und der Alveolenluft entweicht. Außerdem beschleunigt jedes Molekül Oxyhämoglobin, das sich bereits gebildet hat, weiter die Abgabe der Kohlensäure, zunächst innerhalb der roten Blutkörperchen, indem es neue Wasserstoffionen abgibt und das Kaliumhydrogencarbonat zerlegt. Die Hydrogencarbonationen vereinigen sich mit den gleichzeitig freigewordenen Wasserstoffionen zu nichtdissoziierter Kohlensäure, welche dann sofort durch die Kohlensäureanhydratase in Kohlendioxyd und Wasser gespalten wird. Das Kohlendioxyd wandert hinaus ins Plasma und weiter der Druckdifferenz folgend in die Alveolen. Dann beschleunigt das Oxyhämoglobin noch die Abgabe des Kohlendioxyds aus dem Plasma, indem es aus dem Kaliumchlorid die Chlorionen hinaus ins Plasma drängt. Dort setzen sie sich mit dem Natriumhydrogencarbonat unter Bildung von Kochsalz um. Die freigewordenen Hydrogencarbonationen wandern ins Blutkörperchen zurück, vereinigen sich ebenfalls mit Wasserstoffionen zur nichtdissoziierten Kohlensäure. Für die austretenden Chlorionen kehrt also eine äquivalente Menge Hydrogencarbonationen in die Körperchen zurück. Auch der zweite Teil der nicht dissoziierten Kohlensäure wird durch die Anhydratase sofort in Kohlendioxyd und Wasser zerlegt. Aus dem Carbhämoglobin wird das Kohlendioxyd direkt frei, wenn der Sauerstoff gebunden wird.

Ein kleiner Betrag von Kohlendioxyd wird durch den rein physikalischen Vorgang, also ohne Einwirkung der Kohlensäureanhydratase, aus der nichtdissoziierten Kohlensäure frei und an die Lungen abgegeben.

Im Verlauf dieser Vorgänge nehmen die frei diffusiblen Ionen innerhalb der Blutkörperchen ab. In den Körperchen des venösen Blutes haben wir Kalium-, Chlor- und Hydrogencarbonationen. Ein Teil der Kaliumionen verliert seine freie Beweglichkeit durch die Bindung an Oxyhämoglobin. Chlorionen wandern in das Plasma hinaus und die Hydrogencarbonationen verschwinden dadurch, daß sie über nichtdissoziierte Kohlensäure in Kohlendioxyd und in Wasser übergeführt werden. Infolge dieser Ionenveränderung nimmt der osmotische Druck innerhalb

[1] ROUGHTON, F. J. W.: Physiol. Rev. **15**, 241 (1935).

der roten Blutkörperchen ab, weswegen Wasser in das Plasma abwandert und das Volumen der Körperchen sich vermindert.

In dem folgenden Schema (Abb. 38) sind die wichtigsten Vorgänge zusammengestellt.

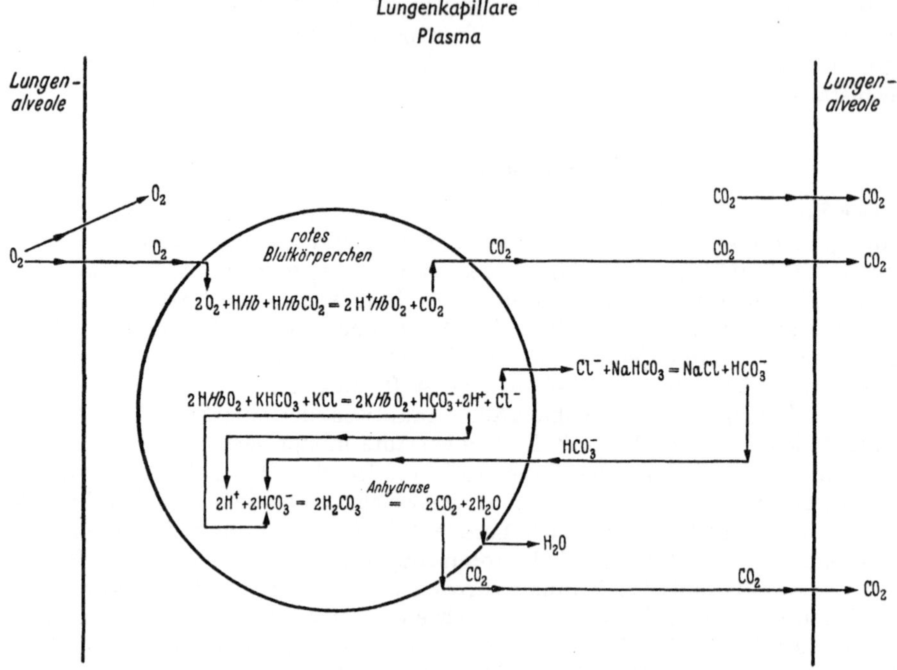

Abb. 38. Gasaustausch in der Lunge.

ζ) Der Gasaustausch im Gewebe.

In den Geweben verlaufen die Vorgänge in umgekehrter Richtung. Ihre Reihe beginnt mit der Zerlegung des Oxyhämoglobins, entsprechend dem niederen Sauerstoffpartialdruck, der dort herrscht. Die Zerlegung ist aber eine unvollständige und wird weiter gefördert durch die Säuren, die aus den Geweben ins Blut gelangen, insbesondere die Kohlensäure. Diese wandert ins Blut hinein, weil sie in den Geweben unter höherem Druck steht als im arteriellen Blut. Im Plasma wird ein kleiner Teil durch die physikalischen Vorgänge über nichtdissoziierte Kohlensäure in Hydrogencarbonationen und Wasserstoffionen übergeführt. Der überwiegende Anteil diffundiert aber direkt in die Blutkörperchen und wird dort unter der Leitung der Kohlensäureanhydratase rasch in Hydrogencarbonationen und Wasserstoffionen übergeführt. Die Hydrogencarbonationen werden von den Kaliumionen gebunden, welche bei der Zerlegung des Oxyhämoglobins in Hämoglobin frei geworden sind. Die Wasserstoffionen nimmt das Hämoglobin auf. Da aber nicht alle Hydrogencarbonationen durch die Kaliumionen gefaßt werden können, müssen die übrigen wieder in das Plasma zurück. Für sie wandert dann eine äquivalente Menge Chlorionen in die Blutkörperchen ein und gibt Natriumionen für die Bindung der Hydrogencarbonationen im Plasma frei. Die eingewanderten Chlorionen verbinden sich mit weiteren Mengen frei gewordenen Kaliums. Im Plasma entsteht dann aus dem Kochsalz Natriumhydrogencarbonat. Schließlich wird noch ein Teil des Kohlendioxyds direkt an das Hämoglobin carbaminosäureartig gebunden. Alle diese Vorgänge begünstigen die weitere Abgabe von Sauerstoff aus Oxyhämoglobin.

Ein kleiner Teil des Kohlendioxyds bleibt im Plasma physikalisch gelöst.

Durch diese Vorgänge steigt der Gehalt an freibeweglichen Ionen in den Blutkörperchen an, mit ihm der osmotische Druck, es wandert Wasser ein und vergrößert ihr Volumen.

Die beschriebenen Vorgänge seien wieder in einem Schema (Abb. 39) zusammengefaßt.

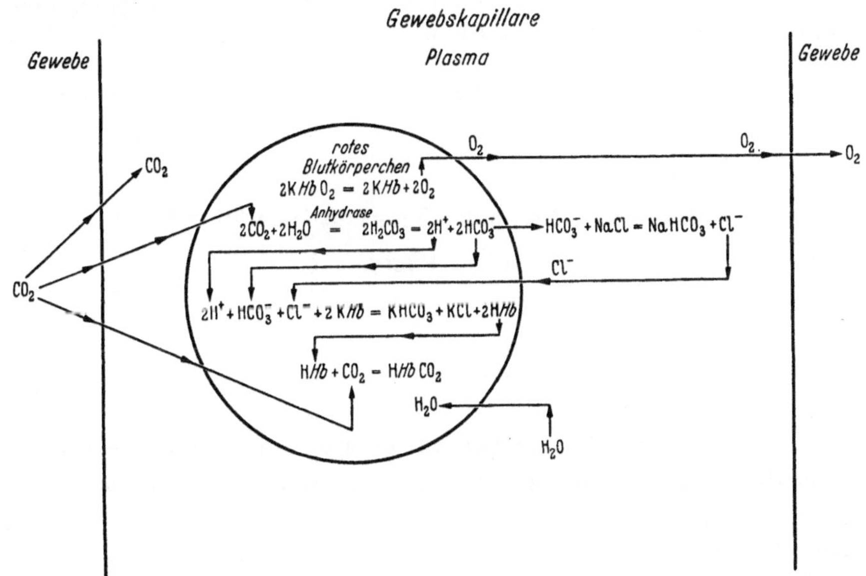

Abb. 39. Gasaustausch im Gewebe.

In dieser Zusammenfassung der Vorgänge, die sich beim Gasaustausch abspielen, ist der *Anteil der Proteine und Phosphate des Plasmas* weggelassen worden, weil sie quantitativ nur eine ganz geringe Rolle spielen. Streng genommen wird noch eine kleine Menge Natriumion aus den Natriumverbindungen der Plasmaeiweißkörper und aus den sekundären Phosphaten für die Bindung der Hydrogencarbonationen frei gemacht. In der Lunge kehrt dieser Teil von Natriumionen wieder in seine ursprüngliche Bindung zurück.

η) Die Ausnützung (Utilisation) des Sauerstoffs.

Man versteht unter Ausnützung (Utilisation) die Differenz im Sauerstoffgehalt zwischen dem arteriellen und dem venösen Blut. Im Tierversuch kann man sie dadurch bestimmen, daß man das arterielle Blut und das venöse Mischblut, das durch Punktion des rechten Vorhofs gewonnen wird, direkt analysiert. Beim Menschen wird sie auf indirektem Wege aus dem Sauerstoffverbrauch pro Minute (cm^3) und dem Minutenvolumen des Kreislaufes (l) ermittelt. Bildet man den Quotienten O_2-Verbrauch/Minutenvolumen, so erhält man die Anzahl cm^3 Sauerstoff, die auf einen Liter Blut verbraucht, d. h. von den Geweben entnommen werden, und dieser Betrag ist gleich der Differenz zwischen dem arteriellen und venösen Sauerstoffgehalt.

Neuerdings kann man auch beim Menschen das venöse Mischblut gewinnen, indem man einen Katheter von der Armvene in den rechten Vorhof einführt.

Die Ausnützung hängt von verschiedenen Faktoren ab, unter anderem von der Geschwindigkeit des Blutstroms. Je langsamer das Blut fließt, um so besser wird es unter sonst gleichen Bedingungen ausgenützt. In der Ruhe wechselt die Ausnützung von einer Person zur anderen je nach dem Zustand ihres vegetativen Nervensystems; der niedrigste beobachtete Wert ist 36 cm^3 (= 3,8 Vol.-%) und der höchste 120 cm^3 (= 12 Vol.-%)[1].

Bei mittlerer und schwerer Arbeit wird der Blutsauerstoff besser ausgenützt. Es sind Werte von 180 cm^3 (= 18,0 Vol.-%) und mehr beobachtet worden. Von den 20 bis 22 cm^3 Sauerstoff, die das Blut auf 100 cm^3 fassen kann, werden unter diesen Bedingungen 18 cm^3 verbraucht. Da die Werte sich auf das Mischblut beziehen, in dem noch Anteile aus ruhenden Organen enthalten sind, muß aus dem Blut, das den tätigen Muskel selbst durchfließt, der Sauerstoff vollständig ausgeschöpft werden[2].

f) Das Säure-Basengleichgewicht im Blut[3–12].

Von K. Felix.

Inhaltsverzeichnis.

[1] Wezler, K., R. Thauer u. K. Greven: Z. ges. exp. Med. **107**, 673 (1940). — vgl. a. Bickenbach, O.: Dtsch. Arch. klin. Med. **184**, 28 (1939). — Christensen, E. H.: Ergebn. Physiol. **39**, 380 (1937). — Grollmann, A.: Schlagvolumen und Zeitvolumen des gesunden und kranken Menschen. Übertragen und erweitert von Baumann, H. Dresden 1935. — Liljestrand, G., E. Lysholm and G. Nylin: Skand. Arch. Physiol. **80**, 265 (1938). — Matthes, H. U.: Arbeitsphysiol. **10**, 668 (1939). — [2] Wezler, K., R. Thauer u. K. Greven: Z. ges. exp. Med. **107**, 751 (1940).

Zusammenfassende Darstellungen: 3—12. [3] Gollwitzer-Meier, K.: Säure-Basen-Gleichgewicht. Handb. Biochem. Erg.-W. **2**, 730—754 (1934). — [4] Heilmeyer, L.: Das Blut. Der Kohlensäuretransport und das Säure-Basengleichgewicht des Blutes. Lehrb. path. Physiol. (Heilmeyer) 8. Aufl. S. 47—55. — [5] Henderson, L. J.: Blood. A Study in General Physiology. New Haven, London 1928. Später zit. als „Henderson, Blood". — [6] Henderson, L. J.: Blut. Seine Pathologie und Physiologie. Mit einem Nachtrag: Die Eigenschaften des menschlichen Blutes im allgemeinen. Für die deutsche Übersetzung neu verfaßt, hrsg. von Tennenbaum, M. Dresden, Leipzig 1932. Später zit. als „Henderson, Blut". — [7] Henderson, Y.: Physiological regulation of the acid-base balance of the blood and some related functions. Physiol. Rev. **5**, 131—160 (1925). — [8] Himwich, H. E.: The carriage of the blood gases and the acid-base equilibrium of the blood: Harrow, B., and C. P. Sherwin: A Textbook of Biochemistry. S. 441—461. Philadelphia, London 1935. — [9] Hochrein, M.: Physikalisch-chemische Gesetzmäßigkeiten des Blutes. Ergebn. Physiol. **31**, 421—506 (1931). — [10] Michaelis, L.: Die theoretische Grundlage für die Bedeutung der Wasserstoffionenkonzentration des Blutes. Handb. Physiol. **6**/1, 601—618 (1928). — [11] Peters, J. P., and D. D. van Slyke: Carbonic acid and acid-base balance. Peters-van Slyke Bd. 1, S. 868—1018. — [12] Warburg, E.: Methoden zur Bestimmung der Reaktion des Blutes. III. Berechnung mit Hilfe der ersten Dissoziationsgleichung der Kohlensäure. Handb. biol. Arb.-Meth. Abt. IV, Teil 4/2, 936 (1927).

α) Die Säuren und Basen des Blutes[1].

Die Säuren und Basen, welche im Blut vorkommen, ergeben sich aus der quantitativen Analyse (s. S. 392); sie verteilen sich auf Körperchen und Plasma in verschiedenem Maße, je nach ihrem Vermögen, die Membran der Blutkörperchen zu durchdringen. Da sowohl im Plasma als auch in den Körperchen nichtdiffusible Elektrolyte vorkommen, beeinflußt auch das DONNANsche Gleichgewicht (s. Bd. 1, S. 137) die Verteilung. Über die mittleren Ionenmengen und -arten im Blut unterrichten die beiden folgenden Tabellen (etwas abweichende Werte s. S. 392, Tab. 132, sowie S. 426, Tab. 152).

Tabelle 192. Anionen und Kationen des Plasmas vom Menschen[2]. Milliäquivalente pro 1000 cm³.

Kationen		Anionen	
Natrium	142	Chlorid	102
Kalium	5	Hydrogencarbonat	27
Calcium	5	Phosphat (HPO_4^{--})	2
Magnesium	1	Sulfat	1
zusammen	153	Lactat	2,6
		Organische Säuren	6
		Urat	0,2
		Protein	12
		zusammen	152,8

Tabelle 193. Anionen und Kationen der roten Blutkörperchen des Menschen. Milliäquivalente pro 1000 cm³ (normale Mittelwerte).

Kationen		Anionen	
Natrium	2	Chlorid	54
Kalium	108	Hydrogencarbonat	18
Calcium	1+(?)	Phosphat (HPO_4^{--})	2
Magnesium	3	Sulfat	+
zusammen	114	Hämoglobin	39
		zusammen	113

Anionenrest. Im Plasma und in den roten Blutkörperchen kommen unter den Anionen die Proteine vor. Da die Reaktion des Blutes auf der alkalischen Seite der isoelektrischen Punkte

[1] HEILMEYER, L.: Das Blut. Lehrb. path. Physiol. (HEILMEYER) 8. Aufl. S. 47. — [2] Vgl. S. 392 sowie Bd. 1, Tab. 25, S. 206 u. Tab. 27, S. 208. — SENDROY, J. jr.: Acid-base metabolism. Ann. Rev. 7, 231—252 (1938).

liegt, treten sie hier als Säuren auf und binden Alkali. Ein genaues Äquivalentgewicht läßt sich nicht angeben, da die Zahl der dissoziierten sauren Gruppen nicht bekannt ist und mit der Verschiebung der Wasserstoffionenkonzentration wechselt. Einen ungefähren Anhaltspunkt für die Proteinäquivalente im Plasma erhält man aber, indem man den Eiweißgehalt (g in 100 cm^3) mit dem Faktor 2,43 multipliziert[1].

Das Hauptkation im Plasma ist das Natrium, in den Körperchen das Kalium. Daneben kommen noch kleine Mengen von Erdalkaliionen vor, die ebenfalls ungleich zwischen Körperchen und Plasma verteilt sind. *Im Plasma überwiegt das Calcium; in den Körperchen das Magnesium.*

Anders ist es mit der *Verteilung der Anionen.* Außerhalb und innerhalb der Körperchen kommen die gleichen vor. *Die Hauptanionen sind die Chlorid- und die Hydrogencarbonationen; ihnen folgen die nichtdiffusiblen Proteinionen.* Die übrigen kommen in so geringer Menge vor, daß sie in dem Gleichgewicht zwischen Säuren und Basen keine große Rolle spielen.

Ionenaustausch. Aus dieser Verteilung der Ionen geht hervor, daß die Membran der roten Blutkörperchen die Alkali- und Erdalkaliionen nicht durchläßt, die Chlorid-, Hydrogencarbonat- und Phosphationen dagegen ohne weiteres in die Blutkörperchen ein- und wieder auswandern können. Da aber der osmotische Druck zwischen Körperchen und Plasma sich nur in ganz geringem Maße verschiebt, können niemals Ionen nur ein- oder nur auswandern. Stets bewegen sie sich in beiden Richtungen. Wenn Ionen eintreten, geht eine äquivalente Menge anderer Ionen hinaus. So werden während des Gasaustausches in den Geweben und in der Lunge Chlorid- und Hydrogencarbonationen zwischen Plasma und Körperchen ausgetauscht (vgl. S. 523). Trotz ihrer freien Beweglichkeit sind die diffusiblen Anionen zwischen Körperchen und Plasma ungleich verteilt. Die Ursache dafür ist im Eiweiß, besonders im Hämoglobin zu suchen, das die Basen teilweise für sich beansprucht und die anderen Anionen verdrängt.

Ionenbindung durch Hämoglobin. Ein Teil der Alkaliionen ist in den Körperchen an das Hämoglobin gebunden, und zwar mehr an das Oxy- als an das sauerstofffreie Hämoglobin. *Das Oxyhämoglobin bindet etwa die Hälfte, das sauerstofffreie Hämoglobin nur etwa drei Achtel der gesamten Basen in den Körperchen*[2]. Innerhalb des physiologischen p_H-Bereiches bindet das Oxyhämoglobin etwa 0,5 bis 0,7 Äquivalente Alkali mehr als das sauerstofffreie Hämoglobin[3].

Konstanz der Ionen. Der Körper ist darauf bedacht, das Gleichgewicht zwischen Kationen und Anionen, die *Isoionie*, innerhalb enger Grenzen aufrechtzuhalten. Die Lage dieses Gleichgewichtes ist durch die Wasserstoffionenkonzentration des Blutes gegeben.

β) Die Reaktion des Blutes[4].

Isohydrie[5]. Die Wasserstoffionenkonzentration des Blutes schwankt während des normalen Stoffwechsels nur innerhalb ganz enger Grenzen, und für den geordneten Verlauf der Lebensvorgänge ist es von der größten Bedeutung, die Reaktion des Blutes innerhalb dieser Grenzen zu halten. Die Konstanz der Wasserstoffionen des Blutes wird auch *Isohydrie* genannt.

---

[1] GAMBLE, J. L.: Chemical Anatomy, Physiology, and Pathology of Extracellular Fluid. 5. Aufl. Cambridge, Mass. 1947. — [2] SLYKE, D. D. VAN: Proc. Inst. Med. Chicago. Pasteur Lecture 1926 [GOLLWITZER-MEIER, K.: Säure-Basen-Gleichgewicht. Handb. Biochem. Erg.-W. **2**, 750 (1934)]. — [3] SLYKE, D. D. VAN, H. WU and F. C. MCLEAN: J. biol. Ch. **56**, 765 (1923). — [4] s. a. S. 271, Tab. 69. — [5] BARCROFT, J.: Biol. Reviews **7**, 24 (1932).

Die meisten Werte, die bisher bei Messungen im *arteriellen* Blut[1] des Menschen gefunden wurden, liegen zwischen p_H 7,28 und 7,52.

Der p_H des *venösen* Blutes[2] ist bei einzelnen Personen nur wenig verschieden von dem des arteriellen Blutes und schwankt innerhalb des gleichen Bereichs. Im allgemeinen liegt er beim Menschen während der Ruhe um 0,03 und während der Arbeit um 0,07 p_H-Einheiten niedriger als im arteriellen Blut[3]. Alle älteren Messungen müssen allerdings überprüft werden, da man nicht immer vorsichtig genug war, Glykolyse und Milchsäurebildung auszuschließen[4].

Nach neueren Messungen soll sich der p_H des arteriellen Blutes innerhalb weit engerer Grenzen bewegen, nämlich nur zwischen 7,374 und 7,455, und in der Regel um ein Mittel von 7,42 um 0,033 Einheiten schwanken[5].

Bestimmung der Wasserstoffionenkonzentration im Blut. Sie kann *direkt* auf elektrometrischem Wege oder mittels Indicatoren[6] geschehen, wobei natürlich darauf zu achten ist, daß das Blut bei der Entnahme und Überführung in den Apparat nicht mit der Luft in Berührung kommt und weder Kohlensäure verliert noch Sauerstoff aufnimmt. Neuerdings ist es sogar möglich, unter Benützung geeigneter Elektroden den p_H im strömenden Blut selbst zu messen. Über die Genauigkeit der einzelnen Verfahren vgl.[4] (s. a. S. 1165ff.).

Ebenso häufig wird die Wasserstoffionenkonzentration aber auch *indirekt aus dem Gehalt an gelöster Kohlensäure und an Hydrogencarbonat ermittelt.* Die Reaktion ist maßgeblich gerade durch das Verhältnis dieser beiden Formen der Kohlensäure zueinander bedingt. Sie ist ungefähr so groß wie die einer Lösung von Kohlendioxyd und Natriumhydrogencarbonat, in der das Kohlendioxyd die gleiche Spannung und das Hydrogencarbonat die gleiche Konzentration wie im Blut haben. Nach HASSELBALCH u. HENDERSON[7–10] ergibt sich die Wasserstoffionenkonzentration einer solchen Lösung aus der Gleichung

$$K' = [\mathrm{H}+] \cdot \frac{[\text{Hydrogencarbonat}]}{[\mathrm{CO_2}]}. \qquad (1)$$

Meist wird diese Gleichung in ihrer logarithmischen Form angewandt:

$$-\,p_{K'} = -p_H + \log \frac{[\text{Hydrogencarbonat}]}{[\mathrm{CO_2}]}. \qquad (2)$$

($-p_{K'} = \log K'$; $-p_H = \log[\mathrm{H}+]$); ergibt sich nach p_H aufgelöst:

$$p_H = p_{K'} + \log \frac{[\text{Hydrogencarbonat}]}{[\mathrm{CO_2}]}. \qquad (3)$$

(3) wird gewöhnlich als HASSELBALCH-HENDERSONsche-Gleichung bezeichnet.

In Wirklichkeit umfaßt die Gleichung zwei Vorgänge. Kohlendioxyd setzt sich in Wasser nach der Gleichung $CO_2 + H_2O = H_2CO_3$ (vgl. S. 519) um. Die entstandene Kohlen-

[1] STRAUB, H., u. K. MEIER: Dtsch. Arch. klin. Med. **120**, 54; **129**, 54 (1919). — MEANS, J. H., A. V. BOCK and M. N. WOODWELL: J. exp. Med. **33**, 201 (1921). — STRAUB, H., K. GOLLWITZER-MEIER u. E. SCHLAGINTWEIT: Z. ges. exp. Med. **32**, 229 (1923). — CULLEN, G. E., and H. W. ROBINSON: J. biol. Ch. **57**, 533 (1923). — SLYKE, D. D. VAN: J. biol. Ch. **48**, 153 (1921). — PETERS, J. P. jr., D. P. BARR and F. D. RULE: J. biol. Ch. **45**, 489 (1920/21). — MYERS, V. C., and L. E. BOOHER: J. biol. Ch. **59**, 699, XXIII (1924). — DRUCKER, P., and G. E. CULLEN: J. biol. Ch. **64**, 221 (1925). — [2] EARLE, I. P., and G. E. CULLEN: J. biol. Ch. **83**, 539 (1929). — [3] Henderson, Blut S. 164. — [4] SENDROY, J. jr.: Ann. Rev. **7**, 231 (1938). — [5] GIBBS, E. L., W. G. LENNOX, L. F. NIMS and F. A. GIBBS: J. biol. Ch. **144**, 325 (1942). — D'ELSEAUX, F. C., F. C. BLACKWOOD, L. E. PALMER and K. G. SLOMAN: J. biol. Ch. **144**, 529 (1942). — [6] Rappaport S. 195. — Vgl. Bd. **1**, S. 121. — HINSBERG, K.: Bestimmung der H-Ionen. Medizinisch-chemische Bestimmungsmethoden. 2. Teil S. 138. Berlin 1936. — H.-Th. 10. Aufl. Bd. I, S. 527—627. — [7] HASSELBALCH, K. A.: B. Z. **78**, 112 (1917). — [8] HOCHREIN, M.: Physikalisch-chemische Gesetzmäßigkeiten des Blutes. Ergebn. Physiol. **31**, 421—506 (1931). — [9] SLYKE, D. D. VAN, H. WU and F. C. MCLEAN: J. biol. Ch. **56**, 765 (1923). — Rappaport S. 39. — [10] WARBURG, E.: Methoden zur Bestimmung der Reaktion des Blutes. III. Berechnung mit Hilfe der ersten Dissoziationsgleichung der Kohlensäure. Handb. biol. Arb.-Meth., Abt. IV, Teil **4**, S. 936 (1927).

säure dissoziiert dann in Wasserstoff- und Hydrogencarbonationen $H_2CO_3 = H^+ + HCO_3^-$. Der erste Vorgang hängt von der Aktivität des Wassers und des Kohlendioxyds ab, der zweite von der Aktivität der Kohlensäure (H_2CO_3). Alle drei Aktivitäten werden jedoch durch die Elektrolyte des Blutes, vor allem Natriumhydrogencarbonat und Natriumchlorid, durch die Beschaffenheit der Blutkörperchen und schließlich noch durch den Volumenanteil der roten Blutkörperchen am Gesamtblut sowie durch die Verteilung der Hydrogencarbonationen zwischen Körperchen und Plasma beeinflußt[1].

So sind auch *K' und sein negativer Logarithmus* $p_{K'}$ Sammelkonstanten. Im wesentlichen ist K' die erste Dissoziationskonstante der Kohlensäure[2] H_2CO_3, die $10^{-6,52}$ beträgt. Dann sind in ihr enthalten die Gleichgewichtskonstante für den Vorgang $CO_2 + H_2O \rightleftharpoons H_2CO_3$, die Aktivitätskoeffizienten für Kohlendioxyd, Wasser und das Hydrogencarbonation, die im einzelnen nicht genau bekannt sind und von einer Blutart zur anderen wechseln. Deswegen hat man den Wert für $p_{K'}$ für verschiedene Blutarten empirisch ermittelt, indem man die Wasserstoffionenkonzentration, die physikalisch gelöste und die chemisch gebundene Kohlensäure direkt bestimmte. Die Werte wurden in die Gleichung eingesetzt und diese nach $p_{K'}$ aufgelöst.

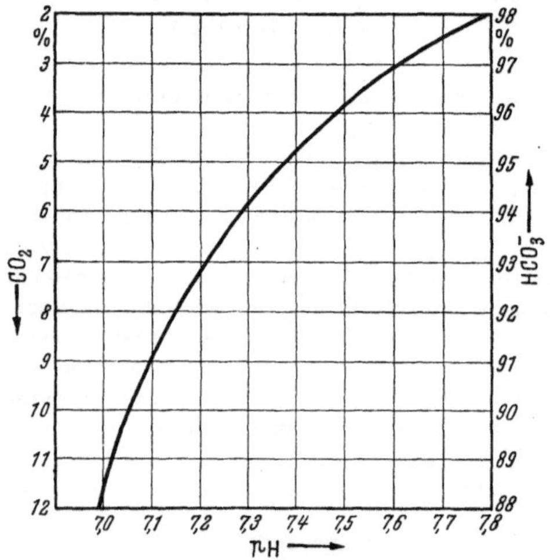

Abb. 40. Beziehung zwischen Plasma-p_H und der prozentualen Verteilung des gesamten CO_2 auf CO_2 und HCO_3^-.

Für das *menschliche Serum*[1,3–9] liegen die $p_{K'}$-Werte zwischen 6,064 und 6,156 (Mittelwert 6,10).

Nach neueren Messungen schwanken die Werte für Menschen-, Hunde- und Rinderserum nur zwischen 6,095[9] und 6,105[10]. Für die roten Blutkörperchen sind die Zahlen etwas kleiner, 5,98 für sauerstofffreie und 6,04 für sauerstoffhaltige Zellen[11].

Die HASSELBALCH-HENDERSONsche Gleichung (3) verbindet drei physiologische Größen, die Kohlensäurespannung, die Hydrogencarbonatkonzentration und den p_H des Blutes. Wenn zwei von ihnen bestimmt sind, ist auch die dritte festgelegt.

Die Abbildung 40 nach GAMBLE[11] zeigt, wie der p_H im physiologischen Bereich von dem Verhältnis der beiden Kohlensäuren abhängt.

γ) Die Bedeutung der Blutkohlensäure für die Konstanz der Blutreaktion.

Es sind also nach Gleichung (1) nicht die absoluten Werte des Gehaltes an physikalisch gelöster Kohlensäure und an Hydrogencarbonat, welche die Wasserstoffionenkonzentration beherrschen, sondern einzig und allein nur das Verhältnis der beiden Werte zueinander. Meistens beträgt es rund 1:20. Es ist für die Reaktion gleichgültig, ob es 2:40, 3:60 oder 4:80 ist; immer liegt der Blut-p_H bei 7,33,

[1] WARBURG, E. J.: Biochem. J. **16**, 153 (1922). — MICHAELIS, L.: Die theoretische Grundlage für die Bedeutung der Wasserstoffionenkonzentration des Blutes. Handb. Physiol. **6**/1, 601 (1928). — [2] WALKER, J., and W. CORMACK: Soc. **1900**, 5. — [3] HASSELBALCH, K. A.: B. Z. **78**, 112 (1917). — [4] CULLEN, G. E.: J. biol. Ch. **52**, 501 (1922). — [5] CULLEN, G. E., H. R. KEELER and H. W. ROBINSON: J. biol. Ch. **66**, 301 (1925). — [6] SLYKE, D. D. VAN, A. B. HASTINGS, C. D. MURRAY and J. SENDROY jr.: J. biol. Ch. **65**, 701 (1925). — [7] HASTINGS, A. B., J. SENDROY jr., and D. D. VAN SLYKE: J. biol. Ch. **79**, 183 (1928). — [8] ROBINSON, H. W., J. W. PRICE and G. E. CULLEN: J. biol. Ch. **100**, LXXXII (1933). — [9] ROBINSON, H. W., J. W. PRICE and G. E. CULLEN: J. biol. Ch. **106**, 7 (1934). — [10] DILL, D. B., C. DALY and W. H. FORBES: J. biol. Ch. **117**, 569 (1937). — [11] GAMBLE, J. L.: Chemical Anatomy, Physiology, and Pathology of Extracellular Fluid. 5. Aufl. Cambridge, Mass. 1947.

wenn das Verhältnis genau 1:20 ist[1]. Jeder anderen Größe dieses Verhältnisses entspricht auch eine andere Wasserstoffionenkonzentration, wie eine kurze Gegenüberstellung zeigt.

$\frac{[CO_2]}{[HCO_3^-]}$	0,11	0,09	0,07	0,05	0,04	0,03
p_H	7,0	7,1	7,2	7,33	7,4	7,5

Die Zahlen sind abgerundet.

Die Wasserstoffionenkonzentration, welche man mit irgendeiner Blutprobe bekommt, wenn man sie einem Kohlensäuredruck von 40 mm (dem mittleren Druck in den Alveolen) aussetzt, bezeichnet man als „reduzierte" und spricht kurz von *„reduziertem p_H"*.

Kennt man also die Konzentration der physikalisch gelösten Kohlensäure und die des Hydrogencarbonates, ferner den Wert der Konstanten K' für die betreffende Blutart, so läßt sich ohne weiteres die Wasserstoffionenkonzentration berechnen.

Statt der Berechnung kann man sich auch der oben wiedergegebenen Kurve von GAMBLE (Abb. 40) bedienen. Kennt man den Gehalt an gesamter Kohlensäure und ihre prozentuale Verteilung auf die beiden Fraktionen, so kann man aus der Kurve sofort den zugehörigen p_H ablesen; z. B.: ein Blut enthalte 50 Vol.-% Gesamtkohlensäure, wovon 4,8% auf physikalisch gelöste und 95,2% auf Hydrogencarbonatkohlensäure entfallen soll; dann ist $p_H = 7{,}4$. Sind umgekehrt der p_H und die gesamte Kohlensäure bekannt, so ergibt die Kurve, wie sich letztere auf die beiden Fraktionen verteilt.

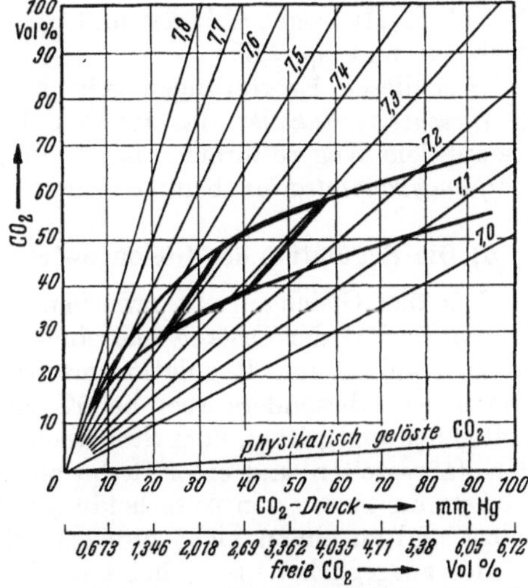

Abb. 41. Isohydren und Kohlensäurebindungskurven[2].

VAN SLYKE hat diese Beziehungen in einer etwas anderen Darstellung zusammengefaßt. Sie ist in Abb. 41 etwas modifiziert wiedergegeben.

Hier ist der Gehalt an Hydrogencarbonat in Volumenprozent Kohlendioxyd ausgedrückt, welche durch eine stärkere Säure aus dem Blut ausgetrieben werden können. Für die Konzentration der freien Kohlensäure sind ihr Partialdruck in der Alveolarluft sowie die zugehörigen, nach dem Löslichkeitskoeffizienten berechneten im Blut gelösten Volumenprozent angegeben. Die Geraden, welche vom Nullpunkt ausgehen, entsprechen jeweils einem bestimmten Verhältnis der physikalisch gelösten zu der chemisch gebundenen Kohlensäure. Der zugehörige p_H steht am Ende der Geraden.

Man nennt solche Kurven, welche die Punkte gleicher Wasserstoffionenkonzentrationen miteinander verbinden, *Isohydren*. Sie zeigen, daß die Reaktion konstant bleibt, solange der Quotient gleich bleibt, auch wenn die absoluten Werte für die beiden Kohlensäuren sich ändern. Die dicker ausgezogenen Strecken grenzen den Raum ab, innerhalb dessen die normale Kohlensäurebindungskurve schwanken kann. Ähnliche Kurven haben auch andere Autoren[3–5] aufgestellt.

---

[1] HENDERSON, Y.: Physiol. Rev. **5**, 131 (1925). — [2] FELIX, K.: Physiologische Chemie. S. 206. Heidelberg 1951. — [3] HENDERSON, Y.: Physiol. Rev. **5**, 145 (1925). — [4] HAGGARD, H. W., and Y. HENDERSON: J. biol. Ch. **39**, 163 (1919). — [5] STRAUB, H., u. K. MEIER: Dtsch. Arch. klin. Med. **129**, 54 (1919). — SLYKE, D. D. VAN: J. biol. Ch. **48**, 153 (1921).

Kohlensäurebindungskurve. Häufig ermittelt man nicht den gerade vorhandenen Gehalt an Hydrogencarbonat, sondern stellt eine Kohlensäurebindungskurve auf, indem man das zu untersuchende Blut mit Gasgemischen verschiedenen Kohlensäuregehaltes sich ins Gleichgewicht setzen läßt und jedesmal die gebundene Kohlensäure bestimmt. Die gefundenen Werte werden durch eine Kurve verbunden, aus der man dann zu jedem Kohlensäurepartialdruck, also auch zu dem gerade in der Alveolarluft vorhandenen, die zugehörige gebundene Kohlensäure ablesen kann.

In der Darstellung von Abb. 41 entsprechen einem Kohlensäurepartialdruck von 40 mm in der Alveolarluft auf der unteren Kohlensäurebindungskurve 39 Vol.-% Hydrogencarbonat und p_H 7,28; auf der oberen 52 Vol.-% Hydrogencarbonat und p_H 7,39.

Aus diesen Erörterungen geht hervor, daß die *Kohlensäure nicht bloß ein Stoffwechselprodukt* ist, das aus dem Körper entfernt werden muß, sondern daß sie auf dem Weg zu ihrem Ausscheidungsort noch *für die Einstellung der Wasserstoffionenkonzentration* benützt wird.

δ) Die Regulation des Gleichgewichtes zwischen Säuren und Basen im Blut.

Um das Gleichgewicht zwischen Säuren und Basen im Blut aufrechtzuerhalten, besitzt der Organismus einen weit verzweigten, fein abgestimmten und rasch reagierenden Regulationsmechanismus. Schon unter normalen Verhältnissen, ganz besonders aber bei Krankheiten wird es von den verschiedensten Seiten her angegriffen, vom Stoffwechsel, von der Nahrung, der Sauerstoffzufuhr, den Jahreszeiten und einer Reihe anderer Faktoren. Diese Angriffe werden zunächst einmal von den Ausscheidungsorganen, ferner von Einrichtungen im Blut selbst und zu einem nicht unbeträchtlichen Teil auch vom Stoffwechsel selbst wieder ausgeglichen. So scheint es Sache des ganzen Organismus zu sein, das Gleichgewicht zwischen Säuren und Basen, mit anderen Worten die Wasserstoffionenkonzentration des Blutes aufrechtzuerhalten.

Die *Ausscheidungsorgane* entfernen den jeweiligen Überschuß an Säuren oder Basen aus dem Körper. Man kann sie daher in säuren- und basenausscheidende Organe gruppieren.

Säurenausscheidende Organe sind: die Niere für die nichtflüchtigen Säuren; die Lunge für die flüchtige Kohlensäure; der Dickdarm für einen Teil der Phosphorsäure und die Magenschleimhaut für die Salzsäure.

Basenausscheidende Organe sind wieder die Niere für die Alkalien, das Ammoniak und etwa ein Drittel der Erdalkalien und der Dickdarm für die Schwermetalle und etwa zwei Drittel der Erdalkalien.

Vielleicht wird auch die *Haut* in den Dienst dieser Regulation gestellt, aber ihr Anteil kann nur gering sein (s. Bd. 2/2, Haut). Die Hauptarbeit der Regulation durch die Ausscheidung fällt auf die *Niere* und die *Atmung*[1].

1. Anteil der Niere[2].

Die Reaktion des Harns wechselt unter den verschiedensten Einflüssen, und dieser Wechsel ist der Ausdruck dafür, daß die Niere jeden Überschuß der einen oder anderen Ionengruppe entfernt. Normalerweise ist der Harn des Menschen mehr oder weniger stark sauer (vgl. Bd. 2/2, Harn), da eben im Stoffwechsel immer mehr Säuren als Basen gebildet werden. Jeder Überschuß, der im Gewebe und Blut auftritt, wird sofort ausgeschieden. Niemals werden aber

[1] Straub, H.: M. m. W. **1926 II**, 1183 u. 1238. — [2] Frey, E.: Nierentätigkeit und Wasserhaushalt. S. 65. Berlin, Göttingen, Heidelberg 1952.

nennenswerte Mengen freier Basen oder freier Säuren ausgeschieden, sondern immer nur Salze, abgesehen von kleinen Mengen Harnsäure, vielleicht auch von β-Oxybuttersäure und Acetessigsäure[1].

Der Einfluß der Niere kommt jedoch langsam zur Geltung, da sie immer nur von einem Teil des Blutes durchflossen wird.

Bei *Änderungen der Harnreaktion* verschiebt sich vor allem das Verhältnis der primären zu den sekundären Phosphaten. Sind mehr Basen auszuscheiden, dann nehmen die sekundären Phosphate zu, und bei einem Überschuß an Säuren die primären Phosphate, weil ein Teil des Alkalis für die Neutralisation der anderen Säuren benötigt wird. Bei normalem p_H sind von den anorganischen Phosphaten des Blutes etwa 15 bis 20% primäres, 80 bis 85% sekundäres Salz[2]. In einem Harn von $p_H = 6$ sind 85 und bei $p_H = 5$ sogar 98% der Phosphate primär[3].

Allerdings sind der Funktion der Niere in dieser Hinsicht schon unter normalen Umständen gewisse Grenzen gesetzt, vielleicht dadurch, daß sie gleichzeitig noch andere Aufgaben zu erfüllen hat, wie z. B. die Entfernung der Stoffwechselendprodukte und die Regulation des osmotischen Druckes. Fügt es die Lage des Stoffwechsels oder sind in einem Versuch die Bedingungen so gewählt, daß die Niere vor die Wahl gestellt ist, entweder nur die Wasserstoffionenkonzentration oder den osmotischen Druck des Blutes zu regulieren, so tut sie das letztere auf Kosten des ersteren[4]. Krankheiten ziehen der Niere noch engere Grenzen. Sie kann sich dann des öfteren nicht mehr den wechselnden Erfordernissen der Blutregulation anpassen und bildet einen Harn mit mehr oder weniger fixiertem p_H.

Austausch von Alkali gegen Ammoniak. Außer durch die Ausscheidung des jeweiligen Überschusses von Säuren oder von Basen reguliert die Niere die Blutreaktion noch durch Bildung von mehr oder weniger Ammoniak, wenn bei der Notwendigkeit, viele Säuren zu neutralisieren und auszuscheiden, der Organismus Gefahr läuft, an Alkalien zu verarmen[5]. In einem solchen Fall tauscht sie die Alkaliionen zum Teil gegen Ammoniumionen aus. In dieser Hinsicht ist es von Interesse, daß die desaminierenden Fähigkeiten der Niere recht erheblich, zum Teil größer als die der Leber sind[6]. Das Material, aus dem das Ammoniak gebildet wird, sind Adenylsäure, Glutamin, Aminosäuren und gewisse Amine.

2. Anteil der Atmung.

Aus dem, was über den Gasaustausch in der Lunge, insbesondere über die Abgabe der Kohlensäure im vorausgegangenen Kapitel gesagt wurde, geht hervor, daß durch eine Verstärkung der Lungenventilation mehr physikalisch gelöste Kohlensäure abgegeben wird. Bei vermehrter Atmung wird die Alveolarluft stärker mit der atmosphärischen Luft verdünnt und der Kohlensäurepartialdruck in ihr herabgesetzt. Es entweicht dann mehr physikalisch gelöste Kohlensäure aus dem Blut. So kann das Verhältnis der freien zu der gebundenen Kohlensäure wieder auf den normalen Wert gebracht werden, wenn es durch irgendeine Änderung im Stoffwechsel zugunsten der freien Kohlensäure verschoben war. Umgekehrt wird bei Vermehrung der gebundenen Kohlensäure die Ventilation herabgesetzt und damit der Kohlensäurepartialdruck in der Alveolarluft und die physikalisch gelöste Kohlensäure im Blut erhöht. Um dies zu verdeutlichen, seien einige Zahlen einander gegenübergestellt.

---

[1] Gollwitzer-Meier, K.: Kli. Wo. **1926 I**, 737. — [2] Henderson, L. J., u. K. Spiro: B. Z. **15**, 105 (1909). — [3] Henderson, L. J.: Amer. J. Physiol. **21**, 427 (1908). — [4] Marshall, E. K. jr.: Physiol. Rev. **6**, 440 (1926). — [5] Nash, T. P. jr., and S. R. Benedict: J. biol. Ch. **48**, 463 (1921). — [6] Krebs, H. A.: Biochem. J. **29**, 1620 (1935). — Felix, K., u. S. Naka, H. **264**, 123 (1940).

Bei der Regulation des Säure-Basengleichgewichtes besteht also die Aufgabe der Atmung darin, das normale Verhältnis von 1 zu 20 zwischen der freien und der gebundenen Kohlensäure immer wieder herzustellen. Wenn es erreicht ist, so liegt auch die Blutreaktion wieder innerhalb der normalen Grenzen. Mit anderen Worten, *der Blut-p_H wird nur dann verschoben, wenn die Atmung nicht vollständig reguliert*[2].

Tabelle 194. Ventilation und CO_2-Druck[1].

Minutenvolumen der Atmung Liter	CO_2-Druck in den Alveolen mm	Physikalisch gelöste CO_2 im Blut Vol.-%
24	10	0,7
12	20	1,3
8	30	2,0
6	40	2,7
4,8	50	3,4
4,0	60	4,0

Obwohl die Lunge nur die Kohlensäure ausscheidet, hat sie doch einen großen Anteil an der Regulation der Blutreaktion; denn alle Verschiebungen zwischen Säuren und Basen wirken sich auf dieses Verhältnis aus. Zudem reguliert sie sehr rasch, da stets das ganze Blut durch die Lunge fließt.

Die Erhöhung oder die Erniedrigung der Ventilation hängt von dem Erregungszustand des Atemzentrums ab und dieser ist wieder bedingt durch die in ihm herrschende Wasserstoffionenkonzentration. Verschiebung nach der sauren Seite erhöht, Verschiebung nach der alkalischen Seite vermindert den Erregungszustand des Zentrums.

Die Wasserstoffionenkonzentration des Atemzentrums wird hauptsächlich vom Blut aus bestimmt, kann aber auch von örtlichen Vorgängen in den Zellen des Zentrums selbst beeinflußt werden.

An sich ist es vielleicht gleichgültig, durch welche Säure die Reaktion verändert wird. Die Kohlensäure ist aber den anderen überlegen und dürfte der wesentliche natürliche Erreger sein; bei gleichem p_H wirkt sie stärker als die anderen Säuren. Wegen ihrer guten Lipoidlöslichkeit und ihres kleinen Moleküls dringt sie leichter in die Zellen ein.

Die im Blut physikalisch gelöste Kohlensäure hat somit noch die Aufgabe, das Atemzentrum in einem gewissen Zustand der Erregung zu halten. Ist die Konzentration zu niedrig, dann ist auch das Atemzentrum wenig erregt und die Ventilation herabgesetzt. Man nennt diesen Zustand *Akapnie* oder *Hypokapnie* (ὁ καπνὸς = der Rauch). Er kann durch willkürliche Überventilation herbeigeführt werden und stellt sich außerdem beim Höhenflug ein[1, 3]; der Sauerstoffmangel, der in Höhen über 3000 m besteht, steigert die Ventilation; dabei wird gleichzeitig die Kohlensäure ausgeschwemmt, so daß die Anregung für das Atemzentrum wegfällt. Die anfangs gesteigerte Atmung wird flacher, bis sich die Kohlensäure wieder genügend angereichert hat, um das Atemzentrum stärker zu erregen. Auf die flachere Atmung folgt wieder eine tiefere und der von neuem eine flachere und so fort. Diesen periodischen Wechsel der Atemtiefe kennt man von der Klinik her unter dem Namen CHEYNE-STOKESsches Atmen.

Einen Erstickten oder tief Narkotisierten kann man rascher erwecken, wenn man ihn statt reinen Sauerstoff ein Gemisch von Sauerstoff mit 5—6 Vol.-% Kohlendioxyd atmen läßt. Reiner Sauerstoff regt das Atemzentrum nicht an, sondern erzeugt im Gegenteil eine Apnoe.

Neben der vom Blut aus eintretenden Kohlensäure hat, wie bereits angedeutet, auch die im eigenen Stoffwechsel der Zellen des Atemzentrums gebildete

[1] HENDERSON, Y.: Physiol. Rev. **5**, 145 (1925). Atmung, Erstickung, Wiederbelebung (übersetzt von KLIMMER, O.). Leipzig 1941. — GESELL, R.: Physiol. Rev. **5**, 551 (1925). — [2] ROSSIER, P.-H., u. K. WIESINGER: Schweiz. med. Wschr. **77**, 55 (1947). — [3] RUFF, S., u. H. STRUGHOLD: Grundriß der Luftfahrtmedizin. 2. Aufl. S. 55—58. Leipzig 1944.

den gleichen Einfluß. Hier können nun noch andere Säuren neben der Kohlensäure zur Geltung kommen, vor allem die *Milchsäure*. Die örtlich gebildeten Säuren werden einen um so größeren Einfluß haben, je schlechter die Durchblutung des Gehirns ist, weil sie dann nicht genügend rasch abtransportiert werden[1]. So hängt die richtige Anpassung der Atmung auch von der *Durchströmung des Gehirns* ab; und unter Umständen häuft sich die Kohlensäure im Atemzentrum an, wenn die Durchblutung nicht genügt, löst sie eine Verstärkung der Lungenventilation aus, die vom Gesichtspunkt des gesamten Organismus aus vielleicht unnötig und unzweckmäßig ist und eine Verschiebung der Wasserstoffionenkonzentration nach der alkalischen Seite verursachen kann.

In neuerer Zeit wird mehr die Ansicht vertreten, daß die Kohlensäure direkt und spezifisch auf das Atemzentrum einwirkt und nicht mittels der Wasserstoffionen; die Kohlensäurespannung soll die wesentliche Ursache sein[2]. Außerdem wird die Erregung des Atemzentrums nervös von den „Chemoreceptoren“ in der Peripherie gesteuert[3]. Diese liegen im Glomus caroticum und sprechen nicht nur auf Kohlensäureanhäufung, sondern auch auf Sauerstoffmangel an.

3. Anteil des Stoffwechsels.

Der Stoffwechsel kann sich insofern an der Regulation der Blutreaktion beteiligen, als er mehr oder weniger Säuren und Basen bildet, bzw. durch Abbau zu neutralen Verbindungen zum Verschwinden bringt. Hierher gehören die vollständige Verbrennung organischer Säuren zu Kohlendioxyd und Wasser, ihre Veresterung und Amidierung, die Hydrolyse gebundener Säuren und Basen, sowie die Bildung von Ammoniak aus den Desaminierungsvorgängen. Bei Bedarf wird Ammoniak zur Neutralisation von Säuren benützt, z. B. im Diabetes und Hunger zur Neutralisation von β-Oxybuttersäure und Acetessigsäure. Wenn diese Säuren ausgeschieden werden, enthält der Harn auch immer mehr Ammoniak, das sonst in den neutralen Harnstoff umgewandelt wird.

Eine Säure, die häufig im Stoffwechsel gebildet wird, ist die *Milchsäure*. Sie tritt namentlich bei mangelhafter Sauerstoffversorgung der Gewebe auf und könnte sich bis zu einer Verschiebung des Blut-p_H anreichern, wenn nicht andere Organe, in erster Linie die Leber, aber auch das Herz, das Gehirn, die ruhenden Muskeln und die Haut sie aus dem Blut entfernten und entweder zu dem neutralen Glykogen aufbauten oder zu der weniger stark sauren Kohlensäure oxydierten (s. S. 857). Beim Aufbau zu Glykogen wird das Alkali, mit dem sie neutralisiert war, frei. Bei der vollständigen Oxydation entstehen allerdings an Stelle des einen Äquivalentes Milchsäure, drei Äquivalente Kohlensäure (die Kohlensäure als Hydrogencarbonation gerechnet). Aber diese kann durch die Lunge ohne Verlust an Basen entfernt werden, während die Milchsäure selbst als Alkalisalz von der Niere ausgeschieden werden müßte. Durch solche Stoffwechselvorgänge ist die Leber in der Lage, den Blut-p_H dauernd um 0,03 zu erniedrigen[4–10].

Vielleicht ist in diesem Zusammenhang auch auf die Bildung von Aceton und Kohlendioxyd aus der relativ stark sauren *Acetessigsäure* hinzuweisen. Aceton ist neutral und kann durch die Niere, teilweise auch durch die Lunge ohne Verlust an Basen ausgeschieden werden.

---

[1] Schmidt, C. F.: Amer. J. Physiol. **84**, 242 (1928). — [2] Hess, R. W.: Die Regulierung der Atmung. S. 45—52. Leipzig 1931. — Rein, H.: Einführung in die Physiologie des Menschen. 8. Aufl. S. 136—138. Berlin 1947. — [3] Heymans, C., et J. J. Bouckaert: Les chémo-récepteurs du sinus carotidien. Ergebn. Physiol. **41**, 28—55 (1939). — [4] Himwich, H. E., Y. D. Koskoff and L. H. Nahum: J. biol. Ch. **85**, 577 (1929/30). Proc. Soc. exp. Biol. Med. **25**, 347 (1928). — [5] McGinty, D. A.: Amer. J. Physiol. **88**, 312 (1929); **98**, 244 (1931). — [6] Barr, D. P., and H. E. Himwich: J. biol. Ch. **55**, 525 (1923). — [7] McClure, G. S.: Amer. J. Physiol. **99**, 365 (1932). — [8] Himwich, H. E., and L. H. Nahum: Amer. J. Physiol. **88**, 680 (1929); **101**, 446 (1932). — [9] Snapper, I., u. A. Grünbaum: B. Z. **206**, 319 (1929). — [10] Fishberg, E. H., and W. Bierman: J. biol. Ch. **97**, 433 (1932).

4. Anteil des Blutes selbst.

Auch das Blut enthält Einrichtungen, welche Angriffe auf sein Säure-Basengleichgewicht abwehren können. Während durch Zusatz von 1 cm^3 einer 0,01 n Säure zu 1 *l* Wasser der p_H von 7 auf 5 absinkt, wird die Reaktion des Blutes durch die gleiche Menge Säure überhaupt nicht verändert. Um in ihm den p_H um 2 Einheiten zu verschieben, muß man sehr viel mehr, etwa das Dreihundertfache an Säure zusetzen. Diese Eigenschaft verdankt das Blut seinem Gehalt an *Puffersubstanzen*[1]. Das sind Substanzen oder Substanzgemische, welche Wasserstoff- und Hydroxylionen binden können, ohne daß sich dabei die Reaktion ihrer Lösung wesentlich ändert. Meistens sind es Mischungen aus schwachen Säuren mit ihren Alkalisalzen (z. B. Essigsäure-Natriumacetat) oder aus schwachen Basen mit ihren mineralsauren Salzen (z. B. Ammoniak-Ammonchlorid). Je besser eine Lösung gepuffert ist, um so mehr Säure oder Lauge muß man ihr zufügen, damit schließlich der p_H um einen bestimmten Betrag verschoben wird.

Blutfarbstoff als Puffer. Das Gesamtblut ist bedeutend besser gepuffert als Plasma oder Serum allein, und zwar um so mehr, je höher der Gehalt an Hämoglobin ist. *Der Blutfarbstoff trägt etwa 90% der gesamten Pufferung.* Er verdankt diese Fähigkeit einmal seiner hohen Konzentration, seiner Eigenschaft als Säure und dem Wechsel in der Stärke seiner sauren Natur mit Aufnahme und Abgabe des Sauerstoffs (s. S. 431).

Der *isoelektrische Punkt des Oxyhämoglobins*[2] liegt bei p_H 6,7, der des sauerstofffreien Hämoglobins bei p_H 6,8. Der etwas stärker saure p_H des isoelektrischen Punktes des Oxyhämoglobins ist nur ein anderer Ausdruck für die schon erwähnte Tatsache, daß es *eine etwa 70 mal stärkere Säure ist als das Hämoglobin.* Auf 1 Molekül Sauerstoff wird ein weiteres Wasserstoffion dissoziiert. Vom ganzen Hämoglobinmolekül werden dann 4 Wasserstoffionen mehr abgegeben[3].

So bindet Oxyhämoglobin, wie schon hervorgehoben, mehr Alkaliionen als Hämoglobin, und zwar um etwa 0,5 bis 0,7 Äquivalente innerhalb des physiologischen p_H-Bereiches[4]. Umgekehrt wird bei der Abgabe des Sauerstoffs gleichzeitig Alkali für die Bindung der aus den Geweben in das Blut übertretenden Säuren frei. Durch diesen Vorgang können z. B. 8 Vol.-% Kohlensäure gebunden werden. Dadurch ist es möglich, daß bei mittlerer Lage des Stoffwechsels die Kohlensäure ohne nennenswerte Verschiebung des p_H gebunden werden kann[5]; in Wirklichkeit erniedrigt er sich nur um 0,01.

Bei der Abgabe des Sauerstoffs aus dem Oxyhämoglobin nimmt das Bindungsvermögen des Blutes für Kohlensäure zu und bei der Aufnahme wieder ab. *Pufferung und Atmungsfunktion des Hämoglobins hängen also auf das engste miteinander zusammen.*

Das eigentliche Pufferungsvermögen des Hämoglobins kommt aber erst zur Geltung, wenn mehr Säuren in das Blut eindringen, als durch das Alkali neutralisiert werden können, welches bei der Reduktion des Oxyhämoglobins frei wird. Auch dieser Überschuß an Säuren wird von Alkali neutralisiert, das bisher vom Hämoglobin gebunden war.

Der Pufferwert ergibt sich aus dem Verhältnis der frei werdenden Basenmenge (B), in Millimol ausgedrückt, zur Änderung des p_H, also aus dB/dp_H. Er beträgt für das krystallisierte Oxyhämoglobin des Pferdes 25,3 Millimol und für das Hämoglobin 24,4 Millimol[6,7].

[1] Vgl. Bd. **1**, S. 123. — [2] HASTINGS, A. B., D. D. VAN SLYKE, J. M. NEILL, M. HEIDELBERGER and C. R. HARINGTON: J. biol. Ch. **60**, 89 (1924). — [3] WYMAN, J. jr.: J. biol. Ch. **127**, 581 (1939). — [4] SLYKE, D. D. VAN, H. WU and F. C. MCLEAN: J. biol. Ch. **56**, 765 (1923). — [5] SLYKE, D. D. VAN, A. B. HASTINGS, M. HEIDELBERGER and J. M. NEILL: J. biol. Ch. **54**, 481 (1922). — [6] GOLLWITZER-MEIER, K.: Säure-Basen-Gleichgewicht. Die Pufferwirkung des Hämoglobins. Handb. Biochem. Erg.-W. **2**, 745—747 (1934). — [7] STADIE, W. C., and K. A. MARTIN: J. biol. Ch. **60**, 191 (1924).

Das menschliche Hämoglobin enthält 4,34, das des Pferdes 4,60 saure Gruppen pro Mol, die sich an der Bindung der Basen beteiligen[1].

In den roten Blutkörperchen ist der Pufferwert etwas höher als dem Hämoglobingehalt entspricht. Vielleicht enthält es noch andere nichtdiffusible Säuren[2,3].

Auch das *Plasmaeiweiß*, die *Phosphate* und *Bicarbonate* des Plasmas beteiligen sich an der Pufferung des Blutes.

Plasmaeiweiß als Puffer. Die Wirkung der Proteine ist schon infolge ihrer höheren Konzentration bedeutend stärker als die der anorganischen Salze. Da die Reaktion des Plasmas auf der alkalischen Seite der isoelektrischen Punkte des Fibrinogens, der Globuline und der Albumine liegt, reagieren sie als Säuren und binden Alkali. Auf Zutritt einer stärkeren Säure geben sie es zu deren Neutralisation ab. Das Pufferungsvermögen der Albumine ist etwas größer als das der Globuline. Bei einer Zunahme der Globuline sinkt also das Pufferungsvermögen[4,5].

Hydrogencarbonat als Puffer. Das Hydrogencarbonat kommt zwar im Plasma in größter molekularer Konzentration vor, hat aber nur einen relativ geringen Pufferwert. Es macht etwa 1,06% des Pufferwertes des Gesamtplasmas aus[6,7]. Die Hydrogencarbonate sind aber die Form von Alkali, welche für die Neutralisation nichtflüchtiger Säuren am raschesten zur Verfügung steht. Sie werden deswegen häufig auch als *Alkalireserve* bezeichnet, nicht ganz zutreffend; denn die eigentliche Alkalireserve ist das an die Proteine gebundene Alkali und teilweise auch das Natrium im Kochsalz des Plasmas, wenn das Chloridion in die Gewebe abgedrängt wird.

Man versteht also unter Alkalireserve im üblichen Sinne das Hydrogencarbonat des Blutes und drückt sie wie dieses in Volumprozent Kohlendioxyd aus, die man aus dem Blut nach Zusatz einer stärkeren Säure austreiben kann (reduziert auf 0° und 760 mm). Normalerweise beträgt sie beim Mann 55 bis 65 Vol.-% (= 108 bis 127 mg-% CO_2), bei der Frau 50 bis 60 Vol.-% (= 98 bis 117 mg-% CO_2).

Phosphate als Puffer. Die Konzentration der *Phosphate* ist so gering, daß sie nur eine minimale Pufferwirkung ausüben können.

ε) Angriffe auf das Säure-Basengleichgewicht.

1. Einfluß der Arbeit.

a) Neutralisation der Kohlensäure. Täglich werden bei mittlerer Lage des Stoffwechsels 800 bis 900 g Kohlensäure gebildet. Sie beeinflußt das Gleichgewicht aber nur wenig; denn sie findet noch genügend Basen zur Neutralisation. Zunächst wird eine sehr kleine Menge Alkaliionen frei, indem sekundäres *Phosphat* des Plasmas in primäres übergeht, $Na_2HPO_4 + H_2CO_3 = NaH_2PO_4 + NaHCO_3$. Eine weitere größere Menge Alkaliionen liefern die *Alkaliproteinate* des Plasmas. Na-Protein + H_2CO_3 = H-Protein + $NaHCO_3$. Auf diese Weise werden etwa

[1] Hastings, A. B., D. D. van Slyke, J. M. Neill, M. Heidelberger and C. R. Harington: J. biol. Ch. **60**, 89 (1924). — [2] Henderson, L. J., D. B. Dill, H. T. Edwards and W. O. P. Morgan: J. biol. Ch. **90**, 697 (1931). — [3] Hoff, F.: Säurebasengleichgewicht und gesetzmäßige Reaktionsfolge der Leukocyten. Ergebn. inn. Med. **33**, 225—229 (1928). — [4] Gollwitzer-Meier, K., u. E. C. Meyer: Z. ges. exp. Med. **40**, 70 (1924). — Gollwitzer-Meier, K.: B. Z. **163**, 470 (1925). — [5] Gollwitzer-Meier, K.: Säure-Basen-Gleichgewicht. Die Pufferwirkung des Hämoglobins. Handb. Biochem. Erg.-W. **2**, 745—747 (1934). — [6] Slyke, D. D. van, A. B. Hastings, A. Hiller and J. Sendroy jr.: J. biol. Ch. **79**, 769 (1928). — Slyke, D. D. van, and J. Sendroy jr.: J. biol. Ch. **79**, 781 (1928). — [7] Slyke, D. D. van: J. biol. Ch. **52**, 525 (1922).

5 bis 10% der Kohlensäure neutralisiert. Die übrigen 90 bis 95% bekommen ihr Alkaliion teils direkt, teils mittelbar aus dem *Kaliumsalz des Hämoglobins*. Direkt enthält es der Teil der Kohlensäure, welcher in die roten Blutkörperchen übergetreten ist und mittelbar jener, der ins Plasma zurückkehrt. Für letzteren tritt eine äquivalente Menge Chloridion, aus Kochsalz, in die Blutkörperchen über und gibt das Natriumion frei. Ein kleiner Teil der Kohlensäure wird direkt an das Hämoglobin zu *Carbhämoglobin* gebunden, der zunimmt, wenn mehr Kohlensäure bei angestrengter Arbeit gebildet wird. Das Kohlensäurebindungsvermögen schwankt in der Ruhe nur innerhalb enger Grenzen, sehr erheblich dagegen bei Arbeit und Krankheit. Bei willkürlicher Hyperventilation erniedrigt sich die arterielle Kohlensäurespannung um 12 Vol.-%, und es steigt der p_H des Blutes auf 7,71 (auf Maximum 7,75) an[1].

b) Wirkung der Milchsäure. Bei starker Arbeit besteht häufig ein relativer Sauerstoffmangel in den Muskeln, der zur Bildung von Michsäure führt. Sie gelangt ins Blut, zerlegt einen Teil des Natriumhydrogencarbonats und beansprucht häufig noch einen weiteren Teil Alkali, der an Protein gebunden ist und sonst für den Transport der Kohlensäure zur Verfügung gestanden hätte. Zunahme der Milchsäure und Abnahme des Natriumhydrogencarbonats laufen annähernd parallel[2]. Die Folge ist eine *Abnahme der Bindungsfähigkeit des Blutes für Kohlensäure* und eine Zunahme des physikalisch gelösten Teils. Das Verhältnis der beiden Formen der Kohlensäure wird zugunsten der physikalisch gelösten verschoben, und dies bedingt eine vermehrte *Tätigkeit der Atmung*. Die Ventilation wird solange erhöht, bis das normale Verhältnis und damit auch die normale Reaktion wieder erreicht sind.

In einem Versuch[3] ging bei angestrengter körperlicher Arbeit die gebundene Kohlensäure von 45 auf 32 Vol.-% herunter, gleichzeitig sank der p_H der Zellen von 7,085 auf 6,986.

Es ist aber auch daran zu denken, daß eine Anhäufung von Milchsäure im Blut das *Bindungsvermögen für Sauerstoff* herabsetzt[4].

Beim Menschen bewirkt also anstrengende Arbeit eine deutliche Abnahme des p_H und des Hydrogencarbonats sowie eine gleichzeitige Zunahme der Kohlensäurespannung. Beim Hund, der seine Wärme in anderer Weise reguliert, nimmt nicht nur das Hydrogencarbonat, sondern auch die Kohlensäurespannung ab, wenn er in der Tretmühle arbeitet. Der Gehalt an Milchsäure im Blut steigt an, aber nicht so stark wie das Hydrogencarbonat abnimmt; der p_H wird erhöht. Er erhitzt sich bei der Arbeit, atmet rascher und schwemmt dabei Kohlensäure aus. Verhindert man aber die Überhitzung, indem man ihn schwimmen läßt, so hat man die gleichen Verhältnisse wie beim Menschen[5].

Durch künstliche Veränderung des Säure-Basengleichgewichtes läßt sich die Leistungsfähigkeit beeinflussen. Eine durch Hydrogencarbonat bei Hunden erzeugte Alkalosis vermindert sie und begünstigt die Milchsäurebildung. Umgekehrt soll sie eine durch Ammoniumchlorid hervorgerufene Acidosis verbessern, indem gleichzeitig die Milchsäurebildung unterdrückt wird[6].

c) Kreislaufänderung. In der Arbeit ist der Stoffwechsel häufig auf das 15fache und mehr gesteigert, entsprechend nimmt auch der Sauerstoffbedarf zu. Um ihn zu decken, wird der Kreislauf des Blutes erhöht und gleichzeitig dafür gesorgt, daß der Sauerstoff in den arbeitenden Geweben besser ausgenützt

---

[1] RAPOPORT, R., C. D. STEVENS, G. L. ENGEL, E. B. FERRIS and M. LOGAN: J. biol. Ch. **163**, 411 (1946). — [2] BARR, D. P., and H. E. HIMWICH: J. biol. Ch. **55**, 525 (1923). — [3] HOCHREIN, M., D. B. DILL u. L. J. HENDERSON: A. e. P. P. **143**, 129 (1929). — [4] BARCROFT, J., R. A. PETERS, F. ROBERTS and J. H. RYFFEL: J. Physiol., London **45**, XLV (1913). — [5] RICE, H. A., and A. H. STEINHAUS: Amer. J. Physiol. **96**, 529 (1931). — SCHLUTZ, F. W., A. B. HASTINGS and M. MORSE: Amer. J. Physiol. **111**, 622 (1935). — [6] SCHLUTZ, F. W., M. MORSE and A. B. HASTINGS: Amer. J. Physiol. **113**, 595 (1935).

wird. Es öffnen sich mehr Capillaren und in dem verbreiterten Strombett fließt das Blut langsamer durch die Muskeln, so daß ihm der Sauerstoff fast vollständig entzogen werden kann.

p_H-Abnahme. Dazu kommt die Abnahme des p_H in den roten Blutkörperchen, welche die Abspaltung des Sauerstoffs aus dem Oxyhämoglobin befördert.

2. Einfluß der Nahrung und der Verdauung.

Je nach der Zusammensetzung der Nahrung werden im Stoffwechsel mehr Basen oder mehr Säuren gebildet[1]. Vorwiegend Säuren entstehen aus Fleisch, Milch und anderen Produkten tierischer Herkunft, ferner aus Cerealien (Mehlen); vorwiegend Basen liefern alle vegetabilischen Nahrungsmittel (in ihrer Asche) mit Ausnahme der Cerealien. Deutlich wird ihr Einfluß in der Änderung der Reaktion des Harns sichtbar. Bei fleischreicher Kost ist er stärker sauer als bei kohlenhydratreicher; bei rein vegetabilischer Nahrung kann er sogar alkalisch werden (Pflanzenfresserharn). Auf den p_H und das Säure-Basengleichgewicht des Blutes hat die Nahrung jedoch so gut wie keinen Einfluß, wenn nicht ungewöhnlich große Mengen von saurer oder basischer Kost gegessen werden[2].

Man kann beim Menschen ohne weiteres eine Acidosis erzeugen, wenn man ihm größere Mengen Ammoniumchlorid (10 bis 15 g) gibt. Der p_H und die Konzentration des Hydrogencarbonats im Serum sinken ab, ohne daß sich der Gehalt an Kohlendioxyd ändert. Dann wird aber rasch die normale Wasserstoffionenkonzentration wieder einreguliert[3].

Entsprechend ruft Aufnahme einer größeren Menge Natriumhydrogencarbonat (10 bis 20 g) eine Alkalosis hervor, Zunahme des p_H und des Hydrogencarbonats. Auch hier wird der normale p_H rasch wieder eingestellt, indem die Ventilation vermindert wird.

Ähnliche Verschiebungen lassen sich auch durch Einatmung kohlensäurearmer Luft und durch Überventilation herbeiführen.

In der Art und Weise, wie auf die genannten Störungen das normale Gleichgewicht zwischen Säuren und Basen wieder eingestellt wird, unterscheiden sich die einzelnen Menschen[4].

Während der Verdauung beeinflußt die Sekretion der Salzsäure in der Magenschleimhaut den Säure-Basenhaushalt. Sie wird von den Belegzellen der Fundusdrüsen aus dem Kochsalz des Blutes gebildet (s. S. 57ff.)[5]. Jedenfalls verliert während der Verdauung das Blut vorübergehend Chlorionen und behält einen Überschuß von Kationen zurück. Um ihn auszugleichen, treten sowohl Niere als auch Atmung in Funktion. Die Niere sezerniert während dieser Zeit einen etwas weniger stark sauren bis alkalischen Harn. Da durch den Überschuß an Kationen mehr Natriumhydrogencarbonat gebildet wird, beruhigt sich die Atmung, bis die physikalisch gelöste Kohlensäure wieder entsprechend angestiegen ist[6]. Umgekehrt läßt die Salzsäurebildung nach, wenn das Blut zu wenig Chloride, wie z. B. im Diabetes, enthält[7].

Bei heftigem Erbrechen und bei Durchfällen wird das Säure-Basengleichgewicht stärker verschoben, da hier die Magensäure dem Organismus verlorengeht.

---

[1] Terroine, E. F.: Le métabolisme de l'azote. S. 95. Paris 1933. — [2] Bischoff, F., W. D. Sansum, M. L. Long and M. M. Dewar: J. Nutrit. **7**, 51 (1934). — Cape, J., and E. L. Sevringhaus: J. biol. Ch. **121**, 549 (1937). — [3] Hoff, F.: Blutbildveränderungen bei experimenteller Salmiakacidose. Ergebn. inn. Med. **33**, 233—238 (1928). — [4] Shock, N. W., and A. B. Hastings: J. biol. Ch. **112**, 239 (1935/36). — [5] s. a. Bd. **2**/2, die Kapitel: Gehirn und Nerven, sowie Niere und Harn. — [6] Straub, H.: M. m. W. **1926 II**, 1183, 1238. — [7] Albers, H.: Kli. Wo. **1936 II**, 1397.

3. Einfluß der Jahreszeiten.

Bei vielen Menschen sinkt gegen das Frühjahr das Natriumhydrogencarbonat im Blut ab. Die Atmung gleicht diese Veränderung nicht ganz vollständig aus, so daß das Blut im Frühjahr etwas saurer ist als im Herbst. Die Frühjahrsgipfel verschiedener Krankheiten werden mit dieser Erscheinung in Zusammenhang gebracht[1].

4. Einfluß der Höhe über dem Meeresspiegel.

In großen Höhen[2, 3] enthält das Blut nach der Akklimatisation weniger Hydrogencarbonat als in der Tiefe; die gebundene Kohlensäure beträgt etwa 35 bis 40 Vol.-%. Dem entspricht eine stärkere Ventilation der Lungen mit einem niedrigeren Kohlensäuredruck in den Alveolen. Während der Akklimatisation stellt sich das Hydrogencarbonat erst allmählich auf den für die Höhe normalen Wert ein und die Atmung paßt sich dieser Veränderung an. *Am Meer* kommen auf ein Volumen ausgeatmeter Kohlensäure 18 Volumina Atemluft und die Alveolarluft enthält 5,5% Kohlendioxyd mit einem Partialdruck von rund 40 mm. Wenn das „Blutalkali" auf zwei Drittel sinkt, nimmt auch die alveolare Kohlensäurespannung auf zwei Drittel des Wertes am Meer ab, das sind 3,6%; die Atmung steigt auf das $1^1/_2$fache an, und auf ein Volumen Kohlensäure kommen jetzt 27 Volumina Atemluft[4].

Nach den Beobachtungen bei der *Akklimatisation*[5] kann vielleicht die Atmung das Hydrogencarbonat des Blutes regulieren. Wenn z. B. ein Organismus, der längere Zeit in großen Höhen gelebt hat, sich dem Meeresniveau anpaßt, beobachtet man vorübergehend einen niedrigen p_H. Nun ist, wie schon betont wurde, eine Verschiebung des p_H nur dann möglich, wenn die Ventilation sich den Verhältnissen im Blut nicht genau anpaßt. Ein niedriger p_H bei der Akklimatisation aus großen Höhen an das Meeresniveau bedeutet also eine im Verhältnis zu geringe Ventilation. Der Kohlensäurepartialdruck in der Alveolarluft und damit auch die physikalisch gelöste Kohlensäure sind zu hoch und der Wert des Quotienten zwischen den beiden Formen der Kohlensäure beträgt mehr als ein Zwanzigstel (S. 533). Vielleicht ist diese unvollständige Einstellung des p_H nur der Ausdruck einer Regulation des Organismus, die einsetzt, wenn das Alkali im Blut zu niedrig ist und erhöht werden soll. Durch die Verschiebung der Reaktion nach der sauren Seite sollen offenbar Alkaliionen aus den Geweben ins Blut gezogen oder Alkaliionen aus der Nahrung im Blut zurückgehalten werden.

Das Höhenklima scheint auch über die Milchsäure auf das Säure-Basengleichgewicht zu wirken. Bei Fahrten auf das Jungfraujoch (3457 m) ist zunächst der Milchsäuregehalt des Blutes niedriger als im Tiefland, dann steigt er an. Nach anstrengender Arbeit nimmt er stärker zu als in der Tiefe; doch wird der Überschuß in der Höhe rascher beseitigt[6].

5. Einfluß der Schwangerschaft.

Vor der Geburt ist im mütterlichen Blut das Hydrogencarbonat vermindert, aber ohne Veränderung des p_H (kompensierte Acidosis, s. weiter unten). Letzteres beträgt bei nicht schwangeren wie bei graviden Frauen[7] 7,41 bis 7,42.

6. Einfluß von Krankheiten.

Sehr viele Krankheiten greifen in das Säure-Basengleichgewicht ein, die meisten von der sauren Seite her und nur wenige von der alkalischen.

[1] Straub, H.: M. m. W. **1926 II**, 1683, 1238. — [2] Barcroft, J.: Die Atmungsfunktion des Blutes. I. Teil. Erfahrungen in großen Höhen. Ins Deutsche übertragen von Feldberg, W. Berlin 1927. (Monogr. Physiol. Pfl. u. Tiere. Bd. 13.) — [3] Loewy, A.: Physiologie des Höhenklimas. Über die Basen-Säurenverhältnisse im Höhenklima. Acidose. S. 292—298. Berlin 1932. (Monogr. Physiol. Pfl. u. Tiere. Bd. 26.) — [4] Henderson, Y.: Physiol. Rev. **5**, 137 (1925). — [5] Vgl. Loewy, A.: Physiologie des Höhenklimas. S. 363—372. Berlin 1932. — [6] Hartmann, H., u. A. v. Muralt: B. Z. **271**, 74 (1934). — [7] Shock, N. W., and A. B. Hastings: J. biol. Ch. **104**, 585 (1934). — Nice, M., J. W. Mull, E. Muntwyler and V. C. Myers: Amer. J. Obstet. Gynec. **32**, 375 (1936) [Sendroy, J. jr.: Ann. Rev. **7**, 243 (1938)].

Hierher gehören alle die Zustände, welche zu einer mangelhaften Versorgung der Gewebe mit Sauerstoff führen, also Abnahme des Hämoglobins durch Blutverlust oder Anämie, Kohlenoxydvergiftung, Blausäurevergiftung und Störungen des Kreislaufs. Sie haben alle eine *erhöhte Milchsäurebildung* zur Folge,. die der Organismus durch die oben beschriebenen Regulationen zu beheben sucht. Bei den Kreislaufstörungen tritt häufig noch eine weitere Kompensation in Form einer *Vermehrung der roten Blutkörperchen und des Hämoglobingehaltes* ein. Dadurch wird die Pufferung des Blutes verbessert und die wahre Alkalireserve erhöht.

Nach Versuchen an Kaninchen und Schweinen erzeugt Sauerstoffmangel zunächst eine vorübergehende Alkalosis infolge der verstärkten Atmung und darauf eine Acidosis infolge der Bildung nichtflüchtiger Säuren. Der tatsächliche Blut-p_H ist die algebraische Summe der einander entgegenwirkenden Ursachen[1].

Diabetes mellitus. Bei den mittleren und schweren Formen des Diabetes mellitus werden erhebliche Mengen von β-Oxybuttersäure und Acetessigsäure gebildet, wodurch dauernd die Regulation des Säure-Basengleichgewichtes beansprucht wird. Ähnliche Erscheinungen, nur nicht von so schwerer Form, beobachtet man während des *Hungers* oder des *Mangels an Kohlenhydraten* in der Nahrung (vgl. Hungerstoffwechsel Bd. 2/2). Wenn die Kohlenhydrate im Stoffwechsel ganz oder zum größten Teil fehlen, bleibt der Abbau der langen Fettsäureketten auf der Stufe der Buttersäure stehen, die nur noch in der β-Stellung oxydiert wird. Die entstehenden β-Oxy- und β-Ketosäuren beanspruchen einen großen Teil des Alkalivorrates im Organismus, und es bleibt wenig für die Bindung der Kohlensäure übrig. Durch eine ständige Vertiefung der *Atmung* versucht der Organismus die Wasserstoffionenkonzentration des Blutes auf dem normalen Niveau zu halten. Man spricht von der großen KUSSMAULschen Atmung des Diabetikers. Zu gleicher Zeit bemühen sich die *Nieren* die Säuren auszuscheiden und stellen Ammoniak bereit, um zu verhüten, daß der Körper an Alkaliionen verarmt. Nur in sehr schweren Fällen kommt es zu einer *p_H-Verschiebung* über die Grenzen der normalen Schwankungsbreite hinaus[2].

Nierenkrankheiten. Bei Störungen und Schädigungen der Nierenfunktion kommt es ebenfalls zu einer Anreicherung von Säuren im Blut, da die kranken Nieren den ständig im Stoffwechsel gebildeten Überschuß an Säuren nicht ganz beseitigen. Sie können die Reaktion des Harns nicht mehr den wechselnden Bedürfnissen anpassen und bilden einen Harn mit mehr oder weniger „fixierter" Wasserstoffionenkonzentration. Auch das *Ammoniak* vermögen sie nicht mehr in der zusätzlichen Weise abzugeben. So bleibt dem Organismus nichts anderes übrig, als durch Verstärkung der *Ventilation* die Blutreaktion so gut wie möglich zu regulieren.

Wieweit in solchen Fällen die *Salzsäureproduktion* in der Magenschleimhaut eingesetzt werden kann, ist nicht sicher ermittelt.

Carcinom. Bei Krebskranken soll manchmal der p_H des Blutes nach der alkalischen Seite (7,38) verschoben sein, wenn nicht eine gleichzeitige Schädigung der Leber oder Niere eine Acidosis herbeiführt[3].

HENDERSON[4] (s. S. 536) betont, daß in den pathologischen Fällen die Regulation durch die Atmung keine ganz vollständige ist und legt diese Beobachtung als einen Versuch des Organismus aus, ähnlich wie bei der Akklimatisation, mehr Alkali in das Blut zu ziehen.

---

[1] KOEHLER, A. E., E. H. BRUNQUIST and A. S. LOEVENHART: J. biol. Ch. **64**, 313 (1925). — [2] ROSSIER, P. H., et P. MERCIER: Arch. int. Méd. exp. **7**, 85 (1932). — [3] SELVAGGI, G.: Tumori (2) **8**, 393 (1934). — DIECKMANN, H., u. H. MOHR: Z. Krebsforsch. **43**, 217 (1935). — [4] HENDERSON, Y.: Physiol. Rev. **5**, 131 (1925).

7. Acidosis, Alkalosis.

Acidosis. Den Zustand der Anwesenheit von mehr und anormalen Säuren im Blut bezeichnet man häufig als „Acidosis". Dabei handelt es sich nur in ganz seltenen Fällen um eine wirkliche „Säuerung" des Blutes. Meist gelingt es der Regulation die normale Wasserstoffionenkonzentration aufrecht zu erhalten. Was sich aber ändert, ist der Gehalt an gebundener Kohlensäure und die Bindungsfähigkeit für Kohlensäure, weil die verfügbaren Basen abgenommen haben. Der Gehalt an Natriumhydrogencarbonat ist vermindert, auf 20 bis 40 Vol.-%, im diabetischen Koma sogar auf etwa 10 Vol.-%. Solange der p_H noch innerhalb der normalen Breite bleibt, spricht man von *kompensierter Acidosis*. Nicht kompensiert wird die Acidosis erst dann, wenn der p_H unter die normale „saure Grenze" (= 7,28) sinkt.

Nach dem früher Ausgeführten gibt es verschiedene Formen der Acidosis: diabetische Acidosis; Milchsäureacidosis (bei starker Muskelarbeit, Kreislaufstörungen, Anämie, Erstickung u. a.); Kohlensäureacidosis, die physiologisch im Schlaf und ganz im Beginn starker Muskelanstrengungen, pathologisch bei Erschwerung der Kohlensäureabgabe (Pneumonie und anderen Erkrankungen der Atemwege, schwerer Lungenstauung bei Herzinsuffizienz) auftritt; nephritische Acidosis; experimentelle Acidosis (Zufuhr von Säuren oder sauren Salzen wie Ammoniumchlorid)[1].

Den verminderten Gehalt des Blutes an Hydrogencarbonat nennt HENDERSON *Acarbie*, um einen neutralen Ausdruck zu gebrauchen, der in keiner Beziehung zum Säure-Basengleichgewicht steht[2].

Alkalosis. Es gibt auch Zustände, bei denen das Säure-Basengleichgewicht von der basischen Seite her angegriffen wird, entweder dadurch, daß die Alkaliionen vermehrt oder dadurch, daß die Säureanionen vermindert sind. Auch hier hält sich die Reaktion fast immer unterhalb der normalen „basischen Grenze" von $p_H = 7{,}52$; man nennt diesen Zustand „*kompensierte Alkalosis*". Unter Umständen, bei denen die Atmungsregulation versagt, kann der p_H bis auf 7,8 ansteigen, dann ist die Alkalosis nicht mehr kompensiert[3]. Eine Alkalosis tritt z. B. ein, wenn die *Lungen* willkürlich oder infolge Übererregbarkeit des Atemzentrums *zu stark ventiliert* werden (Hyperventilationsalkalosis). Dann wird die Kohlensäure aus dem Blut ausgeschwemmt und das Natriumhydrogencarbonat überwiegt. Dieselbe Wirkung hat auch ein starker Verlust an Salzsäure durch *Erbrechen* (gastrische Alkalosis). In beiden Fällen verschiebt sich auch die Reaktion des Harns nach der alkalischen Seite. Schließlich läßt sich eine Alkalosis auch experimentell durch Zufuhr von viel Natriumhydrogencarbonat erzeugen.

Als *Folge der Alkalosis* ist häufig das ionisierte Calcium des Plasmas vermindert. Weiter spaltet das Oxyhämoglobin bei gleicher Sättigung weniger Sauerstoff ab (vgl. S. 514); seine Spannung im Blut sinkt und die Gewebe erhalten zu wenig. Beide Momente steigern nun die Reflexerregbarkeit. So besteht bei der Alkalosis eine Neigung zu Krämpfen, die man *Tetanie* nennt. Es gibt eine *Atmungs-* und eine *Magentetanie*[3, 4].

Der p_H-Bereich, in dem die Reaktion des Blutes unter physiologischen und pathologischen Bedingungen schwankt, läßt sich folgendermaßen vereinfacht darstellen.

Tabelle 195. p_H-Bereich des Menschenblutes.

Koma ← Normal → Tetanie

† ← 7,0 ← 7,3—7,5 → 7,8 → †

Tod Acidosis Alkalosis Tod

[1] Lehrb. path. Physiol. (HEILMEYER) 8. Aufl. S. 52. — [2] HENDERSON, Y.: Atmung, Erstickung, Wiederbelebung (übersetzt von KLIMMER, O.). S. 31. Leipzig 1941. — [3] Lehrb. path. Physiol. (HEILMEYER) 8. Aufl. S. 50. — [4] ROSSIER, P. H., et P. MERCIER: Arch. int. Méd. exp. 7, 5 (1932).

ζ) Zusammenfassung.

Der Organismus regelt das Gleichgewicht zwischen den Säuren und Basen seines Blutes durch die *Ausscheidung* und die *Puffer* im Blut selbst.

Die wichtigsten Ausscheidungsorgane sind hierfür Niere und Lunge.

Die *Niere* entfernt die überschüssigen und nichtflüchtigen, sauren und basischen Äquivalente, welche aus dem Stoffwechsel oder aus der Nahrung in das Blut gelangt sind. Außerdem tauscht sie die Alkaliionen, mit denen die auszuscheidenden Säuren im Blut neutralisiert sind, gegen Ammoniumionen aus und schützt so den Körper gegen einen zu großen Verlust an Natrium und Kalium. Sie arbeitet langsam, da sie immer nur von einem Teil des Blutes durchflossen wird.

Die *Lunge* scheidet die flüchtige Kohlensäure aus, mehr oder weniger, je nach der Spannungsdifferenz zwischen Blut und Alveolarluft ist. Im Blut hängt die Spannung vom Stoffwechsel ab und in der Alveolarluft von der Ventilation, die ihrerseits wieder von dem Erregungszustand des Atemzentrums beherrscht wird. In der Regel stellt die Atmung ein bestimmtes Verhältnis zwischen der physikalisch gelösten und der chemisch gebundenen Kohlensäure ein (ungefähr $^1/_{20}$), welches maßgeblich den p_H des Blutes bestimmt. Die physikalisch gelöste Kohlensäure ist vermehrt, wenn mehr davon gebildet wird (z. B. gesteigerte Muskeltätigkeit), oder wenn andere Säuren (z. B. Milchsäure, β-Oxybuttersäure, Acetessigsäure), die Basen, die sie sonst gebunden hätten, beanspruchen. Sie ist vermindert, wenn Überventilation (willkürlich, Höhenflug) sie ausschwemmt.

Die Atmung gleicht eine Verschiebung des p_H sehr rasch aus, da das ganze Blut jeweils durch die Lunge fließen muß.

Die wesentlichen *Puffer des Blutes* sind die Alkaliverbindungen der Proteine, insbesondere die Kaliumsalze des Hämoglobins und des Oxyhämoglobins, und die Hydrogencarbonate. Ein Teil der an Eiweiß gebundenen Alkaliionen dient dem Transport der Kohlensäure, ein anderer steht aber der Neutralisation sonstiger Säuren, die ins Blut eindringen, zur Verfügung. Letztere benützen aber auch das Hydrogencarbonat. Milchsäure kann z. B. auf folgende Weise neutralisiert werden.

$$\begin{aligned} &H_3C{-}CHOH{-}COO^- + H^+ + K^+ + \text{Prot. } COO^- \\ =\ &H_3C{-}CHOH{-}COO^- + K^+ + \text{Prot. } COOH \end{aligned}$$

$$\begin{aligned} &H_3C{-}CHOH{-}COO^- + H^+ + Na^+ + HCO_3^- \\ =\ &H_3C{-}CHOH{-}COO^- + Na^+ + H_2O + CO_2. \end{aligned}$$

In beiden Fällen wird das Wasserstoffion so gebunden, daß es die Reaktion nicht oder nur unwesentlich beeinflußt.

4. Lymphe und verwandte Flüssigkeiten.

Von K. Hinsberg*.

Inhaltsverzeichnis.

* Bei der 1. Drucklegung wurde dieses Kapitel von H. Müller bearbeitet. Teile dieser Darstellung sind hier übernommen.

a) Lymphe und Chylus[1–8].

α) Allgemeines.

Die Lymphe vermittelt wenigstens z. T. den Austausch von Stoffen zwischen Blut und Geweben. Aus dem Blut treten in die Lymphe die zur Ernährung der Gewebe nötigen Stoffe über, während die Gewebe ihrerseits an die Lymphe

Zusammenfassende Darstellungen über Lymphe: 1—8. [1] GERHARTZ, H.: Handb. Biochem. **4**, 166—221 (1925); Erg.-W. **2**, 117—142 (1934). — [2] SCHULZ, F. N.: Bildung der Lymphe. Handb. Biochem. **4**, 143—165 (1925). — [3] MARK, R. E.: Handb. Biochem. Erg.-W. **2**, 104 bis 117 (1934). — [4] WARREN, M. F.: The lymphatic system. Ann. Rev. Physiol. **2**, 109—124 (1940). — [5] OEHME, C.: Das Lymphsystem. Handb. Physiol. **6**/2, 925—994 (1928). — [6] OELLER, H.: Lymphdrüsen und lymphatisches System. Handb. Physiol. **6**/2, 995—1109 (1928). — [7] MEYER-BISCH, R., u. F. GÜNTHER: Physiologie und Pathologie der Lymphbildung. Ergebn. Physiol. **25**, 574—642 (1926). — [8] DRINKER, C. K.: The Lymphatic System. Its Part in Regulating Composition and Volume of Tissue Fluid. Stanford, London 1942. — LÜTHY, F.: Liquordiagnostik. Handb. inn. Med. (BERGMANN-FREY-SCHWIEGK) 4. Aufl. Bd. 5, S. 1048. — McMASTER, P. D.: The lymphatic system. Ann. Rev. Physiol. **5**, 207—228 (1943.) — DARROW, D. C.: Tissue water and electrolyte. Ann. Rev. Physiol. **6**, 95—122 (1944). — DRINKER, C. K.: The lymphatic system. Ann. Rev. Physiol. **7**, 389—404 (1945). — COPE, O., and L. ROSENFELD: The lymphatic system. Ann. Rev. Physiol. **8**, 297—310 (1946). — MULFORD, D. J.: Derivatives of blood plasma. Ann. Rev. Physiol. **9**, 327—357 (1947).

Stoffwechselprodukte, Salze, Wasser und Gase abgeben. Die Lymphe stammt also z. T. aus dem Blut, z. T. aus den Geweben. Man kann unterscheiden die aus dem Blut kommenden Capillartranssudate, die stagnierende *Gewebsflüssigkeit* und die in den *Lymphgefäßen* fließende Lymphe im besonderen. Capillartranssudate werden vielfach als Gewebslymphe oder Gewebssaft bezeichnet, sie zeigen keine Zirkulation und sind einer direkten Bestimmung nicht zugänglich. Aus ihren Versuchen über die Verteilung von Jodiden, Bromiden und Rhodaniden im Körper schließen WALLACE u. BRODIE[1], daß die extracelluläre Flüssigkeit nicht mit dem Plasma, sondern mit der Rückenmarksflüssigkeit im Gleichgewicht steht, die Gewebsflüssigkeit aber mit dem Plasma. Die Menge der interstitiellen Flüssigkeit kann durch Injektion von KCNS, NaCNS und NH_4CNS gemessen werden[2–4]. Das Rhodanidion wird tagelang nicht ausgeschieden[2]. Man kann daher aus der Konzentrationsbestimmung im Plasma auf den ihrer Lösung dienenden Raum schließen. Meist wird 150 mg pro kg Körpergewicht injiziert. Nach Abzug der gesondert bestimmten Plasmamenge bleibt der Raum der interstitiellen Flüssigkeit übrig. Normal sind dies 18 bis 25% des Körpergewichtes. Erhöht ist er bei allen Ödemen und bei Ödembereitschaft. Einwände gegen die Methode s.[2].

Das gesamte Körperwasser läßt sich auch mit Hilfe von Harnstoffinjektionen bestimmen, indem der Abfall der Harnstoffkonzentration im Blut und die Größe der Harnstoffausscheidung gemessen wird. Durch Extrapolation der Werte läßt sich die Gesamtwassermenge errechnen[5]; auch durch Injektion von 20 cm^3 Albuminlösung (unter 1 %) mit etwa 40 mC läßt sich die Lymphmenge bestimmen[6].

Das echte Transsudat wird *primäre Lymphe* oder *Blutlymphe* genannt. Die Zusammensetzung der echten Lymphe ist recht verschieden. Man kann unterscheiden: 1. spezifische Unterschiede, die durch die verschiedenen Tierarten bedingt sind, 2. unspezifische Unterschiede, die durch rhythmische Tagesschwankungen oder ähnliche Rhythmen hervorgerufen werden und 3. Unterschiede, die auf den besonderen Leistungen der Organe beruhen, aus welchen die Lymphe stammt.

Aussehen, Geschmack, Geruch. Die strömende Lymphe ist eine fast klare schwach opalescierende, gelbliche oder gelb-grüne Flüssigkeit von salzigem Geschmack und fadem Geruch.

Physikalische Eigenschaften. Gegen Lackmus reagiert die Lymphe alkalisch. Sie gerinnt leicht. Der osmotische Druck des Lymphserums, gemessen an der Gefrierpunktserniedrigung und die Leitfähigkeit sind oft höher als die des Blutserums. Die Leitfähigkeit ($\varkappa_{36}$) entspricht einem höheren Kochsalzgehalt[7] von ungefähr 10%. Die Viscosität (η) ist stets kleiner als die des Blutserums[8]. Näheres s. Tabelle 197.

Tabelle 196. Konstanten der Lymphgefäßlymphe.

	pH	Spez. Gewicht	Δ
Mensch[9]	—	1,014—1,023	0,510—0,560
Kaninchen[10]	8,05—8,13	1,015	0,592—0,607[11]

[1] WALLACE, G. B., and B. B. BRODIE: J. Pharmacol. exp. Therap. **65**, 220 (1939). — [2] ROLLER, D.: Verh. dtsch. Ges. inn. Med. **52**, 493 (1940). — [3] LANDS, A. M., R. A. CUTTING and P. S. LARSON: Amer. J. Physiol. **130**, 421 (1940). — [4] COLANGIULI, A., e A. MASTROPAOLO: Diagnost. Tecn. Lab. **12**, 17 (1941) [Ber. Physiol. **127**, 613]. — [5] STEFFENSEN, K. A.: Acta physiol. scand. **13**, 282 (1947). — [6] KRIEGER, H., W. D. HOLDEN, C. A. HUBAY, M. W. SCOTT, J. P. STORAASLI and H. L. FRIEDELL: Proc. Soc. exp. Biol. Med. **73**, 124 (1950). — [7] LUCKHARDT, A. B.: Amer. J. Physiol. **25**, 345 (1910). — [8] BOTTAZZI, F.: Ergebn. Physiol. **7**, 309 (1908). — [9] STRAUSS, H.: D. m. W. **1902 I**, 664, 681. — [10] SUMIYA, S.: Arb. 3te Abt. anat. Inst. Kyoto (D) Heft 6, 62 (1937). — [11] NAKAMURA, A.: Arb. 3te Abt. anat. Inst. Kyoto (D) Heft 7, 191 (1938).

Tabelle 197. Konstanten des Blutserums und einiger Lymphen vom Hund[1].

Konstanten	Blutserum	Lymphe von			
		Duct. thorac.	Hals	Vorderbein	Chylus
Δ (Gefrierpunktserniedrigung) .	0,595	0,615	0,612	0,623	0,640
$\varkappa_{36}$ (Leitfähigkeit)	$151 \cdot 10^{-4}$	$162 \cdot 10^{-4}$	—	$165 \cdot 10^{-4}$	$157 \cdot 10^{-4}$
Viscosität	1,57	1,29	—	1,05	2,015

β) Zellgehalt.

Bei Kaninchen wurden im mm³ 300 bis 10000 Zellen (Beinlymphe 2050, Samenstranglymphe 3200) gefunden, unter ihnen nehmen die Leukocyten, von denen 88 bis 97% Lymphocyten und 1,9 bis 5,7% Mononucleäre sind, den Hauptanteil ein. Die roten Blutkörperchen sind von untergeordneter Bedeutung, sofern sie nicht pathologische oder künstliche Beimengungen darstellen[2]. Bei Kaninchen wurden 4,3 bis 7,7% Erythrocyten, bezogen auf die Gesamtzellen, gefunden[3].

Hundelymphe enthält im mm³ 550 weiße Blutkörperchen, davon 51% Lymphocyten[4], bei den Katzen sind unter 430 weißen Blutkörperchen/mm³ 81% Lymphocyten[4].

Die in die Lymphdrüsen einfließende Lymphe ist wesentlich zellärmer als die ausfließende[5]. Gewinnung von Lymphe aus dem rechten Ductus thoracicus beim Hund[6], aus der Cysterna chyli bei Ratten[7].

γ) Die Menge

der abgesonderten Lymphe wechselt ebenso stark wie ihre Zusammensetzung. Bei einem 70 kg schweren Menschen wird die Gesamtlymphmenge einschließlich Gewebslymphe (interstitielle Flüssigkeit) auf 30 bis 35 kg geschätzt, während die Blutmenge nur 5 bis 6 *l* beträgt[8]. Die durch den Ductus thoracicus an einem Tag ins Blut fließende Lymphmenge wird zu 1 bis 2 *l* angenommen[9].

Diese Schätzungen beziehen sich auf Beobachtungen bei einem Kranken (60 kg) mit einer Brustgangfistel, aus welcher in der Minute etwa 1 cm³ abfloß und wenige Tage vor dem Tode 3,2—4,7 *l* in 24 Std[10]. Bei einem 18jährigen Mädchen[11] wurden innerhalb 12—13 Std nach der Nahrungsaufnahme im ganzen 1134—1373 g, bei anderen Bestimmungen durchschnittlich 1000 g in 12 Std aufgefangen. Auch im nüchternen Zustand, oder nach 18stündigem Hungern fanden sich pro Std noch 50—70 g, stellenweise sogar 120 g und mehr, besonders in den ersten Stunden nach vorausgegangener kräftiger Bewegung. Vom Hund wird in tiefer Chloroform- oder Morphinnarkose im Durchschnitt 64 cm³ Thoracicuslymphe je kg und Tag abgesondert[12], bzw. 4—50 mg/min[13], nach anderen Autoren 1,2 bis 27 cm³/10 min. Die Unterschiede gegenüber dem Leberlymphfluß sind sehr groß[14].

Beeinflussung der Lymphmenge. Die Größe der Lymphabsonderung wird von mehreren Umständen beeinflußt: so wird im *Hunger* weniger Lymphe als nach

[1] Nakamura, A.: Arb. 3te Abt. anat. Inst. Kyoto (D) Heft 7, 191 (1938). — [2] Forgeot, E.: J. Physiol. Path. gén. **9**, 65 (1907). — [3] Okaue, Y., u. G. Hôjô: Acta Scholae med. Kyoto **19**, 62 (1936). — Iwaki, Y.: Acta Scholae med. Kyoto **19**, 144 (1936). — [4] Yoffey, J. M., and C. K. Drinker: Anat. Rec. **73**, 417 (1939). — [5] Sakai, T.: Acta Scholae med. Kyoto **19**, 67 (1936). — [6] Paine, R., H. R. Butcher, F. A. Howard and J. R. Smith: J. Lab. clin. Med. **34**, 1576 (1949). — [7] Nix, J. T., E. V. Flock and J. L. Bollman: Amer. J. Physiol. **164**, 117 (1951). — [8] Ivanov, G. F.: Arch. Sci. biol. (russ.) **48**, 214 (1937) [Ber. Physiol. **114**, 609]. — [9] Braus, H.: Anatomie des Menschen. 2. Aufl. Bd. 2, S. 566. Berlin 1934. — [10] Paton, D. N.: J. Physiol., London **11**, 109 (1890). — [11] Munk, I., u. A. Rosenstein: Virchows Arch. **123**, 230, 484 (1891). — [12] Heidenhain, R.: Pflügers Arch. **49**, 209 (1891). — [13] Paine, R., H. R. Butcher, F. A. Howard and J. R. Smith: J. Lab. clin. Med. **34**, 1576 (1949). — [14] Cain, J. C., J. H. Grindlay, J. L. Bollman, E. V. Flock and F. C. Mann: Surg., Gynec. Obstet. **85**, 559 (1947).

Nahrungsaufnahme gebildet. Beim Hund z. B. ist nach 40stündigem Hunger die Lymphbildung auf 24,6 cm^3 je kg und Tag abgesunken[1], bei Fleischfütterung nimmt sie um 36% zu, stärker als nach Kartoffelkost, und etwa 54% mehr als nach 24stündigem Fasten[2]. Bei reiner Eiweißnahrung ist der Lymphstrom aus dem Brustgang vermehrt und verhält sich gleichsinnig wie die N-Ausscheidung im Harn, verläuft also parallel der Resorption des Eiweißes aus dem Darm[3]. Bei Ratten hat Darreichung von reinem Wasser keinen Einfluß auf die Lymphmengen (gegenüber dem Hungerwert), dagegen steigt der Lymphstrom nach Fütterung von 1%iger NaCl-Lösung an[4]. Durch O_2-Atmung wird der Lymphstrom bei Katzen und Hunden vermindert[5], durch Acetylcholin oder durch Injektion von Traubenzuckerlösungen vermehrt[6].

Vermehrung der gesamten Blutmenge, wie sie z. B. durch Übertragung von Blut oder durch behinderten Abfluß des Blutes durch Unterbindung der Venen eintritt, hat eine Vermehrung der Lymphmenge zur Folge[7]. Auch Änderungen des arteriellen Druckes haben einen Einfluß auf die Lymphmenge, aber es besteht keine lineare Beziehung zwischen diesen beiden Größen.

δ) Lymphagoga.

Eine Anzahl von Stoffen wirken, wenn sie in die Blutbahn eingespritzt werden, stark lymphtreibend; man nennt sie „Lymphagoga" und teilt sie in solche erster und zweiter Ordnung ein[8–10]. Zu den ersteren gehören Organauszüge, Pepton und Hühnereiweiß. Sie bewirken über die Leber[11] vermehrte Bildung einer eiweißreichen Lymphe, ohne daß der Blutdruck erhöht wird, ja dieser wird sogar gesenkt. Ein wesentlicher Teil der Wirkung dieser Stoffe ist einem toxischen Einfluß auf die Leber zuzuschreiben[8]. Es werden von der Leber Verbindungen ausgeschwemmt, welche die Capillarpermeabilität beeinflussen. Zur zweiten Gruppe gehören Zucker, Harnstoff und verschiedene Salze, darunter Kochsalz, die in hypertonischer Lösung eingespritzt, zur gesteigerten Bildung einer wasserreichen eiweißarmen Lymphe führen. Die Wirkung dieser Salze läßt sich nicht nur chemisch-physikalisch deuten. Der vermehrte Wassergehalt der Lymphe rührt von einer Wasserabgabe der Gewebe her, daher wird diese Lymphe als *Gewebslymphe* angesehen, im Gegensatz zu der im ersten Fall gebildeten Lymphe, die als *Blutlymphe* bezeichnet wird.

ε) Einzelne Lymphen von Tier und Mensch.

Die von einzelnen Organen und Geweben gebildeten Lymphen unterscheiden sich durch verschiedene Zusammensetzung, wie schon aus Tabelle 197 hervorgeht. Da man in den meisten Fällen nicht die aus einem Organ abströmende Lymphe direkt untersuchen kann, sondern nur die aus größeren Lymphgefäßen erhaltene Lymphe, ist das zur Untersuchung kommende Material ein Gemenge, dessen

[1] Vinci, G.: Arch. Fisiol. **6**, 41 (1908). — [2] Nasse, H.: Das Blut in mehrfacher Beziehung physiologisch und pathologisch untersucht. Bonn 1836 [Hoppe-Seyler, F.: Physiologische Chemie. Teil III, S. 593. Berlin 1877/79]. — [3] Asher, L., u. A. G. Barbèra: Z. Biol. **36**, 154 (1898). — Asher, L.: Z. Biol. **37**, 261 (1898/99). — Asher, L., u. W. J. Gies: Z. Biol. **40**, 180 (1900). — Asher, L., u. F. W. Busch: Z. Biol. **40**, 333 (1900). — Meyer-Bisch, R., u. F. Günther: Physiologie und Pathologie der Lymphbildung. Ergebn. Physiol. **25**, 574—642 (1926). — [4] Reinhardt, W. O., and B. Bloom: Proc. Soc. exp. Biol. Med. **72**, 551 (1949). — [5] Beznák, A. B. L., and G. Liljestrand: Acta physiol. scand. **19**, 170 (1949). — [6] Cain, J. C., J. H. Grindlay, J. L. Bollman, E. V. Flock and F. C. Mann: Surg., Gynec. Obstet. **85**, 559 (1947). — [7] Oehme, C.: Das Lymphsystem. Handb. Physiol. **6**/2, 925—994 (1928). — [8] Heidenhain, R.: Pflügers Arch. **49**, 209 (1891). — Schulz, F. N: Handb. Biochem. **4**, 147 (1925). — [9] Oehme, C.: Handb. Physiol. **6**/2, 935—989 (1928). — [10] Rouvière, H., et G. Valette: Physiologie du système lymphatique. Formation de la lymphe; circulation lymphatique normale et pathologique. Paris 1937. — [11] Starling, E. H.: Lancet **74**, 1267, 1331, 1407 (1896).

Zusammensetzung unter verschiedenen Verhältnissen wechselt. Extremitätenlymphe ist an organischen Stoffen am ärmsten, die Leberlymphe am reichsten[1].

Zur Gewinnung von Tierlymphe aus den Lymphgefäßen der Lymphdrüse kann man die begleitenden Arterien abklemmen und in das durch Stauung erweiterte Lymphgefäß eine Nadel einführen, die mit einer zweiten Klemme festgehalten wird. Wird die Arterienklemme nun gelöst, so gelingt es, mit der Nadel Lymphe anzusaugen[2]. Über die Gewinnung von Leberlymphe s. [3].

Darmlymphe. Am leichtesten zugänglich und bei Tieren am meisten untersucht ist die Lymphe aus dem Ductus thoracicus. Die von nüchternen Tieren gewonnene Lymphe, sog. Hungerlymphe, die sich in den Lymphgefäßen des Darmes sammelt und gegen den Ductus thoracicus strömt, ist nicht wesentlich von anderer Lymphe verschieden. Beim nüchternen Menschen ist sie farblos und durchsichtig, nach Aufnahme einer fettreichen Nahrung unterscheidet sich diese *Verdauungslymphe* von den anderen durch ihren großen Reichtum an fein verteiltem Fett, welches ihr ein milchähnliches Aussehen gibt und zu dem alten Namen „Milchsaft" Veranlassung gegeben hat. Sie ist dann undurchsichtig, gelblich „milchig" und wird *Chylus* oder *Verdauungslymphe* genannt. Aus Tabelle 198, welche die Untersuchungen an einem 18jährigen Patienten mit Lymphfistel am Unterschenkel wiedergibt, ist nicht nur eine starke Zunahme des Fettes und eine geringere der Kohlenhydrate im Chylus zu erkennen, sondern sie zeigt außerdem, daß die Zusammensetzung der Lymphe von dem jeweiligen Zustand des zugehörigen Körperteiles, in diesem Falle des Darmes, stark abhängig ist.

Tabelle 198. Zusammensetzung der menschlichen Darmlymphe während der Verdauung[4] (in g pro 100 cm³).

Zeit nach Nahrungsaufnahme	Lymphmenge g*			Eiweiß % I	Kohlenhydrate % II	Fett % III
	I	II	III			
Nüchtern 1 Stunde	101	86	131	3,1	0,10	0,22
1. und 2. Verdauungsstunde	165	143	168	3,5	0,13	0,24
3. und 4. Verdauungsstunde	181	124	221	3,1	0,16	2,30
5. und 6. Verdauungsstunde	174	142	276	3,1	0,16	3,89
7. und 8. Verdauungsstunde	159	161**	192	2,8	0,21**	2,63

* Werte aus den 3 Versuchsreihen. ** 7., 8. und 9. Verdauungsstunde.

Ein Anstieg der Lipoide auf das 10fache des Nüchternwertes wurde auch bei Hunden nach Verfütterung von Sahne, Butter, Margarine oder Ölsäure gefunden[5].

In chemischer Hinsicht verhält sich die Lymphe wie das Blutplasma, und sie enthält, wenigstens in der Hauptsache, qualitativ dieselben Stoffe. Die Ductus thoracicus-Lymphe des Hundes enthält das reinste Cholesterin, das bisher aus Organen isoliert worden ist[6]. Gesättigte Sterine wurden dort nicht gefunden.

Tabelle 199.
Zusammensetzung von Serum und Darmlymphe eines Hundes[7] (in mg%).

	Trockenrückstand	Chloridionen	Ca	P	Zucker	Rest-N	Eiweiß-N
Serum	8300	392	10,4	4,3	123	27,2	900
Lymphe	5200	413	9,2	3,6	124	27,0	570

[1] STARLING, E. H.: J. Physiol., London **16**, 224; **17**, 30 (1894). Lancet **74**, 1267 (1896). — [2] YOSHIDA, Y.: Acta Scholae med. Kyoto **19**, 83 (1936). — [3] FUNAOKA, S., u. S. SUMIYA: Acta Scholae med. Kyoto **19**, 79 (1936). — [4] MUNK, I., u. A. ROSENSTEIN: Virchows Arch. **123**, 230, 484, bes. 502—510 (1891). — [5] BOLLMAN, J. L., E. V. FLOCK, J. C. CAIN and J. H. GRINDLAY: Amer. J. Physiol. **163**, 41 (1950). — [6] BEHRING, H. v., u. R. SCHÖNHEIMER: H. **192**, 97 (1930). — [7] ARNOLD, R. M., and L. B. MENDEL: J. biol. Ch. **72**, 189 (1927).

Zusammensetzung der menschlichen Darmlymphe. Über dieses Gebiet liegen vorwiegend ältere Arbeiten[1] vor. Eine planmäßige Erforschung mit neuen Mikromethoden ist wünschenswert und nötig. Trotzdem gestatten die Werte einen allgemeinen Überblick. Jüngere Arbeiten berichten nur über Tierlymphe. Ihre Ergebnisse werden später behandelt. Die für den Menschen angegebenen Werte beziehen sich auf eine Lymphe, die aus einer Fistel eines Oberschenkellymphgefäßes abfloß und in der die ganze Darmlymphe enthalten war.

Die Hungerlymphe enthält entsprechend dem spezifischen Gewicht von 1,016 bis 1,023 nur 3,6 bis 5,7% *Trockenrückstand.* Von diesen nehmen, wie im Blute, die *Eiweißverbindungen* den Hauptanteil ein. Sie bestehen wie beim Plasma aus Albuminen, Globulinen und Fibrinogen, machen aber nur 2,8 bis 4,8%, im Mittel 3,5%, aus. Das Blutplasma ist also wesentlich eiweißreicher.

Das Verhältnis Globulin zu Albumin schwankt zwischen 1:2,4 bis 1:4. Der Fibrinogengehalt beträgt 0,04 bis 0,2%. $^1/_8$ bis $^1/_{10}$ des Gesamt-N (580 bis 610 mg%) entfällt auf den Rest-N. Davon beträgt der Harnstoff 10 bis 60 mg%[2]. Der Wert erscheint etwas zu hoch. Entfallen nur 530 bis 550 mg% auf den Eiweißstickstoff, so müssen noch eine Anzahl anderer N-haltiger Verbindungen, z. B. Aminosäuren vorkommen. So schlägt z. B. ein Teil der bei der Verdauung entstehenden und resorbierten Aminosäuren den Lymphweg ein[3].

Die übrigen festen Stoffe (Fette, Extraktivstoffe, anorganische Salze) betragen insgesamt 0,81 bis 0,92%. An Fett wurden nur 60 mg% gefunden. Es liegt zumeist als Neutralfett vor; 7 bis 14% des Ätherauszuges entfallen auf Lecithin und Cholesterin[4] (vgl. S. 550).

Bei den Angaben über reduzierende Verbindungen wird es sich hauptsächlich um Glucose handeln. Die Mineralstoffe (800 bis 900 mg%) werden überwiegend von Kochsalz gebildet. Es macht 67% der Asche aus.

Daneben finden sich Kalium, Calcium, Magnesium, Eisen, Carbonate und Phosphate.

Tabelle 200. Verteilung der Salze in der menschlichen Hungerlymphe.

Von 0,87 g Salzen (s. Tabelle 201) entfallen auf:					
Natrium . . .	0,323 g	Calcium . . .	0,001 g	Chloridionen. .	0,35 g
Kalium	0,013 g	Magnesium . .	0,0004 g	PO_4-P	0,001 g

Über den *Gasgehalt* einer völlig normalen menschlichen Lymphe liegen bisher keine Angaben vor. Bei Tieren wurde folgendes gefunden: Hundelymphe enthält höchstens Spuren von Sauerstoff. Der Hauptanteil der Lymphgase besteht aus Kohlensäure (37,4 bis 53,1 Vol.-% CO_2), der Rest aus Stickstoff (1,6 Vol.-% bei 0° und 760 mm)[5]. In der Leberlymphe vom Kaninchen fand man 34 Vol.-%, in der Darmlymphe 26,4 Vol.-%, in der Brustganglymphe 46 Vol.-% und in der Beinlymphe 44 bis 50 Vol.-% CO_2[6].

Die Hauptmenge der Kohlensäure in der Lymphe scheint chemisch fest gebunden zu sein. Vergleichende Untersuchungen von Blut und Lymphe haben gezeigt, daß die Lymphe mehr Kohlensäure enthält als das arterielle Blut, aber weniger als das venöse. Die Kohlensäurespannung in der Lymphe ist geringer als im venösen, aber größer als im arteriellen Blut[7].

[1] MUNK, I., u. A. ROSENSTEIN: Virchows Arch. **123**, 230, 484 (1891). — [2] SCHÖNDORFF, B.: Pflügers Arch. **74**, 307 (1899). — [3] ABDERHALDEN, E., u. E. S. LONDON: Pflügers Arch. **212**, 735 (1926). — [4] MUNK, I.: Virchows Arch. **80**, 10 (1880). — [5] HAMMARSTEN, O.: Arb. physiol. Anst. Leipzig 1871. — [6] FUNAOKA, S., u. S. SUMIYA: Acta Scholae med. Kyoto **19**, 79 (1936). — [7] STRASSBURG, G.: Pflügers Arch. **6**, 65 (1872).

ζ) Zusammensetzung der Lymphe.

Während die Trockenmasse der Hungerlymphe in erster Linie von den Eiweißstoffen gebildet wird, machen bei der Verdauungslymphe die Fettstoffe den Hauptanteil aus. In der Verdauungslymphe beträgt der Fettanteil bei einem Trockenrückstand von 4 bis 8,2% etwa 0,23 bis 4,7%. Der Wassergehalt geht entsprechend auf 92% zurück. Der Eiweißgehalt ist in beiden Lymphen ziemlich gleich. Der Chylus ist demnach besonders reich an Fett, wie schon aus Tabelle198, S. 550, hervorgeht. Bei der Verdauung nehmen aber nicht nur Fett und Zucker, sondern auch die Aminosäuren zu[1]. Aus den zahlreichen Untersuchungen, die allerdings älteren Datums sind, gibt die Tabelle 201 eine zusammenfassende Übersicht.

Tabelle 201. Vergleich menschlicher Lymphen nach ihrer Zusammensetzung (in g %).

	Hungerlymphe *	Verdauungslymphe *	Oberschenkellymphe **		Samenstranglymphe ***
Wasser	94,4—96,5	92—96	94	93,5	95,8
Trockenrückstand	3,7— 5,6	4— 8	6,0	6,5	4,2
Eiweiß	3,5 (Eiweiß und Fibrin)	3,5 (Eiweiß und Fibrin)	0,05	0,06	0,04
Fibrin			4,3	4,3	3,5
Ätherlöslicher Anteil (Fette)	0,06	0,2—4,7	0,4	0,9	—
Extraktivstoffe	—	—	0,6	0,4	—
Salze, anorganische	0,87	—	0,7	0,8	0,7

* Bei der Hungerlymphe beziehen sich die Werte auf die Zusammensetzung einer am Oberschenkel austretenden Darmlymphe 23 Std nach der letzten Nahrungsaufnahme; bei der Verdauungslymphe auf die nach einer fettreichen Nahrung bei derselben Person[2].

** Angaben über die Zusammensetzung der Oberschenkellymphe einer 39jährigen Frau[3].

*** Zusammensetzung einer Lymphe, die aus den sackartig erweiterten Lymphgefäßen eines Samenstranges erhalten wurde[4].

Fette und Lipoide. Die Menge des Fettes wechselt je nach der Nahrungsaufnahme. Das mit der Nahrung aufgenommene Fett gelangt hauptsächlich durch die Lymphbahn ins Blut, nur ein Teil von ihm wird unmittelbar durch die Blutcapillaren aufgenommen[5].

In einem Falle wurden bei einem Mädchen in der Schenkellymphe nach Fettgenuß 4,7% beobachtet, während in der Hungerlymphe nur 0,06 und 0,26% gefunden wurden[2]. In einer neueren Untersuchung[6] wurden in der Brustganglymphe eines fettarm ernährten Menschen im Mittel 322 mg% *Neutralfett* (durch Titration der Säure bestimmt 300 bis 344 mg%, durch Oxydation bestimmt 315 bis 328 mg%), 23,2 bis 31,4 mg% *Gesamtcholesterin*, 5,5 bis 12,3 mg% freies *Cholesterin* entsprechend 19 bis 28% des Gesamtcholesterins und im Durchschnitt 74 mg% *Phosphatide* (durch Titration der Säuren bestimmt: 62,4 bis 87,8 und durch Oxydation der Säuren bestimmt 63,2 bis 86,4) angetroffen. (Vgl. die älteren Werte in Tabelle 201, S. 552.) Fettreiche Lymphe gerinnt langsamer als die hungernder Tiere[7].

Zusammensetzung tierischer Lymphe. Viel eingehender wurde die Zusammensetzung tierischer Lymphe untersucht. Die Ergebnisse, die aus neuerer Zeit stammen, sind in den folgenden Tabellen zusammengefaßt. Es zeigt sich, daß

[1] ABDERHALDEN, E., u. E. S. LONDON: Pflügers Arch. **212**, 735 (1926). — [2] MUNK, I., u. A. ROSENSTEIN: Virchows Arch. **123**, 230, 484 (1891). — [3] GUBLER et QUÉVENNE: Gaz. méd. Paris **1854**, Heft 24, 27, 30, 34 [HOPPE-SEYLER, F.: Physiologische Chemie. Teil III, S. 591. Berlin 1877/79]. — [4] SCHERER, J. v.: Verh. physikal.-med. Ges. Würzburg **16**, 268 (1882) [HOPPE-SEYLER, F.: Physiologische Chemie. Teil III, S. 591. Berlin 1877/79]. — [5] MORIKI, H.: Folia pharmacol. jap. **26**, 76 (1938). — [6] REISER, R.: J. biol. Ch. **120**, 625 (1937). — [7] HOWELL, W. H.: Amer. J. Physiol. **35**, 483 (1914).

die Zusammensetzung auch bei Tieren starken Schwankungen unterworfen ist. Der *Eiweißgehalt* z. B. wurde in der an verschiedenen Stellen entnommenen Lymphe eines Hundes zwischen 0,4 und 4,5% gefunden[1], die Menge des Albumins schwankte zwischen 1,2 und 2,9%, die des Globulins zwischen 0,7 und 2,5%, wobei die niederen Werte der Bein-, die oberen der Leberlymphe zugehören. Dazwischen liegen die Werte für Brustgang- und Halsganglymphe. Bei Kaninchenlymphe[2] wurde für die einfließende Lymphe 2,42% Gesamteiweiß, davon 1,81% Albumin und 0,53% Globulin gefunden, für die ausfließende Lymphe waren die entsprechenden Zahlen 2,57 bzw. 1,91 bzw. 0,57%, für die Leberlymphe 3,92% (im Mittel 2,78 bis 5,12%). Nach Injektion abgetöteter Dysenteriekeime in den Fuß fanden sich bei Kaninchen in der Lymphe der Kniekehlenlymphknoten vermehrt *elektrophoretisch schnell wandernde* Eiweißkörper. γ-Globulin blieb unverändert und zeigte dieselbe Sedimentationsgeschwindigkeit wie das γ-Globulin des Serums[3]. Der Inhalt der Cysterna chyli der Ratte hat 3% Eiweiß; der Albumin/Globulin-Quotient[4] liegt bei 2,6. Bei Lebercirrhose (CCl_4) steigt das Eiweiß auf 4%, der Albumin/Globulin-Quotient fällt auf 1,8. Bei Hunden enthält die Leberlymphe soviel Eiweiß wie das Plasma, die Darmlymphe nur 2,8%, die Lymphe des Ductus thoracicus 3,2%. Die Albumin/Globulin-Quotienten betragen 3,2 bzw. 2,4. Der Lymphfluß in den verschiedenen Lymphbahnen ist sehr verschieden, am größten im Ductus thoracicus. Leberschädigung steigert den Lymphstrom um 200%[5].

In der Lymphe des Ductus thoracicus des Hundes fand man 0,5 bis1,0 γ% Histamin (Blutplasma 6,5 γ%); der Gehalt war weder durch i. v. Histamininfusion noch durch Curare beeinflußbar[6].

Über den Wasser-, Asche- und Chlorgehalt der Leber- und Darmlymphe von Kaninchen finden sich folgende Angaben[7, 8]:

Tabelle 202. Wasser-, Asche- und Chlorgehalt von Kaninchenlymphe

	Trockenrückstand	davon Asche	davon Chloridionen
Leberlymphe . . .	4,64%	12,6 — **16,5** — 21,3%	360 — **368** — 447 mg%
Darmlymphe . . .	4,55%	15,2 — **17,1** — 20,1%	312 — **341** — 356 mg%

Tabelle 203. Physikalische Eigenschaften in der Kaninchenlymphe.

	Spez. Gewicht	pH	Viskosität bei 20°
Gefäßlymphe (Bein)[9].	1,011—1,013	7,65—7,92	1,26—1,22
Brunnenlymphe (Kniekehle)[9]*. . .	1,012	7,85	1,36
Leberlymphe[10].	—	8,13	—

* *Brunnenlymphe* wird nach WATANABE[11] aus den vasa efferentia gewonnen, nachdem die Lymphoglandula poplitea ausgeräumt und so zu einem „Brunnen" umgestaltet worden ist.

[1] DRINKER, C. K., and M. E. FIELD: Amer. J. Physiol. **97**, 32, 518 (1931). — FIELD, M. E., O. C. LEIGH, jr., J. W. HEIM and C. K. DRINKER: Amer. J. Physiol. **110**, 174 (1934/35). — [2] ÔNAKA, H.: Arb. 3te Abt. anat. Inst. Kyoto (D) Heft 7, 193 (1938). — [3] HARRIS, T. N., D. H. MOORE and M. FARBER: J. biol. Ch. **179**, 369 (1949). — [4] NIX, J. T., E. V. FLOCK and J. L. BOLLMAN: Amer. J. Physiol. **164**, 117 (1951). — [5] NIX, J. T., F. C. MANN, J. L. BOLLMAN, J. H. GRINDLAY and E. V. FLOCK: Amer. J. Physiol. **164**, 119 (1951). — [6] CARLSTEN, A., G. KAHLSON and F. WICKSELL: Acta physiol. scand. **17**, 370 (1949). — [7] MIYAMOTO, K., u. H. TAKAOKA: Arb. 3te Abt. anat. Inst. Kyoto (D) Heft 8a, 25 (1941). — [8] KATO, G., u. K. NAGAI: Arb. 3te Abt. anat. Inst. Kyoto (D) Heft 8a, 56 (1941). — [9] IWAKI, Y.: Arb. 3te Abt. anat. Inst. Kyoto (D) Heft 4, 7 (1934). Acta Scholae med. Kyoto **19**, 144 (1936). — [10] SUMIYA, S.: Arb. 3te Abt. anat. Inst. Kyoto (D) Heft 6, 62 (1937). — [11] WATANABE, M.: Arb. 3te Abt. anat. Inst. Kyoto (D) Heft 3, **89** (1933).

Tabelle 204. Zusammensetzung der Lymphe im zuführenden und abführenden Lymphgefäß des Kaninchenbeins[1].

	Vas afferens		Vas efferens	
	Mittelwerte g	Grenzwerte g	Mittelwerte g	Grenzwerte g
Trockenrückstand bei 105° in 100 g Lymphe[2]	3,14	1,83—4,62	3,21	2,10—4,18
Aschegehalt in 100 g Lymphe[3]	0,62	0,20—0,93	0,76	0,39—1,61
Aschegehalt in 1 g Trockenrückstand	0,20	0,07—0,28	0,24	0,13—0,43
Gesamteiweiß . . . g %	2,42	1,15—3,69	2,57	1,32—4,06
Albumin . . . g %	1,81	0,93—2,70	1,91	1,09—3,00
Globulin . . . g %	0,53	0,20—0,90	0,57	0,22—0,90
Fibrin . . . g %	0,26	0,12—0,38	0,28	0,19—0,47
Rest-N* . . . mg %	47	28—59	50	21—90
NH_2-N[4] . . . mg %	—	—	2	—
Ätherlösliche Verbindungen** . mg %	160[5, 6]	149—182	286	40—1262
Schwefel . . . mg %	—	—	77	58—99
Phosphor[7]				
Gesamt-P . . . mg %	—	—	4,23	2,01—5,71
Anorganischer P . . . mg %	—	—	2,53	1,64—3,66
Organischer P . . . mg %	—	—	1,7	—
Restkohlenstoff*** . . . mg %	195[6]	175—214	190	141—250
davon Zuckerkohlenstoff . . mg %	67	56—77	64	—
Reduzierende Stoffe (mit alkalischer Kupfersalzlsg. bestimmt) mg %	—	—	275	90—490
Zucker nach HAGEDORN-JENSEN mg %	120	69—187	125	86—197
Milchsäure . . . mg %	67	29—110	79,5	62—140
Ketonkörper . . . mg %	—	—	2,5	0,99—5,41
Gesamtcholin als Acetylcholin . mg %	—	—	6,5	4,6—8,1
Freies Cholin . . .	—	—	00	00
Chloride[9] . . . mg %	—	—	334	311—361
Kalium**** . . .	18,9[8]	17—22	18,5	13—22

Die angegebenen Werte stellen die wahrscheinlichsten Mittelwerte dar.

* Vom Rest-N entfallen 44,4% auf den Harnstoff [= 48,5 mg% Harnstoff (28,3 bis 76,7) oder 22,6 mg% Harnstoff-N] und 0,42% auf Xanthin (= 0,48 mg% bzw. 0,21 mg% Xanthin-N); in der Leberlymphe beträgt der Harnstoff 60,7 (47,9—80,1) mg%. Nach SAITO macht der Harnstoff-N in der Beinlymphe 63% des Rest-N aus[10].

** In den ätherlöslichen Stoffen sind 0,277 mg% Lipoid-P enthalten. Der Lipoid-N beträgt 0,561 mg%; N : P = 4,48 : 1, Gesamtcholesterin = 9,51 mg%, Gesamtfettsäuren 40,4 mg%. Das Verhältnis der Fettsäuren zu Cholesterin in der Lymphe ist 4,25 : 1. Die Darmlymphe fastender Ratten enthält mehr freies Cholesterin als das Blutplasma. Nach Fettdiät steigt das freie und veresterte Cholesterin an[11].

*** Der Restkohlenstoff ist fast immer höher als im Serum (167 mg%) und besteht aus: 120 mg% Zucker = 64 mg% C = 33,7% des Gesamtrest-C, 48,5 mg% Harnstoff = 9,7 mg% C = 5,1% des Gesamtrest-C, 67,3 mg% Milchsäure = 53,6 mg% C = 18,7% des Gesamtrest-C. Unbestimmt bleiben 42,5% des Gesamtrest-C.

**** Kaliumgehalt beim Kaninchen[9]: Darmlymphe 24,4 (17 bis 27) mg%, Leberlymphe 13,0 (10,5 bis 14) mg%.

---

[1] FUNAOKA, S.: Acta Scholae med. Kyoto **19**, 274 (1936). Arb. 3te Abt. anat. Inst. Kyoto (D) Heft 7, 245 (1938). — [2] bez. Wassergehalt s. Tab. 205. — [3] Aschegehalt des Trockenrückstandes 17,1% s. Tab. 206. — [4] OGATA, T.: Arb. 3te Abt. anat. Inst. Kyoto (D) Heft 8 a, 52 (1941). — [5] HOSODA, Y., u. H. TAKAOKA: Arb. 3te Abt. anat. Inst. Kyoto (D) Heft 8 a, 47 (1941). — [6] NIIKUNI, T.: Arb. 3te Abt. anat. Inst. Kyoto (D) Heft 8 a, 29

Tabelle 205.
Zusammensetzung des Trockenrückstandes von Kaninchenlymphe (in %)[1].

Wasser	N	als Eiweiß	Asche	Gesamt-P	Gesamt-S	SO_4-S
11,16	10,09	63,06	27,17	0,17	1,19	0,19

Tabelle 206. Zusammensetzung der Lymphasche in % der Gesamtasche[1].

S	Cl	P	CO_2	Fe	Ca	K	Na
2,24	41,22	0,57	3,42	0,146	1,24	2,34	32,0

Tabelle 207. Phosphorgehalt der Kaninchenlymphe[2] (in mg%).

	Beinlymphe		Leberlymphe	Blutserum
	Vas afferens	Vas efferens		
Gesamt-P	4,60	4,23	6,61	5,65
Anorganischer P	2,32	2,53	5,10	3,47
Organischer P	1,28	1,70	1,51	2,18

η) Fermente.

An Fermenten wurden in der Kaninchenlymphe festgestellt: Katalase, Lipase, Esterase, Dipeptidase, Amylase[3], in den Lymphknoten fanden sich: Katalase, Tributyrinase, Amylase und Dipeptidase[3]. In der Thoracicus- und Cervicallymphe beim Hund Cholinesterase[4], ein kohlenhydrat- und ein fettspaltendes Ferment[5]. Die alkalische Phosphatase der Bauchlymphe der Ratte nimmt beim Fasten ab und nach einer fettfreien oder fetthaltigen Mahlzeit zu. Noch höhere Werte werden nach einer Fettmahlzeit erhalten. Die Konzentration der Plasmaphosphatase nimmt stark ab, wenn die ganze Bauchlymphe gesammelt wird. Es scheint so, als ob die alkalische Phosphatase aus der Lymphe in das Plasma übertritt[6]. Die Histaminase der Lymphe kann 1,5 γ Histamin/cm^3/Std spalten (Serum 0,07 γ), sie wird durch i. v. Histamininfusion nicht vermehrt. Wahrscheinlich stammt sie aus den Lymphknoten[7].

ϑ) Lymphbildung[8].

Die Lymphbildung kann mit physikalischen Vorgängen, wie z. B. Filtration, Diffusion und Osmose nicht zufriedenstellend erklärt werden, zumal der osmotische Druck in der Lymphe oft höher ist als im Serum. Die Ionenverteilung zwischen Plasma und Lymphe läßt sich z. T. durch das DONNAN-Gleichgewicht erklären. In einigen Fällen aber muß eine andere Erklärung gesucht werden, so ist der Zustand bzw. der Durchlässigkeitsgrad der Blutcapillarmembranen und

(1941). — [7] MURATA, T.: Arb. 3te Abt. anat. Inst. Kyoto (D) Heft 8 a, 27 (1941). — [8] TOMII, M., u. K. MIYAMOTO: Arb. 3te Abt. anat. Inst. Kyoto (D) Heft 8 a, 57 (1941). — [9] NAKAZAWA, K.: Arb. 3te Abt. anat. Inst. Kyoto (D) Heft 8 a, 54 (1941). — [10] SAITO, S.: Arb. 3te Abt. anat. Inst. Kyoto (D) Heft 8 a, 5 (1941). — [11] BOLLMAN, J. L., and E. V. FLOCK: Amer. J. Physiol. **164**, 480 (1951).

[1] Vgl. Tab. 202, S. 553. — [2] ASAKUMA, S.: Arb. 3te Abt. anat. Inst. Kyoto (D) Heft 6, 59, 66 (1937). — [3] FUNAOKA, S.: Acta Scholae med. Kyoto **19**, 274 (1936). Arb. 3te Abt. anat. Inst. Kyoto (D) Heft 7, 259 (1938). — [4] FRIEND, D. G., and O. KRAYER: J. Pharmacol. exp. Therap. **71**, 246 (1941). — BRAUER, R. W., and E. HARDENBERGH: Amer. J. Physiol. **150**, 746 (1947). — [5] RÖHMANN, F., u. M. BIAL: Pflügers Arch. **55**, 469 (1894). — [6] FLOCK, E. V., and J. L. BOLLMAN: J. biol. Ch. **175**, 439 (1948). — [7] CARLSTEN, A., G. KAHLSON and F. WICKSELL: Acta physiol. scand. **17**, 370 (1949). — [8] SCHULZ, F. N.: Bildung der Lymphe. Handb. Biochem. **4**, 143 (1925). — OEHME, C.: Handb. Physiol. **6**/2, 935—989 (1928).

die Beteiligung der Gewebszellen von grundlegender Bedeutung. *Die Arbeit der Organe*, der Tätigkeitszustand der Zellen eines Organes, ist wesentlich für die Menge und die Eigenschaften der in diesem Organ gebildeten Lymphe. Ob das Nervensystem einen Einfluß auf die Lymphbildung hat, ist noch nicht geklärt, während humorale und *hormonale* Wirkungen (Schilddrüse, Nebenniere) nachweisbar sind. Die Betrachtung der Lymph*bildung* ist schließlich nicht loszulösen von der Regelung des Blutvolumens, der Blutverteilung, der Beschaffenheit des Blutes, besonders der Plasmakolloide, dem kolloidosmotischen Druck, dem Druck in den Capillaren, der Leistungsfähigkeit der Lymphdrüsen und des ganzen lymphatischen Systems, besonders der Leber[1]. Die Leber hat einen größeren Anteil an der Lymphbildung als die anderen lymphatischen Organe. Den wirklichen Verhältnissen kommt wahrscheinlich die Annahme am nächsten, daß die Lymphbildung nicht von *einer* der genannten Ursachen abhängt, sondern durch das Ineinandergreifen *aller* zustande kommt.

ι) Die Lymphknoten[2].

Das lymphatische Gewebe dient als Muttergewebe und Bildungsstätte für die Lymphocyten. Das weit verzweigte Kanalnetz der Sinus ist ein engmaschiges Filternetz für die Lymphe. Es dient zum Abfangen für gelöste und *corpusculäre* Bestandteile (*Bakterien*, Pigmente und Farbstoffe, Geschwulstzellen). In der Milz dient das lymphatische Gewebe im besonderen der Zerstörung der roten Blutzellen. Ferner übt es einen gewissen Einfluß auf die Hormonbildung aus. Aus den Lymphknoten von Rindern[3] wurden sechs nach der Gerinnungstemperatur (41, 45, 50, 53, 56 und 61°) verschiedene *Eiweißstoffe* gewonnen. Bei Ganzsättigung mit Kochsalz bzw. mit Magnesiumsulfat lassen sich die bei 41 und 50° gerinnenden Eiweißstoffe abtrennen, bei Ganzsättigung mit Ammonsulfat wird das gesamte Eiweiß ausgefällt. Die Untersuchungen wurden an der mit 0,6%iger NaCl-Lösung ausziehbaren Eiweißfraktion angestellt. Die verschiedenen Eiweißstoffe unterscheiden sich ferner durch die Menge der sie aufbauenden Aminosäuren (Tyrosin, Histidin, Arginin, Lysin), durch den Gehalt an Phosphor und Schwefel, sowie durch ihr Verhalten gegen Pepsin. Auf Grund der Befunde ist in Lymphdrüsen ein Nucleoproteid anzunehmen.

Die *Fettstoffe*[4] der menschlichen und tierischen Lymphknoten schwanken schon unter gewöhnlichen Verhältnissen. Aus den *Mesenterial-* und *Achsellymphknoten* von *Rindern* ließen sich 90% der gesamten Fettstoffe ohne weitere Vorbehandlung, der Rest erst nach Pepsinverdauung („gebundenes Lipoid") ausziehen.

Bei den *direkt löslichen Fettstoffen* entspricht der gesamte P den mit Aceton fällbaren Phosphatiden. Sie liegen als *Monoaminophosphatide* vor. Vom Unverseifbaren kommt etwa $^1/_3$ auf digitoninfällbares, d. h. freies Cholesterin. Die Molekulargewichte der Fettsäuren entsprechen denen von Palmitin- und Stearinsäure; die Anwesenheit von flüssigen zwei- und mehrfach ungesättigten Fettsäuren ist wahrscheinlich.

Die „gebundenen Lipoide" weisen einen höheren Gehalt an Unverseifbarem auf als die direkt löslichen Fettstoffe, wobei aber nur ein geringer Teil mit Digitonin fällbar ist. Mit Aceton fällbare Phosphatide liegen nur spurenweise vor, die Fettsäuren zeigen ein hohes mittleres Molekulargewicht, so daß geringere Mengen Palmitin- und Stearinsäure anzunehmen sind.

---

[1] Ôtsuka, S.: Okayama-Igakkai-Zasshi **48**, 2240 (1936) [Ber. Physiol. **99**, 455]. — [2] Gerhartz, H.: Die Lymphdrüsen. Handb. Biochem. **4**, 215—217 (1925). — [3] Sabry, M. M.: B. Z. **176**, 109 (1926). — [4] Lustig, B., u. E. Mandler: B. Z. **249**, 344 (1932).

Zum Unterschied von den mesenterialen Lymphknoten, deren Lipoide zumeist flüssige Fettsäuren enthalten, bestehen die Fettsäuren der Achsellymphdrüsen bis zu 80% aus festen Fettsäuren, die außerdem viel stärker ungesättigt sind.

Tabelle 208. Zusammensetzung der Lymphknoten[1] (g%).

	Nach BANG	Nach OIDTMANN
Wasser	80,41 *	71,43 **
Trockenrückstand	19,59	28,57
Salze, anorganische	1,05	1,16

* Mesenterial-Lymphknoten vom Ochsen.
** Leistendrüsen einer alten Frau.

Nachweis von Kryoglobulin in Lymphknoten[2], Antikörperbildung[3], Sulfanilamid in Lymphknoten[4].

Eiweißspaltende Fermente[5] wurden in Pferdelymphknoten festgestellt.

b) Pathologische Flüssigkeitsansammlungen.

α) Transsudate und Exsudate[6].

1. Allgemeines.

Die serösen Häute werden von Flüssigkeiten, *physiologischen Transsudaten*, feucht gehalten, deren Menge beim Menschen jedoch nur an wenigen Orten, wie in der Pericardialhöhle und in den Arachnoidalräumen so groß ist, daß sie der chemischen Untersuchung zugänglich gemacht werden kann. Bei Krankheiten kann dagegen ein reichlicherer Übertritt von Flüssigkeit aus dem Blute in die serösen Höhlen [(Hydrops) Hydrothorax, Hydropericard, Ascites, Hydrocephalus, Hydrarthros und Hydrocele] oder in das Unterhautzellgewebe oder unter die Epidermis (Anasarca) stattfinden, so daß *pathologische Transsudate* entstehen. Für die Bildung von Ergüssen in Körperhöhlen (Transsudate) gelten die bei der Lymphe genannten Voraussetzungen, wie Erhöhung des Capillardruckes, Sinken des Gewebsdruckes, Veränderung der Gefäßwand und der Zusammensetzung von Gefäß- und Gewebsflüssigkeit, also Kreislaufstörungen und Schädigung der Gefäßwandung. Man kann daher die Entstehung von pathologischen Flüssigkeitsansammlungen auch vom Standpunkt der Durchlässigkeit der Membranen betrachten. Falls die Capillaren brüchig werden, kommt es sogar zu einem Austritt von Erythrocyten, d. h. zur Bildung eines Blutergusses.

Unterschied von Transsudaten und Exsudaten. Solche der Lymphe nahestehenden echten Transsudate sind im allgemeinen arm an Formelementen (Leukocyten) und liefern nur wenig oder fast kein Fibrin, während die bei Entzündungen entstehenden Ergüsse, die sog. Exsudate, im allgemeinen reich an Leukocyten sind und verhältnismäßig viel Fibrin liefern. Je reicher ein Erguß an Leukocyten ist, desto näher steht er dem Eiter, je ärmer er an Formbestandteilen ist, desto ähnlicher wird er dem eigentlichen Transsudat oder der Lymphe. Das Transsudat unterscheidet sich von dem Exsudat noch in weiteren Punkten.

[1] BANG, I.: Hofmeisters Beitr. **4**, 362 (1904); **5**, 317 (1904). — OIDTMANN, H.: Die anorganischen Bestandteile der Leber und Milz und der meisten anderen tierischen Drüsen. Linnich 1858. — [2] ABRAMS, A., P. P. COHEN and O. O. MEYER: J. biol. Ch. **181**, 237 (1949). — [3] HARRIS, T. N., and S. HARRIS: J. exp. Med. **90**, 169 (1949). — [4] ŘEŘÁBEK, J.: Exper. **5**, 251 (1949). — [5] HEDIN, S. G.: H. **125**, 289 (1923). — [6] GERHARTZ, H.: Handb. Biochem. **4**, 166—221 (1925); Erg.-W. **2**, 117—142 (1034).

2. Exsudate.

Während die Transsudate fast farblos sind, sind die Exsudate je nach dem Entzündungsgrad stroh- oder citronengelb und können entsprechend der Beimischung von roten Blutzellen eine mehr rötliche Farbe aufweisen; beim Stehen an der Luft nehmen beide einen grünlichen Ton an und werden dichroitisch, gelb im durchfallenden, grün im reflektierten Licht[1]. Die Exsudate können *serös, serös-eitrig, jauchig* und *hämorrhagisch* sein. Seröse Exsudate setzen nach der Entnahme beim Stehen ein mehr oder weniger reichliches Gerinnsel ab; mikroskopisch finden sich darin Leukocyten und gequollene Endothelzellen.

Die *spezifischen Gewichte* von Transsudaten und Exsudaten zeigen fließende Übergänge. Die entzündlichen Ergüsse zerstören Erythrocyten[2]. Auch Transsudate können dies in sehr geringem Umfange. Noch deutlicher wird der Unterschied bei Verwendung von Hämoglobinlösungen als Substrat[3], die 24 Std mit dem Punktat bei 37° bebrütet werden. Man kann dann mit einer sehr einfachen colorimetrischen Methode zeigen, daß Ascites und ähnliche Transsudate mit einem spezifischen Gewicht bis zu 1,010 in der angegebenen Zeit bis zu 7 γ% Eisen abspalten. Bei pericardialen Ergüssen mit einem spezifischen Gewicht bis zu 1,013 wird bis zu 47 γ % Eisen abgespalten. Bei allen serösen Pleuraflüssigkeiten, die gefärbt oder serofibrinös sind, nimmt die Menge des abgespaltenen Eisens bis zu 275γ % zu; dabei kann das spezifische Gewicht zwischen 1,010 und 1,020 schwanken. Es handelt sich um einen fermentativen Vorgang, weil er durch Erhitzen auf 75° je nach der Zeit gehemmt oder vollkommen aufgehoben werden kann.

In den serösen Exsudaten sind bei chronischen Entzündungsvorgängen (Lungentuberkulose) meist Lymphocyten, bei akuten (Pneumonien) überwiegend polymorphkernige Leukocyten vorhanden. Diese Tatsache wird diagnostisch verwertet. In eitrigen Exsudaten findet man neben überwiegend polymorphkernigen Leukocyten noch Mikroorganismen. Sind unter diesen Fäulniserreger, so wird das Exsudat grünlich, bräunlich und riecht jauchig. Außer dem verschiedenen Gehalt an Formbestandteilen ist es vor allem der Eiweißgehalt, durch welchen sie sich von den Transsudaten unterscheiden. Der kolloidosmotische Druck wird mit 1,4 bis 4,4 mm Hg angegeben[4]. Diagnostische Verwertung des Glucosegehaltes bei Tuberkulose s. [5]. Durch Glykolyse wird reichlich Milchsäure gebildet[6]. Exsudate enthalten fibrinolytische Hyaluronsäure[7] und fibrinolytisches Ferment[8]. Durch Desoxyribonuclease können viscös-eitrige Exsudate verflüssigt werden[9].

3. Transsudate.

Als nicht entzündliche Ergüsse sind sie gewöhnlich dünnflüssig, besitzen einen geringeren festen Rückstand und gerinnen meist nicht freiwillig oder nur

---

[1] GUTTMANN, P.: D. m. W. **1887**, 1097. — [2] MASSHOFF, W., W. GRANER u. H. HELLMANN: Virchows Arch. **317**, 114 (1949). — [3] MASSHOFF, W., u. W. GRANER: Kli. Wo. **1949**, 730. — MASSHOFF, W., W. GRANER u. H. HELLMANN: Virchows Arch. **317**, 114 (1949). — [4] LICHTWITZ, L.: Klinische Chemie. 2. Aufl. S. 631. Berlin 1930. — [5] GELENGER, S. M., and R. F. WIGGERS: Dis. Chest **15**, 325 (1949). — ENGELBACH, K.: Tuberk.-Arzt **4**, 327 (1950). — CALNAN, W. L., B. J. O. WINFIELD, M. F. CROWLEY and A. BLOOM: Brit. med. J. **1951 I**, 1239. — [6] SCHELLER, R.: M. m. W. **1926 II**, 1879. — BARNETT, G. D., and A. C. MCKENNEY jr.: Proc. Soc. exp. Biol. Med. **23**, 505 (1926). — FISHMAN, W. H., R. L. MARKUS, O. C. PAGE, P. H. PFEIFFER and F. HOMBURGER: Amer. J. med. Sci. **220**, 55 (1950). — [7] CAMPANI, M.: Arch. ital. Med. sperim. **10**, 305 (1942). — CAMPANI, M., e P. SCHLECHTER: Policlinico Sez. med. **54**, 189 (1947). — MEYER, K., and E. CHAFFEE: J. biol. Ch. **133**, 83 (1940). — MEYER, K., and B. E. INGREEN: Green's Currents biochem. Res. S. 284. — HOLST, G. v.: H. **43**, 145 (1904). — [8] HALSE, T.: Schweiz. med. Wschr. **79**, 388 (1949). — WALTHER, G., u. K.-A. WINTER: Z. ges. inn. Med. **7**, 706 (1952). — MARX, R., u. W. LANG: Z. ges. exp. Med. **117**, 509 (1951). — [9] ARMSTRONG, J. B., and J. C. WHITE: Lancet **1950 II**, 739.

langsam oder erst nach Zusatz von Blut oder Blutserum. Spezifisches Gewicht und Eiweißgehalt sind ziemlich gleichlaufend, da der Gehalt der übrigen Bestandteile nur geringe Schwankungen zeigt. Man hat deshalb versucht, das spezifische Gewicht als Unterscheidungsmerkmal zwischen Transsudaten und Exsudaten zu benutzen. Bei Transsudaten schwankt es zwischen 1,008 und 1,015, während das der Exsudate meist höher ist und 1,018 übersteigt. Diese Regel trifft in vielen, aber nicht in allen Fällen zu. Die *Gefrierpunktserniedrigung* schwankt zwischen 0,51 und 0,80°.

Die Messung des spezifischen Gewichtes muß bei Zimmertemperatur erfolgen, da ein noch körperwarmes Exsudat mit einem normalen Aräometer ein zu niedriges spezifisches Gewicht anzeigt. Für je 3° C über 20° sinkt das spezifische Gewicht um 0,001 Teilstriche.

4. Allgemeine chemische Zusammensetzung.

Die *Trockenmasse*, in der Hauptsache von Eiweiß gebildet, ist bei den Exsudaten natürlich größer als bei den Transsudaten.

Tabelle 209. Unterschied zwischen Transsudaten und Exsudaten (in g%)[1].

	Transsudat	Exsudat
Trockenrückstand	3,24	6,73
Asche	0,37	0,93
Organische Stoffe	2,87	5,80

Eiweiß: Die *Eiweißstoffe der Transsudate* sind hauptsächlich *Serumalbumin*, *Serumglobulin* und ein wenig *Fibrinogen*. In den *Exsudaten* beobachtet man auch regelmäßig durch Essigsäure fällbare Eiweißkörper, und zwar Eu- und Pseudoglobuline.

Dieser Befund wird diagnostisch verwertet (Probe von RUNEBERG und RIVALTA[2]).

In den Transsudaten und in der Rückenmarksflüssigkeit sind diese Stoffe in so geringer Menge vorhanden, daß sie gelöst bleiben[2]. Angaben über den Gehalt an Eiweißstoffen kommt höchstens insofern Bedeutung zu, als ein Ansteigen über 3% meist bei Exsudaten beobachtet wird. In den Transsudaten überwiegen die Albumine; in den Exsudaten findet sich eine Globulinvermehrung und Albuminverarmung[3]. In entzündlichen Ergüssen läßt sich ein *Nucleoproteid* (Nucleoalbumin), das anscheinend aus den zelligen Bestandteilen stammt, nachweisen[4]. Weiter wurde ein *Serosamucin* beschrieben, das sich regelmäßig in der Synovialflüssigkeit findet[5].

Tabelle 210.
Verteilung der Eiweißstoffe in serösen Flüssigkeiten von Menschen (in g%)[4].

	Bauchhöhlenflüssigkeit		Brusthöhlenflüssigkeit		
	Nicht entzündliches Transsudat	Entzündliches Exsudat	Entzündliches Exsudat	Hydrothorax[6] *	Pleuritis[6] *
Serumalbumin	2,74	3,20	2,96	57,0—60,7	49,7—59,1
Serumglobulin (Gesamt)	1,73	2,71	2,26	39,3—43,0	40,8—50,3
Euglobulin	—	—	—	11,0—15,1	16,5—28,3
Pseudoglobulin	—	—	—	24,7—30,4	19,9—31,4
Serosamucin	0,21	0,10	0,24	—	—
Nucleoalbumin	0,07	0,12	0,09	—	—

* In % des Gesamteiweißgehaltes.

[1] LASSAR, O.: Virchows Arch. **69**, 516 (1877). — [2] RIVALTA, F.: Policlinico, Sez. prat. **1929 I**, 879. — [3] JOACHIM, J.: Pflügers Arch. **93**, 558 (1903). — [4] PAIJKULL, L.: Jber. Fortschr. Tierchem. **22**, 558 (1892). — [5] HAMMARSTEN, O.: H. **15**, 202 (1891). — [6] JOACHIM, J.: Tab. biol. period. **2**, 528 (1925).

Bei tuberkulösen Pleuraergüssen wurden Werte bis 8,5% gefunden[1]. Nach elektrophoretischen Untersuchungen entsprechen die Eiweißkörper weitgehend den Serumproteinen[2]. Es wurde auch ein Protein zwischen α_1- und α_2-Globulin gefunden, welches die Leukocytenausschüttung anregt[3]. Seröse Exsudate bei Psoriasis s. [4].

Der *Rest-N-Gehalt* des Ergusses (30 mg%) unterscheidet sich kaum von dem des Blutserums[5]. *Polypeptide* finden sich nicht in Transsudaten, wohl aber in Exsudaten[6]. Hier stammen sie aus fermentativ abgebauten Eiweißstoffen und aufgelösten Zellen. Der *Aminosäuregehalt* beträgt in Pleuraergüssen etwa 5,1 mg%, d. h. 76% des Gehaltes der Aminosäuren im Blut. In Ascitesflüssigkeit sind es 79,5% und in Ödemflüssigkeit 75,5%[7]. Im Rest-N finden sich Harnstoff zu 30 mg% und Harnsäure zu 13 mg%. Zusammenstellung s.[8]. Der *Fettgehalt* unterliegt großen Schwankungen; besonders hoch ist er in den chylösen Exsudaten der Bauchhöhle. Cholesterin und Lecithin können fehlen oder reichlich vorhanden sein.

Der *Zuckergehalt* entspricht gewöhnlich dem des Blutes, er kann aber auch höher sein[9]. Über Eiweißzucker s.[1].

Ferner wurden Milchsäure[9], Bilirubin[10], Oxyproteinsäuren[11], Allantoin[12], Kreatin, Inosit und verschiedene Fermente z. B. Lipase[13], Proteasen[14] (Kathepsin, Dipeptidase) und Amylase[15] nachgewiesen.

Tabelle 211. Vergleich der Mineralstoffe in serösen Ergüssen und im Blut[16, 17].

	Hund		Mensch				
	Transsudat	Serum	Transsudat	Serum	Exsudat	Plasma	Ascites[18]
Wasser . . . . . . g%	98,9	94,5	96,7	93,7			
Trockenrückstand . . g%	1,1	5,5	3,3	6,3			
Eiweiß . . . . g%	0,36	5,54	3,09	6,25			
Natrium . . . . . mg%	340	345	320	323	314	335	627
Kalium . . . . . mg%	19,8	19,5	13,0	17,1	21,3	26,2	11
Calcium . . . . . mg%	6,89	9,31	7,68	9,42	7,7	10,0	4,8
Magnesium . . . . mg%	2,07	2,48	2,27	2,36			
Chlor . . . . . . mg%	442	411	363	340	376	368	387
PO_4-P . . . . . . mg%	4,34	4,50	3,46	3,52			3,7
CO_2 . . . . . Vol.-%	60,4	52,7	64,8	64,6			48

Auch Rhodan ist mit 35 bis 52 γ% nachgewiesen worden[19].

[1] POLONOVSKI, M.: Medizinische Biochemie. 5. Aufl. S. 391. Saulgau 1951. — [2] SCHAUB, F., u. A. ALDER: Schweiz. med. Wschr. **81**, 483 (1951). — [3] MENKIN, V., M. D. MATTISON and E. ULLED: Proc. Soc. exp. Biol. Med. **61**, 318 (1946). — DILLON. M. L., G. R. COOPER and V. MENKIN: Proc. Soc. exp. Biol. Med. **65**, 187 (1947). — [4] ZORN, B.: Z. ges. inn. Med. **4**, 486 (1949). — [5] LUCHERINI, T.: Arch. Farmacol. sperim. **48**, 271 (1930). — [6] PUECH, A.: Bull. Soc. Sci. méd. biol. Montpellier **7**, 170 (1926). — [7] REICHE, F.: Med. Klinik **1933 I**, 599. — [8] LUSTIG, B., u. K. FÜRST: B. Z. **215**, 286 (1929). — [9] SCHELLER, R.: M. m. W. **1926 II**, 1879. — [10] FORRAI, E., u. R. SIVÓ: B. Z. **189**, 162 (1927). — [11] CZERNECKI, W.: Jber. Fortschr. Tierchem. **39**, 820 (1910). — [12] MOSCATELLI, R.: H. **13**, 202 (1889). — [13] FLEISCHMANN, W.: B. Z. **200**, 25 (1928). — [14] WIENER, K.: B. Z. **41**, 149 (1912). — LENK, R., u. L. POLLAK: Dtsch. Arch. klin. Med. **109**, 350 (1913). — WEISS, C., A. KAPLAN and C. E. LARSON: J. biol. Ch. **125**, 247 (1938). — [15] JAKSCH, R. v.: H. **12**, 116 (1888). — BREUSING, R.: Virchows Arch. **107**, 186 (1887). — [16] ACHARD, C., J. LÉVY et M. PACU: C. R. Soc. Biol. **107**, 784 (1931). — [17] GREENE, C. H., J. L. BOLLMAN, N. M. KEITH and E. G. WAKEFIELD: J. biol. Ch. **91**, 203 (1931). — [18] Nach einer Privatmitteilung von Prof. G. FANCONI, Zürich. Bei einem Kind mit Lipoidnephrose 3—4 Liter Ascites: pH 8,4; Amino-N 2,4 (Formoltitration), Rest-N 30, Gesamtcholesterin 3,4, Harnsäure 3,1, Glucose 93 mg%. — [19] BLUM, R.: Z. klin. Med. **107**, 61 (1928).

Mineralstoffe. Die Elektrolyte verteilen sich anscheinend nach physikalisch-chemischen Gesetzmäßigkeiten[1]. Sämtliche Kationen sind gegenüber der Blutflüssigkeit vermindert. Der Chlorgehalt ist gleich, meist sogar erhöht. Dies gilt für das Transsudat ebenso wie für das Exsudat. Die Angaben über die restlichen Anionen sind uneinheitlich. Die Mineralstoffe der serösen Ergüsse werden dem Serum bzw. dem Harn entzogen[2]. Die Einzelwerte sind der vorstehenden Tabelle 211 zu entnehmen.

Bei den Hunden sind die Werte aus einem künstlich erzeugten Ascites, bei den Menschen aus dem Hydrothorax und einem Ascites ermittelt worden; sie beziehen sich auf je 100 cm³. Bei den unter „Exsudat“ angegebenen Werten handelt es sich um das Pleuraexsudat eines Tuberkulosekranken.

Gase. Transsudate enthalten neben kleinen Mengen von *Stickstoff* und Spuren von *Sauerstoff* vor allem *Kohlensäure.* Die CO_2-Spannung ist in den Transsudaten höher als im Blut. Beimengung von Eiter setzt den Gehalt an Kohlensäure herab.

β) Einzelne Ergüsse.

1. Chylöse Ergüsse.

Da in nächster Nähe der Bauch-, Brust- und Herzbeutelhöhle und der Tunica vaginalis des Hodens Lymphgefäße verlaufen, kann nach Verletzung oder krankhafter Berstung dieser Gefäße Lymphe in die Körperhöhlen ergossen werden. Man findet dann eine milchartige, trübe Flüssigkeit[3]. Ihr Aussehen ist durch die Anwesenheit von feinst verteiltem, auch mikroskopisch als kleinste Kügelchen sichtbarem Fett bedingt. Beim Stehen scheiden sich 2 Schichten ab, eine obere rahmartige, das Chylusfett, und eine untere mehr-durchsichtige, deren Zusammensetzung mehr oder weniger die einer Lymphe ist. Es werden 0,01 bis 4,3% Fette gefunden[4]. Bei einem Chylopericard 1,08% Fette, 0,33% Cholesterin und 0,18% Lecithin[5], insgesamt 10,3% feste Stoffe.

2. Pericardialflüssigkeit.

Die Menge dieser Flüssigkeit ist auch unter physiologischen Verhältnissen so groß, daß sie für eine chemische Untersuchung genügt. Sie beträgt beim Menschen 80 bis 100 cm³, vorausgesetzt, daß die beim Hund erhaltenen Untersuchungsergebnisse auf den Menschen ohne weiteres übertragen werden können. Bei Füllungsversuchen nach dem Tode ließen sich beim Menschen 150 bis 200 cm³ einbringen[6]. Bei Krankheiten wurden allerdings Mengen bis zu 3 l im Herzbeutel angetroffen. Für den Hund finden sich 0,5 bis 2,5 cm³, für das Kaninchen[7] 0,4 bis 1,9 cm³. Die Herzbeutelflüssigkeit ist klar, citronengelb, etwas klebrig. Der Gehalt an Trockenrückstand[8] beträgt 3,75 bis 4,5%, der an Eiweiß 2,3 bis 2,5%. Die Untersuchungsergebnisse der frischen Herzbeutelflüssigkeit von einem Hingerichteten sind in der folgenden Tabelle 212 zusammengestellt[9].

Fast die gleiche Zusammensetzung hatten die untersuchten Pericardialflüssigkeiten von Pferden. Lediglich an Globulin waren sie verhältnismäßig reicher[10]. Weitere Eiweißwerte von Tieren[7]: Hund 1,7%, Kaninchen 2,16%,

[1] ACHARD, C., J. LÉVY et M. PACU: C. R. Soc. Biol. **107**, 784 (1931). — [2] EISENMENGER, W. J., S. H. BLONDHEIM, A. M. BONGIOVANNI and H. G. KUNKEL: J. clin. Invest. **29**, 1491 (1950). — LAYNE, J. A., F. R. SCHEMM and W. W. HURST: Gastroenterol., Baltimore **16**, 91 (1950). — [3] GANDIN, S.: Ergebn. inn. Med. **12**, 218 (1913). — [4] LICHTWITZ, L.: Klinische Chemie. 2. Aufl. S. 631. Berlin 1930. — [5] HASEBROEK, K.: H. **12**, 289 (1888). — [6] FINEBERG, M. H.: Amer. Heart J. **11**, 748 (1936). — [7] MAURER, F. W., M. F. WARREN and C. K. DRINKER: Amer. J. Physiol. **129**, 635 (1940). — [8] HOPPE-SEYLER, F.: Physiologische Chemie. Teil III, S. 604. Berlin 1877/79. — [9] Hammarsten 11. Aufl. S. 279. 1926. — [10] HALLIBURTON, W. D.: Lehrbuch der chemischen Physiologie und Pathologie. Deutsch von KAISER, K. S. 363. Heidelberg 1893.

Tabelle 212. Zusammensetzung der normalen Herzbeutelflüssigkeit des Menschen (in g%).

Wasser	96,09		
Trockenrückstand	3,92		
Eiweiß	2,86	Fibrinogen	0,03
		Globulin	0,595
		Albumin	2,23
Lösliche Salze	0,86	NaCl	0,73
Unlösliche Salze	0,02		
Extraktivstoffe	0,20		

Affe 1,71%, Katze 2,42%, Ratte 2,07%, Hühner 3,53%, Enten 2,51%. Fibrinogen ist vorhanden. Der Albumin-Globulin-Quotient ist verschieden. Der *Salzgehalt* beträgt 0,76 bis 0,87%, das Kochsalz überwiegt bei weitem und liegt in derselben Menge wie in der Lymphe vor. Milchsäure[1], Kreatin (0,6 bis 1 mg%)[2] (beim Seewal) und Kreatinin (3,1 bis 3,8 mg%) wurden ebenfalls nachgewiesen. Eingehende Analyse der Pericardialflüssigkeit des Wals s. [2]. Die Herzbeutelflüssigkeit eignet sich recht gut zum Blutgruppennachweis an Leichen[3].

3. Pleuraflüssigkeit.

Sie kommt unter physiologischen Verhältnissen in so geringer Menge vor, daß sie für eine vollständige chemische Untersuchung bis jetzt nicht ausreicht. Bei Krankheiten kann die Menge erheblich zunehmen, allerdings zeigt die Flüssigkeit dann eine sehr wechselnde Beschaffenheit, so daß sie zur Beurteilung der normalen Verhältnisse nicht herangezogen werden kann. Das Aussehen, die Eigenschaften und die Zusammensetzung sind bereits in dem allgemeinen Teil „Transsudate und Exsudate" (s. S. 557) beschrieben worden. An Fermenten wurden Esterase und Lipase nachgewiesen[4]. Der *Hydrothorax* ist eine nicht entzündliche Flüssigkeitsansammlung im Pleuraraum, die sich grundsätzlich hinsichtlich ihrer Entstehung und ihrer Beschaffenheit von der bei der Pleuritis exsudativa auftretenden unterscheidet. Das spezifische Gewicht ist unter 1,015, geringer Gehalt an Fibrinogen und Zellen sind für dieses Transsudat kennzeichnend.

Hämothorax (Blutansammlung in der Pleurahöhle). Im Gegensatz zur hämorrhagischen Pleuritis besteht die Flüssigkeit zunächst aus reinem Blut. Der Eiweißgehalt der Punktionsflüssigkeit beim Hämothorax beträgt meist nur $^1/_2$ bis $^2/_3$ desjenigen des Blutes. Diese Verminderung des Gesamteiweißes geht im wesentlichen auf Kosten des Globulins. Das Fibrinogen wird durch das Thrombin in Fibrin umgewandelt und liegt z. T. der Pleura auf, z. T. wird es abgebaut, und z. T. bleibt es frei in der Pleurahöhle. Daher gerinnt das Punktat in den allermeisten Fällen nicht. Die Zusammensetzung verschiedener Punktate ist aus der folgenden Tabelle 213 zu ersehen; zum Vergleich sind teilweise die entsprechenden Blutwerte angeführt.

4. Peritonealflüssigkeit.

Ihre Menge ist unter gewöhnlichen Bedingungen sehr gering. Bei verschiedenen Tieren[5] fanden sich 0 bis 75 cm³. Es finden sich nur Angaben in der Literatur über krankhaft oder künstlich vermehrte Ascitesflüssigkeit, die naturgemäß starken Schwankungen unterworfen ist; sie kann beim Menschen bis

[1] Külz, C.: Z. Biol. **32**, 252 (1895). — [2] Sudzuki, M.: Tohoku J. exp. Med. **2**, 355 (1921). — [3] Holzer, F. J.: Kli. Wo. **1929 II**, 2427. — [4] Cattaneo, C., u. G. Scoz: Kli. Wo. **1936 II**, 1912. — [5] Maurer, F. W., M. F. Warren and C. K. Drinker: Amer. J. Physiol. **129**, 635 (1940).

Tabelle 213. Zusammensetzung von Blut und Hämothorax.

	Blut[1]	Punktat[1]	Blut[1]	Punktat[1]		Blut[2]	Punktat[2]	Pleurahämothorax[2]
				a	b			
Hämoglobin . . . %	60	90	80	89	68,			
Erythrocyten, Millionen .	2,3	4,98	4,43	3,3	1,8			
Gesamteiweiß-N . mg%	1040—1200	694	1135	570	—	1248*	658	1370*
Albumin-N . . mg%	460—670	558	677	384	607	539	—	932
Globulin-N . . mg%	120—150	74	328	186	—	496	—	508
Rest-N . . . . mg%	21	28	30	27	—	25	27	83—86
Harnstoff-N . . mg%						13		74—76
Harnsäure-N . mg%			2,01	4,15	—	—	1,81	—
Zucker. . . . . . mg%							95	
Bilirubin								
direkt	0	+	0	0	—	0	0	0
indirekt . . . mg%	0,73	19,16	0,18	0,80	—	0,21	2,5	5,4
NaCl . . . . . . mg%	598	580	610	580	—	560	572	520
Ca . . . . mg%						10,00		10,4

* auf Gesamt-Eiweiß = 7,8% bzw. 8,6% berechnet.

auf 25 *l* ansteigen; es kann Galle und Harn beigemengt sein. Bei Pferden wurden bis 170 *l*, bei Hunden bis 20 *l* gefunden[3]. Bei allgemeinem Kräfteverfall und hydrämischer Blutbeschaffenheit ist die Flüssigkeit wenig gefärbt, milchig opalescierend, wasserdünn und fast frei von Formelementen und nicht von selbst gerinnend; spezifisches Gewicht 1,006 bis 1,015. Auch bei Pfortader- oder allgemeiner venöser Stauung zeigt die Bauchhöhlenflüssigkeit ein niedriges spezifisches Gewicht und enthält gewöhnlich weniger als 2% Eiweiß. Beim Hund wurden 2,61%, beim Kaninchen 1,53% gefunden[4]. Die Peritonealflüssigkeit enthält Fibrinogen, verhält sich aber sonst wie ein Transsudat. Bei entzündlichen Vorgängen, bei Geschwulstbildungen kann die Flüssigkeit ihr Aussehen ändern und trüb, schmutziggrau werden, dann steigt auch das spezifische Gewicht, der Gehalt an festen Stoffen nimmt zu, und die Flüssigkeit gerinnt oft von selbst. Je nach dem Entzündungsgrad und der Beimischung von Formbestandteilen erscheint sie dann stroh- oder citronengelb, durch Leukocyten getrübt oder sogar eiterähnlich und durch Erythrocyten rötlich gefärbt. Sie gerinnt von selbst und kann verhältnismäßig reich an festen Stoffen sein; z. B. enthält sie dann 3% und mehr Eiweiß. Das spezifische Gewicht übersteigt 1,030. Durch Bersten eines Chylusgefäßes kann die Bauchhöhlenflüssigkeit reich an fein verteiltem Fett (chylös) werden. Bei der Maus stammt die Hauptmenge des Ascites aus dem Blutserum[5].

Die Bestandteile und deren Menge können aus Tabelle 211, S. 560, entnommen werden.

Differentialdiagnostisch ist bei akuter Pankreatitis der Amylasegehalt von Bedeutung[6].

5. Hydrocele- und Spermatocele-Flüssigkeit.

Sie unterscheiden sich in verschiedener Hinsicht wesentlich voneinander. *Hydrocele-Flüssigkeiten* (Flüssigkeitsansammlungen in der Scheidehaut des Ho-

[1] BAUER, H.: Z. ges. exp. Med. **107**, 321 (1940). — [2] DIRR, K., u. E. KLEMM: Z. ges. exp. Med. **107**, 338 (1940). — [3] MAREK, J., R. MANNINGER u. J. v. MÓCSY: Spezielle Pathologie und Therapie der Haustiere. 9. Aufl. Bd. 2, S. 332. Jena 1945. — [4] MAURER, F. W., M. F. WARREN and C. K. DRINKER: Amer. J. Physiol. **129**, 635 (1940). — [5] MASCHMANN, E.: B. Z. **311**, 374 (1941/42). — [6] KEITH, L. M. jr., R. M. ZOLLINGER and R. S. MCCLEERY: Arch. Surg. **61**, 930 (1950). — SCOTT, O. B., and H. N. HARKINS: West. J. Surg. **59**, 619 (1951).

dens zwischen den beiden Blättern der Tunica vaginalis propria) sind regelmäßig dünnflüssig und heller oder dunkler gelb, bisweilen bräunlich mit einem Stich ins grünliche gefärbt. Sie haben ein verhältnismäßig hohes spezifisches Gewicht von 1,016 bis 1,026 mit einem wechselnden, aber im allgemeinen verhältnismäßig hohen Gehalt an festen Stoffen, im Mittel 6%. Sie gerinnen in einzelnen Fällen nicht, bisweilen von selbst, bisweilen erst nach Zusatz von Blutserum, Chloroform oder gar erst nach Zusatz beider Stoffe[1]. Die Gerinnung wird durch ein Ferment ausgelöst. Als Formbestandteile enthalten sie hauptsächlich *Leukocyten*, bisweilen findet man auch kleinere oder größere Mengen von *Cholesterinkrystallen*. Außer den bei den Ergüssen genannten Verbindungen können Bernsteinsäure und Inosit vorkommen; auch Harnstoff wurde gefunden. Feste Bestandteile schwanken zwischen 2,3 und 10,9%, davon 10% Fibrin, 0,1 bis 0,5% Cholesterin und 0,7 bis 0,9% Salze[2].

Die Spermatocelen-Flüssigkeiten, die sich in Cysten am Hoden vorfinden, sind dagegen in der Regel farblos, dünnflüssig, trübe, molkeähnlich, bisweilen reagieren sie schwach sauer. Sie haben ein niedriges spezifisches Gewicht von 1,002 bis 1,010, daher auch nur $^1/_3$% Trockenrückstand; sie gerinnen weder spontan noch nach Zusatz von Blut. Sie sind arm an Eiweiß; als Formbestandteile enthalten sie Spermatozoen, Zelltrümmer und Fettkörnchen. Die Zusammensetzung beider Flüssigkeiten ist in Tabelle 214 zusammengefaßt (Mittelwerte aus den Untersuchungen von 17 Hydrocele- und 4 Spermatocele-Flüssigkeiten[3]).

Tabelle 214.
Zusammensetzung von Hydrocele- und Spermatocele-Flüssigkeit (in g%)[3].

	Hydrocele	Spermatocele
Wasser	94	99
Trockenrückstand	6	1
Fibrin	0,06	—
Globulin	1,35	0,06
Serumalbumin	3,60	0,18
Ätherlösliches (Fett, Lecithin, Cholesterin)	0,40	1,08
Salze	0,93	—

In der Spermatocele-Flüssigkeit fehlt Glucose, der Eiweißgehalt liegt meist unter 1%. Von anorganischen Bestandteilen wurden Calcium mit 7,9 bis 11,0 mg%, Chloride mit 440 bis 530 mg%, Gesamtphosphor mit 1,0 bis 1,8 mg% gefunden. Auffallend ist das Fehlen jeglichen säurelöslichen Phosphors und damit des anorganischen Phosphates[4].

c) Liquor cerebrospinalis[5–20].

α) Allgemeines.

Bildung. Der Liquor cerebrospinalis — beim erwachsenen Menschen etwa 100 bis 250 cm³ — wird aus dem Blut gebildet und hauptsächlich von den

[1] Lisbonne, M.: C. R. Soc. Biol. **104**, 381, 383 (1930). — [2] Polonovski, M.: Medizinische Biochemie. 5. Aufl. S. 391. Saulgau 1951. — [3] Hammarsten, O.: Jber. Fortschr. Tierchem. **8**, 347 (1879). — [4] Huggins, C. B., and A. A. Johnson: Amer. J. Physiol. **103**, 574 (1933).

Zusammenfassendes über Liquor cerebrospinalis: 5—20. [5] Kafka, V.: Die Cerebrospinalflüssigkeit. Leipzig, Wien 1930. — [6] Meyer, H. H.: Der Liquor, Untersuchung und Diagnostik. Berlin, Göttingen, Heidelberg 1949. — [7] Plaut, F.: Handb. Physiol. **10**, 1179—1231 (1927). — [8] Flexner, L. B.: The chemistry and the nature of cerebrospinal fluid. Physiol. Rev. **14**, 161 (1934). — [9] Demme, H.: Die Liquordiagnostik in Klinik und Praxis. 2. Aufl. München, Berlin 1950. — [10] Müller-Seifert 64. Aufl. S. 272. — [11] Kafka, V.: Taschenbuch der praktischen Untersuchungsmethoden der Körperflüssigkeiten bei Nerven- und

Plexus chorioidei abgesondert und in das Ventrikelsystem abgegeben. Er wird postmortal schnell resorbiert. Der weitere Weg geht über die Foramina interventricularia (MONROI), den dritten Ventrikel, den Aquädukt, den vierten Ventrikel, die *Foramina* LUSCHKAE und das *Foramen* MAGENDII in die basalen Cysternen. Von dort tritt der Liquor in die subarachnoidalen Räume des Gehirnes und des Rückenmarkes über[1, 2]. Der größte Teil des Liquors findet sich im Schädelraum, er steht zwar in Verbindung mit dem Rückenmarkskanal, es ist aber kein Liquorstrom wie etwa in den Lymphgefäßen vorhanden, sondern höchstens eine Zirkulation innerhalb des gegebenen Raumes, von welchem aus an allen Oberflächen ein Austausch der Stoffwechselprodukte stattfindet. An der Bildung des Liquors dürften auch das Ependym und vor allem die Capillaren der Pia beteiligt sein. Die *Resorption* des Liquors, der Übergang in das Venen- und Lymphsystem, erfolgt durch die von der Arachnoidea gebildeten und in die venösen Blutsinus vorquellenden Zotten (PACCHIONIsche Granulationen). Der Übergang geschieht durch Diffusion; er kann auch längs der peri- und endoneuralen Lymphbahnen der Hirnnerven und der spinalen Nervenwurzeln vor sich gehen. Von dort aus gelangt der Liquor dann in das allgemeine Lymphsystem des Körpers. Bei der Bildung der Cerebrospinalflüssigkeit wirken die Plexuszellen nicht nur als Dialysiermembran, sondern besitzen echte sekretorische Eigenschaften[3, 4].

Zur Untersuchung. Einzelheiten von Technik und Untersuchungsverfahren sind den klinischen Werken zu entnehmen[2, 3, 5–11]. Zur Entnahme des Liquors stehen drei Möglichkeiten offen:

1. aus dem Arachnoidalsack zwischen dem 3. und 4. Lendenwirbel,
2. durch Suboccipital-(Cysternen)-Punktion am oberen Rande des Processus spinosus des Epistropheus in die Cysterna cerebelli medullaris und
3. durch Ventrikelpunktion.

Im Säuglingsalter können die Seitenventrikel von der großen Fontanelle aus punktiert werden. In der Regel wird die Cerebrospinalflüssigkeit durch Lumbal- oder Cysternenpunktion entnommen, während die Ventrikelpunktion für diagnostische Zwecke nur in besonderen Fällen in Frage kommt.

Geisteskrankheiten. 5. Aufl. Basel, New York 1948. — [12] LÜTHY, F.: Liquor cerebrospinalis. Handb. inn. Med. (BERGMANN-FREY-SCHWIEGK) 4. Aufl. **5**/1, 1048—1084. — [13] BÜRGER, M.: Einführung in die pathologische Physiologie. 4. Aufl. S. 42/43. Leipzig 1952. — [14] GUTTMANN, L.: Physiologie und Pathologie der Liquormechanik und Liquordynamik. Handb. Neurol. (BUMKE-FOERSTER) **7**/2, 1—114 (1936). — [15] WALTER, F. K.: Die Blut-Liquorschranke, eine physiologische und klinische Studie. Leipzig 1929. — [16] BENNHOLD, H.: Das Problem der Blut-Liquor-Schranke. Kli. Wo. **1933 II**, 1825. — [17] ROEDER, F., u. O. REHM: Die Cerebrospinalflüssigkeit. Berlin 1942. — [18] CHRISTOFFEL, H.: Zur Geschichte der Liquorforschung. Schweiz. med. Wschr. **74**, 339 (1944). — [19] MERRITT, K. K., and F. FREMONT-SMITH: The Cerebrospinal Fluid. Philadelphia, London 1938. — [20] KATZENELBOGEN, S.: The Cerebrospinal Fluid and its Relation to the Blood. Baltimore 1935.

[1] GUTTMANN, L.: Handb. Neurol. (BUMKE-FOERSTER) **7**/2, 1—114 (1936). — [2] ROEDER, F., u. O. REHM: Die Cerebrospinalflüssigkeit. Berlin 1942. — [3] DEMME, H.: Die Liquordiagnostik in Klinik und Praxis. 2. Aufl. München, Berlin 1950. — [4] FLEXNER, L. B.: Some problems of the origin, circulation and absorption of the cerebrospinal fluid. Quart. Rev. Biol. **8**, 397 (1933). — SCHALTENBRAND, G.: Dtsch. Z. Nervenheilkde. **140**, 67 (1936). — [5] KAFKA, V.: Die Cerebrospinalflüssigkeit. Leipzig, Wien 1930. — [6] MEYER, H. H.: Der Liquor, Untersuchung und Diagnostik. Berlin, Göttingen, Heidelberg 1949. — [7] PLAUT, F.: Handb. Physiol. **10**, 1179—1231 (1927). — [8] FLEXNER, L. B.: The chemistry and the nature of cerebrospinal fluid. Physiol. Rev. **14**, 161 (1934). — [9] Müller-Seifert 64. Aufl. S. 272. — [10] KAFKA, V:. Taschenbuch der praktischen Untersuchungsmethoden der Körperflüssigkeiten bei Nerven- und Geisteskrankheiten. 5. Aufl. Basel, New York 1948. — [11] GLEISS, J., u. K. HINSBERG: Arch. Kinderheilkde. **139**, 65 (1950).

β) Eigenschaften.

Der Liquor ist eine dünnflüssige, wasserklare Flüssigkeit (in der ersten bis dritten Lebenswoche enthält er fakultativ Xanthochrom) von schwach salzigem Geschmack; sein spezifisches Gewicht beträgt 1,006 bis 1,007, beim Hund 1,0065 bis 1,009[1]. Die Reaktion ist schwach alkalisch[2], p_H 7,4 bis 7,6, beim Hund[1] von 7,6 bis 7,8. Bei Meningitis[3] finden sich Werte von 7,00 bis 7,39.

Die Oberflächenspannung des normalen Liquors direkt gemessen beträgt 63,6 Dyn. Erst bei einer Verdünnung von 1 : 512 wird der Wasserwert mit 74 Dyn erreicht. Bleibt der Liquor einige Zeit stehen, so nimmt die Oberflächenspannung ab, und man erhält den stationären Wert von 61,5 $\pm$ 0,75 Dyn; der Wasserwert wird jetzt bei einer Verdünnung von 1 : 1024 erreicht. Bei Meningitis ist die Oberflächenspannung auf 56 bis 60 Dyn erniedrigt. Dieser Wert soll zu Differentialdiagnosen zwischen Meningitis und Meningismus verwertbar sein. Bei anderen Krankheiten ist die Oberflächenspannung nicht wesentlich verändert, bei einigen Fällen von Arteriosklerose wird der Wasserwert schon bei einer Verdünnung von 1 : 256 erreicht. Der Liquor aus der Cysterne ist oberflächenaktiver als der Lumballiquor[4]. Die Oberflächenspannung nimmt proportional der Temperatur ab, ergibt aber nach Wiedererwärmen andere Werte[4].

Die Gefrierpunktserniedrigung beträgt beim Menschen 0,565°[5], beim Hund 0,61°[1], sie entspricht also der des Blutes, beim Haifisch 2,016°[6].

Bei Krankheiten, besonders bei akuten Entzündungen der Hirnhäute kann der Liquor trüb sein und beim Stehen Flöckchen absetzen. Dies kann durch grob disperse Eiweißstoffe bedingt sein, oder es ist der *Zellgehalt,* der gewöhnlich Null bis $^8/_3$, höchstens $^{15}/_3$, Zellen im mm³ beträgt, erheblich vermehrt*. Die U. V.-Absorption liegt zwischen 2277 und 2300 Å[7]; bei Schizophrenie sollen typische Banden bei 2650 bis 2750 Å in Abhängigkeit vom Eiweißgehalt auftreten[8].

Setzen sich beim Stehen spinnwebartige Flöckchen ab, so sind Eiweiß und Zellgehalt vermehrt. Betrifft der Anstieg nur das Eiweiß, so kommt es nur zu einem gallertartigen Gerinnsel (Koagulation). Die Zellzählung ergibt verschiedene Werte, je nachdem wieviel Zeit seit der Entnahme verstrichen ist und je nach der Höhe der Entnahmestelle[9]. Ist die Cerebrospinalflüssigkeit gelb gefärbt (Xanthochromasie), so ist dies die Folge einer Beimengung von Blutfarbstoff und Bilirubin, die bei einem Gesunden nicht anzutreffen sind.

Die täglich neugebildete *Liquormenge* wird mit einem halben Liter angegeben[10]. Der lumbale *Liquordruck* entspricht einer Wassersäule von 60 bis 200 mm bei Horizontallage, im Sitzen von 250 bis 300 mm[9]. Bei Kindern sind die Werte etwas niedriger.

---

* In der Zählkammer von Fuchs-Rosenthal zählt man 16 Quadrate aus, die einen Raum von 3,2 mm³ einnehmen. Man muß daher, um auf 1 mm³ Liquor umzurechnen, die Zahl der Zellen durch 3,2, abgerundet 3, dividieren und wegen der Verdünnung mit $^{11}/_{10}$ multiplizieren. In einigen Krankenhäusern hat es sich eingebürgert, die Rechnung zu unterlassen und einfach den Bruch, z. B. $^8/_3$, hinzuschreiben.

[1] Pegreffi, G., e C. Doria: Nuova veterin. **15**, 363, 389 (1937) [Ber. Physiol. **106**, 255]. — [2] Manzini, C., e P. Caramazza: Policlinico Sez. med., **39**, 1 (1932). — [3] Ceruti e Maestri: Boll. Soc. ital. Biol. sperim. **9**, 896 (1934). — [4] Künzel, O.: Ergebn. inn. Med. **60**, 565 (1941). Dtsch. Z. Nervenheilkde **139**, 265 (1936). — [5] Fremont-Smith, F., G. W. Thomas, M. E. Dailey and M. P. Carroll: Brain **54**, 303 (1931). — [6] Kaieda, J.: H. **188**, 193 (1930). — [7] Karczag, L., u. M. Hanák: B. Z. **245**, 166 (1932). — Païc, M.: C. R. Soc. Biol. **122**, 1029 (1936). — Veraguth, O., u. G. Opitz: Dtsch. Z. Nervenheilkde **84**, 114 (1925). — [8] Spiegel-Adolf, M.: J. nerv. mental. Dis. **89**, 311 (1939). — Spiegel-Adolf, M., H. T. Wycis and E. A. Spiegel: Science, N. Y. **109**, 335 (1949). — [9] Roeder, F., u. O. Rehm: Die Cerebrospinalflüssigkeit. Berlin 1942. — [10] Sjöqvist, O.: Zbl. Neurochir. **2**, 8 (1937).

γ) Chemische Zusammensetzung.

Die Zusammensetzung des Liquors kann je nach der Höhe der Entnahmestelle in gewissen Grenzen schwanken; so ist z. B. hinsichtlich der Zellzahl ein langsamer Anstieg vom Ventrikel (Nullzellen) bis zur Lumbalgegend bis zu 8 Zellen zu beobachten. Ferner ist der Gehalt an Eiweiß, Fett und Lipoiden im Ventrikelliquor sehr gering, im Liquor der Cysterne höher und in der Lumbalflüssigkeit am höchsten. Eine Übersicht gibt die folgende Tabelle:

Tabelle 215.
Zusammensetzung des Liquors an verschiedenen Entnahmestellen[1].

	Gesamteiweiß	Globulin	Albumin	Zucker	Zellen
	mg%				
Ventrikelpunktion	10—16	1—4	8—14	50—90	0/3—2/3
Cysternenpunktion	16—20	1—6	14—16	59—68	0/3—4/3
Lumbalpunktion	16—24	2—6	14—18	55—65	0/3—8/3

An festen Bestandteilen findet man etwa 1%, davon sind 0,8% anorganische Salze; der Rest ist organischer Natur[2]. Die Menge und die Art der Bestandteile kann bei Krankheiten starken Schwankungen unterliegen.

Die Alkalireserve ist im Liquor immer niedriger als im Plasma; sie beträgt im Durchschnitt[3] 47 (43 bis 50 Vol.-% CO_2), bei Säuglingen[4] 48,6 (40,4 bis 54), bei Kindern[5] 50,7 Vol.-% CO_2.

Der Eiweißgehalt der Rückenmarksflüssigkeit liegt bei Gesunden[6] zwischen 19 und 28 mg% und entspricht etwa $^1/_{400}$ bis $^1/_{200}$ des Bluteiweißgehaltes; während im frühkindlichen Liquor sehr hohe Eiweißwerte gefunden werden (Säuglinge der ersten Wochen 15 bis 104, im ersten Monat 25 bis 28, im dritten Monat 26 mg% Eiweiß), sind im Greisenalter die Mengen viel niedriger[7]. Das Gesamteiweiß (im Mittel 25 mg%) besteht zu $^4/_5$ aus Albuminen (Mittel 20,8 mg%), der Rest, im Mittel 4,9 mg%, aus Globulinen. Der Eiweißgehalt des Hundeliquors beträgt 1 bis 30 mg %[8].

Bei organischen Erkrankungen des ZNS findet sich häufig ein Anstieg sowohl des gesamten Eiweißes, als auch seiner einzelnen Anteile. An Gesamt-N wurden Werte bis zu 950 mg% angetroffen[9]. Fibrinogen und Euglobulin fehlen beim Gesunden. In pathologischem Liquor kann aber Fibrinogen erscheinen und dann bei bestimmten Krankheitsformen ein Fibrinnetz ausfallen[10]. Im Liquor des Neugeborenen sind Euglobulin und Fibrinogen in meßbarer Menge nachweisbar[11]. Die elektrophoretische Untersuchung an den Liquorproteinen ergab, daß die Globuline keine molekulare Lösung darstellen, sondern Molekülaggregate bilden; bei Nervenkrankheiten führt dies häufig zu Haufenbildung[12]. Nach elektrophoretischen Untersuchungen finden sich im Liquor alle Eiweißfraktionen des Serums, darüber

---

[1] ROEDER, F., u. O. REHM: Die Cerebrospinalflüssigkeit. Berlin 1942. — [2] SIEBURG, E.: H. **86**, 503 (1913). — [3] MANZINI, C., e P. CARAMAZZA: Policlinico (Sez. med.) **39**, 1 (1932). — [4] TANAKA, T., and S. OKUDA: J. orient. Med. **27**, 133 (1937) [Ber. Physiol. **105**, 589]. — [5] MOSCHINI, S.: Pediatria, Riv. **43**, 407 (1935). — [6] DEMME, H.: Die Liquordiagnostik in Klinik und Praxis. 2. Aufl. München, Berlin 1950. — [7] VRÁNOVÁ, B.: Čas. Lék. čes. **1939**, 709 [Ber. Physiol. **124**, 607]. — RIEBELING, C.: Z. ges. Neurol. Psychiatr. **167**, 133 (1939). — [8] PEGREFFI, G., e C. DORIA: Nuova veterin. **15**, 363, 389 (1937) [Ber. Physiol. **106**, 255]. — [9] GERHARTZ, H.: Handb. Biochem. **4**, 174 (1925); Erg.-W. **2**, 119 (1934). — [10] UJSÁGHY, P.: B. Z. **307**, 264 (1940/41). — [11] UJSÁGHY, P.: Mschr. Kinderheilkde. **66**, 137 (1936). — RIEBELING, C.: Z. ges. Neurol. Psychiatr. **167**, 133 (1939). — WOISKI, J. R., J. B. DOS REIS u. H. E. V. DE BARROS: Arq. Neuro-Psiquiatr., São Paulo **7**, 264 (1949). — [12] HELLWIG, C. A., R. L. DRAKE, H. W. VOTH and J. E. BLEICHER: Amer. J. clin. Path. **18**, 852 (1948). — KABAT, E. A., D. H. MOORE and H. LANDOW: J. clin. Invest. **21**, 571 (1942).

hinaus zwei weitere im Serum nicht beobachtete, von denen das sog. *Präalbumin* bemerkenswert ist[1].

Diagnostisch ist der *Eiweißquotient*, das Verhältnis von Globulin zu Albumin, wichtig. Er beträgt etwa $^1/_4$ (0,23)[2]. Bei manchen Krankheiten steigt der Globulingehalt an.

Kritische Zusammenstellung über die quantitative Bestimmung des Gesamteiweißes s. [3].

Für klinische Untersuchungen werden die PANDYsche und die NONNE-APPELTsche Reaktion viel gebraucht. Sie werden besonders dann angewandt, wenn wegen geringer Liquormengen eine quantitative Bestimmung von Albuminen und Globulinen schwierig ist. Außer den beiden genannten Verfahren ist eine Anzahl von Kolloidreaktionen vorgeschlagen worden. Die bekanntesten sind *Goldsol*- und *Mastixreaktion*. Einzelheiten, Ausführung und diagnostische Auswertung[4—6].

Die NONNE-APPELTsche Reaktion zeigt eine über das gewöhnliche Maß gehende *Vermehrung der Globuline* bei über 50 mg% Gesamteiweiß an, wenn der Liquor auf Zusatz der gleichen Menge gesättigter Ammonsulfatlösung eine Trübung erkennen läßt. Die PANDYsche Reaktion spricht auch bei einer starken Albuminzunahme an und ist als eine Reaktion auf Gesamteiweiß anzusehen. (Eiweißfällung durch eine gesättigte wäßrige Phenollösung.)

Peptide werden in einer Menge von 0,4 bis 1 mg% angetroffen[7], bei gesteigertem Eiweißzerfall, z. B. bei toxischer Meningitis, sind sie vermehrt[7, 8].

Vom *Gesamt*-N[9] (10 bis 25 mg%) entfallen 10 bis 17 mg% auf den Rest-N, davon 1,5 bis 3 mg% auf den Aminosäure-N, was 15 bis 30% des Serumwertes entspricht[10]. Das Verhältnis Rest-N : Gesamt-N ist im Liquor 1 : 1, im Blutserum[11] 1:200. Bei Kindern[12] beträgt der Aminosäure-N 0,9 bis 1,4 mg%, bei Kaninchen[13] 1,82 mg%. Pathologische Vermehrung bis 9,7 mg%[14] ohne Beziehung zum Rest-N. Biologische Bestimmung der einzelnen Aminosäuren s. Tabelle 216.

Tabelle 216. Freie Aminosäuren im Liquor cerebrospinalis (in γ/cm^3)[15].

Mittelwerte und Abweichungen	Arginin	Histidin	Isoleucin	Leucin	Lysin	Phenylalanin	Threonin	Tyrosin	Valin	Methionin	Cystin
16 Nichtepileptiker	5,7	1,7	1,04	1,3	2,8	1,9	2,8	1,9	2,1	0,39	1,8
±	1,3	0,2	0,5	0,2	1,0	0,5	0,6	0,6	0,7	0,08	0,4
10 Epileptiker . .	6,6	1,8	0,87	1,4	2,6	2,0	2,9	2,2	2,0	0,42	2,1
±	0,7	0,3	0,4	0,2	0,7	0,6	0,7	0,5	0,5	0,07	0,4
alte Patienten . .	5,0	1,7	0,68	1,2	2,4	1,8	2,7	2,4	1,6	0,36	1,2
junge Patienten .	2,6	0,7	0,41	0,81	1,4	0,80	1,30	1,11	1,1	0,20	0,60

Zwischen Epileptikern und Nichtepileptikern konnte ein sicherer Unterschied nicht gefunden werden.

[1] EWERBECK, H.: Kli. Wo. **1950**, 692. — FISK, A. A., A. CHANUTIN and W. O. KLINGMAN: Proc. Soc. exp. Biol. Med. **78**, 1 (1951). — ESSER, H., F. HEINZLER u. H. WILD: Kli. Wo. **1952**, 228. — BÜCHER, T., D. MATZELT u. D. PETTE: Kli. Wo. **1952**, 325. — [2] SALMINEN, Y. V.: Finska Läk.-Sällsk. Handl. **75**, 1041 (1933) [Ber. Physiol. **81**, 139]. — [3] LINDENMEYER, E.: Diss. med. Zürich 1944. Mschr. Psychiatr. Neurol. **109**, 57 (1944). — GLEISS, J., u. K. HINSBERG: Arch. Kinderheilkde. **139**, 65 (1950). — KAFKA, V.: Geschichte der Eiweißforschung über die Cerebrospinalflüssigkeit. Acta psychiatr. neurol., København **21**, 857 (1946). — WIKOFF, H. L., and P. KAZDAN: Amer. J. clin. Path. **21**, 1173 (1951). — BAUER, H., u. I. ANGELSTEIN: Kli. Wo. **1952**, 277. — [4] SCHMITT, W.: Kolloidreaktionen der Rückenmarksflüssigkeit. Dresden, Leipzig 1932. — Müller-Seifert 66. Aufl. 282 ff. Hallmann S. 251 ff. 6. Aufl. — s. S. 566[9]. — [5] HINSBERG, K., u. J. GLEISS: Kli. Wo. **1950**, 444. — KAFKA, V.: Schweiz. med. Wschr. **75**, 174 (1945). Mschr. Psychiatr. Neurol. **110**, 325 (1945). — ROEDER, F.: Z. ges. Neurol. Psychiatr. **159**, 163 (1937). — ABELIN, I.: Schweiz. med. Wschr. **73**, 332 (1943). — [6] DEMME, H.: Die Liquordiagnostik in Klinik und Praxis. 2. Aufl. München, Berlin 1950. — [7] FIESSINGER, N., L. MICHAUX et M. HERBAIN:

Tabelle 217. Aminosäuregehalt in Plasma und Liquor.

Aminosäuren	Freie Aminosäuren: Mittelwerte und Abweichungen mg %		Verhältnis Plasma/Liquor	Liquoreiweiß mg %
	Liquor	Plasma		
Arginin	0,60 ± 0,14	2,3 ± 0,6	4	0,54
Histidin	0,17 ± 0,05	1,4 ± 0,2	8	0,52
Isoleucin	0,10 ± 0,05	1,6 ± 0,3	15	0,18
Leucin	0,14 ± 0,02	2,0 ± 0,3	15	0,62
Lysin	0,28 ± 0,08	2,9 ± 0,4	10	1,31
Phenylalanin	0,19 ± 0,07	1,4 ± 0,3	8	0,32
Threonin	0,28 ± 0,09	2,0 ± 0,4	7	0,41
Tyrosin	0,20 ± 0,07	1,5 ± 0,4	8	0,2
Valin	0,21 ± 0,05	2,8 ± 0,3	14	0,50

Je nach dem Eiweißgehalt enthält der Liquor verschiedene Mengen *Tryptophan*[1]. DEMME[2] gibt für den Gesamt-N 15,7 bis 21,9 mg%, für den Rest-N 12 bis 20 mg%, für Harnstoff-N 6 bis 15 mg% an. Der *Harnstoff* ist ein regelmäßiger Bestandteil der Rückenmarksflüssigkeit, seine Menge ist etwas kleiner als im Serum. Als Nüchternwerte[3] gelten für den Liquor 11,7 (6,45 bis 17), für das Serum 15,2 (8 bis 22,3) mg% Harnstoff-N. Bei Krankheiten, die mit einer Stickstoffretention einhergehen, wie z. B. bei der Urämie, oder bei schweren Niereninsuffizienzen, ist auch im Liquor der Harnstoff beträchtlich erhöht und kann den Serumwert überschreiten[4]. In schweren Fällen findet man auch *Indikan* und *Phenol*. Harnstoffgehalt im Liquor säugender Kälber[5] 40 bis 180 mg%, meist 60 bis 80 mg% Harnstoff. Im *Blut* sind gleichzeitig 75 bis 256 mg%, im Mittel 150 mg% vorhanden[5]. Der frische Liquor enthält gewöhnlich fast kein *Ammoniak* (0,01 mg%), bei Erregungszuständen und Krankheiten[6] finden sich Werte bis zu 0,5 mg% NH_3-N, keine Erhöhung bei Elektroschock[7], aber sekundäre Abspaltung aus Glutaminsäure bei Verunreinigung mit Blut[8]. *Harnsäure* (0,4 bis 1 mg%) wird regelmäßig gefunden; der Wert kann sich bei Vermehrung der Harnsäure im Blut beinahe mit dem des Blutes decken[7] und bis 13 mg% ansteigen[9]. Im Liquor von Paralytikern ist die Harnsäure nicht erhöht. An weiteren N-haltigen Verbindungen kommen regelmäßig Kreatinin (0,6 bis 1,4 mg%) und Kreatin (0,46 bis 1,87 mg%) vor[10].

C. R. Soc. Biol. **103**, 1099 (1930). — STANKIEWICZ, R., et F. SIENICKI: Rev. franç. Pédiatr. **14**, 28 (1938) [Ber. Physiol. **112**, 428]. — [8] PRUNELL, A.: Bull. Soc. Chim. biol. **17**, 1378 (1935). — [9] PFAUNDLER, M.: Jb. Kinderheilkde. (N. F.) **49**, 264 (1899). — NAWRATZKI, E.: H. **23**, 532 (1897). — BISGAARD, A.: B. Z. **58**, 1 (1914). — [10] LICKINT, F.: Z. ges. Neurol. Psychiatr. **120**, 148 (1929). — s. a. HALPERN, F.: Z. ges. Neurol. Psychiatr. **121**, 283 (1929). — Hallmann 6. Aufl. S. 442. — [11] ABELIN, I.: Schweiz. med. Wschr. **73**, 332 (1943). — [12] LÁNG, S., u. I. LÉVAY: Orv. Hetil. **193**, 45 (R.) [WALTER, F. K.: Fortschr. Neurol. **4**, 253 (1932)]. — [13] KASAHARA, M., u. T. SHINGU: Z. ges. exp. Med. **74**, 698 (1930). — [14] LICKINT, F.: Arch. Psychiatr. Nervenkrankh. **186**, 198 (1951). — [15] SOLOMON, J. D., S. W. HIER and O. BERGEIM: J. biol. Ch. **171**, 695 (1947).

[1] WALKER, B. S., and F. H. SLEEPER: J. Lab. clin. Med. **12**, 1048 (1927). — [2] DEMME, H.: Die Liquordiagnostik in Klinik und Praxis. 2. Aufl. München, Berlin 1951. — [3] STRAUBE, G., u. R. HOFMANN: Kli. Wo. **1934 II**, 1377. — [4] MADONICK, M. J., K. BERKE and J. SCHIFFER: Arch. Neurol. Psychiatry **64**, 431 (1950). — HARRISON, G. A.: Chemical Methods in Clinical Medicine. 3. Aufl. S. 422. London 1947. — [5] ROSSI, P.: C. R. Soc. Biol. **130**, 1437 (1939). — [6] BRÜHL, H. H.: Z. Kinderheilkde. **59**, 446 (1938). — [7] LICKINT, F.: Z. ges. Neurol. Psychiatr. **120**, 138 (1929). — [8] RICHTER, D., R. M. C. DAWSON and L. REES: J. mental Sci. **95**, 148 (1949). — [9] FRADÀ, G.: Biochim. Terap. sperim. **25**, 464 (1938). — [10] STRAUBE, G.: Dtsch. Z. Nervenheilkde. **134**, 288 (1934).

Auch *Cholin* 0,009 bis 0,037 mg% wurde gefunden[1], nicht aber *Acetylcholin*. Bei gewissen Krankheiten, z. B. bei tuberkulöser und Meningococcen-Meningitis und bei Epilepsie, kann aber Acetylcholin auftreten[2]. Für Cholin werden Werte von 0,009 bis 0,21 mg% angegeben[3], Acetylcholin ist nur bei tuberkulöser und Meningokokken-Meningitis zu finden[4], Adeninnucleotid wird biologisch weniger als 0,1 mg% nachgewiesen[5]. Ein Farbstoff der Flavingruppe kommt im normalen Liquor[6], besonders bei tuberkulöser Meningitis vor[7]. Fluoreszenzuntersuchungen s. [8].

An *Glutathion* wurde mit der Phosphorwolframsäuremethode im Durchschnitt bei Männern 5,49 mg%, bei Frauen 4,68 mg% gefunden[9]. *Histamin* ist mit rund 1 γ% gefunden worden[10], erhöht bis 3 γ% unter pathologischen Bedingungen[11].

Von *Kohlenhydraten* ist mit Sicherheit Traubenzucker nachgewiesen worden. Seine Menge beträgt nach dem Reduktionsverfahren[12, 13] 40 bis 75 mg%. Reduktions- und Polarisationswert entsprechen einander nicht. Das Verhältnis Liquorzucker : Blutzucker ist 0,6 bis 0,7. Eine Steigerung über den Durchschnittswert (Hyperglykorrhachie) findet man außer bei Zuckerkrankheit häufig bei gesteigertem Hirndruck, oft bei Urämie und fast regelmäßig bei frischer Encephalitis lethargica; eine Verminderung (Hypoglykorrhachie) dagegen bei Hirnhautentzündungen, besonders bei der tuberkulösen Form. Dieser Rückgang ist durch die Zellfermente bedingt. Der Liquor des normalen Menschen zeigt keine glykolytischen Eigenschaften[14]. Der Liquorzucker zeigt rhythmische Tagesschwankungen, die den Blutzuckerschwankungen fast parallel gehen. Zwischen 13 und 14 Uhr erreicht der Liquorzucker ein Minimum[15].

Weitere Zuckerwerte: Hund[16] 80, Rind 47, Kalb[17] 51, Kaninchen[13] 68 mg%. Weiter wird eine Verbindung beschrieben, deren Gehalt im Liquor 2,9 mg% beträgt und höher als im Blut ist (0,5 mg%). Sie zeigt fructoseähnliche Eigenschaften[18].

Der Milchsäuregehalt (7 bis 25 mg%) entspricht nach Muskelruhe dem des Blutplasmas (10 bis 25 mg%)[19]. Sonst wird als Mittelwert 14,8 mg% angegeben[20]. Bei Meningitis kann ihre Menge im Liquor weit über die des Blutes ansteigen, z. B. auf 130 mg%. Weitere Normalwerte von Tieren: Kaninchen[21] 14,4, Hund[22] 20,0 mg%.

---

[1] PAGE, I. H., u. E. SCHMIDT: H. **199**, 1 (1931). — [2] BRECHT, K.: Kli. Wo. **1940**, 1087. — NOCHIMOWSKI, C.: J. Physiol. Path. gén. **35**, 746 (1937). — [3] PAGE, I. H., u. E. SCHMIDT: H. **199**, 1 (1931). — HILLER, F.: Z. ges. Neurol. Psychiatr. **109**, 263 (1927). — [4] DIECKHOFF, J.: Arch. Kinderheilkde. **138**, 49 (1950). — ALCABER, T.: Arch. Psychiatr. Nervenkrankh. **180**, 202 (1948). — BRECHT, K.: Kli. Wo. **1940**, 1087. — [5] OSTERN, P., u. J. K. PARNAS: B. Z. **248**, 389 (1932). — [6] PLAUT, F., u. K. BOSSERT: Kli. Wo. **1934 I**, 450. — [7] PLAUT, F., K. BOSSERT u. M. BÜLOW: Kli. Wo. **1934 II**, 1455. — [8] LERMA, B. DE, e P. SALVI: Acta neurol. ital. **4**, 74 (1949). — [9] BRAIER, B.: An. Farmacia Bioquím., Buenos Aires, **7**, 11 (1936) [C. **1936 II**, 3559]. — [10] JACKSON, I. J., and B. ROSE: J. Lab. clin. Med. **34**, 250 (1949). — [11] DIECKHOFF, J.: Arch. Kinderheilkde. **138**, 49 (1950). — ZADINA, R., u. V. PETRÁU: Neurol. Psychiatr. česca **3**, 113 (1938). — [12] GRAM, C. N. J., O. J. NIELSEN u. E. RUD: B. Z. **201**, 353 (1928). — LUNDSGAARD, C., and S. A. HOLBØLL: J. biol. Ch. **65**, 363 (1925). — [13] JANIK, F.: Kli. Wo. **1935 II**, 1077. — [14] FASOLD, H., u. H. A. SCHMIDT: Kli. Wo. **1929 II**, 1532. — [15] WEISE, H.: Habil.-Schr. Düsseldorf 1950. — [16] PEGREFFI, G., e C. DORIA: Nuova veterin. **15**, 363, 389 (1937) [Ber. Physiol. **106**, 255]. — [17] FRIEDMANN, A. P., u. R. C. ARKINA: Ark. biol. Nauč **39**, 539 (1935) [Ber. Physiol. **95**, 218]. — [18] HUBBARD, R. S., and N. M. RUSSELL: J. biol. Ch. **119**, 647 (1937). — [19] WORTIS, S. B., and F. MARSH: Arch. Neurol. Psychiatry **35**, 717 (1936). — [20] DEMME, H.: Die Liquordiagnostik in Klinik und Praxis. 2. Aufl. S. 44. München, Berlin 1950. — WITTGENSTEIN, A., u. A. GAEDERTZ: B. Z. **187**, 137 (1927). — SCHELLER, R.: M. m. W. **1926 II**, 1652. — [21] KASAHARA, M., u. T. KAI: Z. ges. exp. Med. **91**, 784 (1933). — [22] SOTGIU, G.: Fisiol. e Med. **2**, 141 (1931).

Des weiteren wurden gefunden: *Oxalsäure* (weniger als 0,2 mg%)[1], *Citronensäure* bis 45 γ%[2], höchste Werte einmal bei Hirntumoren[2], sonst erniedrigte Werte auch bei Epilepsie[3], *Bernsteinsäure*[4] etwa in der halben Menge wie im Blutserum (0,28—0,39 mg%). *Acetaldehyd* wird mit 0,1 bis 0,2 mg% (im Blut 0,05 mg%) angegeben[5] und *Äthylalkohol* mit 2 bis 8 mg%, wobei der untere Wert dem Nüchternwert entspricht. Krankhafte Erhöhungen auf 30 bis 60 mg % sind beschrieben worden[6]. Der Alkoholgehalt des Liquors geht nicht dem des Blutes parallel, sondern hinkt hinter diesem her[7]. Bei Krankheiten können auch *Indican, Phenol, Aceton* und *Acetessigsäure* angetroffen werden.

Tabelle 218. Bestandteile des normalen Liquors[8, 9].

Liquormenge . . cm³	120—180 (beim Erwachsenen)	Kreatinin . . . mg%	1—1,5
		Cholin	minimale Spuren
Farbe u. Beschaffenheit	wasserklar, farblos	Cholesterin	Spuren
Druck . . . mm H_2O	75—180 mm	Lecithin . . . . mg%	22·
Zellzahl	0—8/3	Phosphor . . . mg%	1,5—2,7
Zellart	kleine u. große Lymphozyten	Nitrate	Spuren
		Kalium . . . . mg%	10—18
Gesamteiweiß . mg%	24 (19—26)	Natrium . . . . mg%	257—331
Globuline . . . mg%	4,8 (2,5—9)	Calcium. . . . mg%	4,4—6,8
Albumine . . . mg%	19,2 (15—25)	Magnesium . . mg%	1,62—3,3
Eiweißquotient	0,2—0,45	Eisen	Spuren
Zucker. . . . . mg%	40—80	Spez. Gewicht	1,006—1,009
Milchsäure . . . mg%	6—17	Reaktion . . . (p_H)	7,35—7,8
Chloride . . . . mg%	720—750	Δ	0,56°—0,57°
Rhodan . . . . mg%	0,06	Refraktometerindex . .	1,334 94—1,335 10
Gesamt-N . . . mg%	17—22	Interferometerindex . .	1360—1380
Rest-N . . . . mg%	11—15	Viskosität	1,01—1,06
Aminosäuren . . mg%	bis 1	Oberflächenspannung .	101—105 Stalagmometertropfen
Harnstoff . . . mg%	6—12		
Harnsäure . . . mg%	0,3—1,3		

Tabelle 219.
Chemische Zusammensetzung des normalen Tierliquors (in mg%)[10].

	Affe	Pferd	Rind	Kalb	Ziege	Hund	Kaninchen	Katze
Gesamteiweiß		30–**50**–66	12–**15**–18	10–30	30	8–**17**–30		8,3—16,6
Albumine	20–30	36					15–19	
Globuline	0	14				0	0	0
Globulin / Albumin		0,26–0,40	0,23					
NONNE-Reaktion		+	0					
PANDY-Reaktion		+	0					
Zucker	50–61	49–76	48–**57**–67	46	80	55–80	50–59	53–67
NaCl	690–730					667–700	600–730	670–723

[1] GUILLAUMIN, C.-O.: C. R. Soc. Biol. **96**, 317 (1927). — [2] BENNI, B.: B. Z. **221**, 270 (1930). — [3] MÅRTENSSON, J., and T. THUNBERG: Acta med. scand. **140**, 454 (1951). — [4] THUNBERG, T.: Acta med. scand. Suppl. **90**, 122 (1938). — [5] THOMAS, P., et E. MAFTEI: Bull. Sect. sci. Acad. roum. **10**, 16 (1927). — [6] BAGLIONI, A.: Fisiol. e Med. **3**, 622 (1932). — [7] MATOSSI, R.: Z. klin. Med. **119**, 268 (1932). — [8] MEYER, H. H.: Der Liquor, Untersuchung und Diagnostik. Berlin, Göttingen, Heidelberg 1949. — [9] ESKUCHEN, K.: Die Lumbalpunktion. Berlin, Wien 1919. — s. a.: SUNDERMAN, F. W., and F. BOERNER: Normal Values in Clinical Medicine. Tab. 185, S. 320. Philadelphia, London 1950. (Die dort angeführten Werte weichen teilweise von den hier angegebenen ab.) — Hallmann 6. Aufl. S. 442. — [10] REHM, O.: Arch. Tierheilkde. **76**, 39 (1940). — KASAHARA, M., u. Y. FUJISAWA: Z. ges. exp. Med. **73**, 11 (1930). — ROEDER, F., u. O. REHM: Die Cerebrospinalflüssigkeit. Berlin 1942.

Tabelle 220.
Chemische Zusammensetzung von Liquor und Blutserum des Menschen[1].

	Liquor		Serum
	Kinder	Erwachsene	
	g%	g%	g%
Wasser	98,9	99,0	90—92
Trockenrückstand	1,1	1,0	8—10
Asche	0,85—0,9	0,84	
Organische Stoffe	0,17—0,27	0,15	
	mg%		
Gesamteiweiß, mittel	18	25	7000
normal	18—45	19—30	6600—8200
bei Krankheiten		bis 950	
Albumine, mittel	15	21	5000
normal	14—30	14—26	4200—5800
Globuline, mittel	3	4,2	2500
normal	2,4—4,8	2,4—9,6	1400—2500
Globulin/Albumin	1 : 3	1 : 4	1 : 2
Gesamt-N	20	19	
Rest-N	15	10—17	24—35
Harnstoff	10	11,7	15,2
Aminosäuren	1,5	1,5 (bis 3)	3—8
Kreatinin	—	0,6—1,4	0,8—1,8
Kreatin	4,5	0,5—1,9	0,5—3,5
Harnsäure	0,4—1	0,4—1	2—4
pathologisch		bis 13	bis 20
Glucose	50—70	40—75	70—120
Milchsäure	17—27	10—25	10—20
pathologisch		bis 130	bis 140
Citronensäure		4,5	2—2,5
Oxalsäure		unter 0,2	0,21
Bernsteinsäure		0,28—0,39	0,7
Acetaldehyd		0,1—0,2	0,05—0,5
Äthanol		2—8	2—4
pathologisch		bis 60	bis 45
Fettsäuren		4,0	353
Phosphatide		1,0	196
Cholesterin		0,1—0,3	162
Mineralstoffe	0,85—0,9	0,84	

Der Gehalt des Liquors an *Brenztraubensäure* schwankt zwischen 67 und 170% des Blutwertes (0,77 bis 1,16 mg%). Im Gegensatz zum Blut verschwindet die Brenztraubensäure aus dem Liquor beim Stehen nicht. Die höchsten Werte fanden sich bei nervösen Erkrankungen, die mit einem Mangel an Vitamin B_1 einhergingen[2]. Es werden dann Werte bis zu 9,2 mg% beobachtet[3]. Erhöhung im hepatischen Koma[4].

Lipoide. Der Liquor enthält keine nennenswerten Mengen an Lipoiden, wie aus den Tabellen 218 u. 220 hervorgeht. Das relative Verhältnis der Lipoidbestand-

[1] Degkwitz, R., u. a.: Lehrbuch der Kinderheilkunde. S. 15. Berlin 1933; sowie die Angaben im Text. — Biolog. Daten (Brock) Bd. 3, S. 177ff. — D'Ans-Lax S. 1745.

[2] Bueding, E., and H. Wortis: Proc. Soc. exp. Biol. Med. **44**, 245 (1940). — [3] Platt, B. S., and G. D. Lu: Biochem. J. **33**, 1525 (1939). — [4] Amatuzio, D. S., and S. Nesbitt: J. clin. Invest. **29**, 1486 (1950).

teile ist dabei von dem im Blut verschieden. Im einzelnen treffen auf die Phosphatide 1 mg%, auf Cholesterin 0,1 mg% und auf Fettsäuren 4 mg%. Die Schwankungen sind allerdings beträchtlich und betragen für Phosphatide 0,2 bis 12,6, für Cholesterin 0,05 bis 8,0 und für Fettsäuren 0,8 bis 14,6 mg%[1]. Das Cholesterin ist ein regelmäßiger Bestandteil und ist immer dann erhöht, wenn es zu einem stärkeren Abbau von Lipoiden der nervösen Substanz oder zu einer Änderung der Austauschbedingungen zwischen Blut und Liquor kommt. Cholesterinwerte bis zu 0 6 mg% werden von einzelnen Autoren noch als normal angesehen[2]. In der Hauptsache scheinen die Werte unter 0,2 mg% zu liegen[3]. 0,3 mg% dürfte im allgemeinen die oberste Grenze der Norm sein.

Von KORNERUP[4] wird folgende Tabelle mitgeteilt:

Tabelle 221: Lipoidfraktionen im Liquor.

	Gesamtcholesterin		Freies Cholesterin		Gesamtlipoide		Phospholipoide	
	Erwachs.	Kind	Erwachs.	Kind	Erwachs.	Kind	Erwachs.	Kind
mg/100 cm³	218,8	209,9	57,5	56,5	836	820	7,2	7,8
mittlerer Fehler	± 4,4	± 4,1	± 1,4	± 1,1	± 20	± 16	± 1,16	± 0,14
Standardabweich.	47	40	15	10,6	204	158	1,60	1,33

Hormone. Über das Vorkommen von Hormonen im Liquor liegen noch wenig gesicherte Angaben vor. Die Hypophyse soll ihre Hormone an den Liquor abgeben. Es wurde das thyreotrope Hormon[5] nachgewiesen. Der Nachweis des Prolans gelang nicht[6]. Das gonadotrope Hormon ist bei Schwangerschaft, Blasenmole und Chorionepitheliom nachweisbar[7]. Die Hormone des *Hypophysenhinterlappens* sind nur im 4. Ventrikel, in geringer Menge im Cysternenliquor nachweisbar, im Lumballiquor kommen sie nur sehr selten vor[8]. Ein *corticotroper* Stoff konnte im Liquor von Kranken mit Hypertension biologisch an der hypophysektomierten Ratte nachgewiesen werden[9]. Adrenalin und Thyroxin wurden bisher nicht gefunden[10].

Vitamine. Das Vorkommen von Vitaminen ist gesichert, wenn auch die Angaben über die Mengen noch recht auseinandergehen. Der Gehalt an *Vitamin C* sinkt mitunter mit zunehmendem Alter ab[11], wohl in Abhängigkeit von der Nahrungsaufnahme[11]. Keine Beziehung zum Alter fanden[12, 13]. Unter 10 Jahren beträgt er 1,9 mg%, von 20 bis 35 Jahren 1,7, von 35 bis 60 Jahren 0,9 und über 61 Jahre 0,7 mg%. Als Quelle wird das Gehirn angenommen[14]. Bei Pellagrakranken fand sich in 77% der Fälle weniger als 0,6 mg%, in 61% der Fälle

[1] KNAUER: Mschr. Kinderheilkde. **51**, 378 (1932). — LIER, H.: Allg. Z. Psychiatr. **115**, 366 (1940). — BROWN, W. T., E. F. GILDEA and E. B. MAN: Arch. Neurol. Psychiatry **42**, 260 (1939). — GRAF, G.: Pediatria, Riv. **47**, 146 (1939). — [2] HOLTHAUS, B., u. B. WICHMANN: Arch. Psychiatr. Nervenkrankh. **102**, 147 (1934). — [3] PLAUT, F., u. H. RUDY: Z. ges. Neurol. Psychiatr. **146**, 228, 262 (1933). — [4] KORNERUP, V.: Arch. internal Med., Chicago **85**, 398 (1950). — [5] SCHITTENHELM, A., u. B. EISLER: Z. ges. exp. Med. **95**, 121 (1935). — [6] KJELLIN, T., u. E. KYLIN: Dtsch. Arch. klin. Med. **176**, 683 (1934). — [7] WARING, H., and F. W. LANDGREBE: Pincus-Thiman, Hormones Bd. 2, S. 482. — [8] ROEDER, F., u. O. REHM: Die Cerebrospinalflüssigkeit. Berlin 1942. — [9] BOGAERT, A. VAN, et F. VAN BAARLE: Acta med. scand. **104**, 462 (1940). — [10] PAPADATO, L., u. B. SAPKOWA: Acta med. scand. **88**, 204 (1936). — [11] PLAUT, F., u. M. BÜLOW: Kli. Wo. **1934 II**, 1744. Z. ges. Neurol. Psychiatr. **153**, 182 (1935). — JETTER, W. W., and T. S. BUMBALO: Proc. Soc. exp. Biol. Med. **38**, 164 (1938). — [12] BOOIJ, J.: Recu. Trav. chim. Pays-Bas **59**, 713 (1940). — [13] WORTIS, H., J. LIEBMANN and S. B. WORTIS: Amer. J. med. Sci. **196**, 384 (1938). — BALLIF, L. O., J. NITZULESCU, I. ORNSTEIN et L.-E. BALLIF: C. R. Soc. Biol. **130**, 1595 (1939). — PLAUT, F., u. M. BÜLOW: Kli. Wo. **1935 I**, 276. — [14] PLAUT, F., u. M. BÜLOW: Kli. Wo. **1934 II**, 1744. H. **236**, 241 (1935). Z. ges. Neurol. Psychiatr. **152**, 84 (1935).

weniger als 0,3 mg%. Pathologische Veränderungen[1]. Der Gehalt an Vitamin C steigt bei Gesunden und Kranken, wenn 50 mg per os gegeben werden[2]. Der Vitamin C-Gehalt des Liquors ist ein guter Indikator für den Vitamingehalt des Körpers[3]. Bei Tieren liegen die Normalwerte höher als beim Menschen, zwischen 2,3 mg% (Affe) und 6,6 mg% (Hund)[4]. Im Menschen- und Kaninchenliquor liegt das Vitamin C ausschließlich in reduzierter Form vor[5].

Das Vitamin B_1 kommt im gewöhnlichen Liquor in seiner freien, nicht phosphorylierten Form und auch als Cocarboxylase vor[6]. Als Normalwerte für Aneurin werden mit der Thiochrommethode 0,2 bis 0,5 γ%[7] und 1,2 bis 1,8 γ%[8], mit biologischen Methoden bis 18,5 γ% gefunden. Für Gesamtaneurin sind 0 bis 10 γ% mitgeteilt worden[6]. Sichere Beziehungen zu Blutgehalt oder Krankheiten können nicht angegeben werden. Bei Meningitis, Hirnabszeß und Hirntumor sind die Werte erhöht. Bei Myxödem und Kretinismus wurde kein Aneurin gefunden[9] (Adsorption an Frankonit bei p_H 4,0 und colorimetrische Bestimmung), dagegen in zwei Fällen von Katatonie und Melancholie erhöhte Werte. Bei Kindern[10] wurden Vitamin B_1 und Cocarboxylase angetroffen. Säuglinge 3,6 — **5,6** — 8,4 γ% B_1 und 1,1 — **4,6** — 9,9 γ% Cocarboxylase. Kinder im Alter von $1^1/_2$ bis 7 Jahren hatten 3,1 — **5,5** — 7,6 B_1 und 2,4 — **5,5** — 7,7 γ% Cocarboxylase. Im Kaninchenliquor wurden 12,5 bis 22 γ% Vitamin B_1 gefunden[11]. *Lactoflavin* kommt im Liquor nicht vor[12], geht bei intralumbaler Injektion aber leicht in das Blut über[13]. Der *PP-Faktor* (*Nicotinsäureamid*) wurde ebenfalls festgestellt. Die Mittelwerte lagen zwischen 16 und 20 γ%[14, 15]. Grenzwerte sind 0,0 bis 70 γ%[16]. Bei Kindern ist der Wert vermindert [14, 16, 17].

Vitamin A[18] und *Vitamin E*[19] konnten nicht nachgewiesen werden. Über die anderen Vitamine fehlen Angaben.

Fermente. Die Angaben über die bei Gesunden im Liquor vorkommenden Fermente sind recht widersprechend, was in erster Linie darauf zurückzuführen ist, daß meist nicht scharf zwischen gesundem und krankhaftem Liquor unterschieden wurde. Es hat den Anschein, als ob beim Gesunden kaum oder nur in sehr geringen Mengen Fermente vorhanden wären, z. B. *Phosphatase*[20], *Glycero-*

---

[1] GRISONI, R., e C. L. CAZZULO: Riv. Pat. nerv. **57**, 241 (1941). — CAMERER, J. W.: Mschr. Kinderheilkde. **77**, 240 (1939). — THADDEA, S., u. W. HOFFMEISTER: Z. klin. Med. **132**, 379 (1937). — MARINESCO, A., G. ALEXIANU-BUTTU u. I. OLTÉANU: Bull. Sect. sci. Acad. roum. **22** (1936) [GIROUD: Ergebn. Vit.-Hormonforsch. **1**, 79 (1938)]. — HIRATA, Y., u. K. SUZUKI: Orient. J. Dis. Infants **18**, 83 (1935) [C. **1936 I**, 4031]. — LA MONICA, S.: Pisani, Palermo **60**, 145 (1941) [Zbl. Neurol. **100**, 485]. — WIRTH, J.: Orv. Hetil. **1941**, 571 [Zbl. Neurol. **102**, 225]. D. m. W. **1942**, 213. — [2] BALLIF, L. O., J. NITZULESCU, I. ORNSTEIN et L.-E. BALLIF: C. R. Soc. Biol. **130**, 1595 (1939). — [3] PLAUT, F., u. M. BÜLOW: Z. ges. Neurol. Psychiatr. **154**, 481 (1936). — ROHMER, P., N. BEZSSONOFF u. R. SACREZ: Z. Vit.-Forsch. **13**, 18 (1943). — [4] KASAHARA, M., u. H. GAMMO: Z. ges. Neurol. Psychiatr. **157**, 147 (1937). — [5] PLAUT, F., u. M. BÜLOW: Kli. Wo. **1934 II**, 1744. Z. ges. Neurol. Psychiatr. **153**, 182 (1935). — JETTER, W. W., and T. S. BUMBALO: Proc. Soc. exp. Biol. Med. **38**, 164 (1938). — [6] SINCLAIR, H. M.: Biochem. J. **33**, 1816 (1939). — [7] VILLELA, G. G.: C. R. Soc. Biol. **130**, 1493 (1939). — [8] BLUME, (V.), u. (E.) PÜSCHEL: Mschr. Kinderheilkde. **98**, 147 (1950). — [9] VILLELA, G. G.: Science, N. Y. **1939 I**, 251. — [10] BOLLETTINO, A.: Med. ital., Milano **21**, 343 (1940) [Ber. Physiol. **122**, 360]. — [11] KASAHARA, M., u. F. MORI: Kli. Wo. **1940**, 631. — BOOIJ, J.: Recu. Trav. chim. Pays-Bas **59**, 713 (1940). — [12] Stepp-Kühnau-Schroeder, Vitamine 7. Aufl. Bd. 1, S. 233. — SÄKER, G.: Kli. Wo. **1940**, 99. — [13] DEMOLE, V., et H. BERSOT: 3. Int. neurol. Congr. Kopenhagen S. 877 (1939). — [14] CAZZULLO, C. L.: Boll. Soc. ital. Biol. sperim. **16**, 755 (1941) [Ber. Physiol. **132**, 94]. — [15] GÜNTHER, W.: Diss. med. veterin. Berlin 1940 [Vitamine u. Hormone **4**, 130 (1943)]. — [16] CAZZULLO, C. L.: Vitamine u. Hormone **4**, 274 (1943). — [17] Stepp-Kühnau-Schroeder, Vitamine 7. Aufl. Bd. 1, S. 288. — [18] Stepp-Kühnau-Schroeder, Vitamine 7. Aufl. Bd. 1, S. 55. — [19] BICKNELL, F., and F. PRESCOTT: The Vitamins in Medicine. 2. Aufl. S. 715. London 1946. — COUPERUS, J.: Z. Vit.-Forsch. **13**, 193 (1943). — [20] FLEISCHHACKER, H. H.: Enzymologia **6**, 144 (1939).

phosphatase, *Cholinesterase*[1], *Amylase*[2], gelegentlich Spuren von *Lipase*[2,3], *Tributyrinase*, *auch Oxydase*[3], aber kein Trypsin und keine Esterasen[2]. Die Bestimmung der Diastase im Liquor ist zur Diagnose der Syphilis ausgenützt worden[4]. Während im normalen Liquor 11 bis 40 mg% Glykogen durch Diastase abgebaut werden, schwankt bei Syphilis dieser Wert zwischen 0 und 10 mg% und ist selten höher.

Bei Kranken mit tuberkulöser oder eitriger Meningitis, Hirntumor und Hirnabszeß können diese Fermente vermehrt sein und andere, die sonst nicht aufgefunden werden, auftreten, z. B. Peroxydase[5], Katalasen[5] und Trypsin[2]. Ob die Fermente des gewöhnlichen Liquors aus dem Blutplasma oder der Nervengewebsflüssigkeit stammen, ist nicht zu entscheiden. Bei Krankheiten stammen sie auch aus polymorphkernigen Zellen[2]. Die Coenzyme I und II treten nur unter gewissen pathologischen Bedingungen in den Liquor über[6]. Eine Dipeptidase wird nicht regelmäßig gefunden[7].

Mineralstoffe. Den größten Anteil an der Trockenmasse nehmen im Liquor die Mineralsalze ein (Mensch 0,84, Pferd 0,74 bis 0,84, Kälber 0,74 bis 0,88%)[8]. Vorherrschend ist das Kochsalz. Die Mengen der einzelnen Bestandteile sind der Tabelle 222 zu entnehmen. Zum Vergleich sind die Serumwerte mit eingesetzt. Wenn die Analysen nicht an derselben Person vorgenommen wurden, sind Durchschnittswerte zum Vergleich herangezogen worden.

Die Einzelwerte gehen zum Teil sehr weit auseinander. Der Na-Gehalt des Liquors beträgt etwa 91% von dem des Serums[9], Abweichungen bei Meningitis tuberculosa[10]. Das gleiche gilt für Kalium[10].

Im Liquor ist wegen seines geringen Eiweißgehaltes fast das gesamte *Calcium* ionisiert[11]. Bei Diabetes insipidus[12] ist der P- und Cl-Gehalt des Liquors normal, das Calcium nimmt dagegen von 1,27 m Mol/l auf 1,51 m Mol/l zu. Im Serum bleibt der Calciumgehalt unverändert 1,27 m Mol/l. Blutliquorschranke bei Pferden[13].

Der *Magnesiumgehalt* des Liquors ist immer höher als der des Serums[14], Höchstwerte bei Paralyse[15], weitere pathologische Veränderungen[16].

Der *Eisen*gehalt wird von VONKENELL mit 32 γ% angegeben, von BECK mit 22 γ%. Er ist bei Meningitis vermehrt[17], bei Lues und Schizophrenie erniedrigt. Er ist aber diagnostisch ohne Bedeutung. Eine Verminderung im Liquor soll einem gesteigerten Bedarf des Gehirns entsprechen[18]. Das gesamte *Kupfer*[19] liegt in einer leicht dialysierbaren Form vor.

Aluminium 12,5 γ%[20], *Blei* regelmäßig unter normalen Bedingungen 14 γ%[21] oder 18 bis 38 γ%[22], bei Vergiftung bis zu 493 γ%[23].

---

[1] BENDER, M. B.: Amer. J. Physiol. **126**, 180 (1939). — KALSBEEK, F., J. A. COHEN and B. R. BOVENS: Biochim. biophysica Acta, N. Y. **5**, 548 (1950). — COLLING, K. G., and R. J. ROSSITER: Canad. J. Res. (E) **27**, 327 (1949). — REISS, M., and R. E. HEMPHILL: Nature **161**, 18 (1948). — [2] KAPLAN, I., D. J. COHN, A. LEVINSON and B. STERN: J. Lab. clin. Med. **24**, 1150 (1939); **25**, 495 (1940). — [3] ROEDER, F., u. O. REHM: Die Cerebrospinalflüssigkeit. Berlin 1942. — [4] MARCHIONINI, A., u. B. OTTENSTEIN: Kli. Wo. **1932 II**, 1345. — [5] HILLER, F.: Z. ges. Neurol. Psychiatr. **109**, 263 (1927). — [6] SCHEER, C.: J. Immunol. **38**, 301 (1940) [Ber. Physiol. **123**, 91]. — [7] BAMANN, E., u. O. SCHIMKE: B. Z. **308**, 130 (1941). — [8] ZDAREK, E.: H. **35**, 201 (1902). — [9] BÁLINT, P., u. G. BENKÖ: Exper. **3**, 458 (1947). — [10] URBAN, N.: Mschr. Kinderheilkde. **98**, 145 (1950). — [11] HARNAPP, G. O.: Kli. Wo. **1940**, 1268. — [12] BLOTNER, H.: Amer. J. med. Sci. **200**, 235 (1940). — [13] BEHRENS, H.: Dtsch. tierärztl. Wschr. **57**, 294 (1950). — [14] STARY, Z., u. R. WINTERNITZ: H. **182**, 107 (1929). — [15] FLEISCHHACKER, H., u. G. SCHEIDERER: Dtsch. Z. Nervenheilkde. **128**, 270 (1932). — [16] POPEK, K.: Spisy lék. Fak. Brno **15**, 39 (1935) [Ber. Physiol. **95**, 340]. — [17] BECK, G.: Diss. med. Jena 1939 [Ber. Physiol. **122**, 487]. — VONKENNEL, J., u. T. TILLING: Kli. Wo. **1940 I**, 177. — [18] LEHMANN, H. E., and V. A. KRAL: Arch. Neurol. Psychiatry **65**, 326 (1951) — [19] YOSIKAWA, H.: Jap. J. med. Sci. (II) **4**, 219 (1939) [C. **1940 II**, 75]. — [20] GERASSIMOW, P. N.: Bull. Biol. Méd. exp. URSS **7**, 88 (1939) [C. **1940 I**, 766]. — [21] STRAUBE, G., u. H. BECK: Kli. Wo. **1939 I**, 356. — [22] DUENSING, F.: Dtsch. Z. Nervenheilkde. **143**, 297 (1937). — [23] SCHMITT, F., u. W. BASSE: Kli. Wo. **1937 I**, 65.

Tabelle 222. Mineralstoffe in Liquor und Serum (in mg%).

	Mensch			Hund[1]		Rind[2]
	Liquor		Serum	Serum	Liquor	Liquor
	Kinder[3]	Erwachsene				
Na	300—330	335—340[1]	335—340[1]	335—340	335—340	—
K	13,1	9—12[1]	20—24[1]	19,1—23	9,1—12	
Ca	5,4—6,9	4,6—6,2[1]	9,7—12,0[1]	9,3—11	4,7—5,4	6,58
Mg	3	3,1—3,6[1]	2,45—2,81[1]	2,45—2,8	3,1—3,6	2,17
Fe		0,022—0,040[4]	0,08—0,13[5]			
Cu		0,014—1,015[6]	0,08—0,14[5]			
Cl*	440	430[1] (398—461)	370[1] (342—390)	379—396	412—449	404
J	—	0,04—0,06[7]				
Gesamt-P	—	1,37—0,15[8]	12—15[9]			
Lipoid-P	—	0,016—0,03[8]	5—8,6[9]			
Anorg. P	2	1,02—1,84[8]	3—6[9]	3—3,1	1,1—1,3	3,20
Säurelösl. P	—	1,36—2,14[8]	4—7[9]			
Anorgan. S	—	0,25—1,3[10]	1—4[10]			
SCN	—	0,03—0,06[11]	0,03—0,06[11]			

* Säuglinge im Alter bis zu 2 Monaten 680 bis 850, von 3 Monaten 700 bis 770 mg %[12] (die Werte erscheinen etwas hoch).

Der *Chlorgehalt* liegt höher als im Serum, das Verhältnis ist nicht konstant. *Jod*: Normalwerte 10 bis 18 γ%[13], bei Kindern bis 60 γ%. Der Blut-Liquor-Quotient schwankt von 1,5 bis 5,5[14]. Die Angaben über die *Brom*werte schwanken von 100 bis 900 γ%[15–17] und müßten nachgeprüft werden. Es wird auch das Fehlen von Brom beschrieben[15, 17, 18]. Abweichungen werden bei Geisteskrankheiten berichtet, bei Paralyse über völliges Fehlen von Brom. Der *Rhodan*gehalt soll von 30 bis 290 γ% schwanken[19]. Sehr hohe *Sulfatschwefelwerte* gibt HALLMANN[20] an. Der Gesamtschwefel wird meist mit 47 bis 65 mg % angenommen[21]. Der Anionenüberschuß beträgt im Mittel 25 Millimol[22]. Weitere Angaben über anorganische Bestandteile s.[23].

---

[1] MANZINI, C.: Boll. Soc. ital. Biol. sperim. **9**, 417, 419, 421 (1934). — KARLSTRÖM, F.: Acta med. scand. Suppl. **138** (1942). — MOND, W.: Kli. Wo. **1952**, 87. — [2] FRYDMANN, A. J., u. W. W. PETROWA: Arch. Sci. biol. (russ.) **39**, 209 (1935) [Ber. Physiol. **94**, 447]. — [3] Biol. Daten (BROCK) Bd. 3, 177. — DEGKWITZ, R., u. a.: Lehrbuch der Kinderheilkunde. S. 15, 508. Berlin 1933. — [4] TAUSSIG, L., et J. PROKUPEK: Rev. Neurol. Psychiatr., Praha **33**, 1 (1936) [Ber. Physiol. **95**, 217]. — [5] HEILMEYER, L., u. K. PLÖTNER: Das Serumeisen und die Eisenmangelkrankheit. Jena 1937. — HEILMEYER, L., u. G. STÜWE: Kli. Wo. **1938 II**, 925. — [6] YOSIKAWA, H.: Jap. J. med. Sci. (II) **4**, 219 (1939) [C. **1940 II**, 75]. — [7] CONCAS, G.: Riv. Clin. pediatr. **34**, 882 (1936). — WALLACE, G. B., u. B. B. BRODIE: J. Pharmacol. exp. Therap. **65**, 220 (1939). — [8] TROPP, C., O. SEUBERLING u. B. ECKARDT: B. Z. **290**, 320 (1937). — GRAF, G.: Pediatria, Riv. **47**, 146 (1939) [Ber. Physiol. **114**, 108]. — [9] STEARNS, G., and E. WARWEG: J. biol. Ch. **102**, 749 (1933). — [10] WATCHORN, E., and R. A. MCCANCE: Biochem. J. **29**, 2291 (1935). — SILVESTRI, A.: Rass. Studi psichiatr. **29**, 218 (1940) [Ber. Physiol. **122**, 487]. — [11] BLUM, R.: Z. klin. Med. **107**, 61 (1928). — [12] VRÁNOVÁ, B.: Čas. Lék. čes. **1939**, 709 [Ber. Physiol. **124**, 607]. — [13] HIRSCH, O.: Dtsch. Arch. klin. Med. **168**, 331 (1930). — OSBORNE, E. D.: J. amer. med. Ass. **76**, 1384 (1921). — [14] CONCAS, G.: Riv. Clin. pediatr. **34**, 882 (1936). — [15] ZONDEK, H., u. A. BIER: B. Z. **241**, 491 (1931). — [16] LEIPERT, T., u. O. WATZLAWEK: B. Z. **280**, 434 (1935). — [17] URECHIA, C. I., et A. RETEZEANU: C. R. Soc. Biol. **115**, 312 (1934). — [18] HOLTZ, F., u. C. ROGGENBAU: Kli. Wo. **1933 II**, 1410. — [19] BLUM, R.: Z. klin. Med. **107**, 61 (1928). — LANG, K.: B. Z. **262**, 14 (1933). — STUBER, B., u. K. LANG: Dtsch. Arch. klin. Med. **176**, 213 (1934). — [20] Hallmann 6. Aufl. S. 442. — [21] FÜRTH, O., R. SCHOLL u. H. HERRMANN: B. Z. **251**, 161 (1932). — [22] BROCK, J., u. H. STELTER: Kli. Wo. **1950** 107. — [23] H.-Th. Bd. V, S. 304ff.

d) Weitere seröse Flüssigkeiten.

α) Hautblasenflüssigkeit.

Hautblasen entstehen infolge von unnatürlichen Hautveränderungen, meist von Entzündungen[1]. Ihr Inhalt kann von dem gewöhnlichen Gewebssaft sehr verschieden sein. Bei der Vielzahl der Möglichkeiten können hier nur die wichtigsten Punkte herausgegriffen werden (Gewinnung von Hautblasenflüssigkeit[2]).

Der Inhalt der Brand- und Zug- (Canthariden-)blasen und der Pemphigusblasen ist im allgemeinen eine an Trockenrückstand und Eiweiß reiche Flüssigkeit (4 bis 6,5% Eiweiß entsprechend 70 bis 80% des Blutserumeiweißgehaltes). Besonders gilt dies für die *Zugblasen*. Die Flüssigkeit ist gewöhnlich serös, klar, leicht gelblich oder getrübt, ihr Eiweißgehalt und ihre Zusammensetzung ändern sich während des Bestehens der Blase[3]. In der Flüssigkeit einer *Brandblase* wurden 5,03% Eiweiß, darunter 1,36% Globulin und 0,01% Fibrin gefunden[4]. Elektrophoretisch können im Blaseninhalt die Eiweißfraktionen des Serums in ähnlichen Mengenverhältnissen wiedergefunden werden (s. Tab. 223)[5].

Tabelle 223.
Eiweißfraktionen des Serums und der Flüssigkeit einer Cantharidenblase.

	Lebercirrhose		Nephrotisches Syndrom		Makroglobulinämie	
	Serum	Canthariden-blase	Serum	Canthariden-blase	Serum	Canthariden-blase
Albumin	25,1	24,5	13,7	18,3	31,9	36,4
α_1-Globulin	4,3	4,5	2,2	0,0	2,5	2,5
α_2-Globulin	5,2	4,8	54,4	58,5	4,0	3,5
β-Globulin	12,1	12,8	22,6	23,2	3,5	4,3
γ-Globulin	53,3	53,4	7,1	23,2	58,1	53,3

Tabelle 224.
Einige Bestandteile von Blasenflüssigkeiten, Serum und Haut (mg%)[6].

	Blutserum	Flüssigkeit aus		Haut
Rest-N (gemischte Kost)	30	Zugblase	39	72
Rest-N (Urämie)	273	Zugblase	301	216
Rest-N (purinfreie Kost)	27	Zugblase	29	114
Harnsäure (purinfreie Kost)	5,2	Zugblase	6,5	4,8
Aminosäure-N (purinfreie Kost)	5,5	Zugblase	5,7	50,4
Zucker (gem. Kost)	97	Zugblase	78	47
NaCl	590	Höhensonnenblase	630	270
	549	Brandblase	582	290
	574	Cantharidenblase	608	245
	578	Erythema toxica bullosa	609	191
	555	Pemphigus	590	548
Histamin	0,025—0,05[7]	Zugblase	0,025—0,05	0,57—1,8[8]

Eingehend wurde der *Rest*-N untersucht, und zwar seine Veränderungen bei N-Retentionen. Die Blasenflüssigkeit enthält Harnsäure, Aminosäuren[9], Acetylcholin, Histamin[7,8,10] (0,25 bis 0,5 mg/l) und Zucker. Über die Konzen-

[1] FELDBERG, W., u. E. SCHILF: Histamin. S. 256. Berlin 1930. — [2] BARTELHEIMER, H.: Z. ges. exp. Med. **117**, 364 (1951). — [3] HAHN, H.: Kli. Wo. **1929 II**, 2258. — [4] MÖRNER, K. A. H.: Skand. Arch. Physiol. **5**, 272 (1895). — [5] WUHRMANN, F.: Schweiz. med. Wschr. **82**, 5 (1952). — KUTZIM, H.: M. m. W. **1951 II**, 2603. — [6] URBACH, E.: Kli. Wo. **1929 II**, 2094. — [7] LEWIS, T., and R. T. GRANT: Heart **11**, 209 (1924). — [8] HARRIS, K. E.: Heart **14**, 161 (1927). — [9] URBACH, E.: Kli. Wo. **1929 II**, 2094. — [10] GOLLWITZER-MEIER, K., u. A. BINGEL: A. e. P. P. **173**, 173 (1933).

tration der einzelnen Bestandteile im Vergleich mit denen im Blutserum und der Haut, s. Tabelle 224. Unter den *anorganischen Verbindungen* wurde von klinischer Seite das Kochsalz häufig bestimmt. Wie der Rest-N, so ist auch das Kochsalz in der Blasenflüssigkeit gegenüber dem Blutserum etwas erhöht; während aber der Rest-N deutlich niedriger ist als in der Haut, liegen die Verhältnisse bei Kochsalz gerade umgekehrt. Aus den Untersuchungsergebnissen geht hervor, daß der Inhalt der Blasen vom Blut geliefert wird und nicht als Gewebsflüssigkeit zu betrachten ist[1].

Nach Verabfolgung von Vitamin C[2] oder Penicillin[3] ist beides in Hautblasen nachweisbar, letzteres in höherer Konzentration als im Blut.

β) Ödemflüssigkeit.

Unter Ödemen versteht man Ansammlungen von Flüssigkeit in tropfbarer und frei beweglicher Form in den Gewebsspalten auf Grund einer Störung des Wasser- und Mineralhaushaltes (s. a. S. 604). VOLHARD[4] nimmt als Grundlage der Ödementstehung eine Gewebsschädigung an, die in einer ungewöhnlichen Quellung, einer „Wassersucht" der Gewebskolloide ihren Anfang nimmt. Diesen Zustand nennt er „Ödembereitschaft". Hand in Hand damit geht eine Quellung der kolloiden Capillarendothelien und damit eine Schädigung der biologischen Endothelleistung, welche sich bei den Blutcapillaren in einer (relativ) vermehrten Durchlässigkeit für Wasser und gelöste Krystalloide zu erkennen gibt. Außerdem spielen Veränderungen im kolloidosmotischen Druck des Blutes eine Rolle, wobei vor allem an Veränderungen der Bluteiweißkörper zu denken ist. Das Ödem ist das Ergebnis von zahlreichen Einflüssen und Ursachen[5]; man kann zwei Arten unterscheiden, nämlich das *Quellungsödem*, dessen Ursachen oben erwähnt worden sind und das *hämodynamische Ödem*, welches dadurch zustande kommt, daß zwischen dem hydrostatischen Druck in den Gefäßen und dem kolloidosmotischen Druck kein Gleichgewicht mehr herrscht.

Die Ionenverschiebung zwischen Blut bzw. Plasma und Ödemflüssigkeit entspricht einem DONNAN-Gleichgewicht. Der Chlorgehalt ist in der Ödemflüssigkeit, der Kaliumgehalt im Blut höher, während Natrium und Calcium in beiden Flüssigkeiten ungefähr gleich bleiben[6].

Die Ödemflüssigkeit ist in der Regel sehr arm an festen Stoffen, rein serös, d. h. nicht fibrinogenhaltig. Spezifisches Gewicht 1,005 bis 1,013, der Eiweißgehalt liegt daher meist unter 1% (0,1 bis 0,8). Ein Eiweißgehalt von weniger als 0,1% soll auf schwere Nierenschädigungen meist mit amyloider Degeneration hinweisen[7]. Die Anasarcaflüssigkeit soll regelmäßig 0,1 bis 0,2% Harnstoff und auch Zucker enthalten. Der Aschegehalt beträgt 0,8%. Über die Entstehung s. S. 604.

γ) Flüssigkeit aus Echinococcusblasen.

Den eiweißarmen Transsudaten verwandt ist die Flüssigkeit der Echinococcuscysten[8], welche dünnflüssig, farblos bis hellgelb, klar bis leicht opalescierend ist; spezifisches Gewicht 1,009 bis 1,015. Reaktion fast neutral. Gefrierpunktsdepression ungefähr gleich der des Blutes. Trockenrückstand 1,4 bis 2%.

---

[1] HAHN, H.: D. m. W. **1930 I**, 353. — [2] NORDAHL, J.: Svenska Läk.-Tidn. **1942**, 2967 [Ber. Physiol. **133**, 190]. — [3] TELLER, H.: Derm. Wschr. **121**, 537 (1950). — [4] VOLHARD, F.: Handb. inn. Med. (BERGMANN-STAEHELIN) 2. Aufl. **6**/1, 299 (1931). — [5] Bennhold-Kylin-Rusznyák S. 319. — [6] LOEB, R. F., D. W. ATCHLEY, ,, W. PALMER and E. BENEDICT: J. gen. Physiol. **4**, 591 (1922). — [7] HOFFMANN, F. A.: Dtsch. Arch. klin. Med. **44**, 320 (1889). — [8] FLÖSSNER, O.: Z. Biol. **80**, 255 (1924); **82**, 297 (1925).

Sie enthält kein Eiweiß und ist arm an Fett und Cholesterin, reich an Glykogen. Da man bei Lungenechinococcuscysten kein Glykogen, überhaupt keine Kohlenhydrate fand, wäre es denkbar, daß das in den Leberechinococcusblasen nachgewiesene Glykogen aus der Leber stammt. Mono- und Disaccharide wurden nicht gefunden. Dagegen konnten als regelmäßige Bestandteile Betain, Alloxurbasen, Bernsteinsäure, Milchsäure, Essigsäure und noch n-Valeriansäure nachgewiesen werden. Propionsäure und Kreatinin wurden nicht in jedem Falle angetroffen, Oxalsäure nur in Spuren. In vereiterten Blasen ist viel Bilirubin enthalten[1]. Den Hauptanteil an Salzen hat das Kochsalz (0,83 bis 0,97%), daneben fand man K, NH_3, Ca, Mg als Chloride, Sulfate, Phosphate oder Carbonate. Mikroskopisch lassen sich oft die charakteristischen Haken nachweisen.

δ) Synovial- und Sehnenscheidenflüssigkeit.

Die Synovialflüssigkeit, die in den Gelenkhöhlen anzutreffende Flüssigkeit, ist wohl kein Transsudat, doch wird sie zumeist in diesem Zusammenhang behandelt. Sie ist eine klare gelbliche viscöse Flüssigkeit, die als Schmiermittel dient. Ihr wichtigster Bestandteil ist das „Mucin", welches der Flüssigkeit die hohe Viscosität verleiht und durch seinen hohen osmotischen Druck ein wesentlicher Faktor beim Wasseraustausch zwischen Blut und Gelenkraum ist[2]. Die „Mucinflüssigkeit" wird von den Mastzellen geliefert, die übrige Flüssigkeit ist ein Dialysat des Blutplasmas. Der Mucingehalt schwankt beim Menschen zwischen 0,05 bis 1,11%[2] bzw. zwischen 0,42 bis 3,00% nach Ropes u. Mitarb.[3] und ist auch von Tierart zu Tierart verschieden. (Bei Ropes u. Mitarb.[3] auch Darstellungsmethode für Mucin und analytische Daten, immunologische Eigenschaften sowie pathologische Veränderungen in bezug auf Viscosität.) Bei enzymatischem Abbau der Hyaluronsäure wird kompensatorisch eine Neubildung von Mastzellen beobachtet[2]. Thiocyanat und Glucose diffundieren schneller aus dem Blut in die Gelenkräume. Es bleibt aber immer ein Konzentrationsunterschied bestehen[4]. In das lebende Kniegelenk des Menschen (1 Std vor der Amputation) injiziertes Trypanblau wird zu 99% von Macrophagen, Fibroblasten und Monocyten absorbiert[5]. Im amputierten Gelenk ist der Farbstoff nach 5 Std zu 88% absorbiert.

Die *Gelenklymphe aus dem Metacarpalgelenk des Rindes*[6] reagiert schwach sauer, p_H 6,9 (6,7 bis 7,02). In neueren Arbeiten werden Werte von 7,37 bis 7,41 für das Kniegelenk des Hundes genannt. Die Werte sinken bei experimentellen Krämpfen, die durch „Metrazol" oder Insulin erzeugt werden, schneller ab als im Blut[7]. Besonders tiefe Werte werden (bis p_H 6,6) nach Unterbindung des rechten Femoralnerven gemessen[8]. Die Reaktion im Gelenk unterliegt einer autonomen Kontrolle[9] und kann auch durch Massage beeinflußt werden. Das Volumen der Synovialflüssigkeit wird für das Kniegelenk des Menschen mit 0,13 bis 40,0 cm³ beschrieben[10]. Beim Hund enthält das Hüftgelenk 5—**11**—30 cm³, das Knie 5—**10**—45 cm³ und das Sprunggelenk 5—**25**—65 cm³[3,11]. Im Kniegelenk des Rindes sollen bis 100 cm³ vorkommen[10], beim Kaninchen und Hund

[1] Müller-Seifert 66. Aufl. S. 275. — [2] Asboe-Hansen, G.: Ann. rheumatic Dis. **9**, 149 (1950). — [3] Ropes, M. W., W. v. B. Robertson, E. C. Rossmeisl, R. P. Peabody and W. Bauer: Acta med. scand. **128**, Suppl. **196**, 700 (1947). — [4] Zeller, J. W., E. G. L. Bywaters and W. Bauer: Amer. J. Physiol. **132**, 150 (1941). — [5] Saunders, R. L. de C. H., and E. G. Young: J. Bone Joint Surg. **29**, 301 (1947). — [6] Majorow, S. N.: Fiziol. Ž. USSR **24**, 1145 (1938) [Ber. Physiol. **110**, 631]. — [7] Steck, I. E., N. R. Joseph and C. I. Reed: J. Bone Joint Surg. **30**A, 500 (1948). — [8] Joseph, N. R., C. I. Reed and E. Homburger: Amer. J. Physiol. **146**, 1 (1946). — [9] Reed, C. I., H. Joffe and N. R. Joseph: J. Bone Joint Surg. **29**, 370 (1947). — [10] Ropes, M. W., W. v. B. Robertson, E. C. Rossmeisl, R. B. Peabody and W. Bauer: Acta med. scand. **128**, Suppl. **196**, 700 (1947). — [11] Davies, D. V.: J. Anat., London **78**, 68 (1944).

0,1 bis 0,3, beim Schwein 4 cm³. Gefrierpunktserniedrigung 0,68°, spezifisches Gewicht im Mittel 1,008 ohne große Schwankungen. DUCCI[1] gibt 1,007—**1,011**—1,014 an. Es nimmt bei Arthritis, chronischen Arthropathien und traumatischen Schädigungen zu[1]. Nach SCAPINI[2] wechselt die Synovialflüssigkeit dagegen häufig ihre Zusammensetzung, wie auch aus der Tabelle 226 hervorgeht.

Besonders die Viscosität schwankt stark (3,7 bis 83,7), was auf den wechselnden Gehalt an *Synoviamucin* zurückzuführen ist[3]. Es handelt sich um einen gelblich-weißen amorphen Stoff von wachsähnlichem Glanz, der keinen Phosphor enthält[4]. Das Proteid läßt sich in Eiweiß und einen Kohlenhydratanteil zerlegen. Das Eiweiß fällt durch Halbsättigung mit Ammonsulfat, die Polysaccharide durch Alkohol aus. Sie bestehen aus Hexosamin und einer Hexuronsäure, wahrscheinlich Glucuronsäure. Aber auch der Eiweißanteil enthält 1,5% Hexosamin. Das Synoviamucin steht dem Serumglobulin nahe[5] (vgl. Bd. **1**, S. 760).

In Centipoises[6] ausgedrückt liegt die Viscosität meist zwischen 10 bis 50 (Wasser = 1), schwankt aber bis zu 260. Bei einem Kalb wurden im Kniegelenk 700, bei einem 4jährigen Stier 796 und über 2000 Centipoises gemessen[7]. Nach den Arbeiten von RAGAN[8] und MEYER u. Mitarb.[5,9] ist die Hyaluronsäure für die Viscosität verantwortlich. Besonders große Schwankungen kommen unter pathologischen Verhältnissen vor[10], niedrige Werte im Kniegelenk bei peripheren Ödemen, Nephrose und Hypertensionen, hohe Werte bei Coronarsklerose, Carcinom des Kehlkopfes, Lungenabsceß und cardiovasculärem Hochdruck. Durch Röntgenstrahlen wird die Viscosität direkt proportional der Intensität und der Zeit der Strahlung vermindert, obschon eine Hyaluronsäurelösung und Hyaluronidaselösungen nur wenig beeinflußt werden[11]. Auch durch Ultraschalleinfluß nimmt die Viscosität ab[12].

Die mit dem Elektrophoreseapparat nach TISELIUS gefundenen Eiweißwerte beim Menschen und im Astragalotibialgelenk frisch geschlachteter Tiere[11] sind folgende:

Tabelle 225. Eiweißkörper der Gelenklymphe (in g%)[13].

	Albumin	β-Globulin	γ-Globulin
Mensch	2,57	0,46	0,63
Pferd	1,17	0,32	0,37

Außer β- und γ-Globulin sind auch noch α_1- und α_2-Globulin nachgewiesen worden[14]. Mit der Elektrophorese, die vor allem eine exakte Trennung von α-Globulin und Albumin gestattet, wurde auch der Albumin/Globulinquotient fast konstant zu 1,2 gefunden, während er von früheren Autoren[15] zwischen 1,2 und 8,8, also wesentlich zu hoch angegeben wurde.

Elektrophoretisch konnte auch die *Hyaluronsäure*, die am schnellsten wandert, nachgewiesen werden. Sie war schon früher von MEYER u. Mitarb.[5] identifiziert worden. Sie ist teils frei, teils an Eiweiß gebunden vorhanden. Über

[1] DUCCI, L.: Minerva med., Roma **38**/I, 396 (1947). — [2] SCAPINI, A.: Policlinico, Sez. Med. **48**, 277 (1941). — [3] HAMMARSTEN, O.: Jber. Fortschr. Tierchem. **12**, 480 (1883). — HOLST, G. v.: H. **43**, 145 (1904/05). — [4] KLING, D. H.: Arch. Surg. **23**, 543 1931). — [5] MEYER, K., E. M. SMYTH and M. H. DAWSON: J. biol. Ch. **128**, 319 (1939). — [6] s. D'Ans-Lax S. 1093. — [7] DAVIES, D. V.: J. Anat., London **78**, 68 (1944). — [8] RAGAN, C.: Proc. Soc. exp. Biol. Med. **63**, 572 (1946). — [9] MEYER, K., and J. W. PALMER: J. biol. Ch. **114**, 689 (1936). — MEYER, K., and E. CHAFFEE: J. biol. Ch. **133**, 83 (1940). — [10] MEYER, K., E. CHAFFEE, G. L. HOBBY and M. H. DAWSON: J. exp. Med. **73**, 309 (1941). — [11] RAGAN, C., C. P. DONLAN, J. A. COSS jr. and A. F. GRUBIN: Proc. Soc. exp. Biol. Med. **66**, 170 (1947). — [12] ASBOE-HANSEN, G.: Ann. rheumatic Dis. **9**, 149 (1950). — [13] HESSELVIK, L.: Acta med. scand. **105**, 153 (1940). — [14] SCHÜRCH, O., G. VIOLLIER u. H. SÜLLMANN: Schweiz. med. Wschr. **80**, 711 (1950). — [15] CAJORI, F. A., and R. PEMBERTON: J. biol. Ch. **76**, 471 (1928).

pathologische Veränderungen der Hyaluronsäure ist sehr wenig bekannt. Nach RAGAN u. MEYER[1] ist der Hyaluronsäuregehalt in normalen Gelenkflüssigkeiten und bei rheumatischer Arthritis gleich. Nach Viscositätsmessungen zu schließen, ist bei einer erhöhten Produktion von Hyaluronsäure gleichzeitig ihr Molekulargewicht erniedrigt. Es soll 200000 bis 500000 betragen. Das Molekül besteht zu gleichen Teilen aus Glucuronsäure und N-Acetylglucosamin[2]. Durch Ultraschall soll die Hyaluronsäure abnehmen[3]. Ihre wesentliche physiologische Funktion ist die, als Schmiermittel zu dienen[4]. Auch die Spinnbarkeit der Synovialflüssigkeit ist abhängig entweder von Polysacchariden oder von Polysacchariden + Eiweiß[5]. Der geringe Abfall nach Trypsinwirkung spricht für eine Wirkung der langkettigen Polysaccharide. Die Spinnbarkeit wird durch Enzyme aus Testes und aus Cl. welchii zerstört (Hyaluronidase). Die Polysaccharide sollen in der Synovialflüssigkeit frei vorkommen, eine Bindung an Eiweiß tritt erst beim Ansäuern ein. Es bestehen aber physikalische Unterschiede zwischen Mucinlösungen und reinen Polysacchariden in äquimolaren Lösungen. Die Synovialflüssigkeit ähnelt mehr der Mucinlösung. In *krankhafter Synovia* wurde eine mucinähnliche Verbindung *Synovin* gefunden, die weder Mucin noch Nucleoalbumin war[6]. Die γ-Globuline sind bei chronischer Polyarthritis relativ stark erhöht. Die Eiweißzusammensetzung des Punktates ist abhängig vom Serumeiweißgehalt. Die Synovialflüssigkeit hat einen doppelten Ursprung, und Veränderungen können sowohl lokal als auch durch den Zustand des Blutes bedingt sein. Ihre Kenntnis ist vor allem wichtig für die Erkennung des Knorpelstoffwechsels[7]. Das Synoviamucin, das sich im Plasma nicht findet, stammt aus der Synovialmembran und ist in allen Gelenkflüssigkeiten anzutreffen; die restliche Lösung enthält Eiweißstoffe und lösliche Bestandteile von Plasma und Transsudaten. Diese entstehen durch Diffusion aus dem Blut. Die Synovialflüssigkeit ist also das Ergebnis spezifischer Zelltätigkeit. Ihre Zusammensetzung ändert sich je nach Ruhe oder Bewegung[8] (s. Tabelle 226). Im zweiten Fall ist ihre Menge geringer und ihr Gehalt an mucinähnlichen Stoffen, Eiweiß und Extraktivstoffen größer, während der Gehalt an Salzen vermindert ist.

Tabelle 226. Zusammensetzung der Gelenklymphe vom Rind (in g%)[8].

	Ruhendes Tier	Bewegtes Tier		Ruhendes Tier	Bewegtes Tier
Wasser	97,00	94,85	Eiweiß u. Extraktivstoffe	1,57	3,51
Trockenrückstand	3,00	5,15	Fette	0,06	0,07
Mucin	0,24	0,56	Mineralstoffe	1,13	1,00

Die Gelenkflüssigkeit vom Rind[9] weist einen ziemlich gleichbleibenden Gehalt an *Trockenrückstand* auf, 2,5 (1,7 bis 3,0)%, mit einem *Aschegehalt* von 0,7 (0,5 bis 0,9)%. Die Menge der organischen Bestandteile schwankt sehr. Der N-haltige Anteil ist in Tabelle 227 zusammengestellt[10]. Beim Rind (Kniegelenk) Gesamt-N 182 bis 330 mg %[11].

[1] RAGAN, C., and K. MEYER: J. clin. Invest. **28**, 56 (1949). — [2] ASBOE-HANSEN, G.: Ann. rheumatic Dis. **9**, 149 (1950). — [3] HUNZINGER, W., H. SÜLLMANN u. G. VIOLLIER: Exper. **5**, 479 (1949). — [4] OGSTON, A. G., and J. E. STANIER: J. Physiol., London **119**, 244 (1953). — [5] ROPES, M. W., W. v. B. ROBERTSON, E. C. ROSSMEISL, B. PEABODY and W. BAUER: Acta med. scand. **105**, 153 (1940). — [6] SALKOWSKI, E.: Virchows Arch. **131**, 304 (1893). — [7] SCAPINI, A.: Policlinico, Sez. med. **48**, 277 (1941) [Ber. Physiol. **128**, 310]. — [8] FRERICHS, F. T.: Wagners Handwörterb. **III**, Abt. 1, S. 463 [GERHARTZ, H.: Handb. Biochem. **4**, 184 (1925)]. — [9] MAJOROW, S. N.: Fiziol. Ž. SSSR **24**, 1145 (1938). — [10] RAGAN, C., and K. MEYER: J. clin. Invest. **28**, 56 (1949). — [11] DAVIES, D. V.: J. Anat., London **78**, 68 (1944).

Tabelle 227.
Verteilung des N in Gelenkergüssen bei chronischen Gelenkentzündungen im Vergleich zum menschlichen Plasma.

	Blutplasma %	Gelenkflüssigkeit %		Blutplasma	Gelenkflüssigkeit
Gesamteiweiß . .	7	5	Albumin / Globulin	1,9	2,0
				mg%	mg%
Albumine	3,8	3,0	Rest-N	26,2	26,1
Globuline	2,0	1,5	Harnstoff-N . . .	15,8	15,8
Mucin	—	0,5	Aminosäure-N . . .	5,6	5,9

Die *Glucose*menge hängt davon ab, ob die Gelenkflüssigkeit Leukocyten enthält; finden sich solche, so sind die Glucosewerte wegen der durch die Zellen verursachten „Glykolyse" niedrig und die Acidität gegenüber den zellfreien Ergüssen wegen der dabei entstandenen Milchsäure höher. In zellfreien Gelenkergüssen beobachtet man keine Glykolyse[1]. Das mitunter in Gelenkergüssen angetroffene *Bilirubin* tritt nur nach Blutung im Gelenk auf.

Von *Fermenten* wurden in der frischen Synovia von Rinderkniegelenken *Amylase*, *Lipase* und *Protease* nachgewiesen, aber keine *Katalase*. Bakterieller Herkunft ist die Mucinase[2], welche sowohl das Mucin der Synovialflüssigkeit als auch das im Mucin enthaltene Polysaccharid spaltet. Durch Wirkung von Hyaluronidase wird die Viscosität herabgesetzt[3]. Der Spreading-Effekt wird durch Salicylate nicht beeinflußt[4]. Unter den *anorganischen Bestandteilen* herrschen Natrium und Chlor vor. Die Angaben schwanken, was nach dem oben Gesagten verständlich ist. Es wurde gefunden für Natrium 420, für Chlor 129, für Kochsalz 720 bis 1370 mg%. Für Kalium schwanken die Angaben zwischen 8 und 31 bis 32 mg%, bei Calcium zwischen 6,4 und 12 mg%, bei Phosphor zwischen 2,5 und 32,5 mg%. Kohlensäure soll zu 106,7 Vol.-%, Magnesium zu 2,6 bis 3,8 mg% vorkommen[5, 6]. Auf der hohen CO_2-Konzentration soll die Fähigkeit der Synovialflüssigkeit beruhen, Ca-Salze aus den Knochen herauszulösen[6].

In der *Amnionflüssigkeit* ist schon 1854 von C. BERNARD[7] *Fructose* nachgewiesen worden. Diese Befunde sind später bestätigt und erweitert worden[8, 9]. Die letzten Untersuchungen[10] zeigen, daß der Fructosegehalt überraschend hoch ist, die anderen Zucker, wahrscheinlich Glucose, bei weitem überwiegt und abhängig ist von dem Zeitpunkt der Trächtigkeit. Bei trächtigen Schafen konnte im mütterlichen Blut keine Fructose nachgewiesen werden, in der Amnionflüssigkeit bis zu 900 mg% und in der Allantoisflüssigkeit bis 500 mg%. Der Fructosegehalt steigt zwischen dem 100. und 130. Tag der Trächtigkeit stark an, nach dieser Zeit fallen die Werte bis auf 40 bis 50 mg% ab. Eine konstante Relation zwischen Fructose und Nichtfructose konnte nicht gefunden werden.

[1] HUBBARD, R. S., and R. C. PORTER: J. Lab. clin. Med. **28**, 1328 (1943). — [2] ROBERTSON, W. v. B., M. W. ROPES and W. BAUER: J. biol. Ch. **133**, 261 (1940). — [3] OGSTON, A. G., and J. E. STANIER: J. Physiol., London **119**, 253 (1953). — RAGAN, C., and A. DE LAMATER: Proc. Soc. exp. Biol. Med. **50**, 349 (1942). — [4] JONES, E. S.: Ann. rheumatic Dis. **9**, 146 (1950). — [5] FRERICHS, F. T.: Wagners Handwörterb. **III**, Abt. 1, S. 463 [GERHARTZ, A: Handb. Biochem. **4**, 184]. — [6] VOHNOUT, C.: L'k. Listy **1**, 55 (1946). — [7] BERNARD, C.: Leçons de physiologie expérimentale. S. 397. Paris 1877. — [8] GÜRBER, A., u. D. GRÜNBAUM: M. m. W. **1904 I**, 377. — PATON, D. N., B. P. WATSON and J. KERR: Trans. R. Soc. Edinburgh **46**, 71 (1907). — [9] TAKATA, M.: Tohoku J. exp. Med. **2**, 459 (1921). — YAMADA, K.: Jap. J. med. Sci. (II) **2**, 107 (1933). — [10] BARKLAY, H., P. HAAS, A. S. G. HUGGETT, G. KING and D. ROWLEY: J. Physiol., London **109**, 98 (1949).

Die Menge der Synovialflüssigkeit im Knie ist bei peripheren Ödemen meistens vermehrt. Sie enthält mehr kernhaltige Zellen und mehr feste Bestandteile, während Viscosität, Eiweiß und Mucin vermindert sind. Der Gesamtgehalt an kernhaltigen Zellen und die absolute Zahl von Neutrophilen bei Menschen, die an einer Infektion gestorben sind, ist deutlich erhöht. Am größten sind die Abweichungen bei schwerer Infektion, verbunden mit Sepsis[1].

e) Der Eiter[2–4].

Der Eiter ist gelb-grau bis gelb-grün oder dunkelrotbraun von schwachem *Geruch* und einem faden süßlichem Geschmack. Sich selbst überlassen, scheidet sich der Eiter in eine obere Schicht, die aus einer fadenziehenden, durchscheinenden Flüssigkeit, dem *Eiterserum*, besteht und eine untere, welche die zelligen Bestandteile, die *Eiterzellen* enthält. Die *Menge* dieser Zellen schwankt so bedeutend, daß der Eiter dünnflüssig sein kann, aber auch so dickflüssig, daß kaum ein Tropfen Serum erhalten werden kann. Um sehr viscösen Eiter besser in seine Bestandteile trennen zu können, empfiehlt JULIUS[5] 4 Teile Eiter mit 1 Teil Natriumcitratlösung (3,8%ig, entsprechend einer Endkonzentration von 0,76%) zu mischen. Die Formbestandteile sedimentieren besser und bei Ausstrichen sind die Bakterienkolonien und Zellen gleichmäßiger verteilt (vgl. a. MASSINI[6]). Diesem Verhalten entsprechend schwankt auch das *spezifische Gewicht* sehr stark zwischen 1,020 und 1,040, liegt aber meist zwischen 1,031 und 1,033. Entsprechend den großen Schwankungen des spezifischen Gewichtes schwankt auch die *Gefrierpunktsdepression*[7,8] von 0,6° bis 1,44° C. (Im Blut beträgt die Schwankung nur 0,55 bis 0,58° C.) Die *Reaktion* des Eiters hängt von der Art der Entzündung ab. Bei akuten Entzündungen sind die p_H-Werte niedriger bis 6,22 (5,6 bis 7,0), bei chronischen Eiterungen finden sich Werte[8,9] von p_H 7,29 (7,0 bis 7,6).

α) Eiterserum.

Eiterserum gerinnt weder von selbst noch nach Zusatz von defibriniertem Blut. Es ist also eher mit dem Serum als mit dem Plasma zu vergleichen. Seine *Farbe* ist blaßgelb, gelblich-grün bis bräunlich-gelb, seine Reaktion je nach dem Entzündungsgrad alkalisch oder schwach sauer. Es enthält im wesentlichen die Bestandteile des Blutserums, daneben bisweilen ein Nucleoproteid, welches von Essigsäure gefällt wird und im Überschuß des Fällungsmittels nur sehr schwer löslich ist. Dieses Proteid entsteht aus der hyalinen Substanz (S. 584) der Eiterzellen, z. B. bei der Autolyse. Das *Fibrin* ist kein regelmäßiger Bestandteil; nichttuberkulöser Eiter enthält kein Fibrin. Über die *chemische Zusammensetzung* liegen nur ältere Arbeiten vor, die in den Tabellen 228 und 229 in abgekürzter Form wiedergegeben werden.

Außerdem werden Albumosen, Tyrosin, Leucin, sowie höhere und niedere freie Fettsäuren, wie z. B. Ameisensäure, Buttersäure und Valeriansäure angetroffen, ferner wurden Harnstoff, Traubenzucker, Aceton (bei Diabetes), Gallenfarbstoffe und Gallensäuren (bei katarrhalischem Ikterus) gefunden. *Darstellung und Gewinnung* des Eiterserums entsprechen der des Blutserums (s. S. 308).

[1] COGGESHALL, H. C., G. A. BENNET, C. F. WARREN and W. BAUER: Amer. J. med. Sci. **202**, 486, 916 (1941).

Zusammenfassende Darstellungen über Eiter: 2—4. [2] GERHARTZ, H.: Handb. Biochem. **4**, 200—205 (1925); Erg.-W. **2**, 132 (1934). — [3] SCHNEIDER, E., u. E. WIDMANN: Der Eiter im Bilde der Entzündung. Stuttgart 1936. — [4] FLEISCHMANN, W.: Methoden zur Untersuchung des Stoffwechsels von Leukocyten und Thrombocyten. Handb. biol. Arb.-Meth. Abt. IV, Tl. 13, 87—116 (1937).

[5] JULIUS, H. W.: Ned. T. Geneeskde. **90 II**, 288 (1946). — [6] MASSINI, R.: Schweiz. med. Wschr. **73**, 903 (1943). — [7] RITTER, C.: Mitt. Grenzgeb. Med. Chir. **14**, 235 (1905). — [8] SCHADE, H., P. NEUKIRCH u. A. HALPERT: Z. ges. exp. Med. **24**, 11 (1921). — [9] BLASI, A. DE: Clin. chir., Milano N. S. **10**, 397 (1934). —

Tabelle 228. Zusammensetzung des Eiterserums des Menschen (g%)[1].

	I	II
Wasser	91,37	90,56
Trockenrückstand	8,63	9,44
Eiweißstoffe	6,32	7,72
Lecithin	0,15	0,06
Fett	0,03	0,03
Cholesterin	0,05	0,09
Anorganische Salze	0,77	0,78

Tabelle 229. Zusammensetzung der Asche des Eiterserums (g%)[1].

	I	II
Na	0,273	0,288
Ca	0,019	0,012
Mg	0,006	0,003
Cl	0,31	0,33
P	0,037	0,019
S	0,009	0,007

β) Eiterkörperchen.

Die Eiterkörperchen gelten als ausgewanderte Leukocyten. Sie entsprechen diesen in ihrer chemischen Beschaffenheit. Zufällige Formbestandteile des Eiters sind Fettkügelchen und rote Blutkörperchen. 1 cm^3 Eiter soll 1 bis 5 Milliarden Leukocyten enthalten. Die gesamten Leukocyten des Blutes entsprechen demnach nur 5 bis 30 cm^3 Eiter.

Zur Darstellung können die Eiterzellen vom Serum durch Zentrifugieren oder Dekantieren direkt oder nach Verdünnung mit einer Glaubersalzlösung ($Na_2SO_4 \cdot 10\,H_2O$) (ein Teil gesättigte Glaubersalzlösung + 9 Teile Wasser) abgetrennt werden. Sie können mit derselben Lösung in der gleichen Weise wie die Blutkörperchen gewaschen werden[2].

Die Bestandteile der Eiterkörperchen sind im wesentlichen bei den weißen Blutkörperchen behandelt worden (s. S. 459 ff.) und werden deshalb in diesem Zusammenhang nur aufgezählt. Den Hauptanteil nehmen die *Eiweißstoffe* ein, unter denen ein in Wasser unlösliches Nucleoproteid, die „hyaline Substanz Rovidas“, eine besondere Rolle spielt. Dieses Nucleoproteid quillt bei Behandlung mit 10%iger Kochsalzlösung zu einer zäh schleimigen Masse auf und löst sich in verdünntem Alkali unter Spaltung in Alkalialbuminat und nucleinsaures Natrium auf. Aus diesem Grunde ist Kochsalzlösung zum Auswaschen der Eiterkörperchen ungeeignet[3,4]. Ferner findet man ein bei 48 bis 49° gerinnendes Globulin, sowie Serumalbumin, Peptone und Albumosen[5].

Außer Eiweiß sind *Neutralfette, Cholesterin, Phosphatide* (früher als *Protagon, Cerebrin, Pyosin* und *Pyogenin* bezeichnet), *Nucleotide* und *Purinbasen* (Harnsäure, Xanthin) nachgewiesen worden[6]. Eiterleukocyten enthalten mehr Cholesterin als gewöhnliche Leukocyten. In einem eitrigen Exsudat ist die Hauptmenge des Cholesterins in den Zellen enthalten[7]. Das Vorkommen von Glykogen[8] wird durch jüngere Untersuchungen nicht bestätigt[9].

Das Vorkommen der *Fermente* in den Eiterzellen hängt von der Art der weißen Blutkörperchen ab; z. B. wirkt tuberkulöser Eiter aus chronischen Entzündungen nur mäßig proteolytisch, da er überwiegend aus Lymphocyten besteht. Sonst wurden Amylase, Lipase, proteolytische Fermente (peptische, tryptische und ereptische)[10] Oxydase und Dopaoxydase[11] nachgewiesen. Jedoch zeigen die Eiterzellen keine Glykolyse.

---

[1] Hoppe-Seyler, F.: Hoppe-Seylers med.-chem. Unters. S. 490 (1866/71). — [2] Miescher, F.: Hoppe-Seylers med.-chem. Unters. S. 441 (1866/71). — [3] Miescher, F.: Hoppe-Seylers med.-chem. Unters. 441 (1866/71). — [4] Hoppe-Seyler, F.: Hoppe-Seylers med.-chem. Unters. S. 486 (1866/71). — [5] Hofmeister, F.: H. **4**, 268 (1880). — [6] Kossel, A.: H. **7**, 7 (1882/83). — Kossel, A., u. F. R. Freytag: H. **17**, 452 (1893). — [7] Kipp, H. A.: Proc. Soc. exp. Biol. Med. **18**, 25 (1920). — [8] Huppert, (H).: H. **18**, 144 (1894). — [9] Schneider, E., u. E. Widmann: Kli. Wo. **1931 I**, 630. — [10] Takahashi, R.: Orient. J. Dis. Infants **11**, 20 (1932). — [11] Uchida, S.: Okayama-Igakkai-Zasshi **41**, 2661 (1929).

Fermentprozesse im Eiter[1]. Die Fermente des Eiters unterscheiden sich je nach ihrer Zusammensetzung und ihrer Herkunft. Man muß zwischen endogenen Fermenten, wie Leukocyten- und Abwehrfermenten und den exogenen Fermenten als Produkten der im Eiter anwesenden Bakterien unterscheiden (BURDENKO). Über die Fermente der Zellen sind eine Reihe Arbeiten veröffentlicht worden, über die Fermente der Bakterien ist dagegen wenig bekannt. In manchen Fällen übertreffen sie die Gewebsfermente an Aktivität und sind durch ihre große Varietät unterscheidbar. Beispiele hierfür sind Gangräne, die durch Anaerobier hervorgerufen werden. Sie werden, wie üblich, eingeteilt in diastatische, glykolytische, proteolytische usw. Fermente. Besonders die proteolytischen Fermente spielen eine Rolle bei den Wundkrankheiten. Im Rest-Stickstoffgehalt verschiedener Eiterarten zeigen sich große Unterschiede. Desgleichen ist die Autolyse sehr verschieden. Auch zu verschiedenen Zeiten des Wundheilungsprozesses findet man sehr unterschiedliche Werte im Gehalt an Rest-N und Amino-N. Einzelheiten s. [1].

An **Mineralstoffen** sind in den Eiterkörperchen neben Kalium, Natrium, Calcium und Magnesium auch Zink[2] und Eisen gefunden worden. Das Alkali ist fast ausschließlich an Chloride, der Rest und die übrigen Basen an Phosphate und an Eiweiß gebunden.

Tabelle 230. Zusammensetzung des Trockenrückstandes der Eiterzellen (in g%)[3].

Organische Bestandteile			Mineralstoffe			
Eiweißstoffe, unlösliche Stoffe usw.	68,58	67,37	Na . . .	0,24	Fe . . .	0,04
Lecithin u. Fett	14,38	15,06	K . . .	Spuren	Cl . . .	0,26
Cholesterin	7,40	7,28	Ca . . .	0,08	P . . .	0,30
Extraktivstoffe, Cerebrin	9,63	10,28	Mg . .	0,03		

γ) Gesamteiter.

Die neueren Untersuchungen über den gesamten Eiter weichen z. T. sehr erheblich voneinander ab; dies ist nicht verwunderlich, da Art, Stärke und Dauer der Entzündung mannigfache Variationen bedingen, die sich besonders deutlich in den Werten der H-Ionenkonzentration und des Kaliumgehaltes der folgenden Tabelle ausdrücken.

Tabelle 231. Zusammensetzung von menschlichem Gesamteiter in Abhängigkeit vom Erreger[4].

	p_H	Albumin	Globulin	Zucker	Kalium	Calcium	Magnesium
		g%			mg%		
Transsudat	7,5—7,6	1,7—2,8	1,1—1,4	0,04—0,06	12—15	8,5—10	1,7—2,1
Exsudat	7,1—7,3	0,3—2,1	1,7—4,0	0,02—0,06	14—24	10—14	2,0—3,2
Eiter bedingt durch:							
Tuberkelbacillen	7,2—7,0	1,6—3,4	2,1—5,3	0,0 —0,05	16—36	12—17	2,1—6,4
Colibacillen . . .	6,2—7,0	2,3—3,3	3,0—4,5	0,02—0,10	54—335	11—17	2,2—6,6
Staphylokokken .	5,6—6,6	2,0—3,7	4,0—6,0	0,03—0,13	65—182	13—20	3,6—5,2
Streptokokken . .	5,6—6,5	1,9—3,2	3,6—6,3	0,05—0,13	75—138	15—18	1,0—7,0

Auffallend sind die niedrigen Zuckerwerte, obschon eine Glykolyse nicht nachweisbar sein soll.

[1] SMIRNOVA, L. G., and V. N. TYUNINA: Amer. Rev. Sov. Med. **3**, 494 (1945). — [2] YAKUSIZI, N.: Keijo J. Med. **7**, 289 (1936). — [3] HOPPE-SEYLER, F.: Hoppe-Seylers med.-chem. Unters. S. 492 (1866/71). — [4] VARA-LOPEZ, R., u. K. THORBECK: Zbl. inn. Med. **54**, 913 (1933).

Tabelle 232.
Zusammensetzung von akutem und chronischem Gesamteiter (in g%)[1].

	I Pneumokokken		II Akuter Eiter	III Chronischer Eiter
	Mittel	Grenzwerte		
Wasser	91,06	90,1 –93,0	87,9	90,0
Trockenrückstand	8,94	7,1 – 9,9	12,2	10,1
Gesamt-N	1,08	0,85– 1,23	1,49	1,17
Gesamteiweiß-N	0,93	0,77– 1,13	1,33	1,14
Gesamteiweiß-N aus Körperchen	0,63	0,13– 0,79	0,94	0,45
Gesamteiweiß-N aus Serum	0,19	0,15– 0,64	0,37	0,70
Serum-Albumin-N	0,11	0,05– 0,23	0,14	0,37
Serum-Globulin-N	0,19	0,08– 0,41	0,23	0,33
Rest-N	0,16	0,08– 0,25	0,17	0,03
Harnstoff-N	0,005		0,006	0,005
Aminosäuren-N	0,095	–	0,11	0,007
Ammoniak-N	0,012		0,022	0,003
Harnsäure	0,006		0,006	0,005
Gesamt-Kreatinin	0,004			
Fette und Lipoide	1,64	0,60–2,55	1,98	1,58
Gesamtfettsäuren	0,48		0,56	0,35
Phosphatide	0,54		0,53	0,41
Gesamtcholesterin	0,23		0,37	0,26
Zucker	0,02	0,01–0,05	0,02	0,025
Asche	0,75	0,62–0,85	0,77	0,80

In 2 Pleuraempyemen wurden folgende Bestandteile ermittelt[2]:

Tabelle 233.
Zusammensetzung von Pleuraempyemen.

Spez. Gewicht	1,023	1,016
Gesamt-Stickstoff	1034 mg%	711 mg%
Rest-N	55 mg%	131 mg%
Gesamt-S	5,8 mg%	3,4 mg%
Anorg. S	1,2 mg%	1,1 mg%
Eiweiß-S	2,1 mg%	2,6 mg%
Sulfhydryl-S	0,10 mg%	0,12 mg%

In der Tabelle 232 ist die Zusammensetzung verschiedener Eiter angegeben. Bei dem akuten Eiter handelt es sich um Streptokokkeneiter, beim chronischen Eiter um kalten Abszeß, seröses Exsudat (Pleuritis, Peritonitis), beim Pneumokokkeneiter um Empyemeiter. Außer den hier angeführten und schon bei dem Eiterserum und den Eiterzellen aufgezählten Verbindungen wurden im Gesamteiter noch gefunden: Milchsäure (17,6 mg%)[3], Trimethylamin, manchmal auch Dimethylamin[4]. ***Bestimmung** der Sulfatester* im Eiter[5].

Für die Menge der *Mineralstoffe* lassen sich keine Durchschnittswerte angeben, da ihre Menge je nach Eiterart und Entzündungsdauer verschieden ist.

---

[1] TAKAHASHI, R.: Orient. J. Dis. Infants **11**, 5 (1932) [Ber. Physiol. **68**, 385]. — [2] APPRICH, K., u. F. F. URBAN: B. Z. **292**, 360 (1937). — [3] SCHNEIDER, E., u. E. WIDMANN: Kli. Wo. **1931 I**, 630. — [4] KAUNITZ, H., u. A. v. WACEK: Z. klin. Med. **128**, 593 (1935). — [5] NORBERG, B.: Acta med. scand. **104**, 21 (1940).

Tabelle 234. Mineralstoffe im Eiter (in mg%).

	I[1]	II[1]	III[1]	IV[2] Tbc
Na	312	304	228	135—180
K	50	26	36	12—36
Ca	3	bis	14[3]	20—112
Mg	12	12	12	11—74
Cl	131	131	401	198—252
P	50	41	23	33—89

Tabelle 235. Mineralbestandteile in 100 g Eiterzellenasche (in g)[4].

	Mastitiseiter	Empyem
Na	30,0	32,4
K	3,02	2,56
Cl	20,09	34,07
S	1,72	1,32
P	10,5	5,75

Ca, Mg, Fe nicht getrennt bestimmt.

Bei I, II, III der Tabelle 234 sind die Werte des in der Tabelle 235 besprochenen Eiters aufgeführt; bei IV Tabelle 234 handelt es sich um tuberkulösen Eiter. Da bei I, II und III keine Calciumbestimmung durchgeführt wurde, sind Mittelwerte aus nicht tuberkulösen Eitern anderer Herkunft eingesetzt.

In dem älteren Schrifttum finden sich Angaben über *Pyin*, ein durch Essigsäure fällbares Nucleoproteid, *Pyinsäure* und *Chlorrhodinsäure*. Ihr Vorkommen ist sehr zweifelhaft. Nähere Angaben fehlen[5].

δ) Farbstoffe.

Man hat in mehreren Fällen eine blaue, seltener eine grüne Farbe des Eiters beobachtet. Dies rührt von der Gegenwart von Mikroorganismen (Bacillus pyocyaneus) her. Aus solchem Eiter wurde ein krystallisierter Farbstoff, Pyocyanin, gewonnen[6,7].

Pyocyanin

α-Oxyphenazin

Das in warmem Wasser, Chloroform und warmem Alkohol lösliche zweisäurige Pyocyanin, welches mit Pikrinsäure, Gold- und Platinchlorwasserstoffsäure u. a. krystallisierende Verbindungen gibt, hat die Zusammensetzung[2] $C_{26}H_{20}O_2N_4$. Beim Behandeln mit

---

[1] Takahashi, R.: Orient. J. Dis. Infants **11**, 5 (1932) [Ber. Physiol. **68**, 385]. — [2] Zanoli, R.: Chir. Organi Mov. **11**, 275 (1927) [Ber. Physiol. **42**, 230]. — [3] Schneider, E., u. E. Widmann: Kli. Wo. **1931 I**, 630. — [4] Freund, E., u. F. Obermayer: H. **15**, 310 (1891). — [5] Hoppe-Seyler, F.: Hoppe-Seylers med.-chem. Unters. S. 492 (1866/71). — [6] Fordos, M. J.: C. R.. Soc. Biol. **56**, 1128 (1863). — Lücke, A.: Arch. klin. Chir. **3**, 135 (1862). — [7] Wrede, F., u. E. Strack: H. **181**, 58 (1929).

Alkali wird es gespalten und liefert nach Ansäuern mit Essigsäure das gelbe Hemipyocyanin $C_{12}H_8ON_2$ = α-Oxyphenazin), das wohl mit dem von FORDOS[1] Pyoxanthose (Pyoxanthin) benannten, gelben Farbstoff gleichzusetzen ist. Nach seiner Mitteilung wird diese Verbindung oft als Verunreinigung des Pyocyanins angetroffen. Es ist aber nicht ausgeschlossen, daß es erst bei der Aufarbeitung entstanden ist. Pyocyanin besitzt Redoxeigenschaften (s. Bd. **1**, S. 1228, 1230).

f) Schlußbemerkungen.

Aus dem Abschnitt „Lymphe und verwandte Flüssigkeiten" geht hervor, daß unsere Kenntnisse, besonders über die Lymphe, die Synovialflüssigkeit und den Eiter noch recht lückenhaft sind. Es fehlt eine systematische Untersuchung mit modernen zuverlässigen Methoden. Besonders der Fermentgehalt des Eiters müßte genauer charakterisiert und damit die Arbeit fortgesetzt werden, die WILLSTÄTTER und ROHDEWALD über die Fermente der weißen Blutzellen begonnen hatten. Eine genaue Abgrenzung von den Fermenten der Bakterien wäre notwendig. Es würde unsere Kenntnisse über die Abwehrmechanismen des Organismus sicher vermehren, wenn wir mehr über die Stoffe der Bakterien wüßten, die die Eiterbildung auslösen. Die Zahlen, die auf den vorstehenden Seiten angegeben sind, gründen sich leider zum Teil auf recht wenige Untersuchungen, so daß es auch aus diesem Grunde wünschenswert wäre, wenn die Versuche erweitert und ergänzt würden.

---

[1] FORDOS, M. J.: C. R. Soc. Biol. **56**, 1128 (1863). — LÜCKE, A.: Arch. klin. Chir. **3**, 135 (1862).